Objekte im Rückspiegel
sind oft näher, als man denkt

orange ● press

Matthias
Penzel

Objekte im Rück- spiegel sind oft näher, als man denkt

Die
Auto-
Biografie

orange●press

Matthias Penzel: Objekte im Rückspiegel sind oft näher,
als man denkt – *Die Auto-Biografie*

Gestaltung: *Johanna Bayerlein und*
Studio Laucke Siebein

Im Text angegebene URLs verweisen
auf Websites im Internet. Der Verlag
ist nicht verantwortlich für die dort
verfügbaren Inhalte, auch nicht für
die Richtigkeit, Vollständigkeit oder
Aktualität der Informationen.

ISBN 978-3-936086-51-5
www.orange-press.com

Inhaltsverzeichnis

Geburt mit Komplikationen

Sie befinden sich hier / Woher kommen wir, wo wollen wir hin? / Was uns bewegt / Implosion dank Explosion / Was keiner schreibt / Das Auto ... kommt aus Amerika / Ottomotor für Otto Normal- verbraucher / Endlich frei! / Aufstieg à la Popmoderne / Blick auf die Landkarte

1.1 Sie befinden sich hier

Als Thomas Edison zum x-ten Mal versucht, seine Erfindung zu testen – und sie funktioniert! –, da hat er ein Problem. Sein *cylinder phonograph*, eine mit Stanniol bespannte Stahlwalze, funktioniert. Was aber ist ihre Funktion? Edison kann nun Klang konservieren und die Aufnahme danach beliebig oft anhören. Aber weshalb sollte man etwas aufnehmen oder konservieren oder abspielen oder anhören? Als von Pragmatismus geleiteter Geschäftsmann glaubt Edison, eine Erfindung sei nur dann von Wert, wenn sie einen Zweck erfüllt. Und seine *talking machine*, eine Art Vorläufer des CD- oder MP3-Players: Wofür mag die gut sein? Nachdem er eine Weile darüber nachgedacht hat, schreibt Edison statt einer Betriebsanleitung einen Artikel, in dem er den Lesern der *North American Review*[1] denkbare Funktionen seiner Innovation aufzählt: als „Dictaphon" für das Verfassen von Korrespondenz; zu erzieherischen Zwecken, beispielsweise das Unterrichten der Orthografie; für Tonaufnahmen in der Familie oder Ansprachen und andere Äußerungen z.B. von Politikern; für Musik zum Mitsingen, phonographische Bücher, die Uhrzeit (stündlich verkündet); und nicht zuletzt werde der Phonograph sicher Telefon und Telegraphen ergänzen und perfektionieren.

Thomas Edison, John Burroughs und Henry Ford

Nicht jede der von Edison vorgeschlagenen Funktionen hat sich mit derselben Breitenwirkung durchgesetzt. Audiobooks sind in der Geschichte der CD eher eine letzte skurrile Fußnote, an die sprechende Uhr denkt niemand mehr, an Frontalunterricht in Rechtschreibung mittels gesprochener Aufnahmen auch nicht. Dagegen hat die eher en passant erwähnte konservierte Musik seither Milliarden und Abermilliarden eingebracht – und das nicht nur über die von Edison antizipierte Karaoke-Funktion für Kinder. Durchgesetzt hat sich die Erfindung – auf Walze oder Schallplatte, analog oder digital – nicht als ernstes, Wissenschaft und Geschichte förderndes, Traditionen und Familien verbindendes Medium, sondern als Massenprodukt für

Geburt mit Komplikationen

Unterhaltung. Umsatz und Gewinne von Musik auf Tonträgern stehen in keiner Relation zu dem, was das Dictaphon bewirkt hat, die sprechende Uhr oder Aufnahmen von den Urahnen.

1.2 Woher kommen wir, wo wollen wir hin?

Mit Sinn und Zweck eines sich aus sich selbst heraus bewegenden Gefährts hat sich weder Leonardo da Vinci befasst, als er 1495 ein →Automobil entwarf, noch bewegten solche Fragen jene Italiener, die vor ihm von Wind betriebene Wagen zeichneten. Sie waren bei ihren papierenen Entwürfen eingenommen von der Kraftübertragung, einer Art Übersetzung der Naturgewalt auf das Rad.

Automobil: Ein wie eine Uhr von einem Zahnradwerk angetriebenes Dreirad, das sogar über das bloße Entwurfstadium hinauskam: Es wurde gebaut und in Florenz (Museo di Storia della Scienza) ausgestellt – im Jahr 2004.

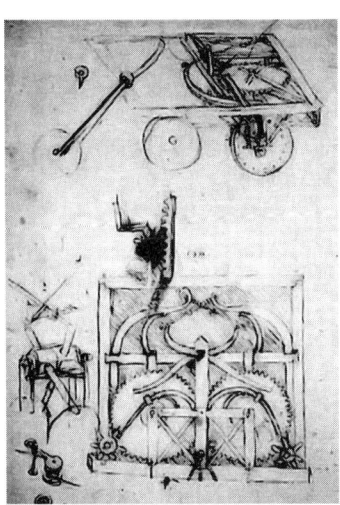

Das Auto kommt aus Italien: Entwurf von Leonardo da Vinci

Der Traum des Menschen von der Fortbewegung, vom Fortschritt, einem schnelleren, mühelosen Vorankommen, ist so alt wie die Menschheit; seine Umsetzung brachte immer Wachstum, Expansion, Horizonterweiterung mit

sich. Dazu kommen eine Reihe Aspekte, die nichts mit wirtschaftlicher oder intellektueller Bereicherung zu tun haben – wie sich an einzelnen Automodellen, in der Werbung und ganz allgemein im Straßenverkehr zeigt. Bequemlichkeit und Geschwindigkeit treten in den Hintergrund angesichts der Aufladung des Autos mit ganz anderen Qualitäten.

Mit dem richtigen Auto kommt auch die richtige Frau, ein neuer Horizont – und das Leben sieht ganz anders aus

Die Freiheit der individuellen Fortbewegung wird zum Grundrecht, das mittels eigener Körperkraft nicht mehr einzulösen scheint – erst hinterm Steuer eröffnet sich vor einem die Welt. Dabei ist oft der Gedanke daran befreiender als die tatsächliche Umsetzung. Das Auto bewegt einen nicht nur von Ort zu Ort, es eröffnet auch in Gedanken und Gefühlen überraschende Perspektiven. Irrationale: Geschwindigkeitsrausch, Neid und kochende Wut, Lust an Macht, Freude an neuen Modellen und Formen, Automessen und Oldtimer-Treffen, Frust im Stau, Individualisierung des eigenen Millionenprodukts mit sichtbaren Auspuffkrümmern, Renn-Felgen oder Aufklebern, Einparken als Sport, Autorennen als Quotenbringer im Fernsehen oder Betätigung. Das Auto ist ein Generator von Träumen, eine „Wunschmaschine"[2], ein Turbo des Kapitalismus.

Beim Bohren nach Öl in Texas verdurstet: Cadillac Ranch.

Und noch ein Heiligengrab: Carhenge, östlich von Highway 385

Amarillo, Texas, 1974. Die scheinbar verzweifelt in der Einöde nach Öl suchenden Exponate der „Cadillac Ranch" bewegen sich zwar nicht mehr, bewegen aber immer noch jeden, der das öffentliche Kunstwerk des Kollektivs Ant Farm besucht. Aus der Nähe hört man den Wind durch das oxidierende Metall pfeifen; ein Sprayer verewigt sich mit einem *tag* auf einem der zehn Monolithen, die (nach leichter Verschiebung) auch von der Highway Interstate 40 aus zu sehen sind. Osterinsel-Moais der Erdölzeit.

1.3 Was uns bewegt

Anders als ein Perpetuum Mobile ist kein Automobil andauernd in Bewegung. Im Gegenteil: Meistens parkt es. Selbst auf dem Autofriedhof trotzt es dem Zahn der Zeit und des Verfalls aufgrund immer beständigerer Komponenten. Das Automobil setzt sich auch – entgegen der

Bezeichnung – keineswegs selbständig in Bewegung. Und das ist der Katalysator irrer, wirrer Emotionen:

> „Ohne mich kann das Auto nichts, mit mir aber viel mehr als ich. Das überlegene Ding braucht mich. Es ist abhängig wie ein Kind, mächtig wie eine Autorität und in der Mitte – ich",

wie Konrad Götz vom Frankfurter Institut für sozial-ökologische Forschung feststellt [3].

> *„Oh Mann, es gibt nichts Schöneres, als hinter dem Steuer des eigenen Wagens zu sitzen ..."* (Arnie in → Christine)

Christine: Roman von Stephen King über eine *ménage à trois*, wobei Christine der Kosename eines lippenstiftroten 58er Plymouth Belvedere ist.

Im Auto wie in den eigenen vier Wänden fühlt man sich wohl und wohlbehütet vor Fremdeinwirkungen. Akustiker sorgen dafür, dass der alles antreibende Motor – je nach Modell und dazugehörigem Kundenprofil – als Surren oder erregtes und erregendes Röhren zu vernehmen ist oder nur dezent und entfernt spürbar. Sie arbeiten auch daran, dass die Tür mit genau dem Klang zuschlägt, der einem das Gefühl gibt, hier in dem nach eigenem Geschmack maßgeschneiderten

Geburt mit Komplikationen

Mobil optimal aufgehoben zu sein. Bei manchen Modellen der gehobenen Preisklasse – „Oberklasse" heißt die offizielle Kategorie des Kraftfahrt-Bundesamts – wird beim Zuschlagen der Tür die Außenwelt, eben noch zu hören, ausgegrenzt wie aus einem Luxus-U-Boot. Muss man gleich noch mal aufmachen ... und zu!

Wow. Kokon oder Potenzprojektil also? Hybrid.

Einladend mit Zack – Scherentüren beim Bugatti

Säuberlich rasiertes Kühlerdreieck beim Alfa-Tier

Je nachdem, welche Phantasien und Lüste in einem herumgeistern, assoziiert mancher mit bestimmten Autotüren (grundsätzlich italienischen Zuschnitts) weniger ein Zuklappen als ein einladendes Öffnen, vor allem in Modellen, in die man sich eher legt als setzt, ein Öffnen wie die Geste eines schnell aufgeknöpften Mantels. Ähnlich die Phantasie an-

regend, subtil oder vulgär: Der Kühler und die Moden seiner Gestaltung. Einst waren Kühler eckig wie Tempel der Antike, dann funktionslos und mit umso protzigerer Galionsfigur, nach der dann auch der Kühlergrill verschwand – und schließlich als Zitat der Vergangenheit in der Postmoderne wieder aufkam, wie säuberlich rasierte Schambehaarung, knapper als früher – frech und zackig – und unterhalb des Motors verschwindend.

Immer wieder also geht es um Funktion *versus* Look. Der Look suggeriert eine Funktion, eine Physis – die anziehende Physis eines Bauarbeiters, der etwas mit Händen und Muskeln leistet, der stolz auf seine Arbeit sein kann und nicht ins Fitness-Center zur Body-Bildung muss, um aufrecht zu gehen.

Das Auto vermittelt uns die Kraft der Maschine ebenso wie die Geborgenheit der eigenen vier Wände, in denen sich mancher – wie an der roten Ampel verstörend oft zu sehen – aufführt wie bei der Morgentoilette: mit Batterierasierer, Lippenstift oder, besonders häufig, dem Finger tief im Nasenloch.

Ach ja, und natürlich ist das Auto ein Vampir, saugt Ressourcen, verpestet und zerstört die Umwelt, verstopft die Straßen der Innenstädte, die ergeben für seine Bedürfnisse umstrukturiert wurden und vielerorts immer noch werden. Es ist eben nicht einfach nur ein Fortbewegungsmittel, um von A nach B zu kommen.

1.4 Implosion dank Explosion

Als mobiles Eigenheim, Fetisch, Umweltverschmutzer, Motor der Globalisierung, Turbolader für Kapitalismus und Fließbandproduktion, als Medium und Massage gehört das Auto unter den wichtigsten Erfindungen der Menschheit in die erste Reihe – direkt neben die Druckmaschine Gutenbergs. Wenig war in Wirkungen und Nebeneffekten so nachhaltig wie die Verbreitung von Information seit maschinell-industriellem Buchdruck – und die Verkleinerung der Welt, die Vergrößerung unseres Wirkungsradius' mit dem Automobil.

Deshalb geht es in diesem Buch weiter als von A über B nach Z. Die Fahrt verläuft im Zickzack, mit Blick in den Rückspiegel. Das Auto fungiert als Medium, durch dessen Folie, dessen Windschutzscheibe, dessen Bildschirm man die Welt anders sieht und erlebt.

Das Auto ist ideal für den „Kampf zwischen Menschen und Maschinen, lang vorbereitet, lang erwartet, lang gefürchtet, nun endlich zum Ausbruch gekommen".[4] Es ist die „Kathedrale der Neuzeit",[5] „unser Motor ist: ein denkendes Erz",[6] der Klang eines Ferrari V12 die schönste →Sinfonie von allen.

Sinfonie: ... in den Ohren von Herbert von Karajan jedenfalls.

Kathedrale vor Kathdreale

1.5 Was keiner schreibt

Geschwür des Fortschritts: Gewerbegebiet

Das Auto hat immer Menschen erfreut und bewegt. Auch immer schon verärgert und verschreckt. So wie es sich den Menschen und der Umwelt angepasst hat, hat es auch Mensch und Umwelt geformt. Durch das Auto und für das Auto wurde nicht nur die Welt asphaltiert und vernetzt und kleiner – also gangbarer – gemacht; der mit dem Verbrennungsmotor angetriebene „Kraftwagen" hat die Kriegsführung in zwei Weltkriegen mitbestimmt. Auch hier begegnet man der für das Automobil symptomatischen Umkehrung der Kausalität – es hat nicht nur in Kriegen gewirkt, das Dursten des Ottomotors nach Sprit hat Kriege verursacht. Es hat Landschaften und Städte verändert, jenseits unseres Horizonts auch die Ozonschicht. Es hat außer Millionen Arbeitsplätzen auch gigantische Industriegebiete wachsen lassen, Vorstädte mit ganz neuer Infrastruktur, und – in einer Handvoll Ländern – wirtschaftlich außerordentliche →Spuren hinterlassen.

Spuren: Wie zum Beispiel den auf den ersten Blick gar nicht offensichtlich mit dem Transportmittel zusammenhängenden Boom der finnischen Handy-Industrie – als Folge weit verbreiteter Auto-Telefone im Land der tausend Straßen.

Kurz: Das Auto hat die Welt verändert. Nur sagt das fast niemand. Vielleicht weil der Tempus nicht stimmt? Es hat nicht die Welt verändert, es verändert sie immer noch.

1.6 Das Auto ... kommt aus Amerika

Sich fortbewegen, möglichst schnell und mühelos: Das ist Fortschritt. Man spart Zeit, man ist frei. Bei der Geschichte des Autos geht es, wie bei der Anschaffung jedes Neuwagens, wie bei so vielem, um Zeiteinsparung. Mehr PS, bessere Beschleunigung. Es geht darum, wer als Erster ins Ziel kommt.

Die Deutschen sind immer gern Erster, Weltmeister im Export usw. Doch das erste Auto wurde, wie Präsident Obama im Zusammenhang mit der Rettung von Motor City Detroit im Jahr 2009 sagte, in Amerika erfunden. Nur war es viel kleiner als das, was Barack Obama bei seiner Ansprache meinte (Fords Model T, den ersten in Massenproduktion gefertigten Pkw): Ein gewisser Thomas Davenport hatte fast fünfzig Jahre vor Carl Benz' Patentwagen ein Elektroauto fahren lassen. 1837 erhielt der Farmersohn aus dem Nordwesten der USA das weltweit erste Patent auf einen →Elektromotor, und dieser Motor trieb ein Gefährt an, das sich auf einem Schienenkreis von etwas mehr als einem Meter Durchmesser selbständig, ähnlich einer Modelleisenbahn, bewegte: das erste Automobil.

Elektromotor: Auch das erste Auto von Henry Ford war ein Elektroauto, entwickelt während seiner Zeit bei der Edison Illuminating Company (1891–1899). Als Ford bei Thomas Edison anheuerte, fuhren in Mannheim und Europa bereits Dutzende Benz-Motorwagen, auch diverse französische Fabrikate in der „ursprünglich Daimlerschen Bauart – schnelllaufender Benzinmotor mit Einspritzvergaser u Glührohrzündung".

1.7 Ottomotor für Otto Normalverbraucher

Durch das 20. Jahrhundert hindurch herrschte Einigkeit, dass der Verbren-nungsmotor ein charakteristisches Merkmal des Autos ist – hierzulande Ottomotor genannt und 1878 patentiert.[7] Gilt der Verbrennungsmotor nicht als definierendes Kennzeichen eines Automobils, dann könnte man außer dem Elektrogefährt auf Davenports Schienenkreisverkehr auch frühere Mobile – zum Beispiel mit Wind betriebene, wie bei den Ägyptern – als erste *autonom mobile* Fahrzeuge deuten. Doch wo kämen wir da hin? Hier geht es ums Auto, um die Fortbewegung in gelegentlich irrsinnige Entwicklungen hinein, um das Rasen in die Moderne und das Schleudern in der Postmoderne, um Ästhetik und Unfälle, Zufälle und Irrsinn.

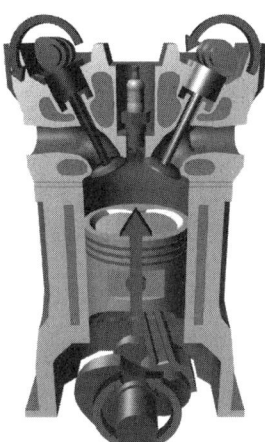

Beim Verbrennungsmotor wird die Verbrennung durch zeitlich gesteuerte Fremdzündung eingeleitet

Bevor wir uns in der Vergangenheit verlaufen, bevor wir uns zwischen Patenten und Schöpfungen und Erfindungen verfahren, lässt sich heute konstatieren, dass das Auto, als es sich vor hundert Jahren für den Verbrennungsmotor als Standard entschied, den falschen Weg eingeschlagen hat.

Zu einem Zeitpunkt, an dem das Ende der Energieverschwendung auch offiziell ausgerufen ist, findet die Kraftmeierei in Paketen wie Hummer und SUVs ihren Höhepunkt – ein letztes verzweifeltes Aufbäumen. Das Auto, wie wir es kennen, hat als Alltagsgegenstand ausgedient, auch verwachsene Abarten können nicht recht davon ablenken. Das Sterben begann lange vorher – schon bevor Autos nicht mehr freudig in die Zukunft strahlten, sondern anfingen, mit Retro-Look in der Vergangenheit zu stochern.

Vielleicht ist sogar das Automobil an sich am Ende? Glaubt man der PR, mit der die Branche zur IAA dröhnend und zögerlich zugleich von der Weiterentwicklung des Elektromotors berichtet, könnte man meinen, darin läge die banale Zukunft: abseits vom Verbrauch fossiler Energie. Der Antrieb und seine Wirkung auf die Umwelt ist jedoch nur eine Sache. Eine ganz andere ist, dass das Auto in einer wesentlichen Funktion schon Jahre zuvor ausgedient hat.

Das Auto taugt für die jüngeren Generationen nicht mehr zur Identifikation. Wer jung ist und hip, distinguiert sich nicht mehr mittels Kraftfahrzeug, sondern mit dem richtigen MOBILTELEFON. Alle rasen über den Datenhigway, aber kaum einer reist mehr mit der Ente in den Süden. Azubis und Studenten fliegen lieber gleich nach London, Bangkok oder Shanghai – wo sie dann über den totalen Stillstand der Automobilmassen staunen. Passé ist der Menschheitstraum von Individualismus, von der Selbstverwirklichung des Einzelnen gegenüber dem Wir-Gefühl – wie es im Kommunismus propagiert wurde.

Passé, vergessen und verblichen auch der erhobene Zeigefinger, der da 1906 ermahnte: „Nichts hat in diesem Land die Verbreitung sozialistischer Triebe dermaßen schnell vorangebracht wie das Automobil." Der diese Worte sprach, war zu dem Zeitpunkt Rektor der Princeton University. Er warnte weiter, so die *New York Times*: „Für die einfachen Leute vom Land sind sie das Abbild der Arroganz der Reichen mit all ihrer Unabhängigkeit und Sorglosigkeit."[8] Was der Rektor tatsächlich meinte, und wir lauschen ihm gern, da er später Gouverneur von New Jersey, dann Präsident der USA und Gründer des Völkerbundes wurde, also nicht nur nach Macht und Einfluss strebte, sondern auch nach einer irgendwie lebenswerteren Version dieser Welt ... – was Präsident Woodrow Wilson 1906 meinte, war: Einfache Leute, die sich den Luxus der unabhängigen Fahrt mit Mobil nicht leisten können, ärgern sich so sehr – nachvollziehbar und fast mit Recht – über progressiv nach vorne preschende Automobilisten, dass dies den bösen Sozialisten Sympathisanten zutreibt.

1.8 Endlich frei!
Parallel zur Geschichte des automobilen Verkehrs ist die Geschichte des 20. Jahrhunderts eine Geschichte der Emanzipation. Der Mensch überwindet Natur und Naturgesetze, relativiert die Grenzen von Ort und Zeit. Kulturpessimisten wie Oswald Spengler mögen das neue Tempo als widernatürlich empfinden, dennoch torpediert das Auto die Emanzipation der unteren Schichten aus einem jahrtausendealten Stillstand; den der Frau aus einem Stillhalteabkommen, das in den Kulturen in aller Welt bis heute aufbricht, erfahren wird.

Geburt mit Komplikationen

Spaghetti Junction – zweite Ausfahrt links Naturschutzgebiet

In Saudi-Arabien entfachen 2007 Fernsehbilder einen Wirbelsturm der Entrüstung. In der während des Ramadan ausgestrahlten Comedy-Show *Tash Ma Tash* (was so viel bedeutet wie „Nix Besonderes") schockt eine Frau in Männerkleidung. Sie geht sogar noch weiter – inklusive Oberlippenbärtchen, um von den fraulich fein geschwungenen Augenbrauen abzulenken, bricht sie ein Tabu: Ohne vorher ihren Mann zu informieren, setzt sie sich ans Steuer seines Autos – in der wahhabitischen Staatsdoktrin Saudi-Arabiens absolut illegal. Eine Frau darf nicht einmal ohne ihren Mann in ein Taxi steigen. Und ... alleine, eine Frau am Steuer? Hitzige Diskussionen, auch in Zeitungen publiziert, kulminieren in einer beim König eingereichten Petition der „League of Demanders of **WOMEN'S RIGHT TO DRIVE CARS** in Saudi Arabia". Die Idee inspiriert eine andere Sendung, *Amsha Bint Amash*, in der sich eine Frau als Mann maskiert und als Taxifahrer jobbt.

Dem Gottesstaat Iran hat sie nicht den Rücken zugekehrt, doch Sonbol Fatemi – jung, alleinstehend und unabhängig – will sich außerhalb konventioneller Lebensentwürfe bewegen. Und sie tut es. Die Zahnärztin aus der heiligen Stadt Mashad ist gläubige Muslimin und leidenschaftliche Rallye-Teilnehmerin.

Abseits eingefahrener Asphaltstraßen zeigt sie seit 2001 mit mehr als Worten und Verweigerung, dass sie sich nicht gängeln lässt.

Nix Besonderes? Frau am Steuer!!!

Mehrfache Rallye-Meisterin Sonbol Fatemi aus dem Iran

Als Initiationsritus galten und gelten in religiösen Kulturen Kommunion und Konfirmation, Bat- und Bar-Mitzwa-Feiern usw.: Signale für den Eintritt in das Erwachsenenleben, verbunden mit mehr Verantwortung und mehr Macht. In der säkularisierten Gesellschaft ist es der Führerschein. Eingeschworen wird das Kind darauf schon früh. Scheinbar instinktiv greift es zum Matchbox-Auto, wird ermutigt, spricht nach „Mama" und „Papa" als eins der ersten Worte „Au...to!", was mit Wohlwollen und Beifall zur Kenntnis genommen wird.

Später, das erste Mal: Allein im Auto, Schlüssel umgedreht und ... dann diese Macht, jetzt endlich überall hin, alles zu können – für viele ein unvergesslicher

Moment. Das erste Mal II, US-Version: Entjungferung auf der durchgehenden Sitzbank, im flimmernden Zwielicht des Autokinos, auf der Rückbank Cousin +1, Gummi und Polster knarzen stöhnend. Zum Erwachsenwerden muss man weder heiraten noch Job und Bleibe finden.

Pilgerstätte der Drive-in-Kultur: Autokino

Neben dem Aufstieg in einen anderen Lebensabschnitt markiert das Auto auch sozialen Aufstieg, neue gesellschaftliche Durchlässigkeit und Mobilität, die Geburtsstunde der Mittelklasse. In der Fabrik eines Farmersohns mit Volks-schulabschluss, bei Henry Ford, erhalten ungelernte Arbeiter ab 1907 täglich das doppelte des üblichen Lohnniveaus, je nach Produktivität bis zu $5,00... Die Anreise zum Arbeitsplatz wird dank Pkw leichter (und immer weiter), so dass Firmen beginnen, Parkplätze, Park-häuser und →eigene Straßen zu bauen.

eigene Straßen: Henry Ford versuchte – und verhob – sich an einer ganzen Stadt.

Das Immer-mehr-für-alle führt dazu, dass die Innenstädte erst zu klein werden, dann nicht mehr zum Wohnen taugen. Das Immer-schneller zu vermehrt töd-lichen Unfällen. Bis 1970. Seither (der Sicherheitsgurt hat etwas damit zu tun) haben wir in Deutschland nicht nur eine schrumpfende Bevölkerung, sondern auch kontinuierlich weniger Verkehrstote.

1.9 Aufstieg à la Popmoderne

„What can a poor boy do / Except to sing for a rock'n' roll band" stellen in den Swinging Sixties die Rolling Stones fest. Analog dazu singt John Lennon *„A Working class hero is something to be"*. Man muss sich für den sozialen Aufstieg nicht schämen. Auch nicht, wenn man ihn statt mit Schweißgerät mit einer Gitarre und langen Haaren erwirkt. Ja: Pop. Hier kann mal ein armer Junge aus den Slums von Liverpool/wie Hänschen Klein, in die weite Welt hinein/gehen und mit einem dicken Auto zurückkehren.

Yeah, dig it? Was kann ein armer Junge noch tun, außer Rock'n'Roll spielen ... oder sein Auto bunt anmalen? Er kann seine Millionen sinn-voll investieren, in eine Autosammlung wie außer Lennon auch Pink Floyds Nick Mason, Ferrari-Freak (und Produzent des Films *La Passione* über den Ferrari 156 und Wolfgang Graf Berghe von Trips) Chris Rea

Das Artefakt der Neuen Aristokratie, einer Herrschaftsklasse über Stil und Kultur, kann dann auch beim Pop-Star eine Staatskarosse wie für Könige und Öl-Scheichs sein. Doch der Pop-Millionär kann das alt-herrschaftliche Status-symbol anmalen wie einen Acid-Traum, aufs Dach ein Cannabis-Blatt – und sich dann gelangweilt daran lehnen und aller Welt demonstrieren, wie mit alten Werten umzugehen ist.

Geburt mit Komplikationen

Kein Wunder, dass die totale Klassenüberwindung besonders im verkrusteten, zerfallenden Königreich des von den Weltereignissen überholten Kolonialismus die auffälligsten Blüten hervorgebracht hat. Pop als Teil des Alltags. Gesellschaftliche Mobilität und Grenzüberschreitung für alle!

Selbstverständlichkeit Rückspiegel – von Dorothy Levitt um 1909 in ihrem Buch *The Woman and the Car* als nützliche Nebenfunktion des Kosmetikspiegels konzipiert: „Es ist nützlich, ihn griffbereit zu haben, nicht nur für private Dinge, sondern um ihn gelegentlich hochzuhalten und zu sehen, was hinter einem los ist."

1.10 Blick auf die Landkarte

An Erfindung und Weiterentwicklung des Automobils war und ist nur eine Handvoll Nationen essenziell beteiligt. Die Manager der Branche kommen in der Regel aus den USA; klassische Oldtimer aus England; Otto-, Diesel- und Wankelmotor sowie Boschs Zündkerzen aus deutschen Landen; kompositorisch bahnbrechende Modelle mit Flair oder →Pfiff aus Frankreich, Marken- und Markt-Dominanz aus Japan (unlängst offenbar von China überholt) ... und fast 100% aller nennenswerten Designer arbeiten in Italien, auch der des Käfer-Nachfolgers Golf.

Pfiff: Aus Frankreich kommt nicht nur das in die Sonnenblende der BeifahrerInnen integrierte Make-up-/Kosmetikspiegelchen mit Dimmer-Beleuchtung. Auch ein Rückspiegel wurde dort erstmals montiert, nämlich laut der in Paris residierenden Fédération Internationale de l'Automobile für die erste Frau mit Führerschein, die Herzogin von Uzès, eigtl. Marie Adrienne Anne Victurnienne Clémentine de Rochechouart de Mortemart!

Heute sind Indien und China nach anderen relativ spät startenden Herstellerländern wie Südkorea und Japan die neuesten Aufsteiger im schwermotorisierten Golobalisierungsdorf. In Mexiko und Brasilien hat die Herstellung von Pkw schon vor Jahrzehnten für Bewegung in der Volkswirtschaft gesorgt. Wie die relativ neuen Autobauer-Nationen mit Pkw-Exporten ihren Aufstieg auf der Weltbühne begleiten, wie sie damit fahren: wird erst in Jahren zu bewerten sein. Die Bedeutung der von Erdöl, aber auch zunehmend anderen Rohstoffen (z.B. Erdgas oder Rohmaterialien für den Akku-Bau) abhängigen Autoindustrie für Staaten wie die Vereinigten Emirate, Quatar sowie Bolivien und Afghanistan liegt auf der Hand.

Traditionspflege im Sozialismus: Betrieb zerlegt, Erbe auf Briefmarke reduziert

Was jedoch spielte sich eigentlich im Jahrhundert des Autombils in Ost-Europa ab? In Eisenach und Zwickau, ganz besonders auch in Tschechien befanden sich auf der Landkarte der Innovationen durchaus beachtenswerte Hersteller – die aufgrund eines echten Vorsprungs in

Technik und Eleganz legendären Auto Union und Horch, ganz besonders auch Škoda, Tatra usw. Die UdSSR-Führung jedoch bewertete das Auto im Gegensatz zu Raumfahrt und Sport als nicht besonders fördernswerte PR-Waffe gegen den Westen. Zu sehr war es der Individualisierung verpflichtet und fütterte in seiner Grundkonzeption bürgerliche Träume von Unabhängigkeit, Freiheit und Status.

„Es ist", so vermutet der Kunstprofessor Gerald Silk, „das Fleisch des alten Phantoms: persönliche Freiheit des Individuums. Es ist die Realisierung im 20. Jahrhundert des großen romantischen Traums aus dem 19. Jahrhundert: die Unabhängigkeit des Einzelnen".[9]

Als PR-Tool ungeeignet … als Waffe durchaus brauchbar

1 Thomas A. Edison: „The Phonograph and its Future", *North American Review* 126, Mai/Juni 1878
2 Kurt Möser: „Knall auf Motor" - *Die Liebesaffäre von Künstlern und Dichtern mit Motorfahrzeugen* 1900-1930
3 Konrad Götz: „Auto-Erotik: Hundert Jahre Lust", *Psychologie heute*, 6/1986
4 Herman Hesse: *Der Steppenwolf*, 1927
5 Roland Barthes: „La nouvelle Citroën" in *Mythologies*, 1957; auf Deutsch „Der neue Citroën" in *Mythen des Alltags*, Frankfurt/M. 1964
6 Bertolt Brecht: „Singende Steyrwägen"
7 Patent DRP 532 vom 13.3.1878, mit Gültigkeitsdauer bis 5.6.1891
8 *New York Times*, 4.3.1906
9 Gerald Silk: *Automobile and Culture*, New York 1984

Freiheit durch Technik

Eine gigantische und doch überschaubare Industrie / In der Hauptrolle: Erdöl / Individual vs. Society / Masse und Klasse / Triumph der Oberfläche / 5-Klassen-Gesellschaft / Riffing on Adorno / Wider alle Vernunft / Wie fing alles an? / The car is the star / Phasen des Automobils / Mit Tunnelblick voran

2.1 Eine gigantische und doch überschaubare Industrie

Verglichen mit frühen Automessen im Waldorf Astoria/New York ist die IAA in Frankfurt eine gigantische Schau. Einzelne Hersteller, die Leithammel aus deutschen Landen, haben komplette Hallen gebucht. Bei der ganzen Größe, gegen die die Buchmesse fast wie ein Schulfest anmutet, ist der Ausstellerkatalog lachhaft dünn. Neben den hierzulande aktiven Energiekonzernen, Zulieferern, Verbänden und Brezelständen befinden sich auf dem Faltblatt für Besucher weniger als fünfzig Namen. Diese Namen sind einem jedoch so vertraut wie die Apostel und das Evangelium. Mehr als 1,4 Billionen Dollar setzen die Unternehmen der Automobilindustrie jährlich um. Weltweit. Abgerechnet wird in Dollar, obwohl amerikanische Player

nur noch an der Peripherie zu finden sind, gegenüber von italienischen Tuning-Firmen wie Abarth. Und drei der sechs Hallen werden jeweils komplett von einem Konzern belegt.

Man kann Autos lieben oder hassen, anbeten oder stehenlassen: Als Wirtschaftsfaktor ist die Branche groß. Mächtig. Sie beschäftigt Millionen. Allerdings ist die Branche in Gefahr. Wie die Dinosaurier – oder wer auch immer an zu viel Größe, damit einhergehender Siegesgewissheit und Hybris eingeht.

BMW-Stand auf der IAA 2009

Das Volumen des Marktes ist weltweit gigantisch. Mehrere Millionen Menschen weltweit bezahlen – außer beim Erwerb eines Eigenheims – für nichts so viel wie für ihr Auto. Die Menge der in Deutschland jeden Monat neu zugelassenen Pkw bleibt beachtlich ...[1]

Freiheit durch Technik

FAHRZEUGTYP	2007	2010	ENTWICKLUNG
Kompaktklasse	60.763	74.024	+21,8%
Kleinwagen	45.155	46.313	+2,6%
Mittelklasse	38.676	39.748	+2,8%
Vans	30.275	24.277	−19,8%
Geländewagen	17.994	22.104	+22,8%
Obere Mittelklasse	14.939	11.740	−21,4%
Utilities	10.184	11.560	+13,5%
Minis	10.998	18.317	+66,5%
Sportwagen	5.692	6.084	+6,9%
Oberklasse	2.363	2.084	−11,8%
Wohnmobile	1.633	2.527	+54,7%
insgesamt:	**238.672**	**258.778**	**+8,4%**

Fahrzeugtyp: Bezeichnungen nach den Definitionen des Kraftfahrt-Bundesamtes

Utilities: multifunktional einsetzbare Pkw wie der Citroën Berlingo, Mercedes Vito, VW Caddy usw.

Dabei verkauften 2007 fünf Hersteller alleine mehr als die Hälfte aller in Deutschland zugelassenen Pkw: VW, MERCEDES-BENZ, OPEL, BMW UND AUDI, zwei davon gehören zum gleichen Konzern (Volkswagen und Audi). 17 Automarken teilen mehr als 90% des deutschen Marktes unter sich auf. Das Dutzend nach den genannten Top 5, in der Reihenfolge ihres Anteils am Kuchen: FORD, TOYOTA, ŠKODA, RENAULT, PEUGEOT, MAZDA, CITROËN, FIAT, SEAT, HYUNDAI, KIA, HONDA; auch hier gehören einige zur gleichen „Familie". Ein paar Beispiele in absoluten Zahlen: Im ersten Quartal wurden in Deutschland 133.442 Volkswagen zugelassen, 77.263 Mercedes, 32.955 Toyota und 4.831 Porsche. Ferrari (203) und Hummer (158) bewegen sich im dreistelligen Bereich; bei Alpina (einem modifizierten BMW aus dem bayrischen Buchloe, 45) und Maybach (14) wird es dann wirklich exklusiv.

Auffällig und die eigentlich interessant ist vor allem eins beim Gegenüberstellen der ökonomischen Zahlen mit column inches – der Maßeinheit der Angelsachsen für Berichterstattung als Spiegel der öffentlichen Meinung und Wahrnehmung: Marken wie Aston Martin, Bentley, Lamborghini, Rolls-Royce usw. sind zwar legendär, spielen wirtschaftlich aber keine Rolle (und werden in der zitierten Statistik gleich ganz unterschlagen, da von ihnen im Erhebungszeitraum weniger als fünf Exemplare verkauft wurden). An ihrer kulturellen Bedeutung ändert das nichts. Die ist genauso selbstverständlich und fest verankert wie der „Wirtschaftsfaktor"Auto.

2.2 Das Auto und das Öl

Wenn die Autobranche hierzulande – und mit ihr Zeitungen und Medien bundesweit im Chor – von der Krise sprechen, wenn die Politik eingreift und mit Kurzarbeit, Abwrackprämie und anderen indirekten Zuschüssen den vom Bankrott bedrohten Industrieriesen unter die Arme greift, dann ist das – angesichts der Bilanzen der Pkw-Hersteller weltweit – erstaunlich. Handfest und unausweichlich ist dagegen die Krise der fossilen Rohstoffe.

Die Öl-Krise begann vor Carl Benz – nämlich mit der Idee, dass der schwere und unhandliche Verbrennungsmotor auch in kleinerer Version genügend Leistung entwickeln kann, um ein Fahrzeug zu bewegen. Während der ersten Jahrzehnte wurden Pkw auch mit anderen als fossilen Brennstoffen angetrieben.

1855 macht sich der Mann an die Arbeit, der die Weichen stellen sollte für das Verbrennen von Öl und dessen Derivaten. Als Hilfsbuchhalter erhält er ein Gehalt von $55, mit 18 übernimmt er den Posten seines Vorgesetzten, der jährlich $2.000 verdient. Ein Jahr später gründet er mit dem Engländer Maurice Clark sein eigenes Handelshaus für Fleisch und Getreide in Cleveland/Ohio. Das Start-up wirft bereits vier Jahre später einen Gewinn von $17.000 ab.[2] Nebenher engagiert sich unser Mann im Ölgeschäft. Er lernt den Chemiker Samuel Andrews kennen, der Erfahrung hat mit Erdölgewinnung aus Ölschiefer und später die fraktionierte Destillation vorantreibt (das Separieren von Rohöl in seine brauchbaren Bestandteile). Vor allem aber gründet der mit unserem Mann – John D. Rockefeller – und Henry Morrison Flagler eine Firma zum Raffinieren von Öl, aus der **STANDARD OIL** wird. 1870 kontrolliert Standard Oil 10% des in Amerika raffinierten Öls. Rockefeller etabliert zusammen mit Bahngesellschaften (!) ein Kartell, knapp zehn Jahre später kontrolliert Standard Oil 90% des Marktes. Als sich Rockefeller in den 1890er-Jahren aus dem Geschäft zurückzieht, wird das Vermögen des Hausierersohns auf $200 Millionen geschätzt. Zum Vergleich: Ein Ordinarius in Berlin, der Physiker Max Planck, erhielt 1892 ein Jahresgehalt von 6.200 Mark, plus etwa 1.000 Mark für Honorare und Tantiemen.

Standard Oil war schon vor Benz' Patentwagen unfassbar riesig

Da die Standard Oil Company insbesondere durch Übernahme und Einschüchterung der Konkurrenz, Ausschalten und Behinderung der Alternativen so groß und mächtig wird, dauert es Jahrzehnte, bis der Megakonzern 1911 per Verfahren zerschlagen wird. Über den Wirrwarr an Anteilen und Tochtergesellschaften brüten in Washington noch die Staatsanwälte, da ersinnen 1907 Konkurrenten eine ganz neue Strategie: sie wollen in politischen Fragen →an einem Strang ziehen.

an einem Strang: Zur organisierten Lobby für gemeinsame Ziele wird die Western States Petroleum Association (WSPA) gegründet. Mitglieder sind Alaska Tanker Company, BP, Chevron, ExxonMobil, Pacific Operators Offshore, Shell Oil Products US u.v.m.

Neue Technologie Elektrizität: ausbaufähig, ökonomisch irrelevant

Beim Ausschalten des öffentlichen Nahverkehrs samt Infrastruktur werden statt der Öl-Kartelle andere aktiv. Bei der National City Lines-Verschwörung (auch bekannt als *General Motors Streetcar Conspiracy*) tut sich General Motors

Von der Bürohilfe zum Millionär: Rockefeller als *American Dream*

mit etlichen Herstellern und Zulieferern zusammen, die vom Personen- und Gütertransport leben. Sie kaufen ab 1920 USweit ganze Tram- und S-Bahn-Netze auf. Die elektrisch betriebenen Linien werden von ihren neuen Besitzern zerlegt (Bahn-Schienen zuplaniert, -Trassen sich selbst überlassen) und durch Busse ersetzt. Pacific City Lines an der Westküste trifft es 1938, American City Lines 1943. Später wird die zu diesem Zweck gegründete Gesellschaft National umgewandelt in eine Holding, NCL, und diese geht noch effektiver vor: Bis 1950 erwirbt sie mehr als hundert Oberleitungssysteme für strombetriebene Fahrzeuge in Detroit, New York, Baltimore, Los Angeles und gut dreißig weiteren Städten. Die Idee: Warum das ganze U-Bahn-Netz kaufen, wenn einem zum Stilllegen des Systems die Kontrolle über die Stromleitungen genügt?

Das 20. Jahrhundert war das Zeitalter des Öls (von Bohrungen 1860 bis zum zweiten Irakkrieg 2003). Angetrieben wurde es nicht nur durch Rockefellers Kartelle und Kfz-Lobbys. Ein anderer wichtiger Wirtschaftsverbund wird 1960 gegründet. Ihm geht es nicht um lokale Politik oder Verkehrsplanung, sondern um Preispolitik im großen Stil: 1960 schließen sich in Bagdad die Öl-Nationen zur OPEC (Organisation erdölexportierender Länder) zusammen. Iran, Irak, Saudi-Arabien, Kuwait und Venezuela haben nun ihre Lobby – auf der ganz großen Bühne des Weltgeschehens. Ihre Macht wächst ganz ohne ihr Zutun, als um 1970 der Öl-Konsument Nummer eins (die USA) seinen Eigenbedarf nicht mehr decken kann (mit Öl aus Alaska, Texas usw.). Von diesem Zeitpunkt an drehen nicht nur westliche Spekulanten an der Preisschraube. Wie weit ließe sich

der Preis steigern? Kurze Probe der Möglichkeiten 1973, die – unfassbaren – Folgen: Der Liter Benzin steigt und steigt, in der BRD auf über 50 Pfennig (!), Panik und Hysterie weltweit, autofreie Sonntage. Kurz: die Öl-Krise. In Europa werden Autos kleiner, in Japan steigen die Exporte eigener, weltweit noch relativ unbeachteter Pkw-Hersteller.

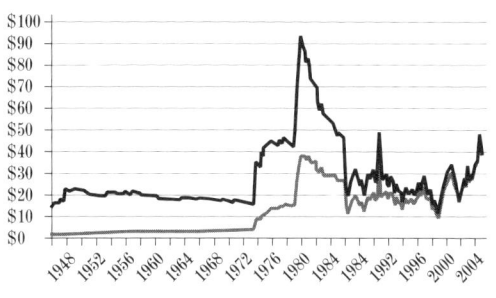

- realer Preis
- inflationsbereinigt

Der nominelle Preis für Rohöl ab 1946. Der von der OPEC veranschlagte Einkaufspreis steigt nach dem Peak Oil der USA 1973; und fast kontinuierlich wieder ab 1999, vor dem globalen Peak Oil = Ölfördermaximum weltweit.

Die Pkw-Industrie ist nicht identisch mit Öl- oder Energie-Konzernen, doch ihre Interessen überlagern sich. Mehr als zwei Drittel des Benzins werden in den USA von Pkw und Lkw verbraucht, ihr Anteil am gesamten Energieverbrauch liegt bei über 30%. Das ist sowohl ökologisch als auch ökonomisch von Bedeutung. Warum die Hersteller beim Ottomotor in 120 Jahren mit entsprechendem Geld- und Zeitaufwand sagenhafte Fortschritte gemacht haben, dagegen den Strombetrieb immer als hoffnungslos deklariert haben, obwohl sie bei der Akku-Entwicklung manchen Durchbruch aus nächster Nähe miterlebt haben, kann man sich selber ausdenken.

Das Schwarze Gold förderte Millionen ... Guthaben für wenige

Wie fast jeden Erfinder motivierte Ovshinsky nicht das Geld

Sehr nah war die Automobilbranche zum Beispiel an Stanford R. Ovshinsky, einem Erfinder und Inhaber von über 400 Patenten in Bereichen wie Neurophysiologie, Kybernetik, Künstliche Intelligenz, Informatik ... ah ja, und als Macher, schließlich auch Firmengründer für die Herstellung von Nickel-Metallhydrid-Akkumulatoren. NiMH-Akkus hatten gegenüber früheren Akkus viele Vorteile, die für Elektroautos nützlich sind und in Großversuchen auch schon eingesetzt wurden – von General Motors. 1994 übernahm GM die Kontrolle über Ovonics, die Firma des zu dem Zeitpunkt 72-jährigen Ovshinsky. Die Produktion der E-Mobile, für die die Akkutechnologie von so großer Bedeutung ist, stellten sie ein (anders als Toyota und Honda bauten sie keinen Hybrid). Weil die Rechte an den NiMH-Patenten für sie damit eher nutzlos wurden, verkaufte GM irgendwann seine Anteile. Doch wer könnte Patente für Alternativen zum konventionellen Benzinbetrieb kaufen? Texaco kaufte sie. Im Oktober 2001. Sechs Tage später wurde Texaco selbst gekauft – von dem Ölkonzern Chevron. Die Akkus wurden zwei Jahre später von einer neuen Firma angeboten (Cobasys, Jointventure aus Chevron und Energy Conversion Devices), wobei der Verkauf der Akkus allerdings an die Abnahme großer Mengen geknüpft war.[3] Man fand keine Kunden. Eine Technologie, die Laptops und Handys revolutioniert hatte, war für die Riesen der Autobranche nicht interessant.

Zwölf Jahre nach General Motors' Erwerb der Patentrechte von Ovshinsky verkündeten Cobasys und General Motors, eine Hybrid-Limousine der Marke Saturn Aura mit NiMH zu bestücken. Realisiert wurde der hybride Cousin des Opel Vectra nie; die Marke Saturn biss noch vor GM's Ableben ins Gras. Auch andere für oder mit Ovtronics' NiMH geplante Autos scheiterten – an unterschiedlichen Hürden. So wie Pacific Electric Railway an den Controllern ihres neuen Besitzers General Motors scheiterte? Nach dem Rockefeller-Prinzip: die Konkurrenz übernehmen oder einschüchtern (besser in umgekehrter Reihenfolge) und mit Kartellen Alternativen ausschalten oder behindern? Joseph J. Romm, im Energieministerium der Vereinigten Staaten lange verantwortlich für erneuerbare Energien: „Es ist nicht im Interesse der wenigen Firmen, die die Energiepreise kontrollieren, einen neuen Player auf den Markt zu lassen. Schon alleine deshalb entmutigen Öl-Firmen sämtliche Alternativen; abgesehen von den Alternativen, die sie selbst kontrollieren."[4]

Ressourcenknappheit und steigende Öl-Preise gehören zu den geringsten Sorgen von ExxonMobil, Chevron-Texaco und Conoco-Phillips. Mit dem Einkaufs- und Verkaufspreis steigen Margen und Profit. Die Gewinne dieser drei (Exxon-Mobil, Chevron-Texaco, Conoco-Phillips) beliefen sich 2003 auf $33 Milliarden, 2004 auf $47 Milliarden, ein Jahr später auf $64 Milliarden.[5]

Wer redet hier von Krise?

2.3 Individual vs. Society

Als Franz Kafka eines Morgens aus unruhigen Träumen erwachte ...

Goethe und Thomas Mann umkreisen es in *Faust* und *Doktor Faustus*, Robert Musil in *Der Mann ohne Eigenschaften*, Franz Kafka offenbar Tag und Nacht in jedem Satz, den er schrieb oder dachte. Dabei ist das Dilemma, das in der klassischen Moderne vehement Auftrieb erhielt, so alt wie das von Adams Eva beim Brechen des einen geltenden Gesetzes. Es ist der Konflikt des denkenden und fühlenden Einzelnen, der eigenständig handeln will und sich doch in Gesellschaft mit anderen befindet. Seit sich immer mehr Menschen nicht nur mit dem Überleben befassen, sondern auch dem Handeln, ist es ein Motiv der Moderne geworden. Da ist der Dr. Faustus, des-

sen Schöpfung so perfekt ist (verhext oder göttlich), dass sie sich verselbständigt und sogar *gegen* ihren Schöpfer richtet. Es ist die entmenschlichte Bürokratie, die jedes Vorankommen von K. lähmt. Es ist das Standardisieren, die Normierung, das Entmutigen oder gleich Killen von Alternativen. Es ist die effiziente, schnelle Fahrt auf breiter Spur, abseits von Pfaden oder Dickicht. Es ist der Mainstream des Mittelmaßes.

Die Tragödie des Faust: Zwar weiß er viel, doch möcht' er alles wissen. Und er weiß bereits, wer strebt, der irrt

Es – das Ur-Dilemma von Individuum *versus* Gemeinschaft – ist nicht ortsgebunden. Doch gerade im gelobten Land wird das Motiv laut und tönend und wunderschön sichtbar. Wie z.B. in dieser Karikatur: Auf dem ersten Bild sehen wir einen Trapper, der eine Pause einlegt. In einen Saloon ist er eingekehrt, steht am Tresen, glücklich und mit sich im Reinen. Er trinkt einen Whiskey, ein cowboy-gestiefelter Fuß ruht auf einem →*brass footrail*, einer Art „Geländer" am unteren Ende der Theke. Das Bild steht für die ur-nordamerikanische Lebensweise, einen unabhängig von den Ureinwohnern entwickelten Stil, so amerikanisch und weiß wie Toastbrot. Die meisten Amerikaner können sich gut hineinversetzen in diesen *lonesome cow-*

boy, der seinen eigenen Weg geht, seinem eigenen Rhythmus folgt. Das Bild daneben zeigt Hunderte in der gleichen Pose, nebeneinander in einer Bar von heute, vielleicht in New York, jeder für sich im ganz eigenen (US-)Stil – und exakt wie alle anderen. So sieht es aus, wenn sich die Masse mit dem Individualisten identifiziert.

brass footrail: „The Mile-Long Bar" war von 1972–1988 eine der Sensationen von Disneyland; im Stil des guten alten wilden Westens, eine ungebrochen potenzierte Illusion der endlosen Weite der Pionierzeit.

Waren das Zeiten, als Einzelgänger noch vereinzelt auftraten

2.4 Masse und Klasse

Nirgendwo ist das Dilemma von Individuum und Gesellschaft so deutlich wie in den USA, wo das Recht auf freie Entfaltung seit 1791 in der Verfassung verankert ist und sich der Einzelne zugleich mit Objekten hochrüstet (weil er die objektlose Weite als bedrohlich empfindet),[6] die als funktionales Werkzeug wie Klappmesser, Baseballschläger, Pick-up-Truck, Hut, Sonnenbrille, Gürtel getarnt sind. So wie die besten Filme *(Easy Rider, Einer flog übers Kuckucksnest, Rumble Fish)* diesen existenziellen Konflikt der Selbstentfaltung/-verwirklichung des Einzelnen in der Gesellschaft thematisieren, so bewegt sich auch das Auto zwischen den Polen der individuellen Autonomie und dem erschwinglichen Einheitslook.

Das Individuum als unternehmerisches Selbst: Es will ein Unternehmen, es will etwas unternehmen. Zum Beispiel mit dem Automobil, das Freiheit und grenzenlose Fortbewegung verheißt, in welchem man aber meist wie auf Schienen parallel mit allen anderen in eine vorgegebene, von Leitplanken eingezäunte Richtung strömt – oder im Stau steht. Auf Masse setzte in den USA Henry Ford, auf Klasse sehr wenige Hersteller, die meisten vergessen – wie Duesenberg, Auburn oder Packard.

In der Autoproduktion sind bis heute beide Pole manifest. Dabei stagnieren die Massen von Motor City Detroit, die Individualisten dagegen haben noch nicht aufgegeben und hämmern und schweißen mit *customized cars* an der Peripherie des Mainstreams weiter gegen die Konformität. Niemand jedoch bringt das Dilemma so gut auf den Punkt wie der Motorcycle Boy, Held eines Jugendbuchs, in Francis Ford Coppolas Verfilmung *Rumble Fish* gespielt von Mickey Rourke:

„In meinem ganzen Leben hat mich nichts so sehr überrascht wie die Entdeckung, dass es Leute gibt, die gemeinsam mit anderen in einem Rudel Motorrad fahren".[7]

Der große Bruder spricht, und Matt Dillon fehlen die Worte

Freiheit durch Technik

Auch die, die bei Ford die Fließbänder am Laufen halten, sollen im Rudel fahren. Ford führt nicht nur die Massenproduktion ein, sondern auch den Massenkonsum, *strength in numbers*. Doch der Absatzmarkt für Autos ist, wie bei Möbeln, Computern, Zahnersatz und Lebensmitteln, begrenzt.

Größe als Gradmesser des Fortschritts – *the sky ist the limit.* GM-Zentrale in Detroit

2.5 Triumph der Oberfläche

Die Beiträge zur Verbreitung des Automobils, die aus den USA kommen, sind bis heute vor allem ökonomischer, selten technischer Natur. Und Fließband und Fordismus sind nicht nur folgenreich für die Geschichte von Autos und Industrien, sondern für unsere komplette Kultur.

Neben Ford hat allerdings noch jemand anderes in unserem Alltag tiefe Spuren hinterlassen: General Motors (GM). Dessen ist man sich in Europa kaum bewusst, es gibt darüber kein Manifest, keinen Prediger wie Henry Ford, und doch: Unmengen an Literatur belegen den schleichenden und scheinbar unsichtbaren Einfluss auf fast alle Lebensbereiche. Konzipiert hat die faszinierende Geschichte William C. Durant, verfeinert hat sie Alfred P. Sloan, Nachfolger haben sie perfektioniert. Eine Erfolgsgeschichte – vorausgesetzt, man misst Erfolg an Zahlen.

Über siebzig Jahre lang, von 1931 bis 2007, ist GM (dessen Firmenlogo so gut wie unbekannt ist, da es kaum einen Wagen ziert) nicht nur der größte Pkw-Hersteller, sondern phasenweise das größte Unternehmen weltweit. Das macht die Geschichte aufregend. Noch spannender wird die Geschichte des Aufstiegs, wenn man sich vor Augen hält, wie grandios das Unterfangen gescheitert und binnen Wochen nach der Bankenkrise 2007 untergegangen ist.

Rückblende: William C. Durant steht der Lärm und Gestank verbreitenden Erfindung Auto kurz vor der Jahrhundertwende reserviert gegenüber. Kein Wunder – als erfolgsverwöhnter Pferdekutschenindustrieller umgibt er sich gern mit frisch gesägtem Holz und Pferdemist, aber auch mit dem Tackern seiner Rechenmaschine. Nicht nur auf der Straße und in Sägewerken, auch in den Herrensalons des Geldadels von New England hat er viel gesehen und gehört. Er kennt das Gerede von Alkoholikern und Tagelöhnern, von Politikern und Tagedieben. Er hat gelernt, Bullshit von Träumen zu unterscheiden, Gerede von Taten. Als sich im traditionell wohlhabenden Nordwesten der USA die Stimmen der Autokritiker mehren, vor allem deren Appelle an die Politik, einzugreifen und das wilde Treiben auf der Straße zu ordnen, gibt William C. Durant das zu denken. Die Initiale in seinem Namen steht nicht grundlos für den Familiennamen der Mutter, für eine Tradition von Geschäftsführern und Politikern. William Crapo Durant wartet nicht auf Vorschriften oder Produktionsverbote aus Washington, sondern auf eine Gelegenheit. 1904 ergibt sich diese.

Mit motorlosen Vehikeln ein gemachter Mann, kauft Durant eine Firma für pferde-lose Vehikel. Die hat ein Jahr zuvor der Schotte David Dunbar Buick in Detroit als Firma eintragen lassen, kurz darauf ist sie nach Flint (das Flint des Filmers Michael Moore, hundert Kilometer nordwestlich von Detroit) verlegt worden. Die Geschäfte laufen nicht gut.

Knapp zehn Jahre nach Carl Benz' Probefahrt auf dem Kaiserring existieren 1895 in den Weiten der Vereinigten Staaten achtzig Automobile. Die eine Hälfte davon fährt mit Benzinmotor, die andere mit Dampf- oder Elektro-Antrieb. In Europa fahren bereits an die tausend Wagen von Benz, Frankreich ist mit etlichen Herstellern die Auto-Nation Nummer 1.

Die Buick Motor Company hatte bis dato 37 Autos gebaut, wenige verkauft und dabei viele Schulden gemacht. Durant übernimmt das Steuer, bewegt 1905 das →Buick Model B zu einer Autoshow in das elfhundert Kilometer entfernte New York, wo zu der Zeit auf Höhe des Central Parks noch die Kühe grasen – und nimmt Bestellungen für 1.108 Autos entgegen. Vier Jahre später ist Buick der größte Autohersteller in Amerika.

Buick Model B: Erste automobile Fernfahrt von Bertha Benz (Mannheim-Pforzheim): 106 km. Charles Rolls' zwei Tage und viel Geduld kostende Fahrt (Cambridge-Monmouth), während der er plant, selbst bessere Autos zu bauen: 275 km. Wie Durant mit dem Auto nach New York kam, ist nicht belegt – nur dass er den Buick dort ausgestellt hat.

Um ein Geschäft zu betreiben – so das kleine Einmaleins der Betriebswirtschaft – braucht man ein Produkt. Produkte gibt es seit der Industrialisierung in Mengen, und jedes davon wird in zuneh-menden Mengen produziert. Wie Unter-nehmen in den 1920er-Jahren feststellen, muss man jedoch mehr tun als etwas produzieren. Bei dem gerade abflauen-den Interesse der krisengeplagten Konsumenten muss man es vor allem aggressiv verkaufen. Der *travelling salesman* und die brüllenden amerika-nischen Gebrauchtwagenhändler: Jetzt ist ihre große Zeit, in der Phase, wo die Konsumenten (sprich: wir) eigentlich von allem genug haben. William Durants Vorreiterfunktion in der Verkaufs-Ära gilt als unübertroffen – wenn nötig, erinnert *Time*, hätte er „mit Schmeiche-lei ein Vögelchen aus einem Baum locken können".[8] Das Prinzip heutiger Ver-tragshändler basiert auf seinem System im Verkauf von Buick-Pkw. Jeder amerikanische Hersteller nach Durant hat von ihm den Umgang mit Margen, Boni und Franchises gelernt. Selbst Marketing im Sinne von Vermarkten ist mehr als Marktschreierei, es ist Vertrieb und Verkauf. Beides hat Durant – der immer auch gerne selber eingekauft hat, und zwar ganze Firmen – von Anfang an besser organisiert als seine Zeitge-nossen in der Pkw-Branche.

Kaufen als Event, Shopping als Kirmes-Spaß

„Learning English", interpretiert von Japanern

Relativieren wir es: Man muss kein Prophet sein, man muss nie studiert haben, um 1908 einzusehen, dass auch Kutscher auf ein anderes Pferd setzen sollten. Etwa zehnmal so viele Autos wie zur Jahrhundertwende existieren inzwischen in Amerika – 200.000. Allerdings auch hundertmal so viele Zugpferde. (Autos werden diese Menge – 20.000.000 – erst zwanzig Jahre später erreichen.) Kein Grund für Durant, klein beizugeben. Bei Buick hat er mit einem in vier Jahren aufgebauten, enormen Händlernetz den Karren aus dem Dreck gezogen.

Nach dem konjunkturellen U-Turn mit Buick schaltet Durant in den nächsten Gang. Im Akquirieren und Vermehren von Kapital geübt und geschickt im Sanieren defizitärer Betriebe, gründet er am 16. September 1908 ein Firmenkonglomerat, eine Art Holding *(incorporation by proxies:* AG mit stimmberechtigten Anteilen) namens General Motors (GM). Die Ausgabe von Aktien beschert ihm genügend Cash, um seine Pläne zu verwirklichen. Während der Farmersohn Ford im selben Jahr beginnt, ein simples Modell für die Massen zu bauen (Kunden- oder Verkäuferwünsche egal, das Ding gibt es nur in schwarz), hat Durant begriffen, dass die Masse der potenziellen Abnehmer viel zu heterogen ist, um mit einem einzigen Modell bedient zu werden. Vom Geschäft mit Gespannen und Kutschen, von den Holzfällern und Aristokraten seiner Kindheit und Jugend, weiß er, dass es raffinierter ist, eine breite Produktpalette anzubieten. Die Räder und das verwendete Material können identisch sein, doch ein Bürgermeister will sich nicht bewegen wie der Farmer oder Fabrikarbeiter. Um an Senatoren und Bankiers zu verkaufen, erwirbt er Cadillac und andere, oftmals von denselben Leuten angeschobene Pkw- sowie zehn Zulieferbetriebe. Es sind schnell um die fünfundzwanzig Firmen, die er unter dem virtuellen Dach der Holding vereint und die unter einem tatsächlichen Dach gemanagt werden: in Detroit von General Motors. Jede Firma behält zunächst ihre Werkstätten und ihr eigenes Image. Wie Satelliten sind sie um die GM-Zentrale in Detroit angeordnet, die meisten in der Nähe.

Von Natur aus rastlos, auch ohne Straßennetz gut unterwegs

2.6 5-Klassen-Gesellschaft

Jeder der fünf Autohersteller bewahrt nicht nur, sondern kultiviert sogar sein eigenes Label und Image – eines für Einsteiger, ein anderes für einfache Angestellte bis hin zum Direktoren-Vehikel. Wir fangen in der Hierarchie unten an, beim kleinsten:

ELMORE (est. 1893), eine Manufaktur aus der Frühzeit, der *brass era* amerikanischer Fuhrwerke, mit Firmensitz in Ohio. Die Produktpalette der Brüder James und Burton Becker umfasst drei Kleinstautomodelle, deren größtes in William

Durants Vision das Einsteigermodell sein soll. Das Adoptivkind aus Ohio ist in der an einem Konferenztisch in Detroit konzipierten „Produktfamilie" schon der Herkunft wegen benachteiligt. Nachdem Durant 1910 aus der Chefetage verjagt wird – und bevor er mit Chevrolet eine neue Marke gründet, die im GM-Spektrum 1917 die Einsteigerposition übernehmen wird –, wird der Kleinstwagenhersteller aus der Familie verstoßen. Wer braucht schon, raunt man in den Heiligen Hallen des Vorstands, in einem so unbegrenzt großen Land Kleinwagen? (Eine Frage, die in den Führungsetagen amerikanischer Autobauer traditionell selten korrekt beantwortet wird.)

OAKLAND MOTOR CAR COMPANY (est. 1907 in Pontiac, Michigan) beginnt als Merger eines Industriellen aus Oakland County mit einem Kutschenhersteller von der gegenüberliegenden Flußseite, aus Pontiac. Mit Jahresproduktionen im vierstelligen Bereich wird Oakland, später Pontiac, eine Firma im Preissegment oberhalb der Einsteigermodelle und unterhalb der Mittelklasse.

OLDSMOBILE (est. 1897) wird aufgrund finanzieller Probleme früh von Firmengründer Ransom E. Olds verlassen. Zwei Jahre später ist Olds Motor Works mit 425 hergestellten Pkw der erste Großfabrikant von Benzinautos in Amerika – und mit dem Curved Dash erfolgreicher Lizenzgeber. In der

Schweiz baut Excelsior die Konstruktion, in England Adams-Hewitt, und in Deutschland bauen ihn gemeinschaftlich die Polyphon-Musikwerke bei Leipzig und Ultramobil in Berlin. So wie sich in Europa einige Nationen streiten, wer das Auto erfunden hat, beschränkt sich in Michigan der Historikerstreit darauf, ob statt Ford nicht vielleicht doch Oldsmobile als erster am Fließband produziert hat.

BUICK MOTOR COMPANY (est. 1903) ist Durants erste Erwerbung in dem Bereich (1904).

CADILLAC AUTOMOBILE COMPANY (est. 1902), benannt nach Detroits Stadtgründer – Antoine Laumet de la Mothe, Sieur de Cadillac, ist relativ jung und

neu, als Henry M. Leland am 29. Juli 1909 für stattliche 5,6 Millionen Dollar an die General Motors Holding verkauft. Das Unternehmen ist aus den Überresten der Henry Ford Company geformt worden, nachdem sich Henry Ford mit Beratern und Finanzierern überworfen hat.

Cadillac-Firmenlogo: fast wie das Siegel des Stadtvaters

Weitere Schwester- und Tochtergesellschaften der General Motors Company waren ab 1929 Opel, Vauxhall in England, Holden in Australien, GM-AvtoVAZ, Daewoo u.v.m. Phasenweise am Tisch der GM-Familie, abgespeist mit unterschiedlich großen Portionen: Isuzu (1971–2006), Suzuki (1985–2008), Saturn (1985–2010), Saab (1989–2010), Hummer (1992–2010) usw.

General Motors bleibt mehr als siebzig Jahre weltweit führend – und auch als sich erste Risse abzeichnen, geht die Party weiter. Finanzielle Engpässe werden mittels der firmeninternen Rentenkasse ausgeglichen, das große, seit langem absehbare Erwachen kommt mit der Bankenkrise. Dass viele potenzielle Kunden keinen Kredit mehr bekommen, ist nach Jahren des Missmanagements das kleinste Übel. Jeder der fünf Grundsteine im Firmenfirmament bröckelte auf seine Weise:

Cadillac hat durch alle wirtschaftlichen Höhen und Tiefen hindurch Straßenkreuzer in überdimensionierten Preisklassen verkauft, regelrechte Schlachtschiffe nach der Ölkrise, Staats-

karossen für Banker und Milliardäre. Und, anders als Rolls-Royce: vom Fließband. So gesehen stehen die Macher von Elvis' pinkfarbenem Cadillac nicht nur in den abwegigsten Geschichtsbüchern solide wie das Empire State Building.

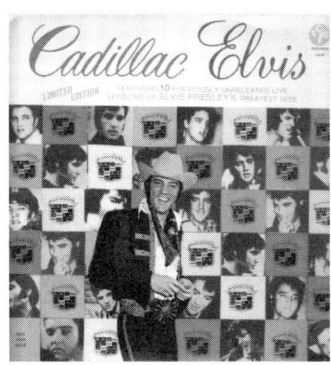

Bewegung überall: Plötzlich hatten auch die Amerikaner einen King

Buick, der Grundstein von Durants Imperium, ist trotz Abspeckungskur des Konzerns weiterhin Teil von GM, wo man das Profil inzwischen als *entry level luxury brand* bezeichnet.

Oldsmobile (1897–2004) war schon des Namens wegen nie trendy, sondern für Kunden, die außer ›Hut auch eine Pfeife mit sich führen. In 107 Jahren werden 35,2 Millionen Oldsmobiles (Olds' Mobile mitgerechnet, irgendwo weit hinter dem Komma) verkauft, doch im 21. Jahrhundert ist es die erste Marke, die von GM auf den Autofirmenfriedhof verschoben wird.

Fahrer mit Hut: Der Fairness halber sei angemerkt, dass der dritte Gigant in Detroit, Chrysler, länger an alten Formen festhielt, an Umgangsformen, auch an konventionellen Vorkriegsgestaltungen bei Pkw – mit der Begründung: „Es gibt Gegenden in diesem Land", so Chrysler-Präsident K.T. Keller noch 1948, „mit Millionen von Menschen, wo sowohl Männer als auch Damen sich hinters Lenkrad setzen, oder auf die Rückbank – ohne ihre Kopfbedeckung abzunehmen …" Die für Zylinder adäquat hohen und nach dem Krieg antiquiert wirkenden Motorkutschen Chryslers wurden ausrangiert, als 1952 Kellers Nachfolger L. L. Colbert einen unter Raymond Loewy (den mit der S1-Superlok) trainierten Designer in die Firma brachte.

Pontiac (1907–2010) hat als ewiges schwarzes Schaf der GM-Familie wiederholt mit seltsamen Methoden die Kurve gekratzt: 1916 mit V8-Motor, daraufhin mit einem neuen Lack, entwickelt von DuPont, der der kränkelnden Marke mit dem Slogan „true blue Oakland" neuen Glanz verleiht. Später wird das erneut faltige Image (Abnehmer, aber nicht die Zielgruppe: ältere Damen) für einen jungen Aufschneider-Manager zur Startrampe in außerordentliche Eskapaden. Millionen TV-Zuschauer kennen das Bild des über Hügel rasenden und fliegenden Detektivs Rockford im Pontiac Firebird 400. Doch Ende April 2009 fällt Pontiac in der Bankenkrise endgültig dem Rotstift zum Opfer. 2010 solle der letzte vom Band rollen, lässt der schwerfällige Riesenkonzern GM verlauten. Bleiben sollen in den Vereinigten Staaten lediglich drei Marken (Chevrolet, Buick, Cadillac) plus ein viertes Rad, für alles Schmutzige und Grobe, den Farmer im Hinterland, die Bauern in den Cities: der Pick-up- und SUV-Bauer GMC (zu Gründerzeiten GMC Truck).

War nicht eine der Prognosen von Marx, dass der Kapitalismus so gierig ist, dass er sich am Ende selbst auffressen wird?

Auch William C. Durant hält sich nicht ewig in der von ihm selbst kreierten Holding. Schon 1910 wird er von Bostoner Aktionären aus dem Vorstand verjagt – weil er nicht aufhört, Firmen zu kaufen, und zugleich Ford nicht aufhört, Autos in Mengen zu verkaufen. Durant startet daraufhin mit drei Schweizer Rennfahrern eine neue Autofirma. Parallel und verdeckt kauft er wieder ein wie verrückt; diesmal Aktien von GM. Und so läuft er dann bei einer Vorstands-

sitzung ein, mitten in das Treffen, zu Fuß, und aus seinen Taschen quellen Aktienzertifikate, die seinen 40%-Anteil an GM belegen: „*Gentlemen, I control this company.*" Das war, so Walter P. Chrysler später, wie die Rückkehr Napoleons von Elba.

Die Firmengründung mit den aus dem Kanton Neuenburg stammenden Rennfahrern – Louis, Arthur und Gaston Chevrolet – trägt den Namen der Brüder und im Firmensignet eine Variation des Schweizer Kreuzes. Der älteste ist in der Firma federführend, der mittlere Durants Privat-Chauffeur, der jüngste früher und schneller als die anderen tot. Die Firma Chevrolet lässt Durant bei GM von GM kaufen. Von da an kann General Motors endlich den Verkäufen des Model T schaden.

Durants Herkunft in der Größe einer Streichholzschachtel: Familie der Mutter seit Generationen steinreich (Walfang und Schiffsbau, eigene Wälder), ihr Vater schuftet sich zu Tode, als Gouverneur von Michigan. Billys Vater kann dagegen nicht anstinken, säuft, zieht Leine. Als Billy mit Mutter nach Flint zieht, hat er viel gesehen. Er ist zu diesem Zeitpunkt sieben Jahre alt

Billy Durant, der Zigarren und Kutschen gekauft und verkauft hat, dann Motorkutschen, Betriebe und Konzerne, verschwindet 1920 von GM, spekuliert und spielt mit bis zu $90 Mio., lenkt seine Aufmerksamkeit zur Wall Street, wo er 1923 das Bankwesen neu aufzurollen gedenkt, vergaloppiert sich stattdessen in der Depression, verschwindet wieder, geht unter … und wird 1936 in Asbury Park gesichtet, New Jersey, wo er eine Imbissbude und einen Supermarkt betreibt. Nebenher vertickt er ein Mittel gegen Kopfschuppen und wähnt sich im Besitz einer Bowlingbahn oben in Flint. William C. Durant, Highschool-*dropout* aus bestem Hause, stirbt mit über achtzig Jahren abgeschieden und ziemlich unbeachtet 1947.

Top 10 College dropouts ... laut Time 2010

① **Bill Gates,** Computer-Milliardär
② **Steve Jobs,** Computer-Milliardär
③ **Frank Lloyd Wright,** Architekten-Star
④ **Buckminster Fuller,** Architekt (auch eines Autos)
⑤ **James Cameron,** Regisseur
⑥ **Mark Zuckerberg,** Facebook-Gründer
⑦ **Tom Hanks,** Filmstar
⑧ **Harrison Ford,** Filmstar
⑨ **Lady Gaga,** Pop-Star
⑩ **Tiger Woods,** Star-Golfer

Logo der General Motors Corporation: Wie auf Granit gemeißelt

General Motors' Marken-Hierarchie passt zu einer Kultur, die in der Vertikalen durchlässiger wird; gesellschaftlicher Aufstieg lässt sich mit dem Wechsel zur nächsthöheren Wagenklasse demonstrieren.

Bei der deutschen GM-Tochter Opel müssen die Modellnamen nicht erst dekodiert und der entsprechenden Schicht zugeordnet werden, sie spiegeln ganz konkret die Karriereleiter wieder. Dort kann man sich per Fahrzeugwahl befördern vom Kadett zum Admiral oder Diplomat bis hin zum Kapitän. BMW nummeriert durch: 316, 318, 320, 320i, 323 und weiter mit 5er-, 6er- und 7er-Reihe – wer das durchschaut, wer gewitzt auf Understatement setzt ... aber trotzdem BMW fahren will, kauft sich einen 1er. Ähnlich und inklusive der Sackgasse am Ende ist die Hierarchie bei Peugeot angelegt, nach dem unverwüstlichen 403, dessen Cabriolet-Version Detektiv Columbo ewig fuhr: 104, 204, 304, 404, 504, 604, Mitte der 1980er dann 205, 305, 405, 505 ... alles namensrechtlich geschützt, so dass Ferrari betteln muss, um 1988 ein eigenes Modell 408 nennen zu dürfen. Wegen Peugeots in Frankreich gesicherten Rechten für Modellnummern mit einer „0" in der Mitte kam der Porsche 901 im Jahr 1964 als 911 in die Autohäuser. Woher die französische Dickköpfigkeit? Möglicherweise hatten sie sich Jahre zuvor über die umwerfende Eleganz, hinreißende Schönheit und absolute Oberklasse eines bajuwarischen BMW blau-weiß-rot geärgert – weswegen sie all ihren Hass mit Tunnelblick auf eines richteten: die Typenbezeichnung des BMW 507?

So wurden aus Autos *fast moving consumer goods*. Bis sich keiner mehr für den neusten Schrei, die letzte Mode begeisterte und die Technik so gut wurde, dass Autos immer länger hielten. Da kam es zur Krise.

Ohne ständig neue, nötige Neuwagen kein ganz so rasanter Aufstieg, ohne Aufstieg keine Profilierung via Automodell, ohne Profilierung via Modell, ohne Mode und Schnickschnack weniger Distinktions- oder Lustgewinn am Auto. Da rollt das Geschäftsmodell mit dem aufgepeppten Marketing aus. Vorher blühen aber noch die Formen und die ungebremste Wonne.

2.7 Riffing on Adorno

Mit der Entwicklung des Autos zum Massenprodukt gewinnt es auch an Profil. Industriedesign entsteht mit der Massenproduktion, ohne Look keine Distinktion. Es gibt immer mehr Produkte, immer mehr Hersteller für dasselbe Produkt und seine industrielle Multiplikation – man vertreibt nicht nur die Erfindung, sie braucht auch eine eigene Form, die sich von der Konkurrenz abhebt. Die Manufakturen, eben noch rußig und düster in Manchester, jeder Mensch auf den Gemälden L.S. Lowrys klein und in uniform schwarzer Kluft ameisengleich in Industrielandschaften, sind zu clever agierenden Unternehmen geworden. Parallel zu der sicht- und fühlbaren Industriellen Revolution findet eine Kulturrevolution statt. Jeder kann sich nicht nur Sachen kaufen, er kann es sich sogar leisten, sich damit vom Einerlei der Masse unterscheiden. Das künstlerisch Wohlgeformte, zuvor noch exklusiv, Unikat, Maßanfertigung, wandert in den Alltag. Und die Massen greifen begierig danach.

Häusliche Einrichtung wie Maschinenteile: auch eine Art Kultur

Auf Karl Marx aufbauend, beschäftigt sich ab 1924 das Institut für Sozialforschung in Frankfurt/Main mit diesem relativ neuen, nun wild wuchernden Phänomen. Mit ihrer Kritischen Theorie blenden Max Horkheimer und Theodor Adorno die ökonomischen Aspekte aus und konzentrieren sich – mit etwas Freud – auf die Methoden, mit denen Bedürfnisse gelenkt werden. Ihre Kritik gilt der Kultur, in der die Manipulation des Einzelnen diesen zum Massenkonsum führt, was wiederum die Massenproduktion beschleunigt – aus der wenige den Profit ziehen. Alles einleuchtend, heute nicht mehr so richtig neu, nachlesbar in Stretch-Version bei Max Horkheimer und Theodor Adorno in *Kulturindustrie – Aufklärung als Massenbetrug.*[9] Inwieweit die Massen – sprich: wir – bloße Marionetten in diesem ausgebufften Poker der Oberen Klasse sind oder werden, inwieweit wir uns diesem perfiden Allesfresser-Monster freiwillig oder gar freudig ausliefern, wird hier ausgeblendet. Vertreter der Soziologie (auch eine relativ neue Disziplin) und Philosophie kommen zu dem Schluss, dass sich die menschliche Vernunft in einer Phase des radikalen Wandels befindet. Vernunft: schon von Platon seziert und als *intellectus fidei* in der Scholastik zu Glaubenseinsicht verformt, was ein treffenderer Begriff ist für das, um das es hier geht. Die Vernunft der Moderne, beschleunigt durch die Beschleunigung. Der Glaube – an Götter oder Kirche – ist ins Hintertreffen geraten. Adorno und Horkheimer deuten unseren Vernunftbegriff als Fusion von Herrschaft und technischer Vernunft. Deren Bestreben ist es, alle inneren und äußeren natürlichen Kräfte unter die Kontrolle des menschlichen Subjekts zu bringen. Genau dadurch aber hebt sich das Subjekt selbst auf, von der anfangs erhofften Emanzipation bleibt nichts als ein leeres Versprechen. Die soziale Macht (bei Marx das Proletariat) geht leer aus. Konsequent, dass eine der späteren wichtigen Schriften des Gelehrten Adornos, *Minima Moralia*, im Untertitel so formuliert ist, dass es jeder versteht: *Reflexionen aus dem beschädigten Leben*.

Adorno und Horkheimer: Theoretiker im Sinne des kleinen Manns

Den Autofahrer, der wie ein richtiger Rennfahrer nicht nur nach vorne starrt und strebt, sondern auch seine Verfolger im Blick behält, interessieren natürlich Reflexionen, zumal im Zusammenhang mit Beschleunigung, Fortschritt und Industrien. Wertewandel, Kulturwandel, durch PR Geschick gelenkte Bedürfnisse? Statt Gedankenaustausch und Schriften über soziale Macht unser Tanz auf dem Vulkan – in den wir wie Lemminge fallen? Kann man so sehen, kann man so sagen. Andererseits fing eine entmenschlichte Loslösung vom Einmaligen schon mit dem Buchdruck an. Und was für Nachrichten und Neuigkeiten brachten *Aachener Anzeiger* und andere auf die Bibel folgende, frühe Schriften? Genau: Anzeigen. Das Ausgrenzen des Tatsächlichen begann sogar noch früher – mit der Schrift als Surrogat für den Gelehrten oder Redner. Das Subjekt ist vielleicht schon viel früher unter die Räder, Holzräder, gekommen.

„Die Geschwindigkeit erzeugt reine Objekte, sie ist selbst reines Objekt, da sie den Boden und die Bezugspunkte auslöscht, da sie in der Zeit zurückgeht, um sie zu vernichten, da sie schneller als ihre Ursache läuft und ihren Ablauf zurückverfolgt, um sie ungeschehen zu machen. Die Geschwindigkeit ist der Triumph der Wirkung über die Ursache, der Triumph des Augenblicks über die Zeit als Tiefe, der Triumph der Oberfläche und der reinen Gegenständlichkeit über die Tiefe des Begehrens.“[10] *(Jean Baudrillard)*

Für das Funktionieren von Kapitalismus müssen Menschen zu bloßen Schrauben im Getriebe werden. Autonomie und Individualität suchen die Arbeiter im trauten Heim und auf Reisen, am schwungvoll gestalteten Nierentisch und an der Adria. Die Urlaubsfahrt im eigenen Auto suggeriert die Freiheit, einen eigenen Weg gehen zu können. Auf der Autobahn.

Heute lesen sich frühe Überlegungen zum Kapitalismus die damit einhergehende Entmenschlichung der Arbeiter am Fließband und Aufhebung der Grenzen im unbeschwerten Verkehr von Gütern und Kapital ein wenig befremdend. Die Fusion von Herrschaft mit technischer Vernunft ist so weit fortgeschritten, so unabänderlich, wie es der Begriff ursprünglich meint: Eine Fusion, vom Lateinischen *fusio* (= Schmelzen, Guss, Ausfluss) ist selten umkehrbar. Wir empfinden das Produkt der Reaktion als naturgegeben, wie aus einem Guss.

Nur logisch, dass diese Verschmelzung in beide Richtungen wirkt: Analog zur Einpassung von Natur und Mensch in Rhythmus und Struktur der Maschinen wird die Maschine selbst – wie die Schöpfung des Dr. Faustus – belebt:

Wir fressen Öl, Benzin und Kilometer / und brechen immer wieder den Rekord. / Wir dienen dem Geschäft, der Lust und später / auch noch (in Schwarz) den Leichen zum Transport. / Das Tempo trommelt laut in unsren Flanken. / Wir haben Augen aus Metall und Glas / Und wenn wir hungrig sind, läßt man uns tanken. / Durch unsre Poren rieselt Kraft aus Gas („Lied der Automobile", Herbert Strutz, 1930)

Ja, die Augen des Autos. Beeindruckend, da so verstörend, sind jüngere Audi-Modelle, deren Lidschatten in Form einer ganzen Reihe heller, greller Halogen-Lämpchen unterhalb der eigentlichen Scheinwerferapparatur aggressiv droht. Keine dekorative Umrahmung, sondern zweifelsfrei aggressiv: wie Kriegsbemalung, wie bei den Spielern im American Football, die zum Einschüchtern des Gegners mit schwarzen Balken unter den Augen vom Blick in die Augen selbst →ablenken

ablenken: wie Adam Ant und Mötley Crüe mit demselben Schmink-Trick davon abgelenkt haben, dass sie zwar wussten, wie man mit Gitarren coole Posen einnimmt, aber nur limitieren, was man mit Instrumenten noch machen kann.

2.8 Wider alle Vernunft

Leder oder Lack, schwarz oder ferrari-rot: Wer will da nicht niederknien und vor Wolllust in die Fußmatte beißen?

Die Geschichte des Autos, wenn seriös abgehandelt und zwischen Buchdeckeln, ist entweder eine der Ingenieure und der Entwicklung vom Rad über künstlich erzeugbares Feuer, Energiegewinnung ... oder eine Geschichte wie im Bilderbuch. Pralle Hauben, unter denen die PS (ital.: *potenza*) einsatzbereit, allzeit bereit warten und schnurren, in der Sonne glitzerndes Chrom, abgelichtet vor Schlössern oder auf leeren Waldwegen, Außenaufnahmen von Pornofilmen für den gehobenen Geschmack nicht unähnlich. Wollust, roter Lack, dazu die tänzelnde Eleganz des Sonnenlichts.

Der Motor bleibt sorgsam verdeckt, nur Auspuffrohren, dick wie Oberarme, gilt ganz eigene Aufmerksamkeit; und gelegentlich streift auch ein Blick den sorgfältig holzvertäfelten, mit Leder ausgekleideten Innenraum.

Andere Aspekte sind nicht so leicht einzufangen: Das Auto als Motor der Globalisierung, Turbo des Kapitalismus, Ur-Instinkte entfesselndes Psychomobil, irrationaler bis irrer Spaßfaktor. Das Auto ist für viele von uns Teil der eigenen Gefühlsgeschichte. Kurt Möser vom Landesmuseum für Technik und Arbeit in Mannheim dekliniert diese Aspekte folgendermaßen:[11]

① Das Auto „wird zunehmend mit einer **ICH WILL SPASS**-Haltung, mit fröhlicher Aggression gefahren." Es transportiert nicht nur Menschen, sondern Obsessionen. Autofahrten in Deutschland erfolgen primär zum Vergnügen.

② „Das Auto ist ein beweglicher, behaglicher Innenraum, eine Projektion der eigenen Körpermacht, eine selbstbestimmte Bewegung, die durch den kraftvollen Verbrennungsmotor ins Allmächtige übersetzt wird."

③ Kleinere **SPARAUTOS** lösen nicht Verkehrsprobleme, sondern vermehren die Autoflut. In der vollmotorisierten Gesellschaft ersetzen kleine, „vernünftige" Modelle nicht die spritfressenden: Sie ergänzen diese, „weil sie als Zweit- oder Drittwagen gefahren werden".

④ Verkehrswende durch Verkehrspolitik ist eine Illusion. „Die Sehnsucht der Käufer überlagerte immer die Verkehrspolitik. Im letzten Jahrhundert war der individuelle Mobilitätsdrang ein sozialer Selbstläufer."

⑤ Der **NORMALFALL STAU** wird als Ausnahme empfunden und führt selten zum Umsteigen. „Im technoiden Privatraum

ist durchaus gut stehen, telefonieren, nasebohren. Die bloße Möglichkeit, den Mobilitätsdrang erfüllen zu können, scheint zu reichen."

Resümee: Mit nüchterner *Ratio* kommt man der Sache nicht wirklich näher. Selbst wenn man darauf besteht, dass das System nur erfolgreich ist aufgrund von cleverem Marketing und anderen Tricks, dass wir alle eingelullt werden wie einst das einfache Volk vom Klerus: Es funktioniert schon lange erstaunlich gut. Nur wieso? Was passiert da im Hirn, was mit der Vernunft? Worauf fußt der Spaß des Kontrollverlusts, der Überdruss, selbständig Entscheidungen zu treffen? Bzw.:

2.9 Wie fing alles an?

Mit den neuen Industrien kommt es Ende des 19. Jahrhunderts zu einem Exodus. Alles pilgert zu den neuen Arbeitsplätzen in die Fabriken, die in den Städten entstehen. Noch 1871 leben zwei Drittel der Deutschen auf dem Land und nur knapp 5% in einer der damals acht größeren Städte (mit mehr als 100.000 Einwohnern). 1925 hat sich das bereits verschoben: Jeweils ein Drittel lebt auf dem Dorf oder in einer von nun 45 Großstädten. So geht es weiter, 1939 sind es 59 Städte, die im Deutschen Reich mehr als 100.000 Einwohner zählen. Seit kurzem – 2008 – lebt mehr als die Hälfte der Weltbevölkerung in Städten, eine historische Wende. So wie in der Kapitalismuskritik vorhergesagt, verliert sich in der Masse das Individuum – findet in der Anonymität aber auch Freiheit zur Entfaltung eigener Vorstellungen, Gleichgesinnte mit individuellen Gedanken. Die Kunst blüht. Man versteht, was Henry Ford meint, wenn er feststellt: „Eine der größten Errungenschaften des Automobils ist die wohltätige Wirkung, die es auf den Gesichtskreis des Farmers ausübt. Es hat ihn wesentlich erweitert.“[12]

2.10 The car is the star

In der Sonne der Côte d'Azur natürlich silbrig glänzend, lasziv und doch mit Takt, der Kühlergrill offen hungrig, Chrom nur bei Stoßstangen und doch schlicht plus zwei ironische Senkrechte vorne, und weil der ganze Wagen dermaßen heiß ist, vor den Türen noch nach Durchzug röchelnde Belüftungsschlitze. Die ganze Karosserie ist so voller verschwenderischer dahinschwelgender Rundungen und Kurven, dass dagegen die Autoerotik des Ford in *Starsky und Hutch* aussieht wie das Fastfood von Starsky, das Müsli von Hutch.

Sicher, am Aston Martin DB 5 ist nicht alles rund. Um den 4-Liter-Motor legt sich manche Falte in das blecherne Silberkleid, sorgsam und streng wie das gestärkte Tuch im Revers eines Brooks-Brothers-Anzugs. James Bond weiß, wie man einen Martini mixt, welche Socken zu welchem Anzug passen – und er weiß, was den Ladies gefällt. Das Fahrverhalten des DB5 war zwar das eines Trucks, er fuhr wie ein Zug – findet der prinzipiell anglophile Jeremy Clarkson, der von manchem Hersteller nicht nur Autos für Langzeittests einsackt, sondern manches mehr, und dessen infantiles Verhalten in einem Rad-an-Rad-Duell mit Starsky erschreckt oder schockt. Seit Clarkson kein Blatt vor den Mund nimmt, ist die Autoshow der BBC, *Top Gear*, weltberühmt, Clarkson reicher als mancher Hollywoodstar ...

Doch auch ein Großmaul wie Jeremy Clarkson kommt gegen die Gesetze der Wahrheit nicht an. Auch er kann nicht abstreiten, dass der DB5 ein Jahr nach seinem Erscheinen in *Goldfinger* 1964 Filmgeschichte geschrieben hat. An den Plot, die Geschichte des Films erinnert sich keiner, warum auch? Es ging ja um die zahlreichen *gadgets* („optional →extras“ mit freundlicher Unterstützung von Q), die Agent 007, als britischer Gentleman im Kalten Krieg zwischen den großen abgebrühten Giganten einsetzt.

extras: hinter den vorderen Blinkern Browning MG (Kaliber .30), Rammaufsätze vorne und hinten, optional wechselnde Nummernschilder dreier Nationen, optional ausfahrbare kugelsichere Rückwand, auch alle Fenster kugelsicher, in den Radmuttern versenkte Klingen, Radaranlage, unter dem Beifahrersitz ein Waffenarsenal, Schleudersitz, Autotelefon, optional ausspraybarer Ölteppich hinter Bremslichtern, aus denen auch Sternnägel prasseln, aus den Auspuffrohren quellende Rauchschwader.

Dank weiterer glorreicher Auftritte in *Feuerball* (1965) wurde der Aston Martin DB5 das erste Auto, das in einem Film so bezaubernd gut dastand und sich bewegte und gefiel wie ein Starlet – und genauso unvergesslich wurde. Knapp und lakonisch, über den messerscharfen Rand eines Martini-Glases hinweg könnte man anmerken: Früher war James Bond im Kalten Krieg cool und kontrolliert und Sean Connery, dann wurde er Roger Moore und fuhr einen weißen Plastikbomber von Lotus, ging damit in *Der Spion, der mich liebte* 1977 spektakulär unter (Wasser), doch emsig und zäh rackerte er sich als Pierce Brosnan aus der Identitätskrise ... mit dem guten alten Aston wiedervereint in *GoldenEye* (1995), *Der Morgen stirbt nie* (1997) und mit Daniel Craig am Steuer in *Casino Royale* (2006). Ah ja, irgendwann stand in einem Käfig ein Jaguar, pardon, das Tier, und Bond bekam einen BMW (pardon, keine Werbung, Teil des Films). Ein Gag, sichtbar sorgfältig eingefädelt, ganz ohne das Flair und die natürliche flirtende Eleganz des DB5, der einen mit

Freiheit durch Technik

seinen runden Augen zwar auch etwas naiv beguckte, aber im Grunde jeden anmachte wie eine *femme fatale*, der nur ein Bond gewachsen ist.

Kugelrunde Lichter und senkrechte Stoßstangenelement

Der Lotus ging baden, der DB5 kam, sah, siegte ... und kam zurück

Perfekter scheint es nicht denkbar zu sein, das Automobil, als in Bewegung auf den Serpentinen Südfrankreichs, ohne Eile, trotzdem schnell, mit dem Trouble eines vielgefragten Menschen, der trotzdem locker bleibt – und dazu die unendlichen Kraftreserven, die unsterbliche Schönheit. Wie ein Gott in Frankreich, in einer Welt, in der Terminkalender und Naturwissenschaften regieren, Gott schon lange tot ist oder nach unbekannt verzogen – da erinnern und sinnen wir über die Goldenen Sixties, als der Grundstein für die Nostalgie der Postmoderne gelegt wurde ... Aber was soll man auch machen, wenn man statt an Gott, Nirwana und Erfüllung im Jenseits glaubt, kann man ja nicht immer und allen mit Physik und Naturwissenschaften kommen, mit kalten Zahlen und kühlen Fakten. Der kalte Krieg ist vorbei, und auch die Zahlen waren nie wirklich sachlich, sondern immer ausgewählt von jemandem, der damit seine Agenda durchzusetzen suchte.

Kein Wunder also, wenn man sich heute darauf stützt wie auf einen dieser rotweißen französischen Kilometersteine, nur einen Moment zum Innehalten, und wenn man dann die rückwärtsgerichtete Sehnsucht, die Nostalgie über sich waschen lässt wie das Meer. Der silberne Aston Martin, anachronistisch in Stil und

Fahrverhalten, zeitlos und doch in Wahrheit ganz felsenfest ein Engländer für im sozialen Umgang fragwürdige ältere Herren, der ist das ideale Vehikel in eine Zeit, die im Rückspiegel ganz ohne Falten und Furchen glänzt. So perfekt, als sei da schon die Nostalgie von heute entworfen worden.

2.11 Phasen des Automobils

Das Auto ist mehr als sein Benzinmotor. Der mag komplex sein, ingeniös, doch das Automobil ist auch magisch, seine Gestaltung vielfältig und im besten Fall inspirierend wie Kunst. Von der dreirädrigen Kutsche über klassische Oldtimer mit wuchtigen Gaslicht-Laternen und herrschaftlich arroganten, langgezogenen Motorhauben für die ersten Superstars von Hollywood, für Könige und Scheichs, bis hin zu den pastellfarbenen amerikanischen Straßenkreuzern voller raffiniert geformter Rundungen. Von den Kleinsten über Jaguar und Panther bis hin zu T-Rex-Fahrzeugen im Großstadtdschungel: Das Auto spiegelt immer auch die Empfindsamkeiten des Zeitgeists. In drei Phasen unterteilt: nach den ersten Gehversuchen die Perfektionierung der Maschine – mit zweck- und prestige-fördernden Formen der Karosserie, als letztes das ziemlich fertige, zuverlässig funktionstüchtige Fahrzeug, wie man es seit einigen Jahrzehnten auf jeder Straße sieht.

In der ersten Phase (1885–1918) sind Autos, was heute Privatflugzeuge sind: ein Spielzeug, Besitzer wie Fahrzeuge höchst verschieden, oft ein wenig exzentrisch. Der Pkw-Bestand liegt am Schluss bei fünf Millionen weltweit. In der zweiten Phase (1918–1945) etabliert sich die Oldtimer-Form, „als Triebmittel kommen bes. Benzin, Petroleum, Benzol, Naphthalin sowie Spiritus in Betracht".[13] Das Auto wird zum größten Konsumgut weltweit. In der dritten Phase (1945–heute) wird das Auto zum Alltagsobjekt. 2010 fahren um die vierzig Millionen Kraftfahrzeuge allein auf deutschen Straßen. Das Auto ist zum größten Wegwerfprodukt weltweit geworden.

2.12 Mit Tunnelblick voran

Eine logische Konsequenz von Aufklärung und Fortschritt als neuem Credo, von ungebremstem Wachstum und steigender Geschwindigkeit – später: Effizienz – als allmächtige Instanz ist neben der schrittweisen Abschaffung von Gott die Entstehung des Ingenieurwesens. Das *Engineering* von Arbeitsprozessen, das *Streamlining* durch Einsparung von Arbeits- und Zeitaufwand, werden aus der Ökonomie von Kraft und Zeit übertragen auf das Wirtschaften. Hinterfragt wird das kaum, solange es im Interesse aller ist ... die davon profitieren.

Vom Konsumgut Nummer 1 zum größten Wegwerfprodukt

Jahre davor kam die Industrialisierung im Wilhelminischen Reich an wie die Lösung für eine Menge Probleme und Bedürfnisse. Von nun an staunen und

Freiheit durch Technik

forschen Wissenschaftler nicht einfach vor sich hin, beobachten und notieren wie jahrhundertelang Mönche und Philosophen. Nach wilhelminischer Vorstellung sollen sie von Anfang an einen Zweck verfolgen, ein Ziel. Denn sie haben etwas zu beweisen: die Überlegenheit der Deutschen. Während die Briten mit ihrem Königreich sowieso mehr als die Hälfte der Welt kontrollieren, während die Franzosen das Leben genießen und mit *la Révolution* so eine Art reinen Tisch für die Moderne geschaffen haben … haben die deutschen Einzelstaaten ein Problem: Niemand nimmt sie so richtig ernst, von allen Seiten werden sie von Nachbarn überrannt, sie müssen sich zusammentun. Nach angezetteltem und verlorenem Weltkrieg sind sie offen für Großmäuler – und in dieses Klima passt, wie die geballte Faust in den Boxhandschuh, eine sehr deutsche Erfindung: der Ingenieur.

Das Treiben der Briten und der Alemannen nahm man nonchalant hin

Anders als der Erfinder ist er kein Exzentriker, kein Alchimist, Bastler oder Wirrkopf. Der Ingenieur möchte sein Wissen anwenden. Ein Problem wird isoliert, mit Tunnelblick bemüht

man sich um eine Lösung. Aus dem Ingenieur wird irgendwann der Fachidiot. Der Experte setzt sich durch, er bekommt in einer zunehmend komplexen Industrie eine Anstellung, macht Karriere, macht auf sich aufmerksam, macht Eindruck, wenn er Dinge entdeckt, die niemand vor ihm entdeckt hat. Das führt dazu, dass der Generalist oder gar Visionär ins Hintertreffen gerät.

Die englische Krone kontrollierte Seewege, die keiner mehr sieht

Und keiner von beiden, weder der Erfinder noch der Ingenieur, sind notwendigerweise gute Firmenlenker. Die Pioniere des Automobils sind Querköpfe und Quereinsteiger, Bastler und Abenteurer, überwarfen sich gerne mit den Vorständen ihrer Firmen; andere kamen gar nicht erst so weit und gerieten ganz in Vergessenheit. Und heute passen →Selfmade-Männer aus einfachen Verhältnissen nur schwer in eine Branche, die von mehr oder minder erbsenzählenden →Betriebswirten und Taschenrechnern gelenkt wird.

Selfmade-Mann: Robert Bosch, geb. 1861 als Sohn eines Gastwirts und Freimaurers, alle Vorfahren Wirtsleute, Bierbrauer und Bauern. Nach Zeit im Württembergischen Pionier-Bataillon – als Freiwilliger – entscheidet er sich gegen ein Angebot seiner Vorgesetzten und verlässt das Militär. Lieber jobbt er in Deutschland, den USA (bei Edison) und Großbritannien (Siemens), bis er seine Firma gründet.

Betriebswirt: Bernhard Mattes, geb. 1956. Vater: Manager bei Volkswagen. Studium der Wirtschafts-wissenschaften, als Diplom-Ökonom 1982 zu BMW, 1999 bei Ford Vorstand für Vertrieb und Marketing, 2002 Vorstandsvorsitzender, nach Umformierung Vorsitzender der Geschäftsführung, 2006 Vizepräsident der Ford Motor Company.

Falls es jemals dazu kommt, dann wird eine radikale Neuerfindung des individuellen Personenverkehrs von jemandem ausgehen, der auf Risiko setzt. Kaum von jemandem, der die Schule der konventionellen Pkw-Branche durchlaufen hat. Vielleicht von jemandem wie dem in der Software-Branche zu Millionen und Einfluss gekommenen Shai Agassi. Der zäumt das Pferd umgekehrt auf, nicht vom Fahrzeug aus, sondern von der Infrastruktur. Der gebürtige Israeli, der mehrere Software-Firmen gegründet und an SAP verkauft hat, gründete 2007 Better Place: Der Plan ist, Israel mit einem Elektrotankstellen-Netz von 500.000 Ladestationen auszustatten, um im offenen Feldversuch zu justieren, wie sich das Auto unabhängig von der Öl-Macht bewegen ließe.

1 Jan. bis März (für monatl. Mittelwert, dividiert durch 3) 2007 … und April 2010
2 *Frankfurter Allgemeine Zeitung*, 18.10.2009
3 Sherry Boschert: *Plug-in Hybrids: The Cars that Will Recharge America*, USA 2006
4 Joseph J. Romm: *The Hype About Hydrogen. Fact and Fiction in the Race to Save the Climate*, Washington 2004
5 *Who Killed The Electric Car?*, Film von Chris Paine, 2006
6 Gert Raeithel: *»Go West«. Ein psychohistorischer Versuch über die Amerikaner*, Frankfurt/M. 1981
7 S.E. Hinton: *Rumble Fish*, USA 1975
8 „Nothing to Nothing", *Time* 31.3.1947
9 Max Horkheimer und Theodor W. Adorno: *Dialektik der Aufklärung*, Amsterdam 1947
10 Jean Baudrillard: *Amérique*, 1986; auf Deutsch: *Amerika*, Berlin 2004
11 Kurt Möser: „Fünf Naivitäten der Autokritik", *die tageszeitung*, 24.5.1997
12 Henry Ford: *Erfolg im Leben*, 1952
13 *Brockhaus. Handbuch des Wissens*, Leipzig 1922

Das Auto ist weiblich

Let her steer, get her ear / Die Sprache der Automobilisten / Hosen an / Frau gegen Zeit / Der Motor läuft, das Geld verpufft / Einsteigen, abfahren, singen! / Erfunden oder gefunden

3.1 Let her steer, get her ear

Noch bevor es Jingles gibt, kurze knackige Songs zur Untermalung von Werbespots, lange vor Fernsehen oder Schallplatten entsteht irgendwo zwischen Vaudeville-Schaustellern und Klamauk-Muckern eine erste trötende Hymne an die Spritztour in einem Auto. Der noch junge Markenname – noch nicht so alt wie die Idee der Trademark oder das Madrider Markenabkommen von 1891 – des →Oldsmobile Curved Dash wird in einem Musikstück verewigt. Auf einer Wachswalze nehmen Arthur Collins & Byron Harlan im Sommer 1905 *In My Merry Oldsmobile* auf und treffen den Zeitgeist.

Oldsmobile Curved Dash: Der 1901 in Großserie gebaute Curved Dash (Anschaffungspreis: $650) wird in Anzeigen damit angepriesen, dass er billiger komme als ein Pferd: Lediglich $35 koste der Gasolinmotor im jährlichen Unterhalt, $180 demgegenüber der der lebenden PS.

Sieht man ab von Volksmusik-Ethnologen und Victrola-Sammlern, die in den Hörgenuss von Wachswalzen kommen – ist das Stück ein wenig in Vergessenheit geraten. Im Gedächtnis bleibt jedoch der das neue Produkt umzirpende Text: Gibt

er doch wieder, was heute noch jeder nach dem Erwerb des Führerscheins verspürt ... DAS GEFÜHL VON ALLMACHT, wenn man da abfährt wie Johnny Steele, auf und davon mit seinem *dear little girl – come away with me, Lucille.* Johnny ist ein galanter Kerl, der beswingt nicht nur ein ganz neues Idiom erfindet – *automobubbling* –, er vertraut dem Girl sogar das Steuer an! Sie leiht ihm dafür ihr Ohr und mehr, sie gibt ihm ihre Hand, „während die Kirchenglocken läuten". Rock'n'Roll ist das noch nicht.

DerCadillac unter den Abspielgeräten

Eine Eintagsfliege der Unterhaltungsmusik – und doch auffällig genug, um General Motors im Tonträger-Metier mitmischen zu lassen. Zwanzig Jahre nach dem Original und einige Coverversionen später nimmt das Jean Goldkette Orchestra eine zwecks Firmen-PR auf der *Detroit Auto Show 1927* vertriebene Fassung auf, bei der der Kornettist Bix Beiderbecke über die letzten Takte improvisiert: GM als Motor von Crossover, Förderer des Jazz.

3.2 Die Sprache der Automobilisten

Anders als bei den Deutschen, bei denen das Auto als „Kraftwagen" firmiert (inzwischen „Kraftfahrzeug"), ist es bei Franzosen und Italienern **WEIBLICH** – *la voiture*, auch *l'automobile, la bagnole* sowie *l'autovettura* und *la macchina*.

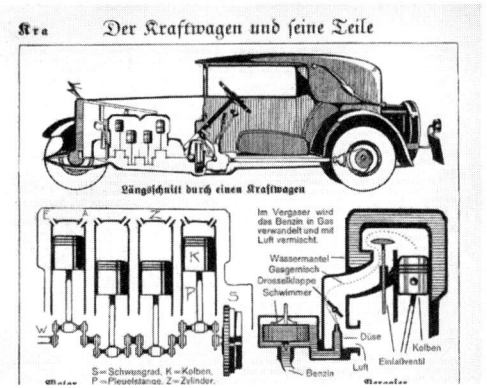

Früher Damien Hirst: Autoteile im Längsschnitt, 1922

Der Mann dagegen bleibt am Steuer. Ob sein Mobil mehr Phallus- oder Uterus-Ersatz ist: Bei seinem Gefährt spricht der deutsche Kraftfahrzeughalter von einem männlichen Gefährten, von seinem Mercedes, seinem Kadett, Rekord, Phantom IV, Golf oder Sharan ... doch – Halt! – gelegentlich schwärmt auch das Alphatier von einem Modell in der weiblichen Form, und zwar vor allem Besitzer solcher Ausnahmefälle wie einer Citroën DS (Schöpfung der Nachkriegszeit, auszusprechen wie *la déesse*, die „Göttin", und mit dieser zu einem Ding verschmolzen), einer Corvette, einer Isabella, einer AC Cobra, einer Viper – lauter Kleinstwagen oder exklusivste Sportwagen, die bei der Kfz-Zulassung eine Geschlechtsumwandlung über sich ergehen lassen müssen: Bei der Anmeldestelle handelt es sich dann wieder um den Citroën, den Chevrolet, den BMW, den Dodge ...

Oder der Ford, Model T, Kosename *Tin Lizzie:* der/die/das blecherne Lieschen. Automobil selbst ist ein →etymologischer Bastard aus αὐτός *(gr.* selbst-) und *mobilis (lat.* beweglich). Die Idee kam aus Frankreich, wo um 1860 automobile von lokomobilen Gefährten unterschieden werden. Beide bewegen sich ohne Kraftaufwand von Menschenhand oder Tieren. Die ältere Erfindung bewegt einen von *locations* zu neuen Aufenthaltsorten (lat. locus), und im Unterschied zur Lokomotive bewegt sich das neuere pferdelose Gefährt autonom: nicht auf Schienen oder mit Heizer und Lokführer.

etymologischer Bastard: **ALFA ROMEO** ist ein Mischling anderer Art: Zur Hälfte Abkürzung für die 1906 gegründete Anonima Lombarda Fabbrica Automobili (abgek. Alfa), 1915 aufgekauft von einem Romeo, dem Stahlmagnaten Nicola Romeo.

Im Brockhaus von 1922 befindet sich unter „A" kein Eintrag zum Auto oder Automobil. An anderer Stelle dann dies:

„Kraft und Stoff, Leitspruch des philos. Materialismus, Titel des 17. Briefes Moleschotts (s.d.) ‚Kreislauf des Lebens' und eines einflussreichen, zuerst 1855 erschienenen Werkes von Ludwig Büchner (s.d.).

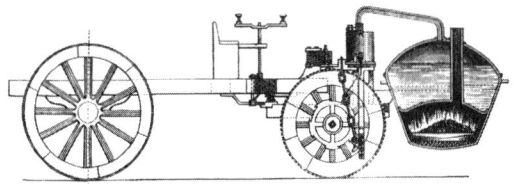

Dampfwagen von Nicolas Cugnot mit Gleichgewichtsproblem

Kraftwagen, Automobil, Motorwagen, Selbstfahrer, durch mechan. Kraft bewegtes Straßenfahrzeug, das kein Gleis benutzt. Der erste Versuch eines K. war Cugnots Dampfwagen von 1769; 1831 wurden regelmäßige Dampfverbindungen zwischen

Cheltenham und Gloucester, London und Stratford in Betrieb gesetzt. In Frankreich baute Bollée 1875 einen brauchbaren Dampfomnibus und fuhr 1878 von Paris nach Wien. Mit Explosionsmotoren als Antrieb für K. hatten zuerst (1886) Daimler in Cannstatt und fast gleichzeitig Benz in Mannheim Erfolg."

3.3 Hosen an

Befreite Weiblichkeit auf der Straße ...

... und später auf der Tanzfläche

Es beginnt mit ansteckenden Krankheiten, Geschlechtskrankheiten, beängstigend verbreitet unter Angehörigen des Militärs. Im viktorianischen England, mächtig und zugeknöpft bis zum Hals, werden darum 1864 *Contagious Diseases Acts* vom britischen Parlament erlassen. Diesen zufolge werden Geschlechtskrankheiten am besten bekämpft, indem Ordnungshüter Frauen und Mädchen auf Verdacht internieren und untersuchen. Das von Lords und Politikern ersonnene Mittel gegen sexuell übertragbare Erkrankungen hat starke Nebenwirkungen: Frauen gehen auf die Straße, solidarisieren sich mit den so kriminalisierten Prostituierten, politisieren sich, rauchen in aller Öffentlichkeit, trinken! Der Gesetzeserlass wird erst verschärft, dann abgeschafft. Inzwischen aber haben Frauen Gefallen gefunden am Leben in Öffentlichkeit und Gesellschaft. Und sie wollen mehr. Sie wollen wählen. Judith Butler und die Suffragetten ziehen los, schmeißen Schaufensterscheiben ein, stecken Banken und Villen in Brand, auch Westminster Abbey ...

In den USA werden die Regimekritikerinnen verhaftet, auch Arbeiter und Kommunisten werfen mit Steinen, und irgendwie ist die Welt nach dem Ersten Weltkrieg nicht mehr, was sie mal war. In immer mehr demokratischen Staaten dürfen Frauen wählen. In großen Metropolen haben sie noch mehr Optionen, sie leben allein, verdienen ihren Lebensunterhalt, studieren und beschreiten bald andere Karrieren als nur die der Volksschullehrerin.

Als Hüllen und Schranken und Gesetze und Erlässe fallen, sind Frauen plötzlich überall, und sie sind – versteht Mann von selbst – gern gesehen: auf Plakaten, bei Rennen, in Rennen. Es ist eine gute Zeit, alles hat einen gewissen Swing, beim Tanzen berührt man sich. Auch in den Metropolen werden neue Formen und Töne angeschlagen. Star-Reporterinnen wie Ruth Landshoff interviewen Weltstars, Dorothy Parker und Vicki Baum belauschen in den *cities* das Knistern im Schatten, Anaïs Nin und Djuna Barnes tragen Hut ... und irgendwann muss eine Rennfahrerin hinterm Steuer nicht mehr als erstes das Gesäum ihres Rocks an den Fersen zusammenzurren, um ein Intermezzo mit Maschinen oder Fahrtwind zu vermeiden.

Djuna Barnes

3.4 Frau gegen Zeit

Hinters Lenkrad von Autos, auch bei den großen Wettbewerben, schwingen sie sich Jahre vor dem Erringen des Wahlrechts. Wenn sich eine Frau ans Steuer setzt, *la volant*, überkommt viele Zuschauer dieses schaurig-schöne Gefühl, hart und soft, unwiderstehlich. Auch in der endlos aufgeklärten Zeit nach 1945 rasen Frauen, kaufen viele Autos – aber die wirklich beeindruckenden Raserinnen sind früher unterwegs gewesen, und es sind viele, viel mehr als in sechzig Jahren Formel 1. Mit Bleifuß erobern sie Neuland. Die frühen rasenden Frauen unterscheiden sich kaum von ihren autofahrenden Zeitgenossen. Wie diese sind sie Outsider, brauchen Geld oder Gönner, um sich mit einem Auto zu bewegen. Wie heutige Formel-1-Piloten sind die Rennfahrerinnen eher zierlich und grazil gebaut, was ihr Beherrschen der – ohne Servolenkung,

mit fast kochendem Motor – rasenden Kisten noch cooler macht. Ein Autoblatt von 1902: „Man darf wohl, ohne ungalant zu werden, die Behauptung wagen, dass sich bei den wenigsten Vertreterinnen des zarten Geschlechts jene Eigenschaften finden, die eine gute Automobilistin unbedingt haben muss:

„Kaltblütigkeit, rasches Auffassen der Situation, blitzartiges Entschließen, Vorsicht, Niederzwingen des in jedem Automobilisten schlummernden Schnelligkeitswahnsinns." [1]

Dabei gab es gerade in der Frühzeit des Automobils eine ganze Menge Frauen, die die Herausforderung annahmen.

Über frühe Frauen in Autos berichten mehrere Bücher [2], über Rennfahrerinnen eher grob und fast katalogisierend [3], über einzelne auch die Rennfahrerinnen selbst [4]. Heute begegnen einem Auto-Frauen bevorzugt in Kalendern

Wie beispielsweise Clärenore Stinnes, die mit ihrem Adler Standard 6 um die Welt fuhr. Sie stammte aus einer Großindustriellen-Dynastie. Mit 24 fuhr sie ihr erstes Autorennen, in den folgenden Jahren siegte sie 17-mal, auch bei einer Russland-Rallye – und fuhr von 1927 bis

1929, von den Frankfurter Adler-Werken mit zwei Mechanikern, Kameramann und Adler-Mobilen gesponsert, über Wien, Bagdad, Teheran, Moskau, Omsk, Irkutsk, Peking, Tokio durch Kriege und Krisengebiete ... weiter kreuz und auch quer durch Südamerika, per Schiffstransfer wieder nach Kalifornien ... und dann über El Paso, Chicago, Detroit, New York auf den nächsten Dampfer. Das Buch darüber ist über 500 Seiten dick[5], der Film[6] über ihre Liebe und das Abenteuer kompakter.

Ernes Merck – die Frau in Rot unterwegs für Mercedes

Oder Ernes Merck, auch sie aus einer Industriellenfamilie, nebenbei Werkfahrerin für Mercedes, als „Frau in Rot" Model einer PR-Kampagne für Mercedes-Benz und beim Klausenpass-Rennen 1927 nur von Rudolf Caracciola geschlagen; auf derselben Strecke wenige Jahre vorher Frau Rothenbach in den Fußstapfen (und dem Amilcar) ihres Gatten, „des Rennfahrers und Direktors der Gaswerke in Olten"[7]; Emma Munz sowie in farblich zum (hellblauen) Bugatti passendem Overall die Kanadierin Kay Petre, außerdem blaublütig Prinzessin zu Hohenlohe, Prinzessin Dorina Colonna, Gräfin Margot Einsiedel und die polnische Gräfin Marie Luise Kozmian; nicht zu vergessen die zeitweise omnipräsente und immer verwegene Elisabeth Junek

aus Olmütz, erfolgreichste Grand-Prix-Fahrerin und 1927 auf dem Nürburgring mit Bugatti Siegerin der Dreiliter-Sportwagenklasse. Die Liste geht sehr lange weiter – und das sind fast nur die Lenkerinnen von Bugattis.

Eine Rennfahrerin der Frühzeit muss dabei jedoch ganz besonders hervorgehoben (besser noch auf ein Silbertablett gestellt und durch den Salon getragen) werden. Sie kann gestandene Herren mit bloßem Lächeln niederzwingen, als Frau von Welt lebt sie in Metropolen, im Savoy, New York, Nizza, Cannes ... *you name it.* Sie hat keine reichen Eltern, ist nicht kaltblütig, in Entscheidungen und Bewegungen allerdings blitzschnell und flexibler als die meisten Menschen. Immer frei und wild ...

Hélène Delange, die Bugatti Queen, mit Kolleginnen

Exzentrisch, mit dem Flair der kontinental-europäischen Dekadenz und viel Sex-Appeal überrascht Hélène Delange die Chefs bei Bugatti. Die lernen *Hellé Nice* zunächst als Nachtclubtänzerin kennen und lieben: In über siebzig Rennen gegen die Größten ihrer Zeit – Rosemeyer, Nuvolari, Caracciola, Fagioli – bricht die „Bugatti Queen" Geschwindigkeitsrekorde, überlebt 1936 beim Grand Prix in São Paulo einen spektakulären Crash – und wird nach dem Zweiten Weltkrieg aus dem Rennen geschossen, abseits der Piste, als ein Konkurrent das Gerücht verbreitet, die Französin habe mit den Nazis kollaboriert: Auf einer Party vor der Rallye Monte-Carlo 1949 flaniert der Rennfahrer →Louis Chiron übers Parkett und verkündet lautstark sein Erstaunen, dass hier eine Gestapo-Agentin zugegen sei. Als Jahre später bewiesen ist, dass es sich um Verleumdung handelt, ist die Schöne, die Schnelligkeitswahnsinnige, Männer umschlingende *belle Hellé* für Autorennen nicht mehr jung und drahtig genug. 1984 stirbt die ihre Namen und Lover locker wechselnde Hélène 83-jährig in einem von Ratten bevölkerten Loch in Nizza, enterbt, verarmt und allein.

Louis Chiron: Chiron bestritt selber während der Nazi-Zeit Rennen für Mercedes-Benz – was seinem jüdischen Kollegen René Dreyfus verwehrt wurde.

Bugatti Typ 101

Nach 1945 wird Motorsport zum Massenphänomen. Frauen rasen und reisen zwar noch mit, jetzt aber fast nur noch im Rallyesport. In der „Königsklasse des Motorsports", der 1950 kreierten Formel 1, tauchen sie so selten auf wie in den Führungsetagen großer Industrien. Synchron verschwindet Bugatti. Das Werk im elsässischen Molsheim ist im Krieg zerstört worden, das Chassis des Typ 101, mit dem der Wiedereinstieg ins Geschäft gelingen soll, war schon vor dem Krieg überholt – extravagante Eleganz ist nicht

mehr en vogue. Als der Firmengründer, Sohn eines Juwelen-Designers und Art-Nouveau-Möbelherstellers, stirbt, dümpelt die Firma noch ein wenig dahin ... Doch die Wonne des Überflusses und der Formen ist passé wie die Triumphe auf den Parcours der Grands Prix.

3.5 Das Auto ist Männersache

Wie man es auch dreht (oder parkt), das Auto ist ein Spielzeug von Männern. In unserer Vorstellung ständig in Bewegung, wild und frei, ist es jedoch, wie der Ur-Mann, gar nicht permanent auf Abenteuer aus oder draußen unterwegs. Es verbringt vielmehr einen Großteil der Zeit in Ruhestellung, haust in der Höhle und starrt in die Leere.

„Und Gott schuf den Menschen als sein Ebenbild." (Genesis)

Erfunden, gebaut, getestet, gefahren, weiterentwickelt, gerast, verkauft und eingeparkt ... wird es von Männern. Die meisten Verkehrssünder sind Männer. Sie fallen nicht vornehmlich wegen Missachtung der Vorfahrtsregel auf, sondern besonders als Raser. Auch die Verkäufer sind Männer, lautstark wie von Ephraim Kishon charakterisiert[8] oder in *Leningrad Cowboys* von Jim Jarmusch gespielt. Immer und überall Männer. Und doch spielt in den Embryotagen des Kraftwagens auch manche Frau eine bedeutende Rolle.

3.6 Frau am Steuer

„Am 3. Mai 1849 erhielten wir leider wieder ein Mädchen", schreibt ihr Vater in die Familienbibel. Er ist Zimmermann, die Geschäfte gehen gut am Rand des Schwarzwalds, und er wird dem Kind (einem von neun) später den Besuch der Höheren Töchterschule ermöglichen. Cäcilie Bertha Ringer wird später wie ihre Mutter einen Mann heiraten, der aus bescheideneren Verhältnissen als sie selbst kommt. Der wird, wie sein Vater, per Heirat gesellschaftlich aufsteigen. Der Mann packt zu, die Frau bringt Geld und Geduld des höheren Standes. Ihre Mitgift in Höhe von 4.244 Gulden und 53 Kreuzern ermöglicht die Gründung von Carl Benz' erster Werkstätte. Diese produziert schmiedeeiserne Mauerhaken für die Festungsanlagen von Metz und macht danach vor allem eins: Schulden.

Werkstatt von Carl Benz

Die erste Fernfahrerin der Welt: Bertha Benz

Carl Benz mit dem Patent-Motorwagen

1888 wird nicht er selbst, sondern seine Frau mit der „Fernfahrt von Mannheim nach Pforzheim"[9] das Automobil seinem eigentlichen Zweck zuführen: von A nach B zu fahren. Seitdem hat sich viel verändert. Heute ist eine Frau selbst Oberbürgermeisterin von Bertha Benz' Geburtsstadt Pforzheim, und die kleinen Pforzheimer lernen schon in der Grundschule, wie wesentlich sie am Erfolg des Motorwagens beteiligt war. Auch die Daimler-Benz AG weist darauf hin, Skulpturen und Fernsehfilme würdigen, „wie Bertha Benz ihren Mann zu Weltruhm fuhr".[10] Tatsächlich sind dazu wenig Fakten, nicht einmal die exakte Route, überliefert.

Die Legende, wie sie im Jahr 2010 in etwa erklingt: Der zwei Jahre zuvor von der Regionalpresse gefeierte Motorwagen steht 1888 mehr oder weniger unbeachtet herum. Schnee von gestern ist auch die Werkstätte im Mannheimer Planquadrat T6. Carl Benz hat viel versucht, experimentiert, riskiert, immer wieder Firmeninventar versteigert und neue Finanzierer gefunden, aber langsam geht ihm der Saft aus. Stationäre Zweitaktmotoren nimmt ihm die Industrie ab, aber an dem Gefährt ist keiner interessiert. Der 43-jährige steckt in einer Krise. Da steht Anfang August 1888 Frau Benz im Morgengrauen auf, weckt die Söhne und lässt – so wird →kolportiert – die kleinen Töchter Klara und Thila zurück, um die 106 Kilometer von der Waldhofstraße in der Mannheimer Neckarstadt zu ihrem südlich davon gelegenen Geburtsort zu fahren und des Menschen Schicksal unumstößlich in eine andere Richtung zu lenken. Ohne das Wissen ihres Gatten, erst recht ohne Führerschein oder sonstige Fahrgenehmigung „zu versuchsweisen Fahrten mit dem Patent-Motorwagen" (wie sie Carl im selben Jahr für einige Ortschaften und Umgebung erhalten hat) werfen die Söhne den Motor an und fahren zusammen mit ihrer Mutter los. Durchschnittlich alle zwanzig Kilometer muss für die Kühlung Wasser nachgefüllt werden, natürlich Benzin, überhaupt sind alle möglichen Teile zu warten und zu reparieren ... Weswegen die Frage erlaubt sei, wie sich die Frau auf diese Fahrt vorbereitet hat und inwiefern sie von ihren Söhnen, 13- und 15-jährig, beim Lenken unterstützt werden konnte. Aber wer erinnert (sich) auch nur daran, dass das Lenkrad zu der Zeit noch eine kleine Kurbel war, bei anderen Gefährten eine Art Ruderpinne, den Zügeln einer Kutsche ähnlich?

kolportiert: Ein Spielverderber, wer dies bezweifeln wollte. Immerhin kann man sich auf Erinnerungen von Bertha Benz persönlich berufen, die 1938 dem Pforzheimer Anzeiger die „wundervolle Geschichte"[11] nacherzählt hat.

3.7 Auftritt: Emil Jellinek

Bekannter als Bertha Benz' Hauptrolle bei der großen Jungfernfahrt des Patentwagens, d.h. in die MYTHOLOGIE DES AUTOS eingegangen, den Historikern von den Konzernen in die Feder diktiert, ist die Sache mit der zehnjährigen Tochter des Kaufmanns Emil Jellinek. Schon vier Jahre nach Adrienne Manuela Ramona Jellineks Geburt 1889 in Wien stirbt ihre →Mutter.

Mutter: stammt aus einer französisch-sephardischen Familie in Algier. Hier lernt sie Emil Jellinek kennen. Sohn eines Leipziger Rabbiners österreichisch-ungarischer Herkunft, und in der Schule eine Niete, ist der hier als Vizekonsul gelandet. Durch seinen Schwiegervater erlernt er die Kunst des Geschäftemachens.

Jellinek hat ein Tricycle von De Dion-Bouton in der Garage stehen; nicht irgendeine Motorkutsche also, sondern ein Auto aus dem Hause der Konstrukteure, die den (noch dampfbetriebenen) Wagen gebaut hatten, der beim ersten Autorennen überhaupt, am 22. Juli 1894 von Paris nach Rouen, als erster die Ziellinie passiert.

Wir befinden uns in den 1880er-Jahren, „Autos" werden als Einzelstücke hergestellt und sehen dementsprechend individuell aus; Henry Ford kehrt nach einer Maschinisten-Ausbildung in Detroit zu der verhassten Farm seines Vaters nach Dearborn zurück, und Ferdinand Porsche wird in Böhmen eingeschult. Gesundheitlich angeschlagen begibt sich Richard Wagner von Bayreuth nach Sizilien und stirbt kurz darauf in Venedig, während Thomas Mann noch davon träumt, einmal, irgendwann, eines Tages in einer Schülerzeitung zu veröffentlichen.

Zu der Zeit ist Emil Jellinek, das schwarze Schaf der Familie, viel unterwegs. Getrieben. Zwischen Paris und geschäftlichen Aktivitäten an der Riviera und der Familie in Wien. Auch sein Zweitwagen ist ein Renner, noch ein Dreirad, Léon Bollées Voiturette. Mit der Voiturette (auch die Wortschöpfung sein Werk) ist Léon Bollée, der Sohn des Dampfomnibusfabrikanten Amédée Bollée, von Le Mans nach Paris gerast.

Ganz wie der Vater – allerdings in sieben Stunden; achtzehn Stunden hat der Vater 1875 noch mit seinem Dampfwagen benötigt. Mit der sagenhaften Durchschnittsgeschwindigkeit von 30 km/h hat der Sohn den Vater geschlagen – das Auto ist zur Waffe des in die Moderne eilenden Ödipus geworden.

De Dion Voiturette, *vis-à-vis* 1903

Familienvater Jellinek kauft sich außerdem eine Benz-Kutsche.

Der Stand der Dinge unter den Autobauern vor der Jahrhundertwende: In →Frankreich sorgen bereits Michelin, Peugeot, Renault und zahlreiche nicht mehr existierende Unternehmen für die Verbreitung des Automobils. Die Philosophische Fakultät der Universität Würzburg verleiht Nicolaus **OTTO** als Erfinder des atmosphärischen Verbrennungsmotors die Ehrendoktorwürde. Rudolf **DIESEL** brütet über einem Verfahren, bei dem kein Kraftstoff-Luft-Gemisch, sondern ausschließlich Luft im Zylinder komprimiert wird, die sich dadurch auf bis zu 900°C erhitzt und das erst dann eingespritzte, im Verhältnis zu Benzin preisgünstige Schweröl entzündet. Gottlieb **DAIMLER** und Wilhelm **MAYBACH** verlassen Deutz in Köln, um den Ottomotor in Cannstatt weiter zu entwickeln; Carl **BENZ** steigt von drei Holzrädern auf vier Stahlräder um;

Ferdinand **PORSCHE** entwickelt eine Art Luxuskutsche mit Elektromotoren ... und etliche andere basteln an Komponenten und Gefährten – Robert **BOSCH**, Adam **OPEL**, Armand **PEUGEOT**, August **HORCH**, Louis **RENAULT**.

Frankreich: Fast die Hälfte aller Autos weltweit, 1903 rund 30.000, werden um die Zeit in Frankreich hergestellt.

Zu dem Zeitpunkt kommt Emil Jellinek auf die Idee, dass **TRIUMPHE AUF DER RENNSTRECKE** sich fördernd auf den Verkauf auswirken müssten. Jellinek, keineswegs nur Diplomat, sondern mit dem Schwiegervater im Tabakhandel, für eine französische Versicherungsgesellschaft in Wien tätig, an der Börse erfolgreich, an der Riviera *vis-à-vis* mit Adel, Hautevolee und Hochfinanz, begreift das kommerzielle Potenzial des Autos besser als die Tüftler in ihren Werkstätten. Er wird Daimler-Vertreter in Südfrankreich.

Kurz darauf bestellt Jellinek bei Gottlieb Daimler einen Rennwagen. Der Autobauer, Sohn eines Bäckermeisters, interessiert sich nicht für Autorennen. Als er Jellinek kennen lernt, ist er fast sechzig.

3.8 Der Motor läuft, das Geld verpufft

Nach Realschulabschluss, Ausbildung zum Büchsenmacher, Maschinenbaustudium und diversen Auslandsreisen wird Gottlieb Daimler mit dreißig Leiter der Maschinenfabrik Deutz, wo er Wilhelm Maybach trifft und zusammen mit diesem den Ottomotor bis zur Serienreife weiterentwickelt. Elf Jahre jünger, hat Maybach sein Handwerk als technischer Zeichner in einem Waisenhaus in Reutlingen erlernt. Unterstützung von Macht und/oder Geld fehlt beiden.

Das Auto ist weiblich

Sie sind Bastler – und systematische Denker. Der Bäckersohn Daimler will und wird dem Motor zu Quantensprüngen verhelfen, Maybach dem Auto.

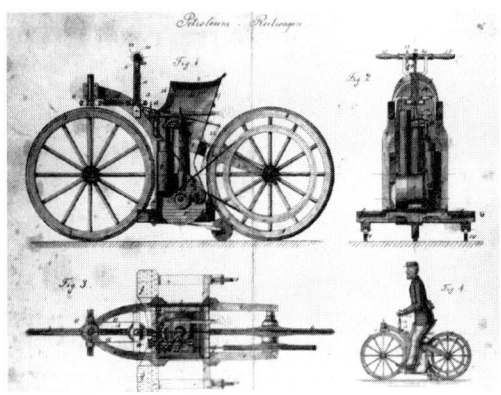

Daimlers Reitwagen oder das erste Motorrad

Daimler, der bei Deutz mehr mit dem Organisieren von Angestellten zu tun hat als mit dem Ausarbeiten seiner schöpferischen Ideen, überwirft sich mit seinem Chef Nicolaus Otto und zieht sich 47-jährig zurück in seinen Geburtsort – Maybach kommt mit. In Cannstatt bei Stuttgart konstruieren sie 1883 in eigener Versuchswerkstatt den radikal verbesserten und verkleinerten 1-Zylinder-Viertaktmotor. Die Kraftmaschine mit Benzinverbrennung geht als „Standuhr" in die Technikgeschichte ein. Es ist der erste Viertaktmotor, der mit Benzin statt Gas läuft; außerdem ist er deutlich kleiner und leichter als die üblichen stationären Gasmotoren. 1885 bauen die beiden einen Reitwagen, bei dem ein Verbrennungsmotor, bis dahin nur stationär eingesetzt, mitreisen kann mit dem Gefährt, das er antreibt; dann das erste Motorrad, die erste vierrädrige Motorkutsche, sogar ein erstes Motorboot. Mit dem Motorrad rast Daimlers Sohn mit bis zu 12 km/h von Cannstatt nach Untertürkheim, und Daimler präsentiert auf dem Cannstatter Volksfest eine Straßenbahn. So wie auch seinen Protegé Maybach interessiert ihn das Entwickeln und Erfinden, das Bauen und Verkaufen überlässt er gern anderen.

Und es gibt durchaus einige, die Erfindungen der Daimler Motoren Gesellschaft kaufen. *La Grande Nation*, das zentral regierte Nachbarland Frankreich, verfügt über etwas, was in Deutschland (zumal aus heutiger Sicht) zu dem Zeitpunkt noch keineswegs selbstverständlich ist: ein **STRASSENNETZ**. Daimlers Motoren treiben Autos von Panhard & Levassor und Peugeot an, Komponenten kommen bei Bollée zum Einsatz. Im Oktober 1889 stellen Daimler und Maybach ihren eigenen Wagen offiziell auf der Weltausstellung in Paris vor. Auch Carl Benz hat seinen Vertreter vor Ort, Emile Roger, und lässt diesen seinen Stahlradwagen präsentieren. 1889 wird vor allem auf etwas gestarrt, was noch heute jeder Parisbesucher bestaunt: der Eiffelturm. Die neuen Motorgefährte, die die Städte in den folgenden hundert Jahren ungleich stärker verändern werden als irgendein Bauwerk, drehen daneben vergleichsweise unauffällig ihre Runden.

La tour Eiffel – Wahrzeichen der Stadt, für die Weltausstellung in Paris 1889 von Gustave Eiffel erbaut

Die Erfinderwerkstatt vor den Toren von Cannstatt brummt, wird zu einer regelrechten Fabrik. Der Ottomotor muss aber effizienter werden – kleiner, leichter, schneller, universell einsetzbar – und seinen Vorteil gegenüber den Gasmotoren, die nur stationär eingesetzt werden können, ausbauen. Die Motoren von Daimler und Maybach treiben bald alles mögliche an, auch die Gondel eines Gasballons (das erste motorisierte Luftschiff); eine Feuerspritze mit Motorbetrieb wird patentiert. Der amerikanische Klavierfabrikant William Steinway kauft Patent-Lizenzen für die USA; mit seinem langjährigen Geschäftsfreund Edouard Sarazin einigt Daimler sich auf einen Lizenzvertrag für die Nutzung der französischen Daimler-Patente. Andere verdienen, Daimler verliert die Kontrolle – und Geld, das die Werkstatt so dringend braucht.

3.9 Daimler goes AG

Von Daimler selbst stammt die erste Skizze für den dreizackigen Stern: Motoren für Land, Wasser und Luft. Durch eine kleine (in diesem Fall pflanzliche) Ergänzung wird daraus ein ganz anderes Zeichen

Das Auto ist noch jung, als Gottlieb Daimler, inzwischen 55 Jahre alt, einsehen muss, dass seine Fabrik neben den ganzen Patenten und Pionierleistungen vor allem unbezahlte Rechnungen

generiert. Nicht um „Teilhaber zu suchen, die mich retteten, sondern solche, die mich unterstützten und weil ich eine so ausdehnungsfähige Sache nicht auf meine Person allein stellen wollte", gründet er Ende 1890 die Daimler-Motoren-Gesellschaft AG. Auf 6.000 Aktien wird das Grundkapital von 600.000 Mark aufgeteilt, zwischen ihm, Technik-Direktor Maybach sowie den Industriellen Max Duttenhofer und Wilhelm Lorenz. Klein, schnell und leicht geht es nun nicht weiter. 1892 wird der erste Zwei-Zylinder-Reihenmotor gebaut. DMG, die neue Gesellschaft, verkauft eine Weiterentwicklung des Stahlradwagens an den Sultan von Marokko. Ein Jahr später überwirft sich Daimler mit Lorenz und verlässt die Firma. Vermutlich ahnt er bereits, was der vierte Teilhaber, wenige Jahre später, kurz nach seinem Tod, aufdecken wird: Daimler hat Lizenzgebühren aus Frankreich unterschlagen, woraufhin Duttenhofer von der Familie einen Verzicht auf alle Führungsansprüche erwirkt. Nach einer Kapitalerhöhung werden die Erben Daimlers zu →Kleinaktionären der Daimler-Motoren-Gesellschaft.

Kleinaktionäre: Dass die Familie überhaupt über Anteile verfügt, ist dem britischen Industriellen Frederick R. Simms zu verdanken. Er knüpfte eine Lizenzierung des Phönix-Motors an die Präsenz Gottlieb Daimlers im Aufsichtsrat.

3.10 Jellinek ... in Pole Position

Zu dieser Zeit, drei Jahre vor Gottlieb Daimlers Tod, taucht der geschäftstüchtige Emil Jellinek auf. Diesmal will er einen Rennwagen. Die Daimler-Motoren-Gesellschaft hat in den letzten Jahren alles Mögliche motorisiert, auch Straßenbahnen und Lastwagen ... aber Rennwagen? Kaufmann Jellinek steht der Sinn nicht nur nach dem persönlichen Geschwindigkeitsrausch. Er will verkaufen. Und nirgendwo ist leichter für das Auto zu werben als auf Autorennen.

Werbeanzeige von De Dion-Bouton, 1913

Das sogenannte erste Autorennen – Paris-Rouen 1894 – ist keine *compétition*, kein Wettkampf, sondern eine *comparaison*, ein Vergleich. Über hundert Fahrzeuge werden angemeldet, am Start befinden sich am 22. Juli 1894 in Paris tatsächlich 21 – und 15 kommen nach 126 Kilometern am Ziel an. (Höchstgeschwindigkeit: um 20 km/h, der Sieger ist mit durchschnittlich 17 km/h unterwegs.) Das schwammige Reglement der öffentlich ausgeschriebenen Zuverlässigkeitsfahrt für „pferdelose Wagen" (sofern es überhaupt fixierte Regeln gab) erlaubt die Teilnahme der unterschiedlichsten Vehikel. Und es erlaubt, dass dem als Erster die Ziellinie passierenden Dampfwagen von De Dion-Bouton (20 PS) der Sieg aberkannt wird. Die das Rennen ausrichtende Pariser Zeitung *Le Petit Journal* entscheidet kurzerhand, dass der erste Platz zwei Benzinwagen gebührt: einem der Gebrüder Peugeot

und einem von Panhard & Levassor.[12] Die erreichen – motorisiert mit Daimlers 3,5 PS-Maschine – →Minuten nach dem Schnellsten das Ziel. Als Vierter und Fünfter folgen weitere Peugeots, als Sechster ein Benz Vis-à-vis (mit 5 PS), dahinter Gefährte von Panhard & Levassor. Die von den Franzosen lange zuvor entwickelten Dampfwagen werden im Straßenverkehr weiterhin gesichtet, nicht aber bei Autorennen. Beim ersten Rennen/Vergleich in den USA starten in Chicago ganze zwei Teilnehmer, einer kommt an. Mit einem Benz.

Minuten nach dem Schnellsten: Markant, wie wenig sich im Vergleich mit heutigen Schiedssprüchen am Grünen Tisch der Weltbehörde des Motorsports (FIA) an der Auslegung von Gummiparagraphen und dem Machen von Gewinnern seither geändert hat.

3.11 Taufe

Und da kommt Emil Jellinek und verlangt einen Rennwagen. Er schafft es schließlich, den alten Daimler von der Bedeutung der Autorennen für Werbezwecke zu überzeugen. Er und Maybach wollen jetzt Pkws auf die Straße bringen; der weltweit erste Straßenwagen mit dem 4-Zylindermotor Phönix, ein Daimler Phaeton, ist bald fertig (und von Jellinek selbstverständlich bereits bestellt).

Gerade im Januar 1899 hat es wieder ein Rennen gegeben, diesmal Frankfurt–Köln, zwei Wagen von Benz haben die ersten Plätze geholt. Für Jellinek und das von ihm organisierte Rennen *Woche von Nizza* im März konstruiert DMG einen Rennwagen, 16 PS stark. Der Erfolg des Wagens bei den Einzelfahrten ist historisch umstritten – der PR-Erfolg der Unternehmung jedoch wirkt bis heute nach: Je nach Quelle benennt Gottfried Daimler das Gefährt dem Auftraggeber und „Großabnehmer" Jellinek zuliebe nach dessen älterer Tochter

Adrienne Manuela Ramona – oder der Vater meldet die Sonderanfertigung selber unter dem Kosenammen seiner Ältesten an:

Mercédès.

„Nous sommes entrés dans l'ère Mercédès" notiert Paul Meyan vom Automobile Club de France 1901. Ein Jahr später lässt die DMG „Mercedes" als Markennamen eintragen.

Adrienne Manuela Ramona Jellinek

Die Entstehungsgeschichte des Doppelnamens Daimler-Benz ist weniger romantisch. Gottlieb Daimler und Carl Benz sind sich vermutlich nie begegnet, die berühmte Marke wird aus der Not heraus gebildet. Nach dem verlorenen Ersten Weltkrieg verschwinden etliche deutsche Hersteller komplett, darunter C. Benz Söhne, und am 1. Mai 1924 gründen Benz & Cie. und die Daimler-Motoren-Gesellschaft eine Interessengemeinschaft für den Vertrieb der Marken Benz und Mercedes, die Mercedes-Benz Automobil GmbH. Zwei Jahre später

fusionieren sie komplett zur Daimler-Benz AG. Da ist Gottlieb Daimler seit 27 Jahren nicht mehr am Leben, und Carl Benz hat sich schon lange zurückgezogen aus seinem Unternehmen.

3.12 Einsteigen, abfahren, singen!

In den USA ist das Auto gerade angekommen, da fährt es schon mit Licht und Beifahrerin – und wird rasch mit Liedern und Weisen gewürdigt. Auf *My Merry Oldsmobile* folgt 1906 *The Auto Man*, in dessen Refrain staunend besungen wird, dass der derzeit angesagteste Mann der mit Autobrille ist.

Musik & Auto: von Anfang an ein tolles Paar

Auch in *Bump, Bump, Bump in your Automobile* von 1912 ist das Turteln von Mann und Frau Meilen entfernt von den Blues- und Folk-Gesängen einer Romantik auf dem Schienenstrang. Die Spritztour ist ruckelig, worauf **SIE** findet: *Stop riding up and down that hill, stop sliding 'cause I can't keep still* ... und den Fahrer dann – bei all den Unebenheiten und dem ständigen Vor und Zurück – dazu anhält, den Schaltknüppel nicht gehen zu lassen. Bzw. *Molly May said she loved Willie Green. Best of all she loved Willie's machine.* Ja, nun, subtil ist es nicht immer.

3.13 Erfunden oder gefunden

Was die Welt verändert hat, bezieht sich aus Menschensicht primär auf den Menschen. Dabei ist er stets Opfer und Täter zugleich. Gelegentlich ist neben der Wirkung von Ereignissen auf den Menschen auch die Nebenwirkung für den Planeten von Relevanz. Beachtet wird sie meist nicht sonderlich. Zu den als historisch wichtig erachteten Ereignissen – verkürzt wiedergegeben als Zahlen wie 1666, 1440, 1789, 1848, 1917, 1989, bei neuem Tempo nur noch 9/11, irgendwann vielleicht „sieben Sekunden" bzw. „Dallas, 1 p.m." – zählen Kreuzzüge und Eroberungen, aber auch Entdeckungen territorialer wie ideeller Natur. Die Magna Carta, Gutenbergs Druckerpresse, die Anti-Baby-Pille, aber auch die Atombombe. Erfindungen.

Kampf der Kulturen, aus westlicher Sicht vor allem der Loslösung vom Diktat der Kirche oder Religionen –, fast konsequent betreffen sie auch den Vormarsch von Menschenrechten (für niedere Stände, Sklaven, Frauen, Schwule) sowie den der Naturwissenschaften.

Erfindungen beflügeln die Loslösung des Menschen vom Willen der Natur. Erste Werkzeuge, Landwirtschaft, Wirtschaften generell, Metallurgie, Schwerter, Töpferei, die Schrift: Sie sind das Werk von Sesshaften. Mit Ansiedelei beginnt es, Verstädterung ist die Folge. Zivilisation.

Die Welt in Zahlen, das ist fast so schön wie Auto-Quartett. „210 Spitze!" / „Mist: 165 ..." / „Ha, der Rolls-Royce." / „Genau, du hättest den Preis nennen sollen." / „Hab ich aber nicht, in 7,8 Sekunden von Null auf Hundert ..." usw.

Militärische Rangabzeichen?

Wo man hinsieht, wen man auch befragt, die Top 100 betreffen Kriege – oft als

Mit Schwertern werden Kriege geführt. Der Planet wird kartographiert, der

Mensch verortet, andere Länder samt ihrer Rohstoffe, Arbeitskräfte und Errungenschaften übernommen … Alles bekannt. Der zivilisierte Sesshafte könnte sich nun zurücklehnen und sich grenzenlos erfreuen an seinem Hämmerchen oder Flatscreen-TV. Doch er wird unruhig. Er will mehr. Er will Action, Bewegung, er will mehr als von A nach B. *Lights … camera … action:* Er will raus, er will jagen, wachsen, vorankommen. Das Automobil, das wichtigste Konsumgut der modernen Welt, wird bei den weltverändernden Dingen selten erwähnt.

1   *Allgemeine Automobil-Zeitung*, Berlin 1902
2   Virginia Scharff: *Taking the Wheel. Women and the Coming of the Motor Age*, New York 1991; Susanne Vieser, Beate Gabelt: *Frauen in Fahrt*, Frankfurt/M. 1996; Julie Wosk: *Women and the Machine: Representations from the Spinning Wheel to the Electronic Age*, Baltimore 2003; Georgine Clarsen: *Eat My Dust: Early Women Motorists*, Baltimore 2008
3   John Bullock: *Fast Women, The drivers who changed the face of motor racing*, London 2002; Jean-François Bouzanquet: *Femmes pilotes de course auto: 1888-1970*, Paris 2007
4   Dorothy Levitt: *The Woman and the Car - A chatty little Handbook*, London 1909; Baroness Campbell von Laurentz: *My Motor Milestones: How to Tour in a Car*, New York 1913
5   Michael Winter: *Pferde Stärken. Die Lebensliebe der Clärenore Stinnes*, Hamburg 2001
6   *Fräulein Stinnes fährt um die Welt*, Film von Erica von Moeller, 2008
7   Bernhard Brägger: „Ich war über die Strecke ganz erschrocken", *Neue Zürcher Zeitung*, 26.3.2002
8   Ephrain Kishon: „*Autokauf*", 1965
9   Hermann Harster: *Gib Gas, Liebling!*, Frankfurt/M.-Berlin-Wien 1970
10 Angela Elis: *Mein Traum ist länger als die Nacht*, München 2010. Stefan Rogall, Till Endemann: „Carl & Bertha" (Drehbuch für SWR 2010)
11 „Die ‚wütig' Schees", *Pforzheimer Anzeiger*, 11.2.1938
12 Gerhard Schulz-Wittuhn: *Das Auto. Vom Traum zur Wirklichkeit*, Frankfurt/M. 1952

Credo Stromlinie

Eine Form setzt sich durch / 4/4-Takt & Viertakter / Starfighter 0.0 / Fahrn, fahrn, fahrn / Servus Avus / Stadt der Zukunft

4.1 Eine Form setzt sich durch

Auf den Boulevards der Städte oder rund um den Mannheimer Wasserturm mochte das im Grunde hüllenlose Tricycle seinen Zweck erfüllen. Doch auf Überlandstrecken mit ihrer Grasnarbe in der Mitte macht sich das zentral angeordnete Vorderrad schlecht. Das sieht auch CARL BENZ ein, er beginnt VIERRÄDRIGE TYPEN zu konstruieren. Besonders charmante Variante: die VIS-À-VIS, bei denen sich je zwei Passagiere gegenüber sitzen und der Lenker statt direkt auf die Straße zusätzlich einem Paar Mitfahrer in die Augen schaut.

Rahmen und Räder von Kutschenbauern, Motoren von Autoherstellern

Das erste Auto, das aussieht wie ein Auto, ist der Mercedes von Wilhelm Maybach. Er markiert die Abkehr von der Kutschenform.

Der Motor ist hinter den Vorderrädern angebracht (4-Zylinder mit Leichtmetall-Kurbelgehäuse, gesteuerten Einlassventilen und Bienenwabenkühler, was alles übertreffende 35 PS generiert), der Leiterrahmen aus gepresstem Stahlblech statt genieteten Walzprofilen. Aus Pressstahlrahmen und Leichtbauweise resultiert niedriges Gewicht, zugleich hohe Belastbarkeit und Verwindungssteife. Alles neu – danach Standard, mehr oder weniger bis heute.

Sportsfreunde .... und einem dritten Sitz (oder einer Sitzbank). Kurz nach der Jahrhundertwende war das Hightech pur, anno 1904

Mit dieser Konstruktion und Form Maybachs läuft das Auto mit Ottomotor so überzeugend, dass von da an HERSTELLER IN ALLER WELT mit rasant zunehmendem Erfolg Autos produzieren. Bis heute, fand Technik-Historiker Erik Eckermann noch 1981, ist die Linie jeden Autos hierauf zurückzuführen. Besonders offensichtlich wird das an der über Jahrzehnte dominierenden PHAETON-BAUWEISE sowie dem offenen Tourenwagen mit vier und mehr Sitzplätzen, variabel aufsteck- oder einknöpfbaren Seitenteilen und Klappverdeck – eine Evolution der Motorkutsche Daimlers, die der Stuttgarter Kutschenbauer Wilhelm Wimpff in Form gebracht hatte.

4.2 Viervierteltakt und Viertakter

Das erste Autoradio erfindet 1922 der Amerikaner George Frost – sofern man beim Einbau eines Röhrenradios in ein Ford T-Model von einer Erfindung sprechen möchte. Im selben Jahr gibt es auch in englischen Daimler Radios, fünf Jahre später in den USA bereits serienmäßig. Bei den deutschen Ideal-Werken dient als Qualitätssiegel für Radioempfänger in Autos ein blauer Punkt, der später zum Namen des Herstellers wird, zunächst mit dem zwölf Kilogramm schweren, mit fünf Röhren betriebenen „Autosuper 5". Das kostet 1926 ganze 465 Reichsmark, etwa **EIN DRITTEL DES PREISES FÜR EINEN GANZEN KLEINWAGEN.**

Der von Chrysler und RCA 1960 angebotene Plattenspieler hat sich bei der Möblierung des fahrbaren Innenraums nicht durchgesetzt

Ab den 1960er-Jahren verbessern stoßunempfindlichere Transistoren den Soundtrack zur Spritztour; 1969 verfügt bereits einer von drei Pkw darüber. Für Autohändler ist das Autoradio lange ein instrumentales Medium: Einerseits wollen die Hersteller ihre Vertragshändler nicht verprellen, bemühen sich daher penibel, →Preisdumping zugunsten steigender Verkäufe zu vermeiden. Man soll für ein Modell wenigstens landesweit überall dieselbe Summe bezahlen. Um den Kunden mehr bieten zu können als die Konkurrenz, bleibt den Händlern ein Trick: das Radio. Das bekommt man kostenlos dazu! Bis es jeder macht und es kein Auto mehr *ohne* Radio gibt.

Statt Gepäck oder Ersatzreifen eine Soundanlage mit Subwoofer etc.

Preisdumping: Unangenehme Frage: 2010, ein Neuwagen kostet die Summe X. Jeder Händler hält sich daran, der Hersteller generiert damit trotz gar nicht sooo beeindruckender Margen genügend Gewinn, um auch mal Modelle komplett in den Sand zu setzen. Wie kann es sich der Hersteller dann leisten, Großabnehmern riesige Rabatte zu erteilen? Wer für seinen Betrieb hundert Modelle eines Herstellers kaufen will, verhandelt einfach mit einer extra dafür eingerichteten Abteilung – und wird staunen, wie sehr Firmenwagen nicht nur von Steuern befreit sind, sondern auch von den normalüblichen Preisen. Für die Bestellung von mehr als 200 Fahrzeugen gewähren Hersteller bis zu 40% Nachlass. Um bei diesen von ihm kreierten Dumpingpreisen über die Runden zu kommen, muss der arme Pkw-Hersteller die Masse der Normalneuwagenkäufer umso vehementer zur Kasse bitten.

Später wuchern daraus ganze Car-HiFi-Anlagen, deren Soundsysteme zunächst spießige Hutablagen, dann komplette Kofferräume füllen. Autotuning per Tuner, Kickbass mit hart aufgehängter Membran und Durchmessern weit über denen von Stammtisch-Aschern. Mit Subwoofer, zusätzlichen Endstufen und Verstärkern sorgen die für den zusätzlichen Tritt ins Kreuz, erzeugen sie doch Frequenzen, die sich mit einer guten Auspuffanlage zu einem **MASH-UP-SOUND** vermischen, bei dem schon mal die Fensterscheiben (der durch zugezogene Gardinen staunenden Nachbarschaft) zerspringen.

4.3 Starfighter 0.0

Bevor das Auto jedoch (mit oder ohne Radio) in den USA verkauft wird, auch bevor es bei Daimler, Benz & Co. seine künftige Form annimmt, bemühen sich anderswo Pioniere darum, einen Wagen mit Hilfe von Mechanik und ohne Windkraft, menschliche oder tierische Zugkraft in Bewegung zu setzen: **MIT DAMPF.**

In Paris versucht man sich bereits 1769 an einem Kraftwagen für ultraschwere Lasten. Ultraschwere Lasten? Wie so oft, wenn eine neue Erfindung gemacht wird, hat sie etwas mit Krieg zu tun. Die **MOBILE DAMPFMASCHINE** soll eine Waffe transportieren.

D1	NICHOLAS JOSEPH CUGNOT
	DAMPFWAGEN

Technische Daten	
Motor	Zwei Zylinder
	Vorderradantrieb über
	Kolbenstangen
Geschwindigkeit	3,5 bis 4 km/h
Länge	7,25 m
Breite	2,19 m
Leergewicht	2,8 t

Die Konstruktion mit über der Vorderachse hängendem Wasserkessel tendiert allerdings dazu, vornüber zu kippen – wenn sich als Gegengewicht im Heck

keine Kanone befindet. Es ist ein Versuch ganz im Stil der *Grande Nation*. Das Original, entworfen von Artillerieoffizier →Cugnot, finanziert vom Kriegsministerium unter Louis XV, gebaut im Arsenal von einem gewissen Monsieur Brezin, ist leider nicht erhalten; es beendet seine erste Fahrt mit einem Totalschaden an der Kasernenmauer. 1770 wird noch eine verbesserte Version des *chariot à feu*, des Feuerfuhrwerks, gebaut – und mit Absetzung des verantwortlichen Kriegsministers nicht weiter hergestellt. Die Entwicklung von Version Nr. 2 kostet 20.000 *Livres*, was heutigen 400.000 € entspricht.

Cugnot: Möglicherweise war Cugnots Dampfwagen nicht der erste. 1670 soll der belgische Jesuiten-Missionar Ferdinand Verbiest einen Dampfwagen konstruiert haben, ein Dreirad mit zentral angeordnetem Kessel, dessen Dampfausstoß turbinenähnlich ein Mühlrad bewegt, das via Reduktionsgetriebe die Hinterachse dreht. Belegt ist: Der Belgier ist viel rumgekommen und wurde als Techniker geschätzt – zehn Jahre zuvor war er nach China gereist, wo er für den Mandschu-Kaiser Kangxi im Observatorium von Peking diverse Apparate erneuerte.

Gut hundert Jahre später: Ziemlich abseits von Paris, dem *centre* aller Bedeutung des *L'état c'est moi*, abseits auch von den Hauptstraßen, näher an Basel im Osten als an Besançon im Westen, bestehen im Département Doubs, in der kleinen Gemeinde Hérimoncourt, ideale Voraussetzungen für einen Bastler und Erfindergeist. Seine Familie hat über Generationen hinweg ihr Guthaben vergrößert. Seit 1776 betreibt sie eine Wassermühle mit angeschlossener Gerberei und Färberei, die Entwicklung von stationären Motoren wird interessiert beobachtet. Die Familie eröffnet eine Eisengießerei, parallel eine Spinnerei, und 1889 kauft Armand Peugeot ein Serpollet-Dampfdreirad, das er mit Lizenz als Peugeot Typ 1 nachbaut.

COLUMBO

Der am schlechtesten gekleidete Kalifornier, Detektiv Columbo, fährt passenderweise einen Peugeot 403, heute noch in manchen Gassen um La Pigalle zu entdecken: immer etwas verratzt und oll, aber funktionstüchtig

So wie bei fast jeder Pfeffermühle kein Mensch bemerkt, dass das Mahlwerk von Peugeot stammt, so bauen Peugeot ihre Autos. Anfangs rangeln sie sich ein wenig mit dem französischen Konkurrenten Panhard & Levassor sowie anderen Dampfmaschinen-Anbietern. Mit eher konservativen Entwürfen und grundsolider Ausstattung bei Motor und Inneneinrichtung werden Peugeots zu Arbeitstieren – die zwar nur selten sonderlich auffallen, aber lange halten. Gibt es zu **PEUGEOT** mehr zu sagen? Wie bei den **PFEFFERMÜHLEN**: eher wenig.

Weitere Protagonisten der Autogeschichte vor Benz' Patentwagen: Edouard Delamare-Deboutteville und Leon Malandin ließen ihrerseits 1884 den →Break patentieren; dessen Praxistauglichkeit wurde jedoch nie durch Zeugen bestätigt. Auf vergleichbar wackeligen Füßen balancierte lange die Ansicht, der Wiener Siegfried Marcus habe bereits 1877 das Automobil erfunden (so ein Hinweis bei der Wiener Gewerbe-

ausstellung 1898), sei aber als Jude einfach aus der Geschichte herausgeschrieben worden. Mittlerweile hat der Technikhistoriker Hans Seper geklärt, dass der aus Mecklenburg-Vorpommern stammende Marcus 1870 einen nicht lenkbaren Handkarren mit darauf gebautem Benzinmotor konstruiert hat, jedoch erst 1888 den sogenannten „zweiten Marcus-Wagen" – immerhin Jahre vor Bosch mit magnetelektrischer Zündung des Viertaktmotors![1]

Break: Patent FR 160 267 A

Pfeffermühlen von damals und heute

4.4 Fahrn, fahrn, fahrn

In keinem Land der Erde darf man sich darauf so **FREI UND SCHNELL** bewegen wie in Deutschland. Frei? Ja, mehr oder minder kostenfrei, man bezahlt gelegentlich mit dem Leben – aber sonst: freie Fahrt für freie Bürger! Beim Schlachtruf gegen autofreien Sonntag und **TEMPOLIMIT** ist sich keiner richtig sicher, wer ihn zuerst ausgestoßen hat, klandestin und viral die **AUTOLOBBY?** Der ADAC oder eine anderen Gruppe von Verschwörern? Wie ein Mantra wird er jedenfalls so oft wiederholt, dass der Spruch für Satiren immer noch gut ist.

Die deutsche Wortschöpfung „**AUTOBAHN**", die es als Fremdwort sogar ins Englische geschafft hat, ist ulkigerweise ausgeborgt bei dem frühen Konkurrenten des Personenfernverkehrs: der Eisenbahn. Und die etymologische Nähe zur Eisenbahn ist tatsächlich treffend. Denn der Individualverkehr, der mehrspurig und ohne Sorge um Gegenverkehr überall hinrasen soll: verläuft ja eigentlich fast wie auf Schienen. High durch Geschwindigkeitsrausch: Das wird ausgerechnet im **LAND DER HIGHWAYS** anders ausgelegt. In der Autonation USA kämpfen zum Teil zwar sogar normale Menschen für die Freiheit, einen Colt bei sich tragen zu können; gleichzeitig empören sie sich bei dem Gedanken, man könnte auch mal das Pedal seines V8 bis zum Bodenblech durchtreten und den Wagen so ausfahren, wie es sich die Schöpfer der PS-Projektile am Reißbrett gedacht haben.

Nein, trotz ihrer sogar konstitutionell verankerten Bewegungsfreiheit tangiert das 1974 von **NIXON** eingeführte Tempolimit kaum einen vernünftigen Amerikaner. Warum auch? Das Autofahren ist viel zu angenehm, als dass man es verkürzen

wollte. Man nimmt auf elektronisch verstellbarem Vollpolstersitz in vollklimatisiertem Innenraum Platz; ein Becher voll Kaffee, vielleicht eine Cola mit einem Schuss Bourbon, befindet sich sicher und praktisch in der dafür vorgesehenen Halterung, die Automatikschaltung ist eingerastet zum Cruising, man legt den Fuß aufs Armaturenbrett, über die durchgehende Sitzbank rekelt sich die Beifahrerin, hinten gucken die anderen einen Film ... und dann düst man so dahin, mit 88,51 km/h.

Tempo-Limit im Land der unbegrenzten Freiheiten. 88,51 Stundenkilometer … sonst kommt der Sheriff

Fahrn fahrn fahrn no more. Ohne Sprit kein Spaß

SPEEDLIMIT 55, EST. 1974 – Angesichts der Ölkrise überlegte sich der Präsident der USA, dass 2,2% des jährlichen Spritverbrauchs eingespart werden könnten, wenn Pkw höchstens 50, Trucks und Busse 55 mph (Meilen pro Stunde, und ja: Pkw weniger schnell als die anderen), fahren würden. Weitere Ideen von Richard Nixon – kein Benzinverkauf an Sonntagen, Verbot von sinnloser, das Kfz lediglich schmückender Außenbeleuchtung etc. – wurden weniger torpediert als seine Annahme, Automotoren seien bei 50 mph am effizientesten, die von Bussen und Sattelschleppern bei 55.

Sammy Hagar, Redneck Rock'n'Roller, sieht rot vor Wut

Nur Lauthalssänger **SAMMY HAGAR** winselte noch zehn Jahre nach dem Gesetzeserlass mit einer wunderschön jammernden Schreistimme, als strecke er sich eine Oktave höher als möglich, wie ein Auto im Randbereich der U/min, seinen Reim

Vor dem Tempolimit, dem *Emergency Highway Conservation Act*, durfte man in manchen Staaten schneller, in anderen langsamer fahren – und in **MONTANA** und **NEVADA**, wie man wollte. Seit 1995 entscheiden die Senatoren der Bundesstaaten wieder selbstständig, was geht und was nicht. Heute ist das Limit auf Highways und Freeways und mehrspurigen Zubringern 55 oder 70 oder 90 mph. Viele halten sich daran. Wenn dann ein Deutscher auftaucht, die Adleraugen auf die wenigen Autorücklichter geheftet – japanisches Modell? Kann keine Polizeistreife in Zivil sein, wieder **VOLLGAS!** – wundert sich mancher Einheimische.

Der typische Geschäftsreisende in den USA lehnt sich zurück und singt zum Radio. Der hiesige Vertreter des Vielfahrers klemmt an einem sportlich geformten Lenkrad, mit 200 km/h der Stoßstange des Vordermanns gefährlich nahe, es sind noch 73 Kilometer bis Frankfurt/M., statt Kaffee im Becher hat er Schweißperlen auf der Stirn. Wird er wertvolle Zeit sparen oder vielleicht doch seine Lebenszeit verkürzen? Folgeschäden durch Stress sind nicht ausgeschlossen, doch er wird, so die Statistik, nicht so wahrscheinlich wie sein Kollege in den USA in einem **UNFALL MIT TODESFOLGEN** enden. Weil er sich nicht zurücklehnt? Keiner weiß es. Statistiker spekulieren gern darüber, wie und ob es sich überhaupt vergleichen lässt – das Fahrverhalten, die zurückgelegten Kilometer, die Dichte anderer ablenkender oder wachhaltender Verkehrsteilnehmer, die einschläfernde Einöde von Kansas und Iowa …

4.5   Servus AVUS

Die weltweit erste reine Autostraße baute das Volk, bei dem schon vor Urzeiten alle Straßen nach Rom führten. In Italien, wo 312 v. Chr. anstelle eines

Trampelpfads eine richtige gebaute Straße zur Porta Capena führte – die **VIA APPIA**, in der Antike die Königin der Straßen. In ganz Italien sind 1924 um 100.000 Autos unterwegs, da wird das erste Teilstück der *autostrada dei laghi* zwischen Mailand und Varese eröffnet. Im Unterschied zu allen anderen Verkehrswegen weltweit sind darauf **NUR MOTORISIERTE FAHRZEUGE** zulässig. Eine Maut soll Bau- und Instandhaltungskosten decken; der verantwortliche Ingenieur Piero Puricelli wird für sein Werk bewundert und besucht von Ingenieuren und Architekten aus aller Welt.

Von der Königin der Straßen zur ersten autostrada war ein Katzensprung

Früher noch (als Adolf Hitler in einem Wiener Obdachlosenasyl lebt, zu dessen Aufnahmekomitee der Vater Sir Karl Raimund Poppers zählt), wird in Berlin, damals →deutsche Hauptstadt aller Industrien, dem „Elektropolis Europas"[2], eine asphaltierte zweispurige Highspeed-Straße geplant, gebaut und eingeweiht.

deutsche Hauptstadt aller Industrien: Auch Autowerkstätten und -Hersteller siedeln sich relativ früh an – Dependancen von Daimler, Renault plus etliche untergegangene Hersteller wie NAG, Protos, **BRENNABOR**, Rumpler, Erdmann & Rossi ...

Berlin 1909. Hitler in Wien, das Futuristische Manifest im *Figaro*, Dorothy

Levitt veröffentlicht ihren Ratgeber *The Woman and the Car*, Suzuki und Bugatti gründen ihre Firmen, da wird in Berlin-Charlottenburg eine Gesellschaft gegründet, die nur ein Ziel verfolgt – und es im September 1921 erreicht: die Automobil-Verkehrs- und Übungs-Straße G.m.b.H:

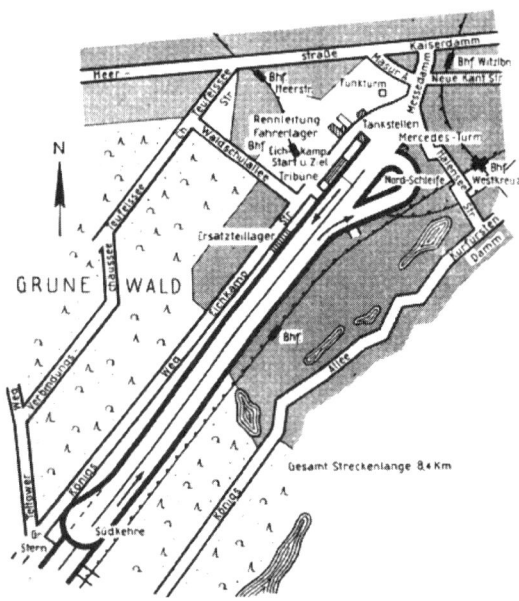

Ideal zum Testen von Top-Speed und Leistung der Motoren

Kreuzungsfrei, mit zwei jeweils acht Meter breiten Fahrbahnen, getrennt von einem Grünstreifen, interpretiert mancher die AVUS von 1921 gern als erste Autobahn. Als Teststrecke für die in Berlin ansässige Autoindustrie ist sie weniger eine Autobahn als eine einzigartige Rennbahn. Nicht verschlungen und kurvig, nicht voller Bergkuppen und nichteinsehbarer Kurven wie der Nürburgring, sondern **SCHNURSTRACKS GERADEAUS**

Credo Stromlinie

in die eine Richtung, 19,6 Kilometer, dann eine Kurve im Radius von 244 Metern, und pfeilgerade, 19,6 Kilometer, kehrt sie zurück, schließt sich im Radius von 166 Metern ... und wieder von vorne. Bei der wilhelminischen Streckenführung, perfekt in ihrer Sturheit, kommt fahrerisches Geschick genauso wenig zum Tragen wie die Strecke den individuellen Nahverkehr in den Grunewald beflügelt.

1923 kostet die Fahrt auf der ungewöhnlichen Autobahn (mit angegliedertem Fahrerlager, Kontrollturm für die Zeitnahme und einer bis heute teilweise erhaltenen Zuschauertribüne) 5.000 MARK in eine Richtung, Hin- und Rückfahr-Erlaubnis 8.000, Monatskarte 100.000 MARK.[3]

Es geht um Tempo, um eine Spielwiese für die nicht gerade aufblühende deutsche Kfz-Wirtschaft. Deren unterlegene Produkte müssen auf Vordermann gebracht werden, mit starken Motoren, viel PS, mächtig Beschleunigung. Eine Sache, die den Deutschen anscheinend rascher einleuchtete als anderen: SPEED. KEIN LIMIT. Hierzulande rasant gefördert und schneller als anderswo weiterentwickelt. Über den Song *Autobahn* (mit dem Kraftwerk zu einer der wenigen international Eindruck machenden deutschen Popgruppen wird) sinniert, zugedröhnt mit Hustensaft und von allen guten Geistern verlassen, der Musikkritiker Lester Bangs: „Es ist die Reinkarnation jenes eisernen deutschen Willens zur Bewegung und Geschwindigkeit, der die deutsche Pharmaindustrie schon zur Erfindung der Bomberpilotendroge Speed gebracht hatte, die in den Händen von Amerikanern immer in die Selbstzerstörung führte, in den Händen von Deutschen dagegen zu höherer Effizienz."[4]

Die „U.S. Top LP" kam aus Düsseldorf, der Morgenspaziergang auf die B-Seite

Verkehr ist „die mechanische Überwindung von Entfernung, die die Geschwindigkeit von Geschossen zu erreichen strebt."[5] **(ERNST JÜNGER)** – Speed und Hochgeschwindigkeit, die scheinbare Verlängerung der Zeit, üben eine solche Faszination aus auf die Führungsfiguren im „Tausendjährigen Reich", dass Hitler per Verordnung das Tempo drosselt: Da einige Nazis der oberen Garden in Autounfällen ums Leben kommen, legt der Führer jedem nahe, sich von einem Fahrzeugführer chauffieren zu lassen

Eine kreuzungsfreie, vierspurige, zwölf Meter breite KRAFTWAGENSTRASSE (Köln – Bonn), Richtung und Gegenrichtung in der Mitte durch einen Strich abgegrenzt, wird 1932 vom Kölner Oberbürgermeister Konrad Adenauer eingeweiht. Die Arbeiten an der etwa zwanzig Kilometer langen Autobahn werden in drei Jahren weitestgehend von Hand ausgeführt. Zur Eröffnung der BERLINER INTERNATIONALEN AUTOMOBIL- UND MOTORRADAUSSTELLUNG am 11. Februar 1933 verkündet Hitler die „Inangriffnahme und Durchführung eines großzügigen Straßenbauplans".[6] Das ‚Gesetz über Errichtung eines Unternehmens

Reichsautobahn' soll PR sein und Arbeits-beschaffungsprogramm – und die Wege für Kriegspläne vorbereiten. Das deutsche Volk verfügt noch nicht über genügend Kraftwagen, als dass es an Fernfahrten durch das schöne Land hätte teilhaben können. Von dem angekündigten 7.000-Kilometer-Netz werden bis 1935 lediglich 112 Kilometer verwirklicht, bis 1938 insgesamt 3.065. Panzer und schweres Kriegsgerät werden später statt auf der Auto- mit der Eisenbahn befördert.

Die City der Moderne, Tag und Nacht geöffnet dank Elektrizität

Baudelaire sah die Zukunft früh, sehr früh, und sie war befremdend

Die Energie der Stadt, Neon in der Nacht, dieses Nonstop-Brummen und -Summen, das man hört, bei offenem Fenster … und dann hört, wie auch in der Tiefe der Nacht immer irgendwo jemand schreit, lacht, Stöckelschuhe klappern lässt wie Kastagnetten der Asphaltmusik, wie die schiere Elektrizität summt und brummt, irgendwo ein Motorrad in **4,7 SEK. VON 0 AUF 100,** hinten am Horizont werden Container verladen … Die Stadt und ihre Architektur, ihr Eigenleben. Einen Moment lang ist man – wie der staunende Baudelaire, später Le Corbusier – **BEOBACH-TER** des Verkehrs, im nächsten ist man – wie er – **MITTENDRIN.**

Wie für das Auto gemacht: geradlinig durchgezogene Städteplanung

4.6 Stadt der Zukunft

CHARLES BAUDELAIRE glaubt, am Zenit des Fortschritts angekommen zu sein: Für ihn lebt der Mann der Moderne parlierend und promenierend nicht im Drängeln und Schubsen der Gassen, sondern stilvoll auf **BOULEVARDS.** Die Straße ist unser. Großzügig, herrschaft-lich. Anders als Wege oder Trampel-pfade, anders als manche vor Pferdemist dampfende Gasse in London (bis heute zu schmal für einen **SCHWARZENEGGER**), strahlen Pariser Boulevards die Autori-tät von **BARON GEORGES-EUGÈNE HAUSSMANN** aus, der sie als Präfekt von Paris von 1853 bis 1870 wie Schneisen in die verwucherte Stadtlandschaft schlägt – als Promeniermeilen, auch als Demons-trationsroute für Militärparaden, **CAT-WALK FÜR MACHT UND PROTZ.** Eine der

Credo Stromlinie

größten städtebaulichen Umgestaltungen überhaupt – und eine Art Vorlage für die spätere motorisierte City.

Wilde Theorien und zeitlose Sofas entstehen selten am Küchentisch

Auch in den Augen von **LE CORBUSIER** wird man rasch und leicht und fließend Teil der neuen Bewegung, ein „Teil der großen lauten mächtigen Verkehrsmaschine. Man wird Teil dieser Gesellschaft, die gerade entsteht. Man vertraut ihr: Sie wird ihre Macht herrlich zum Ausdruck bringen. Man glaubt daran"[7], so Le Corbusier. In seiner Vision gibt es keinen Menschen mehr, nur Autos, die Straße ist eine „**MASCHINE FÜR VERKEHR**", im Grunde eine Verkehrsströme generierende Fabrik. „Verkehr. Autos, Autos, schnell, schnell! Es überwältigt, erfüllt einen mit Enthusiasmus, mit Freude"... der Freude, die **MACHT** verleiht. Macht: auf Englisch *power*. Macht macht **FREUDE**. Power: auf Deutsch **KRAFT**.

Erst Pompidou und anderen nach Le Corbusier gelingt es, die Stadt zu zerstören. Menschenleer wird sie nicht, aber das organisch wuchernde Leben der Metropole vor 1789, der Basare und Soukhs ... verschwindet mit dem Auto aus der westlichen wie östlichen Welt.

Unter den Architekten und Baukünstlern gibt es einige, die sich auch der Gestalt des Autos selber angenommen haben:

• **1928 LE CORBUSIERS IDEE:** ein simples Auto aus Holz, ein „Voiture Minimum". Das ideale Fahrzeug für die mechanisierte Welt, analog zur von ihm propagierten „Wohnmaschine". 1935 wird der Entwurf bei einem Wettbewerb der Société des Ingénieurs de l'Automobile eingereicht, um die stotternde Auto-Industrie auf neue, volksnahe Gedanken zu bringen. Zwanzig Jahre später wird ein Auto auf den Markt kommen, das Le Corbusiers Bestrebungen einlöst – der →2CV.

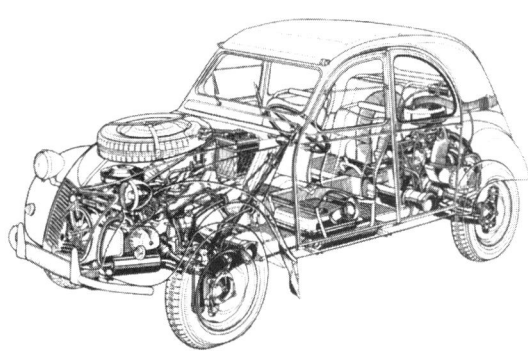

Röntgenblick ins Innenleben eines vermeintlichen Minimal-Vehikels

2CV: steht nicht, wie allgemein angenommen, für *deux chevaux* = zwei Pferde. Das französische CV ist zwar vergleichbar mit den Typenbezeichnungen englischer Oldtimer (hp wie *horsepower* = PS), steht aber nicht für *cheval vapeur*, sondern irgendwie legasthenisch verfehlt, für *cheval fiscal* (= Pferd steuerlich). Weil es mit Steuern zu tun hat, wird es ab hier kompliziert. Kurze und global gültige Faustregel des Fiskus: Je größer der Motor, desto mehr ist zu zahlen.

• **1930 WALTER GROPIUS:** Adler Favorit und Standard

Buckminster Fuller wusste wie ... man die Welt verändert

• **1933 R. BUCKMINSTER FULLER** kreiert den dreirädrigen Bus Dymaxion nach der Maxime: „Man ändert nichts, wenn man die existierende Wirklichkeit bekämpft. Um etwas zu verändern, muss man ein ganz neues Modell bauen, das das vorige hinfällig macht". Dank windschlüpfriger Form kommt der zeppelineske Wal für zehn Passagiere auf 193 km/h ... und wird auf der Weltausstellung in Chicago 1933 (zu zelebrieren ist das Jahrhundert des Fortschritts) in einen Unfall verwickelt, der Investoren so sehr verschreckt, dass es bei drei Prototypen bleibt.

• **1939 FRANK LLOYD WRIGHT,** der stilgebende Architekt amerikanischen Empfindens, modifiziert den bewusst zukunftsorientiert und neuartig gestalteten Lincoln Continental von 1939 mit den Methoden späterer Hotrod-Kids zu einem gedrungenen, verwachsenen Ding mit kleineren Fenstern. In *The Living City* veröffentlicht er 1958 Zeichnungen von gondelähnlichen Gefährten mit Hinterrädern wie von Traktoren, die mit Helikoptern vernetzt sein sollten, die wie fliegende Untertassen aussehen...[8] Der Nachwelt erhalten sind Annoncen von GM, auf denen im Hintergrund Bauten von Wright zu erkennen sind.

• **1943 NAUM GABO:** Der russische Konstruktivist ist 1920 Co-Autor des „Realistic Manifesto", in dem die Verfasser auf die Sackgassen hinweisen, in die Kubisten und Futuristen gerauscht sind, das Manifest der Speed-Freaks als provinzielle Wortklauberei voller Patriotismus und Militarismus und Sexismus entlarven. Naum Gabo liefert mehrere Entwürfe für den Javelin des britischen Herstellers Jowett. 1947 gilt das Ergebnis mit aerodynamischer Form, angewinkelt gerundeter Windschutzscheibe und in die Kotflügel versenkten Scheinwerfern als Meisterwerk des Designs.

Real angewandter Konstruktivismus. Javelin Jowett von Naum Gabo

• **1948 PIERRE-JULES BOULANGER:** Der Kunstschul-Abbrecher und Fotograf, 1908 aus Frankreich nach Kanada ausgewandert, ist zunächst nur Architekt seiner Karriere – zunächst bei einer Elektrizitätsgesellschaft, dann in einem Architektenbüro, schließlich mit eigenem Bauunternehmen. Bekanntschaft mit Michelin führt ihn nach deren Übernahme von Citroën in die Vorstandsetage, wo Boulanger die Idee einbringt, eine „TPV" – *très petite voiture* – zu bauen. Wie auch beim Käfer zieht sich die Umsetzung der 1936 oder 1938 formulierten Idee Jahre hin bis zur Marktreife im Jahr 1948. Der „Regenschirm auf vier Rädern", das Auto für das Volk vom Land, hat Sitzplätze für vier Erwachsene und einen Kofferraum, in den ein fünfter passt. Mehr Lebenseinstellung als Auto, ranken sich um den 2CV, den *deux chevaux,* ähnlich viele Mythen wie um Coca-Cola. Dass er wegen exzellenter Kurvenlage umkippt, stimmt nicht, wie einem jeder zweite Jungspund und Ex-Ente-Fahrer bestätigen kann. Boulanger erlebte die Ente nicht mehr – er kam 1950 um. Bei einem Autounfall.

• **1955 CARLO MOLLINO:** Der von Okkultismus, erotischer Fotografie und massig mehr begeisterte Rennfreak Mollino baute einen ultraflachen Rennwagen. Inspiriert von John Cobbs Railton Special (Geschwindigkeitsrekorde 1939 und 1947, mit 634,39 km/h) debütierte die Nardi Bisiluro bei dem 24-Stundenrennen von Le Mans 1955.

• **1957 ROBERT OPRON** wirkte wie kein studierter Architekt vor, vermutlich auch keiner nach ihm. Die verglaste Verschachtelung von Licht und perspektivischer Tiefe – bei Jean Nouvel meisterhaft, nachgeäfft von Helmut Jahn und 2000 beim Konrad-Adenauer-Haus der CDU im neuen Berlin –, die Glasfront vor etwas, wovor kein Glas benötigt wird: Opron brachte das vierzig Jahre früher. Bei Autos. Erst beim Facelift der DS, dann beim Citroën SM. Davor und danach machte er noch ein paar andere schrille Sachen.

Facelift, bei dem man abhebt

• **1972 LUIGI COLANI:** Der in Berlin aufgewachsene Sohn eines Architekten für Filmbauten und Designer, der für die aerodynamischen, biomorphen Formen seiner Gestaltung von Konsumgütern, Möbeln und Fahrzeugen bekannt ist, baute einen der unförmigsten Rennwagen der Formel 1 (Eifelland, mit einem zentral vor dem Fahrer installierten Rückspiegel, sah verrückt aus, fuhr wie ein Lkw) und modifizierte diverse Porsche, BMW und einen Ford Ka.

Credo Stromlinie

Biomorph, ergonomisch oder abgdreht: BMW von Colani

Luigi Colani, in China Gelehrter für Stadtplanung

• **1972 MARIO BELLINI:** Designer für Fiat und Lancia, Berater für Renault. Mit Citroën und Pirelli baute er einen Prototyp aus Wellblech, der aussah, als sei er mit Lineal auf Papier gezeichnet, ausgeschnitten und dann zusammengefaltet worden. Der Kar-A-Sutra wurde nicht auf einer Automesse vorgestellt, sondern gleich im Museum of Modern Art. Konzipiert als *mobiler menschlicher Raum* mit Panoramafenstern rundum und Sitzplätzen für sieben Personen, ist der Kar-A-Sutra eines der wenigen obskuren Autos, das seine eigene Myspace- und Facebook-Seite hat. Irgendwo im Internet gibt es sicher auch ausdruckbare Papierbögen des ganzen Mobils.

Kar-a-Sutra: Einstellung ist auch eine Position

Bellinis Innenarchitektur im mobilen menschlichen Raum

• **1978 RENZO PIANO,** berühmt durch das mit Richard Rogers gebaute Pariser Centre Pompidou, baute 1978–80 für Fiat das Werk Lingotto in Turin, später Flughäfen und anderes weltweit, am Potsdamer Platz für Daimler die Debis-Zentrale. Während der Arbeit in Turin hatte er Zeit, ein Experimental-Auto zu zeichnen – den Fiat VSS.

Renzo Piano

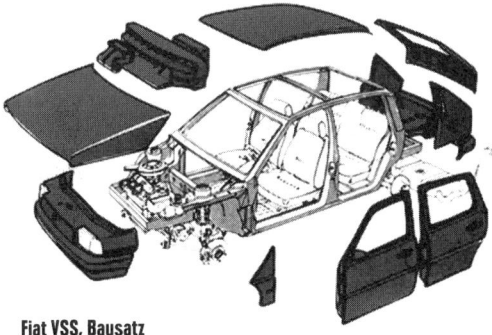

Fiat VSS, Bausatz

• **1983 ALISON UND PETER SMITHSON** haben die Kathedrale von Coventry gebaut, entwarfen den Stahlrohr-Acryl-Stuhl Pogo und befanden sich im England der 1960er mitten in dem Zeitgeist, den Richard

Hamilton als „populär, vergänglich, entbehrlich, preis-
günstig, Dutzendware, jung, witzig, sexy, ulkig, glamourös,
Big Business" zusammengefasst (und 1957 mit der
Ur-Popart-Collage *Just what is it that makes today's
homes so different, so appealing?* tief in unsere Kultur
geschrieben) hat. Die Smithsons fuhren eine DS von
Citroën, die Göttin, die Kathedrale der Neuzeit, und
fuhren damit durch England. Das Ergebnis: Keine
weitere Kathedrale, sondern ein Road-Tagebuch, erschienen 1983 in den Niederlanden [9]. Überschrift von
Otto Das' Vorwort: „Because the car has come to stay".

• **1992 NORMAN FOSTER:** Nach verglasten Gebäuden,
Entwürfen für Windräder und Mini-Busse mit Solar-
antrieb wird ab der Olympiade 2012 ein weiteres neues
Werk von Sir Norman Foster jedem London-Besucher
auffallen: Doppeldecker-Busse, nach wie vor rot, hof-
fentlich pünktlich ... und gebaut mit freundlicher Unterstützung von Aston Martin. Sehr Retro/Steampunk,
zugleich verglast und offen für alles, unbegrenzte Ein-
blicke auch im Inneren dank Überwachungskameras,
mit magnetisch ablesbarem Dauerticket für jeden Einzelnen, zum Einsteigen in die Welt von Orwells *1984*.

Autodesigner: Heute wird das Fach Autodesign an
kaum mehr als einer Handvoll nennenswerten Hoch-
schulen weltweit unterrichtet. Selbst namhafte Autodesigner bleiben in der allgemeinen Wahrnehmung
oft so unbekannt wie die Lieferanten der Bilder in
Hotelzimmern.

1 Dr. Hans Seper: *Damals als die Pferde
  scheuten: Die Geschichte der
  österreichischen Kraftfahrt*, Wien 1968
2 Günther Gottmann im Vorwort von Ulrich
  Kubisch: *Automobile aus Berlin*, Berlin
  1985
3 Richard Kitschigin: *Mythos AVUS.
  Automobilsport in Berlin*, Berlin 1995
4 Tobias Rapp: „Boing Boom Tschak", *taz*,
  27.3.2004
5 Ernst Jünger: *Der Arbeiter. Herrschaft
  und Gestalt*, 1932
6 11.02.1933, Deutsches Rundfunkarchiv
7 Marshall Berman: *All That is Solid Melts
  into Air: Experience of Modernity*, Verso
  1983
8 Phil Patton: „Giants of Design, Handy
  With Cars", *New York Times*, 6.9.2004
9 Alison und Peter Smithson: *As in DS:
  An Eye on the Road*, 1983

Das tempodrome Zeitalter

Kallipygos und die Perspektive der Autofotografen / Zeitverkürzung durch Zeiteinsparung / Außer Atem im Tempodrom / Dabeisein ist nicht alles / Wer schreibt eigentlich Geschichte? / The story of the best car in the world / Das Auto als Opium fürs Volk / Betriebe werden Industrien (oder gehen unter) / Das futuristische Manifest

5.1 Kallipygos und die Perspektive der Autofotografen

Wenn sich Bildhauer um öffentliche Aufträge bewerben, Mappen für Wettbewerbe zusammenstellen, wenn sie ihre Werke fotografieren und zweidimensional einfangen müssen, dann leiden sie immer sehr. Es widerstrebt ihrem ganzen Handeln und Werken. Eine Skulptur ist keine Postkarte, in ihrer bezaubernden Ausstrahlung und Wirkung gar nicht anders denk- oder darstellbar als in der gewählten Form: räumlich, dreidimensional, zum Anfassen. Genauso ist die Darstellung des Autos eigentlich nur in Bewegung denkbar, schon ein Kompromiss, wenn in einen Werbefilm gebannt. Gelegentlich wollen allerdings auch Autokäufer sachlich bleiben, Zahlenkolonnen vergleichen, schwarz auf weiß einen

Testbericht lesen. Der ist – selbst in Tageszeitungen – immer mit mindestens einem Foto illustriert. Darauf steht das Auto nicht im Stau, es parkt nicht zwischen lauter anderen, sondern saust alleine an Wald und Wiesen vorüber. In 90% der Aufnahmen ist die Perspektive identisch, sie heißt unter Fotografen Dreiviertelansicht. Man sieht dabei zu etwa gleichen Teilen die Vorderseite und das Profil des Wagens, wie Mannequins *en Vogue*.

Die Einfallslosigkeit heutzutage überrascht, wurden doch Frauen in den Gemälden der *great masters* der Hochrenaissance auch in mehr als einer Pose gezeigt. Es ging ihnen nicht nur um Brüste, es ging um mehr. Es ging auch und vor allem um HINTERTEILE. Genauso wie das Auto nicht nur auf einen zu schnellt, sondern bleibenden Eindruck hinterlässt im Rückblick des Betrachters. Sobald es vorbeigerauscht ist, schaut man in die Auspuffrohre. Oder das bucklig geduckte Heck, vielleicht das Arrangement der Rücklichter.

Analog zur Kallipygos, der prachthintrigen Aphrodite, die zum Betrachter hinter sich Augenkontakt sucht, sollten Autos häufiger von ihrer Rückseite abgelichtet werden. Ein denkbarer Einwand der in humanistischer Bildung bewanderten Bildredakteure oder Art Directors mag sein, dass nach wie vor ungeklärt ist, inwieweit es sich bei solcherart dargestellten Schönheiten der Antike um Hetären gehandelt haben mochte. Andererseits ist jede Auto-Diva für Geld zu haben. Kallipygos-Kurven findet man im Autostyling an anderen, verborgenen Stellen: in den Halogen-Scheinwerfern des Fiat Coupé von 1993 zum Beispiel, aufreizend und distanziert, hinter Glasabdeckungen, schön wie im

Das tempodrome Zeitalter

Schaufenster, wie die *Wallen* im Amsterdamer *red light district*.

Venus Kallipygos

Fiat Kallipygos (Coupé, 1993)

5.2 Zeitverkürzung durch Zeiteinsparung

Mit der künstlichen Verlängerung des Tageslichts durch Elektrizität und der Verkleinerung des Raums durch die automobile Fortbewegung hat sich die Welt verändert. Bald sparen wir nicht nur dank Beschleunigung des Fortschritts standig Zeit, um in der Freizeit – Auszeit – die Seele baumeln zu lassen. Wir geraten in ein Wettrennen gegen die Zeit. War lange die Raumordnung

bestimmend – im kartographierten Europa wie in Territorialkämpfen – so verlagert sich das Interesse auf die Zeitordnung. **WAS SCHNELL GEHT, IM SUPERMARKT, AM PC ODER BEI DER ARBEIT: IST GUT.** Für die Taktgeber und relevanten Zeitgenossen. Zelebriert wird das „tempodrome Zeitalter"[1] nirgendwo so schön wie bei den Rekordfahrten des Automobils. Das ist dann „die ziffernmäßige Wertung menschlicher und technischer Leistungen", wie Ernst Jünger 1932 in dem Essay *Der Arbeiter. Herrschaft und Gestalt* schrieb.

Während wir durch unser Mehr an Leben eilen, häufen wir die Zeit wie auf einem Sparbuch an, und genau wie Geld will Zeit, wenn wir sie hergeben, gut angelegt sein. *Quality time*. Ja, wir klagen Zeit ein – zumeist ohne darüber nachzudenken. Dafür bleibt keine Zeit.

Quality time

5.3 Außer Atem im Tempodrom

Geschwindigkeit und Bewegung durchdringen im 20. Jahrhundert jeden Lebensbereich. Wer ist erster auf dem Mond, wie schnell ist der neue Transistor, der kommende Computerchip? Völker und Produkte reisen von Kontinent zu Kontinent, Kino und Fernsehen verkürzen jedes Ereignis zu News-Schnipseln, die an einem vorbeisausen. Ohne langes Warten wird parallel der Atlantik im

Flug überquert; der Müßiggang langer Bahnfahrten oder Schiffsfahrten wird zum Luxus für die, die es sich leisten können.

Von der Eisenzeit ins Zeitalter der Stromlinie

Aktivitäten oder Dinge oder Menschen müssen nicht in Bewegung sein, dennoch gehorchen sie dem Diktat von Speed und Mobilität, einem ästhetisch anvisierten Ideal. Bügeleisen und Nassrasierer sehen aus wie im Windkanal optimiert. Moderne Arbeitsprozesse haben *streamlining* hinter sich und führen zu Multitasking; Armbanduhren und Kleidung übernehmen den Stil von Jet-Piloten oder (auch mit Bewegungsassoziation) von Wanderarbeitern und Nomaden.

„I had found my way of life." (Raymond Loewy)

Sogar im Stillstand sah die 500 Tonnen schwere Duplex-Lokomotive S-1 – trotz Übergröße und Dampf und Gestank – extrem schnell aus. Schneller als alles, was Menschenhände zuvor geformt haben. Der sie formende Industriedesigner Raymond Loewy: „Ich wartete darauf, dass die S-1 mit vollem Tempo vorbeifahren würde. Ich stand auf dem Bahnsteig und sah, wie sie mit 120 Meilen angerast kam. Wie ein stählerner Blitz donnerte sie vorbei, der Boden unter meinen Füßen bebte, fast wäre ich vom Wirbelwind mitgenommen worden. Eine Million Pfund Lokomotive krachten in meiner unmittelbaren Nähe vorbei. Dieses unvergessliche Gefühl von Power, dieser Stolz auf etwas, an dessen Entstehung ich mitgewirkt hatte, überwältigte mich. Ich war – endlich – an etwas beteiligt, das der großen Nation dienlich war, die mich aufgenommen hatte und die ich so sehr liebte. Und ich hatte einen langen, glücklichen Weg hinter mir, seit meinen Anfangstagen in einer Werbeagentur für Mode. Jetzt endlich hatte ich meinen Weg gefunden."

Duplex-Lokomotive S-1 von Raymond Loewy

5.4 Dabeisein ist nicht alles

Mit Durchdringung des Bewusstseins durch Tageszeitungen und Rundfunk verändert sich kaum merklich auch die Funktion von Sport. Körperliche Ertüchtigung ist nicht nur Privatsache, dient nicht nur dem Stählen von Geist und Körper. Mit dem Verschwinden religiöser Riten wird Sport zum Event, einem Rummelplatz der Marktschreier, Tool im Marketingmix samt Sponsoring, Eventmanagement und anderen zumeist aus dem angloamerikanischen Sprachraum importierten Gimmicks. Galt in der Antike noch „Dabeisein ist alles", so gilt bei ersten Vergleichsfahrten der Kraftfahrzeuge: Wer ankommt, hat gewonnen. Doch schnell wird mit dem technischen Fortschritt aus den Vergleichen ein Wettbewerb, waghalsige Rennen im Kampf von Mensch gegen Maschine, Mann gegen Mann, alle zusammen – oder jeder für sich? – gegen die Zeit.

Auch in der Formel 1 von heute findet der richtige Wettkampf nicht zwischen den Piloten statt und nicht unter den Augen der Öffentlichkeit. **ZWISCHEN DEN RENNEN** wird an Komponenten gefeilt, werden Gummimischungen der Reifen begutachtet, werden hundertstel Sekunden „gefunden", die die Spreu vom Weizen trennen, die *frontrunner* von den lediglich Mitwirkenden (abzuheften unter „ferner liefen"). Entsprechend sachlich und ernsthaft wird bei Tests gearbeitet – wenn sie vom Reglement gerade nicht verboten oder eingeschränkt werden.

So auch irgendwann im Sommer 2001, Tage nach dem britischen Grand Prix, bei dem Mika Häkkinen vor Michael Schumacher die Zielflagge sah. Der Test danach: Arbeit, Vorbereitung für das kommende Rennen, Heimspiel in Hockenheim. Wie beim Ernstfall, jedem Grand Prix, stehen auch bei Tests Rettungshubschrauber auf Stand-by (deren Fehlen Patrick Depailler auf dem Hockenheimring 1980 möglicherweise das Leben gekostet hat); Sponsoren kommen, dinieren und gehen. Nicht anwesend sind die hundert Kameras, die an Renn-Wochenenden jeden Winkel und alles filmen, was sich bewegt. Bei Tests bleibt der Fahrer auf dem Weg vom Motorhome zur Box unbehelligt von Journalistenhorden in ihrem Wettlauf um O-Töne und Einschaltquoten. Selbst für den 2001 nach langer Abstinenz neu gekrönten Weltmeister Michael

Schumacher wurde bei den Tests kein roter Teppich ausgerollt. Ebensowenig wie am Dienstag nach dem →britischen Grand Prix.

britischer Grand Prix 1999: wo er wegen Bremsversagen mit 180 km/h von der Strecke kam und pfeilgerade in die Absperrung krachte.

Kopfüber in die Moderne

Sechs der elf Teams sind im Juli 2001 im →Königlichen Park von Monza, um vor den Pforten Milanos Mensch und Maschine zu testen – Alex Wurz und Darren Turner bei McLaren, ein anderes Greenhorn (James Courtney) bei Jaguar, Ricardo Zonta bei Jordan ... Das Tagesziel bei Ferrari steht seit Wochen: Schumacher wird aerodynamische Neuheiten unter die Lupe nehmen, die Zuverlässigkeit eines neuen Motors – „Evolutionsstufe 050" – soll auf Herz und Nieren überprüft werden, auch der Reifenlieferant Bridgestone möchte Sinn und Unsinn neuer Gummimischungen erkunden. Alles normal, eher *lowkey*, daher nur mit einem Auto (Chassis 209). Dann, die Bestzeit des Tages hat Schumacher bereits markiert, in der 19. Runde auf den Bildschirmen in der Box, was sonst Millionen Fernsehzuschauer als eingeblendeten Text sehen: Unfall! Beim Anbremsen auf die zweite Schikane bricht bei 300 km/h das Heck seines Wagens hinten links aus, der Ferrari knallt in die Leitplanke, rutscht daran mit gleichbleibendem Tempo weiter, schlittert über das Kiesbett, schlägt erneut in die Leitplanke ein und prallt in die Barrieren. Benetton-Fahrer Giancarlo Fisichella will es gar nicht glauben: Wenige Meter von hier ist im vergangenen September bei einer Massenkarambolage der am Streckenrand stehende Feuerwehrmann Paolo Gislimberti tödlich verunglückt. Das hier ist nun der dritte heftige Testunfall auf dieser Strecke in wenigen Tagen. Fisichella: „Der Wagen steckte unter den Reifenstapeln, ich habe das Schlimmste befürchtet."

Königlicher Park von Monza: Sterbeort von König Umberto von Italien (1900 von dem Anarchisten Gaetano Bresci ermordet) sowie sehr vielen Rennfahrern. Hätte man für jeden ein Kreuz aufgestellt, würde der Park aussehen wie ein Friedhof.

Michael Schumacher im Ferrari – das Herz klopft mit

Die Strecke wird sofort gesperrt, alle weiteren Tests auf Stand-by gesetzt. Aber ein Fahrer ist noch auf der Strecke, und der hält sofort an der Unfallstelle: Ralf Schumacher. Noch bevor er seinen Bruder erreicht, ist der aus dem Wrack geklettert. Kein Beinbruch. „Ich hatte viel Glück", so der Ältere später. Michael Schumacher wird umgehend untersucht, eine halbe Stunde später, die letzten Trümmer des Ferrari mit der Startnummer 1 sind eingesammelt, stehen die Sofortmaßnahmen fest: Schumi bekommt ein paar Tage Ruhe verordnet. Mehr

nicht. Dass alles so glimpflich abgelaufen ist, das komplette Ereignis nicht einmal zu einer Fußnote wird, liegt an den Crashstrukturen der Autos und Cockpits, aber auch an der physischen Konstitution der Formel-1-Fahrer. **SIE SIND SO FIT WIE HOCHLEISTUNGSSPORTLER**.

Die Fliehkräfte, denen ein Rennfahrer ausgesetzt wird, sind enorm. An einem normalen Arbeitstag beschleunigt er in 2,5 Sekunden →von 0 auf 100 km/h. Beim Rennfahren zählt weniger der Bleifuß auf dem Gaspedal als vielmehr der Nerv, möglichst spät zu bremsen. Die Bremskraft ist nicht einmal annähernd mit Alltagssituationen vergleichbar. Von 0 auf 200 km/h kommt ein Formel-1-Auto in unter fünf Sekunden, innerhalb von 140 Metern; um von 200 km/h zum Stehen zu kommen, braucht es lediglich 55 Meter, weniger als zwei Sekunden. Das ist an den Grenzen dessen, was Mediziner für physisch tolerierbar halten. Die Verzögerungskräfte sind so groß, um die 5g, dass die Tränenflüssigkeit aus den Augen aufs Visier fliegt. Um die 250 Kilogramm Schubkraft wirken vom Oberkörper auf die Gurte. Am meisten zerren die lateralen Fliehkräfte an Kopf und Beinen. Dass dafür außerordentlich trainierte Muskeln nötig sind, liegt auf der Hand.

von 0 auf 100 km/h: Ein Ford Ka braucht dafür sieben Mal so lange, selbst ein Porsche Carrera oder ein Ferrari 456M GT noch etwa das Doppelte.

Über die Leistungen eines ganz bestimmten Muskels staunten Mediziner des Instituto de Fisiologica Clinica, als sie sich 1995 mit den **HERZFREQUENZEN VON RENNFAHRERN** beschäftigten. Innerhalb einer Studie über die damals relativ neue Telemetrie (kabellose Datenübertragung), kamen die Forscher bei ihren Messungen auf Herzfrequenzen mit über 180 Schlägen pro Minute. Dass das bei extrem durchtrainierten Sportlern menschenmöglich ist, war den Wissenschaftlern bekannt – dass Formel-1-Fahrer diese Belastungen über den Zeitraum von 100 Minuten ertragen, neu. Zwei Tage nach dem Zwischenfall hat Schumacher genug gerastet, beginnt wieder mit seinem Fitnesstraining – und rast weiter.

5.5 Wer schreibt eigentlich Geschichte?

In Deutschland rangiert bei denen, denen Blödsinn fern liegt, die Geschichtsschreibung relativ weit vorne. Geschichte schreiben ist Sache der Seriösen. Aber nur weil das hierzulande der Fall ist, ist das nicht überall so. Der Engländer, seit der Kolonialzeit reich auch an Selbstsicherheit, *makes history*. Machen oder darüber schreiben? Ziemlich abfällig sagte der frühere Boss des Formel 1-Teams McLaren zu Reportern und Hofberichterstattern, worüber Motorsportjournalisten nach Jahren noch laut lachen:

„We make history, you write about it!"

Dem fast 3.000 Seiten umfassenden *The World of Automobiles: An Illustrated Encyclopedia of the Motor Car*[2] zufolge war im Jahr 1900 Dion-Bouton (mit 400 Autos und 3.200 Motoren) der größte Autohersteller weltweit; die Columbia Automobile Company aus Connecticut kam auf mindestens ähnlich hohe Stückzahlen[3]. Doch die „größte Automobilfabrik der Welt" war laut Geschichtsschreibung der Daimler-Benz AG: im Jahr 1899 mit 572 produzierten Fahrzeugen, 603 im Jahr 1900 die Firma Benz & Cie.[4] Hundert Jahre später haben sich die Zahlen geändert: 2008 produziert der größte Hersteller weltweit, Toyota, 7,8 Millionen Pkw; Lamborghini dagegen baut 1992 in Sant'Agata Bolognese lediglich 571 Superwagen und befindet sich damit auf Augenhöhe mit den Spitzenreitern der Jahrhundertwende. Selbst der Diablo wird nur noch gebaut, wenn von Händlern bestellt.

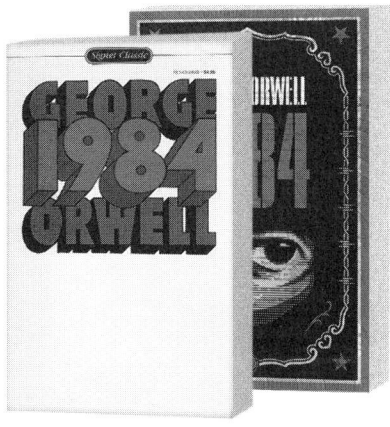

Sieger schreiben Geschichte, Schriftsteller schreiben die Wahrheit

Neben **PHILOSOPHEN** und **AKUSTIKFORSCHERN**, **SCHNEIDERN** und **HAPTIKERN** beschäftigt heute jeder größere Autokonzern **HISTORIKER**. Inwiefern sich ihre Arbeit von der früherer, Kriege und Schlachten kolportierender Geschichtsschreiber unterscheidet, können spätere Generationen entscheiden. Vielleicht ist ja das Schreiben von Geschichte – wie bei George Orwells *1984* – immer auch ein Umschreiben, je nach Perspektive. Die Sieger schreiben die Geschichte. Im Fall der scheinbar wertneutralen Technikgeschichte sind die Sieger jene Firmen, die überleben – ökonomische Gewinner im Gerangel darum, wer das Auto und seine Komponenten vorangebracht hat.

5.6 The story of the best car in the world

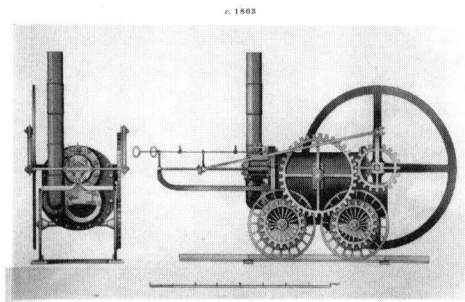

Sieht aus wie eine dampfbetriebene Uhr, ist aber eine Lok

Wie in Frankreich setzt man auch im Königreich auf heiße Luft, den Dampfantrieb als Turbo des Fortschritts *accelerando:* 1797 baut Richard Trevithick sein erstes Dampfwagenmodell, 1801 stellt der englische Ingenieur eine Art Straßenlokomotive vor – *Puffing Devil* –, die mit 8 km/h mehrere Personen befördert. Das heißt, nachdem Cugnot in Paris seinen Dampfwagen gegen die Wand gefahren hat, geht die Entwicklung mit Volldampf weiter, allerdings schleppend: Blockiert wird alles Verbessern oder Modifizieren von Dampfmaschinen durch James Watt. Der hält 1.800 Patente, die er nicht an konkurrierende Ingenieure lizenziert.

Richard Trevithick und James Watt

Watt ist Nicolaus Otto darin ähnlich, dass er zum Hemmschuh seiner eigenen Erfindung wird. Watt, der aus einem armen, aber außerordentlich gebildeten Elternhaus kommt, kränkelt chronisch, bricht die Mechaniker-Lehre ab und kann schließlich seine Talente dank Finanzspritze des Eisenfabrikanten John Roebuck zur Reife bringen. Nicolaus August Otto – Autodidakt, mehr Kaufmann als Akademiker, Sohn eines Bauern – hat das Wissen für seine Erfindungen nicht zusammengelesen, sondern aus ganz unterschiedlichen Quellen gezogen. Aber er profitiert vergleichbar von Mitteln und Wissen anderer: Für die Entwicklung des Ottomotors gründet der Unternehmer Eugen Langen die →weltweit erste Motorenfabrik.

weltweit erste Motorenfabrik: N. A. Otto Cie, gegründet 1864. Daraus wurde 1872 die Gasmotoren-Fabrik Deutz AG, heute Deutz AG.

Während die Mobilmachung in Frankreich und England mittels Dampfmaschinen langsam anläuft, in Cannstatt und Mannheim mit Benzinmotoren, gilt in England ein Gesetz von 1865. Demnach dürfen sich motorbetriebene Fahrzeuge im Straßenverkehr nicht schneller als mit 6,4 km/h bewegen. Mit Daimler-Lizenz werden auch im Königreich Autos zusammengesetzt, doch als erstes komplett in Großbritannien gebautes Benzin-Auto gilt der etwa zehn Jahre nach Benz und Daimler gefertigte Lanchester, verewigt als „Pferdelose Kutsche"-Monument in Birmingham. Nach ein paar Einzelstücken gehen die drei Lanchester-Brüder 1900 in Serienproduktion – und bauen sechs Pkw.

Ebenfalls in Handarbeit – und das länger als anderswo – machen sich etwas später (1904) ein Rennfahrer und ein Aristokrat daran, den perfekten *autocar* zu bauen. Er steht und glänzt und fährt noch heute. Ja, man kann sich irrsinnig aus dem Fenster lehnen und die Behauptung aufstellen: Wenn sich kein Rad mehr dreht, wenn kein Auto mehr steht, dann wird es das letzte sein, das auch Marsbewohner oder seuchenresistente Lebensformen erblicken. Die Rede ist – *of course!* – von Rolls-Royce. Frei nach Oscar Wildes Maxime (wonach er nicht viel brauche, es müsse nur das Beste sein) kommen Charles **ROLLS** und Henry **ROYCE** darin überein, im Automobilbau bleibende Zeichen zu setzen.

The story of the best car in the world.

1975

Als andere Firmen auf Automessen und für kleine Jungs Prospekte und Aufkleber produzierten, verschickte die Firma Rolls-Royce in Crewe denen, die brieflich darum baten: ein kleines Büchlein mit wenigen Fotos einiger betagter Modelle sowie Illustrationen aus der Ära des Art Deco. Auf der Titelseite kein Logo, kein klar erkennbares Modell, nur der Ausschnitt einer Motorhaube in den Straßenschluchten von Manhattan. Darunter in unbedeutenden Lettern der Titel: *The story of the best car in the world.*

Motiviert von Freud und Leid, die den Aristokraten Charles Rolls mit seinem ersten Automobil ereilen, als sein Peugeot zwischen Cambridge und der elterlichen Familienresidenz in Monmouth wiederholt stehen bleibt, geht es nie um Gewinnmaximierung, Fließbandfertigung oder Geschwindigkeitsrekorde. Für die Distanz von 171 Meilen benötigt man heute drei Stunden und acht Minuten. Der an Arbeit nicht gewöhnte Charles Rolls erreicht das Herrenhaus von Lord und Lady Llangattock nach zwei Tagen. Die Diskrepanz zwischen Freude am Fahren, andererseits Leid beim Warten und Reparieren gibt ihm zu denken. Hier entsteht der Keim des Gedankens, ein besseres Auto zu bauen – am besten das beste.

Silver Ghost: Lautlos und unheimlich wie ein Geist

Für den ersten Rolls-Royce werden weder Kosten noch Mühen gescheut. Auch Zeit spielt bei dem bis 1926 in Handarbeit angefertigten Ur-Rolls, dem *Silver Ghost*, keine Rolle. Angeblich kann der aufwändige, allem widerstehende Lack nur an bestimmten Tagen aufgetragen werden – je nach Temperatur und Luftfeuchtigkeit. Auch später wird **FÜR ZAREN UND KÖNIGE, SCHEICHS UND GURUS** jeder noch so extravagante Wunsch verwirklicht werden. Rolls-Royce fahren von jeher so leise – mit dermaßen niedrigem Drehmoment, Mengen an Leistung aus dem V8, aber Tempo wie ein Laster – dass sie immer in einer Klasse für sich rangieren ... oder aber, wie in Filmen und in echt, zumeist auf dem Kies des Privatwegs eines Anwesens unter Bäumen hervorrollen.

Der Aristokrat und Lebemann Charles Rolls ist jung, jünger als James Dean, als er mit einem Flugzeug umkommt. Das Firmenlogo mit den zwei roten R besteht zum Zeichen der Trauer über zwanzig Jahre lang aus einem roten und einem schwarzen R; denn ohne seinen Freund wäre Henry Royce, der Junge aus den Slums, nie zu Reichtum und Ansehen gekommen. Und ohne →Royce wäre Rolls-Royce nie das geworden, womit wir – und irgendwann Marsmenschen – die Marke assoziieren. Mit siebzig, auf dem Sterbebett, bereut er nur eins: dass er nicht noch härter gearbeitet hat.

Royce: Laut Henry Ford der „einzige Mann, der ein Auto mit Herz gebaut hat".

Cocktailbar inklusive,
Freigetränk im Preis
nicht inbegriffen

Wie die Geschichte mit dem zweifarbigen Logo[5] wird auch die Anlieferung einer Kardanwelle nach Afrika oft abgestritten. Ein Exzentriker blieb dort angeblich mit seinem Rolls liegen und telegrafierte nach Crewe, worauf das Ersatzteil eingeflogen und eingebaut worden sein soll, der Besitzer nach Rückkehr ins Königreich um die Rechnung bat – und Rolls-Royce erwiderte, man habe keinerlei Beleg solch eines Ersatzteils, Kardanwellen von Rolls-Royce brechen nicht. Yes, sir. Ein Wagen von Rolls-Royce verspricht und liefert diese Geschichte und Geschichtchen. Man fährt damit in einer anderen Epoche, idealerweise sitzt man hinten, mit Cocktailbar, hochmoderner Temperierung und Verglasung auch der Schränkchen, alles aus Leder und Polster und Holz, immer politisch fragwürdig ... Man sitzt und fährt damit in einer eigenen Klasse, wo einander Waffenhändler und König mit Anstand und wenig Gerede begegnen, wo keine Uhr tickt.

Ebenso das Design: über Jahrzehnte von allen Trends unberührt der Kühlergrill, überdacht mit dem Giebeldreieck, dem Aetos der Akropolis, obenauf die *Spirit of Ecstasy*, und die vertikalen Lamellen so anders als alle anderen (bis sie bei agressiven Sportwagen mit Haifischmaul und -zähnen wieder modisch wurden), und der Form folgend die Motorhaube. Keine Lady muss ihren mühlradgroßen Hut abnehmen, kein Gentleman seinen Zylinder oder Turban, niemand seine Krone, um den von einem Dritten devot geöffneten Wagenverschlag zu passieren.

RR ist der perfekte Antagonismus, steht für die schönsten Legenden und Lügen, Mythen und Märchen. Deshalb: **WENN ALLE GESTORBEN SIND, DANN LEBT ER WEITER**; wenn sich kein Autorad mehr dreht, wird der Rolls-Royce das letzte sein, das sich immer noch bewegt ... als sei nichts gewesen.

Rolls-Royce Corniche

RR: Handarbeit bis ins Detail

5.7 Das Auto als Opium fürs Volk

Unternehmensführung fußt seit der Frühzeit des Industriekapitalismus auf der Idee der Rationalisierung, der Optimierung und stetig zu steigernden Effizienz von drei Faktoren: Technologie, Arbeitskraft und Zeit. Neu war, wie Henry Ford diesen Faktoren einen weiteren gab. Propagandistisch aufgepeppt rühmte er sich, der Gesellschaft große Dienste zu erweisen, indem er dem einfachen ungelernten Arbeiter die Gelegenheit – sprich: das Geld – gab, zu Lebensbereichen aufzuschließen, die ihm zuvor verwehrt waren. Teilhabe am Produkt, am Kapital mitsamt den damit einhergehenden Massenwaren. Das Auto wurde zum **OPIUM FÜRS VOLK**[6]. Unabhängig davon, wie sehr man Opiate und Rausch als unumstößliches

Recht oder Bedürfnis beurteilt: Ford hat dafür gesorgt. Vielleicht sollte man auch Marx' Stichwort „Religion" (als Opium fürs Volk) mit „Kapitalismus" ersetzen: **WENN JEDER DARAN GLAUBT,** dann lullt es ihn ein, er lässt sich ohne Widerspruch beherrschen. Anders – mit manchem Ökonom und Henry Ford – kann man konstatieren, dass durch Senken der Konsumschwelle innerhalb der gesellschaftlichen Hierarchie Produktion und Kapital profitieren. Der Arbeiter erhält Geld und damit verbunden neue Freiheiten, gleichzeitig verliert er während seiner Arbeitszeit die Kontrolle über seine Zeiteinteilung, da die zunehmend mechanisierten Arbeitsschritte – im Namen von Effizienz und Rationalisierung – ihm den Takt diktieren, im Akkord. Im Lesesparmodus: Er bezahlt mit Zeit dafür, dass er zeitsparend zur Arbeit kommt.

Stalinist, Verbannter, Farbrikarbeiter, Poet: Ilja Ehrenburg

Wie der Mensch zum Maschinenteil wird, zugleich das Auto mit Leben und Eigenleben auftankt, beschreibt ganz außerordentlich, poetisch und gewitzt, nach eigenen Erfahrungen an den Fließbändern von André Citroën, der in eine jüdische

Familie in Kiew geborene Ilja Ehrenburg in *Das Leben der Autos*. Zuerst veröffentlicht wurde es ein Jahr davor unter dem Titel *10 L.S. – khronika nashego vremeni* (Chronik unserer Zeit), ebenfalls in Berlin, 1929 beim Petropolis Verlag – der Titel weist noch darauf hin, dass Ehrenburg in seiner Chronik eigentlich über mehr als das Auto schreiben wollte).

Wie bei einer richtigen Lebensgeschichte beginnt Ehrenburg mit der **GEBURT DER VORFAHREN**, Zeitkolorit. Paris 1799, Philippe le Bon erfindet den Gasmotor, hundert Jahre später *fin de siècle*, über die Straßen scheppern mit infernalischem Tempo die Autos, Henry Ford übt eine Ansprache für Investoren. **„DAS LAUFENDE BAND"**, Kapitel 2, ist dann mitten drin, im Arbeitsprozess, vor allem im Kopf des manischen, getriebenen André Citroën, der leidenschaftlich gern spielt – und beim Kartenspiel wie ein richtiger Spieler gewinnt, aber auch verlieren kann. Er ist ein Faust, von Zahlen und Spielsucht gefangen wie die Arbeiter im Takt der Akkordarbeit, ein Vermarkter und Selbstdarsteller – „Gab es jemanden, der die Citroën-Werke noch nicht besucht hat?" Die Stahlpressen beeindrucken *jeden* Besucher, auch wenn sie nebenbei einem Arbeiter die Finger zerquetschen.

„Das Auto arbeitet rechtschaffen. Noch lange vor seiner Geburt, da es aus noch nichts weiter als Metallschichten und einem Stoß von Zeichnungen besteht, tötet es bereits sorgfältig malaiische Kulis und mexikanische Arbeiter. Seine Geburtswehen sind qualvoll. Es zerstückelt Fleisch, macht Augen blind, zerfrisst Lungen, nimmt die Vernunft. Schließlich rollt es zum Tore in jene Welt hinaus, die man vor seinem Dasein die „schöne" nannte. Sofort nimmt es seinem vermeintlichen Beherrscher seine altväterliche Ruhe. [...] Das Auto über-

fährt lakonisch die Fußgänger. [...] Es erfüllt nur seine Bestimmung: es ist berufen, die Menschen auszurotten." [7]

Weiter mit Kautschuk für Reifen, Kriege für Churchill und Hoover (Indochina und Nicaragua). Für den Journalisten und Frankreichkenner, den sowjetrussischen Revolutionär Ehrenburg ist das Duell Churchill/Hoover das eines „englischen Gentlemans" mit einem „amerikanischen Quäker". Dazwischen das Michelin-Männchen Bibendum, Streik, Schüsse auf den Arbeiter André Sabatier, Freispruch für den Schützen, natürlich Standard Oil und Royal Dutch und die spätere BP Anglo-Persian, **DIALOG MIT DEM TOD**. Weiter mit dem nächsten kalkulierten Glücksspiel, an der Börse in Paris, ein Ex-Revolutionär treibt Preise künstlich in die Höhe, will die ganze Welt, doch mit dem finanziellen Erfolg geht auch der Kick verloren – **„MEIN HERZ IST VERSTEINERT"**. Alles sehr schmutzig und schmierig, das Treiben in den Hinterzimmern, auf dem Parkett wie an den Produktionsstraßen der Fabrik: schwer überschaubar und komplex, vor allem sehr, sehr dreckig. Die von dem lebenden Auto Betroffenen sind im letzten Kapitel die Fahrgäste der Berlinia-Autobetriebs-AG, trotz Chauffeur und Automobil immer zu spät. **WENN ETWAS SCHNELLER KOMMT – DANN DER TOD.**

Ein irres Buch von einem späteren Stalinpreisträger – in der DDR verlegt, in der BRD träger als in der restlichen Welt. Von einem →Autor, der in mehreren Revolutionen fast unter die Räder kam, vom Zarenregime inhaftiert, wegen Lenin im Pariser Exil, von Trotzki enttäuscht und als Essayist und Kritiker im Leben oder in Gedanken mit Le Corbusier, Gidé, Picasso und allen anderen unterwegs, die da mit den neuen Möglichkeiten wirklich Neues und Aufregendes anfangen wollten. Zusammen mit Einsteins *Relativitätstheorie* und vielem anderen wurde sein Buch 1933 von den Nazis verbrannt.

Autor: „Viele meiner Zeitgenossen kamen unter die Räder der Zeit … Ich blieb am Leben … weil es Zeiten gibt, da das Schicksal eines Menschen nicht einer Schachpartie, sondern einem Lotteriespiel gleicht." (Ilja Ehrenburg)

Prost auf das Michelin-Männchen: Bibendum

eingeführt. Statt ein Modell am Band zu produzieren, konzentriert sich hierzulande nach dem Ersten Weltkrieg eine schrumpfende Menge Hersteller auf größere Produktpaletten mit jeweils kleineren Stückzahlen – exklusive Luxusmodelle für die Oberschicht.

mechanisiertes Fließband: In der Zeitspanne, in der andere deutsche Betriebe einen Kleinwagen zusammensetzen, entstehen in Übersee bei Ford 12,5 Exemplare des T-Model (Aufwand pro Auto: 5.000 Stunden hierzulande gegenüber 400 in Amerika).

Firmensitz von General Motors in Detroit

5.8 Aus Betrieben werden Industrien

Im Lebenszyklus des Autos folgt nach ersten embryonalen Modellen und Gehversuchen die systematische Vervielfältigung durch Ford in Amerika, in Europa zunächst Citroën. Im Deutschen Reich sind die „amerikanischen Verhältnisse" lange eine absolute Ausnahmeerscheinung. Brennabor in Berlin versucht sich an der Massenherstellung und zerbricht genau daran während der ersten Krise. Erfolgreicher ist Opel – 1929 zu 80%, bis 1931 komplett aufgekauft von General Motors. 1923/24 wird in Rüsselsheim das →mechanisierte Fließband

Die vorsichtige Kalkulation – kleine Stückzahl, große Vielfalt – rechnet sich nicht lange. Die andere Kalkulation ist … keine Schachpartie, sondern ein Lotteriespiel mit hohem Einsatz. Die Zukunft der kompletten Industrie steht, speziell im Deutschen Reich, auf wackeligen Füßen. In diese Zeit nach dem Ersten Weltkrieg fällt die schrittweise vollzogene Zusammenlegung zweier Konkurrenten – der Daimler-Motoren-Gesellschaft mit der Firma Benz & Cie. 80% der auf Werkstattbasis arbeitenden Kfz-Manufakturen überstehen die auf die Inflation folgende Krise in den 1920ern nicht.

Autos und ihre Fahrer rufen früh schon Kritiker auf den Plan. Die zumeist wohlbetuchten „Autler" werden kritisiert, weil ihre Gefährte laut sind und stinken. **ES STINKT AUCH DEN KUTSCHERN,** dass die Autos die Pferde verschrecken. Zwischen 1905 bis 1930 gehen Kritiker weiter als nur Reden zu schwingen. Autohasser üben in ganz Europa Attentate auf Autofahrer aus, die zunehmend aus der Stadt aufs Land ausweichen. Jährlich registrieren die Behörden alleine in Österreich und im Deutschen Reich mehr als hundert Fälle, bei denen Autos, Fahrer und Passagiere angegriffen werden. Abgesehen von Nägeln und Scherben auf der Straße und in Luxusmobile geschütteter Jauche, kommt es auch zu schlimmeren Gewaltakten: über die Straße gespannte Drahtseile köpfen Fahrzeuginsassen.

Die **TEUFELSMASCHINEN** sind neu, und so setzen sich besonders Künstler damit auseinander. Einer der ersten Berichte über eine Autoreise, positiv und von der Innovation angetan, ist Otto Julius Bierbaums *Eine empfindsame Reise im Automobil. Von Berlin nach Sorrent und zurück an den Rhein* von 1903. Aus heutiger Sicht so relevant und betörend wie das Mobil, mit dem er unterwegs war, ein Cabriolet der Frankfurter Adlerwerke – von der Firma kostenfrei zur Verfügung gestellt! Das Muster ist bis heute bekannt: Nimm unseren Neuwagen, und dann berichte unabhängig und frei darüber, was dir daran gefällt.

Cabriolet der Frankfurter Adlerwerke

Bei einer Geschwindigkeit, die durchaus auch per Fahrrad zu erreichen ist (40 km/h), machte sich Bierbaum Gedanken zu Speed, zum Rasen und Rasten: „Man denkt, hört man das Wort Automobil, freilich weniger an Reise- als an Rennwagen, und dieser Gedanke löst die Assoziation an wahnsinnige und lebensgefährliche Geschwindigkeiten aus – achtzig, hundert und hundertzwanzig Kilometer in der Stunde, überfahrene Tiere und Menschen, Sturz in den Abgrund in halbtotem Zustande. Diese abenteuerlichen Vergnügungen von Millionären, die sich die Situation der Lebensgefahr als besonderen Reiz leisten können, sind aber nur die Sportnuance des Automobilismus."

5.9 Das Futuristische Manifest

Gefahr und lebensmüdes Verhalten: alles am Steuer und im Fahrtwind intensiver zu erfahren als mit der Postkutsche oder der Eisenbahn. Dieses Verschwinden, das Verschmelzen von Mensch und Maschine zu etwas Neuem – nur was? – schlägt technophile, aber auch unerschrocken neugierige Autoren in seinen Bann.

Die Zukunft ist angekommen: Futurismus im *Le Figaro*

Legendär ist das Futuristische Manifest mit seinem Abfeiern von Speed und

Das tempodrome Zeitalter

Gewalt, veröffentlicht am 20. Februar 1909 auf der Titelseite von *Le Figaro*. Verfasser des Textes war kein Kollektiv, wie es die aus der „Wir"-Perspektive artikulierten Ziele vortäuschen, sondern ein Einzeltäter: Filippo Tommaso Marinetti. Als Sohn eines italienischen Rechtsanwalts mit Kindheit und Privatschule in Ägypten, selbst studierter Rechtswissenschaftler, wusste Marinetti genau, wie man Worte setzt – wie Munition.

Hier war einmal ein Dichter, der die Gewalt und Herrlichkeit von Autos früh zu begreifen schien. Nach Paragraph 1, dem Wunsch, die Liebe zur Gefahr zu besingen, kommt als vierter Punkt die Erklärung, dass sich die Herrlichkeit der Welt um eine neue Ästhetik bereichert habe:

„Die Schönheit der Geschwindigkeit. Ein Rennwagen, dessen Karosserie große Rohre schmücken, die Schlangen mit explosivem Atem gleichen ... ein aufheulendes Auto, das auf Kartätschen zu laufen scheint, ist schöner als die Nike von Samothrake. Wir wollen den Mann besingen, der das Steuer hält, dessen Idealachse die Erde durchquert, die selbst auf ihrer Bahn dahinjagt" usw. usf.

Ein Aspekt bleibt beim ungebremsten Zitieren des Manifests in Sonderheften zur Auto-Geschichte gewöhnlich unbeleuchtet: Die Nike von Samothrake, die

da so heilig bildungsbürgerlich erstrahlt und vom Sockel gestoßen wird, hing wirklich gebildeten Bildungsbürgern 1909 zum Hals raus. Als Imitat stand sie in jeder kleingeistigen Stube neben anderem Nippes. Das sah nach was aus, auch wenn um einen Kopf ergänzt (wie bei der Nachbildung auf der Berliner Siegessäule) – im Verständnis des gebildeten *Figaro*-Lesers war die Nike aber vor allem eins: das Sinnbild für Kitsch. Dem eigenen Aufruf, die Regale der Bibliotheken anzustecken, mit Spitzhacken und Äxten die ehrwürdigen Städte niederzureißen und zu Maschinenmenschen zu werden, folgte Marinetti nur bedingt: im Zweiten Weltkrieg, wo er für Mussolini in die Schlacht zog (auch das bis zu seinem Tod poetisch gefeiert).

Mandrie di auto von dem Futuristen Fortunato Depero – Autos bahnen sich ihren Weg durch die Menge

Ein paar Jahre später, noch vor dem Zweiten Weltkrieg, nahm sich wiederum ein Futurist des vierrädrigen Wegbegleiters an. Massimo Bontempellis Novelle *522. Ein Tag aus dem Leben eines Automobils* beginnt im Mai 1931 mit einer Limousine, die „den geschlossenen Raum"[8] verlässt und sich **IN DIE WEITE WELT** hinein begibt. Für den Fiat 522 beginnt eine große Fahrt über Wiesen und Wälder Italiens, auch in die Werkstätten der unter der Haube fummelnden

Mechaniker...Und im Graben am Straßenrand neben dem Fiat fingert der Besitzer Bruno an ganz anderem herum. Fleisch! Das Leben da draußen fordert seinen Zoll, und am Ende hat die langsam und kaum bemerkt nach vorne dringende Ich-Erzählerin (= der Fiat) ein paar Kratzer und Beulen. Aber sie hat auch gelebt und so viel erlebt! Sie, die Fünf-zwo-zwo, hat Erfahrungen gemacht, die sie nur machen konnte, weil sie gleich im ersten Absatz den beengenden Raum verlassen hat. Früh blitzt ihre Gefühlswelt auf. Ein wenig irrational, Motive unklar, aber voller Eifersucht, besitzergreifend. Heiß. Schon auf der ersten Spritztour kommt ihr der Gedanke, ihren „Diener" Bruno einfach im Graben links liegen zu lassen und alleine fortzufahren. Geht aber nicht.

weit entfernten Land, im September 1908, die Weichen wenn nicht gestellt, so doch justiert werden für das Wirtschaftssystem, das heute die Welt und unser Bewusstsein regiert. Nach Fords Fließband war das die Gründung von General Motors – mit optimierten Verkaufsprozessen, bei denen Marketing und Verpackung wichtiger werden als das Produkt selbst. Ganz ohne Manifest. Wie der Kapitalismus.

1 Bernd Guggenberger: *Sein oder Design*, Berlin 1987
2 *The World of Automobiles: An Illustrated Encyclopedia of the Motor Car* (Hrsg.: Ian Ward), London 1977
3 David Burgess Wise: *New Illustrated Encyclopedia of Automobiles*, New Jersey 1992
4 *Geschäftsbericht und Jahresabschluss der Daimler Benz AG, 1985*
5 Mike Fox, Steve Smith: *The Complete Works. The Best 599 Stories about the Worlds Best Car*, London 1984
6 David Gartman: *Auto Opium: A Social History of American Auto*, London/New York 1994
7 Ilja Ehrenburg: *Das Leben der Autos*, Berlin 1930
8 Massimo Bontempelli: *„522" Racconto di una giornata*, Milano 1932; auf Deutsch *522. Ein Tag aus dem Leben eines Automobils*, Frankfurt/M. 1996

Ein ganz großer Erzähler von 1931: die Limousine von Fiat

Nicht das Verschmelzen von Mensch mit Maschine wird zelebriert, vielmehr sind sich die Fünf-zwo-zwo und der Mensch so nahe wie Mars und Saturn. Doch der Autor nimmt die surrealistisch-menschlich agierende Maschine ernst genug, um ihr seine Erzählerstimme zu leihen.

Markant bleibt, wie sehr Marinettis Manifest von 1909 nachwirkt – zumindest in den kaum reflektiert zitierten Zeilen – und wie disparat die Kunst der „Bewegung" war. Mehr noch ist bemerkenswert, dass zur selben Zeit in einem

Krieg und Verführung

Mobilisierung und Mobilmachung / Birth of a (car) nation / Amor & Eros / Bauhaus auf Rädern / Ästhetik des Luftwiderstands / Tollkühne Männer und ihre beinahe fliegenden Kisten (Auswahl) / Gallionsfiguren / Erpresser fahren Pontiac / Mit der Dampfwalze ... in die Sackgasse / Das langsame Schlüpfen des Käfers / Ein Königreich für einen Wagen, nein: eine Stadt / „Käfer... / ... und Spatz und Pinguin / Rasen für das Vaterland / Volk ohne Raum / Verschiebung von Raum und Zeit / Keine Volkswirtschaft ohne Auto / Im Zweifelsfall: Mainstream

6.1 Mobilisierung und Mobilmachung

Gern sagt man, alles Vorankommen und Streben des Menschen – bevorzugt des Mannes – habe seinen Ursprung in Krieg und Sex. Egal ob das Rad, das Radio, Internet oder ein Schifferklavier erfunden den, ob Tempel gebaut, Sonette oder Symphonien geschrieben werden: Es geht um **EROBERUNGEN**. Das Gleiche gilt fürs Auto, dieses mit Gewaltphantasien so leicht aufladbare Medium. Bebildert wird die These unter anderem gerne mit den durch Nordafrika preschenden Truppen des „unbesiegbaren Panzergenerals"[1] Rommel. Klingt gut, klingt hart, stimmt aber bei genauerer Betrachtung nur bedingt.

Rommels Ruf als „Panzergeneral" hat in Wahrheit mehr mit Taktik und Strategie zu tun als mit überlegenem Kriegsgerät. Für den Einsatz in der libyschen Wüste, um den italienischen Faschisten beizustehen, wurden relativ wenige Wehrmachtspanzer verschifft. Von diesen aber fuhren kurz nach Ankunft eine Handvoll eine Stunde lang immer wieder um einen Häuserblock, was auf Augenzeugen, unter anderem einen britischen Agenten, den Eindruck machte, mindestens tausend Tanks seien angekommen. Ja, ausgefuchst, die Kriegsführung des „Wüstenfuchses"... motorisierte Vehikel waren auch dabei, für die „Erfolge" aber nicht von essenzieller Bedeutung.

Truppentransport im Ersten Weltkrieg

Der Erste Weltkrieg beginnt zu **PFERD**, motorisierte Fahrzeuge spielen erst spät

eine Rolle. Der erste Anlauf der britischen „Tankwaffe" an der Somme 1916
verläuft nicht eben überzeugend für das
neue Kriegsgerät: Von 14 (gegen den
Wunsch des Erfinders) eingesetzten
tanks (Daimler-Schiebermotor, 6 Zylinder, **105 PS, 6 KM/H**) bleiben viele wegen
technischer Mängel liegen. Als glänzender
Erfolg des englischen Heers gilt erst die
„Tankschlacht bei Cambrai", bei der im
November 1917 bereits fünf Infanterie-
divisionen mit über 300 Panzerwagen die
Stellungen von „zwei überraschten deutschen Divisionen mühelos überrennen".[2]
Die Schlacht entwickelt sich noch während des Krieges zum Mythos.

Armoured cars waren für normale Pneus zu schwer

Die englischen Tanks bei Cambrai, Filmplakat.
Berühmt und berüchtigt: Mit neuer Technologie Überraschung,
Niederlage, Revanche ... und danach die große Verklärung

Die 1916 zum Einsatz gekommenen Panzerwagen hat man sich nicht wie heutige
Panzer vorzustellen. Die Hersteller
Lanchester und Rolls-Royce haben
umrüsten müssen von Pkw auf Kriegs-
fahrzeuge, d.h. bei Rolls-Royce in Crewe
werden hierfür sämtliche Chassis des
40/50 hp beschlagnahmt und mit einer
Panzerung versehen, Ergebnis: der
ARMOURED CAR.

Der Pkw kann nicht recht in das Kriegs-
geschehen eingreifen und wird von den
Briten bevorzugt in Afrika eingesetzt,
wo er nicht im Schlamm stecken bleibt.

Auch die Produktion von Lkw wird
unter Gesichtspunkten der Kriegsführung angepackt. Schon zu Friedenszeiten
wird sie subventioniert – unter der
Be-dingung, dass die Fahrzeuge in
„Krisenzeiten" eingezogen werden
können. Auf die Art erhöht sich die Lkw-
Produktion in Deutschland von jährlich
maximal 2.000 (vor 1914) auf 15.000
Stück (1916). In dieser Zeit machen sich
Hersteller wie MAN, Vomag und Magi-
rus einen Namen. Ebenfalls in die
Geschichte eingegangen ist das Umfunk-
tionieren – nicht Umrüsten – von Pariser
Taxen: Im September 1914 beschlag-

nahmt die französische Generalität zum schnellen Truppentransport **600 TAXEN** mitsamt Chauffeur, um bei zwei Fahrten (fünf Soldaten pro Renault Typ AG1, 2 Zylinder, 8 PS), 6.000 Soldaten von Paris an die Front an der Marne zu befördern.

Krieg eben: Alles wird mobilisiert, Menschen, Decken, Hormone, Autos. Ein bereits 1906 von Wilhelm Daimlers Sohn Paul entwickelter Panzerkraftwagen mit Allradantrieb erweist sich in unebenem Gelände als nicht mobil genug.

Trotzdem. Die Schlacht mit den englischen Tanks, die Erinnerung an die Überraschung, die Niederlage, die Revanche: Sie hatte sich zumindest tief in die Köpfe gebohrt. Der Brockhaus von 1922: „Im Heerwesen spielt der Kraftwagen eine wichtige Rolle. In Deutschland wurde 1905 das Freiwillige Kaiserl. Automobilkorps gegründet, 1907 die Kraftfahrabteilung der Verkehrstruppen errichtet, zugleich die Subventionierung von Besitzern kriegsbrauchbarer Lastkraftwagen eingeleitet, 1911 ein Kraftwagenbataillon gebildet".

6.2 Birth of a (car)nation

Nach dem Ersten Weltkrieg überrennen die USA als **AUTONATION** – zumindest in Zahlen – den Rest der Welt. Fords Massenproduktion ermutigt den bis dahin mit Kriegsgerät erfolgreichen André Citroën, auf **ZIVIL UMZURÜSTEN**. Er will Autos fürs Volk konstruieren.

Das Auto, seine Geburt, Entwicklung und Taufe: Männersache. Bei der Suche nach einem Emblem für die zwischen den Kriegen erstmals produzierten Fahrzeuge von Volvo entscheidet man sich für ein Zeichen, das spontanen Assoziationen zum Herstellernamen diametral gegenübersteht – das Gendersymbol des Mannes, hergeleitet vom

MARSSYMBOL, in der Mythologie dem griechischen **KRIEGSGOTT ARES,** alternativ den römischen Gott Mars zugeordnet und in der Chemie dem **ELEMENT EISEN.**

Mars macht mobil ...

Wenn alles läuft und funktioniert, will man: mehr

6.3 Amor & Eros

Wie erklärt sich der große Erfolg des Autos in den USA? Nachdem es als Kriegsgerät vorübergehend nicht gebraucht wird, bringt Alfred P. Sloan, GM-Präsident von 1923 bis 1937, die andere Hauptantriebsfeder menschlicher Handlungen ins Spiel: **SEX** bzw. **VERFÜHRUNG.**

Das Auto fährt. Um es zu bedienen, muss man sich nicht länger von einem Mechaniker anlernen lassen. Der Verbreitung des Autos steht seit dem Fließband nichts mehr im Weg. Aber was tun,

Krieg und Verführung

wenn jeder, der es sich leisten kann, ein Auto hat, der Markt gesättigt ist? General Motors erweitert das Verkaufsargument um den Faktor **STYLE**. Das Credo, 1928 von Alfred P. Sloan formuliert: „Die Änderungen neuer Modelle sollen so neuartig und attraktiv sein, dass sie Besitzer früherer Modelle unzufrieden stimmen. Auto-Design ist natürlich nicht reine Modesache, doch die Gesetze der **HAUTE COUTURE** von Paris sind zu einem Faktor der Autoindustrie geworden. Wer sie ignoriert, geht unter". Die Logik führt noch weiter: In dem Maß, wie das Neue attraktiv ist, eine Aufwertung bedeutet, wird das gestrige Produkt abgewertet.

59er Impala, hier nicht auf der Flucht

Auf diese Art läuft die Konsum- und Verkaufsförderung wie geschmiert. Man kennt es aus amerikanischen Fernseh-Krimis: „Die Täter entkamen mit einem **59ER IMPALA**."Jeder Gemüsehändler kennt offenbar den Unterschied, so tief hat sich Sloans Idee in die Wahrnehmung eingegraben. (Dass der Impala außerdem ein Chevrolet ist, passt nicht immer in die deutsche Synchronisation.)

MIT-Absolvent Sloan lässt in nagelneue Produkte *„built-in obsolescence"* einbauen, geplante Obsoleszenz, einen absichtlich implementierten Beschleuniger der Alterung eines Produkts. Die

Idee, ein nagelneues Automodell so zu bauen, dass es sich unter Style-Gesichtspunkten schon nach 1–3 Jahren „lohnt", ein neues anzuschaffen, dem Geschäftsmodell der Hierarchie einzelner Marken. Der Wille zum gesellschaftlichen Aufstieg soll sich unter anderem über die Wahl des Automodells umsetzen – und ablesen – lassen: Vom preiswerten, jugendlichen Einsteiger-Pkw (Chevrolet) über ein immer noch dynamisches Angestelltenverhältnis (Pontiac) in die mittlere Einkommensklasse (Oldsmobile), mit Familie weiter hocharbeiten (Buick) und bis zu einem Schlachtschiff auf Direktoren-Niveau (Cadillac) bei den Entscheidern und Wirtschaftskapitänen einreihen. In *Motor City* Detroit werden schon in den 1920ern Preis- und Marktsegmente für die GM-Marken sorgfältig auseinanderdividiert, so dass sich die vielen unter einem Dach kreierten Modelle nicht als Konkurrenten gegenseitig in die Quere kommen.

Warum vier, wenn man acht Lichter haben kann?

Der marode, fast bankrotte Hersteller Volkswagen dagegen setzt 1973 auf **EXOTIK**: Parallel zum Käfer-Nachfolger Golf (wie der Golf von Mexiko) sorgen **SCIROCCO** und **PASSAT** für frischen Wind. Dass aus dem VW Bora (1998-2005) kaum mehr wird als eine Windböe in einer Teetasse, ist eine andere Geschichte ... Die Familienkutsche nach dem mit 100 km/h mäßig starken,

vor allem beständigen Passat benannt, Scirocco wie die HEISSEN WÜSTENWINDE – und für einen aufgeblähten Kleinwagen Bora: als Taufpate ein trockener Fallwind der Adriaküste mit SPITZENGESCHWINDIGKEIT BIS ZU 250 KM/H?!

Unter der Motorhaube und von unten betrachtet, gleichen sich die verschiedenen GM-Modelle dagegen wie Kühlschränke oder Flipperautomaten von hinten. Ok, es gibt tatsächlich Unterschiede, doch für Käufer und Normalverbraucher liegen die vornehmlich in dem, was sichtbar ist – Style und Ausstattung. Vom angelernten Arbeiter bis hin zum Direktor kann man der „GM Family" treu bleiben. Demgegenüber der von Grund auf konservative HENRY FORD mit seiner *one horse town*, pardon: mit dem einen Produkt, das es in jeder gewünschten Farbe gab, solange die SCHWARZ war.

Mal größter, dann zweitgrößter Autobauer

Nimmt man Bauwerke als Maßstab für Macht und Werte, stellt man fest, dass Städte über Tausende von Jahren von Tempeln, Moscheen und Kathedralen, auch Palästen dominiert wurden, später außerdem von großen Bibliotheken und Universitäten, in Kleinstädten vielleicht von Schulgebäuden. Heute sind es Industrieanlagen mit eigenem Straßennetz; Einkaufszentren; Banken und Zentren des Welthandels. Die so architektonisch manifestierte Macht- und Einflussüber-

nahme wird in den Industriegesellschaften des Nordens kaum hinterfragt. „Die Hegemonie des marktwirtschaftlichen Denkens", so Nils Christie in einer Überlegung zur monoinstitutionellen Gesellschaft, „ist heutzutage so vollständig etabliert, dass sie bis zu einem gewissen Grad UNSICHTBAR geworden ist."[3] Heimlicher Grundsatz der wirtschaftlich getriebenen Gesellschaft: Wer stirbt, ohne Haus und Besitz zurückzulassen, vielleicht nie ein Auto besessen hat, dessen Leben war wohl ein Fehlschlag.

Warum Wachstum und Fortschritt, wenn die Tanzschritte eh bleiben?

Da wir bei aller Beschleunigung und Verlängerung des Lebens immer noch nicht in die Vergangenheit reisen können, ins Mittelalter, als anscheinend – wie auch während der vorigen 40.000 Jahre davor – relativ wenig Fortschritte erzielt wurden, jetten stattdessen schnell in die restlichen Länder und Regionen der Welt: In Peru oder Ägypten hat man zwar von Wachstum und Fortschritt gehört, doch zugleich sind Kulturen wie die in Indien (man denke nur an die ewig gleichen Plots und Bewegungen in Musik, Tanz und BOLLYWOOD) oder Neuguinea von ganz anderem geprägt als dem steten Streben nach Fortschritt und Entwicklung.

Krieg und Verführung

Das Auto hat die Industrialisierung, den Kapitalismus, das Wirtschaften um seiner selbst willen angetrieben wie wenige Industrien. Mit Motor, der ständig Stoff braucht, mit Style, **SCHNÖRKEL UND ZIERRAT**, saisonal wechselnd wie die Kleidermoden, mit Ornamenten und Schmuck, je nach Dekade aber auch Bildungsgrad der Käufer: zusätzliche Außenspiegel, **HECKFLOSSEN UND SPOILER**, drittes Bremslicht usw.

Motor läuft, jetzt der Spaß: Stil mit Chrom ... und Wettbewerben

Mehr als Look: Heckspoiler für optimale Windschlüpfrigkeit

6.4 Bauhaus auf Rädern

„Das Maß der Schönheit des Automobils hängt nicht von der Zutat an Schnörkeln und Zierrat ab, sondern von der Harmonie des ganzen Organismus, der Logik seiner Funktionen. Ein moderner Gebrauchswagen soll technisch vollendet, schön und billig sein", schreibt Walter Gropius – wenige Jahre bevor Hitler dem Mob einen erschwinglichen Wagen verspricht. Kaum eine Kunstrichtung hat Ästhetik und Alltag des 20. Jahrhunderts, Architektur und Industriedesign so sehr beeinflusst wie die von **WALTER GROPIUS** 1919 in Weimar gegründete Kunstschule, das Staatliche Bauhaus. Statt wie Futuristen, Franzosen und andere Künstler Manifeste zu verfassen, macht man hier Nägel mit Köpfen. Der Nagel hat eine Funktion, der Kopf gibt sie vor, die Form folgt der Funktion – und Architektur und Design sind davon bis heute geprägt.

Bauhaus in Dessau: erst ganz vorne, dann verboten, dann Standard

Das in der Weimarer Republik geförderte, später von den Nazis verbannte **BAUHAUS** gilt als progressiv, als Wiege der Neuzeit. Die Schönheit soll der Logik der Funktion entspringen: Wer bei Funktion nun denkt, man solle oder wollte das Auto als Gebrauchsgegenstand sehen, mit dem man sich nach dem Schwarzen Freitag 1929 billig von A nach B bewegt, täuscht sich genauso wie alle, die erwarten, Walter Gropius habe einen Wagen entworfen, der nicht nur **TECHNISCH** und in der **FORM VOLLENDET**, sondern auch erschwinglich war. Die von dem Frankfurter Hersteller 1930 bei

Walter Gropius bestellten Adler sind relativ vergessen, da verschollen. Sie sind verschollen, da in überschaubarer Anzahl gefertigt. Vermutlich existierten davon überhaupt nie mehr als sechs Stück. Gropius' Prachtbau für Adler ziert eine herrschaftlich hohe und lange Motorhaube, imposante Kotflügel und Trittbretter. Die Karosserie ist strukturiert wie andere deutsche Prestige-Mobile der Zeit: eher vertikal, harmonisch und abgerundet die Proportionen und Kanten, eher kolossal als schnell der Look der breiten Luftschlitze und der gelochte Kühlergrill. Glänzend, riesig und verchromt auch die Radkappen und die Scheinwerfer von Carl Zeiss. Das Design seinerzeit zeitlos, modern nur aus relativer Perspektive, technisch vollendet, schön und teuer, sind die Gropius-Adler absolute „Elite-Produkte".[4]

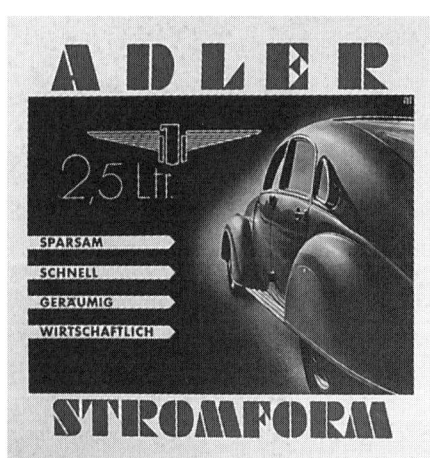

Von Bauhaus-Gründer deklariert, von Steyr-Mann eingelöst

Ende 1935 engagiert die Firma einen anderen, Karl Jenschke, der als Steyr-Direktor in Österreich einen pfiffigen Kleinwagen betreut hat, für die Konzeption eines richtigen Wagens fürs Volk. Bis zum Kriegsbeginn werden ganze 13.000 Stück davon verkauft. Jenschkes

ADLER 2,5 LITER (Typ 10) ist größer als der von Gropius, aber ähnlich gestaltet. Dessen Forderung nach einem harmonisch geformten Gebrauchswagen kommt er näher.

Rumplers Taube

Gropius und Bauhaus sind Säulenheilige der Klassischen Moderne, ein Hauch von Avantgarde schwingt in deren Verteidigung mit. Tatsächlich jedoch versammeln sich zur Zeit der Bauhausgründung in Berlin auch andere, teils dieselben Künstler zu einem Zusammenschluss namens **GRUPPE G**, die sich mit „Elementarer Gestaltung" befasst und dabei wirklich avantgardistische Tendenzen fördert. Wie beispielsweise einen Entwurf von Edmund Rumpler. Der habe, so ein Artikel in der dritten Nummer der Zeitschrift *G – Materialien zur elementaren Gestaltung*, „in radikaler Arbeit einen bestdurchdachten Autotyp geschaffen, der nach unserer Überzeugung die Grundlagen für den künftigen Autobau gibt". Unter der Überschrift „Was wissen Sie vom Auto der Zukunft?" werden die **„VOGELFLÜGELARTIG"** **SCHWINGENDEN HALBACHSEN**, der hinten liegende Motor und natürlich die bis heute befremdende und selten kopierte Stromlinienform von Rumplers Tropfen-Auto erklärt. Dagegen ist Gropius' Adler eine Affirmation des deutschen Stils wilhelminisch-herrischer Denkmodelle, der gängigen Prestige-Mobile. Rumplers Entwurf ist *cutting-edge*. Heckmotor und –antrieb werden schließlich Hauptmerkmale des Käfers, aerodynamische Überlegungen seit den 1960ern integraler Bestandteil jedes Kfz-Designs.

Zu den Künstlern, die sich in Mies van der Rohes Atelier treffen, zählen unter anderen George **GROSZ**, Hans **ARP**, Theo **VAN DOESBURG**, **EL LISSITZKY**, Kurt **SCHWITTERS**, auch Piet **MONDRIAN**, Naum **GABO**, Tristan **TZARA** und **MAN RAY**, John **HEARTFIELD** und Raoul **HAUSMANN**.

6.5 Ästhetik des Luftwiderstands

Auch die ersten Autos wurden gestaltet, klar. Aber zunächst mussten sie funktionieren, was den Fokus vor allem auf Motor und Kraftübertragung lenkte. Erst dann wurde über die weitere Form nachgedacht.

Mit zuverlässigeren Motoren und mehr Tempo stellte sich die Frage nach stabileren Konstruktionen für die Karosserie und **MEHR KOMFORT** für die Insassen, die sicher sein sollten vor Wind und Wetter, vor dem lärmenden Motor. Erst dann ging man daran, dem Luftwiderstand zu trotzen – indem man ihm möglichst wenig Widerstand entgegensetzte.

Mit mehr Tempo ging es weiter, als im Deutschen Reich – aufgrund des Vertrags von Versailles – keine Flugzeuge mehr gebaut werden durften. Aviatiker und Zeppelin-Konstrukteure stellten Autos in den Windkanal, auch beim Zeichnen begann man über Windschlüpfrigkeit nachzudenken. Der cW-Wert wurde zum Leitmotiv für viele, die schnittigere, elegante – und schnell aussehende – Formen wollten. So wie der gute Geschmack mit Jugendstil in den Alltag wanderte, so wie Art Déco Kreis, Dreieck und Quadrat als schicke Stilmit-

tel einsetzte, so wurden am Auto der gestreckt auslaufende Kotflügel, verdeckte Hinterräder und das langgezogene Heck zum neuen Schick. So wie der Spitzbogen in der Gotik [5], wurde die **STROMLINIENFORM** fast *die* Stilform des Jahrhunderts: Selbst wenig dem Wind ausgesetzte Objekte wie Kaffeekanne und Nierentisch folgten dem Diktat der weichen Linie.

Bugatti Atlantic. Schöner geht nicht. Teurer auch nicht

Nachdem die wesentlichen technischen Mängel behoben waren, blieb das Auto in Europa vorerst ein Prestigeobjekt für Wohlhabende. Der im Elsass gefertigte →Bugatti Atlantic überzeugte *à la* Jugendstil mit fließenden Linien und generösen Proportionen. Wie eine Skulptur. [6]

Bugatti Atlantic: Anders als die meisten frühen Tropfen der Autogeschichte wurde der Bugatti Type 57SC Atlantic auch verkauft. Das erste Modell (Jahrgang 1936, hellblau, dunkelblaues Interieur, erwarb **BARON PHILIPPE DE ROTHSCHILD** (vom Weingut Château Mouton-Rothschild nahe Bordeaux); das zweite ging an ein älteres Ehepaar, das ihn kurz darauf umtauschte, das dritte – in dunklem Saphirblau – an einen Engländer. Mehr gab es vermutlich nicht. Der Schöpfer des Wagens, Ettore Bugattis Sohn Jean, verunglückte 1939 mit einem Type 57, der kurz zuvor noch bei den 24 Stunden von Le Mans gewonnen hatte. Im selben Jahr wurde in den Bugatti des Barons ein Kompressor eingebaut (womit das C, für *compressor*, in die Typenbezeichnung floss). Dieses Modell erwarb 1971 der US-amerikanische Epilepsie-Experte Professor Peter D. Williamson in einer Auktion für $59.000. Nach dessen Tod wurde es für, wie das *Wall Street Journal* 2010 berichtete, zwischen $30 und $40 Millionen verkauft. Der zweite, umgetauschte Atlantic aus der Bugatti-Schmiede (übrigens nicht zu verwechseln mit dem Bugatti Type 57S Atalante, von dem 17 Stück gebaut wurden) wurde 1955 in einen Zugunfall verwickelt, bei dem beide Insassen umkamen, woraufhin … viele Artikel und Bücher über die drei, eventuell vier je existierenden Bugatti Atlantic geschrieben wurden. Ralph Lauren hat seit 1988 auch einen. In dessen Kollektion befindet sich außerdem der bis 2010 für den höchsten Preis „aller Zeiten" versteigerte Wagen, ein Ferrari 250 Testa Rossa von 1957. Für $12,2 Millionen war der im Jahr 2009 geradezu ein Schnäppchen.

Im Windkanal lernte man, dass die **TROPFENFORM** nicht die ideale war. Die Luft, die in der Horizontalen für oder durch ein Auto verdrängt wird, weiß nicht, wann das Auto aufhört. Ein schnelles Gefährt braucht – und das schätzten die Zeppelin-Konstrukteure zunächst anders ein – kein langgezogenes Heck, um windschnittig und schnell bzw. effizient im Energieverbrauch zu sein.

Wunnibald Kamm und Freiherr Reinhard Koenig-Fachsenfeld fiel das vor den meisten Stromlinienfreunden auf, worauf das **KAMM-HECK**, auch **K-HECK**, entstand. Es ist der Tropfenform aufgrund weniger Überhang und Reibung und Gewicht überlegen. Das einfach abgeschnittene Heck als Abrisskante ist – bei einigen Sportwagen, aber auch dem **FIAT UNO** – seit ein paar Jahrzehnten allgegenwärtig. Als es Anfang der 1930er von Emil Everling, Professor an der TH Berlin, und Professor Walter E. Lay in Michigan entwickelt wird, passt es nicht zum Zeitgeist und verschwindet für fünfzig Jahre in Archiven und Schubladen.

Tollkühne Männer und ihre beinahe fliegenden Kisten

Autos und Lokomotiven, Schiffe und Flugzeuge waren nicht nur schnelle Maschinen, sie konnten mit cleverem Design vor allem auch schnell aussehen. Was bei Schiffen essenziell war, bei Flugzeugen langsam Standard wurde, prägte eine Zeitlang auch die Designs von Autos … die optisch noch Jahrzehnte später viel hermachen:

• Ein Auto muss gar nicht aussehen wie ein Luftschiff, es kann auch daherkommen wie ein **TORPEDO AUF RÄDERN** – sagte sich der Belgier Camille Jenatzy und präsentierte mit Jamais Contente 1900 das schnellste Auto weltweit.

Jenatzky war nie zufrieden mit dem (der?) Jamais Contente

• Auf Erkenntnisse im Zeppelin- und Flugzeugbau hin setzte 1913 der milanesische Karosseriebauer **CASTAGNA** einen **RIESENTROPF** auf ein orthodoxes Fahrwerk, Räder mit Holzspeichen. Optisch ähnlich geriet der vom U-Bootsbau inspirierte Rennwagen des amerikanischen Vergaser- und Rennmotor-Magnaten Harry A. Miller namens **GOLDEN SUBMARINE** von 1917.

• Mit den Kleinwagenseglern **FULTON FA-3** und **HALL FLYING CAR** versuchten Flugzeugfirmen wie die amerikanische **CONVAIR** von 1946 bis 1952 tatsächlich, den Autofahrern die Wonnen der **AVIATIK** näherzubringen. Flügel und Leitwerk wurden wie ein Rucksack an das Straßenfahrzeug geflanscht – und als Sonderausstattung zusätzlich berechnet. So wie auch der **AMPHICAR** von 1961 setzte sich die Idee nicht durch.

• Avantgardistisch und Jahrzehnte später wegweisend: Der von dem Wiener **PAUL JARAY** 1922 konstruierte **DIXI 6/24 PS TYP G7**, bei dem für eine optimierte Luftströmung vermutlich erstmals die Karosserie auch die Räder umschloss.

• Der **AERODYNAMISCH GEFORMTE TROPFENWAGEN** von **EDMUND RUMPLER** – in einer Stückzahl von um die hundert gefertigt und 1921 in Berlin als Taxi eingesetzt – war die Idealbesetzung für Fritz Langs dystopisches Zukunfts-Expressionismus-Zweiklassen-Epos Metropolis. Für die Dreharbeiten in Babelsberg wurden Restbestände der 1925 bankrotten Rumpler-Werke (Berlin-Johannisthal) gekauft, zum Ende des Films bahnen sie sich auf Hochtrassen zwischen Wolkenkratzern einen Weg durch die Blechkolonnen, gewaltvoll, panisch … Doch wie im echten Leben haben die Vehikel auch im Film keine Zukunft und dienen in der finalen Szene als Span zum Anzünden des Scheiterhaufens, auf dem der Maschinen-Mensch brennt. →Rumplers Tropfenwagen, eine konsequente Weiterentwicklung seiner Taube von 1910, gilt heute als befremdlicher, aber auch beachtlicher Meilenstein

Krieg und Verführung

der Autogeschichte. Um den Luftwiderstandswert zu messen und zu vergleichen, wanderte 1979 ein R-T-AU (Rumplers Tropfen-Auto) des Deutschen Museums, München, zusammen mit einem VW Golf in den Windkanal von Volkswagen. Der Wagen von 1921 hatte einen Wert von 0,28 cW, der Golf 0,34.

Rumplers Tropfenwagen: Der schwer fahrbare, bockige und im Grunde gebrauchsuntüchtige Wagen brachte Rumpler Lob wie auch Neid in der Motorpresse und wurde von den Nazis schließlich als „jüdischer Betrug" gebrandmarkt; 1933 emigrierte Rumpler in die USA.

Auch das Chassis wie ein Tropfen, Motor im Heck eingebaut

• Zeppelinesk geriet der **DYMAXION** des Architekten **R. BUCKMINSTER FULLER**. Nur drei Mal wurde der Bus für elf Personen gebaut, da er auf der Weltausstellung in Chicago 1933 zwar sensationell einschlug bei einem **UNFALL** aber auch schwere Schäden verursachte.

• Der mit Flugzeugpionier Orville Wright im Windkanal entworfene **AIRFLOW** von Chrysler war 1934 der erste in Großserie gebaute **STROMLINIENTYP** – und ein **FLOP**.

• Erst viele Jahren später wurde der nach dem ägyptischen Käfer benannte **STOUT SCARAB** von 1935 als **UR-TYP ALLER MINI-VANS** identifiziert. Das Interieur ohne Tunnel für die Kardanwelle (Heckmotor) war geräumig, mit Tisch und verstellbaren Sitzen ausgestattet. Flugzeug-Pionier und Dichter William Bushnell Stout wollte 100 Stück davon bauen, mit finanzieller Unterstützung des Kaugummifabrikanten Wrigley, Reifenhersteller Firestone und Dow Chemical. Zunichte gemacht wurden die Pläne für den **ALU-KLEINBUS**, der mit $5.000 in der Anschaffung teurer sein sollte als Mini-Flugzeuge Stouts, durch den Zweiten Weltkrieg.

Der Stout Scarab von innen

• Bereits 1909 bauten **GABRIEL UND CHARLES VOISIN** Doppeldecker. Nach dem Ersten Weltkrieg – Charles in einem Verkehrsunfall zu Tode gekommen, Gabriel wohlhabend – ermutigte **ANDRÉ CITROËN** sie zum Bau von Luxuswagen. Der 1935 vorgestellte **C28 AÉROSPORT** ist „nicht schön, sehr selten"[7].

• Mit dem Luftfahrtingenieur **ANDRÉ LEFÈBVRE** konzipierte **FLAMINIO BERTONI CITROËNS DS**. Französischer Folklore zufolge kam es bei der ersten Ausfahrt 1955 auf den Champs-Élysées zu einem Menschenauflauf.

• Für **SIMCA** entwarf **ROBERT OPRON** 1957 die **STUDIE FULGUR**. Mehr **UFO/JET-HYBRID** als konventionelles Flugzeug, mit elektronischer Steuerung durch Gyroskop und Atomantrieb nie für Serienanfertigung erwogen. Heute würde man einen neuen Designer, der einer Firma wie Simca so einen Entwurf vorlegt, auf direktem Weg in ein großes Auto stecken – und in die nächste Irrenanstalt fahren. Opron bekam stattdessen den Auftrag, die DS in ihre endgültige Form zu bringen. Er installierte die Doppelscheinwerfer hinter einer Glasfront und modifizierte den gleichen Trick nochmal beim **CITROËN SM, „DEM SCHNELLSTEN SOFA DER WELT"** mit sechs Scheinwerfern und Kfz-Kennzeichen hinter Glas.

Jahre vor Raumschiff Enterprise gab es schon Halluzinogene

• Der **FASCINATION** von 1974 kam dem konventionellen Flugzeugdesign sehr nahe, entfernte sich entsprechend von Übereinkünften im Pkw-Bau. Als Antrieb sollten Turbinen eingesetzt werden – was von der **ÖL-KRISE** vereitelt wurde. Der letzten Endes aus Verlegenheit eingebaute Hubkolbenmotor machte aus dem Projekt des Airomobile-Konstrukteurs **PAUL M. LEWIS** einen eher armseligen Witz. Diverse ab 1972 geplante und realisierte Kleinstserien und Nullnummern aus der Feder Gerald Wiegerts folgten den auf die Fischform folgenden Keilform. Ziel: „Ich will einen Starfighter für die Straße." Dutzende sehr schnelle und sehr teure **VECTOR-PROTOTYPEN** sind das Ergebnis.

Hupe, Beleuchtung und Bremslichter, Rückspiegel, komfortablere Bereifung und Federung kommen irgendwo zwischen Design und Technik dazu. Doch tragendes Element wird der **STIL**, das, was als chic empfunden und verkauft wird. In Amerika sind das nach dem Zweiten Weltkrieg wechselnde dekorative Elemente, immer üppig – manieristische Metaphern für den Sieg von Überfluss und Kapitalismus als Weltordnung. Heckflossen und Stoßstangenelemente sehen aus wie von Flugzeugen oder Marschflugkörpern geborgt, dienen aber weder Aerodynamik noch anderen Funktionen außer einer: dem **LOOK**.

Die Funktion Look ist in (Kontinental-)Europa nach 1945 anders konnotiert: Nicht protzen wie Kriegsgewinner, lieber Widersprüche und Konflikte mit Eleganz und etwas Bescheidenheit vergessen machen. Die vollkommene Abkehr von Kutschenelementen wie Trittbrettern, geschwungenen Kotflügeln und senkrechten Windschutzscheiben vollzieht sich erst nach Ente und Käfer.

Ab den 1960ern ist der cW-Wert endgültig modisches Gesetz, insbesondere Bertone, Giorgetto Giugiaro oder Ital-Design, auch Pininfarina ergehen sich in keilförmigen Studien – sozusagen nicht mehr Karosserien mit aerodynamischen Hilfsmitteln, sondern das ganze Auto ein einziger Spoiler ... Auf der anderen Seite des Atlantiks rollt derweil der Detroit Barock – nur einem verpflichtet: dem Spaß am Look, am Schwelgen in satten Zeiten, fetten Jahren – langsam aus. Fernseher und Kühlschränke machen das Heim heimeliger, machen Texas auch für Zivilisierte bewohnbar, das Auto befördert den *American Way of Life*.

Ab jetzt setzen Supercars auf Pferdestärke, als lebten wir zur Zeit von BEN HUR und seinen WAGENRENNEN. Mitte der 1970er hat man alles gesehen,

Details machen nun den Unterschied (Heckstütze, Turbo, zusätzliche Außenspiegel weiter vorne auf dem Kotflügel). Alles sehr sinnlich, sehr Oberfläche, seriell wie Pop-Art von Warhol. Die Kundentypen werden weiter ausdifferenziert: „Teenager mit wohlhabenden Eltern", (NSU-Reklamechef Artur Westrup 1959), auch „GUT VERDIENENDE ALLEINSTEHENDE FRAUEN" und „junge Arbeiter, die alles haben, was zum Lebensstandard gehört, denen aber der Volkswagen zu alltäglich ist"[7].

Kühlerfigur von den Franfurter Adler-Werken

Ähnlich wie **MEERJUNGFRAUEN ALS GALIONSFIGUREN** von Schiffen geben bei den Kühlerfiguren Engel die beste Figur ab. **„SPIRIT OF ECSTASY"**, der schöne Geist auf der Kühlerhaube jedes **ROLLS-ROYCE**, thront und beglückt länger als alle; eingefroren in der **BEWEGUNG DES JUGENDSTIL**, mit raschelnden Gewändern und dem Schwung der Natur. Weil der ekstatische Spirit so sehr geliebt und betrachtet und nie von Vandalen abgebrochen wird, hat er einen Kosenamen: **EMILY**. Emilys Bekleidung ist geblieben, doch sie ist mit der Zeit mitgegangen: Bei Stößen oder Einwirkungen aus jedweder Richtung taucht sie seit Ende des 20. Jahrhunderts schnell weg in den Bereich oberhalb des Kühlers. Der Sprungfeder-Mechanismus kann auf Knopfdruck auch aus dem Fahrgastraum aktiviert werden.

Krieg und Verführung

Frühe Kühlerfiguren waren, wie auch die Karossen der wohlhabenden Besitzer, Sonderanfertigungen – spirituell-ekstatisch aufgeladene Heilige- oder Poesialbumbildchen in 3-D, immer ganz gefährlich nah am **KITSCH**. Der Repräsentation des Herstellers dienten nur der Engel von Rolls-Royce, Jaguars springender Jaguar, der Storch von Hispano Suiza, der Stern von Mercedes-Benz.

Der Stern ist nicht am Sinken, aber doch am Verschwinden

Jaguars Jaguar: Zeitgeist und Moden lange trotzend, heute affig

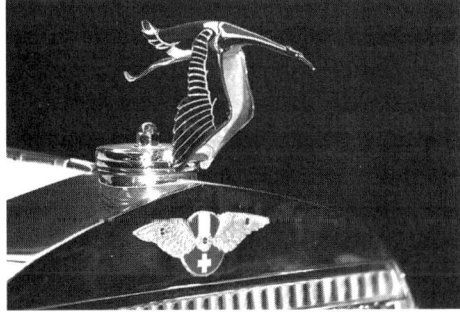

Eleganz und Exklusivität ohne Ende. Hispano Suiza (1904–1938)

6.6   Erpresser fahren Pontiac

Obwohl er Partys und Dinners und Tischgesellschaften mied, in Briefen eher verbittert zynische Schreibmaschine-Salven abfeuerte, obwohl er in einer englischen Privatschule erzogen und in Los Angeles ums Überleben ringend sehr oft und sehr lange sehr tief in Paradoxien wandelte, ist er ein Klassiker. Er stocherte in den *mean streets* der großen Neon-City, kratzte unter den Teppichen und Persern den Dreck der verlogenen Geldmacher hervor. Er war, fanden irgendwann auch die Cops des →LAPD, der Beste. Weil er schrieb wie ein Dichter, jedoch keine hochtrabende Literatur, sondern Krimis, ist er im Deutschen kaum lesbar – und nicht angemessen bekannt.

LAPD: Los Angeles Police Department

LAPD: Seit Hip-Hop, Gangsta Rap und King (Rodney) in aller Welt bekannt

RAYMOND CHANDLER fing mit dem professionellen Schreiben spät an. Geschasst von einer Öl-Firma wegen Trunkenheit oder sonstwie unmotivierter Einstellung, gestrandet irgendwo oben in Seattle, möglicherweise als Vertreter auf Handelsreise, vielleicht auch gelangweilt in einem Hotelzimmer, bekam er ein Groschenheft in die Hände, las – und dachte sich: Das geht auch besser. Seine erste Story,

Erpresser schießen nicht, veröffentlicht 1933 in *Black Mask*, Pulp Fiction in Reinkultur, zeigte den Weg, und den schlug er ein.

Chandler verstand wie wenige, was die Neuzeit ausmacht: **STROM, NEON, ILLUSIONEN VOM FLIESSBAND HOLLYWOODS**, auch eine neue Narrative. Wenn Millionen durch Filme und Automobile darauf konditioniert sind, Raum und Zeit schnell zu überwinden, kann man auch schnell(er) erzählen. Zwar liebte er weder Los Angeles noch Autos – doch bei kaum einem anderen Schriftsteller ist so früh Auto nie einfach nur ein Auto, sondern stets ein Buick, ein Packard, ein Cadillac usw. Präzisiert zumeist als Sedan (Limousine), Cabrio (für Aufschneider und offenherzige *femmes fatales*) ... und gelegentlich etwas exklusiver als Speedster[8] oder Roadster.[9]

So wie der in Hollywood deplatzierte Dichter Chandler lenkt sein in einer gemeinen Welt hoffnungslos romantische Ritter Marlowe einen Oldsmobile, einmal auch einen Chrysler,[10] sonst einen Olds, ein Cabrio, in *Der tiefe Schlaf*.

Fesselnder Film, genial besetzt, manchmal ist das Leben echt hart

Eine nagelneue Buick-Limousine hat die vernünftige der verwöhnten Töchter von General Sternwood, für das schwarze Schaf, die kranke Schwester, fällt gerade mal ein Packard One-Twenty ab[11], ein $900-Gefährt. Ein **BUICK** hat dagegen Format, auch wenn er aus der Brandung vorm Fischpier aus dem Wasser gefischt wird, mit einer Leiche drin. In einer Story von 1934 ist er wuchtig, nilgrün und mit zwei Scheinwerfern sowie an den Stoßstangen befestigten Positionslichtern ausgestattet[12] (die Buick später zu den möglicherweise ersten Blinklichtern überhaupt konvertiert). Im Fuhrpark der Millionärin Mrs. Grayle sind die schönen, zweifarbigen Buicks 1940 „gerade gut genug, um die Post damit abzuholen".[13] Als automobile Requisite erfüllt der Buick dieselbe Funktion, die dem stahlgrauen 40er Mercury Cabrio der Auftraggeberin in *Das hohe Fenster* zukommt[14], im selben Modell (schwarz mit weißem Verdeck) rutscht die bezaubernde Dolores Gonzalez über die Ledersitzbank. Wer seinen gesellschaftlichen Status automobil vorführen, an Zahlen und Lack ablesbare Erfolge zur Schau tragen will, fährt Buick und Mercury – weil der Lack schon ab ist.

Immer nur an den Rändern von *tinseltown* (bzw. „Smogville", so Chandler in einem Brief) und seinen Stars bewegt sich Chandler. Unterm Strich ist das Leben im Rampenlicht, wie unser Leben mit Strom und allen Annehmlichkeiten, eine große Enttäuschung. Selbst wer vom Hökern mit Neon und Flitter profitiert, geht am Schluss leer aus.

Der vorletzte richtige Chandler, der letzte richtig gute – und mehrfach verfilmte – Roman von ihm, *Der lange Abschied* von 1953,[15] gerät zu einem **AUTOCORSO DER EXTRAKLASSE**. Alles beginnt mit einer ambivalenten Freundschaft, Treue und Gimlets, Eifersucht und Alkoholismus ... und dem aus seinem Rolls fallenden Terry Lennox: Grenzwertig und ambivalent, aber eben auch mit einer gewissen Portion Stil, ist der Rolls-Royce Silver Wraith des Freunds, der von Marlowe Unmögliches verlangt, bekommt und dann nicht mehr bekommen wird. Vorher fahren sie noch zur Bar, um in der blauen Stunde zu trinken, Lennox holt ihn mit einem englischen Zweisitzer ab, einem rostroten Jupiter-Jowett [16] („Ich bin wahrhaftig kein großer Autonarr, aber dies verdammte Ding ließ mir doch ein bisschen das Wasser im Munde zusammenlaufen"); statt Lennox steht irgendwann die bezaubernde Eileen Wade vor der Tür, will einen Kaffee, schwarz, ohne Zucker ... und fährt nachher winkend mit einem flachgestreckten, „schlanken, grauen Jaguar, der sehr neu aussah" davon – aber nicht aus dem Leben des einsamen Ermittlers. Schließlich latscht noch ein primitiver Grobian in das schäbige Büro von Marlowe, um ihm zu erklären, was für ein kümmerliches Würstchen unser Anti-Hero sei. Marlowe lässt sich nicht einschüchtern. Der mit einem mexikanischen Puff zu Macht und Ansehen gekommene Mendy Menendez zündet sich mit goldenem Feuerzeug eine Zigarette an, bläst Marlowe den Rauch ins Gesicht, legt das goldene Zigarettenetui auf den Schreibtisch, als sei es zum Vergessen bedeutungslos, und unterstreicht sein Gehabe mit Gerede über das viele Geld, das er macht und das er braucht, um Leute zu schmieren, noch mehr Gerede über sein Anwesen in Bel-Air – neunzig Riesen, für die Inneneinrichtung noch mal genau so viel – und dann noch seine platinblonde Luxusbraut – alleine ihr Schmuck für hundertfünfzig Riesen, plus Nerze und Klamotten für fünfundsiebzig ... Der Zuhälter katalogi-

siert sein Arsenal, hört gar nicht auf, schließlich will er Marlowe einschüchtern, und da krönt er alles mit: „ICH HABE EINEN BENTLEY, CADILLACS, EINEN CHRYSLER-KOMBI UND EINEN MG FÜR MEINEN JUNGEN". Was hat Marlowe? Nicht so viele Sachen, dafür eine umso klarer umrissene Vorstellung, von dem, was geht und was nicht geht.

Wenig ist so stilvoll, ambivalent und protzig wie eine große Limousine

Caddys kommen bei Chandler so häufig vor wie Packards, sie repräsentieren nicht Identitätskrise und verblichenen Prunk, sondern das Protzen der Neureichen; das vulgäre, Chandler so verhasste Gehabe – inszeniert mit „einem blassgrünen und elfenbeinfarbenen Cadillac Cabriolet mit austernweißen Ledersitzen, über die vorne eine karierte Reisedecke geworfen war, um die Vordersitze trocken zu halten, außerdem mit allen Kinkerlitzchen, die sich ein Autohändler ausdenken konnte, darunter zwei enorme Scheinwerfer, darauf befestigten Rückspiegeln, einer Radioantenne, lang genug für die Funkverbindung mit einem Fischkutter, ein Chromgestell für mehr Koffer und größere Reisen und viel Stil, eine Sonnenblende, ein Prisma Reflektor, um von der Sonnenblende verdunkelte Ampeln zu erkennen, ein Radio mit ausreichend Knöpfen für den Kontrollturm eines Flughafens und ein Zigarettenanzünder, der einem sogar die Mühe des Rauchens abnahm ...“ Der Kenner sieht: ein bisschen zu viel von allem, auch von den Beschreibungen. Die Pointe geht fast verloren: „All dies sah ich im Licht meiner Schreibstiftlampe.“

Sehr früh, in *Straßenbekanntschaft Noon Street*, kreuzt im dunklen Nass, abseits der gut beleuchteten Central Avenue noch ein Duesenberg auf, geräuschlos und mit abgeblendetem Licht bewegt er sich an Hauseingängen mit verängstigten Menschen vorbei, „das Mädchen atmete schwer ... der **DUESENBERG** rollte langsam vorbei ... keiner schoss, der uniformierte Fahrer fuhr unbeirrt weiter ...“

Im schwachen, unter Depressionsschüben und im Alkoholtaumel entstandenen letzten Roman wird endlich auch einmal adäquat ein deutscher Pkw ins Spiel gebracht, wenn auch nur im Flirt-Spiel mit einer suizidalen Klientin. Im Fahrtwind seines Olds' (nur so und nicht anders heißt der Oldsmobile bei Chandler) wundert sie sich, wie sich Marlowe so was leisten kann. „Sie sind alle teuer heutzutage, sogar die billigen“, so der Spruch des Detektivs. „Da darf man sich ruhig auch einen leisten, der auch fährt. Irgendwo hab ich mal gelesen, ein Detektiv soll einen schlichten und einfachen dunklen Wagen fahren, der nirgendwo auffällt. Der Mann ist nie in L.A. gewesen. In L.A. muss man, um nicht aufzufallen, einen marzipanrosa

Mercedes-Benz fahren, mit einem Sonnendach obendrauf und drei hübschen Mädchen, die sich sonnen.“

Los Angeles, das meiste von allem, das beste von nichts

Okay, das waren nicht alle Modelle bei Chandler, es gäbe noch mehr. Belassen wir es bei der Feststellung, dass das Auto angekommen war und Chandler auch damit eine neue Art erfunden hat, von Amerika zu erzählen, →„und seither sieht Amerika nicht mehr so aus wie früher“, wie Paul Auster sagt.

„und seither sieht Amerika nicht mehr so aus wie früher“: Los Angeles sah schon immer anders aus als früher. Bret Easton Ellis wusste ganz genau, was er tat, als er 21-jährig *Less Than Zero* mit der Rückkehr des Kids nach L.A. begann. Der Kid hat alles gehabt, genommen, konsumiert, befingert, weggelegt und gesehen – oder glaubt das zumindest –, und Ellis beginnt mit: „People are afraid to merge on freeways in Los Angeles“ (was nicht ganz dasselbe wiedergibt wie „Auf den Freeways in Los Angeles werden die Leute auch immer rücksichtsloser“). Ja, das Reinwinken oder -lassen, im Reißverschlusssystem, das Zusammenfließen in einen gigantischen, uniform-dahinfließenden Verkehrsstrom, losgelöst von jeder Menschenseele der Individualverkehr im absolut anonymisierten Autostadtstaat: Nirgendwo auf der Welt zeigt sich Wahn und Sinn, Gehorsam und Irrsinn so wie im Smog der Multi-Level-Highways mit ihrem hypnotischen Dauerstrom.

6.7 Mit der Dampfwalze ... in die Sackgasse

Allein 1931 wird das amerikanische Straßennetz um knapp 100.000 Kilometer ergänzt, asphaltiert sind nun mehr als 1,2 Millionen Kilometer. Die Arbeiten kosten mehr als zwei Milliarden Dollar

($2.250.000.000). Obwohl das Land von **WIRTSCHAFTSKRISE**, **MASSENARBEITS-LOSIGKEIT** und **DEPRESSION** gebeutelt ist, eröffnet jede frisch geteerte Straße einen Weg zu neuen Absatzmärkten. In der Produktion wird aufgerüstet, mit mehr Stahl statt Holz bei den Konstruktionen, mit hydraulischen Bremssystemen. Der Nachfolger von Fords Model T, Model A, läuft zuverlässig vom Band und verkauft sich bis 1931 über vier Millionen Mal.

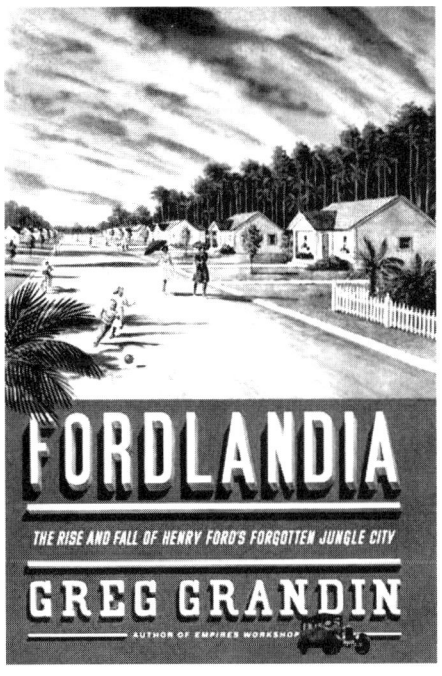

Nach einem Buch mit seinen Geboten schuf Henry Ford eine Stadt

In den USA kommt zu der Zeit ein Auto auf fünf Einwohner, in Frankreich ist das Verhältnis 1:28, in England 1:29, in Deutschland 1:100. Zaghafter Optimismus lässt die US-Industrie Anfang 1932 mit dem Abverkauf von 3,5 Millionen Pkw rechnen. Bei der *32nd New York Automobile Show* stellen achtzehn Hersteller 32 Marken aus. Das Problem: **DIE AUTOS HALTEN IMMER LÄNGER.** Wo sind die Grenzen des Wachstums, wie lässt sich das Marktpotenzial ausschöpfen? Fragen und beantworten neue Abteilungen von angestellten Statistikern und Trendforschern. Abseits des GM-typischen, generalstabsmäßigen Treibens schließen kleine Hersteller die Pforten. Detroits *Big Three* bleiben übrig: General Motors, Ford und Chrysler.

Henry Ford baut seit einigen Jahren gar eine Stadt: **FORDLÂNDIA**, 10.000 km² mitten im brasilianischen Dschungel, mit eigener Kautschukplantage. Der Traum mit eigenem Hafen, Kraftwerk, Krankenhaus, Kino, Schwimmbad, Golfanlage und 8.000 Arbeitern wird zum Alptraum. Die Einheimischen rebellieren, die Gegend erweist sich als für den Kautschukanbau ungeeignet, der importierte Vorarbeiter unfähig, Schlangenbisse und Plagen fördern vor allem die Expansion des Friedhofs. Nach fast zwanzig Jahren gibt Henry Ford 1945 auf. Fordismus hat seine Grenzen.

6.8   Das langsame Schlüpfen des Käfers
Das Ding stinkt und ist potthässlich, süß, putzig aber auch das lächelnde Antlitz mit seinen runden Augen, naiv und nett strahlt es. Das Volksauto ist wie seine Geburt und Geschichte vor lauter Freude mal rosarot, dann wieder weltverdunkelnd und unfassbar düster.

Über Jahrzehnte ein vertrautes Gesicht auf der Straße

Es gab schon vorher Folklore, Volksmusik und Völkerball und mit dem frühen Zeitungsdruck Bemühungen, auch bildungsferne Gesellschaftsschichten am großen Ganzen teilnehmen zu lassen. Und doch gelang der NS-Propagandamaschinerie die Besetzung der Vorsilbe →„Volks-", sie umzumünzen in ihre eigene Währung, weshalb sie bis heute wie **FALSCHGELD** klingt, das keiner will. Hohl und gemein. „Volks-" sollte als ehrenvolles Epitheton nur erwählte Produkte schmücken, die Überlegenheit des NS-Staats demonstrieren. Als Siegel für technischen Fortschritt diente das Präfix dem NS-Staat an mehreren Fronten: als Auszeichnung für die Industrie, für Propagandazwecke im In- und Ausland und als Verheißung einer besseren Welt, als Versprechen ... das gut klang, aber nie eingelöst wurde.

Schon dieser Teil des Volkswagens, die erste Silbe seines Namens, wirkt bis heute nach.

„Volks-": Medien für das Fußvolk: Volkslieder von Herder 1774, zwanzig Jahre später die Zeitung *Volksfreund*, deren Intention es ist „die Volksbildung zu befördern". Das 1794 in Oldenburg lancierte *Gemeinnützige Wochenblatt für den Städter und Landmann* will „Kenntnisse" vermitteln – nicht gleich Erkenntnistheorie und Kant, wohl aber Information und Aufklärung über Sklavenhandel, Aberglaube, Alchimie usw. Populistisch ausgerichtet, bemühten sich die kirchennahen Macher um das, was bei Illustrierten später „der richtige Mix aus Information und Unterhaltung" bezeichnet wird.

Der Volkswagen. Für jedermann. Leistungsfähig. Überschaubar. Technik, Monomanie und Wahnsinn sind →tragende Bauteile – am Ende ist der Käfer das Erfolgsmodell, inklusive Wiederauferstehung durch irgendwelche Hippie-Digital-Nomaden in Kalifornien in den 1990ern. Die Geschichte des Automobils – vom langsamen Verwirklichen technischer Ziele über Massenproduktion, Aufpeppen durch Design und Wieder-

verkauf des im Grunde alten, fragwürdigen, blutverschmierten Produkts: Es ist in knapper Version die des VW Käfer. Stellenweise stehen einem die Haare zu Berge, ergrauen ungläubig, wollen vor Scham ausfallen.

tragende Bauteile: Ungewöhnlich ist der 1.1-Liter-Boxer-Motor im Heck, luftgekühlt. Plattformrahmen mit Mittelträger (hinten gegabelt), Vorderradaufhängung mit zwei Kurbellenkern und gebündelten Quertorsionsstabfedern, hintere Pendelachse mit Längslenkern und Quertorsionsstabfedern. Außenerscheinung: angesetzte Kotflügel, buckliges Heck.

Urlaub mit Auto

Auto mit Blumen drauf

Blumenvase drinnen ... und drumrum ein Auto!

Krieg und Verführung

Im Volksmund britischer und amerikanischer Motorjournalisten ist er immer noch *Hitler's car*, mancher scheint das Auto sogar für dessen Schöpfung zu halten. Der VW Käfer war nach dem von den Deutschen verlorenen Krieg Symbol für Konjunktur und Wirtschaftswunder. Das Auto eines Deutschlands, das doch noch als eine Art Gewinner im ökonomischen Wettbewerb hervorging.

Eindeutige Wahrheit? Selbst wenn man sich mit einer Zeitmaschine zurückbeamen könnte in die Werkstätte, besser noch in das Gehirn von einigen Bastlern, wäre mindestens schwierig zu entscheiden, wer an welcher Innovation wesentlicher Anteil hatte. Autos zu erschwinglichen Preisen gab es vorher: **15.007.033 STÜCK** wurden bis 1927 vom **FORD T MODEL** gebaut und verkauft. Der Wagen war mit $360 so erschwinglich, dass ihn Fabrikarbeiter erwerben konnten.

Bereits 1904 erörtert die Zeitschrift *Der Motorwagen*, ob ein „Volksautomobil" das ungleich populärere Motorrad ablösen könnte. Präsentationen von so genannten Volkswagen sind in den frühen 1930er-Jahren auf Automobilausstellungen die Hauptattraktion. **MERCEDES, OPEL, ADLER, BMW, FORD, HANOMAG:** Sie alle arbeiten 1934 an verbrauchsgünstigen „Volkswagen" für die Serienfertigung. [17]

Das Prinzip des Boxermotors geht auf Carl Benz zurück und heißt bei ihm, als es 1897 in den erstmalig luftbereiften Comfortable eingebaut wird, **CONTRA-MOTOR** – weil sich die Kolben in gegenüber- statt in einer Reihe liegenden Zylindern im gleichen Hub bewegen. Hans Ledwinka, ein Konstrukteur ohne formale Ingenieursausbildung, hat in einem Wagen namens **TATRA 11** bereits 1923 mehrere andere für Kleinwagen revolutionäre Innovationen untergebracht: Getriebe-Motor-Einheit, Zentralrohrrahmen, Pendelachse und eben den luftgekühlten Boxermotor.

Auch ein anderer Österreicher, Béla Barényi, erörtert in seiner Abschlussarbeit an der Wiener Fachschule für Maschinenbau 1925 als „optimale Triebwerkskombination" einen Entwurf für ein Fahrgestell mit Heckantrieb und einer Einheit von Getriebe mit luftgekühltem Boxermotor – instrumentale Bestandteile des **VW TYP 1.** Barényi, der als Konstrukteur (für Austro-Fiat, Steyr, Adler, ab 1939 für Daimler-Benz arbeitet) pocht auf seine Urheberschaft. Diese wird ihm, inklusive damit verknüpfter Ansprüche, 1953 gerichtlich zugestanden. Der Käfer als Porsche-Erfindung: Freiwillig rückt die Familie Porsche von der Version nicht ab. Wer es sich leisten kann, prozessiert – und gewinnt ... mitunter.

DR. JOSEF GANZ ist vor 1933 nicht besonders aufgefallen in der Autoindustrie. Dennoch ist er einer der Ingenieure, den der Vorsitzende des Reichsverbands der Automobilindustrie 1934 Hitler für die Verwirklichung seines Volks-Traums vorschlägt; laut Technik-Historiker Erik Eckermann sind die anderen Kandidaten Edmund Rumpler und Ferdinand Porsche. Zwei Juden und der in Böhmen (Österreich-Ungarn) geborene Porsche. Also, letzterer erhält den Auftrag. Rumpler wiederum erhält unter den Nazis Berufs-verbot. Inwieweit Ideen von Ganz in Porsches Konstruktion Einlass finden, ist bis heute umstritten. Er flüchtet in die Schweiz, später nach Australien, wo er 1967 stirbt.

Und dann gibt es noch jemanden, der in entscheidender Phase Teil des Konstruktionsbüros von Ferdinand Porsche war, seinen Platz unter mindestens zweifelhaften Umständen räumte bzw. der aus dem Weg geräumt wurde und an den darum erinnert werden muss: ADOLF ROSENBERGER. „Die Affäre Rosenberger ist kein Ruhmesblatt für die Porsche Hochleistungsfahrzeug GmbH."[18]

Der geborene Pforzheimer – dort Kinobesitzer und mit diversen Mercedes-Benz erfolgreicher Rennfahrer – ist ab 1931 Teilhaber und kaufmännischer Direktor im Konstruktionsbüro Porsche, das der von Daimler-Benz verstoßene Konstrukteur gründet. Rosenberger wird am 5. September 1935 nach seiner Rückkehr aus der Schweiz als Jude verhaftet und drei Wochen später ins KZ Kislau gesperrt, vier Tage später wieder entlassen – aufgrund ihrer Intervention, sagen später Ferdinand und sein Sohn Ferry. Was Rosenberger abstreitet, als er 1949, nach Kalifornien ausgewandert, für seine zwangsweise abgestoßenen 15% Firmenanteile beim Amtsgericht Stuttgart ein Rückerstattungsverfahren anstrengt. Seine Firmenanteile seien am 30. Juli 1935 zu unrealistisch niedrigem Nominalwert an Ferry Porsche überschrieben worden.[19] Statt der geforderten DM 200.000 erhält Rosenberger in einem Vergleich DM 50.000 und ein Auto. Der Wert des Porsche-Unternehmens wird 1948 vom Treuhänder der alliierten *Property Control* auf 1,178 Millionen Mark geschätzt.

Die Familien Porsche und Piëch kontrollieren bis heute große Teile der Autoproduktion weltweit. Der im Exil unter anderem in einer Autowerkstatt tätige Rosenberger ist vergessen und beerdigt.

Der Volkswagen, „Porsches Limousine 1936" **(wie *Der Spiegel* 1948 spöttelt), verschlingt statt der ursprünglich vereinbarten Entwicklungskosten von RM 1.500.000 vom →RDA zu zahlende 1.750.000, hinzu kommen Konstruktionskosten in Höhe von RM 23.000.000. Nach dem Ende der Nazi-Diktatur werden Ferdinand Porsche und Anton Piëch von den Franzosen →inhaftiert, doch die vermutete Verschleppung und Deportation französischer Zwangsarbeiter wird ihnen nicht nachgewiesen. Porsche erhält nach der Entlassung für weitere Entwicklung am Käfer monatlich DM 40.000 von VW, später gar 480.000; hinzu kommen Lizenz-gebühren für in den Wagen gewanderte Patente – etwa DM 5 pro Auto oder 0,1% des Bruttolistenpreises – und für die Familien Porsche und Piëch die VW-Alleinvertretung in Österreich.**

RDA: Reichsverband der Automobilindustrie (RDA), 1923 aus dem im Januar 1901 gegründeten VDMI (Verein Deutscher Motorfahrzeug-Industrieller) hervorgegangen. 1946 wird aus dem Lobbyverband der Verband der Automobilindustrie (VDA).

inhaftiert: Auch ein anderer Automobilfabrikant muss für seine Zusammenarbeit mit Hitler bezahlen – mit dem Leben. Nach der Eroberung von Paris durch die Alliierten im August 1944 wird Louis Renault als Kollaborateur im Pariser Vorort Fresnes inhaftiert. Um mit seiner Firma im Geschäft zu bleiben, hatte er sich nach der Besetzung von Paris 1940 mit den Nazis darauf geeinigt, deutsche Lastwagen und Panzer zu reparieren. Vom Gefängnis wird er Anfang Oktober 1944 in eine psychiatrische Anstalt eingeliefert, kurz danach in die Klinik Saint-Jean-de-dieu, wo er noch im Oktober 1944 stirbt; offiziell an Urämie.

6.9 Ein Königreich für einen Wagen, nein: eine Stadt

1935 verspricht Adolf Hitler bei der Eröffnung der Internationalen Automobil- und Motorradausstellung, „dem deutschen Volk einen KRAFTWAGEN zu schenken, der im Preis nicht mehr kostet als früher ein mittleres Motorrad". Seine Idee eines Geschenks für den Kaufpreis von „nicht mehr als 1.000 Reichsmark" hat er im Jahr zuvor schon dem RDA verkündet.[20] Am 22. Juni 1934 wird Ferdinand Porsche, dessen Typ 32 mit Drehstabfederung und luftgekühltem Motor in Neckarsulm bei NSU konstruiert wird, mit der Aufgabe betraut, so die *VW-Chronik*. Bereits davor haben NSU und Zündapp Kontakt zu dem ehemaligen Technischen Direktor von Austro-Daimler aufgenommen; aufgrund der Weltwirtschaftskrise wollen sie Motoren für Kleinwagen. 1932 erhält Zündapp den Prototyp eines Wagens mit wassergekühltem Fünf-Zylinder-Sternmotor (im durchnummerierten Leben des Konstrukteurs Porsche: Typ 12), NSU 1933 einen luftgekühlten Boxer – beides Prototypen, beide mit Käfertypischen Merkmalen. „Porsche interessiert sich für vernünftige Lösungen, baut bereits 1927 einen Ein-Liter-Motor in einen Kleinwagen", schwärmt der Gestalter Otl Aicher in *Kritik am Auto – Schwierige Verteidigung des Autos gegen seine Anbeter*. Als Freund der Geschwister Scholl – und späterer Ehemann von Inge Scholl – wird er im Dritten Reich inhaftiert, und so will man annehmen, dass er bei allem ungebrochenen Respekt für Ferdinand Porsche die Geschichte 1984 nicht unreflektiert umschreibt.

Nachdem Rosenberger 1935 aus dem französischen Exil noch Kontakt zu dem jüdischen André Citroën herstellt, damit diesem das NSU-Modell vorgestellt werden kann, bauen ab 1938 unter der Ägide von Porsche (1938 Nationalpreis aus Hitlers Hand) und Piëch (eilig in die NSDAP geeilt) 20.000 KZ-Häftlinge und Zwangsarbeiter das Werk in **WOLFSBURG**. Dort bauen ab 1940 bis zu 120.000 sowjetische Kriegsgefangene außer 70.000 Kübelwagen auch Teile für V1-Raketen , Panzerfäuste, Tellerminen ... für die Wehrmacht, Luftwaffe und SS. „Die Geschichte des Volkswagenwerkes in seinen Anfängen", so *Der Spiegel* in einem Artikel über die 1996 veröffentlichte Firmengeschichte des Historikers

Hans Mommsen,[21] „ist nur zu begreifen aus der eigenartigen Beziehung dieser Männer", Porsche und Hitler, „aus dem Spannungsverhältnis zwischen kreativer Intelligenz und bedingungslosem Machtwillen."[22] Aha.

Zu der Idee, eine eigene Stadt zur kostengünstigen Fertigung der späteren Volkswagen zu errichten, hat sich Porsche auf zwei USA-Reisen inspirieren lassen. Laut werkseigener Geschichtsschreibung wird im Juli 1935 der VW3 präsentiert (Fahrgestell und Karosserie noch in seinerzeit typischer Holz-Blech-Bauweise); je nach Quelle fahren wenige Jahre später dreißig bis vierzig weitere Versuchswagen herum, aber die Vorgabe, **50.000 AUTOS À 900 MARK** zu bauen, ist damit nicht realisierbar.

Erst sparen, dann fahren?

Der angestrebte Preis ist nur denkbar, „wenn der Handel ausgeschaltet wurde. So kam es zur Gründung einer eigenen Firma und eines eigenen Werkes".[23]

1938 ist Grundsteinlegung des Orts, der zunächst Arbeiterstadt des Volkswagenwerks, später **STADT DES KDF-WAGENS**, noch später Wolfsburg heißt. Die *Motorschau* im gleichen Jahr: Der Wagen soll „den Namen der Organisation tragen, die sich am meisten bemüht, die breitesten Massen unseres Volkes mit Freude und damit mit Kraft zu erfüllen". Die Deutsche Arbeitsfront organisiert zu dem Zweck bei ihren Gesinnungskollegen in Italien preiswerte Arbeitskräfte, und „so kamen im September 1938 die ersten 2.400 Gastarbeiter in Deutschland an; sie wurden ähnlich wie ihre Kollegen, die ein paar Jahrzehnte später nach Wolfsburg gingen, mit Musik und Jubel begrüßt".[24]

Auf dem Berliner Autosalon wird der Volkswagen im Februar 1939 erstmals der Öffentlichkeit präsentiert. Er soll im selben Jahr ausgeliefert werden.

Geschenke erhalten die Freundschaft, und so überreicht Adolf Hitler 1939 zwar nicht dem „Deutschen Volk", was er 1934 als Geschenk versprochen hat, wohl aber König Tribhuvan von Nepal einen Mercedes-Benz Typ 320

Ende 1939 steht das **VOLKSWAGENWERK**, dieser gigantische Torso nationalsozialistischer Wirtschafthybris, jetzt könnte es losgehen. Doch der Krieg kommt dazwischen. Die Produktion des KdF-Wagens wird vertagt, Reichsorganisationsleiter Robert Ley verspricht, „nach dem kommenden Sieg über die Plutokraten"

werde die Jahresproduktion auf →450.000 Stück gesteigert.

450.000 Stück: Diese Menge erreichte Ford mit dem T-Model 1915, das Volkswagenwerk schließlich 1957.

Das Volk vertraut darauf, dass das versprochene Geschenk irgendwann schon kommen wird und lässt sich per Propaganda überzeugen, Vorauszahlungen darauf zu leisten – und zwar in Form von auf KdF-Wagen-Sparkarten geklebten Wertmarken à 5 Reichsmark. **UM DIE 330.000 BESTELLEN SO EIN AUTO.** Bis zum Kriegsbeginn gehen beim Konto der Bank der Deutschen Arbeit für ein Auto, dessen zivile Ausführung das Volk erst nach dem Krieg zu sehen bekommt RM 278.000.000 ein. Und das gehört dann nicht mal den vertrauensvollen Markenklebern – Kaufvertrag ungültig. Im Dezember 1952 strengen die 330.000 eine Zivilklage an, um entweder ihr investiertes Geld zurück zu bekommen oder die Schlüssel für ihren Volkswagen. Der Streitwert beläuft sich da auf umgerechnet ca. 46 Millionen Euro. 1961 lenkt die VW AG ein: Für ein vollgeklebtes KdF-Sparbuch erhält jeder einen Rabatt auf Neuwagen in Höhe von DM 600 (knapp 1/6 des Neupreises) oder 1/6 davon, also DM 100 Cash auf die Hand.

Zu der Zeit geht es der Wirtschaft besser. An die 5,3 Millionen Pkw bewegen sich über die „ach so unzureichenden Straßen der Bundesrepublik", so der VDA-Präsident 1960, und er legt noch nach, kann nicht umhin, wie mancher vor ihm, von einem Geschenk zu sprechen: „Dem Menschen wurde im Zeitalter der Zusammenballung in den Städten und Industriegebieten ein Instrument geschenkt, das ihm Unabhängigkeit von Raum und Zeit gibt und sein Lebensgefühl und Selbstbewusstsein steigert."[25]

6.10 „Käfer'...

wie die Amerikaner den Volkswagen nennen"[26] (*Der Spiegel* 1948). Woher kommt die inoffizielle Bezeichnung des Kraft-durch-Freude-Wagens? Aus der *New York Times* vom 3. Juli 1938, nachzulesen auf Mikrofiche: „Der Fuehrer"[27] plane seine große, glatten Autostraßen mit Tausenden und Abertausenden glänzender kleiner, mobiler *beetles* zu bevölkern. Vorgestellt wird auch das Bezahlungssystem mit Marken, die KdF-Bezeichnung, der Preis – und gegen Ende wird erwähnt, das neue Automobil hieße im Volksmund anders, es habe bereits einen Spitznamen: Baby Hitler.

Die New York Times berichtet vom KdF-Wagen, „Hitlers Baby"... und erwähnt nebenher, wie beetles die Straßen bevölkern könnten

Aber tatsächlich wird stattdessen *beetle* übersetzt und „Käfer" der Kosename des Autos. Der Käfer **LÄUFT UND LÄUFT UND LÄUFT** von den Fließbändern, bald in aller Welt. Der Doppelauspuff schnattert, die Heizung funktioniert nur im Sommer, und ihn dürstet nach Öl. 1961 wird der fünfmillionste Volkswagen gebaut. Es werden 16.255.500, bis der letzte Käfer *Made in Germany* am 1. Januar 1978 das Emdener Volkswagenwerk verlässt. Anderswo läuft und läuft das Fließband weiter – für den zwanzigmillionsten in Mexiko ... Die Brasilianer

erweisen sich gar als besonders engagiert: Auf Druck eines Politikers erwecken sie das Insekt sieben Jahre nach Einstellung der Produktion 1993 zu neuem Leben und nehmen die Produktion wieder auf – bis 1996.

Andere Ansätze für einen Kleinwagen in Stromlinien-Form und mit Heck-Motor

• **ADLER 2,5 LITER (TYP 10)** von 1937, 6 Zylinder, 2.494 ccm. Bis 1940 werden 5.295 gebaut.

• **STEYR 50** von 1936 (4 Zylinder, 984 ccm, 730 kg leicht). Bis 1940 werden 13.000 Modelle (inklusive dem etwas größer motorisierten Steyr 55 ab 1938) dessen gebaut, was manchem als „österreichischer Volkswagen" gilt.

Steyr 50, der Volkswagen aus Österreich

• Der **HANOMAG 2/10**, auch ‚Kommissbrot' genannt, ist mit 1-Zylinder-Motor (Hubraum 500 ccm) wirklich klein. 15.775 Fahrzeuge entstehen zwischen 1925 und 1928.

Hanomag 2/10, der Volkswagen von 1925

• **OPEL 4/12** PS: 1924 baut Opel 16.735 Exemplare dessen, was im Volksmund und kollektiven Gedächtnis aufgrund der grasgrünen Lackierung als Laubfrosch beliebt und berühmt wird; bis 1930 laufen 100.000 Exemplare vom Band, zum Service gehört ein zuverlässiger Kundendienst und garantierte Festpreise für Ersatzteile.

• CITROËN 5CV: Ein Mobil für den kleinen Mann, das zu einem der populärsten Kleinwagen der Dekade avanciert, präsentiert Citroën bereits im Oktober 1921 beim Pariser Automobilsalon. Der von Jules Salomon entwickelte französische Volkswagen wird bis Mai 1926 fast 760.000 mal verkauft. Opel ist von dem zitronengelben Citroën 5CV offenbar ebenfalls überzeugt – in den Augen vieler ist der Frosch aus Rüsselsheim ein Plagiat, „beinahe millimetergenau" kopiert. Vom bootsähnlichen Heck über das Faltdach bis zur Haube. Ohne Lizenz und trotz Versuchen Citroëns, dagegen zu prozessieren. Diplomatisch weist die englische Wikipedia-Seite darauf hin, dass es Unterschiede gab: der Radstand des Opel war 5 Millimeter länger, der Kühlergrill nicht identisch, die Lichtmaschine des Franzosen hatte die seinerzeit übliche Spannung von 6, die des Opel eine von 12 Volt, und die frühen Citroën waren gelb ...

Citroën 5CV, der originale Laubfrosch

• DIXI 3/15: Anders als Opel im Fall Laubfrosch erwirbt die Eisenacher Firma die Lizenz für den Nachbau eines Autos. Als Import kommt der englische Austin 7 trotz Lenkrad auf der falschen Seite gut an, ab 1927 wird er von Dixi in Deutschland produziert.

Dixi 3/15, Volkswagen nach englischem Vorbild

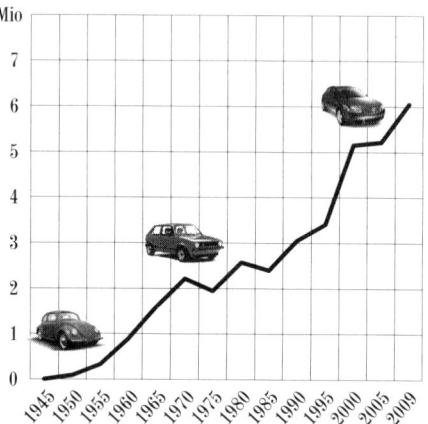

Produktion bei Volkswagen

Mit jahrzehntelang – fast – nur einem Modell Aufstieg und fast Konkurs, Trendwende dann mit Golf

6.11 ... und Spatz und Pinguin

Der Käfer hob ab zu historischem Welterfolg, in luftige Höhen, Pinguin und Spatz dagegen flogen nicht so weit oder hoch. Auf drei Räder stellt im Mai 1953 die M.E.V. Studiengesellschaft für Kraftfahrzeugentwicklung in Herne den Pinguin. Als „sparsam, schnittig schnell!" wird der mit Führerschein Klasse IV fahrbare Untersatz beworben.

Der ehemalige Tatra-Chefkonstrukteur Hans Ledwinka siedelt nach Kriegsgefangenschaft 1953 nach München um und wirkt an der Entwicklung eines Kleinstwagens der Bayerischen Autowerke GmbH (BAG) mit. Bei dem zunächst dreirädrigen Spatz sind die Radaufhängungen – zwei vorne, eins hinten – direkt an der Karosserieschale angebracht. Vom ohne Fahrgestell laufenden Spatz bauen die Victoria Werke mit Lizenz 859 Exemplare. Das Vögelchen bekommt schon bei kleinen Schlaglöchern in der Kunststoffkarosserie Risse und Blessuren und wird darum um einen Zentralrohrrahmen sowie ein weiteres Rad ergänzt.

Krieg und Verführung

Anders als Käfer und Ente wird der Pinguin nie in Serie gebaut und der Spatz nie außerordentlich verkauft – weil den Betreibern die Flügel gestutzt werden; die Luft zu eng wird, als sie mögliche Verkaufspreise und Margen hochrechnen.

6.12 Rasen für das Vaterland

Parallel zum niedrigmotorisierten Wagen für die Masse, das Volk, sind die Nazis auch interessiert am Gegenstück – dem Boliden für den heroischen Rennfahrer. Wie die Konzerne von heute begreift auch die NS-Führung sofort die Wirkung von Autorennen als **PROPAGANDAINSTRUMENT**. Piloten in fliegerähnlicher Montur steuern ihre Maschinen – Überlegenheit durch Technik – heldenhaft in den Kampf für die Marke, in dem Fall das Hakenkreuz.

Es ist darum eine der ersten Amtshandlungen der Regierung 1933, die Konstruktion von PS-starken, vielzylindrigen Boliden zu ermutigen. Am 24. Mai 1933 bewilligt Verkehrsminister Eltz von Rübenach „zur Förderung des Baues neuer deutscher Rennwagentypen" jeweils RM 500.000 an Daimler und Auto Union. Aus PR-Sicht geht die Rechnung auf wie geplant: Die von beiden gebauten **SILBERPFEILE** dominieren die Rennstrecken dergestalt, dass Renn-Fans und Nachgeborene der Alliierten noch heute kalte Schauer überkommen. Das einprägsamste und häufigste Bild des Heldentums liefert Mitte der 1930er Jahre der Autorennfahrer, erinnert Victor Klemperer in *LTI*: „Nach seinem Todessturz steht Bernd Rosemeyer eine Zeitlang fast gleichwertig mit Horst Wessel vor den Augen der Volksphantasie."[28]

Nie zuvor haben einem Rennwagenteam oder Konstrukteur vergleichbare Geldmittel zur Verfügung gestanden. Die Preisgelder sind nicht vergleichbar mit denen von heute, die Teilnahme an Rennen – mit Autos, Pferden oder Hunden – ist bis dahin primär ein kostspielig Hobby gewesen, eine Prestigesache, bei der sich reiche Privatiers mit anderen schön geformten schnellen Sujets amüsieren. Keine Industrie. Kein Sponsoren-Event, kein Corso der geschwungenen Fahnen.

Briefmarke von 1939, Propagandaschlacht

Der Feldzug der deutschen Mittelmotor-Rennwagen, zunächst mit 16-Zylinder-Kompressor-Motor, beginnt 1934. Bis 1939 fahren die Silberpfeile von Auto Union und Mercedes alles in Grund und Boden. Mit Auto Union berühmt werden Rennfahrer wie Hans Stuck, Tazio Nuvolari, Ernst von Delius (Tod im Einsatz, 1937 am **NÜRBURGRING**), Rudolf Hasse, Achille Varzi, Hermann Paul Müller und nicht zuletzt Bernd Rosemeyer. Allein im Oktober 1937 stanzt Rosemeyer 17 Rekorde in den Asphalt. Wie die meisten Rennfahrer stirbt er nicht auf einer Rennstrecke – aber dennoch in der Mission Tempo: Auf der Autobahn Frankfurt-Darmstadt misslingt es ihm, den Hochgeschwindig-keitsrekord von Caracciola zu toppen. Um „diesen blonden Jungen aus dem Emsland, diesen Prototyp heldischer deutscher Jugend"[29] wird getrauert. Aber der Kampf geht weiter ...

Die **HEROEN** der Silberpfeile von Mercedes heißen Manfred von Brauchitsch, Luigi Fagioli und Rudolf Caracciola (alle erstmals beim **AVUS-RENNEN** 1934 debütierend), später der von Hitler zum Europameister deklarierte Hermann Lang. Wie gesagt: alles und alle sehr heldenhaft, mit Unmengen an Hubraum, Kompressor-Aufladung plus Zusatzantrieb in Form von Animositäten zwischen Porsche und Daimler. In der Darstellung tönen Pauken und Trompeten unterschiedlich, je nachdem, ob Auto Union oder Mercedes-Benz die Lobeshymnen orchestriert.

Die staatliche Förderung von Motoren beschränkt sich nicht nur auf Rennautos. Millionen fließen auch in den Bau einiger Kilometer **AUTOBAHN**. Schon 1929 sind ein Straßen- und Brückenbauprogramm sowie ganz allgemein die Förderung der Fahrzeugindustrie aufgenommen worden. Die militär-strategische Bedeutung der Reichsautobahn muss allerdings relativiert werden. Für den Transport von schweren Waffen und Truppen wurde die Eisenbahn eingesetzt.

6.13 Volk ohne Raum

Wir sind im 21. Jahrhundert angekommen, die **EXPANSION** in neue Territorien findet mit anderen Mitteln statt. Alles ist bequem und leicht erreichbar, man spricht von der disponiblen Zeit, „Freizeitmobilität als Verräumlichung von Zeit".[30] Und alle vier Stunden wird irgendwo auf der Welt ein neues **MCDONALD'S** eröffnet.[31]

Zeitsparen auch beim Essen ... vom Fließband und ohne Bedienung

Drive-by-Mahlzeit bei Drive-in-Restaurant

Bei McDrive mal Zeit und Abfertigung am Fließband

Die dank Fast Food und eingesparter Fahrtzeit gewonnene Zeit gilt es aufzufüllen ... Man begibt sich auf Reisen. Erfährt die Welt. Die Verkleinerung der Welt, die Vergrößerung unseres Schaffensradius', unseres Erlebnishorizonts, könnte uns zu weiseren Menschen machen, zu **WELTBÜRGERN**. Doch ein ganz anderer Effekt scheint, mindestens parallel und laut mitzuschwingen – der nämlich, dass immer mehr Menschen glauben, viel oder genügend gesehen zu haben, um mitzureden. Das heißt:

Sie fahren in die Fremde, sehen nichts, und glauben dennoch, wenn sie zurückkommen, mehr zu wissen, jedenfalls genug um entsprechend unbescheiden reden und handeln zu können.

... und nach Coffee-to-go noch ein Sleep-in in Auto-Immobilie

Wie Robert Jungk 1961 fand: „Der durchschnittliche Besucher fremder Länder ist kein andächtiger Pilger, kein gebildeter Gast mehr: Er stürzt aus dem Himmel, strömt aus dem Zug oder dem Bus, lässt sein **MOTORISIERTES SCHNE-CKENHAUS**, das Auto, durch die engen Dorfstraßen donnern. Er stört den Frieden der Einwohner und fühlt sich selbst gestört durch ihre ihm ungewohnten Sitten. Moderne Kriege und zeitgenössischer Tourismus haben eines gemeinsam: Sie sind mehr Unfall als Begegnung und bringen meist das Schlechteste im Nationalcharakter an die Oberfläche."[32]

6.14 Verschiebung von Raum und Zeit

Ich und mein Auto: In der Summe ist das mehr als Mensch plus Maschine. Es ist Transzendenz, ein Verschmelzen von Mensch mit Maschine. Dieses Verschwinden und Verwirbeln eigentlicher Grenzen haben einige Dichter mehr als ein halbes Jahrhundert vor Virilio beobachtet und beschrieben. Otto Julius **BIERBAUM**, Hermann **HESSE**, Erich Maria **REMARQUE** und Bertolt **BRECHT**: Sie alle haben furchtlos das neue Gleiten der Gefühle abgetastet. So sehr sie sich voneinander unterscheiden, so gleichermaßen weit entfernt von Faschismus, Futuristen und Ernst Jünger: Sie alle zeigten sich eingenommen von den Möglichkeiten, die das Auto eröffnet.

Diesen Dichtern ging es dabei jedoch nicht um technophile Affirmation oder blinden Fortschrittsglauben, sondern um Potenzial und Rausch. **DAS ERWEITERN DER GRENZEN**. Angstloser Blick darauf, undogmatisch. Beeindruckend ist dabei – wie übrigens auch bei dem Gelegenheits-Futuristen und erklärten Faschisten Massimo Bontempelli, der *522. Ein Tag aus dem Leben eines Automobils*[33] aus der Perspektive eines Pkw erzählt – wie bewegt und jenseits von Grenzen ihre Leben verliefen.

Bei Erich Maria Remarque sind Leben und Werk geprägt von Krieg, Exil – und immer wieder dem Rennfahrer zwischen den Frauen. So wie der Autor zwischen der lesbaren Unterhaltung und den ernsten Themen changiert, so sind seine Protagonisten hin und hergerissen zwischen den eigenständigen Frauen, die ihre neuen Freiheiten lieben und ausleben, Frauen für Episoden und den eher konventionellen Frauen vom Land. Das Episodische, der unvermittelte Cut von einem Ort zum nächsten, ist einer der auffälligsten formalen Aspekte an seinem in Fortsetzungen veröffentlichten Rennfahrer-Roman *Station am Horizont*.[34]

Berlin Alexanderplatz zur Zeit von Alfred Döblin

Vergleichbar rast- und ruhelos das Leben von Bierbaum, der 1903 *Eine empfindsame Reise im Automobil* vorlegt. Zuvor ist Bierbaum Chefredakteur einer von Samuel Fischer gegründeten Zeitschrift geworden, aus der *Die Neue Rundschau* hervorgeht, 1890 ein Forum für Theater und neue Kunstrichtungen, später mit Beiträgen von Alfred Döblin, Robert Musil und anderen.

Döblin staunt in dem kakophonischen, episch wuchernden Genre-Crossover-Großstadtroman *Berlin Alexanderplatz*: „Da rollen die Worte auf einen an, man muß sich vorsehen, daß man nicht überfahren wird".[35] Doch **DER EINFACHE MANN FRANZ BIBERKOPF**, der vorhat, anständig zu sein, gerät selbst unter die Räder – metaphorisch und dann auch noch in einer Urversion der im Action-Kino unerlässlichen Flucht nach missglücktem Verbrechen.[36] Bei Musil findet sich bereits „ewige Verstimmung und Verschiebung aller Rhythmen gegeneinander" (wie sie später auch von Virilio beobachtet werden wird), während „die Bewegung in den Straßen schwingt". Überschätzt, heißt es eben noch, wird

die Frage nach dem Ort, an dem sich alles abspielt, sie ist ein Überbleibsel „aus der Hordenzeit, wo man sich die Futterplätze merken mußte"[37] – und schon hat es gekracht, „durch seine eigene Unachtsamkeit" ist ein Passant von einem Lkw überrollt worden.

Nach dem Dritten Reich sind technomanische Geschwindigkeitsverehrung der Futuristen ebenso wie Reflexionen und Interpretationen des Alltagsgegenstands Auto, skeptisch und eigenständig und unvoreingenommen, erst einmal passé.

6.15 Keine Volkswirtschaft ohne Auto

So wie sich die meisten Völker bekleiden, um Scham und Narben zu verdecken, auch Schwächen, Schmutz und Krankheiten, genau so sitzen und bewegen sich nun Abermillionen in der **NEUEN BLECHERNEN UNIFORM**. Wie von Chandler in Los Angeles beschrieben, ist das Promenieren im Pkw Teil des Alltags; mit den Style-Kniffen aus Detroit oder von Gropius transportiert er für jedes Bedürfnis einen Fächer von Botschaften.

Hinsichtlich des Stils ist es bemerkenswert, da nicht selbstverständlich, dass der Motor mit fortschreitender Entwicklung verdeckt und versteckt wird. Ebenso soll die Herkunft vom Fließband zunehmend mit kleinen persönlichen Attributen verschleiert werden – Beginn eines Phänomens, das sich, siehe „individuelle" Handyschalen, bis in die Gegenwart fortsetzt. Das Gesamtwerk Auto = Motor + Komfort + Fortschritt + Image muss immer neue Argumente finden. Oder neue Märkte, denen auch die alten Argumente gut genügen.

Glücklicherweise ist das Auto mit dem Menschen nicht allein auf der Welt. Man nimmt am gesellschaftlichen Leben teil, dringt nun auch in fremde Kulturen vor, im Urlaub und als Fremdarbeiter, man will sich anders einrichten als die Eltern, besser als die Nachbarn – und darüber freuen sich Volkswirtschaft und Kapitalismus sehr. Aus der Sättigung der Märkte, dem Hungern nach höheren Renditen, wachsen neue Bedürfnisse, aus immer härterem Wettbewerb um Marktanteile und immer pingeliger ausdifferenzierten Produktideen wächst bei allem Überfluss irgendwann der große Überdruss.

Spiegel der Neuzeit, das Leben eine einzige Messe

Das britische Königreich verliert seine einstmalige Weltvorherrschaft endgültig, irgendwann die USA ihre wirtschaftliche Macht, parallel erwächst aus all dem die Globalisierung: Autos werden in aller Welt hergestellt, importiert und exportiert. Komponenten wandern über den ganzen Globus, Verkehrsströme und Geldströme folgen neuen, ganz eigenen Gesetzen. **ALLES GERÄT IN BEWEGUNG**. Schließlich tauchen Modelle aus Regionen auf, an die man vorher kaum gedacht hat. Iran, China, Brasilien, Indien, Südkorea.

Auch hier profitiert besonders der Kapitalismus, das System ohne Grenzen und Gesetze. Mit sukzessive erlangter Unabhängigkeit nehmen neue Player an den Tischen der Großmächte Platz. Vereint in der OPEC werden Nationen

fern der Industrialisierung reich, bei Fiat und in Japan wird der Overdrive geschaltet ... was wiederum andere ermutigt, sich an Überlegungen zu Fortschritt und Expansion und Neuen Märkten zu beteiligen. Doch wo führt das wie genau hin? Zunächst zu viel Desorientierung, Unklarheit, Verunsicherung. In jedem Auto befinden sich statt Autoradio inzwischen folgerichtig Navigationselemente.

6.16 Im Zweifelsfall: Mainstream

Massenproduktion, Massenkonsum. Was alle wollen, muss ja gut sein. Die Vervielfältigung des Immergleichen wird vorherrschendes Geschäftsmodell, parallel und paradox zu Individualisierungsbestrebungen ähneln sich die Modelle zunehmend. Weil aus Vermarktersicht Millionen nicht irren können, folgen die Entscheider dem Mainstream oder dem, was sie dafür halten; die Konkurrenz kommt mit. Statt Neuem kommen Kopien. **MARKT UND DEMOSKOPIE** bestimmen, was produziert wird, das

Mittelmaß wird Maß aller Dinge.

In der nach 1945 einsetzenden Konjunktur rauscht das Auto blindlings in ein

Dilemma, das jeder Erfolg mit sich bringt. Die Industrie steigt zwar auf wie mit einem fliegenden Teppich. Wenn bei dem Höhenflug jemand abtritt, nehmen es die weiter aufsteigenden Player kaum wahr – bis sie sich irgendwann an die Fransen klammern, aus Angst vor dem Fall. Alle Spinner und Visionäre sind in der gut geschmierten, wunderbar laufenden Branche weg, gesteuert wird das Unternehmen von der Angst. Was will der Markt, wo sind die letzten unentdeckten Marktsegmente? Nicht nur in den Produktionsanlagen sind die Menschen Rädchen im Getriebe, auch in den Verwertungsketten sind sie jetzt gefangen, Verbraucher wie Produzenten.

1 www.panzer-archiv.de
2 Hans Herzfeld: *Der Erste Weltkrieg*, München 1968
3 Nils Christie: *Wieviel Kriminalität braucht die Gesellschaft?*, München 2005
4 Egon R. Hanus: „Adler Standard 6 und 8 von Walter Gropius – Verkannte Genies", *Motor-Klassik*, 2007
5 Niklaus Schefer: *Philosophie des Automobils*, Bern 2006
6 „Die optimale Garage" in *Pop!* (Hrsg. Bela Stern und Julian Weiss), München 1999
7 „Zum Angeben", *Der Spiegel* 12/1959
8 Raymond Chandler: *Der lange Abschied*, 1954
9 Raymond Chandler: *Zu raffinierter Mord*, 1934
10 Raymond Chandler: *Die Tote im See*, 1943
11 Raymond Chandler: *Der tiefe Schlaf*, 1939
12 Raymond Chandler: *Gesteuertes Spiel*, 1934
13 Raymond Chandler: *Lebwohl, mein Liebling*, 1940
14 Raymond Chandler: *Das hohe Fenster*, 1942
15 Raymond Chandler: *Der lange Abschied*, 1954 (8–15: erschienen in Die Philip-Marlowe-Romane in sieben Bänden in Kassette, Zürich 2009)
16 „Der Führer und sein Tüftler", *Der Spiegel* 45/1996
17 Professor Dr. Peter Kirchberg, Automobilhistoriker, in: *Rosenberger ñ Porsches dritter Mann*, SWR2 Leben, 2010
18 Eberhard Reuß: „Rosenberger – Porsches dritter Mann", SWR2 Leben, 2010
19 „Porsche und die Geheimsache Kirschkern", *Der Spiegel* 16/1987
20 Hans Mommsen / Manfred Grieger: *Das Volkswagenwerk und seine Arbeiter im Dritten Reich*, Düsseldorf 1996
21 „Der Führer und sein Tüftler", *Der Spiegel* 45/1996
22 Otl Aicher: *Kritik am Auto*, München 1984
23 Peter Bölke: „Der Führer und sein Tüftler", *Der Spiegel* 45/1996
24 Heinz Michaels: „Auto, wohin rollst du?", *Die Zeit*, 29.9.1961
25 „Unproduktive Botschaft", *Der Spiegel*, 19.6.1948
26 „German car for masses", *New York Times*, 3.7.1938
27 Victor Klemperer: *LTI*, Halle (Saale) 1957
28 *Berliner Börsen-Zeitung* in Besprechung von Elly Rosemeyer-Beinhorns Buch *Mein Mann, der Rennfahrer*, Berlin 1938
29 Konrad Götz: „Freizeit-Mobilität im Alltag oder Disponible Zeit, Auszeit, Eigenzeit - warum wir in der Freizeit raus müssen", *Soziologische Schriften*, Berlin 2007
30 Siegfried Pater: *Zum Beispiel McDonald's*, Göttingen 2003
31 Robert Jungk, Vorwort zu Raymond Cartier: *50mal Amerika*, München 1961
32 Massimo Bontempelli: „522" *Racconto di una giornata*, Milano 1932; auf Deutsch *522. Ein Tag aus dem Leben eines Automobils*, Frankfurt/M. 1996
33 Erich Maria Remarque: *Station am Horizont*, original in *Sport im Bild*, Berlin 1927–1928
34 Alfred Döblin: *Berlin Alexanderplatz*, Berlin 1929
35 Claudia Lieb: „Unfall im Kinostil als Poetik sinnlosen Erzählens" in *Crash. Der Unfall der Moderne*, Aisthesis Verlag, Bielefeld 2009
36 Robert Musil: *Mann ohne Eigenschaften*, 1930/31

Es rollt und rockt

Edsel Ford, Ford Edsel / Kleine Brötchen / Ich fahre, also bin ich / Wer auf Reisen geht / Geschichte der leuchtenden Bewegung / Get your kicks / Tankstellen und Waschstraßen / Die Besten der Besten der Besten / Icon Porsche 911 / Vorsprung durch Technik / Die Verwandlung des Blicks / Heavy Metal, Sex und Blut / Unterwegs auf der Mattscheibe / Nationale Spezialitäten / Haute Couture aus Turin / Dreamcars / Raumfahrt für Jedermann

7.1 Edsel Ford, Ford Edsel

Die Nachkriegszeit ist ein Neuanfang, die Zeit verlangt andere Ansätze, neue Denkmodelle. Bei Ford, der Firmengründer ist vor knapp zehn Jahren gestorben, fängt man nach Henry Ford mit einem weißen Stück Papier an. Kurze Inventur: Was können wir, was machen die anderen gut, was können wir nachmachen? Das Unternehmen strukturiert sich um, nach GM-Vorbild.

Was dem Nachbarn in Detroit die „Marken-Hierarchie", sind bei Ford nun „Divisionen" – der Anklang an Militär, Feldzüge und Eroberungen ist durchaus gewollt; er markiert die Marschroute. Ein neuer Krieg bricht aus: in der Wirtschaft! *Executive Officers* werden berufen, Köpfe rollen, *General Manager* werden auf die neue Strategie eingeschworen. Die alten Zöpfe müssen weg, der nach einer Gasse bei Henry Fords Domizil benannte Ford Fairlane verschwindet, die ganzen wie Straßenbahnen klingenden Mainline, Customline, Deluxe, Super Deluxe etc.: Alles muss weg. Was her muss, ist nicht weniger als der AMERIKANISCHE TRAUM.

Mit gigantischem Aufwand wird ermittelt, was König Kunde wirklich will. Tiefen-Interviews, Psycho-Tests, Studien von Demografie-Experten, Vorhersagen über künftige Einkommensverhältnisse, das Befinden des Mittelstandes: alles inklusive. Die Marktforschungskampagne ist mindestens eine der größten ihrer Zeit, mit Sicherheit die größte im überschaubaren Umkreis von Detroit. Vergessen, abgehakt und beerdigt das Bonmot des Firmengründers Henry Ford:

„Hätte ich die Leute gefragt, was sie wollen, dann hätten sie gesagt: ‚Schnellere Pferde'..."

Ford will höher hinaus als alle anderen. Es ist der Griff nach den Sternen. Die Modelllinie Galaxie bringt es auf den Punkt, der nach einem römischen Gott benannte Mercury symbolisiert es. Das Sahnestückchen in dem Universum von Kraft und Göttern soll der „E-car" werden, der *experimental car*. Nach den Hochrechnungen der Marktforschung entsteht zwischen einem kleinen Ford und dem in der Produkt-Hierarchie darüber angesiedelten Mercury ein Marktvakuum. Das will bedient werden.

Edsel von vorne ...

... und von hinten – für US-Amerika „zu vulgär"

Nach dem Einsteigermodell enscheidet sich lediglich ein Viertel der Ford-Fahrer wieder für einen Neuwagen des Konzerns, der Rest steigt um zur Konkurrenz. Eine Studie offenbart zudem, dass 50% der Haushalte in zehn Jahren mehr als 5.000 Dollar verdienen werden, d.h. in der gehobenen Mittelklasse ist mit einem Potenzial von 400.000 Kunden zu rechnen.[1] Leuchtende Augen allenthalben. Eine der letzten Zahlen, mit denen die Marktforscher einen bleibenden Eindruck hinterlassen, steht auf der Abrechnung: $100.000 kostete das Kaffeesatzlesen.

Im August 1955 kommen erste Entwürfe für den „E-car" auf die Konferenztische, elegant wie ein Italiener, mit einem für die Zeit in den USA vollkommen einmaligen Kühlergrill: nicht endlos breit, sondern schmal und vertikal, eine Art Rückbesinnung auf die klassische Form des Mercedes-Kühlers, nur viel schlanker, ja, BORDERLINE MAGERSÜCHTIG und nach unten verjüngt. Und er soll einen kräftigen Motor bekommen, mit einer für eine Limo phänomenalen Leistung von 303, optional 345 PS.

Edsel Bryant Ford (1893–1943)

1919 ist Henry Fords Sohn Edsel Präsident der Firma geworden. Dank Edsel wird 1922 Lincoln hinzugekauft, 1927 das Model A gebaut (als Nachfolger des Model T) und 1939 die Marke Mercury gegründet. Er modernisiert, wo er kann – und darf. Henry trifft sich mit Adolf Hitler, Edsel Ford interessiert sich für die schönen Künste. Als der Vater im brasilianischen Dschungel Fordlândia aus dem Boden stampft, eine Mammut-Industrieanlage mit angegliederter Stadt, beauftragt der Sohn den mexikanischen Maler Diego Rivera, den Gatten Frida Kahlos, mit der Kunst am Bau. Dessen *Detroit Industry* füllt mit 27 sozialrealistischen Mega-Fresken einen kathedralengroßen Innenhof des Detroit Institute of Arts. Trotz all dem bleibt Edsel Ford „die blasseste Figur der ruhmreichen Ford-Dynastie"[2], ein Bittsteller im Patriarchat des Vaters; viel Frustration, Magenkrebs, Tod mit 49, vier Jahre vor seinem Vater.

Hightech-Teletouch im Innenraum und High-Entertainment-PR

1957 erblickt der „E-car" das Licht der Welt, ein Wagen wie kein anderer, mit einem Tacho wie eine unter den Armaturen und Anzeigen gelandete fliegende Untertasse. Dieser zeigt die km/h wie ein Schiffskompass an – bei dem sich eine fingerdicke Scheibe dreht, deren Seite die Markierungen anzeigt; die Gangschaltung mit Teletouch-Tasten-Automatik ist in der Mitte des Lenkrads positioniert, Schalter und Hebel sind in ergonomischem Design, die Rückleuchten wie Katzenaugen gestaltet (und das Fahrwerk identisch mit anderen Ford-Modellen). Getauft wird der Wagen auf den Namen Edsel – wie der Innovationen so aufgeschlossene Sohn von Legende Henry, Vater des aktuellen Firmen-Präsidenten Henry Ford II. Man ist happy und zuversichtlich. Leider jedoch erweist sich das auf Basis von Markt- und Meinungsforschung konzeptionierte Gefährt als Flop von historischem Ausmaß, der „katastrophalste Misserfolg in der Geschichte der Automobilindustrie".[3] Backfire, Fehlzündung mit Knall. Das Auto bleibt in den Verkaufsräumen stehen wie Blei.

Bis heute hält der Edsel „die Spitzenposition unter den Flop-Ten der Kfz-Historie".[4] „Jeder Loser ist Anwärter für den Titel ‚Edsel'. Die vom Pech verfolgte NASA Centaur wurde als ‚Edsel der Raketen-Industrie' beschrieben, der Jagdbomber TFX als ‚fliegender Edsel', der missglückte Ausflug von General Electrics in die Computerbranche, Volkswagens 411, DuPonts Leder-Ersatz Corfam: lauter Edsels."[5] Das Überschallflugzeug SST wird in einer Kongressdebatte als ‚schnell fliegender Edsel', ein ‚Edsel für die Nation' sowie als *federal flying Edsel* bezeichnet.

Hochfliegende Träume, Expansionsgelüste und dann das Fiasko, „weil die Käufer den Wagen verschmähten":[6] Die Fallhöhe ist beträchtlich. Was ist schief gegangen? Bei der Präsentation erster Modelle, erinnert *Newsweek*, hat eine Gruppe stilkundiger Fachleute noch spontan applaudiert, erstmals in der Geschichte von Ford. Mit großem, starken Motor, Panorama-Windschutzscheibe und dem, was man in Michigan für italienischen Stil hält, ist man rundum zufrieden. Neue Fertigungsanlagen, Aufbau eines Händlernetzes mit 1.500 Exklusiv-Vertretern, $10.000.000-PR-Kampagne[7] inkl. eigener Fernsehshow mit Sinatra, Armstrong und einigen nie dagewesenen Innovationen und Sensationen: Alle Tools und Waffen waren gerichtet, um in das Vakuum aus potenziellen 400.000 Käufer einzudringen. Im ersten Jahr sollten 200.000 produziert werden, 1960 schon 500.000. Doch wer etwas Besonderes will, womöglich mit europäischem Look, erwirbt 1958 keinen 345-PS-Edsel, auch nicht den mit 303 PS, sondern einen **V-WAGEN AUS GERMANY** (Standard: 30 PS, Modell Export: 34 PS).

Der Edsel fällt auf ganzer Linie durch. Im ersten Halbjahr werden etwas mehr als ein Zehntel des geplanten Verkaufs erreicht, im kompletten Kalenderjahr 1958 die Hälfte davon – in einer gewaltig boomenden Branche. 77,9 Millionen Pkw fahren auf den Straßen der USA.[8]

In den Nachrufen auf den Wagen wird noch einmal besonderes Augenmerk auf des Edsels markante Physiognomie gelegt. „Ganz besonders der Kühlergrill ähnelt einem Oldsmobile, der an einer Zitrone saugt"[9] *(Time)*, auch für *Newsweek* ist der Kühlergrill des Edsels „schlimmster Feind". Nach 110.847 hergestellten Exemplaren ist Sense, der Edsel tot. In Erinnerung bleibt er als warnende Fallgeschichte für „grandioses Versagen der wissenschaftlichen Marktforschung".[10]

7.2 Highway to Heaven

Der Ur-Typ aller Rock'n'Roll-*rebels*, rauh und rastlos, schwarz und schmutzig, das Gestern unter den Fingernägeln, ist aufgewachsen in Minnesota, Oklahoma und Kalifornien, in *dancehalls* und an Schlagzeugen, während andere am Klavier Fingerübungen machten. Der Ur-Typ aller Rebellion zog früh, wie James Dean, mit seinen Eltern nach Kalifornien, auf der Suche nach Glück & Geld. Jimmy Dean konnte den Pazifik riechen und sehen, unser Mann blieb im Hinterland von L.A. County stecken, seine Familie hatte eine Tochter der Gummifabrik Firestone vor der Nase. Mit einer Gitarre voller Chrom und

Ecken und Kurven wie die heißesten Öfen der Zeit ist unser Mann hetero durch und durch. Unser Mann ist Eddie Cochran. Sein Durchbruch kommt knapp nach dem Tod des acht Jahre älteren James Dean.

Eddie Cochran bewegt sich felsenfest zwischen den Eckpfeilern Mädchen und Rock. In *Something Else* wird zwischen dem Auto, einem Convertible (→ *It's a '49 job not a '59*), und dem Mädchen (...*out of my class*) kaum unterschieden, mit Sicherheit, heißt es von beiden, sie seien „*fine looking, she's something else*". Beide verdrehen ihm den Kopf, beide sind sein Traum, gehören in einen Song, vereint unter ein Dach, oder ohne Dach, oben ohne:

I bought a car at the motor show
Me and that girl we go round and round
Look real sharp with the flat top down
Keep dreaming and thinking to myself
If it comes all true she's something else

It's a '49 job not a '59: In der Version von Little Richard mit Tanya Tucker „Just a '41 Ford not a '59"

Only the good die young: Eddie Cochran

Als Eddie Cochran stirbt, geht alles sehr schnell. Auf Tour in England, kurz vor Mitternacht, *en route* zum Londoner

Flughafen, platzt beim Taxi der Reifen, der Ford Consul gerät ins Schleudern, kracht gegen eine Laterne. Die anderen Insassen, Gene Vincent und Fahrer und Eddies Braut, überleben, der 21-jährige Eddie Cochran nicht. Zwei Monate später hat er seinen ersten Nummer-1-Hit, in England: *Three Steps to Heaven*.

7.3 Kleine Brötchen

Bevor die deutsche Fahrzeugproduktion – in Zahlen und Modellen – weltweit nach vorne prescht, besinnt man sich in der Adenauer-Ära auf eine neue Bescheidenheit. Während bei den Alliierten erste Nachkriegsklassiker – der Jaguar E-Type und Citroën DS in England und Frankreich, in den USA Straßenkreuzer und Chevrolets Corvette – siegessicher und mit Optimismus in die Zukunft durchstarten, übt man sich in der Bundesrepublik zunächst im Backen bescheidener, bis heute belustigend kleiner Brötchen.

Auf der Basis eines von dem italienischen Kühlschrank-Produzenten Iso SpA vorgestellten dreirädrigen Mikro-Autos stellt BMW ein „Isochen" vor – auf italienisch „Isetta". In das mit vier kleinen Rädern versehene Vehikel steigt man durch die in der Stirnseite angebrachte Tür. (Die Bayern gehen selbst noch weiter und stellen eine Art Stretch-Version vor, den BMW 600, mit zusätzlicher Tür auf einer Fahrzeugseite für den hinteren Sitzplatz.) Mit über 160.000 verkauften ‚Knutschkugeln', wegen der schmalen Spurbreite auch ‚Schlaglochsuchgerät' genannt, ist die Isetta für die nach dem Weltkrieg von Eisenach nach München umgesiedelten Bayerischen Motorenwerke bedeutend erfolgreicher als der an Limousinen orientierte BMW 501/502. →BMW, parallel mit Motorrädern am Markt, müssen

sich lange gedulden und üben, bis sie in die obere Mittelklasse vorstoßen – und da schließlich in der ersten Reihe, weltweit, mitmischen.

BMW: ursprünglich Hersteller von Flugzeugmotoren – wie das Logo bis heute andeutet (die blauen Viertel des Kreises als Stilisierung von Propellern)

Der große Bestseller für BMW: die kleine Isetta

Großer Aufmacher für Wirtschaftskapitän: der Fast-Konkurs von BMW

Bis zum Wirtschaftswunder Anfang der 1960er wird mit dem Motocoupé Geld gemacht und mit dem 501 das Image poliert. Trotz des konjunkturell brummenden Riesentropfens ist die Lage bei BMW prekär: Das Ziel – zu Mercedes oder Jaguar aufzuschließen – ist weit weg. Für die Entwicklung wird mehr ausgegeben, als mit der Isetta eingenommen wird, der Spagat zwischen Kleinstwagen und Direktoren-Karossen kostet die Firma fast ihre Existenz. Im Geschäftsjahr 1959 hat sie mindestens 9,5 Millionen Mark Verlust[11] erwirtschaftet und befindet sich bereits unter Beobachtung des Bayerischen Staatsministeriums für Wirtschaft und Verkehr.[12]

Statt sich allzu sehr mit ihrem schärfsten Konkurrenten – der Hans Glas GmbH aus Dingolfing, dem erfolgreicheren Hersteller des Goggomobils à DM 3.500 – zu befassen, hält BMW fest an Luxusmodellen wie dem 503 (à DM 32.950) und dem bis heute atemraubend gelungenen Cabriolet 507 (à DM 29.950).

Vier Jahre, nachdem BMW die Herstellung der lediglich Kleingeld ins Haus bringenden Isetta einstellt, kaufen die Münchner die GmbH von Herrn →Glas. Zweieinhalb Jahre später läuft das 284.491. Goggomobil als letztes seiner Art vom Band.

Glas: Der Maschinenbauer bemühte sich stets vergeblich, seine Produktpalette zu erweitern. Diverse auf den Isar, auch „das große Goggomobil" genannt, folgende Modelle erreichen zwar Achtungserfolge, kranken aber an Details wie fehlender Zuverlässigkeit, fehlendem Markt oder gar keinem Image. Besonders der letzte Klimmzug, der von Frua stilvoll gekleidete Glas V8 – mit dem bezeichnenden Spitznamen „Glaserati", bleibt im Gedächtnis.

Zweitakter Zündapp Janus mit Tür in Bug und Heck

Als irrwitziger Nebendarsteller in der Reihe anderer Abkömmlinge der von Motorrollern inspirierten Kabinenroller legt der einzylindrige dreirädrige →MESSERSCHMITT-KABINEN-ROLLER (mit zwei hintereinander angeordneten

Sitzen) die nachhaltigste Karriere hin: als Kino-Star. Ziemlich unvermittelt taucht er 1985 im gruslig-komischen, kafkaesken Film *Brazil* auf, davor in *Skandal um Dr. Vlimmen* (1956), *Der Haustyrann* (1959), in einigen seltsam mehr/minder morbide humoresken Auslandsproduktionen, 1966 auch in *Mit Schirm, Charme und Melone* (4. Staffel, Folge 17), später zwischen anderen furchterregenden Darstellern und Verformungen (u.a. von der Werkbank des Hotrod-Freaks Barris) in *The Addams Family* (1991), schließlich 1997 in der Fernsehserie *Kenny Starfighter* und in einem Video der Retro-Beat-Punk-Fun-Kracher Supergrass, *Sun Hits The Sky*. Seiner aerodynamisch auffällig schmalen Form wegen (Innen „raum" mit schwenkbarer Plexiglashaube und Schiebefenster, statt Lenkrad ein Mopedlenker mit Drehgasgriff, Kupplung im Schalthebel) sieht er aus wie ein verstümmeltes Überbleibsel einer kleinen Propellermaschine – die Augen macht wie ein großer ... ein großer Käfer oder NSU Prinz.

Filmstar auf der Croisette ertappt: Messerschmitt-Kabinenroller

Messerschmitt-Kabinenroller: im vierten Aufguss 590 kg schwer, 2 Zylinder, mit 35 Sek. von 0 auf 100 im Autoquartett der ewige Loser, aber zwölf Jahre lang verkauft (1961–1973), gerne auch nach Italien

Nur ein deutscher Kleinstwagen wurde länger gebaut als all die anderen Kleinen – und in größeren Mengen als jeder einzelne. 3.051.385 Exemplare wurden bis 1991 hergestellt, in Zwickau: der Trabant. Sein Leben begann unter fast märchenhaften Voraussetzungen: Nach dem Krieg wurden die Produktionsstätten von Horch – Bollwerk dekadent-luxuriöser Unternehmer-Schlitten – enteignet und dem Industrieverband Fahrzeugbau (IFA) zugeteilt. Nutzfahrzeuge wurden gefertigt, später ging auch der Spitzname des Horch P240 („Sachsenring") in den volkseigenen Betrieb über, und so wurde der Trabi im VEB Sachsenring Automobilwerke hergestellt. Ein Volkswagen für das Gemeinwohl. Aus Holz, baumwollverstärktem Phenoplast und Farbe. Prestigegut, Mangelware, Zwickmühle. Nach der Wende: mehrere tausend an Wegesrändern verwaiste Symbole eines stagnierenden Systems.

Trabant, 1990

Minimobil für
Massentourismus

7.4 Ich fahre, also bin ich ...

... im Stau. Die Mobilisierung der Massen, zumal mit teilweise doch sehr leicht gebauten, vielleicht auch leichtfertig zusammengenieteten Kleinstwagen, hat den Nebeneffekt, dass sich immer rasanter Unmengen an Mobilen auf den Straßen tummeln, drängeln und bedrängen. Parallel zum Ausstoß der Pkw-Produktion steigt lange auch die Zahl der bei Autounfällen Sterbenden. Als Nachricht findet das in den Nachrichten kaum statt. Dass die Zahl der Opfer (zumindest auf deutschen Straßen) zurückgeht, schon. Rettungsdienste sind immer schneller vor Ort, die notärztliche Versorgung wird immer besser, auch bei gebrochenem Genick und schweren Verletzungen sind die Überlebenschancen heute deutlich höher – obwohl **FAST DOPPELT SO VIELE UNFÄLLE** passieren.[13] Absolut gesehen, sind die →Zahlen der Toten immer noch so erschreckend hoch, dass sie in der Regel ungenannt bleiben.

„Wenn in einem Jahr eine deutsche Fluggesellschaft auf ihrer Atlantikroute 40 Jumbos abstürzen und mit Mensch und Gerät auf Grund des Meeres versinken sähe, so stünde die Weltgeschichte still." (Otl Aicher, 1984).[14] Auch dreißig Jahre später ist die Zahl der Todesopfer auf deutschen Straßen jährlich immer noch höher als die der Opfer vom 11. September.

Getötete: 1970: *19.193*; 1980: *13.041*; 1990: *7.906*; 1991: *11.300*; 2000: *7.503*; 2008: *4.477*

7.5 Unterwegs ... im Land der Geschwindigkeit

Will man Reisen elementar erleben, ist ein Kleinwagen natürlich das geeignete Gefährt. „Eine Reise braucht keine Beweggründe. Sie beweist sich sehr rasch, dass sie sich selbst genug ist",[15] sagt 1953 Nicolas Bouvier und setzt sich in Genf in einen Fiat Topolino, um durch Jugos-

Es rollt und rockt

lawien, die Türkei, den Iran und Afghanistan – Kabul, Kandahar und über den Khaiber-Pass – bis nach Pakistan vorzudringen. In die Ferne reisen andere schon früher und weiter, doch das sind wohlbetuchte Abenteurer. Bouvier macht es mit einen Kleinwagen, dessen technische Konzeption an die zwanzig Jahre alt ist. Überall ist gespart worden: Am Gewicht des Chassis (mit Löchern); der Motorblock liegt zudem so tief, dass der Kühler dahinter keine Wasserpumpe braucht, der Tank unter der Windschutzscheibe dank Schwerkraft keine Benzinpumpe, der Vierzylinder in frühen Versionen keine Ölpumpe – was immerhin numerisch die Menge möglicherweise nötiger Ersatzteile minimiert.

Die Geschichte ist abenteuerlich und erinnert an unzählige Blogs von Weltreisenden mit Toyota Land Cruiser; im Stil von *Daktari* und britischen Weltbürgern mit Land-Rover oder sonstwie skurril. Reiseliteratur, die sich irgendwo zwischen Tagebüchern und den heimlichen → Auflagemonstern bewegt, den Kfz-Bedienungsanleitungen.

Klassiker, seit 1970 fast unverändert: Range Rover

Auflagemonster: Selbst mehrere hundert von Dieter Korp verfasste Bücher in der Reihe *Jetzt helfe ich mir selbst*, Gesamtauflage über zehn Millionen, sind dagegen ein überschaubares Häufchen.

Klein zwar sein Auto, doch groß die Erfahrung: „Wenn es mir nicht geglückt ist, viel niederzuschreiben", so Bouvier, „liegt es daran, dass das Gefühl des Glückes meine gesamte Zeit in Anspruch genommen hat ..."

Beläuft sich vor dem Krieg der Pkw-Bestand im Gebiet der BRD (ohne Saarland und Berlin) auf knapp eine Million, so gibt es 1946 noch weniger als ein Viertel davon, 1953 wiederum eine Million und 1961 das Fünffache. Und das Auto wird genutzt: Alle flüchten vom *Blut und Boden* der Heimat, dem Mief in Büros und Fabriken, wo geschuftet wird, um die Trümmer der Kriegsjahre wegzuschaffen – am liebsten in den Süden. In der Deutung von Hans Magnus Enzensberger 1958: Das „zweckfreie Reisen", das den modernen Tourismus (eigentlich: Massentourismus) ausmache, sei ein Schattenboxen (statt Auflehnung gegen das, wogegen die Massen, das Proletariat rebellieren sollte). Denn „jede Flucht aber, wie ohnmächtig sie sein mag, kritisiert das, wovon sie sich abwendet" (statt sich damit auseinanderzusetzen).[16]

Klug beobachtet – und doch: zweckfreie Bewegung, in der Fremde unter Gleichgesinnten, als Freizeitbeschäftigung Exilübungen mit Campingkocher und Zelt – warum nicht?

7.6 Geschichten der leuchtenden Bewegung

Der erste Roman von Scott Bradfield, einem in England lebenden Amerikaner, sorgt 1989 für so viel Aufsehen, dass er mit J.D. Salinger verglichen wird. *The History of Luminous Motion* – ein Titel wie ein Astrophysik-Bestseller von Stephen Hawking, bei dem man schon dem Klappentext kaum folgen kann – ist die Geschichte des achtjährigen Philip und seiner Mutter, die rastlos mit ihm in einem Rambler über die Highways Kaliforniens fährt.

Rambler Classic 1966: letztes Modell der 1897 etablierten Marke, die 1950 von Nash Motors, 1954 dann von AMC übernommen wurde und von da an langsam ausrollte ...

Sie ist *white trash*, so fest reingetreten in den Bodenbelag der Mülltonne Amerika, dass sie – ur-amerikanisch – in Bewegung bleiben muss, um ihrem Sohn einzubläuen, dass er alles sein und werden kann, auch Präsident der USA. Der Wagen ist denkbar austauschbar und rauscht vorbei an einer Landschaft aus Werbe- und Hinweisschildern für King City, 7 Up, McDonald's, Parkplätze und Einkaufszentren. Irgendwann halten sie an, lassen sich nieder, weil die Mutter einen Freund hat. Eine Flasche, klar. Mit üblen Aktionen, vor allem mit seinem statischen Stillstand, macht dieser Freund den Jungen so verrückt, dass der eine Bohrmaschine zur Waffe umfunktioniert ...

„Die Reise wird zur Strategie der Verschiebung, zum reinen Projekt, zu einem Gleiten des Gefühls, des Takts und der Taktik von der Erfahrung zur strategischen Übung" (Paul Virilio) [17]

Durch die Windschutzscheibe betrachtet, oder im ewig dröhnenden Fernseher mit den nicht abreißenden Werbungen für Kreditkarten, Computer und einengende Wände ist Bradfields Roman ein gelungenes Sittenbild des Lebens, in dem nicht mehr *my home is my castle* gilt, sondern *my home is my car*. Reisende Musiker kennen das, die Symptome der ständigen Bewegung auf engem Raum, vorbei an gesichtslosen Orten mit Namen ohne Bedeutung, im Wechsel mit der aufreibenden Stille der Statik: führt zu *road fever*. Die Kunst- und Literaturzeitschrift *Bomb* veröffentlicht seit Frühjahr 2008 „Fiction for Driving Across America", die auch als von der Website runterladbarer Podcast die Staufahrt zum Büro beschallen kann. [18]

7.7 Get your Kicks ...

Eine der nach wie vor klassischen Autoreisen führt auf der Route 66 von Chicago nach Los Angeles. Wie ein großes S verläuft sie durch Illinois, Missouri, Kansas, Oklahoma, Texas, New Mexico, Arizona nach Kalifornien. [19] In entgegengesetzter Richtung und nicht ganz so weit suchen Dennis Hopper und Peter Fonda, zeitweise mit Jack Nicholson, in *Easy Rider* auf derselben Route nach dem Amerikanischen Traum. Eine Reise, jede Odyssee, traumwandlerisch oder reell, ist atmende Poesie.

„Travel my way, take the highway that is best / Get your kicks on route sixty-six ..." (Nat King Cole, 1946)

Es rollt und rockt

Anders als auf den meisten berühmten Straßen Europas oder Kolonial-Europas – Las Ramblas, Champs-Élysées oder Prado in Havanna – wandelt schon lange niemand mehr *per pedes* auf der „Mainstreet of America". Das, was ab 1926 zu einem der ersten US Highways wurde, war zuvor ein Trampelpfad, ein Treck der Migranten und Tagelöhner, die speziell während der Depression in den 1930ern weiter westwärts wanderten, um sich und ihren Traum in Gottes eigenem Land zu verwirklichen. Reich an Erfahrung wurden die meisten, wohlhabend im konventionellen Sinn diejenigen, die sich mit Drugstores, später Truckstops an der Strecke ansiedelten. Die anderen fanden Texas zu unerträglich heiß – effizient besiedelt wurde das Öl-Reich nicht dank Auto, sondern dank Kühlschrank (1876 durch Carl von Linde entwickelt), der sich in den 1920ern als Haushaltsgerät durchzusetzen beginnt. Wer nicht mit Kühlschrank in Texas blieb und nach Öl bohrte, zog weiter ... bis auf dem Weg in den weiten wilden Westen in derselben Himmelsrichtung nur noch eins zu sehen war: der Pazifik.

Dallas – für Fernsehzuschauer die Hauptstadt des Öls

Das Fazit zieht irgendwann ein Kind von in Los Angeles gelandeten Wirschafts-flüchtlingen aus Andernach: „L.A. war der Schlussstrich unter eine **TOTE KULTUR**, die nach Westen kroch, weil sie sich selbst zum Hals heraushing. L.A. wusste, dass es verrottet war, und lachte darüber. Frag Chicago, frag New York, die denken, sie wären noch am Ball. Quatsch. Die sind **HOFFNUNGSLOS AM ARSCH**. Und während San Francisco an Horden von Künstlertypen erstickt, rollt L.A. auf vollen Touren, steht an der Ecke Hollywood und Western, mampft einen Taco und genießt den Bluff und die Sonne ..." (Charles Bukowski)

7.8 Tankstellen und Waschstraßen

Bereist man heute Route 66 – der Weg als Ziel, hier Highway als Reiseziel –, dann versteht man, warum Hopper und Fonda die Küste gleich verlassen, auch warum ihr Trip zum Alptraum wird, die *Kicks* tiefer gehen, von reaktionären Rednecks ausgeteilt, tiefer als in die Magengrube. 1968 liegt auf den Jukeboxen der Staub, und das einzige, was noch aufblitzt, ist die Sonne über dem Cinescope-Widescreen-Blau des Himmels, gelegentlich eine Hippie-Kommune ... und die Motoren der Harleys. Erkenntnisgewinn durch Bewegung: ein Topos seit Homers *Odyssee*. Wer mehr sehen möchte als Asphalt, legt in Odell, Illinois einen Stopp ein, um eine historische Sehenswürdigkeit zu bestaunen: die **STANDARD OIL GASOLINE STATION** von 1932. Das Bauwerk, das aussieht wie ein von einem Cowboy zu groß dimensioniertes Schwarzwaldhäuschen, dessen Veranda ebenerdig eine Art Drive-in-Funktion erhalten hat, hat Maßstäbe gesetzt, die uns bis heute selbstverständlich begleiten: Vor dem Haupthaus mit Kasse und Shop befinden sich unter dem selben Hauptdach im Freien die Zapfsäulen.

Urtyp der modernen Servicestation in Odell, Illinois, 1932

Tex-Mex-Art-Deco-Tanktempel irgendwo in Amerika ...

Im an Öl reichen Süden floriert nach dem Zweiten Weltkrieg das Geschäft mit dem anhaltenden Fernverkehr. Dank neuer Fertigungsmöglichkeiten mit Beton werden hier Formen kreiert, die verstören und überraschen. In Texas nennt man es „Art Deco style, including geometric detailing, curvilinear massing and neon highlights"[20] und aus der Entfernung sieht es aus wie ein Hybrid aus Truckstop und Gasolin-Kirche: Das „Tower Building" in Shamrock, Texas, vereint in zwei Türmen und unter mehreren Dächern alles, was des reisenden Herz begehrt. Sprit, Kaffee, Waschschaum, eine Werkstatt für Ölwechsel. Die 1935 errichtete, von roten und grünen **NEONRÖHREN** umschlungene Drive-in- oder Drive-

by-Oase für *Petrolheads* an der Wegkreuzung der Highways 66 und 83 ist seit 1994 auch offiziell eine *historic landmark*. Neon: in der düsteren Zeit während und nach der Depression der letzte Schrei.

„Wunderbar. Es müsste ein Denkmal für den Mann geben, der die Neonlichter erfunden hat – fünfzehn Stockwerke hoch, massiv Marmor. Das war doch mal ein Kerl, der aus nichts etwas gemacht hat."
(Raymond Chandler)

Wie bei Jack Kerouac blinkt das vertikale „O"P"E"N" aus Neon im Schaufenster des an die Tankstelle angeschlossenen Cafés, Herzstück des Traums der Besitzer Jack und Bebe Nunn. 23.000 Dollar hat der Bau des U DROP IN CAFE, Zentrum des Lebens in Shamrock, verschlungen. „Nachts", schwelgt Bebe Nunn in Erinnerung an die Zeit, als man in *eateries* und Tankstellen noch als Kunde bedient wurde und nicht selbst Hand anlegen musste, „strahlte das U-Drop so hell, dass man es bis nach McLean sehen konnte." Ein hoher Quader, dessen Flachdach mit symmetrischem Ornament exakt so geformt ist wie die Pokale, die bei Miss-Beauty-Wettbewerben und Dragster-Rennen verteilt werden, ragt empor, wird (seit siebzig Jahren) hochgehalten als Sieg der Neuen Welt und ihrer neu formulierten Spielregeln.

Es rollt und rockt

Zu den neuen Spielregeln, die sich in der westlichen Industriewelt nach dem Zweiten Weltkrieg mit unterschiedlichem Tempo durchsetzen, gehört die wachsende Verbreitung des Autos und damit der Straßenbau samt der daran gebauten Infrastruktur. Dazu gehören die Futterkrippen für die mobilen Pferdestärken: Tankstellen. Begibt man sich auf der Suche nach Sprit zunächst in den Hinterhof der Werkstatt seiner Wahl, gelegentlich in eine Fahrradwerkstatt oder zu einem Hotel, wo der Treibstoff aus Fässern gepumpt wird; manchmal an einen Tankkiosk oder – ab den 1920er-Jahren – zu Bürgersteigpumpen, entsteht 1916 in Amerika die erste echte Tankstelle: In Ohio errichtet Standard Oil abseits der Straße ein Tankhaus mit Baldachin sowie separaten Buchten für Service am Fahrzeug (Self-Service-Supermärkte kamen später). Nach dieser Blaupause wird ein bundes-, dann weltweites Tankstellennetzwerk aufgebaut – anfangs schlicht und funktional, dann ausdrucksvoller, repräsentativ, quasi-sakral. Schon aus der Entfernung erkennen Reisende das generell in saftigen Primärfarben gehaltene Logo.

Richtig schön und – systematisch entworfen, dann vervielfältigt – stilvoll wird es nach dem Krieg in Italien. Den Anfang macht Agip – die andere Firma mit schwarzem Tier vor gelbem Hintergrund neben Ferrari und seinem springenden Pferd. Der Mineralölkonzern lässt Mario Bacciochi dreizehn Variationen für Tankstellen zeichnen, jede schneeweiß in der Sonne leuchtend, nur das Haus warm und braun mit Klinkerstein, alle auffallend durch ein säulenloses Betondach mit nach unten geknickter Abschlusskante wie bei einer Markise. Für das Zapfsäulendesign wird

Marcello Nizzoli engagiert (der von der Olivetti Lettera 22 Schreibmaschine). Die Style-Offensive, die in den 1950ern ihren Anfang nimmt und bereits nach etwa 200 realisierten Anlagen ein Jahrzehnt später wieder versandet, hinterlässt zumindest einige Charakteristika der vom damaligen Agip-Boss Enrico Mattei geförderten Kampagne dauerhaft in der Landschaft: Standardisierte Form, insbesondere aber eine neue Bezeichnung: *stazione di servizio*. Zur Service-Station gehen sogar die, die gar nicht tanken, sondern einkaufen wollen.

Zapfsäulendesign von Marcello Nizzoli

„Ich benutze die Politik wie ein Taxi. Am Ziel angekommen, bezahle ich und steige aus." Der Agip-Boss kommt 1962 bei einem Unfall ums Leben.

Nicht nur die Verkehrsdichte und der Autobestand steigen kontinuierlich, auch die in Pkw eingebauten Benzintanks werden größer. Das Geschäft der Tankstellen trifft die Entwicklung anders als erwartet: Mitte der 1960er existieren in der Bundesrepublik mehr als 40.000 Tankstellen, fünfzehn Jahre später sind es nur noch halb so viele. Die, die bleiben, werden größer – mit mehr in Eigenregie zu bedienenden

Zapfsäulen und vor der Kasse ein ganzer Supermarkt statt Lädchen.

Als sich Tankstellen – mit und ohne Tankwart, Waschanlage oder Eiscreme – als nützliches und nötiges Übel uniform etabliert haben, nimmt sich ihrer 1969 noch einmal ein großer Architekt an. Auf Nuns' Island, einem Teil von Montréal, entstehen vier Gebäude nach Entwürfen des Baukünstlers Mies van der Rohe. *Automotive Service Centre 7 & 8*, realisiert von dem Architekten Joe Fujikawa,[21] sieht ein bisschen so aus wie die Neue Nationalgalerie in West-Berlin (rundum verglast und oben drauf ein Flachdach) und wie überhaupt viele der Stahl-Glas-Konstruktionen Mies van der Rohes. **EINMALIG**: Nicht auf einer Art stilisiertem Podium – wie sonst bei Mies –, nicht am Straßenrand – wie sonst bei Tankstellen –, sondern etwa ein Meter unter dem Straßenlevel, zwischen Bäumen und Grün eher wie das Portal zu einem Freibad, fällt das weltweit niedrigste Esso-Logo auf. Atemraubend, und im Januar 2009 endgültig stillgelegt.

Keine Tankstelle – Neue Nationalgalerie Berlin

7.9 Die Besten der Besten der Besten

Für Literatur, Weltliteratur! und Bibellieder existieren kanonische Zusammenstellungen; Magazine und Internet präsentieren gern die 500 Top-Songs aller Zeiten, die 100 Filme, die man gesehen haben muss – oder 101 Städte, die zur Hölle fahren sollten. Aber Autos? Da gibt es das Auto des Jahres im Dienst der PR neuer Modelle, gewählt von europäischen Journalisten. Auf die Auszeichnung, wie eine Medaille, wurde früher mit Aufkleber an der Heckscheibe hingewiesen; heute weiß man kaum, ob es noch Autos des Jahres gibt. Vielleicht war irgendwann die Zeit vorbei, so wie die von Spucknäpfen und Meerschaumpfeifen, oder es fiel zu vielen Menschen auf, dass zu häufig vor sich hin vegetierende Unternehmen (Rover SD1, Simca Horizon) oder gepflegte Langeweile (Ford Scorpio, Fiat Punto) die →Auszeichnung erhielten.

Auszeichnung: Die letzten Amerikaner, die es in die Top 3 schafften, waren 1965 der Ford Mustang, danach der Oldsmobile Toronado.

Trotzdem gibt es **AUTOS, DIE JEDER KENNT**. Ähnlich wie bei Filmen oder Klassikern der Weltliteratur, wo jeder Bildungsbürger mitredet, auch wenn ihm das Werk nur vage bekannt ist – muss man ein Automodell weder jemals besessen oder gefahren, noch es je angefasst oder in echt gesehen haben, um es zu kennen. Es gibt zwar keinen allgemein akzeptierten und niedergeschriebenen Kanon der Auto-Klassiker, doch im kollektiven Bewusstsein haben sich →einige Pkw fest und tief eingeschrieben. Dank Werbung, kluger PR, Innovationsschub, Design, Qualität, Quantität?

einige Pkw: Schön illustriert dies ein Krimi, in dem ein Zeuge aussagt, er könne den Fluchtwagen der Täter weder bezeichnen noch beschreiben – als die Täter gefasst sind und der Autotyp sichergestellt, muss sich der Zeuge für unterlassene Hilfestellung (o.s.ä.) verantworten. Denn das Auto war eins, das wirklich *jeder kennt:* ein VW-Bus.

Es rollt und rockt

Auto, das jeder kennt: der VW-Bulli

Wo anders gibt es das, dass selbst Leute, die etwas nicht mögen, vielleicht sogar ihr Desinteresse pflegen, dass diese doch so sehr, manchmal fast detailliert Bescheid wissen über ein Sujet, das sie so kalt lässt? Ohne sich dessen bewusst zu sein, kennen Menschen mehr Modelle, als sie vermuten.

Man muss die Wagen gar nicht dreidimensional vor sich sehen, Silhouette oder die bloße Typenbezeichnung genügt, um beim Betrachter (der Abstraktion, in Form von Buchstaben oder einem Scherenschnitt) Emotionen, mindestens Assoziationen auszulösen.

Wahlergebnis „Cars of the Century"

Aus einer 700 Pkw umfassenden Auswahl wurde von der Global Automotive Elections Foundation eine Longlist von 200 erstellt; für die finalen Top 25 konnten Internetnutzer ihre Stimmen abgeben, und denen verliehen Juroren aus 33 Ländern Punkte. Die Gewinner:

Modell	Punkte	Produktion	Land
Ford Model T	742	1908 – 1927	(USA)
Mini	617	1959 – heute	(GB)
Citroën DS	567	1955 – 1975	(F)
Volkswagen Käfer	521	1946 – heute	(D)
Porsche 911	303	1963 – heute	(D)

Andere Umfragen, ob unter Lesern der englischen Zeitschrift *Classic & Sports Car* oder in der Redaktion des amerikanischen *Time* Magazins, kommen in der Regel zu ganz ähnlichen Ergebnissen.

Grob gesagt: aus Amerika das Model T, aus England der Mini ... aus Deutschland der Spagat zwischen Porsche 911 und Käfer, den zwei ewig laufenden Klassikern; aus Frankreich und für die Welt der Ästheten und Philosophen der/die →Citroën DS und als Massenmobil der *deux chevaux* – von dem allerdings weniger verkauft wurden als vom Renault R4.

Citroën DS: „Dies ist nicht das Auto von morgen. Es ist von heute. Die anderen sind von gestern" (Alexander Spoerl)

Unter den zwölf wichtigsten Autos nach Ansicht des *Time Magazin* platziert: Honda Civic (Japan), Toyota Prius (Japan), Tata Nano (Indien)

Als Klassiker gilt, was die komplette Autoindustrie mobilisiert – oder die Herzen der Sportsfreunde auf Trab hält, im Fall der Redaktion des *Time* Magazins, was Emotionen und andere soziokulturelle Tendenzen transportiert. Das Model T wurde zum Symbol für die industrielle Revolution, der andere Völkerwagen, der Käfer, Leitwagen der mobilisierten Gegenkultur; wie aus der Perspektive manchen Europäers die Ente: Ah! Gegenkultur! Hier hakt jemand ein, der sich schon früher wunderte, warum manche Leute die filterlose Gitane hinters Ohr statt in den Mund stecken, womöglich noch mit Badelatschen ins Cockpit steigen und mit etwas losfahren, was ein normaler Mensch nur widerwillig im Parkhafen vor seinem Anwesen dulden würde.

Ja, die Ente, Citroën 2 CV, mehr Lebens-einstellung als Fortbewegungsmittel ... Sogar *Die Zeit* staunte – 1968, als hätten sie sich nicht ein anderes Jahr dafür aus-suchen können – über „das wohl häss-lichste Auto [...] das gleichwohl ein Status-symbol jugendlicher Intellektueller geworden ist".[22]

2CV – Citroën mit 28 PS

Gnadenlos oben ohne: der Jeep

Markant: der →JEEP. Im Juli 1940 inner-halb von fünf Tagen gezeichnet, werden die ersten Prototypen von der American Bantam Car Company bereits im Sep-tember getestet – mit Erfolg. Die Men-gen, die das US-Kriegsministerium ordert, kann der relativ kleine Hersteller jedoch nicht liefern; also gehen – es ist Krieg – 600.000 Bestellungen mitsamt Plänen an die Firmen Ford und Willys. Die Gegner der Achsenmächte erhalten ebenfalls Einblick in die Pläne sowie Zu-gang zu Ersatzteilen. Als einheitliches

Standardfahrzeug ist der schnell und leicht zu reparierende Jeep damit der Vielzahl unterschiedlicher deutscher Kriegsvehikel überlegen – und wird nach dem Krieg zum Massenmobil der Amerikaner.

Jeep: Austin in England z.B. lieferte Motoren.

Mit zwei Modellen, die einen Stammplatz in sämt-lichen Most-Important-Listen haben, hat sich der Mexikaner Gabriel Orozco künstlerisch aus-einandergesetzt.

Schmalspur-DS von Orozco

In die Kunstwelt und bei Autonarren hat sich Orozco mit einer Art Schmalspur-Citroën eingefräst. Ein Auto, archetypisch wie der Käfer, ist *La D.S.* eine der größten Skulpturen von Orozco. Dafür wurde ein silberfarbener Citroën in drei Stücke zersägt, das Mittelstück weggeworfen, und die beiden Außenseiten wieder zusammengefügt, so dass nur dem Fahrer ein Sitzplatz an der Windschutzscheibe gewährt wird. Das Auto, nun noch schnittiger im Design als ohnehin, misst in der Breite nur noch 114,3 cm, 2/3 des Originals. Wie bei den meisten Exponaten des Künstlers werden auch hier die Besucher ermutigt, das Werk anzufassen, von innen zu erleben, sich hineinzu-setzen und die Türen zu öffnen.

7.10   Icon Porsche 911
Für den Chefredakteur von *Automotive News* ist er ein mit Steroiden gefütterter

Es rollt und rockt

Käfer, beide sind sie Zweitürer mit Heckmotor und buckligem Hinterteil, sehr alltagstauglich. Auch wer in anderen Ländern die Deutschen nicht sonderlich leiden mag, meckert höchstens vorsichtig über den 911er – mancherorts nach wie vor „nine-eleven" genannt.

Jetzt mit Spritzdüsen für Frontscheinwerfer ... und Turbo

Verleger wie Dönhoff und Augstein rasten und schenkten sich gegenseitig 911er, einer der größten Auto-Toten kam im Vorläufermodell um (weil Lotus oder die Werkstatt den eigentlich bestellten Einsatzwagen noch nicht fertig hatten), auch Ferrari-Liebhaber, Frauen und Alternativkapitalisten, Dichter und Zahnärzte, überhaupt Gott und die Welt gestehen: der 911er bringt's. Man setzt sich rein, fährt los, wunderbar. Was viel zu selten gesagt wird: Man setzt sich nur dann rein, wenn die Bandscheibe mitspielt; Frauen machen es auch dann nur ungern, weil ihr Rock bis in die Hüfte rutscht, bevor sie sitzen ... Man sitzt unbequem wie in einem Autoscooter. Wer hinten Platz nehmen soll, muss gelenkig sein wie ein Kunstturner, wobei es einem selbst dann verwehrt bleiben kann, eigenständig wieder auszusteigen. Sehr unangenehm, sehr affig. Vor allem wenn man gleichzeitig versucht, am Smalltalk der auf den Vordersitzen sich anschreienden Menschen teilzunehmen.

Aber seit wann ist der 911er ein Gefährt für Familienausflüge oder Fahrgemeinschaften? Die angestrengte, laute, sportliche Art jedenfalls beflügelt Aggressionen und Wutanfälle wie mit einem versteckten Turbo. Weil das Design so perfekt ist, hat sich in nahezu fünfzig Jahren sehr wenig am Porsche 911 geändert – oder, was bei Motörhead und Kraftwerk und vielen merkantil erfolgreichen Künstlern gilt: Weil sich nahezu fünfzig Jahre lang sehr wenig am Design verändert hat, muss es ja perfekt sein.

James Dean in *Jenseits von Eden*

Am 30. September 1955 rast James Dean in seinen Tod *on the road*. Den Porsche 550 Spyder hat er morgens mit dem Mechaniker Rolf Wütherich fit gemacht. Er will den Wagen persönlich zum Rennen in Salinas chauffieren, um sich mit dem Spyder vertraut zu machen. Um halb vier gerät er in eine Radarkontrolle, der zufolge er mit 105 km/h unterwegs ist statt mit den vorgeschriebenen 55 Meilen, 89 km/h. Gut zwei Stunden später fährt Dean auf der Route 466 westwärts, als der entgegenkommende Donald Turnupseed, Student und Autofreak, mit seinem 50er Ford Custom Tudor, links abbiegen will, in die State Route 41. Noch während er für seinen unerlaubten Linksabbieger die Fahrspur von Dean zu überqueren beginnt, kracht der Porsche fast frontal mit dem doppelt so schweren Ford

zusammen. Der Student kommt mit einem Schock davon, Wütherich bricht sich Kiefer und Beine; Dean stirbt (so wie im selben Jahr 38.300 weitere auf US-Straßen).[23]

James Deans schnelles Leben, sein früher Tod, sein perfektes Nachleben: John Dos Passos schrieb dazu, Robert Altman filmte es, Alfred Andersch funkte ein Hörspiel, eine Art Ur-Moment der Popliteratur. Wenig bekannt ist, dass er eigentlich mit einem Lotus Mk X zu dem Rennen wollte, doch dem Wagen fehlte noch der adäquate Motor.

Das Ur-Modell des Porsche 911 von 1963 hat nach dem Hersteller Fuchs benannte „Fuchsfelgen", die man noch heute stundenlang anstarren und bestaunen kann. Ab 1974 wird mit dem G-Modell die Stoßstange grimmiger, die Grundtypen ausdifferenziert in den Targa, mit Überrollbügel im zu den Felgen passenden Alu-Look, den eleganten Carrera und den noch teureren Turbo.

Mehr als zehn Jahre später, 1988, ist die Firma mit anderen Modellen – 928 und 944 – fast konkurs gegangen und handelt nach dem Gegenteil der „alter-Wein-in-neuen-Schläuchen"-Devise amerikanischer Hersteller: Man baut unter ein minimal verändertes Kleid ein ziemlich nagelneues Auto. Das heißt dann auch anders – 964, ist aber ein 911er. Fünf Jahre später wird noch mal renoviert, zum letzten 911er mit luftgekühltem Motor ... ab 1997 wiederum mit mehr Nischen-Versionen produziert, und ab 2004 ergeht sich Porsche schließlich im postmodernen Spagat: das Grundmodell elegant wie Carrera, die Nischenversionen umso befremdender – Cayman für Höhlenmenschen, Cayenne für Nimmersatte, der viertürige Panamera für Hobby-Houdinis, die auf der Rückbank einmal zu viel einen Krampf bekamen.

7.11 →Vorsprung durch Technik

Irgendwann stand das nicht für beachtliche Ingenieurskunst aus Ingolstadt, sondern für ein durch Fortschritt denkbares Paradies: *The sky is the limit.* Nicht nur die Beschränkungen von Zeit und Ort wurden besiegt, sondern auch andere Gesetze der Physik: Zum Beispiel konnte ein Arzt in ein U-Boot steigen, das dann vielfach, bis ins Unsichtbare verkleinert und in einen Körper injiziert wurde, unterwegs zur Heilung des Patienten. Science Fiction, klar, ein Film. Aber: kein Fliegenzwitter, kein Horror, sondern der glorreiche Sieg der Wissenschaft.

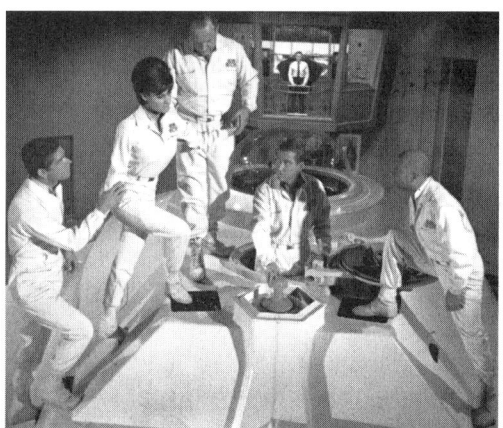

Expedition in die Aorta: Die phantastische Reise (1966)

Vorsprung durch Technik: Ein Slogan, der, obwohl heute fest assoziiert mit Audi, 1971 für den NSU Ro 80 zum Einsatz kam.

In den verrückten Rolls-Royce-Mythen tauchen immer wieder die Sozialhilfeempfänger und Ford-Fließbandarbeiter auf (die ein Leben lang sparen für ihr Traumauto), unter den bemerkenswerten Porsche-Sammlern ist einer hervorzuheben: Der Marburger Thomas Drengenberg, Richter und Familienvater, liebt Motorräder, fährt Porsche und ist ... BLIND. Im Film *100 Porsches and Me* fährt er ein wenig auf einem Flughafen herum – und spricht wie ein Richter, sachlich und substanziell wie Justitia.

Es rollt und rockt

Anders als die düsteren Zukunftsvisionen politisch engagierter und daher etwas kulturpessimistischer Autoren wie George Orwell oder Aldous Huxley blüht die Science Fiction-Literatur nach Jules Vernes *Herr der Welt* so richtig massentauglich auf. *Tim & Struppi* reisen 1953 zum Mond, 1966 hebt das *Raumschiff Enterprise* ab. Anita Pallenberg und Jane Fonda sausen mit Marcel Marceau in *Barbarella* ins Jahr 40.000, die Rolling Stones singen und sind *2000 Light Years From Home*, Jimi Hendrix improvisiert über die Zukunft. (Dann läuft etwas schief. Irgendwann wachte man auf, der Traum war hin, verspielt war die Hypothek auf die Zukunft, verpulvert die Vorschüsse und Erwartungen, verraucht alle Visionen. Aber noch ist man naiv und/oder optimistisch.) Alles Neue gerät noch nicht blitzschnell in den Würgegriff von Ökonomen. In West wie Ost ist man sich einig, dass in Zukunft alles bequemer und besser geht. Oder fährt. Am besten mit der Raum-Fahrt.

Wenn man jedoch nicht selber in Jets, Raketen und atomgetriebenen U-Booten unterwegs ist, ... dann kann man sich dank Armaturenbrett, entsprechender Kotflügelgestaltung und Lampenfassungen wenigstens so fühlen. „Die gegenwärtige Zeit ist schwanger von der Zukunft"[24] (Gottfried Wilhelm Leibniz). Das zeigt sich besonders prächtig in Technik-Magazinen wie *Das Neue Universum* und *hobby*, die dem technikinteressierten Leser der 1960er- und 1970er-Jahre mit visionären Artikeln und entsprechenden Bilderwelten des Grafikers Klaus Bürgle Tagträume von einer Zukunft bescheren, in der Science nicht mehr nur Fiction ist.

7.12 Die Verwandlung des Blicks

Einer hat irgendwann angefangen. Zumindest einer der ersten ist der Peugeot 504. Fast hundert Jahre lang hat jedes Auto vorne runde oder ovale Lichter, vielleicht sogar zweimal zwei, die gelegentlich nicht waagerecht, sondern senkrecht übereinander angeordnet sind. Oder viereckig bei den wie mit Origami gefalteten Modellen, die der Ölkrise eine technisch kantige Stirn boten. Aber die Scheinwerfer des 504 von 1968 – was für eine Form, bittesehr, soll das sein?

L'APPAREIL ÉTAIT DE STRUCTURE FUSIFORME. [PAGE 172.]

Fortbewegungsapparat nach Jules Vernes, *Herr der Welt*

Sorgte für ganz neuen Gesichtsausdruck: Der Peugeot 504

Solange der Parabolspiegel passt, →muss ein Auto-Scheinwerfer nicht rund sein. Allerdings handelt es sich bei den nicht-runden Leuchten über Jahrzehnte zumindest um mehr oder weniger „richtige" Rechtecke, nicht verzerrt, geneigt, abgeschrägt. Beim 504 dagegen ist die Form mitsamt Rahmen erstmals so unklar, dass es dafür gar keine Formenbezeichnung gibt. Und so ist es geblieben. Heute sind die Scheinwerfer an fast jedem Auto so ... unbeschreiblich, individuell verformt, polygon, computermodelliert wie die Gläser von Sonnenbrillen. Und so sehen die dann auch aus.

ein Auto-Scheinwerfer muss nicht rund sein:
Doch – in den USA, von 1939 bis 1983, laut Vorschrift.

7.13 Knips, Knips

Irgendwann in der zweiten Hälfte des 20. Jahrhunderts nimmt der Bildungs-bürger in seinem Opel Platz und fährt nicht wie die Nachbarn an die Adria, sondern zu den Stätten der Geschichte. Er bestaunt das Kolosseum und vielleicht noch einiges sonst, wie Bill Bryson: „Ich liebe es, wie die Italiener parken. Egal, in welche Straße man sich in Rom begibt, man hat sofort den Eindruck, gerade einen Park-Wettbewerb für Blinde verpasst zu haben. Die Autos stehen kreuz und quer, halb auf dem Gehweg, halb auf der Straße, seitwärts und quer, vor Garagenausfahrten und Straßen und Telefonzellen, so eng nebeneinander, dass der einzig denkbare Ausstieg durch das Schiebedach möglich ist. Die Römer parken so, wie ich es tun würde, hätte ich gerade versehentlich einen Becher Salzsäure auf meinen Schoß gekippt."[25] Und der Besucher der Altertümer fotografiert, sammelt Bilder, hält den Moment der Begegnung fest. Beobachtet man eine Zeit lang das Treiben in

Venedig oder, im Fall postmoderner Bildungs-Bohème, in Berlin-Mitte, ist man erstaunt, wie viel fotografiert und wie wenig tatsächlich gesehen und genossen wird.

Dasselbe augenscheinlich sinnentleerte serielle Abknipsen ist auf Old-timer-Rallyes zu erleben. Mit Handys oder semi-professioneller Ausrüstung knien erwachsene Familienväter vor den Stoßstangen von Millionenprodukten, die zwar schon älter sind, aber gut erhalten und in den seltensten Fällen wirklich alt. Oldtimer-Rallyes finden häufiger statt als Automessen, oft irgendwo in der Nähe, und mit Würstchen und Tischen voller Einzelteile halten sie auch Kinder und Gattinnen auf Trab. Die meisten Autos sind Baujahr 1945 ff. Rund um die Opel-Brigade stehen die Teddyboys mit ihren blondierten Frauen, Käfer lenken bisweilen Frauen, die – auch als Beifahrerin – immer Zopf tragen.

International gültige Richtlinien der Nostalgie

Klasse A: „ANCESTORS"(bis Baujahr 1905). Klingt englisch, sieht auch trotz Benz' Dreirad so aus – denn bei den Briten blüht nicht nur die Tradition der Traditionspflege, es gibt mit *Autocar* auch eine Zeitschrift, die seit 1895 sichtet und bewertet, berichtet und sondiert; mit anderen Worten: seit den Tagen, in denen im ganzen Königreich sechs, vielleicht sieben Autos existierten.

Es rollt und rockt

Klasse B: „VETERANS" (1905–1918). In den USA als *brass era* bezeichnet – Autos mit viel Messing dran.

Klasse C: „VINTAGE" (1919–1930). Mit geschwungenen Kotflügeln und Trittbrettern sind sie auch so alt wie die Menschen, die man im angelsächsischen Sprachraum als „old-timer" bezeichnet: Die Hüftgelenke wurden mehrmals ausgewechselt, wenn der Motor läuft, ist man froh, und vieles geht am Stock.

Klasse D: „POST VINTAGE" (1931–1945). Sehen auch alt aus und interessieren meist eher Leute, die diese Wagen noch als Kinder gesehen haben.

Klasse E: „POST WAR" (1946–1960). Die Autos jener Zeit, die überlebt haben, fahren häufig recht gut. Opa und Oma haben sie nicht viel bewegt; es sind Käfer und Opel, auch Borgwards und Isetta aus Familienbesitz.

Klasse F: Hat keinen Spitznamen (1961–1970). Die Wagen entstammen einer Zeit, in der – Wirtschaftswunder auf der Überholspur, Ölkrise nicht denkbar – Autobauer im Überfluss schwelgten, der Ära von Detroit Barock und diagonal unter dem Heck wedelnden verchromten (italienischen) Auspuffrohren, von Familienkutschen, die noch nicht aus Japan kamen. Selbst die Angeberschleudern aus jener Zeit haben Stil, Klasse. Auspufftöpfe, Rücklichter und Außenspiegel illustrieren einen seinerzeit gern benutzten Ausruf: „Ich nehm' 'nen Doppelten!"

Klasse G: „YOUNGTIMER" (ab 1971 und mindestens 30 Jahre alt). Hier stehen Fahrzeuge, nach denen sich Männer umdrehen, die in den Augen kleiner Kinder aber zu eckig sind und die bei jungen Leuten wiederum wie eine kluge Investition aussehen: Sie fahren steuerfrei, man punktet stylemäßig damit mehr als mit einem Neuwagen, und einige Fabrikate sind sowohl robust als auch gemäßigt im Spritverbrauch.

bei den Klassen A bis D spielt es eine untergeordnete Rolle, ob die jeweiligen Modelle zu ihrer Zeit in Design oder Technik maßgebend waren. Wenn sie noch laufen, ist das sensationell genug.

7.14 Heavy Metal, Sex und Blut

Libido und Über-ich, Unterdrückung von Trieben oder Sublimation sexueller Introjektionen – im Horror-Genre wird um das Irrationale improvisiert. Dem Bildungsbürgertum ist das Genre natürlich ein Schmuddelkind, Schund. Stephen King hat Millionen damit verdient, Ängste und Psychosen einzufangen, diese ganzen *hang-ups* der amerikanischen Siedler zwischen dem großen verheißungsvollen Traum und der grimmigen Realität. Wie jedes Kind hat King Angst vor dem, was unter dem Bett lauert, ein schlechtes Gewissen wegen der niedergemetzelten Urbevölkerung Amerikas, vielleicht auch eins wegen seines Erfolgs usw. Er ist aber ein guter *american boy*, liebt AC/DC, schnelle Autos und hat einen Roman über eine Dreiecksbeziehung geschrieben, in dem ein Auto eine so wichtige Rolle spielt, dass der Film seinen Namen trägt.

Der Shakespeare der Horror-Filme, John Carpenter, beginnt seine Version, *Christine*, wie einen Dokumentarfilm: 1957, in der Fertigungshalle bei Chrysler bewegen sich Straßenfahrzeuge ohne zu fahren, durch mechanische Kraft auf Gleisen. Der Belvedere läuft durch die Endproduktion, Viertürer und Zweitürer, ocker- oder fleischfarben, dazwischen ein roter. Die Kameraperspektive ist auf Augenhöhe mit dem Auto. Sie wird Autos durch den Film hindurch von etwa zwei Drittel der Höhe des Kotflügels aus betrachten. Das ganze Sinnliche und Haptische von Automobilen dieser Zeit, in der Little Richard schwarz und wild die Menschen zu betören begann, kommt im Blickwinkel zum Ausdruck.

Die vier runden Lichter des Autos werden im Lauf des Films immer wieder aufleuchten wie die freudigen Augen einer Jugendliebe. Das erste Mal noch in der Fabrik, nachdem einem Arbeiter der Qualitätskontrolle beim Fummeln und Fingern die blutrote Schnauze – naja, ok: die Motorhaube – die Hand abhackt. Weiter geht es mit Morden. SIE, DIE METALLENE HAUPTDARSTELLERIN, FÜHRT EIN EIGENLEBEN. WER IHR NICHT MIT ZUNEIGUNG ODER LIEBE BEGEGNET, AN DEM RÄCHT SIE SICH. Cut. 21 Jahre später, der Wagen wäre nun volljährig, geht die eigentliche Geschichte los. Dennis, ein Highschool-Kid, holt seinen

Kumpel Arnie Cunningham ab mit einem →Dodge Charger im „Coke-Bottle-Design", ohne Augen, die V8-Zylinder grollend wie das vor Ungeduld aus den Jeans platzende Testosteron. Arnie steht zwischen seiner postindustriellen Nuklearfamilie, Volvo in der Garage, trautes Heim, Glück allein, und dem ganzen latent gewalttätigen, homophob/homophilen Hybrid-Spektrum. Er hat zwar einen Führerschein, ist aber immer noch Jungfrau und bebrillt wie Woody Allen, da entdeckt er endlich etwas, das in ihm Leben erweckt. So verzückt wie er sich benimmt, nachdem er sie gesehen hat, muss es das sein, woran nach Freud alle denken – aber SIE ist ein Auto.

Wie bringt man etwas um, das gar nicht am Leben sein kann? Filmplakat von *Christine*

Nebendarsteller Dodge Charger

Dodge Charger: Beim 68er Dodge Charger geht der Kühlergrill einfach nach links und rechts weiter bis zum silbern eingefassten, vorstehenden Rahmen. Es war nicht der erste Muscle-Car, aufgrund seiner Motorisierung aber einer, mit dem man sich nicht anlegt.

„Fahr zurück", befiehlt er seinem Freund Dennis, zurück zu ihr, damit wir alle sie sehen: Eine Schönheit, als sie neu war, bestätigt der steinalte Bruder des letzten Eigentümers. Und weil der steinalte Bruder ein schmieriger Typ ist, legt er noch einen drauf: Nichts riecht so schön wie ein neuer Wagen – außer *pussy* (im Film auf Deutsch: „außer eine Frau").

Im Schlusssprint, mit über hundert Meilen auf nassem Highway in der Nacht, findet der verheißungsvolle Duft seine logische Steigerung: „Oh Mann", so der verwandelte Arnie zu seinem einst guten Freund und Beschützer Dennis, „es gibt nichts Schöneres als hinter dem Steuer des eigenen Wagens zu sitzen ... außer Mädchen zu bumsen vielleicht."

Den Kaufentscheid motivierende Düfte und Ausdünstungen werden in den Labors der Pkw-Industrie sehr ernst genommen. Kunststoffe werden erhitzt und beschnuppert, benotet und diskutiert. Will man dem Kunden mehr verkaufen als nur ein Auto, dann muss die Kutsche riechen wie sie aussieht, innen, nicht unter der Motorhaube. Beim Bentley Mulsanne bedeutet das: nach Walnuss und mühseliger Handarbeit zusammengenähtem Edel-Leder – und zwar länger als das bei auf Hochglanz poliertem und dann klar-lackiertem Holz und normal imprägnierten Leder natürlicherweise jemals der Fall wäre.

Yeah, da steigt Arnie ein, begibt sich in das Innere, eine fremde, semi-zwielichtige Höhle, und „Schau dir ihre schönen Linien und Kurven an, Dennis!"– trotz

Es rollt und rockt

Kratzern und Falten, es ist Liebe, vielleicht sogar Lust auf den ersten Blick. Seine „Christine". Die nimmt er, kauft sie sich, gegen den Willen seiner Eltern. Christine verändert ihn, er legt die Brille ab, wird egoistischer, hat Erfolg, kriegt das beste Mädchen der Schule, kriegt Ärger, wird dickköpfig. An Christine lässt er nix und niemand ran. Wer dem Plymouth zu nahe tritt, Christine begrabbelt, penetriert, befleckt oder auf den Leib rückt, räumt er/sie/es selber aus dem Weg. Dazu schaltet sich das Autoradio automatisch ein und säuselt Little Richards Hit von '57, *Keep A-Knockin'*: „People knockin' but you can't come in".

Wie die meisten Verfilmungen von Kings Romanen ist auch Carpenters *Christine* von 1983 ein Blockbuster. Daneben formiert sich flugs ein „Christine Car Club" der seine Aufnahmekriterien insofern etwas gelockert hat, als nun neben Eigentümern von Christine-Klonen, Belvedere Baujahr 1957 oder '58, auch Leute an Tributveranstaltungen teilnehmen dürfen, die überhaupt kein Auto besitzen.

Lässt man die unrealistischen Aspekte der King-typischen Dramaturgie außer Acht (ein 57er Belvedere könnte nicht so schnell von 70 Meilen auf über 160 km/h beschleunigen ...), so ist *Christine* eine gelungene Erzählung über ein Kunstwerk im Zeitalter seiner technischen Reproduzierbarkeit. Die Idee des Autos, das seinen eigenen Kopf hat, wurde in der – von Regisseur Carpenter geschätzten – TV-Serie *Twilight Zone* bereits 1963 thematisiert. In einer Episode der mit Science Fiction und Mystery spielenden Serie erwacht ein 56er Ford Fairlane allerdings erst (und moralisch), nachdem sein Fahrer ein

Kind angefahren hat und danach Fahrerflucht begehen will – um ihn zu zu erinnern, wer verantwortlich ist: „You drive!"

„Keine Technik kann den wilden, unheimlichen Fluss Wirklichkeit zum Stillstand bringen."[26] (Ludwig Marcuse)

7.15 Unterwegs auf der Mattscheibe

1957, als Stahlpressen jede erdenkliche, noch so verdreht kurvige Form ermöglichen, hat sich ein neues Medium im Alltag vieler Haushalte eingerichtet, ein weiteres technisches Wunderwerk: der Fernseher. Auf diesem Medium strahlt die Chrysler Corporation wöchentlich eine Show aus, und Ende der 1950er beauftragen sie den neuseeländischen Experimentalfilmer Len Lye, der bis dahin mit monochromen Filmbildern, tanzenden Lichtlinien und kunstvoll zerkratztem Zelluloid aufgefallen ist, einen PR-Film für sie zu drehen.

Bei Chrysler (nach GM und Ford der drittgrößte Autohersteller weltweit) sind seit 1957 ein paar neue Leute am Ruder. Die alten Zöpfe werden abgeschnitten, die Autos flacher, die Designs schnittiger, und mit dem Slogan „SUDDENLY IT'S 1960" schreibt sich die Firma in die Geschichtsbücher modernen Marketings: Der Jahresgewinn steigert sich um mehr als das 17-fache.[27]

Lye filmt dafür, was auch in der Anfangsszene von *Christine* zu sehen ist: einen ganz normalen Tag im Montage-Werk. Neunzig Minuten 16mm-Filmmaterial von allen Arbeitsprozessen zerschneidet er mit der Rasierklinge, montiert sie zackig zu dem angefragten 1-Minuten-Kurzfilm zusammen, synchronisiert das Ergebnis mit wilden Beats wie von Art Blakey und übergibt Chrysler den Film. *Rhythm* wird 1957 beim New York Art Directors' Festival in der Fernsehkategorie mit dem ersten Preis ausgezeichnet – nachträglich aber disqualifiziert, weil er nie im Fernsehen gezeigt wurde. Die Entscheider des Auto-konzerns sind von der Musik schockiert und verunsichert durch die Aufnahme von einem kokett in die Kamera zwinkernden Arbeiter.

Im selben Jahr setzt Ford auf konventionelle Zutaten, um sein Marktforschungsexperiment Edsel zu promoten: Die Edsel-Show wird live aus Hollywood übertragen, auf Video mitgeschnitten, um zeitversetzt für die Ostküste wiederholt zu werden. Frank Sinatra, Rosemary Clooney, Louis Armstrong und Lindsay Crosby treten mit den Four Preps auf, außerdem der Swing Singer und Bing Crosby; der Überraschungsgast, der Komiker Bob Hope kam und kam an. Die CBS erreichte mit der Edsel Show jenes Sonntagnachmittags eine der besten Einschaltquoten – 1957 vermutlich so verlässlich wie Meinungsumfragen – des Jahres, die nagelneue Video-Technologie erwies sich als zuverlässiger als erwartet, und am Ende entließ die Vorkriegs-Nummer *On the Sunny Side of the Street* alle mit einem guten Feeling ... Nur den Edsel kaufte trotzdem kein Mensch.

7.16 Nationale Spezialitäten

Während man in den USA an der Vermarktung des Autos arbeitet, tut sich dort unter der Motorhaube und am Chassis wenig. In Europa zeichnen sich zwei Entwicklungen ab. Selbst bei großen Autos wird vorsichtig gewirtschaftet, vernünftige Autos für den mit dem Wiederaufbau wachsenden Mittel-

stand dominieren. Wer konservativ plant – wie Ford, Opel, Mercedes, Peugeot – fährt gut und läuft höchstens Gefahr, dass seine Kunden aus lauter Langeweile sterben.

Aus Europa kommen nach 1945 aber auch aufregende neue Impulse:

→ GB **Garagisten**
Leidenschaft, die Leiden schafft, mit kleinen Kisten von MG, Triumph etc., aber natürlich auch der Mini, der, genialer als alle vorigen Kleinwagen, zwar mini aussieht und winzig ist, im Innenraum wegen cleverer Konstruktion (Radkästen der kleinen Räder am äußeren Eck) aber mehr Platz bietet.

Sicherheit
Ab 1959 baut Volvo den von Nils Bohlin entwickelten Dreipunkt-Sicherheitsgurt serienmäßig in jedes Auto ein; Kopfstützen, „Fasten your Safety-belts"-Signale, SIPS *(Side Impact Protection System* = Seitenaufprallschutz) und Ähnliches folgen. Saab bietet jahrelang die weltbeste Diebstahlsicherung.

Visionäre
Citroën DS 19, „das fortschrittlichste Auto"[28] bringt die aerodynamische Gestaltung nach vorne. Der Renault 16 wird Wegbereiter für multifunktional nutzbare Fließhecklimousinen, der R5 Prototyp für Kompaktwagen, der R4 als Kastenwagen so prägend, dass er Jahrzehnte später als Kangoo wiedergeboren wird (und zahlreiche Nachfolger findet bei Citroëns Berlingo, dem VW Caddy usw.).

Ingenieure
Durchbrüche der passiven Sicherheit durch Béla Barényi bei Mercedes-Benz. Quadratur des Kreises mit dem Rotationskolbenmotor von Felix Wankel. Audi: 5-Zylinder, erster Großserienhersteller vollverzinkter Karosserien, später mit Turboaufladung Weiterentwicklung des 1987 von Fiat vorgestellten Direkteinspritzsystems für Dieselmotoren (Common Rail) und selbsttragende Karosserie aus Aluminium usw. usw.

Großbritannien: Englands Autoindustrie wird auch Vorreiter in der folgenschweren Nachkriegstendenz der Ausdünnung der Anbieter. Nach dem Krieg gab es in England Unmengen an Herstellern, heute fast keinen. Die *cabs* von London baut schon lange Nissan, Jaguar gehört dem indischen Hersteller Tata, Rover wandert nach Pleite mit BMW auf den Autofriedhof, Mini ist nun bayrisch wie Rolls-Royce, Lotus Teil von Proton in Malaysia, Bentley unter Kontrolle von Wolfsburg, Aston Martin mal hier, dann dort ...

7.17 Haute Couture aus Turin

Eine Nation samt ihrer Spezialisierung fehlt in der Aufzählung: Italien, zuständig für Auto-Design und Styling, nicht ein-

Es rollt und rockt

fach als Modefratze, sondern mit Sinn und Zweck – Schönheit plus energiesparende Windschlüpfrigkeit, idealerweise kombiniert mit Qualität und Substanz.

Wie bei Haute Couture aus Milano, exquisiten Schuhen und Garderobe genießt die Gestaltung in Norditalien einen besonderen Stellenwert – und zwar seit Generationen.

Kein Wunder, wenn man nur diese Namen hört … Neben Giovanni und seinem Sohn Nuccio Bertone die Dynastie von Giovanni Battista ‚Pinin‘ Farina (mit Sohn Sergio und dessen Sohn Andrea Pininfarina) sorgten vornehmlich Ugo Zagato (und Söhne) für diese Reputation, nicht zu vergessen Giacinto Ghia sowie der für Borgward, Glas und Lloyd entwerfende Pietro Frua, der den Lincoln Futura zeichnete, aus dem der Hotrod-Gott George Barris das Batmobile formte.

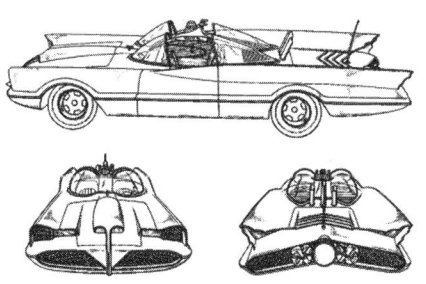

Für viele das beste Auto aller Zeiten: Lincoln Futura als Batmobile

DeTomaso Pantera: Chassis von dem Rennwagen-Spezialisten Dallara, Design von Ghia, Fertigung bis 1974 bei Vignale (die viel für Michelotti bauten), später Carrozzeria Maggiora (die für Ghia und viel für Pietro Frua bauten)

Triumph TR4, Spätwerk von einem der Meister seines Fachs, Giovanni Michelotti (1921–1980). Start 15-jährig bei Stabilimenti Farina, 1954 auf dem Turiner Autosalon mit dreißig oder vierzig Designs vertreten, Klassiker für Ferrari und BMW

Fiat 500 Topolino von Alfredo Vignale

Fast jeder dieser Designer lernt sein Handwerk bei Alfa Romeo oder Lancia, geht bei Iso und anderen Edelschmieden in die Lehre und liefert früher oder später sein Gesellenstück bei Ferrari, Maserati oder auch Lamborghini ab.

Viele Entwürfe bleiben Studien, andere werden in Details in anderen Modellen übernommen. Ein Überblick der Verbindungen zwischen den italienischen Designwerkstätten und ihren Machern wäre so zeitlos schön und verwirrend wie ein Stadtplan von Rom.

Bis heute geben Italiener im Auto-Design den Ton an.

styled by **giugiaro**

Der Retter von Volkswagen (mit dem Käfer-Nachfolger Golf und dem K70-Verschrotter Passat plus Scirocco): Giorgetto Giugiaro

Monteverdi High Speed 375, Schweizer Sportwagen von Pietro Frua

„Italiener", die man gar nicht als solche wahrnimmt

LAND	MODELL	DESIGNER	JAHR
USA	Nash Ambassador	Pininfarina	1952
D	VW Karmann-Ghia	Ghia	1955, 1961
F	Renault Caravelle	Pietro Frua	1958
F	Peugeot 404	Pininfarina	1960
S	Volvo P1800	Frua	1961
GB	Triumph Spitfire	Giovanni Michelotti	1962
F	Simca 1000	Bertone	1962
NL	DAF 31, Daffodil	Giovanni Michelotti	1963
J	Datsun 411	Pininfarina	1966
ROK	Hyundai Pony	ItalDesign	1975
F	Citroën BX	Bertone	1982
S	Saab 9000	ItalDesign	1985
CZ	Škoda Favorit	Bertone	1987
J	Lexus GS	ItalDesign	1993
J	Mitsubishi Pajero	Pininfarina	1999
F	Peugeot 1007	Pininfarina	2005
MAL	Proton Persona	ItalDesign	2007

7.18 Dreamcars

Chrom und Düsen wie bei einem Jet – Funktion allerdings einzig auf eins beschränkt: Schönheit

Wiederum ein Blick zurück über den großen Teich zeigt: In den USA gelten andere Regeln. Hier wird ein neues Land geformt, Tradition und Geschichte stehen niemandem im Weg. Die Autos werden mit dem Aufschwung und der Aussicht auf bessere Zeiten immer größer. Einer von sieben Angestellten arbeitet für die Autoindustrie, und auch die restlichen sechs fahren ein Auto. Der Boom gebiert wahre Schlachtschiffe, ganze Flotten von Straßenkreuzern mit *jet intakes*, *flight-pitch transmission*, sogar mit *ICBM look* wird die Aufrüstung am Auto beworben. ICBM? Tatsächlich, gezündet wird eine Art Interkontinentalrakete im Verkauf. Die Lieblingsfarbe aller Designer: Chrom.

Der ausstatterische Augenschmaus ist, wie jede Orgie, von begrenzter Dauer. Nachdem jede denkbare Pkw-Öffnung und Ecke und Rundung mit silbrigem Zierrat und Leuchten versehen ist, die Heckflossen zu Fabeltier-Flügeln geworden sind, nachdem erst in und dann aus dem Kühlergrill glänzend bleckende Haifischzähne kamen und verschwanden ... tritt man in Detroit wieder leiser auf.

Während in den Turiner Ateliers bei Bertone und Pininfarina die Klassiker der Spät-Moderne geformt werden, kommen aus Detroit Prunkkarossen mit Facelifting auf den Markt, unter dem

Es rollt und rockt

Blech bleibt die antiquierte Technik. Das immer wildere Schwelgen in kosmetischen Linien präsentieren General Motors ab 1949 mit Tamtam und Pompons im Waldorf Astoria Hotel, New York. *Dream Cars.* Aus den irre in die Zukunft und auf Science-Fiction-Serien starrenden Kreationen klettern Girls und Models. Supermodels allenthalben – und für die Entscheider bei GM ein lachhaft billiger Lackmustest. (Was ankommt, kommt nächstes Jahr in Serie.)

ABSCHWEIFER: Es ist nicht überliefert, ob die Stylisten in Detroit jemals Gedichte von Bengt Paul lasen, der *Das Hohelied des Kraftfahrers* schon 1930 anstimmt:

O Geliebte, du ziehst mich zu dir – unwiderstehlich / wie die Mitte der Landstraße meinen Wagen. / Der tiefe Glanz deiner Augen ist mild und / achtunggebietend wie die Verkehrslampen der Straßenkreuzungen / und ebenso erregend und / wechselvoll ihre wunderbare Farbe. [...]

Wie die Schutzbleche eines Autos / (dessen Motor anspringt) / beben in der Erregung deine Nasenflügel. / Deine langen Wimpern gleiten ruhig und schattend über / deine Augen wie der Regenwischer über die Windschutzscheibe / vor meinem Platz. / Deine Haut ist zarter als der Benzinfilter / Klein und rund sind deine Knie wie die Kugel des / Schalthebels. Weich und schwellend ist dein Körper wie sanfte / Ballonreifen, und deine Brüste sind wohlgeformter als / die kleinen Scheinwerfer. / Der Duft deines Haares übertrifft einen heißgelaufenen / Motor an Wohlgeruch. [...]

O lass unsere Herzen zusammenschlagen, harmonisch wie / das Pochen der Kolben im Achtzylinder. / Das Kühlwasser nach einer Tagesfahrt ist flüssige Luft gegen die Glut meiner / Leidenschaft! [29]

7.19 Raumfahrt für jedermann

Es blitzt und protzt und funkelt bei den *Big Three* aus Detroit. Und in Los Angeles identifiziert ein Architekturprofessor namens Douglas Haskell einen neuen Baustil, den er „Googie" nennen wird – nach dem Café, an dem er ihn zum ersten Mal ausmacht. Coffee-Shops und Bowlingcenter, Tankstellen und neuartige Drive-in-Restaurants zeigen den neuen Look:

Kalifornisches Bauhaus: seriös wie Raketenabschussrampen und UFOs

Kennzeichnend ist ein wenig vorbelasteter Umgang mit Material und Formen – naiv oder ungebildet, optimistisch oder sunshine-happy – und eine umso deutlichere Positionierung in der Vorfreude auf **RAUMFAHRT FÜR JEDERMANN**.

Beispiele für die auf die Spitze getriebene Lust am unbekannten Höhenflug: „Space Needle" in Seattle, das Flughafengebäude von LAX, die Lava-Lampen – wo die unvorhersehbar dahinquillende Wolllust orange in einer Rakete, heiß wie ein Vibrator, ihr Eigenleben führt. Googie-Gebäude eint außerdem, dass insbesondere die Dächer nicht einem Stil folgen, sondern allesamt sehr eigen sind: wie ein Golfball beim Cinerama Dome in Hollywood, bedenklich angewinkelt bei „Penguins Arms", oder wie von Schiffen bei Tankstellen und anderen. Ein bekanntes, seit den Kinofilmen *Reservoir Dogs*, *The Big Lebowski* und *American History X* gern aufgesuchtes Beispiel mit schrägem Dach und echt schrägen Sachen und Leuten drin: Johnie's Coffee Shop (6101 Wilshire Boulevard, ein paar Straßen südlich vom Sunset Strip). Anders als das von Professor Haskell als Paradebeispiel ausgemachte Café steht das Gebäude noch, man kann es aufsuchen und vorfinden, jedoch besuchen kann man es seit dem Jahr 2000 nicht mehr – außer man mietet es an, zum Beispiel für einen Film-Shoot.

Raumfahrt für jedermann: LAX, Landestation Los Angeles

Wollten die Wolkenkratzer der Ostküste noch die alte Welt toppen, mit verwandter DNS, so war der kalifornische Stil in vielem wie ein Neuanfang. So wie Los Angeles, die Stadt ohne Fußgänger ...

„Could it be that smog's playing tricks on my eyes / Or it's a rollercoaster in some kind of headphone disguise" [Missing Persons, **NOBODY'S EVER WALKING IN L.A.**, 1982].

Googie schien ein Ausdruck des Space Age, mit Lampen wie UFOs oder fliegende Untertassen, statt Bildern Zeichnungen von Atom-Modellen, symptomatisch für das Raumfahrt-Zeitalter, in dem sich Optimismus mit idiotischen Illusionen vermengte.

Autos, Tankstellen, Drive-ins, Detroit: Laut, exorbitant. Und warum nicht?

Eine der Aufgaben von Industriedesign ist es, den Verkauf anzuleiern, Jahresgewinn zu maximieren, die Masse zu beglücken. Während Gordon Buehrig, immerhin Skulpteur von drei Meisterwerken (Duesenberg J, Auburn Speedster, Cord 810) sich erinnert, dass er und seine Kollegen damit nur einen Job verrichteten wie die anderen Kollegen, in einer Ecke der Fabrik („Keinem kam der Gedanke, dass wir da gerade Klassiker formen"), wird Gestaltung ab 1945 zur Chefsache. Statt einzelner Visionäre arbeiten jetzt ganze Büros an einzelnen Komponenten, oft nur einer Heckleuchte, Radkappe oder anderen Ornamenten, und ihr Werken wird von größeren Vorständen begutachtet, nicht zuletzt flüstern Marktforscher und Psychologen ihre Kommentare dazu.

In der Dekade nach 1945 verarbeitet die amerikanische Autoindustrie 13,6% des Nickelvorkommens, 22% des Stahls, alleine für Reifen 62% des Kautschuks ... und 36% aller Radios. Für das Aufpeppen der Modelle gibt die Branche 1957 ganze $1,5 Milliarden aus – und erhofft sich einen Verkauf von 7.000.000 Pkw im folgenden Jahr.[30] Die Hochrechnung geht auf, die Wirtschaft wächst, die Familien wachsen, Suburbs prägen

Es rollt und rockt

das neue Stadtbild der *Corporate States of America:* Ohne Auto stehen alle Räder still, in dem weiten Land oder flach planierten Städten wie L.A. liegen weder Kathedrale noch Uni gleich um die Ecke, der Supermarkt und McDonald's auch nicht. Ein neues Zeitalter ist angebrochen. Jede Bewegung – z.B. die ins Autokino – findet als eine Art Raumfahrt im klimatisierten Komfort des verglasten Mobil-Heims statt. Freizeitvergnügen im Spaceshuttle.

Es passiert nicht über Nacht. Neues und Irres wurde auch zuvor versucht – der Versandhaus-Riese Sears Roebuck bietet 1952 den Kaiser Allstate im Katalog an, – mit enttäuschenden, aber nicht als katastrophal eingestuften Verkaufsergebnissen: 913 Kaisers gehen in sieben Monaten per Mailorder weg. Im ersten Halbjahr des Jahres werden 15.903 Autos in die Staaten importiert; 15.288 aus Großbritannien.

Und 1954 geht die Party los. Rock'n'Roll! Anfang des Jahres erscheint die zweite Ausgabe des *Playboy*, die alte Weisheit *sex sells* lässt sich ungeniert auf den Mainstream übertragen, denn was gut fürs Geschäft ist, ist gut für die USA und seine Bürger. Der Koreakrieg ist vorbei – Symptom der Zerspaltung der Weltordnung, als „Konflikt" im Bewusstsein abgeheftet –, an Vietnam denkt kein Mensch. Mit frisch verdientem Geld latscht ein Typ in Memphis zu einem Laden in der Union Street, wo man auf Acetat-Platten eingesungene Aufnahmen im Direktschnitt anfertigen kann, und singt zwei Lieder für seine Mama ein, *My Happiness* und irgendwas Ironisches mit Kopfschmerzen. Dem benachbarten Betreiber von Sun Records fällt das auf, worauf sich in der Folge einige Männer sehr sorgfältig frisieren; die USA haben

ihren King: Elvis. Die Idee des Rock & Roll, 1923 lasziv umgarnt in den Versen von Trixie Smith in *My Man Rocks Me (With One Steady Roll)*, wird stubenrein.

Die Dekade vor den Sixties war noch besser ... und schwarz-weiß

Zur selben Zeit trampt Jack Kerouac mit Neal Cassady kreuz und quer durchs ganze große freiheitliche Land, unterwegs und *On The Road* macht er Notizen, die er im Benzedrin/Amphetamin-Rausch zu einem Roman aus einem einzigen atemlosen Absatz auf Endlospapier tippen wird. RCA installiert das Fenster zur Welt in Form von Röhren-Fernsehgeräten in jedem Haushalt, der kommende US-Präsident John F. Kennedy, jünger und hübscher, mit hübscherer Frau, wird dadurch jedem Amerikaner für immer vertrauter sein als alle vorigen. Was für Industrie und Handel gut ist, was General Motors kreiert, muss für das ganze Land gut sein. Was für das Land gut ist, ist für die Welt gut. OK, Joseph McCarthy stochert nach Kommunisten und unamerikanischen Trieben, aber die Klatschpresse beschäftigt sich lieber mit Marilyn Monroe und deren Hochzeit mit Joe DiMaggio.

Zur ganzen Freude der scheinbar so unschuldigen Party, bei der es in den Hinterzimmern der puritanisch zugeknöpften USA schamloser zugeht als zuvor, passt die Unverblümtheit, mit der in Detroit das Stahl geformt wird. Nicht zum Zweck aerodynamischer Effizienz (wie noch beim Tatra 77 von 1934), sondern aus schierer Lust an der Wolllust wuchern aus den Kotflügeln jährlich dreistere Heckflossen. Mal wie mit Zitzen oder lippenstiftroten Blinkern bestückt, dann untermalt mit spiegelnden Stoßstangenelementen im Look von Jet-Turbinen. Allesamt Kniefälle vor der weiblichen Form mit ein paar klitzekleinen Anleihen bei Gewalt und Militär (*remember:* ICBM).

Formvollendung im Dienste eines Zwecks, dem schnellen Vorankommen

Bombige Typenbezeichnungen

• **FORD CRUSADER:** Benannt wie die Kreuzritter und ein Aufklärungsflugzeug von 1955.

• **LAND ROVER DEFENDER:** Erinnert an den kleinen Unterschied zwischen Angriff und Verteidigung, Offensive und Defensive, der feine britische Unterton ist nun mal … unschlagbar.

• **DODGE CHARGER:** Unter Agenten und NATO-intern der Codename für das Überschallflugzeug des sowjetischen Konstrukteurs Alexei Andrejewitsch Tupolew – Tu 144.

• **TOYOTA LAND CRUISER:** Der britischen Panzergattung der Kreuzerpanzer entlehnt. Nur ist der japanische Land-Rover/Jeep-Hybrid weiter, viel weiter vorgedrungen als seine Vorläufer dank Quantität, Qualität, Standfestigkeit, Allrad … einfach allem.

• **SPITFIRE:** Ein Roadster der Firma Standard-Triumph in Coventry, der firmenintern unter dem Codenamen „Bomb" entwickelt wurde.

• **CORVETTE:** US-amerikanische Offensive gegen reinrassige Sportwagen ehemals faschistischer Staaten – Porsche und Mercedes bzw. Alfa Romeo und Ferrari. Benannt nach Korvetten, seit Mitte des 18. Jahrhunderts gebauten Kriegsschiffen.

• **DODGE CHALLENGER** sowie diverse **CRUISER:** Stellen sich der Herausforderung, den 33 Tonnen schweren Cruiser Mk VIII Challenger (Panzer der finalen Tage des Zweiten Weltkriegs) vergessen zu lassen.

• **CHRYSLER PT CRUISER:** Chic von Chicago 1930, revisited für Art Director, denkbar nur in Schwarz, Design von Bryan Nesbitt. Der Consultant für subliminale Signale, Tiefenpsychologe und Kultur-Code-Autor Clotaire Rapaille: „Das ganze Design zielt darauf, sich am Steuer so zu fühlen wie Al Capone mit einer Maschinenpistole."[31]

• **FORD FALCON:** Etwa fünfzig Jahre, bevor die kriegswilligen Falken aus Washington kaum mehr zu stoppen sind, stellt Ford ein global agierendes Vehikel vor.

1 „The $250 Million Flop", *Time*, 30.11.1959
2 „Edsels Ende", *Der Spiegel* 50/1959
3 *The Guardian*, 1968
4 „Syndikat der Narren", *Der Spiegel* 40/1997
5 David L. Lewis: *The Public Image of Henry Ford: An American Folk Hero and His Company*, Detroit 1976
6 „Der Anti-VW", *Der Spiegel* 14/1962
7 „Edsels Ende", *Der Spiegel* 50/1959
8 „The Cellini of Chrome", *Time*, 4.11.1957
9 „The $250 Million Flop", *Time*, 30.11.1959
10 „Edsels Ende", *Der Spiegel* 50/1959
11 „Bayerns Gloria", *Der Spiegel*, 13.1.1960
12 „Bürgen und Borgen", *Der Spiegel*, 5.11.1958
13 StBA, KBA, BMVBS, DIW, BASt
14 Otl Aicher: *Kritik am Auto*, München 1984
15 Nicolas Bouvier: *L'usage du monde*, 1963; auf Deutsch *Die Erfahrung der Welt* (Hrsg. Roger Perret. Nachw. v. Gerald Froidevaux), Basel 2004
16 Hans Magnus Enzensberger: „Eine Theorie des Tourismus" in *Einzelheiten I. Bewußtseins-Industrie*, Frankfurt/M. 1962
17 Paul Virilio: „Fahrzeug" in: *Fahren, fahren, fahren*, Berlin 1978
18 http://bombsite.com/tags/4
19 Holger Hoetzel: *Route 66: Straße der Sehnsucht*, Frankfurt/M.-Berlin 1992
20 Inschrift auf der Tafel, die das *Tower Building* als „historic landmark" definiert
21 *Intersection*, 2008
22 *Die Zeit*, 15.11.1968
23 Horst Königstein: *James Dean*, Hamburg 1977
24 Gottfried Wilhelm Leibniz: *Monadologie*, 1714
25 Bill Bryson: *Neither here nor there*, 1991
26 Ludwig Marcuse: *Das Märchen von der Sicherheit*, Zürich 1981
27 „The Cellini of Chrome", *Time*, 4.11.1957
28 *Die Zeit*, 15.11.1968
29 Bengt Paul: „Das Hohelied des Kraftfahrers", *Jugend* Nr. 20, 1930
30 „The Cellini of Chrome", *Time*, 4.11.1957
31 Sheldon Rampton u. John Stauber: *Weapons of Mass Deception*, London 2003

Ober-
fläche
über alles

Pop. Oberfläche. Alltag. / Sportsfreunde / Tempo für Teenager / Verfolgungswahn / Beide Augen zugedrückt: Keilform und Scherentüren / Rennfilme: die schnellsten ... und eine Disqualifizierung / Liebe polarisiert / Die schönsten sind auch die hässlichsten (oder umgekehrt) / Epilog zu Amerika / Bestialische Instinkte / Wiederholfrequenz stabil / Europa aus der Sicht von Fiat

8.1   Pop. Oberfläche. Alltag.

Chrysler schafft es als Erster über die Ziellinie in die Swinging Sixties. Der Slogan „SUDDENLY IT'S 1960" zieht wie ein V8, aus dem Kfz-Mechaniker noch ein paar Pferdestärken kitzeln, und der Marktanteil wird von 15,9% auf 19,5% gesteigert).

Ja, Pop. Pop wie populär, populistisch, für JEDERMANN. Jetzt wird alles anders, und alle machen mit. Frauen tragen Jeans, jeder kann alles machen. Die Pille und verschiedene andere Pillen beflügeln ganz neue Lebensentwürfe. Message und Medium bedingen sich gegenseitig. Auf 7"-Singles gepresste Lieder lenken den Tonträgerumsatz zunächst hin zu SCHLAGER UND POP; das Albumformat, ab 1967 mit Klappcover und mehr als bloßem Künstlerporträt vorne drauf (*Sgt. Pepper's* von den Beatles), kreiert Bildungsbürger-Pop mit Anspruch. Konsequenz: Für die Oberklasse wird es zunehmend kompliziert, sich von den einfachen Leuten abzuheben. Erst bei Studenten, dann auch bei Managern wachsen die Haare gewagt über die Ohren. In der Bundesrepublik wird die *Bildzeitung* zum Klassenfeind und Kassenschlager, auf die deutsche Studentenrevolte '68 folgt in Italien die Arbeiterrevolte '69 – bei Fiat.

Der amerikanische Literaturwissenschaftler Leslie A. Fiedler hält 1968 vor Literaten und Intellektuellen in Freiburg einen Vortrag: *Cross the Border - Close the Gap*. Es geht um die Literatur der Zukunft, die von Pop-Art und Beat-Literaten geprägt sein werde. Der von WARHOL und LICHTENSTEIN, GINSBERG und KEROUAC seit Jahren exerzierte und eigentlich schon etablierte Flirt zwischen Hochkultur und Trivialem stößt die Alemannen vor den Kopf. Weil es Fiedler gerade nicht darum geht, Unterhaltung gegen ernste Hochkultur in Aufstellung zu bringen, sondern weil der Graben vielmehr überwunden werden soll, schickt er eine Abschrift des spontan gehaltenen Vortrags an den amerikanischen *Playboy*, wo der Artikel im Dezember 1969 erscheint. Für die deutsche Popliteratur ist er bis heute das Manifest. Nicht so in den USA, wo 1969 wieder ein Kennedy erschossen worden ist, wo Woodstock gezeigt hat, dass die Nische „Gegenkultur" sowieso Millionen vereint, und JIMI HENDRIX zu Silvester

Oberfläche über alles

'69 im Fillmore East mit einer komplett schwarzen Band **PSYCHEDELIC** und **SOUL** und **HARD ROCK** und **FUNK** verquirlt, als hätte es nie Schubladen gegeben.

Die Beatles stützen sich auf eine ganze Herde an Wirrköpfen

2010: Die Ressourcen scheinen, wenn nicht knapp, so doch zumindest begrenzt; Mercedes sieht aus wie Ford ; dem Auto geht langsam der Saft aus. Da kommt U2-Sänger Bono zu Hilfe mit einer Idee: **WENN EINER DAS AUTO AUS SEINER EXISTENZKRISE HOLEN KÖNNE, DANN JEFF KOONS.** Die Ermunterung des Pop-Stars, abgedruckt und verbreitet in einer BMW-PR-Mappe, wird erhört, der größte Künstler seiner Generation (oder seines Häuserblocks) flugs beauftragt, ein BMW-Rennauto zu lackieren. Bislang die letzte Aktion in einer Reihe von Deals zwischen Kunst und Industrie zum guten Zweck der PR ...

Und in der BRD wachsen die Haare über die Ohren

BMW Art Cars

1975	**3.0 CSL**	Alexander Calder
1976	**3.0 CSL**	Frank Stella
1977	**320I GROUP 5**	Roy Lichtenstein
1979	**M1 GROUP 4**	Andy Warhol
1982	**635 CSI**	Ernst Fuchs
1986	**635 CSI**	Robert Rauschenberg
1989	**M3 GROUP A**	Ken Done
1989	**M3**	Michael Nelson Jagamarra
1990	**535I**	Matazo Kayama
1990	**730I**	César Manrique
1991	**525I**	Esther Mahlangu
1991	**Z1**	A. R. Penck
1992	**M3 GTR**	Sandro Chia
1995	**850 CSI**	David Hockney
1999	**V12 LMR**	Jenny Holzer
2007	**H2R**	Olafur Eliasson
2010	**M3 GT2**	Jeff Koons

BMW Art Car von Roy Lichtenstein, 1977

BMW Art Car von Robert Rauschenberg, 1986

BMW Art Car von Jeff Koons, 2010

Calders CSL, Auto als Leinwand, rasend, Öl auf Blechgewand

Angestoßen wurde die Highspeed-Kollektion von dem Kunstsammler, -auktionär und Rennfahrer Hervé Poulain, der Alexander Calder bat, seinen Einsatzwagen für die 24 Stunden von Le Mans **WIE EINE LEINWAND** zu bearbeiten. Nicht jeder der folgenden BMW Art Cars wurde in Le Mans vorgeführt – und wenn, dann gnadenlos mit Sponsoren-Aufklebern für den medienwirksamen TV-Einsatz versehen. „In der Pop Art", so Poulain, „nimmt das Auto einen wichtigen Stellenwert ein, ebenso wie es als Symbol der Konsumgesellschaft in der Nouvelle Figuration ein wiederkehrendes Thema ist."

8.2 328, 911, 2002 ...
the number is the message

Als Kompensation für die armen Reichen, deren herrschaftliche Limousinen kaum mehr in die Parkhäuser der zunehmend mit Volksautos verstopften Innenstädte passen, gibt es immerhin den Sportwagen. Es geht hier nicht um hochgezüchtete Geräte. Nicht um Wagen wie den 308 von Ferrari, bei dem der Motor erst auf Betriebstemperatur gebracht werden muss, bevor man unbedacht aufs Gaspedal treten darf. Es geht nicht um diese launischen und zickigen Super-Models, mit deren Nockenwelle und zeitraubenden Feinjustierungen sich eine ganze Schar Mechaniker rund um die Uhr beschäftigen muss. Es geht hier um den **SPORTWAGEN FÜR DEN ALLTAG.** Unnötig und geil wie Pop. Man muss nicht mehr Rennfahrer oder lebensmüde sein, um ihn zu lenken.

Sportwagen haben keinen nennenswerten Kofferraum, aber PS und km/h, mit denen man jeden anderen im Regen stehen lässt. Eine Zeitlang sind ihre Außenspiegel geformt wie Kegel und vorne auf dem Kotflügel platziert. Auch innen sieht der Sportwagen anders aus als andere Autos, nämlich wie das **COCKPIT** eines Flugzeugs, ganz ironiefrei: Schalter und Hebel auf mattpoliertem Metall, in runden Fenstern die schnell ablesbaren Daten-Knöpfchen und Messinstrumente, auch für so scheinbar unsinnige Details wie U/min, Öldruck und -temperatur. Man sitzt in (renn)sportlichen **SCHALEN-SITZEN** aus luxuriösem Leder, schon früh serienmäßig festgezurrt mit 3-Punkt-Sicherheitsgurten, unter einem Überrollbügel, nicht mit der ab den 1940ern sehr verbreiteten Lenkradschaltung, sondern der sportlichen Variante zwischen Fahrer und Knie der Beifahrerin. Der Sportwagen hat nur zwei richtige Sitze und einen tiefen Schwerpunkt, der in Kombination mit ausbalancierter Achslastverteilung für gute Straßenlage sorgt; hohe Leistungsdichte des Motors, meist aufgrund des hohen Drehvermögens.

EINSCHUB, INJEKTION FÜR NORMAL-VERBRAUCHER: weniger Kofferraum, mehr PS und km/h, Anzeigen für U/min und Öltemperatur, serienmäßig 3-Punkt-Sicherheitsgurte, Überrollbügel und Knüppelschaltung? Hat heute jedes Taxi. Wir sind alle sportlicher geworden.

Der Sportwagen ist das Spielzeug für den Dandy, der sich alles rausnimmt, sich alles leisten kann, weil er Zeit spart, der von der Arbeit anderer lebt – und der vor allem eins will: jung bleiben. „Beraubt sich das moderne Leben ansonsten durch das Verschwinden mechanischer Arbeit", so Ulf Poschardt, „und deren Umwandlung in digitale Verarbeitungsprozesse jeder Sinnlichkeit, erinnert das Fahren eines Sportwagens auf geradezu rustikale Weise auf körperliche Knochenarbeit als Quelle wahrer Freude."[1] Manchmal kommt man auch ins Schleudern: Oft – insbesondere bei kleinen Briten – funktioniert der Wagen gar nicht. Mal sind Motor und Getriebe (von unterschiedlichen Zulieferern) nie richtig in Einklang zu kriegen. Das Hauptproblem: Jede Macke tritt immer eine ganze Lawine an Nebeneffekten los. Da dringen wegen defektem Einlassventil heiße Abgase in den Ansaugtrakt, und der Vergaser geht in Flammen auf; oder um an ein defektes Teil zu kommen, zerbricht versehentlich ein anderes, dessen Hersteller seit Jahrzehnten in Neuseeland verschollen ist. Oder im Sommer klemmt ab 22° C Außentemperatur der Bremssattel, im Winter gibt es Ärger mit dem Kühler, und rund ums Jahr beschäftigt einen sowieso der Rost.

Lotus Europa: schön, flach und winzig wie eine Streichholzschachtel

Aber was soll das kleingeistige Gegreine? Vor englischen Klassikern geht man halt auf die Knie wie vor Prinzessinnen und Marc Bolans *Metal Guru*. Sie sind eben exzentrisch. **LOTUS' STRASSENWAGEN** beispielsweise sind trotz unbedeutender Marktpenetration außerhalb des Königreichs bis heute berühmt und beliebt als wunderschöne, gestalterisch äußerst geschmackssichere, sehr **FLACHE FLITZER** mit der Straßenlage echter Rennautos. Sie wurden ab 1957 von Colin Chapmans

Firma mit einer Hingabe gebaut, die bis zur absoluten Selbstaufgabe ging und unter den Auto-Genies ist er der einzige, der seinem Werk *nicht* den Stempel des eigenen, fleischlichen Familiennamens aufdrückte, sondern, eben: Lotus. Die Lotosblüte war die Lieblingspflanze von Mrs. Chapman. Ja, so ein Typ war das. Abschließend ist allerdings auch anzumerken, dass wie ein Kaugummi auf der Schuhsohle immer das Gerücht hängen geblieben ist, der Herstellername sei in Wahrheit eine Abkürzung. Lotus, darauf beharren Spötter, stehe für **LOADS OF TROUBLE, USUALLY SERIOUS**.

Colin Chapmann, Genie oder wahnsinnig getriebener Erfinder, der vor nichts und niemand halt machte? Mit Sicherheit federführend bei den wichtigsten

8.3 Blitz und Donner

Der Thunderbird kam 1963 auf den Markt. Für das Design zeichnete Raymond H. Dietrich verantwortlich, der bereits mit zwölf Jahren bei der American Bank Note Co. als Graveur arbeitete. Für den fast siebzigjährigen Autoarchitekten Dietrich waren die zwei Vögel – **THUNDERBIRD** und **FIREBIRD** – nach elf Jahren Pause ein überraschendes Comeback. Zu den Besonderheiten des Thunderbird II und IV gehört der nicht verleimte, durchgehende Hals und das, was man in den USA seinerzeit als „REVERSE BODY" bezeichnete. Zusammen mit dem simultan lancierten Firebird sorgte das Design sofort für Ärger: Fender klagte. Äh ... "verleimter Hals"? Ja, der E-Bass Thunderbird und vor allem die sechssaitige E-Gitarre Firebird glichen zu sehr der Fender Jazzmaster – und Gibson musste einlenken. Von Ford, die 1955 ihren eigenen Thunderbird lanciert hatten, hörte Gibson Guitars nie. Und ebenso wenig machten sie General Motors Probleme, als die später den Pontiac Firebird vorstellten.

56er Thunderbird

EIN THUNDERBIRD, „EIN 55ER, ich erkenn' es an den Rücklichtern", ist dann auch der Traumwagen von dem, der sich von Berufs wegen mit Autos auskennen muss: der Fluchtwagenfahrer in Andrew Vachss' Kriminalroman *Der Fahrer*.
IN DER MYTHENGESCHICHTE DES MODERNEN KINOS HAT DER DONNERVOGEL EIN EIGENES KAPITEL. Cineasten und Car-Kenner nennen dazu *American Graffiti*, einen Film mit einer einzigartigen Besetzung: **56ER THUNDERBIRD** mit mysteriöser Frau, das aufgemotzte und runtergechoppte **51ER MERCURY COUPE**, ein Hauptdarsteller im **2CV**, Duell zwischen **32ER FORD HOTROD** und einem **CHEVROLET ONE-FIFTY** usw. Cut. Ziemlich unvermittelt fährt bei Wim Wenders ein zwanzig Jahre altes weißes **THUNDERBIRD-**

CABRIO in Hamburg vor, am Steuer des „Classic Bird": *Der amerikanische Freund* Dennis Hopper (1977 eine persona non grata in Hollywood), sehr köpfeverdrehend. Cut. Ein Thunderbird – **MYSTISCHER UND MYTHENBESETZTER ALS DER INDIANISCHE SEMI-GOTT** – ist der heimliche Hauptdarsteller in *Thelma & Louise*, der Frauen-Power und Emanzipation als sexy Option aufzeigt. Cut. Ähnlich wie Susan Sarandon und Geena Davis muss 1990 Nicolas Cage, der Mann mit der Schlangenlederjacke (**„SYMBOL FÜR MEINE INDIVIDUALITÄT UND MEINEN GLAUBEN ... AN PERSÖNLICHE FREIHEIT"**), in *Wild at Heart* mit einem 65er Cabrio vorliebnehmen, noch elegant, aber schon etwas überkandidelt und zickig wie seine blonde Braut.

Schön, aber anstrengend, ein bisschen zickig: Thunderbird von Cage

Der heimliche Hero in Thelma & Louise

Dass Ford in der Namensgebung des Thunderbird auf eine INDIANISCHE MYTHENFIGUR zurückgegriffen hat, geht auch auf einen Stylisten zurück, den ehemaligen Footballer George William

Walker, mit indianischem Blut und laut eigener Selbsteinschätzung der Cellini des Chroms[2]. Die Intention des achtelindianischen Cellini ist es, jedem Kunden das Gefühl zu vermitteln, er sei „*king of the road*", und der Chrom-Skulpteur meint das ernst. Er kennt das Gefühl aus seinem letzten Urlaub, in Florida, wo das beste Erlebnis für ihn darin bestand, „mit meinem weißen Continental, ich in besticktem Cowboy-Hemd aus purer Seide, schneeweiß und Hose aus feinstem Kammgarn. Neben mir saß meine pechschwarze Deutsche Dogge, Dana von Krupp, aus Europa importiert. Besser geht's nicht."

Ernst genommen wurde auch Walkers Farbenlehre (hätte er Goethe gelesen, wir ahnen, mit welchem Spitznamen er als nächstes gekommen wäre), in etwa: Wenn eine Frau ein tolles Auto beschreibt, redet sie als erstes von der Farbe. Ford gibt 1956 $400 Millionen aus, um die richtigen Farbtöne und Lackierungen zu finden. $610 Millionen verbrät Walker, um seine Idee von Schönheit zu ertasten. „Beim Autokauf haben sich Männer früher vor allem für mechanische Dinge interessiert, das Auto konnte dann blau oder schwarz sein. Die Frauen jetzt, die wollen Farbe. Es hat uns Millionen gekostet, um den Innenteppich so hinzukriegen, dass er aussieht wie der in ihrem Wohnzimmer."

8.4   Frauen in der Formel 1?

Boulevardblätter und auch Lifestyle-Gazetten lieben die Bildchen: **PRALLBUSIGE GIRLS**, die sich auf Monocoques rekeln, auf zwar beräderten, aber doch zigarrenförmigen Raketen: die berühmten **BOXENLUDER**. Die Hochglanzseiten fühlen sich schon beim schnellen Durchblättern an wie Kataloge für ein

aufregenderes Leben. Heute hier, morgen dort, Hongkong, Bangkok, Monaco.

Monaco, Rennroulette, Fortuna teilt aus

JETSET. Bebildert mit langbeinigen Schönheiten, die wie Stuten in die Garagen stöckeln, hinein in die stickigen Mechaniker- und Männerwelten, zu den weltweit schnellsten Sex-Raketen, zu flotten Jungs ohne Furcht und Tadel, auf der Höhe ihrer Männlichkeit, auf Messers Schneide zwischen Leben und Tod. Zur Begattung oder zum bloßen Plausch gehen sie weiter in die Garderoben der rasenden Männer und in ihre Motorhomes. Im Motorsport sind die immerjungen Busenwunder so selbstverständlich wie die Bikini-Girls des **PIRELLI-KALENDERS**.

Scharfe Sache. Denkt man sich. Als Außenstehender. Stellt man sich so vor.

Tatsächlich ist der Zugang zum Fahrerlager nur denen vorbehalten, die dort arbeiten – Mechanikern, Ingenieuren, Fahrern (von Rennautos, aber auch von Sattelschleppern, Bussen, VIP-Limos und -Kleinbussen), Managern, Sponsoren, Kameraleuten, Fotografen, Journalisten. *Very important people*. Nicht zwingend *very beautiful people*. Reiche und Mächtige.

Ernüchternd daher der Blick in die Schlafgemächer vieler Racer: Da ist nicht jeder für jedes noch so abgefahrene

Abenteuer zu haben. Da sucht mancher dann doch lieber mit der Freundin aus Kindstagen das wohl dosierte Glück. Großes Haus. Steuerexil. Nachbarn mit klangvollen Namen. In **MONACO** z.B., eingekeilt zwischen Briefkastenfirmen und Filmstars.

Ein genaueres Inspizieren der Boxenluder-Bildchen offenbart, dass sie in *corporate* Farben auftreten. Denn auch sie gehen einer Arbeit nach. Mit den von den Sponsoren ganz gezielt eingeladenen und eingekleideten Models sieht der vor unerwünschten Blicken gut abgeschirmte →Paddock zwar aus wie eine Spielwiese für hübsche Häschen und schnelle Männer, ein Hort hormoneller Hyperaktivität – von nahem aber stellt sich schnell heraus, dass es sich stattdessen um eine Olympiade der Schrauber und Dreher handelt. Was den Puls dieser Männer antreibt, in jeder Faser ihres Daseins, sind Maschinen.

Paddock: Fahrerlager, ursprüngl. Bezeichnung für Pferdekoppel

Schnelle Typen, lange Beine, leere Straßen, volle Tribünen

Frauen in der Formel 1!

Nicht nur auf, sondern in Rennwagen hinein kletterten seit dem ersten Formel-1-Rennen im Jahr 1950 zur Grand-Prix-Teilnahme diese Frauen:

1. **MARIA TERESA DE FILIPPIS**
2. **MARIA GRAZIA LOMBARDI**
3. **DAVINA GALICA**
4. **DESIRÉ WILSON**
5. **GIOVANNA AMATI**

Die Inspektion ist ernüchternd, die Frauenquote liegt bei weniger als 1%. OK, in anderen Formeln gab und gibt es immer wieder Frauen, die sich wacker schlagen, ganz besonders auch im Rallyesport. Aber in der sogenannten Königsklasse des Motorsports sieht es düster aus.

Danica Patrick macht überall eine gute Figur und schlägt sich wacker

Nah dran, aber nicht drin waren gerade in den letzten Jahren einige. Ganz vorne und geliebt wie gefürchtet: **DANICA PATRICK**, deren Website mit Fun und Fotos fasziniert, und das bereits zu Zeiten, als noch kein anderer Rennfahrer im Internet nach Sponsoren, PR oder Fans gefahndet hat. Danica ist in allen Bereichen ziemlich wahnwitzig schnell und macht überall eine hervorragende Figur – in Interviews („Die Formel 1 ist mir zu glattgebügelt") wie in Herrenmagazin-Sonderausgaben, Kalendern und Swimsuit-Editionen. An irgendwas ist die Probefahrt in einem F1-Auto dann aber doch gescheitert.

1958 qualifizierte sich Maria Teresa de Filippis in **MONACO**, fünf Autos vor ei-

Oberfläche über alles

nem →unbekannten Engländer, der später mächtiger werden sollte als jeder andere Rennfahrer. Für eine Grand-Prix-Teilnahme genügte das nicht, doch bei drei anderen Rennen raste sie mit, in einem Maserati 250F, in Belgien bis zum Schluss (zwei Runden Rückstand).

unbekannter Engländer: Bernie Ecclestone parkt in der Statistik noch heute unter den 63 Fahrern, die bei Grands Prix antraten, sich aber nicht qualifizierten. Was macht man dort, wenn man antritt, aber nicht mitfährt? Man fährt bei den Qualifikationsrunden so schnell man kann, und nachts in Bars ist man Rennfahrer, trifft Legenden und amüsiert sich ...

In den **SWINGING SIXTIES**, als alles ging, als bei den Jungspunden das Haupthaar länger und die Jugend verlängert wurde, als Frauen, Liebe und Sex, wie fast alles zu der Zeit, immer freier wurden ... in dieser Zeit erreichten beim Großen Straßenpreis für Tourenwagen von Argentinien, einem 2.856 Kilometer langen Rennen, von 286 Teilnehmern nur 43 das Ziel. Die Schwedinnen **EWY ROSQVIST** und **URSULA WIRTH** hatten mit ihrem Mercedes-Benz 220SE jede der sechs Etappen gewonnen (vor Vize-Rallye-Europameister Eugen Böhringer und Carlos Menditéguy im Mercedes-Team).

Aber den Einsatzwagen der Formel 1 blieben die Frauen der Dekade vollkommen fern. Wohl behütet vom Zeitgeist saßen sie als Rennfahrer-Gattinnen mit wagenradgroßen Hüten im Schatten der Boxenmauer oder zwischen den Fernsehkabinen auf den Boxendächern. Ein einziger Anachronismus, der Anblick dieser wie aus Ascot entflohen Ladies in die Welt von Garagen und Caravans, Motoröl und hart zugreifenden Mechanikern.

AUSSER NAGELLACK und traumhaften, zu den Hüten passenden Gewändern von Liberty's und Harvey Nichols hat die Braut eines Rennfahrers

immer auch etwas Schlichtes im Reisegepäck: **EIN SCHWARZES KOSTÜM.**

Nach ihrem Platz zwei beim Formel-2-Eifelrennen sollte **HANNELORE WERNER** 1971 bei Matra den gesperrten Jean-Pierre Beltoise ersetzen. Doch daraus wurde nichts. 1975 und 1976 bestritt Maria Grazia Lombardi elf Grands Prix für March und ihren letzten für Brabham. „Lella" Lombardi kam einmal sogar in die Punkteränge: bei dem spanischen Grand Prix im Montjuïc-Park, der von Emerson Fittipaldi wegen haarsträubender (Un-)Sicherheitsvorkehrungen boykottiert und nach einem Unfall des führenden Rolf Stommelen frühzeitig abgebrochen wurde. Mit 29 von 75 vorgesehenen Runden waren zwar mehr als 33%, aber weniger als 66% der Renndistanz absolviert worden; es gab auch für die ersten Sechs nur die halbe Punktzahl. Unvergesslich für Jochen Mass, der in dem Chaos zwar als Dritter abgewunken wurde, diesen Grand Prix allerdings – als einzigen in seiner Karriere – gewann. Die auf dem sechsten Platz gelandete Lella Lombardi belegt seither eine einzigartige Sonderposition: Sie ist nicht einfach nur die Letzte in den nach Punkten geführten Bilanzen der **GRAND-PRIX-HISTORIE**, gemeinsam mit rund zwei Dutzend →Fahrern, die in ihrer Karriere nur einen einzigen Punkt errangen – sondern mit nur einem halben Punkt das hinter den Schlusslichtern funzelnde Zusatzlämpchen. Eine beachtlichere Bilanz als die der über 350 Männer, die sich für Formel-1-Rennen zwar qualifiziert, aber kein einziges Mal überhaupt gepunktet haben.

Fahrer: Zum Vergleich: Michael Schumacher über 1.000, Alain Prost 798,5, Ayrton Senna 614

Und dann war Schluss: eine in den 1950ern, einige in den 1970ern. Anfang der 1980er scheiterten an der Qualifikationshürde Desiré Wilson und Giovanna Amati; 2002 schwang sich **US-INDYCAR-STAR** Sarah Fischer in Indianapolis in einen McLaren (als PR-Gag), 2005 versuchte es bei einem Test Katherine Legge in einem Minardi – und →viele weitere rasen in Formeln und Ligen, die wenig beachtet werden (von Medien, also Sponsoren, also Öffentlichkeit, also Fans).

viele weitere: Danach kam z.B. noch Amanda Whitaker, Meisterin der britischen Formel Vauxhall 1996 und 1997, die 2006 nicht nur Meister der europäischen Formel 2 wurde, sondern so viele Punkte sammelte wie niemand sonst. Seit einem schweren Unfall 2009 bildet sie Rennfahrer aus.

Kein Rennstall wurde von einer Frau gestartet oder geplant. Team-Chefs und -Eigner kommen aus jeder Schicht, es gab Lords wie Hesketh und auf dem Sofa ihrer Fahrer Lebende wie Frank Williams; es gab sich emsig hocharbeitende Mechaniker, die Chefs von Teams und Holdings wurden. Und es gab gewiefte Multimillionäre, die ihr Vermögen mit Energy-Drinks oder Öl gemacht hatten, die mit dem Geldvermehren auf dem Schulhof anfingen oder reich geboren wurden und mit Schulden verstarben. Hasardeure, Spieler und Rennfans, *nuts as hard as bolts*, Tüftler und Verrückte, Lebemänner und Schweizer – aber nie Frauen.

8.5 Mustang gebiert Pony
Der Thunderbird von Ford war für Ästheten und Auto-Fans ein Meisterwerk – doch ein (auch ökonomischer) Geniestreich war ein **ZWEITÜRER**, der neun Jahre später auf die Welt kam. Der drang 1964 in eine Marktlücke, von der Industriebosse allenfalls dunkel vermuteten, dass sie existiert. Klar, es gab die Kids mit ihren Hotrods, die von einem Auto wollten, dass es erschwinglich war wie ein Gebrauchtwagen und so cool und sexy = jung wie ein Sportwagen. Aber ein ganzer Markt?

Ford Mustang, Pony-Car, Klassiker, Grenzüberschreiter

Der **FORD MUSTANG** lief sofort, aus dem Stand, so schnell wie kein Pkw zuvor. **VON 0 AUF KNAPP 680.000** verkaufte Modelle im ersten Produktionsjahr. Der Mustang kam mit seinen unter engem Blechkleid pulsierenden Muskeln zeitgleich mit dem Führerschein der Babyboomer in die Autohandlungen, wurde schnell nachgeahmt und mit der Kfz-Kategorie "Pony-Car" gezähmt. Teenager waren als Konsumenten zu einer ernsthaften Größe angewachsen: Die Heranwachsenden gaben £500 Millionen jährlich aus und wurden dazu auch mit einer großen Werbekampagne eingeladen – jeder konnte sich seinen Mustang selbst gestalten. Man konnte ihn mit einem zahmen 6- oder klassischen **V8-ZYLINDER – 271 PS** – ordern, mit oder ohne einen ganzen Katalog an Extras. Man musste nicht selbst zum Schraubenzieher oder Schweißgerät greifen, um einen ganz eigenen, individuellen „maßgeschneiderten" erschwinglichen heißen Karren zu haben, mit **STUFENHECK**, sportlich mit Fastback oder als Cabriolet. Ab $2.500. Aber jeder hatte das verchromte,

Oberfläche über alles

galoppierende Ross im Kühlergrill, cool wie die Hengste auf den Signets von Ferrari oder Porsche.

Der Mustang galoppierte vor, und alle zogen nach ... um mit dem Lasso das neue Marktsegment einzufangen. Die Idee wurde schließlich auch in der BRD aufgenommen: in Form der Playmobil-Corvette **OPEL GT**, dann erschwinglicher mit dem **FORD CAPRI** (1970 unter DM 10.000), gefolgt von **OPEL MANTA** und **VW SCIROCCO**.

Deutsches Nachmachermodell, VW Scirocco

Zur selben Zeit beäugt *Der Spiegel* in einer Titelgeschichte die „**ÜBERTRIEBENE GENERATION – JUGEND 1967**", schmückt das mit einer Aufnahme aus der Düsseldorfer Diskothek Drugstore und schreibt von Hippies, der „exotenbunten und drogenfrommen inneren Emigration", von Indianern und Buddha. Zu Wort kommen auch „Amerikas Denker der Stunde" – Marshall McLuhan – und der „Hippie-Experte" Hunter S. Thompson,[4] gepriesen als „Pioniere neuer Lebensweisen". Für das New Yorker *Time Magazin*, das schlicht und ergreifend die Jugend (= alle unter 25) zum „**MANN DES JAHRES**" ausruft, ist dies „nicht einfach nur eine neue Generation, sondern eine neue Art von Generation",[5] gefeiert als kritisch und skeptisch. Die tatsächliche Jugend in den Autokinos der US-amerikanischen Suburbs dagegen rast weiter und hinterfragt nicht so sehr den Vietnamkrieg, sondern modifiziert, was später als Muscle-Cars angebetet wird.

Der Mensch des Jahres war eine Generation, die der Babyboomer

Der Ford Mustang wird, über Jahre hinweg immer wieder Facelifts unterzogen und neu eingekleidet, zum Klassiker. Noch heute ist er in Kalifornien, wo auch VW Käfer und Bulli nicht schnell zu rosten scheinen, trotz Salzwasser, überall zu sehen. Gefahren wird er dort häufig von etwa den Frauen und Mädchen, die sich in unseren Breiten in einen alten Käfer verlieben.

8.6 Wiedergeburten

Im Lauf solcher Behandlungen laufen auch **KLASSIKER** Gefahr, ihr Gesicht zu verlieren und in die absolute Bedeutungslosigkeit auszurollen. Das Gegenmittel heißt **RETRO**. 2002 wird der Thunderbird im Retro-Look zu neuem alten Leben erweckt, der Mustang ist 2005 dran, als Remake im Fahrwasser von New Beetle und der BMW-Version des Mini. Und auch hier gilt: Im 21. Jahrhundert wird in Sachen Markenbildung und Markteinführung nichts dem Zufall überlassen. Will Smith rast in *I am Legend* mit einem neuen Mustang Shelby GT 500 so aggressiv und inszeniert gegen sich selbst, dass es einen auf dem Kinosessel nach vorne rutschen lässt, ungläubig: Ist das nun noch Werbung, oder war schon der Typ mit dem Eis im Saal? Nein, es ist der Film.

Tierische Logos

Hahn: Matra, Bandini.
Büffel: Morris, Intermeccanica, Kaiser-Frazer; abgewandelt als Stier bei Lamborghini.
Tiger: Proton; bei Jaguar ein Jaguar, andere Raubkatzen behaarter wie der Löwe bei Peugeot, Stoewer, Argyll, Holden, Triumph, Bean.
Hase: VW Golf in USA, „Rabbit".
Drache: Iso, Meyers Manx, Durant
Schlange: Alfa Romeo, Shelby, Ford Torino Cobra.
Pferd: Ford Mustang, Porsche, Ferrari, Iran Khodro, Stanley.
Ziege/Schaf: Cisitalia, bei Dodge als Schafsbock.

Alle bedienen sich bei den Tierkreis-zeichen der chinesischen Astrologie. Tipp für Designer, die neuen Herstellern einen originellen Markenauftritt verschaffen möchten: Keine Motor-haube ziert bisher das Emblem einer Ratte, eines Affen, →Hundes oder Schwein.

Hund: Okay, auf den Hund gekommen sind der Tank-stellenbetreiber Agip mit seinem feuerspuckenden Fabelwesen und der Kitcar-Hersteller Siva bei dem Siva Saluki, benannt nach dem Persischen Windhund.

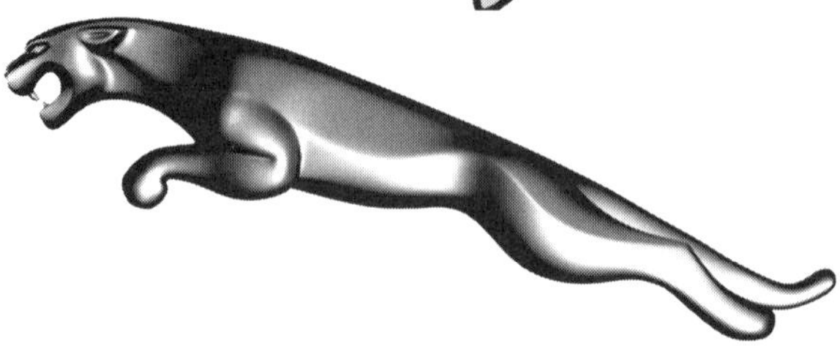

Oberfläche über alles

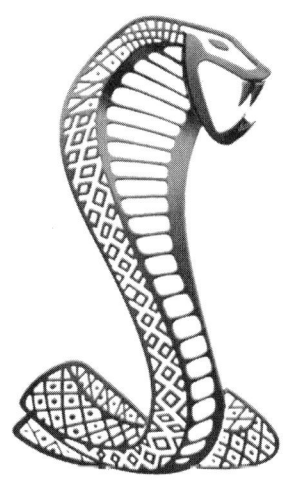

Die Straßen von SAN FRANCISCO

Wo sonst können sich Autos so schön jagen, bergauf und bergab, dabei den Boden unter den Rädern verlieren, wie in San Francisco? „IF YOU'RE GOING TO SAN FRANCISCO / BE SURE TO WEAR ..." – ja, einen Sicherheitsgurt, oder? Die orthodoxe Dramaturgie der TV-Krimiserie *Die Straßen von San Francisco* besteht aus der Kombination aus der alten, netten, Knollennase KARL MALDEN und dem Playboy-Typen MICHAEL DOUGLAS, jung und dynamisch und attraktiv. Immer und immer wieder rasen und schaukeln Lieutenant Stone und Inspector Heller über die (gut fünfzig) Hügel von San Francisco, landen und quietschen im rechten Winkel links um die Ecke, streifen dabei nonchalant eine vorzeitliche Trambahn ... und wenn sie von links hinten um die Kurve ins Bild schießen, dann immer vorbei an einem in Zeitlupe dahinzuckelnden Käfer. Die AMI-SCHLITTEN schaukeln so schön schwammig, als hätten sie statt ordentlicher Radaufhängung Kugelschreiberfedern an den Rädern. Verfolgungsjagden und San Francisco: Das ist eine Formel, die immer funktioniert.

San Francisco: wunderschön für Verfolgungsjagden mit Autos

Seinen Ruf als Herzensbrecher zementierte Inspector Heller, als Catherine Zeta-Jones drei Jahre alt war

Die Kollegen bewegten sich auffälliger als Heller und sein Boss

Erfunden, kann man sagen, wurde sie in dem Prototyp aller gefilmten Verfolgungsjagden: *Bullitt*. Wie andere Filme des neuen amerikanischen Indie-Kinos war der Streifen mit Steve McQueen Teil eines Paradigmenwechsels: raus aus den den Meetings mit Krawatten und kalkulierenden Langweilern, raus aus den Studios und hinein in die Welt da draußen ... Kamera ... Action! Fast zehn Minuten währt die Verfolgungssequenz, ein paar Vehikel werden gestreift oder zerstört, darunter der Cable Car Ecke Filbert/Hyde Street, ein Motorradfahrer rutscht vor Schreck aus der Kurve, woraufhin der Dodge Charger R/T ungebremst auf der einen Seite vorbeibrettert, STEVE MCQUEEN im Mustang Fastback 390 GT auf der anderen durch aufwirbelnden Staub und Sand rast. Und die ganze Zeit: kein Soundtrack, nur die Geräusche von überstrapazierten Dämpfern und Federn, Quietschen der Mechanik, Metall gegen Metall, im oberen Drehzahlbereich – und gesprochen wird: kein Wort. Dramatik und Arrangement, TEMPO und ANSPANNUNG werden angezogen wie in einem Jazzkeller, von einem, der ganz präzise weiß, was er noch auspacken wird.

Gedreht wurde für die 9 MINUTEN UND 42 SEKUNDEN drei Wochen lang. Außer Steve McQueen selber saß auch Stuntman Bud Ekins am Steuer.

Oberfläche über alles

WIMPERNKLIMPERN: Die Augen sind das Fenster der Seele, in den Augen offenbart sich sein wahrer Geist, von der Schwärze der Pupillen über die Farbe der Iris, im wachen oder trüben Blick usw. usf. ... In jeder Illustrierten ist es nachzulesen: Die Augen verraten, was eine/r denkt, sieht und wovor er/sie zurückzuckt. Das besonders Reizvolle ist – natürlich auch für Kriminalisten –, dass die von Augen ausgehenden Signale kaum verdeckt werden können, aber auch, dass sie selten eindeutig sind.

Ohne Augenzwinkern lässt sich festhalten: Zeige mir die Scheinwerfer deines Autos, und ich sage dir, wer du bist. (Nur lass sie bitte nicht mit Aufblendlicht im Rückspiegel aufblitzen.)

Lamborghini Miura

Verdunkelungsscheinwerfer

1935, als die meisten Autos noch laternenähnlich große runde Leuchten haben, da rollen bereits erste Serienautos mit im Kotflügel versenkten Scheinwerfern auf den Markt.

Als die Deutschen den Zweiten Weltkrieg beginnen, werden Lampen von Autos wie mit Trauerbinden abgedunkelt oder in Frankreich mit gelben Glühbirnen versehen (um im Dunkeln den Feind aus Allemagne schnell zu erkennen). Unabhängig davon, was sich die Deutschen von der Nachtblindheit versprachen (Durchsetzung der Ausfahrtssperre für Zivilisten nach Einbruch der Dunkelheit?), ist anzumerken, dass den Franzosen nicht das gelang, wovor sie sich mit Gelblicht wappnen wollten – den Einmarsch der Nazis abzuwenden.

Mit dem Verschwinden des geschwungenen Kotflügels versinken die Scheinwerfer in den integrierten Radhäusern der →Pontonkarosserie. Die Kfz-Beleuchtung verschwindet in die Unscheinbarkeit – 1935 beim Peugeot 402 hinter den Kühlergrill.

Pontonkarosserie: Die Pontonkarosserie bildet, ohne aufgebaute Kotflügel oder Trittbretter mit ihren glatten Seitenteilen, die Abkehr von der klassischen Oldtimer-Form. Hanomag stellt sie 1924 beim Komissbrot vor, dem Hanomag 2/10. Doch erst zwanzig Jahre später setzt sie sich auch auf normalen Straßen durch (abseits von Rennstrecken, wo vorher der Bugatti Typ 32, auch Mercedes' Silberpfeile oder BMW 328 Mille Miglia damit auftrumpfen).

Für die **ZWEITE GENERATION DER CORVETTE** eilt GM-Designer Larry Shinoda mit der Studie Q Corvette zunächst der Form des Jaguar E-Type hinterher, (den GM-Boss Bill Mitchell fährt und liebt) ... wobei er später zu Protokoll gibt, er habe sich für kosmetische Details vielmehr bei dem Mako-Hai bedient (den Mitchell beim Tiefseefischen angelt). Am Chevrolet **CORVETTE STING RAY** taucht 1963 das auf, was Amerikaner danach lange gern sehen: nicht sichtbare Scheinwerfer. Sie bleiben länger als ein Jahrzehnt im Baukasten amerikanischer Stilisten. PS-starke Zweitürer wie der Oldsmobile Toronado, der Mercury Cougar und –

allen voran, in Filmen immer wieder gern gesehen – der Dodge Charger (aus *Bullitt*) sowie der Pontiac GTO tun gar nicht erst so, als hätte das Verstecken der Lampen aerodynamische oder sonstwie intelligente Gründe. Der **KÜHLERGRILL** – mit vertikalen Chromstreben wie gefletschte Zähne – erstreckt sich einfach über die gesamte Fahrzeugbreite (wie 1942 von De Soto versucht). Geguckt wird aus dem Hinterhalt, Pokerface, hier wird mit verdeckten Karten gespielt. (Konsequenterweise, denkt man instinktiv, müsste vorne rechts der Auspuff wie eine Fluppe raushängen.) Der Look ist so freundlich wie der von Leuten, die auch im Parkhaus die Sonnenbrille nicht abnehmen. Beim 68er Dodge Charger und dem Lincoln Town Car und beim →Continental Mk. III bis VI, 1968 bis 1983, stehen die Scheinwerfer fest, Elektromotoren bewegen die Abdeckungen wie Garagentore, Doppelgaragentore, unter die Karosserie.

Continental Mk. III: wie in *French Connection*

Chrysler DeSoto mit ohne Scheinwerfer

KLAPPSCHEINWERFER, die noch länger die Herzen von Rennfreaks höher schlagen lassen, evozieren Assoziationen anderer Art – weil sie wirklich in Bewegung sind. So wie Make-up die Aufmerksamkeit auf die Augen lenkt, so klappen sie beim Opel GT (1968, Drehung um die Längsachse) spektakulär aus der Versenkung – von Hand ausgefahren übrigens, nicht

elektrisch. Ähnlich erwachen sie im gleichen Jahr beim Ferrari Daytona aus der Schlafstellung, kurz darauf beim VW-Porsche 914 sowie bei vielen anderen folgenden Porsche und Ferrari. Ab den 1990ern schließen sich japanische Modelle an.

Schöne Augen sind eine Sache ...

... ein schicker Body eine andere.
Ab Ende der 1960er-Jahre zelebrieren die italienischen Design-Studios die Keilform.

• **BERTONE:** Alfa Romeo Carabo (1968), Lancia Stratos Zero (1970), Lamborghini Espada (1974), Ramarro für Chevrolet Corvette C4 (1984).

Lamborghini Espada

• **PININFARINA:** Ferrari P6 (1968), Ferrari 512 Modulo (1970), Jaguar XJ Spider (1978).

Ferrari P6

• **ITALDESIGN:** De Tomaso Mangusta (1966), Maserati Ghibli (1966), Bizzarrini Manta (1968), Alfa Romeo Iguana (1969), VW-Porsche Tapiro (1970), Alfa Romeo Caimano (1971), Maserati Boomerang (1972), Audi Asso di Picche (1973), später DeLorean.

Porsche Tapiro

Oberfläche über alles

De Tomaso Mangusta

Keines der generell mit →Scherentüren ausgestatteten Modelle wird durch etwas so irdisches wie Lampen verunziert. Die Frontscheinwerfer werden vielmehr unter viereckigen Klappen versenkt.

Scherentüren: Anders als Flügeltüren, die sich nur öffnen lassen, wenn niemand neben einem parkt, werden Scherentüren nach vorne oben geöffnet – womit man lediglich in Garagen anstößt. In das Fahrzeuginnere steigt man wie durch gespreizte Frauenbeine. Dass herumstehende und staunende Passanten daran häufig Anstoß nehmen, ist insbesondere Lamborghini-Fahrern ein beliebter Grund, so in ihren Countach, Diablo, Murcielago oder Reventón zu klettern.

Auch Mercedes-Benz' orangefarbenes Wankelmonster C111 gehört zu der Keil-Ära.

Alle Studien und Conceptcars und Modelle sind sehr flach und eckig, die Frontpartie fast im Winkel einer landenden Concorde, das Heck wie mit einem Beil abgehackt. Vorne statt Stoßstange eine Kante so scharf, dass man sich die Fingernägel daran säubern könnte.

Fiat X1/9

Lotus Esprit

Dreisitzer Simca Matra Bagheera

BMW M1

Für die Straßen seines Heimatlands Japan nie zugelassen. Dome Zero / P-2

Der auserwählt irrwitzige Vector: Anschaffungspreis DM 500.000 (plus/minus), Wartezeiten bis zu zehn Jahr (auch weniger), manches Modell mit angeblich 1.200 PS (bestimmt weniger). Produziert wurden ein paar Dutzend.

Aston Martin Lagonda, kantiger Tourer, teilweise mit TV

Ferrari 400 bzw. 365 GT4 2+2: nicht ganz so reinrassiger → Tourer, Musterbeispiel der kurzen, sehr eckigen Origami-Mode.

Tourer: So teuer und rasend wie Sportwagen, aber mit Rücksitzen, auf denen Erwachsene ohne vorherige Yoga-Übungen aufrecht Platz nehmen können.

Bei wenigen Sportwagen – wie dem **LAMBORGHINI MIURA** oder dem **PORSCHE 928** – sind Klappscheinwerfer auch ausgeschaltet sichtbar. Aus runden Au-

gen schauen sie leicht verträumt oder dösend in den Himmel, werden erst bei Einbruch der Nacht aktiv, um steil aufgerichtet mit ihren Lichtkegeln die Straße abzutasten.

Der Design-Gag schien abgetaucht und verschwunden, als er im Windschatten des Mazda RX-7 in Japan für alle möglichen mehr und minder und gar nicht gelungenen Designs wieder auf die Welt kam; bei Toyota, Mitsubishi, Honda, Nissan, Subaru et al. ... bis 1989 einer von den vielen sah und siegte, strahlend: ein in Kalifornien konzeptioniertes und in Hiroshima gebautes Coupé. Der anachronistisch gestaltete **MAZDA MX-5** erfreute Männer- und Frauenherzen, ein kleiner Japaner, der äußerst beeindruckende Exporte verbuchte. Ein **ERSCHWINGLICHES CABRIO** – nicht nur für wohlbetuchte Zahnärzte und Weißhaarige, sondern für Friseusen und Berufseinsteiger, Wiederbelebung einer verwaisten und vergessenen Sparte, ohne hässlichen Überrollbügel: Das hatte es seit Jahren nicht gegeben. Und? Wie reagierte man auf den Hit aus Hiroshima? Alle besannen sich auf ihre eigenen alten Werte. Retro startete durch ... Und Scheinwerfer, die nicht binnen 0,2 Sekunden von Schlaf auf Lichthupe schnellen, wurden in vielen Ländern gesetzlich verboten.

Ende der Geschichte des **KLAPP-SCHEINWERFERS**.

Vielleicht kann man da nicht anders, als gleichgültig mit den Schultern zucken – dann eben Schlafzimmerblick, die Lider schwer wie Blei. Wie der DS2, mit dem/der Citroën im Jahr 2010 etwas verspätet und träge zum Versuch ansetzte, das Erbe seiner Ahnen anzutreten, *après* Traction Avant (1934–1957), 2CV (1948–1990) und DS (1955–1975).

8.7 Der Große Preis von Hollywood

Selbst mit richtigen Rennfahrern und
Aufnahmen echter Autorennen erzeugen Rennfahrerfilme selten richtiges
Drama, richtige Spannung – abgesehen
von drei Ausnahmen:

① **JOHN FRANKENHEIMERS** *Grand Prix*
von 1966 bemühte sich, die Synchronizität der Action mit Splitscreen plus
State of the Art Equipment einzufangen
(für die Aufnahmen Super Panavision 70,
für Projektion Cinerama). Durchs Bild
liefen und rasten Champions und Asse
wie Jim Clark, Jochen Rindt, Juan-Ma-
nuel Fangio, Graham Hill, Jack Brabham, Bruce McLaren u.a. Der Film wird
zum Blockbuster; für Cut, Sound und
Soundeffekte gab es Pokale. An die
Story erinnert sich niemand.

Erster durchs Ziel: 1966 Grand Prix!

② Statt mit rasend schnellen Schnitten
beginnt *Winning* (1969, auf Deutsch
Indianapolis) mit Vor- und Rückblenden
– wo sind wir? Bevor **PAUL NEWMAN** das
erste Wort spricht, ist eins der Schlüssel-
elemente jedes Autorennens wahrnehm-
bar: der Sound. Nichts als dröhnende,
lüstern röhrende Motoren. Paul Newman,
uramerikanisches Gesicht, später selber
Rennstallbesitzer, gibt das Bild ab, das
man von einem Rennfahrer will.

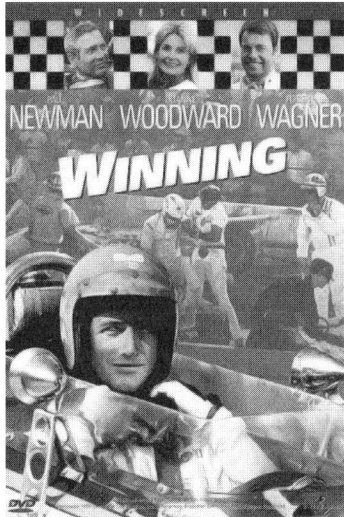

Wie im richtigen Leben ist der Zweite auch
ein Gewinner, heißt auch so

③ **STEVE MCQUEENS** Version eines
Rennfilms ist anspruchsvoller. In *Le
Mans* erklingt 1971 ein preisgekrönter
Jazzmusiker. Erste Impressionen zeigen
poetisch Porsche und Nelken, der Übergang zur Action expressionistisch,
abstrakt – und göttlich. Hochdrehende

Und mit ein paar Jahren Rückstand
dann der Schönste... Hurra!

Motoren, um die 10.000 U/min, Musik wie von elektrischen Kaffeemühlen, übergehend in das Quietschen der Reifen. Es wurmte →McQueen, dass er nicht als Erster über die Ziellinie der Kinokasse kam. Schon als *Grand Prix* entstand, plante er *Day of the Champion*. Anders als die anderen Hauptdarsteller war er Rennen gefahren und hatte gewonnen. *Le Mans* ähnelt den echten 24 Stunden von Le Mans: voller Vollgas-Geraden, aber man nickt leicht weg.

McQueen: Als Fahrer war Steve McQueen allen überlegen, der Legende zufolge übernahm er in *Gesprengte Ketten* (1963, Ausbruch aus deutschem Kriegsgefangenenlager) nicht nur viele Stunts seiner Figur auf der Triumph TR6, sondern auch die des Verfolgers in deutscher Uniform ...

DQ. Die Story von Sylvester Stallones Versuch, 2001 mit *Driven* an die kommerziellen Erfolge von *Rocky* anzuknüpfen, mag man noch mit einer Handvoll Popcorn schlucken; auch den eiskalten, blonden, blauäugigen Kontrahenten namens Beau Brandenburg (gespielt von, yeah!, Til Schweiger), kaum mehr den Teamchef im Rollstuhl, irgendwo Verona Feldbusch oder die fleischige Braut ... Der Film ist der Horror. Für Jay Leno **DER SCHLIMMSTE AUTOFILM ALLER ZEITEN.** Was kein Filmkritiker je sagte: Formel 1-Regent Bernie Ecclestone sah das Drehbuch und boykottierte jegliche Assoziation der Filmvermarktung mit Formel 1™.

8.8   Soll ein Auto funktionieren?

Präziser: Was ist überhaupt seine Funktion? Soll es schön sein oder praktisch, für Neider oder Distinktion sorgen? Oder soll vor allem sein Motor zuverlässig laufen?

Der **RO 80** ist ein Auto, bei dem man sich solche Fragen stellen kann, und

das abschließende Urteil über das Funktionieren des letzten großen Wagens von **NSU** ist noch nicht gesprochen. Der Anteil ehemaliger Besitzer, deren Liebe zu ihrem Auto gelitten hat, einfach weil es sie zu häufig hat sitzenlassen, ist bei manchem technisch ambitionierten Ferrari, Citroën, Range Rover – und auch beim Ro 80 – mit Sicherheit größer als bei der Ente.

Ro 80: Legendär die Geschichten von Pannen und Macken

Zu einem Klassiker wie dem Ro 80 fällt vielen der sogenannte „Ro-80-Gruß" ein, bei dem die freundlich erhobene Hand nicht als konventionelles Winken interpretiert wird, sondern als an den ausgestreckten Fingern ablesbare Mitteilung, wie viele Triebwerke der andere bereits hinter sich gelassen hat. Aber wie das Fluchen und Zittern angesichts der Ventil-Feinjustierungen eines Ferrari-V12, die avancierte und anfällige Hydropneumatik eines alten Citroën, sind genau das natürlich auch die Macken und Zicken, die den Unterschied machen. Die die Liebe überhaupt erst reifen lassen.

Weil Liebe für alles mögliche empfunden wird, gibt es Menschen, die Dacia fahren oder Autos, die aussehen, als hätten sie schon Unfälle hinter sich (Borgward, Maserati Biturbo) oder die todgeil und trotzdem umstritten sind (Lotus Europa) ... Sicher ist: Was polarisiert, hat größere Chancen, zum Klassiker zu werden. Denn es weckt Emotionen.

Oberfläche über alles

Zu den am meisten geliebten Autos gehören daher immer auch **ANTI-AUTOS** wie die **ENTE**, der **TRABANT**, der **FIAT MULTIPLA** von 1999 (am besten mit bivalentem Motor, angetrieben mit Kraftstoff aus Benzin oder aus drei im Unterboden versenkten Druckflaschen Erdgas). Im Korso der automobilen Kuriosa[6], der Liste der *World's Worst Cars*[7] des Auto-Historikers Timothy Jacobs, findet sich eine verblüffend große Zahl der Mobile, die andernorts als Klassiker verehrt werden. Man kann deshalb ungläubig die Hände über dem Kopf zusammenschlagen und sich erzürnen – oder sich ob dieses Wahnsinns erfreuen.

Die Trennlinie zwischen außerordentlich verehrt und lauthals verlacht ist fein. Herstellern ist das bewusst: Risiken werden minimiert, man positioniert sich im gepflegten Mittelmaß, wodurch sich die Modelle aus der Nähe wie aus der Distanz kaum noch unterscheiden lassen. Bloß **NICHT AUFFALLEN**. Immerhin: Mercedes hat mit der **A-KLASSE** als letzter Groß-Produzent seinen auf die ohnehin nutzlos gewordene Kühlerhaube befestigten Talisman relativ unbemerkt unter den Tisch fallen lassen. Audi und andere besinnen sich auf die Ästhetik des Kühlergrills, Toyota bricht (mit dem großen Lexus), Daimler (mit dem kleinen **SMART**) in ungewohnte Segmente; Honda und Toyota, Ende der 1990er mit **PRIUS** und **INSIGHT** beachtet, fallen damit auf der Straße und in der Zeitung auf, in Stückzahlen jedoch ebenso mäßig wie Neuauflagen von Käfer, Mini, Cinquecento und Chryslers Retrokutsche PT Cruiser ... Die richtig irren Wachstumsraten erzielen ganz andere Fahrzeugtypen: Vans, SUVs und Geländewagen sowie praktische Nutzfahrzeuge in neuen Segmenten wie denen für Mini-Vans oder Utilities (kreiert von den Franzosen – Renault Kangoo, Citroën Berlingo et al.).

Sinn und Zweck des Autos befinden sich schon früh in ständiger Verschiebung: ein Duesenberg erfüllt ganz andere Zwecke als ein Fiat 500, jeder von der Steuer oder Firmenkosten abschreibbare Dienstwagen andere als ein Volksauto. Man könnte sich auch einfach über die Vielfalt freuen. Wie im Zoo.

Exoten

• **HORSEY HORSELESS (1899):** eine Kreuzung zwischen Auto und dem Pferdekopf in *The Godfather* – nur dass der hölzerne Pferdekopf hier als Benzintank dienen sollte. Erfinder **URIAH SMITH** dachte sich, die Konstruktion würde andere am Straßenverkehr teilnehmende Pferde weniger verschrecken. An Menschen hatte er nicht gedacht.

Pionier des Designs, Modell Kinderkarussell

• **OVERLAND OCTO-AUTO (1911)**. Es rollte auf acht Rädern, weil sein Schöpfer gegen den erbitterten Widerstand der Wirklichkeit darauf beharrte, dass nur so eine laufruhige Fahrt möglich sei – tatsächlich hatten die Insassen schon bei der kleinsten Bodenunebenheit das Gefühl, dass ihnen die Schädeldecke wegfliegt. Der Konstrukteur sah es ein – und baute das nicht einmal verlachte Sextauto.

• **HÉLICA (1925)**. Schon vor dem Ersten Weltkrieg suchte der Segler, Flugnarr und Ingenieur Marcel Leyat das Problem der Kraftübertragung anders zu lösen als mit Getriebe, Kupplung und Differenzial. Deshalb baute er sein Hélicocycle wie ein Propellerflugzeug – nur ohne Flügel. Schon bei kleinen Auffahrunfällen verursachten die Luftschraubenautos Schäden, wie man sie sich kaum ausmalen möchte – daher kam der Propeller später in einen Käfig, auch ein viertes Rad ans Heck – und in den 1920ern wurde der Hélica dreißig Mal verkauft.

Besonders gefährlich, wenn man dem Propeller in die
Quere kommt – mit dem Arm

• **TUCKER SEDAN (1948):** Der amerikanische Traum:
vom Halbwaisen zum Millionär. Preston Tucker, *self-
made* Macher eines radikal modernen Autos: plattge-
macht von Investoren und Erpressern, *corporations &
conspiracies*. Ganz großes Kino, verfilmt von Francis
Ford Coppola (der damit sein eigenes Balancieren
zwischen Millionen und Bankrott thematisierte). 51
wurden gebaut.

• **CHEVROLET CORVAIR (1961)** hätte General Motors
versenken können. Konzipiert als etwas hinterher-
schlurfende Antwort Detroits auf den Marktanteile
wegfressenden Käfer, wurde ein für amerikanische
Verhältnisse kleiner Motor ins Heck gebaut, hinter
die Achse, was dazu führte, dass die Vorderräder nicht
immer auf der Straße sind. Blöd fürs Fahrverhalten,
potenziell katastrophal fürs Lenken. Man ist sich der
→Mankos bewusst, lässt das Ding aber trotzdem vom
Band laufen.

Mankos: Auf den Skandal macht ein junger Anwalt
aufmerksam, schreibt ein Buch dazu, das zum Bestseller wird,[8] wird Star-Anwalt für Verbraucherschutz und
Bürgerrechte, irgendwann politisch so aktiv, dass er
sogar als US-Präsident kandidiert: **RALPH NADER.**

Faszinierend gefährlicher Flop: Der Corvair

• **FORD PINTO (1971):** Was Chevrolet kann, kann
Ford genauso gut – in diesem Fall: ein Auto bauen,
das schon bei Auffahrunfällen brennt. Der Wagen hatte
eine sehr lange Geschichte – aus Sicht von Staats- und
Rechtsanwälten, Ökonomen und Verschwörungs-
theoretikern – als das Mobil, bei dem die nötigen
Umbaukosten ($121 Millionen) mit Kosten für Opfer
($50 Millionen) verglichen wurden – und sich der Vor-
stand für die preiswertere Variante entschied.

Der Pinto inspirierte anspruchsvolle Hochrechnungen

• **ZASTAVA YUGO (1981):** Gut für einen Witz in Low-
Budget-Filmen mit No-Budget-Pointen. „Aktuelle
Bilder" des vor dreißig Jahren erstmals gebauten serbi-
schen Kleinwagens wurden auf der Website, im Look
einer Kolchose von vor 1989, nie fertig installiert.

8.9   Avantgarage oder Avantgarde-Retro?
Bei der Ästhetik gibt es immer auch eine
ÄSTHETIK DES HÄSSLICHEN. Je mehr
die eine Denk- und Werteschule auf-
blüht, desto stärker werden die Kräfte,
die nach einem Alternativprogramm
verlangen.

Immer bessere, innovativere,
stromlinienförmigere, effizienter ver-
marktete Mobile führen – zumal in Zeiten
zerfallender Familien und drohenden
Arbeitsplatzverlustes – zu einer gewissen Übermüdung. Je glatter der Zeitgeist, desto willkommener die lachhaften
Fehlschläge von Wirrköpfen wie Uriah
Smith (mit Horsey Horseless), Milton
Reeves (mit Octo-Auto), Marcel Leyat
(mit Mulinex-Mobil) oder Preston Tucker.
Diese Leute haben immerhin an etwas
geglaubt. Sie gingen nicht auf Nummer
sicher, sondern setzten alles auf eine
Karte, auch wenn das kein Joker war,
sondern sich als schwarzer Peter heraus-
stellte.

Auch schwarze Peter werden
irgendwann attraktiv: Man geht oder
fährt ziellos durch die Gegend, und da
sieht man einen Wagen, von dem man

vergessen hatte, dass er existiert. Früher war er hässlich, das Design unharmonisch, vielleicht auch die Werbung oder der Besitzer abstoßend ... Und nun steht oder fährt er da und ist ganz angenehm anders als alle anderen. So wie man selbst (gern wäre). Es bewegt einen, und aus der Distanz des Meta-Ästheten betrachtet man es mit gereiftem Blick. „**EIN AUTO IST ÄSTHETISCH GESEHEN NICHTS ABSOLUTES**", bemerkte Joseph von Westphalen 1986 in einer *Merian*-Sonderausgabe zum hundertsten Geburtstag des Automobils.

Glanz und Gloria aus Rüsselsheim

Im Nachhinein betrachtet ... unschlagbar wie ein guter Wein

„Wenn die neuen Autos gar so übel sind, laben uns dann womöglich die alten? Der Anblick einer schwungvollen Nachkriegskarosse, sei es ein BMW V8, ein Mercedes dieser Jahre, ein Opel oder gar ein englisches Gefährt wie ein Jaguar, Triumph oder auch nur dieser bescheiden kleine Morris, bei dem die Karosserie mit edlen Holzleisten zusammengehalten wird, ist durchaus erfreulich. Man könnte stockkonservativ werden und kulturpessimistisch obendrein. Ganz offenbar verstand man damals mehr von Formen, oder wie? Seltsamerweise aber erscheinen uns die Nachfolgemodelle der 60er-Jahre mittlerweile auch schon als Meisterwerke. Wie einfallslos waren uns damals die streichholzschachtelförmigen Mercedesse und Opels erschienen; ein lächerlicher Aufguss der damals noch als viel lächerlicher empfundenen US-Straßenkreuzer. Heute wirken die damals als kunstlos empfundenen Schlitten dieser Zeit durchaus passabel; wie ein gut gearbeitetes Brett liegt ein **OPEL KAPITÄN** von 1962 oder ein **HECKFLOSSENMERCEDES** auf der Strecke. Kein schlechtes Bild."[9]

Der Begriff **YOUNGTIMER** ist zwar so neu, dass er 2010 noch nicht in jedem Wörterbuch zu finden ist, beschreibt aber genau dieses Phänomen: die **RÜCKBESINNUNG** auf Wagen der jüngeren Vergangenheit, die nicht unbedingt als Klassiker auffielen, aber mit der Patina von zwei Dekaden wie ein guter Wein besser werden. Der Veteranenmarkt für Nachkriegsmodelle war schon 1977 so unüberschaubar, dass der Katalog *Interclassic* – „Weltneuheit" – auf rund 800 Seiten Preise, Marken und Modelle auflistete, als sei auch Schrott von Wert. Er ist es.

8.10 Vorwärts im Rückwärtsgang

„Hey! Ja, Mensch, siehst du das denn nicht?!? Hier kann keiner rein oder ran. **FAHR DOCH NICHT WIE EIN IDIOT!** Sieht der nicht, dass ich hier bin?!?" Wer das sagt, beim Autofahren, will nicht jedes Wort auf die Goldwaage gelegt wissen, denn vieles ist gar nicht so gemeint. Beispielsweise ist im Verkehr ja niemand irgendwo permanent, niemand ist hier, alles ist in Bewegung.

Jeder kennt das, jeder weiß es, und fast jeder hat es schon am eigenen Leib erfahren: Ein volljähriger, einigermaßen vernünftiger Mensch setzt sich hinters Steuer, dreht den Zündschlüssel um, nimmt bei der Fahrt aus der Garage noch Rücksicht auf die spielenden Kinder, biegt in die Straße – und wird zum Tier. Gepanzert mit Tonnen von Stahl und Blech, gestärkt und gestählt wie ein Geschoss, in Deckung hinter Glas und Stahl benimmt er sich, als sei er alleine auf der Welt – der Welt der Straßen.

Die vernünftigsten, sonst ausgeglichensten Menschen werden hinterm Steuer zu Viechern. Die Nackenhaare stellen sich auf, wenn sich jemand illegitim in den Weg bewegt. Um dem Micra zu zeigen, wo der Hammer hängt, nähert man sich dessen fröhlich-kindlich roter Stoßstange so, dass der … Aber nein, okay, man *ist* ja kein Tier, lehnt sich zurück, fummelt ein bisschen an der Musikanlage, demonstriert vielleicht mit im Nacken gefalteten Händen, dass man schon ziemlich lange relativ unfallfrei fährt (keiner weiß von dem beim Einparken versehentlich plattgemachten Drahtesel beim Kino).

Der viel zu wenig untersuchte neurologische Konflikt zwischen Vernunft bzw. einem instinktiven Bedürfnis nach Fairness einerseits und andererseits Territorialansprüchen (*my car is my castle*), Angstlust: Bei einer Autofahrt schaukelt sich der Konflikt schneller hoch, als der Wagen anspringt.

Die Wahrheit in 24 BILDERN PRO SEKUNDE: das ist Kino, nach JEAN-LUC

GODARD. Noch Jahre später staunt man über geniale Züge in seinem Werk, das Aufzeigen von Zusammenhängen zwischen geschossenen Filmen und erschossenen Menschen, Medien als Massagesalon, Leben als Inszenierung. Sein Film *Weekend* ist eine irre Geschichte, voller viel redender und schmollender Schönheiten. Ein High und befremdlich ist der Verkehrsstau, mit **FAST ACHT MINUTEN** der längste der Filmgeschichte.

Landstraße, *route nationale* mit Platanen, alles steht. Von links ins Bild fährt unser Pärchen im **FACEL VEGA CABRIO**, Jahrgang →1960, vorbei am ineffektiven Hupkonzert, langsam, bedächtig. Siebeneinhalb Minuten passieren sie die Autoschlange, Modell neben Modell, **RENAULT** und **SIMCA**, ein **MINI**, Kinder spielen, Erwachsene werfen sich Bälle zu, vom Peugeot 404 zur Ente, aus deren aufgeklapptem Dach die Familie lacht, da liegt ein Autowrack auf dem Kopf, keiner guckt hin, weitere Peugeots, niemand lässt unser Paar einscheren … sehr gewaltvoll bei allem Spaß, das muss ein böses Ende nehmen – oh! der **VOLVO 1800?** S? –, dann ein Panhard, Fiat, noch ein Mini, eine DS, ein **SIMCA** aus der Zeit, als die noch so amerikanisch aussahen … **NSU** Sport Prinz, **FORD 12M**, der weiße Simca, noch einer von vorhin (haben wir schon eine Erdumdrehung hinter uns?), **SPITFIRE**, der 403, ein **BUICK SUPER** und so weiter. Getoppt nur einmal, 1974 in *Die Blechpiraten*, in einer Tiefgarage, bei der man zum Autodieb werden könnte …

1960: Das Jahr, in dem der Existenzialist Albert Camus in der Nähe von La Chapelle Champigny ums Leben kommt, als der vom Verlegerneffen Michel Gallimard gelenkte Facel Vega wegen geplatztem Hinterreifen ins Schleudern gerät und gegen einen Baum kracht.

8.11 Globalisierung

Zu Beginn der 1960er-Jahre weiß niemand, dass 1961 als das magische Jahr des deutschen Wirtschaftswunders in die Geschichtsbücher eingehen wird. Stattdessen warnen Leitartikler, der

Oberfläche über alles

Angeberstil habe in Übersee zu der Einsicht geführt, Style und Chrom seien nicht so verkaufsfördernd wie „VERBRAUCHER-FREUNDLICHKEIT", weshalb der „auffällige Zielwechsel der amerikanischen Konstrukteure zu denken geben" solle, so *Die Welt* mahnend an die Lenker der deutschen Auto-Branche. Wer heute haltbare Autos in die Läden stelle, habe morgen gewonnen, alle Chancen der Zukunft gehörten dem möglichst wartungsfreien Auto. Fortschritte, große Sprünge in der Technik seien demnach: Ölwechsel nur noch alle 7.500 Kilometer (Auto Union) statt alle 2.500 (Goliath, VW), hermetisch abgekapselte Kunststofflager (Ford), selbstnachstellende Bremsen (Mercedes-Benz), plombiertes Wasserkühlsystem (Renault) ... Das Komische: Was Branchenblätter fordern, passiert in Deutschland sowieso, in Detroit eher nicht.

Wirtschaftswunder Erhard und die Zukunft der deutschen Exporte

Eine Dekade vergeht, dann müssen nicht die Deutschen umlernen, sondern **DETROIT**. Zum Jahresende 1969 macht *Der Spiegel* in einer umfangreichen Titelstory die Rechnung auf. Darin ist von „local content" die Rede, davon, dass wir faktisch „**EINE MULTINATIONALE**

GESELLSCHAFT" sind. Das „Wir" der multinationalen Gesellschaft bezieht BASF-Generaldirektor Timm auf seine AG, ebenso Siemens-Chef Tacke. Fünfundzwanzig Jahre nach dem Zweiten Weltkrieg, fünfzig Jahre nach dem Ende deutscher Kolonien, zieht die BRD Wirtschaft enorm an, vor allem zieht sie in die Fremde, wo sie – wie VW in Brasilien, Mexiko und Südafrika – preiswertere Arbeitskräfte einsetzt und Betriebsräte entlässt. Globalmodelle kommen aus Wolfsburg, das sollte der Wirtschaft in Übersee zu denken geben, tut es aber nicht. Als verbraucherfreundlich gelten dort üppige Formen. Dagegen setzen BASF, Siemens und die hiesige Autoindustrie auf Freundlichkeit gegenüber Aktionären.

Bis 1951 ist es den Deutschen ganz untersagt, im Ausland zu investieren. Zehn Jahre später verbucht Opel in Rüsselsheim mit einer Profitrate von 16% des Umsatzes einen Weltrekord – auch weil Facharbeitskräfte unter dem Lohnniveau anderer Nationen verdienen. Zu der Zeit zahlt Daimler DM 8,09, Fiat 8,79, Renault 10,51. Im Jahr 1966 haben deutsche Arbeiter und Angestellte beim Blick in die Lohntüte aufgeholt – und von da an ist der Expansionsdrang nicht mehr zu stoppen. „Dafür, dass sie wie Lehrbuchkapitalisten ihr Geld dorthin schicken, wo es am rentabelsten ist, verlangten die deutschen Unternehmer freilich auch noch den Dank der Nation – und massive Subventionen."[10] Außer dem *Spiegel* äußern sich Ende 1969 – als die Deutschen mit Produkten und Produktionsanlagen in die Welt vordringen – nicht nur die Gewerkschaften, sondern auch das *Wall Street Journal* sowie diverse Volksökonomen kritisch zu dem, was wir heute als Globalisierung bezeichnen; dito zu deutschen Ambitionen einer „Welthandelsnation" (heute: **WELT AG**); dito zu dem staatlichen Bezuschussen paranationaler Giganten für Konzernvergrößerungen im Ausland; dito zu dem Ausspielen von Arbeitskräften weltweit und der Zweiteilung der Welt in Hungernde und Profiteure, eine Zweiteilung der deutschen Wirtschaft in Quandt, Siemens, Oetker, Flick und die Steuerzahler, die am Schluss das Risiko tragen und für Wirtschaftskrisen bezahlen.

Demonstration bei Opel 2010

Zugleich bemüht sich Europa, wirtschaftlich den USA die Stirn zu bieten. Die Autohersteller der Wirtschaftsgemeinschaft EWG machen jährlich einen Gesamtumsatz von 33 Milliarden Mark, produzieren mit 500.000 Beschäftigten mehr als 5.000.000 Autos. Die Autohersteller in Detroit kommen auf Umsätze von 91 Milliarden (GM), 58 Milliarden (Ford) und 30 Milliarden (Chrysler). Sie sind, auch ohne technische Innovationen, haushoch überlegen. Noch.

Die Weltwirtschaft wird unüberschaubar und komplex. Die Action findet in immer undurchsichtigeren Zusammenschlüssen auch abseits politischer Macht statt. „Marken, die sich nach außen erbittert bekämpfen, gehören in Wahrheit zur selben Produzentengruppe",[11] so *Der Spiegel* im Frühjahr 1969. In einigen

Autokonzernen träumt man parallel zur sich formierenden EU von einem europäischen Auto-Trust nach GM-Vorbild. Davon, dass das Auto in den 1960ern endgültig auch in der Bundesrepublik zum **MASSENPRODUKT** geworden ist, ziehen immer größere und immer weniger Giganten den Nutzen. Die schon nach 1945 kleiner gewordene Vielfalt der Anbieter schrumpft. Nach dem Innovator Carl F.-W. Borgward bleibt auch Motor-Revolutionär Felix Wankel auf der Strecke. Allianzen und Partnerschaften wechseln so rasant wie einst Fiat-Boss Gianni Agnelli seine Begleiterinnen: VW mit Porsche, dann mit NSU, 1964 mit Daimler-Benz an einem Tisch wegen Übernahme von deren Auto-Union-Anteilen (1958 von Friedrich Flick gekauft, 1959 damit fast BMW übernommen, irgendwo muss das Geld ja hin ...); in England fusionieren Rover und Triumph zur Leyland Motor Corporation, die dann zusammen mit British Motor (Holding mit Austin, Jaguar, MG, Morris, Riley und Wolseley) zu British Leyland wird; Fiat verhandelt mit fast jedem im eigenen Land, 1968 auch mit Citroën, die vorher mit Maserati verhandelten, Renault mit Peugeot ...

Und eher im Nebensatz taucht Japan auf.

1 Ulf Poschardt: *Über Sportwagen*, Berlin 2002
2 *Time*, 4.11.1957
3 *Flotte Autos - Schnelle Schlitten*, (hrsg. von Britta Jürgs), Berlin 2007
4 *Der Spiegel*, 41/1967
5 *Time*, 6.1.1967
6 „Syndikat der Narren", *Der Spiegel*, 40/1997
7 Timothy Jacobs: *Lemons. The World's Worst Cars*, New York 1991
8 Ralph Nader: *Unsafe at Any Speed: The Designed-In Dangers of the American Automobile*, New York 1965
9 Joseph von Westphalen: *Moderne Zeiten 2*, Zürich 1989
10 „Überall Deutschland", *Der Spiegel*, 51/1969
11 „Zeit der Giganten", *Der Spiegel*, 12/1969

Dicker, doller, durstiger

Welcher Fahrzeugtyp sind Sie? / Nach dem Pillenknick / Grundrecht auf Öl / Hotrods / „Knautschzone Sicherheit"/ Alle drehen durch / Ferrari und Fellini / Auf der Couch / Rebellion in der Chefetage / Ein Mann tut, was ein Mann tun muss / In der Hauptrolle: Ford Gran Torino / Ende der Affäre?

9.1   Welcher Fahrzeugtyp sind Sie?

Jaguar E-Type

Wenn wir uns vorstellen, wenn wir uns ausmalen, wir besäßen unseren Traumwagen, dann sehen wir uns wie James Bond im Aston Martin an der französischen Riviera: Poetisch legt sich die Corniche über die Berge, lyrisch wie die Banderole einer Ballerina. Die Straße gleicht einem Gedicht, die Linien des Autos von der Hitze des Motors zer-

schmolzenem Bauhaus. Futurismus und Leidenschaft. Im Radio läuft französischer Pop oder im CD-Player amerikanischer Rock, *middle of the road*, eben der bullernde Sound im Viervierteltakt, wie er zur Zeit des 8-Track-Abspielgeräts an den Fließbändern der Unterhaltungsindustrie zu einzig einem Zweck produziert wurde – zum *cruising*, dem Spazierenfahren.

Oder wir halten nach tage- und nächtelanger Nonstop-Odyssee am Rand von Europa an, unten links, nehmen das Surfboard vom Dach und gesellen uns zu anderen Beach Boys. Hier sehen wir den guten alten VW Bulli, auch ein Land Rover ist da, hat sich durch den Wüstensand der Sahara gefressen, im Atlasgebirge Marokkos an Hasch-Händlern vorbeimanövriert.

Bulli als markantes Medium mit Bedeutung vollgeladen (und -besprayt) ... für Hippies, aber auch Little Miss Sunshine

In Monaco parken unweit des Casinovorplatzes ein E-Type und ein quietschbunt lackierter Hummer, vielleicht irgendwo ein Panther Six (der diese Typenbezeichnung seiner Anzahl Räder verdankt, nicht der angeblichen Stückzahl), und an der Algarve, in Kreta, in Istanbul trifft man unweigerlich auf einen verdellten Mercedes „Strich-Acht", am Steuer (Chrom und Leder) ein Freak, vage vorbestraft. Unweit davon viel-

Dicker, doller, durstiger

leicht ein exzentrischer Engländer mit einem Spitfire, restauriert; woanders ein Langzeitstudent mit einem vergleichsweise wenig vertrauenswürdigen Citroën.

Wir müssen den Reisenden gar nicht in die Augen sehen, wir müssen gar nicht ihre Bücherregale betrachten, um zu wissen, wer sie sind. Der Lebenslauf manifestiert sich im Auto, die Autofahrt prägt den Lebenslauf. Auf welchen Fahrzeugtyp stehen Sie denn so? E-Type? Käfer, Ente oder Laubfrosch? 911? Mini? Ganz normal Kadett oder ein guter alter Benz als *role model* für die Oberklasse?

Jedes Auto wie sein Fahrer. Grellgelb, breiter als hoch, röhrt in den Gassen von Monaco WIE EIN OCHSE IN DER BRUNFTZEIT ein Lamborghini Diablo. Er will auffallen, er muss auffallen, gerne auch vulgär, jeder soll sehen und hören, dass er auch zum *Tabac*-Lädchen mit 510 PS unterwegs ist. RÜCKSPIEGEL braucht er nicht, Reflexion ist bedeutungslos angesichts der endlosen Horizontalen, die vor ihm liegt. Mit einer Höchstgeschwindigkeit von mehr als 330 km/h war der Diablo seinerzeit der schnellste Serienwagen weltweit. Wer sich mit solch einem Rekordhalter ziert, trägt auch am Handgelenk Gold, in jedem Arm eine getunte Schönheit. Sein Zuhause haben nur wenige je gesehen. Mit oder ohne Allradantrieb, dreiteilig verstellbarem Heckspoiler für Anpressdruck (denn sonst würde der keilförmige Wagen abheben, so kann er auch im Tunnel an der Decke fahren) und eben dem zeitgemäßen Schnickschnack wie elektronischem Fahrwerk: Das Auto wie seinen Fahrer eint, dass sie erst nach Sonnenuntergang zu sehen und zu hören sind. Auch von weitem. Den städtischen Dschungel des monegassischen Fürstentums verlassen beide eher selten.

Oktober in Rimini, ein indianischer Sommer, letztes Aufbäumen. Das verzweifelte Anrennen gegen die graue Realität von Alltag und Abwasch ... ist auch das Ausrollen des Autos als Fluchtmedium

9.2 Sportsfreund der Göttin

Das Auto bewegt Männer, und am liebsten bewegen diese die Herzen der Frauen. Um Venus und Mars, Männer und Frauen kreist auch einer der weniger bekannten Kinofilme mit Alain Delon, *Oktober in Rimini* von 1972. Delon war damals Frankreichs coolster Melancholiker, ein Mann, der meist wenig sagte. Ein europäischer Clint Eastwood. Genau genommen dreht sich *Oktober in Rimini* nicht um Männer und Frauen, sondern um zwei Männer und eine Frau. Die Männer haben Autos, die Frau wird chauffiert – und bleibt still.

Während die französisch-italienische Co-Produktion gedreht wurde, saß man bei Citroën nachts an einer Sportversion der DS, gleichzeitig grübelte man bei Maserati in Bologna, Italien, an dem Motor dafür. Das aus dieser italofranzösischen Annäherung resultierende Baby, der CITROËN SM, ist eine der wunderschönsten, auch anfälligsten Kreationen.

Ein echter Hingucker. Noch Jahrzehnte später, als die spanische Dependance von BP ein „futuristisches Auto" für einen TV-Spot suchte, entschied man sich für den SM. Statt zwei runden SCHEINWERFERN HINTER GLASFRONT

– wie bei der DS – hier zweimal drei Leuchten, die jeweils mittleren mit der Fahrtrichtung einlenkend. Dazwischen und vor dem Nummernschild auch Glas, was beim TÜV jahrelang für Ärger sorgte (nichts im Vergleich zu den Scherereien in den USA). Das Fahrgefühl: wie mit einem sehr schnellen Sofa. 1970 war der Wagen das schnellste Serienauto mit Vorderradantrieb, ein optimistischer Pfeil in die Zukunft, mit seiner progressiven Technologie eine für jeden erschwingliche Concorde. Klein wie in einem Flugzeug auch das Lenkrad, hart ansprechend wie bei einem Go-Kart, halbe Umdrehung, schon am Anschlag. Die Heckklappe aus gewölbtem Glas, das Arrangement der Rücklichter mit dem merkwürdig positionierten Nummernschild…wie aus einer anderen Welt.

Die italienisch-französische Liaison hinterließ Spuren – in den Pneumatiksystemen diverser Maserati – und bei Citroën gleich einen ganzen Sportwagen

Die dunkelhaarige, Poesie liebende Schönheit in *La prima notte di quiete* (um schnell den muffigen deutschen Titel *Oktober in Rimini* zu umlenken) ist so ähnlich.

Delon spielt in dem Film einen Aushilfslehrer, *il professore*. Franzose in Italien. Er raucht im Klassenzimmer, erlaubt dies auch den Schülern. Und die eine Schülerin verdreht ihm den Kopf.

Sehr verboten, so unorthodox wie seine Didaktik, mehr als eine Atlantiküberquerung entfernt von dem quietschfidelen →*Club der toten Dichter*, von dessen wie ein Barett aufgesetztem Weltschmerz. Nach Schulschluss sieht Delon, wie die stille rätselhafte 19-jährige abgeholt wird, mit einem röhrenden Lamborghini Miura von '69. Der erste *supercar*.

Club der toten Dichter: „Die Paris verzehrenden Autos"… wäre die schulenglische Übersetzung eines früheren Films von Regisseur Peter Weir; aber angesichts des Kampfwagens des vom Opfer zum Täter gewandelten Non-Helden in dem kraus pseudo-sozialkritischen *The Cars that ate Paris* ist eigentlich nur ein Titel denkbar: Das Stachelschwein. Echter Aussie-Trash, eine Art Vorreiter für die dystopische, auch krudkrasse Szenerie von Mad Max.

Wer hat Angst vorm Stachelschwein? In Australien niemand

Die Gattung *supercar* musste für die etwa dreimal so breite wie hohe Flunder erst erfunden werden. (Okay, tatsächlich war er 1,05 m flach, 4,37 m lang und 1,78 m breit.) Ein Auto für Scheichs und Könige. In Handarbeit und ohne Zugeständnisse gebaut. Weil der Motor den Ohren des Fahrers näher war als die meist bezaubernde Beifahrerin, ging es auch im Auto sehr laut zu. So makellos war nie wieder das Styling eines Sportwagens, denn der →Miura hatte eine Macke: Den ohne Rücksicht auf Kompromisse entworfenen Wagen verunzierte kein Spoiler. Im Heck unter Glas zwölf ungeduldig dröhnende Zylinder. Der

Dicker, doller, durstiger

Wagen sah nicht nur windschnittig und rasend aus, er war auch so schnell, dass er abhob. Abgehoben auch sein Lenker, ein Zuhältertyp mit den Manieren eines Bauernsohnes, der aber immerhin weiß, wie man sich kleidet und einrichtet.

Miura: Trecker-Millionär Ferruccio Lamborghini ließ das Auto bauen, weil er mit seinem Ferrari unzufrieden war und seine Verbesserungsvorschläge von Enzo Ferrari verlacht worden waren. In Sant'Agata-Bolognese angefertigt, vom direkt hinter den Sitzen angeordneten, quer eingebauten V12-Mittelmotor eine Kraftübertragung mit Transaxle-Getriebe und ohne Kardanwelle, 350 PS, 274 km/h. Ein Straßenwagen wie ein Rennauto, beim Genfer Auto-Salon 1966 die Sensation.

Für *il professore* Delon geht der erste Arbeitstag zu Ende, und der einzige Lichtblick in der Schulklasse voller Aufmüpfiger, die dunkle Schönheit, steigt in einen nach einem Ochsenzüchter oder Stierkämpfer benannten Miura. Die fremde Stadt sieht noch etwas trostloser aus, sie ist grau und oll wie nach dem Krieg, es ist Oktober, noch eine Fluppe in den Rachen.

Am nächsten Tag passt der dichtende Dozent Daniele Dominici die Liebhaberin der Poesie, Vanina Abati, ab. Mit einer zwanzig Jahre alten Karre. Er fährt einen ziemlich angeschlagenen Citroën 11B (alias *Traction Avant)*. Jeder kennt den Wagen, der mit seinen geschwungenen Kotflügeln noch aussieht wie ein Oldtimer, stets schwarz, der Fluchtwagen für Gangster, die Rücklichter wie Positionsleuchten an einem Schiff. Noch heute ein Auto für Männer ohne Nerven. Dominici spielt auf Risiko, auch am Kartentisch. Ein weiteres Charakteristikum des Citroën sind die sogenannten Selbstmördertüren, bei denen die Scharniere für die Vorder- und Hintertüren an derselben Säule befestigt sind. Auch der Miura-Fahrer Gerardo Pavani schreckt vor hohem Einsatz nicht zurück – und ge-

winnt. Er verleitet den Hilfslehrer dazu, mit seiner Vanina im Fond über Lorca und Lyrik zu plaudern, im Dunkel einer nassen Nacht. Weil wir in Italien sind, hat ein anderer Player einen Ferrari 330 GTC, elegant und schon in der Form das andeutend, was das verwaschene Blau unterstreicht – ein Hai. Aus welchen Gründen auch immer, der letzte der Spieler gibt den zwei wahrlich Liebenden den Schlüssel zu einer leerstehenden Immobilie, dazu gleich noch sein Auto: den Fiat 124, den man heute nur noch als Lada assoziiert, ein gemeiner Volkswagen für das aufstrebende Proletariat, eine Vertreterkutsche. Weiß und schäbig.

Souverän, elegant, alles im Griff (noch): **Ferrari 330 GTC**

Trotz oder wegen der einen Nacht rast der Film auf den Abgrund zu, dann auch hinein, und am Schluss endet der Citroën zertrümmert im Straßengraben. Die Italiener behalten ihre Autos. Aber nicht die Frau. Nicht nur die Story des Films, sondern die Besetzung (der Autos) ist eine präzise Allegorie auf die Dekade nach dem *summer of love:* Liebe und Leidenschaft lodern noch, verblühen, sterben brutal oder unbemerkt. Der SM, konzipiert als Türöffner für den US-Markt, leitet seiner verstörenden Eigenart wegen Citroëns kompletten Rückzug aus den USA ein. Frankreichs Auto-industrie rast – schulterzuckend wie Delon – in eine Existenzkrise. Doch um die italienische Industrie ist es, trotz des Giganten Fiat, noch übler bestellt. Zu lachen haben auch sie nichts.

9.3 Nach dem Pillenknick

Nach dem Pillenknick – zwischen 1965 und 1975 – geht es wirtschaftlich zwar weiter bergauf, die Autobranche boomt. Einige Hersteller wachsen und setzen Speck an, so dass sie andere schlucken und übernehmen. Andere Firmen kommen nicht mit, geraten unter die Räder. Als erstes die Autobauer in England, außer-dem und außerordentlich die USA, in Relation zu früherer Stellung auch Italien.

In Millionen $

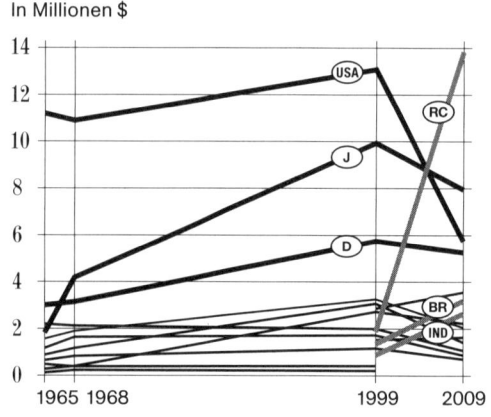

1965 und 1968: Pkw-Produktion. 1999 und 2009: Kfz-Produktion (inkl. Lkw und Busse). In den USA enormer Rückgang von 1999 bis 2009, relativer Knick in Japan und Deutschland, Aufsteiger trotz Krise sind China, Indien und Brasilien.

Die Tendenz, nun seit vierzig Jahren: In immer mehr Ländern werden immer größere Mengen an Pkw gebaut. Große Hersteller der Industrienationen lassen montieren oder verkaufen Lizenzen. Die Großen werden größer, die USA machen es sich bequem, ihre Dominanz schmilzt. Deutschland richtet sich an Position zwei

der Weltproduktion ein, wird 1980 von Japan überholt. Die Weltkarte der Herstellermächte verändert sich, mit der englischen Industrie als erstem große Opfer. Einst weltweit führend mit etlichen Bastlern und Betrieben stellen sie in den 1970ern kaum mehr nennenswerte Modelle vor (und wenige zuverlässige).

Die Briten, treue Verfechter des Linksverkehrs, waren maßgeblich am Organisieren von Verkehr beteiligt. Auch außerhalb der Kolonialmacht bewegte sich traditionell auf der linken Straßen-seite, wer im Leben vorne war; in Frankreich war das der Adel, dem das gegenläufige Fußvolk untertänigst auswich. Nach der französischen Revolution schlichen Barone und Adlige lieber un-erkannt mit den Massen auf der rechten Straßen-seite – die so zum Standard für alle wurde. In Deutschland fuhren oder gingen, glaubt man alten Fotos und Aufnahmen, alle überall, der dünne Fahr-zeugbestand ließ es zu.

Eins der Highlights englisch-pragmati-scher Organisation des Miteinanders ist die Erfindung der Verkehrsampel. Wenige Jahre, nachdem in London erst Pferdewagen, dann Bahnen **UNTERIR-DISCH** ihren Weg fanden, wurde vor den Houses of Parliament am 10. Dezember 1868 die **ERSTE STRASSENVERKEHRS-AMPEL** – weltweit – aufgebaut. Einge-setzt wurde dafür die Technologie, die sich im Schienenverkehr bewährt hatte: tagsüber ein mechanisches Flügelsignal, nachts grüne und rote Gaslaternen (Elektrizität hielt man im Königreich für eine vorübergehende Modeerscheinung.) Gas hatte seine Tücken – drei Wochen später explodierten die Laternen, wodurch sich der sie bedienende Wachtmeister schwere Verletzungen zuzog.

Richtige Ampeln in drei Farben mit elektrischem Licht wurden vor dem

Dicker, doller, durstiger

Ersten Weltkrieg in den USA installiert – vor allem, um Feuerwehr per grüner Welle schneller durch das Straßengedrängel zu navigieren.

Erste Ampel am Potsdamer Platz Berlin

9.4 Peak oil

Noch vor der Öl-Krise 1973 zeichnet sich in Amerika ab, dass es wirtschaftlich mit dem Auto nicht immer weiter bergauf gehen wird. Die Konsequenzen werden das gegenwärtige Jahrhundert so prägen, wie Öl das vergangene angefeuert hat. Das Ende von Amerika, ein paar Jahre nach 9/11, ist auch das Ende von Amerikas Vorstädten, der ganzen Infrastruktur, wie sie nach dem Zweiten Weltkrieg aufgebaut wurde. Das ganze Land eine Opfergabe, die komplette Architektur eine Verbeugung vor dem *motorcar* als allmächtige Kraft. Nicht nur in Detroit, sondern mit jedem Auto-Kino, *Drive-thru*-Begräbnis, mit jedem *in-car*-Komfort ... Das ist kein Horror-Szenario, nicht Stoff einer gemeinen Verschwörung – es ist an jeder Straßen-

kreuzung sichtbar. Und es ist bestens dokumentiert, in dem Dokumentarfilm *The End of Suburbia*.[1]

Erdöl wird knapp. Weil das zu Hysterie und Panik führen kann, beruhigen Politiker und Ölindustrie das Volk mit anderen Sätzen: Auch in Jahrzehnten werden die Ölvorräte weltweit nicht aufgebraucht sein, *peak oil* hat es immer schon gegeben. **UND ES STIMMT:** Öl wird weiterhin gefördert und raffiniert werden – nur wird es teurer. Viel teurer.

Der Begriff *peak oil* benennt den Zeitpunkt, zu dem das meiste Öl mit Hochdruck aus einer Ölquelle sprudelt. Danach ist es in dem entsprechenden unterirdischen Ölfeld noch vorhanden, es zu fördern wird jedoch zum einen aufwendiger, also kostenintensiver; zum anderen lässt die Qualität nach, da das verbliebene Rohöl dickflüssiger ist, unreiner. Die USA hatten mit ihrer landeseigenen Öl-Förderung ihr *peak oil* um 1970. Weltweit wurde *peak oil* vermutlich zwischen 2000 und 2005 erreicht.[2]

Die Autoindustrie ist vom Ölpreis sehr direkt betroffen. Die Umwelt und damit unsere ursprünglichsten Lebensbedingungen wiederum sind direkt vom Abbrennen fossiler Rohstoffe betroffen. Wie viel fossilen Energieverbrauch können wir uns leisten? Können wir unsere CO_2-Emission auf jährlich zwei Tonnen pro Kopf und Jahr reduzieren – auf ein Fünftel dessen, was jeder Deutsche an Kohlendioxid erzeugt, und ein Zehntel dessen, was jeder Amerikaner erzeugt?[3] Parallel zu weltweit abnehmender Erdölproduktion und steigendem Bedürfnis nach Sprit weltweit, parallel zu explodierenden Automärkten in China, Indien und anderswo sind die durch die „Neueinsteiger" verursachten Treibhausgase auch gewichtig, jedoch anders, als es in den Medien oft dargestellt wird: Nach den Zahlen des UN-Klimasekretariats produziert China mehr CO_2-Emissionen als die Amerikaner, der CO_2-Ausstoß pro Kopf ist jedoch in den USA viermal so hoch (2007: USA 19,1 t pro Kopf, in China 4,6 t, Mexiko 4,1 t, Brasilien 1,8 t). Mehr als 15 t pro Kopf in Australien, Kanada, mehr als 10 t in Saudi-Arabien, Finnland, Taiwan, Russland, Südkorea, Tschechien. Unter 10 t pro Kopf und immer noch über dem Doppelten der vermutlich vertretbaren 2,5 t: Japan und Deutschland (9,7 t); Österreich (8,4 t), Schweiz (5,6 t), Großbritannien, Polen, Spanien, Italien, Südafrika, Ukraine, Iran, Frankreich).

9.5   Grundrecht auf Öl

Es bewegt einen überall hin – zum Arbeitsplatz, zum Shopping-Tempel am Rande der Stadt, nach Italien oder Afrika, zum Briefkasten –, auch abseits konventioneller Wege, in acht Tagen um die Welt (um den Äquator, bei 208 km/h, nonstop). Eine Erfindung, die (wie Kühlschrank und Glühbirne) der Natur ein Schnippchen schlägt – und gesteuert wird sie vom Menschen. Der Mensch hat das Auto unter Kontrolle, übt Macht aus über ein Vielfaches seiner eigenen Kräfte.

In der Auto-Nation Deutschland ist der ungebremste Individualmobilismus eine Heilige Kuh, mit der sich nur anlegt, wer es sich gut überlegt hat. Ebenso das, worauf das Auto steht, im günstigeren Fall fährt: die Autobahn. In der Auto-Nation USA dagegen wird das scheinbar unumstößliche Grundrecht auf Öl besonders gern eingeklagt und notfalls mit militärischer Gewalt durchgesetzt. Aber auch bei uns: Wenn Spritpreise steigen, verursacht das bei Medien- und Meinungsmachern Aufruhr. Was denken sich die

Saudis? Was nimmt sich der Fiskus raus? Und so weiter. Am Benzin-Konsum verdient neben der OPEC und Öl-Konzernen der Staat – in Deutschland sind es um die €40 Mrd. (für Benzin und Diesel) jährlich, in Österreich knapp €4 Mrd., in der Schweiz um die €2,5 Mrd. (über 3 Mrd. Franken).

So setzt sich der Benzinpreis an deutschen Zapfsäulen zusammen:

Gesetzlicher Beitrag an →EBV	0,5 Cent/Liter
Energiesteuer	*Benzin:* 50,15 Cent/Liter
	Diesel: 31,74 Cent/Liter
Ökosteuer	15,30 Cent/Liter
Mehrwertsteuer	19%

Vor der MwSt. zahlt man den „Produkteinstandspreis", zu dem Kraftstoff importiert wird, plus den Anteil der Mineralölkonzerne. Der Produkteinstandspreis = Warenpreis wird determiniert von Rohölpreisen auf dem Weltmarkt und von der OPEC, aber auch Raffinerie- und Transportkosten zum jeweiligen Land eingerechnet.

EBV: Erdölbevorratungsverband, der im Fall einer Krise einen Ölvorrat für neunzig Tage sichern soll.

In den USA greift die Regierung an der Zapfsäule nicht so heftig zu wie in Europa. Die Steuersätze in den einzelnen Bundesstaaten sind verschieden und passen sich (gegensteuernd) an besonders hohe bzw. niedrige Rohölpreise an – der Durchschnitt lag zwischen 1919 und 2002 bei 24%. Unterm Strich kostet Sprit in Amerika etwa ein Drittel dessen, was man hier bezahlt. Das fördert das ungebremste Abfackeln des Rohstoffs mit *gas-guzzlers*, Benzinschluckern wie SUV usw., andererseits wirken sich Schwankungen des Warenpreises sofort und deutlich spürbar auf den Preis an der Zapfsäule aus. Was hierzulande wie ein leichtes Beben an der Börse in den Fernsehnachrichten kolportiert wird, erschüttert Amerikaner wie eine Naturkatastrophe. Nur eben nicht naturgemacht – sondern „because of OPEC!", flucht man zwischen Alaska und Texas: Die Saudis sind schuld.

Und so flucht man auch in Amerika, wenn man für den Liter Sprit mehr berappen soll als für eine Flasche Mineralwasser. Dabei hat Benzin einen ungleich längeren Weg hinter sich, bevor es aus der Zapfsäule in den Autotank sprudelt. Für einen Liter Benzin reisen 1,3 Kilogramm Erdöl oft um die halbe Welt, um in Raffinerien verarbeitet zu werden. Bis es dazu überhaupt kommen kann, müssen sich kohlenstoffreiche Organismen (entsprechend 23 Tonnen Pflanzenmasse) in pflanzlichen Kohlenstoff verwandeln. Zusammen mit anderen Komponenten (Wasserstoff, Stickstoff, Sauerstoff, Schwefel und in winzigen Mengen andere Metalle) wird daraus in mehreren hunderttausend (oder auch Millionen) Jahren Rohöl.

23.000 Kilo Pflanzenmasse und eine Million Jahre: für einen Liter Benzin. An der Tankstelle Ihrer Wahl, zu erwerben für 0,1 ct (Irak) bis fast 200 ct (Türkei) oder noch teurer in Eritrea. In einem Porsche Cayenne Turbo S ist der Liter – bei Vollgas, mit 270 km/h – nach zwanzig Sekunden verbraucht.

Wie kommt ein Pkw auf 120 g CO_2/km? Oder, ausgehend von einem Verbrauch von 5 Litern auf 100 km: Wie werden 4,3 kg Sprit zu 12,6 kg Gas? Ganz einfach: Da das Verbrennungsprodukt CO_2 ist, kommen auf einen Anteil Kohlenstoff zwei Anteile Sauerstoff. Da im Ausgangsprodukt überhaupt kein Sauerstoff enthalten ist, ist das Endprodukt der Verbrennung wesentlich schwerer als das Ausgangsprodukt; durch den Verbrennungsvorgang wird der Luftsauerstoff im Endprodukt (CO_2) gebunden. Und wie viel CO_2 darf jetzt ein Geschäftsreisender jährlich hinterlassen?

9.6 Farbenlehre

Mustang in Rüsselsheim ... gekreuzt mit Heck der Corvette

Mitte der 1970er-Jahre: Immer mehr können sich einen fahrbaren Untersatz leisten, doch während jeder seinen alten Wagen auf sonntäglichen Parkplätzen verkauft, auf diesen Parkplätzen der an den Stadtrand gewanderten Möbelhäuser (jedem seine Schrankwand), wird die Branche doch von der Ölkrise eingebremst. Empfindlich getroffen auch Volkswirtschaft und Politik. Nach Angst und Schrecken wegen der Ölkrise '73, der Neuordnung der Wirtschaftswelt durch Arabien, kommen ein paar unvergesslich coole Modelle auf den Markt. Trotz Krisenstimmung wird – noch! – experimentiert und ...

... führen Krise und betriebswirtschaftliche Rationalisierung nicht zwangsläufig in Angst und Anpassung an das Bestehende. Noch gibt es Vielfalt an Formen und Modellen, kommen Klassiker auf den Markt (deren Anzahl nach der Ölkrise zum Ende der Dekade hin ausdünnt): Range Rover, Audi 100 Coupé S, Citroën SM, Toyota Celica, Alfa Romeo Montreal, Opel Manta (alle 1970), BMW 3.0 CSL, Renault R5 (1971), Opel Rekord D, BMW 525, Alfasud, Honda Civic (1972), Opel Kadett C City, Matra-Simca Bagheera, MG B GT V8 (1973), VW Golf, Passat und Scirocco, Porsche Turbo, Volvo 244, Audi 50, Ford Capri II, Fiat 131 Mirafiori Abarth, Citroën CX, Lamborghini Countach LP 400 (1974), Mercedes W 123, Triumph TR7 (1975), Ford Fiesta,

Jaguar XJS (1976), Porsche 928 (1977), Opel Senator, Mazda RX-7 SA2, BMW M1 (1978).
    Toyota, Suzuki, Mazda, Mitsubishi und andere aus hiesiger Sicht noch unscharf profilierte Marken dringen aus Japan ab 1970 nach vorne. In Deutschland fassen sie (nach ersten Feldversuchen, in den Experimentalmärkten Schweiz, Belgien) nicht so schnell Fuß wie anderswo.

Es wird über das ultrasichere Auto nachgedacht, geforscht und daran gebaut, ebenso an der Idee des wesentlich leichteren (in Mengen gebaut, auch wesentlich günstigeren) Wankelmotors, an dem ewig haltbaren Auto und und und. Die Abteilungen, die sich um die Absatzmärkte kümmern, freuen sich allerdings nicht besonders über ewig haltbare Autos. Im Gegenteil: Die Angst geht um. Man betrachtet Prognosen, sucht nach Einsparmöglichkeiten, Patentrezepten. Alle sehen schwarz.

Orange war eine Zeitlang alles. Telefone, Autos, Bonbons, Ford Capris, Drinks ... und sogar die Capri Sonne aus Eppelheim

Schaut man in den 1970ern aus dem Fenster, sieht man aber gar nicht schwarz: Alle Autos, von drei Versionen der wankelmütigen Mercedes-Studie C111 über Ford Capri, VW Polo, Opel Ascona, Alfa Romeo Montreal, alle und alles ist orange! Die Freude am Fahren mag einen kleinen Knacks bekommen haben, aber im Grunde ist sie ungebrochen wie zuvor. So wie die Schlaghosen, die kunterbunten Schuhe, die Telefonapparate, so wie Hohes C, nimm2, auch Sunkist und ein von Muhammad Ali 1979 beworbener Softdrink aus Heidelberg-Eppelheim – **CAPRI-SONNE** – ja, sogar Zigaretten (Camel, Ernte 23): Alle zelebrieren das Jahrzehnt in lebensfrohem, fröhlichem **ORANGE**.

    1980 sind nur noch 2,2% aller Neuzulassungen orange, fünf Jahre später 0,2%.[4] Der Sommer ist vorbei, *pop will eat itself*, frische Ideen kommen nicht am Vorstand vorbei, der Drive ist hin. Als nichts Neues mehr geht oder ankommt oder gefunden wird, werden andere Sachen aus dem Schrank geholt: Scheibenwischer für Scheinwerfer (Saab 1970), Turbo (Porsche 1974), GTi (VW Golf 1976), Allrad (Audi 1980). Engländer motzen gerne mit Wurzelholz auf, bei Citroën drückt sich Avantgarde im aus dem Wohnzimmer mitgenommenen kugelförmigen Ascher aus. Jeder macht mit, jeder muss mitmachen – und die Weisen unter den Automachern erinnern: Wo sind Packard heute, die 1940 mit den ersten elektrisch betriebenen Fensterhebern auffielen, in derselben 180-Serie Klimaanlage boten? Weg vom Fenster.
    An der Oberfläche passiert – farblich – umso mehr. 22,1% der Neuzulassungen sind 1980 **ROT**. (Heute, wenn man die Straße runterguckt, kaum zu glauben – rot sind, marginal verändert seit zehn Jahren, nur noch etwas mehr als 5% aller Neuwagen. Und davon über 20% aller Alfa Romeo.) Die jährlich beim Kraftfahrtbundesamt erfassten Farbendaten sind verzerrt, weil sie nur Neuzulassungen

betreffen. Sie belegen aber, dass seit kurzem Bewegung in die Farbauswahl kommt.

1985 ist rot mit 20% immer noch dominant, dicht gefolgt von GRAU und WEISS. 1995, Michael Schumacher ist noch nicht bei Ferrari angekommen, da wird rot (21,8%) von blau überrundet (23,8%). Die Aufsteiger und BWLer und Angeber aus den Werbeagenturen der 1980er, eine Ausgabe von *Max* auf der Hutablage, haben sich entschieden, anders als Immerjunge wie Gottschalk, nicht in Bluejeans und Turnschuhen, sondern im Anzug auszugehen. In schwarz, passend zu den Schuhen. GRAU oder SCHWARZ sind darum 12% der Neuzulassungen.

Und dann fängt, nach langem Leiden und Warten und Perfektionieren, der Siegeszug der Silberpfeile von Mercedes wieder an. 1998 holen die silbrig glänzenden McLaren-Mercedes Gold – und der Anteil von silbernen Pkw steigt über 20%. Im Jahr 2000 sind 35,9% →silbergrau, 24,1% blau und 18,9% schwarz. Die wachsende Anzahl „Firmenwagen" mag auch damit zu tun haben – die sind selten rot. Der Trend zum Businessanzug verstärkt sich noch: 2005 sind 45,3% der Wagen SILBERGRAU und 25,5% (zeitweise über 30%), seriös und den visuellen *impact* von Wuchtbrummen wie SUV etc. noch verstärkend: SCHWARZ.

silbergrau: ... was die Polizei animiert, zwecks besserer Wiederverkaufschancen in ihrer Autogestaltung von grün-weiß auf blau-silber umzusteigen. Möglicherweise eine etwas voreilige Entscheidung – schon 2007 ist weiß (10%) wieder groß im Kommen.

Übrigens: Frauen kaufen generell gern „richtige" Farben.

9.7 Hotrods

George Barris zeichnete als Autotuner verantwortlich für das Batmobil – und 1977 für die mörderische Karre in *Der Teufel auf Rädern*, einen fahrerlosen, rabenschwarzen 71er Lincoln Continental Mk III, der eines Tages in einem Kaff in Utah auftaucht und MENSCHEN KILLT. Motiv, Motivation, der ganze Streifen: zum Gruseln.

Die Entscheidung von Barris Kustoms, für den Film ausgerechnet einen Lincoln Continental Mk III zu frisieren, ist so perfide wie genial – ist der Lincoln doch ein direkter Abkömmling des Autos, in dem John F. Kennedy 1963 in Dallas starb. In dem Film kommen mehrere Leute unter die Räder des Lincoln. Als selbst der Sheriff der Kleinstadt Santa Ynez (in die das unbekannte Üble eindringt wie ein Fremder: um zu töten) der wie von unsichtbarer Hand gelenkten Teufelsmaschine zum Opfer fällt, greift Captain Wade Parent ein. Seine Freundin ist Lehrerin in der Schule kreischender Kinder, die die mordende Karre bei der Probe für einen Straßenumzug attackiert. Alle flüchten. Auf einen FRIEDHOF. Da traut sich das Auto nicht hin.

Wer viel Geduld aufbringt und sich auch den Nachspann noch ansieht, entdeckt, dass nicht nur George Barris hinter den Kulissen für den Streifen tätig war, sondern dass als Berater auch Anton LaVey genannt wird, der Gründer der Church of Satan.

George Barris' Bruder Sam war einer der ersten Kalifornier, die den Mythos der indivuellen Fortbewegung wortwörtlich nahmen – ein gesichtsloses Einheitsprodukt vom Fließband in Detroit jedenfalls verstand er nicht darunter. So wie später Peter Fonda und Dennis Hopper mit ihren zu Choppern veredelten Harley-Davidsons in *Easy Rider* hatte Barris eigene Vorstellungen von Freiheit im Land des uniformen Massenkonsums. Mit einer Kettensäge hackte er das Dach eines 49er Mercury ab (engl. *to chop* = hacken). Dann nahm er Schweißgerät und Spraydosen zur Hand und schweißte es auf gekürzte Holme wieder an.

Eine Familienkutsche zu einer flacheren Rennmaschine zu stilisieren, ein fabrikneues Automobil mit Hammer und Schweißgerät schnittig machen, gestalterische Akzente umzukehren: Darum ging es George – und seinem Bruder Sam – Barris. Das Ergebnis waren die ersten *hotrods*. Großflächige Windschutzscheiben wurden ausgetauscht gegen bedrohlich-schmale Sehschlitze wie im Schützengraben oder Panzer, die Motorabdeckung ganz entfernt, Auspuffrohre verchromt und freigelegt, die Lackierung wie von einem Tätowierer, Räder gegen Walzen von Rennwagen ausgetauscht, die Bodenfreiheit cartoonesk hoch oder niedrig. Das war neu. Es war dekadent und zerstörerisch. Und es war Anlass für einen der größten Artikel des *new journalism* aus der Feder Tom Wolfes: „Unnötig zu betonen, dass Autos für diese Halbwüchsigen mehr bedeuten als die Architektur in Europas großem Jahrhundert, sagen wir zwischen 1750 und 1850“, so Wolfe in dem 1963 für *Esquire* verfassten Essay. „Sie bedeuten Freiheit, Stil, Sex, Macht, Bewegung, Farbe – nichts von alledem fehlt.“

Hotrods sind natürlich nur in groß denkbar und in in Farbe, Metallic

Yeah, die Sixties: Die Beach Boys waren betörend, *hotrods* und **CUSTOM CARS** neu, Tom Wolfes Kulturbegriff ausgeklinkt. Bis dahin hatte niemand „Underground“-Bewegungen und -Artefakte mit Klassikern auf eine Ebene gestellt. Und er hatte eine Sprache dafür gefunden – schon in der Überschrift: „*There Goes (Varoom! Varoom!) That Kandy-Kolored (Thphhhhhh!) Tangerine-Flake Streamline Baby (Rahghhh!) Around the Bend (Brummmmmmmmmmmmmmm)*“. Kaum nötig zu erwähnen, dass die deutsche Sprache nicht im selben Tempo mitkam. Zitat aus der Übersetzung von 1968 (wo T-Shirts noch „**T-HEMDEN**“ sind): „Die formbesessene Gesellschaft der Teenager hat zumindest einen Beitrag von großer Bedeutung zur Geschichte der Formen geleistet – die maßgeschneiderten Autos.“

In Kalifornien wucherten vergleichbare Auswüchse. Berührungspunkte zwischen Hotrod-Szene und dem Hippie-Ur-Vehikel, dem VW-Bus, finden sich in den Werken von →Robert Williams, →Robert Crumb und →Gilbert Shelton.

Robert Williams hatte zwar Kunst studiert, danach die Miete jedoch als Tätowierer, auch als Lackierer von aufgemotzten Autos bezahlt. Als er genügend *hotrods* lackiert hatte und der Verstand von der Zeit geschärft war – Vietnam, Flower Power und in Detroit die MC5 –, folgte Williams 1967 der Einladung von Robert Crumb, beim ersten „Underground Comic“ *Zap Comix* mitzumachen. Statt Superhelden, die hehre Moral vertreten, malte man bei *Zap Stories* voller Exzess und Gewalt, randvoll mit krassen Figuren, schmutzigem Sex und mehr.

Robert Crumbs Ästhetik der muskulösen, gewichtigen Frauen, seine ganze Erscheinung (in Selbstporträts ein Gesicht wie Magenkrebs): Das war kein erhobener Zeigefinger, sondern der dem Establishment entgegengestreckte Mittelfinger. Bei *Zap* ging das, und es ging entsprechend ab. Der Verleger und diverse Vertreiber des Mags wurden wiederholt von FBI und Rednecks drangsaliert.

Gilbert Shelton hatte vorher für einen Rockschuppen in Austin/Texas eine Menge Konzertplakate gemalt und später *Die abseitige Kunst des Robert Williams*[5] kommentiert. Williams wurde mit dem Artwork für Guns N'Roses' *Appetite For Destruction* und anderen Plattencover reich.

Dicker, doller, durstiger

9.8 Vampire

Cadillac de Ville, ein Wagen wie eine Stadt. Zweitürer. Im Handschuhfach ist Platz genug für ein kleines Parkhaus

1977: Im direkten Anschluss an die Öl-Krise und versiegenden Ressourcen zum Trotz saugen die Mobile aus Detroit unverblümt und ohne Scham den Lebenssaft der Industrienationen. Die Cadillacs werden zu fahrenden Wohnzimmern voller Plüsch, die dicksten und längsten und schwersten Serienwagen der Nachkriegsgeschichte schlucken Sprit, als würden sie vor nichts zurückschrecken – schon gar nicht vor irgendwelchen Saudis in der Wüste. Der Cadillac Sedan de Ville ist in seiner ganzen sechs Meter langen Pracht beeindruckend wie ein Wolkenkratzer. Eine Art Schloss auf Rädern, das auf den Markt gerollt kam, als wäre nichts gewesen – und es wurde gekauft. Mit solcher Wucht und Größe zeigte man der OPEC, wer die Marschrichtung vorgab, die Form bestimmte. Oder, noch aggressiver gedeutet: In Plüschsesseln und mit elektrischen Fensterhebern, Klimaanlage und anderem Luxus, den man zuhause gar nicht hatte, konnte sich das Volk in Sicherheit wähnen. Auch Tankstellenbetreiber und Ölkonzerne konnten es. Wenn die Welt untergeht, dann nach uns.

Ins Schleudern geriet die Kalkulation erst später. Das Festhalten am eingeschlagenen Weg (statt Chrom und Barock außen nun mit Plüsch und Versailles im Inneren) war, wie sich herausstellen sollte, eine folgenschwere ökonomische Fehlentscheidung. Gerade ein Koloss wie die US-amerikanische Auto-Lobby, Dinosaurier-Betriebe wie Daimler Chrysler und General Motors – mit all deren Urviech-Eigenschaften, unflexibel, groß und mit viel mehr Muskeln als Hirn – sollten die Rechnung bezahlen. Die V8-Motoren der Cadillac-Modelle Fleetwood und Eldorado hatten bis 1976 bzw. 1978 serienmäßig 8,2 Liter Hubraum. Damit verbrauchten sie auf hundert Kilometer über 30 Liter; von Stadtverkehr wollen wir gar nicht sprechen.

Auch in Europa saß trotz Ölkrise nicht immer die Vernunft im Cockpit – oder unter der Motorhaube:

Automodell	Land	Jahr	ccm	PS	Liter/100 km
BMW 2800	D	1972	2800	170	18
Jensen Interceptor SP	GB	1972	7200	325	27
VW 1303	D	1972	1300	44	15
Opel Commodore GS/E	D	1973	2800	160	16
Opel Diplomat V8	D	1974	5400	230	22
NSU Ro 80	D	1976	—	115	17–23
Porsche 924 Turbo	D	1978	2000	170	16
Citroën CX 2400 GTi	F	1978	2400	128	17
ZIL 117	SU	1978	7000	300	40

1981 kam auch Cadillac auf die Idee, ökologisch sinnvollere Autos zu bauen. Mit dem **V8-6-4-SYSTEM** spare man 10–15% Sprit, brüstete sich der Hersteller. Das System mit Zylinderabschaltung und digitaler Benzineinspritzung war aber nicht mehr als „albern und merkwürdig beschränkt". Die Ein-/Ausschaltung diverser Zylinder funktionierte nicht zuverlässig, wurde aus den meisten Modellen wieder entfernt und gegen Alu-Motoren ersetzt, die in den meisten Fällen erst nach knapp 100.000 Kilometern versagten. „General Motors", so meinte Cadillac-Fahrer Karp, „hat uns einen Edsel untergejubelt."

9.9   Knautschzone Sicherheit

Grenzenlose Freiheit und Sicherheit zugleich: Das geht natürlich nicht. „Die Vorstellung von einer Sicherheit ist die Vorstellung von einer Ausschaltung einer Unsicherheit."[6] (Ludwig Marcuse)

   Die Geschichte der Fahrzeug-Sicherheit – von der relativ späten Abschaffung der Lenksäule, die Fahrer aufgespießt hat, bis hin zu computergesteuerten Tools für Ausnahmesituationen: In der Automobilbranche wird ihr ein hoher Stellenwert eingeräumt. Germanisten mögen sich mit der Kulturgeschichte des Unfalls[7] befassen, in Romanen mögen Musil und Döblin Horrorszenarien des rasanten Fortschritts beschreiben, doch wer Autos verkaufen will, möchte, dass seine Kunden weiterleben und -kaufen.

   Die Klischees sind unangenehm abgegriffen – aber so ist es nun mal: Die Amerikaner wollen vermarkten, die Deutschen effizient jedes maschinelle Detail perfektionieren, die Italiener den Chic, die Franzosen mit Pfiff und Esprit das große Ganze, von allen großen

Engagements enthalten sich die Schweizer, in Fernost wird sorgfältig kopiert und unter teils fragwürdigen Bedingungen produziert ... Und die Schweden konkurrieren als Kreuzritter für mehr Sicherheit mit Mercedes.

Crashtest: Der Ernstfall wird nicht mehr ausgeblendet

Auf den Menschen ausgelagertes Sicherheitssystem: Kinder werden zum Spielen mit Warnwesten ausgestattet.

Und wo sie überall für Sicherheit sorgen – nicht nur im Kinderzimmer und auf der Rückbank von Pkw, nicht nur mit Sicherheitsgurten, *Side Impact Protection System* sowie in der Werbung 1975 mit fast ordinär freizügigen Einblicken in Tabuzonen wie Crashtests. Lange bevor Volvo mit Fotos zerstörter Produkte für den 244 warb, stellten Forscher bei Saab fest, dass außer der Lenksäule auch der Zündschlüssel den Fahrer bei Unfällen verletzen kann. Konsequent, simpel und genial verlegten sie das Zündschloss in die Mittelkonsole. Da sie sich schon mit

Dicker, doller, durstiger

der Sicherheit des Fahrerknies befassten, dachten sie noch ein wenig weiter – an die Sicherheit des Autos. Nach ihrer Konstruktion ließ sich der Zündschlüssel erst dann abziehen, wenn man mit dem Schalthebel in der Mittelkonsole den Rückwärtsgang (P bei Automatikgetriebe) einlegt, wodurch das Getriebe mit einem Stahlbolzen so gesperrt wird, dass das Auto sicher ist – vor Dieben, die nicht im Rückwärtsgang davonrasen möchten.

Unschlagbar sicher: Wenn das so einfach ist, warum macht es nicht jeder? Gegenfrage: Wie sehr kümmert es Hersteller, ob ihre Produkte gestohlen werden? Der Schrecken der Besitzer gibt offenbar keinen Anlass zur Sorge, schließlich ist den Opfern wieder ein neues Modell anzudrehen. Letzten Endes war es nicht der Druck der Käufer oder der Politik oder der Polizei, sondern der Druck der Versicherungen, welcher Hersteller zum Handeln zwang. Mobilfunkgestützte Ortungssysteme, die ein Auto bei Bedarf blockieren, sind seither gang und gäbe, technisch ein Kinderspiel für GPS, GSM und GPRS. Dass diese gegen Diebstahl eingesetzt werden, wurde jedoch hinter verschlossenen Türen entschieden und im Auto sorgfältig versteckt. Der Fahrzeughalter hätte wohl nicht ausschließlich Freude an der Erkenntnis, dass er zum gläsernen Fahrer mutiert ist.

BIG BROTHER ist als blinder Passagier schon lange mit an Bord. Wie präzise so eine Spritztour durchs weite Land nachzuverfolgen ist, hat im Oktober 2000 ein gewisser James Turner herausgefunden. Schwarz auf weiß wurde es dem Amerikaner unter die Nase gehalten: Als er bei Acme Rent-A-Car einen Lieferwagen zurückbrachte, berechnete der Autoverleih $450 extra. Die Begrün-

dung: er sei zu schnell unterwegs gewesen! Keinem Polizisten war es aufgefallen, wohl aber dem GPS, für den Fahrzeug-Vermieter →einsehbar.

Einsehbar: Turner reichte eine Klage ein, Acme zeigte ihm das Kleingedruckte im Vertrag: „Für Fahrzeuge, die die vorgeschriebene Höchstgeschwindigkeit übertreten, wird pro Vorfall eine Gebühr von $150 erhoben. Alle unsere Fahrzeuge sind mit GPS ausgestattet."

9.10 „Sind alle angeschnallt?"

Noch bevor Carl Benz mit seinem Auto durch Mannheim fährt, lässt Edward J. Claghorn 1884 den →*safety-belt* patentieren. Der Urtyp des Sicherheitsgurts ist in Bezeichnung und Machart eher ein Sicherheitsgürtel mit seitlichen Ösen zur Befestigung von Karabinerhaken und hinten einer Vorrichtung zum Einlaschen eines weiteren Hakens. Der Rennfahrer Walter C. Baker klinkt sich damit 1902 in sein Auto ein – was ihm, so die Geschichtsschreibung, das Leben rettet, als sich bei einem Weltrekordversuch mit 125 km/h sein Wagen mehrfach überschlägt[8]. Der Durchsetzung von Claghorns Lederriemen bringt es wenig. Nach dem Zweiten Weltkrieg kommt das britische Transport Research Institute zusammen mit der Cornell-Universität zu dem Ergebnis, dass Sicherheitsgurte die Todesrate bei Auto-Unfällen um rund 60% senkten. Ihren Einsatz beförderte das jedoch nicht.

safety belt: Und 1903 kommt der Franzose Gustave-Désiré mit einem eigenen Vierpunkt-Patent, im selben Jahr Louis Renault mit einem Fünfpunkt-Sicherheitsgurt. Preston Tucker bot den Gurt in seinem Wagen 1948 serienmäßig an, mit bekanntem (Miss-)Erfolg. Erst durch die Schweden setzt sich die Idee richtig durch.

Zu dem Zeitpunkt – 1957 – ist der Sicherheitsgurt schon ein alter Hut. Trotzdem sträuben sich Hersteller weltweit, ihn in Serienautos einzubauen. Der *Spiegel* Ende 1957 in einer Titelstory zu der anhaltenden Debatte: „Ist das Auto eine

Todesfalle?", Opel-Chefkonstrukteur Dr-Ing. E. h. Karl Stiefs kühne Antwort: **„ICH GLAUBE NICHT, DASS SICH DIE GURTE ALLGEMEIN EINBÜRGERN WERDEN.** Wir haben den Versuch gemacht, sie über unseren Kundendienst anzubieten, aber es kam nicht viel dabei heraus. Ich habe unseren Kundendienst angewiesen, nun erneut eine Art Kampagne zu starten, um diese Gurte anzubieten. Die Animosität gegen diese Gurte ist aber sehr groß. Jeder fühlt sich eingeengt, wenn er sich angeschnallt hat."[9]

Unfall als möglicher Fall: Spiegel Titel 1957

Volvo begründet die serienmäßige Einführung des Anschnallgurts in sozialpädagogischem Duktus: Autos würden von Menschen gesteuert, darum legten sie besonderen Wert auf die →Sicherheit ihrer Fahrzeuge. Anders der Ton bei Porsche. Der Hersteller von kleinen Serien – tatsächlich Rennwagen für den Semi-Privatgebrauch, beispielsweise von Hollywoodstars – hat nicht erst seit James Deans Unfalltod 1955 Beckengurte in den Autos, ab 1956 Diagonalgurte, und bewirbt das auf der Frankfurter Automobilausstellung anstatt mit dem Stichwort „Sicherheit" ganz sportlich: Man spricht von „Flugzeugbauart", dem „Gurt zum Anschnallen".

Sicherheit: Wenige Erfindungen haben nachweislich so viele Menschenleben gerettet wie die des Volvo-Ingenieurs Nils Bohlin.

Sukzessive folgen alle anderen Hersteller, 1967 wandert die Dreipunktbefestigung sogar in den VW ‚Sparkäfer' 1200. Um jene Kritiker zum Schweigen zu bringen, nach denen der Gurt zu mehr Genickbrüchen führt, kommen nicht viel später auch Kopfstützen in die Autos, zunächst nur vorne, später auch auf der Rückbank. Gleichzeitig steigt die Zahl der Unfalltoten jährlich, analog zur boomenden Autoproduktion. Eine gewisse Renitenz bleibt bis heute:

IN MEINEM AUTO ENTSCHEIDE ICH, WAS GEMACHT WIRD.

Noch 1972 tritt Rudolf Walter Leonhardt eine Lawine der Entrüstung los, als der Stellvertretende Chefredakteur der *ZEIT* in seiner „pro und contra"-Serie nach Rassentrennung, Pornografie, Todesstrafe, Literaturkritik das Für und Wider des Anschnallens behandelt[10]: „Die Rede ist nicht von Perversionen und nicht von Irrenhäusern. Sondern: der gleiche Mensch, der als Flugpassagier lässig bis gierig einer weiblichen Mikrophonstimme folgt, die ihn auffordert sich anzuschnallen, tut als Autofahrer nichts dergleichen. **BRAUCHT ER EINE WEIBLICHE MIKROPHONSTIMME?**"[11] Er braucht, wie sich ab 1976 zeigt, die starke Stimme der Politik. Der Gurt wird Pflicht, zeitgleich mit einer Richtgeschwindigkeit von 130 km/h auf Autobahnen. Zehn Jahre später muss man sich auch auf den Rücksitzen anschnallen, sonst werden DM 40,– Bußgeld fällig.

Dicker, doller, durstiger

Aufkleber-Kampagne „Sicher als Glück: KLICK!"

DER SPIEGEL

Gefesselt an's Auto

Anschnall-Pflicht
ab Januar

1975: Ende der lange propagierten Bewegungsfreiheit ... Locker blieb der Umgang mit dem Apostroph

Die **AKTIVE SICHERHEIT,** die den unangenehmen Fall des Unfalls verhindern soll, leuchtet Kraftfahrern leichter ein. Schon im Autoladen. Ein zuverlässiges Bremssystem, ABS und gute Straßenlage, ordentliche Fahrzeugbeleuchtung und Reifen: alles leicht nachvollziehbar, ebenso – für die, die Hightech schätzen – ESP (elektronische Stabilitätsprogramme), TFL (Tagfahrlicht), ASR (Antriebsschlupfregelung), BAS (Bremsassistenten), CHMSL *(Centre High Mount Stop Lamp,* auf Deutsch: drittes Bremslicht) und andere Assistenten. **PASSIVE SICHERHEIT** spielt erst dann eine Rolle, wenn der Fahrer „zum Passagier wird", wie Formel-1-Reporter sagen: wenn ein Auto „abfliegt". Dann ist der Fahrzeughalter nicht mehr aktiv, sondern den

Umständen seiner Umgebung ausgeliefert. Dann kommt es an auf Knautschzone, Sicherheitsgurte, Gurtstraffer, Sicherheitslenksäulen, -fahrgastzellen, Überrollbügel – und Airbags.

9.11 Luftballons

Als Erfinder der Knautschzone bezeichnet Mercedes-Benz seinen langjährigen Mitarbeiter Béla Barényi. Er gilt als Vater der passiven Sicherheit im Fahrzeugbau, eine Menge seiner Ideen wurde 1975 im Mercedes der Baureihe W123 verwirklicht. Kernstück: die verbesserte Sicherheitszelle, im Barényi-Patent von 1951 „gestaltfeste Fahrgastzelle, umgeben von Knautschzonen vorne und hinten" genannt). Das Prinzip heißt kontrollierte Deformation, das Ableiten von Aufprallenergie bei Front- und Heck-Kollision. Im Fall eines Unfalls soll die Lenksäule nicht mehr in den Fahrgastraum eindringen, das mit Mantelrohr und Lenkaggregat verbundene neuartige Wellrohr in der Knautschzone verenden. Was damals neu war – Lenkrad im Look eines „Box-Autos" beim Autoscooter, das Armaturenbrett lang und eben und ereignislos –, kann man sich heute kaum anders vorstellen. Seit 1980 sind Fahrer-Airbags gegen Aufpreis zu bekommen, später auch ABS und der „weltweit erste pyrotechnische Beifahrer-Airbag".

Die Idee des Airbags geht zurück auf den Münchner Erfinder Walter Linderer. Der meldet ihn 1951 als „aufblasbaren Behälter im zusammengefalteten Zustand montiert" zum Patent an. Oder die Idee geht zurück auf den Uhrmacher und RCA-Mitarbeiter Allen Kent Breed, oder auf den pensionierten Erfinder John W. Hetrick, dessen aufblasbares Sicherheitskissen 1952 patentiert wird. Dieses Patent läuft 1969 aus, und auch danach wird der Aufprallschutz noch lange kein Pkw-Extra, sondern Anlass für anhaltende Debatten. „Air Bag Controversy Takes On The Aspects of National Debate" titelt die Sonntagsausgabe der *New York Times* 1971 und zitiert Henry Ford II., für den die aufblasbaren Sicherheitsballons „a lot of baloney" sind: völliger Schwachsinn.[12] Als Gimmick wandern sie 1973 in den Oldsmobile Toronado, 1974 in andere GM-Modelle der oberen Segmente. Sie bleiben noch etwa zehn Jahre umstritten.

Heute – bei serienmäßig sechs Airbags im Volvo und Gurten mit „Durchtauch-Schutz" – ist kaum vorstellbar, mit welcher Rhetorik diese Sicherheitsmaßnahmen diskutiert wurden, fast wie bei der anhaltenden Abwehr von Tempolimits. „STATT ANGST ZU MILDERN, AKTUALISIERT DER GURT DADURCH, DASS ER STETS VON NEUEM ANGELEGT WERDEN MUSS, EIN GROSSES MASS AN ANGST", so eine Studie 1973.[13]

9.12 Großer Wirbel

Beschleunigung und Wachstum, Expansionismus als neue Selbstverständlichkeit allen Wirtschaftens. Aus Fordismus und Kapitalismus entsteht so langsam der Turbokapitalismus.

→Turbo – schon 1905 hatte der Schweizer Alfred Büchi das Prinzip entwickelt, bei dem die Energie der Abgase des Kolbenmotors den Durchsatz des Kraftstoff-Luft-Gemisches erhöht. Über eine Welle treibt die kinetische Energie der Abgase eine Turbine an, die zum Vorverdichter wird für das gekühlte Kraftstoff-Luft-Gemisch, das in den Arbeitszylinder strömt. Wegen mehr Sauerstoff ist die chemische Umsetzung effektiver, was ein größeres Drehmoment ermöglicht und dadurch mehr Leistung. Der besondere Antrieb per Turbinentriebwerk bleibt lange eine Spezialität für Freaks bei *land speed records* auf Salzseen in Amerika oder Australien, die damit sagenhafte Geschwindigkeiten erzielen. Ein rudimentärer Vorgänger davon ist das Raketenauto, mit dessen zweiter Version, RAK2, Fritz von Opel auf der AVUS 1928 auf 228 km/h kam.

Turbo: lat. *turbo* = Wirbel

RAK2 mit Fritz von Opel auf der AVUS, 1928

Ein Auto mit Heckmotor und serienmäßigem Turbolader stellt Chevrolet 1959 vor. Als Reaktion auf den nicht zu stoppenden Käfer-Erfolg. Dem Käfer hinkt General Motors' Totgeburt um Jahrzehnte hinterher, doch der Chevrolet Corvair ist der erste Serienwagen mit Abgasturbolader. Eine Sensation wird aus der Turbo-Technik erst 1974 – als Porsche damit den 911 mit neuer Bedeutung auflädt.

Der Erfinder des Turbo ist da schon lange tot – er starb im selben Monat, als der Corvair in die Verkaufsräume kam.

9.13 Ferrari & Fellini

Zwischenstopp im Kino der Neuzeit, bei *YouTube:* Eine Sequenz aus einem der prinzipiell ungewöhnlich inszenierten Filme Federico Fellinis muss schon allein ihres Klangs wegen erwähnt werden.

Dicker, doller, durstiger

Fellini wurde als einer von drei Regisseuren gebeten, für *Außergewöhnliche Geschichten* eine Geschichte von Edgar Allan Poe zu verfilmen. Poe schrieb nicht nur *shortstories* wie wenige vor ihm, sondern auch Horror. Fellini steuert die bizarrste, auch unbekannteste Episode zu dem Filmprojekt bei. Die Story des Toby Dammit ist die eines Nervenzusammenbruchs in Zeitlupe. Ein hübscher, zu talentierter Schauspieler, Shakespeare und Dekadenz, verkauft seine Seele – und erhält dafür einen teuflischen Ferrari ... Fünfzehn Minuten vor Schluss setzt er sich da rein. In den Ferrari 330 LMB. Golden. Ein Rennwagen, Karosserie von Fantuzzi. Er gibt Gas (390 PS), das Finale beginnt. Keiner folgt, er gibt immer wieder Gas (Vierliter-SOHC-V12), Toby Dammit wird richtig rasend (sechs Weber-42DCN-Vergaser), verliert einfach den Kopf. Die haarsträubende Nachtfahrt ist mit vielen Stopps um neun Minuten lang, wie die von Steve McQueen in *Bullitt*, wie Godards *Weekend*-Stau. Der Sound ist die Symphonie eines Ferrari. Außergewöhnlich an der dritten der *Außergewöhnlichen Geschichten* sind zudem die surrealistischen Impressionen und Symbole – wie die durch die Nacht über Kopfsteinpflaster tastenden, Kurven nur →spärlich beleuchtenden Lichtkegel.

Ferrari 330 LMB in der Serienanfertigung

spärlich beleuchtende Lichtkegel: David Lynch hat sie geliebt und in *Lost Highway* übernommen. Ja, Mann, das – *Il ne faut jamais parier sa tête avec le diable* – war mal eine Ausnahmeerscheinung, der Ferrari und dann am Ende das rätselhafte Mädchen mit dem weißen Ball!

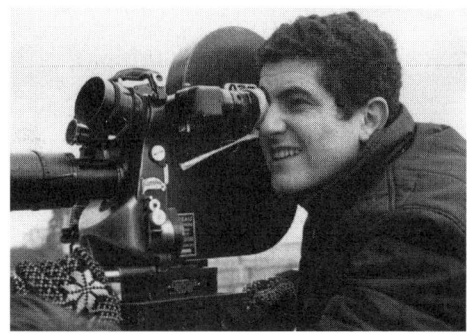

Als Oscar-Gewinner hat man mehr als eine Kamera – also kann man eine auch mal an eine Stoßstange schrauben und gucken, was passiert

Das waren die 1960er, und weil die 1970er auch gar nicht so blöde waren, man musste nur mit den richtigen Leuten rumhängen, und – war erst mal genug getrunken und geredet worden – man musste irgendwann aufstehen und was machen, weil genug getrunken und geredet worden war, aus dem Grund und noch vielen anderen, wie sie in diesen nicht enden wollenden Sätzen von Philippe Dijans *road novels* vorkommen. Also stand Claude Lelouch auf.

Viertel nach fünf. Draußen wurde es schon hell. August 1976, war wohl ein Sonntag, er ging nach draußen zu seinem Auto. Ferrari 275/GTB, gelb, nagelneu. Für *Ein Mann und eine Frau* (der Film hätte auch „Eine Witwe und ein Rennfahrer" heißen können) hatte er als Regisseur einen Oscar gewonnen. Lelouch hatte gerade einen Film abgedreht, und da lag noch eine Filmrolle rum. Den Film legte er in die Kamera ein, montierte diese an den Wagen. DANN RASTE ER LOS. Durch Paris. Sehr schnell. Im Morgenrot. Die ersten Passanten kamen vom Großmarkt nach Hause. Vollgas, vorbei an einem Citroën Ami, einem 204, beide weiß, L'Arc de Triomphe. Fast nie vom Gas. Man

hält die Luft an, platzt fast. **MITTEN DURCH PARIS**, durch die Mitte. Dann La Pigalle, irgendwo ein Celica, orange, aber die meisten Autos wie in Godards *Weekend*, 504, DS, Fiat 500, ein Mini von links: alle weiß, die Farbe, '77, in Paris.

Eine ziemlich zugedröhnte Aktion. Nur Sound, nur Straße, kein Schnitt, kein Zeitraffer, keine Effekte oder gar digitale Post-Produktion. Pur, ein Wahnsinniger in Paris, das heißt auf den Spuren der *Außenseiterbande* von Godard oder Alain Delons Flug durch den Arc de Triomphe in *Die Abenteurer*.

Am Ende der neun Minuten steigt eine rätselhafte Frau im weißen Kleid, blond, die Stufen hoch zu Sacré Cœur, wie ein Engel im August, und grüßt den Irren, dessen Kopf nicht zu sehen ist. Dann: *c'était un rendez-vous – filmé par claude lelouch*. Lange wurde die Existenz des Films, überhaupt die ganze Aktion bezweifelt. Wer könnte schon in solch einem Affenzahn durch Paris fahren? Jacky Ickx? Jacques Laffite? Inzwischen gibt es den Film auf DVD, und Claude Lelouch beteuert, er sei gefahren, nur ganz wenige hätten als Komplizen mitgewirkt (darunter ein mysteriöser Jacques Lefrançois) ... Oh, und vom Ferrari sei nur der Sound, der Wagen sei ein Mercedes 450 SEL 6.9 gewesen.

9.14 Auf der Couch

Feinde und Kritiker des Autos gibt es, seit die motorisierten Kutschen mit ihrem Lärm und Gestank durch Städte fuhren. Hochkonjunktur hat die Autokritik in den 1970er Jahren. In Buchhandlungen und Illustrierten wimmelt es von Plädoyers gegen *Die totale Autogesellschaft*,[14] auch über *Die sogenannte Energiekrise*.[15] Ein Diplom-Ingenieur für Maschinenbau (Schwerpunkt Fahrzeugbau), Jörg Linser, kennt die Branche von innen und beschreibt, wie uneffektiv entwickelt wird, wie die Industrie sinnlosen Schabernack als Verbesserungen anpreist – und besonders auf eingebauten Verschleiß und geringe Lebensdauer der Pkw achtet.[16]

Bevor der Katalog von Kritik einzelne wichtige und berechtigte Bedenken versehentlich ins Reich der Panik-Industrie rückt und damit diskreditiert: Angst ist zunächst einmal berechtigt. Wie Wut, Hass und Scham ist Angst eine mächtige Emotion, ob „zu Recht" empfunden oder nicht. Die Angst vor Geistern und Monstern, davor, dass einem der Himmel auf den Kopf fällt, dass man bei einem terroristischen Anschlag umkommt oder beim Klauen erwischt wird: Zumeist bezieht sich die Emotion nicht auf bereits durchlebte eigene Erfahrungen, sondern auf Überlieferung.

Im Jahr 1970 geben mehrere Daten der Auto-Kritik berechtigten Auftrieb. Während im Windschatten von Wirtschaftswunder, neuen Materialien und Erkenntnissen **IMMER GRÖSSERE, WILDERE, SCHNELLERE** Karossen losgelassen werden auf ein zunehmend ausgebautes Netz an *motorways*, bremsen zwei Faktoren die Lust ein. In den USA führt das **ABFACKELN VON BENZIN** mit immer gigantischeren Straßenkreuzern erstmals zu einem Ölverbrauch, den das Land nicht mehr aus eigenen Vorräten decken kann (Konsequenz: Ölkrise 1973). In der Bundesrepublik ist die **ANZAHL DER VERKEHRSTOTEN** 1970 so hoch wie nie zuvor (Folge: Anschnallpflicht 1976) ... allerdings ist sie auch nach 1970 nie wieder so hoch.

Die kontinuierlich abnehmende Zahl der im Straßenverkehr Getöteten gilt Medienmachern und -konsumenten als Erfolgsgeschichte. So kamen in Deutschland im Jahr 2000 „nur noch" 7.503 Menschen im Straßenverkehr um – die Menge ist

Dicker, doller, durstiger

fast gleich mit der der aufgrund von HIV/AIDS verstorbenen Erwachsenen und Kinder in ganz Westeuropa: 7.000, schätzte die Weltgesundheitsorganisation WHO im selben Jahr.[17]

9.15 Rebellion in der Chefetage

Man stelle sich vor, ein 1,93-Meter-Mann, schlank, das Haar grau meliert, die Augenbrauen verstörend willensstark, kantiges Kinn. Immer die heißesten Models und Starlets neben sich, an seinem athletischen Körper exzellent metropolitane Garderobe. Mehr Sunnyboy als *car guy*, wie die Branche ihre Schrauber und Autofans bezeichnet. Er hat hart und emsig gearbeitet, mit Stipendium studiert, nebenher als Versicherungsvertreter seine Mutter beim Durchbringen der Geschwister unterstützt, und als er in der Chefetage des größten Auto-Unternehmens weltweit ankommt, als Vize-Generaldirektor bei General Motors, da schmeißt er alles hin. Er ist Moralist. Er findet, dass die Autogiganten Kunden betrügen, den Kundendienst belügen, dass sie unmenschlich mit Verkäufern und Vertretern umgehen. Der Ex-GM-Star enthüllt, sein ehemaliger Arbeitgeber habe den Bürgeranwalt Ralph Nader sogar bespitzeln lassen, als der in seinem Buch *Unsafe at any Speed* [18] öffentlich gemacht hatte, dass der Chevrolet Corvair trotz des Wissens um gefährliche Mängel auf die Straße gelassen wurde. Das alles weiß John DeLorean, das alles sagt er. Und das will er alles besser machen. Mit einem ethischen Sportwagen (O-Ton).

Als erstes steht der Slogan:

„LIVE YOUR DREAM."

John Z. DeLorean, *working class hero*, war der Rockstar unter den Managern

von General Motors. 1925 in Detroit geboren als ältestes von vier Kindern, wird er eingeschult, als die Schlangen vor den Arbeitsämtern länger sind als je zuvor. Als er 48 Jahre alt ist, jährlich $650.000 einstreicht und damit einer der bestbezahlten Manager in den USA ist, macht John DeLorean nicht mehr mit.

Er pflegt nicht nur einen Lifestyle wie kein anderer, er hat auch eine Vision. Sein Traumwagen soll Geschichte machen. Der Traum des John Zachary DeLorean, der DMC DeLorean, wird Geschichte machen – und hat sich mit dem Film *Back To The Future* in die kollektive Erinnerung von Millionen eingebrannt.

Lebe deinen Traum. Oder: Träum weiter

Der Firmensitz liegt nicht zwischen Schornsteinschloten und Lagerhallen, sondern in Manhattan. Park Avenue, 43. Etage, Penthouse Suite. Es sieht aus wie in einer Plattenfirma.

Man muss das Auto nie in echt gesehen haben, um zu begreifen, dass Erscheinung und Entstehungsgeschichte immer noch jeden betören und verstören – Karosserie aus rostfreiem, gebürstetem Edelstahl mit Flügeltüren, die Finanzierung mit heißer Nadel gestrickt, subventionierte Fabrik in Nord-Irland, Boykott einiger Zulieferer, Cashflow-Probleme, FBI, bergeweise Kokain. Ja, die Geschichte ist wunderschön, sogar die Titel

der Bücher darüber glänzen silbrig –
*On a Clear Day you can see General
Motors,*[19] *Hard Driving: My Years with
John DeLorean*[20] oder auch *Grand
Delusions*[21] und *Dream Maker: The Rise
and Fall of John Z. DeLorean.*[22]

John will viel: Zeigen, dass man ein
sicheres, vernünftiges, sportliches
Auto bauen kann, das umweltfreundlich,
cool und sexy ist, mit mordsmäßigem
Mittelmotor, Wankel-Prinzip von Citroën
(die damit bereits gescheitert waren),
mit Flügeltüren und spitzenmäßigem
Design von Giorgetto Giugiaro sowie
auch noch annehmbarer Kopffreiheit für
→große Menschen.

große Menschen: Menschen wie ihn – 1,93 Meter vom
Scheitel des getönten Haars bis zu den handbesohlten
Schuhsohlen aus Zitteraalleder.

Und er wollte es seinem ehemaligen
Arbeitgeber GM zeigen. Bei allem patho-
logischen Größenwahn blieb er bezaubernd, charmant und verstand es, mehr
als Frauenherzen zu überzeugen. Auch
Banker spielten mit, ebenso die Politik,
in Puerto Rico, London, überall ... mehr
oder weniger, sachlich betrachtet (statt
aus dem Skyscraper in New York City).

Jedesmal, wenn hochkarätige
Poker-Pleiten (Kirch Media, Berliner
Bankenskandal, Enron) – wo KPMG und
ein ganzes System an Beratern und
Controllern versagten – für Schlagzeilen
sorgen, denkt man sich: War schon
da, nur damals sah es besser aus. Die
Krawatten wurden mit ehrlicher Sorgfalt ausgewählt.

**Er wollte, dass es ein erschwingliches Auto wird.
Gute Idee. Doch ganz einfach wird das alles nicht.
Zentralverriegelung und elektrische Fensterheber
serienmäßig? HM, KOMPLIZIERT. Umso
mehr, wenn bei einer Autoshow Besucher nicht aus**

**dem Auto kommen, weil keine Flügeltür sich öffnet
– wegen PROBLEMEN mit den →Dämpfern,
verursacht durch Temperatur, Luftfeuchtigkeit
oder irgendwas anderes. Unter der Kunststoff-
motorhaube im Heck läuft der Motor so heiß,
dass sie zerschmilzt; letzten Endes wird sie durch
eine wabbelige Haube ersetzt, sieht dufte aus,
ist aber ein bisschen wie diese Schranktüren aus
Billig-Möbelhäusern.**

Dämpfer: Auch diese wurden erst spät hineinkon-
struiert ... als man feststellte, dass die Türen zum Ein-
oder Aussteigen sonst nämlich gar nicht offen blieben.

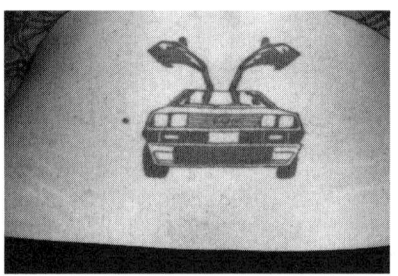

**Ins Bewusstsein gebrannt? Liebe und Hingabe gehen beim
DeLorean weiter ... und tiefer. Auch unter die Haut**

Aber die Außenhaut: stählern und un-
lackiert wie kein anderes Auto im
Straßenverkehr. 8.600 Exemplare des
DeLorean werden in Dublin von Leuten
zusammengebaut, die durch separate
Eingänge am Fabriktor (Katholiken
getrennt von Protestanten) zur Arbeit
kommen – und mit Autoproduktion
keinerlei Erfahrung haben. Mit dem
Ergebnis, dass die technikorientierten,
Zahlenkolonnen studierenden Fachleute
über den DMC stöhnen und die Frauen
staunen. Wie im Maßanzug steht er da,
drinnen Sitzflächen aus Echtleder,
nett auch die Motorraumbeleuchtung:
Überall sind verrückte Ideen mehr
oder weniger erfolgreich umgesetzt.

Und es bleibt aufregend, wie der junge wilde Shooting-Star-Manager alles
hingeschmissen hat, weil er kein Sessel-
furzer in Detroit werden, stattdessen

sein Ding auf eigene Faust machen wollte. Der DMC DeLorean ist eines der letzten Autos aus einer Zeit, als man es noch drauf anlegte. Ohne Aufpreis mit eingebaut: etwas Verbitterung über das, was anschließend kommt. Gepflegte Langeweile ist heute zu betrachten im Fuhrpark jedes Unternehmens.

Zu dem Zeitpunkt, irgendwo in den 1980ern nach Punk '77, Hochrüstung und Atomhorror, da endet die Lust am Fortschritt. Kunde König will mehr von allem, vor allem mehr Sicherheit. Die rauschende nach vorne tobende Moderne: Hier wird sie zur Sackgasse.

9.16 Orange im Abendrot

Das Auto ist nun nicht nur Konsumgut Nummer 1, eine Kommodität – und Menschenkiller und Umweltzerstörer –, es ist auch ein Objekt der Projektionen, der Selbstverwirklichung. Und sei es auch nur mit Aufklebern ...

Toll und doof, umstritten und verlacht. Unvergesslich. Klassiker

Ein Auto, das sich der Konformität entschlossen entgegenstellt, ist der in der Vorstellung meist orange leuchtende

Simca Matra Bagheera von 1973. Nicht nur der Name des Autos ist lang, sehr breit ist auch die vordere Sitzreihe – und endlos lang das Fluchen über fehlende Zuverlässigkeit.

Ans Getriebe und den querliegenden Vierzylinder-Mittelmotor des flachen Sportcoupés für Jungs, die sich in anderen Nationen oder Generationen einen Mustang, Scirocco oder Manta zulegten, kamen Mechaniker nicht leicht ran. Aber: Drinnen können drei Leute sitzen. Nebeneinander. In der ersten Reihe. Vom →dreisitzigen Bagheera wurden fast 50.000 Stück gebaut (die nicht einmal als Youngtimer überlebten).

Dreisitzig: So wie später im Fiat Multipla. Und, weniger bekannt: ein bisschen wie in einer 1925 für den New Yorker Julian Brown konstruierten und von ihm finanzierten Limousine. Auf Englisch *saloon car*, auf Amerikanisch *sedan* genannt, glich sie einem fahrenden Salon. Zentral im Fahrgastraum positioniert, war der Fahrersitz umgeben von Sofa-/Sitzelementen, in denen Beifahrer, teilweise mit dem Rücken zur Windschutzscheibe, fast wie am *round table* im Algonquin Hotel sitzen und plaudern konnten. Doch selbst im rauschenden *jazz age* war der US-Markt für exzentrische Luxusgefährte überschaubar. Die Idee ging unter.

9.17 Ein Mann tut, was ein Mann tun muss

Grüß Gott.
Ach, der Kollege aus der Schweiz.
Gibt's was Neues? Ich brauche eine Story, irgendwas Sensationelles.
Der Redakteur ruft, was?
Genau. Typisch: Die sitzen sich das ganze Wochenende ihr Sitzfleisch platt ...
... und wollen eine Sensation?
Genau. Irgendeine.
Du kannst schreiben, dass ich aufhör'.
Sehr witzig.

Ein Schweizer und der Österreicher. Der Reporter lacht. Der Star am Himmel des Rennsportfirmaments tritt während der laufenden Saison zurück: sehr witzig. Der Reporter lacht so herzhaft, wie es sich für einen Hofberichterstatter gehört, wenn er demjenigen gegenübersteht, von dessen Wohlwollen er abhängig ist.

Der Rennfahrer aber begibt sich auf direktem Wege zu seinem Brötchengeber. Von diesem, einem knauserigen Geschäftemacher, erhält er bislang ein Rekordsalär. Für die folgende Saison haben sich die beiden nach monatelangem Armdrücken auf eine Gehaltserhöhung geeinigt: Zwei Millionen Dollar soll der Rennfahrer 1980 bekommen. Das zwei- bis dreifache Honorar anderer Weltmeister.

Mir ist es zu blöd, immer nur im Kreis herumzufahren. Ich höre auf.
Ist das dein Ernst?
Ja.
Wann?
Nach dem Rennen.
Nein. Wenn, dann sofort.

Die für die kommende Saison vereinbarte Spitzengage wird storniert. Seine Grand-Prix-Teilnahme am kommenden Wochenende abgesagt. Dem Rennfahrer macht das nichts aus. Die zwei Millionen waren nur solange wichtig, solange er darum gekämpft hat. Der Verlust des Betrags ist so unbedeutend wie eine im Rückspiegel kleiner werdende Werbetafel. Überraschend dagegen die plötzliche Unlust am Bestreiten von Autorennen *per se:* ausgerechnet von einem, der einst den →elterlichen Vorstellungen getrotzt und auf eigene Kappe Schulden gemacht hatte, nur damit er wie ein Irrer im Kreis herumfahren konnte.

elterliche Vorstellungen: Jahre zuvor hatte noch der Großvater zu dem Heranwachsenden gesagt: „Wenn man über unsere Familie in der Zeitung liest, dann im Wirtschaftsteil von *Die Presse* und nicht auf der Sportseite der *Kronenzeitung.*"

Drei Jahre davor, 1976, ist er nach einem kleinen Fahrfehler fast bei lebendigem Leib verbrannt, anstatt seinen zweiten WM-Titel zu holen – festgehalten mit Kodachrome, verwackelt und unscharf auf dem Super-8-Schmalfilm eines Zuschauers. Nach dem Helikoptertransport in die Unfallklinik, nach dem Geistlichen am Krankenbett, nach fünf Wochen und fünf Tagen ist er wieder aufgestanden, wieder am Start, wieder auf Weltmeisterkurs. Doch beim letzten Rennen der Saison, WM-Titel noch offen, biegt er nach wenigen Runden ab in die Boxengasse. Es regnet in Strömen. Er steigt aus. Zu gefährlich, er hat Bammel, gibt es offen zu. Jeder im Team, Italiener mit Haut und Haar, sucht das zu vertuschen. Das Team ist am Boden. Im nächsten Jahr holt er wieder den Weltmeisterschaftstitel. Und Minuten später gibt er bekannt, zu einem anderen Team zu wechseln – zu dem Mann, der später zum reichsten und mächtigsten Mann des Grand-Prix-Zirkus werden. Keiner verhandelt so schnell wie er. Keiner ist im Kopfrechnen so gut. Diesem Mann also, Bernie Ecclestone, sagt **NIKI LAUDA** Ende September 1979: „Ich hab' keine Lust mehr. Ich hör' auf."

Niki Lauda weiß, was er will. Hat er es, verliert es an Appeal

Dicker, doller, durstiger

Warum er zuvor jahrelang und stupide im Kreis herumraste, auch später wieder? Keiner weiß jemals wirklich, was einen Mann dazu bringt, das zu tun, was er tut, wenn er es eben tun muss.

9.18 In der Hauptrolle: Ford Gran Torino

Ford aus der TV-Serie *Starsky & Hutch* aus der TV-Serie

Ein knallroter 76er Zweitürer mit weißem, über das Dach gezogenem Vector-Streifen, der auf den Autoseiten pfeilgerade in eine Richtung zeigt: nach vorne! In die Richtung raste nach Watergate, Vietnam-Pleite und Ölkrise die Fernseh-Serie *Starsky und Hutch* (1975–1979), der „Prototyp der Kriminal-Designserie" mit viel Action (sprich: Gewalt), quietschenden Reifen und flotten Sprüchen durch die Straßen der fiktiven Stadt Bay City. Verhaltenscodes der Gesetzeshüter unterscheiden sich von denen der Ganoven lediglich in Nuancen – nicht nur bei der Autowahl David Starskys. Der 435-PS-Flitzer (Kosename: *striped tomato*) hinterlässt mehr als schwarze Gummispuren auf Asphalt, auch ins allgemeine Bewusstsein ist er weiter vorgestoßen als die Dienstwagen von Kojak oder deutschen TV-Kommissaren. Continuity-Geeks haben an der gänzlich unrealistischen Serie – leicht erkennbar angesiedelt in Los Angeles – besonderes Vergnügen.

So ist unter anderem zu beobachten/belauschen, wie der von den Straßen Brooklyns importierte Draufgänger David Starsky zwar mit Automatikgetriebe fährt, der Sound aber von einer richtigen Gangschaltung kommt.

Wenn die beiden mit der Halbwelt bestens vertrauten *detectives* unauffällig sein wollen, *undercover*, bringt der weniger kindlich agierende Kenneth Hutchinson seinen Wagen. Ein raffinierter Trick, der jedesmal aufgeht: Kein Mensch erinnert sich an den Ford von Hutch. Andererseits sieht neben dem knallroten Gran Torino mit der wie von Coca-Cola und Marlboro erträumten Lackierung jeder blass aus, auch die Ferrari (365 GTS/4 und Testarossa) in *Miami Vice* und der 308 GTS in *Magnum*. Der zur ganzen Lotteraufmachung passende Peugeot 403 von Columbo bleibt im direkten Vergleich auch im Regen stehen, genauso wie der goldene Pontiac Firebird 400 von Detektiv Rockford *(... Anruf genügt)*. Der Ford von Starsky wurde eine Ikone, und er parkt noch heute im Schaufenster jeder Spielwarenhandlung auf dem Regal.

9.19 Ende der Affäre?

Wie in einer ganz normalen Liebesgeschichte, einer Geschichte, wie sie das Echtleben so spielt, wie sie das Schauspiel lebt, sind wir nun – Ende der 1970er-Jahre – bei dem Moment angekommen ... der im Echtleben anders als im Kino niemals ein Moment im Sinne eines präzise bestimmbaren Zeitpunkts ist. Wir sind in der Phase angekommen, wo man irgendwann nachts am Küchentisch sitzt, stundenlang kritisiert und gemeckert hat – eigentlich ist ja alles gut, keiner muss hungern oder sich sorgen, ob der andere zusammenbricht oder nicht anspringt – aber die Liebe?

Der besondere Funke: ist weg. Das Auto ist einfach da.

Das ist der Moment, wo man einander fragt, und das fragen Menschen verstärkt das eigentlich von allen geliebte Automobil: Was ist passiert? Was ist mit uns bloß passiert? Wie konnten wir es so weit kommen lassen? Alles schien so verheißungsvoll, so voller Bewegung und Aufregung – und jetzt ist es zum lahmen Alltag geworden, den wir selbstverständlich hinnehmen und bei dem uns nur noch das Unangenehme auffällt.

In dem Echtleben oder Theaterstück mit den kriselnden Ehepartnern setzt sich nun die Frau hin und macht eine Liste, was ihr an dem Mann stinkt. Lange Liste. Auf einem anderen Zettel notiert sie dann, wofür er zu gebrauchen ist. Eins macht er gut: den Müll runtertragen. So ähnlich ist das mit dem Auto: Die Liste der problembehafteten Dinge ist ungleich länger: Staus, Parkplatzsuche, Klimawandel, einstürzende Tunnel, Umwelt, saurer Regen, Tote und Unfälle …

1 *The End of Suburbia: Oil Depletion and the Collapse of the American Dream*, Film von Gregory Greene, 2004
2 Stephen Leeb: *The Oil Factor: How Oil Controls the Economy and Your Financial Future*, New York 2004
3 Jochen Knoblach: „Intelligenz statt Kraft", *Berliner Zeitung*, 10.1.2009
4 Kraftfahrt-Bundesamt, 2008
5 Gilbert Shelton und Robert Williams: *Die abseitige Kunst des Robert Williams*, Linden 1985
6 Ludwig Marcuse: *Das Märchen von der Sicherheit*, Zürich 1981
7 Clemens Niedenthal: *Unfall. Porträt eines automobilen Moments*, Marburg 2007
8 Hans W. Mayer: „Vom Lederriemen zum High-Tech-Lebensretter", *FAZ* 4.3.2009
9 „Ist das Auto eine Todesfalle?", *Der Spiegel* 49/1957
10 Rudolf Walter Leonhardt: *Argumente pro und contra*, München 1974
11 Rudolf Walter Leonhardt: „Anschnallen", *Die Zeit*, 26.5.1972
12 John D. Morris: „Air Bag Controversy Takes On The Aspects of National Debate", *New York Times*, 18.7.1971
13 „Zur Problematik des Sicherheitsgurts" in *Faktor Mensch im Verkehr* Bd. 15/16. (Hrsg.: H.-J. Berger, G. Bliersbach, R.G. Dellen), Braunschweig 1973
14 Hans Dollinger: *Die totale Autogesellschaft*, München 1972
15 Ivan Illich: *Die sogenannte Energiekrise oder Die Lähmung der Gesellschaft: Das sozial kritische Quantum der Energie*, Reinbek 1974
16 Jörg Linser: *Unser Auto – eine geplante Fehlkonstruktion!*, Frankfurt/M. 1977
17 UNAIDS / WHO: *Die AIDS-Epidemie: Statusbericht*, Dezember 2000
18 Ralph Nader: *Unsafe at Any Speed: The Designed-in Dangers of the American Automobile*, New York 1965
19 J. Patrick Wright: *On a Clear Day you can see General Motors*, New York 1979
20 William Haddad: *Hard Driving: My Years with John DeLorean*, New York 1985
21 Hillel Levin: *Grand Delusions: The Cosmic Career of John De Lorean*, New York 1983
22 Ivan Fallon und James Srodes: *Dream Maker: The Rise and Fall of John Z. DeLorean*, London 1985

Wo bleibt

die Innovation?

Aufstieg eines Superstars / Das Konservative am Progressiven / Dem Knight Rider geht ein Licht auf / Das feuerrote Spielmobil der Formel 1 / Nicht mehr im Trend: Vinyldächer (u.a.) / Yoyo an der Ampel / Wie groß wäre der Welt-Parkplatz? / Fortschritt im Rückwärtsgang: MX-5 / Kleine Action-Fibel

10.1 Aufstieg eines Superstars

In Japan oder Amerika, Kuwait oder Kuala Lumpur hört man – von Einheimischen als Deutscher kennengelernt und begrüßt – oft einen Ausruf begeisterten Respekts. Keine Referenz zu Goethe, Beethoven oder ganz allgmein unserer Tradition der Dichter und Denker, sondern: „MERCEDES!"

In der Weltrangliste der Pkw-Produktion haben die Japaner den Deutschen 1980 die Position hinter den USA abgejagt. Doch weiterhin staunt man in Kyoto und Tokyo, was für ein reiches Land das der Deutschländer wohl ist, wenn da jedes Taxi ein Mercedes ist. Und ein reiches Land muss ein Land voller glücklicher Menschen sein. Der Käfer, der die Wirtschaft beflügelt, wird fast als Weltwunder bestaunt, doch den Ruf der deutschen Zuverlässigkeit zementieren

Limousinen der gehobenen Mittelklasse von Mercedes-Benz: der W110 und der W114/W115, Baujahr 1961-68 und 1967-76. Nachvollziehbarer und verständlich: die HECKFLOSSE und der →„Strich-Achter". Mit Austauschmotor fahren auch Folgemodelle immer weiter und weiter, so recht verschwunden sind sie nie aus dem Straßenbild. So richtig altmodisch wurde auch ihr Design nicht, weswegen sie vermutlich zur Erfindung des Youngtimers ihren Teil beitrugen.

„Strich-Acht": Ein 240 D, der sich nicht mehr fortbewegt, parkt unweit vom Gottlieb-Daimler-Stadion im Mercedes-Benz Museum Stuttgart. Mit 4.600.000 gefahrenen Kilometern (von 1976 bis 2004 mit drei Motoren) gilt er als Rekordhalter.

Weiterhin dominierend am Taxistand: Modelle mit Stern

Der Aufstieg des Superstars „Deutsche Wirtschaft": In *corporate* Kommunikation und Medien ist es die Geschichte von Daimler und Benz, dem Käfer von Porsche – die Erfolgsgeschichte von emsig und diszipliniert arbeitenden Menschen. Das Werkeln und Wirken ihrer Nachkommen ist unauffälliger, sie modifizieren Detailverbesserungen. Die Erfolgsgeschichte ist nicht mehr die von Einzelnen, sondern die von Firmen – Audi, BMW. Statt Eigenbrötlerei zählt seit den 1980ern Teamgeist (weshalb der

Wo bleibt die Innovation?

Camel-Mann, meilenweit ziellos, gegen die aktiven Marlboro-Cowboys abschmiert: EINZELKÄMPFER SIND OUT). Entsprechend vergessen ist Felix Wankel, der in Heidelberg aufgewachsene Tüftler, und seine geniale Idee eines sehr kleinen Motors. Kurz bevor er Ende 1988 starb – bis dahin immer noch mit dem Rekordhalter in Sachen Unzuverlässigkeit unterwegs, dem NSU RO 80, stellte er verbittert fest, dass er auch dreißig Jahre nach seiner Erfindung des Kreiskolbenmotors im eigenen Land nicht angemessen beachtet wurde. Seine Idee war dort nicht weiterentwickelt worden. Stattdessen bauten die Japaner zu dem Zeitpunkt bereits 1,5 Millionen WANKELMOTOREN. Mazda tut das bis heute, unter anderem als Komponente beim Erforschen neuer Antriebsmöglichkeiten – in Hydrogen-Hybrid-Studien.

VERGESSENE MOBILE MIT DEM MOTOR DES LETZTEN TECHNIK-GENIES Citroën versuchte sich an einer Wankelversion des GS, beim Citroën Birotor (847 Stück) und zuvor in einer Art Update des →CITROËN AMI (267 Stück), die nur noch in Museen zu finden sind. Für mehrere Prototypen des als Versuchslabor gedachten C111 verwendete Mercedes-Benz Varianten mit Dreischeiben- und Vierscheibenmotoren. Lizenzen erwarben Fichtel & Sachs, aber auch Alfa Romeo, Rolls-Royce, Toyota, Yamaha, Anwendungen konstruierten Chevrolet, Ford, Lada und andere.

Citroën Ami: der Freund unter den bizarrsten Autos, war aus Sicht seines Schöpfers Robert Opron dessen Meisterwerk. Doch unter Freunden gesagt: Man könnte fast alles von ihm anbeten ... aber *l'ami*?!?

Die dynamische Linie des Ro 80, Limo mit Keilform, von der flachen Haube bis zum Stumpf eines Kofferraums, brachte 1982 dem Audi 100 den Titel des „Aero-dynamik-Weltmeisters". Zu Daimler-Benz, Käfer und Porsche reihten sich mit BMW und Audi weitere Exempel deutscher Zuverlässigkeit. JEDES TAXI EIN MERCEDES, dann sogar BMW, und aus Neckarsulm ein Weltmeister: Man konnte wirklich glücklich sein. Glücklich, so stellt es sich dar aus Sicht von RTL-Programmdirektoren und Bestimmern eines gewissen nationalen Empfindens, glücklich ist man in den Eighties, weil man mit Haarmode punkten kann. Lacoste, Kajagoogoo und fesche andere Fashion-Labels ordnen die Welt abseits von Ost/West, kaltem Krieg, Realo/Fundi-Debatten und anderen ernsten Themen.

Neuzulassungen Pkw

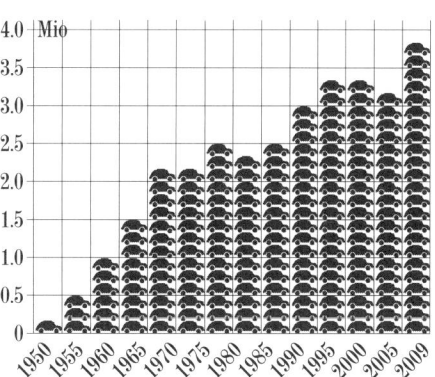

Krafträder und Lkw in Deutschland von 1950 bis 2009: Auch ohne Ölkrise war die Lust gedämpft, aber es ging weiter bergauf im wiedervereinten Deutschland

Der deutschen Wirtschaft ging es gut in den 1980ERN, und die Menschen versuchten das zu genießen. Sie waren nun nicht mehr Teile des Fließbands, auch nicht Schräubchen der Kapitalismusmaschine, sondern hatten ihr Innenleben den PR- und Marketingabteilungen überlassen. Die Autos der Zeit spiegeln es wider. Für Intellektuelle und Kulturschaffende, aber auch für Kreative oder Tüftler mit Ideen, die in keine Norm passen, ist die Bonner Republik des Kanzlers aus Oggersheim eine bleierne Zeit.

Was soll das Kritisieren: Der Standort BRD stand prima da, die Industrie war mit sich und ihrer Produktion hierzulande so zufrieden, wie auch die Politik mit sich zufrieden war: Probleme konnte man aussitzen. Die Krise war durchstanden, der Benzinverbrauch pro Wagen zurückgegangen, die Leute kauften, was sie vorgesetzt bekamen. Unter den Neuheiten gab es in manchen Jahren – und das war neu! – nicht ein einziges bemerkens- oder erwähnenswertes Modell. An manche erinnert man sich nicht.

Audi Quattro (1980)

Mercedes Benz 190 (1982)

VW Scirocco (1981)

Kleiner Ausflug in die jüngere Vergangenheit:
Ford Sierra (1982) und Kollegen

Peugeot 205 (1983)

Fiat Uno (1983)

Aufzählen ließen sich außerdem noch Ferrari Mondial 8, De Lorean DMC-12, Audi 100 C3, Mitsubishi Space Wagon, zweite 3er-Reihe von BMW, Lancia Delta HF S4, Plymouth Voyager, Renault Espace, Lamborghini LM002, Mazda MX-5, BMW 840 Ci Sport und Lexus LS 400 – sie alle sind aufgefallen in dem Jahrzehnt, haben sich eingeprägt, die anderen kamen und gingen. Wie Kajagoogoo.

In der Abteilung **PRODUKTENT-WICKLUNG** musste offensichtlich etwas geschehen. Man hatte ein Auto, es sollte halten, vernünftig aussehen. Verstören oder gar auffallen wollte mit dem Umweltzerstörer höchstens, wer es sich leisten konnte: der Fahrer eines Ferrari.

Wo bleibt die Innovation?

Die Tendenz war klar: Die Kinder der Mustang-Generation haben nun eigene Kinder, und die Kinder haben so viele Spielsachen, dass Busse wie der **ESPACE** und **PLYMOUTH VOYAGER** nötig werden, um für ein Picknick zum Stadtwald zu fahren. Das Modell, der schnelle Bus für wechselnde Zwecke, wurde so populär, dass bald jeder Hersteller ein Modell für dieses Segment im Angebot hatte.

Alles nett und vernünftig, Irrsinn und Wildheit blieben der blödsinnig reichen Minderheit überlassen. Man hätte vor Langeweile sterben können … wäre da am Ende der Dekade nicht etwas angekommen, was zu dem Zeitpunkt auf Anhieb kaum wahrzunehmen war: Der **U-TURN** in der Autogeschichte.

Klarer Fall von Designersonnenbrille

10.2 Dem Knight Rider geht ein Licht auf

Die **1980ER** sind die Jahre des „Designs", von Designerbrille bis zur Designerjacke; Designerdrogen kommen etwas später. Es ist die Dekade der Oberfläche und der neureichen Schnösel. Solvent und selbstsicher nicht dank eigener Hände Arbeit, dank Ackerbau, Viehzucht oder industrieller Produktion, sondern dank Werbung. In diesem Jahrzehnt schlägt die Stunde von **DAVID HASSELHOFF**. Das, wonach sich in seiner TV-Serie „**KNIGHT RIDER**" alle umdrehten, war nicht unbedingt der Hauptdarsteller mit den eng zusammenstehenden Augen, sondern eine Menge wechselnder, perfekt zurechtoperierter Models und natürlich der ergeben treue heimliche Hauptdarsteller: ein 83er Pontiac Trans Am – K.I.T.T. „Er kommt - Knight Rider -, ein Auto, ein Computer, ein Mann." Der Mann, dem der Schöpfer Unrecht ins Gesicht geformt hatte, kämpfte mit seinem Auto „… gegen das Unrecht."

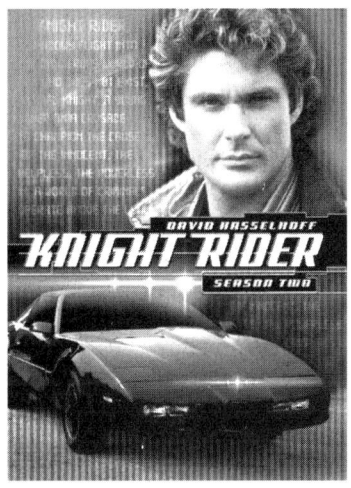

David Hasselhoff in der Serie Knight Rider, 1982-1986

Der Trans Am, ein aufgemotzter **PONTIAC FIREBIRD**, blinkte sich mit roten Leuchtdioden zwischen Windschutzscheibe und Kühlergrill ins Bewusstsein nicht nur von TV-Serien-Junkies. Die LEDs waren der letzte Schrei, das Amaturenbrett wie ein Flugzeugcockpit. Wenig subtiler Subtext: Wer Frauen um sich schart und das Unrecht bekämpft, macht es mit digital-zuverlässiger Unterstützung von Hightech. Die Leuchtanzeige, über die nicht Werbung, Börsenkurse oder Fahrpläne flimmerten, kam von Kampfstern Galactica und das Auto aus der Werkstatt des Customizer-Urgesteins **GEORGE BARRIS**.

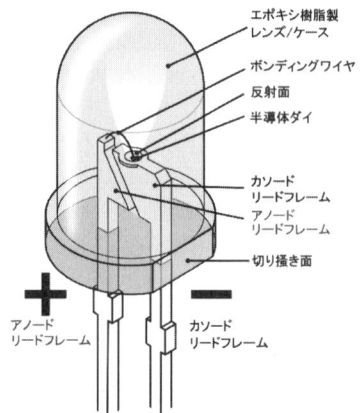

エポキシ樹脂製
レンズ/ケース
ボンディングワイヤ
反射面
半導体ダイ
カソード
リードフレーム
アノード
リードフレーム
切り掻き面

＋
－
アノード
リードフレーム
カソード
リードフレーム

LED Prinzip

DAS PRINZIP LED hat nicht nur im kollektiven TV-Zuschauergedächtnis Spuren hinterlassen, sondern auch in den Automodellen aus dem „echten" Leben. Ganze **12 LED PRO FRONTSCHEINWERFER** schmücken auch am helllichten Tage den Audi R8, Ingolstadts Kampfansage an Porsche, äußerlich ungefähr so dezent wie ein Lamborghini. Wie der von der Audi-Geschäftsführung abgenickt wurde, kann man sich schwer ausmalen. Was am Auto keine deutlichen Spuren hinterlassen hat, aber beim Pitch eine tragende Rolle gespielt haben soll: das von Jørn Utzon visionär aufgefächerte Opernhaus von Sydney gilt als Inspiration. Sieht man das Auto von hinten, verschwindet jeder gedankliche Vergleich mit Architektur-Ikonen. Da signalisieren 186 LED dem Hintermann, wann er in die Eisen treten muss. Auf Bestellung gibt es noch ein paar zusätzliche Leuchtdioden, und dann gehen einem auch in den Interieurs die Lichter an. Interieurs? Plural? Ja, im Cockpit und im Motorinnenraum. Selten zuvor oder seither hat ein 525-PS-Triebwerk/-Aggregat so zuverlässig im Hightech-Überfluss vor Erregung geglimmt. Vielleicht war die wichtigste

Inspiration ja doch das für den Film *I, Robot* angefertigte Sondermodell ...

Leuchtspuren

• Beim Einsteigen in einen **LEXUS SC430** von **2001** versichert einen eine leuchtende Botschaft auf den Einstiegsblechen der Türschwellen, dass man tatsächlich in den richtigen Wagen steigt: „Lexus" leuchtet da aus dem blank gebürsteten Stahl der Fußleiste.

• Im **JENSEN INTERCEPTOR** blieb nach dem Aufschließen und Einsteigen schon **1966** die Innenbeleuchtung einige Sekunden lang an, so dass man die Sitzbezüge begutachten und das Zündschloss leicht finden konnte.

• **1950** leuchteten im **JAGUAR MK VII** die Armaturen so intensiv und purpur, dass man auf Innenbeleuchtung fast verzichten konnte – und nie genau wusste, wann zum Wohle der Mitfahrer die wilde kurvige Fahrt über Bergkämme für etwas frische Luft unterbrochen werden musste.

Seit LED gucken Autos anders: Vorderlampe des Honda Insight

10.3 Was anspricht, spricht nicht alle an

Ein eher unauffälliger Hersteller sehr robuster Autos, deren konservativer Stil dann auch über Jahrzehnte hinweg niemanden verärgerte, verschreckte in der ersten Hälfte der 1980er die Besucher einer Automesse schwer. Nicht weil für die neue Limousine Aggregat-Variationen mit und ohne Katalysator angeboten wurden, mit Benzin, Super, Diesel, Turbo, 4-Zylinder oder V6, mit und ohne fünften Gang – sondern weil der gepflegt gediegene Langweiler eine Stimme hatte. Beim sprechenden Auto war der →Bordcomputer an einen **SPRACHSYNTHESIZER** angeschlossen worden, der den Fahrer an den nötigen Tankstopp erinnerte und

Wo bleibt die Innovation?

sich meldete, wenn Öldruck oder Kühlwasser in Problemzonen gerieten. Doch wer ein Auto kauft, will eigentlich nicht hören, dass er damit zur Reparatur fahren soll. Die Idee wanderte zurück in die Schublade; der Wagen, ein **PEUGEOT 505**, in die Vergessenheit.

Bordcomputer: Computer drangen in Autos vor, sie steuerten das Motormanagement und trieben so manchen Fahrer zum Absturz, oft funktionierten sie nicht so richtig – und Kfz-Werkstätten nahmen sie das Flair.

REPARIER MICH!
VOLLTANKEN!

Die Autohersteller hatten noch mehr Extras auf Lager, die vernünftig klangen, sich dämlich anfühlten, aber mit Hilfe von Werbung Teil unseres Autoalltags wurden. Die Palette an unterschiedlichen Aggregaten unter der Motorhaube (die vorne immer seltener ein Kühlgrill zierte, wozu auch?) wurde immer breiter. Nicht nur Sportwagen haben Einspritzmotor, auch Diesel: Turbo Injection. Diesel zum Steuern sparen, Turbo Injection zum Spritsparen.

Auch sonst ist einiges – eher modisch bedingt – in Bewegung geraten: Kombis gibt es auch in sportlicher, flacher Version (späte Erben des Volvo P1800 ES, „Schneewittchensarg" von 1971). Bei Limousinen bleibt, wie von Kompaktwagen vorgemacht (Mini, R5, Golf) der Kofferraum langsam auf der Strecke, das Heck wird immer kürzer. Chrom ist als Material bei Stoßstangen und Zierleisten durch PVC ersetzt worden. Alufelgen sind weit verbreitet, Scheibenbremsen nicht nur bei Rennautos, Allradantrieb nicht nur bei Geländewagen – eine Zeit lang. Weiter mit

Elementen, die sichtbar sind, aber kaum wahrgenommen werden: Statt aufgesetzten Türgriffen aus Metall mit Knopf sind ab etwa 1975 in die Karosserie versenkte Klappgriffe allgegenwärtig. Zentralverriegelung ist nicht mehr nur der Luxusklasse vorbehalten, auch nicht die Funkfernbedienung dafür. Sitzt man drinnen, gehört zu den Selbstverständlichkeiten vor allem vieles, was elektrisch funktioniert: Weder Fensterscheibe noch Schiebedach müssen mehr aufgekurbelt werden; die Außenspiegel sind elektrisch verstellbar, die Servolenkung (je nach Tempo elektronisch geregelt), irgendwann Tempomat, Drehzahlmesser, ABS.

Endlich! Renaissance von Style

DER ALFA 156 von Walter Maria de'Silva, aus der Ferne einfach „nur" elegant klassisch wie ein schöner Schuh, überraschte aus der Nähe mit Details von beträchtlichem Flair. Über die Türklinke entsteht, wie bei einem Händedruck, der erste Kontakt mit dem Auto: Beim Alfa 156 haben Fahrer und Beifahrer im Jahr 1997 mattsilberne Klinken – „Bügel" – mit separatem Knopf wie von vor über zwanzig Jahren. Die Mitfahrer und Kinder hinten: finden gar nicht die Klinke, sie sehen, dass da eine Tür ist, aber die Griffe der hinteren Türen sind da, wo noch nie zuvor Griffe waren, getarnt, verdeckt, fast wie ein kleiner Lüftungsschlitz unterhalb des Fensterrahmens, wo man normalerweise nicht hingreifen würde, wenn man sich nicht gerade die Finger in der Türe eingeklemmt hat.

Vorbei die Zeiten, als man im Käfer manuell einstellen musste, bei welchem Kilometerstand man getankt hatte – Kraftstoffvorratsanzeige statt eigenständig zählendem Kilometerzähler –, vorbei die Zeit der Beifahrerhalte-Kleiderhaken. Heute hat jeder bessere Geschäftswagen hinterm Sitz ein Gestänge wie aus der Waschküche eines Hotels.

10.4 Opron, Fulgur und Fuego

Im Jahr 1982, als wir nach Käfer, E-Type, DS und Porsche Turbo eigentlich alles Wesentliche gesehen hatten, erschien ein Auto, das ziemlich randvoll mit Weltpremieren ausgestattet war. Vorweg: Es ging nicht in die Geschichte ein. Weil es nicht so gut war? Weil keiner mehr Innovationen brauchte oder wollte? Weil die Neuerungen so bezaubernd auch nicht waren? Wahrscheinlich ein bisschen von allem. Zwei davon sind inzwischen so alt und selbstverständlich, dass man sich kaum erinnert, wo sie zum ersten Mal auftauchten.

Zündschlüssel ohne Schlüssel (aber nach wie vor mit Schloss)

In den **ZÜNDSCHLÜSSEL** war eine Fernbedienung eingebaut worden, mit der man die **ZENTRALVERRIEGELUNG** bedienen konnte, ohne je den Schlüssel ins Türschloss zu stecken, und in das Lenkrad wurden später Regler für das Soundsystem integriert. „Bedienungssatelliten" in Lenkradnähe waren nicht länger exklusives Citroën-Terrain.

Renault Fuego ... vom Créateur des Fulgur

Der **RENAULT FUEGO** war der erste Wagen, den Robert Opron für den Rivalen von Citroën gezeichnet hatte. Mit Citroën war Opron berühmt geworden – und nun ein mit PVC-Stoßstangenelementen und planen großen Hecklichtern in die USA fingernder Manta/Capri? *The Independent* wundert sich noch Jahre später über „diesen dicken, schwarzen Streifen, der die Gürtellinie um das ganze Auto herum nachzieht", „wie mit einem fetten Textmarker verunziert"[1].

Als **ROBERT OPRON** 1957 bei **SIMCA** anheuert, hat sich die Firma nach Anfängen als Fiat-Generalvertretung und -Lizenznehmer gerade zum zweiten Mal mit aufgekaufter und modernisierter Fabrikanlage nach vorne gecackert. Eine eigene gestalterische Linie gibt es nicht, die Modelle ähneln mal diesem, mal jenem Auto der Konkurrenz. Da entwirft der erst 25-jährige Franzose Robert Opron etwas, das – auch fünfzig Jahre später und auch in 200 Jahren – aussieht wie ein **UFO**.

Wo bleibt die Innovation?

Seltsam schwebend, wie ein Jet, mit V-förmiger Flügelkonstruktion. Nur die gläserne Kuppel mit der Sitzgarnitur aus einer Luxusyacht lässt erkennen, was vorne und hinten ist. „Heute kühn, morgen Realität" erklärt eine Tafel auf der New York International Automobile Show, wo die atomgetriebene Studie ausgestellt wird. Der Fulgur, war zu erfahren, „sollte von einem elektronischen Hirn kontrolliert" und mit Gyroskop sowie dem durch die Heckflossen kanalisierten Luftstrom gelenkt werden ...

Opron, aufgewachsen in Algerien, Mali und Abidjan, gelernter Architekt, wird von Flaminio Bertoni zu Citroën geholt, wo er 1964 Chefdesigner wird – und die Frontpartie der DS so überarbeitet, dass man sich kaum noch an das Original erinnert. Er entwirft den Ami 8, GS, SM und den DS-Erben CX.

Genau genommen trat der Renault Espace in die Fußstapfen des Plymouth Voyager, der Mitsubishis Space Wagon gefolgt war

Nach dem überraschenden Wechsel zu Renault (mit Schrägheck-R16 immerhin erfahren im Umgang mit zunächst seltsam neuen Fahrzeugen) zeichnet Opron dort den Fuego, modifiziert die Frontpartie des Alpine A310 ... und entwirft noch ein Auto, das im Bewusstsein der Welt hängen bleibt: die erste europäische Großraumlimousine, den **ESPACE**.

10.5 Der rote Fluch

Überall bricht **FERRARI** Rekorde. Länger als andere Formel 1-Teams fährt Ferrari mit zwölf Zylindern, fast hysterisch hoch drehend, mit einem Sound wie elektrische Schlagmesser-Kaffeemühlen, entsprechend Unmengen mehr an PS und Spritverbrauch. *Si, bella:* Ferrari hat und braucht etwas mehr von allem. Entsprechend ist Ferrari auch mit einem Budget zugange, das alle Konventionen sprengt. Anders gesagt: mit einem Budget, das andere auf die hinteren Plätze verweisen *müsste*. Und doch lief es bei der *Scuderia* Mitte der 1990er so schlecht, dass nach einer ganzen Reihe Weltmeister und Raser auch Gerhard Berger und der italofranzösische Hitzkopf Jean Alesi den Helm nehmen mussten. Jeder der beiden hatte in den letzten Jahren nur einmal in rot gewonnen. Ersetzt wurden sie durch einen kühlen, kalkulierenden Kerpener.

Wir kennen die Geschichte von **MICHAEL SCHUMACHER**, dem Maurer-Sohn aus dem Rheinland. Sie ist wie ein Märchen, RTL hat damit Rekorde verbucht, die Formel 1 in Deutschland einen enormen Boom. Was wir nicht so genau kennen: die Vorgeschichte. Die ist italienisch und tragisch und voller Pathos wie ein auf der Piazza Rotonda greinender Tenor. Ein Jammer und ein Drama mit geradezu existenziellen Höhen und Tiefen.

Die Geschichte beginnt mit einem Helden ohne Furcht und Tadel. Ein Rennfahrer aus dem Bilderbuch, der eines Tages befragt wurde: Wie häufig kommt es vor, dass einen die Angst übermannt? Und er wusste zu gefallen:

„Ich fürchte mich nicht davor, zu crashen."

Er, der Furchtlose, fuhr wie ein Berserker. Bisweilen mit nur drei Rädern, das vierte an einer Leitplanke zerschellt; was davon übrig war, die Stahlfelge, rieb Funken sprühend wie ein Feuerwerk über den Asphalt. **ER FUHR, UM ZU SIEGEN.** Doch wenn es so vereinbart war, blieb er hinter seinem Teamkollegen, der ihn als den schnellsten Fahrer aller Zeiten bezeichnete. Das Hinterherfahren des Furchtlosen mag der Outsider als brav bewerten, in den Augen des Kenners gilt es als kollegial, ja, fast clever. Die Lesart des Kenners: Wer so etwas macht, ist ein Teamplayer. Im Cockpit war er zugleich **DER BUB VOLLER STURM UND DRANG.**

statt Orgien zu zelebrieren. Fast schulterlanges Haar, das zu kämmen oder zu schneiden er scheinbar vergessen hatte, eine überaus hohe Stirn, die auf Verstand schließen ließ, seine Oberlippe verriet stoische wie auch leidenschaftliche, ja, querköpfige Charakterzüge.

Als **NOBODY** kam er – kurzfristig als Ersatzmann – nach Silverstone, England. Sitzprobe, Maschinentest, Sonntag der Grand Prix. Er kam, er fuhr – so spektakulär wie niemand sonst. Zwei Tage später weg von dem britischen Team, hin zu Ferrari. Er kam, er fuhr, er blieb.

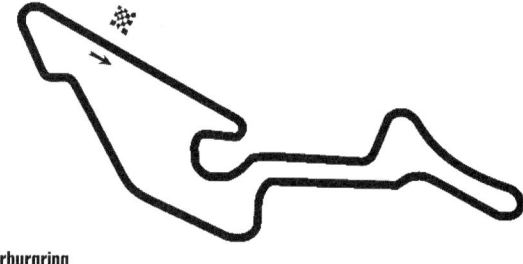

Nürburgring

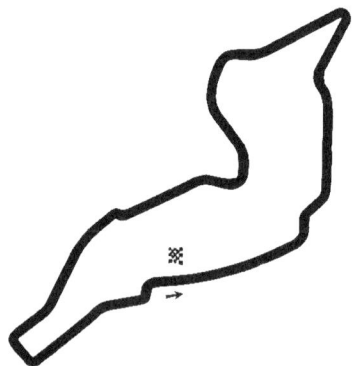

Imola

Auch ohne Rennsiege gewann er Frauenherzen, übernachtete aber mit Familie im Motorhome an der Rennstrecke, an-

Zandvoort

Als Neuling beim Traditionsrennstall blieb er brav die Nummer 2 hinter dem siegerfahrenen Teamkollegen und sah zu, wie der Veteran 1979 Weltmeister wurde.

Wo bleibt die Innovation?

In der folgenden Saison sah er zu, wie sich der Champion bei manchem Einsatz nicht einmal qualifizierte. Er ackerte sich und das Auto und das Team mit aller Gewalt zurück nach vorne. Er blieb – und zwar auch während einer Jahre andauernden Talfahrt.

„Vor Unfällen habe ich keine Angst. Klar, in einer Kurve, die man im fünften Gang nimmt, außen nur ein Zaun, wollte ich keinen Unfall haben. Ich bin ja nicht verrückt."

Wenn er wie ein Verrückter fuhr, wurde er verehrt und geliebt. Er hatte eine Kontrolle über sein Auto wie nur die ganz Großen. Unvergesslich auch die Pingpong-Überholmanöver von Dijon '79, ein Grand Prix, fest im Griff der Turbo-Renaults, Ferrari hoffnungslos deklassiert. Mit abgefahrenen Reifen weigerte er sich, Kurve um Kurve, klein beizugeben, bremste später, wahnsinniger, beschleunigte früher, mit qualmenden Reifen, Kurve um Kurve, trieb es weiter und tiefer in den Scheitelpunkt der Kurve – und lachte und umarmte sich danach mit dem Rivalen, dessen Renault seinen Ferrari mehr als einmal touchiert hatte. „Dieses Duell, dieses eine Duell werde ich nie vergessen. Es ist das beste Souvenir aus meiner Zeit als Rennfahrer", sagt noch heute der, der besiegt worden war, der Franzose René Arnoux. „So kann man nur fahren, dermaßen am Limit und dermaßen nah aneinander, wenn man einander vertraut, total vertraut, und das kommt nicht oft vor. Er hat mich besiegt, und dann auch noch in Frankreich, aber das hat mir nichts ausgemacht – denn ich wusste, dass ich vom weltbesten Fahrer besiegt worden war." Mit dem Taschenrechner und kalkuliert fahren, war nichts für ihn.

„Die Fans wollen eine gute Show. Das ist man ihnen schuldig."

Neben der Furcht fuhren bisweilen noch andere mit. Beim Abschlusstraining in Zolder, Belgien, war es ein Zwitter aus Agonie und Wut, der sich ins Cockpit gezwängt hatte.

Das Zeittraining ist gelaufen. Derjenige, der vor ihm auftaucht, trödelt, auch weil es für den nichts mehr zu gewinnen gibt. Er hat sich für die letzte Startreihe qualifiziert. Als er im Rückspiegel sieht, was von hinten auf ihn zuschnellt, weicht er sofort aus.

Nach rechts.

Gilles Villeneuve war der beste, keine Frage

Der Heranrasende sieht den Wagen vor sich. Auch er weicht sofort aus. Nach rechts. Zur äußeren Fahrlinie der Linkskurve. Bei dem Tempo hätte er das Kurveninnere nicht nehmen können.

Vielleicht konnte Gilles Villeneuve die Angst in Schach halten, von einer anderen Emotion war er besiegt worden: Wut. Die Wut ist zwei Wochen alt. Sie kocht immer noch. Sie gilt einem Teamkollegen.

Bei dem Rennen in **IMOLA** zwei Wochen zuvor hatte sich der Teamkollege nicht an die kollegiale Abmachung gehalten. Es gab im Team einen Nichtangriffspakt, ästhetisch und im Hinblick auf das vergötterte Spektakel ein Skandal, sportlich fragwürdig, rechnerisch und moralisch aber vertretbar. Der führende Gilles war schneller, ohne Frage, dann hatte ihn das Team aufgefordert, Maschine und Motor zu schonen. Sein Teamkollege war näher und näher gekommen – und hatte die Gelegenheit genutzt, um den Führenden knapp vor dem Ziel zu überholen, so knapp, dass der nicht mehr reagieren konnte und als Zweiter die Zielflagge sah. Der Teamkollege hatte sich nicht an die Abmachung gehalten und konnte sich feiern. Villeneuve schäumte vor Wut. Er war vorgeführt worden. Auf die Wut folgte die Enttäuschung denn seine Niederlage wurde noch übertroffen: Jeder im Team feierte den Teamkollegen. Der, der das Rennen geführt, der den Sieg verdient hatte, der sich an Abmachung und Order gehalten hatte, jahrelang – durch *all the shit years* –, war nicht nur der Verlierer, er war nun auch noch ein schlechter Verlierer. Nie zuvor hat es in einem Wettkampf einen Zweiten gegeben, der so verbittert war, der sich in seiner Enttäuschung von allen und allem wegdrehte, isolierte.

Nun, 13:52 Uhr in Zolder, einen Tag vor dem belgischen Grand Prix, eben der Links-Knick, trifft sein Vorderrad noch vor der Terlamenbocht auf das Hinterrad des schlendernden Vordermanns. Sofort schießt sein Ferrari 126C2 wie ein Projektil in die Luft. Mehr als hundert Meter weiter schlägt er mit solcher Wucht auf, dass das Wrack von der Energie des Aufpralls in die Luft kata-

pultiert wird, Salti schlägt. Was vom Auto bleibt, das verklebte Aluminium-Monocoque, explodiert wie eine Granate aus Glas. Mitsamt Sitz und Sicherheitsgurten wird der Fahrer durch den Abfangzaun geschleudert, mit einer Wucht, die ihm Helm und Schuhe vom Leib reißt.

Elf Minuten später fliegt ihn der Rettungshubschrauber zur Universitätsklinik St. Raphael in Louvain. Die Diagnose: Bruch der Halswirbelsäule am Verbindungspunkt zum Schädel. Joseph Gilles Henri Villeneuve, „der perfekte Rennfahrer" (Niki Lauda), stirbt noch am selben Abend.

Und Ferrari fällt für lange Zeit in ein tiefes, schwarzes Loch.

Ohne zu erröten durfte man mehr als zehn Jahre nach Villeneuves Tod anmerken, auf Ferrari laste wohl ein Fluch. Der rote Fluch. Auch als Ferrari Michael Schumacher anheuerte, brachte das vorerst →kein Glück. 1996 nicht, 1997 nicht. Es brachte 1998 kein Glück, 1999 keins.

kein Glück: Okay, das Blatt wendete sich schließlich doch: Schumacher holte fünf Titel nacheinander, aber das ist die Geschichte, die wir alle kennen.

Der Teamkollege, der 1982 in Imola Gilles **VILLENEUVE** zwei Wochen vor dessen **TOD** so verärgert hatte, dass dem Frankokanadier noch auf dem Podium der Schaum auf den Lippen stand, war nach dem **HORROR VON ZOLDER** so ungehindert auf **WELTMEISTERKURS**, dass er die Saison als Vize abschloss, obwohl er wegen schwerem Unfall die letzten fünf Rennen nicht mehr bestreiten konnte. In der Formel 1 trat **DIDIER PIRONI** nie wieder an. Fünf Jahre später kam er bei einem **JETSKI-UNFALL** um. Er hinterließ eine schwangere Freundin – die später Zwillinge gebar, zwei Jungen. Sie taufte sie **DIDIER UND GILLES.**

10.6 Artefakte

Die **GALIONSFIGUR** ist verschwunden. Die am Innenspiegel baumelnden **DUFT-BÄUME** und **PLÜSCH-WÜRFEL** wurden für peinlich erklärt und später wieder trendy, ironisch-clever gebrochen freilich. Die unter **HÄKELKLEID VERSTECKTE ROLLE** Toilettenpapier auf der Hutablage dagegen ist verschwunden, bei Taxifahrern in den Kofferraum, wo sie als Küchenrolle an einer Art Wäscheleine des Kofferraumdeckels ihr Dasein fristet. Wie die Galionsfiguren auf den Kühlern verschwanden irgendwann die **KÜHLER** selbst, um irgendwann in den 1990er-Jahren als Designelement wieder aufzutauchen, neu stilisiert bei Audi *et al.* Denn richtig gebraucht wurde der bei geschlossenen Kühlmittelsystemen (ohne Kühler, dessen Kühlwasser vom Fahrtwind vor dem Überhitzen bewahrt wurde) nicht mehr. Beim →Elektroauto (wie dem BMW E1 von 1991 mit der BMW eigenen, hier zusammengestauchten „Niere") wird er endgültig zur Posse.

Elektroauto: Kein Schabernack ist es allerdings, wenn E-Autos mit künstlich erzeugtem Sound fahren: Wie erste Tests ergaben, kann ein nicht hörbares Auto im Stadtverkehr manchen – Radfahrer oder Fußgänger – nicht nur zu Tode erschrecken, sondern in der Konsequenz auch zu Tode bringen.

Ebenfalls verschwunden ist ein anderes **HILFSMITTEL DER INDIVIDUALISIERUNG**: Um sich von der gemeinen Masse abzusetzen, verliehen Kfz-Halter in den 1970ern ihrem Millionen-Produkt eine individuelle Note mit **AUFKLEBERN**. „Atomkraft? Nein Danke!" oder „Trau keinem über 30!" oder „Wer dies liest, ist zu nahe" (auf der Hinterseite eines Slips einer ansonsten unbekleideten Schwarzhaarigen).

Auch gegen manches wird mobilisiert...

Für alles ist gesorgt in der Welt der Autoaufkleber

...und der „Hallo Partner-Danke"-Gruß bemüht sich um Revival

Verflixt und zugeklebt: Kryptisch geht auch

Während einem in den frühen **1970ERN**, mit Chrom als Distinktionsmittel des armen Mannes, **FORD CAPRI** und **OPEL MANTA** oft mit einigen zusätzlichen runden **HALOGEN-SCHEINWERFERN** wie aus acht Augen fassungslos anstarrten, und auf dem Kotflügel noch kegelförmig-aerodynamische Zusatzspiegel für **ZIERRAT** sorgten, fummelt und schraubt man nicht mehr an seinem Auto. Man wischt das Armaturenbrett und fährt regelmäßig durch die **WASCHSTRASSE**.

Jagdtrophäe von Lederstrumpf. Oder Wildtöter?

Im Laufe der Jahre kam die Personalisierung des eigenen Automobils wieder aus der Mode – dachte man schon an den Wiederverkaufswert? Irgendwann sollte das Auto jedenfalls am liebsten aussehen wie vom Autoverleih, innen wie außen.

Parallel ging die Aufrüstung mit Schnickschnack weiter: Navigationssystem, Blinker im vorderen Kotflügel nicht nur bei dicken Limos, sondern bei jedem Kleinwagen, ersetzt schließlich bei Mercedes durch die in den →Außenspiegel integrierten Blinker.

Außenspiegel: Auch seltsam: Zwei Außenspiegel galten lange als eher unsportlich – wer rast, schaut nicht zurück.

Auch die ab Werk gelieferte Option – insbesondere bei Ford und Opel – von auf das Blechdach übergezogenen Bezügen aus strukturierter **VINYLFOLIE**: sang- und klanglos verschwunden. Sah auch immer ein bisschen blöde aus, als ob man eigentlich ein Cabriolet wollte. Aus der Ferne sah das mit dem schwarzen Dach dann fast danach aus. Eine Renaissance der abweichenden Lackierung scheint der matt **ELOXIERTE LOOK** zu sein, immer schwarz, mit dem oftmals Pkw verblüffen, deren Fahrer gar nicht zwingend so wohlhabend aussehen wie die Modelle, hinter deren abgedunkelten Scheiben sie an HiFi-Anlagen drehen und den Sound hochfahren …

10.7 Problem ungelöst

Das schwächste Teil am Auto ist der Mensch. Der ist nicht nur **SONNTAGS-FAHRER**, jeder ein Mängelexemplar, der Mann am Steuer, auch die Frau, verursacht Probleme.

Städte und ihre Straßen sind von **PKW VERSTOPFT**. Für einen möglichst ausgeglichenen, nicht individuell zu verhandelnden Verkehrsstrom werden Ampelanlagen eingesetzt. Sobald eine Ampel auf Grün schaltet, passiert folgendes: Der Erste fährt los, der hinter ihm erst zeitverrückt, obwohl die Ampel ja nun schon etwas länger auf Grün steht, ebenso der Dritte usw. Man könnte viel Zeit, Platz, Ärger sparen, wenn bei Grün die komplette Warteschlange an der Ampel gleichzeitig losfahren würde.

Überhaupt: Autofahren. Das bedeutet, auf andere Verkehrsteilnehmer eingehen, auf Ortsunkundige und Menschen, die ihre Fahrzeugmaße offensichtlich nicht kennen, auf Angeber und Fahrradfahrer, Fußgänger aller Altersklassen, aber auch Verkehrsschilder, Fahrbahnmarkierungen, Ampeln, weiter vorne ein helles Blitzen (Radarfalle oder Touristengruppe?).

In einer der ausführlichsten Studien zum **FAHRVERHALTEN** hat das Virginia Tech Transportation Institute (in Zusammenarbeit mit anderen Institutionen) herausgefunden, dass ein hoher Grad von Auffahrunfällen nicht dann vorkommt, wenn jemand nahe auffährt, sondern wenn jemand ordentlich Abstand hält, mehr als zwei Sekunden entfernt ist – d.h. wenn sich jemand sicher wähnt, die Gedanken wandern [2]. Autofahren ist ja auch nicht so schwierig, vielleicht fingert er an Knöpfen, Cassetten oder MP3-Playern, gut möglich – das eine weitere Beobachtung der Forscher –, dass er den Verkehr erlebt wie eine mit dem DVD-Player abgespielte Fernsehserie daheim. Wir sparen Zeit – Multitasking heißt die Losung –, Forscher haben allerdings herausgefunden, dass der Mensch zwar telefonieren und nebenbei etwas anderes erledigen kann, dass dabei aber mindestens eine Aktivität (selbst etwas so scheinbar „Automatisches" wie Gehen) leidet. Das Hirn erlaubt keine synchrone Konzentration. Man kann nicht zwei Leuten gleichzeitig richtig zuhören, man kann nicht Verkehrszeichen lesen und andere Signale finden, sehen, entziffern oder dechiffrieren und gleichzeitig sinnvolle Gedanken ausformulieren. Und eigentlich weiß es jeder und jede: Wir sehen die Macken der anderen, ärgern uns vielleicht über deren langsame oder aggressive Fahrweise, doch wir verhalten uns oft ähnlich. Wir halten uns für bessere Fahrer als wir sind.

Long Term Parking (1982) des Künstlers Arman. 59 Autos, eingeparkt in 1.600 Tonnen Beton, als 19,5 Meter hohe Stele auf einer Fläche von 6x6-Metern. Fondation Cartier, Jouy en Josas (nahe Paris, 8 km von Versailles), im Garten des Schlosses von Montcel.

MEISTENS SIND AUTOS IMMOBIL. Sie PARKEN. Sie mögen Zeit und Raum bezwingen, aber zumeist besetzen sie Raum. Über den Daumen gepeilt braucht ein Durchschnittswagen 1,80 mal 5 Meter Fläche. Wenn auf einem erdachten Riesenparkplatz alle Stoßstange an Stoßstange parken, ohne dass sich die Außenspiegel berühren, nähme jeder Pkw zehn Quadratmeter ein. Bei um die **600 MILLIONEN PKW WELTWEIT**

ergibt das eine Fläche von 6.000.000.000 Quadratmetern, → 6.000 km². Klingt relativ harmlos? Ebenso überraschend überschaubar sähe es aus, wenn man die gesamte Weltbevölkerung von aufgerundet **7 MILLIARDEN** Menschen auf einen Parkplatz stellen würde. Man käme mit derselben Fläche fast hin: sieben Menschen für sechs Quadratmeter, also **0,86 M²** pro Person.

6.000 km²: Entspricht etwa der Größe des Saarlandes plus Mallorca (2.569 + 3.604 km²).

Die schönsten Autos von Sammlern befinden sich in Parkhäusern

10.8 Was, wenn es anders ginge?

Was, wenn jemand hinginge und eine Alternative zu dem mit **OTTOMOTOR** angetriebenen Auto entwickeln würde? Das einstige Erfolgsmodell steckt in der Krise. Von einer Identitätskrise gelähmt, liegt es seit Jahren auf der Couch. Kein Grund zur Sorge, sagt der gewiefte Psychologe, das Auto hat oder kriegt dauernd eine Krise, nicht anders als die Polizei, die Politik, die Wirtschaft. Die leben davon. Beim Auto jedoch wird es langsam ernst. Es eignet sich immer weniger dazu, Wünsche und Projektionen seines Halters zu befriedigen. Es ist kaum mehr fähig, Massen zu bewegen. Sein Motor ist nicht nur vollkommen überholt, ein antiquiertes Auslaufmodell, der **VERBRENNUNGSMOTOR** ganz allgemein ist ein ökologischer Anachronismus vor dem Herrn. Ein Gedankenspiel: Wenn man ein Auto entwickelte, das die

Faszinationen des alten einfängt, mit einer Ökobilanz, die der Zukunft angemessen ist, müsste man bei ein paar Millionen Käufern offene Türen einrennen.

Die Alternative zu entwickeln ist teuer. Jeder einzelne Pkw an sich ist ziemlich teuer (für fast kein Produkt gibt man so viel Geld aus wie für ein Auto, abgesehen von Haus … oder Privat-Jet). Die Produktionsanlagen müssen gebaut bzw. umgestellt werden, gebraucht werden teure Fachkräfte (die es noch gar nicht gibt, da die meisten es vorziehen, an ihrer Spezialisierung im Bekannten festzuhalten).

Hersteller des konventionellen Modells verfügen zudem über einen entscheidenden Wettbewerbsvorteil: die „Plattform". Mag sich auch das Image und damit verbunden der Kaufpreis eines gediegenen Jaguar X-Type von dem eines ziemlich hundsnormalen Ford Mondeo stark unterscheiden, entsteht er doch auf derselben Plattform, d.h. die beiden teilen – wie ein Mercedes mit einem Chrysler 300C – **DIESELBE DNA**. Sie sind unter der Oberfläche fast Zwillinge, kommen nicht nur aus ein- und derselben Entwicklung, sondern teilweise – wie diverse Volkswagen, Škoda, Seat und Audi – auch vom selben Fließband. Das ist der GM-Faktor, mit dem General Motors einst Ford abgehängt hat. Wer ein pfiffiges Mobil für die kommenden hundert Jahre konstruieren will, muss sich vorsichtig bewegen auf schwierigem, oft hegemonial verteidigtem Terrain. Wer an den Roulettetischen des Individualtransports die Bank knacken will, hat nicht nur Freunde. Vielleicht findet (und braucht!) man Partner aus der herkömmlich produzierenden Industrie – und hat von da an ganz andere Interessen mit an Bord.

Wo bleibt die Innovation?

Johnny Depp
würde es gefallen ...
die etwas andere
Umweltplakette

Andererseits könnten wir, wenn wir das Auto neu erfinden, volkswirtschaftlich für solchen Auftrieb sorgen, dass der Erfolg im Sinne und Interesse aller sein müsste – auch und vor allem der Politik. Dort begegnen wir jedoch dem nächsten Bremsklotz: **MANCHMAL IST GERADE DIE POLITIK NICHT WIRKLICH AN ALTERNATIVEN INTERESSIERT.** Einige Nationen kontrollieren Öl-Felder und -Raffinerien, Regierungspolitiker sind beteiligt an Ölkonzernen oder im Vorstand großer Autohersteller. Wie reibungslos das gemeinsame Agieren von Industrie-Lobby und Politik funktioniert, weiß man von Abwrackprämien für die vegetierende Alt-Industrie, von nicht primär die Luftreinhaltung, sondern den Neuwagenerwerb fördernden Gesetzen, →Wechselkennzeichen, Feinstaubverordnung samt Umweltplaketten, außertariflicher Kurzarbeit (bei der Hersteller nicht nur reale Lohnkosten sparen, sondern Steuer- und Sozialabgaben). Das ist keine Verschwörungstheorie, sondern nachzulesen: Beteiligungen und Interessen sind öffentlich einsehbar.

Wechselkennzeichen: mit diesem kann man mehrere Autos besitzen, ohne alle anmelden, versichern und versteuern zu müssen.

Vielleicht ist die entfernte „Konkurrenz" davon zu überzeugen, in eine echte Alternative zu investieren? **CHINA** –

wissen und denken und hoffen oder fürchten Branchenkenner – könnte solch ein Mobil auf die Räder stellen. Sollte es auch nicht zum weltweiten Standard werden, dann wäre es volkswirtschaftlich noch rentabel. Und woher überhaupt der Zweifel an der universalen Tauglichkeit, wenn es ein zündendes Konzept wäre? Die Antwort: Nationale Sicherheitsvorschriften, die beispielsweise Indiens Kleinwagen **TATA NANO** von unseren Straßen fern halten, würden dies vereiteln. Die Branche weist gern darauf hin, dass hierzulande kein Kaufinteresse bestünde an einem dem Moped ähnlichen Viersitzer ohne Klimaanlage und Servolenkung.

Und deshalb landen auf unserem Markt immer fortschrittlichere, auch relativ erschwingliche Pkw mit bahnbrechender Motorelektronik, immer effizienterem thermodynamischen Wirkungsgrad, auf 250 km/h gedrosselter Leistung, Dynamik und Komfort, yeah. Multidisziplinäre Forscherteams, darunter Haptiker und Akustikforscher und Psychologen, **EXZELLENT INSZENIERTE WERBEKAMPAGNEN** inklusive →Filmchen, in denen immer ein einzelnes Auto solitär und frank und frei über menschenleere Straßen saust und die Fahrer sich freuen, auch wie die Kinder und Frauen lachen ...

Filmchen: Fast fünfzig Jahre nachdem Chrysler für eine TV-Kampagne den Experimentalfilmer Len Lye engagierte, förderte **BMW** abseits von Kinowerbung oder Fernsehübertragungen Kreativität-im-Overdrive. Die Produktionsfirma Anonymous Content realisierte für den Autohersteller eine Kampagne, die nur sah und kannte, wer kurz nach der Jahrtausendwende online unterwegs war. *The Hire* waren fünf elf-minütige Filmvignetten mit Madonna, Mickey Rourke und anderen, alle mit **CLIVE OWEN** in der Hauptrolle, alle produziert von David Fincher (*Fight Club*, *Se7en*...), jeder von einem anderem Regisseur, darunter Oscar-Gewinner, Geheimtipps und Kult-Legenden (John Frankenheimer, Ang Lee, Wong Kar-Wai, Guy Ritchie und Alejandro González Iñárritu).

Am Rand echter Highways gab es zur Unterhaltung Billboards...

...auf dem Datenhighway, sozial vernetzwerkt, anklickbare Bildchen

DER PATIENT HÄNGT AM TROPF, wird aber mit viel Aufwand künstlich ernährt, zurechtgeschminkt, sein guter Zustand regelmäßig und demonstrativ verlautbart.

Um ein Projekt wie die Neuerfindung des Automobils nach Maßstäben des 21. Jahrhunderts voranzutreiben, müsste man ein Hasardeur sein wie André Citroën, der wie Gottlieb Daimler die Früchte seines Erfolgs nie erlebt hat. Wie viele talentierte, intelligente Menschen gibt es, die so getrieben sind von ihrer Vision und alles auf eine Karte setzen, Konkurs anmelden und weitermachen? Vielleicht werkeln einige schon im Stillen, unbeachtet in der Nachbarschaft daran – nur werden wir erst in Jahren von ihrem Tun erfahren.

10.9 Die Wende mit dem „Spaß-Auto"

Das schwunglos gewordene, irgendwie lustlose Vorstellen neuer Modelle, die sich alle ein und derselben zuverlässigen Form näherten, im Innenraum Unmengen an digitalisierten Gimmicks boten (im doppelten Sinn binär zu verstehen: viele Nullen), und unter der Motorhaube eine Auswahl wie im Supermarkt: Es musste enden.

Einen der nächsten, ganz großen DESIGNTRENDS legte **1989** ein Hersteller hin, den niemand auf dem Plan hatte. Das Auto wurde wie andere Autos vorgestellt. Als *auto motor und sport* den „ersten Fahrbericht" brachte, war das auf der Titelseite unten rechts angekündigt (wo heute der Strichcode ist, in die Ecke guckt kein Mensch)[3]. Schwerpunkt-Thema: „Die neuen deutschen CABRIOS '90". Der Wagen, der Geschichte schrieb, umschrieb, war ein Cabrio (ohne Überrollbügel), aber aus Blattmachersicht eine Fußnote. Doch dann verkaufte er sich so rasend, dass das Nachrichtenmagazin *Time* noch 1989 von der einsetzenden Roadster-Romantisierung berichtete[4] – und Wochen später den Appeal treffend analysierte: „Stupsnase, das Aussehen gerundet und soft; schelmisch mit einem lustigen, nicht richtig ernsten Knurren"[5]. Ein DESIGN-KLASSIKER DER 80ER.

Käuferinnen und Käufer bewegte der Wagen so sehr, so schnell, so lange, dass er ins *Guinness Buch der Weltrekorde* wanderte, als bestverkaufter Roadster aller Zeiten. Auch wenn er das nicht getan hätte, fiel auf Anhieb auf, dass hier etwas ganz Neues stattfand: MAZDA hatte ein Auto gebaut, an dem nichts neu aussah, es sah aus wie ein Cabrio wie vor fast dreißig Jahren.

Wo bleibt die Innovation?

MX-5: Ohne Dach, Überrollbügel oder Gedanken an den Zeitgeist

Mit der englischen Autoindustrie blühten in den 1960er- Jahren kleine Sportwagen mit Klappverdeck, sonst wenig Firlefanz oder funktionierende Technik, von Peugeot wurde die Mode – mit den 204 und 304 Cabriolets – etwas länger als mit dem →VW Karmann Ghia noch in die 1970er gebracht und dann als Nische beerdigt. Und ob nun aus kommerziellem Kalkül, klug oder blöd oder kultig: Hier hatte offenbar einer hingesehen und sich gesagt: Okay, alle sehen ein bisschen langweilig und ereignislos aus, wir bauen einfach ein Auto wie früher – leicht, kleiner Motor, rundlich. Den **MAZDA MX-5**.

VW Karmann Ghia: Autoexperten werden hier hart einlenken und darauf hinweisen, dass der Mazda ein Roadster ist, VW und 204 nicht. Denn die sind keine Sportwagen. Der Roadster ist ein Sportwagen ohne Dach, bei dem der Spaß vorne sitzt und hinten niemand. Zur Zeit von James Dean hieß der Fahrzeugtyp Speedster, die Italiener nennen ihn Spider, die Italoamerikaner Spyder.

Der **MAZDA MX-5**, in den USA als Miata vermarktet, kam in Europa ab 1990 auf den Markt. In der kompletten Automobilgeschichte, einer Geschichte von Weiterentwicklung und Fortschritt, war er das erste Auto, das schamlos, ja unverschämt, tat und aussah, als sei es dreißig Jahre alt. Dabei war die Gestaltung nicht wirklich retro, eher eklektizistisch, Referenzen diverser nicht vergessener, aber ausrangierter Vorgänger zitierend, ganz speziell den

Lotus Elan S2, mit dem **EMMA PEEL** in *Schirm Charme und Melone* für den Mittelteil des Dreiklangs gesorgt hatte. Altmodische Klappscheinwerfer, keine richtig erkennbare Stoßstangen, das elliptische Maul aus mehreren Autos zusammengemorpht, Proportionen und Gewicht eher MG B, aus Fahrersicht Triumph Spitfire, zunächst nur erhältlich in den Farben von Emma Peels Lotus – weiß, blau, rot –, das Heck dann moderner, die Innenausstattung schlicht und „klassisch" statt mit viel Hightech, aber auch für die aktuelle Dekade modern genug.

PT Cruiser: Jeder Art-Director hatte einen ... und fuhr wie Al Capone

Ohne den MX-5 wäre vieles nicht passiert. Plötzlich war überall das **RÜCKBESINNEN AUF ALTE TRADITIONEN** zu sehen, bei Lancia und Alfa, prominent auch mit dem vom Eckigen weglenkenden Jaguar XJ, mit den runden Scheinwerfern des Mercedes Mitte der 1990er; noch deutlicher zur Jahrtausendwende mit **CHRYSLERS PT CRUISER** im Stil von Al Capone 1930, und nicht zu vergessen natürlich die Remakes von Klassikern wie dem VW, dem Fiat Cinquecento und dem Mini. Ob man den MX-5 mag oder nicht – die Japaner hatten damit die Leidenschaft auf vier Rädern wiedergefunden.

Der **NISSAN FIGARO**, bei der Tokyo Motor Show '89 als Konzeptfahrzeug vorgestellt, ist ein noch extremeres Exempel für Retro als der Mazda MX-5.

Imitation und Original.
Futuristen hätten sich die Nike zurückgesehnt

Egal, wo der kleine Roadster parkt, er zieht Passanten an wie ein kugelig-grinsender Gutbrod Superior aus den 1950ern. Das beeindruckend gut erhaltene Autolein wird gerne auf Baujahr 1955 geschätzt, plusminus sechs bis zehn Jahre. Tatsächlich sind die Außenspiegel zu groß, Form und Material nach aus einer anderen Epoche; ebenso die Rücklichter. Aber auch innen, das Design des Radios, alle Schalter und Schieberegler elfenbeinfarben: sehr nahe an dem, was streng genommen – zumindest eine Zeitlang – als Kitsch gegolten hätte ... Der Figaro hätte omnipräsent werden können, doch er wurde 1991 in limitierter Stückzahl gebaut, nur in vier Farben angeboten, für jede Jahreszeit eine (Minzgrün, Blassblau, „Topaz Mist" und Lasurgrau), nur als Rechtslenker. Ein Nischenauto, anachronistisch bis ins Detail (4-Zylinder-Motörchen unter 1.000 ccm, aber mit Turbolader) – und dermaßen gefragt, dass die 20.000 Käufer mit Losverfahren ermittelt wurden.

„eins, ihr leute, ist uns allen klar / die welt ist nicht mehr das, was sie mal war" (Camilla Motor & die Sexzylinder)[6]

10.10 Standards im Schleudergang

Wie die Retroblüten von 1989 zeigen, kann es bei Design und Form immer noch zu überraschenden Trendwenden kommen. Auch die Entdeckung des Rückwärtsgangs ist schließlich eine Entdeckung. An anderen Komponenten bewegt sich auch immer ein wenig, dann und wann. Kaum bemerkbar sind die Änderungen bei Rädern seit dem Umstieg von Holz-Speichen zu Alufelgen (neues Material, alte Form). Auch die von Kutschen hergebrachte Norm der vier Räder wurde gelegentlich hinterfragt, aber vier Pneus, an jeder Ecke einer: funktioniert. Auch ist man sich einig, ohne Vorschriften oder heimliche Absprachen, dass ein Auto etwa so breit zu sein hat wie eine Kutsche, und die folgte den physischen Gegebenheiten von zwei Pferden plus Zaumzeug.

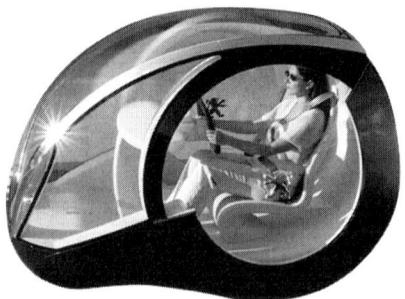

Reifen unsichtbar: Der Moovie

Trotzdem geht es auch anders. Ohne das Rad neu zu erfinden. 2004/2005 schrieb Peugeot einen Wettbewerb aus, bei dem einzureichen war, von welchem künftigen Peugeot man träumt. Der Moovie

Wo bleibt die Innovation?

des Portugiesen André Costa hielt sich an das Briefing. Ziemlich aus der konservativen Bahn geworfen, schnaubte mancher „PLEASE!".

Die Zukunft oder das Weiterleben seines Moovie-Mobils ist unbekannt, doch →„P.L.E.A.S.E." wurde das Motto des folgenden Wettbewerbs.

P.L.E.A.S.E.: Akronym von pleasurable, lively, efficient, accessible, simple, ecological.

UND ACTION

10.11 Kleine Action-Fibel

Yeah, 1980 legt man auch auf dem Parkplatz den Sicherheitsgurt an, Verfolgungsjagden sind ein alter Hut, jeder Krimi aus irgendeiner Kleinstadt bringt sie im Fernsehen. Hier die wichtigsten Elemente aus der Trickkiste:

TRICK NUMMER 1: Quietschende Reifen, nicht nur auf Schotter (viel Staub um nichts), auf dem kein Reifen quietschen kann, sondern auch und besonders gern auf lackiertem Beton im Parkhaus (Auftakt zu neuneinhalb Minuten Jagd in *Die Seven-Ups* von 1973). Der Sound kommt gut, geredet wird kaum oder gar nicht. Der Gestus des Schweigens – aufgrund absoluter Konzentration – gefällt Zuschauern, die sich mit dem Hero gern identifizieren. Im Parkhaus trauen sie sich nach dem Film, Gesetze ein wenig zu brechen, dellern auch mal gegen andere Autos und üben sich dann in Fahrerflucht. Ohne quietschende Reifen geht nichts.

TRICK NUMMER 2: Rasen unter stahlverstrebter Brücke oder Eisenbahntrasse aus dem 19. Jahrhundert (*French Connection – Brennpunkt Brooklyn* 1971, *Ein achtbarer Mann* 1972, *Ronin* 1998). Optional mit ohrenbetäubendem Lärm von Metall gegen Metall, Funken sprühen. Die von den Funken gezündete explosive Frage: Individualmobilismus versus Leben auf Schienen – wer gewinnt?

TRICK NUMMER 3: Die Eisenbahn darf auch neben dem Auto über die Gleise rattern, wobei in dem Fall das Touchieren oder Streifen des Überbringers alter Schienenstrang-Romantik ein absolutes Muss ist (wie beim Güterzug in *Leben und sterben in L.A.* 1985, *Color of Night* 1994, Cable Car in *Bullitt*).

Sie halten einen auf Trab, sind immer aufregend ... und gleich

TRICK NUMMER 4: Irgendwann, wenn es nicht mehr schneller und rasender und crashender zu gehen scheint, stapeln die Dramaturgen, gerne in einem Industriegebiet, 48 Pappkartons zu einer Mauer auf, um die die Fahrer nicht herumlenken, sondern die sie – Krawumm! – ungebremst durchbrettern (*Ein achtbarer Mann, Leben und sterben in L.A.*), als könnten sie damit punkten oder Verfolger verschrecken. Mögliche Variation: Ölfässer (*Short Time – Nichts als Ärger mit dem Kamikaze-Cop*, 1990) oder beides, Ölfässer und Kisten (*Driver* 1978).

TRICK NUMMER 5: Ein Stunt wie vom Rand eines Open-Air-Stock-Car-Rennens im Hexenkessel – überholen auf schrägem Untergrund, wie auf einem Deich, wobei das Überholmanöver in einen Seitwärts-Überschlag kulminiert (unübertroffen der Vierfach-Überschlag in der Ebene inklusive Landung auf vier Rädern in *McQ schlägt zu* sowie *Die Blechpiraten*, beide 1974). Semantisch vergleichbar ist das Abhanghinuntertänzeln und -holpern bei 32 km/h (*Eine total, total verrückte Welt* 1963) oder als Solo-darbietung auch mal ungebremst wegen Sabotage in Hitchcocks *Familiengrab* (1976). Sehr kunstvoll auch das Ballett der gleichzeitig eine Treppe runter-purzelnden drei oder vier Pkw (*Killer Target*, 1991), eher süß dagegen der treppabwärts fahrende Mini (*Die Bourne Identität*, 2002), der mit Modell und Choreographie das Ensemble von *The Italian Job* (1969) zitiert.

TRICK NUMMER 6: Gesetzt den Fall, dass Polizisten beteiligt sind, kommen sie in Rudeln, sind weder am Tatort in der Lage, vernünftig zu bremsen noch anderswo richtig aufs Gaspedal zu treten oder das Verhalten ihres Dienstwagens realistisch einzuschätzen. Ältere Cops in Zivil verlassen auch mal während der Fahrt das Auto (*Lethal Weapon*, 1998) …

TRICK NUMMER 7: Choreographie von fliegendem Metall. Auch in der Formel 1 spricht man bei mögli-cherweise beabsichtigten Touchierungen zweier Riva-len von „Abschießen". Bevor es dazu kommt, greift der Beifahrer im Kino zu einer Schusswaffe und schießt beim Verfolger nicht auf den Kopf, sondern die Halte-rung zur Motorhaube, sodass diese aufklappt und, vom Fahrtwind weggerissen, einen ganz eigenen Tanz aufführt. Alternativ reiben sich die Autoseiten so aneinander, dass Türklinken zu Schaden kommen (*Ein achtbarer Mann*) und irgendwann sogar ein dritter Wagen auf den Dächern der beiden kopfüber landet und mitgenommen wird.

TRICK NUMMER 8: Nach Tunnel oder Spaghetti-Junc-tion zielbewusstes Einlenken auf die Stadtautobahn, allerdings in falscher Fahrtrichtung (*Leben und sterben in L.A., Ronin, Lethal Weapon 2, Lethal Weapon 3* 1992)

TRICK NUMMER 9: Ein Auto kann nicht nur fahren, Saltos, Rolle vorwärts und dreifache Schrauben drehen – es kann auch fliegen (über Hochhausdächer und Straßenschluchten mit Fliewatüüt bei James Bond, z.B. in *Der Morgen stirbt nie* (1997). Eine besondere Erwähnung gebührt dem Synchronfliegen mit simultanem Take-off in *Short Time*.

TRICK NUMMER 10: Die hauptdarstellenden Autos in haarsträubenden Jagdszenen sind fast immer unauffällige Viertürer, Identifikationsangebote an die Zuschauer, vielleicht auch sportliche GT-Versionen von Limousinen für Familienväter (*The Transporter* 2002). Das Finale der Bewegung muss jedwede Spur von Naturalismus über den Haufen werfen. Es muss absolut ausgefallen sein und total abgefahren. Drunter geht nicht. Darum muss auch das Ende sitzen wie ein Faust-schlag. Ziemlich unerreicht ist in der Hinsicht *Die Seven-Ups,* wo der 73er Pontiac Ventura mit Vollgas in das Heck eines Sattelschleppers zischt, wobei die obere Hälfte des Fahrzeugs bis zur C-Säule abrasiert wird … und beim nachfedernden Rückstoß sieht man, was von Fahrer oder Innenausstattung geblieben ist: nichts.

TRICK NUMMER 11: Frauen machen das Ganze realistischer. Am besten welche, bei denen man auch ohne Reifen durchdreht, also Isabelle Adjani (*Driver*), die coole Lenkerin in *Ronin* oder Franka Potente (*Die Bourne Identität*).

TRICK NUMMER 12: Etwas Neues – nur ein paar Variationen hat es noch nicht gegeben. Beginnen wir beim Anfang, mit dem Set. Wie wäre das Parkhaus zu toppen? – Bingo: Shopping Mall.

ABGEFAHREN ABGEHOBEN
Stunt © **JACKIE CHAN:** Auto hebt ab, hier allerdings schießt der schwerst aufgemotze **MITSUBISHI COLT** (ohne Dach, also chopped) dermaßen in die Höhe, dass das Gefährt beide Fahrtrichtungen einer Autobahnzubringer-Hochstraße plus ca. 8 Meter Sicherheitsabstand dazwischen in der Luft überquert. Leicht abgefedert wird die Landung immerhin mit den Pappkartons (Trick Nr. 2), durch die er stößt.

In *Der rechte Arm der Götter* fliegt Jackie Chan 1987 noch weiter. Und höher. Mit Colt

Wo bleibt die Innovation?

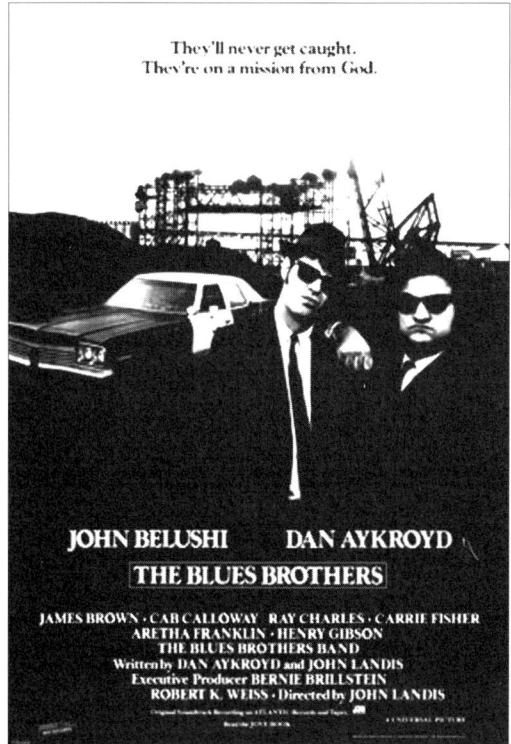

Slapstick mit Bullenschaukel. Zum Schreien

10.12 Musical mit Muskeln: Voll auf die zwölf!

Vorhang auf, *lights, camera, action*: Wenn man 1980 in die Vollen geht, gegen den Mainstream rast wie ein Geisterfahrer, dann aber richtig. Die extravagante Orgie, um die es im Folgenden geht, ist ein Musical. Eins, das auch hartgesottene Typen lieben, ein Werk, das sie verschlingen wie sonst Pommes und Burger, mit viel Mayo und Ketchup. Es präsentiert eine solche Unmenge an zu Klump gefahrenen Autos, dass es einen Eintrag im *Guinness Buch der Weltrekorde* bekommt, außerdem Witz, Klamauk, Blues, →noch mehr Autos und in den Hauptrollen Dan Aykroyd und John Belushi, dessen im Echtleben abgefeiertes *live fast, die young*, dessen Zu-viel und Zu-schnell bei allem immer überall, kurz darauf vom Tod eingeklagt wurde.

Der Blues wird in *Blues Brothers* wie ein schöner, etwas abgetragener Anzug aus dem Kleiderschrank geholt, der Staub rausgeklopft und einer ganzen Generation Kids näher gebracht – nicht als Trauergesang ältlicher Herren, sondern als ein cool abgehangener

Hier wird nicht einfach in die Polizeiblockade gekracht oder durch die eine Lücke hindurch in den Gegenverkehr gelenkt, hier fliegt man über das Polizeiauto, anderswo wiederum in neue Hindernisse hinein … und in die Luft.

noch mehr Autos: Eben noch sagt Elwood Blues zur Band, biblisch: „Schaut nicht zurück." Reaktion: Alle schauen zurück, und was man da sieht, ließe jeden Sterblichen zur Salzsäule erstarren, wäre der Anblick nicht zugleich so wunderschön und prickelnd wie Sodom und Gomorrha: an die sechzig verschrottete und zerschredderte und zerkloppte und gecrashte Autos.

Also gut, dann mal los. Die Eisverkäuferinnen haben den Saal verlassen, es ist dunkel im Kino, das Popcorn noch in der Tüte, da wird Belushi aus dem Bau entlassen, und Aykroyd – Blues Brother Elwood – holt ihn ab. Mit einem Bullenwagen, den er bei einer Versteigerung gekauft hat, er hat „Bullenreifen, Bullenfederung und einen Bullenmotor – mit einem →4400-ccm-Aggregat". Das neue Bluesmobile versteht es, Belushi – Brother Jake – zu überzeugen. Aber nicht auf Anhieb.

4400-ccm-Aggregat: 74er Dodge Monaco, tatsächlich Gebrauchte, allerdings von der kalifornischen Autobahnstreife. Wie bei echten Schauspielern wurden bei den Dreharbeiten auch für das Bluesmobile Doubles eingesetzt, ein Dutzend – einer davon nur für die Szene mit dem zerfallenden Wagen.

Der **BLUES** ist eine religiös ernsthafte Sache, und deshalb werden seine Wurzeln korrekt wiedergegeben, und mit viel Slapstick. Dynamik und Drama bei *The Blues Brothers* ist nicht sehr nahe an Aristoteles' Theorie des Dramas. Dialoge und Story, der Look mit Hut und Sonnenbrille: alles sehr lakonisch. In Fahrt kommen wir, als Elwood von der Polizei gestoppt wird. Er muss einfach flüchten – schließlich kreuz und quer durch ein Einkaufszentrum, bei dem der Beifahrer die ganze Zeit staunt und quasselt, welche Läden neu aufgemacht haben, schließlich: „Dieses Jahr sind die Oldsmobile aber schon früh rausgekommen". So ähnlich wie Belushi mit dem **DEATHMOBILE** in *Animal House* (vom selben Regisseur) – so pflügt das Bluesmobil durch die Ladenpassage. Sehr lustig und listig, das Bluesmobil hat außerirdische Fähigkeiten, man hebt ab.

Death Mobile auf Basis eines Lincoln (zu erkennen an Kleiderschranktüren)

Nach der Action kommt ab den 1990ern lakonisch durchtränkte Ironie, und danach wirkte alles etwas blass. Alles Verrückte und Ungewöhnliche wird aus den Studios verbannt; mit Bluebox und vor allem mit digitaler Nachbereitung wird alles möglich, nix nötig, alles perfekt – und wenig erregend. Irrsinn mit ABS und ESP: schwierig.

10.13 Musik des Muscle-Cars

Zum Abschließen amerikanischer Autokultur noch ein *tip of the hat*, ein Zeigefingerdeut und Tippen an den Hutrand der Baseballkappe: für die Fahrzeuggattung der **MUSCLE-CARS**.

Zur selben Zeit, da der Mustang das Licht der Welt erblickte, präsentierte General Motors den Pontiac GTO. Auch mit diffus europäischem Einfluss, das begann schon in der von Ferrari abgeluchsten Bezeichnung: **GTO = GRAN TURISMO OMOLOGATO**. Das war der Startschuss der Muscle-Cars, und man muss ihn sich wie einen Schuss vorstellen, gefolgt von laut quietschenden und fulminant rauchenden Reifen. Rennfahrer und Physiker wissen: Vom Durchdrehen der Reifen kommt man nicht vorwärts.

Muskulös, Sidepipes wie nach Doping, alles gestählt wie im Fitness

Anders als der Mustang mit seinem Crossover-Appeal – vergleichbar mit Käfer und Mini, den ältere Herren ebenso lenkten wie Brigitte Bardot – war der Muscle-Car immer bei denen zuhause, die für ihr Zuhause wesentlich weniger investierten als in den mobilen Untersatz. Die anderen GM-Abteilungen schossen hinterher, mit dem Buick Gran Sport, dem Oldsmobile 442, mit vielen optischen Gags und Gimmicks, vor allem immer mit viel Muskeln und Gehabe, *bravado*. Im Hause Chrysler verfügte man über vergleichbar leistungsstarke

Wo bleibt die Innovation?

Aggregate, die Autos konnten sich durchaus messen mit den Muskelmännern – sie sahen nur nicht danach aus.

Konservativ und vorsichtig verformte man bei Chrysler einige ältere Linien, beispielsweise auf Basis des Plymouth Barracuda, benannt nach einem barschartigem Raubfisch, zunächst um Chevrolets **STACHELROCHEN CORVETTE** hinterherzuhechten und sich dann mit dem auf dem absteigendem Ast befindlichen Thunderbird von Ford zu balgen So in etwa verlief das konfuse, halbherzige Umherirren bei den Marken Dodge und Chrysler. Das Resultat sind lauwarme Kompromisse, aber auch verstörend irre Zwitter und Zwischenwesen.

Kino-Klassiker zeichnen sich nicht zwingend durch Dialoge aus

Im Kino wird bis heute debattiert, wer die seltsame kraftprotzende Nase vorn hat – der **CHARGER** (aus *Bullitt*, auch von anderen Filmemachern aus der Garage geholt) oder der **CHALLENGER** (aus *Vanishing Point*, wo er einen kompletten Film lang ziemlich allein auf weiter Flur die Hauptrolle spielt). Die Frage ist so ernst und gewichtig, dass sie in einem späteren Kinofilm ausgetragen wird wie das letzte Duell überhaupt. Wo, in welchem Film? Bei →Tarantino, wo sonst?

Tarantino: *Death Proof*

Wenn Autoverkäufertöchter als Namensgeber fungieren...

...kann man sich ja auch auf eine Zeichentrickfigur beziehen

Besondere Beachtung gebührt dem ebenfalls in Kinofilmen nicht verschwindenden **PLYMOUTH ROAD RUNNER**. Sogar sein Name kam aus der Welt des Films. Vom Road Runner, einer von Chuck Jones gezeichneten Zeichentrickfigur. Erste Folgen als *Fast and Furry-ous*, dann grünes Licht vom Studio und ab 1952 regelmäßig und riesig, die Serie benannt wie das Hup-Geräusch (*Beep*

Beep). Der Road Runner ist der komische Vogel, der nicht fliegen kann, also dauernd wie ein Verrückter rasen muss (von und mit und gegen Karl den Kojoten). Das Auto wanderte 2001 in den Straßenrennfilm *The Fast and the Furious*, dessen Charaktere killen ... weil sie nicht wissen, was sie tun.

Komischer Vogel, anscheinend benannt nach einem Plymouth

Verloren in dem lichterloh brennenden Dschungel von Referenzen, zu neu-modischer Diet-Pepsi, dazu Speedbombs (Mix aus Downer und Upper, Coke und Heroin, ein Balanceakt auf einer Rasier-klinge, der River Phoenix und anderen einmal nicht gelang), die Mythen aus Hollywood, die Sehenswürdigkeiten von Route 66 ... und natürlich Songs. So auch *Roadrunner*, nicht *Road Runner* von **BO DIDDLEY**, wo das „beep beep" eben noch süß und nett ist, so wie Angeben oder Angaben zu Geschwindigkeit und zu dem Rumgerutsche auf der vorderen Sitzbank ... Nein, der Soundtrack kommt inzwischen, auch wenn er schon zwanzig Jahre alt ist, aus einer anderen Ära, von einem Prototypen des Punk, Jonathan Richman/The Modern Lovers, zwei Akkorde und los:

„One two three four five six!
Roadrunner, roadrunner
Going faster miles an hour..."

1   Giles Chapman: „Renault Fuego",
    The Independent, 20.2. 2007
2   Tom Vanderbilt: *Traffic, Why We Drive the Way We Do (and What It Says About Us)*, London 2008
3   *auto motor und sport*, Heft 10/89, 5.5.1989
4   S.C. Gwynne: „Romancing The Roadster", *Time* 24.7.1989
5   John Skow: „Miatific Bliss in Five Gears", *Time* 2.10.1989
6   Camilla Motor: *Harry Hamster*, 1981. Text von Camilla Hüther und Daniel Speer, Musik Frank Meyer-Thurn (in memorian 1959–2009)

Die Krise

der Postmoderne

Anything goes! / Bilanz der Zivilisation / Ins Gelände wagen / Nostalgie im großen Stil / Immer älter, immer besser... / Krisenmanagement: 1A / Adipositas / Im Dienst seiner Majestät – der Wirtschaft / Fin de Siècle / Rückkehr der Seele /... und das Gegenteil / Zeit / Raum / Cyberspace

11.1 Anything goes!

Irgendwann 1992 schreibt oder sagt irgendwer, die weltweite Rezession treffe die Spitze des Marktes hart. Lamborghini muss wegen fehlender Nachfrage die Produktion des Diablo unterbrechen. Klingt nach Naturereignis, wie ein Komet, der die Spitze eines Superbergs nicht nur streift, sondern hart trifft: eine Katastrophe, die uns alle mitnimmt.

Glauben wir das wirklich? Oder erfahren wir es nur so, weil es so verpackt in den Nachrichten präsentiert wird? Seltsam, wie sich die Zukunft ihren Weg bahnt, wie sich nicht nur die Sprache den Empfindungen anpasst, sondern umgekehrt auch Menschen sich „umstellen" und die Sprache von Bedienungsanleitungen und PR-Texten übernehmen. Fünf Jahre nach der Kurzarbeit bei Lamborghini passiert sehr viel sehr

schnell: Jeder Hinz und Kunz stellt sich neu auf, kauft und verkauft am Neuen Markt, planscht und rührt in der Euphorie um die New Economy ein bisschen mit. Die Haushalte werden computerisiert, jede Metzgerei kriegt ihre eigene Website, Mobiltelefonie greift rasant um sich. An Hightech-Börsen wird mit gezinkten Karten um Subventionen gepokert, unter der Hand wird Kapital verpulvert, das Start-ups gar nicht haben. Nichts ist so gestern wie das Auto. Ferrari erzielt auf einmal wieder Rekordverkäufe. Millionäre und Investmentbanker bewerten die →Formel 1. Seltsame Zeiten, in denen Größenwahn und Stumpfsinn komische Situationen erzeugen, auch spannende Verformungen. Zeitgenössische Designs vereinen Anpassung und Aggression ... oft in einem Fahrzeugbug. Beispiele stehen immer noch in jeder Straße.

Formel 1: Wie bewertet man eine Formel? „Wir wissen es auch nicht, aber wir müssen es tun ..."

11.2 Bilanz der Zivilisation

Technik und Fortschritt ermöglichen immer mehr. Auch öffnen sie Türen zu neuen Konflikten und Widersprüchen. Nebenwirkungen von Röntgenstrahlen, Kernspaltung, →Global Dimming und Global Warming, Karzinogene im Alltag. Ja, weiß man, mehr oder weniger. Ganz

Die Krise der Postmoderne

bestimmt profitieren wir nicht nur als Minderheit und nicht nur als Macher, ganz bestimmt profitiert die ganze Menschheit von ingeniösen Entwicklungen, die den Austausch von Waren und eben auch Wissen erleichtern. Unklar ist und bleibt, was wir dafür bezahlen, was wir abgeben, hinter uns lassen. Es ist unklar, weil wir es nicht mehr haben. Die Kosten stehen auf keiner Rechnung, sie sind nicht einsehbar.

<u>Global Dimming</u>: Globaler Verdunkelungseffekt: allmähliche Verringerung der Intensität des Tageslichts, das die Erdoberfläche erreicht

Dass wir Ort und Zeit überwinden, mit Auto oder Flugzeug, um dann an einem anderen Ort zu sehen und zu hören und zu riechen und einzuatmen, wie gefangen wir in unseren doch nur relativen Wertvorstellungen sind: ist ein Luxus. Für den Kopf, wo ja auch das Gefühl wohnt, das Herz und die Intuition usw. Alles ist in Bewegung, Völker und Geldströme ignorieren Grenzen, und alles geht immer schneller. Gleichzeitig mit den höheren Leistungen von Maschinen und Mikroprozessoren erhöht sich die Frequenz großer →<u>ökologischer und ökonomischer Katastrophen</u>. Via Massenmedien erfahren wir zeitnah, was – oft ziemlich weit weg – mit Erdkrusten und Ozonschicht, Börsen- und Wechselkursen geschieht. Es ist fast wie Feueralarm in der Schule, frühere Tests der Sirenen für Bombenangriffe, Y2K, 9/11, Bankencrash und Welt AG: Jeder hört davon, jeder kann mitreden. Aber zu welchem Preis? Was bleibt auf der Strecke, welche Sinne verstümmeln dabei?

<u>ökologische und ökonomische Katastrophen</u>: Unser Wissen hängt ab von Berichterstattung bzw. selbstgewähltem Medienmix: Nachdem im Golf von Mexiko eine von BP geleaste Bohrinsel nach einer Explosion gesunken war und vor der Küste der USA – unfassbar!

– monatelang große Mengen Rohöl aus mehreren Lecks strömten, beherrschte „Die schwarze Pest" 2010 die Schlagzeilen. Weitgehend unkommentiert zerstörte auslaufendes Öl jedoch schon zuvor über Jahrzehnte das ehemals fruchtbare Land im Nigerdelta; was weltweit permanent aus maroden Pipelines läuft und leckt, kann nur geschätzt werden.

Verkürzt auch die Zeit zwischen zwischen Umweltkatastrophen. Hier Ölpest am Golf von Mexiko, 2010

9/11. Vier Flugzeuge. Bei Medien rund um die Uhr Quotenrekorde

Die Antwort, die Tragik der Antwort, ist in die Frage eingebaut: Was verloren geht, kann nur schwer erinnert werden. Daher, vollkommen synchron zu immer mehr Innovationen, dauernd neuen Telefonen und Kommunikationsmedien die Nostalgie, das Bedürfnis nach Geschichten und Filmen, in denen man sich wiedererkennt, statt Neues kennenzulernen. Für die Rolling Stones ist die Nostalgie-Industrie kein Problem. Ein Problem ist es für jeden Picasso, Kafka, Miles Davis, für jeden, der in der Kunst Neues sucht.

Klassiker aus einer kulturell bewegten Zeit voller Verwirbelungen: „Da weiß man, was man hat", versicherte VW 1969 seinen Kunden – als in der Firmenzentrale vor allem deutlich wurde, dass man ein großes Problem hat. Die Werber Werner Butter, Helmut Schmitz, Ritchie Bairstow konzipierten eine Serie simpler Motive und griffiger Slogans, die heute – nicht nur aus Sicht von Werbern und dem Art Directors Club – als KLASSIKER gelten.

1959 (USA) „Think small" LAUT Advertising Age beste
     Anzeige des letzten Jahrhunderts
1960 (USA) „Lemon"
1962 VW-Ei: „Es gibt Formen, die man nicht verbessern kann"
1963 „Der VW läuft und läuft und läuft ..."
1965 „Wie lange werden wir die Linie halten?"
1969 „Da weiß man, was man hat"

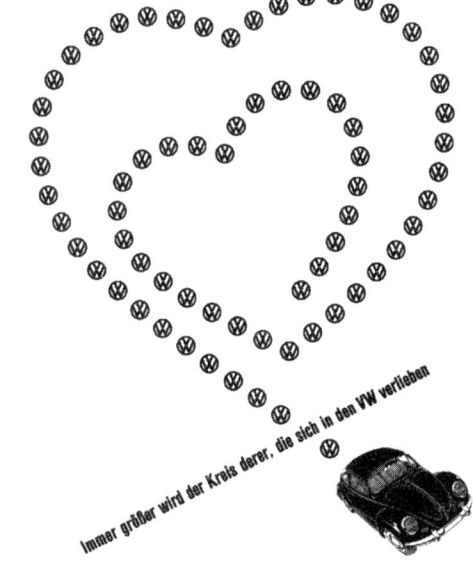

Immer größer wird der Kreis derer, die sich in den VW verlieben

VOLKSWAGENWERK

Zeitgeist und Taktgeber, Werbung als Kunst. Oder statt Kunst?

Schier unverwüstlich.

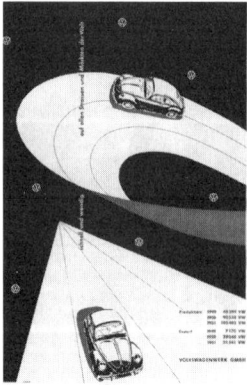

Technisch steht das Auto prima da. Es verursacht alle möglichen Probleme, aber die technischen sind – innerhalb seiner Möglichkeiten und Parameter – ziemlich gut gelöst. Blöderweise dämmert uns, mit der weiterhin steigenden Verbreitung des Autos, dass wir uns damit immer langsamer bewegen und dass es unsere Sinne immer weniger anspricht. Das Bedürfnis der Käufer, sich wenigstens ein wenig abzuheben, wächst wie die Sehnsucht nach der guten alten Zeit. Daher Retro (nicht nur bei Autos), daher Remakes, eindeutige (auch im Kino) und verdeckte (im Pop praktisch omnipräsent).

11.3 Ins Gelände wagen

Der Boom einer vollkommen neuen Automode beginnt Anfang der 1990er in Amerika, wieder einmal in Kalifornien, diesmal mit einem ausgewachsenen Jungen, der sein Dorf in der Heimat der alten Welt verlassen hat, um in Hollywood Glück und Ruhm zu finden. Er findet, was er wollte – und popularisiert seither ganz neue Lebensentwürfe.

Worum geht es? Automode? Beginnen wir im Schutz der Nacht. Abenteurer der Lüste kennen das: Ist man zu fortgeschrittener Stunde in einem abgelegenen Tanzpalast gestrandet oder mit Damen im fortgeschrittenen Alter in einer Bahnhofskneipe in Gespräche vertieft, dann kommt es irgendwann zur Sprache: Männer. Sind nicht mehr das, was sie mal waren. Von da ist es ein Katzensprung, und man vernimmt die Gleichung: Umso dicker das Auto, desto kleiner der Schaltknüppel.

Männlein wie Weiblein mögen große Dinger. Sind fürs Grobe zu haben. Deshalb lieben schon Kleinkinder Dinosaurier. Auf denselben Urtrieben scheint der phänomenale Aufstieg von SUVs zu beruhen. „Ess-juh-wie"? Nie gehört? Sie heißen Rav4, Q7, X5, Touareg, M-Klasse, Cayenne und Cruiser, Blazer, Range- und Land-Rover, auch einen Niva gibt es – selbst wer von SUVs noch nie gehört hat, sieht sie ständig. Mitten in der Stadt, an Ampeln, vor Schulen, immer stehen sie einem im Weg, die ... Geländewagen! Um die geht es hier. Seit einigen Jahren sind sie überall, in leicht gewandeltem Gewand und als SUV (für *Sports Utility Vehicle*, auf dt. *Sport-Nutzfahrzeug*). Im Gelände sieht man sie kaum, selten auf Campingplätzen, hauptsächlich in Großstädten, manchmal bei kniffligen Manövern an Ausfahrschranken vor Parkhäusern, wo es nur Schlangenmenschen gelingt, sich aus dem Seitenfenster ihres Vehikels nach unten zu verrenken, um das Ticket in den Schlitz zu schieben. SUV-Fahrer kurven von Dahlem zur Arbeit, auf dem Heimweg stoppen sie, um Frauenherzen in Berlin-Mitte zu erobern oder bei McDrive in Marienfelde einen Doppel-Whopper einzufordern. Doof, aber wahr: von allem zu viel.

Diese Gefährte sehen nicht mehr so funktional und eckig aus wie früher, nicht mehr so, als seien sie von Fünfjährigen entworfen worden (wie noch der Land-Rover mit dem auf die Motorhaube gepappten Reserverad oder der Jeep der Befreiungsmacht). Sie sehen viel mehr aus, als hätten sie gerade einen Kleinwagen verschluckt und mit der Verdauung zu kämpfen. Sie haben viel PS, viel Blech, viel von allem, sie verbrauchen auch viel: 13–20 Liter Sprit.

Land-Rover: viereckig
VW Touareg: nicht mehr viereckig

Hummer in der abgerundeten, freundlichen Alltagsversion

Die Renaissance der ungelenken Autos begann also mit dem Jungen, der seine Heimat verlassen hatte. Sie begann, als sich Arnold Schwarzenegger verliebte. Der Mr. Universum aus der Steiermark sah im Fernsehen, wie im ersten Irak-Krieg das Militärfahrzeug Humvee in Fernost das unumstößliche Recht auf Sprit einklagte. Humvee ist eine Art Abkürzung für *High Mobility Multipurpose Wheeled Vehicle* – Hochbeweglichkeitsvielzweckvehikel mit Rädern. Arnie gefiel, wie das Gefährt, *Terminator 3* gleich, eine Rebellion der Maschinen anführte, wie ein nicht fleisch-, sondern blechgewordener, barbarischer *Conan*. Im April 1991 bestellte er bei American Motors einen Humvee. Weil das Gefährt auf den Straßen von Hollywood den Leuten die Köpfe verdrehte wie ein Dinosaurier in Legoland, wollte bald jeder so ein Ding. Dem folgte eine leicht modifizierte Zivilversion des paramilitärischen Gefährts: der „Hummer", gesprochen **HAMMER**. Als solcher ist der beräderte, überbreite Klotz bis auf deutsche Straßen vorgedrungen.

Daraufhin fingen „normale" Hersteller an, Geländewagen zu bauen. *En masse.* Die Gewinnmargen sind, wie bei den meisten Autos der gehobenen Preisklasse, phänomenal. Ein Spielver-

derber, wer da eingreifen wollte: Kein Politiker würde den Motor der deutschen Wirtschaft in Stuttgart, München oder Wolfsburg drosseln wollen – und genauso ließ man dem Hubraum-Doping seinen Lauf. Die dahinsiechende Industrie in Detroit und Ohio (ein Bundesstaat, der Präsidentenwahlen entscheidet) wurde von dem SUV **WIEDERBELEBT**. Wenn ein Kadaver wie die amerikanische Autoindustrie wieder atmet, will das keiner zügeln. Die Wirtschaft brummte mit Allrad, im Land der unbegrenzten Unmöglichkeiten erreichten SUVs (zusammen mit Pick-ups) Marktanteile von sagenhaften 50%.

Nicht ganz so rasant begaben sich die Vehikel hierzulande in eigentlich abgegraste Marktsegmente. Sie kamen langsam,– aber gewaltig. Mit fast 10% Marktanteil unter den Neuzulassungen in Deutschland haben SUVs das Segment der Oberen Mittelklasse überholt. Im Januar 2007 lagen die Zuwachsraten bei 170,4% (Audi Q7), 324,8% (Mercedes R-Klasse), bei anderen Modellen noch höher. Allein der BMW X3 und X5 wurden im Januar 2005 ganze 3.800-mal zugelassen – im kompletten Segment der Oberklasse (vom Audi A8 via diverse Ferrari bis zum VW Phaeton) wurden im selben Zeitraum 2.514 Neuwagen zugelassen.

Der Erfolg des SUV bei in Großstädten lebenden Babyboomern, CEO's und Wirtschaftslenkern war so groß, dass man sich in Detroit irgendwann fragte: Wieso? Während Porsche, **VW** und andere, von denen man es traditionell nicht erwartet hätte, in dem Segment nach vorne preschten, beschäftigte das Phänomen in Übersee Heerscharen an Psychologen auf der Gehaltsliste der Autoindustrie sowie die Intelligenzia

Die Krise der Postmoderne

des Magazins *New Yorker*. Dort stellte man fest, dass die Geländewagen asphaltierte Wege höchstens dann verlassen, wenn ihre Halter nach durchzechter Nacht die Einfahrt in den Vorgarten verfehlen. Und: Klassifiziert als Nutzfahrzeuge manövrieren sie sich um US-eigene Vorschriften für Sicherheit, Umweltschutz (seit der Ölkrise 1973 für Pkws geltend, nicht für Jeeps) und Steuern (seit 1990 10% Luxus-Steuer für Pkw über $30.000 und *light trucks* über 3.000 kg Leergewicht).

In Zeiten der Verunsicherung befriedigen sie die Sehnsucht, wenigstens auf dem Weg zur Arbeit auszusehen, als habe man **ALLES IM GRIFF**: erhaben über anderen positioniert, vor der Kühlerhaube ein Gestänge, das ursprünglich mal Vieh wegrammen sollte und das schon bei kleinen Unfällen Fußgänger schwer verletzt. Die Statistik belegt, dass sie proportional zu mehr Todesfällen führen.

Der Schwerpunkt der „*chelsea tractors*" (so der Spitzname in London) liegt hoch. Im Jahr 2000 waren 62% der Todesfälle mit SUVs darauf zurückzuführen, dass sich die Hochbeweglichkeitsvehikel überschlugen. Sie sind gefährlich für ihre Fahrer und noch viel →gefährlicher für andere Verkehrsteilnehmer. Außer Menschen leidet Mutter Erde (bei dem Abfackeln von Rohstoff-/Ölreserven und der Umweltbelastung).

gefährlich für andere Verkehrsteilnehmer: Auf eine Million Chevy Tahoe kam es zu 122 Toten, auf dieselbe Anzahl Honda Accord zu 21.[1]

Wie kommt es also, dass Autos, bei denen ein Besitzer auch mal aus Versehen über sein zweijähriges Kind fuhr und hinterher sagte „Ich dachte, das wäre der Bordstein", solch einen Siegeszug antreten konnten?

Die Käufer entsprachen derselben demographischen Gruppe wie die Fahrer eines Minivans (à la Renault Espace) – Babyboomer mit höherem Einkommen, Kindern und Eigenheim am Stadtrand. Doch es gab Unterschiede. Warum entscheiden sich die einen für einen Minivan, die anderen für einen SUV? Man fand heraus: Die einen haben Kinder, die anderen auch; die einen sind aber weiter noch irgendwie auf Brautschau und signalisieren deshalb im Dschungel der Großstadt, dass bei ihnen zwar kleine Monster im Fond hinter verdunkelten Heckscheiben quengeln könnten, sie aber Abenteuern und Eskapaden gegenüber offen bleiben. Wer einen Kleinbus lenkt, gibt dagegen offen zu, dass er happy ist, zwanzig Kinder aus der Nachbarschaft durch die Gegend zu kutschieren, so ungefähr eines der Ergebnisse der Untersuchung. Das Persönlichkeitsprofil beider Käufertypen ist jedoch fast identisch: Minivan- und SUV-Typen sind eher ängstliche Menschen mit übermäßigem Kontrollbedürfnis.[2]

Bei Lincoln nutzte man diese Erkenntnis und bewarb das Modell Navigator als *Urban Assault Luxury Vehicle*, für den „Luxus des Angriffs im großstädtischen Raum".

Lincoln Navigator, ein Angriff auf ... den guten Geschmack?

11.4 Nostalgie im großen Stil

Genauso wie an den Roulettetischen des Lebens. Immer auf Risiko. Immer von Frauen umgeben. Jedes Lächeln gemixt mit einem Schuss Wehmut, zu jeder verlorenen 8-auf-Rot ein Schulterzucken und ein Glas Vermouth. Tanzend und tänzelnd im Tuxedo, mit Yacht oder Blondine an der Côte d'Azur ... da ist einer nie fern: der Aston Martin DB5. Und auf dem Nummernschild, alt-englisch, silbern auf schwarz, steht, mit einem ironischen Zwinkern: BOB 2000.

Aston Martin DB5, hier das Modell aus *Goldfinger,* wie jeder Geheimagent anhand des Nummernschilds zu dechiffrieren versteht

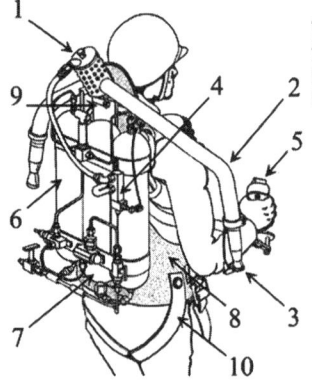

Transportalternative für den führerscheinlosen Robbie Williams: Raketenrucksack

Die Rede ist von „*Millennium*" von Robbie Williams. Der Song zur Jahrtausendwende. Ein Ohrwurm, dem man so wenig entkommen konnte wie Y2K und dem ganzen anderen Schabernack, der einen heute, ja, der einen heute daran erinnert, wie doof wir waren, als wir jung waren.

Aber über den Song redet eigentlich keiner, immer nur über den Videoclip, der astronautig ist wie der Raketenrucksack in *Feuerball*, cool wie 007 (nur ironischer), markig wie Sean Connery (nur verschwiegener), zusammengewürfelt wie das Leben – und etwas zusammenhangloser ... In diesem echt schönen Video mit (ziemlich nervig) hymnischer Musik und einem dauernd ins Bild hampelnden Robbie Williams (Jahrgang: 1973) ist das tragende Vehikel für Nostalgie: der Aston Martin DB5 (Baujahr: 1963) aus *Goldfinger.* Immer dann, wenn James Bond nicht mehr cool, sexy oder hip ist, wird der DB5 aus der Garage geholt.

Im Musikvideo wird auch das Bild gebrochen – mit einem dieser Microcars auf Basis des Reliant Regal, dem von Bond Bug 1970 konstruierten Dreirad. Bond Bug: Ja. Yeah, verrückt, eh? A-ha, that's right, take that, Baby. Yeah yeah yeah. Sei's drum, man lebt nur zweimal.

Und wer sich in Nostalgie suhlt, mit einer Sehnsucht nach großen Gefühlen und einer Zeit, die irgendwie besser war – wiewohl sie so nie stattfand –, wer in der Gegenwart keine großen Gefühle findet, weil emotional verkrüppelt oder sonstwie verschreckt, dessen liebstes Vehikel, dessen effizienteste Zeitmaschine zurück, ist ... ja, seltsam, oder? ... ein Auto oder ein Song. Wohl weil beides Alltagsprodukte sind, zur Zeit ihrer eigenen Gegenwart nicht als groß oder Kunst wahrgenommen. Gerade deshalb berühren sie einen im Nachhinein so tief.

11.5 Immer älter, immer besser

Früher war es ganz einfach: Wenn man nachts vergessen hatte, das Licht auszuschalten und die Batterie am nächsten Tag so schlapp war, dass auch etwas Nachfüllen mit destilliertem Wasser nichts brachte (tat es nie, logo), dann warf man den Wagen mit einer Kurbel an – und ab die Post. Jedenfalls nimmt man das an, wenn man betrachtet, dass noch in den 1960er-Jahren in manches Pkw-Design eine Öffnung für die Kurbel integriert war. Wenn man sie gerade nicht fand, fragte man ein paar Kinder, die dann gerne das Auto anschoben und danach stundenlang über Autos, Mechanik und Zylinder fachsimpelten. Oder man fragte einen Nachbarn, der mit seinem Auto kam, wie auf Knutschkurs wurde dessen Ford dann vor den eigenen gestellt, Motor aus, Kabel, Plus zu Plus (oder umgekehrt? Ah, da sind ja die Zeichen extra draufgeriffelt usw.).

Wenn man das heute versucht, passieren mehrere interessante Dinge: Zunächst gibt es wenige freundliche hilfsbereite Samariter in der Nachbarschaft. Jeder bangt um die eigene Batterie (obwohl die selten leerlaufen, schon alleine, weil es piept, wenn man mit angeschaltetem Licht aussteigt) ... und Kinder fachsimpeln über Klingeltöne oder *GTR Evolution*, *rFactor* und *Live For Speed* (Computerspiele) statt begeistert echte Autos anzuschieben. Dann hält aber doch noch ein Vorbeikommender, Firmenwagen, springt immer an. Überbrückungskabel sind auch vorhanden, nun kommen doch ein paar Kinder und wollen glotzen – und: Unter der Motorhaube des zuverlässigen Pkw sieht es aus, als wäre der Fahrer auf dem Weg zu einem Picknick: lauter Döschen und Behälter aus PVC, alles wie von TUPPERWARE.

Starthilfe, einst gute Ausrede für Verspätungen („Ich musste helfen")

Wer möchte, kann schimpfen, dass man IMMER SELTENER SELBST Hand anlegen kann. Der fortgeschrittene Kritiker wird anmerken, dass es Kfz-Mechanikern ähnlich geht. Gut, zwar wurden inhärente Probleme des Hubkolbenmotors minimiert, Ärger mit Material und oxidierende Fahrwerke sind Vergangenheit. Das Auto steht immer besser da, es fährt immer länger, immer schneller, immer zuverlässiger. Für das kapitalistische Wirtschaftssystem mit eingebauter Gewinnmaximierung ist das ein Problem. Für eingebaute Obsoleszenz, den planmäßigen Verfall von Teilen – der Klassiker: korrodierender Auspufftopf – gibt es am Auto weiterhin einige Beispiele. Es gilt schließlich Arbeitsplätze zu schützen! Je komplizierter die Eingriffe, vielleicht mit PC-gestützter Diagnose, desto wahrscheinlicher hat der Vertragshändler (der als Verkäufer wichtig bleibt) zu tun. Und so weiter und weiter.

Motorversagen und hoher Verbrauch lassen 1981 einen neuen Cadillac alt aussehen. Schuld daran ist etwas Neues: der Computer. Die integrierte Benzinspar-Maßnahme ist alt, seit 1917 bekannt. Neu ist, dass ein Mikroprozessor das elektromechanische System steuern soll. Der Computer soll das Kraftstoffgemisch optimal aufbereiten, außerdem die Abgaswerte im Auge behalten und je

nach Bedarf zwei bis vier Zylinder des GM-typischen großen V8-Aggregats ausschalten. Er schaffte es nicht. Lektion für Konzernlenker: Cadillac wollte nicht vom altbewährten V8 und dessen Produktionsanlagen abrücken, denn das hätte „Hunderte von Millionen" gekostet. Doch das überalterte Prinzip des durstigen V8 ließ sich mit neuer Technologie nicht aufmotzen.

Dank Abwrackprämie teils früh verschieden: noch jugendlicher Renault Kangoo

Bei um die 10.000 Komponenten, mit denen etwas schief gehen kann, gibt es viele Möglichkeiten, jede mit vielen Variationen. Für ein defektes Teil lässt sich nicht immer so einfach Ersatz beschaffen – gibt es schlicht nicht, nur die komplette Einheit mit integriertem Blinker, Multi-Parabol-Halogenscheinwerfer, Glasabdeckung). Für Arbeitsplätze, Wirtschaft, TÜV.

Wenn etwas kaputt geht, wird es teuer, klar. Aber die Strategien, wie Verbesserungen zurückgehalten werden, geraten auf einem Weltmarkt mit mehr Anbietern durcheinander. Wenn ein Hersteller – zum Beispiel wegen Krise, wenn es nicht ohnehin wie im Blindflug auf Autopilot aufwärts geht – die richtigen Fortschritte aus der Schublade holt und die überzeugend funktionieren, werden die Erwartungen an die Konkurrenz höher geschraubt. Genauso, wenn es sich rumspricht und Kunden konsequent auf zuverlässigere Modelle umsteigen. So hat sich einiges hat sich geändert,

statistisch geht es den Autos von heute immer besser.

Sie werden immer älter: „Betrug das Durchschnittsalter deutscher Pkw im Jahr 1981 noch 5,4 Jahre", schrieb die *Rheinische Post* im Jahr 2005, „sind es heute schon fast acht".[3] 1977 hatte der Industriekritiker und Maschinenbau-Professor Jörg Linser noch genau die gegenläufige Entwicklung konstatiert, samt treffender Prognose: In den 1950ern hätten Autos fünfzehn Jahre gehalten, in den 1960ern nicht einmal mehr zehn, „und alle Anzeichen deuten darauf hin, dass die →Lebenserwartung später gebauter Autos sicher nicht höher sein wird".[4]

Lebenserwartung: Wie alt wird ein Auto? Wenn der Erstbesitzer sein Auto verkauft, verschwindet es nicht aus der Welt, ebenso wenig wenn es der Dritt- oder Viertbesitzer libanesischen Autohändlern verkauft, die es nach Benin oder Nigeria verschiffen. In Dokumentarfilmen sieht man, dass einige Autos sehr wohl sehr alt werden. In Ägypten – auch Addis Abeba, Buenos Aires, China – sind Taxen im Alltagsgebrauch, die in unseren Breiten zehn Jahre benutzt wurden, dort aber weitere vierzig Jahre lang laufen. (Peugeot 404 *familiale*, Jahrgang 1960–71, dreißig Jahre später noch am Leben …)

In drei Bereichen bemühe sich die Industrie darum, so Linser, die Lebensdauer von Pkw zu verkürzen: Verschleiß, Korrosion und Festigkeit. Durch bessere Schmierstoffe und Öle ist Verschleiß (sprich: aneinander reibende Teile, die sich so gegenseitig abnutzen) vermeidbar, Korrosion (Rost) ebenso, wie wir heute sehen können, und Festigkeit beinhaltet wieder so viele Teile, dass sich eine andere Strategie offenbart:

SCHULD IST DER FAHRER. Wenn der schlecht kuppelt oder zu viel in der Stadt fährt oder zu sehr am Limit oder zu selten mit Vollgas: Dann müssen eben neue Dämpfer her, Kupplungsscheiben und lauter Teile, von denen man als Kind nie gehört hat. Meistens sind auch Bremsbeläge nötig, wer wollte da sparen? Interessant bei dieser kostspieligen „Wartung": kein Omnibus oder Lkw muss so viel Zeit in der Werkstatt verbringen, mit anderen Worten: Es muss nicht sein.

Anthropologie der Industrie

Marke	Pkw ab	Andere Produktion	seit
PEUGEOT	1889	Pfeffer-/Kaffeemühlen	1842
TATRA	1923	Wagen- und Waggonbau	1850
OPEL	1898	Nähmaschinen	1862
MITSUBISHI	1970	Schiffsbau	1870
NSU	1906	Strickmaschinen	1873
ADLER	1900–40	Büromaschinen	bis 1992
DAIHATSU	1933	→Gas- u. Dieselmotoren	1907
SUZUKI*	1955	Webrahmen	1909
VOLVO	1927	Kugellager	1915
MAZDA	1931	→Korkersatz	1920
DAF	1958–75	Schweiß-/Schmiedearbeiten	1928
SAAB	1947	Luftfahrt und Rüstung	1937
FACEL VEGA	1954–64	Metallverarbeitung	1939
KIA	1974	Stahlrohre und Fahrräder	1944
BYD	2005	Akkus	1995

*Prototypen ab 1937

Gas- u. Dieselmotoren: zunächst als Hatsudoki Seizo Company

Korkersatz: zunächst als Toyo Cork Kogyo

11.6 Krisenmanagement: 1A

Hoch oben im Norden, irgendwo in Schweden, steigt am 21. Oktober 1997 der Testfahrer Robert Collin in ein Auto. Er fährt ein paar Runden – und baut einen Unfall. Nichts daran ist ungewöhnlich. Unter ähnlichen Bedingungen kam es im Juli 2005 mit einem Dacia Logan zu einem ähnlichen, im Oktober des Jahres zu einem wiederum sehr ähnlichen Umfallen eines BMW E60, zwei Jahre später dasselbe bei einem Land Rover Defender. Niemand hat sich an dem Unfall des

seit 1948 nur geringfügig veränderten Land Rover gestoßen, und BMW lenkte ein, das Ausbrechen des Hecks habe genau das bewirkt, was als planmäßig spätes Eingreifen des ESP intendiert ist.

Doch der Unfall im Oktober 1997 sorgte für Schlagzeilen und auch unter Fachjournalisten für Häme, weltweit. Der Daimler-Konzern erlitt einen Image-Schaden, der das Edsel-Desaster, Chevrolets Corvair-Katastrophe und ähnliche Prestige-Meltdowns zu toppen schien. Ein ganz neues Wort machte die Runde in Redaktionskonferenzen, in den Nachrichten, dann an Küchen-, später an Stammtischen zwischen dem Nordkap und Johannesburg. Mercedes – gelobt und gepriesen, gefürchtet und verhasst als Hersteller zuverlässiger deutscher Luxusqualität, lange mit „eingebauter Vorfahrt" für die als überheblich geltenden Lenker und Überholspur-Dauerbesetzer – war über Nacht weltweit zum Gespött der Leute geworden. Mit dem Elchtest. Niemand wusste, dass es so einen Test gab, er hieß auch anders, war aber nun in aller Munde.

Wie war es zu dem Unfall mit Imageschaden gekommen? Das rasante Schlangenlinienfahren, auch ohne Elche in unseren Breiten ohne weiteres nachzuahmen, ist ein simuliertes Ausweichmanöver mit doppeltem Spurwechsel – und wird in Schweden als „Kindertest" bezeichnet.

Bei dem schnellen Schlangenlinienfahren kippte der Mercedes um. Nicht irgendein Mercedes, sondern der relativ neue Mercedes der A-Klasse. Man würde annehmen, jeder Journalist weiß, dass ein Auto bei hoher Geschwindigkeit in scharfen Kurven nicht nur ins Rutschen und Schleudern gerät, sondern bei abruptem Zickzack umkippt. Auch mitten in der Stadt passiert das, dort speziell bei Fahrzeugen mit hochliegendem Schwerpunkt (Geländewagen, SUVs, Vans und Minivans). Es war aber kein Van, sondern ein Mercedes – und zudem ein Modell, mit dem sich der eher konservative Konzern mit eher konservativen Kunden in ein neues Marktsegment vorgewagt hatte. Vorsichtig, bedächtig, vielleicht auch ein wenig lächerlich.

Lady Diana, Prinzessin der Herzen

Man kann es drehen wie man will, es kann sogar umfallen – doch letzten Endes kam das kleine Auto von Mercedes an

Im Oktober 1997 brütete man bei Daimler noch, wie die im Pkw-Spektrum diametral gegenüber angesiedelte Neuheit in wenigen Tagen bei der Tokyo Motor Show als Sensation lanciert werden sollte – der mehr als zweieinhalb Tonnen schwere Maybach, Jungfernfahrt 2002 in Glasgarage auf dem Luxusdampfer RMS Queen Elizabeth II –, und dann das: Mercedes A-Klasse als Witznummer weltweit.

In einem Maybach wäre Prinzessin Diana im Sommer besser aufgehoben gewesen als in einem Mercedes-Benz S280 ... Jeder Zuhälter fuhr inzwischen mit einem Mercedes der Oberklasse – und nun das. Bei der Präsentation des gerade in Schweden umgekippten Wagens hatte der um Marktanteil und Image ringende Hersteller zwei Jahre zuvor Flexibilität bewiesen. Statt einem Golf gab es für die Ehefrau als Zweitwagen nun auch einen mit Stern; oder auch für den vorsichtig denkenden, aber in seiner Selbstdarstellung lieber tief- als hochstapelnden Semi-Konservativen. Bei der Weltpremiere der neuen Baureihe, im März 1995 beim Salon international de l'automobile in Genf, fiel bei vielen Automobilisten die Kinnlade runter – das war wirklich **GEWAGT, FAST PROGRESSIV.** Das Auto sah mit extrem kurzer Motorhaube aus wie ein Van, nur kleiner; als relativ hoher Viertürer für einen Kleinwagen wiederum klumpig groß. Mercedes-Benz, Hersteller von Karossen für Präsidenten und Könige, für ältliche Sportfreunde und Rockstars, präsentiert ein Auto, das eher einem Einkaufswagen gleicht als einem Prestige-Projektil? Damit der Zweitwagen für Oberärzte nicht nach Einkaufswagen und Abwasch klingt, benannten sie das preislich selbstbewusst über Golf et al. angesiedelte Modell ganz silbrig unbescheiden als A-Klasse.

Die Krise der Postmoderne

Die Presse äußerte sich – wie geplant und erwartet – positiv. Der Verkauf lief gut an, 40% der Kunden waren weiblich, niemand kam auf die Idee, wegen skandinavischen Rentieren oder anderem die Fahreigenschaften bei hohem Tempo im Zickzack im Grenzbereich auszuloten. Benz war nach mehr/minder hundert Jahren ein Coup gelungen.

Sachlich sagt der Ingenieur: Es ist der erste Mercedes seit Jahrzehnten, der nicht bei einem Vorgängermodell – oder dessen Kunden – anknüpft. Unter dem Blech ist einiges, was es so in keinem Benz zuvor gegeben hat. Der in den kleinen Vorbau gezwängte Motor ist so konstruiert und positioniert, nach vorne über beide Antriebswellen geneigt, dass er bei einem Crash unter die Insassen rutschen soll. Der andere innovative Clou, vielleicht fadenscheiniges Öko-Alibi, ist die Bodengruppe, deren „Sandwichbauweise" Raum lässt für Batterien oder Akkus →alternativer Antriebe. Theoretisch. Diese hohle Bodengruppe ist auch der Raum, in den der Motor im Fall eines Frontalzusammenstoßes rutscht. Fahrer und Beifahrer sitzen deshalb – wie bei einem Van oder Bus – relativ hoch.

alternativ: Bei Benz dachte man weniger an Hybrid oder Strom, sondern an Brennstoffzellen.

Es sollte ein zeitgemäßeres kleineres Auto für die in die Innenstädte strömenden neuen Bedürfnisse sein – ein Smart, aber als Benz. Kein dicker Spritschlucker, aber doch ein Mercedes. Mit Sicherheit, Komfort und all dem, wofür die Marke weltweit steht, nur eben ohne Hutablage, jung, fesch.

Soll jedoch der Unterboden tatsächlich mit einem Alternativantrieb bestückt werden – wo rutscht dann der Motor hin? Der Boden bleibt letzten Endes hohl, das

Fahrzeug hoch, ebenso wie der Schwerpunkt. Dass es bei der Testfahrt zu dem Unfall mit schwerem Imageschaden kam, für den Mercedes Benz viel und gern und hämisch ausgelacht wurde,[5] ging, so ein Darmstädter Professor für Fahrzeugtechnik zehn Jahre später, nicht nur auf eine gewisse Kippempfindlichkeit zurück, sondern auch auf viel Pech.

Drei Monate lang wurde kein Wagen ausgeliefert. An Stammtischen, in Redaktionen und Nationen haute man genüsslich drauf auf das Aushängeschild des Exportmeisters weltweit. Vom Maybach – dem seit Urzeiten ersten ernsthaften Versuch, mit Rolls-Royce und Bentley in den Ring zu steigen – sprach kein Mensch mehr. Die Automobil-Journaille lebt davon, Autos zu testen (gelegentlich springt für einen Langzeittest auch mal ein jahrelang kostenfrei aufzutankendes Fahrzeug heraus ...), Zeitschriften-Verlage leben von Anzeigen (auch der Autohersteller), und so konnten nur präzise hinschauende Beobachter entdecken, dass der „Elchtest" bei allem Gelächter und Spott in manchem Nachrichtenmagazin überhaupt nicht vorkam; ein Blick auf den Fuhrpark manchen Verlags hätte die Zurückhaltung schnell erklärt.

Während man in Stuttgart nächtelang rechnete und überlegte, wie die Blamage abzuwenden wäre, kam immerhin kein Motor-Journalist auf den Gedanken, mal nachzurecherchieren, wie oft 1952 ein nagelneuer Mercedes-Benz, ein auffällig gewagtes Modell, aus der Kurve geflogen war: Bei einer Präsentation in Zandvoort wohl, wo der Rennfahrer Eugen Geiger die Kontrolle über den Wagen verlor und im Kiesbett endete (Schnittwunde über dem Auge, Prellungen beim Beifahrer. Beim selben, sehr ehrgeizigen Modell, gelenkt von Rudolf Caracciola, blockierte das Hinterrad, so dass der Wagen – ein Mercedes-Benz 300 SL – in Bern gegen einen Baum geschleudert wurde und Caracciola mit zertrümmertem Bein für lange Zeit im Rollstuhl landete – sein Abschied vom Motorsport.

Immerhin wurde bei der Carrera Panamericana alles wieder gut: Karl Kling und Hans Klenk siegten mit dem 300 SL; erlitten zwar Blessuren, als während des Rennens ein Bussard durch ihre Windschutzscheibe krachte und den Beifahrer Klenk am Kopf verletzte. Der mit Gitterstäben vor der Windschutzscheibe schnell abgesicherte Wagen steht so im Daimler-Benz-Museum in Stuttgart – ein Klassiker.

Traumwagen 300 SL bei Carrera Panamericana

Was mit der A-Klasse geschah, wie es Mercedes gelang, die Katastrophe in einen PR-Erfolg umzukehren, der die komplette Branche berührte, ist auch ein Klassiker. Man entschloss sich zur Flucht nach vorne, zur Aufrüstung mit Technik. Die A-Klasse wurde serienmäßig mit **ESP** ausgestattet – eine absolute Neuheit im Klein-Kompaktwagen-Segment.

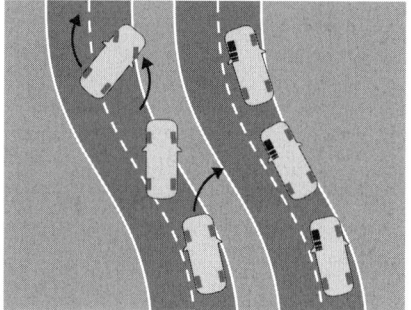

ESP: In den Entwicklungslabors von Volkswagen lag ESP neben 1981 entwickelten Navigationssystemen schon lange im Regal. Bei Mercedes hatte man ESP im Jahr 1995, zwei Jahre zuvor, in der luxuriösen S-Klasse eingeführt

Der Stern strahlte wieder. Denn mit raffinierter Kommunikationskampagne gelang es, das Image als vertrauenswürdige Marke zu **STÄRKEN**. Autoverkäufer der Konkurrenz schauten zuerst verdattert, dann dumm aus der Wäsche: Potenzielle Kunden – 40% weiblich – machten ihren Kaufentschluss plötzlich von technischen Fragen abhängig. Statt über Farben und Innenausstattung, Komfort oder Form zu fachsimpeln, wollten alle eins: Elektronisches Stabilitätsprogramm. Ziemlich urplötzlich wurden keine Autos mehr verkauft, sondern ESP. Jeder Autoverkäufer kann es bestätigen: Jahrelang galt nicht mehr, ob ein Auto schön, schnell oder ökonomisch ist, sondern ob es etwas hat, was es früher nicht hatte. Den neuen ultimativen, für alle und jedes Auto geltenden Standard setzte **MERCEDES**.

11.7 Adipositas

Die Motoren werden immer effizienter: 1987 stellt Fiat Common Rail vor, ein rechnergesteuertes Direkteinspritzungssystem für Diesel – ein Quantensprung, fast eine Neuerfindung des alten Diesels. Audi optimiert die Verdichtung auf bis zu 2.000 bar Einspritzdruck. Die Materialien werden immer leichter, außer Aluminium und Kunststoff wird Karbon/Kohlenstofffaser verwendet, Autos könnten immer weniger Sprit verbrauchen ... Das jedoch wird durch einen gegenläufigen Trend behindert: Das Auto entwickelt sich wie der Körperumfang der Deutschen in den Wohlstandsjahren des Wirtschaftswunders – es wird aufgerüstet, wird immer größer und schwerer. Das zeigt sich bereits an den größer und breiter werdenden Reifen. Durch mehr →Reifen-Fahrbahn-Geräusch werden die Autos auch lauter.

Die Auswahl an Reifengrößen hat sich seit den 1950er Jahren verzehnfacht, der Felgendurchmesser von 10–14" auf 17–24" vergrößert

Das Übergewicht – das Sprit kostet, der anderswo gespart wurde – fängt bei mehr als vierzig Kilogramm schweren Rädern erst an. Auch in anderen Bereichen gibt es Problemzonen, leiden unsere Liebsten unter zunehmender Fettleibigkeit.[7] Wenn Autos so sparsam würden, wie es ihre verbesserten Motoren erlauben, ginge die Belastung von Umwelt und Geldbeutel zurück. Aber ist das im Interesse aller Beteiligten? Bevor wir nun Autohersteller und die Öl-Lobby als böse Buben anklagen: Auch Kunde und Kundin schätzen mehr Komfort und Sicherheit. Sie wollen immer mehr Masse fürs Geld, nicht weniger. Verbesserungen und Gimmicks bringen Gewicht auf die Waage, ebenso die Extras für verschärfte Crashvorschriften, ABS, ESP und immer breitere Sitze ... jammern die freundlichen Autohersteller. Jeder will schließlich Klimaanlage und elektrische Fensterheber. Der Gesetzgeber greift selten in das Treiben der Abermillionen Automobile ein, und wenn, dann meist so, dass es sich (mit Katalysator, Umweltzonen, Abwrackprämien) auch für die Branche auszahlt. Da wird jeder Fortschritt zu mindestens einem halben Schritt zurück – **DIE PRODUKTION JEDES NEUWAGENS VERURSACHT, SO GREENPEACE, UM DIE 25 TONNEN ABFALL**[8].

Pkw der Kompaktklasse wiegen heute um die 1.500 Kilogramm, ihre Modell-Vorgänger waren halb so schwer:

Kleiner Wagen, staatlich verordnet – so 1939 der Plan. Als der **KÄFER** kam, galt er als Limousine.

• **KdF, Prototyp** von 1936	ca. 650 kg
• **VW Käfer** von 1945	730–930 kg
• **New Beetle** von 1997	1.200–1.300 kg

Kleiner Wagen, großer Erfolg: Seit sich Toyota mit dem **COROLLA** auf den Weltmarkt begeben hat, wurden über 35 Millionen Stück verkauft – in zehn Minuten fünfzehn Autos.

• **Toyota Corolla** von 1966	700 kg
• **Toyota Corolla** von 2007	1.200–1.365 kg

Viele Jahre und viele Anläufe, fast der Konkurs von Volkswagen gingen dem **NEUEN VOLKSWAGEN** und Verkaufsschlager voraus, den Giorgetto Giugiaro in Monaten entwarf.

• **VW Golf I** von 1974	750–805 kg
• **VW Golf VI** von 2008	1.142–1.399 kg

Selbst der **MERCEDES**, die Standard-Limousine des erstarkenden Mittelstands und hierzulande das am meisten verbreitete Taxi, war ursprünglich ein relatives Leichtgewicht.

- **180 D, „Ponton"** von 1953   1.180 – 1.250 kg
- **200 D, „Strich-Acht"** von 1967   ab 1.340 kg
- **„Vieraugengesicht"** von 1995   1.430 – 1.990 kg
- **Zackiger mit LED** von 2009   1.650 – 1.990 kg

„And you may find yourself in another part of the world / And you may find yourself behind the wheel of a large automobile ... And you may ask yourself: Well ... how did I get here?" (Talking Heads) [9]

11.8   In der Lobby brennt noch Licht [10]

In keinem Land der Erde ist der Anteil der Autobauer an der herstellenden Industrie so groß wie in Deutschland: über 14%. (Zum Vergleich: unter 6% in den USA, Großbritannien, Frankreich, unter 4% in Italien.) Der Index des Bruttosozialprodukts verläuft fast deckungsgleich mit dem der Autoproduktion – wobei die in Krisenzeiten in den USA zurückgeht, in Deutschland zulegt.

    Der Autoboom wird in China, Indien und Mexiko anhalten; in reichen Ländern aber ist nicht mehr viel zu holen, und in Japan wird die Stagnation zusätzlich vom Bevölkerungsrückgang beeinflusst. Laut OECD-Studie,[11] erstellt nach Bankenkrise und GM-Kollaps, gilt dagegen für die deutsche Autobranche: Die heilige Kuh steht ziemlich fest. Etwa so wie die Ölbohrtürme: Viel Aufruhr, wenn einer fällt, aber in der Bilanz der Industrie bleibt nicht mehr zurück als eine Delle.

    Tatsächlich produzierte Daimler-Benz im Jahr 2008 neunmal so viele Pkw wie zu Boom-Zeiten nach dem Zweiten Weltkrieg, die Volkswagen AG mehr als fünfmal so viel,[12] Citroën und Peugeot fast ebenso viel mehr, Renault nahezu viermal so →viel.

viel Zahlen: entsprechend Hersteller-Angaben an OICA (L'Organisation Internationale des Constructeurs d'Automobiles, gegründet 1919 in Paris)

„Crisis? What Crisis?" fragte ein LP-Cover-Boy schon 1975 – strahlend

Es ist ein Fest der großen Nummern. Wieso also das Gerede von Krise oder Endzeit-Stimmung? Die Antwort: Zwar teilen wenige Konzerne – darunter die Daimler und Volkswagen AG – große Teile des kontinuierlich weltweit wachsenden Kuchens unter sich auf, doch sie befinden sich auf dünnem Eis. Ein Gigant wie General Motors ist (so gut wie) weg, britische Hersteller schon länger, und außer den Deutschen haben die Japaner, dann auch Südkoreaner enorm aufgeholt. Seit der Jahrtausendwende tauchen ähnliche Quereinsteiger **AUS GANZ ANDEREN REGIONEN AUF.** Die Stückzahlen der einst wirtschaftlich bedeutenden Chrysler Corporation wurden 2008 von vergleichsweise kleinen Herstellern überboten – von BMW, aus Südkorea Kia, aus Japan Mazda und Mitsubishi, auch vom russischen Konzern

Die Krise der Postmoderne

Avtovaz, dem chinesischen Unternehmen →FAW (637.720), Fuji Heavy Industries (mit Subaru u.a.), Chana Automobile.

FAW = First Automotive Works, 1953 gegründet, seit 1996 mit Beteiligung der Deutz AG, Köln.

Ja, die gelbe „Herausforderung". Oder „Gefahr". **ANGST UND SCHRECKEN IM GLOBALEN DORF.** Nachdem Japan vor ein paar Jahren die Spitzenstellung der autoproduzierenden Nationen von den USA übernommen hatte, ist es nun China. Von wegen herbeigeredete Krise: Wir könnten sang- und klanglos untergehen! Wie die USA! Italien! Manche scheinen vom Bumerang der Globalisierung wirklich überrascht, freuen sich eben noch über tolle Absatzmärkte für „uns", dolle Produktionsbedingungen für Zulieferer ... stattdessen nun Aufruhr in den Vorstandsetagen. Es ist keine Einbahnstraße, es ist eine Autobahn – auf der inzwischen der Gegenverkehr extrem beschleunigt. Beim Wettern gegen die Importe, dem angesichts der Krise mahnend erhobenen Zeigefinger der einen Hand, unterzeichnet deshalb die andere Hand Verträge über Joint Ventures, Anteilübernahmen und strategische Partnerschaften.

11.9 Im Dienst seiner Majestät – der Wirtschaft

Mehr als ein Drittel (37,3%) der Neuzulassungen waren im Jahr 2009 Firmenwagen; 2007 lag der Anteil bei 61,9%, beim Gesamtbestand aller ein gutes Zehntel. Die Steuerpolitik ermutigt dazu, Angestellte mit einem Auto als Dreingabe zum Gehalt zu ködern. Mittel- oder Oberklasse, je nach Position und firmeninterner Fuhrparkpolitik. Im Fachjargon: Der Angestellte wird zum *user chooser* – der das Auto nicht primär für den Arbeitgeber nutzt, aber von dem finanziert bekommt; sogar wenn er für die Arbeit gar kein Auto braucht, erhält er sein „Motivationsmodell". Für Arbeitgeber rechnet sich das schon bei einfachen Angestellten (die zwar nicht mehr Gehalt, aber einen besseren oder neueren Wagen als der Kollege erhalten). Auf deutschen Straßen und Parkplätzen wurden 2006 die *user chooser* auf „über zwei Millionen geschätzt".[13] Die Verschiebung der Privatzulassungen zugunsten gewerblicher Zulassungen hat Nebeneffekte. Einer davon ist der Prestigefaktor, die **LEISTUNG** der verkauften Fahrzeugtypen. Denn unter den Lenkern von Firmenwagen entzündet sich ein ganz neuer Wettbewerb, abseits der Schreibtische, sogar abseits der Arbeitszeiten: Jeder will einen besseren haben – wobei Vernunft und Ökonomie sowieso außer Acht bleiben. Was ist besser? Schneller ist besser. Messbar wie das Gehalt oder der Zuschuss für einen schweren Mercedes als Dienstwagen (bei dem Firmen und Freiberufler sämtliche Fahrzeugkosten von der Steuer absetzen), für 2007 errechnet: bis zu €49.500.

11.10 Fin de Siècle

So wie der Blick auf die 1980er variiert auch der auf die 1990er je nach Einstellung und Standpunkt. Menschen und Kulturen denken und agieren nicht in Jahreszahlen, doch die Entwicklung von Tendenzen lässt sich an Dekaden eben gut deklinieren. Für das letzte Jahrzehnt eines Centenniums sind Reflexion und Abrechnung charakteristisch; das folgende, schwer zu benennende Jahrzehnt wird etwas orientierungslos und diffus. Die 1990er-Jahre beginnen mit dem Fall alter, kalter Ideologien und Gegenüberstellungen. Grenzüberschreitungen sorgen für phänomenalen Transfer von Gütern, Dienstleistungen und Geldströmen, der neue Dotcom-Goldrausch sorgt ab Mitte der Dekade für zusätzliche Turbulenzen. Kulturell passiert viel, viel mehr Aufregendes als in den zwanzig Jahren davor: Bands mischen und mixen HipHop und Metal, Funk und Pop, alles geht. Vor allem geht es ab, jenseits konventioneller Sparten und Schubladen werden Bands reich, deren Sound vorher nur an der Peripherie der Wahrnehmung stattgefunden hat. Quentin Tarantino **MIXT UND REMIXT** Zitate und Gesten und Metawissen zu ausnahmslos unvergesslichen Filmklassikern ... Und postmoderner Eklektizismus findet seinen Weg ins Auto-Design, spielerisch, historisierend.

Der Kühlergrill wird als Träger eines markeneigenen *corporate image* neu auf alt getrimmt – und die eigene Vergangenheit zitiert, mit ironischem Zwinkern, da vom Ballast früherer Ideologien befreit

Auch Wirtschaftsmanager bewegen sich freier. Wasserkonzerne kaufen Medienkonzerne, Zwerge übernehmen Riesen, Buchclubs kaufen Suchmaschinen und Plattenfirmen, prozessieren gegen Tauschbörsen, die sie gleichzeitig kaufen. Von Neureichen und Neuen Märkten profitieren einige sehr gut.

→Toyota bietet eine Premium-Limousine der Oberklasse an, mit allem Pipapo, auch anderem Label (Lexus), und räumt ab. Für die letzten Heiligtümer

aus Detroit – Cadillac und Lincoln – ist das der finale Sargnagel. Honda versucht sich mit dem Acura in ähnlicher Strategie, genauso Nissan mit dem Infiniti.

Toyota: Über deren Weg[14] und Aufstieg[15] – verschlankte Produktion statt bloßer Masse, eine „zweite Revolution in der Autoindustrie" – schreiben kluge Köpfe, als die japanische Firma nicht einmal halb so groß ist wie General Motors.[16, 17]

Toyoda Sakichi, Gründer einer Webrahmenmanufaktur, hatte einen Traum: eine Automobilfabrik

Jaguar setzt zum letzten Sprung an, und in den Designs von Mercedes werden Lichter und Kotflügel wieder runder. Eckig und mit grimmigem Blick überholt BMW die Stuttgarter, später folgt Audi. Audi übernimmt die Aggressivität von BMW als Mobil für zähneknirschend aggressive Männer, die zur Spitze aufschließen wollen, die sich wähnen, im eigentlich überlegenen Modell zu sitzen. Am anderen Ende der menschlichen Befindlichkeiten sieht man ein, dass man bei einem Toyota für weniger Geld mehr Zuverlässigkeit erhält, mit einem Škoda ein exzellentes Preis/Leistungsverhältnis, mit einem New Käfer auch schick sein oder mit einem Chrysler PT Cruiser ein echtes Statement abgeben kann. Im ersten Jahrzehnt des neuen Jahrtausends übernimmt Toyota die Topstellung unter den Herstellern von GM (1931 bis 2007 an der Spitze).

Die Krise der Postmoderne

Betrachtet man in den dafür zuständigen Illustrierten die Fotos von **PROMIS** „ganz privat", auf dem Parkplatz vor dem Supermarkt oder beim Eintauchen in den Fond einer **LIMO** vorm Hotel, fällt auf, dass sie ziemlich normale Autos fahren. Warum kaufen sich dermaßen reiche Leute **AUTOS, WIE WIR SIE AUCH ERWERBEN KÖNNEN?** Antwort: Sie kaufen sie nicht. Solange sie als Sympathieträger in der Öffentlichkeit eingestuft werden, bekommen sie von Herstellern ein Auto kostenfrei gestellt. Je nach Management und Status legen Verträge fest, wie exklusiv der **KOSTENFREI** getankte und gewartete Jahreswagen benutzt wird."

Für nachwachsende Kids ist Pop nicht mehr so pralle, eher Sache der Eltern. Die nächste Generation greift zu PC-Games, alle gehen ins Internet, kauft und verkauft online, Aktien, schnurlose Telefone. Der Krimskrams des Überflusses, mit dem man sich beschäftigt und distinguiert, wird nicht mehr beim Fußball auf den Garagenplätzen verhandelt. Der nach Punk und endloser Werbeschlaufe auf MTV implodierte Pop bewegt irgendwann niemanden mehr in Plattenläden.

Zeit wird knapp, Raum wird größer, erweitert ins Hyperreale. Nach Gerede und Gemache vom Leben (fühlen und handeln) im Cyberspace, wird an der Börse mit Sachen gehandelt, von denen keiner recht weiß, was sie sind, von deren Herstellern man aber weiß, dass sie über wenig Produktionsmittel verfügen: →Netscape Navigator, das Produkt und seinen Verkauf begreift niemand, aber der Kurs rast in Stunden ins Astronomische. Alles geht.

Netscape Navigator: Ausschlaggebend in der Euphorie um die New Economy war der Börsengang eines Browser-Anbieters. Kein Mensch wusste 1995 so recht, was das Internet ist, da ermöglichte es eine Software namens Netscape Navigator, dass man auch als Nicht-Programmierer ins www gucken könnte. Das Produkt, mit dem die Firma an die Börse ging, war der Code für etwas (Surfen im Netz), das eigentlich niemand brauchte, wollte oder verstand. Die Netscape-Aktie wurde für 28 Dollar ausgegeben, am Ende des ersten Handelstags kostete sie 75 Dollar. Ein Jahr später kam der Anbieter einer „Suchmaschine" (Yahoo) .. und ein paar, die statt einer Applikation nur eine Idee anboten.

11.11 Rückkehr der Seele ...

Übersichtlich, gediegen ... und recht öde

Ob ein Hemd einen Stehkragen, Spitzkragen oder Kentkragen hat, unterliegt nur sehr bedingt praktikablen Gründen, genauso ob ein Rock übers Knie reicht oder nicht. Mann und Frau trägt und fährt, was angeboten wird. Generell sind Hemden symmetrisch, Autos auch. Das hat praktische beziehungsweise technische Gründe. Auch im Innenraum. Das Armaturenbrett ist mit einem Lenkrad (Schalthebel der Macht) zwar nur bedingt in eine symmetrische Weltordnung zu bügeln, immerhin ist der Schalthebel in der Mitte. Der Rest, die ganze Weite des glatten, aus Sicherheitsgründen so geformten und ohne Ablenkungen gestalteten Bretts, Armaturenbretts: wie der Schreibtisch eines Vorgesetzten. Macht und Rechtfertigung fußt auf Disziplin, einer systematischen Ordnung. Sehr männlich, sehr offiziös. Einspruch? Ja, ja, klar: Nicht jeder Mann kauft und liebt automatisch viereckige harte Kanten, das Auto geformt wie ein gestähltes Projektil in waffengrau, und nicht jede Frau dagegen ein blumig buntes, verspieltes Plüschmobil. Besieht man sich allerdings Autos, die viel von Frauen gelenkt werden oder umgekehrt, die viele Frauen für Männer-Wagen halten, so zeigen sich einige wiederkehrende Merkmale. Man kann eigentlich vor allem staunen, wie zögernd sich die primär männlichen Fahrzeuggestalter in diese Zonen vorwagen.

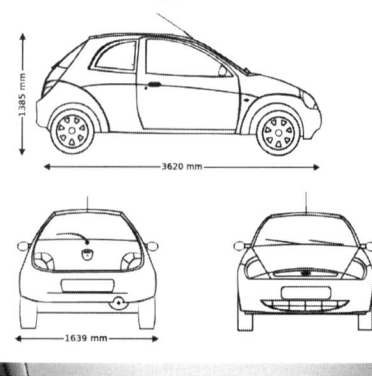

Der Ford Ka bricht mit dem symmetrischen Innenleben

Beispiel Ford Ka, erste Version, 1996. Dessen Außenhaut orientierte sich an jüngeren Versuchen, die Marke gestalte-

risch neu zu positionieren. Die Ford-Lenker in Detroit, ebenso wie die in Europa, machten nicht weiter wie bisher: Sie verliehen den Modellen unter anderem einen neuen Look, fast „state of the art", würde man auf Denglisch sagen, *cutting edge* auf Englisch. Fords „New Edge" Design war progressiver, gewagter als frühere Modelle und vor allem zackiger als Opel. Die für beide Marken relevanten Kunden waren umgestiegen – mit besserem Einkommen zu Mercedes und BMW. Mit dem Sierra hatte man es jahrelang mit einem Mobil versucht, das sich lauwarm zwischen allen Fronten durchschlängelte, einer Gestaltung, die es jedem recht machen wollte, also niemanden wirklich bewegte oder berührte.

Die neue Linie bei Ford war zwar nicht so hochmodern, dass dem Betrachter die Augäpfel aus dem Kopf fielen, aber schon ein sehr frischer, fescher Neuanfang für Ford. Total *nineties*, wie Daimler mit Smart und Maybach, der E-Type-Nachfolger aus München (der von Henrik Fisker gezeichnete BMW Z8), eine Art New Karmann Ghia in Form des Audi TT: Alles ging.

Fords „Neue Kante" kombinierte eine geschwungen runde Linienführung mit harten Schnitten, was in verstopften Innenstädten schon mal optisch für frischen Wind sorgte.

Analog zur Neomoderne in der Architektur wurde die Neue Sachlichkeit abgehängt, der ingeniöse Vorsprung durch Technik mit einem spielerischen Umgang, mit Doppelcodierungen überholt. Die Stoßstangenelemente des Ka (was wie ein gewitzt unernster Rechtschreibfehler wirkt, sich laut Marketinglegende aber auf altägyptische Vorstellung der Seele bezieht, siehe Slogan: „Auto mit Seele") erwecken den Eindruck, als würden beim Einparken geringe Fehler auch schnell entschuldigt. Zugleich signalisiert die Front mit den dreieckigen Lichtern, dass man kein Weichei ist, nicht den alten, soften, runden Formen nachtrauert. „Man"? Frau.

Die dezent gewitzte Außenhülle ist nichts im Vergleich zur Inneneinrichtung, wo es im originalen Ka außerordentlich asymmetrisch weitergeht. Für Ford (nicht die Ford Motor Corporation aus Dearborn, USA, sondern Ford aus Dagenham und Köln) war das nach Taunus und Sierra, Escort und Fiesta, sehr gewagt, sehr vorne. Nachdem jedoch andere Modelle mit der äußeren Erscheinung gefloppt waren (nicht unbedingt aufgrund von Äußerlichkeiten, sondern wegen fehlender Zuverlässigkeit), wurde das Konzept des *new edge* wieder aufgegeben. Schade.

Ford Scorpio und Puma

Und verrückt: Renault, 1999 mit dem Avantime von PR-Gecken neu erfunden als „Créateur d'Automobiles", streckte

sich in die Richtung und beglückte mit ähnlich gewitzter (Nicht-)Kante, *new edge* zwischen weiblich-rund und zielstrebig geradeaus und nahm Ford damit die Kundschaft ab. Mit diversen Modellen hat in der folgenden Dekade Renault davon profitiert, was für Ford von Jack Telnack erdacht und vom Capri-Designer Claude Lobo realisiert worden war.

Heck von Renault Mégane

Fast ein Echo auf New Edge von Ford: Renault Clio

Renault Vel Satis

11.12 ... und das Gegenteil

Während der Hybrid aus rund und eckig zum Mainstream wird, erlebt in den folgenden Jahren ein weiteres Detail der

Formgebung eine Art Wiedergeburt: das geschwungen runde Kuppeldach.

Das Kuppeldach: eins der wesentlichen Unterscheidungsmerkmale zwischen den Autos der ersten Dekade des 21. Jahrhunderts und denen der vorhergehenden Jahrzehnte

Message: Wenn man schon im Stau steht und betrachtet wird, dann möchte man wenigstens eine gute Figur machen und schwungvoll aussehen, nicht ernst und trauernd wie in einem Blechsarg. Schon das parkende Auto sieht nach Bewegung aus, es ist die „postmoderne Ästhetik einer inszenierten Identität"[18].

Eines bleibt verblüffend: Vernünftige Ablagen für Laptop und geräumige Dior-Handtaschen existieren weiterhin in fast keinem Auto.

11.13 Zeit

Männer machen mehr Punkte als Frauen. In Flensburg. Fast klingt es wie eine Zeile von Herbert Grönemeyer, so banal und fatal: Männer sehen rot, Männer sind blau – und trotzdem fahren sie fort wie immer, rasen ständig weiter. Tatsächlich ist der im Verkehr am häufigsten registrierte →Gesetzesbruch unter Männern die Überschreitung der erlaubten Höchstgeschwindigkeit.

Gesetzesbruch: Frauen dagegen verstoßen vor allem gegen die Vorfahrtsregeln.

Mit vollem Karacho in den Fortschritt. Verrückt. Die Techniker wie die Zauberlehrlinge, die Apologeten und Apostel, ja, auch die Kritiker des Fortschritts: Die meisten von ihnen scheinen das technisch Machbare für zwangsläufig zu halten. Was möglich ist, wird gemacht. Und so dient die Maschine nicht mehr dem Menschen und seinem Wohlbefinden, sondern der Mensch rast den maschinengetriebenen Möglichkeiten hinterher, jeglicher Fortschritt – insbesondere der technische – gehorcht zunehmend einer von Zweck oder Ethik entkoppelten Eigendynamik.

Schnell, schneller, am Schnellsten

Was wäre Leistung, wenn sie sich nicht messen ließe? „Gefühlt" besser sein gilt nicht. Überlegenheit muss in Zahlen vorliegen, Schwarz auf Weiß. Raketenautos sind schon lange schneller, viel schneller als die schnellsten Straßenautos. Übersetzt heißt das: Mit denen misst sich kein vernünftiger Mensch. Die Geschwindigkeitsrekorde, die uns und kleine Jungs und Boulevardzeitungen interessieren, sind die für Seriensportwagen. Das Prozedere ist wie bei einem Versuch im Labor, nur eben auf freier Wildbahn –

Die Krise der Postmoderne

wobei „frei" bei den straßenzugelassenen Exklusivmobilen relativ zu verstehen ist: Deren Höchstgeschwindigkeit mit Lichtschranke und Jury und Technikern wird nicht auf öffentlichen Straßen ermittelt, sondern zumeist auf Teststrecken.

Bugatti EB 110 SS, dessen verstörende letzte zwei Buchstaben im Namen eine Abkürzung für „Super-Sport" sind, rangelte sich ab 1992 um den Ruf des schnellsten Straßenautos. Der Finanzmakler Romano Artioli hatte den Allradrenner angeschoben, 1995 Konkurs angemeldet. Dann übernahm Jochen Dauer, einen EB 110 erwarben Michael Schumacher, Hassanal Bolkiah und etwa dreißig andere.

HÖCHSTGESCHWINDIGKEIT: 356 km/h
VON 0 AUF 100 KM/H IN: 3,3 Sek.
PREIS: ca. DM 900.000

McLaren F1, Dreisitzer von 1992. Konstruiert von Brabham-Designer Gordon Murray. Auftrag: Der F1 sollte dem Feeling eines Formel-1-Autos so nahe kommen wie kein anderer Straßenwagen. V12-Saugmotor von BMW M (636 PS, später in LM-Version 689). Zwölf Jahre lang schnellster Serienwagen (106 Stück, verkauft wurden etwas über 70).

HÖCHSTGESCHWINDIGKEIT: 391 km/h,
neuer Rekord von 1998
VON 0 AUF 100 KM/H IN: 3,8 Sek.
PREIS: DM 1.400.000. Bei einer Auktion ging 2008 ein Vorführmodell für £2.530.000 weg (Kilometerstand: 484).

Edonis von 2001 (von Konstruktionsbüro B. Engineering S.r.l.), zusammengeschraubt von zwei Dutzend Leuten in Ferrari-Land nahe Modena. Eine aus *supercar*-Experten komponierte Clique baute 21 Stück des V12 mit 680 PS. „Produktionsmethoden der Renaissance" nannte das Nicola Materazzi, der mit dem Lancia Stratos, Ferrari GTO, Testarossa und F40 bereits geübt hatte.

HÖCHSTGESCHWINDIGKEIT: 365 km/h
VON 0 AUF 100 KM/H IN: 3,9 Sek.
PREIS: ca. DM 1.500.000

Ferrari Enzo von 2002: mit „Verwendung von Formel-1-Technologien" wie Carbon-Fiber-Karosserie, elektrohydraulische Kupplung, Bremsscheiben aus CFC-Faserverbundkeramik plus nicht-regelkonforme Details wie V12, Traktionskontrolle, aktive Aerodynamikteile usw.

HÖCHSTGESCHWINDIGKEIT: 355,6 km/h
(je nach Downforce-Set-up)
VON 0 AUF 100 KM/H IN: 3,14 Sek.
PREIS: $659.330 (für limitierte Stückzahl von 349, angeboten an Kunden aus der firmeneigenen Mailingliste; noch vor Produktionsstart waren alle weg. 50 weitere wurden gebaut ... plus einer, der in einer Auktion von Sotheby's zugunsten der Tsunami-Opfer €950.000 einbrachte und damit Michael Schumacher eine Audienz bei Joseph Alois Ratzinger (= Papst Benedikt XVI.).

Koenigsegg CCR kommt seit 2004 aus dem schwedischen Ängelholm. Kurzzeitiger Rekord als schnellster Serienwagen (28.2.2005, 12:08 Uhr Ortszeit) wurde jedoch blitzschnell übertroffen.

HÖCHSTGESCHWINDIGKEIT: 387,37 km/h
VON 0 AUF 100 KM/H IN: 3,2 Sek.
PREIS: $490.000

Bugatti Veyron EB 16.4 von 2004: Allrad-Roadster mit Siebenganggetriebe und Doppelkupplung, W16-Zylinder und 1001 PS der Volkswagen AG. Als der Abverkauf der geplanten 300 Stück ins Stocken geriet, wurde im Sommer 2010 für die letzten 50 Modelle der EB 16.4 Super Sport kreiert: Größerer Turbolader, 199 PS extra, was einen von TÜV und Guinness-Buch abgesegneten Geschwindigkeitsrekord einbringt, für Kunden allerdings auf 415 km/h gedrosselt wird.

HÖCHSTGESCHWINDIGKEIT: 408,5 km/h (431,072 km/h mit SS)
VON 0 AUF 100 KM/H IN: 2,4 Sek.
PREIS: €1.309.000 und somit teurer als der Rest – auch die Variante Super Sport (netto €1.950.000) wird aus den roten keine grünen Zahlen machen. Der Wagen ist für VW defizitär.

SSC Ultimate Aero TT, die Weiterentwicklung des SSC Ultimate Aero (Weiterentwicklung des SSC Aero von 2006), wird in kleiner Serie im Nordwesten der USA von einem ehemaligen Replica-Bastler angeboten. 1305 PS, ohne ABS oder Traktionskontrolle, aber mit Klimaanlage, zehn Lautsprechern für Sound- und DVD-Anlage, 7,5"-Monitor und Gitterrohrrahmen. 2009 wurde eine Weiterentwicklung mit Elektromotor angekündigt, sehr schnell sollte da auch die Ladung des Akku vonstattengehen.[19]

HÖCHSTGESCHWINDIGKEIT: 411,99 km/h, Weltrekord 2007–2010[20]
VON 0 AUF 100 KM/H IN: 2,78 Sek.
PREIS: ca. $650.000, bei ebay auch günstiger.

McLaren MP4-12C, 2009 vorgestellt, ab 2011 im Handel („Der Handel": McLarens Hightech-Bunker, in dem man von einem Perser-Teppich direkt ins Auto steigt ... und

bereits bei der Ausfahrt in die Mauer gegenüber des geöffneten Garagentors krachen kann: Das Gaspedal reagiert wie ein Lichtschalter: an/aus. Bei „an" erwachen aus V8 Twin-Turbo etwa 608 PS. Stufenlose 7-Gangschaltung.

HÖCHSTGESCHWINDIGKEIT: ca. 320 km/h
VON 0 AUF 100 KM/H IN: k.A.
PREIS: ca. £125.000–175.000

Caparo T1, erdacht von Ex-McLaren-Mitarbeitern. Zweisitzer von 2007. Er soll „mit Leistungsgewicht von 1000 PS pro Tonne, Fahrwerkstechnik aus Rennsport, einem Formel-1-Rennwagen so nah kommen wie kein Straßensportwagen zuvor."

HÖCHSTGESCHWINDIGKEIT: > 322 km/h (je nach Flügeleinstellung)
VON 0 AUF 100 KM/H IN: unter 2,5 Sek.
VON 0 AUF 200 KM/H IN: CA. 5 Sek.
PREIS: ca. €328.000

Vector Avtech WX8, 2008 vorgestellt, logische Evolution früherer Modelle, die schon mal wegen zu viel Motor in Flammen aufgingen: ultraleichte Materialien, Hightech-Design und Terminologie aus der Überschallbranche (W2 von 1983 mit einer einzigen Tür, aufklappbar mitsamt Dach wie bei einem Starfighter). Der W8 war mit 320 km/h und 600 PS – laut Hersteller sogar 1.000 PS – der schnellste amerikanische Sportwagen aller Zeiten. Wird die jüngste Evolutionsstufe gezündet, dann soll das Modul mit 10.000 ccm an die 1850 PS umsetzen. In der als „Big Block" bezeichneten käme man – in der Vorstellung von Vector-Macher Gerald Wiegert – auf fast 500 km/h.

Die Krise der Postmoderne

HÖCHSTGESCHWINDIGKEIT: 482,8 km/h
VON 0 AUF 100 KM/H IN: 3,5 Sek.
PREIS: →k.A.

K.A.: $455.000 erhielt Andre Agassi rückerstattet für einen von siebzehn Vector W8, als er damit nicht einmal von 0 auf 1 km/h kam.

Abdesalam Laraki: Seit 2003 von Laraki Fulgura geplant. Der Blitz aus Marokko, mit 91er Diabolo-Fundament, Mercedes V12, Biturbo (660 PS), formt sich langsam; das Kleid ein bisschen Ferrari, aber auch das flache Fließende von manchem Lotus. Soll nach der Bankenkrise in Dubai gebaut werden, der König von Bahrein hat seinen schon bestellt.

HÖCHSTGESCHWINDIGKEIT: 350 km/h
VON 0 AUF 100 KM/H IN: in 3,3 Sek.
PREIS: ca. €400.000.

Alles geht immer schneller, die U/min., die Beschleunigung, das Brechen von Weltrekorden. Seit Elektrizität die Nacht erhellt, seit einen Tanzpaläste und Rundfunkprogramme und Leselämpchen rund um die Uhr auf Trab halten, schlafen Menschen weniger. Auch die Aus-Zeit, der Schlaf wird gestoppt: mit Wecker. Ergo bleibt uns mehr Zeit zum Leben. Genauso sparen wir mit dem Auto Zeit,

durch die Verkleinerung von Distanzen, durch anschwellende km/h.

Soweit Statistik und Theorie. In der Praxis sind der Beschleunigung Grenzen gesetzt.

Blue Flame: Heiße Flamme der letzten Generation, die Speed ergeben war

Das für $650.000 gebaute Raketenauto Blue Flame kam mit flüssigem Erdgas und Wasserstoffperoxid 1970 auf über 1.000 km/h. Es dauerte über dreizehn Jahre, bis dieser Weltrekord gebrochen wurde (1.019,47 km/h erreichte Richard Noble, vierzehn Jahre später wird die Schallmauer durchbrochen). Was Otto-normalverbrauchern im Autohandel angeboten wird – „Formel-1-Feeling" von Caparo, McLaren, VW, Ferrari et al. –, das sind dagegen Kinkerlitzchen, teure Kinkerlitzchen. Inflation und wechselnde Wechselkurse ausgeklammert, legt man heute für einen Toyota Yaris pro km/h etwa 67 Cent auf den Ladentisch, ungleich mehr für einen Smart Fortwo (€1,18); die Supersport-wagen kost(et)en für jeden Stundenkilometer etwas über €1.000 (Caparo, Koenigsegg), zwischen €1.300 und unter €2.000 (SSC, Ferrari, McLaren) oder eher so viel wie ein richtiges Rennauto, der Formel 1 nahe, exorbitant mehr – um die €3.000 bei Bugatti. Okay: Dafür halten die Straßenwagen länger als die Rennwagen der Formel 1 (die zwei oder drei Rennen lang gefahren werden). Umso ärgerlicher, dass man diese Luxus-Spielzeuge in fast keiner Spiel-straße ausfahren kann.

Dass der „Formel-1-nahe" Sportwagen oder die richtigen Formel-1-Autos heute mit unter 400 km/h fahren, ist natürlich lachhaft angesichts der Tatsache, dass die 400-Marke bereits 1932 erreicht wurde; 1937 waren es dann 502,11 km/h, zehn Jahre später mehr als 600 km/h – allerdings auf Salzseen statt Asphalt.

Aber zum Briefkasten oder zur Jahresvollversammlung muss ja auch kein Mensch mit solchem Tempo fahren. Problematischer als für die Technik sind solche Geschwindigkeiten für den, der drinnen steckt und das Auto steuert. Tonnenschwer zerrt es einem in Kurven den Kopf zur Seite, bei Beschleunigungen und Bremsmanövern werden innere Organe so sehr gequetscht, dass Fahrer sich über ihre Essgewohnheiten mehr Gedanken machen als die meisten Supermodels. Auch im Hirn, das nicht so felsenfest im Schädel sitzt wie der Kopf unterm Helm, passiert viel. Fahrer der Turbo-Ära berichteten von kurzzeitigen Blackouts.

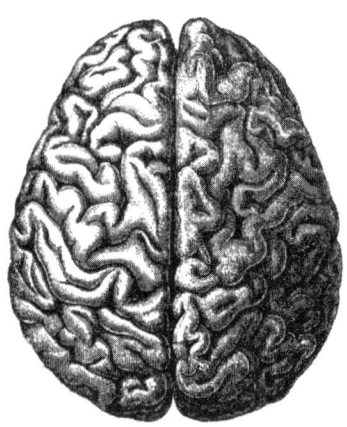

Doch auch der Alltag wird immer schneller. Fuhren Käfer und normale Familienlimousinen in den 1960er-Jahren noch mit unter 150 km/h, normale Sportwagen etwas schneller, so kann man sich heute auf deutschen Autobahnen kaum auf die

Überholspur wagen, weil schon Sekunden später ein VW Golf mit Lichthupe in den Rückspiegel blinkt, meist nicht zur freundschaftlichen Begrüßung. Damit der Irrsinn nicht überhandnimmt, haben sich Audi, BMW und Mercedes-Benz 1987 auf eine freiwillige Deckelung der Höchstgeschwindigkeit geeinigt, ein künstliches Drosseln der Möglichkeiten über 250 km/h.

Getränk für Speedfreaks

Interessant bei der kaum gebremsten Beschleunigung der Zeit ist natürlich die Binsenweisheit, dass wir immer weniger Zeit haben. Auch wenn Fastfood (zumindest offiziell) aus der Mode zu kommen scheint, bleibt der Coffee-to-go selbstverständlich, des weiteren Powernapping vor dem Speed-Dating mit Smalltalk, News-Updates am unteren Bildschirmrand.

Wir minimieren Pausen und Wartezeiten, machen alles mit Multitasking – Telefonieren und Surfen oder Autofahren –, staunen gelegentlich über die verkürzte Halbwertzeit des Wissens, Highspeed-Internetzugang dank Glasfaserkabeln, auch dass viele entgegen Andy Warhols Spruch nicht einmal 15 Minuten lang berühmt sind und wie viel

Die Krise der Postmoderne

schneller die Mikroprozessoren in der jüngsten Handy-Generation sind – und wir haben: keine Zeit.

11.14 Raum

Obzwar alles immer schneller geht, also auch schneller vonstatten geht, gibt es eine Beschäftigung, die – statistisch erwiesen – immer mehr Zeit in Anspruch nimmt: die Fahrt zur Arbeit. In allen Industriestaaten verschlingt sie nachweislich mehr Zeit. Das Verkehrsaufkommen in Los Angeles, so das Texas Transportation Institute, hat sich in 25 Jahren etwa verdreifacht, was wegen „hohem Verkehrsaufkommen" *(vulgo* Staus) 1994 2,3 Millionen Stunden gekostet hat. Die tatsächliche Durchschnittsgeschwindigkeit, so die Prognose der Verkehrsexperten, sinkt, in New York ist sie bei unter zehn Meilen pro Stunde angekommen.

11.15 Cyberspace

Es ist nur eine Frage der Zeit, dann wird jedes Auto über das verfügen, was seit Jahren jeder Skater hat: eine eigene Website, fest verankert auf dem Datenhighway.

Stellen Sie sich vor, Sie haben sich eingehend informiert, online haben Sie sich durch virtuelle Salons geklickt und Testberichte gelesen, Vergleichstabellen studiert, und nun haben Sie sich für den Kauf eines Neuwagens entschieden. Nicht irgend einer soll es sein, sondern ein Auto auf dem neuesten Stand der Technik. Schließlich geht es bei Automobilen nicht nur um Fortbewegung, sondern auch um Fortschritt. Und dass nicht erst seit 1908 die Firma Cadillac ihre Kunden mit dem Model Thirty erfreute – dem ersten Auto, das serienmäßig elektrische Scheinwerfer und →Anlasser hatte.

Anlasser: Erfunden wurde der elektrische Anlasser von Clyde J. Coleman 1899, patentiert 1903, serienreif gemacht und hergestellt 1911 von GM-Tochter und GM-Mitarbeiter (Delco und Charles Kettering). In Europa wanderte der Ersatz für das Anwerfen mittels Kurbel erstmals 1919 in einen Citroën.

Luxus und Überfluss beim Cadillac Thirty: serienmäßig mit elektrischem Anlasser

So weit so gut, Sie machen noch eine Probefahrt (oder auch nicht) und schreiten fort zum Kauf des fortschrittlichen Vehikels, bewegen es nach Hause, und noch bevor sich der Neuwagen eingeparkt hat, kommt Ihr Nachbar, nett, aber auch internetbelesen. Das neue Auto, weiß der Nachbar, ist nicht toll, sondern oll: Die Speicherkapazitäten lachhaft, der Prozessor zu langsam, der Motor groß, schwerfällig und übergewichtig, und das Antriebssystem ist schon gar nicht wegweisend.

Was beim Computerkauf zu einem Teil des Kauferlebnisses geworden ist – dass nämlich das Produkt veraltet ist, noch bevor man den Laden verlässt –, wird auch das Vergnügen am Autokauf künftig immer mehr trüben. Denn so unsicher es ist, in welche Richtung sich die Autos von morgen und übermorgen bewegen, wie sie sich dorthin bewegen: Sicher ist, dass viele Konzepte einfach, wie bei Büchern und Schallplatten auch, in der Sackgasse landen. Einige wenige werden zu Bestsellern, die anderen Ladenhüter – nur dass der Materialeinsatz bei Autos ungleich höher ist und auch unpopuläre Modelle nie zu reduziertem Preis angeboten werden ...

Lunar Roving Vehicle bei der Mission Apollo 15: parkt da nun

Im Idealfall landet solch ein ausrangiertes Konzept nicht in einer Sackgasse oder einem Museum, sondern kann immer noch einer sinnvollen Verwendung zugeführt werden – wie das des elektrisch angetriebenen Lohner-Porsche mit Radnabenmotoren. 71 Jahre nach seiner Vorstellung kam der Radnabenantrieb zu einem von Millionen bestaunten Einsatz. Auf dem Mond. Mit Apollo 15, beim Lunar Roving Vehicle.

1 Keith Bradsher: *High and Mighty: SUV's - The World's Most Dangerous and How They Got That Way*, 2002
2 Gregg Easterbrook: „Axle of Evil: America's twisted Love Affair with Sociopathic Cars", *New Republic*, 20.1.2003
3 Christian Sonntag: „Autos werden immer älter. Eine deutsche Liebe", *Rheinische Post*, 30.4.2005
4 Jörg Linser: *Unser Auto – eine geplante Fehlkonstruktion!*, Frankfurt/M. 1977
5 Hermann Winner: „Mercedes und der Elch: Die perfekte Blamage", *Welt-online*, 21.10.2007
6 Hans W. Mayer: „Immer größer, immer breiter, immer heißer", *Die Welt*, 2.3.2007
7 Stefan Grundhoff: „Dicke Dinger", *Süddeutsche Zeitung*, 24.4.2007
8 *Der Spiegel* 36/1995
9 Talking Heads: *Once In A Lifetime*, 1980
10 „In der Lobby brennt noch Licht": Titel eines Kongresses von Netzwerk Recherche
11 *Economic Outlook No. 86*, „Chapter 2: The automobile industry in and beyond the crisis", 2009
12 „Die ‚Großen' in Europa", *Berliner Morgenpost*, 15.11.1964
13 „Emails für ‚User-Chooser'", *Zeit-online*, 31.5.2006
14 Jeffrey K. Liker: *The Toyota Way*, New York 2003
15 James P. Womack und Daniel T. Jones, Daniel Roos: *The Machine That Changed the World: The Story of Lean Production. Toyota's Secret Weapon in the Global Car Wars That Is Now Revolutionizing World Industry*, Toronto u. New York 1990. Auf Deutsch: *Die zweite Revolution in der Autoindustrie. Konsequenzen aus der weltweiten Studie des Massachusetts Institute of Technology*, Frankfurt/M. 1992
16 Taiichi Ohno: *Toyota Production System: Beyond Large-Scale Production*, Portland 1988
17 Enno Berndt: *Toyota: Was ist möglich? Zur Arbeit an der automobilen Zukunft seit den 1990er Jahren*, Leipzig 2005
18 Niklaus Schefer: *Philosophie des Automobils*, Bern 2006
19 „SSC baut Supersportwagen mit Elektromotor", *Handelsblatt* 10.3.2009
20 *Guinness Buch der Weltrekorde*, 2008

Zurück zum Start

Wie sieht das Auto von übermorgen aus? / Das Prinzip hat ein Problem / Rot und Spiele: Motor an, Hirn aus / Letzter Tankstopp vor dem Grenzwert / Wer hat Angst vor dem Elektroauto? / Autos, Bodys, Lack, Körper & Babes / Die Zukunft ... ist im Rückspiegel noch zu erkennen / Zuffenhausen in Bollywood / Abspann ... und Action, klapp!

12.1 Das Auto nur noch als Spur?

Kunst mit Auto ohne Auto: Das von BMW kommissionierte Werk des Künstlers Robin Rhode, ausgestellt in New Yorks Bahnhof Grand Central Station, zeigt nur Fahrspuren. Ein professioneller Stunt-Fahrer fuhr dafür mit einem BMW Z4 Cabriolet, dessen Reifen mit Farbe bestrichen waren, nach, was Rhode im Atelier entworfen hatte. Lediglich für den PR-Shoot stand der BMW mit auf dem Foto

Was geschieht mit Technologien, die keiner mehr braucht, für die funktionalere Alternativen erdacht und umgesetzt wurden? **DAS AUTO MACHTE DAS PFERD OBSOLET**, die Stallungen, die Hufschmiede und die Rasthöfe im Abstand der mit dem Pferd bewältigbaren Tagesreisen. Das Auto konnte schneller und länger und weiter. Und heute? Vor allem in einer Zeit, in der funktional mehr und mehr mit dem Erhalt des Planeten und der Lebensqualität zu tun hat? Wer wünscht sich in die stinkenden, zugeparkten Innenstädte zurück? Auf Straßen ohne Radwege? **CAR PEAK**, das war in den 70er-Jahren. Seither versuchen Stadtplaner die Fehler der „autofreundlichen Stadt" wieder gutzumachen, oder wo sie, wie fast überall, die innerstädtischen Auen in vierspurige Schnellstraßen umgewandelt haben, zumindest keine neuen Fehler mehr zu begehen.

In Leo Frobenius' Kulturmorphologie gibt es drei Phasen. Wie in der Natur. 1. Der Keim ist in der Kultur die Ergriffenheit. 2. Die Reife entspricht Formvollendung. 3. Domestizieren, Tod. Bäume machen das, Menschen verfahren so mit Tieren, so widerfuhr es dem Auto. Am Ende wird alles domestiziert

UND IN ZUKUNFT? Wer wird die mit buntem Blech verengten Straßen vermissen? Verkehrstote?→Parkhäuser? Politessen? In Unterführungen verbannte Fußgänger? Neue Autobahntrassen? Das Auto wird sich grundlegend verändern müssen, was seinen Antrieb angeht, aber vor allem auch, was seinen Einsatz betrifft. Wenn auf den Straßen der Städte wenige Autos fahren, werden auch Asphaltbeläge nicht mehr in dem Umfang nachgefragt werden. Stadtplaner werden andere Materialien verwenden. Da der Transport über lange Distanzen auf der Schiene oder durch die Luft weiter zunimmt, ändert sich das intime Verhältnis zum Auto. **VERMUTLICH WERDEN IMMER WENIGER MENSCHEN EINEN WAGEN BESITZEN WOLLEN**, alleine schon wegen der mit dem Besitz verbundenen Unannehmlichkeiten wie dem Unterbringen, dem technischen Unterhalt, dem Versichern. Schöne Zeiten für die Verleiher. Schon heute kann man feststellen, dass Mobilität, im Kopf, im **WWW** und im Raum einen höheren Status genießt, als der blank gewienerte Lack einer S-Klasse im Vorgarten.

Parkhäuser: „.... die rätselhafte erotische Ausstrahlung der Hochgarage ...“ (J.G. Ballard, 1970) [1]

Doch was passiert mit dem Auto, wenn wir es nicht mehr brauchen? Es wird zum **FETISCH** oder zur **KUNST**. Das Pferd wurde nach seiner Abschaffung als Produktionsmittel und Beförderungsmedium zum Sportobjekt und Statussymbol. Das Auto wird nach seiner Befreiung von seinen Alltagsfunktionen vielleicht zur Kunst, ganz sicher aber zum Sehnsuchtsobjekt der Nostalgie. In diesem Sinne ist die Retro-Welle der letzten 18 Jahre bereits ein formales Eingeständnis der Hersteller an die Zeit danach.

Leben auf großen Fuß? Ein Schuh, wie ihn sich nicht jeder anzieht

Neue Materialien ... schon befindet man sich auf dünnem Eis

12.2 Wie sieht das Auto von übermorgen aus?

Infrarot-Sichtsysteme für Nachtfahrten und Schneestürme, automatisch verdunkelnde Rückspiegel gegen das Blenden vom Hintermann, sprachgesteuerte Bedienung der Armaturen, alles schon vor Jahren entwickelt. Und vor allem: das Auto-Auto. Fahrassistenzsysteme, die vernünftiger agieren als der Fahrer, greifen ins Steuer oder betätigen die Bremsbacken. Das ohne Fahrer fahrende Fahrzeug ist unterwegs.

„Wäre die Entwicklung des Autos mit derselben Geschwindigkeit vorangetrieben worden wie die des COMPUTERS, würde ein ROLLS-ROYCE heute $100 kosten, auf 100 KILOMETER 2,3 LITER verbrauchen – und einmal im Jahr explodieren, wobei alle Insassen umkämen." (Robert X. Cringely, Achter im Bunde einiger Tagediebe und Hippies, die in einer Garage eine Firma gründeten – Apple Computers). [2]

Hochgerechnet hat Cringely das mit →Moore's Law, einer Formel, die besagt: Alle achtzehn Monate verdoppelt sich die Anzahl Transistoren, die auf einem Silicon-Chip derselben Größe untergebracht werden können – bei gleich bleibendem Preis. Seit 1968 beweist diese PC-Faustregel ihre Gültigkeit. Dagegen dauert es in der Automobilbranche um die fünfzehn Jahre, bis Neuerungen aus dem Labor über Vorstandsgremien in die Fertigungshallen gelangen.

Moore's Law: Benannt nach Gordon Moore, einem der Gründer von Intel.

Die **ELEKTRONIK EINES AUTOS** kostet etwa viermal so viel wie das für dasselbe Auto verwendete Metall. Seit Servolenkung, elektrischen Fensterhebern und all den neuen Neuen Technologien sind Autos mit so viel Elektronik vollgestopft, dass dies Gewicht und Benzinverbrauch deutlich erhöht.

Domestizierung für Herrenfahrer: Sie überlassen die Action anderen

Im Auto von übermorgen wird es vermehrt **SCHNICKSCHNACK** geben: Bildschirme in den Kopfstützen der Vordersitze haben wir schon, ebenso auf die Windschutzscheibe projizierte Daten (bei BMW mit „Head-Up Display") oder Keramikbremsen. Kameras anstelle von Rückspiegeln werden kommen. Elektronik hat Hydraulik in den Ruhestand geschickt, als Nebeneffekt befinden sich heute Unmengen an Kabeln und Lichtwellenleitern, ganze Daten-Highways, *im* Auto. Daraus ist abzuleiten, dass vor allem jene Technologien Zukunft haben, die sich separat vom Automodell aktualisieren lassen – wer will sich schon wegen jedem Software-Update ein neues Auto anschaffen? In Wahrheit hat das Auto viel grundlegen-

dere Probleme als die von Komfort und Dynamik, aufgepeppt mit Rechnern oder Elektronik statt Hydraulik. Das Auto, mit oder ohne Identitätskrise, muss neu erfunden werden.

Zwei Entwicklungen werden bestimmend sein: neue Konzepte für den **ANTRIEB** und neue für den Verkehr. **OTTOMOTOR** und **INFRASTRUKTUR**. Oder: Wie können wir unseren Lebensstandard halten und gleichzeitig die CO_2-Emissionen →pro Kopf minimieren? Wen das kalt lässt, der wird sich in nicht allzu ferner Zukunft fragen, wie viele Preiserhöhungen an der Zapfsäule er bereit ist wegzustecken.

pro Kopf minimieren: Zwei Tonnen pro Kopf = 1/5 dessen, woran wir selbst uns gewöhnt haben, 1/10 dessen, was jeder US-Amerikaner an Kohlendioxid erzeugt.[3]

Verbraucht durchschnittlich 6 kg CO_2 pro Tag

12.3 Das Prinzip hat ein Problem

Die ersten **VERBRENNUNGSMOTOREN** waren stationäre Anlagen – **GROSS, SCHWER, UNBEWEGLICH.** Auch Wasserkessel und andere für Dampfwagen nötige Komponenten waren für Fortbewegungsmittel zu schwer. Das Gewicht von Benzin-Motoren haben Gottlieb Daimler und Wilhelm Maybach während ihrer Zeit bei Otto und Deutz verringert, doch der Ottomotor hat ein grundsätzliches Problem: Bei der Kraftstoffverfeuerung im Hubkolbenmotor werden ständig Explosionen kreiert, nur um den Motor am Laufen zu halten. Für eine dynamische Anwendung im Straßenverkehr ist er denkbar schlecht geeignet: Das Optimieren von Drehzahl-wandlern (mit der Kupplung) und Drehzahl-Drehmoment-Wandlern (mit dem Getriebe) verursacht hohe Kosten und komplizierte Konstruktionen. Für Benzinmotoren spricht, dass sie leichter sind als Dampfgetriebe und gegenüber Elektromotoren eine bessere Reichweite haben: Für die vergleichbare Reichweite eines 50-Liter-Benzintanks bräuchte man tonnenschwere Batterien, deren Transport eine Menge zusätzliche Energie verschlingen würde.

Noch bevor die Idee des Stromwagens weitergedacht werden kann, melden sich die Leute vom Fach, die Entscheidungsträger und Vorstände der Branche. Die guten unter ihnen sind Techniker, ihre Kernkompetenz ist der Verbrennungsmotor. Es ist nachvollziehbar, dass diese Techniker und Motoren(weiter)entwickler sich nur begrenzt dafür begeistern, ihre Kernkompetenz, Quell ihrer Arbeit und ihres Einkommens, abzuschaffen.

Physikalisch ist der Stromantrieb dem Benziner überlegen: Ohne Feuer kreiert er keine unnötige Abwärme, und fast 100% der Energie kann in den Antrieb umgesetzt werden - bei einem Explosionsmotor sind es um die 30%.

Der größte ÖLVERBRAUCHER ist das Auto. Um die 900 Millionen Kfz auf der Erde verschlingen knapp die Hälfte der jährlich geförderten zwei Milliarden Tonnen Rohöl. [4]
Schon heute wird aus regenerativen Quellen Strom gewonnen, der in AUTO-AKKUS abgeladen werden könnte. Das Fraunhofer Institut hat berechnet, für eine mit E-Autos steigende Rendite der Energiekonzerne wären nicht einmal neue Kraftwerke nötig, selbst wenn bis 2050 um die 17% des jetzigen Fahrzeugbestands mit Strom fahren würden. Denn den Strom gibt es schon, nur wird er zur Zeit, weil er sich nicht speichern lässt, weggeworfen.

Andererseits ist der Einfluss des Konkurrenzkampfs unter den Herstellern auf die bevorzugte Energiequelle gar nicht zu überschätzen. Die zwölf großen der Branche, die Umsätze in Milliardenhöhe erzielen, arbeiten an mehr als den Autos, die wir kennen. So baute **BMW 1991 DEN E1**, ein Einzelstück, dessen Elektromotor trotz schwacher Leistung (45 PS, 120 km/h) beeindruckende Werte erzielte: die Natrium-Schwefel-Batterie wog nur 200 Kilogramm, ihre Reichweite belief sich auf um die 250 Kilometer. Kurz darauf baute man in Wolfsburg über 100 E-Autos auf Basis des Golf. Der „City Stromer" wog 1,5 Tonnen, mit Blei-Gel-Batterien kam er circa siebzig Kilometer weit.

12.4 Rot und Spiele: Motor an, Hirn aus

Im **ORBITOFRONTALEN CORTEX** wird das geregelt, was Neurologen als Emotions- und Impulskontrolle bezeichnen, das soziale Verhalten des Menschen im Miteinander. Hier ist viel los: Umweltinformationen und Vorwissen treffen aufeinander, reguliert wird unser Verhalten und Umgang mit Stimuli auch mit Beachtung von Konsequenzen wie Belohnung und Bestrafung. Im Normalfall ist diese Hirnregion mit anderen verdrahtet, sodass bei der Entscheidungsfindung beispielsweise auf Ängste aus dem emotionalen Gedächtnis zurückgegriffen wird, aber auch auf Erinnerungen an fehlerhaftes Verhalten und dessen Konsequenzen im episodischen Gedächtnis.

Problematisch: Wer am **STRASSEN-VERKEHR** teilnimmt, muss nicht nur Unmengen an Daten und Informationen aufnehmen und gegeneinander abwägen (Verkehrszeichen, Ampeln, eventuell Sonderzeichen und Schupos, die möglicherweise einander annullieren, sondern auch Variablen wie Fußgänger, ein auf die Straße rollender Ball, stationäre Hindernisse und andere Verkehrsteilnehmer mit unterschiedlicher Geschwindigkeit). So simpel das Autofahren scheint, so kompliziert ist es zum Beispiel für ein Computerprogramm – weil sehr viele Informationen um Beachtung konkurrieren.

Wenn statt Vorsicht oder Selbstüberschätzung ein kühler Computer das Gaspedal bedienen würde, wäre der Verkehrsfluss einer auf Grün schaltenden Ampel vielfach effektiver: Eine der Grünphase entsprechende Menge Autos könnte simultan – ja: absolut gleichzeitig – anfahren und die Ampel passieren. Stattdessen haben wir lauter Menschen, die nur bedingt abschätzen, wann der Vordermann auf seinen Vordermann reagiert und anfährt. Das kostet Zeit und Platz, denn wie ein Gummiband zieht sich der Konvoi, der nüchtern mathematisch betrachtet wie ein Zug mit gleichbleibendem Abstand in Bewegung gera-

ten *könnte*. Den Fahrer kostet das Zeit. Fährt er platzsparend und folgt dem Vordermann dicht, dann läuft er Gefahr, dem bei fehlerhaftem Verhalten, stockendem Anfahren, ins Heck zu fahren. Wenn er blitzschnell reagiert und abrupt bremst, reist vermutlich sein Hintermann in seinen Kofferraum. Deshalb verlieren alle Zeit und Platz – mitunter Nerven.

Man nimmt den Stau generell als Ausnahmesituation hin

Der **AMPELKONVOI** wurde bereits geprobt und wird schrittweise in Pkw implementiert: **DAS AUTARK FAHRENDE AUTOMOBIL, DAS SICH ALLERDINGS NICHT AUTONOM BEWEGT,** sondern in einer Kolonne mit anderen. Man bewegt sich wie im Autozug und kann sich am Reiseziel mit dem eigenen Wagen bewegen wie sonst, nur ohne den vorherigen Stress mit und ohne Unfälle. In der Europäischen Union rangiert das unter der Bezeichnung EuroCombi, in einer Forschungsgruppe als →SaRTrE. Organisierter Kolonnenverkehr dieser Art wird mit Lkw auf öffentlichen Straßen bereits in Australien, Israel und Nordamerika praktiziert.

SaRTrE: Safe Road Trains for the Environment

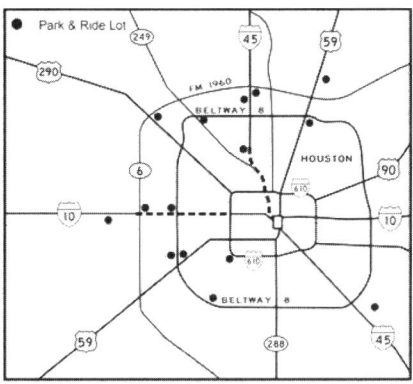

Park & Ride System in Houston 1985

Wunderbaum: trägt nicht zur Klimaverbesserung bei

Sprit sparen kann auch politisch motiviert sein: US-Propagandaplakat

12.5 Wo bitte geht es hier zur Ausfallstraße nach Global Village?

Die Innenstädte sind voll, mehr Autos strömen hinein, mehr Menschen ziehen in Städte, weltweit steigt die Todesrate der Verkehrsopfer, ist die Marktsättigung noch weit entfernt. Das erzeugt **NEUE UMWELTPROBLEME** und fackelt in großem Umfang Ressourcen ab. Das 20. Jahrhundert war das „Jahrhundert des Autos"[5], doch so wird es nicht weitergehen. Klimawandel und Peak Oil sind ein Teil des Systems, das sich ändern muss und wird, der andere ist von Computern und virtuellen Welten und Werten bestimmt. „Der Schlüssel zu Veränderungen", so Kingsley Dennis und John Urry in ihrem Buch *After the Car*, „ist nicht das Auto, sondern sein **SYSTEM DER VERNETZUNG**."

Neue Mobilitätskonzepte, die das Automobil integrieren, werden zunehmend Konjunktur haben. **PARK & RAIL, CAR-SHARING**, an Taxen leicht anbringbare Fahrradhalterungen für den Heimweg nach durchzechter Nacht (wie in Kopenhagen), Kombinationen von öffentlichen und privaten Verkehrsmitteln und etliches mehr. Auch wenn manche Ideen dem *petrol head* als muffig erscheinen, werden sie angesichts steigender Kosten – und vielleicht auch modernerer Denkweise – einleuchten. Interessant, im Zusammenhang mit solch soften Werten wie muffig/jung: Sieht man heute auf der Straße irgendwo einen amerikanischen Klassiker, sechs Meter lang, Sitzbänke so breit und lang, dass man da drin Orgien feiern möchte, dann lässt sich an der spontanen Reaktion anderer ziemlich präzise ablesen, wie alt sie sind. Benzinverbrauch wie früher, egal wie extravagant das Mobil aussieht, ist passé. Lila Latzhosen und Holländerrad auch, klar. Im Wettbewerb um Status hat nicht die Vernunft oder smarte Lebensplanung das Auto überholt, sondern **SMARTPHONES**. Wie die Unternehmensberatung Arthur D. Little in der Studie *Zukunft der Mobilität 2020* feststellt, ist in den westlichen Industrienationen damit zu rechnen, dass 27% der Konsumenten „Greenovator" sein werden. Die wollen „intelligente, nachhaltige, teilweise sogar asketische Fahrzeugkonzepte"; ähnlich die „Family-Cruiser", die im Leben wie beim Auto Karriere und Familie unter einen Hut kriegen wollen. „High-Frequency-Commuter" wechseln Jobs, Wohnort und Auto kurzfristig, der „Silver Driver" gibt nochmal Gas, ist aber am Aussterben. „Car Guys" oder „Sensation-Seekers" gibt es weiterhin, doch die „Low-End-User" machen die Masse aus. [6]

Die ganze Welt erfahrbar und in der Tasche. Auch für technophobe Kulturpessimisten äußerst bewegend

Bei der SaRTRe-Durchführung sind wieder Computer und PC-Netzwerke, WLAN und andere relativ junge Innovationen bedeutsam (zusammenfassbar als Telematik). Inwieweit Image und Emotionen einer Durchsetzung in den Weg kommen, bleibt spannend. Nehmen wir Sportwagen der Spitzenklasse: Sie sind, nicht nur in den Händen gut betuchter wie gealterter Mitmenschen, gemein(schafts)gefährdende Projektile. Tritt ein Fahrer, verschreckt von quietschenden Reifen oder plötzlichem Schleudern, instinktiv mit voller Vehemenz unangemessen auf die Bremse, dann greift das **FAHRASSISTENZSYSTEM** ins Lenkrad und ins Motormanagement und münzt die von Reifen und hunderten Sensoren gesandten Daten in eine coole Kalkulation um, bei der das Ärgste vermieden wird: ein unkontrolliert schleudernder Wagen. Das ist schon heute der Fall bei zahlreichen Sportwagen. Es ist wenig publik, denn wie sportlich ist schon der Sportwagenfahrer, der zwar mit 265 PS ins Büro reist, als Back-up aber ein **COMPUTERPROGRAMM ALS AUTOPILOT** neben sich hat? Offizielle Linie des Verbands der deutschen Automobilindustrie: „Die Autonomie des Fahrers muss gewahrt bleiben, das heißt, er trägt die Verantwortung für sein Fahrzeug im Verkehr und muss dazu auch in der Lage sein. Es darf nicht zu unabgestimmten Eingriffen von außen kommen."

Das Auto-Auto, das selbstständig fahrende Automobil, gab es auch in Europa schon in real life, außerhalb von separaten Teststrecken oder Filmstudios (für **JAMES BONDS** *Der Morgen stirbt nie*). Zu Forschungszwecken rollten in unseren Breiten bereits ganze Sattelschlepperkonvois über Autobahnen – überholende Pkw-Fahrer bekamen vor Schreck fast einen Koller (Systemversagen einer ganz anderen Festplatte), als sie sahen, wie dicht die Trucks auffuhren und dass in ihren Fahrerhäuschen niemand saß. Also wurden Fahrer reingesetzt – und gebeten, nicht allzu auffällig Zeitung zu lesen. Das System funktioniert. Bremsen werden elektronisch statt hydraulisch gesteuert, und solange alle einem folgen, geht auch nichts schief.

Toll. Die Zukunft. So wie man sie sich erträumte, als man sie noch mit Projektionen und rosaroten Träumen auffüllen konnte. Alle arbeiten weniger, Autos fahren ohne Fahrer, und … tatsächlich: Immer mehr Menschen haben immer weniger Arbeit, sogar den Verkehr regelnde **SCHUPOS** wurden ausrangiert (durch Ampeln), auch Radarfallen lassen sich digital mit weniger Aufwand betreiben. Die Organisation des Verkehrs kommt, wie die Fertigungsanlagen in den Autofabriken, und sogar ganze Fuhrparks, auch autonom sehr gut zurecht.

Built-in obsolence **dank Auto-Auto? Verkehrspolizist in China**

In der menschenlosen Fabrik wird das Auto von Robotern gebaut, automatisch, es bewegt sich automobil, gefahren wird es von selbst … nun müsste es nur noch autonom tanken. Mit Solarzellen. Und wenn dann auch noch keiner mehr transportiert würde …

12.6 Letzter Tankstopp vor dem Grenzwert

Tankstellen sind wie Kleingeld: nie vorhanden, wenn man sie braucht

Es ist bemerkenswert, wie schnell Autos schneller geworden sind, wie rasend Daten den Fortschritt beschleunigen – und wie schleppend die Autobranche auf die Bedürfnisse der Umwelt reagiert.

Renault hat bereits 1998 ein 2-Liter-Auto vorgestellt (Renault Vesta). Es blieb bei einer Studie. Genauso wie im selben Jahr der Dodge Intrepid ESX2, ein **HYBRID**. Wie von US-Präsident Bill Clinton 1993 gewünscht, kam man auf einen **VERBRAUCH VON UNTER 3L/100 KM**. In Serie produziert hätte der ESX um die $80.000 gekostet, $60.000 mehr als ein normaler Intrepid. Die Entwicklungskosten von etwa $3.000.000 wurden abgeschrieben, der Hybrid ins Regal gestellt. Kaum mehr als ein **PUBLICITY-GAG** war Ferdinand Piëchs letzte Dienstfahrt von Wolfsburg zur VW-Hauptversammlung nach Hamburg im April 2002, als er in einer extrem flachen Seifenkiste aus Aluminium weniger als einen Liter Diesel pro 100 Kilometer verbrauchte. Jahre später plant der Konzern, das VW 1-Liter-Auto zu produzieren.

Kurz und platzsparend: Grenzen der Physik und der Aerodynamik wurden vor Jahrzehnten ausgelotet. Was blieb? Der Nachgeschmack, Eco-Versionen – auch VW Lupo 3L TDI, auch der von Greenpeace entwickelte ultraleichte **RENAULT TWINGO SMILE** – waren für die Kfz-Industrie kaum mehr als olympische Wettbewerbe, um zu demonstrieren, wie allmächtig die Forschungsabteilungen sind. Kein Kunde sei aber bereit, dafür zu bezahlen, hieß es vor dem Startschuss in die Massenproduktion.

Renault Twingo SmILE: small, intelligent, light, efficient

Konsequent weitergedacht bedeutet das, dass im Bereich Umweltschutz wesentlich größere Möglichkeiten bestehen, die Konkurrenz auszubooten, als in den Bereichen Komfort und Dynamik. Was müsste passieren, um diesen Wettbewerb wirklich anzufächeln, ernsthaft in Gang zu setzen?

Die Frage ist falsch gestellt. Es ist schon passiert.

12.7 Wer hat Angst vor dem Elektroauto?

Das **E-FIEBER** begann – so wie viele Trends – in **KALIFORNIEN**. Der Film *Who Killed the Electric Car?*[7] zeichnet nach, wie 1996 an der Westküste der USA E-Autos aufgetaucht sind, in Mengen, wie sie schnell waren, leise und überall, und wie sie zehn Jahre später weg

waren. Vom Erdboden verschluckt. So wie hundert Jahre zuvor, wobei ihnen damals das Massen-Model T von Henry Ford den Garaus gemacht hatte. In den 1920er-Jahren wurden Stromautos „vom Markt verdrängt", 2006 wurden sie von Mächten verdrängt, denen der Film hinterherforscht.

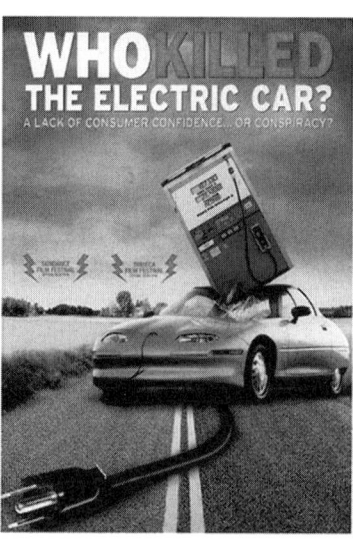

Wer hat das Elektro-Auto gekillt? Zu Beginn des Films werden mehrere Verdächtige identifiziert, das Ende ist wie von Agatha Christie

In der Stadt der Engel (span.: los Ángeles) ist immer viel los

Kalifornien kämpft seit jeher mehr als andere US-Bundesstaaten gegen **SMOG** und die mit Luftverschmutzung einhergehenden Symptome: Asthma, Krebs, Pseudokrupp. CO_2, Treibhauseffekt. Daher erließ 1990 die Luftreinhaltungskommission Kaliforniens (California Air Resources Board, kurz: CARB) ein Gesetz, nach dem bis 1998 mindestens 2% aller Neuwagen, bis 2003 10% emissionsfrei zu sein hatten. Ein radikaler Gesetzesentwurf. Revolutionäre Auto-konzepte waren gefragt. Bei General Motors entschied man, nicht ein als Benziner entwickeltes Gefährt zu kon-vertieren, sondern von Grund auf ein Elektroauto zu konzipieren. Ein Garagen-Geek hatte einen Prototyp entwickelt, dessen Akkus sagenhafte 120 Meilen weit reichten. Daraus wurde in Kalifor-nien der EV1 gebaut, das erste in Serie gefertigte Elektroauto (1996–1999).

Noch bevor der serienreife EV1 auf die Straße und in Autohäuser entlassen wurde, kam es zu bizarren Wendungen.

500 VERSUCHSWAGEN waren für Tests so gut wie startklar, da berichtete die *New York Times* 1994, General Motors arbeite gleichzeitig daran, dass er floppen werde.[8] Es sei dem Konzern wichtig, offenbarte der Artikel, mit dem Elektro-vehikel EV1 zu scheitern. GM-Sprecher versicherten, Elektroautos seien für Konsumenten zu langsam und zu teuer. General Motors hoffe daher, das Gesetz zu kippen. Um die Thesen aus Detroit zu untermauern, wurden Umfragen erhoben, doch die als Beweis gedachte Ergebnisse wurden nie veröffentlicht.

Für die Phase mit den Versuchswa-gen hatten sich →Stromversorger Ende 1993 um Testfahrer bemüht. Man suchte 1000 Freiwillige, die die ersten 500 EV1 über jeweils zwei Wochen benutzen und bewerten würden. In Los Angeles meldeten sich mehr als doppelt so viele →Interessenten als von GM erwartet, in New York drei Mal so viele.

Stromversorger: Anstelle der Öl-Industrie würden Strom- und Energiekonzerne von stromgetriebenen Autos profitieren, und zwar außerordentlich: Für Energiekonzerne sind E-Autos ein Eldorado. Vatten-fall, E.ON et al. könnten zwei Mal Geld machen. Sie könnten die überschüssige Nachtenergie auf Strom-Tankstellen abladen und außerdem dafür abkassieren. Zwei Mal verdienen: Ein Mal indirekt, weil Autofahrer die kostspielige Zwischenlagerung der sonst nachts verpuffenden Einnahmen übernehmen, und ein zweites Mal, weil sie für den Stromkonsum direkt zur Kasse gebeten werden.

Interessenten: In L.A. 9.300 statt 4.000, an der Ostküste 14.000 statt unter 5.000. Ein Monat vor Ablauf der Rekrutierungsphase wurde die Umfrage mitsamt Tele-fonservice abgebrochen.

Während General Motors zögernd nach möglichen Kunden/Versuchsfahrern Ausschau hält und den EV1 entwickelt, arbeiten andere Abteilungen des Kon-zerns rund um die Uhr daran, das Projekt zu stoppen. Schon im März 1995 fordert General Motors den Autobranchenver-band AAMA auf, eine **PR-FIRMA ZU ENGAGIEREN**, die in Kalifornien auf Grassroots-Ebene und mit „erzieheri-schen Kampagnen" gegen das Gesetz wirken soll. Eine andere Pressure-Group (Californians Against Utility Company Abuse) wettert so sehr gegen den Umstieg von Benzin auf Strom, dass das CARB-Gesetz ein Jahr später aufge-weicht wird. Je nach Kundenreaktion sollten Autohersteller sich nun den gewünschten Emissionswerten nur noch nähern. Große Pleite – und nicht die einzige – bevor das E-Auto überhaupt auf die Straße kommt.

Doch damit nicht genug: In seiner Drivetime-Sendung bei KSFO-AM dröhnt Lee Rogers, die

„ENVIRO-NAZIS"

(O-Ton von *Hot Talk*) seien ganz zynisch geworden, als sie erfuhren, die Pressure-

Group gegen das Elektroauto sei keine von Bürgern lancierte Initiative, sondern insbesondere von einem Wirtschaftsverband finanziert: von der Öl-Lobby→WSPA. Anita Mangels, Executive Director von *Californians Against Hidden Taxes*: „I believe most, if not all of our funding comes from WSPA – that's no secret." WSPA-Sprecher Jeff Wilson: „We don't hide that we're the major member of the coalition."

WSPA: Western States Petroleum Association aus Sacramento, gegründet 1907. Zu den Mitgliedern zählen Öl-Konzerne wie Chevron, Shell, BP, sowie deren Tochterfirmen, Dachverbände, Raffinerien, Zulieferer, Hersteller von Pipelines, Öl-Tankern usw. [9]

George Clooney: eh ein cooler Typ. Dem kauft man sogar eine Kaffeemaschine ab, die mehr Alu-Müll generiert als jede vorige. Und vielleicht auch den Tesla Roadster

General Motors baute →1.117 Elektro-Vehikel, vergab einen Teil an **PROMIS** und verleaste den Rest. Drei Jahre später wurden alle Autos zurückgerufen. Offizielle Begründung: Die Nachfrage sei zu gering, zuverlässige Wartung nicht rentabel. Auch die Hersteller der ebenfalls stets geleasten Ford Ranger EV, Honda EV Plus, Toyota RAV4 EV (sowie Nissan Altra EV, Chevrolet S-10 EV) riefen ihre Autos zurück. Die **E-VER-SUCHS-WAGEN** wurden eingestampft, sie verschwanden von den Straßen Kaliforniens, aus der Welt. Als klar wurde, dass die sonst rivalisierenden Hersteller –

beim Kippen des Gesetzes – an einem Strang zogen, führte das zu Protesten und Demonstrationen, auch mit Unterstützung zahlreicher Hollywood-Stars – doch an der Entscheidung der Hersteller war nicht zu rütteln. Konzerne und Förderer von **ÖL UND PIPELINES** waren immer gegen das Gesetz, General Motors höchstens halbherzig für das Elektroauto, und als es den Autoherstellern gelang, mit einem der ihren in Washington das Gesetz ganz auszuhebeln, war die Zeit des Elektroautos abgelaufen.

1.117 Elektro-Vehikel: Juli 2003: Der allerletzte **EV1** wurde aus unklaren Gründen erst ein Jahr später abgeholt. Für 78 in Burbank geparkte Wagen boten 80 Leute $1,9 Mio., d.h. pro Auto $24.359. Auch sie kamen in die **SCHROTTPRESSE**. Keine Handvoll Modelle hat der Konzern beiseite gestellt – verwunderlich bei einer so revolutionären Innovation, bei dem mit einem CW-Wert von 0,195 vermutlich strömungsgünstigsten Auto überhaupt.

Industrielandschaft mit untergehender Sonne, nicht sichtbar

Damit der ganze Spuk verschwindet, das E-Mobil beerdigt werden kann, reichten GM, DaimlerChrysler und andere eine Klage gegen das ohnehin schon abgeschwächte Gesetz von CARB. Die Kläger gegen den kalifornischen Alleingang für eine sauberere Umwelt bekamen Unterstützung von der Ostküste. Aus Washington. Andrew H. Card Jr., vor seinem Posten als Stabschef von Präsident Bush, fünf Jahre lang Vorstandsvorsitzender der →American Automobile Manufacturers Association (AAMA) und

Zurück zum Start

General Motors' Vizepräsident für *Government Relations*, sprich Lobbying, untersuchte den Gesetzesentwurf zur „phasenweisen Regelung gegen Luftverpestung" – und „eliminierte"[10] ihn in jedem Punkt.

American Automobile Manufacturers Association: Mitglieder der Autobranchenvereinigung AAMA: Amerikas „Big Three" (Chrysler Corporation, Ford Motor Company und General Motors Corporation).

Washington, in der ersten Amtsperiode von **GEORGE W. BUSH, WOLLTE IN SACHEN UMWELTSCHUTZ NICHT UNTÄTIG AUSSEHEN:** Anfang 2003 versprach die Bush-Regierung, für die weitere Entwicklung von Brennstoffzellen $1,3 Milliarden bereitzustellen. So könne man sich gemeinsam mit der **ÖL- UND AUTOINDUSTRIE** „für eine saubere Zukunft" einsetzen.[11] Das war, nach dem letzten Nagel im Sarg, nun noch das Verplomben und Versiegeln der letzten Ruhestätte des Elektroautos. Am 24. April 2003 kam es unter die Erde, wurde beerdigt, begraben und vergessen.

Auch Autos mit Brennstoffzellenantrieb sind Elektrofahrzeuge. Als Energiespeicher haben sie keinen Akku, sondern einen **WASSERSTOFFTANK**, aus dem die Brennstoffzelle den Antriebsstrom erzeugt. Strom wird verbraucht, um Wasserstoff zu erzeugen, der in Strom verwandelt wird. Das Problem der Reichweite wäre damit gelöst. Jedoch ist der Energieverbrauch vielfach höher als beim normalen Elektroauto. Mehr als 75% der Energie verbraucht die bloße Stromerzeugung (Wasserstoff wird mit Strom von Wasser extrahiert, im Autotank auf -253°C gekühlt oder komprimiert oder verflüssigt und dann zu Strom zurückverwandelt). Der Preis von Versuchswagen ist kaum unter $1.000.000 machbar, jeder Fortschritt bisher

extrem langsam und teuer, die nötige Infrastruktur (für Wasserstoffherstellung, -speicherung und Betankung) kaum durchführbar – und die Technik mit hohen Gefahren verbunden, zum einen für das vom Wasserstoff angegriffene Metall, außerdem durch Explosionsgefahr der mobilen Kraftwerke schon bei nahen Gewittern oder beim Ladevorgang eines Handys.[12] Außer George W. Bush haben viele in die Entwicklung Milliarden investiert (GM, DaimlerChrysler, auch Shell usw.). Diverse Versuchsfahrzeuge von Mercedes (fünf Versionen des NECAR, gefolgt von anderen) fuhren versuchsweise mit Multi-Fuel-Prozessoren, Honda tastet sich in Südkalifornien mit dem FCX Clarity auf den Markt.

Kurz nach Bushs verkündetem Engagement für die Umweltalternative Brennstoffzelle legt sich auch Kaliforniens Gouverneur Schwarzenegger dafür ins Zeug. Vor laufenden Kameras der Nachrichtensender fährt er mit einer Sonderanfertigung seines Hummer vor und tankt: **WASSERSTOFF.**

Auch Arnie macht sich stark für Alternativen, z.B. Antrieb mit einer Art Kraftwerk auf vier Rädern (kein Witz)

Und alles ging so weiter wie zuvor. Mit einem Unterschied.

12.8 Cui Prius?

Zur Zeit des CARB Gesetzentwurfs (für emissionsfreie Autos) wurden in Japan Autos entwickelt, die vielleicht nicht so günstig waren, wie von Kunden gewünscht, und vielleicht auch nicht so schön, nicht so schnell, wie von Managern gewünscht. Der eine sah mit seinen abgedeckten Hinterrädern fast aus wie der GM EV1, der andere fiel eher durch ulkige als coole Proportionen auf. Beides →Hybride. Von Honda der Insight, von Toyota der **PRIUS**. Ob recht oder un-recht, ob für bessere Luft oder das eige-ne Image: Jetzt konnten sich →Hollywood-Stars mit dem augenfällig hybrid geformten Toyota als umweltbewusste verantwortungsvolle Millionäre präsen-tieren. Ob es der Kunde laut Umfragen von GM wollte oder nicht, **DEN PRIUS KAUFTEN MILLIONEN.**

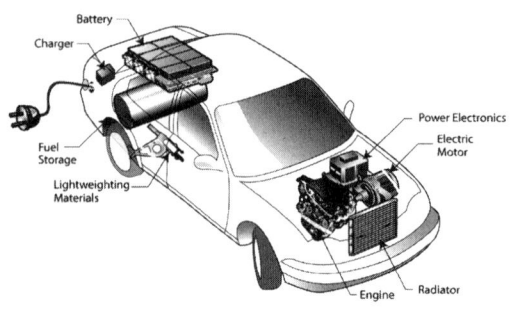

Endlich wieder ein Auto für die Bastler, diesmal die PC-Geeks

Hybrid: Elektroautos, die den Hemmschuh der begrenzten Reichweite mit zweitem Motor (meist Benziner) kompensieren. **DAS AUTO FÄHRT EFFIZIENT MIT STROM.** Den Akku lädt der zweite Motor; ebenso **BREMSENERGIE-RÜCKGEWINNUNG.** Manche Hybride fahren notfalls auch mit dem Benziner, andere haben zum Laden des Akkus Diesel (usw.). Es gibt zahlreiche Mischformen, alle auch PC-abhängig.

Hollywood-Stars: Brad Pitt, Meg Ryan, Leonardo di Caprio, Gwyneth Paltrow, Jack Nicholson, Cameron Diaz, Heike Makatsch, Demi Moore, Jack Black, Kevin Bacon, Patricia Arquette, Alicia Silverstone, Bill Ma-her, Tim Robbins, Billy Joel, Tom Hanks, Ewan McGre-gor, Harrison Ford, Larry David, Susan Sarandon usw.

So wie früher bei Mopeds und ersten Autos können Bastler und Geeks beim Prius wieder den Kopf tief unter die Haube stecken und fummeln! Die Firma **GOOGLE** hatte gerade den Fuhrpark mit Toyota Prius ausgestattet, da überlegten sich erste Angestellte, dass der zweite Motor auch ein Stromer sein könnte. Bei einem PHEV (= Plug-in Hybrid Electric Vehicle), fanden sie, bestünde die Mög-lichkeit, die Batterie zusätzlich über das Stromnetz extern zu laden. Das wäre ein Hybrid aus reinem Hybrid (mit Verbrennungsmotor) und Elektroauto.

Toyota Prius, erste unauffällige Ausgabe

Normalerweise fährt der Prius im Stadt-verkehr für ein paar Minuten elektrisch. Die Geeks von Google bauten zusätzliche Akkus ein, hackten das Betriebssystem und kamen dadurch im Stadtverkehr auf **1,5L/100 KM.**

Und General Motors? Die siebzig Jahre währende Vorherrschaft als welt-weit größter Autobauer bröckelte schon Ende der 1980er – als die Ford Motor Company höhere Jahresgewinne erziel-te[13]– und zeitgleich mit dem Prius war zehn Jahre später Toyotas Run an die Spitze aller Autohersteller nicht mehr zu stoppen. 15 Jahre nach dem gebauten und eingestampften EV1 war General Motors reif. Für den **AUTOFRIEDHOF.**

Kultur und Zivilisation äußern sich auch im Umgang mit
toten Artefakten

So sehr man an Benz' Patentwagen Makel finden kann, an der antiquierten Technik des Model T, dem Vorderradantrieb des Traction Avant, dem Heckmotor des Käfer, der Form des E-Type, den Sperenzchen der DS, genauso kann man am Prius alles mögliche kritisieren – und ein Kassenschlager wie Käfer oder Corolla ist er wahrlich nicht geworden. Aber. Er ist ein Schritt in eine **NEUE RICHTUNG**. Teuer, voller Kompromisse, nicht ausgereift usw.: vollkommen normal für etwas Neues. Auch neu: Toyota als Wegbereiter für einen möglichen Welt-Trend, mindestens *wake-up call*.

Fritz Indra, Professor für Verbrennungskraftmaschinen, hält die Aufregung für übertrieben, Hybridantriebe sind seiner Auffassung nach „eine Vergewaltigung der Physik". Nebenbei Professor der TU Wien (Fachgebiet: Rennmotoren und Rennwagen)[14] hat Indra bei Opel über zehn Jahre die Motoren-Entwicklung geleitet, dort Diesel-Direkteinspritzer mit Vier-Ventil-Technik und Ecotec-Motoren entwickelt (einer mit Wirkungsgrad von beachtlichen 37%). Bis 2005 Executive Director der Vorausentwicklung bei General Motors Powertrain, äußerte er sich Ende 2005 in einer Gastkolumne in

ADAC Motorwelt zu Hybriden[15]. Imageverbesserung und Verkaufsbonus für Toyota und Honda als First Mover missfielen ihm, daher auch deren Option, für ihr Risiko einen hohen Kaufpreis zu veranschlagen. „Um den Hybridantrieb besser aussehen zu lassen, haben die Japaner nebenher etwas sehr Sinnvolles gemacht. Sie haben sich mit dem Auto an sich beschäftigt, um den Luftwiderstand und die Rollreibung abzusenken. So ist bekannt, dass alle heutigen Hybridautos, auch der Lexus RX 400, sehr günstige Luftwiderstandsbeiwerte und geringe Rollreibung haben. So kommt mindestens ein Drittel des Verbrauchsvorteils des Toyota Prius gar nicht von der Hybridtechnik, sondern vom optimierten Fahrzeug."

12.9 Oder doch eine brave neue Welt mit Autos?

Die Stimmung scheint durchaus vergleichbar mit der Gründerzeit vor hundert Jahren, als Autos parallel mit Dampf und Strom angetrieben wurden, mit Spiritus, Benzin oder Diesel. Ein für die Zukunft geltender einheitlicher Standard ist nicht zu erkennen. Die stagnierenden Industrien neigen zu Kapazitätsauslastung, scheuen vor Innovationen zurück, solange die nicht hohe Gewinne versprechen. **GEFRAGT SIND ABENTEURER, PIONIERE**. Was sie basteln und kreieren, findet am Rand der allgemeinen Wahrnehmung statt, und doch wird es – möglicherweise – die Zukunft mitbestimmen, verkrustete Strukturen aufbrechen.

Abgesehen von allen möglichen Kinderkrankheiten des Strom-Autos, auch aus Sicht der Utopisten nicht für lange Distanzen geeignet, scheint das mehrere Probleme auf einmal zu lösen: CO_2-Emmissionen und Erhitzung der Atmosphäre würden merkbar zurückgehen,

Öl könnte für andere Bedürfnisse etwa doppelt so lang genutzt werden und ohnehin vorhandene regenerative Energien könnten besser eingesetzt werden. Autos könnten sogar in das durch ihre Tanks vergrößerte Stromnetz Energie zurückspeisen; ebenso wie Fahrradfahrer oder Träger von Jacken mit photovoltaischen Zellen: **JEDER KÖNNTE STROM VERKAUFEN!** Wäre das im Interesse aller Industrien?

Wer bestimmt, was gemacht wird? Weltweit mehr Nationen als früher. So wie einige Nationen der arabischen Welt durch Ölexport zu Macht und Einfluss gelangt sind, mit Bildung und Wissenschaft an fortschrittlichen Zukunftsvisionen arbeiten; ebenso kommen durch die wachsende Nachfrage an Erdgas ganz neue Mächte nach vorne und auch durch die steigende Nachfrage nach den für Lithium-Ionen-Akkus benötigten Zutaten: →Lithium wird nicht exklusiv aber günstig aus **SALZSEEN** gewonnen – insbesondere in Bolivien (Salar de Uyuni), Chile (Salar de Atacama), Tibet (Zhabuye-Salzsee), Argentinien (Salar de Hombre Muerto), Nevada/USA (Silver Peak) oder China (Qinghai Taijinaier). Neodym wird in Elektroautos und in der Lasertechnik verwendet – es kommt nur in Verbindung mit anderen Lanthanoiden vor ... und zu über 90% aus China.

Lithium: Für Li-Ionen-Akkus essenziell, aber auch für Lithium-Polymer-Akkus, Lithium-Titanat-Akkus, Super Charge Ion Batteries, Lithium-Mangan-Akkumulatoren, Lithium-Eisen-Phosphat-Akkumulatoren oder Zinn-Schwefel-Lithium-Ionen-Akkus.

12.10 Autos, Bodys, Lack, Körper & Babes

Was sich in den Forschungslaboren bei Audi und Toyota tut, bei Daimler und in Detroit diskutiert wird, was bei Google modifiziert wird und vor den Villen der neuen jungen Stars parkt: Es findet zahlenmäßig nur an den Rändern der Wahrnehmung statt. EV1 oder Prius sind absolute Minderheitenvehikel, nicht anders als die Vorfahren um 1890. Auch irgendwo am Rand – aber kulturell gewichtig, da im **POP** die einzige wirklich neue Bewegung der letzten Dekaden – sind einige der Dinge, die im **HIP-HOP** passieren. Der Rap-„Gesang" und das Samplen von Sounds, Scratchen und anderes Storytelling: hat es alles so oder anders selten zuvor gegeben, ist alles in viele Bereiche der Musik, auch Kunst und Kultur, eingeflossen.

Fernsehen tut gut: MTV und Xzibit kommen, um Auto maßzuschneidern

Nicht so richtig einflussreich und folgenschwer der Look, den viele Hip-Hop-Künstler in ihren Musik-Videos präsentieren. So wie die meisten armen Kids, die reich werden, zeigen sie gern ihren Reichtum (das Gegenteil ist bei der aufsteigenden Bourgeoisie zu beobachten: die Kinder der Reichen tragen Jeans und Hemden wie Bergarbeiter oder Sträflinge).

Zurück zum Start

Fast als seien sie *home made*, also am Küchentisch zusammengekloppt, sind auf YouTube abrufbare Songs, *homie made* wie *West Coast Gangsta Rap Beat* (G-Funk): Da tänzelt und wippt und wackelt das dicke Hinterteil mancher Karrens, die Frauen im Gegentakt dazu, alles und alle sind nur noch Objekte, vielleicht zieht sie ihr Top hoch, lässt der Wagen seine Muskeln spielen, oder er tanzt und erstarrt in physikalisch unmöglichen Positionen wie ein Breakdancer auf den Marmorfliesen eines Einkaufszentrums. Die Dienstwagen der Generation Hip sind Lowrider, mit Fahrgestellen, die wie Hebebühnen in die Höhe schnellen. Oder schaukeln. **AIRRIDE-FAHRWERKE**. Dazu Dayton Wire Wheels und Modifikationen, die sich mehr und minder indirekt von den Kreationen der Hotrods in den 1950ern, auch L.A., Kalifornien, ableiten.

Lowrider liegen so tief, dass jeder versteht: I'm a sex machine

Jumpcars: *Rhythm machines,* dank ausgeklügelter Hydrauliksysteme

Zum **RECYCLINGPROGRAMM DER STATUS-SYMBOLE** gehört, dass die um die zwanzig Jahre alten Wagen, Originalmodelle, für eher konservative Direktoren, mit Leben aufgefüllt werden. In jeder Ritze. Unzählige vollbackige Nebendarstellerinnen wippen rhythmisch und lustig. Mann versteht noch den Trick der über das runtergeklappte Verdeck bäuchlings liegenden Frauen, doch die mit Vorderrädern auf und ab wippenden, an die 70 cm hoch hopsenden Chevys und Cadillacs: da traut man seinen Sinnen nicht. So wie bei der kreisenden und grätschenden Akrobatik in *Nuthin' But a ,G' Thang* (Uncut) (von Dr. Dre ft. Snoop Dogg) plus diversen semi-offiziellen Videoschnitten zu Musik von Eazy-E, The Game, Snoop Dogg & The Eastsidaz, wo man nie so recht weiß, was vulgärer ist: die aufgepeppten Körper oder die ebenfalls sich um ihre Längsachse windenden Mobile, wenn sie im Blue-Movie-Noir der City aus den Radkästen Funken versprühen. Sehr seltsam, auch an der Peripherie der Kultur.

Nicht in South Central oder West Hollywood, aber ebenfalls mit üppig ausgestatteten Autos, hübscher Frau und dem Meer als Kulisse arbeitete Jay-Z 2006 für *Show Me What You Got*. Hochhäuser und Felsen am Meer, es ist rauh und schön und anonym ... „F. Gary Gray presents" in weißen Lettern, schon sehen wir Jay-Z im Ferrari, die Sneakers neben dem Handschuhfach auf der Tür. *Show me what you got.* Er hat einen F430, an die 500 PS, über 300 km/h, Spider, ohne Dach aber mit Fahrer. Von rechts und unhörbar kommt von hinten: Danica Patrick, die Rennfahrerin, der die Formel 1 zu glattgebügelt war. Kann sich sehen lassen, sowieso immer, egal wie, und auch mit dem Pagani Zonda

Roadster (nicht der aus dem *Pussycat*-Video von Wyclef Jean, Busta Rhymes, Loon, City High von 2002). Weil es Hip-Hop ist, das höchste Gebot die Coolness, weil sich keiner in die Hose machen soll, vor Schreck oder Aufregung, dass eine der heißesten Gewinner eines Indy-Rennens mit dem dicken Rapper um die Wette rasen soll – „one of the hottest new driving talents in America" (europeancarweb.com) –, deshalb sehen wir schon, wer bei Jay das Steuer übernimmt: Dale Earnhardt Jr. auf der anderen Seite, Sohn der NASCAR-Legende ... Jeder mit kurz gefrorenem Freeze Frame, Name weiß auf schwarz, wie in einem Kinofilm, der die Ästhetik der karierten Zielflagge aufgreift ... und: Start! Schon sind wir in der Kulisse des schönsten Rennroulettes: Monaco. Am Mittelmeer. Logo, zu Dale als Lenker zieht sie nur die Schultern hoch. Mit Splitscreen wie in Frankenheimers *Grand Prix* 35 Jahre zuvor, um die Synchronizität der Ereignisse im Laufe eines Autorennens zu simulieren ... und dann mit Yachten und weiteren Girls, abends im Casino und mit Champagnerflöte ...

Und? Wer gewinnt?

Die (An-)spannung.

12.11 Die Pioniere von morgen ... oder Fußnoten von übermorgen?

Kurze Inventur: Mehr als hundert Jahre nach ersten Elektroautos bieten die mit Ottomotor reich gewordenen Konzerne Stromer nur zögerlich an, setzen wegen Zweifel an den Möglichkeiten der Batterie auf Hybrid. Während das US-Modell von Fords Fließbändern die Industrienationen effizienter wachsen ließ, Breitenwirkung für Mainstream erzielte, Autohersteller von Marktforschern gelenkt

nach Kundenwünschen fingern und zum einen **LANGEWEILE PRODUZIEREN**, nebenbei der **UMWELT SCHADEN** und **RESSOURCEN VERFEUERN**, gegen schwindendes Interesse der Konsumenten anpaddeln, sorgen in der Kultur *independents* für Nachhaltigkeit, inspiriert von Godard, Burroughs, Punk & Co.

Yeah, Transfer von Entwicklung für und durch das Auto zu anderen gesellschaftlichen Entwicklungen, auch Gegenströmungen. Zwar festigte das Auto eine Zeit lang in einer religionsloseren Welt das verstärkt wirkende Credo des Fortschritts mit allen Mitteln, Speed als selbstverständliches Ideal. Zwar galt eine Zeit lang, was wächst und mehr oder größer wird, als gut. Aber was passiert, wenn das Ziel der **MAXIMALEN MARKTAUSSCHÖPFUNG** erreicht ist?

Tatsächlich sind jedem Wachstum, egal wie wuchernd, Grenzen gesetzt, tatsächlich kann man Zeit gar nicht verschwenden, denn sie ist so vorhanden wie vor Millionen Jahren. STATT ZEIT WERDEN ROHSTOFFE VESCHWENDET. Wie Jane Fonda so schön sagte:

„Wir gehen mit der Erde um, als hätten wir eine zweite im Kofferraum."

Der Hybrid ist keine Lösung für verstopfte Straßen. Er wäre aber für Volkswirtschaft und Autobauer eine willkommene Zwischenlösung. Wirtschaftlich interessant: Solange sich kein Konkurrent mit reinem Stromauto durchsetzt, Käufer nicht reine Benziner mit Mini-Verbrauch (z.B. aus Indien) erwerben, wäre der Hybrid sogar als neuer Standard zu etablieren. Wenn dann noch Gesetzgeber mitspielen mit Zuschüssen zur Produktion oder Steuernachlässen beim Endverbraucher – oder gar Vorschriften –, dann kann sich die Autobranche auf ein Konjunktur-Revival einrichten. Zwanzig Jahre später kann man die dann ja zugunsten eines besseren Elektro-Modells verschrotten (in anderen Worten: die ausrangierten Zigmillionen dorthin abschieben, wo schon die alten Benziner gelandet sind: in die Dritte Welt). Volkswirtschaftlich für die hiesige Industrie ein zweifacher Goldregen.

Da aber kein Autobauer bei Null anfangen will, falls doch ein Konkurrent ein E-Vehikel präsentiert, das Kunden wollen, basteln und forschen und fahnden alle in dem Bereich weiter. Die wenigen Hersteller weltweit, eigentlich Konkurrenten, →kooperieren dabei sogar. Nicht zum Wohlergehen des Planeten, nicht dem gern bekrittelten Umweltschützer- oder CO2-Lobby, sondern um erstens nicht auf nur ein Pferd zu setzen, zweitens die Blamage des Nestbeschmutzers zu vermeiden.

kooperieren: Der PSA-Konzern (Citroën und Peugeot) mit Mitsubishi, Renault-Nissan mit Daimler, die auch mit Chinas BYD, Volkswagen (inkl. Audi, Porsche) mit Suzuki, Toyota mit Mazda, Fiat mit Chrysler ... **JEDER MIT JEDEM.**

Weiter besteht die Frage: Wer macht welches E-Auto und mit welcher Motivation? In Europa hat der Benzinmarkt ein Volumen von jährlich €500.000.000.000.[17] Kann es im Interesse aller sein, den zu unterwandern? Oder ist für neue Modelle und Geschäftsmodelle mehr nötig als die „gesunde, das Geschäft belebende Konkurrenz"? Sind neue Player gefragt, Quereinsteiger wie einst Carl Benz, Robert Bosch, Henry Ford oder Wilhelm Maybach? Oder japanische Ermutiger von Paradigmenwechseln?

12.12 Der Eliica von Prof. Shimizu

Der Eliica von Professor Hiroshi Shimizu ist eine Evolution seines 2001 vorgestellten KAZ. Schon der KAZ war nicht zu übersehen: 6,7 Meter lang, 3 Tonnen schwer, Innenraum für acht Personen, ebenso →viele Räder (!). Die Gemeinschaftsarbeit mehrerer japanischer Hightech- und Forschungs-Zentren sah weniger nach einem konventionellen energiesparenden Electric Vehicle (EV) aus, als eher nach zwei zu einer superlativen Mega-Limo aneinandergelöteten Kleinwagen. Die Karosserie hatte →I.DE.A entworfen, das seither mit Haute-Couture-Stylings mehr schamlos als unverschämt sexy die Sinne betört.

Ein Auto, eine Vision, acht Motoren. In jedem Rad einer

viele Räder: Ein achträdriger Pkw fuhr bereits 1911 beim ersten 500-Meilen-Rennen von Indianapolis. Eine spätere Erfindung Milton O. Reeves' (Schalldämpfer für Auspuffanlagen), fand mehr Anklang als sein **OVERLAND OCTO-AUTO.**

I.DE.A: Das Institute of Development in Automotive Engineering, 1978 in Turin gegründet, entwarf Designs für Fiat, Lancia, Alfa Romeo (155 von 1992), aber auch Nissan, Daihatsu, Daewoo, Kia u.a. Der **TATA NANO** sorgte weltweit für Aufsehen.

Der KAZ kam mit 84 Lithium-Ionen-Akkus, etwa $8 \times 73 = 584$ PS, auf Spitzengeschwindigkeiten um **300 KM/H.** Bei normalem Reisetempo erreichte er die seinerzeit beachtliche Reichweite von fast 320 Kilometern. KAZ („Keio Advanced Zero emission") wurde 2001 auf dem Genfer Autosalon vorgestellt. Auf der Detroit Auto Show zwei Jahre später nahm man für das $400.000-Mobil Bestellungen entgegen. Statt der von Professor Shimizu erwarteten Hundert wurden zwei geordert.

Der KAZ war bereits das sechste EV des Teams um Shimizu. Schon 1978 hat der Professor einen Subaru Leone in ein EV umgebaut, mit an den Vorderrädern befestigten Motoren. An einem Zweirad entwickelte er sein „IN-WHEEL DRIVE"-SYSTEM, bei dem die in den Radnaben montierten Motoren auch als Rekuperationsbremse fungieren, die beim Bremsen die Bewegungsenergie mittels Generator in Strom verwandeln und in einen Akkumulator einspeisen. Auch in die Motoren, die Antrieb und Bremse zugleich sind, integriert: neben dem Energierückgewinnungs-Generator natürlich das Kugellager, eine mechanische Bremse sowie ein Getriebe zur Erhöhung des Drehmoments. Das kompakte Vielzwecksystem minimiert den mechanischen Energieverlust zwischen Motor und Rad, außerdem das Gesamtgewicht, und zugleich ist es platzsparend, wovon bei Pkw der Innenraum profitiert.

Eins der außerordentlichen Merkmale des originalen Mini-Designs von Sir Alec Issigonis: Die kleinen 10"-Räder an den äußersten Ecken der Karosserie sorgen für einen überraschend großen Innenraum trotz minikleiner Außenabmessungen.

Schon der **LUCIOLE** von 1997 hatte in die Räder integrierte Motoren, in Chassis integrierte Batterien – und ein Design, das mehr Innenraum bot als man bei der Außenansicht des Kleinstwagens erwartet hätte. Fahrer und Beifahrer sitzen in dem eher wie ein flügelloser Jet wirkenden Luciole hintereinander, in Tandem-Konfiguration. **REICHWEITE: 130 KM.**

Der Eliica (= Electric Lithium-Ion battery Car) hat andere Dimensionen. Wie bei Passagierflugzeugen ist es die Tandem-Federung, die ohne allzu gewichtigen Aufwand für Fahrkomfort sorgt. Der Eliica ist 5,1 m lang. Die vorderen Türen sind normale, die hinteren Flügeltüren. Der Unterboden integriert Batterien und Leistungselektronik, jedes der Räder das „In-wheel drive"-System. Je nach Getriebe kommt das 2,4t-Gefährt auf 190 km/h oder 370 km/h (die Untersetzung mit niedrigerer Höchstgeschwindigkeit beschleunigt umso besser: **IN 4 SEKUNDEN VON 0 AUF 100 KM/H**). Für die Reichweite von 320 Kilometern muss die Batterie zehn Stunden lang geladen werden.

12.13 Weitere Variationen und Visionen in E

Auch wenn nicht viel klar oder sicher ist: In künftigen Autoquartettspielen werden andere Parameter Trumpf sein als Höchstgeschwindigkeit und Pferdestärke. Wie leicht ist der **AKKU DES FAHRZEUGS**, wie schnell lässt er sich laden, und wie weit kommt man damit? Der Faktor Dezibel spielt eine ganz spezielle Rolle beim E-Mobil - Lärmbelästigung ist nicht mehr das Problem, vielmehr das Gegenteil: Bei Prototypen-Tests im normalen Straßenverkehr hat man herausgefunden, dass die Geräuschlosigkeit von E-Mobilen im alltäglichen Umfeld für Schocks und Beinahe-Unfälle sorgt. Stromautos sind kaum zu hören, Passanten wurden von den plötzlich auftauchenden Vehikeln fast zu Tode erschreckt. Seither verbringen Sound-tüftler viel Zeit damit, die fortschrittlich lautlosen Module mit brummenden Geräuschen auszustatten.

2010 kommt der **CHEVROLET VOLT**, teurer als Prius, der mit Strom fährt, bis der Akku (Ladezeit 8 Stunden) alle ist, fährt er mit einem Benzinmotor weiter. Im selben Jahr der Nissan Leaf, reines Elektrofahrzeug für fünf Erwachsene, erhältlich in Japan, den USA und Europa. In Semi-Feldversuchen und über Leasingverträge kommen ein voll elektronischer Smart Car und ein Mini E. Einmal Strom tanken, voll, beläuft sich auf den Preis von etwa €3,00. Pro Kilometer bezahlt man etwa 1/3 des Preises für Sprit, die Anschaffung der meisten neuen Stromer ist wesentlich teurer als die konventioneller Sprit-schlucker.

Ein paar der Vehikel, die vermutlich immer abseits des Mainstreams an den Rändern der Pionierterrains bleiben:

• **MYCAR** debütierte bei der Bologna Motor Show 2003. Der erste Pkw aus Hongkong wurde von der Hong Kong Polytechnic University (PolyU) und EuAuto Technology Ltd (EuAuto) entwickelt, das Design besorgte Giorgetto Giugiaro. Sieht aus wie ein Fiat 500 nach Magersucht, ist aber ein Auto, laut →WMI-Code. Kann seit 2009 online bestellt werden. Die Version NEV kommt 110 km weit bei max. 64 km/h. Acht Stunden Ladezeit, an normaler Steckdose.

WMI: World Manufacturer Identification.

Beim MyCar ist alles klein, auch das Händlernetz weltweit

• **TANGO T600** von Commuter Cars sollte sportlich wie ein Motorrad werden und kam für einen E-Wagen ungeheuer schnell auf den Markt. Bei dem Preis von $108.000 intendierte der Familienbetrieb, jährlich etwa 100 Stück zu produzieren. Der erste Wagen wurde 2005 ausgeliefert. An George Clooney. Die Fertigstellung des zweiten T600 verzögerte sich um zweieinhalb Jahre. Dann wurde er ausgeliefert. Zu Google-Chef Eric Schmidt. Ins Büro. Als Aprilscherz.[18]

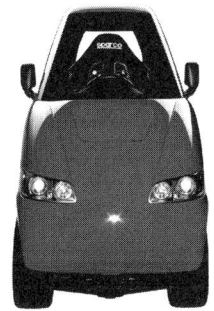

Die Design-Theoretiker mögen streiten, doch die Linienführung des Tango T600 ... hatte was. Kunden gehören zu den berühmtesten Menschen weltweit

• **TESLA ROADSTER:** Sexy wie ein Supersportwagen. Psychologisch ein Ermutiger wie der Prius. Im Silicon Valley angeschoben von Leuten, die vorher mit PayPal, Boeing u.a. Millionen gemacht haben. 2008 begann die Produktion des 252-PS-Zweisitzers, verkauft wurde der $101.000-Roadster besonders an Dotcom-Millionäre. Der luftgekühlte 375-Volt-Wechselstrom-Asynchronmotor (wie von Nikola Tesla um 1880 entwickelt) kommt mit 6831 Lithium-Ionen-Zellen auf eine Reichweite von 380 Kilometern. Nach an die tausend verkauften Modellen und mehreren Finanzierungsrunden, auch mit Beteiligung DaimlerChryslers, Toyotas, Dubais u.a. sucht die Firma vor allem weiter eins: Finanzierer.

In der Breitenwirkung hat der Tesla Roadster die Nase vorne

• **MITSUBISHI I-MIEV** von dem japanischen Mischkonzern Mitsubishi. Kam 2009 in Japan auf den Markt. Basierend auf dem Strommobil werden Peugeot (iOn) und Citroën (C-Zero) Variationen davon für den Stadteinsatz bauen; Citroën rein elektrisch (Reichweite 130 km).

Wie aus einem Überraschungsei. Muss aber nicht zusammengebaut werden

• **PROJECT BETTER PLACE,** Start-up des ehemaligen SAP-Shooting Stars Shai Agassi, interessiert sich kaum für die Autos (die Renault-Nissan liefern soll). Der mit Staatslenkern und Millionären verkehrende Agassi säumt die Neuerfindung des Autos anders herum auf: Kunden sollen das Auto geschenkt bekommen – zu einem Strom-Abo mit mehrjährigem Vertrag. Fast wie beim Handy, nur dass man zum Aufladen außer Konto und Abrechnung via Funkchip eine Ladestation anfahren muss.

• **L'ŒUF ÉLECTRIQUE,** ein aus Aluminium und Plexiglas gebautes Konzeptfahrzeug ist noch kleiner als der Tango. Seine fünf 12-Volt-Batterien erzeugten 250 Amh. Sein Schöpfer, der Lokomotiv- und Eisenbahn-Designer Paul Arzens aus Paris fuhr damit – ebenso wie mit einem sieben Meter langen Cabrio (la baleine) – bis zu seinem Tod 1990. In der Nachkriegszeit, und damit dem Ende der Benzinknappheit, kam das Oeuf mit einem Einzylinder-Motor auf bis zu 80 km/h.

Dem Moovie schon recht nah: das elektrische Alu-Ei aus Paris

• **VLV,** das voiture légère de ville, baute Peugeot, auch aufgrund der Benzinknappheit im besetzten Frankreich, im Jahr 1941. Vier in Reihe geschaltete 12-Volt-Batterien kamen auf eine Reichweite von 80 Kilometer. Etwa 400 Stück wurden von dem Zweisitzer verkauft.

12.14 Die Zukunft ... ist im Rückspiegel noch zu erkennen

Wenn auch niemand weiß, wie es mit dem Auto weitergeht, scheint sicher, dass das uns vertraute demnächst beerdigt wird. Man wird irgendwann James Bonds DB5 betrachten und sich sagen: **SELBST DIE NOSTALGIE IST NICHT MEHR, WAS SIE MAL WAR.** Als Zwischenlösung – für eine Sehnsucht nach einer Zeit, die woanders ist als im Jetzt – nun als letzter Schrei noch etwas Retro-Futurismus oder Steampunk? Also ein Zurücksehen und Verklären einer Zeit, in der die Gegenwart zwar auch niemand so recht mochte, wohl aber die tollen Hoffnungen auf eine wie auch immer aufregende Zukunft, emotionales Aufladen eines Gestern, in dem das Morgen schöner war als das Heute: lustig.

Und wahr.

Dabei gibt es, wie schon vor vielen Jahren Arthur C. Clarke schrieb, gar keine Zukunft. „Einfach deshalb, weil ‚die Zukunft' *per definitionem* noch nicht existiert".[19] Es gibt unser Hier und Jetzt, die Gegenwart, es gab auch die Vergangenheit, aber was anstelle der Zukunft existiert, sind unsere Ideen davon. Sie muss erst noch kommen.

12.15 Zuffenhausen in Bollywood

Die Welt ist kleiner geworden, **TATA AUS INDIEN** sowie diverse Hersteller und Rohstofflieferanten aus China und anderen Nationen beteiligen sich zunehmend am Autogeschäft. Eine Art Kolonialismus besteht weiter. Von 41,3 Millionen weltweit hergestellten Pkw werden wachsende Mengen in Brasilien gebaut, auch in Spanien und Mexiko unter Lizenz europäischer Konzerne; etwa ein Viertel wird in China gebaut – daher Alarmstufe Rot in hiesigen Chefetagen.

Zurück zum Start

Tata Nano. Aerodynamische Erwägungen spielen im Stadtverkehr keine Rolle

Eine vergleichbare Verlagerung der Pkw-Produktion gab es schon einmal, da bewegte sich Japan in westliche Industrienationen, und als die zu lange und blauäugig belächelte „gelbe Gefahr" richtig an- und rundlief, war sie nicht mehr zu stoppen. Wenn sich Politiker und Autobauer im alten Europa, anders als damals in den mächtigen USA, wegen China den Kopf zerbrechen, ist das ökonomisch nachvollziehbar.

Zugleich beträgt der Anteil deutscher Produktionen am Gesamtkuchen etwa ein Zehntel und zwar seit langem.

12.16 Ikonen in den Zeugenstand

Kurze Unterbrechung, wir schalten um: Werbung. Angenommen, die Neuzeit bewegt sich nicht nur in der Autowirtschaft in eine neue Phase, dann wäre es gut, noch einmal kurz zu betrachten, wie wir in die jetzige Lage gekommen sind – ob Sackgasse oder Autobahnraststätte. Wir hatten zuerst von der Naturwissenschaft ermöglichten Fortschritt, schnell durchgesetzt, um alles in der Welt, dann als Gegenbewegung zur Moderne die Retro-Bemühungen der Postmoderne, wo undogmatisch und ideologiefrei über frühere Formen nachgedacht und damit gespielt wird, wo nicht alles zeitlos sein soll. Zeitlos wie die funktionale, univer-

sale Architektur, nüchterne, unter deren Putz man nach dem Dritten Reich Scham und anderes verarbeiten konnte. Wie von das Bauhaus. Doch bei dem Ringen nach zeitloser Schönheit wird uns zunehmend bewusst, dass es immer ein Danach geben wird. Wir sind nie auf der Höhe der Zeit, sondern stets nur da, wo jeder vor uns schon war: in der Gegenwart.

SCHWERE ZEITEN FÜR EXZENTRIKER, WENN JEDER AUSGEFLIPPT SEIN DARF. Schwere Zeiten für Stil, für guten Geschmack. Ernsthaftigkeit. Schwere Zeiten für Ironie, die von geckigen Lurkern und Zaungästen eingekreist wird. Schwere Zeiten für Avantgardisten, Risikospieler. Schwere Zeiten für Citroën, ehrlich gesagt. Der Traction Avant, die DS, auch die Ente sind in Bezug auf Kult-Kudos sicher auf Augenhöhe mit Käfer, Mini und Fiat 500. Aber wie *avant* wäre das, wenn Citroën nachziehen würde und das alte einst avancierte Gefährt nachbauen würde, als REMAKE?

Bei dem ganzen Schnelllebigen, bei jeder Mode wird die Nachhaltigkeit zum Verkaufsargument. Ford berauscht sich mit Steve McQueen und Mustang an der Vergangenheit, scheinbar logisch nach Levi's Ausgraben alter cooler Pop-/Folk-Songs. Bei MTV wird jede trashige Idee in eine in Loops laufende Verkaufsshow reingeknetet, und jedes Kind durchschaut heute konventionelle Verkaufsmessen. Im Rückspiegel nennen wir das dann vielleicht die Postkultur. Alles geht, mit allen Mitteln wird geworben um Aufmerksamkeit, Kunden, Liebe. Die Message ist schon lange sekundär, das Medium wird gerade austauschbar.

Und dann nun, mittendrin, auf dem Glatteis alter scheinbarer Gewissheiten, ganz frontal und platt, im Fernsehen:

Ikonen in den Zeugenstand. Die sagen etwas, O-Ton mit Untertitel, es sieht aus wie eine alte *newsreel*, das Bild springt herum, Kratzer vom beschädigten historischen Filmmaterial. Mit bestem Akzent des *Working Class Hero* sagt da in dem einen **WERBEFILM JOHN LENNON:**

„Wenn etwas getan ist, ist es getan. Warum also diese Nostalgie für die 60er und 70er? Inspiration in der Vergangenheit suchen, sie kopieren, wo bleibt da der Rock'n'Roll? Starte Neues, mach' was Eigenes, leb' dein Leben jetzt. Wenn du weißt, was ich meine."

Man reibt sich noch die Augen, kratzt dann im Hirn, da läuft der nächste Film nach derselben Machart: **MARILYN MONROE,** bedrängt von den Umständen ihrer Zeit, ein stressiges Ambiente, irgendwie läuft die Zeit davon, es ist wie im Traum, aber jetzt ist sie – noch – da, und man kann vorm Fernseher knien und ihr lauschen: „Ich verstehe nicht, warum so viele Menschen in der Vergangenheit leben. Damals war es nicht besser, jung zu sein. Erschaffe deine eigenen Ikonen, deinen eigenen Stil. Weil Nostalgie ist nicht Glamour. Lass dir eines gesagt sein: Leb dein Leben jetzt." Wie bei einer Séance, eine Botschaft aus dem Jenseits. Bei einer Frau,

die (wie wir wissen, weil wir es sehen, aber auch weil wir es gelernt haben) bezaubernd aussieht. Mit Augen und Lidern macht sie alles richtig, obwohl ihre Komposition nicht harmonisch ist – Lächeln und Mimik und Worte korrespondieren nicht miteinander, Perfektion und Irrsinn rangeln unter der Oberfläche. Wir wissen, diese Frau wurde von Millionen verehrt, wir sehen, warum, und wir wissen, dass keiner sie liebte wie einen Menschen. Keiner nahm sie, wie sie war. Daher, nie im Jetzt, Tod durch Tablettenüberdosis, ist die Message des Werbefilms umso verstörender. Und dann diese Worte, nach dem Lennon-Clip genauso wie nach dem mit Monroe: **ANTI RETRO.**

Leicht ist zu erkennen, dass die bewegten Bilder konstruiert und zusammengeklebt sind, die Mundbewegungen sich nicht mit dem Gesagten decken. Der Verdacht flammt auf, dass beides *fake* ist. **NOSTALGIE, RETRO, AUTHENTIZITÄT, ECHTE WAHRE GROSSE GEFÜHLE?** In 30 Sekunden geht alles zu schnell, mit digitalem Schnitt werden die ambivalent paradoxen Signale ruckzuck ad absurdum geführt, die Gefühle zerschreddert. Und was wird bei Citroen damit beworben?

Die DS3 Jahrgang 2010: Soll in das Beetle/Mini/Retrosegment reingehievt werden

Wir haben uns daran gewöhnt, Marilyn in Werbung verwurstet immer wieder zu begegnen. Die Leichenfledderei ist so inflationär omnipräsent, dass man es kaum noch wahrnimmt. Blond, hübsch, mit und ohne den weißen Rock, für Benetton und Gap, Veet Haarentfernungscreme, Absolut Vodka, Tampax, HSBC, Visa, Chanel No. 5, Levi's, MasterCard, Dolce & Gabbana, Nike, Canal+ in Schweden ... ja, für jeden und alles musste die tote Sex-Göttin herhalten (außer vielleicht für die Deutsche Telekom).

Im Themenpark archäologischer Funde aus dem Digitalzeitalter werden unsere Kindeskinder vor mancher Vitrine rätseln und vielleicht staunen

Logisch: auch für Mercedes-Benz' GLK-Klasse, 2004 für Volkswagen und auch für den neuen alten Fiat 500 im Jahr 2007. Marilyn Monroe wieder in Bewegung zu sehen, so perfekt und mit einem so intelligenten Spruch, cool und sexy wie ihr Image, das ist ein Dreißig-Sekunden-Crashkurs im Werbewirkungsprinzip AIDA (attention, interest, desire, action). Die Bilder wie in einem Loop, Lennons Text kommt aus einem anderen Interview, Monroes von einer Schauspielerin mit ähnlicher Stimme. Zur Diskrepanz zwischen Gesagtem und Gelebtem, zwischen dem Rezipienten, der bei Lennon und Monroe wie auf Knopfdruck eine ganze Fibel voller Emotionen aufklappt: Pop Revolution #9 nach 1960, Ende der Beatles 1970, Opfer eines Irren 1980,

zehn Jahre später mausetot, zwanzig Jahre später immer noch, aber nicht vergessen, dreißig Jahre später immer noch nix Neues ... dann aber Abrechnung mit der Nostalgie? Wo doch Pop die pure Nostalgie – geworden – ist, die Pflege des Andenkens an die Beatles eine ernste Sache? Und so sollen nun Autos verkauft werden? Mit Werbung, der einzigen lebenden Kunst? Für Kommerz, den einzigen Wert, der zählt und alles rechtfertigt?

12.17 Abspann ... und Action, klapp!

Letzter Beweis, wie passé der Rausch und Irrsinn von freier Fahrt für Freibeuter mit Bleifuß geworden ist: Sogar den **VERFOLGUNGSJAGDEN IM KINO** wurde mit dem Toppen aller Superlative – einem Over-the-top-Duell – der letzte Sargnagel eingerammt. Könnte man sagen.

Poster? Deathproof

Von einem Pop-Junkie und Film-Freak, Kino-Revoluzzer und Muscle-Car-Fan, von einem, der alte Filme liebt, und der schon vergessenen Genres und Schauspielern und Schlachten und Gags und Referenzen und John Travolta zu neuem Glanz verholfen hat. Genau. **QUENTIN TARANTINO**. Death Proof. Wie gewohnt hat Tarantino bei der Besetzung der

Autos und dem Setzen der Details alles →fingerdick mit Bedeutung aufgeladen – weshalb die Szene tiefer geht als Lack und Leinwand – wobei simultan die ganze Choreographie immer haarscharf clever und schnell und smart ist, aber funkenschlagend andere Adjektive und Gedanken streift und schleift, d.h. das ganze Ding ist auch haarsträubend kindisch, idiotisch und pubertär. Wie Tarantino. Der Film und die Auto-Szenen sind jede der vom vielen Zähneknirschen runtergebissenen Füllungen Tarantinos in Gold wert.

fingerdick mit Bedeutung: Das Stunt-Girl Kim erwähnt den Film mit der grandiosesten Tiefgarage – *Gone in 60 Seconds* – und fährt den **FORD MUSTANG MACH I.**, der 1974 als Eleanor die Hauptrolle besetzt.

Mit der Story muss man sich nicht lange beschäftigen. Ein paar dufte Mädchen wollen Spaß, sie geben Gas. Und ein Typ, Kurt Russell, der mal Stuntman war und nun bitter und böse, kommt ihrem postfeministischen Drang nach Leben und Lust in die Quere. Sein Wagen ist pechschwarz, das eine Auto der Mädchen grellgelb, das voll pralle Leben mit schwarzem Rennstreifen nachgezeichnet, der andere weiß wie die Unschuld (die trotzdem zu Knarre und Eisenstange greifen wird, denn wir leben ja nicht mehr im 19. Jahrhundert!).

Der Baddie ist ein *macho man* der alten Schule. Nicht glänzend wie das Leben, nicht glänzend wie die Lippen der Frauen, sondern mattschwarz sind seine Autos. Matt und leblos wie Mann. Jedes Auto eine →Waffe. Die Haut seiner Autos ist wie die des Protagonisten in *Der Teufel auf Rädern* (der von Barris Kustoms gestählte Lincoln Continental Mk III), wie Harrison Fords **CHEVROLET ONE-FIFTY** in *Asphaltrennen*. So wie die

Vinyldachüberzüge vor Jahrzehnten die Illusion des noblen Cabriolets suggerierte, so ist die Message des mit Matt gegen Lack anrennenden Fahrzeughalters die von Männern in Arbeitsverhältnissen, die eher von Männern bekleidet werden.

Waffe: In der Erzählung *Lover* [19] besorgt sich eine Figur von Joyce Carol Oates' ein Auto, um das gegen ihren Ex-Lover einzusetzen. Ein Wagen, den dieser nicht erkennt, nach dem sich niemand umdreht. Ein Saab. Als perfekte Waffe. „In der Sonne schimmerte er mit dem schönen, flüchtigen Grün des tiefen Ozeans, und wenn er im Schatten stand, im Halbdunkel, dann war der Schimmer etwas verhalten ... wie das stählerne Grau einer Waffe. Sein Chassis war so konstruiert worden, dass es sogar fürchterlichen Kollisionen standhielt."

Challenger und Charger schlagen sich wacker, dito Stuntgirl Kim

Die Besetzung, wie gesagt: erlesen auserwählt. Der erste Wagen von Stuntman Mike ist ein **71ER CHEVROLET NOVA**, auf der Kühlerhaube ein Piratenemblem, also echt ein Auslaufmodell. Etwas raffinierter dann der schwarze **DODGE CHARGER**. Der stört die wilden Mädchen bei ihrem unschuldigen Spaß – das Stuntgirl liegt bei vollem Tempo breitbeinig auf der

Zurück zum Start

Kühlerhaube und erfreut sich an Thrill und Action ... Den Charger kennen wir aus dem Ur-Duell allen Kräftemessens *entre hombres*, aus *Bullitt*, wo er sich mit Steve McQueens Mustang misst. Derselbe Wagen agiert, ebenfalls als Antagonist, in *Christine*, der Adaption des Stephen King-Romans. Der bekennende Trash-Jünger Tarantino sagte, für ihn sei der Charger mitsamt der 10-Speichen-Felgen von American Racing Vector eine Hommage an General Lee aus der TV-Serie *Ein Duke kommt selten allein*. Was er nicht anmerkt, was allerdings jedem Zuschauer ein Dorn im Augapfel ist: Auf der Kühlerhaube vorne ziert den Nova und den Charger eine verchromte Gummiente, die wie von Kris Kristofferson in *Convoy* geklaut ist. Auch das passt. Zu Stuntman Mike, der nun den Powerfrauen, die es eigentlich auf ihn abgesehen haben, auf die Pelle rückt. Mit seinem Dodge Charger rammt er ihnen hinten rein, auf ihren Dodge Challenger. Schwarz auf weiß. Eckig gegen geschwungen rundlich. Es passt, dass ein Typ wie Stuntman Mike einem Lkw-Fahrer wie Rubber Duck alias Martin Penwald (bzw. dem Country-Star Kris, der mit Sattelschlepper und Kameraden dahintuckert) auch noch den Talisman vom Filmset klaut und als Kühlerfigur auf seinen Charger pappt und benutzt wie das Visier einer Kanone. Auch die Nummernschilder hat er geklaut: Die des Dodge sind identisch mit denen des Charger in *Kesse Mary – Irrer Larry*, wo der wie in *Death Proof* ein 69er ist und nicht der 68er aus *Bullitt* und *Christine*, bei dem sich der scheinwerferlose Kühler ohne Unterbrechung über die komplette Breite zieht ... Auch der Chevy Nova hat ein Kfz-Kennzeichen, das Terroristenfahnder als Dub-

letten bezeichnen: Es ist die des Ford Mustang in *Bullitt*.

Ganz anders belegt und besetzt ist das Vehikel der befreiten, post-feministischen Power-Frauen. Von einem Kfz-Fummler stibitzen sie den weißen 70er **DODGE CHALLENGER**. Klarer Knicks vor dem Hauptdarsteller in *Vanishing Point*, diesem Dope-Streifen, wo ein Typ völlig alleine durch die Steppe rast, um eine Wette zu gewinnen, so seine Freiheit auszudrücken, dadurch ins Visier der Polizei usw. gerät – Unsinn pur, Brettern bei 200 km/h als *raison d'être*. Beziehungsweise als Story. Statt Action nonstop Gasgeben. Ein Klassiker. Von 1971. Auf Deutsch hieß das *Fluchtpunkt San Francisco*, in der *DDR Grenzpunkt Null*, wohl weil man auch hinter dem antikapitalistischen Schutzwall zwar dem sinnentleerten Run gegen US-Gesetzeshüter etwas abzugewinnen imstande war, aber lieber mit Termini aus der Geometrie arbeiten wollte und den Begriff „Fluchtpunkt" zu grenzwertig einstufte.

Abgesehen von diesem Augenschmaus, diesem Abfeiern von Irrsinn und Totalschaden als Ultra-Thrill regt der Film – wie jeder Tarantino – ein wenig zum Nachdenken an. Er stimmt einen ein bisschen traurig. Nicht weil, wie Auto-Freaks bemängeln, Klassiker verschrottet werden, nicht weil, wie Puristen bekritteln, der Challenger falsche Türen hat (mit Rahmen für die Gürtel des Stuntgirls). Nein. Ernüchternd an der irren, blöden und nervenaufreibenden Verfolgungsjagd ist, dass das nicht mehr zu toppen ist, dass sich daran auch schon lange niemand mehr versucht. Das Auto als Medium, als Wunschmaschine und Emotions-Turbo hat ausgedient. Selbst in Hollywood geht niemand mehr in die Vollen. So wie

Autohersteller alte Modelle in aufgemotzter Form denen verkaufen, die sich
an alte Träume klammern, werden die
alten schönen legendären Autoschlachten
nur noch neu abgedreht. Viele Effekte
werden gar nicht mehr mit Hingabe zum
Authentischen inszeniert – sprich: unter
Einsatz von Kopf und Kragen –, sie
werden in der digitalen Nachbereitung
gebastelt.

Action und Rausch sind auch hier
von der kalkulierenden **RETORTEN-
MASCHINE** ersetzt worden.

Es muss anders weitergehen.

1 J.G. Ballard: *Liebe & Napalm*, Darmstadt
  1970
2 Robert X. Cringely: *Accidental Empires:
  How the boys of Silicon Valley make their
  millions, battle foreign competition, and
  still can't get a date*, Reading,
  Massachusetts 1992
3 http://data.un.org/
4 WI (Wuppertal Institut für Klima, Umwelt,
  Energie) mit ifeu (Institut für Energie-
  und Umweltforschung), Heidelberg, 2008
5 Kingsley Dennis, John Urry: *After the Car*,
  Cambridge 2009
6 „Der neue Autofahrer", *fluter* Nr. 34, 2010
7 *Who Killed The Electric Car?*, Film von
  Chris Paine, 2006
8 Matthew L. Wald: „Expecting a Fizzle, G.M.
  Puts Electric Car to Test", *New York
  Times*, 28.1.1994
9 www.wspa.org/member-list.aspx
10 Katharine Q. Seelye: „White House Joins
  Fight Against Electric Cars", *New York
  Times*, 10.10.2002
11 George W: Bush in *State Of The Union
  address*, 29.1.2003
12 Joseph J. Romm: *The Hype About Hydrogen*,
  Washington 2004
13 „Neue Neros", *Der Spiegel* 18/1989
14 „Was taugt der Comprex?", *Spiegel Special*
  9/1997
15 Prof. Dr. Fritz Indra: „Den Japanern nicht
  hinterherlaufen", *ADAC Motorwelt* 11/2005
16 „Silicon Valley erfindet das Auto neu",
  Spiegel-Online 2008
17 http://www.youtube.com/
  watch?v=cs9FjfSv6Ss
18 Arthur C. Clarke: *2019-07-20 – Ein Tag im
  21. Jahrhundert*, Berlin-Frankfurt/M.-Wien
  1986
19 Joyce Carol Oates: *Faithless. Tales of
  Transgression*, New York 2001

Bildnachweis

Bildnachweis

S. 234 Chilterngreen ✳ / Mikel Ortega ✤
S. 235 Longhair ✳
S. 239 Enslin ✳
S. 240 Cete ✳
S. 244 Gnsin ✳
S. 245 Matt Britt ✳ / Affemitwaffe ✪
S. 246 Franz Blees ❑
S. 247 Rudolf Stricker ✳ / Sunnychan ✤ /
        Thomas Doerfer ✳
S. 249 Lothar Spurzem ✤ / Lee ✤ / Herisson ❑
S. 250 GerardM ✪ / KevinRachel2010 ✪ /
        Mike Roberts ❀
S. 251 Softeis ✳ / Laraki Fulgura ❀ / Areaseven ❑
S. 252 M0z4rt ❑ / Justin ✤
S. 253 Lars-Göran Lindgren Sweden ✪
S. 254 Nironen ❑
S. 256 Davidwiz ✳ / © Dtguy | Dreamstime.com
S. 257 © Bridgestone Americas Inc.
S. 258 Je-str ✪
S. 260 Achim Engel ❑
S. 261 © Weimer Pursell
S. 263 Vmenkov ✪
S. 264 © Greenpeace
S. 266 Nicolas Genin ❀ / Ub ❑
S. 267 MC2 JOY KIRCH ❑
S. 268 Matt Howard ✤ / Gnsin ✳
S. 269 IFCAR ❑
S. 271 Matti Blume ○ / Matti Blume ○
S. 273 Anetode ✳
S. 274 M62 ✳
S. 275 PX038 ✳ / D0li0 ✳ / D0li0 ✳ / Thomas Doerfer ✳
S. 276 Comyu ✳ / Claus Ableiter ✳
S. 277 TvKimi ✳
S. 278 Thomas Doerfer ✳
S. 279 Simplicius ✪

Legende für Bildlizenzen nach dem Prinzip der
Creative Commons (http://creativecommons.org):

✤ Cc-by-2.0
○ Cc by 2.0 dc
✳ Cc-by-2.5
✳ Cc-by-3.0
✪ Cc-by-sa-3.0
✿ Cc-by-sa
❀ Cc-by-sa-2.0
☆ Cc-by-sa-2.5
✛ Cc-by-sa-3.0-de
❑ public domain

Die in dem Zusammenhang angegeben Namen sind,
wenn nicht anders vermerkt, Nutzernamen aus
Wikimedia Commons.

Bei mehreren Bildern pro Seite sind die Bildnachweise
dem Textfluss folgend aufgeführt.

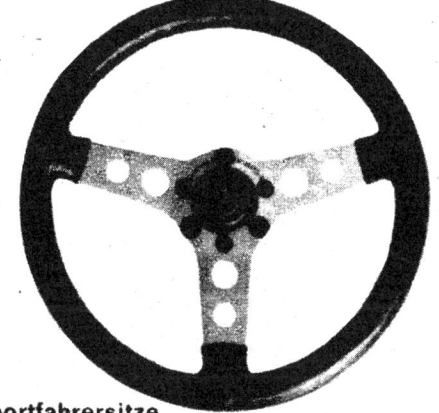

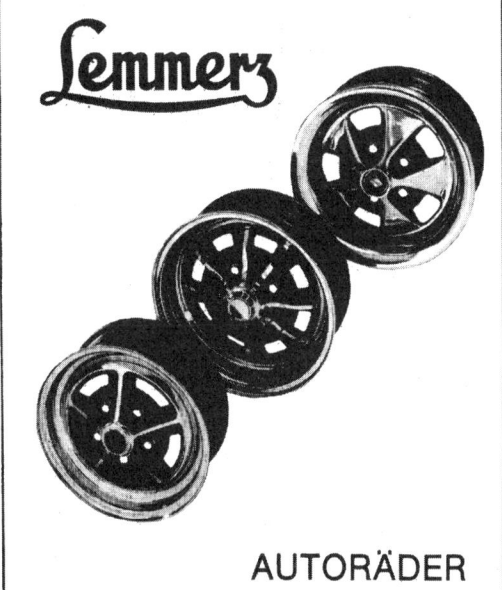

Günter Fandel · Andrea Fey
Birgit Heuft · Thomas Pitz

Kostenrechnung

Dritte, verbesserte Auflage

Unter Mitarbeit von Heike Raubenheimer

 Springer

Professor Dr. Dr. h.c. Günter Fandel
Dr. Andrea Fey
Dipl.-Kffr. Birgit Heuft
Dr. Thomas Pitz

FernUniversität in Hagen
Fakultät für Wirtschaftswissenschaft
Lehrstuhl für Betriebswirtschaftslehre
58084 Hagen

ISBN 978-3-540-89709-5

Springer-Lehrbuch ISSN 0937-7433

Bibliografische Information der Deutschen Nationalbibliothek
Die Deutsche Nationalbibliothek verzeichnet diese Publikation in der Deutschen Nationalbibliografie;
detaillierte bibliografische Daten sind im Internet über http://dnb.d-nb.de abrufbar.

© 2009 Springer-Verlag Berlin Heidelberg

Herstellung: le-tex publishing services oHG, Leipzig
Umschlaggestaltung: WMXDesign GmbH, Heidelberg

Gedruckt auf säurefreiem Papier

9 8 7 6 5 4 3 2 1

springer.de

Vorwort zur dritten Auflage

Die zweite Auflage des Buches ist ebenso wie die erste Auflage wiederum auf lebhaftes Interesse gestoßen. Wir freuen uns daher, mit dem vorliegenden Buch eine dritte Auflage veröffentlichen zu können.

Der Text ist an einigen Stellen inhaltlich angepasst und überarbeitet worden. Dabei sind zugleich auch kleinere Ergänzungen vorgenommen worden. Darüber hinaus wurde das Literaturverzeichnis aktualisiert.

Frau Heike Raubenheimer hat mich auch diesmal wieder bei der Überarbeitung des Buches tatkräftig unterstützt. Ich danke ihr besonders für ihre Bereitschaft, Textpassagen mit ihr kritisch erörtern zu können, und dafür, dass ich auf eine Vielzahl ihrer Anregungen zur Verbesserung des vorliegenden Textes zurückgreifen durfte.

Hagen, Oktober 2008   Günter Fandel

Vorwort zur zweiten Auflage

Der Text ist an manchen Stellen inhaltlich überarbeitet worden. Dabei sind wir auch den wertvollen kritischen Anmerkungen von Studenten der FernUniversität gefolgt, die sich in einer schriftlichen Befragung zum Verständnis des Textes und der Rechenbeispiele geäußert haben.

Zugleich haben wir die Literaturstellen überarbeitet. Die Quellenangaben wurden zeitlich aktualisiert; mitunter sind neue Literaturverweise hinzugekommen.

Schließlich wurde das Buch um ein zusätzliches Kapitel ergänzt, in dem auf weitere Ansätze zur Kostenrechnung bzw. zum Kostenmanagement eingegangen wird, die sich aus Praxisberatungen herausgebildet haben oder aber die eine ganz andere methodische Herangehensweise wählen, als sie sonst in der traditionellen Kostenrechnung üblich ist.

Frau Heike Raubenheimer hat mich bei der Überarbeitung des Buches unterstützt. Ihr danke ich besonders für ihre tatkräftige Mithilfe.

Hagen, Januar 2004   Günter Fandel

Vorwort zur ersten Auflage

Die Kostenrechnung soll wichtige Informationen für innerbetriebliche Entscheidungen und die Wirtschaftlichkeitskontrolle des Unternehmens ebenso wie für externe Zwecke der Gewinn- und Verlustrechnung sowie der Bilanzierung bereitstellen. Das macht es im besonderen Maße erforderlich, die Grundlagen der Kostenrechnung klar herauszuarbeiten und die Prinzipien der Kostenverrechnung transparent zu machen. Dabei fußen die Kostenverrechnungen auf Kostenfunktionen, die ihrerseits unter Anwendung des Postulats der Minimalkostenkombination aus den zugrunde liegenden Produktionsfunktionen hergeleitet werden. Insofern sind die Produktions- und Kostentheorie Basis der Kostenrechnung. Zugleich fungiert die Kostenrechnung aber auch als wichtiges wertorientiertes Bindeglied zwischen Produktions- und Kostentheorie und der Produktionsplanung. Dieser Einordnung der Kostenrechnung in einen größeren Zusammenhang dienen die einführenden Abschnitte über Produktions- und Kostenfunktionen. Auf Ressourcenkategorien der Produktionstheorie sind Gliederungen der Kostenartenrechnung ausgerichtet. Arbeitsplätze, Betriebsmittel und Maschinenstandorte definieren die Kostenstellen, deren Input-Output-Beziehungen Ausgangspunkt für die innerbetriebliche Leistungsverrechnung sind. In der Kostenträgerrechnung orientieren sich schließlich die Kalkulationsformen an den Fertigungstypen.

Die weiteren Ausführungen des Buches leiten dann von der Istkostenrechnung über die verschiedenen Systeme der Plankostenrechnung bis hin zur Prozesskostenrechnung. Es sind dabei nicht die alten traditionellen Überlegungen zur Kostenremanenz, welche die kostentheoretischen Betrachtungen dominieren, sondern vielmehr wird implizit das Konzept der Produktionsfunktion heute dazu genutzt, über die Aufteilung der Kosten in variable und fixe Bestandteile hinaus die Gemeinkosten in der Prozesskostenrechnung nach dem Verursachungsprinzip in möglichst viele Bestandteile variabler Kosten zu zerlegen.

Wir haben uns bemüht, den behandelten Stoff durch eine Vielzahl von Abbildungen und Beispielsrechnungen didaktisch so aufzubereiten, dass die Lerninhalte schrittweise aufgenommen werden können. Eine Fülle von Übungsaufgaben mit Lösungen ermöglichen dem Leser eine individuelle Erfolgskontrolle.

Ohne die uneigennützige Hilfe und tatkräftige Unterstützung vieler Mitarbeiter am Lehrstuhl wäre das Buch in der aktuellen Form nicht entstanden. So schulden wir Frau MICHAELA BARTELDREES, Herrn STEFFEN BLAGA, Frau CATHRIN HEGENER, Frau CAROLA MERTEN und Frau NADINE SCHATZ großen Dank für oftmaliges Korrektur lesen. Herr THORSTEN BECKER hat die Vereinheitlichung des Manuskripts vorgenommen und Frau SANDRA LUDWIG hat die Vorlagen zu den Abbildungen erstellt. Beiden danken wir dafür sehr. Unser größter Dank gilt jedoch Herrn JÜRGEN KLIPPERT, der sich an der Erstellung von Abbildungen sowie dem Korrektur lesen beteiligt hat, darüber hinaus aber die mehrmalige redaktionelle Überarbeitung des Buches mit viel Sorgfalt und Übersicht eigenständig durchgeführt hat. Die Autoren hoffen, dass das Buch, dessen Entstehung von der Kooperation vieler Mitarbeiter getragen worden ist, beim Leser auch die Synergieeffekte freisetzt, die wir ihm beim Erlernen der Inhalte wünschen.

Hagen, Juni 1999   Die Autoren

Inhaltsverzeichnis

1 Einführung in die Kosten- und Leistungs- rechnung

1.1 Einordnung der Kosten- und Leistungsrechnung

Das betriebliche Rechnungswesen ist ein System zur „Ermittlung, Aufbereitung, Darstellung, Analyse und Auswertung von Zahlen (Mengen- und Wertgrößen) über den einzelnen Wirtschaftsbetrieb und seine Beziehungen zu anderen Wirtschaftssubjekten."[1] Demnach umfasst das betriebliche Rechnungswesen sowohl externe als auch interne Aufgaben zu den Zwecken der Dokumentation, Kontrolle und Disposition,[2] die mit unterschiedlichen Schwerpunkten üblicherweise in getrennten Bereichen ausgeführt werden.[3]

Das externe Rechnungswesen, auch Finanz- und Geschäftsbuchhaltung genannt, richtet sich an unternehmensexterne Adressaten, z.B. Banken und Aktionäre, und dient in erster Linie der Dokumentation und Rechenschaftslegung. Es erfüllt auf der Basis vergangenheitsbezogener Daten die Aufgaben der Finanz- und Liquiditätskontrolle sowie der Erstellung des handelsrechtlich vorgeschriebenen Jahresabschlusses, der aus Bilanz, Gewinn- und Verlustrechnung und bei Kapitalgesellschaften zusätzlich aus dem Anhang und dem Lagebericht besteht.[4] Es werden überwiegend Geschäftsvorfälle zwischen dem Unternehmen und der Außenwelt ausgehend von einer pagatorischen Rechnung, d.h. an Zahlungsvorgänge anknüpfend, erfasst. Das Kontensystem der doppelten Buchführung mit Bestands- und Erfolgskonten dient in diesem Zusammenhang als arbeitstechnische Grundlage.[5]

Das interne Rechnungswesen, auch Betriebsbuchhaltung genannt, hat die Aufgabe, der Geschäftsleitung entscheidungsorientierte Daten zur Verfügung zu stellen. In diesem Bereich ist die Kosten- und Leistungsrechnung als zukunftsorientiertes Planungs- und Steuerungsinstrument angesiedelt. Zur Unterstützung unternehmensinterner Entscheidungen werden darin nur die dem eigentlichen Betriebs-

---

[1] Weber, H.K.: Betriebswirtschaftliches Rechnungswesen, Bd. 1: Bilanz- und Erfolgsrechnung, 4. Aufl., München 1993, S. 2.

[2] Vgl. Wöhe, G.: Einführung in die Allgemeine Betriebswirtschaftslehre, 23. Aufl., München 2008, S. 917.

[3] Vgl. Kilger, W.: Einführung in die Kostenrechnung, 3. Aufl., Wiesbaden 1992, S. 7.

[4] Vgl. §242 HGB i. V. m. §264 HGB.

[5] Vgl. Wöhe, G.: Einführung in die Allgemeine Betriebswirtschaftslehre, a.a.O., S. 702ff.

zweck dienenden Teile des Unternehmensgeschehens zahlenmäßig erfasst und verarbeitet, wobei mengen- und wertmäßige Analysen des Faktorverbrauchs und des innerbetrieblichen Prozesses der Leistungserstellung im Vordergrund stehen. Es handelt sich um kalkulatorische Berechnungen, die insbesondere verschiedene Wirtschaftlichkeitsanalysen ermöglichen.

Im Unterschied zur jährlichen Bilanz der Finanzbuchhaltung wird die Kosten- und Leistungsrechnung meist monatlich durch die Betriebsergebnisrechnung abgeschlossen. Die Informationsanforderungen an moderne Kostenrechnungssysteme haben dazu geführt, dass sich neben der externen Rechnungslegung ein eigenständiges internes Rechnungswesen entwickelt hat. Aufgrund ihrer flexiblen und aussagekräftigen Auswertungsmöglichkeiten stellt die moderne Kosten- und Leistungsrechnung ein wertvolles Instrument der Unternehmensführung dar, das dazu beitragen kann, den Wettbewerbsanforderungen am Markt standzuhalten.[6]

Während die in gesetzlichen Vorschriften (des Handels- und Steuerrechts) fixierte Verpflichtung zur Rechenschaftslegung das externe Rechnungswesen unabdingbar macht, liegt das Führen der nicht gesetzlich vorgeschriebenen Kosten- und Leistungsrechnung sowie ihre konkrete Ausgestaltung (z.B. die Berücksichtigung von Voll- oder Teilkosten oder die Unterscheidung von Ist-, Normal- oder Plankosten) im Ermessen des Betriebes.[7]

1.2 Aufbau der Kosten- und Leistungsrechnung

Die Kosten- und Leistungsrechnung unterscheidet nach Funktionsbereichen die Teilgebiete Kostenartenrechnung, Kostenstellenrechnung und Kostenträgerrechnung.[8]

In der Kostenartenrechnung wird zunächst der mengenmäßige Verbrauch an Produktionsfaktoren ermittelt und anschließend bewertet. Dadurch werden die in einer Abrechnungsperiode angefallenen Gesamtkosten bestimmt, die nach Kostenarten gegliedert zu erfassen sind. Diese Einteilung der Kosten nach dem so genannten Kostenartenplan ist Voraussetzung für die nachfolgenden Berechnungen in der Kostenstellen- und der Kostenträgerrechnung.

Die Daten, die in die Kostenartenrechnung eingehen, stammen entweder direkt aus der Finanzbuchhaltung oder zusätzlich aus anderen Bereichen, die aufgrund ihres Volumens zunächst eigenständig abgerechnet werden, wie Material- und Anlagenrechnung oder Lohn- und Gehaltsbuchhaltung. Bereits in der Kostenartenrechnung muss der Hinweis erfolgen, wie jede einzelne Kostenart weiter zu verrechnen ist, d.h. ob Einzel- oder Gemeinkosten vorliegen. Während Einzelkosten

---

[6]   Vgl. Haberstock, L.: Kostenrechnung I, Einführung mit Fragen, Aufgaben, einer Fallstudie und Lösungen, 13. Aufl., Berlin 2008, S. 15.

[7]   Vgl. Wöhe, G.: Einführung in die Allgemeine Betriebswirtschaftslehre, a.a.O., S. 689.

[8]   Vgl. Kilger, W.: Einführung in die Kostenrechnung, a.a.O., S. 12.

direkt bestimmten Endprodukteinheiten in der Kostenträgerrechnung zugeordnet werden können, ist diese direkte Zurechenbarkeit bei den Gemeinkosten nicht gegeben. Um die Gemeinkosten aber dennoch möglichst verursachungsgerecht den Kostenträgern anzulasten, werden sie über die Kostenstellenrechnung weiterverrechnet.[9]

Die Kostenstellenrechnung unterteilt ein Unternehmen in so genannte Kostenstellen, die eindeutig abgrenzbare Abteilungen oder betriebliche Teilbereiche darstellen. Den Kostenstellen werden zunächst die in der Kostenartenrechnung erfassten Gemeinkosten zugeordnet. Im nächsten Schritt werden diese Kosten gemäß der Inanspruchnahme innerbetrieblicher Leistungen auf andere Kostenstellen verteilt. Diese Kostenumlage ist allerdings erst auf Basis einer detaillierten Erfassung der innerbetrieblichen Leistungsverflechtungen möglich. Abschließend ermittelt die Kostenstellenrechnung Kalkulationssätze, mit deren Hilfe die Gemeinkosten aus der Kostenstellenrechnung auf die Endprodukte verteilt werden.[10]

Aufbauend auf der Kostenstellenrechnung erfolgt eine Kostenkontrolle mit Soll-Ist-Vergleichen zur Überwachung der Wirtschaftlichkeit der Kostenverursachung. Derartige Kontrollrechnungen müssen alle Kosten der Kostenartenrechnung einbeziehen, d.h. beispielsweise auch die Einzelkosten, die nicht über die Kostenstellenrechnung verrechnet werden.[11]

Die Kostenträgerrechnung teilt sich auf in

- die Kostenträgerstückrechnung, auch Kalkulation genannt, und
- die Kostenträgerzeitrechnung, auch als kurzfristige Erfolgsrechnung oder Betriebsergebnisrechnung bezeichnet.

Ziel der Kalkulation ist die Ermittlung von Kosten je Einheit des Endproduktes, d.h. von Selbstkosten, bestehend aus Herstellkosten zuzüglich Verwaltungs- und Vertriebskosten pro Kostenträgereinheit, auf deren Basis z.B. preispolitische Entscheidungen getroffen werden können.

In der kurzfristigen Erfolgsrechnung wird nach Produktarten oder -gruppen gegliedert der monatliche Erfolg einer Unternehmung ausgewiesen. Abgesetzte Erzeugnisse werden dabei mit ihren Selbstkosten, Halb- oder Fertigwarenbestände in der Regel mit ihren Herstellkosten bewertet. Damit diese Werte vorliegen, muss der kurzfristigen Erfolgsrechnung die Kalkulation vorgeschaltet sein.[12]

---

[9]   Zur Unterscheidung von Einzel- und Gemeinkosten vgl. Kapitel 2.2.5.

[10] Die genaue Vorgehensweise wird in Kapitel 4.2 dargestellt.

[11] Zur Kostenkontrolle im Rahmen der Kostenstellenrechnung vgl. insbesondere Kapitel 6.3.3.

[12] Vgl. Kilger, W.: Einführung in die Kostenrechnung, a.a.O., S. 14ff. und ausführlichere Erläuterungen zur Kostenträgerrechnung in Kapitel 4.3.

1.3 Aufgaben einer entscheidungsorientierten Kosten- und Leistungsrechnung

Die Bezeichnung „Kosten- und Leistungsrechnung" bringt bereits zum Ausdruck, dass in diesem Bereich des betrieblichen Rechnungswesens die Gegenüberstellung von Kosten und Leistungen eines Unternehmens erfolgt.[13]

Unter Kosten versteht man den mit „Faktorpreisen bewerteten Verzehr an Sachgütern und Dienstleistungen während einer Abrechnungsperiode, die zum Zwecke der Erhaltung der betrieblichen Leistungsbereitschaft, der Leistungserstellung und Leistungsverwertung benötigt werden. Hinzukommen kann ein weiterer betrieblicher Wertabgang, wie er beispielsweise durch Steuern verursacht wird, die mit dem Betriebszweck des Unternehmens in Zusammenhang stehen."[14] Als Gegenstück zu den Kosten ist der Begriff Leistung ebenfalls nicht im physikalischen, sondern im wertmäßigen Sinne als bewertete, sachzielbezogene bzw. dem Betriebszweck dienliche Güter oder Dienstleistungen einer Abrechnungsperiode zu verstehen.[15]

Unter Einbeziehung aller betrieblichen Aktivitäten soll die Kosten- und Leistungsrechnung eine realistische Abbildung der wirtschaftlichen Lage eines Unternehmens liefern, die insbesondere als Informationsbasis für zukunftsorientierte Entscheidungen dienen soll. Grundsätzlich ist dabei zu beachten, dass für die Kosten- und Leistungsüberlegungen immer die gleiche Periodenlänge zugrunde gelegt wird, um die Vergleichbarkeit der Ergebnisse im Zeitverlauf zu gewährleisten.

Es werden drei Kategorien von Aufgaben unterschieden, die durch eine Kosten- und Leistungsrechnung zu erfüllen sind. Es handelt sich um die auf die internen Belange des Betriebes ausgerichteten Aufgaben der

– Dokumentation,
– Kontrolle und
– Disposition.[16]

---

[13] Anstelle von Kosten und Leistungen wird von manchen Autoren auch das Begriffspaar Kosten und Erlöse verwendet. Vgl. z.B. Schweitzer, M. / Küpper, H.-U.: Systeme der Kosten- und Erlösrechnung, 9. Aufl., München 2008, S. 11.

[14] Fandel, G.: Produktion I, Produktions- und Kostentheorie, 6. Aufl., Berlin et al. 2005, S. 219.

[15] Vgl. Busse von Colbe, W. / Laßmann, G.: Betriebswirtschaftstheorie, Bd. 1, Grundlagen, Produktions- und Kostentheorie, 5. Aufl., Berlin et al. 1991, S. 207 (Fußnote 1); Schweitzer, M. / Küpper, H.-U.: Systeme der Kosten- und Erlösrechnung, a.a.O., S. 21. Die Begriffe Auszahlung, Ausgabe, Aufwand, Kosten und Einzahlung, Einnahme, Ertrag, Leistung werden ausführlich in den Kapiteln 2.1.1 und 2.1.2 erläutert.

[16] Vgl. Kilger, W.: Einführung in die Kostenrechnung, a.a.O., S. 9ff.; Kloock, J. / Sieben, G. / Schildbach, T / Homberg, C..: Kosten- und Leistungsrechnung, 9. Aufl., Stuttgart 2005, S. 13ff.; Kloock, J.: Betriebliches Rechnungswesen, 2. Aufl., Köln 1997, S. 5.

Diese drei Aufgabenkategorien sind in allen der im vorangegangenen Kapitel 1.2 dargestellten drei Bereiche Kostenarten-, Kostenstellen- und Kostenträgerrechnung relevant. Es gibt allerdings Schwerpunktsetzungen durch die Unterscheidung von so genannten Haupt- und Nebenaufgaben.[17]

Zu den Hauptaufgaben zählt die dispositive, d.h. planungs- und steuerungsbzw. zukunfts- und entscheidungsorientierte Ausrichtung der Kostenträgerstückrechnung insbesondere in Form der Angebotspreisermittlung, die die Selbstkostenbestimmung als Vorkalkulation beinhaltet. Die Angebotspreise – aus Unternehmenssicht als Preisuntergrenzen bezeichnet – stellen diejenigen Preise dar, die mindestens erzielt werden müssen, damit die Aufnahme der Produktion überhaupt sinnvoll ist. Stellt man die auf Vergangenheitswerten oder Schätzungen basierenden Planpreise der Enderzeugnisse den veranschlagten Preisuntergrenzen gegenüber, so lassen sich beispielsweise Aussagen über den zu erwartenden Erfolg der betrieblichen Tätigkeit ableiten. In diesem Zusammenhang kommt der Gegenüberstellung von Preisen und Kosten besondere Bedeutung zu. Im Rahmen der Kostenträgerstückrechnung wird durch die Differenzbildung aus Preis und (variablen) Stückkosten der Deckungsbeitrag[18] pro Endprodukteinheit ermittelt, der als wichtiges Entscheidungskriterium z.B. in die kurzfristige Produktionsprogrammplanung einfließt.

Ebenso als Hauptaufgabe ermöglicht die Gegenüberstellung von geplanten Kosten aus der Vorkalkulation und den aus der Nachkalkulation gelieferten, realisierten Stückselbstkosten Rückschlüsse darüber, welche Bestandteile der Stückselbstkosten in welcher Höhe zu Abweichungen geführt haben, was in den Bereich der kostenartenorientierten Kontrolle in der Kostenträgerstückrechnung fällt.

Eine weitere wichtige Hauptaufgabe der Kostenrechnung besteht in der Kontrolle der Wirtschaftlichkeit der Leistungserstellung und -verwertung einzelner Kostenstellen. Die Planung der Aktivitäten von Kostenstellen erfordert zunächst die Bestimmung möglicher Handlungsalternativen dergestalt, dass die angestrebten Ziele, z.B. die Bearbeitung einer bestimmten Stückzahl von Erzeugnissen, erreicht werden können. Im Hinblick auf das Oberziel der Gewinnmaximierung werden dann die Konsequenzen, d.h. die zu erwartenden Kosten und Leistungen der Alternativen, ermittelt und die optimale Alternative ausgewählt, die als Planung für die Kostenstelle festgehalten wird. Nach Ablauf der Planperiode können die tatsächlich aufgetretenen Istdaten erhoben und mit den Plandaten verglichen werden. Die Gegenüberstellung von Plan- und Istdaten kann zu einer detaillierten Soll-Ist-Abweichungsanalyse erweitert werden, so dass genau feststellbar wird, welche Faktoren im Einzelnen die Abweichungen der Kosten- und Leistungsdaten von ihren Plan- bzw. Sollwerten bewirkt haben. So lässt sich z.B. zeigen, für welchen Anteil an der Gesamtabweichung ein Kostenstellenleiter verantwortlich gemacht werden kann. Der Soll-Ist-Vergleich von Kosten- und Leistungsdaten einer

---

[17] Vgl. Zimmermann, G.: Grundzüge der Kostenrechnung, 7. Aufl., München-Wien 1998, S. 4.

[18] Vgl. Kapitel 2.3 und Kapitel 5.3.

Kostenstelle erlaubt Aussagen über deren Wirtschaftlichkeit sowie die Ableitung
so genannter Vorgaben, die zukünftig und bei wirtschaftlicher Betriebsgebarung
von einer Kostenstelle nicht überschritten werden dürfen. Dabei darf nicht vergessen werden, dass auch die Berechnungsmethodik sowie die verwendeten Daten an
sich einer ständigen Begutachtung unterliegen sollten. Schon bei den Planungs-
bzw. Prognoserechnungen ist es beispielsweise von erheblicher Bedeutung, ob ein
geeignetes Verfahren eingesetzt wird und wann zukünftige Preis- oder Mengen-
schwankungen erkannt und in die Berechnungen integriert werden.

Als eine Nebenaufgabe der Kosten- und Leistungsrechnung wird die Planung
zum Zwecke der Betriebslenkung betrachtet, d.h. es handelt sich insbesondere um
die Disposition bezüglich der Kostenträgerzeitrechnung, wozu die Bestimmung
des kurzfristigen Periodenerfolges zählt. In diesen gehen beispielsweise die De-
ckungs- bzw. Erfolgsbeiträge der im Unternehmen hergestellten Produktarten ein.
Wird bei der Ermittlung des Periodenerfolges eine stufenweise Deckungsbeitragsrechnung[19] angewendet, so erfolgt schrittweise eine Datenverdichtung der Erfolgsbeiträge von einzelnen Produkten bzw. Aufträgen bis hin zum Gesamtunternehmen, wobei auf jeder Aggregationsstufe der dieser Stufe direkt zurechenbare Fixkostenblock Berücksichtigung findet. Auf diese Weise wird z.B. genau ersichtlich,
welche Betriebsbereiche welche Beiträge zum Gesamterfolg des Unternehmens
leisten können.

Darüber hinaus zählt zu den Nebenaufgaben die Dokumentation im Bereich der
Kostenträgerstückrechnung in Form der Ermittlung von Wertansätzen für Halb-
und Fertigfabrikate als Vorarbeit für den Jahresabschluss des externen Rechnungswesens.

1.4 Übungsaufgaben zu Kapitel 1

Übungsaufgabe 1.1:   Externes und internes Rechnungswesen

Skizzieren Sie Inhalt und Aufgaben des externen und des internen Rechnungswesens.

Übungsaufgabe 1.2:   Grundstruktur der Kosten- und Leistungsrechnung

Welche Grundstruktur weist die Kosten- und Leistungsrechnung auf, und was sind
die Inhalte und Aufgaben der einzelnen Teilgebiete?

---

[19]   Die Deckungsbeitragsrechnung wird in Kapitel 5.3 noch ausführlicher behandelt.

Übungsaufgabe 1.3:   Aufgaben einer entscheidungsorientierten Kosten- und Leistungsrechnung

Wie lassen sich die Aufgaben einer entscheidungsorientierten Kosten- und Leistungsrechnung systematisieren, und in welchen Bereichen sind Schwerpunkte erkennbar?

2 Grundbegriffe und Grundüberlegungen in der Kosten- und Leistungsrechnung

2.1 Grundbegriffe des betrieblichen Rechnungswesens

2.1.1 Abgrenzung von Auszahlung, Ausgabe, Aufwand und Kosten

Die folgende Abbildung 2.1 veranschaulicht zunächst die möglichen Zusammenhänge zwischen den Begriffen Auszahlung, Ausgabe, Aufwand und Kosten.[20]

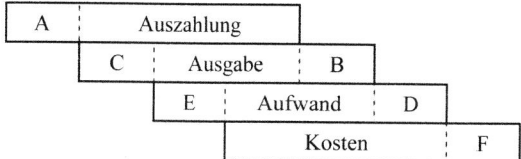

Abb. 2.1: Abgrenzung von Auszahlung, Ausgabe, Aufwand und Kosten

Unter dem Begriff Auszahlung versteht man den Geldbetrag, der die Unternehmung innerhalb einer Abrechnungsperiode in Richtung Beschaffungs-, Geld- oder Kapitalmarkt verlässt. Einer Auszahlung liegt also immer ein tatsächlicher Zahlungsvorgang zugrunde.

Eine Ausgabe hingegen erfordert nicht unbedingt einen entsprechenden Abgang von Zahlungsmitteln in der betrachteten Abrechnungsperiode. Entscheidend für die Definition des Begriffs Ausgabe ist, dass die Lieferung eines Guts erfolgt. Um die Ausgaben einer Periode zu ermitteln, muss also der gesamte Auszahlungsbetrag um diejenigen Werte korrigiert werden, die aus Vorgängen resultieren, bei denen entweder Güterzugänge jetzt, aber Zahlungen zu einem anderen Zeitpunkt,

---

[20] Vgl. Olfert, K.: Kostenrechnung, 15. Aufl., Ludwigshafen (Rhein) 2008, S. 38ff.; Däumler, K.-D. / Grabe, J.: Kostenrechnung 1, Grundlagen, 8. Aufl., Herne-Berlin 2000, S. 18ff.; Plinke, W. / Rese, M.: Industrielle Kostenrechnung, 7. Aufl., Berlin et al. 2006, S. 10ff.

oder aber Zahlungen jetzt und Güterzugänge zu einem anderen Zeitpunkt stattfinden.

Zur Abgrenzung von Auszahlung und Ausgabe dienen die Felder A und B. Die beiden Begriffe führen immer dann zu abweichenden Beträgen, wenn Zahlung und Lieferung in unterschiedlichen Perioden erfolgen. Dem Fall A liegt entweder die Vorauszahlung einer Anschaffung zugrunde, deren Übergabe erst in einer späteren Periode erfolgt, oder aber die Bezahlung für Güter, die bereits in vorangegangenen Perioden geliefert wurden. Es liegen also Zahlungsvorgänge vor, denen keine Güterströme entsprechen. Im Fall B dagegen finden Güterbewegungen statt, allerdings stehen diesen in der Abrechnungsperiode keine Geldströme gegenüber. Folglich wurde die Warenlieferung entweder in einer Vorperiode bezahlt, d.h. eine Forderung aufgrund der geleisteten Anzahlung erlischt im Fall der Lieferung, oder aber die Zahlung erfolgt in einer späteren Periode. Hier entsteht eine Verbindlichkeit gegenüber dem Lieferanten.

Bei dem Aufwand einer Periode handelt es sich um erfolgswirksame Ausgaben, die sich in der Gewinn- und Verlustrechnung der Finanzbuchhaltung niederschlagen. Charakteristisch für die Definition des Begriffs Aufwand ist der tatsächlich erfolgte Verbrauch von Gütern. Die Ausgaben einer Periode sind also um diejenigen Positionen zu korrigieren, bei denen Ausgaben jetzt, die tatsächlichen Verbräuche aber später, oder bei denen tatsächliche Verbräuche jetzt und Ausgaben in anderen Perioden erfolgen. Des Weiteren sind nicht erfolgswirksame Ausgaben bei der Herleitung des Aufwands aus den Ausgaben herauszurechnen.

Zur Abgrenzung von Ausgabe und Aufwand dienen die Felder C und D. Es kommt immer dann zu Abweichungen, wenn in einer Periode Lieferung und Verbrauch bezogen auf eine Rohstoffart nicht genau gleich sind. Im Fall C wird mehr beschafft als verbraucht, d.h. es liegt ein Lagerzugang vor. Im Fall D hingegen ist der Verbrauch höher als die Lieferung, was sich in der Verminderung des Lagerbestandes niederschlägt.

Gemäß der wertmäßigen Auffassung nach SCHMALENBACH[21] umfasst der Begriff Kosten „den bewerteten Verbrauch von Produktionsfaktoren für die Herstellung und den Absatz der betrieblichen Erzeugnisse und die Aufrechterhaltung der hierfür erforderlichen Kapazitäten"[22] in einer Abrechnungsperiode. Entscheidend für den Kostenbegriff ist also, dass das gesamte Betriebsgeschehen berücksichtigt werden soll. Die Aufrechterhaltung der Kapazitäten, d.h. die Sicherung des Fortbestehens einer Unternehmung, wird durch die Ermittlung von aussagefähigen und möglichst realistischen Informationen über die wirtschaftliche Lage angestrebt.

---

[21]   Vgl. Schmalenbach, E.: Kostenrechnung und Preispolitik, 8. Aufl., Köln-Opladen 1963, S. 5f. und die Erläuterungen in Kapitel 2.1.1 zum Kostenbegriff.

[22]   Kilger, W.: Einführung in die Kostenrechnung, a.a.O., S. 23.

Die Abgrenzung von Aufwand und Kosten verdeutlichen die Fälle E und F. In der nachfolgenden Abb. 2.2 sind die beiden Fälle detaillierter dargestellt.[23]

Gesamtaufwand				
Neutraler Aufwand	Zweckaufwand			
	Als Kosten verrechneter Zweckaufwand	Nicht als Kosten verrechneter Zweckaufwand		
		Anderskosten	Zusatzkosten	
	Grundkosten	Kalkulatorische Kosten		
	Gesamtkosten			

Abb. 2.2:   Detaillierte Abgrenzung von Aufwand und Kosten

Zur Ermittlung der Kosten muss in einem ersten Schritt der Gesamtaufwand einer Periode um den so genannten neutralen Aufwand, dargestellt durch Fall E, vermindert werden. Er entsteht durch so genannte neutrale Geschäftsvorfälle und setzt sich zusammen aus betriebsfremden, außerordentlichen und periodenfremden Aufwandspositionen.

Betriebsfremder Aufwand entsteht, wenn Güter zu einem anderen als dem eigentlichen Betriebszweck eingesetzt werden, z.B. in karitativen, außerbetrieblichen Sozialeinrichtungen. Im außerordentlichen Aufwand spiegeln sich Ereignisse wider, die nicht regelmäßig bei der betrieblichen Leistungserstellung auftreten, so z.B. Feuer-, Sturm- und Diebstahlschäden, sowie Buchverluste bei Veräußerung von Betriebsmitteln. Periodenfremder Aufwand liegt vor, wenn beispielsweise nach einer Betriebsprüfung nachträglich Steuern zu zahlen sind. Vermindert man den Gesamtaufwand einer Periode um den neutralen Aufwand, so erhält man den Zweckaufwand, der aus den eigentlichen Betriebsaufgaben resultiert. Beim Zweckaufwand unterscheidet man noch einmal danach, ob dieser Aufwand als Kosten verrechnet wird oder nicht. Den als Kosten verrechneten Zweckaufwand nennt man auf Kostenebene Grundkosten. Die nicht als Kosten verrechneten Zweckaufwendungen, so genannte Anderskosten, resultieren meist aus

---

[23]   Vgl. z.B. Mayer, E. / Liessmann, K. / Mertens, H.W.: Kostenrechnung, Grundwissen für den Controllerdienst, 5. Aufl., Stuttgart 1994, S. 14; Plinke, W.: Industrielle Kostenrechnung, a.a.O., S. 14; Kilger, W.: Einführung in die Kostenrechnung, a.a.O., S. 25.
Abweichend von der hier gewählten Darstellungsweise wird insbesondere bei SCHWEITZER / KÜPPER und KLOOCK / SIEBEN / SCHILDBACH / HOMBURG der mit „nicht als Kosten verrechneter Zweckaufwand" bezeichnete Teil des Gesamtaufwands dem neutralen Aufwand als „bewertungsbedingter neutraler Aufwand" zugeordnet. Vgl. Schweitzer, M. / Küpper, H.-U.: Systeme der Kosten- und Erlösrechnung, a.a.O., S. 18; Kloock, J. / Sieben, G. / Schildbach, T / Homburg, C.: Kosten- und Leistungsrechnung, a.a.O., S. 37.

Wertansätzen, die von denen der Finanzbuchhaltung abweichen, d.h. in der Kostenrechnung wird ein anderer Kostenbetrag angesetzt. Dieser Tatbestand findet in dem Bereich der kalkulatorischen Kosten Berücksichtigung.

Die kalkulatorischen Kosten beinhalten darüber hinaus so genannte Zusatzkosten, dargestellt durch Fall F, die bei der Kostenermittlung zum Zweckaufwand hinzuaddiert werden. Bei den Zusatzkosten handelt es sich um Kostenarten, denen in der Finanzbuchhaltung keine Aufwandspositionen gegenüberstehen, zumeist Opportunitätskosten,[24] die also in der Kostenrechnung zusätzlich berücksichtigt werden müssen. Kalkulatorische Kostenarten sind beispielsweise kalkulatorische Abschreibungen, Zinsen, Wagnisse, Unternehmerlöhne und Mieten. Kalkulatorische Abschreibungen, kalkulatorische Zinsen und kalkulatorische Wagnisse gehören in den Bereich der Anderskosten. Bei kalkulatorischen Unternehmerlöhnen und kalkulatorischen Mieten handelt es sich um Zusatzkosten.[25]

2.1.2 Abgrenzung von Einzahlung, Einnahme, Ertrag und Leistung

Abb. 2.3 veranschaulicht die nachfolgenden Erläuterungen zur Abgrenzung der Begriffe Einzahlung, Einnahme, Ertrag und Leistung.

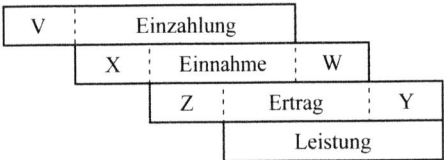

Abb. 2.3:   Abgrenzung von Einzahlung, Einnahme, Ertrag und Leistung

Der Begriff Einzahlung umfasst diejenigen Geldbeträge, die innerhalb einer Abrechnungsperiode von Absatz-, Geld- oder Kapitalmärkten sowie von öffentlicher Hand in das Unternehmen eingehen. Die tatsächlich erfolgte Übertragung von Zahlungsmitteln ist entscheidend.

Demgegenüber erfordert der Begriff Einnahme nicht zwangsläufig den Eingang von Zahlungsmitteln in der betrachteten Abrechnungsperiode. Charakteristisch für die Definition von Einnahmen ist die erfolgte Lieferung eines Gutes. Die Einnahme, auch als Umsatz, Erlös oder Umsatzerlös bezeichnet, bestimmt sich dadurch, dass die abgesetzten Mengen x_{Aj} einer Periode multipliziert mit den

24   Vgl. Kilger, W.: Einführung in die Kostenrechnung, a.a.O., S. 19ff.

25   Vgl. Götzelmann, F.: Kosten, in: Corsten, H. (Hrsg.): Lexikon der Betriebswirtschaftslehre, 4. Aufl., München-Wien 2000, S. 490-493, hier S. 491.

Nettoverkaufspreisen p_j über alle Produktarten $j\,(j=1,...,J)$ summiert werden, d.h.:

$$U = \sum_{j=1}^{J} p_j \cdot x_{Aj}\,.$$

Zur Abgrenzung von Einzahlung und Einnahme dienen die Felder V und W. Es entstehen immer dann abweichende Beträge, wenn Zahlung und Lieferung in unterschiedlichen Perioden erfolgen. Dem Fall V liegt die erhaltene Anzahlung für eine Lieferung zugrunde, deren Übergabe erst später erfolgt, oder aber der Eingang einer Zahlung für Güter, die bereits in vorangegangenen Perioden geliefert wurden. Es handelt sich um Zahlungsvorgänge, denen in der betrachteten Abrechnungsperiode keine Güterströme gegenüberstehen. Im Fall W dagegen liegen Güterbewegungen vor, die nicht in derselben Periode bezahlt werden. Folglich findet die Auslieferung von Gütern statt, auf die entweder in der Vorperiode eine Vorauszahlung geleistet wurde, d.h. eine Verbindlichkeit aufgrund der erhaltenen Anzahlung wird beglichen, oder deren Bezahlung erst in einer späteren Periode erfolgen wird, d.h. es entsteht eine Forderung gegenüber dem Empfänger der Produkte.

Der Ertrag spiegelt den durch Produktion und Absatz von Gütern entstandenen Wertzuwachs ohne Einbeziehung des bewerteten Faktorverbrauchs, d.h. den so genannten Bruttowertzuwachs, wider. Er wird dadurch ermittelt, dass man die Einnahmen um die – in der Regel mit Herstellkosten bewerteten – Bestandsveränderungen von Halb- und Fertigfabrikaten korrigiert. Zur Berechnung des Ertrags werden also nicht nur die tatsächlich verkauften sondern auch die auf Lager produzierten Güter berücksichtigt.

Zur Abgrenzung von Einnahme und Ertrag dienen die Felder X und Y. Es treten immer dann Abweichungen auf, wenn in einer Periode Produktions- und Absatzmengen nicht genau übereinstimmen. Um dies darzulegen, wird von der Situation ausgegangen, dass in einer Periode jeweils produzierte Mengen x_{Pj} und abgesetzte Mengen x_{Aj} der Produktart $j\,(j=1,...,J)$ übereinstimmen und folglich auch der Umsatz U und der Ertrag E gleich sind, d.h. es gilt:

$$U = \sum_{j=1}^{J} p_j \cdot x_{Aj} = \sum_{j=1}^{J} p_j \cdot x_{Pj} = E\,.$$

Wird in einer Periode mehr produziert als verkauft, so entsteht eine Lagerbestandszunahme, die durch den Fall Y dargestellt ist. Für diesen Fall muss zunächst geprüft werden, ob der Verkaufspreis der Produkte über oder unter den Herstellkosten liegt. Da der Ertrag den tatsächlichen Wertzuwachs messen soll, werden für die Bewertung der Lagerbestandszunahme unter dem Gesichtspunkt der kaufmännischen Vorsicht fallweise zwei unterschiedliche Prinzipien angewendet.

Liegt der Verkaufspreis über den Herstellkosten, d.h. es gilt $p_j > k_{Hj}$, so werden gemäß dem Realisationsprinzip die Herstellkosten, d.h. ohne Verwaltungs-

und Vertriebskosten, als Ertrag angesetzt. Der Gesamtertrag ermittelt sich nach
der Formel:

$$E = \sum_{j=1}^{J} p_j \cdot x_{Aj} + \sum_{j=1}^{J} k_{Hj} \cdot \left(x_{Pj} - x_{Aj} \right).$$

Darin bezeichnet

$$\sum_{j=1}^{J} k_{Hj} \cdot \left(x_{Pj} - x_{Aj} \right)$$

den Anteil des Ertrags für die zu lagernden Endproduktmengen.

Sind die Herstellkosten größer oder gleich dem Verkaufspreis, d.h. es gilt
$p_j \leq k_{Hj}$, so werden die produzierten, nicht abgesetzten Gütereinheiten gemäß
dem Niederstwertprinzip mit Verkaufspreisen bewertet. Für den Gesamtertrag ergibt sich:

$$E = \sum_{j=1}^{J} p_j \cdot x_{Aj} + \sum_{j=1}^{J} p_j \cdot \left(x_{Pj} - x_{Aj} \right) = \sum_{j=1}^{J} p_j \cdot x_{Pj}.$$

Der Ertrag nimmt in diesem Fall genau die Höhe des Umsatzes bezogen auf die
gesamte Produktionsmenge an. Der tatsächliche Verkauf der nicht abgesetzten, zu
lagernden Menge $\left(x_{Pj} - x_{Aj} \right)$ erfolgt aber erst in einer späteren Periode.

Die fallweise Anwendung von Realisations- oder Niederstwertprinzip bezeichnet man als Imparitätsprinzip.

Dem Fall X liegt eine Lagerbestandsabnahme zugrunde, d.h. es wurde in dieser
Periode mehr abgesetzt als produziert. Die Voraussetzung dafür ist, dass in einer
vorangegangenen Periode ein Lagerbestand aufgebaut worden ist, also eine er-
tragsmäßige Erfassung der hergestellten Produkte gemäß Fall Y bereits stattgefunden hat. Bei einer Lagerbestandsabnahme wird folglich immer ein Umsatzerlös
realisiert, dem in der betrachteten Periode keine Ertragsbuchung gegenübersteht.
Zur differenzierteren Betrachtung von Fall X wird die vorangegangene Unterscheidung von Realisations- und Niederstwertprinzip noch einmal aufgegriffen.

War zum Bewertungszeitpunkt der Verkaufspreis höher als die Herstellkosten,
was nach dem Realisationsprinzip eine Bewertung mit Herstellkosten bedeutet, so
ermittelt sich der über den Ertrag für die produzierten Mengen der aktuellen Periode hinaus zu registrierende Ertrag E_Δ für die in Vorperioden hergestellten Mengen gemäß der folgenden Formel:

$$E_\Delta = \sum_{j=1}^{J} \left(p_j - k_{Hj} \right) \cdot \left(x_{Aj} - x_{Pj} \right).$$

Der wertmäßigen Lagerbestandsabnahme in Höhe von

$$\sum_{j=1}^{J} k_{Hj} \cdot \left(x_{Aj} - x_{Pj} \right)$$

steht in der betrachteten Periode kein Ertrag gegenüber.

Wurde dagegen in einer Vorperiode nach dem Niederstwertprinzip mit Verkaufspreisen bewertet, so ergibt sich als über den Ertrag für die in der aktuellen Periode hergestellten Mengen hinaus zu registrierender Ertrag E_Δ für die in Vorperioden auf Lager produzierten Mengen:

$$E_\Delta = \sum_{j=1}^{J} \left(p_j - p_j \right) \cdot \left(x_{Aj} - x_{Pj} \right) = 0 \,.$$

Unter der Annahme, dass der in der vorangegangenen Periode erzielte Verkaufspreis dem Verkaufspreis der aktuellen Rechnungsperiode entspricht, ist die Höhe der bewerteten Lagerbestandsabnahme gleich dem dafür in der Vorperiode erfassten Ertrag. In der betrachteten Periode steht dem der Lagerbestandsabnahme entsprechenden Umsatz kein Ertrag gegenüber, daher ist auch dieser Fall dem Feld X der Abb. 2.3 zuzuordnen.

Als Gegenstück zu den Kosten wird der Begriff Leistung ebenfalls „nicht im physikalischen Sinn (Arbeit / Zeiteinheit) verstanden, sondern gemeint sind in Geld bewertete hergestellte Sachgüter bzw. erbrachte Dienstleistungen je Bezugsperiode";[26] es handelt sich also um „die betriebszweckbezogenen, periodengerechten, ordentlichen Erträge."[27]

Zur Abgrenzung von Ertrag und Leistung dient Fall Z. Die Ermittlung der Leistung eines Unternehmens, auch als Betriebsleistung bezeichnet, wird bestimmt, indem man den Gesamtertrag einer Periode um die so genannten neutralen Geschäftsvorfälle korrigiert. Fall Z beinhaltet den neutralen Ertrag, der analog zum neutralen Aufwand aus betriebsfremden, außerordentlichen und periodenfremden Ertragspositionen besteht. Betriebsfremde Erträge resultieren z.B. aus landwirtschaftlichen Nebenbetrieben oder Beteiligungen an anderen Unternehmen. Außerordentliche Erträge entstehen nicht regelmäßig im Rahmen der betrieblichen Leistungserstellung, z.B. Versicherungserstattungen bei Schadensfällen oder Buchgewinne bei Verkauf von Anlagen. Periodenfremde Erträge beziehen sich auf eine andere als die Abrechnungsperiode, hierzu zählt beispielsweise eine Steuerrückerstattung.[28]

---

[26] Busse von Colbe, W. / Laßmann, G.: Betriebswirtschaftstheorie, Bd. 1, a.a.O., S. 207 (Fußnote 1).

[27] Seicht, G.: Moderne Kosten- und Leistungsrechnung, Grundlagen und praktische Gestaltung, 11. Aufl., Wien 2001, S. 31.

[28] Vgl. Kilger, W.: Einführung in die Kostenrechnung, a.a.O., S. 32ff.; Wöhe, G.: Einführung in die Allgemeine Betriebswirtschaftslehre, a.a.O., S. 694.

2.1.3 Erfolgsermittlung

In der jährlich erstellten Gewinn- und Verlustrechnung der Finanzbuchhaltung wird der Unternehmenserfolg oder Gesamterfolg durch die Differenz von Erträgen und Aufwendungen dargestellt:

Unternehmenserfolg = Ertrag – Aufwand.

Auf der Grundlage der zuvor erläuterten Begriffe zielt die Kostenrechnung in der monatlich durchgeführten Betriebsergebnis- oder kurzfristigen Erfolgsrechnung hingegen auf die Ermittlung von differenzierteren Erfolgsgrößen ab. Um dies aufzuzeigen, wird zunächst der Unternehmenserfolg der Finanzbuchhaltung in detaillierterer Form gezeigt:

Unternehmenserfolg = (Leistung – Zweckaufwand)
                      + (neutraler Ertrag – neutraler Aufwand)
                   = Leistungserfolg
                      + neutraler Erfolg.

Setzt man an die Stelle des Zweckaufwands den Kostenbegriff, wobei folgender Zusammenhang gilt:

Zweckaufwand   = Gesamtkosten
                   + Nicht als Kosten verrechneter Zweckaufwand
                   – kalkulatorische Kosten,

so ergibt sich für den Unternehmenserfolg:

Unternehmenserfolg = (Leistung – Gesamtkosten)
                      + (neutraler Ertrag – neutraler Aufwand)
                      + (kalkulatorische Kosten – Anderskosten)
                   = Leistungserfolg der Kostenrechnung
                      + neutraler Erfolg
                      + Abstimmungsdifferenz zwischen Finanzbuchhaltung und Kostenrechnung,

wobei sich der Leistungserfolg der Kostenrechnung, auch Betriebsergebnis genannt,[29] wie folgt zusammensetzt:

Leistungserfolg   = Umsatz
                   + Lagerbestandsveränderungen
                      (z.B. bewertet zu Herstellkosten)
                   – Gesamtkosten.

---

[29] Vgl. z.B. Wöhe, G.: Einführung in die Allgemeine Betriebswirtschaftslehre, a.a.O., S. 697.

Mit den Verbrauchsmengen an Produktionsfaktoren r_i, den Faktorpreisen q_i und den Faktor- bzw. Kostenarten $i \, (i = 1, ..., I)$ wird diese Definition des Leistungserfolges der Kostenrechnung in die folgende Formel umgewandelt:

$$\text{Leistungserfolg} \quad = \sum_{j=1}^{J} \left[p_j \cdot x_{Aj} + k_{Hj} \cdot \left(x_{Pj} - x_{Aj} \right) \right] - \sum_{i=1}^{I} q_i \cdot r_i \, .$$

Von den nach den Produktarten j gegliederten Leistungen werden in dieser Gleichung die nach den Faktorarten i gegliederten Gesamtkosten subtrahiert.[30]

2.2 Kostenbegriffe bei verschiedenen Rechenzielen

2.2.1 Allgemeiner Kostenbegriff

Für die betriebswirtschaftliche Theorie und Praxis ist die Zweckmäßigkeit und Bedeutung der Bewertung von Faktorverbräuchen zur Ermittlung der Kosten, die in Zusammenhang mit der Produktion entstehen, unmittelbar einsichtig. Trotzdem existiert kein einheitlicher Kostenbegriff. Es haben sich vielmehr unterschiedliche Bewertungsauffassungen herausgebildet, die verschiedene Zwecke erfüllen sollen. Am häufigsten anzutreffen ist die Unterscheidung des wertmäßigen und des pagatorischen Kostenbegriffs.

Der wertmäßige Kostenbegriff definiert Kosten als den mit Faktorpreisen bewerteten Verzehr an Sachgütern und Dienstleistungen während einer Abrechnungsperiode, die zum Zwecke der Erhaltung der betrieblichen Leistungsbereitschaft, der Leistungserstellung und Leistungsverwertung erforderlich sind. Der weitere betriebliche Wertabgang, z.B. in Form von Steuern, die in Zusammenhang mit dem Betriebszweck des Unternehmens anfallen, sollte ebenfalls Berücksichtigung finden. Nach dieser Definition umfassen Kosten· also den bewerteten Verzehr an dispositiven Faktoren sowie Elementar- und Zusatzfaktoren,[31] die in einer Produktionsperiode für die Herstellung der Güter im Betrieb und für ihre Vermarktung benötigt werden.

Der auf SCHMALENBACH zurückgehende wertmäßige Kostenbegriff knüpft demnach nicht an Zahlungsströmen an, die in Verbindung mit der Ressourcenbeschaffung entstehen, sondern bewirkt die entscheidungsorientierte Bewertung des Güterverzehrs im Unternehmen. Die Betrachtung des Güterverzehrs vor dem Hintergrund des allgemeinen betrieblichen Entscheidungsfeldes soll die Ermittlung der besten alternativen Verwendungsmöglichkeit durch den Ansatz von Opportu-

---

[30] Vgl. Kilger, W.: Einführung in die Kostenrechnung, a.a.O., S. 28ff.
[31] Zu den Produktionsfaktoren vgl. ausführlichere Erläuterungen in Kapitel 3.2.1.

nitätskosten gewährleisten. Als Wertansatz für den Faktorverbrauch wird das Grenznutzenkonzept gewählt. Für eine geeignete Bewertung des Güterverzehrs müssen demnach zu den Beschaffungspreisen der Faktoren die ihrem jeweiligen innerbetrieblichen Knappheitsgrad entsprechenden Wertedifferenzen hinzugerechnet werden. Daraus ergibt sich, dass die wertmäßigen Kosten für ein und denselben Produktionsfaktor in unterschiedlichen Entscheidungssituationen und folglich auch besonders in verschiedenen Unternehmen stark voneinander abweichen können.

Der wertmäßige Kostenbegriff setzt prinzipiell bei der innerbetrieblichen Faktorbewegung an. Sein Sinn besteht darin, die knappen Faktoren denjenigen Verwendungsmöglichkeiten zuzuordnen, die nach bestimmten unternehmerischen Zielvorstellungen optimal sind. Die wertmäßigen Kosten sind daher oftmals auch innerhalb desselben Entscheidungsfeldes nicht notwendigerweise konstant. Sie können in Abhängigkeit der Verfügbarkeitsschranken der Faktoren variieren und ergeben sich streng genommen erst aus der optimalen Ressourcenverteilung.

Die Tatsache, dass die Kostenbestimmung nach dem wertmäßigen Kostenbegriff aus der optimalen Produktion erfolgt, gleichzeitig aber auch ihre Voraussetzung ist, bezeichnet man als Dilemma der Kostenbewertung.

Der Grenznutzen bzw. der Opportunitätskostensatz einer Ressource ist häufig nur schwer feststellbar oder aufwendig zu ermitteln. Die Annahme der vollständigen Konkurrenz auf den Beschaffungsmärkten impliziert aber die automatische Zuführung der Ressourcen zu den profitabelsten Verwendungsmöglichkeiten, so dass der Einfachheit halber von der Unterstellung ausgegangen wird, dass die dort geltenden Preise in etwa die Grenznutzen der Faktoren wiedergeben. Im Hinblick auf eine praktikable Vorgehensweise wird das Dilemma der Kostenbewertung gelöst, indem für den wertmäßigen Kostenbegriff in der Regel Wiederbeschaffungspreise als Bewertungsmaßstäbe verwendet werden.

Dem wertmäßigen Kostenbegriff steht der pagatorische Kostenbegriff gegenüber. Er knüpft an die mit dem betrieblichen Güterverzehr verbundenen Zahlungsströme an und beruht auf den tatsächlich beobachtbaren Geldausgaben, d.h. der Ressourcenverbrauch wird mit den Anschaffungspreisen bewertet. Kalkulatorische Kosten, wie beispielsweise der kalkulatorische Unternehmerlohn, besitzen nach der pagatorischen Auslegung keinen Kostencharakter, da die Orientierung der Kostenerfassung ausschließlich auf das für die einzusetzenden Produktionsfaktoren zu entrichtende Entgelt abzielt. Der pagatorische Kostenbegriff vernachlässigt bewusst die Einbeziehung des betrieblichen Entscheidungsfeldes, d.h. er ist nicht entscheidungsorientiert. Sein methodischer Ausgangspunkt liegt vielmehr in den außerbetrieblichen Faktorbewegungen, wobei die benötigte Information den für die Beschaffung der Faktoren getätigten Ausgaben des Unternehmens zu entnehmen ist. Pagatorische Kosten können daher für alle Unternehmen einheitlich empirisch ermittelt werden.

Für die Verwendung des wertmäßigen oder des pagatorischen Kostenbegriffs ist vornehmlich der Zweck entscheidend, den die jeweilige Unternehmensrechnung verfolgt, so dass man sich nicht unbedingt von vornherein auf eine der beiden Begriffsdefinitionen festlegen muss. Produktions- und kostentheoretische Überlegungen basieren auf der Annahme, dass die für eine bestimmte Produktion erforderlichen Faktoreinsatzmengen erst im Anschluss an die kostenoptimale Entscheidung beschafft werden. Sofern sie bereits vorhanden sind, geht man davon aus, dass die Faktormengen ohne Beeinträchtigung des zukünftigen Entscheidungsspielraums im Produktionsbereich zur Verfügung gestellt bzw. ersetzt werden. Folglich liegt eine Rechnung mit Wiederbeschaffungswerten nahe. Für die weiteren Ausführungen wird daher der wertmäßige Kostenbegriff verwendet, wobei jeweils konstante Wiederbeschaffungspreise gelten sollen. Die Kosten ermitteln sich dann wie folgt:

$$K = q_1 \cdot r_1 + q_2 \cdot r_2 + \ldots + q_I \cdot r_I \, .$$

Die Einsatzmengen r_i der $i\,(i=1,\ldots,I)$ Faktorarten beschreiben das Mengengerüst und die Faktorpreise q_i das Wertgerüst der Kosten. Als Faktorpreise werden beispielsweise die Preise der Roh-, Hilfs- und Betriebsstoffe, die Lohnsätze der Arbeitskräfte sowie die Abschreibungen der Betriebsmittel eingesetzt.

Durch die Kostenermittlung anhand von Ressourcenpreisen werden qualitativ unterschiedliche Inputmengen in Geldeinheiten vergleichbar. Damit ist ein weiterer Schritt zur Beurteilung der Wirtschaftlichkeit der Produktion im Sinne der Kostenminimierung vollzogen. Für das Verständnis der Kosten ist dabei wichtig, dass sie nur bezogen auf den Betriebszweck der Leistungserstellung und -verwertung und jeweils nur für eine bestimmte Abrechnungsperiode definiert sind. Dem Betriebszweck entspricht es beispielsweise sicherlich nicht, wenn während der Arbeitszeit Geburtstagsfeiern abgehalten werden. Es liegt dann zwar ein unternehmerischer Aufwand für die vergeudete Arbeitsleistung vor, diesem steht allerdings kein kostenmäßiges Äquivalent gegenüber. Weiterhin dürfen bezogen auf die Abrechnungsperiode z.B. nur solche Rohstoffausgaben als Kosten verrechnet werden, die dem tatsächlichen periodenmäßigen Verbrauch dieser Rohstoffe entsprechen.[32]

2.2.2 Gesamtkosten mit variablen und fixen Kostenbestandteilen

Die Gesamtkosten umfassen denjenigen Kostenbetrag, der insgesamt für die Herstellung einer bestimmten Produktmenge x anfällt. Aus Vereinfachungsgründen erfolgt die Betrachtung eines Einproduktunternehmens, so dass anstelle von $x_j\,(j=1,\ldots,J)$ das x ohne Index Verwendung findet. Die Gesamtkosten K sind also abhängig von x, d.h. sie können als $K(x)$ dargestellt werden, und setzen sich zusammen aus den variablen Kosten K_v und den fixen Kosten K_f:

---

[32] Vgl. Fandel, G.: Produktion I, a.a.O., S. 219ff.

$$K(x) = K_v + K_f.$$

Als variabel gelten diejenigen Kosten, die mit einer Änderung der Ausbringungsmenge x variieren, also von Art und Stärke der Beschäftigung determiniert sind. Sie können daher in der Form $K_v = K_v(x)$ geschrieben werden, wobei $x = 0$ zu $K_v(0) = 0$ führt.

Kosten, die auf Produktmengenänderungen nicht reagieren, bezeichnet man als fixe oder konstante Kosten. Sie fallen unabhängig vom Beschäftigungsniveau stets in gleicher Höhe an und werden formal charakterisiert durch $K_f = c$, wobei c eine Konstante ist. Zu den fixen Kosten gehören z.B. die Gehälter für Angestellte, da die Gehaltszahlungen in einer Produktionsperiode unabhängig von der ausgebrachten Produktionsmenge getätigt werden müssen. Fixe Kosten lassen sich also auch nicht abbauen, wenn die Ausbringung auf $x = 0$ zurückgeht.

Häufig fallen fixe Kosten mit dem Einsatz von Potentialfaktoren, d.h. im Zuge der Bereitstellung von Fertigungskapazitäten, an. Die verfügbare Einsatzmenge eines Potentialfaktors wird mit r^1 bezeichnet. r^1 kann andererseits interpretiert werden als maximale Menge, die der Potentialfaktor 1 auszubringen vermag, und bedingt somit die Fertigungskapazität x^1. Die fixen Kosten des Potentialfaktors 1, bezeichnet als K_{1f}, bleiben dann bezogen auf die Ausbringungsmenge bis zur Kapazitätsgrenze x^1 konstant.

Wird die Kapazitätsgrenze x^1 durch eine herzustellende Produktmenge $x = \overline{x}$ überschritten, d.h. es gilt $\overline{x} > x^1$, so werden zusätzliche Einsatzmengen r^2 des Potentialfaktors, d.h. insgesamt $r^1 + r^2$, erforderlich. Die Kapazitätsgrenze erhöht sich dadurch von x^1 auf x^2. Anders ausgedrückt gestatten die erweiterten Kapazitäten nun eine maximale Ausbringungsmenge von $x = x^2$. Durch die Kapazitätserweiterungen erhöhen sich gleichzeitig die fixen Kosten auf K_{2f}. Ein anschauliches Beispiel für diesen Tatbestand stellen die Lkw-Versicherungen einer Spedition dar, die unabhängig von den abgegebenen Transportleistungen für zwei Lastzüge doppelt so hoch anfallen wie für einen.

Solche Kosten, die von verschiedenen Kapazitätsstufen eines Potentialfaktors ℓ, nicht aber unmittelbar von der Ausbringungsmenge abhängig sind, bezeichnet man als sprungfixe oder intervallfixe Kosten $K_{\ell f}$. Sie sind nur für bestimmte Intervalle

$$I_\ell = \left[x^{\ell-1}, x^\ell \right)$$

von Ausbringungsmengen konstant. Sprungfixe Kosten werden also durch die Beziehung $K_{\ell f} = K_{\ell f}(x) = c^\ell$ charakterisiert, wobei $x^{\ell-1} \le x < x^\ell$ gilt. Die Konstante c^ℓ gibt dabei die gesamten fixen Kosten für das Intervall zwischen den

Kapazitätsgrenzen $x^{\ell-1}$ und x^{ℓ} an $\left(\ell=1,2,\dots\right)$, wobei $c^{\ell-1}<c^{\ell}$ angenommen wird.[33]

Die folgende Abb. 2.4 veranschaulicht die geschilderten Zusammenhänge.[34]

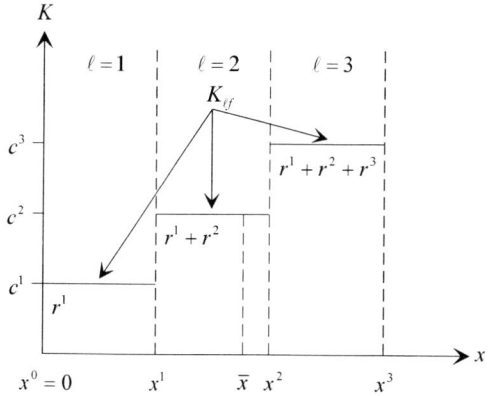

Abb. 2.4: Sprungfixe oder intervallfixe Kosten

Im Zusammenhang mit der Unterscheidung von variablen und fixen Kosten mit Blick auf ihre Abbaubarkeit ist der Begriff der Kostenremanenz bedeutsam. Dieser kennzeichnet die in der Praxis anzutreffende zeitlich verzögerte Reaktion von Kosten auf Beschäftigungsänderungen. Bei sinkender Beschäftigung können beispielsweise aufgrund von Kündigungszeiten der Personalbestand und die entsprechenden Kosten nicht sofort angepasst werden. Im umgekehrten Fall, d.h. bei zunehmender Beschäftigung, können die Kosten mit einer gleich bleibenden, aber effektiver arbeitenden Belegschaft auf einem gleich bleibenden Niveau gehalten werden, während nach einer gewissen Zeit dann doch Neueinstellungen oder Anschaffungsinvestitionen erforderlich werden. Bei sinkender Beschäftigung ist allerdings mit einer hartnäckigeren Kostenremanenz zu rechnen. Ursachen für Kostenremanenzen können z.B. rechtlicher, politischer, sozialer, prestigemäßiger, unternehmenspolitischer, technischer, marktmäßiger oder psychologischer Natur sein.[35]

---

[33] Vgl. Fandel, G.: Produktion I, a.a.O., S. 228f.
[34] Vgl. Fandel, G.: Produktion I, a.a.O., S. 229.
[35] Vgl. Seicht, G.: Moderne Kosten- und Leistungsrechnung, a.a.O., S. 59ff.

2.2.3 Stück- oder Durchschnittskosten und Grenzkosten

Die Gesamtkosten pro Stück – auch als Stückgesamtkosten, Durchschnittskosten oder Stückkosten bezeichnet – werden dadurch ermittelt, dass man die Gesamtkosten $K(x)$ für eine Ausbringungsmenge x durch diese Mengeneinheiten dividiert. Die Gesamtkosten pro Stück $k(x)$ betragen also:

$$k(x) = \frac{K(x)}{x}.$$

$k(x)$ gibt als Stückkostenfunktion an, was die Erzeugung einer einzelnen Produktionseinheit gekostet hat.

Analog zu der Aufteilung der Gesamtkosten $K(x)$ können die Gesamtkosten pro Stück $k(x)$ in variable Kosten pro Stück und fixe Kosten pro Stück zerlegt werden.

Die variablen Kosten pro Stück, auch variable Stückkosten genannt, lauten:

$$k_v(x) = \frac{K_v(x)}{x}.$$

Sie ergeben sich aus der Division der variablen Gesamtkosten $K_v(x)$ durch die Ausbringungsmenge x. Bei einer konstanten Funktion der variablen Stückkosten gilt, dass sich die variablen Kosten der Produktion auf alle hergestellten Produktionseinheiten gleichmäßig verteilen, also ein linearhomogener Kostenverlauf (linearer Verlauf der Funktion der variablen Kosten durch den Ursprung) vorliegt. Von einem derartigen Verlauf der Funktion der variablen Stückkosten wird im Folgenden ausgegangen.

Die fixen Kosten pro Stück – auch fixe bzw. konstante Stückkosten genannt – resultieren aus der Division der fixen Kosten K_f durch die jeweilig hergestellte Produktmenge x und lauten demnach:

$$k_f(x) = \frac{K_f}{x}.$$

Zu beachten ist, dass im Gegensatz zu den gesamten Fixkosten K_f die Fixkosten pro Stück $k_f(x)$ sehr wohl von der Ausbringungsmenge x abhängig sind. Da die gesamten Fixkosten K_f konstant sind, ergeben sich für steigende Ausbringungsmengen sinkende Fixkosten pro Stück.

Aus der Gesamtkostengleichung $K(x) = K_v(x) + K_f$ wird die Bestimmungsgleichung für die gesamten Kosten pro Stück abgeleitet:

$$k(x) = \frac{K(x)}{x} = \frac{K_v(x)}{x} + \frac{K_f}{x} = k_v(x) + k_f(x).$$

Mit den Grenzkosten wird ein weiterer spezieller Kostenbegriff eingeführt, der zur Charakterisierung des Verlaufs von Kostenfunktionen beiträgt. Unter der Annahme differenzierbarer Gesamtkostenfunktionen stellen die Grenzkosten $K'(x)$ die Ableitung der Gesamtkosten $K(x)$ nach der Produktmenge x dar, d.h. es gilt:

$$K'(x) = \frac{\partial K(x)}{\partial x} = \frac{\partial K_v(x)}{\partial x} + \frac{\partial K_f}{\partial x} = \frac{\partial K_v(x)}{\partial x} = K_v'(x).$$

Die Grenzkosten beschreiben also, wie sich die Gesamtkosten ändern, wenn die Ausbringungsmenge x um eine infinitesimal kleine Einheit variiert wird. Geometrisch wird durch die Grenzkosten die Steigung der Gesamtkostenfunktion an dem Punkt einer bestimmten Ausbringungsmenge x ermittelt. Da die fixen Kosten K_f unabhängig von der Ausbringungsmenge sind, ist ihre erste Ableitung nach x stets gleich Null, d.h.:

$$\frac{\partial K_f}{\partial x} = K_f' = 0 \text{ für alle } x.$$

Daraus folgt, dass die Grenzkosten an allen Produktionspunkten x mit der Steigung der Funktion $K_v(x)$ übereinstimmen. Dies bedeutet die Beziehung $K'(x) = K_v'(x)$.[36]

2.2.4 Allgemeine Kostenverläufe

Mit Hilfe der bisher genannten Kostenbegriffe lassen sich wichtige Kostenverläufe beschreiben. Eingezeichnet sind in den folgenden Abbildungen die Gesamtkosten K, variable und fixe Gesamtkosten, K_v und K_f, Grenzkosten K' sowie die Stückgesamtkosten k bestehend aus variablen und fixen Stückkosten k_v und k_f.[37]

Lineare Kosten bedeuten einen in Abhängigkeit von der Ausbringungsmenge linear steigenden Gesamtkostenverlauf. Die Grenzkosten stimmen mit den variablen Stückkosten überein und sind positiv und konstant. Die gesamten Stückkosten bilden eine Hyperbel, die sich für x gegen Null an die Ordinate und für x ge-

---

[36]   Vgl. Fandel, G.: Produktion I, a.a.O., S. 229ff.
[37]   Vgl. Fandel, G.: Produktion I, a.a.O., S. 232f.; Kloock, J. / Sieben, G. / Schildbach, T. / Homburg, C.: Kosten- und Leistungsrechnung, a.a.O., S. 51ff.

gen unendlich an die Parallele zur Abszisse in Höhe der variablen Stückkosten an-
nähert.

Progressive Kosten liegen vor, wenn die Gesamtkosten bei Erhöhung der Produktionsmenge überproportional ansteigen. Die Grenzkosten steigen stärker als
die variablen Stückkosten an.

Degressive Kosten beinhalten ein unterproportionales Ansteigen der Gesamtkosten bei Erhöhung der Ausbringungsmenge. Variable Stückkosten und Grenzkosten sind als Hyperbeln dargestellt, wobei die variablen Stückkosten oberhalb
der Grenzkosten verlaufen.

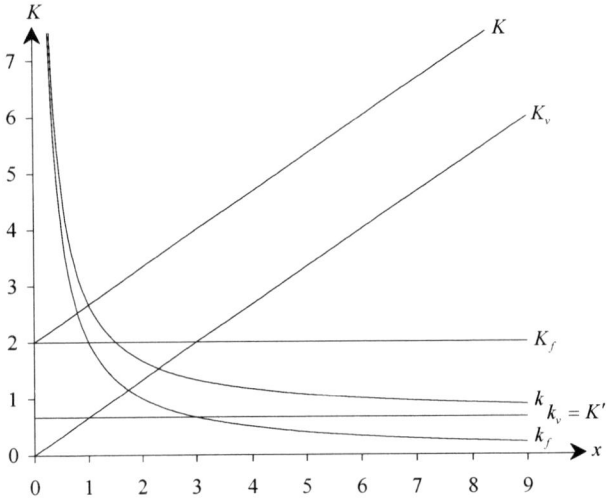

Abb. 2.5:   Lineare Kosten am Beispiel: $K(x) = \dfrac{2}{3} x + 2$

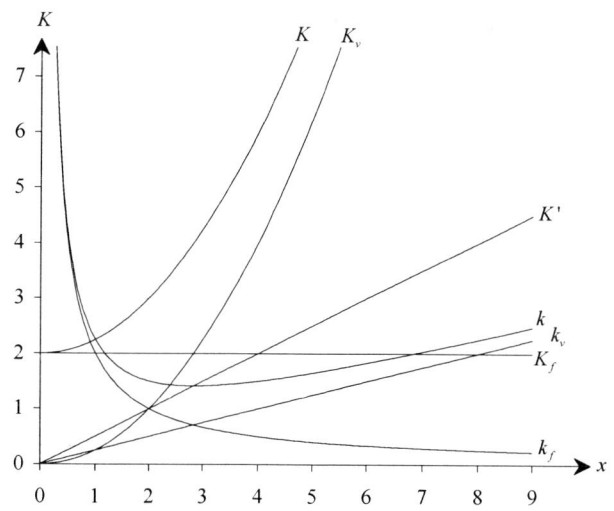

Abb. 2.6: Progressive Kosten am Beispiel: $K(x) = \dfrac{1}{4}x^2 + 2$

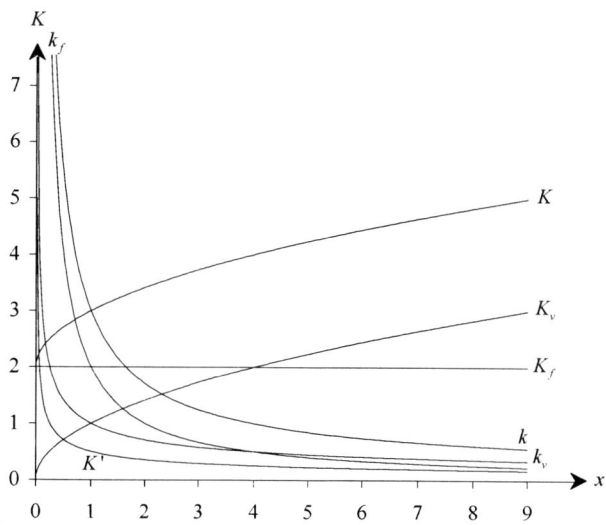

Abb. 2.7: Degressive Kosten am Beispiel: $K(x) - \sqrt{x} + 2$

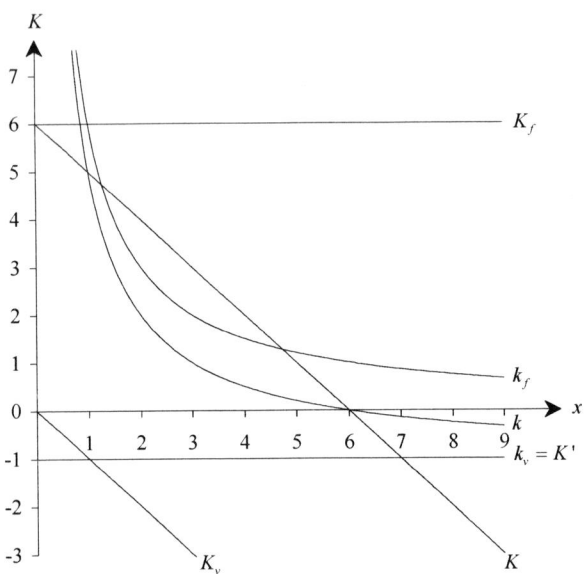

Abb. 2.8:   Regressive Kosten am Beispiel: $K(x) = -x + 6$

Es handelt sich um regressive Kosten, wenn die Gesamtkosten mit zunehmender Ausbringungsmenge fallen. Bei einem linear regressiven Kostenverlauf stimmen variable Stückkosten und Grenzkosten überein und sind negativ und konstant.

2.2.5 Einzel- und Gemeinkosten

Der Einteilung in Einzel- und Gemeinkosten liegt die unterschiedliche Zurechenbarkeit zu hergestellten oder abgesetzten Produkten als Kostenträgern zugrunde.[38]
  Wenn sich die Kosten direkt, d.h. ohne Schlüsselungen einem Kostenträger zurechnen lassen, so handelt es sich um Einzelkosten.
  Ist lediglich eine auftragsbezogene Zurechnung der Kosten möglich, so liegen Sondereinzelkosten vor. Beispiele für Sondereinzelkosten der Fertigung sind Kosten für Spezialwerkzeuge, Lizenzen oder Modelle, die für einen bestimmten Auftrag extra erworben bzw. angefertigt werden müssen. Zu den Sondereinzelkosten des Vertriebs zählen beispielsweise Verpackungs- oder Frachtkosten.[39]

[38]   Vgl. Fuchs, E. / von Neumann-Cosel, R.: Kostenrechnung, Grundlegende Einführung in programmierter Form, 6. Aufl., München 1988, S. 40.
[39]   Vgl. Kilger, W. : Einführung in die Kostenrechnung, a.a.O., S. 75.

Gemeinkosten lassen sich nicht direkt, sondern nur indirekt, d.h. mit Hilfe von Schlüsselgrößen bzw. gedanklichen Hilfskonstruktionen auf die Kostenträger verteilen.[40]

Häufig werden Kosten aus Wirtschaftlichkeitsgründen als Gemeinkosten behandelt, obwohl eine eindeutige Zuordnung zu einem Produkt möglich wäre. Ein typisches Beispiel dafür sind Kosten für Hilfsstoffe, wie beispielsweise Knöpfe bei der Kleiderfabrikation, deren Verbrauch meist nur monatlich für die Gesamtleistung einer Kostenstelle, nicht aber für jede Endproduktart und erst recht nicht für einzelne Mengeneinheiten des Endproduktes erfasst wird. Diese Kosten nennt man unechte Gemeinkosten.[41]

Die genannten Begriffe werden nachfolgend an einem Beispiel erläutert. Bei der Endmontage eines Fahrrades werden zwei Räder und eine bestimmte Anzahl von Schrauben benötigt, d.h. in Bezug auf den Kostenträger „Fahrrad" stellen die Beschaffungskosten für zwei Räder und eine bestimmte Anzahl von Schrauben Kostenträgereinzelkosten dar. Des Weiteren müssen in verschiedenen Vorgängen der Endmontage einige Tropfen Öl an die zu montierenden Teile gegeben werden, wobei die Anzahl der zu montierenden Teile je nach Fahrradtyp variiert. Es wird genau erfasst, wie viele Liter Öl in die Kostenstelle „Endmontage" eingehen. Da allerdings die verbrauchte Ölmenge je Fahrrad eines bestimmten Typs nur geschätzt werden kann, ist das Öl bezogen auf den Kostenträger „Fahrrad" keine direkt zurechenbare Größe mehr, d.h. es liegen Gemeinkosten bezüglich des Kostenträgers vor. Ergänzend wird nun angenommen, dass zur Fahrradherstellung Strom benötigt wird, beispielsweise bei der Benutzung eines Akkuschraubers zur Befestigung insbesondere von Schutzblechen, Gepäckträger und Beleuchtung. Dabei wird nicht genau erfasst, wie viele Stromeinheiten je Schraubvorgang eingesetzt werden, so dass auch die Stromkosten als (unechte) Gemeinkosten mit Hilfe von Schlüsselgrößen auf die Kostenträger weiterverrechnet werden müssen.

Das allgemeine Grundschema der Schlüsselung und Verrechnung von Gemeinkosten wird im Folgenden durch ein einfaches Beispiel vorgestellt:[42]

Zu verteilende Gemeinkosten

  in Geldeinheiten (GE):   1.000   GE

Summe der Schlüsselgrößeneinheiten

  in Maschinenstunden (MStd.):   500 MStd.

---

[40] Vgl. z.B. Haberstock, L.: Kostenrechnung I, a.a.O., S. 57; Heinen, E.: Kosten und Kostenrechnung, Nachdruck der 1. Aufl., Wiesbaden 1992, S. 15.

[41] Vgl. z.B. Mayer, E. / Liessmann, K. / Mertens, H.W.: Kostenrechnung, a.a.O., S. 11; Hummel, S. / Männel, W.: Kostenrechnung 1, Grundlagen, Aufbau und Anwendung, Nachdruck der 4. Aufl., Wiesbaden 2000, S. 98; Kloock, J.: Betriebliches Rechnungswesen, a.a.O., S. 85; Olfert, K.: Kostenrechnung, a.a.O., S. 50.

[42] Zur Gemeinkostenumlage vgl. auch Kapitel 4.2.4 zur innerbetrieblichen Leistungsverrechnung.

Kostensatz:

$$\frac{\text{zu verteilende Gemeinkosten}}{\text{Summe der Schlüsselgrößeneinheiten}} = \frac{1.000}{500} \qquad 2 \; \frac{GE}{MStd.}$$

Maschinenstunden von Kostenstelle A: 20 MStd.

Anteilige Gemeinkosten von Kostenstelle A:

$$2 \; \frac{GE}{MStd.} \cdot 20 MStd. \qquad 40 \quad GE.$$

Diesem Beispiel liegt die Annahme zugrunde, dass die Verursachung der Gemeinkosten von 1.000 GE in einer proportionalen Beziehung zu den Maschinenstunden steht. Es könnte sich hier konkret um Stromkosten des gesamten Fertigungsbereiches handeln, die auf die Kostenstellen der Fertigung (z.B. Vor-, Zwischen-, Endmontage) verteilt werden müssen. Befinden sich in den Kostenstellen gleichartige Maschinen, die je Arbeitsstunde die gleiche Strommenge beanspruchen, so kann die Wahl der Maschinenstunden als Schlüsselgröße für die Gemeinkosten eine geeignete Verteilungsgrundlage darstellen. Teilt man die Gemeinkosten durch die Summe der Maschinenstunden, so erhält man den Stromkostensatz je Maschinenstunde. Die Maschinenlaufzeit in den einzelnen Kostenstellen ist genau registriert, so dass durch Multiplikation der Maschinenstunden mit den Kosten je Maschinenstunde die anteiligen Stromkosten für die betrachteten Kostenstellen bestimmt werden können.

Die willkürliche Wahl der Schlüsselgrößen zur Verteilung von Gemeinkosten birgt die große Gefahr von Verteilungsfehlern in sich. Auch wenn man gedankliche Hilfskonstruktionen bzw. Schlüsselgrößen findet, die ein proportionales Verhältnis zu den Gemeinkosten plausibel erscheinen lassen, z.B. beheizte Quadratmeter oder Anzahl der Heizrippen zur Verteilung der Heizungskosten, ist dadurch nicht sichergestellt, dass eine annähernd verursachungsgerechte Kostenverteilung gefunden wurde. Dies wird deutlich, wenn man mehrere Verteilungsschlüssel zur Auswahl hat, die alle zu verschiedenen Ergebnissen führen. Zur Reduzierung der Fehlerwahrscheinlichkeit wird häufig die Kombination möglicher Schlüssel vorgeschlagen, aber auch hierbei handelt es sich lediglich um eine heuristische Vorgehensweise, die das Fehlerpotential nicht reduziert.[43] Aus diesem Grund ist es erstrebenswert, möglichst viele Kostenarten als Einzelkosten zu erfassen.[44] Der Einsatz neuester EDV-Technologien kann dazu beitragen, den Erfassungsaufwand für viele Kostenarten zu reduzieren und damit den Anteil unechter Gemeinkosten auf ein Minimum zu beschränken.

---

[43] Vgl. Chmielewicz, K.: Rechnungswesen, Bd. 2, Pagatorische und kalkulatorische Erfolgsrechnung, Bochum 1988, S. 184f.

[44] Vgl. Hummel, S. / Männel, W.: Kostenrechnung 1, a.a.O., S. 98; Fuchs, E. / von Neumann-Cosel, R.: Kostenrechnung, grundlegende Einführung in programmierter Form, a.a.O., S. 41.

Abschließend sollen die Zusammenhänge zwischen den Einzel- und Gemeinkosten und den variablen und fixen Kosten genauer betrachtet werden.

	Fixkosten	Variable Kosten
Einzelkosten	?	X
Gemeinkosten	X	X

Abb. 2.9:   Einzel- und Gemeinkosten und variable und fixe Kosten

Gemäß den vorangegangenen Begriffsdefinitionen gilt, dass Einzelkosten immer variabel sind und fixe Kosten immer gleichzeitig auch Gemeinkosten darstellen. Umgekehrt bestehen die variablen Kosten allerdings nicht nur aus Einzelkosten, sondern auch Gemeinkosten können durchaus mit der Beschäftigung, d.h. in Abhängigkeit von der Produktionsmenge schwanken.

In der Abb. 2.9 weist das Feld von Fixkosten und Einzelkosten ein Fragezeichen auf, da noch überlegt werden soll, ob Fixkosten tatsächlich niemals Einzelkosten sein können. Betrachtet man beispielsweise die in der Praxis weit verbreitete Maschinenstundensatzrechnung, in der minuten- oder sekundengenau die Betriebsmittelkosten einzelnen bearbeiteten Kostenträgereinheiten zugeordnet werden, so mutet dies an, als würde man Fixkosten – in diesem Falle beispielsweise die Abschreibungen für die betrachtete Maschine – doch verursachungsgenau wie Einzelkosten zuordnen können. Die Zeit als Maßeinheit für die Leistungsabgabe der Maschine an die bearbeiteten Kostenträgereinheiten stellt jedoch lediglich eine Schlüsselgröße für die Zuordnung der für die Maschine als Ganzes anfallenden Kosten dar. Die Abschreibungen werden zunächst der Maschine und erst in einem zweiten Schritt über den Zeitverteiler den Kostenträgern zugeordnet, es handelt sich also nicht um Einzelkosten. In Abb. 2.10 fehlt folglich eine Verbindungslinie zwischen Fixkosten und Einzelkosten. Fixkosten lassen sich nicht direkt einzelnen Kostenträgern zuordnen.

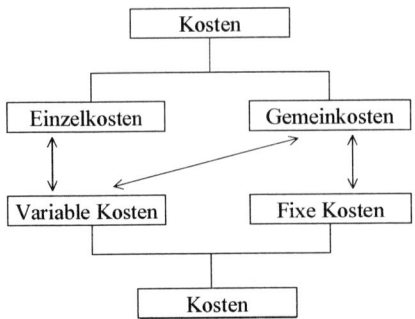

Abb. 2.10: Zusammenhang zwischen Einzel- und Gemeinkosten und variablen und fixen Kosten[45]

2.2.6 Primäre und sekundäre Kosten

Die Unterscheidung von primären und sekundären Kosten wird nach dem Kriterium der Herkunft der Kosten getroffen.

Primäre Kosten entstehen durch den Verbrauch von Gütern, Arbeits- und Dienstleistungen, die von außen, d.h. von den Beschaffungsmärkten, in den Betrieb eingehen.

Sekundäre Kosten stellen den bewerteten Verzehr innerbetrieblicher Leistungen dar. Es wird berücksichtigt, dass ein Unternehmen nicht nur Leistungen erbringt, die für den Absatzmarkt bestimmt sind, sondern auch solche, die innerhalb des Betriebes Verwendung finden. Dabei handelt es sich beispielsweise um Reparaturleistungen der betriebseigenen Werkstatt.[46]

2.2.7 Ist-, Normal- und Plankosten

Bei den Istkosten handelt es sich um in der Vergangenheit effektiv angefallene Kosten. Zu ihrer Ermittlung werden die Istverbrauchsmengen mit den Istpreisen, d.h. den tatsächlichen Anschaffungspreisen, multipliziert. Preisschwankungen, etwa aufgrund von Rohstoffpreisschwankungen, gehen dabei voll in die Berechnungen und Ergebnisse ein. Berücksichtigt man bei der Kostenarten-, Kostenstellen- und Kostenträgerrechnung nur Istkosten, so spricht man von einer Istkosten-

---

[45]   Däumler, K.-D. / Grabe, J.: Kostenrechnung 1, a.a.O., S. 136.

[46]   Vgl. Wöhe, G.: Einführung in die Allgemeine Betriebswirtschaftslehre, a.a.O., S. 936f.; Haberstock, L.: Kostenrechnung I, a.a.O., S. 59.

rechnung. Zu beachten ist allerdings, dass es bestimmte Kostenarten gibt, die Plan- bzw. Durchschnittscharakter haben, z.B. kalkulatorische Zinsen, d.h. eine reine Istkostenrechnung existiert nicht. Als Vorteil erweist sich bei der Istkostenrechnung neben der Einfachheit des Abrechnungssystems, dass für bestimmte Kostenstellen oder Aufträge im Nachhinein die tatsächlich angefallenen Kosten erfasst werden können. Dies ist z.B. für Maschinenbauunternehmen mit kundenauftragsorientierter Einzelfertigung unerlässlich. Es ist allerdings auch ein Nachteil darin zu sehen, dass dieses System nur vergangenheitsbezogene Daten zur Verfügung stellt, auf deren Basis lediglich innerbetriebliche Zeitvergleiche oder zwischenbetriebliche Vergleiche möglich sind. Für eine wirksame Wirtschaftlichkeitskontrolle fehlen Sollkosten mit Vorgabecharakter. Ein weiterer Nachteil resultiert aus den erfassten Preisschwankungen in der Istkostenrechnung. Für jede Abrechnungsperiode müssen im Rahmen der Kostenstellen- und der Kostenträgerrechnung für alle Leistungen neue Verrechnungs- bzw. Kalkulationswerte ermittelt werden, wodurch das System umfangreich und aufwendig wird.

Normalkosten stellen Durchschnittswerte, d.h. um außergewöhnliche Vorfälle bereinigte Istkosten, vergangener Perioden dar. Der Durchschnittsbildung oder Normalisierung können dabei verschiedene Vorgehensweisen, wie aktualisierte oder statistische Mittelwertbildung, zugrunde liegen.[47] Geht man bei der Kostenarten-, Kostenstellen- und Kostenträgerrechnung von Normalkosten aus, so ist von Nachteil, dass eine exakte Nachkalkulation nicht mehr erfolgen kann. Gegenüber der Istkostenrechnung besteht in der Normalkostenrechnung der Vorteil, dass Zufallsschwankungen durch die Normalisierung geglättet werden und somit der Abrechnungsaufwand sinkt. Allerdings wird auch durch die Normalkostenrechnung eine wirksame Wirtschaftlichkeitskontrolle noch nicht möglich. In Kombination mit einer Istkostenrechnung können lediglich Über- oder Unterdeckungen als Differenz aus Normal- und Istkosten für Vergleichszwecke ermittelt werden.

Im Gegensatz zu Ist- und Normalkosten handelt es sich bei Plankosten um zukunftsorientierte Kosten. Ihnen liegt die Berechnung von Kosten zugrunde, die mit der Realisierung bestimmter Handlungsalternativen bei angestrebtem wirtschaftlichen Verhalten entstehen müssten bzw. dürften. Zur Ermittlung von Plankosten wird die Plan- oder Sollverbrauchsmenge mit dem Planpreis multipliziert. In Abhängigkeit von der Anpassungsfähigkeit an Beschäftigungsschwankungen unterscheidet man Systeme der starren und der flexiblen Plankostenrechnung; in Abhängigkeit davon, ob den Kostenträgern die gesamten oder nur die variablen Kosten zugerechnet werden, erfolgt bei der flexiblen Plankostenrechnung die Unterscheidung von Systemen auf Voll- und auf Teilkostenbasis.[48] In Kombination mit einer Istkostenrechnung ergibt sich für die Plankostenrechnung der große Vorteil, dass eine wirksame Wirtschaftlichkeitsanalyse möglich wird, die

---

[47] Vgl. Kilger, W. / Pampel, J. / Vikas, K.: Flexible Plankostenrechnung und Deckungsbeitragsrechnung, 12. Aufl., Wiesbaden 2007, S. 47f.

[48] Vgl. Kapitel 5.1 sowie Kapitel 6.

Kontroll- und Vorgabeinformationen sowie Aussagen zu dispositiven Zwecken liefert.[49]

2.3 Deckungsbeitrag

Der Begriff Deckungsbeitrag bringt die Funktion des Bruttogewinns zum Ausdruck, der zur Deckung der einem Kalkulationsobjekt nicht direkt zurechenbaren oder nicht zugerechneten Kosten beiträgt. Der Deckungsbeitrag ermittelt sich allgemein als Differenz aus den Stückerlösen und den Stückeinzelkosten, die einem Kalkulationsobjekt nach dem Kostenverursachungsprinzip direkt zugerechnet werden können. Dadurch wird der Betrag ermittelt, den ein Kalkulationsobjekt zur Deckung der ihm nicht direkt zurechenbaren Kosten erwirtschaftet. Ein Deckungsbeitrag entsteht, wenn ein Objekt oder eine Handlungsalternative realisiert wird, und er entsteht nicht, wenn die Realisation entfällt.

Die Deckungsbeitragsrechnung stellt ein Instrument zur Erfolgsplanung und Erfolgskontrolle dar. Je nach gewählter Bezugsbasis lassen sich Deckungsbeiträge für unterschiedliche, hierarchisch angeordnete Objekte ermitteln. Denkbar ist die Anordnung der Berechnung von Deckungsbeiträgen für:

→ Produkteinheit
  → Produktart
    → Produktgruppe
      → Kostenstelle
        → Betriebsbereich
          → Gesamtunternehmung.

In der Kalkulation werden zunächst die Kosten je Kostenträgereinheit ausgewiesen und anschließend den entsprechenden Einzelerlösen gegenübergestellt. Zur Aggregation auf der nächsthöheren Ebene werden die so ermittelten Deckungsbeiträge pro Einheit mit den Stückzahlen multipliziert, je nach Zugehörigkeit zu einer Produktart summiert und um die auf dieser Ebene zusätzlich zurechenbaren Kosten vermindert. Diese Aggregation erfolgt bis hin zur Ermittlung des Gesamtgewinns eines Unternehmens, wobei die Summe aller Deckungsbeiträge, d.h. der Bruttoerfolg, den nach Kostenstellen differenzierten gesamten Fixkosten gegenübergestellt wird. Da die Deckungsbeitragsrechnung sowohl die Erfolgsplanung als auch die Erfolgskontrolle zum Ziel hat, werden zu ihrer Durchführung nicht nur Ist-, sondern auch Plankosten- und -erlösdaten benötigt.[50]

---

[49]   Vgl. Haberstock, L.: Kostenrechnung I, a.a.O., S. 173ff.
[50]   Zur Deckungsbeitragsrechnung vgl. Kapitel 5.

2.4 Verursachungsprinzip

In der Kostenrechnung wird angestrebt, sämtliche Kosten beginnend bei der Kostenartenrechnung über die Kostenstellenrechnung bis hin zur Kostenträgerrechnung nach dem Prinzip der Kostenverursachung zu verteilen. Dafür ist zunächst zu klären, welche Größen für die Entstehung von welchen Kosten verantwortlich sind. Die Festlegung dieser so genannten Kostenverursachungsgrößen ist der erste Schritt, dem sich die Untersuchung der Gesetzmäßigkeiten des Kostenverhaltens anschließt. Zur Ermittlung der funktionalen Beziehungen zwischen Kosten und ihren Verursachungsgrößen kann z.b. die Regressionsanalyse eingesetzt werden.

Die Kostenartenrechnung berücksichtigt das Verursachungsprinzip bereits insofern, als unter Kosten nur derjenige bewertete Güter- und Dienstleistungsverzehr erfasst wird, der in einer bestimmten Abrechnungsperiode angefallen und mit dem eigentlichen Betriebszweck verbunden ist; ansonsten handelt es sich um neutralen Aufwand.

In der allgemeinen Form besagt das Verursachungsprinzip, dass einem Bezugsobjekt (z.B. einer Kostenstelle) nur diejenigen Kosten zugerechnet werden dürfen, die dieses verursacht hat.

Die spezielle Form des Verursachungsprinzips bedeutet, dass einer Kostenträgereinheit (z.B. einer Endprodukteinheit) nur genau diejenigen Kosten zuzuordnen sind, die durch sie verursacht wurden bzw. die bei ihrer zusätzlichen Herstellung entstehen und bei Unterlassen entfallen würden.

Bei der Verrechnung von Fixkosten in der Kostenträgerrechnung kann wie in Kapitel 2.2.5 erläutert das Verursachungsprinzip nicht eingehalten werden. Daraus folgt die Überlegung, Fixkosten ganz von der Berechnung auszuklammern und eine Teil- bzw. Grenzkostenrechnung zu nutzen, in der den Kostenträgern nur variable Kosten zugerechnet werden. Soll dennoch auf der Basis von Vollkosten kalkuliert werden, so setzt man für die Verteilung der Fixkosten vom Verursachungsprinzip abweichende Verteilungsgrundsätze an, die dann allerdings keine korrekten Ergebnisse liefern können.[51]

Das Verursachungsprinzip wird in der Literatur insbesondere kausal als Ursache-Wirkung-Beziehung (causa efficiens) oder final als Zweck-Mittel-Beziehung (causa finalis) interpretiert.[52] Die kausale Interpretation des Verursachungsprinzips besagt, dass zwischen der Leistungserstellung und dem Verbrauch von Produktionsfaktoren eine Ursache-Wirkung-Beziehung besteht, d.h. Kosten entstehen durch die Erstellung von Leistungen und sind diesen verursachenden Leistungen zuzuordnen.[53] Es handelt sich um eine enge Interpretation des Verur-

---

[51] Vgl. Haberstock, L.: Kostenrechnung I, a.a.O., S. 47f.; Kloock, J. / Sieben, G. / Schildbach, T. / Homburg, C.: Kosten- und Leistungsrechnung, a.a.O., S. 47.

[52] Vgl. Vormbaum, H.: Kalkulationsarten und Kalkulationsverfahren, 4. Aufl., Stuttgart 1977, S. 15.

[53] Vgl. Schweitzer, M. / Küpper, H.-U.: Systeme der Kosten- und Erlösrechnung, a.a.O., S. 55f.

sachungsprinzips, da nur diejenigen Kosten angesprochen werden, die durch den willentlichen Güterverbrauch mit dem Ziel der Erstellung bestimmter Güter entstanden sind. Konkret sollten Kostenstellen oder Kostenträgern nur die direkt zurechenbaren variablen, d.h. die beschäftigungs- bzw. leistungsabhängigen Kosten (einschließlich der variablen Gemeinkostenanteile) zugeordnet werden. Eine pauschale Umlage von Kosten aus übergeordneten Bereichen auf untergeordnete entfällt ebenso wie die Berücksichtigung der fixen Kostenträgergemeinkosten. Damit stellt die kausale Interpretation des Verursachungsprinzips das tragende Prinzip der Grenzkostenrechnung dar, in der die tatsächlichen kostenmäßigen Konsequenzen bestimmter Entscheidungen aufgezeigt werden sollen.[54]

Im Unterschied zum kausalen Ansatz besagt die finale Interpretation des Verursachungsprinzips, dass zwischen dem Faktorverbrauch und der Leistungserstellung eine Zweck-Mittel-Beziehung besteht, was bedeutet, dass die aus dem Verbrauch von Produktionsfaktoren resultierenden Kosten ein Mittel zum Zweck der Leistungserstellung darstellen bzw. auf diese einwirken, weshalb das Finalprinzip auch als Kosteneinwirkungsprinzip bezeichnet wird. Den erstellten Gütern sind nach dieser Interpretation des Verursachungsprinzips diejenigen bewerteten Güterverbräuche zuzuordnen, ohne deren Einsatz die Erstellung nicht möglich gewesen wäre, d.h. nach dem Finalprinzip müssen auch Fixkosten den Kostenträgern zugeordnet werden.[55]

KILGER stellt das Kausalprinzip in Frage, indem er sagt, dass die Ursache für die Entstehung von Kosten letztlich die Entscheidungen sind, die dazu führen, dass bestimmte Leistungen produziert werden sollen. Demnach sind Kostenentstehung und Produktion „funktionalverbundene Wirkungen bestimmter Entscheidun-gen".[56] Solche funktionalen Verknüpfungen, die eben gerade nicht kausaler Art sind, liegen mehrheitlich den Überlegungen zum Verursachungsprinzip zugrunde. Beim Kausalprinzip gilt die Leistungserstellung als Ursache für die Kostenentstehung, hingegen wird beim Finalprinzip die Leistungserstellung als Wirkung der Kostenentstehung interpretiert. Insofern ist das Finalprinzip lediglich die Umkehrung des Kausalprinzips, und die angeführte Kritik zum Kausalprinzip gilt für beide Ansätze gleichermaßen. Beide Ansätze vermögen nicht, die Fixkostenproblematik zu lösen. Interpretiert man nach dem Finalprinzip die Fixkosten als Mittel zum Zweck der Aufrechterhaltung der Betriebsbereitschaft, so sind sie der Gesamtheit der mit der gegebenen Kapazität erstellten Leistungen zuzuordnen. Die direkte Zuordnung zu einer Leistungsart oder -einheit ist aber auch mit dem Finalprinzip nicht möglich.[57]

Einen Sonderfall des Final- bzw. Kosteneinwirkungsprinzips stellt das so genannte Beanspruchungsprinzip dar, das im Rahmen der Prozesskostenrechnung

---

[54] Vgl. Seicht, G.: Moderne Kosten- und Leistungsrechnung, a.a.O., S. 61f.

[55] Vgl. Kosiol, E.: Kostenrechnung der Unternehmung, 2. Aufl., Wiesbaden 1979, S. 31f.

[56] Kilger, W.: Einführung in die Kostenrechnung, a.a.O., S. 75.

[57] Vgl. Haberstock, L.: Kostenrechnung I, a.a.O., S. 49.

relevant wird. Zusätzlich zum Einwirkungsprinzip gilt für einen Anstieg der Beschäftigung, dass eine zusätzliche Ressourcenbeanspruchung erfolgt (beispielsweise werden bei einer Erhöhung der Beschäftigung bisher nicht ausgelastete Mitarbeiter stärker beansprucht), dass aber nicht notwendigerweise die Kosten der betrachteten Periode ansteigen (da in diesem Beispiel Löhne und Gehälter der stärker beanspruchten Mitarbeiter ohnehin gezahlt werden).[58]

Auch RIEBEL übt Kritik am Verursachungsprinzip und schlägt das so genannte Identitätsprinzip vor,[59] wonach eine Zurechnung nur damit begründet werden kann, „daß die einander gegenüberzustellenden Größen auf dieselbe, identische Entscheidungsalternative oder Maßnahme zurückgeführt werden können, die die Existenz beider Größen auslöst."[60] Sowohl der Faktorverbrauch als auch die Entstehung des Kalkulationsobjektes müssen demnach durch dieselbe Entscheidung verursacht worden sein, und aufgrund der Produktionsbedingungen stehen sie in einem bestimmten Verhältnis zueinander. Diese Aussage steht grundsätzlich nicht im Widerspruch zu den Inhalten des (kausalen) Verursachungsprinzips. Präzisiert werden könnten die Zusammenhänge durch die Bezeichnungen Relevanz- oder Funktionalprinzip. Nach der Meinung von KILGER sollten „eingebürgerte Begriffe der Kostenrechnung (...) aber durch neue Bezeichnungen nur ersetzt werden, wenn hierzu eine zwingende Notwendigkeit besteht."[61]

Die finale Interpretation des Verursachungsprinzips bedingt – wie oben erläutert – die Durchführung einer Vollkostenrechnung, wobei eine Zuordnung von Fixkosten zu einzelnen Kostenträgereinheiten nicht möglich ist. Will man trotz dieser Fixkostenproblematik eine Vollkostenrechnung durchführen,[62] bedient man sich so genannter Hilfsprinzipien, von denen die wichtigsten nachfolgend erläutert werden.

Ein Vorschlag zur Umsetzung des Finalprinzips stellt das so genannte Durchschnittsprinzip dar, nach dem im Einproduktfall die gesamten Fixkosten durch die gesamte Leistungsmenge dividiert und im Mehrproduktfall mit Hilfe von Schlüsselgrößen verteilt werden. Es handelt sich hierbei um eine rechnerisch erzeugte, d.h. künstliche Fixkostenproportionalisierung, weshalb die Anwendung des Durchschnittsprinzips in einer entscheidungsorientierten Kostenrechnung als sehr kritisch einzustufen ist. Der Begriff des Proportionalitätsprinzips wird häufig als Synonym für das Durchschnittsprinzip eingesetzt. HABERSTOCK weist allerdings

58 Vgl. Schiller, U. / Lengsfeld, S.: Strategische und operative Planung mit der Prozeßkostenrechnung, in: Zeitschrift für Betriebswirtschaft (1998) 5, S. 525-547, hier S. 528.
59 Zum Riebelschen Konzept der Relativen Einzelkosten- und Deckungsbeitragsrechnung vgl. Kapitel 5.3.2.2.
60 Riebel, P.: Deckungsbeitrag und Deckungsbeitragsrechnung, in: Grochla, E. / Wittmann, W. (Hrsg.): Handwörterbuch der Betriebswirtschaft, Bd. I/1, 4. Aufl., Stuttgart 1974, Sp. 1137-1155, hier Sp. 1141.
61 Kilger, W.: Einführung in die Kostenrechnung, a.a.O., S. 76.
62 Vgl. Abb. 5.1.

darauf hin, dass es zur Einhaltung des Proportionalitätsprinzips nicht ausreicht, lediglich einen linearen Gesamtkostenverlauf anzunehmen, vielmehr muss das Verursachungsprinzip erfüllt sein, d.h. die unterstellte Proportionalität muss auf einer direkten Zuordenbarkeit basieren. Die synonyme Begriffsverwendung ist folglich nicht korrekt, da das Durchschnittsprinzip die oben beschriebene künstliche Fixkostenproportionalisierung beinhaltet. Auf den Begriff Proportionalitätsprinzip sollte daher ganz verzichtet werden.[63]

Ein weiteres Hilfsprinzip zur Lösung der Fixkostenproblematik stellt das Leistungsentsprechungsprinzip dar. Nach diesem sollen die Gesamtkosten auf die gesamten Leistungseinheiten gemäß der Größenrelation zwischen den Leistungseinheiten, d.h. leistungsentsprechend und möglichst gerecht, verteilt werden. Bei homogenen Leistungen würde sich dann der auf eine Leistungseinheit entfallende Kostenanteil aus der Division der Gesamtkosten durch die Gesamtzahl der Leistungseinheiten ergeben.[64]

Relevant für die Verteilung der Gemeinkosten nach dem Tragfähigkeitsprinzip ist schließlich die Fähigkeit der erstellten Leistungseinheiten, Kosten zu übernehmen, wobei diese Fähigkeit anhand des Bruttostückgewinns beurteilt wird. Da der Absatzpreis allerdings keinen begründeten Zusammenhang zum Kostenanfall aufweist, ist auch die Sinnhaftigkeit der Kostenzurechnung nach dem Tragfähigkeitsprinzip sehr kritisch zu sehen.[65]

Zusammenfassend ist das Verursachungsprinzip als dominierende Regel der Kostenverrechnung anerkannt. Bei einer Vollkostenrechnung können aufgrund der Fixkostenproblematik auch die Hilfsprinzipien keine korrekten Ergebnisse liefern. Grundsätzlich beinhalten aber alle Prinzipien gleichermaßen die gemeinsame Forderung, dass bei der Zuordnung bzw. Verrechnung von Kosten willkürliche Verteilungen zu vermeiden sind.[66]

2.5 Zurechnungsproblem

Zurechnungsprobleme entstehen in Situationen, in denen aus dem Gesamtwert einer Kombination die Werte ihrer einzelnen Teile ermittelt werden sollen. In vielen praktischen Situationen ist lediglich der Wert einer Gesamtkombination be-

---

[63]   Vgl. Haberstock, L.: Kostenrechnung I, a.a.O., S. 51 (Fußnote 2).

[64]   Vgl. Seicht, G.: Moderne Kosten- und Leistungsrechnung, a.a.O., S. 64; Zimmermann, G.: Grundzüge der Kostenrechnung, a.a.O., S. 73.

[65]   Vgl. Zimmermann, G.: Grundzüge der Kostenrechnung, a.a.O., S. 74f.; Schweitzer, M. / Küpper, H.-U.: Systeme der Kosten- und Erlösrechnung, a.a.O., S. 59f. Das Tragfähigkeitsprinzip findet später im Rahmen der Kuppelkalkulation in Kapitel 4.3.3.4.2 Anwendung.

[66]   Vgl. Haberstock, L.: Kostenrechnung I, a.a.O., S. 47.

kannt, allerdings sind teilbezogene Wertangaben zur Beurteilung und Disposition der Teilkomponenten erforderlich.

Der Begriff Zurechnung ist nicht gleichbedeutend mit dem Begriff Bewertung. Bei der Bewertung werden allgemein Objekten oder Aktionen unter Beachtung einer Zielsetzung Werte zugeordnet. Dagegen beinhaltet die Zurechnung die Ableitung von Werten einzelner Objekte entweder aus den Werten anderer Objekte oder aus dem Gesamtwert der Kombination der einzelnen. Man unterscheidet sachbezogene und zeitbezogene Zurechnung je nachdem, ob die Objekte, auf die zugerechnet wird, Sachgrößen oder Zeitabschnitte sind.

In der Kosten- und Leistungsrechnung können Zurechnungsprobleme z.B. bei der Verteilung von Kosten auf Kostenstellen und Kostenträger auftauchen, da die Eindeutigkeit der Zuordnung nicht für alle Arten von Kosten bzw. nicht für alle betrieblichen Situationen gegeben ist. Neben der allgemeinen Problematik der Schlüsselung von Fix- bzw. Gemeinkosten ist beispielsweise die Kostenzurechnung zu den Output-Größen einer Kuppelproduktion ein nicht zu lösendes Zurechnungsproblem.[67]

Kostenzurechnungsprinzipien stellen Grundsätze oder Konventionen dar, nach denen Kosten auf Bezugsobjekte, wie Kostenstellen oder Kostenträger, verteilt werden. Die wichtigsten Zurechnungsprinzipien wurden bereits in Kapitel 2.4 erläutert (z.B. Verursachungs-, Identitäts-, Durchschnitts-, Leistungsentsprechungs- und Tragfähigkeitsprinzip).

Die Diskussionen um Kausalität und Finalität des Verursachungsprinzips und die Frage, ob Kosten und Leistungen überhaupt in einer direkten Ursache-Wirkung-Beziehung stehen, führten zu Vorschlägen, die das Verursachungsprinzip nicht widerlegen,[68] sondern es präzisieren oder in verschiedene Richtungen interpretieren, wonach einerseits die nach „objektiven" Prinzipien nicht eindeutig zurechenbaren Kosten – dabei wird es sich meist um die fixen Gemeinkostenanteile handeln – ganz von der Betrachtung ausgeschlossen werden könnten, was zu Teilkostenrechnungen führt. Um die Fixkosten nicht völlig unberücksichtigt zu lassen, wird andererseits der Aufbau von Bezugsgrößenhierarchien vorgeschlagen, die es ermöglichen, mit Hilfe einer stufenweisen Vorgehensweise alle Kosten eindeutig zuzuordnen.[69] Parallel dazu oder ersatzweise wird empfohlen, nach betriebspolitischen Gesichtspunkten Anlastungsprinzipien heranzuziehen, nach denen Kosten zweckbedingt, allerdings willkürlich den Objekten zugeteilt werden. Die Wahl von Zurechnungsprinzipien und Schlüsseln wird so zu einer unternehmenspolitischen Entscheidung. Ihre Zweckmäßigkeit und Richtigkeit lässt sich allgemein nur schwer beurteilen. Ein möglicher Ansatz zur Systematisierung von Zurechnungsprinzipien nach verschiedenen Rechnungszwecken unterscheidet

---

[67]   Vgl. Hörner, W.: Zurechnung, in: Grochla, E. / Wittmann, W. (Hrsg.): Handwörterbuch der Betriebswirtschaft, Bd. I/3, 4. Aufl., Stuttgart 1976, Sp. 4752-4767, hier Sp. 4756.

[68]   Vgl. Vormbaum, H.: Kalkulationsarten und Kalkulationsverfahren, a.a.O., S. 15.

[69]   Zur Deckungsbeitragsrechnung vgl. Kapitel 5.

zwischen eindeutig zwingender und zweckgerichteter individueller Zurechnung.[70] In jedem Fall allerdings sollen die Methoden und ihre Auswahl nachvollziehbar und begründet sein.

2.6 Übungsaufgaben zu Kapitel 2

Übungsaufgabe 2.1:   Auszahlung, Ausgabe, Aufwand, Kosten

Definieren Sie die Begriffe Auszahlung, Ausgabe, Aufwand und Kosten, und grenzen Sie diese voneinander ab.

Übungsaufgabe 2.2:   Einzahlung, Einnahme, Ertrag, Leistung

Definieren Sie die Begriffe Einzahlung, Einnahme, Ertrag und Leistung.

Übungsaufgabe 2.3:   Imparitätsprinzip und Abgrenzung von Einnahme und Ertrag
---
Erläutern Sie das Imparitätsprinzip, und stellen Sie dieses mit den zugehörigen Ertragsformeln dar. Erläutern Sie darauf aufbauend die Fälle, dass ein Ertrag aber keine Einnahme bzw. eine Einnahme aber kein Ertrag vorliegt.

Übungsaufgabe 2.4:   Leistungserfolg in der Kostenrechnung

Wie ist der Leistungserfolg in der Kostenrechnung definiert, und inwiefern ist er in der Erfolgsermittlung der Finanzbuchhaltung berücksichtigt?

Übungsaufgabe 2.5:   Wertmäßiger Kostenbegriff und Dilemma der Kostenbewertung
---
Wie ist der wertmäßige Kostenbegriff definiert, und worin besteht das Dilemma der Kostenbewertung?

Übungsaufgabe 2.6:   Grafische Darstellung einer beispielhaften Kostenfunktion
---
Zeichnen Sie die Kostenfunktion $K(x) = 2x + 3$ in ein Koordinatensystem ein.

---

[70]   Vgl. Hörner, W.: Zurechnung, a.a.O., Sp. 4755ff.

Übungsaufgabe 2.7: Variable und fixe Kosten, Stück- oder Durchschnittskosten und Grenzkosten

Bestimmen Sie für die folgenden drei Beispiele die variablen und die fixen Kosten, die Stück- oder Durchschnittskosten und die Grenzkosten.

(1) $K(x) = 2x^2 + 2$ (2) $K(x) = \sqrt{4x} + \dfrac{1}{2}$

(3) $K(x) = -6x + 10$.

Übungsaufgabe 2.8: Lineare, progressive, degressive, regressive Kostenfunktion

Geben Sie jeweils ein Beispiel für die Kostenfunktion eines linearen, progressiven, degressiven und regressiven Kostenverlaufs an.

Übungsaufgabe 2.9: Einzel- und Gemeinkosten in Abgrenzung zu variablen und fixen Kosten

Charakterisieren Sie Einzel- und Gemeinkosten in Abgrenzung zu variablen und fixen Kosten. Geben Sie außerdem die entsprechenden Funktionen der variablen und fixen Gesamtkosten an, und stellen Sie diese grafisch dar.

Übungsaufgabe 2.10: Primäre und sekundäre Kostenarten

Geben Sie jeweils drei Beispiele für primäre und sekundäre Kostenarten an.

Übungsaufgabe 2.11: Ist- und Plankostenrechnungssysteme

Welche Vor- und Nachteile weisen die Systeme der Ist- und der Plankostenrechnung im Hinblick auf die Kalkulation von Gütern bei Einzelfertigung bzw. bei Massenfertigung auf?

Übungsaufgabe 2.12: Verbale Darstellung des Deckungsbeitrags

Erläutern Sie verbal Bedeutung und Inhalt des Deckungsbeitrags.

Übungsaufgabe 2.13: Verursachungsprinzip

Welches ist die grundlegende Aussage des Verursachungsprinzips, auf welche Objekte kann es sich beziehen, und welche Verteilungsgrundsätze können hilfsweise anstelle des Verursachungsprinzips zum Einsatz kommen?

Übungsaufgabe 2.14: Zurechnungsproblem

Für welchen Anteil der Gesamtkosten eines Unternemens entsteht ein Zurechnungsproblem, und welche Lösungsvorschläge gibt es?

3 Produktions- und kostentheoretische Grundlagen

3.1 Verbindungen von Produktions- und Kostentheorie zur Kostenrechnung

In Kapitel 1.3 wurde dargestellt, dass zu den Aufgaben einer entscheidungsorientierten Kostenrechnung die Dokumentation, Kontrolle und Disposition gehören. Die Erfüllung der beiden letztgenannten Aufgaben erfordert unter anderem eine detaillierte Planung der zukünftig anfallenden Kosten. Eine sinnvolle Gestaltung der Kostenplanung setzt wiederum die Kenntnis der (gesetzmäßigen) Beziehungen zwischen den Kosten und ihren Einflussgrößen voraus. Die Untersuchung der Abhängigkeit der Kostenhöhe von verschiedenen Einflussgrößen erfolgt auf der Grundlage von Kostenfunktionen,[71] wobei sich die Kosteneinflussgrößen sowohl auf das Mengengerüst (Faktoreinsätze) als auch auf das Wertgerüst (Faktorpreise) der Kosten beziehen können.

Die Formulierung und Analyse von Kostenfunktionen sind Gegenstand der Erklärungsaufgabe der Kostentheorie. Dabei sind die entsprechenden Kosteneinflussgrößen sichtbar zu machen und systematisch zu erfassen.

Neben der Erklärungsaufgabe kommt der Kostentheorie auch eine Gestaltungsaufgabe zu. Die Gestaltungsaufgabe der Kostentheorie besteht darin, die Kosteneinflussgrößen so zu bestimmen und gegeneinander festzulegen, dass die Produktionsentscheidung im Hinblick auf die unternehmerische Zielsetzung optimal ausfällt. Hieraus folgen zwei spezielle Teilaufgaben. Inhalt der ersten Teilaufgabe ist es, unter den möglichen Kombinationen von Produktionsfaktoren stets diejenige zu ermitteln, die ein nach Art und Menge festgelegtes Produktionsergebnis mit den geringsten Kosten verwirklicht. Eine solche Faktorkombination wird als Minimalkostenkombination bezeichnet. Gegenstand der zweiten Teilaufgabe ist es, für die eingesetzten Produktionsfaktoren jene innerbetrieblichen Wertansätze zu bestimmen, welche die Verwendung der knappen Ressourcen im Unternehmen in der Weise gewährleisten, dass das Ziel der Unternehmung – der maximale Gewinn – erreicht wird. Dies führt zu dem Problem der Ermittlung geeigneter Verrechnungspreise, die eine gewinnmaximale Ressourcenallokation im Betrieb ermöglichen. Streng genommen ergeben sich die als innerbetriebliche Verrech-

---

[71] Vgl. Kapitel 3.4.

nungspreise bezeichneten Werte jedoch erst aus der optimalen Ressourcenallokation. Man bezeichnet diesen Sachverhalt als Dilemma der Kostenbewertung.[72]

Der Werteverzehr durch den betrieblichen Kombinationsprozess ist Untersuchungsgegenstand der Kostentheorie.[73] Es ist allerdings zu beachten, dass bei der Erfassung der Kosteneinflussgrößen oder der Ermittlung der kostenminimalen Faktorkombination auch die Untersuchung von Mengengrößen in den Aufgabenbereich der Kostentheorie fällt. Die wertmäßigen Zusammenhänge lassen sich also nicht losgelöst von den mengenmäßigen Zusammenhängen betrachten. Vielmehr entstehen die Kosten erst dadurch, dass dem Mengengerüst des betrieblichen Kombinationsprozesses entsprechende Wertgrößen zugeordnet werden.[74]

Das Mengengerüst des betrieblichen Kombinationsprozesses stellt den Untersuchungsgegenstand der Produktionstheorie dar.[75] Ihre Aufgabe besteht in der Ermittlung und Darstellung der (gesetzmäßigen) Beziehungen, welche zwischen den mengenmäßig ausgebrachten Produkten und den eingesetzten Produktionsfaktoren bestehen. Zur Behandlung dieser Fragestellung bedient sich die Produktionstheorie der Formulierung von Produktionsmodellen, in denen die Beziehungen zwischen den Faktoreinsatzmengen und den Produktausbringungsmengen formal durch Technologien oder durch hieraus abgeleitete Produktionsfunktionen explizit aufgezeigt werden.[76]

3.2   Beschreibung von Produktionszusammenhängen

3.2.1   Produkte und Produktionsfaktoren

Die Produktionstheorie beschäftigt sich mit der Herstellung und Umwandlung von Gütern. Sie untersucht die Zusammenhänge zwischen eingesetzten Gütern, Produktionsfaktoren genannt, und hergestellten Gütern, die als Produkte bezeichnet werden. Produktionsfaktoren und Produkte sind so zwei wesentliche Elemente der Produktionstheorie. Die Verschiedenartigkeit der Produkte einerseits und der Produktionsfaktoren andererseits wird deutlich, wenn man die Produkte nach ihrer Verwendbarkeit und die Produktionsfaktoren nach ihrer Wirkungsweise im Pro-

---

[72]   Vgl. hierzu Kapitel 2.2.1.

[73]   Vgl. Kilger, W.: Produktions- und Kostentheorie, Wiesbaden 1972, S. 8.

[74]   In dieser Begründung bauen Kostenfunktionen über die Bewertung der Faktorverbräuche und die Anwendung der Kostenminimierung in logischer Fortführung auf den Produktionsfunktionen auf.

[75]   Vgl. Kilger, W.: Produktions- und Kostentheorie, a.a.O., S. 8.

[76]   Vgl. Fandel, G.: Produktion I, a.a.O., S. 218ff.

duktionsprozess klassifiziert. Die nachfolgende Abb. 3.1 gibt zunächst einen Überblick über die Einteilung der Produkte.

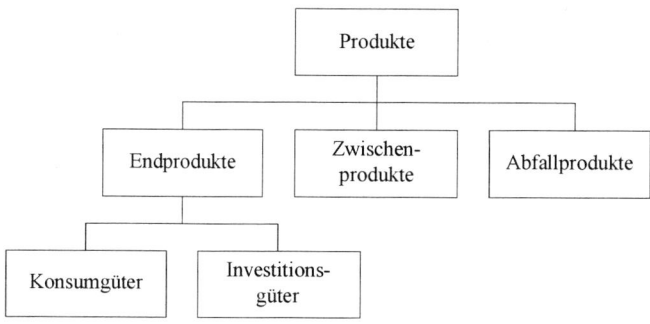

Abb. 3.1: Einteilung der Produkte

Als Endprodukte bezeichnet man jene Produkte, die vom Unternehmen herge-stellt und an andere Wirtschaftssubjekte abgegeben werden. Es kann sich hierbei sowohl um Konsumgüter wie z.B. Lebensmittel oder Kleidung, die zum Ver- oder Gebrauch verwendet werden, als auch um Investitionsgüter wie z.B. Maschinen oder Werkzeuge, die zur Erstellung anderer Produkte dienen, handeln.

Zwischenprodukte sind Produkte, die aus einem Herstellungs- bzw. Umwand-lungsprozess hervorgehen und in einem mehrstufigen Fertigungsprozess wie-derum als Produktionsfaktoren zum Einsatz kommen. Stuhlbeine und Tischplatten sind in einer Möbelfabrik beispielsweise als derartige Zwischenprodukte aufzufas-sen. Die Kennzeichnung von Zwischenprodukten zeigt, dass gelegentlich die Trennung zwischen Produkten und Produktionsfaktoren schwer fällt und nur die Stellung im Produktionsablauf über ihre Klassifizierung entscheidet.

Abfallprodukte sind solche Produkte, die bei der Güterherstellung oder -verwertung anfallen und nicht mehr als Konsum- oder Produktionsgüter genutzt werden können. Beispiele dafür sind leere Streichholzschachteln oder Stoffreste bei der Kleiderproduktion.[77]

Bei der Einteilung der Produktionsfaktoren wird in der Betriebswirtschaftslehre üblicherweise folgende, auf GUTENBERG zurückgehende Klassifikation zugrunde gelegt.[78]

---

[77] Vgl. Fandel, G.: Produktion I, a.a.O., S. 32.

[78] Vgl. Busse von Colbe, W. / Laßmann, G.: Betriebswirtschaftstheorie, a.a.O., S. 83. Das an der angegebenen Stelle dargestellte Klassifikationsschema wird hier in etwas vereinfachter Form präsentiert.

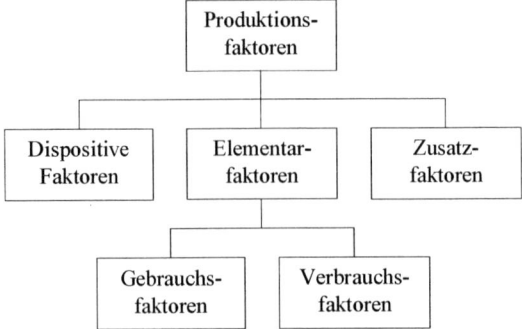

Abb. 3.2:   Einteilung der Produktionsfaktoren

Als dispositiven Faktor bezeichnet man denjenigen Anteil des Produktionsfaktors menschliche Arbeitsleistung, der für die leitenden Tätigkeiten im Unternehmen verwendet wird. Die leitenden Tätigkeiten erstrecken sich auf alle Bereiche der Unternehmung. Allgemein handelt es sich bei den dispositiven Aufgaben um Planung, Organisation und Kontrolle. Konkret sind folglich auch Aufgaben aus dem Beschaffungsbereich im Hinblick auf die Kombination der Produktionsfaktoren sowie im Zusammenhang mit dem Absatz der hergestellten Produkte durch den dispositiven Faktor zu erledigen. Daher ist der dispositive Faktor den übrigen Faktoren und Produkten übergeordnet. Seine Leistung lässt sich nicht den einzelnen Produkten oder Produktionsprozessen zurechnen. Die vom dispositiven Faktor verursachten Kosten werden im Rahmen der Kostenartenrechnung entweder als Personalkosten oder als sonstige Kosten (kalkulatorischer Unternehmerlohn) erfasst.[79]

Der Begriff Zusatzfaktoren umfasst kostenverursachende Faktoren, die zur Leistungserstellung und -verwertung benötigt werden, denen aber häufig keine Mengengrößen zur Kennzeichnung ihres Verbrauchs zugeordnet werden können. Zusatzfaktoren sind beispielsweise Zinsen, Steuern oder Abgaben, falls sie in Verbindung mit der Produktion anfallen. In der Kostenartenrechnung werden sie zum größten Teil als sonstige Kosten erfasst.[80]

Die Elementarfaktoren sind im Verhältnis zu dem dispositiven Faktor und den Zusatzfaktoren für die Formulierung von Produktionsfunktionen von größerer Bedeutung, da sich ihr Zusammenwirken im Produktionsprozess und die dadurch bedingten Verbräuche am ehesten mengenmäßig quantifizieren lassen und sie so am leichtesten das Aufstellen funktionaler Beziehungen zum Output gestatten.

Es lassen sich drei Arten von Elementarfaktoren unterscheiden, und zwar produktionsbezogene, nicht dispositive menschliche Arbeitsleistung, Betriebsmittel und Werkstoffe. Entsprechend dieser Einteilung der Elementarfaktoren werden die

---

[79]   Vgl. Fandel, G.: Produktion I, a.a.O., S. 33f. und die Ausführungen in Kapitel 4.1.3.2.

[80]   Vgl. Kapitel 4.1.3.4.

durch ihren Einsatz entstehenden Kosten in der Kostenartenrechnung als Personalkosten, Betriebsmittelkosten und Material- bzw. Werkstoffkosten erfasst.[81]

Nach den Merkmalen ihres Beitrages zur Leistungserstellung lassen sich die Elementarfaktoren in Verbrauchs- und Gebrauchsfaktoren unterteilen.

Verbrauchsfaktoren sind dadurch charakterisiert, dass sie bei einmaligem Einsatz als selbständige Güter entweder in der Produktion untergehen wie z.B. Werkstoffe, schnell verschleißende Werkzeuge, Antriebsenergie, oder ihre Eigenschaften im Produktionsprozess dadurch ändern, dass sie zu Gütern anderer Art oder Bestandteil eines neuen Gutes werden. Zum Beispiel werden Stoffe nach Mustern geschnitten, die einzelnen Stoffteile maschinell zusammengenäht und aus ihnen zusammen mit Knöpfen und Reißverschlüssen Kleider und Röcke hergestellt.

Gebrauchsfaktoren stellen Nutzungspotentiale dar, die Leistungen in den Produktionsprozess abgeben, wie z.B. Maschinen, menschliche Arbeitskraft, längerlebige Werkzeuge. In der Kleiderfabrikation sind dies beispielsweise die Schneide- und Nähmaschinen sowie Schraubenschlüssel und Nadeln. Sie werden in ihrer Eigenschaft als betriebliche Gebrauchsgegenstände auch als Betriebsmittel bezeichnet.[82]

3.2.2 Aktivität und Technologie

In der Praxis spielen für die Produktionsprozesse industrieller Unternehmen nur endlich viele Güter eine Rolle. Aus diesem Grund gehen in ein Produktionsmodell ebenfalls nur endlich viele Güter ein, deren Anzahl im Folgenden mit K bezeichnet wird. Diese K Güter werden in J Endprodukte, S Zwischenprodukte und I Produktionsfaktoren unterteilt. Daher muss gelten:

$$K = J + S + I \, .$$

Jede im Produktionsmodell auftretende Kombination von End- und Zwischenprodukten sowie Produktionsfaktoren lässt sich nun als Gütervektor v darstellen:

$$v = \begin{pmatrix} v_1 \\ \vdots \\ v_K \end{pmatrix} = \left(v_1, \ldots, v_K \right)' \, .$$

Hierbei gibt eine Komponente v_k des Vektors v die Menge des am Produktionsprozess beteiligten Gutes k $\left(k = 1, \ldots, K \right)$ an. Die Gütervektoren v sind in dieser Schreibweise Elemente des K-dimensionalen reellen Zahlenraums, d.h. es gilt $v \in \mathbb{R}^K$, wobei $\mathbb{R}^K$ auch als Güterraum bezeichnet wird.

---

[81] Vgl. Kapitel 4.1.3.1 bis 4.1.3.3.

[82] Vgl. Fandel, G.: Produktion I, a.a.O., S. 34.

Je nachdem, ob ein Gut k mit einer bestimmten Menge in die Produktion eingeht oder mit einer bestimmten Menge aus der Fertigung hervorgeht, bedarf es im Rahmen solcher Gütervektoren einer qualitativ unterschiedlichen Handhabung. Die von einem Gut eingesetzte Menge (Inputmenge) wird innerhalb eines Gütervektors mit einem negativen Vorzeichen versehen, während die von einem Gut ausgebrachte Menge (Outputmenge) ein positives Vorzeichen erhält. Im allgemeinen Fall mit K Gütern lässt sich dann jede Komponente k eines Gütervektors $v \in \mathbb{R}^{K}$ mit $k \in \{1, ..., K\}$ wie folgt interpretieren:

- wenn $v_k < 0$, so werden $|v_k|$ Einheiten von Gut k entweder als Input benötigt oder, falls es sich bei Gut k um einen Output handelt, vernichtet. $|v_k|$ gibt den positiven Betrag von v_k an;
- wenn $v_k > 0$, so werden v_k Einheiten von Gut k erzeugt;
- wenn $v_k = 0$, so spielt das Gut k im Produktionsprozess entweder keine Rolle oder, falls es sich bei Gut k um ein Zwischenprodukt handelt, wird von diesem auf den Vorstufen genauso viel hergestellt, wie auf den nachfolgenden Stufen verbraucht wird.

Jeder Gütervektor $v \in \mathbb{R}^{K}$ mit diesen Eigenschaften zur Kennzeichnung von Produktionsvorgängen wird als Aktivität oder Produktionspunkt bezeichnet. Eine Aktivität beschreibt somit eine mögliche produktionsmäßige Realisation des technischen Wissens, das einem industriellen Fertigungsunternehmen zur Erzeugung von Produkten zur Verfügung steht. Allerdings werden nur die Quantitäten derjenigen Güter angegeben, die das jeweilige Produktionsverfahren charakterisieren.[83] Für eine Aktivität $v \in \mathbb{R}^{5}$ mag beispielsweise gelten:

$$v = (3, 0, -2, -5, 0)',$$

d.h. mit Hilfe von 2 Einheiten von Gut 3 und 5 Einheiten von Gut 4 lassen sich 3 Einheiten von Gut 1 herstellen. Die Güter 2 und 5 spielen bei dieser Produktion mengenmäßig keine Rolle.

Die Menge aller Aktivitäten, die einem Unternehmen bekannt sind, beschreibt die technischen Möglichkeiten, die das Unternehmen besitzt. Diese Menge wird Technologie genannt und durch das Symbol T gekennzeichnet. Technologien sind Teilmengen des $\mathbb{R}^{K}$, d.h. es gilt $T \subset \mathbb{R}^{K}$, und werden formal dargestellt als:

$$T = \{v \mid v \text{ ist ein dem Unternehmen bekanntes Produktionsverfahren}\}.$$

Es ist zweckmäßig, die einzelnen Komponenten einer Aktivität gemäß der eingangs getroffenen Güterunterscheidung zu erfassen. Die Anordnung der Kompo-

---

[83]   Für das Wort Aktivität werden gelegentlich auch die Wörter Produktion oder Produktionsverfahren gebraucht.

nenten erfolgt von vorne beginnend, nach Güterarten geordnet, und zwar werden zunächst die Endprodukt-, dann die Zwischenprodukt- und schließlich die Faktormengen aufgeführt. Die Endproduktmengen werden mit x_j $(j = 1,...,J)$, die Zwischenproduktmengen mit y_s $(s = 1,...,S)$, und die Faktormengen mit r_i $(i = 1,...,I)$ bezeichnet. Dementsprechend kann die Aktivität $v \in \mathbb{R}^K$ geschrieben werden als:

$$v = (x_1,...,x_J,y_1,...,y_S,r_1,...,r_I)',$$

mit $v_k = x_j$ für $k = j = 1,...,J$, $v_k = y_s$ für $k = J + s$, $s = 1,...,S$, und $v_k = r_i$ für $k = J + S + i$, $i = 1,...,I$.[84]

Gehen in ein Produktionsmodell nur zwei oder drei Güter ein, gilt also $K = 2$ oder $K = 3$, so lassen sich der Güterraum, die Aktivitäten und die Technologiemenge grafisch veranschaulichen. Betrachtet man beispielsweise den Zwei-Güter-Fall, wobei das erste Gut den Output und das zweite Gut den Input darstellt, und stehen dem Unternehmen zur Produktion folgende fünf Aktivitäten

$$v^1 = \begin{pmatrix} 3 \\ -5 \end{pmatrix}, \quad v^2 = \begin{pmatrix} 5 \\ -6 \end{pmatrix}, \quad v^3 = \begin{pmatrix} 2 \\ -3 \end{pmatrix}, \quad v^4 = \begin{pmatrix} 4 \\ -4 \end{pmatrix}, \quad v^5 = \begin{pmatrix} 4 \\ -6 \end{pmatrix}$$

zur Verfügung, dann entspricht der Güterraum $\mathbb{R}^2$ der Ebene, in die sich die Aktivitäten v^1 bis v^5 als Produktionspunkte gemäß Abb. 3.3 eintragen lassen.

Sind die Aktivitäten v^1 bis v^5 die einzigen Aktivitäten, die dem Produktionsunternehmen aufgrund seines technischen Wissens bekannt sind, so lautet die Technologiemenge T ohne weitere zusätzliche Annahmen:

$$T = \{v^1, v^2, v^3, v^4, v^5\} \subset \mathbb{R}^2.$$

---

[84] Vgl. Fandel, G.: Produktion I, a.a.O., S. 35ff.

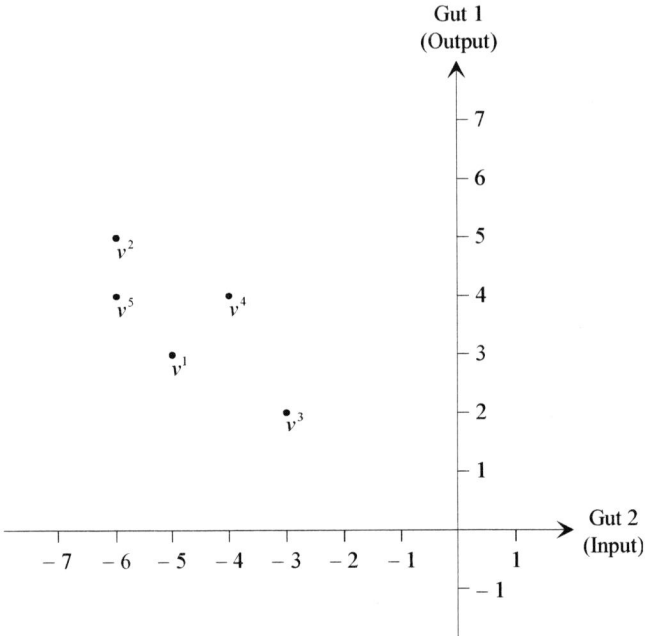

Abb. 3.3:   Güterraum für zwei Güter

3.2.3 Das Effizienzkriterium

Durch die Technologiemenge T sind alle durchführbaren Aktivitäten bzw. Produktionsverfahren eines Unternehmens beschrieben. Damit ist aber noch nicht festgelegt, welche Produktionsalternativen $v \in T$ das Unternehmen zur Produktion heranziehen wird. In dieser Entscheidungsfrage wird das Unternehmen jedoch darum bemüht sein, Produktionsverfahren, die als offensichtlich schlecht anzusehen sind, von vornherein auszusondern, und sich nach Möglichkeit auf die guten Produktionsalternativen beschränken. Die Trennung der schlechten von den guten Aktivitäten erfolgt unter Anwendung des Wirtschaftlichkeitsprinzips bzw. des daraus hergeleiteten Effizienzkriteriums. Dies soll anhand eines Beispiels verdeutlicht werden. Einem Unternehmen stehen folgende sechs Aktivitäten zur Verfügung (vgl. auch Abb. 3.4):

$$v^1 = \begin{pmatrix} 1 \\ -2 \end{pmatrix}, \quad v^2 = \begin{pmatrix} -2 \\ -3 \end{pmatrix}, \quad v^3 = \begin{pmatrix} 0 \\ 0 \end{pmatrix}, \quad v^4 = \begin{pmatrix} 0 \\ -4 \end{pmatrix}, \quad v^5 = \begin{pmatrix} 2 \\ -4 \end{pmatrix}, \quad v^6 = \begin{pmatrix} 0,5 \\ -1 \end{pmatrix}.$$

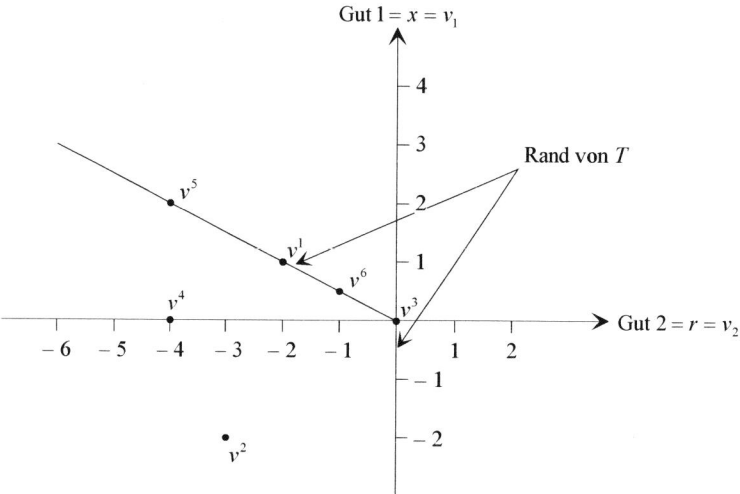

Abb. 3.4:   Effiziente und dominierte Aktivitäten

Der Produktionspunkt v^4 ist dadurch gekennzeichnet, dass durch Einsatz von 4 Einheiten des Produktionsfaktors $\left(r^4 = v_2^4 = -4\right)$ keine Menge des Endproduktes $\left(x^4 = v_1^4 = 0\right)$ hergestellt wird. Der Produktionsfaktor, in diesem Fall Gut 2, wird beim Produktionsverfahren v^4 also lediglich verschwendet. Mit Aktivität v^5 lassen sich hingegen bei Einsatz der gleichen Faktormenge $\left(r^5 = v_2^5 = -4\right)$ zwei Einheiten des Endproduktes $\left(x^5 = v_1^5 = 2\right)$ herstellen. Aus wirtschaftlichen Gründen ist also v^5 gegenüber v^4 vorzuziehen, da mit demselben Faktoreinsatz eine größere Produktmenge realisiert werden kann.

Gilt für zwei Produktionspunkte $w, v \in T$, dass w mit einem Input, der kleiner oder gleich dem Input von v ist, einen größeren Output erzielt als v, so dominiert w den Produktionspunkt v. Die Aktivität $w \in T$ dominiert also die Aktivität $v \in T$ genau dann, wenn

$w_k \geq v_k$ für alle $k \in \{1, \ldots, K\}$ und

$w_k > v_k$ für mindestens ein $k \in \{1, \ldots, K\}$

gilt. Das bedeutet, dass mit denselben oder geringeren Faktoreinsatzmengen höhere Endproduktmengen erzielt werden oder dieselben bzw. größere Endproduktmengen mit geringerem Faktoreinsatz hergestellt werden.

Nach dieser Definition wird die Aktivität v^4 auch von der Aktivität v^1 dominiert. Entsprechend sind auch die Produktionspunkte v^3 und v^6 dem Produktionspunkt v^4 wirtschaftlich überlegen. Ähnliche Dominanzbeziehungen lassen sich aufstellen, wenn man wahlweise die Produktionsverfahren v^1, v^3 oder v^6 mit der Aktivität v^2 vergleicht.

Beim Vergleich der Produktionspunkte v^1 und v^5 lässt sich jedoch keine wirtschaftliche Überlegenheit des einen über den anderen mehr feststellen. Die Aktivität v^5 liefert zwar einen Output von $x^5 = v_1^5 = 2$, während sich mit v^1 nur eine Einheit des Endproduktes $\left(x^1 = v_1^1 = 1 \right)$ herstellen lässt; dafür benötigt v^5 jedoch auch einen Input von $r^5 = v_2^5 = -4$, während bei v^1 nur zwei Faktoreinheiten $\left(r^1 = v_2^1 = -2 \right)$ verbraucht werden. Umgekehrt gilt für v^1, dass hier mit dem Einsatz einer kleineren Faktormenge auch die Herstellung einer kleineren Produktmenge erfolgt. Für die Beziehung zwischen den beiden Aktivitäten gilt also, dass keine die andere dominiert. Dies bedeutet, dass weder

$$v_k^1 \ge v_k^5 \text{ für alle } k \in \{1, 2\} \text{ und } v_k^1 > v_k^5 \text{ für mindestens ein } k \in \{1, 2\} \text{ noch}$$

$$v_k^5 \ge v_k^1 \text{ für alle } k \in \{1, 2\} \text{ und } v_k^5 > v_k^1 \text{ für mindestens ein } k \in \{1, 2\} \text{ gilt.}$$

Darüber hinaus lässt sich aber für diese beiden Aktivitäten v^1 und v^5 keine von ihnen verschiedene andere Aktivität $w \in T$ finden, die v^1 oder v^5 dominiert, d.h. es gibt für v^1 und v^5 keine Aktivität $w \in T$, die mit demselben oder einem geringeren Faktoreinsatz eine größere oder dieselbe Produktmenge erzielt. Die Produktionspunkte v^1 und v^5 bezeichnet man deshalb als effiziente Produktionspunkte. Entsprechendes gilt für v^3 und v^6.

Eine Produktion $v \in T$ heißt effizient, wenn es keine andere Produktion $w \in T$ mit $w \ne v$ gibt, welche dieselben bzw. mehr Produktmengen mit geringeren bzw. denselben Faktoreinsatzmengen herstellt. Mit Bezug auf die Dominanzdefinition gilt: Eine Produktion $v \in T$ heißt effizient, wenn sie von keiner anderen Produktion $w \in T$ dominiert wird.

Bildlich gesprochen im $\mathbb{R}^2$ bedeutet die Dominanz, dass ein Produktionspunkt dominiert wird, wenn rechts oberhalb von ihm noch ein anderer Produktionspunkt der Technologie liegt. Ist dies nicht der Fall, so ist der Produktionspunkt effizient. In Abb. 3.4 ist der Produktionspunkt v^1 beispielsweise effizient, da es keinen anderen Produktionspunkt der Technologie gibt, der rechts oberhalb von v^1 liegt. v^1 selbst wiederum liegt rechts oberhalb von v^2 und dominiert somit v^2. Aus der Effizienzdefinition sowie der bildlichen Erklärung wird unmittelbar klar, dass effiziente Produktionspunkte nie im Inneren, sondern immer nur auf dem Rand einer Technologie liegen können.[85] Andererseits sind nicht alle Randpunkte einer Technologie effizient. In Abb. 3.4 werden sämtliche Produktionspunkte auf der

---

[85]   Der Darstellung des Randes der Technologie in Abb. 3.4 liegt die Annahme der Größenproportionalität zugrunde. Vgl. hierzu: Fandel, G.: Produktion I, a.a.O., S. 41.

negativ gerichteten Koordinatenachse für Gut 1 vom Produktionsstillstand v^3 dominiert, der stets effizient ist.

Der effiziente Rand einer Technologie, der alle effizienten Produktionen enthält, wird mit T_e bezeichnet, und es gilt:

$$T_e = \left\{ v \in T \mid v \text{ ist effizient} \right\}.$$

In Abb. 3.4 wird für den Fall, dass auch alle Produktionspunkte auf der Geraden durch v^3 und v^5 zur Technologie gehören, T_e durch den Teil des Randes repräsentiert, der im linken oberen Quadranten verläuft.[86]

3.2.4 Verbindungen zwischen Produktionsfunktion und Technologie

Der Prozess der Leistungserstellung eines Unternehmens ist durch den Einsatz von Produktionsfaktoren und die Ausbringung von Produkten charakterisiert. Die bestehenden Beziehungen zwischen den eingesetzten und ausgebrachten Mengen effizienter Aktivitäten werden durch Produktionsfunktionen beschrieben. „Eine Produktionsfunktion gibt symbolisch die funktionale Beziehung zwischen der Produktionsausbringung einer Unternehmung und den in ihr eingesetzten Produktionsfaktormengen an".[87]

In Kapitel 3.2.2 wurde dargestellt, dass die Technologiemenge T sämtliche Produktionsmöglichkeiten oder Aktivitäten beschreibt, die einem Unternehmen aufgrund seines technischen Wissens bekannt sind. Dabei wurden innerhalb einer Aktivität oder eines Produktionspunktes die Inputgüter mit negativem und die Outputgüter mit positivem Vorzeichen versehen.

Produktionsfunktionen erfassen und beschreiben nicht alle Produktionsmöglichkeiten, sondern sie beziehen ausschließlich die effizienten Produktionsmöglichkeiten ein. Des Weiteren werden die Input- und Outputmengen im Rahmen von Produktionsfunktionen nicht durch unterschiedliche Vorzeichen gekennzeichnet, sondern sowohl Faktor- als auch Produktquantitäten werden in positiven Einheiten gerechnet. Es lässt sich folgende einfache formale Beziehung zwischen Technologie und Produktionsfunktion aufstellen:

Sei $f : \mathbb{R}^K \to \mathbb{R}$ eine Abbildung vom Güterraum in die Menge der reellen Zahlen, dann heißt f Produktionsfunktion zur Technologie T, wenn sie genau die effizienten Aktivitäten dieser Technologie in die Null abbildet, d.h. also wenn gilt:

$$f(v) = 0 \text{ genau dann, wenn } v \in T_e, v = (v_1, \ldots, v_K)'.$$

---

[86]   Vgl. Fandel, G.: Produktion I, a.a.O., S. 48ff.
[87]   Kilger, W.: Produktions- und Kostentheorie, a.a.O., S. 11.

Mit anderen Worten beschreibt die Produktionsfunktion also den effizienten Rand T_e der ihr zugrunde liegenden Technologie.[88] Die Darstellungsweise $f(v) = 0$ bezeichnet man als implizite Form der Produktionsfunktion.

Daneben existiert die Möglichkeit, die Produktionsfunktion explizit darzustellen, falls sich die Funktion $f(v) = 0$ nach der Komponente v_k mit $k \in \{1, \dots, K\}$ des Vektors v auflösen lässt. Die Produktionsfunktion lautet dann:

$$v_k = f_k\left(v_1, \dots, v_{k-1}, v_{k+1}, \dots, v_K\right).$$

Wird in einem einstufigen Produktionsprozess durch einmalige Kombination von Faktoreinsatzmengen $(r_1, \dots, r_I)$ ohne Einbeziehung von Zwischenprodukten nur ein Endprodukt (x) hergestellt, so lässt sich die Produktionsfunktion in der nachfolgenden Form schreiben:

$$x = f\left(r_1, \dots, r_I\right).$$

3.2.5 Einteilung der Produktionsfunktionen

Unterteilt man die Produktionsfunktionen nach dem Austauschbarkeitsverhältnis der an der Produktion beteiligten Produktionsfaktoren, so können zunächst allgemein limitationale und substitutionale Produktionsfunktionen unterschieden werden.

Limitationale Produktionsfunktionen zeichnen sich dadurch aus, dass ein bestimmtes Produktionsergebnis aus technischen Gründen nur durch eine feste Faktormengenkombination effizient hergestellt werden kann. Die Produktionsfaktormengen können nicht gegeneinander ausgetauscht werden, sondern stehen in einem technisch bindenden Verhältnis zueinander und zur Produktmenge. Das folgende Beispiel veranschaulicht die den limitationalen Produktionsfunktionen zugrunde liegenden Zusammenhänge.

Zur Herstellung eines Autos (x) werden vier Räder (r_1) und eine Karosserie (r_2) benötigt. Die entsprechenden Faktoreinsatzfunktionen, die die Beziehung zwischen benötigter Faktormenge in Abhängigkeit von der Ausbringungsmenge angeben, lauten:

$$r_1 = 4 \cdot x \quad \text{und} \quad r_2 = 1 \cdot x \, .$$

---

[88] Vgl. Kapitel 3.2.3.

Die Produktionskoeffizienten

$$a_i = \frac{r_i}{x} \, , \qquad i = 1, 2$$

der Faktoren kennzeichnen das Verhältnis der jeweiligen Faktoreinsatzmenge zur Outputmenge. Sie geben an, welche Menge des Faktors i benötigt wird, um eine Einheit des Endproduktes in effizienter Weise herzustellen. Das für limitationale Produktionsfunktionen typischerweise feste Verhältnis der erforderlichen Faktoreinsatzmengen r_1 bzw. r_2 zur Outputmenge x spiegelt sich in dem angeführten Beispiel durch die Produktionskoeffizienten

$$a_1 = \frac{r_1}{x} = 4 \ \text{ bzw. } \ a_2 = \frac{r_2}{x} = 1$$

wider. Das bindende Einsatzverhältnis $r_1 : r_2$ zwischen den Faktoren wird durch den Quotienten der Produktionskoeffizienten $a_1 : a_2 = 4$ angezeigt. Die auf den Einsatzbeziehungen basierende Produktionsfunktion ist in der Form der Isoquantendarstellung in Abb. 3.5 veranschaulicht.[89] Die effizienten Produktionen liegen auf den Eckpunkten der Isoquanten bzw. auf der Geraden durch den Ursprung, deren Steigung durch den Quotienten

$$a_2 : a_1 = \frac{1}{4}$$

der Produktionskoeffizienten gegeben ist.

Die Limitationalität ist dadurch gekennzeichnet, dass eine höhere Ausbringungsmenge nur dann erzeugt werden kann, wenn alle Produktionsfaktormengen entsprechend ihrem Verhältnis zur Ausbringungsmenge erhöht werden. Setzt man in der Produktion beispielsweise drei Karosserien $(r_2 = 3)$ aber nur vier Räder $(r_1 = 4)$ ein (vgl. Punkt A in Abb. 3.5), so lässt sich nach wie vor nur ein Auto $(x = 1)$ herstellen. Daher liegt der Punkt A ebenfalls auf der Isoquante $x = 1$, ist jedoch ineffizient.

---

[89] Als Isoquante bezeichnet man den geometrischen Ort aller Faktormengenkombinationen, die zur selben Ausbringungsmenge führen. Vgl. Fandel, G.: Produktion I, a.a.O., S. 53.

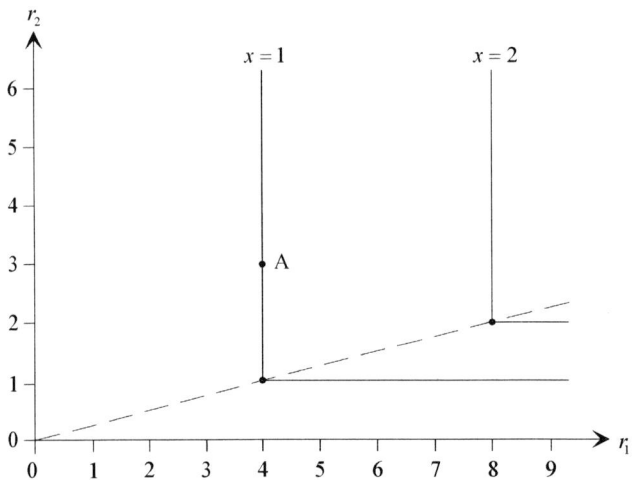

Abb. 3.5:   Limitationalität der Produktionsfaktoren

Bei limitationalen Produktionsfunktionen stehen die Faktoreinsatzmengen zwar stets in einem eindeutigen Verhältnis zur Ausbringungsmenge, die Limitationalität bedingt damit aber nicht notwendigerweise konstante Produktionskoeffizienten. So gibt es limitationale Produktionsfunktionen mit konstanten und solche mit variablen Produktionskoeffizienten.

Substitutionale Produktionsfunktionen sind dadurch gekennzeichnet, dass eine bestimmte Ausbringungsmenge durch unterschiedliche effiziente Kombinationsmöglichkeiten von Faktoreinsatzmengen hergestellt werden kann. Die Produktionsfaktoren können also gegeneinander ausgetauscht werden. Zur Erläuterung der Substitutionalität dient das folgende Beispiel: Zum Ausheben eines Grabens von 200 m Länge können entweder vier Arbeiter und zwei Bagger oder zwanzig Arbeiter und nur ein Bagger eingesetzt werden.

Im Gegensatz zu limitationalen Produktionsfunktionen kann in substitutionalen Produktionsfunktionen möglicherweise durch die Erhöhung der Einsatzmenge nur eines Produktionsfaktors bei Konstanz der Einsatzmengen aller übrigen Produktionsfaktoren die Ausbringungsmenge erhöht werden. Dies wird in Abb. 3.6 verdeutlicht.

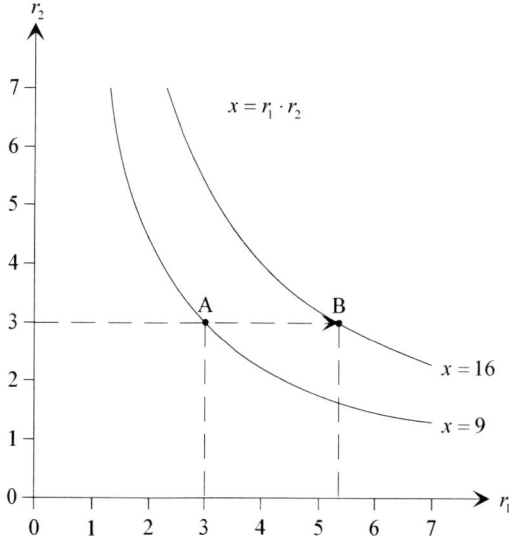

Abb. 3.6: Substitutionalität der Produktionsfaktoren

Vom Punkt A $\left(r_1 = 3, \; r_2 = 3\right)$ auf der Produktionsisoquante $x = 9$ ausgehend erreicht man den Punkt B $\left(r_1 = 5\frac{1}{3}, \; r_2 = 3\right)$ auf der Produktionsisoquante $x = 16$ durch alleinige Erhöhung der Faktoreinsatzmenge r_1 um $2\frac{1}{3}$ Mengeneinheiten. Bei der Substitution ändern sich – anders als im limitationalen Fall – die Produktionskoeffizienten.

Bei den substitutionalen Produktionsfunktionen unterscheidet man zwischen den klassischen und den neoklassischen Produktionsfunktionen. Während eine klassische Produktionsfunktion durch den ertragsgesetzlichen Verlauf charakterisiert ist, d.h. bei der Variation einer Faktoreinsatzmenge zunächst einen Bereich zunehmender Grenzerträge und anschließend abnehmender Grenzerträge besitzt, sind neoklassische Produktionsfunktionen dadurch gekennzeichnet, dass sie bei partieller Faktorvariation von Anfang an abnehmende Grenzerträge aufweisen.[90]

Die nachfolgende Abb. 3.7 gibt einen zusammenfassenden Überblick über die Klassifizierung von Produktionsfunktionen, wobei als Einteilungskriterium die Beziehung zwischen den Produktionsfaktoren zugrunde liegt.

---

[90] Vgl. Fandel, G.: Produktion I, a.a.O., S. 53ff. Zur grafischen Darstellung klassischer und neoklassischer Produktionsfunktionen vgl. Fandel, G.: Produktion I, a.a.O., S. 71 und S. 76.

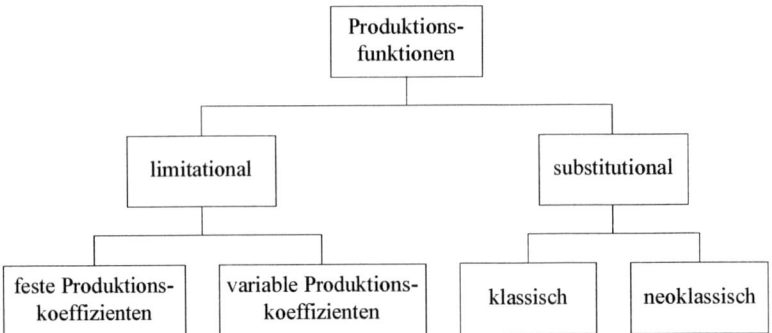

Abb. 3.7:   Einteilung der Produktionsfunktionen

3.2.6 Eignung von Produktionsfunktionen zur Darstellung industrieller Produktionszusammenhänge

Die Frage, ob substitutionale Produktionsfunktionen zur Beschreibung industrieller Produktionsvorgänge geeignet sind, ist in der Literatur sehr umstritten. Auch wenn die Substituierbarkeit der Einsatzfaktoren in einigen Industriezweigen, wie z.B. in der chemischen Industrie, durchaus ihre Bedeutung hat, vertreten verschiedene Autoren die Auffassung, dass substitutionale Produktionsfunktionen zur Beschreibung industrieller Produktionszusammenhänge ungeeignet sind.[91] Aufgrund der in der industriellen Produktion vielfach zu beobachtenden festen Faktoreinsatzrelationen, die vorwiegend technisch und durch die Automation bedingt sind, wird oftmals die Ansicht vertreten, dass die limitationalen Produktionsfunktionen mit ihren fixen Faktorproportionen eher zur Darstellung industrieller Produktionszusammenhänge geeignet sind.

Dieser Ansicht folgend werden in den anschließenden Kapiteln lediglich die limitationalen Produktionsfunktionen als theoretische Grundlage der Kostenrechnung ausführlich behandelt.

---

[91]   Vgl. Gutenberg, E.: Grundlagen der Betriebswirtschaftslehre, Bd. I: Die Produktion, 24. Aufl., Berlin et al. 1983, S. 318ff.

3.3 Limitationale Produktionszusammenhänge

3.3.1 Die Leontief-Produktionsfunktion

Die Leontief-Produktionsfunktion zeichnet sich durch die folgenden Merkmale aus. Zum einen sind die Beziehungen zwischen den eingesetzten Produktionsfaktoren limitational, d.h. es bestehen keine Substitutionsmöglichkeiten zwischen den Faktoren. Zum anderen herrschen zwischen den Faktoreinsatz- und Ausbringungsmengen lineare Beziehungen, was durch konstante Produktionskoeffizienten zum Ausdruck kommt. Gemäß Abb. 3.7 gehört die Leontief-Produktionsfunktion also zu den limitationalen Produktionsfunktionen mit festen Produktionskoeffizienten. Im Folgenden wird die Leontief-Produktionsfunktion für die Fälle der ein- und mehrstufigen Produktion untersucht.

3.3.1.1 Die Leontief-Produktionsfunktion bei einstufiger Produktion

Einstufige Produktion ist dadurch gekennzeichnet, dass die Erstellung eines oder mehrerer Endprodukte ohne die Zwischenschaltung von Zwischenprodukten durch die einmalige Kombination der Faktoreinsatzmengen in einem Arbeitsgang erfolgt.[92]

Bezüglich eines beliebigen Produktionsfaktors i, z.B. Betriebsstoffe wie Energie oder Schmieröl, gilt die lineare Faktoreinsatzfunktion:

$$r_i = a_i \cdot x \ .$$

Darin bezeichnet:

r_i die von Produktionsfaktor i eingesetzte Menge,

a_i die pro Endprodukteinheit erforderliche Menge des Produktionsfaktors i (Produktionskoeffizient) und

x die Ausbringungsmenge des Endproduktes.

Werden I verschiedene Produktionsfaktoren zur Fertigung des Endproduktes x benötigt, so lässt sich der Produktionsprozess durch folgende I Faktoreinsatzfunktionen darstellen:

---

[92] Vgl. Fandel, G.: Produktion I, a.a.O., S. 37.

$$r_1 = a_1 \cdot x$$
$$r_2 = a_2 \cdot x$$
$$\vdots \qquad \text{bzw. } r_i = a_i \cdot x, \qquad i = 1, \ldots, I.$$
$$r_I = a_I \cdot x$$

Die Leontief-Produktionsfunktion wird durch die Gesamtheit dieser Faktoreinsatzfunktionen beschrieben und besitzt die nachfolgend erläuterten Eigenschaften. Die jeweiligen Produktionskoeffizienten sind konstant:

$$a_i = \frac{r_i}{x} = \text{const.} > 0, \quad \text{für alle } i \in \{1, \ldots, I\}.$$

Diese Eigenschaft impliziert, dass es sich bei der Leontief-Produktionsfunktion um eine linear-homogene Produktionsfunktion handelt, wobei Linear-Homogenität bedeutet, dass eine λ-fache Erhöhung sämtlicher Einsatzmengen zu einer λ-fachen Erhöhung der Ausbringungsmenge führt.

Die Einsatzmengen der Produktionsfaktoren stehen in einem konstanten Verhältnis zueinander, das dem Verhältnis ihrer Produktionskoeffizienten entspricht, d.h. es gilt:

$$\frac{r_i}{r_{i'}} = \frac{a_i}{a_{i'}} = \text{const.} > 0, \quad \text{für alle } i, i' \in \{1, \ldots, I\}.$$

Diese Eigenschaft bringt zum Ausdruck, dass es sich bei der Leontief-Produktionsfunktion um eine linear-limitationale Produktionsfunktion handelt. Soll die Ausbringungsmenge des Endproduktes erhöht werden, so müssen sämtliche Produktionsfaktoren gemäß ihrem Einsatzverhältnis erhöht werden.

Bislang wurde die Leontief-Produktionsfunktion lediglich auf der Grundlage eines effizienten Produktionsverfahrens dargestellt. Stehen einer Unternehmung mehrere effiziente Produktionsverfahren zur Verfügung, so lässt sich für jedes Produktionsverfahren eine entsprechende Leontief-Produktionsfunktion aufstellen.[93]

3.3.1.2 Die Leontief-Produktionsfunktion bei mehrstufiger Produktion

In einer mehrstufigen Produktion können sowohl einteilige als auch mehrteilige Endprodukte gefertigt werden. Bei der Erstellung einteiliger Endprodukte liegt eine mehrstufige Produktion dann vor, wenn an dem Einsatzstoff, aus dem das entsprechende Endprodukt allein hervorgeht, mehrere Arbeitsvorgänge nacheinander durchzuführen sind. Die mehrstufige Produktion mehrteiliger Endprodukte ist dadurch gekennzeichnet, dass auf der niedrigsten Produktionsstufe Einzelteile bzw. Vorprodukte erzeugt werden, die dann auf höheren Produktionsstufen (even-

---

[93] Vgl. Fandel, G.: Produktion I, a.a.O., S. 90ff.

tuell unter Zukauf von Fremdbezugsteilen) zu Baugruppen bzw. Zwischenprodukten montiert werden. Diese werden dann wiederum in der höchsten Produktionsstufe zum Endprodukt zusammengesetzt.[94]

Während sich zur Darstellung der mehrstufigen Produktion einteiliger Endprodukte die später noch darzustellende Gutenberg-Produktionsfunktion eignet, lässt sich die mehrstufige Produktion mehrteiliger Endprodukte auf der Grundlage der Leontief-Produktionsfunktion darstellen.

Ausgangspunkt der folgenden Erläuterungen ist, dass auf einer Produktionsstufe k das Gut k $\left(k = 1, \ldots, K\right)$ hergestellt wird, bei dem es sich um ein Vor-, Zwischen- oder Endprodukt handeln kann. Zur Herstellung des Gutes k wird von einer vorgelagerten Produktionsstufe k' das Gut k' $\left(k' = 1, \ldots, K\right)$ benötigt, bei dem es sich um einen Produktionsfaktor, ein Vor- oder ein Zwischenprodukt handelt. Bezeichnet man mit

x_k die von Gut k herzustellende Menge auf Produktionsstufe k,

$x_{k'k}$ die Menge des Gutes k', die direkt zur Herstellung der Menge x_k benötigt wird und

$a_{k'k}$ die direkt benötigte Menge des Gutes k' pro Einheit des Gutes k (Produktionskoeffizient),

so ergibt sich die folgende Faktoreinsatzfunktion:

$$x_{k'k} = a_{k'k} \cdot x_k .$$

Erstellt man für alle Güter k' $\left(k' = 1, \ldots, K\right)$, die zur Herstellung der Güter k $\left(k = 1, \ldots, K\right)$ benötigt werden, die entsprechenden Faktoreinsatzfunktionen, so wird die Leontief-Produktionsfunktion durch die Gesamtheit dieser Faktoreinsatzfunktionen repräsentiert.

Bezeichnet man mit $x_{k'}$ die Menge von Gut k', die insgesamt erforderlich ist, um die Mengen x_k $\left(k = 1, \ldots, K\right)$ herzustellen, so erhält man $x_{k'}$ aus der Gleichung:

$$x_{k'} = \sum_{k=1}^{K} x_{k'k} = \sum_{k=1}^{K} a_{k'k} \cdot x_k , \qquad k' = 1, \ldots, K .$$

Die Summe

$$\sum_{k=1}^{K} a_{k'k} \cdot x_k$$

---

[94]   Vgl. Glaser, H. / Geiger, W. / Rohde, V.: PPS, Produktionsplanung und -steuerung, Grundlagen – Konzepte – Anwendungen, 2. Aufl., Wiesbaden 1992, S. 395 und S. 404.

bezeichnet darin die Sekundärbedarfsmenge an Gut k'. Sie wird aus dem jeweiligen Bedarf der Güter k abgeleitet, zu deren Herstellung Gut k' direkt erforderlich ist.

Für Gut k' kann gegebenenfalls auch ein Primärbedarf auftreten, wenn Gut k' beispielsweise als Ersatzteil direkt verkauft wird. Bezeichnet man mit $n_{k'}$ die extern auftretende Primärbedarfsmenge an Gut k', so ergibt sich die von Gut k' insgesamt benötigte Menge als Summe aus Sekundär- und Primärbedarf gemäß der Gleichung:

$$x_{k'} = \sum_{k=1}^{K} x_{k'k} + n_{k'} = \sum_{k=1}^{K} a_{k'k} \cdot x_k + n_{k'}, \qquad k' = 1, \ldots, K.$$

Werden gemäß

$$x_{k'} = \sum_{k=1}^{K} a_{k'k} \cdot x_k + n_{k'}$$

sämtliche Gleichungen für $k' = 1, \ldots, K$ und $k = 1, \ldots, K$ aufgestellt, so erhält man ein lineares Gleichungssystem, das sämtliche Produktionsbeziehungen der mehrstufigen Produktion mehrteiliger Endprodukte abbildet:

$$
\begin{aligned}
x_1 &= a_{11} \cdot x_1 &&+ a_{12} \cdot x_2 &&+ a_{13} \cdot x_3 &&+ \ldots &&+ a_{1K} \cdot x_K &&+ n_1 \\
x_2 &= a_{21} \cdot x_1 &&+ a_{22} \cdot x_2 &&+ a_{23} \cdot x_3 &&+ \ldots &&+ a_{2K} \cdot x_K &&+ n_2 \\
&\vdots \\
x_K &= a_{K1} \cdot x_1 &&+ a_{K2} \cdot x_2 &&+ a_{K3} \cdot x_3 &&+ \ldots &&+ a_{KK} \cdot x_K &&+ n_K.
\end{aligned}
$$

Dieses Gleichungssystem bildet die Grundlage für die im Rahmen der Kostenstellenrechnung durchzuführende innerbetriebliche Leistungsverrechnung mit Hilfe des Gleichungsverfahrens.

In der Vektor- und Matrixschreibweise lässt sich das lineare Gleichungssystem verkürzt in der Form

$$x = D \cdot x + n$$

schreiben, wobei

$$x = (x_1, x_2, \ldots, x_K)' \qquad \text{den Gesamtbedarfsvektor,}$$

$$n = (n_1, n_2, \ldots, n_K)' \qquad \text{den Primärbedarfsvektor und}$$

$$D = \begin{pmatrix} a_{11} & \cdots & a_{1K} \\ \vdots & \ddots & \vdots \\ a_{K1} & \cdots & a_{KK} \end{pmatrix} \qquad \text{die Direktbedarfsmatrix}$$

beschreibt.

Bei den Elementen $a_{k'k}$ $(k', k = 1, ..., K)$ der Direktbedarfsmatrix D handelt es sich um die entsprechenden Produktionskoeffizienten, die angeben, welche Menge des Gutes k' pro Mengeneinheit des Gutes k direkt benötigt wird. Das angegebene lineare Gleichungssystem lässt sich folgendermaßen umformen:

$$
\begin{array}{cccccccc}
(1 - a_{11}) \cdot x_1 & - a_{12} \cdot x_2 & - a_{13} \cdot x_3 & - \ldots & & - a_{1K} \cdot x_K & = & n_1 \\
- a_{21} \cdot x_1 & + (1 - a_{22}) \cdot x_2 & - a_{23} \cdot x_3 & - \ldots & & - a_{2K} \cdot x_K & = & n_2 \\
\vdots & & & & & & & \\
- a_{K1} \cdot x_1 & - a_{K2} \cdot x_2 & - a_{K3} \cdot x_3 & - \ldots & & + (1 - a_{KK}) \cdot x_K & = & n_K.
\end{array}
$$

In der Vektor- und Matrixdarstellung erhält man entsprechend:

$$(I - D) \cdot x = n.$$

$$
I = \begin{pmatrix} 1 & 0 & \cdots & 0 \\ 0 & 1 & \ddots & \vdots \\ \vdots & \ddots & \ddots & 0 \\ 0 & \cdots & 0 & 1 \end{pmatrix}
$$
bezeichnet dabei die Einheitsmatrix.

Die Elemente der Einheitsmatrix I weisen alle den Wert 0 auf, bis auf die Elemente der Hauptdiagonalen, die den Wert 1 besitzen.[95] Die Matrix $(I - D)$ bezeichnet man als Technologiematrix. Löst man obige Gleichung nach x auf, indem man die Technologiematrix $(I - D)$ invertiert, so erhält man:

$$x = (I - D)^{-1} \cdot n.$$

Die Inverse der Technologiematrix $(I - D)^{-1}$ bezeichnet man als Gesamtbedarfsmatrix G. Somit ergibt sich

$x - G \cdot n$, wobei

$$
G = \begin{pmatrix} g_{11} & \cdots & g_{1K} \\ \vdots & \ddots & \vdots \\ g_{K1} & \cdots & g_{KK} \end{pmatrix}
$$
die Gesamtbedarfsmatrix darstellt.

Die Elemente $g_{k'k}$ $(k', k = 1, ..., K)$ der Gesamtbedarfsmatrix G geben jeweils an, welche Menge des Gutes k' pro Mengeneinheit des Gutes k insgesamt benötigt wird. Stellt man $x = G \cdot n$ als Gleichungssystem für $k', k = 1, ..., K$ dar, so erhält man:

---

[95] Für die Elemente der Hauptdiagonalen gilt $k' = k$ für $k', k = 1, ..., K$.

$$x_1 = g_{11} \cdot n_1 + g_{12} \cdot n_2 + g_{13} \cdot n_3 + \ldots + g_{1K} \cdot n_K$$
$$x_2 = g_{21} \cdot n_1 + g_{22} \cdot n_2 + g_{23} \cdot n_3 + \ldots + g_{2K} \cdot n_K$$
$$\vdots$$
$$x_K = g_{K1} \cdot n_1 + g_{K2} \cdot n_2 + g_{K3} \cdot n_3 + \ldots + g_{KK} \cdot n_K \, .$$

Direktbedarfs- und Gesamtbedarfsmatrix sind von zentraler Bedeutung für die Kalkulation mehrteiliger Produkte. Während beispielsweise die Stufenkalkulation auf der Direktbedarfsmatrix aufbaut, wird im Rahmen der summarischen Kalkulation die Gesamtbedarfsmatrix herangezogen.[96] Die Vorgehensweise bei der Matrizeninversion zur Bestimmung der Gesamtbedarfsmatrix wird an dieser Stelle nicht genauer erläutert. Im Folgenden wird aber anhand eines Beispiels gezeigt, wie die Gesamtbedarfsmatrix mit Hilfe eines Gozinto-Graphen ermittelt werden kann.[97]

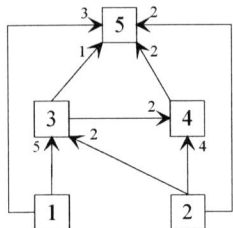

Abb. 3.8:   Gozinto-Graph

Ein Endprodukt 5 setzt sich aus drei Stücken des Einzelteils 1, aus je zwei Teilen der Baugruppe 4 und des Einzelteils 2 sowie einem Teil der Baugruppe 3 zusammen. Die Baugruppe 4 wird aus zwei Teilen der Baugruppe 3 und vier Teilen des Einzelteils 2 zusammengebaut, und schließlich besteht die Baugruppe 3 aus zwei Teilen des Einzelteils 2 und fünf Stücken des Einzelteils 1.

Die Direktbedarfsmatrix D kann sofort angegeben werden und ist der Abb. 3.9 zu entnehmen.[98]

Die Gesamtbedarfsmatrix G lässt sich mit Hilfe des Gozinto-Graphen ermitteln, indem man für sämtliche Wege, auf denen ein Teil in ein anderes Teil

---

[96]   Vgl. Kapitel 4.3.3.3.

[97]   Ein Gozinto-Graph setzt sich aus Knoten und Pfeilen zusammen, wobei die Knoten Einzelteile, Baugruppen oder Endprodukte darstellen und die Pfeile angeben, in welcher Richtung sich der Montagefluss vollzieht. Die Pfeile sind mit Zahlen versehen, die jeweils den Produktionskoeffizienten angeben, also welche Menge jeweils für eine nächstfolgende Einheit erforderlich ist. Vgl. Fandel, G.: Teilebedarfsrechnung in der Mehrstufenfertigung, in: Wirtschaftswissenschaftliches Studium (1980) 10, S. 449-456, hier S. 450.

[98]   Aus Übersichtlichkeitsgründen werden in der ersten Zeile und der ersten Spalte die Einzelteile, Baugruppen und das Endprodukt aufgeführt.

eingeht, die Menge berechnet (durch Multiplikation der Produktionskoeffizienten), die von dem Teil auf dem jeweiligen Weg benötigt wird, und dann die Mengen über sämtliche Wege aufsummiert. So geht beispielsweise Einzelteil 1 direkt mit drei Einheiten in Endprodukt 5 ein. Über die Baugruppe 3 gehen $5 \cdot 1 = 5$ Einheiten von Einzelteil 1 in Endprodukt 5 ein. Schließlich geht über die Baugruppe 3 und 4 das Einzelteil 1 mit $5 \cdot 2 \cdot 2 = 20$ Einheiten in das Endprodukt 5 ein. Es werden also insgesamt $3 + 5 + 20 = 28$ Einheiten von Einzelteil 1 benötigt, um eine Einheit des Endprodukts 5 herzustellen. Führt man diese Berechnung für sämtliche Teile durch, so erhält man die Gesamtbedarfsmatrix G aus Abb. 3.10.

in / von	1	2	3	4	5
1			5		3
2			2	4	2
3				2	1
4					2
5					

Abb. 3.9: Direktbedarfsmatrix

in / von	1	2	3	4	5
1	1		5	10	28
2		1	2	8	20
3			1	2	5
4				1	2
5					1

Abb. 3.10 Gesamtbedarfsmatrix

3.3.2 Die Gutenberg-Produktionsfunktion

Ähnlich wie die Leontief-Produktionsfunktion geht die Gutenberg-Produktionsfunktion ebenfalls grundsätzlich von der Limitationalität der Produktionsfaktoren aus, allerdings können bei GUTENBERG variable Produktionskoeffizienten der Faktoren auftreten.

Zur Ermittlung der im Zusammenhang mit der Produktion entstehenden Faktorverbräuche unterteilt GUTENBERG die Ressourcen zunächst in Gebrauchs- und Verbrauchsfaktoren. Die Gebrauchsfaktoren – vornehmlich Maschinen und Betriebsmittel – können jeweils für sich oder zu Gruppen zusammengefasst als Aggregate oder andere betriebliche Teileinheiten aufgefasst werden. Sie dienen als betriebliche Orte, an denen jeweils getrennt die Faktorverbräuche im Sinne von Faktorfunktionen erhoben werden. Dabei beziehen sich die Verbrauchserhebungen sowohl auf die Leistungsabgaben der Gebrauchsfaktoren im Sinne des produktionsbedingten Potentialgüterverzehrs als auch auf die Mengen der Verbrauchsfaktoren – hier hauptsächlich Werkstoffe –, die bei der Produktion an den verschiedenen Aggregaten des Betriebes zum Einsatz gelangen.

Während bei der Leontief-Produktionsfunktion zwischen den Faktoreinsatzmengen und der Ausbringungsmenge eine unmittelbare Beziehung besteht, ist dies bei der Gutenberg-Produktionsfunktion nicht unbedingt der Fall. Dort gilt zwar grundsätzlich auch, dass der Faktorverbrauch bzw. die Leistungsabgabe der

Gebrauchsfaktoren direkt von der herzustellenden Endproduktmenge abhängig ist, allerdings besteht bei den Verbrauchsfaktoren – bedingt durch ihren Einsatz an den Aggregaten – nur eine mittelbare Beziehung zwischen ihrem Verbrauch und der herzustellenden Endproduktmenge. Die Verbrauchsfaktormengen werden unmittelbar durch die technischen Eigenschaften eines Aggregates, beispielsweise seine Leistungsintensität oder seine Produktionszeit, determiniert. Dies soll im Folgenden näher erläutert werden.[99]

3.3.2.1 Die Gutenberg-Produktionsfunktion auf der Grundlage von Verbrauchsfunktionen

Eine Verbrauchsfunktion stellt die Beziehung zwischen dem Stückverbrauch eines Verbrauchsfaktors und der Leistungsintensität einer maschinellen Anlage dar. Für den Verbrauch des Verbrauchsfaktors i $(i = 1, ..., I)$ an der Maschine m $(m = 1, ..., M)$ lässt sich allgemein die Verbrauchsfunktion

$$\rho_{im} = \rho_{im}\left(\lambda_m\right)$$

beschreiben, wobei

ρ_{im} den Stückverbrauch von Verbrauchsfaktor i an Maschine m (gemessen in Faktoreinheiten pro Produkteinheit) und

λ_m die Leistungsintensität bzw. Produktionsgeschwindigkeit von Maschine m (gemessen in Produkteinheiten pro Zeiteinheit)

kennzeichnet.

Anhand des folgenden Beispiels soll die Verbrauchsfunktion erklärt werden. Der Benzinverbrauch ρ eines Kraftwagens je km in Abhängigkeit von der Fahrgeschwindigkeit sinkt zunächst mit zunehmender Leistungsintensität (Geschwindigkeit gemessen in km pro Stunde) bis in λ^* die Optimalintensität bezüglich des Benzinverbrauchs erreicht ist (vgl. Abb. 3.11).[100] Danach steigt der Benzinverbrauch für höhere Geschwindigkeiten wieder an. Die Verbrauchsfunktion $\rho(\lambda)$ ist demnach eine u-förmige Kurve. Im Allgemeinen lässt sich die Leistungsintensität einer Maschine nicht beliebig variieren, sondern es existiert ein Leistungsbereich $\underline{\lambda} \leq \lambda \leq \overline{\lambda}$, wobei $\underline{\lambda}$ die Minimal- bzw. $\overline{\lambda}$ die Maximalintensität der Maschine darstellt.

---

[99]   Vgl. Fandel, G.: Produktion I, a.a.O., S. 101.

[100] Vgl. Busse von Colbe, W. / Laßmann, G.: Betriebswirtschaftstheorie, a.a.O., S. 149f.; Fandel, G.: Produktion I, a.a.O., S. 102.

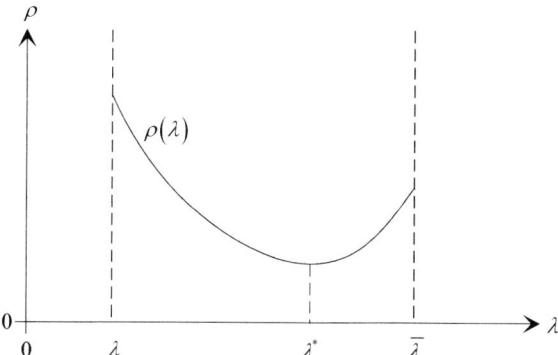

Abb. 3.11: Verbrauchsfunktion für einen Faktor

Aus Abb. 3.11 ist ersichtlich, dass die Produktionskoeffizienten der Verbrauchsfaktoren nun nicht mehr wie bei LEONTIEF konstant sind, sondern mit sich ändernder Leistungsintensität der Aggregate variieren. Wird allerdings die Leistungsintensität des Aggregates konstant gehalten, so erhält man hier ebenfalls konstante Produktionskoeffizienten. Die Gutenberg-Produktionsfunktion enthält also als Sonderfall die Leontief-Produktionsfunktion.

Auf der Grundlage der Verbrauchsfunktionen lassen sich nun Faktoreinsatzfunktionen bestimmen. Dabei wird im Folgenden davon ausgegangen, dass man bei einem maschinellen Aggregat sowohl die Leistungsintensität als auch die Produktionszeit verändern kann. Es lassen sich dann zur Erzeugung unterschiedlicher Ausbringungsmengen zwei Anpassungsformen differenzieren, und zwar intensitätsmäßige Anpassung bei konstanter Produktionszeit und zeitliche Anpassung bei konstanter Leistungsintensität.[101]

3.3.2.2 Faktoreinsatzfunktionen bei intensitätsmäßiger Anpassung

Bei der reinen intensitätsmäßigen Anpassung wird unterstellt, dass eine Erhöhung bzw. Verringerung der Ausbringungsmenge nur dadurch erreicht werden kann, dass bei konstanter Produktionszeit $\bar{t}_m$ der Maschine m die Leistungsintensität λ_m der betreffenden Maschine verändert wird.[102]

Der Gesamtverbrauch r_{im} des Produktionsfaktors i an der Maschine m wird ermittelt, indem man den Stückverbrauch ρ_{im} mit der Ausbringungsmenge x des Produktes multipliziert:

---

[101] Vgl. Fandel, G.: Produktion I, a.a.O., S. 102ff. Zur quantitativen Anpassung bei mehreren funktionsgleichen Aggregaten vgl. derselbe, S. 113ff.

[102] Vgl. Fandel, G.: Produktion I, a.a.O., S. 104ff.

$$r_{im} = \rho_{im} \cdot x = \rho_{im}\left(\lambda_m\right) \cdot x \,.$$

Der Gesamtverbrauch r_{im} ist somit von der Leistungsintensität λ_m und der Ausbringungsmenge x abhängig. Die Ausbringungsmenge x wiederum entspricht dem Produkt aus Leistungsintensität λ_m (gemessen in Produkteinheiten pro Zeiteinheit) und Produktionszeit t_m (gemessen in Zeiteinheiten):

$$x = \lambda_m \cdot t_m \,.$$

Bei konstanter Produktionszeit $\bar{t}_m$ ist die Leistungsintensität λ_m somit eindeutig durch die Ausbringungsmenge x bestimmt, und es gilt:

$$\lambda_m = \frac{x}{\bar{t}_m} \,.$$

Setzt man diese Beziehung in die Gleichung für den Gesamtverbrauch ein, so erkennt man, dass der Gesamtverbrauch r_{im} jetzt nur noch von der Ausbringungsmenge x abhängt:

$$r_{im} = \rho_{im}\left(\frac{x}{\bar{t}_m}\right) \cdot x = g_{im}\left(x\right) \,.$$

Wird der Produktionsfaktor i an m $(m = 1, \ldots, M)$ verschiedenen Maschinen verbraucht, so erhält man seine insgesamt benötigte Einsatzmenge, indem man bei den entsprechenden Maschinen die jeweils entstehenden Gesamtverbräuche addiert:

$$r_i = \sum_{m=1}^{M} r_{im} = \sum_{m=1}^{M} \rho_{im}\left(\frac{x}{\bar{t}_m}\right) \cdot x = \sum_{m=1}^{M} g_{im}\left(x\right) = g_i\left(x\right), \qquad i = 1, \ldots, I \,.$$

3.3.2.3 Faktoreinsatzfunktionen bei zeitlicher Anpassung

Bei der reinen zeitlichen Anpassung wird davon ausgegangen, dass eine Erhöhung bzw. Verringerung der Ausbringungsmenge nur dadurch erreicht werden kann, dass bei konstanter Leistungsintensität $\bar{\lambda}_m$ der Maschine m die Produktionszeit t_m variiert wird.[103]

Den Gesamtverbrauch r_{im} des Produktionsfaktors i an der Maschine m erhält man wieder durch Multiplikation des Stückverbrauchs ρ_{im} mit der Ausbringungsmenge x. Allerdings ist zu beachten, dass der Stückverbrauch ρ_{im} bei konstanter

---

[103] Vgl. Fandel, G.: Produktion I, a.a.O., S. 104ff.

Leistungsintensität $\overline{\lambda}_m$ und zeitlicher Anpassung – im Unterschied zur intensitäts-mäßigen Anpassung – ebenfalls konstant ist:

$$r_{im} = \overline{\rho}_{im} \cdot x = \rho_{im}\left(\overline{\lambda}_m\right) \cdot x = a_{im} \cdot x .$$

Die an allen Maschinen, die den Faktor i verbrauchen, insgesamt benötigte Menge von Produktionsfaktor i erhält man wie im Fall der intensitätsmäßigen Anpassung durch Addition der entstehenden Gesamtverbräuche an den entsprechenden Maschinen:

$$r_i = \sum_{m=1}^{M} r_{im} = \sum_{m=1}^{M} \overline{\rho}_{im} \cdot x = \sum_{m=1}^{M} \rho_{im}\left(\overline{\lambda}_m\right) \cdot x = \sum_{m=1}^{M} a_{im} \cdot x = a_i \cdot x , \qquad i = 1, \ldots, I .$$

Bei a_i handelt es sich um einen konstanten Produktionskoeffizienten, der die von Faktor i insgesamt benötigte Menge pro Produkteinheit angibt. Es wird somit unmittelbar deutlich, dass die Gutenberg-Produktionsfunktion die Leontief-Produktionsfunktion für den Fall der zeitlichen Anpassung enthält.

Die im Rahmen der Gutenberg-Produktionsfunktion ermittelten Faktoreinsatz-funktionen bei intensitätsmäßiger und zeitlicher Anpassung bilden eine wesent-liche Grundlage für die in einer Plankostenrechnung durchzuführende Gemein-kostenplanung und -kontrolle. Darauf wird in Kapitel 6 näher eingegangen. Auf-bauend auf den Erkenntnissen über die Produktionsfunktionen nach LEONTIEF und GUTENBERG werden anschließend die entsprechenden Kostenfunktionen erläutert. Für die Kostenstellen- bzw. Kostenträgerrechnung sind dabei die Kostenfunkti-onen auf der Grundlage der Leontief-Produktionsfunktion von besonderer Rele-vanz, da diese in Abhängigkeit von der Ausbringungsmenge einen linearen Ver-lauf aufweisen, der implizit auch bei den Verfahren der innerbetrieblichen Leis-tungsverrechnung sowie bei den Kalkulationsverfahren unterstellt wird.[104]

3.4 Kostenfunktionen auf der Grundlage limitationaler Produktionsfunktionen

3.4.1 Kostenfunktionen auf der Grundlage der Leontief-Pro-duktionsfunktion

Entsprechend der Unterscheidung von Leontief-Produktionsfunktionen bei ein- und mehrstufiger Fertigung werden die zugehörigen Kostenfunktionen bei ein- und mehrstufiger Produktion betrachtet.

---

[104] Vgl. Kapitel 4.2.4.2 und 4.3.3.

3.4.1.1 Kostenfunktionen bei einstufiger Produktion

Ausgangspunkt der Ermittlung von Kostenfunktionen bei einstufiger Produktion bildet die in Kapitel 3.3.1.1 dargestellte Leontief-Produktionsfunktion:

$$r_1 = a_1 \cdot x$$
$$r_2 = a_2 \cdot x$$
$$\vdots \qquad\qquad \text{bzw.} \; r_i = a_i \cdot x, \qquad i = 1, \dots, I \,.$$
$$r_I = a_I \cdot x$$

Die Kosten K stellen den bewerteten Faktorverzehr dar und entsprechen dem Produkt aus Faktorpreisen q_i und Faktormengen r_i. Für $i = 1, \dots, I$ Faktoren lautet dann die allgemeine Kostendefinition:

$$K = \sum_{i=1}^{I} q_i \cdot r_i = q_1 \cdot r_1 + q_2 \cdot r_2 + \dots + q_I \cdot r_I \,.$$

Setzt man für r_i gemäß der Leontief-Produktionsfunktion $a_i \cdot x$ ein, so ergibt sich in Abhängigkeit von der Ausbringungsmenge die Kostenfunktion:

$$K = \sum_{i=1}^{I} q_i \cdot a_i \cdot x = q_1 \cdot a_1 \cdot x + q_2 \cdot a_2 \cdot x + \dots + q_I \cdot a_I \cdot x \,.$$

Bei der Summe $\displaystyle\sum_{i=1}^{I} q_i \cdot a_i$

handelt es sich um die variablen Stückkosten, die bei konstanten Faktorpreisen q_i und Produktionskoeffizienten a_i ebenfalls konstant sind. Die Gesamtkosten, die in diesem Fall lediglich aus variablen Kosten bestehen, sind dementsprechend linear abhängig von der Produktionsmenge x.

Stehen einer Unternehmung mehrere effiziente Produktionsverfahren zur Verfügung und soll die Produktionsmenge x kostenminimal produziert werden, so ist zunächst das Produktionsverfahren zu ermitteln, das zu minimalen Kosten führt. Für dieses Verfahren kann dann die Kostenfunktion aufgestellt werden.[105]

3.4.1.2 Kostenfunktionen bei mehrstufiger Produktion

Ausgangspunkt zur Ermittlung der Kostenfunktion bei mehrstufiger Produktion bildet folgendes Gleichungssystem, das die produktiven Beziehungen bei mehrstufiger Fertigung repräsentiert:[106]

---

[105] Vgl. Fandel, G.: Produktion I, a.a.O., S. 272ff.
[106] Vgl. Kapitel 3.3.1.2.

$$
\begin{aligned}
x_1 &= g_{11} \cdot n_1 &&+ g_{12} \cdot n_2 &&+ g_{13} \cdot n_3 &&+ \ldots &&+ g_{1K} \cdot n_K \\
x_2 &= g_{21} \cdot n_1 &&+ g_{22} \cdot n_2 &&+ g_{23} \cdot n_3 &&+ \ldots &&+ g_{2K} \cdot n_K \\
&\vdots \\
x_K &= g_{K1} \cdot n_1 &&+ g_{K2} \cdot n_2 &&+ g_{K3} \cdot n_3 &&+ \ldots &&+ g_{KK} \cdot n_K \, .
\end{aligned}
$$

Aus Vereinfachungsgründen wird angenommen, dass lediglich für das Endprodukt K ein Primärbedarf besteht. Somit gilt $n_1 = n_2 = \ldots = n_{K-1} = 0$, und die dem Gleichungssystem zugrunde liegenden Faktoreinsatzfunktionen lauten nun:

$$
\begin{aligned}
x_1 &= g_{1K} \cdot n_K \\
x_2 &= g_{2K} \cdot n_K \\
&\vdots \qquad\qquad\qquad \text{bzw.} \quad x_{k'} = g_{k'K} \cdot n_K, \qquad k' = 1, \ldots, K \, . \\
x_K &= g_{KK} \cdot n_K
\end{aligned}
$$

$x_{k'}$ gibt in diesem Zusammenhang die von Gut k' insgesamt zur Herstellung von n_K Einheiten des Endproduktes K benötigte Menge an. Um die Kostenfunktion herzuleiten, ist in der Gleichung

$$
K = \sum_{k'=1}^{K} q_{k'} \cdot x_{k'} = q_1 \cdot x_1 + q_2 \cdot x_2 + \ldots + q_K \cdot x_K
$$

$x_{k'}$ durch $g_{k'K} \cdot n_K$ zu ersetzen. Man erhält dann:

$$
K = \sum_{k'=1}^{K} q_{k'} \cdot g_{k'K} \cdot n_K = q_1 \cdot g_{1K} \cdot n_K + q_2 \cdot g_{2K} \cdot n_K + \ldots + q_K \cdot g_{KK} \cdot n_K \, .
$$

Es ist zu beachten, dass in der dargestellten Kostenfunktion sämtliche zur Herstellung des Endproduktes K benötigten Güter k' mit ihren Faktorpreisen bewertet wurden. Diese Vorgehensweise ist dann unproblematisch, wenn es sich bei den eingesetzten Gütern ausschließlich um Fremdbezugsteile handelt. Nun ist aber für die mehrstufige Produktion mehrteiliger Erzeugnisse charakteristisch, dass Fremdbezugsteile und / oder selbsterstellte Einzelteile zu Baugruppen und diese wiederum zum Endprodukt montiert werden. Dabei entstehen Material- und Montagekosten, die dann anstelle der Faktorpreise anzusetzen sind. Diese Kosten werden als primäre variable Kosten bezeichnet.

Die Vorgehensweise zur Ermittlung der Kostenfunktion wird anhand des Beispiels aus Kapitel 3.3.1.2 verdeutlicht (vgl. Abb. 3.8). Es wird angenommen, dass es sich bei Einzelteil 1 um ein Fremdbezugsteil handelt, das zu einem Faktorpreis in Höhe von 5 € pro Stück $(q_1 = 5)$ beschafft werden kann. Einzelteil 2 wird in Eigenfertigung erstellt, wobei Materialkosten in Höhe von 3 € pro Stück $(q_2 = 3)$ anfallen. Für die Baugruppe 3 bzw. 4 fallen Montagekosten in Höhe von 7 € pro Baugruppe 3 $(q_3 = 7)$ bzw. 11 € pro Baugruppe 4 $(q_4 = 11)$ an. Für das Endprodukt 5 entstehen schließlich Endmontagekosten in Höhe von 20 € pro Endprodukt $\left(q_5 = 20\right)$.

Die Kostenfunktion lautet allgemein:

$$K = \sum_{k'=1}^{5} q_{k'} \cdot g_{k'5} \cdot n_5 = q_1 \cdot g_{15} \cdot n_5 + q_2 \cdot g_{25} \cdot n_5 + \ldots + q_5 \cdot g_{55} \cdot n_5.$$

Für q_1 bis q_5 sind die oben angegebenen Werte einzusetzen. Die Gesamtbedarfskoeffizienten g_{15} bis g_{55} entsprechen der letzten Spalte der Gesamtbedarfsmatrix in Abb. 3.10 $\left(g_{15} = 28, g_{25} = 20, g_{35} = 5, g_{45} = 2, g_{55} = 1\right)$. Somit erhält man:

$$K = 5 \cdot 28 \cdot n_5 + 3 \cdot 20 \cdot n_5 + 7 \cdot 5 \cdot n_5 + 11 \cdot 2 \cdot n_5 + 20 \cdot 1 \cdot n_5 = 277 \cdot n_5.$$

Die variablen Stückkosten zur Herstellung einer Einheit von Endprodukt 5 betragen 277 €.

Aus kostenrechnerischer Sicht entspricht die obige Ermittlung der Kostenfunktion der summarischen Kalkulation, die zur Kalkulation der Kosten mehrteiliger Produkte eingesetzt wird.[107]

3.4.2 Kostenfunktionen auf der Grundlage der Gutenberg-Produktionsfunktion

Entsprechend der Unterscheidung der Gutenberg-Produktionsfunktion nach intensitätsmäßiger und zeitlicher Anpassungsform werden zunächst die zugehörigen Kostenfunktionen bei (rein) intensitätsmäßiger und (rein) zeitlicher Anpassung betrachtet. Anschließend werden die Kostenfunktionen bei optimaler Kombination von zeitlicher und intensitätsmäßiger Anpassung untersucht.[108]

3.4.2.1 Kostenfunktionen bei intensitätsmäßiger Anpassung

Zur Ermittlung von Kostenfunktionen bei intensitätsmäßiger Anpassung ist von der Beziehung[109]

$$r_i = g_i(x), \qquad i = 1, \ldots, I,$$

auszugehen und in der Gleichung

---

[107] Vgl. Kapitel 4.3.3.3.

[108] Vgl. Fandel, G.: Produktion I, a.a.O., S. 278ff.

[109] Vgl. Kapitel 3.3.2.2.

$$K = \sum_{i=1}^{l} q_i \cdot r_i$$

r_i entsprechend zu ersetzen. Man erhält dann:

$$K = \sum_{i=1}^{l} q_i \cdot g_i(x) = g(x).$$

Die konkrete Form dieser Kostenfunktion ist von den jeweils unterstellten Verbrauchsfunktionen abhängig, was anhand des folgenden Beispiels deutlich wird. Auf einer Schleifmaschine werden Motorblöcke feingeschliffen. Die Leistungsintensität λ der Schleifmaschine (gemessen in Motorblöcken pro Tag) kann zwischen $\underline{\lambda} = 8$ und $\overline{\lambda} = 30$ Motorblöcken pro Tag variiert werden. Zum Betrieb der Maschine werden die Produktionsfaktoren Elektrische Energie (gemessen in kWh) und Kühlmittel (gemessen in Liter) benötigt. Die Stückverbrauchsfunktionen lauten folgendermaßen:[110]

Elektrische Energie: $\rho_1 = \lambda^2 - 23 \cdot \lambda + 104$ [kWh / Motorblock]

Kühlmittel: $\rho_2 = 0,25 \cdot \lambda^2 - 11 \cdot \lambda + 123$ [Liter / Motorblock].

Die Faktorpreise betragen 1,50 € pro kWh $(q_1 = 1,5)$ und 3 € pro Liter Kühlmittel $(q_2 = 3)$. Die konstante Produktionszeit $\overline{t}$ beträgt 25 Tage.

Den Gesamtverbrauch r_1 an Produktionsfaktor Elektrische Energie erhält man als Produkt aus Stückverbrauch ρ_1 und Ausbringungsmenge x:

$$r_1 = \rho_1 \cdot x = \left(\lambda^2 - 23 \cdot \lambda + 104 \right) \cdot x.$$

Für den Gesamtverbrauch r_2 des Kühlmittels gilt entsprechend:

$$r_2 = \rho_2 \cdot x = \left(0,25 \cdot \lambda^2 - 11 \cdot \lambda + 123 \right) \cdot x.$$

Setzt man in die Gleichung $x = \lambda \cdot t$ für t die konstante Produktionszeit $\overline{t} = 25$ ein und löst nach λ auf, so ergibt dies:

$$\lambda = \frac{x}{25}.$$

---

[110] Da in diesem Beispiel nur eine Maschine betrachtet wird, kann bei den Verbrauchsfunktionen, der Leistungsintensität und der Produktionszeit auf den Index m verzichtet werden.

Diese Beziehung kann nun in die Gesamtverbrauchsfunktionen r_1 und r_2 eingesetzt werden:

$$r_1 = \left(\left(\frac{x}{25} \right)^2 - 23 \cdot \left(\frac{x}{25} \right) + 104 \right) \cdot x = 0,0016 \cdot x^3 - 0,92 \cdot x^2 + 104 \cdot x$$

$$r_2 = \left(0,25 \cdot \left(\frac{x}{25} \right)^2 - 11 \cdot \left(\frac{x}{25} \right) + 123 \right) \cdot x = 0,0004 \cdot x^3 - 0,44 \cdot x^2 + 123 \cdot x .$$

Zur Ermittlung der Kostenfunktion werden die Gesamtverbrauchsfunktionen r_1 und r_2 mit den jeweiligen Faktorpreisen q_1 und q_2 multipliziert und anschließend addiert:

$$\begin{aligned} K &= q_1 \cdot r_1 + q_2 \cdot r_2 \\ &= 1,5 \cdot \left(0,0016 \cdot x^3 - 0,92 \cdot x^2 + 104 \cdot x \right) + 3 \cdot \left(0,0004 \cdot x^3 - 0,44 \cdot x^2 + 123 \cdot x \right) \\ &= 0,0036 \cdot x^3 - 2,7 \cdot x^2 + 525 \cdot x. \end{aligned}$$

Diese Kostenfunktion gilt nur für bestimmte Ausbringungsmengen x, und zwar muss x zwischen $\underline{\lambda} \cdot \overline{t}$ $(= 8 \cdot 25 = 200)$ und $\overline{\lambda} \cdot \overline{t}$ $(= 30 \cdot 25 = 750)$ liegen. Für die Kostenfunktion bei intensitätsmäßiger Anpassung gilt also:

$$K = 0,0036 \cdot x^3 - 2,7 \cdot x^2 + 525 \cdot x \qquad \text{für } 200 \leq x \leq 750 .$$

3.4.2.2 Kostenfunktionen bei zeitlicher Anpassung

Zur Ermittlung der Kostenfunktion bei zeitlicher Anpassung wird die Gleichung[111]

$$r_i = a_i \cdot x, \qquad i = 1, \dots, I ,$$

herangezogen und in die allgemeine Kostenfunktion

$$K = \sum_{i=1}^{I} q_i \cdot r_i$$

eingesetzt. Dies liefert:

$$K = \sum_{i=1}^{I} q_i \cdot a_i \cdot x .$$

---

[111] Vgl. Kapitel 3.3.2.3.

Der Term

$$\sum_{i=1}^{I} q_i \cdot a_i$$

kennzeichnet die variablen Stückkosten. Der Wert des konstanten Produktions-koeffizienten a_i ist davon abhängig, welche konstante Leistungsintensität gewählt wurde. Man wird nun bei der zeitlichen Anpassung nicht irgendeine beliebige Leistungsintensität, sondern die optimale Leistungsintensität λ^* wählen. Die optimale Leistungsintensität λ^* ist die Leistungsintensität, bei der die variablen Stückkosten minimal sind. Es gilt dann:

$$\sum_{i=1}^{I} q_i \cdot a_i = k_{vmin} \,,$$

und als Kostenfunktion erhält man:

$$K = k_{vmin} \cdot x \,.$$

Für das Beispiel aus Kapitel 3.4.2.1 soll nun die Kostenfunktion bei zeitlicher Anpassung ermittelt werden. Bis auf die Änderung, dass die Produktionszeit t zwischen $0 (= \underline{t})$ und $25 (= \overline{t})$ variiert werden kann, gelten dieselben Daten.

Zunächst muss die optimale Leistungsintensität λ^* ermittelt werden. Dies geschieht, indem man die Funktion der variablen Stückkosten $k_v(\lambda)$ in Abhängig-keit von λ aufstellt und dann die erste Ableitung gleich Null setzt. Die variablen Stückkosten $k_v(\lambda)$ entsprechen der Summe der mit den jeweiligen Faktorpreisen bewerteten Stückverbräuche. Für die Stückverbrauchsfunktionen

$$\rho_1 = \lambda^2 - 23 \cdot \lambda + 104 \text{ und}$$

$$\rho_2 = 0,25 \cdot \lambda^2 - 11 \cdot \lambda + 123$$

betragen die variablen Stückkosten:

$$
\begin{aligned}
k_v(\lambda) &= q_1 \cdot \rho_1 + q_2 \cdot \rho_2 \\
&= 1,5 \cdot \left(\lambda^2 - 23 \cdot \lambda + 104 \right) + 3 \cdot \left(0,25 \cdot \lambda^2 - 11 \cdot \lambda + 123 \right) \\
&= 2,25 \cdot \lambda^2 - 67,5 \cdot \lambda + 525 \,.
\end{aligned}
$$

Die notwendige Bedingung für ein Minimum ist, dass die erste Ableitung gleich Null wird:

$$\frac{\partial k_v(\lambda)}{\partial \lambda} = 4,5 \cdot \lambda - 67,5 \overset{!}{=} 0$$

$$\Leftrightarrow \quad \lambda^* = 15 \quad \in [8; 30].$$

Die hinreichende Bedingung für ein Minimum erfordert, dass die zweite Ableitung größer Null wird, was in diesem Beispiel erfüllt ist:

$$\frac{\partial^2 k_v(\lambda)}{(\partial \lambda)^2} = 4,5 > 0.$$

Die optimale Leistungsintensität λ^* beträgt also 15 Motorblöcke pro Tag und liegt innerhalb des vorgegebenen Intervalls zwischen 8 und 30 Motorblöcken pro Tag. Die bei λ^* entstehenden minimalen variablen Stückkosten erhält man durch Einsetzen von λ^* in die Funktion der variablen Stückkosten:

$$k_{v\,min} = k_v(\lambda^*) = 2,25 \cdot (\lambda^*)^2 - 67,5 \cdot \lambda^* + 525$$

$$= 2,25 \cdot (15)^2 - 67,5 \cdot 15 + 525$$

$$= 18,75.$$

Die zugehörige Kostenfunktion lautet demnach:

$$K = 18,75 \cdot x.$$

Auch diese Kostenfunktion gilt nur für bestimmte Ausbringungsmengen x, und zwar muss x zwischen $\lambda^* \cdot \underline{t} \ (= 15 \cdot 0 = 0)$ und $\lambda^* \cdot \overline{t} \ (= 15 \cdot 25 = 375)$ liegen. Für die Kostenfunktion bei zeitlicher Anpassung gilt dann:

$$K = 18,75 \cdot x \qquad \text{für } 0 \le x \le 375.$$

3.4.2.3 Kostenfunktionen bei optimaler Kombination von zeitlicher und intensitätsmäßiger Anpassung

Im Folgenden wird davon ausgegangen, dass zur Herstellung einer bestimmten Ausbringungsmenge sowohl die Leistungsintensität λ als auch die Produktionszeit t der betreffenden Maschine variiert werden können. Es ist zu untersuchen, welche Anpassungsform gewählt wird, wenn die jeweilige Ausbringungsmenge kostenminimal produziert werden soll.

Die Produktion der Ausbringungsmenge x erfolgt dann kostenminimal, wenn zunächst bei optimaler Leistungsintensität λ^* eine zeitliche Anpassung der Produktionszeit t im Intervall $\underline{t} \le t \le \overline{t}$ erfolgt. Anschließend ist bei maximaler Produktionszeit $\overline{t}$ eine Anpassung der Leistungsintensität λ im Intervall $\lambda^* \le \lambda \le \overline{\lambda}$ vorzunehmen.

Bei der zeitlichen Anpassung liegt die Ausbringungsmenge x im Intervall $\lambda^* \cdot \underline{t} \leq x \leq \lambda^* \cdot \overline{t}$, und es entstehen Kosten in Höhe von $k_{v\,min} \cdot x$. Die intensitätsmäßige Anpassung liefert Ausbringungsmengen x im Intervall $\lambda^* \cdot \overline{t} \leq x \leq \overline{\lambda} \cdot \overline{t}$, und es fallen Kosten in Höhe von $g(x)$ an. Die Kostenfunktion bei optimaler Kombination von zeitlicher und intensitätsmäßiger Anpassung lautet dann in allgemeiner Form:

$$K = \begin{cases} k_{v\,min} \cdot x & \text{für} & \lambda^* \cdot \underline{t} \leq x \leq \lambda^* \cdot \overline{t}, \\ g(x) & \text{für} & \lambda^* \cdot \overline{t} \leq x \leq \overline{\lambda} \cdot \overline{t}. \end{cases}$$

Bezogen auf das Beispiel liegt die Ausbringungsmenge x bei optimaler Kombination von zeitlicher und intensitätsmäßiger Anpassung zunächst zwischen $0 (= 15 \cdot 0)$ und $375 (= 15 \cdot 25)$ Motorblöcken, solange die Schleifmaschine zeitlich angepasst wird. Die intensitätsmäßige Anpassung liefert Ausbringungsmengen zwischen $375 (= 15 \cdot 25)$ und $750 (= 30 \cdot 25)$ Motorblöcken. Die Kostenfunktion lautet dementsprechend:

$$K = \begin{cases} 18,75 \cdot x & \text{für} & 0 \leq x \leq 375 \\ 0,0036 \cdot x^3 - 2,7 \cdot x^2 + 525 \cdot x & \text{für} & 375 \leq x \leq 750. \end{cases}$$

3.5 Übungsaufgaben zu Kapitel 3

Übungsaufgabe 3.1:   Aufgaben der Kostentheorie

Worin bestehen die Erklärungs- und die Gestaltungsaufgabe der Kostentheorie?

Übungsaufgabe 3.2:   Einteilung der Produkte

Auf welche Weise lassen sich Produkte nach ihrer Verwendbarkeit klassifizieren?

Übungsaufgabe 3.3:   Einteilung der Produktionsfaktoren

Auf welche Weise lassen sich Produktionsfaktoren nach ihrer Wirkungsweise im Produktionsprozess klassifizieren?

Übungsaufgabe 3.4:   Effizienzkriterium

Welche Aufgabe erfüllt das Effizienzkriterium?

Übungsaufgabe 3.5:   Einteilung der Produktionsfunktionen

Welche Produktionsfunktionen lassen sich nach dem Austauschbarkeitsverhältnis der an der Produktion beteiligten Produktionsfaktoren unterscheiden?

Übungsaufgabe 3.6:   Leontief-Produktionsfunktion

Durch welche Eigenschaften ist die Leontief-Produktionsfunktion gekennzeichnet?

Übungsaufgabe 3.7:   Gutenberg-Produktionsfunktion

Durch welche Eigenschaften ist die Gutenberg-Produktionsfunktion gekennzeichnet?

Übungsaufgabe 3.8:   Effiziente Produktionspunkte

---

a) Welche der folgenden Produktionspunkte sind effizient?

$$v^1 = \left(-4, -8, -300, 20, 24 \right)'$$
$$v^2 = \left(-4, -8, -160, 32, 32 \right)'$$
$$v^3 = \left(-12, -8, -200, 28, 28 \right)'$$
$$v^4 = \left(-4, -8, -180, 32, 24 \right)'$$
$$v^5 = \left(-16, 0, -200, 24, 28 \right)'$$
$$v^6 = \left(-12, -4, -180, 32, 28 \right)'$$
$$v^7 = \left(-8, -8, -160, 28, 32 \right)'$$
$$v^8 = \left(-20, -36, -160, 8, 44 \right)'$$
$$v^9 = \left(-25, -40, -140, 8, 44 \right)' \,.$$

b) Welche der in den Abbildungen 1 bis 3 dargestellten Produktionspunkte sind ineffizient (Konstanz aller anderen Faktor- und Produktmengen)?

Wobei: x_j = Menge des Produktes $j \left(j = 1, 2 \right)$
        r_i = Menge des Faktors $i \left(i = 1, 2 \right)$.

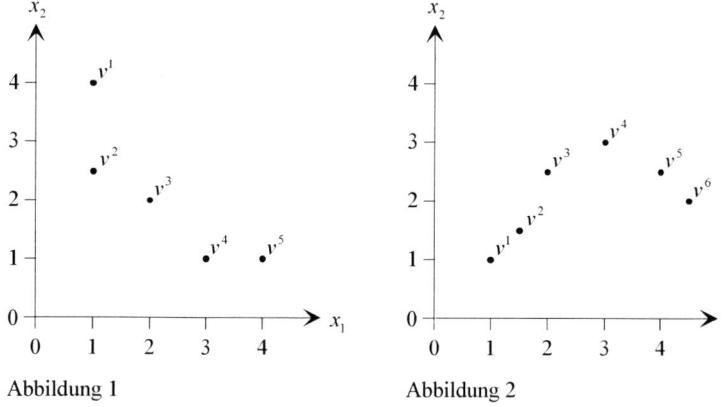

Abbildung 1   Abbildung 2

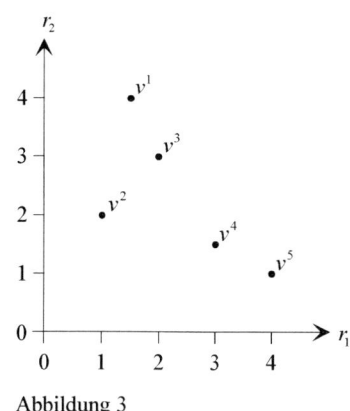

Abbildung 3

Übungsaufgabe 3.9:   Kostenfunktionen auf Basis der Leontief-Produktionsfunktion

In der Entwicklungsabteilung einer Unternehmung werden neue Verfahren zur Fertigung ultraleichter Regale erprobt. Prinzipiell stehen 4 Fertigungsverfahren zur Verfügung. Die dabei jeweils benötigten Faktoreinsatzmengen pro Regal sind in folgender Tabelle angegeben:

Produktionsfaktoren	Verfahren 1	Verfahren 2	Verfahren 3	Verfahren 4
Aluminiumpulver in kg	14,0	16,0	15,0	14,0
Magnesiumpulver in kg	12,5	18,0	16,0	14,0
Elektrische Energie in kWh	5,0	4,0	4,0	3,5
Arbeit in Min.	24,0	22,0	20,0	25,0

a) Sind alle Fertigungsverfahren effizient? Begründen Sie Ihre Antwort.

b) Formulieren Sie für jedes effiziente Verfahren die entsprechenden Faktoreinsatzfunktionen.

c) Die Preise der Produktionsfaktoren betragen:

   - 18 Geldeinheiten pro kg Aluminiumpulver,
   - 49 Geldeinheiten pro kg Magnesiumpulver,
   - 3 Geldeinheiten pro kWh Elektrische Energie und
   - 6 Geldeinheiten pro Min. Arbeit.

Ermitteln Sie für alle effizienten Verfahren die variablen Stückkosten sowie die Funktion der gesamten variablen Kosten in Abhängigkeit von der Anzahl der hergestellten Regale.

d) Mit welchem Verfahren würden Sie das Regal fertigen? Begründen Sie Ihre Antwort.

Übungsaufgabe 3.10: Kostenfunktionen auf Basis der Gutenberg-Produktionsfunktion

---

Die Noris AG produziert und verkauft Bratwurstmett. Zur Herstellung des Metts werden auf einem Aggregat zwei Verbrauchsfaktoren eingesetzt. Die Verbrauchsfunktionen der Faktoren lauten:

$$\rho_1 = 0,01 \cdot \lambda$$

$$\rho_2 = 0,00125 \cdot \lambda^2 - 0,27 \cdot \lambda + 19 .$$

Die Leistungsintensität λ des Aggregats kann zwischen 40 und 150 kg Mett pro Stunde, die Laufzeit t des Aggregats zwischen 0 und 8 Stunden variiert werden. Die Preise der beiden Verbrauchsfaktoren betragen $q_1 = 2$ € und $q_2 = 1$ €.

a) Um welche Arten von Produktionsfaktoren könnte es sich bei den beiden Verbrauchsfaktoren handeln?

b) Bestimmen Sie die Kostenfunktion in Abhängigkeit von der Ausbringungsmenge bei optimaler Kombination von zeitlicher und intensitätsmäßiger Anpassung.

4 Grundstruktur von Kostenrechnungssystemen

4.1 Kostenartenrechnung

4.1.1 Begriff und Aufgaben der Kostenartenrechnung

Die Kostenartenrechnung stellt den Ausgangspunkt und die Grundlage für die gesamte Kostenrechnung dar, d.h. ihre Ergebnisse gehen sowohl in die Kostenstellen- als auch in die Kostenträgerrechnung ein. Deshalb ist es sehr wichtig, dass schon in der Kostenartenrechnung möglichst sorgfältig und genau vorgegangen wird.

Die Kostenartenrechnung erhält ihre Daten zu einem großen Teil aus vorgelagerten Bereichen des betrieblichen Rechnungswesens wie Finanz-, Material-, Personal- und Anlagenbuchhaltung. Informationen, die nicht aus diesen Rechnungen ersichtlich sind, werden in speziell für die Kostenartenrechnung entwickelten Sonderrechnungen generiert.

Die Aufgabe der Kostenartenrechnung liegt in der systematischen Erfassung und dem Ausweis sämtlicher Istkosten, die innerhalb einer Periode für die Erstellung und Verwertung betrieblicher Leistungen angefallen sind. Es handelt sich dabei nicht immer um konkrete Berechnungen, sondern grundsätzlich um die belegmäßige Erfassung der Kosten, die gemäß den Grundsätzen der Kostenartenrechnung nach einzelnen Kostenarten gegliedert sind. Die Kostenartenrechnung gibt somit Auskunft darüber, welche Kosten in welcher Höhe in einer Periode angefallen sind.

Im Hinblick auf die Aufgaben der Dokumentation, Kontrolle und Disposition ermöglicht die Kostenartenrechnung beispielsweise den horizontalen Vergleich der Anteile verschiedener Kostenarten an den Gesamtkosten eines Unternehmens. Des Weiteren sind vertikale Kostenvergleiche durch die Beobachtung der Entwicklung einzelner Kostenarten über mehrere Abrechnungsperioden möglich, woraus unter Umständen erste Hinweise auf Unwirtschaftlichkeiten resultieren können.[112]

---

[112] Vgl. Mayer, E. / Liessmann, K. / Mertens, H.W.: Kostenrechnung, a.a.O., S. 102; Kiesel, M.: Kostenartenrechnung, in: Corsten, H. (Hrsg.): Lexikon der Betriebswirtschaftslehre, a.a.O., S. 493-497, hier S. 494.

4.1.2 Grundsätze und Gliederungskriterien der Kostenarten-rechnung

Die Kostenartenbildung ist so vorzunehmen, dass alle anfallenden Kostenbelege auch von verschiedenen Sachbearbeitern eindeutig, zweifelsfrei und kontinuierlich den jeweiligen Kostenarten zugeordnet werden können. Um dies zu gewährleisten, sind einige Grundsätze bei der Kostenartenbildung zu beachten.

Der Grundsatz der Vollständigkeit besagt, dass die Kostenartenbildung so zu erfolgen hat, dass alle anfallenden Kosten vollständig untergebracht werden können. Die Kostenartengliederung darf folglich keine Lücken aufweisen.

Nach dem Grundsatz der Eindeutigkeit muss die Definition des Inhaltes einer Kostenart eindeutig und klar verständlich sein, um eine zweifelsfreie Kosteneinordnung zu ermöglichen. Eine eindeutige Kostenarteneinteilung und -bezeichnung erleichtert den zuständigen Sachbearbeitern die Entscheidung, bei welcher Kostenart ein bestimmter Geschäftsvorfall untergebracht werden soll.

Der Grundsatz der Einheitlichkeit erfordert eine gleich bleibende Zuordnung von Kosten zu bestimmten Kostenarten, um über mehrere Perioden hinweg die Vergleichbarkeit der Ergebnisse der Kostenrechnung zu gewährleisten.

Der Grundsatz der Reinheit fordert, dass für den Inhalt einer Kostenart nur eine Kostengüterart, d.h. ein kostenverursachender Produktionsfaktor bzw. Input, bestimmend ist. Daraus folgt, dass eine zu grobe Kostenartenbildung zu vermeiden ist. Wird beispielsweise eine Kostenart „Gebühren und Beiträge" ohne weitere Differenzierungen gebildet, so fallen darunter unter anderem Porto- und Telefonkosten oder Beiträge für Verbände als Kostengüterarten. Die getrennte Betrachtung von Porto- und Telefonkosten oder Verbandsbeiträgen wäre in diesem Falle nicht möglich.[113]

Dem Grundsatz der Reinheit folgend wäre eine sehr differenzierte Kostenartengliederung zu wählen. Diese Differenzierung darf allerdings nicht so weit gehen, dass die Wirtschaftlichkeit der Kostenartenrechnung in Frage gestellt würde.

Die Gesamtkosten einer Unternehmung lassen sich unter Beachtung der angeführten Grundsätze nach verschiedenen Kriterien in einzelne Kostenarten aufspalten. Die im Folgenden vorgestellten Gliederungsmöglichkeiten stellen grobe Raster der Kostenarteneinteilung, d.h. Kostenartengruppen, vor, die für den praktischen Einsatz noch weiter differenziert werden müssen.

Die Gliederung nach der Art der verbrauchten Produktionsfaktoren kann in Anlehnung an die Einteilung der Produktionsfaktoren in Material, menschliche Arbeitsleistung und Betriebsmittel zu folgenden Kostenartengruppen führen:

- Materialkosten,
- Löhne und Gehälter,
- Betriebsmittelkosten und
- sonstige Kostenarten.

---

[113] Vgl. Abb. 4.1 bei den Sonstigen Kostenarten.

Die funktionsorientierte Gliederung der Kosten könnte z.B. durch folgende Kostenartengruppen dargestellt werden:

- Beschaffungskosten,
- Fertigungskosten,
- Vertriebskosten und
- Verwaltungskosten.

Nach der Art der Verrechnung ergibt sich die Einteilung in:

- Einzelkosten und
- Gemeinkosten.[114]

Gemäß dem Verhalten bei Beschäftigungsschwankungen können folgende Kostenartengruppen gebildet werden:

- variable Kosten und
- fixe Kosten.[115]

Darüber hinaus sind noch weitere Gliederungskriterien denkbar. Als Hauptgliederungsmerkmal bei der Kostenarteneinteilung sollte aber grundsätzlich die faktororientierte Unterteilung gewählt werden. Da in der anschließenden Kostenstellen- und Kostenträgerrechnung die Kostenbeträge ohnehin den einzelnen Stellen und Trägern zugeordnet werden, reicht diese Unterteilung vollständig aus. Als Ergänzung zu der produktionsfaktororientierten Kostenarteneinteilung sind kostenstellen- und kostenträgerorientierte Einteilungskriterien zwar zulässig, allerdings weitgehend zu vermeiden, denn sie erhöhen unnötig die Anzahl der Kostenarten, ohne die Ergebnisse zu verbessern, was einen Verstoß gegen das Wirtschaftlichkeitsprinzip bedeutet. Wählt man hingegen ausschließlich kostenstellen- oder kostenträgerorientierte Einteilungskriterien, so besteht die Gefahr, „unsaubere" oder „gemischte" Kostenarten zu erhalten, die dem Grundsatz der Reinheit nicht genügen und die Kostenartenrechnung unübersichtlich und fehleranfällig machen. Beispiele für solche unsauberen Kostenarten sind Raumkosten, Reparaturkosten oder Versandkosten, denn sie enthalten z.B. sowohl Personalkosten als auch Hilfs- und Betriebsstoffkosten. Für die Durchführung einer aussagekräftigen Kostenrechnung sind gemischte Kostenarten zu vermeiden.

Das Ergebnis der Kostenartengliederung nach den genannten Kriterien und Grundsätzen ist der Kostenartenplan. Die Kennzeichnung einer Kostenart erfolgt darin durch eine Kostenartennummer und eine Kostenartenbezeichnung. Durch die Zusammenfassung ähnlicher Kostenarten werden Kostenartengruppen gebildet.

Bei der Kontierung werden die Kostenbelege zunächst mit der Kostenartennummer und -bezeichnung markiert. Darüber hinaus muss erkennbar sein, welcher Geschäftsvorfall den entsprechenden Betrag verursacht hat und wie dieser Beleg

---

[114] Vgl. Kapitel 2.2.5.
[115] Vgl. Kapitel 2.2.2.

im System der Kostenrechnung weiterverrechnet werden soll. Belege für Kosten, die Einzelkosten darstellen, werden durch Produkt-, Artikel- oder Auftragsnummern gekennzeichnet. Dadurch wird die unmittelbare Verbindung zu den betrieblichen Produkten oder Aufträgen hergestellt. Auf den Belegen, die Gemeinkosten beinhalten, sind die Kostenstellennummern derjenigen Abteilungen zu vermerken, in denen die betrachteten Kostenbeträge entstanden sind.

Da in der Praxis die angeführten Grundsätze der Kostenartenbildung wegen der großen Anzahl von Einsatzfaktoren und Buchungsfällen oft nur ansatzweise eingehalten werden können, empfiehlt es sich, an diesen Stellen den Kontenplan um Kontierungshinweise und -beispiele zu erweitern und die Regeln der Zuordnung zu einzelnen Kostenarten zu erläutern. Als Beispiel könnte ein möglicher Kontierungshinweis zu der Kostenart „Bewirtungs- und Repräsentationskosten"[116] lauten:

- Darunter fallen nur die rein geschäftlich veranlassten Bewirtungskosten.
- Kosten für die Arbeitnehmerbewirtung bei Besprechungen oder Betriebsveranstaltungen sind der Kostenart „Sonstige Bürokosten" zuzuordnen.
- Übernachtungs- und Fahrtkosten, die beim Besuch von Delegationen, Beratern usw. entstehen, gehören zu den „Sonstigen Betreuungs- und Repräsentationskosten".

Einen einheitlichen Kostenartenplan, der für alle Industriebetriebe gleichermaßen Gültigkeit besitzt, gibt es nicht, da in den verschiedenen Branchen Produktionsfaktorgruppen mit unterschiedlicher Bedeutung und zum Teil in erheblich voneinander abweichenden Zusammensetzungen auftreten. Als Orientierungshilfe und Arbeitsgrundlage zur Erstellung von Kostenartenplänen, die in der Praxis meist als Kontenpläne bezeichnet und eingesetzt werden, dienen der Gemeinschaftskontenrahmen der Industrie (GKR) und der Industriekontenrahmen (IKR). Darauf aufbauend kann jedes Unternehmen einen den individuellen Erfordernissen angepassten Kostenarten- bzw. Kontenplan entwerfen. Die folgende Abb. 4.1 gibt einen Überblick über eine mögliche Kostenartengliederung, die sich an der faktororientierten Grobgliederung in Material, Personal und Betriebsmittel orientiert.[117]

4.1.3 Erfassung und Verrechnung wichtiger Kostenarten

Die bereits in Abb. 4.1 enthaltene faktororientierte Kostenarteneinteilung in Material-, Personal-, Betriebsmittel- und sonstige Kostenarten lässt sich in das Klassifikationsschema der Produktionsfaktoren nach GUTENBERG[118] mit den dispositiven, Elementar- und Zusatzfaktoren einordnen. Dem dispositiven Faktor entsprechen

---

[116] Vgl. Abb. 4.1 bei den Sonstigen Kostenarten.

[117] Vgl. Kilger, W.: Einführung in die Kostenrechnung, a.a.O., S. 70ff.; Olfert, K.: Kostenrechnung, a.a.O., S. 76.

[118] Vgl. Kapitel 3.2.1.

diejenigen Personalkosten, die für bestimmte dispositive Aufgaben entstehen; diese umfassen z.B. auch kalkulatorische Unternehmerlöhne. Den Elementarfaktoren sind die Kosten für Material, Betriebsmittel und objektbezogene Arbeit zuzurechnen. Die Kosten der Zusatzfaktoren sind unter den sonstigen Kostenarten aufgeführt.

4.1.3.1 Materialkostenarten

Unter Materialkosten versteht man den bewerteten Verzehr an Roh-, Hilfs- und Betriebsstoffen. Rohstoffe verursachen den größten Teil der Materialkosten, denn sie umfassen alle Werkstoffarten, die in ein Erzeugnis eingehen. Rohstoffkosten können in der Regel als Einzelkosten erfasst werden. Hilfsstoffe haben meist nur ergänzende Funktion und einen geringen wertmäßigen Anteil am Endprodukt. Ihre Erfassung erfolgt aus Wirtschaftlichkeitsgründen meist als unechte Gemeinkosten. Betriebsstoffe gehen nicht direkt in die Erzeugnisse ein, sie dienen vielmehr dem Betriebsprozess insgesamt und können nur als echte Gemeinkosten erfasst werden.[119]

In der Materialabrechnung sind folgende Aufgaben zu erfüllen:

„ a) Erfassung der mengenmäßigen Materialbewegungen, d.h. der Zu- und Abgänge,

b) Ermittlung und Kontrolle der mengenmäßigen Materialbestände,

c) Bewertung der Materialverbrauchsmengen, d.h. Ermittlung der Materialkosten,

d) Bewertung der Materialbestände,

e) Weiterverrechnung und Kontrolle der Materialkosten."[120]

Die Erfassung und Kontrolle der mengenmäßigen Materialbewegungen bzw. -bestände sind die Grundlage für die Ermittlung von Materialkosten bzw. für die Bewertung der Materialbestände. Darauf aufbauend kann die Weiterverrechnung und Kontrolle der Materialkosten erfolgen. Die Aufgabenbereiche der Erfassung, Bewertung und Weiterverrechnung der Materialverbrauchsmengen sind Bestandteile der Kostenartenrechnung.

---

[119] Vgl. Kiesel, M.: Kostenartenrechnung, a.a.O., S. 460.

[120] Kilger, W.: Einführung in die Kostenrechnung, a.a.O., S. 78.

40/41/42 Roh-, Hilfs- und Betriebsstoffe

    4001 Materialart A
    4002 Materialart B
       ⋮
    4009 Materialart Z

    4011 Klein- und Normteile
       ⋮
    4019 Handelsware

    4121 Hilfsstoffe
    4122 Betriebsstoffe (ohne
          Brennstoffe u. Energie)
    4123 Werkzeuge und Geräte
       ⋮
    4129 Material für innerbetrieb-
          liche Leistungen

    Brennstoffe und Energie
    4201 Feste Brenn- und Treib-
          stoffe
    4202 Flüssige Brenn- und
          Treibstoffe
    4203 Gasförmige Brenn- und
          Treibstoffe

43/44 Personalkosten

    4301 Fertigungslöhne

    4311 Hilfslöhne für Vorarbeiter
    4312 Hilfslöhne für Transport-
          und Lagerarbeiten
    4313 Hilfslöhne für Reini-
          gungsarbeiten
       ⋮
    4319 Sonstige Hilfslöhne

    4351 Gehälter

    Personalnebenleistungen
    4401 Gesetzliche Sozialab-
          gaben für Arbeiter
    4402 Gesetzliche Sozialab-
          gaben für Angestellte

    4409 Freiwillige Sozialabgaben
       ⋮
    4420 Kalkulatorische Sozial-
          kosten für Arbeiter

    4430 Kalkulatorische Sozial-
          kosten für Angestellte

    Sonstige Personalkosten
    4451 Lohnzulagen
    4452 Mehrarbeitszuschläge für
          Arbeiter
    4453 Zusatzlöhne für Akkord-
          arbeiter

    4461 Gehaltszulagen
    4462 Mehrarbeitszuschläge für
          Angestellte

    4471 Kalkulatorischer Unter-
          nehmerlohn

45   Betriebsmittelkosten

    Kalkulatorische Abschreibungen
    4501 Kalkulatorische Abschrei-
          bungen auf unbewegliches
          Anlagevermögen
    4502 Kalkulatorische Abschrei-
          bungen auf bewegliches
          Anlagevermögen

    Kalkulatorische Zinsen
    4511 Kalkulatorische Zinsen
          auf unbewegliches
          Anlagevermögen
    4512 Kalkulatorische Zinsen
          auf bewegliches Anlage-
          vermögen

    Reparatur- und Instandhal-
    tungskosten
    4521 Reparatur- und Instand-
          haltungsleistungen für un-
          bewegliches Anlage-
          vermögen
    4522 Reparatur- und Instand-
          haltungsleistungen für
          bewegliches Anlage-
          vermögen

    Sonstige Betriebsmittelkosten
    4531 Mieten für Grundstücke
          und Gebäude
    4532 Mieten für Maschinen
          und Anlagen

Abb. 4.1: Beispiel eines Kostenartenplan

46/47/48 Sonstige Kostenarten

Kostensteuern, Gebühren, Beiträge und Versicherungsprämien
4601 Grundsteuer
4602 Kraftfahrzeugsteuer
4603 Gewerbekapitalsteuer
4604 Gewerbeertragsteuer
⋮
4609 Sonstige Kostensteuern

4611 Gebühren und Abgaben
(ohne Postgebühren)

4621 Beitrag für Industrie-
und Handelskammer
4622 Beitrag für Arbeitgeber-
verband
4623 Beitrag für Fachverband
⋮
4629 Sonstige Beiträge

4631 Kraftfahrzeug-
versicherung
4632 Feuerversicherung
4633 Betriebshaftpflicht-
versicherung
⋮
4639 Sonstige Versicherungsleistungen

Büro-, Verkehrskosten
und dergleichen
4701 Sonstige Mieten (nicht für
Betriebsmittel)

4711 Postgebühren
4712 Büromaterial, Druck-
sachen
4713 Bücher und Zeitschriften

4721 Personentransport
4722 Reisespesen und Über-
nachtungskosten
4723 Bewirtungs- und Repräsentationskosten
4724 Sonstige Betreuungs- und
Repräsentationskosten
4725 Sonstige Bürokosten

4741 Beratungsleistungen

Sondereinzelkosten des
Vertriebs
4791 Provisionen
4792 Verpackungsmaterial

Sonstige kalkulatorische Kosten
4801 Kalkulatorische Zinsen
auf das Umlaufvermögen
4802 Kalkulatorische Wagnisse

Sonstige Leistungen
4831 Fremde Forschungs-
leistungen
4832 Fremde Entwicklungs-
leistungen
4833 Fremde Konstruktionsleistungen
⋮
4839 Sonstige fremde
technische Leistungen

4841 Ausschuß und Nacharbeit

49 Kosten der innerbetrieblichen Leistungsverrechnung (Sekundäre Kosten)

4901 Stromkosten
4902 Dampfkosten
4903 Gaskosten
4904 Preßluftkosten
4905 Wasserkosten

4921 Raumkosten

4931 Kosten der Sozialstellen

4941 Kosten für Transport-
stellen

4951 Kosten der Schlosserei
4952 Kosten der Elektriker-
werkstatt
⋮
4959 Kosten sonstiger Werkstätten

4961 Kosten der Leitungs-
stelle

Abb. 4.1: Beispiel eines Kostenartenplans (Fortsetzung)

Um eine lückenlose Erfassung der Materialbestände und -verbrauchsmengen zu gewährleisten, werden alle Materialarten eines Unternehmens systematisch geordnet und durch eine Materialartenbezeichnung und eine Materialnummer gekennzeichnet. Der Nummernschlüssel sollte dabei logisch aufgebaut sein, z.B. bezeichnet die erste Ziffer die Materialhauptgruppe, die beiden folgenden die Materialuntergruppen. Die übrigen Ziffern dienen der laufenden Nummerierung der Materialarten, wobei zwei Ziffern häufig ausreichen, so dass sich eine fünfstellige Materialnummer ergibt. Zur eindeutigen Festlegung der Einheiten, die der Bestandsführung und Verbrauchserfassung zugrunde liegen, werden allen Materialnummern Dimensionsangaben zugeordnet, z.B. Stück, m^2 oder kg.

4.1.3.1.1 *Erfassung der Materialverbrauchsmengen*

Für die Erfassung der Materialverbrauchsmengen stehen unterschiedliche Verfahren zur Verfügung:

- Erfassung ohne Bestandsführung,
- Inventurverfahren,
- retrogrades Verfahren und
- Materialentnahmescheinverfahren.

Die Erfassung ohne Bestandsführung ist das einfachste Verfahren zur Feststellung des mengenmäßigen Materialverzehrs. Hier gilt die Bestimmungsgleichung:

Materialverbrauchsmenge = Materialzugangsmenge.

Für eine monatlich durchzuführende Kostenrechnung ist die Verbrauchsmengenerfassung ohne Bestandsführung zu ungenau, denn Zugangs- und Verbrauchsmengen stimmen in diesem kurzen Abrechnungszeitraum nur in wenigen Fällen überein. Lediglich für bestimmte Materialarten, die sehr selten oder einmalig für einen bestimmten Verwendungszweck und sofortigen Einsatz beschafft werden, so dass Lagerung und Bestandsführung entfallen, ist die Materialverbrauchsmengenerfassung ohne Bestandsführung zulässig.

Als Beispiel wird angenommen, dass in der betrachteten Periode zu verschiedenen Terminen folgende Materialzugänge in Mengeneinheiten (ME) registriert wurden:

07.03.	3.500 ME
16.03.	1.500 ME
30.03.	2.000 ME.

Nach der Methode ohne Bestandsführung errechnet sich die Materialverbrauchsmenge der betrachteten Periode durch Summierung der Einzelzugänge auf 7.000 ME.

Dem Inventurverfahren liegt die Betrachtung von Bestandsveränderungen zugrunde, wobei sich der mengenmäßige Materialverbrauch gemäß der folgenden Gleichung bestimmt:

Materialverbrauchsmenge = Anfangsbestand + Zugang – Endbestand.

Durch Stichtagsinventuren, z.B. Zählen, Wiegen, Messen jeweils am Jahresende, müssen sowohl die Anfangs- als auch die Endbestände einer Abrechnungsperiode festgestellt werden. Als Voraussetzung für den Einsatz des Inventurverfahrens müssen des Weiteren die Materialzugänge mit Hilfe von Liefer- oder Wareneingangsscheinen erfasst werden. Die arbeitsaufwendigen monatlichen Bestandsaufnahmen stellen allerdings einen großen Nachteil des Inventurverfahrens dar. Weiterhin ermöglicht es keine genauen Rückschlüsse auf Lagerverluste, und die Zuordnung von Materialverbrauchsmengen zu einzelnen Kostenstellen und -trägern erfordert zusätzliche Angaben. Das Inventurverfahren kann also eine Wirtschaftlichkeitskontrolle des Materialverbrauches nicht erfüllen und genügt somit auch nicht den Anforderungen einer entscheidungsunterstützenden Kostenrechnung.

Als Beispiel wird ein Lageranfangsbestand von 4.000 ME und ein Lagerendbestand von 5.200 ME angenommen. Der Lagerzugang wurde gemäß der obigen Aufstellung in Höhe von 7.000 ME erfasst. Daraus ergibt sich:

Materialverbrauchsmenge = 4.000 + 7.000 – 5.200 = 5.800 ME ,

d.h. nach der Inventurmethode wurden 5.800 ME der Materialart verbraucht.

Das retrograde Verfahren berechnet ausgehend von den produzierten Mengen an Fertigerzeugnissen rückwärts mit Hilfe des Planmaterialverbrauchs, z.B. durch Stücklistenauflösung, den planmäßigen Verbrauch der Materialarten. Die Materialarten werden mit $i\,(i=1,\dots,I\,)$, die erzeugten Produktmengen einer Produktart $j\,(j=1,\dots,J\,)$ mit x_j und die geplanten Verbrauchsmengen einer Materialart i pro Produkteinheit j mit $a_{ij}^{(P)}$ bezeichnet. Dann ermittelt man den gesamten mengenmäßigen Materialverbrauch $r_i^{(P)}$ mit Hilfe der folgenden Formel:

$$r_i^{(P)} = \sum_{j=1}^{J} a_{ij}^{(P)} \cdot x_j \,, \qquad i = 1,\dots, I \,.$$

Der Vorteil dieses Verfahrens liegt darin, dass die Materialverbrauchsmengen von vornherein nach Produktarten differenziert erfasst werden können. Als Nachteil ist dabei allerdings zu sehen, dass es sich bei den retrograd ermittelten Verbrauchsmengen nicht um Ist-, sondern lediglich um Sollverbrauchsmengen handelt, so dass beispielsweise eine Nachkalkulation auf Basis von Istwerten nicht erfolgen kann. Da aber bereits geringfügige Abweichungen von den geplanten Materialverbrauchsmengen zu erheblichen Abweichungen bei den Materialkosten führen können, dieser Tatbestand in dem retrograden Verfahren allerdings völlig unberücksichtigt bleibt, entspricht auch diese Methode zur Erfassung der Materialverbrauchsmengen nicht den Anforderungen einer entscheidungsorientierten Kostenrechnung.

Als Beispiel für die Ermittlung der Materialverbrauchsmengen nach dem retrograden Verfahren wird ein Erzeugnis 1 betrachtet, in das pro Stück 3 ME der Materialart A und 4 ME der Materialart B eingehen. Ein weiteres Erzeugnis 2 besteht pro Stück aus 2 ME der Materialart A und 5 ME der Materialart C. Von dem Erzeugnis 1 wurden $x_1 = 500$ ME, von dem Erzeugnis 2 $x_2 = 350$ ME hergestellt. Die Berechnungen

$$r_A^{(P)} = 3 \cdot 500 + 2 \cdot 350 = 2.200 \text{ ME}$$

$$r_B^{(P)} = 4 \cdot 500 = 2.000 \text{ ME}$$

$$r_C^{(P)} = 5 \cdot 350 = 1.750 \text{ ME}$$

ergeben die Verbrauchsmengen der Materialarten A, B und C nach der retrograden Methode.

Das am besten geeignete Verfahren zur Erfassung der Materialverbrauchsmengen erfolgt mit Hilfe von Materialentnahmescheinen, auch bezeichnet als Skontrations- oder Fortschreibungsmethode.[121] Alle Materialarten sind dabei über Materialbestandskonten abzurechnen, und für jede Materialentnahme wird ein Materialentnahmeschein ausgestellt, der etwa folgende Angaben enthalten sollte:[122]

– Materialartenbezeichnung,
– Materialnummer,
– Kennzeichnung des Lagerortes,
– Verbrauchsmenge,
– Preis pro Mengeneinheit,
– Wert / Betrag (= Verbrauchsmenge · Preis),
– Kontierungsangaben (z.B. Kostenstelle, Kostenart, Auftrags- oder Artikel-Nr.),
– Ausgabevermerke (Datum, Name),
– Quittung des Empfängers,
– Buchungsvermerke (Datum, Name).

Durch die Isterfassung von Materialentnahmen und die geforderten Angaben auf dem Materialentnahmeschein werden sowohl Nachkalkulationen und folglich kostenträgerbezogene Soll-Ist-Vergleiche als auch Kontrollberechnungen bezogen auf einzelne Kostenstellen ermöglicht. Die systematische Anwendung des Verfahrens wird durch den Einsatz eines geeigneten rechnergestützten Systems zur Materialwirtschaft erheblich vereinfacht.

---

[121] Vgl. z.B. Kloock, J. / Sieben, G. / Schildbach, T. / Homburg, C.: Kosten- und Leistungsrechnung, a.a.O., S. 89; Hummel, S. / Männel, W.: Kostenrechnung 1, a.a.O., S. 145f.

[122] Vgl. Kilger, W.: Einführung in die Kostenrechnung, a.a.O., S. 81.

Die Verbrauchsmenge r_{ij} der Materialart i $(i = 1, ..., I)$, die zur Herstellung einer bestimmten Menge von Produktart j $(j = 1, ..., J)$ anfällt, wird wie folgt ermittelt:

r_{ij} = Summe der Verbrauchsmengen laut Materialentnahmeschein.

Aufgrund der Genauigkeit dieser Registrierungsmethode ist eine körperliche Inventur nicht mehr zum Schluss eines jeden Geschäftsjahres erforderlich. Nach dem Materialentnahmescheinverfahren kann für diesen Zeitpunkt „der Bestand der Vermögensgegenstände nach Art, Menge und Wert auch ohne körperliche Bestandsaufnahme"[123] festgestellt werden.

Die Bestände werden dann rechnerisch im Sinne einer permanenten Inventur[124] fortgeschrieben, wobei ausgehend von den Istwerten der tatsächlich erfolgten Inventur laufend ein rechnerischer Endbestand ermittelt wird und bei der nächsten körperlichen Inventur die Ursachen für eventuell auftretende Abweichungen zwischen rechnerischem und erhobenem Endbestand zu ergründen sind.[125]

Als Beispiel wurden vier verschiedene Materialentnahmevorgänge einer Materialart A zur Herstellung der Endproduktmenge x_1 registriert:

04.03.   1.000 ME
08.03.   1.500 ME
19.03.   2.700 ME
28.03.   1.400 ME.

Durch die Summierung der Mengenangaben der Materialentnahmescheine erhält man die gesamte Verbrauchsmenge der Materialart A, die zur Herstellung der gewünschten Menge von Produktart 1 erforderlich ist, d.h. $r_{A1} = 6.600\ ME$.

4.1.3.1.2 Bewertung der Materialverbrauchsmengen

Im Anschluss an die mengenmäßige Erfassung des Materialeinsatzes ist die Bewertung der Materialverbrauchsmengen anhand der Materialpreise pro Mengeneinheit vorzunehmen. Die folgenden Verfahren werden hierzu vorgestellt:

- Istpreisbewertung:
  - partieweise Istpreisbewertung,
  - Bewertung zu Istdurchschnittspreisen:
    - periodische Durchschnittspreisbildung,
    - permanente Durchschnittspreisbildung,
- Planpreisbewertung.

---

[123] § 241 Abs. 2 HGB.

[124] Vgl. Zimmermann, G.: Grundzüge der Kostenrechnung, a.a.O., S. 32.

[125] Vgl. Kilger, W.: Einführung in die Kostenrechnung, a.a.O., S. 79ff.; Schweitzer, M. / Küpper, H.-U.: Systeme der Kosten- und Erlösrechnung, a.a.O., S. 90.

Die Istpreisbewertung wird im Rahmen der laufenden Abrechnung einer Ist-kostenrechnung vorgenommen, wobei geklärt sein muss, welche Preis- und Kostenbestandteile in die Bewertung der Materialverbrauchsmengen einfließen sollen.[126] Alle Verfahren der Istpreisbewertung haben gemeinsam, dass die Bewertung der Materialverbrauchsmengen anhand von Isteinstandspreisen erfolgt.

Bei der partieweisen Istpreisbewertung wird jede einzelne Mengeneinheit mit ihrem tatsächlich gezahlten Isteinstandspreis bewertet. Diese Vorgehensweise entspricht dem „first in, first out" (FIFO)-Verfahren, wonach unterstellt wird, dass die Materialzugänge entsprechend der Reihenfolge ihres Lagerzugangs abgebaut werden. Den Verbrauchsmengen können so die effektiv gezahlten Einstandspreise zugeordnet werden, was den Prinzipien der Istkostenrechnung entspricht. Die partieweise Istpreisbewertung ist allerdings für den praktischen Einsatz häufig zu aufwendig oder sogar undurchführbar, da der Preis pro Einheit bzw. Lieferung vom Einkauf bis zum Einsatz des Materials lückenlos verfolgt werden muss.[127]

Ein Beispiel soll die Vorgehensweise der partieweisen Istpreisbewertung erläutern, wobei folgende Daten gegeben sind:

Lageranfangsbestand und Isteinstandspreis pro Mengeneinheit der Einzelmaterialart A:

01.03.   3.000 ME $5,60 \dfrac{€}{ME}$.

Zugänge der Einzelmaterialart A und Isteinstandspreise pro Mengeneinheit:

07.03.   3.500 ME $5,30 \dfrac{€}{ME}$

16.03.   1.500 ME $5,40 \dfrac{€}{ME}$

30.03.   2.000 ME $4,80 \dfrac{€}{ME}$.

Verbräuche der Einzelmaterialart A laut Materialentnahmeschein:

04.03.   1.000 ME
08.03.   1.500 ME
19.03.   2.700 ME
28.03.   1.400 ME.

Die Vorgehensweise der partieweisen Istpreisbewertung wird durch Tabelle 4.1 veranschaulicht.

---

[126] Vgl. Kilger, W.: Einführung in die Kostenrechnung, a.a.O., S. 83f.
[127] Vgl. Schweitzer, M. / Küpper, H.-U.: Systeme der Kosten- und Erlösrechnung, a.a.O., S. 91f.

Tabelle 4.1: Partieweise Istpreisbewertung

	Datum	ME	€	$\frac{€}{ME}$
Anfangsbestand	01.03.	3.000	16.800,00	5,60
Verbrauch	04.03.	– 1.000	– 5.600,00	5,60
Zugang	07.03.	3.500	18.550,00	5,30
Verbrauch	08.03.	– 1.500	– 8.400,00	5,60
Zugang	16.03.	1.500	8.100,00	5,40
Verbrauch	19.03.	– 500	– 2.800,00	5,60
		– 2.200	– 11.660,00	5,30
Verbrauch	28.03.	– 1.300	– 6.890,00	5,30
		– 100	– 540,00	5,40
Zugang	30.03.	2.000	9.600,00	4,80
Endbestand	31.03.	1.400	7.560,00	5,40
		2.000	9.600,00	4,80
Endbestand gesamt	31.03	3.400	17.160,00	

Eine Vereinfachung gegenüber der partieweisen Istpreisbewertung stellt die Istpreisbewertung mit periodischer Durchschnittspreisbildung dar. Hier wird einmal, und zwar am Ende der Abrechnungsperiode, ein Durchschnittspreis gebildet, indem man zum bewerteten Anfangsbestand sämtliche mit ihren jeweiligen Preisen bewerteten Zugänge der Periode addiert und durch die Summe ihrer mengenmäßigen Anteile dividiert. Mit dem so ermittelten Durchschnittspreis werden alle Verbrauchsmengen der betrachteten Periode bewertet. Der Vorteil der periodischen Durchschnittspreisbewertung besteht in dem geringen Rechenaufwand.

Mit den Ausgangsdaten des Beispiels zur partieweisen Istpreisbewertung ergeben sich für die periodische Durchschnittspreisbildung die in Tabelle 4.2 gezeigten Ergebnisse.

Tabelle 4.2:   Periodische Durchschnittspreisbildung

	Datum	ME	€	$\dfrac{€}{ME}$
Anfangsbestand	01.03.	3.000	16.800,00	5,60
Zugang	07.03.	3.500	18.550,00	5,30
Zugang	16.03.	1.500	8.100,00	5,40
Zugang	30.03.	2.000	9.600,00	4,80
		10.000	53.050,00	5,31
Summe Verbrauch		– 6.600	– 35.013,00	5,31
Endbestand	31.03.	3.400	18.037,00	5,31

Bei der permanenten Durchschnittspreisbildung werden die Materialver-brauchsmengen mit Istdurchschnittspreisen bewertet, die nach jedem Materialzu-gang neu zu bilden sind. Diese permanente Neuberechnung der Durchschnitts-preise erweist sich insbesondere für Materialarten mit häufigen Bestandsverände-rungen als sehr arbeitsaufwendig, ist aber mit Rechner- und entsprechendem Soft-wareeinsatz durchaus praktikabel und daher zu empfehlen.

Ausgehend von den Daten des oben eingeführten Beispiels wird die Istpreisbe-wertung mit permanenter Durchschnittspreisbildung durchgeführt.

Sobald ein neuer Zugang zu verzeichnen ist, müssen mengen- und wertmäßiger Lagerbestand ermittelt werden, z.B. beträgt am 07.03. der Lagerbestand 5.500 ME mit einem Gesamtwert in Höhe von 29.750,00 €. Den Durchschnittspreis erhält man durch Division des wertmäßigen Bestandes durch die Anzahl der Mengen-einheiten, d.h. für den 07.03. ergibt sich:

$$\frac{29.750}{5.500} = 5,409 \frac{€}{ME}.$$

Die Verbräuche werden dann mit dem jeweils aktuell berechneten Durch-schnittspreis bewertet. Alle Berechnungen der permanenten Durchschnittspreis-bildung sind in Tab. 4.3 aufgeführt.

Tabelle 4.3: Permanente Durchschnittspreisbildung

	Datum	ME	€	$\frac{€}{ME}$
Anfangsbestand	01.03.	3.000	16.800,00	5,60000
Verbrauch	04.03.	– 1.000	– 5.600,00	5,60000
Zugang	07.03.	3.500	18.550,00	5,30000
		5.500	29.750,00	$5,40\overline{909}$
Verbrauch	08.03.	– 1.500	– 8.113,64	$5,40\overline{909}$
Zugang	16.03.	1.500	8.100,00	5,40000
		5.500	29.736,36	5,40661
Verbrauch	19.03.	– 2.700	– 14.597,85	5,40661
Verbrauch	28.03.	– 1.400	– 7.569,26	5,40661
Zugang	30.03.	2.000	9.600,00	4,80000
Endbestand	31.03.	3.400	17.169,26	5,04978

Die Einführung einer Plankostenrechnung führt zu der Bewertung von Materialverbrauchsmengen mit Planpreisen, die den erwarteten Durchschnittspreisen einer Planungsperiode möglichst entsprechen sollten. Ihre Ermittlung erfolgt am genauesten mit Hilfe statistischer Verfahren, z.B. gleitende Durchschnittsbildung oder Trendermittlung nach der Methode der kleinsten Abweichungsquadrate auf Basis von Istpreis-Zeitreihen vergangener Perioden.[128] Die Extrapolation ist mit einem relativ hohen Arbeitsaufwand verbunden und wird daher in der Praxis nur für sehr wichtige Materialarten vorgenommen. Die Planpreise der übrigen Materialarten werden aufgrund aktueller Angebote oder erwarteter Entwicklungen geschätzt.[129]

Die Planpreisbewertung hat gegenüber den Verfahren der Istpreisbewertung den wesentlichen Vorteil, dass sie rechentechnisch einfacher ist. Nachteilig ist allerdings, dass bei alleiniger Durchführung der Planpreisbewertung auftrags- oder produktbezogene Nachkalkulationen auf Basis der Istmaterialkosten nicht oder erst im Nachhinein durch Korrektur der Abweichungen der Istpreise von den Planpreisen erfolgen können.

Das oben erläuterte Beispiel wird um die Angabe eines Planpreises pro Mengeneinheit in Höhe von 5,60 € für die eingesetzte Materialart A ergänzt. Bei dem Verfahren der Planpreisbewertung werden nun sämtliche Materialbewegungen mit dem Planpreis bewertet.

---

[128] Zu den Methoden der statistischen und analytischen Planung vgl. Kapitel 6.2.3.2.

[129] Vgl. Kilger, W. / Pampel, J. / Vikas, K.: Flexible Plankostenrechnung und Deckungsbeitragsrechnung, a.a.O., S. 174ff.; Däumler, K.-D. / Grabe, J.: Kostenrechnung 3, Plankostenrechnung, Mit Fragen und Aufgaben, Antworten und Lösungen, Testklausur, 6. Aufl., Herne-Berlin 1998, S. 39ff.

Eine Kontrolle zur Ermittlung von Plan-Ist-Abweichungen der Materialkosten wird möglich, wenn parallel zu der Planpreisbewertung eine Istpreisbewertung der verbrauchten Materialmengen erfolgt. Die Kostenabweichungen werden auf so genannten Preisdifferenz-Bestandskonten registriert, wobei den mit Planpreisen bewerteten Materialzugängen die den Lieferantenrechnungen entsprechenden Zugänge zu Istpreisen gegenübergestellt werden.

Ausgehend von den Daten des vorangegangenen Beispiels wird die Kontrolle der Plan-Ist-Abweichung der Materialzugangskosten durchgeführt.

Tabelle 4.4:   Planpreisbewertung

	Datum	ME	€	$\dfrac{€}{ME}$
Anfangsbestand	01.03.	3.000	16.800,00	5,60
Summe Zugang		7.000	39.200,00	5,60
		10.000	56.000,00	5,60
Summe Verbrauch		– 6.600	– 36.960,00	5,60
Endbestand	31.03.	3.400	19.040,00	5,60

Tabelle 4.5:   Ergebnisse der Planpreisbewertung

	Datum	Menge	Planpreisbe-wertung	Istpreisbewer-tung	Abweichung
		ME	€	€	€
Anfangsbestand	01.03.	3.000	16.800,00	16.800,00	0,00
Zugang	07.03.	3.500	19.600,00	18.550,00	1.050,00
Zugang	16.03.	1.500	8.400,00	8.100,00	300,00
Zugang	30.03.	2.000	11.200,00	9.600,00	1.600,00
		10.000	56.000,00	53.050,00	2.950,00

Die Division des Abweichungsbetrages durch die Summe aus zu Planpreisen bewertetem Anfangsbestand und bewerteten Zugängen ergibt den Preisabweichungsprozentsatz[130] in Höhe von:

$$\frac{2.950}{56.000} \cdot 100 = 5,27\ \%.$$

Durch Multiplikation dieses Prozentsatzes mit den zu Planpreisen bewerteten gesamten Materialverbrauchsmengen erhält man:

$$36.960 \cdot 0,0527 = 1.947\ €.$$

---

[130] Vgl. Kilger, W.: Einführung in die Kostenrechnung, a.a.O., S. 92.

Subtrahiert man den Abweichungsbetrag von 1.947 € von dem mit Planpreisen bewerteten Materialverbrauch von 36.960 €, so ergibt sich ein Istbetrag von:

$$36.960 - 1.947 = 35.013 €,$$

was genau den Materialkosten gemäß der periodischen Durchschnittspreisbildung entspricht. Multipliziert man den zu Planpreisen bewerteten Endbestand mit dem Preisabweichungsprozentsatz, so ergibt sich ein Abweichungsbetrag in Höhe von:

$$19.040 \cdot 0,0527 = 1.003 €.$$

Durch Subtraktion dieses Abweichungsbetrages von dem mit Planpreisen bewerteten Endbestand erhält man den ermittelten Wert des Endbestandes der periodischen Durchschnittspreisbildung:

$$19.040 - 1.003 = 18.037 €.$$

Die Summe der Abweichungsbeträge von Verbrauch und Endbestand ergibt den gesamten Abweichungsbetrag der Materialzugangskosten-Kontrolle in Höhe von:

$$1.003 + 1.947 = 2.950 €.$$

Die folgenden Tabellen 4.6 und 4.7 geben einen Überblick über die dargestellten Zusammenhänge.

Tabelle 4.6: Vergleich der Ergebnisse bei Plan- und bei Istpreisbewertung

	Menge	Planpreisbewertung	Istpreisbewertung	Abweichung
	ME	€	€	€
Anfangsbestand	3.000	16.800,00	16.800,00	0,00
Zugänge	7.000	39.200,00	36.250,00	2.950,00
	10.000	56.000,00	53.050,00	2.950,00

Tabelle 4.7: Vergleich der Ergebnisse bei Plan- und bei Istpreisbewertung mit periodischer Durchschnittspreisbildung

	Menge	Planpreisbewertung	Istpreisbewertung mit periodischem Durchschnittspreis	Abweichung
	ME	€	€	€
Verbräuche	6.600	36.960,00	35.013,00	1.947,00
Endbestand	3.400	19.040,00	18.037,00	1.003,00
	10.000	56.000,00	53.050,00	2.950,00

4.1.3.1.3   Verrechnung der Materialkosten

Die Art der Weiterverrechnung von Materialkosten ist davon abhängig, ob eine Ist-, Normal- oder Plankostenrechnung zugrunde liegt.

In einer Istkostenrechnung werden sämtliche Istmaterialkosten einer Abrechnungsperiode auf die Kostenträger verrechnet. Dabei können Ist-Materialeinzelkosten nach den Angaben der Materialentnahmescheine direkt den Kostenträgern zugeordnet werden, während Ist-Materialgemeinkosten zunächst in die Kostenstellenrechnung eingehen. Dort sind für jede Abrechnungsperiode aktuelle Istkostensätze zu bilden, mit deren Hilfe auch die Istgemeinkosten auf die Kostenträger verteilt werden können.

Die den Materialeinzelkosten entsprechenden Verbrauchsmengen werden in einer Normalkostenrechnung zunächst anhand so genannter Normalverbrauchsmengen pro Endprodukteinheit oder Auftrag, die aufgrund von Erfahrungswerten der Vergangenheit gebildet werden, festgelegt. Diese normalisierten Verbrauchsmengen bewertet man mit festen Verrechnungspreisen, wobei es sich um Istdurchschnitte der Preise vergangener Perioden oder Preisschätzungen handelt. In einer Normalkostenrechnung werden den Kostenträgern folglich nur normalisierte Materialeinzelkosten übertragen. Die Abweichungen zu den Ist-Materialeinzelkosten können als Unter- oder Überdeckungen registriert werden. Die Bewertung von Istverbrauchsmengen des Gemeinkostenmaterials erfolgt ebenfalls mit festen Verrechnungspreisen. Die Materialgemeinkosten werden anschließend analog zur Istkostenrechnung den verursachenden Kostenstellen angelastet. In der Normalkostenrechnung werden zur Weiterverrechnung in die Kostenträgerrechnung normalisierte Gemeinkostenverrechnungssätze gebildet, d.h. in die Kalkulationen gehen nur Materialgemeinkosten ein, die den normalisierten Gemeinkostensätzen entsprechen. Unter- oder Überdeckungen der Materialgemeinkosten werden nicht gesondert ermittelt, sondern gehen in die globalen Unter- oder Überdeckungen der Kostenstellen ein.

Bei Anwendung der Plankostenrechnung erfolgt die exakte Planung des Einzelmaterialverbrauches pro Produktmengeneinheit oder Auftrag. Bei Standarderzeugnissen können die Einzelmaterialmengen einer Periode im Voraus geplant werden. Für eine Einzel- oder Auftragsfertigung erfolgt die Planung dagegen parallel zur Auftragsabwicklung, da die benötigten Stücklisten und Konstruktionszeichnungen erst nach Auftragseingang erstellt werden. Es gibt unterschiedliche Vorgehensweisen zur Kostenplanung, wobei sehr häufig aus den geplanten Nettoeinzelmaterialverbräuchen zuzüglich eines Planprozentsatzes für Abfall die Bruttomaterialmengen ermittelt und mit Planpreisen bewertet werden. Zunächst werden den einzelnen Produktarten und Aufträgen die geplanten Materialeinzelkosten angelastet. Die mit Planpreisen bewerteten geplanten Verbrauchsmengen für Gemeinkostenmaterial werden den verursachenden Kostenstellen angelastet und anhand der Gemeinkostenzuschlagssätze ebenfalls auf die Kostenträger verteilt. Wird parallel zu der Plankostenrechnung gleichzeitig eine Istkostenrechnung geführt, so sind Kontrollen von Materialeinzel- und -gemeinkosten möglich. Die geplanten Materialeinzelkosten werden den in der Materialabrechnung erfassten Ist-Materialeinzelkosten in einem Soll-Ist-Kostenvergleich für Einzelmaterial gegenübergestellt. Auftretende Einzelmaterial-Verbrauchsabweichungen können bei der Einzel- und Auftragsfertigung in der Nachkalkulation den Aufträgen angelastet werden. Bei Standardprodukten werden diese zusammen mit Einzelmaterial-Preisabweichungen in der kurzfristigen Erfolgsrechnung den jeweiligen Produktarten oder -gruppen zugeordnet. Die mit Planpreisen bewerteten Istverbrauchsmengen für Gemeinkostenmaterial werden den verursachenden Kostenstellen zugeordnet und den bewerteten geplanten Verbrauchsmengen gegenübergestellt. Ermittelte Verbrauchsabweichungen[131] erlauben Rückschlüsse auf die Wirtschaftlichkeit der betrachteten Kostenstellen beim Verbrauch von Gemeinkostenmaterial.[132]

4.1.3.2 Personalkostenarten

Die Personalkosten bestehen aus Löhnen, Gehältern und Sozialkosten. Löhne stellen ein Entgelt dar, das durch die Verpflichtung des Arbeitsvertrags vom Arbeitgeber an die Arbeiter gezahlt wird. Bei den Gehältern handelt es sich um Zahlungen an die kaufmännischen und technischen Angestellten eines Unternehmens. Neben den Löhnen und Gehältern muss der Arbeitgeber seinen Anteil gesetzlicher Sozialleistungen zur Renten-, Arbeitslosen-, Kranken-, Pflege- sowie Unfallversicherung beitragen. Freiwillige Sozialleistungen werden durch Absprachen zwischen Arbeitgeber und -nehmer oder durch Betriebsvereinbarungen festgelegt.[133]

4.1.3.2.1 Lohnkosten

Die Erfassung und Kontierung der Lohnkosten ist Inhalt der Lohnabrechnung, die im Einzelnen folgende Aufgaben zu erfüllen hat:[134]

- Bruttolohnabrechnung,
- Nettolohnabrechnung,
- Lohnverteilung und
- sonstige Aufgaben der Lohnabrechnung.

---

[131] Zur Einzel- und Gemeinkostenkontrolle bei einer Plankostenrechnung vgl. Kapitel 6.3.2 und 6.3.3.

[132] Vgl. Kilger, W.: Einführung in die Kostenrechnung, a.a.O., S. 93ff.

[133] Vgl. Kiesel, M.: Kostenartenrechnung, a.a.O., S. 461; Däumler, K.-D. / Grabe, J.: Kostenrechnung 3, Plankostenrechnung, a.a.O., S. 41f.

[134] Vgl. Kilger, W.: Einführung in die Kostenrechnung, a.a.O., S. 95.

In der Bruttolohnabrechnung erfolgt die Ermittlung aller Bruttolöhne, die den Arbeitern für eine Abrechnungsperiode zustehen. Die Bruttolöhne setzen sich meistens aus den folgenden Bruttolohnarten zusammen:[135]

Bruttolohn = Tariflohn
        + gesetzlicher Soziallohn (z.B. für Urlaub und Feiertage)
        + übertarifliche Lohnzulagen
        + Leistungs- und sonstige Prämien
        + Zusatzlöhne
        + Zuschläge für Überstunden, Sonntags-, Feiertags- und Nacht-
          arbeit.

Gesetzliche Soziallöhne beinhalten beispielsweise Urlaubs- und Feiertagslöhne, die zusammen mit den gesetzlichen und freiwilligen Sozialabgaben verrechnet werden.

Die Bruttolöhne werden in der Nettolohnabrechnung um die gesetzlich vorge-schriebenen Abgaben, welche insbesondere die Sozialversicherungsbeiträge sowie die vom Arbeitgeber einzubehaltenden Lohn- und Kirchensteuern beinhalten, ver-mindert. Der Nettoarbeitslohn wird wie folgt ermittelt:[136]

Nettolohn = Bruttolohn
        – Lohn- und Kirchensteuer
        – Kranken-, Renten-, Pflege- und Arbeitslosenversicherungs-
          beiträge
        – Solidaritätsbeitrag.

Die auszuzahlenden Beträge erhält man durch die weitere Verminderung der Nettolöhne um persönliche Abzüge, wie z.B. Vorschüsse, Essensgelder oder in Rechnung gestellte Sachbezüge.

Bei der Lohnverteilung werden die Bruttolöhne – zunächst ohne die gesetzli-chen Soziallöhne[137] – denjenigen Kostenstellen oder -trägern zugeordnet, durch die sie verursacht worden sind, d.h. es erfolgt die Kontierung auf Auftrags- oder Kostenstellennummern.

Sonstige Aufgaben der Lohnabrechnung umfassen alle lohn- und leistungssta-tistischen Auswertungen sowie die Ermittlung von Bezugsgrößen der Kostenstel-lenrechnung.

Da für die Kostenartenrechnung lediglich die Ergebnisse der Bruttolohnabrech-nung und nicht die der Nettolohnabrechnung relevant sind, werden im Folgenden nur die wichtigsten Grundlagen der Bruttolohnabrechnung, insbesondere Ver-

---

[135] Vgl. ebenda. Zur Lohn- und Gehaltsabrechnung vgl. auch Gaugler, E.: Personalkosten, in: Chmielewicz, K. / Schweitzer, M. (Hrsg.): Handwörterbuch des Rechnungswesens, 3. Aufl., Stuttgart 1993, Sp. 1525-1537, hier Sp. 1528ff.

[136] Vgl. Kilger, W.: Einführung in die Kostenrechnung, a.a.O., S. 96.

[137] Vgl. Kapitel 4.1.3.2.3.

fahren zur belegmäßigen Erfassung der Arbeitszeiten und sonstiger Bemessungs-
grundlagen der Lohnzahlung, erörtert.

Aus den unterschiedlichen Ermittlungsverfahren von Bruttolöhnen ergeben sich
die drei Lohnformen:

- Zeitlohn,
- Akkordlohn und
- Prämienlohn.

Die Zeitlohnvergütung erfolgt auf der Basis von effektiv geleisteten Arbeitsstunden, die man auf Zeitlohnscheinen erfasst. Im Fertigungsbereich werden diese
durch Zeiterfassungsgeräte oder durch die Mitarbeiter selbst ausgestellt und von
den Meistern abgezeichnet. Ein Zeitlohnschein sollte etwa folgende Angaben enthalten:

- Lohnartenbezeichnung,
- Art der Tätigkeit,
- Name des Mitarbeiters, Personal-Nr.,
- Anzahl der geleisteten Stunden,
- Lohngruppe, Lohn pro Stunde,
- Lohnbetrag (geleistete Stunden · Stundenlohn),
- Kontierungsangaben (z.B. Kostenstelle, Kostenart oder Auftrags-, Artikel-Nr.),
- Ausstellungsvermerke (Datum, Name des Ausstellers, Unterschrift des Mei-
  sters),
- Lohnabrechnungsvermerke (Datum, Name),
- Lohnbuchungsvermerke (Datum, Name).

Die Ermittlung des Bruttolohnbetrags K_{η}, der einem Mitarbeiter η für eine
Abrechnungsperiode vergütet wird, lässt sich durch die folgende Formel darstellen, wobei q_L den Lohnsatz pro Stunde, $T_{m\eta}^{(I)}$ die von einem Mitarbeiter η in einer
Kostenstelle m insgesamt geleisteten Istarbeitsstunden, m $(m = 1, ..., M)$ den Kostenstellenindex und η die Personalnummer bezeichnet:

$$K_{\eta} = \sum_{m=1}^{M} q_{Lm\eta} \cdot T_{m\eta}^{(I)} .$$

Die in den nach Kostenstellen sortierten Zeitlohnscheinen angegebenen Stunden werden aufsummiert und stellen die Einsatzzeiten $T_{m\eta}^{(I)}$ dar.[138]

Als Kontrollrechnung werden den vergüteten Lohnstunden die Anwesenheits-
zeiten jedes Mitarbeiters gegenübergestellt. Dabei sollte die folgende Gleichung
immer erfüllt sein, ansonsten ist eine Überprüfung der Zeitlohnscheine erforderlich:

---

[138] Vgl. Kilger, W.: Einführung in die Kostenrechnung, a.a.O., S. 97f.

$$(\text{Anwesenheitszeit}) - (\text{nicht entlohnte Pausen}) = \sum_{m=1}^{M} T_{m\eta}^{(l)} \, .$$

Das folgende Beispiel veranschaulicht die Kontrolle der Stundenerfassung und die Zeitlohnvergütung. Der Mitarbeiter mit der Personalnummer 5 hat in der vergangenen Woche in den Kostenstellen 1 und 2 gemäß der nachfolgenden Aufstellung Arbeitsstunden geleistet. Der Lohnsatz pro Stunde beträgt in der 1. Stelle 23 € und in der 2. Stelle 25 €. Laut Stechkarte war er 41,5 Stunden anwesend, davon sind 2,5 Stunden nicht entlohnte Pausen.

Tabelle 4.8:   Von dem Mitarbeiter mit der Personalnummer 5 geleistete Arbeitsstunden der Abrechnungsperiode in den Kostenstellen 1 und 2

	Montag	Dienstag	Mittwoch	Donnerstag	Freitag	Summe
Stelle I: Std.	4,50	3,00	4,50	4,00	3,00	19,00
Stelle II: Std.	4,75	5,75	3,25	3,75	2,50	20,00

Für diese Aufstellung wurden die Zeitlohnscheine des Mitarbeiters mit der Personalnummer 5 bereits nach Kostenstellen sortiert. Die je Kostenstelle bzw. insgesamt geleisteten Arbeitsstunden betragen:

$$T_{15}^{(l)} = 19 \text{ Std.}, \ T_{25}^{(l)} = 20 \text{ Std.} \Rightarrow \sum_{m=1}^{2} T_{m5}^{(l)} = 39 \text{ Std.}$$

Für die Kontrollrechnung subtrahiert man die 2,5 Stunden nicht entlohnte Pausen von den 41,5 Stunden Gesamtanwesenheitszeit und erhält so 39 Stunden, die mit den summierten Stundenangaben der Zeitlohnscheine übereinstimmen. Die Zeiterfassung auf den Zeitlohnscheinen wurde also korrekt ausgeführt. Als Bruttolohnbetrag ergibt sich:

$$K_5 = 19 \text{ Std.} \cdot 23 \frac{\text{€}}{\text{Std.}} + 20 \text{ Std.} \cdot 25 \frac{\text{€}}{\text{Std.}} = 937,00 \text{ €}.$$

Im Unterschied zu der erläuterten Zeitlohnvergütung ist die Akkordlohnvergütung ein leistungsorientiertes Entgeltsystem, in dem sich grundsätzlich der Lohn proportional zu den hergestellten Mengeneinheiten verhält. Die nachfolgend vorgestellte Ausprägung des Akkordlohnes wird auch als Zeitakkord bezeichnet, da sie auf der Ermittlung so genannter Vorgabezeiten basiert, d.h. es wird eine bestimmte Zeit für die Herstellung einer Mengeneinheit vorgesehen. Unterschreitet ein Mitarbeiter die Vorgabezeit, so erhöht sich automatisch sein Stundenlohn, da der Akkordlohn nur im Hinblick auf die geleisteten Stückzahlen berechnet wird und die tatsächlich verbrauchte Arbeitszeit unberücksichtigt lässt. Die Erfassung der geleisteten Stückzahlen mit den entsprechenden Vorgabezeiten und die Berechnung der zugehörigen Akkordlöhne erfolgen anhand von Akkordlohnscheinen.

Die Festlegung von Vorgabezeiten für die verschiedenen Produktarten und Arbeitsgänge hat im System der Akkordlohnvergütung besondere Bedeutung. Daher werden spezielle Abteilungen für Zeitstudien mit der Ermittlung von Vorgabezeiten anhand analytischer oder synthetischer Verfahren beauftragt. Bei den synthetischen Verfahren ermittelt man die Vorgabezeiten von Arbeitsabläufen durch die Summierung vorbestimmter Zeiten ihrer Einzelbewegungen. Zu den analytischen Verfahren zählt z.B. das REFA-Verfahren, das von gemessenen Istzeiten ausgeht und mit Hilfe geschätzter Leistungsgrade die Vorgabezeiten errechnet.

Die gesamte Vorgabezeit eines Fertigungsauftrags, nach REFA[139] Auftragszeit genannt, setzt sich aus der Rüstzeit und der Ausführungszeit zusammen. Die Rüstzeit umfasst dabei diejenigen Zeiten, die zur Vorbereitung der ausführenden Arbeit sowie zur Rückversetzung der Betriebsmittel in ihren ursprünglichen Zustand dienen. Während die Rüstzeit normalerweise von der bearbeiteten Stückzahl unabhängig ist, verhält sich die Ausführungszeit als Summe der Teilzeiten der ausführenden Arbeit proportional zur Serien- oder Partiegröße. Die Ausführungszeit schwankt mit variierenden Fertigungsstückzahlen. Daher ist es sinnvoll, nicht für jede mögliche Auftragsgröße die vorzugebende Bearbeitungszeit festzulegen, sondern die Ausführungszeit je Einheit zu bestimmen, die dann mit der jeweiligen Auftragsgröße multipliziert wird. Die folgende Grundgleichung stellt die geschilderten Zusammenhänge dar, wobei $t_{Auftrag}^{(P)}$ die geplante Auftragszeit, $t_R^{(P)}$ die geplante Rüstzeit, $t_A^{(P)}$ die geplante Ausführungszeit je Einheit und $x_P^{(I)}$ die tatsächliche aufgetretene Istserien- oder -partiegröße kennzeichnet:

$$t_{Auftrag}^{(P)} = t_R^{(P)} + t_A^{(P)} \cdot x_P^{(I)}.$$

Die genannten vier Größen – Rüstzeit, Ausführungszeit je Einheit, bearbeitete Stückzahl und Auftragszeit – müssen in den Akkordlohnscheinen angegeben werden. Sie treten an die Stelle der in den Zeitlohnscheinen aufgeführten Position „Anzahl der geleisteten Stunden". Der tarifliche Stundenlohnsatz q_L in € pro Stunde ist für die Akkordlohnermittlung in einen Lohnsatz pro Minute umzurechnen, da die Vorgabezeiten meist in Minuten ermittelt werden. Weiterhin ist ein Akkordzuschlag a in Prozent zu berücksichtigen. Der Lohnsatz in € pro Minute wird auch als Minutenfaktor MF_η bezeichnet und nach der folgenden Gleichung ermittelt:

$$MF_\eta = \frac{q_L \cdot \left(1 + \dfrac{a}{100}\right)}{60}.$$

Ansonsten sind für die Erfassung und Verrechnung des Akkordlohnes die gleichen Angaben zu machen wie für den Zeitlohn. Darüber hinaus gehen in die Er-

---

[139] Vgl. Verband für Arbeitsstudien und Betriebsorganisation e.V. (Hrsg.): REFA, Methodenlehre des Arbeitsstudiums, Teil 2, Datenermittlung, München 1978, S. 42ff.

mittlung des Bruttolohnes K_η eines Akkordmitarbeiters mit der Personalnummer η für eine Abrechnungsperiode die Auftrags- oder Produktarten $j\,(j=1,...,J)$, die von ihm in der Kostenstelle m bearbeitete Anzahl der Serien von Erzeugnis j pro Abrechnungsperiode $v_{mj\eta}^{(I)}$ sowie entsprechend die Rüstzeit $t_{Rmj}^{(P)}$ in Minuten pro Serie, die abgelieferte Stückzahl pro Abrechnungsperiode $x_{Pmj\eta}^{(I)}$, die Ausführungszeit je Einheit $t_{Amj}^{(P)}$ in Minuten pro Stück und der Minutenfaktor MF_η der Lohngruppe des Mitarbeiters mit der Personalnummer η ein:

$$K_\eta = \sum_{m=1}^{M} \sum_{j=1}^{J} \left[\left(v_{mj\eta}^{(I)} \cdot t_{Rmj}^{(P)} \right) + \left(x_{Pmj\eta}^{(I)} \cdot t_{Amj}^{(P)} \right) \right] \cdot MF_\eta \;.$$

$\left(v_{mj\eta}^{(I)} \cdot t_{Rmj}^{(P)} \right)$ steht dabei für die Rüstzeiten, die sich durch Multiplikation von Rüsthäufigkeit bzw. Anzahl der Serien und Rüstzeit je Serie ergeben.

$\left(x_{Pmj\eta}^{(I)} \cdot t_{Amj}^{(P)} \right)$ bezeichnet die Ausführungszeit als Produkt aus Produktionsmenge und Zeit je Einheit.

Der eckige Klammerausdruck, summiert über die Anzahl der Kostenstellen und die Anzahl der Auftrags- oder Produktarten, gibt die insgesamt von dem Mitarbeiter mit der Personalnummer η während der Abrechnungsperiode geleisteten Vorgabeminuten an. Setzt man diese Größe ins Verhältnis zur Istarbeitszeit $T_\eta^{(I)}$, so erhält man den durchschnittlichen Zeitleistungs- oder Leistungsgrad $\gamma_{\varnothing\eta}$ des Akkordmitarbeiters mit der Personalnummer η :

$$\gamma_{\varnothing\eta} = \frac{\displaystyle\sum_{m=1}^{M} \sum_{j=1}^{J} \left[\left(v_{mj\eta}^{(I)} \cdot t_{Rmj}^{(P)} \right) + \left(x_{Pmj\eta}^{(I)} \cdot t_{Amj}^{(P)} \right) \right]}{T_\eta^{(I)}} \;.$$

Für die Bestimmung der Ist-Akkordarbeitszeit eines Mitarbeiters werden gemäß der Formel

$$T_\eta^{(I)} = \left[\left(\text{Anwesenheitszeit} \right) - \left(\text{nicht entlohnte Pausen} \right) - \left(\text{Zeitlohnstd.} \right) \right] \cdot 60 \, \frac{\text{Min.}}{\text{Std.}}$$

von der Anwesenheitszeit die nicht entlohnten Pausenzeiten sowie die von dem betreffenden Mitarbeiter im Zeitlohn geleisteten Stunden abgezogen und in Minuten umgerechnet.[140]

---

[140] Vgl. Kilger, W.: Einführung in die Kostenrechnung, a.a.O., S. 99ff.

Als Beispiel zur Akkordlohn-Ermittlung wird von den folgenden Daten ausgegangen:

Personalnummer: $\eta = 7$,

Lohnsatz: $q_L = 12 \dfrac{€}{\text{Std.}}$,

Akkordzuschlag: $a = 5\%$,

2 Kostenstellen: $m = 1, 2$,

2 Produktarten: $j = 1, 2$.

Mitarbeiter 7 hat in jeder Kostenstelle und dabei für jede Produktart jeweils einen Rüstvorgang ausgeführt, d.h.:

$$v_{mj7}^{(I)} = 1 \frac{\text{Serie}}{\text{Periode}} , \qquad m = 1, 2, \, j = 1, 2.$$

Für die Rüstzeiten $t_{Rmj}^{(P)}$, die Ausführungszeiten je Einheit $t_{Amj}^{(P)}$ und die von dem Mitarbeiter mit der Personalnummer 7 gefertigten Stückzahlen $x_{Pmj7}^{(I)}$ gelten die Angaben in Tabelle 4.9.

Tabelle 4.9: Rüstzeiten, Ausführungszeiten und gefertigte Stückzahlen

	$t_{Rmj}^{(P)}$ in $\dfrac{\text{Min.}}{\text{Serie}}$		$t_{Amj}^{(P)}$ in $\dfrac{\text{Min.}}{\text{ME}}$		$x_{Pmj7}^{(I)}$ in $\dfrac{\text{ME}}{\text{Periode}}$	
	$m = 1$	$m = 2$	$m = 1$	$m = 2$	$m = 1$	$m = 2$
$j = 1$	12	20	2,5	3,0	200	200
$j = 2$	13	18	1,5	3,5	200	200

Laut Stechkarte war der Mitarbeiter mit der Personalnummer 7 in der Abrechnungsperiode 164 Stunden anwesend, davon sind 10 Stunden nicht entlohnte Pausen und 117 Stunden der Zeitlohnarbeit zuzuordnen.

Als Minutenfaktor für den Mitarbeiter mit der Personalnummer 7 erhält man:

$$MF_7 = \frac{12 \cdot \left(1 + \dfrac{5}{100}\right)}{60} = 0,21 \frac{€}{\text{Min.}} .$$

Zunächst werden die von dem Mitarbeiter mit der Personalnummer 7 geleisteten Rüstzeiten $\left(v_{mj7}^{(I)} \cdot t_{Rmj}^{(P)}\right)$ und die Ausführungszeiten $\left(x_{Pmj7}^{(I)} \cdot t_{Amj}^{(P)}\right)$ der Abrechnungsperiode gemäß der nachfolgenden Tabelle 4.10 ermittelt.

Tabelle 4.10: Rüstzeiten und Ausführungszeiten

	$\left(v_{mj7}^{(I)} \cdot t_{Rmj}^{(P)}\right)$ in $\dfrac{\text{Min.}}{\text{Periode}}$		$\left(x_{Pmj7}^{(I)} \cdot t_{Amj}^{(P)}\right)$ in $\dfrac{\text{Min.}}{\text{Periode}}$	
	$m = 1$	$m = 2$	$m = 1$	$m = 2$
$j = 1$	12	20	500	600
$j = 2$	13	18	300	700
Summe	25	38	800	1.300

Über alle Kostenstellen und Produktarten summiert ergibt sich:

$$\sum_{m=1}^{2} \sum_{j=1}^{2} \left[\left(v_{mj7}^{(I)} \cdot t_{Rmj}^{(P)}\right) + \left(x_{Pmj7}^{(I)} \cdot t_{Amj}^{(P)}\right)\right] = 25 + 38 + 800 + 1.300$$

$$= 2.163 \frac{\text{Min.}}{\text{Periode}}.$$

Der Akkordlohn für Mitarbeiter mit der Personalnummer 7 bezogen auf die beiden Produkte und Kostenstellen beträgt dann:

$$K_7 = 0,21 \frac{\text{€}}{\text{Min.}} \cdot 2.163 \frac{\text{Min.}}{\text{Periode}} = 454,23 \frac{\text{€}}{\text{Periode}}.$$

Als Istarbeitszeit bei Akkordlohnarbeit ergibt sich für den Mitarbeiter mit der Personalnummer 7:

$$T_7^{(I)} = \left(164 - 10 - 117\right) \frac{\text{Std.}}{\text{Periode}} \cdot 60 \frac{\text{Min.}}{\text{Std.}} = 2.220 \frac{\text{Min.}}{\text{Periode}}.$$

Daraus lässt sich der durchschnittliche Leistungsgrad für die geleistete Akkordarbeit des Mitarbeiters mit der Personalnummer 7 ableiten:

$$\gamma_{\varnothing 7} = \frac{2.163}{2.220} \approx 0,9743 = 97,43\,\%.$$

Eine weitere Lohnform der Lohnabrechnung ist der Prämienlohn. Prämien werden beispielsweise für bestimmte Mengen-, Ersparnis-, Termin- oder Qualitätsleistungen gezahlt. Bei Prämien für Mengenleistungen erhalten die Mitarbeiter einen garantierten Mindestlohn. Mehrleistungen werden nur teilweise zusätzlich vergütet. Alle übrigen Prämienlöhne beziehen sich jeweils auf eine bestimmte Bemessungsgrundlage, von der die erlangten Prämien abzuleiten sind. Die Erfassung und Kontierung von Prämien basiert auf Prämienlohnscheinen, die vergleichbare Angaben enthalten müssen wie die Zeit- und Akkordlohnscheine.[141]

---

[141] Vgl. Kilger, W.: Einführung in die Kostenrechnung, a.a.O., S. 101f.; Schweitzer, M. / Küpper, H.-U.: Systeme der Kosten- und Erlösrechnung, a.a.O., S. 94.

Die Art der Weiterverrechnung von Lohnkosten hängt – wie bei der Verrechnung von Materialkosten – davon ab, ob eine Ist-, Normal- oder Plankostenrechnung zugrunde liegt.

In der Istkostenrechnung werden die angefallenen Lohnkosten einer Abrechnungsperiode auf die Kostenträger verteilt. Einzellöhne, die aufgrund der Angaben auf den Lohnscheinen bestimmten Artikeln oder Aufträgen zugerechnet werden können, gehen direkt in die Kostenträgerrechnung. Sie werden auch Fertigungslöhne genannt. Im Unterschied dazu bezeichnet man als Hilfslöhne diejenigen Lohnarten, die als Gemeinkosten anfallen und in die Kostenstellenrechnung weitergeleitet werden.[142] Da in der Istkostenrechnung für jede Abrechnungsperiode neue Istverrechnungssätze zu bilden sind, werden auch die Lohngemeinkosten immer vollständig auf die Kostenträger umgelegt.

Die Vorgehensweise bei der Verrechnung der Lohnkosten in einer Normalkostenrechnung ist die gleiche wie in einer Istkostenrechnung. Allerdings werden in der Kostenträgerrechnung einer Normalkostenrechnung normalisierte Gemeinkosten-Verrechnungssätze zugrunde gelegt, so dass nur die den Normalkostensätzen entsprechenden Gemeinkostenlöhne in die Kalkulationen eingehen.

Die Verteilung von Einzelkosten geschieht in einer Plankostenrechnung in gleicher Weise wie in Ist- oder Normalkostenrechnungen. Für Akkordlohnarbeiten ergeben sich Sollvorgaben für die Fertigungsstellen durch Einsatz der Vorgabezeiten unmittelbar aus den geplanten Produktmengen. Soll- und Istkosten stimmen bei gleich bleibender Lohnhöhe stets überein. Für Zeitlohnarbeiten ist es schwierig, Vorgabezeiten zu bestimmen, da die Produktionsbedingungen solcher Arbeiten im Zeitablauf meist nicht konstant sind. Trotzdem erfordert eine Plankostenrechnung die Bestimmung von Plan- oder Standardarbeitszeiten, die zur Durchführung eines Soll-Ist-Kostenvergleiches unerlässlich sind. Den Zeitlöhnen als Istkosten werden die Standardzeiten als Sollkosten gegenübergestellt. Die Istbeträge der Lohngemeinkosten bzw. Hilfslöhne werden den verursachenden Kostenstellen angelastet und dort mit den zugehörigen Sollkosten verglichen. Detaillierte Abweichungsanalysen lassen Rückschlüsse auf die Wirtschaftlichkeit des Arbeitseinsatzes zu.[143]

Zwei Besonderheiten bei der Verrechnung von Lohnkosten sind zu beachten. Die Akkordlöhne bedürfen vor dem Hintergrund der unterschiedlichen Art der Verrechnung innerhalb der Kostenrechnungssysteme besonderer Beachtung. Akkordlöhne basieren auf geplanten Vorgabezeiten und haben insofern Plancharakter. Andererseits werden für Akkordarbeiten stets nur die den Vorgabeminuten entsprechenden Löhne vergütet, so dass sie gleichzeitig auch Istkosten darstellen. Abweichungen können bei Akkordlöhnen also nicht aus zeitlichen Differenzen, sondern nur aus Lohnerhöhungen resultieren. Die Lohnerhöhungen als zweite Besonderheit haben zur Folge, dass die Ist-Lohnkostensätze von den geplanten Lohn-

---

[142] Vgl. Kiesel, M.: Kostenartenrechnung, a.a.O., S. 461.

[143] Vgl. in Kapitel 6.1.2 die Abschnitte zur Kostenkontrolle in der flexiblen Plankostenrechnung.

kostensätzen abweichen. Derartige Tarifabweichungen sind in einer Plankostenrechnung aus den Berechnungen auszuklammern. Dies kann einerseits mit einer doppelten Lohnabrechnung durch die detaillierte Gegenüberstellung der gezahlten und geplanten Lohnsätze oder andererseits durch Zuhilfenahme von Korrekturprozentsätzen erreicht werden.[144]

4.1.3.2.2   Gehaltskosten

Die Erfassung und Kontierung der Gehaltskosten ist Aufgabe der Gehaltsabrechnung, die folgende Teilgebiete umfasst:

„ a) Bruttogehaltsabrechnung
   b) Nettogehaltsabrechnung
   c) Gehaltsverteilung."[145]

Bei der Bruttogehaltsabrechnung werden die vereinbarten Bruttogehälter unmittelbar den Personalstammdateien der Angestellten entnommen. Leistungsabhängige Daten finden keine Berücksichtigung, lediglich Prämien oder ähnliche Zulagen werden durch gesondert ausgestellte Belege erfasst. Gesetzliche Sozialabgaben bleiben wie in der Bruttolohnabrechnung auch in der Bruttogehaltsabrechnung unberücksichtigt.

In der Nettogehaltsabrechnung erfolgt wie in der Nettolohnabrechnung die Verminderung der Bruttogehälter um die gesetzlich vorgeschriebenen Abzüge. Werden Nettogehälter weiter um persönliche Abzüge vermindert, so ergibt dies die auszuzahlenden Beträge.

Die Gehaltsverteilungsliste gibt Aufschluss darüber, in welchen Kostenstellen die Angestellten mit welchen Bruttogehältern eingesetzt wurden. Ist ein Gehaltsempfänger während einer Abrechnungsperiode für mehrere Kostenstellen gleichzeitig tätig, so wird sein Gehalt prozentual entsprechend der zeitlichen Arbeitsbelastung auf die betreffenden Kostenstellen verteilt. Da die Gehaltsverteilungsliste über einen längeren Zeitraum gültig ist, sollte bei der Ermittlung der prozentualen Kostenstellenanteile von durchschnittlichen Jahresbelastungen ausgegangen werden.

Zur Verrechnung der Gehaltskosten erfolgt in allen Kostenrechnungssystemen zunächst die monatliche Belastung der Kostenstellen mit den Istgehältern. Die Istgehälter werden in der Istkostenrechnung vollständig auf die Kostenträger umgelegt, während in einer Normalkostenrechnung nur die den normalisierten Kalkulationssätzen entsprechenden Gehaltsanteile in die Kostenträgerrechnung eingehen. In einer auf der Plankostenrechnung aufbauenden Kostenkontrolle erfolgen Soll-Ist-Vergleiche der Kostenstellenkosten durch Gegenüberstellung von Istgehältern und geplanten Gehaltskosten. Wie für die Lohnkostenverrechnung dargestellt,

---

[144]   Vgl. Kilger, W.: Einführung in die Kostenrechnung, a.a.O., S. 102.
[145]   Kilger, W.: Einführung in die Kostenrechnung, a.a.O., S. 105.

müssen auch hier zunächst die Tarifabweichungen eliminiert werden. Die Ursache für Gehaltskostenabweichungen können daher nur Personalbestandsveränderungen sein.[146]

4.1.3.2.3 Sozialkosten

Bei der Erfassung von Sozialkosten, die ein Unternehmen zu tragen hat, unterscheidet man zwischen gesetzlichen und freiwilligen Sozialabgaben. Zu den so genannten „gesetzlichen Sozialaufwendungen" zählen insbesondere die Urlaubs- und Feiertagslöhne sowie die Beiträge zur Sozialversicherung, d.h. Kranken-, Pflege-, Renten- und Arbeitslosenversicherung. Die Arbeitnehmerbeiträge zur Sozialversicherung werden bereits bei der Nettolohn- bzw. der Nettogehaltsabrechnung erfasst. Daher empfiehlt es sich, die Arbeitgeberanteile ebenfalls in der Lohn- bzw. der Gehaltsbuchhaltung zu ermitteln. Anschließend werden die Arbeitgeber- und Arbeitnehmerbeiträge in die Finanzbuchhaltung zur Abrechnung mit den Sozialversicherungsträgern geleitet. Die Kostenrechnung eines Unternehmens berücksichtigt nur die vom Arbeitgeber zu tragenden gesetzlichen Sozialversicherungsanteile, da die Bruttolöhne und -gehälter bereits die entsprechenden Arbeitnehmerbeiträge beinhalten. Die freiwilligen Sozialabgaben bestehen aus primären und sekundären Sozialkosten. Primäre freiwillige Sozialaufwendungen umfassen z.B. Zusatz-Pensionen oder -Renten, Ausbildungsbeihilfen, Fahrgelderstattungen sowie Aufwendungen für Jubiläen, Betriebsfeiern oder Trauerfälle. Die Finanzbuchhaltung erfasst diese Vorfälle auf gesonderten Belegen und leitet sie an die Betriebsabrechnung weiter. Sekundäre freiwillige Sozialaufwendungen sind Kosten für betriebliche Sozialeinrichtungen, d.h. allgemein für Garderoben, Duschanlagen, Aufenthaltsräume u.ä., aber auch für Werkswohnungen, Kantinen oder Betriebsratsbüros. Diese Kosten können erst mit Hilfe der Kostenstellenrechnung ermittelt werden.[147]

Auch bei der Verrechnung der Sozialkosten wird danach unterschieden, ob eine Ist-, Normal- oder Plankostenrechnung zugrunde liegt. In einer Istkostenrechnung werden die Istbeträge der Sozialkosten erfasst und weiterverrechnet. Diese können jahreszeitlich oder zufallsbedingt erheblich schwanken. Insbesondere Urlaub oder Feiertage, Krankheitstage, bestimmte Termine für Betriebsfeiern oder Fortbildungsveranstaltungen tragen zu Veränderungen des Sozialkostenniveaus bei. Die Kalkulationsergebnisse können folglich durch die Istverrechnung der Sozialkosten stark voneinander abweichen. Die Normalkostenrechnung bereinigt die Daten um die Schwankungen der Sozialkosten durch die Bildung normalisierter Durchschnittsprozentsätze für die Weiterverrechnung. In der Plankostenrechnung erfolgt die Sozialkostenplanung mit Hilfe kalkulatorischer Verrechnungssätze, die ge-

---

[146] Vgl. Kilger, W.: Einführung in die Kostenrechnung, a.a.O., S. 105f.

[147] Vgl. Haberstock, L.: Kostenrechnung I, a.a.O., S. 68ff.; Mayer, E. / Liessmann, K. / Mertens, H.W.: Kostenrechnung, a.a.O., S. 109.

setzliche sowie primäre und sekundäre freiwillige Sozialkosten umfassen. Zunächst werden bei der Kostenplanung die jährlichen Bruttolohn- und Bruttogehaltssummen sowie die jährlich geplanten Sozialkosten festgelegt. Die Division der Sozialkosten durch die zugehörige Bezugsgrundlage, z.b. jährlich zu leistende Arbeitsstunden, ergibt die jährliche Durchschnittsbelastung in Prozent. Die so ermittelten kalkulatorischen Verrechnungssätze der Sozialkosten werden sowohl mit den geplanten als auch mit den tatsächlich angefallenen Istlöhnen und -gehältern multipliziert, woraus die Plan- und Istbeträge der kalkulatorischen Sozialkosten für die monatlichen Soll-Ist-Kostenkontrollen resultieren. Werden Sozialkosten in der Kostenartenrechnung kalkulatorisch erfasst, so dürfen die monatlich anfallenden Istbeträge zunächst nur in der Finanzbuchhaltung registriert und in der Betriebsabrechnung auf ein statistisches Abrechnungskonto gespeichert werden. Die Istkosten werden den in der Kostenstellenrechnung verrechneten Sozialkostenarten gegenübergestellt und erst am Jahresende als Gesamtsaldo in die Erfolgsrechnung gebucht.[148]

4.1.3.2.4   Sonstige Personalkosten

Sonstige Personalkosten, die für Lohn- und Gehaltsempfänger entstehen können, sind beispielsweise verschiedene Zulagen oder Überstunden- und Mehrarbeitsvergütungen.

Weiterhin ist ein kalkulatorischer Unternehmerlohn für diejenigen Einzelfirmen oder Personengesellschaften zu ermitteln, bei denen Inhaber oder Gesellschafter in der Geschäftsleitung mitarbeiten. Die Höhe des kalkulatorischen Unternehmerlohnes sollte etwa den branchentypischen Bezügen eines leitenden Angestellten in einer vergleichbaren Position und Firma entsprechen. In der Kostenrechnung werden die Monatsbeträge des kalkulatorischen Unternehmerlohns den Kostenstellen der Unternehmensleitung oder der Verwaltung zugerechnet, in denen die Inhaber oder Gesellschafter tätig sind.

4.1.3.3 Betriebsmittelkostenarten

Der Begriff Betriebsmittel umfasst sämtliche Einrichtungen und Anlagen, die für die technischen Bedingungen der betrieblichen Leistungserstellung bestimmt sind, z.B. Gebäude, Maschinen, Transportmittel, Werkzeuge und Büroeinrichtungen. Betriebsmittel sind eine notwendige Voraussetzung für die Produktion, sie gehen aber nicht als wesentliche Bestandteile in die Enderzeugnisse ein. In Abhängigkeit von Kriterien wie Modernität, Abnutzung oder Eignung für bestimmte Produktionen variiert die Leistungsfähigkeit der Betriebsmittel eines Unterneh-

---

[148] Vgl. Kilger, W.: Einführung in die Kostenrechnung, a.a.O., S. 106ff.

mens. Betriebsmittelkosten entstehen unmittelbar durch den Einsatz von Einrichtungen und Aggregaten und werden in der Kostenrechnung erfasst durch:

– Kalkulatorische Abschreibungen,
– kalkulatorische Zinsen,[149]
– Reparatur- und Instandhaltungskosten und
– sonstige Betriebsmittelkosten.

Die Anlagenbuchhaltung verwaltet mit der Anlagenkartei die Daten sämtlicher Gegenstände des Anlagevermögens und liefert so die wichtigsten Informationen für die Berechnung von Betriebsmittelkosten. Im Zeitpunkt der Anschaffung eines Betriebsmittels wird ein neuer Datensatz angelegt. Für geringwertige Wirtschaftsgüter erfolgt die Registrierung in Sammeldatensätzen. Die Datensätze für bewegliche Gegenstände wie Maschinen oder Anlagen enthalten Angaben über:[150]

– Bezeichnung, Fabrikate-Nr., Baumuster / Typ, Hersteller, Lieferfirma,
– Rechnungs-Nr., Kto.-Nr. der Finanzbuchhaltung, Inventar-Nr., Kostenstellen-Nr.,
– Datum der Inbetriebnahme,
– Anschaffungswert,
– kalkulatorische Nutzungsdauer,
– Abschreibungsprozentsatz für Handelsbilanz, Abschreibung für Abnutzung (AfA) - Prozentsatz und
– Maschinendaten, Leistungsangaben und Ähnliches (z.B. Reparaturen).

Tageswert, Restbuchwert und kalkulatorischer Abschreibungsbetrag des Anlagegegenstandes sind abhängig von dessen Nutzungsdauer. Unbewegliche Gegenstände des Anlagevermögens, z.B. Gebäude, erfordern in etwa die gleichen Angaben, lediglich bei den technischen Informationen sind abweichende Daten zu erwarten, und darüber hinaus müssen spezielle Grundbuch- und Steuerdaten genannt werden. Die Kontierung von Betriebsmittelkosten erfolgt anhand derjenigen Kostenstellennummer, in der das Betriebsmittel eingesetzt wird. Bei Veränderung des Einsatzortes und bei Verkauf oder Verschrottung muss eine Veränderungsmeldung erfolgen. Die laufende Aktualisierung der Anlagenkartei ist notwendig für die richtige Kontierung von Betriebsmittelkosten.

4.1.3.3.1 Kalkulatorische Abschreibungen

Durch den Einsatz von kalkulatorischen Abschreibungen in der Kostenrechnung wird angestrebt, die tatsächliche Wertminderung des Anlagevermögens zu erfassen. Im Gegensatz zu bilanziellen Abschreibungen, bei denen vom Anschaffungswert ausgegangen und mittels einer geschätzten Nutzungsdauer der Wertverzehr

---

[149] Zur Abgrenzung von Grundkosten und kalkulatorischen Kosten vgl. Kapitel 2.1.1.
[150] Vgl. Kilger, W.: Einführung in die Kostenrechnung, a.a.O., S. 110.

entsprechend den handels- und steuerrechtlichen Vorschriften berechnet wird, basieren kalkulatorische Abschreibungen auf den Wiederbeschaffungswerten der Anlagen mit dem Ziel der substantiellen Kapitalerhaltung.

Der Wertverzehr bei langfristig nutzbaren Produktionsfaktoren kann durch verschiedene Abschreibungsursachen ausgelöst werden, von denen als wichtigste der Gebrauchs- und der Zeitverschleiß zu nennen sind. Gebrauchsverschleiß bedeutet die Abnutzung eines Betriebsmittels in Abhängigkeit von seiner Beschäftigung. Dies betrifft vor allem bewegliche Teile, wie Antriebsaggregate oder Getriebe. Der Zeitverschleiß eines Betriebsmittels ist unabhängig von den geleisteten Betriebs- oder Laufstunden und resultiert beispielsweise aus Korrosions- und Witterungseinflüssen sowie Materialermüdung, wegfallenden Produktionsmöglichkeiten oder technisch-wirtschaftlichen Ursachen. Die beiden genannten Abschreibungsursachen stehen selten isoliert nebeneinander, sondern wirken meist gleichzeitig wertmindernd auf die Betriebsmittel ein.

Die Nutzungsdauer umfasst den Zeitraum des Einsatzes eines Gegenstandes des Anlagevermögens. Bei ausschließlichem Gebrauchsverschleiß könnte ein Betriebsmittel bis zur technischen Maximalnutzungsdauer eingesetzt werden. Allerdings wird in der Praxis diese Zeitspanne durch den Zeitverschleiß auf eine kürzere wirtschaftliche Nutzungsdauer reduziert. Mit Hilfe der Investitionsrechnung ließe sich die wirtschaftliche Nutzungsdauer theoretisch genau berechnen. Aufgrund der erforderlichen Daten sind derartige Berechnungen aber zu kompliziert bzw. zu ungewiss, so dass aus Erfahrungswerten abgeleitete Schätzungen zugrunde gelegt werden. Geschätzte und realisierte Einsatzzeiten stimmen aber nicht immer überein, d.h. ein Gegenstand des Anlagevermögens scheidet vor oder nach Ablauf der geschätzten Nutzungsdauer aus dem Betrieb aus. Im ersten Fall werden vom Zeitpunkt des Ausscheidens an in der Kostenrechnung keine Abschreibungen mehr verrechnet. Ein eventueller Restbuchwert wird in der Gewinn- und Verlustrechnung der Finanzbuchhaltung als außerordentlicher Aufwand verbucht, dem im Falle eines Verkaufes der Nettoliquidationserlös als außerordentlicher Ertrag gegenübersteht. Ein Betriebsmittel, das über die geschätzte Nutzungsdauer hinaus eingesetzt wird, verursacht in der betreffenden Kostenstelle kalkulatorische Abschreibungen, obwohl der Gegenstand bereits voll abgeschrieben wurde. Für die Abschreibungsermittlung wird zu der ursprünglich geschätzten Nutzungsdauer die nun noch zusätzlich erwartete Nutzungsdauer addiert.[151]

Für die Anpassung von Abschreibungen an im Zeitverlauf steigende Wiederbeschaffungspreise wird der so genannte Zeitwert eines Betriebsmittels angesetzt. Preisniveauschwankungen werden dabei mit Hilfe eines Zeitwertfaktors ZWF_t eliminiert, der durch Division des Preisindexes der laufenden Abrechnungsperiode $\hat{q}_t$ durch den Preisindex der Anschaffungsperiode $\hat{q}_A$ ermittelt wird. Für den Zeitwert ZW_t der laufenden Periode t, der dann die neue Berechnungsbasis der Ab-

---

[151] Vgl. z.B. Kilger, W.: Einführung in die Kostenrechnung, a.a.O., S. 110ff.

schreibungen darstellt, gilt die folgende Formel, wobei A den Anschaffungswert eines Betriebsmittels kennzeichnet:

$$ZW_t = A \cdot ZWF_t = A \cdot \frac{\hat{q}_t}{\hat{q}_A}.$$

Erhöhte Wiederbeschaffungspreise von Betriebsmitteln basieren aber nicht nur auf generellen Erhöhungen des Preisniveaus, sondern auch auf Verbesserungen der Leistungsfähigkeit durch technischen Fortschritt. Diese Komponente kann durch den Vergleich der Leistung des vorhandenen Betriebsmittels λ_A mit der des neuen Betriebsmittels in der betrachteten Periode λ_t mittels der prozentualen Leistungsveränderung

$$\frac{\left(\lambda_t - \lambda_A \right)}{\lambda_t}$$

erfasst werden. Für den bereinigten Zeitwert erhält man:

$$ZW_t = A \cdot \frac{\hat{q}_t}{\hat{q}_A} \cdot \left(1 - \frac{\lambda_t - \lambda_A}{\lambda_t} \right) = A \cdot \frac{\hat{q}_t}{\hat{q}_A} \cdot \frac{\lambda_A}{\lambda_t}.$$

Um zu gewährleisten, dass am Ende der Nutzungsdauer der Wiederbeschaffungspreis zur Verfügung steht, wäre es erforderlich, die exakten Ersatzzeitpunkte, Wiederbeschaffungspreise und Leistungsfähigkeiten der betrachteten Anlagen zu kennen, d.h. es liegt zunächst die Idee nahe, dass beispielsweise anstelle des Preisindexes der laufenden Abrechnungsperiode derjenige der Wiederbeschaffungsperiode angesetzt werden müsste.[152] Derartige Daten liegen aber wegen der langen Einsatz- und Planungszeiten von Betriebsmitteln nur unter großer Unsicherheit bzw. aufgrund von Schätzungen vor. Darüber hinaus sollte sich die kurzfristig ausgerichtete Kosten- und Leistungsrechnung am gegenwärtigen Preis- und Leistungsniveau orientieren, da ansonsten ein Vergleich der Kosten, die durch in der Zukunft liegende Preis- und Leistungsniveaus determiniert werden, mit den entsprechenden heute erzielbaren Erlösen zu falschen Ergebnissen führen kann. Das Ziel der Substanzerhaltung kann somit durch kalkulatorische Abschreibungen nie vollständig erfüllt werden.[153]

---

[152] Vgl. Hoitsch, H.-J.: Kosten- und Erlösrechnung, Eine controllingorientierte Einführung, 2. Aufl., Berlin et al. 1997, S. 234.

[153] Vgl. Kilger, W.: Betriebliches Rechnungswesen, in: Jacob, H. (Hrsg.): Allgemeine Betriebswirtschaftslehre: Handbuch für Studium und Prüfung, 5. Aufl., Wiesbaden 1988, S. 921-1044, hier S. 956f.

Im Folgenden werden drei Verfahren zur Ermittlung der Abschreibungsbeträge in ihren Grundzügen vorgestellt:[154]

- lineare Abschreibung,
- geometrisch-degressive Abschreibung und
- arithmetisch-degressive Abschreibung.

Bei der Vorstellung der Verfahren wird nachfolgend die jährliche Abschreibungsermittlung betrachtet. Für die unterjährigen Berechnungen der Kostenrechnung sind diese jährlichen Beträge entweder gleichmäßig oder aufgrund weiterer Informationen auf die Perioden des Jahres zu verteilen.

Im Folgenden bezeichnet:

K_{At} den Abschreibungsbetrag im Jahr t,

B_t den Restbuchwert am Ende des Jahres t,

A den Anschaffungswert bzw. allgemein (z.B. für die Berücksichtigung von Preisniveauveränderungen oder technischen Leistungssteigerungen) die Abschreibungsbasis, auch bezeichnet als Abschreibungssumme,[155]

L den geplanten Liquidationserlös am Ende der Nutzungsdauer,

T die geplante Nutzungsdauer des Betriebsmittels in Jahren und

y den Abschreibungsprozentsatz.

Die lineare Abschreibung ermittelt jährlich konstante Abschreibungsbeträge, die ausgehend vom Anschaffungswert bis zum Liquidationserlös am Ende der geschätzten Nutzungsdauer linear fallende Buchwerte herbeiführen. Für den Abschreibungsbetrag K_{At} des Jahres t gilt bei der linearen Abschreibungsmethode:

$$K_{At} = \frac{A - L}{T} .$$

Den Restbuchwert B_t am Ende des Jahres t bestimmt man unter Verwendung der linear ermittelten Abschreibungsbeträge K_{At} durch die folgende Formel:

$$B_t = A - t \cdot \left(\frac{A - L}{T} \right) = A - \frac{t}{T} \cdot (A - L) = \frac{T - t}{T} \cdot (A - L) + L .$$

Bei der geometrisch-degressiven Abschreibung werden die Abschreibungsbeträge K_{At} durch Multiplikation der Restbuchwerte mit einem konstanten Ab-

---

[154]   Zu den Abschreibungsverfahren vgl. z.B. Kilger, W.: Betriebliches Rechnungswesen, a.a.O., S. 950ff.; Mayer, E. / Liessmann, K. / Mertens, H.W.: Kostenrechnung, a.a.O., S. 132ff.; Haberstock, L.: Kostenrechnung I, a.a.O., S. 83ff.; Küpper, H.-U. / Friedl, G. / Hofmann, C. / Pedell, B.: Übungsbuch zur Kosten- und Erlösrechnung, 5. Aufl., München 2007, S. 2.

[155]   Vgl. Hummel, S. / Männel, W.: Kostenrechnung 1, a.a.O., S. 166; Plinke, W. / Rese, M.: Industrielle Kostenrechnung, a.a.O., S. 68.

schreibungsprozentsatz y in Prozent berechnet. Zu Beginn ist der Restbuchwert gleich dem Anschaffungswert. In dem darauf folgenden Jahr wird der Anschaffungswert um die erste Abschreibung

$$\left(A \cdot \frac{y}{100} \right)$$

vermindert usw. Für die Abschreibungsbeträge erhält man:

$$K_{A1} = \left(A \cdot \frac{y}{100} \right)$$

$$K_{A2} = \left(A - \left(A \cdot \frac{y}{100} \right) \right) \cdot \frac{y}{100} \qquad = \left(A \cdot \frac{y}{100} \right) \cdot \left(1 - \frac{y}{100} \right)^{1}$$

$$K_{A3} = \left(A - \left(A \cdot \frac{y}{100} \right) - A \cdot \frac{y}{100} \cdot \left(1 - \frac{y}{100} \right) \right) \cdot \frac{y}{100} = \left(A \cdot \frac{y}{100} \right) \cdot \left(1 - \frac{y}{100} \right)^{2}$$

$$\vdots$$

$$K_{At} \qquad\qquad = \left(A \cdot \frac{y}{100} \right) \cdot \left(1 - \frac{y}{100} \right)^{t-1}.$$

Die Restbuchwerte ergeben dann:

$$B_{1} = A - \left(A \cdot \frac{y}{100} \right) \qquad\qquad = A \cdot \left(1 - \frac{y}{100} \right)^{1}$$

$$B_{2} = A \cdot \left(1 - \frac{y}{100} \right)^{1} - A \cdot \left(1 - \frac{y}{100} \right)^{1} \cdot \frac{y}{100} \qquad = A \cdot \left(1 - \frac{y}{100} \right)^{2}$$

$$B_{3} = A \cdot \left(1 - \frac{y}{100} \right)^{2} - A \cdot \left(1 - \frac{y}{100} \right)^{2} \cdot \frac{y}{100} \qquad = A \cdot \left(1 - \frac{y}{100} \right)^{3}$$

$$\vdots$$

$$B_{t} \qquad\qquad = A \cdot \left(1 - \frac{y}{100} \right)^{t}.$$

Sowohl die jährlichen Abschreibungsbeträge als auch die Restbuchwerte haben bei der geometrisch-degressiven Abschreibungsmethode einen zeitlich abnehmenden Verlauf, d.h. zu Beginn des Einsatzes werden höhere Abschreibungen berechnet als gegen Ende der Nutzungszeit.
Am Ende der Nutzungsdauer gilt:

$$B_{T} = A \cdot \left(1 - \frac{y}{100} \right)^{T} = L ,$$

woraus durch Umformulierung die Bestimmungsgleichung für den Abschreibungsprozentsatz hergeleitet werden kann:

$$y = \left(1 - \sqrt[T]{\frac{L}{A}}\right) \cdot 100 \, .$$

Die Beträge der arithmetisch-degressiven, auch als digital bezeichneten Abschreibungen werden in jedem Jahr um den gleichen Betrag K_A vermindert, d.h. im ersten Jahr ist K_A T-mal und im letzten Jahr einmal zu verrechnen:

$$
\begin{aligned}
K_{A1} &= T \cdot K_A \\
K_{A2} &= (T-1) \cdot K_A \\
K_{A3} &= (T-2) \cdot K_A \\
&\vdots \\
K_{AT-1} &= 2 \cdot K_A \\
K_{AT} &= 1 \cdot K_A
\end{aligned}
$$

Für die Ermittlung des Betrages K_A wird davon ausgegangen, dass die Summe der Abschreibungsbeträge über alle T Jahre der Differenz zwischen dem Anschaffungs- und dem Restbuchwert entspricht. Unter Gültigkeit der Beziehung

$$\sum_{t=1}^{T} t = \frac{T \cdot (T+1)}{2}$$

erhält man:

$$A - L = K_A \cdot \left(\frac{T \cdot (T+1)}{2}\right) .$$

Daraus kann die Bestimmungsgleichung für den Degressionsbetrag K_A abgeleitet werden:

$$K_A = \frac{2 \cdot (A - L)}{T \cdot (T+1)} .$$

Der Abschreibungsbetrag eines Jahres t bei arithmetisch-degressiver Abschreibung wird dann folgendermaßen ermittelt:

$$K_{At} = K_A \cdot (T - t + 1) = \left(\frac{2 \cdot (A-L)}{T \cdot (T+1)}\right) \cdot (T - t + 1) .$$

Ein Beispiel verdeutlicht die genannten Abschreibungsverfahren. Folgende Daten werden vorausgesetzt:

Anschaffungswert einer Maschine: 400.000 €
geschätzte Nutzungsdauer: 10 Jahre
geschätzter Liquidationserlös: 42.950 €.

Bei Anwendung der linearen Abschreibungsmethode erhält man folgenden Abschreibungsbetrag:

$$K_{At} = \frac{400.000 - 42.950}{10} = 35.705\,€.$$

In einer Übersicht, wie in Tabelle 4.11 dargestellt, werden anschließend die jährlichen Abschreibungsbeträge K_{At} und die Restbuchwerte dargestellt.

Bei Anwendung der geometrisch-degressiven Abschreibungsmethode muss zunächst der Abschreibungsprozentsatz berechnet werden:

$$y = \left(1 - \sqrt[10]{\frac{42.950}{400.000}}\right) \cdot 100 \approx 20\,\% .$$

Für die jährlichen Abschreibungsbeträge K_{At} und die Restbuchwerte B_t bei geometrisch-degressiver Abschreibung erhält man die Ergebnisse in Tabelle 4.12.

Tabelle 4.11: Lineare Abschreibung

Jahr	Abschreibung	Restbuchwert
1	35.705,00	364.295,00
2	35.705,00	328.590,00
3	35.705,00	292.885,00
4	35.705,00	257.180,00
5	35.705,00	221.475,00
6	35.705,00	185.770,00
7	35.705,00	150.065,00
8	35.705,00	114.360,00
9	35.705,00	78.655,00
10	35.705,00	42.950,00
Summe	357.050,00	–

Tabelle 4.12: Geometrisch-degressive Abschreibung

Jahr	Abschreibung	Restbuchwert
1	79.999,76	320.000,24
2	63.999,85	256.000,39
3	51.199,92	204.800,47
4	40.959,97	163.840,50
5	32.768,00	131.072,50
6	26.214,42	104.858,08
7	20.971,55	83.886,53
8	16.777,25	67.109,27
9	13.421,81	53.687,46
10	10.737,46	42.950,00
Summe	357.050,00	–

Um die arithmetisch-degressive Abschreibungsmethode anzuwenden, wird zunächst der Degressionsbetrag K_A ermittelt:

$$K_A = \frac{2 \cdot (400.000 - 42.950)}{10 \cdot (10 + 1)} = 6.491,82 \ \text{€}.$$

Die jährlichen Abschreibungsbeträge K_{At} und die Restbuchwerte B_t bei arithmetisch-degressiver Abschreibung sind aus der folgenden Aufstellung in Tabelle 4.13 ersichtlich.

Tabelle 4.13: Arithmetisch-degressive Abschreibung

Jahr	Abschreibung	Restbuchwert
1	64.918,18	335.081,82
2	58.426,36	276.655,46
3	51.934,55	224.720,91
4	45.442,73	179.278,18
5	38.950,91	140.327,27
6	32.459,09	107.868,18
7	25.967,27	81.900,91
8	19.475,45	62.425,46
9	12.983,64	49.441,82
10	6.491,82	42.950,00
Summe	357.050,00	–

4.1.3.3.2 Kalkulatorische Zinsen

Kalkulatorische Zinsen stellen das kostenmäßige Äquivalent für die Kapitalbindung eines Unternehmens dar, d.h. sie messen den potentiellen Ertrag, den ein Kapitaleigner bei anderweitiger Anlage hätte erzielen können.

Als Basis für die Berechnung von kalkulatorischen Zinsen dient das betriebsnotwendige Kapital, das ausgehend von den Beständen sowohl des Anlage- als auch des Umlaufvermögens hergeleitet wird. Insofern stellen kalkulatorische Zinsen nicht ausschließlich Betriebsmittelkosten dar, ihre Erläuterung erfolgt aber an dieser Stelle, da ein großer Teil der kalkulatorischen Zinsen dem Anlagevermögen, das durch die Betriebsmittelbestände determiniert wird, zuzurechnen ist. Die Behandlung kalkulatorischer Zinsen auf das Umlaufvermögen wird noch einmal in Kapitel 4.1.3.4 bei den sonstigen Kostenarten aufgegriffen. Die Ermittlung des betriebsnotwendigen Kapitals geschieht ausgehend vom Wert des (betriebsnotwendigen) Umlauf- und Anlagevermögens, bezeichnet als betriebsnotwendiges Vermögen.[156] Dieses ist um das so genannte Abzugskapital zu bereinigen, das solche Kapitalanteile enthält, die dem Unternehmen unentgeltlich zur Verfügung stehen, z.B. Kundenanzahlungen und Lieferantenverbindlichkeiten. Durch Subtraktion des Abzugskapitals vom betriebsnotwendigen Vermögen ergibt sich das betriebsnotwendige Kapital, auf das der kalkulatorische Zinssatz anzuwenden ist.[157]

Die Festlegung des so genannten kalkulatorischen Zinssatzes ist theoretisch exakt nur schwer möglich. Man verwendet häufig den Kalkulationszinsfuß der Investitionsrechnung oder legt aus der betrieblichen Erfahrung gewonnene Schätzungen zugrunde.

Grundsätzlich gibt es zwei Vorgehensweisen zur Erfassung und Verrechnung kalkulatorischer Zinsen, und zwar:[158]

– das Globalverfahren und
– die positionsweise Berechnung kalkulatorischer Zinsen.

Bei dem Globalverfahren ermittelt man das betriebsnotwendige Kapital ausgehend vom Gesamtwert der bilanziellen Vermögenspositionen. Die berechneten gesamten kalkulatorischen Zinsen für die betrachtete Periode werden dann anhand der geschätzten durchschnittlichen Kapitalbindung in den Kostenstellen auf diese verteilt. Die Genauigkeit des Verfahrens ist entscheidend davon abhängig, inwieweit die gewählten Kapitalverteilungsschlüssel die tatsächliche Kapitalbindung im Unternehmen wiedergeben.

Die positionsweise Erfassung und Verrechnung kalkulatorischer Zinsen differenziert von vornherein zwischen den in einzelnen Kostenstellen gebundenen

---

[156] Vgl. z.B. Jost, H.: Kosten- und Leistungsrechnung, Praxisorientierte Darstellung, 7. Aufl., Wiesbaden 1996, S. 74.

[157] Vgl. Hummel, S. / Männel, W.: Kostenrechnung 1, a.a.O., S. 174ff.

[158] Vgl. Kilger, W.: Einführung in die Kostenrechnung, a.a.O., S. 135ff.

Vermögenspositionen, d.h. es werden verursachungsgerecht die kostenstellenbezogenen kalkulatorischen Zinsen berechnet.

Der Wert des Umlaufvermögens, bestehend aus z.B. Roh-, Hilfs- und Betriebsstoffen sowie Halb- und Fertigfabrikatbeständen, schwankt im Zeitablauf einer Abrechnungsperiode zum Teil erheblich. Die Berechnung der entsprechenden kalkulatorischen Zinsen basiert daher auf effektiv erfassten bzw. geplanten Durchschnittsbeständen.[159]

Die meist EDV-gestützte Anlagenkartei bildet die Grundlage für die positionsweise Ermittlung kalkulatorischer Zinsen auf das Anlagevermögen; sie liefert die erforderlichen detaillierten Informationen über die in den Kostenstellen vorhandenen Betriebsmittel. Die Berechnung der auf das Anlagevermögen entfallenden kalkulatorischen Zinsen kann anhand der nachfolgend erläuterten Verfahren erfolgen:[160]

– Restwertverzinsung und
– Durchschnittswertverzinsung.

Die Restwertverzinsung legt für die kalkulatorische Zinsberechnung des Anlagevermögens die durchschnittlichen Restwerte der Abrechnungsperioden zugrunde, d.h. den durchschnittlichen Betrag aus dem Restwert der Vorperiode R_{t-1} und dem der Abrechnungsperiode R_t. Für den kalkulatorischen Zinsbetrag K_{Zt} der Periode t mit dem kalkulatorischen Zinssatz i gilt bei der Restwertverzinsung folgende Bestimmungsgleichung:

$$K_{Zt} = \frac{\left(R_{t-1} + R_t\right)}{2} \cdot \frac{i}{100}.$$

Der durchschnittliche Restwert

$$\frac{\left(R_{t-1} + R_t\right)}{2}$$

stimmt für nicht abschreibungsfähige Betriebsmittel, wie z.B. Grundstücke, mit dem Anschaffungs- bzw. Zeitwert überein.

Bei der Durchschnittswertverzinsung des Anlagevermögens wird das durchschnittlich gebundene Kapital der gesamten Nutzungszeit verzinst. Die Basis der Berechnungen ist also einerseits die Differenz aus dem Anschaffungswert A und dem Nettoliquidationserlös L, die sich durchschnittlich, d.h. zur Hälfte, verzinst, und andererseits der Liquidationserlös L, der in jeder Periode voll in die Zinsermittlung eingehen muss. Der gesamte kalkulatorische Zinsbetrag einer Abrechnungsperiode, z.B. eines Jahres, der für die Berücksichtigung in der monatlichen

---

[159]   Die ausführliche Behandlung kalkulatorischer Zinsen auf das Umlaufvermögen erfolgt in Kapitel 4.1.3.4 bei den sonstigen Kostenarten.

[160]   Vgl. Jost, H.: Kosten- und Leistungsrechnung, a.a.O., S. 74; Haberstock, L.: Kostenrechnung I, a.a.O., S. 95ff.

Kostenrechnung anschließend noch durch zwölf dividiert werden müsste, beträgt dann:

$$K_{Z\varnothing} = \left(\frac{A - L}{2} + L \right) \cdot \frac{i}{100} = \left(\frac{A + L}{2} \right) \cdot \frac{i}{100}.$$

In einem Beispiel werden die Verfahren der kalkulatorischen Zinsermittlung für das Anlagevermögen (unter Vernachlässigung von Umlaufvermögen und Abzugskapital) gegenübergestellt. Bei der Ermittlung der Restwerte für die ersten fünf Jahre wird die lineare Abschreibung zugrunde gelegt. Für ein Betriebsmittel gelten folgende Daten:

Anschaffungswert:	$A = 22.000 €$
Nutzungsdauer:	$T = 5$ Jahre
Nettoliquidationserlös:	$L = 2.000 €$
Kalkulatorischer Zinssatz:	$i = 15 \%.$

Bei Anwendung der Restwertverzinsung zur Ermittlung kalkulatorischer Zinsen ergibt sich die Übersicht in Tabelle 4.14.

Tabelle 4.14: Restwertverzinsung

Jahr	Abschreibung	Restwert	Zinsen
1	4.000,00	18.000,00	3.000,00
2	4.000,00	14.000,00	2.400,00
3	4.000,00	10.000,00	1.800,00
4	4.000,00	6.000,00	1.200,00
5	4.000,00	2.000,00	600,00
Summe	20.000,00	–	9.000,00

Bei der Durchschnittswertverzinsung wird aufbauend auf dem durchschnittlichen Restwert der kalkulatorische Zinsbetrag für jeweils eine Abrechnungsperiode t bestimmt:

$$K_{Z\varnothing} = \frac{22.000 + 2.000}{2} \cdot \frac{15}{100} = 1.800 €.$$

In jeder Abrechnungsperiode fällt ein Zinsbetrag in Höhe von 1.800 € an. Auf die gesamte Nutzungsdauer bezogen ergeben sich auch nach dieser Methode kalkulatorische Zinsen von insgesamt 9.000 €.

4.1.3.3.3   Reparatur- und Instandhaltungskosten

In Abhängigkeit vom Umfang der auszuführenden Arbeiten unterscheidet man zwei Arten der Erfassung und Verrechnung von Reparatur- und Instandhaltungskosten. Kosten für Reparatur- und Instandhaltungsarbeiten, deren Gesamtbeträge eine festzulegende Grenze, z.B. 500 €, nicht überschreiten, werden direkt durch Angabe der Kostenstellennummer auf den Materialentnahme- oder Lohnscheinen den verursachenden Kostenstellen zugeordnet. Für größere, über mehrere Perioden vorzunehmende Reparatur- und Instandhaltungsarbeiten ist es sinnvoll, die entstehenden Kosten zunächst auf so genannten Werkauftrags-Nummern zu erfassen, bevor sie in die Kostenstellenrechnung geleitet werden. Diese Vorgehensweise ermöglicht nach Abschluss längerer Reparatur- oder Instandhaltungsarbeiten, den gesamten Kostenbetrag der Maßnahme zu erfassen. Ein Werkauftrags-Nummernschlüssel für die auftragsweise Verrechnung von Reparatur- und Instandhaltungskosten sollte so aufgebaut sein, dass die Ziffern erkennen lassen, an welchen Gegenständen und für welche Bereiche die Arbeiten ausgeführt wurden, z.B. an Maschinen, Lagereinrichtungen oder Gebäuden bestimmter Kostenstellen. Alle im Zusammenhang mit den Reparatur- und Instandhaltungsarbeiten entstehenden Belege, wie Rechnungen, Materialentnahme- oder Lohnscheine, werden durch die Werkauftrags- und die Kostenstellennummer gekennzeichnet.

In einer Istkostenrechnung erfolgt die Bewertung und Verrechnung der eingesetzten Mengen an Reparaturmaterial bzw. Ersatzteilen mit Istpreisen, in der Normalkostenrechnung und der Plankostenrechnung hingegen mit festen Verrechnungs- bzw. Plansätzen. Die Arbeitsstunden der Betriebshandwerker werden je nach zugrunde liegendem System mit Ist-, Normal- oder Plankostensätzen bewertet. Zur besseren Überschaubarkeit der innerbetrieblichen Leistungsverrechnung werden in der Istkostenrechnung primäre und sekundäre Reparatur- und Instandhaltungskosten meist getrennt ausgewiesen, wohingegen in Normal- und Plankostenrechnungen die mit festen Verrechnungssätzen bewerteten Leistungen als eine Kostenart dargestellt sind. In einer Plankostenrechnung werden für sämtliche Kostenstellen Planvorgaben festgelegt, so dass nach der Anpassung an die zugehörige Istbeschäftigung ein Soll-Ist-Kostenvergleich vorgenommen werden kann.[161]

4.1.3.3.4   Sonstige Betriebsmittelkosten

Tatsächlich gezahlte Mieten für betrieblich genutzte Gebäude und Räume sowie Maschinen und Anlagen können gemäß deren Einsatz den betreffenden Kostenstellen ohne Schwierigkeiten zugeordnet werden. Für Gebäude und Räume im Eigentum des zu untersuchenden Unternehmens wäre alternativ zu der Ermittlung kalkulatorischer Abschreibungen und Zinsen der Ansatz kalkulatorischer Mieten,

---

[161] Vgl. Kilger, W.: Einführung in die Kostenrechnung, a.a.O., S. 138f.

die den am Markt üblichen Preisen für vergleichbare Objekte entsprechen müssen, denkbar.[162]

4.1.3.4 Sonstige Kostenarten

Für die bisher aufgeführten Kostenartengruppen – Material-, Personal- und Betriebsmittelkosten – werden aufgrund des dort abzuwickelnden Datenvolumens jeweils der eigentlichen Kostenrechnung vorgelagerte Hilfsrechnungen durchgeführt, d.h. Material-, Personal- und Anlagenabrechnung. Im Unterschied dazu gehen die meisten der nachfolgend genannten Kostenarten nicht aus gesonderten Abrechnungsbereichen hervor. Die sonstigen Kostenarten werden in der Finanzbuchhaltung oder direkt in der Betriebsabrechnung belegmäßig erfasst und kontiert.

Einen wichtigen Bereich der sonstigen Kosten stellen die so genannten Kostensteuern, d.h. die vom Betrieb zu zahlenden Steuern ohne die Körperschaft- und die Mehrwertsteuer, dar. Es handelt sich bei den Kostensteuern um diejenigen Steuern, deren Bemessungsgrundlage betriebsfremde Einrichtungen, nicht betriebsnotwendige Vermögenswerte oder neutrale Erträge ausschließt. Es ist die Aufgabe der Finanzbuchhaltung, in der Regel am Jahresende die effektiven Jahresbeträge der Steuern zu ermitteln. Die Kostenrechnung berücksichtigt bei ihren monatlichen Berechnungen im Voraus geschätzte Raten, die denjenigen Kostenstellen angelastet werden, denen sich die entsprechenden Steuerbemessungsgrundlagen zurechnen lassen. Bei den Kostensteuern handelt es sich beispielsweise um die Grund-, Kraftfahrzeug- oder Gewerbekapitalsteuer.

Von den Gebühren, Beiträgen und Versicherungskosten fallen die ersten beiden Kostenarten üblicherweise für das Unternehmen als Ganzes an, d.h. sie werden der kaufmännischen Leitung oder der Sammelkostenstelle des Verwaltungsbereiches angelastet. Die Portogebühren sollen nicht an dieser Stelle, sondern bei den weiter unten erläuterten Bürokosten ausgewiesen werden. Zu den Gebühren und Beiträgen auf Unternehmensebene gehören beispielsweise Beiträge für die Industrie- und Handelskammer oder Arbeitgeberbeiträge. Versicherungskosten sind je nach Zugehörigkeit der versicherten Objekte einzelnen Kostenstellen zuzuordnen, z.B. Kfz-Versicherung dem Pkw- oder Lkw-Dienst, Versicherungen gegen Einbruch-, Sturm- oder Wasserschäden den betreffenden Raumkostenstellen und Betriebshaftpflicht- oder Betriebsunterbrechungsversicherungen dem kaufmännischen Bereich bzw. der Verwaltungssammelkostenstelle.

Ein weiterer Bestandteil der sonstigen Kostenarten sind die Büro-, Verkehrs-, Werbemittelkosten und dergleichen. Zu den Bürokosten zählen u.a. Telefon- und Portokosten. Eine Zuordnung dieser Kosten zu den verursachenden Kostenstellen ist möglich, sofern entsprechende belegmäßige Aufzeichnungen geführt werden.

---

[162] Däumler, K.-D. / Grabe, J.: Kostenrechnung 1, a.a.O., S. 189f.; Gornas, J.: Grundzüge einer Verwaltungskostenrechnung, 2. Aufl., Baden-Baden 1992, S. 95.

Eine exakte Erfassung der Büromaterialkosten kann anhand von Entnahmescheinen erfolgen, die in die Materialabrechnung weitergeleitet werden. Reise-, Bewirtungs- und Repräsentationskosten sind von den Verantwortlichen mit der betroffenen Kostenstelle und dem Anlass der Reise, Bewirtung oder Veranstaltung zu versehen, so dass eine Zuordnung ohne Schwierigkeiten vorgenommen werden kann. Beratungshonorare, z.B. für Steuerberater oder Wirtschaftsprüfer, sind wiederum der kaufmännischen Leitung oder der Verwaltungssammelkostenstelle zuzuordnen. Werbemittelkosten stellen üblicherweise Vertriebsgemeinkosten dar und werden mittels Zuschlagssätzen den Trägern angelastet. Sofern sie allerdings für einzelne Erzeugnisse und Aufträge eingesetzt und erfasst werden, handelt es sich um Sondereinzelkosten des Vertriebs.

Zu den Sondereinzelkosten des Vertriebs zählen weiterhin beispielsweise Verkaufsprovisionen oder Kosten für Verpackungsmaterial. Verkaufsprovisionen sind bestimmten Kostenträgern direkt zurechenbar, ihre Ermittlung erfolgt in der Regel prozentual bezogen auf die Verkaufserlöse. Verpackungsmaterial hingegen wird bereits in der Materialabrechnung erfasst, wobei auf den Entnahmescheinen die Nummern der entsprechenden Produktarten oder Aufträge anzugeben sind.

Zu den sonstigen kalkulatorischen Kostenarten zählen:

– kalkulatorische Zinsen auf das Umlaufvermögen und
– kalkulatorische Wagniskosten.

Die kalkulatorischen Zinsen auf das Umlaufvermögen wurden bereits in Verbindung mit den kalkulatorischen Zinsen auf das Anlagevermögen bei den Betriebsmittelkosten erwähnt. Da die Vermögenswerte des Umlaufvermögens während einer Abrechnungsperiode starken Schwankungen unterliegen können, ist die genaue Erfassung der entsprechenden kalkulatorischen Zinsen mit Schwierigkeiten verbunden. Die Basis für die Zinsermittlung umfasst folgende Vermögenswerte:

– Bestände an Roh-, Hilfs- und Betriebsstoffen sowie Ersatzteilen,
– Bestände an Halb- und Fertigfabrikaten sowie Handelswaren und
– Debitorenbestände und liquide Mittel.

Monatlich müssen durchschnittliche Istbestände dieser Positionen ermittelt und mit dem kalkulatorischen Zinssatz multipliziert werden. Kalkulatorische Zinsen auf Bestände an Roh-, Hilfs-, Betriebsstoffen, Ersatzteilen und Fertigfabrikaten können ihren Lagerkostenstellen zugerechnet werden. Zinsen auf Halbfabrikatebestände werden üblicherweise den verantwortlichen Leitungsstellen im Fertigungsbereich angelastet, da ihre detaillierte Erfassung in den einzelnen Zwischenlägern der Fertigung zu aufwendig ist. Kalkulatorische Zinsen für Debitorenbestände entfallen auf die zuständigen Verkaufsstellen oder die Finanzbuchhaltung, der das Mahnwesen untersteht. In einer Plankostenrechnung werden für das Umlaufvermögen Planbestände angesetzt, aus denen Planbeträge der kalkulatorischen

Zinsen resultieren. Im Unterschied zu den kalkulatorischen Zinsen des Anlagevermögens sind die des Umlaufvermögens zu einem großen Teil proportional zu den Mengen der Bestände des Umlaufvermögens, d.h. die Bestände des Umlaufvermögens und folglich auch die darauf berechneten Zinsen variieren in Abhängigkeit von den Produktions- und Absatzmengen. Der Soll-Ist-Vergleich der Plankostenrechnung stellt die der effektiven Beschäftigung entsprechenden kalkulatorischen Zinsen den geplanten und an die Beschäftigung angepassten Vorgaben gegenüber.

Kalkulatorische Wagniskosten werden nur für leistungsbedingte Einzelwagnisse und nicht für das allgemeine Unternehmensrisiko angesetzt. Wagnisse und Risiken, die durch Versicherungsverträge geschützt sind, dürfen ebenfalls nicht in die kalkulatorischen Wagniskosten eingehen, da die Versicherungsprämien bereits als Kosten erfasst werden. Leistungsbedingte Einzelwagnisse, für die kalkulatorische Wagniskosten berücksichtigt werden können, sind z.B. produktionsbedingte Luftverschmutzungs- oder Abwässerschäden sowie Gewährleistungsrisiken bei Garantievereinbarungen. Da das Auftreten der leistungsbedingten Einzelwagnisse zufallsbedingt ist, legt man bei der Ermittlung der zu verrechnenden Kostenbeträge aus Erfahrungen zu erwartende durchschnittliche Jahreswerte an, bezieht diese auf die entsprechenden Leistungseinheiten und erhält somit normalisierte bzw. standardisierte Verrechnungssätze. Auf einem statistischen Konto der Betriebsabrechnung werden den einzelnen kalkulatorischen Kostenarten die jeweils effektiv angefallenen Kosten gegenübergestellt. Am Jahresende werden die Konten durch Ausbuchung der Salden in die Betriebsergebnisrechnung abgeschlossen. Die kalkulatorischen Wagniskosten werden in der Kalkulation meist als Sondereinzelkosten der Fertigung ausgewiesen.

Zu den sonstigen Kostenarten zählen weiterhin z.B. Kosten für fremde Forschungs-, Entwicklungs- und Konstruktionsleistungen. Diese fasst man mit den Kosten für Ausschuss und Nacharbeit unter dem Oberbegriff „Sonstige Leistungen" zusammen.

Bei den Kostenarten der innerbetrieblichen Leistungsverrechnung handelt es sich um so genannte sekundäre Kostenarten, die im Rahmen der Kostenstellenrechnung bedeutsam sind und dort auch genauer erläutert werden.[163]

---

[163] Vgl. Kilger, W.: Einführung in die Kostenrechnung, a.a.O., S. 143ff.

4.2 Kostenstellenrechnung

4.2.1 Aufgaben und Inhalt der Kostenstellenrechnung

Die Kostenstellenrechnung ist der Kostenartenrechnung nachgelagert und stellt ein weiteres, zentrales Teilgebiet im System der Kosten- und Leistungsrechnung dar. Sie hat die nachfolgend beschriebenen Aufgaben zu erfüllen.

Nach der zum Abschluss der Kostenartenrechnung erfolgten Zuordnung der primären Gemeinkosten auf die verursachenden Kostenstellen besteht eine Aufgabe der Kostenstellenrechnung in der Durchführung der innerbetrieblichen Leistungsverrechnung. Hierbei erfolgt die Verteilung der primären Gemeinkosten der Hilfskostenstellen auf die Hauptkostenstellen. Die primären Gemeinkosten der Hilfskostenstellen werden entsprechend der Inanspruchnahme innerbetrieblicher Leistungen den beanspruchenden Kostenstellen angelastet und dort als sekundäre Gemeinkosten registriert.[164] Dies erfordert im Vorfeld eine detaillierte Analyse der Leistungsverflechtungen zwischen den Kostenstellen. Grundlage der Verrechnung der bewerteten innerbetrieblich ausgetauschten Leistungen bilden unterschiedliche Verfahren zur Ermittlung von Verrechnungssätzen. Auf Basis dieser Verfahren wird die Gemeinkostenumlage so vorgenommen, dass sämtliche Gemeinkosten am Ende nur noch den Hauptkostenstellen zugeordnet sind. Als abrechnungstechnisches Hilfsmittel für die innerbetriebliche Leistungsverrechnung wird in der Praxis meistens der so genannte Betriebsabrechnungsbogen (BAB) verwendet.

Erst nach Abschluss der innerbetrieblichen Leistungsverrechnung und Umlage der primären Gemeinkosten kann eine aussagefähige Kostenkontrolle durchgeführt werden. Diese erfolgt durch den Soll-Ist-Kostenvergleich für einzelne Kostenstellen, wobei Ursachen für Kostenabweichungen, wie z.B. Schwankungen der Materialqualitäten oder der Arbeitsgeschwindigkeit sowie unwirtschaftliches Verhalten der Kostenstellenmitarbeiter, genau analysiert werden können.[165]

Ebenfalls auf Basis der verteilten Gemeinkosten besteht abschließend eine Aufgabe der Kostenstellenrechnung in der Ermittlung von Gemeinkostenzuschlagssätzen, die eine möglichst verursachungsgerechte Verteilung der Gemeinkosten auf die betrieblichen Erzeugnisse oder Aufträge gewährleisten sollen.[166]

Die folgende Abb. 4.2 zeigt die Einordnung der Kostenstellenrechnung sowie die grundsätzlichen Datenbeziehungen im Gesamtsystem der Kostenrechnung.

---

[164] Vgl. Kapitel 2.2.6.
[165] Vgl. Kapitel 6.3.
[166] Vgl. Haberstock, L.: Kostenrechnung I, a.a.O., S. 103.

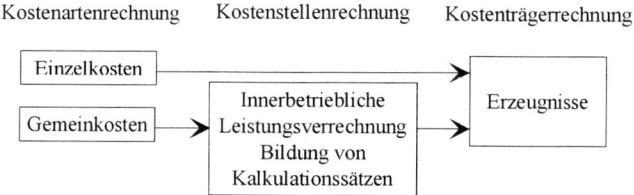

Kostenartenrechnung   Kostenstellenrechnung   Kostenträgerrechnung

Abb. 4.2: Datenbeziehungen und Grundstruktur der Kostenrechnung

Die Kostenstellenrechnung geht von einer Einteilung des Unternehmens in Kostenstellen aus. Durch die Kostenstellenbildung wird die Genauigkeit der Kostenkontrolle und der anschließenden Kalkulation in erheblichem Maße bestimmt. Deshalb werden in Kapitel 4.2.2 wichtige Grundsätze zur Kostenstellenbildung gesondert erläutert.

Die Wahl geeigneter Kostenbestimmungsfaktoren oder Bezugsgrößen ist ebenfalls eine wichtige Voraussetzung für die Aussagefähigkeit der Kostenstellenrechnung. Der Diskussion der Bezugsgrößen ist daher das Kapitel 4.2.3 gewidmet.

Für die Qualität der Kostenkontrolle und die Exaktheit der Ergebnisse in der anschließenden Kalkulation sind die genaue Erfassung der innerbetrieblichen Leistungsverflechtungen und ebenso die daran anknüpfende Wahl adäquater Verfahren zur Verteilung der diesen Leistungen entsprechenden Kosten von entscheidender Bedeutung. Die Verfahren der innerbetrieblichen Leistungsverrechnung werden in Kapitel 4.2.4.2 ausführlich behandelt.

4.2.2 Grundsätze der Kostenstellenrechnung

Kostenstellen sind Abteilungen oder betriebliche Teilbereiche, die in der Kostenrechnung als selbständige Kontierungseinheiten abgerechnet werden. Um die Aufgaben der Kostenstellenrechnung erfüllen zu können, müssen bei der Einteilung eines Unternehmens in Kostenstellen die folgenden allgemeinen Grundsätze oder Gliederungsprinzipien beachtet werden:[167]

– Verantwortungsprinzip:
 Nach dem Verantwortungsprinzip soll die Kostenstellenbildung derart vorgenommen werden, dass jede Kostenstelle einen eigenständigen Verantwortungsbereich darstellt, für den eine Person, der Kostenstellenleiter, verantwortlich ist.

---

[167] Vgl. z.B. Kilger, W.: Einführung in die Kostenrechnung, a.a.O., S. 15; Zimmermann, G.: Grundzüge der Kostenrechnung, a.a.O., S. 68ff.; Hummel, S. / Männel, W.: Kostenrechnung 1, a.a.O., S. 196f.

– Bezugsgrößenprinzip:
Das Bezugsgrößenprinzip besagt, dass die Kostenstellenbildung so erfolgen muss, dass sich für jede Kostenstelle eindeutige Kostenbestimmungsfaktoren als Bezugsgrößen, d.h. eindeutige Maßgrößen der Kostenverursachung, festlegen lassen.

– Kontierungsprinzip:
Das Kontierungsprinzip fordert eine Kostenstelleneinteilung, auf deren Basis sämtliche Kostenartenbelege ohne Kontierungsprobleme eindeutig den jeweils verursachenden Kostenstellen zugeordnet werden können.

– Wirtschaftlichkeitsprinzip:
Das Wirtschaftlichkeitsprinzip besagt schließlich, dass durch einen zu großen Aufwand durch eine starke Differenzierung bei der Kostenstelleneinteilung nicht die Wirtschaftlichkeit der Kostenrechnung insgesamt in Frage gestellt werden darf.

Den Zielen der ersten drei Kriterien, die eine detaillierte Kostenstellengliederung implizieren, steht das Streben nach Wirtschaftlichkeit gegenüber. Es existieren keine operationalen Methoden zur Festlegung von Kostenstellen. Die jeweiligen betriebsindividuellen Gegebenheiten sowie weitere spezielle Kriterien sind in den Gliederungsprozess einzubeziehen.

Zur konkreten Einteilung eines Unternehmens in Kostenstellen müssen folglich über die allgemeinen Kriterien hinaus spezielle Gliederungsgrundsätze berücksichtigt werden.

Aus einer Vielzahl von möglichen speziellen Gliederungsansätzen für die Kostenstellenbildung werden nachfolgend die beiden wichtigsten Einteilungskriterien vorgestellt. Dabei handelt es sich um:

– die funktionale Einteilung und
– die Einteilung nach leistungstechnischen Gesichtspunkten.

Unterteilt man ein Unternehmen nach den betrieblichen Funktionsbereichen, auch bezeichnet als funktionale Einteilung, so erhält man z.B. die folgenden Kostenstellen:

– Materialkostenstellen,
– Fertigungskostenstellen,
– Verwaltungskostenstellen und
– Vertriebskostenstellen.

Im Hinblick auf leistungstechnische Gesichtspunkte unterscheidet man Hilfs-, Neben- und Hauptkostenstellen. Hilfskostenstellen werden häufig auch als sekundäre oder Vorkostenstellen und Hauptkostenstellen auch als primäre oder Endkostenstellen bezeichnet.

Die Leistungen der Hauptkostenstellen werden nicht von anderen Kostenstellen in Anspruch genommen, sondern direkt an die Kostenträger abgegeben. Neben den Fertigungshauptkostenstellen, die unmittelbar an der Produktion der Enderzeugnisse beteiligt sind (z.B. Dreherei, Schleiferei), zählen auch die Material- sowie die Verwaltungs- und Vertriebskostenstellen zu den Hauptkostenstellen.

Hilfskostenstellen tragen nur mittelbar zur Erzeugung absatzfähiger Endprodukte bei. Ihre Leistungen werden an Hauptkostenstellen oder andere Hilfskostenstellen abgegeben, wobei die entsprechenden Kosten durch die innerbetriebliche Leistungsverrechnung als sekundäre Gemeinkosten in die Hauptkostenstellen eingehen und über diesen Verrechnungsweg den Kostenträgern angelastet werden können.

In Nebenkostenstellen werden schließlich Leistungen an solchen Produkten erbracht, die nicht zum eigentlichen Produktionsprogramm gehören, z.B. Abfallgüter oder minderwertige Kuppelprodukte.

In der Praxis ist häufig eine Kombination aus der funktionsorientierten und der verrechnungstechnischen Kostenstelleneinteilung anzutreffen. Daraus resultieren folgende Kostenstellentypen, die dann entsprechend der betriebsindividuellen Struktur noch feiner zu untergliedern sind:

- Allgemeine Hilfskostenstellen,
- Fertigungshilfskostenstellen,
- Materialhauptkostenstellen,
- Fertigungshauptkostenstellen,
- Verwaltungshauptkostenstellen und
- Vertriebshauptkostenstellen.

Allgemeine Hilfskostenstellen geben Leistungen an fast alle betrieblichen Teilbereiche ab. So ist z.B. die Reparaturwerkstatt des Betriebes für alle Maschinen und Anlagen zuständig, und die Betriebskantine versorgt die gesamte Belegschaft.

Fertigungshilfskostenstellen liefern ihre Leistungen ausschließlich an Fertigungskostenstellen. Hierzu zählen z.B. die Arbeitsvorbereitung oder die Technische Leitung.

In Materialhauptkostenstellen erfolgt der Einkauf, die Eingangskontrolle, die Lagerung und Ausgabe von Roh-, Hilfs- und Betriebsstoffen sowie von Werkzeugen und Geräten.

In den Fertigungshauptkostenstellen findet die eigentliche Produktion der betrieblichen Erzeugnisse statt, z.B. Dreherei oder Endmontage.

Zu den Verwaltungshauptkostenstellen zählen z.B. das Rechnungswesen, das Controlling sowie das Personalwesen.

Vertriebshauptkostenstellen sind für den Absatz der Produkte zuständig; dazu gehören z.B. das Fertigwarenlager, die Versand- und die Werbeabteilungen sowie die Verkaufsbüros.

1 Allgemeine Hilfskostenstellen

10 Grundstücke und Gebäude

   100   Fabrikgebäude

   101   Lagerhalle

   102   Büroräume

11 Energiekostenstellen

   110   Strom

   111   Gas

   112   Wasser

12 Sozialkostenstellen

   120   Betriebsrat

   121   Kantine

   122   Werksarzt

13 Reparatur u. Instandhaltung

   130   Schlosserei

   131   Elektrowerkstatt

   132   Bautrupp

14 Transportkostenstellen

   140   Innerbetrieblicher Transport

   141   Lkw-Fuhrpark

   142   Pkw-Fuhrpark

2 Materialkostenstellen

20 Einkauf

   200   Einkaufsleitung

   201   Einkauf Fertigung

   202   Einkauf Verwaltung

21 Lager

   210   Rohstofflager

   211   Werkstattlager

   212   Materialausgabe

   213   Eingangskontrolle

3 Fertigungskostenstellen

30 Fertigungshilfskostenstellen

   300   Technische Betriebsleitung

   301   Arbeitsvorbereitung

   302   Formenbau

   303   Konstruktion

31 Fertigungshauptkostenstellen I

   310   Dreherei

   311   Fräserei

   312   Schleiferei

   313   Bohrerei

32 Fertigungshauptkostenstellen II

   320   Lackiererei

   321   Endmontage I

   322   Endmontage II

4 Verwaltungskostenstellen

40 Geschäftsleitung

   400   Geschäftsführer

   401   Sekretariat

41 Rechnungswesen

   410   Finanzbuchhaltung

   411   Lohn- u. Gehaltsabrechnung

   412   Kostenrechnung / Controlling

42 EDV

   420   Zentralrechner

   421   PC-Netzwerk

5 Vertriebskostenstellen

50 Marketing

   500   Werbung

   501   Marktforschung

51 Verkauf

   510   Verkaufsleitung

   511   Verkauf Inland

   512   Verkauf Ausland

52 Fertigwarenlager

53 Versand

Abb. 4.3:   Beispiel eines Kostenstellenplans[168]

---

[168] Vgl. Gabele, E. / Fischer, P.: Kostenstellenrechnung, in: Corsten, H. (Hrsg.): Lexikon der Betriebswirtschaftslehre, a.a.O., S. 509-516, hier S. 513.

Das Ergebnis der Kostenstellengliederung nach den genannten Prinzipien und Grundsätzen ist der Kostenstellenplan. Darin wird für jede Kostenstelle die Kostenstellennummer und -bezeichnung aufgeführt. Die erste Zahl der Kostenstellennummer kennzeichnet betriebliche Teilbereiche, die verbleibenden Ziffern dienen der laufenden Nummerierung.

Die Abb. 4.3 stellt beispielhaft einen möglichen Kostenstellenplan vor, wobei die oben aufgeführten Kostenstellentypen als Grobgliederung gewählt wurden.

4.2.3 Systematik von Bezugsgrößen

Eine Bezugsgröße ist definiert als Bestimmungsgröße der Kostenverursachung, zu der die zu verrechnenden Kosten in einer proportionalen Beziehung stehen. Als Bezugsgrößen können beispielsweise produzierte Stückzahlen, gefahrene Maschinenstunden oder geleistete Arbeitsverrichtungen herangezogen werden.[169]

Die Wahl geeigneter Bezugsgrößen für die Kostenstellenrechnung ist eine notwendige Voraussetzung für die Ermittlung genauer Kalkulationssätze und die Bestimmung realistischer Vorgaben für die Kostenkontrolle.

4.2.3.1 Verfahren der Bezugsgrößenwahl

Für die Auswahl von Bezugsgrößen stehen zwei Gruppen von Verfahren zur Verfügung. Man unterscheidet statistische und analytische Verfahren zur Bezugsgrößenwahl.[170]

Die Voraussetzung für den Einsatz statistischer Verfahren zur Bezugsgrößenwahl ist, dass Istkosten und Istwerte der möglichen Bezugsgrößen vergangener Perioden bekannt sind. Diese Werte müssen von Zufälligkeiten und Unwirtschaftlichkeiten bereinigt und z.B. an ein einheitliches Preis- oder Lohnniveau angepasst werden. Hierin liegt ein allgemeiner Nachteil der statistischen Verfahren. Die Bereinigungen können nie vollständig erfolgen, so dass Fehler bei der Kostenprognose nicht auszuschließen sind. Statistische Verfahren zur Auswertung der bereinigten Istwerte sind beispielsweise die Regressionsanalyse oder die Korrelationsrechnung.

Die analytischen Verfahren zur Bezugsgrößenwahl basieren auf sorgfältigen, technisch-kostenwirtschaftlichen Einflussgrößenanalysen. Dabei erfolgt die Untersuchung der Produktionsprozesse der Kostenstellen nach Beziehungen zwischen der Leistungserstellung und dem Verbrauch an Produktionsfaktoren. Der Vorteil

---

[169] Vgl. Haberstock, L.: Kostenrechnung II, (Grenz-) Plankostenrechnung mit Fragen, Aufgaben und Lösungen, 10. Aufl., Berlin 2008, S. 46ff.

[170] Vgl. Kapitel 6.2.3.2 sowie Kilger, W. / Pampel, J. / Vikas, K.: Flexible Plankostenrechnung und Deckungsbeitragsrechnung, a.a.O., S. 252f. und S. 276ff.

dieser Verfahren besteht darin, dass keine Istkosten der Vergangenheit erforderlich sind.

Wie bei der Kostenstelleneinteilung ist auch bei der Bezugsgrößenwahl eine zu starke Differenzierung zu vermeiden. Bei homogener Kostenverursachung hängen sämtliche Kostenarten einer Kostenstelle von einem Kostenbestimmungsfaktor ab oder die verschiedenen Kosteneinflussgrößen der Kostenstelle verhalten sich proportional zueinander. In letzterem Fall kommt das „Gesetz der Austauschbarkeit der Maßgrößen" nach RUMMEL zum Tragen, das besagt, man könne „den Maßstab für irgendeine Größe durch einen anderen Maßstab ersetzen, wenn die Maßstäbe untereinander proportional sind."[171] Bei homogener Kostenverursachung bestimmt also nur eine einzige Bezugsgröße die variablen Kosten der Kostenstelle. Im Unterschied dazu werden bei heterogener Kostenverursachung die variablen Kosten der Kostenstelle von unterschiedlichen, voneinander unabhängigen Bezugsgrößen bestimmt. Heterogene Kostenverursachung kann dabei aus der Erzeugung mehrerer Produktarten und unterschiedlichen Verfahrensbedingungen innerhalb einer Kostenstelle resultieren. Beim praktischen Einsatz der Kostenrechnung ist die Erfassung einer Vielzahl von Bezugsgrößen innerhalb einer Kostenstelle allerdings sehr aufwendig. Die hohen Erfassungskosten stehen oft in keinem wirtschaftlichen Verhältnis zur Erhöhung der Genauigkeit der Ergebnisse.[172]

4.2.3.2 Ermittlung der Bezugsgrößenmengen

Man unterscheidet direkte und indirekte Bezugsgrößen. Dies führt zu verschiedenen Ansätzen zur Ermittlung der Bezugsgrößenmengen.[173]

Direkte Bezugsgrößen stehen in direkter Beziehung zu den bearbeiteten Produktmengen bzw. den erstellten Leistungseinheiten einer Kostenstelle. Sie werden direkt durch Messungen und Aufschreibungen oder retrograd aus den Leistungsmengen ermittelt. Dies ist nur möglich, wenn die Leistungen einer Kostenstelle quantifizierbar und laufend erfassbar sind.

Stellt eine Kostenstelle nur eine Leistungsart her, so kann als direkte Bezugsgröße B die Leistungsmenge x der betreffenden Produktart gewählt werden. Für den Wert der direkten Bezugsgröße gilt in diesem Fall: $B = x$.

Werden in einer Kostenstelle dagegen mehrere Produktarten erzeugt, deren Mengeneinheiten als relevante Kosteneinflussfaktoren gelten, so werden die direkten Bezugsgrößeneinheiten durch

$$B = \sum_{j=1}^{J} a_j \cdot x_j$$

---

[171]   Rummel, K.: Einheitliche Kostenrechnung, 3. Aufl., Düsseldorf 1967, S. 62.

[172]   Vgl. Kilger, W. / Pampel, J. / Vikas, K.: Flexible Plankostenrechnung und Deckungsbeitragsrechnung, a.a.O., S. 116ff.

[173]   Vgl. Kilger, W.: Einführung in die Kostenrechnung, a.a.O., S. 164ff.

bestimmt, wobei a_j die pro Einheit der Produktart j $(j=1,...,J)$ in Anspruch genommenen Bezugsgrößeneinheiten und x_j die von Produktart j hergestellte Menge bezeichnet.

Wurde in dieser Formel als Bezugsgröße beispielsweise die Maschinenlaufzeit gewählt, so stellt a_j die Fertigungsstückzeit bzw. die Vorgabezeit in Zeiteinheiten pro Mengeneinheit der Produktart j (in ZE je ME_j) dar.

Der retrograden Erfassung des Istwertes direkter Bezugsgrößen $B^{(i)}$ liegt in Analogie zu der genannten Formel für mehrere Produktarten folgende Bestimmungsgleichung zugrunde:

$$B^{(i)} = \sum_{j=1}^{J} a_j^{(P)} \cdot x_j^{(I)},$$

wobei $a_j^{(P)}$ die geplante Inanspruchnahme von Bezugsgrößeneinheiten pro Einheit der Produktart j und $x_j^{(I)}$ die effektive Ausbringungsmenge der Produktart j bezeichnet. Die retrograd erfasste direkte Bezugsgröße $B^{(i)}$ stellt also den Vorgabewert einer Bezugsgröße dar.

Die direkte Erfassung der tatsächlich angefallenen Bezugsgrößeneinheiten $B^{(I)}$ erfolgt z.B. durch Zählen der Mengeneinheiten oder Registrieren der Maschinenlaufzeit. In der Regel gilt für die retrograd und die direkt erfassten direkten Bezugsgrößen die Beziehung:

$$B^{(i)} \leq B^{(I)}.$$

Hier liegt die Erfahrung zugrunde, dass die vorgabeorientierten Einsatzkoeffizienten $a_j^{(P)}$ der retrograden Bezugsgröße $B^{(i)}$ in der Realität durch die direkt erfasste Bezugsgröße $B^{(I)}$, die auf den tatsächlich realisierten Einsatzkoeffizienten basiert, selten eingehalten werden.

Im Unterschied zu den direkten Bezugsgrößen haben indirekte Bezugsgrößen keine unmittelbare Beziehung zum Leistungsvolumen der Stellen und werden manchmal zur Vereinfachung der Ermittlung gewählt. Sie sollten sich ebenfalls so weit wie möglich am Kostenverursachungsprinzip orientieren. Indirekte Bezugsgrößen sind z.B. €-Deckungsbezugsgrößen, Lohn- und Gehaltssumme, Kostenartenbeträge oder Umsatz. Die Vereinfachung der Ermittlung durch die Wahl indirekter Bezugsgrößen birgt die Gefahr von ungenauen Ergebnissen der Kostenrechnung. Als Vorteil wird häufig genannt, dass der Erfassungsaufwand erheblich reduziert werden kann. Wenn beispielsweise für den Einkaufs- und Materialbereich die indirekte Bezugsgröße „€-Materialkosten" gewählt wird, so erspart dies das aufwendige Zählen bzw. Erfassen von Bestellungen oder Lagerbewegungen. Dieser Vorteil verliert allerdings vor dem Hintergrund des zunehmenden Einsatzes computergestützter Erfassungs- und Verarbeitungssysteme an Bedeutung, so dass angestrebt werden sollte, möglichst viele direkte Bezugsgrößen auszuwählen.

4.2.3.3 Doppelfunktion der Bezugsgrößen

Bezugsgrößen sollten möglichst eine Doppelfunktion erfüllen und zwar eine Kostenkontrollfunktion und eine Kalkulationsfunktion.

Die Kostenkontrollfunktion einer Bezugsgröße ist dann erfüllt, wenn zwischen allen oder bei heterogener Kostenverursachung zwischen einem bestimmten Teil der variablen Kosten einer Kostenstelle und der Bezugsgröße eine proportionale Beziehung besteht.

Die Kalkulationsfunktion erfordert eine proportionale Beziehung zwischen den Bezugsgrößen und den Einheiten der Kostenträger. Nur unter dieser Voraussetzung ist eine verursachungsgerechte Verteilung der variablen Kosten einer Kostenstelle auf die Kostenträger möglich.

Jede Bezugsgröße muss die Kostenkontrollfunktion erfüllen. Allerdings lassen sich nur im Fertigungsbereich Bezugsgrößen finden, die auch der Kalkulationsfunktion gerecht werden. Bei den Bezugsgrößen der Fertigungskostenstellen handelt es sich um Größen, die entweder mit den jeweiligen Kostenstellenleistungen (z.B. Produktmengen) übereinstimmen oder unmittelbar aus diesen Leistungen abgeleitet werden können. Betrachtet man dagegen beispielsweise die allgemeine Verwaltungskostenstelle „Schreibbüro" und wählt die Bezugsgröße „Anzahl der geschriebenen Seiten", so hat diese Bezugsgröße zwar Einfluss auf die Kostenstellenkosten und wird damit der Kostenkontrollfunktion gerecht, allerdings existiert kein direkter Zusammenhang zu den betrieblichen Endprodukten, so dass die Kalkulationsfunktion nicht erfüllt ist.[174]

4.2.4 Innerbetriebliche Leistungsverrechnung

4.2.4.1 Der Betriebsabrechnungsbogen

Der Betriebsabrechnungsbogen (BAB) ist ein abrechnungstechnisches Hilfsmittel der innerbetrieblichen Leistungsverrechnung.

Grundgedanke der innerbetrieblichen Leistungsverrechnung ist, dass einige Kostenstellen auch Leistungen erbringen, die nicht unmittelbar für den Absatz bestimmt sind. Diese Leistungen verbleiben also in dem Unternehmen und werden dort ge- oder verbraucht. Beispiele hierfür sind die von der Hilfskostenstelle

---

[174] Vgl. Haberstock, L.: Kostenrechnung I, a.a.O., S. 47ff.; Däumler, K.-D. / Grabe, J.: Kostenrechnung 3, a.a.O., S. 128.

Grundstücke und Gebäude bereitgestellten Quadratmeter oder allgemeine Instandsetzungsarbeiten der betriebseigenen Reparaturwerkstatt. Auch wenn nur eine mittelbare Beziehung solcher Leistungen zu den Endprodukten eines Unternehmens besteht, so tragen sie doch erheblich zur Aufrechterhaltung und Sicherung der Betriebsbereitschaft bei und müssen daher in die Kalkulationen mit eingehen.

Die in Kapitel 4.2.1 dargestellte Vorgehensweise der Kostenstellenrechnung spiegelt sich in den Aufgaben des Betriebsabrechnungsbogens wider. Zunächst werden die nach Kostenarten differenzierten primären Gemeinkosten den Kostenstellen verursachungsgerecht zugeordnet. Anschließend erfolgt die Verteilung der Gemeinkosten der Hilfskostenstellen auf die Hauptkostenstellen oder andere Hilfskostenstellen. Die verteilten Kosten werden bei den leistungsempfangenden Kostenstellen als sekundäre Gemeinkosten erfasst. Nach Abschluss der Umlage der Gemeinkosten wird schließlich für jede Hauptkostenstelle eine Bezugsbasis gewählt, anhand derer die Ermittlung von Kalkulationssätzen für die nachfolgende Kostenträgerrechnung vorgenommen wird.

Der Betriebsabrechnungsbogen ist in Form einer Tabelle aufgebaut. Zur Zeilenkennzeichnung werden in der ersten Spalte des BAB sämtliche Gemeinkostenarten der innerbetrieblichen Leistungsverrechnung untereinander aufgeführt. Einer Kostenart entspricht somit jeweils eine Zeile. Bei den primären Kostenarten muss die Zeilensumme mit dem aus der Kostenartenrechnung übernommenen Betrag für die jeweilige Kostenart übereinstimmen. Als Spaltenüberschriften werden im BAB sämtliche Kostenstellen genannt, wobei zuerst die Hilfskostenstellen und nachfolgend die Hauptkostenstellen angeordnet sind.[175]

Die folgende Abb. 4.4 stellt den Grundaufbau eines Betriebsabrechnungsbogens vor, wobei beachtet werden muss, dass hier beispielhaft lediglich einige wichtige Kostenarten und Kostenstellen aufgeführt sind und als Methode der innerbetrieblichen Leistungsverrechnung exemplarisch das Stufenleiterverfahren, das nachfolgend noch ausführlicher beschrieben wird, zugrunde gelegt ist. Es handelt sich somit nur um einen groben Ausschnitt eines in der Praxis eingesetzten Betriebsabrechnungsbogens.

Anhand der Abb. 4.4 wird die Vorgehensweise bei der Nutzung eines Betriebsabrechnungsbogens für die innerbetriebliche Leistungsverrechnung vorgestellt.

Die Kostenartenrechnung liefert die Beträge der primären Gemeinkostenarten mit den erforderlichen Kontierungsangaben. Diese Beträge werden im ersten Schritt den Kostenstellen zugeordnet, d.h. in dem BAB der Abb. 4.4 sind die Zeilen 1 bis 13 sukzessive zu bearbeiten, wobei die Zuordnung der primären Gemeinkosten auf die Kostenstellen nach dem Verursachungsprinzip erfolgen muss. Auf der Basis von Zeitlohnbelegen lassen sich beispielsweise die Fertigungslöhne eindeutig den Kostenstellen Fertigung I und Fertigung II zuordnen; für diese Ko-

---

[175] Vgl. Gabele, E. / Fischer, P.: Kostenstellenrechnung, a.a.O., S. 515; Haberstock, L.: Kostenrechnung I, a.a.O., S. 116.; Kilger, W.: Einführung in die Kostenrechnung, a.a.O., S. 170ff.; Zimmermann, G.: Grundzüge der Kostenrechnung, a.a.O., S. 94ff.; Hummel, S. / Männel, W.: Kostenrechnung 1, a.a.O., S. 202ff.

stenart müssten die entsprechenden Werte in Spalte 6 und 7 der ersten Zeile eingetragen werden.

In Zeile 14 erfolgt spaltenweise die Summierung der primären Gemeinkosten.
Die jeweiligen Beträge sagen aus, in welcher Höhe primäre Gemeinkosten in den
Hilfs- und Hauptkostenstellen des Unternehmens angefallen sind.

Die primären Gemeinkosten der Hilfskostenstellen werden nun im Zuge der
Verrechnung der Kosten innerbetrieblicher Leistungen auf die Hauptkostenstellen
bzw. andere Hilfskostenstellen umgelegt. Dies ist in Abb. 4.4 durch die Pfeile in
den Zeilen 15 bis 19 angedeutet. Auch hier gilt das Verursachungsprinzip, d.h. die
Leistungsverflechtungen der Kostenstellen untereinander sollen möglichst rea-
litätsnah abgebildet werden. Die Pfeile zur Darstellung der Kostenumlage der
Hilfskostenstellen sind in der Abb. 4.4 stufenweise angeordnet. Hier liegt die Annahme zugrunde, dass eine Abgabe von Leistungen nur an noch nicht abgerechnete Hilfskostenstellen erfolgt. Konkret bedeutet dies, dass z.B. nach der Umlage der
Kosten von Grundstücken und Gebäuden in Zeile 15 dieser Hilfskostenstelle, d.h.
der Spalte 1, keine Kosten der Zeilen 16 bis 19 mehr zugeordnet werden können.
Diese Vorgehensweise erfordert die richtige zeilen- bzw. spaltenweise Anordnung
der Hilfskostenstellen sowie den Einsatz des entsprechenden Verfahrens zur Ermittlung der innerbetrieblichen Verrechnungssätze. Es handelt sich um das Stufenleiterverfahren, dessen ausführliche Erläuterungen in Kapitel 4.2.4.2.2 der innerbetrieblichen Leistungsverrechnung folgt.

Nach der Verteilung der primären Gemeinkosten der Hilfskostenstellen wird in
Zeile 20 die Summe der sekundären Gemeinkosten gebildet. Die Summe der primären und sekundären Gemeinkosten muss nach der Kostenumlage für alle Hilfskostenstellen, d.h. für die Spalten 1 bis 5, gleich Null sein. Der in Abb. 4.4 unter
den Spalten 1 bis 5 gezeigte Pfeil steht dabei stellvertretend für den Abzug der
insgesamt auf einer Hilfskostenstelle aufgelaufenen primären und sekundären Gemeinkosten.[176] Den Hauptkostenstellen sind nach der vollständig erfolgten Kostenverteilung nun verursachungsgerecht sämtliche primären (und sekundären)
Gemeinkosten der Hilfskostenstellen zugeordnet und treten dort, in den Zeilen 15
bis 19 der Spalten 6 bis 10, als sekundäre Gemeinkosten der Hauptkostenstellen
auf.

---

[176] Diese Funktion erfüllt der Pfeil aber nur dann, wenn in der betreffenden Zeile (z.B.
Zeile 15 im Hinblick auf Spalte 1) auch die Summe der primären und sekundären
Gemeinkosten der zugehörigen Spalte vollständig auf die anderen Kostenstellen verteilt
wurden, d.h. die entsprechende Zeilensumme der zugehörigen Spaltensumme entspricht.

Betriebsabrechnungsbogen			Hilfskostenstelle					Hauptkostenstelle				
Zeilen-Nr.	Kostenstellen Kostenarten	Grundstücke u. Gebäude	Strom	Sozialein-richtungen	Reparatur	Werkzeug-macherei	Fertigung I	Fertigung II	Einkauf Material	Ver-waltung	Vertrieb
	Spalten-Nr.	1	2	3	4	5	6	7	8	9	10
	Primäre Gemeinkosten										
1	Fertigungslöhne										
2	Hilfslöhne										
3	Sozialkosten für Lohnempfänger										
4	Gehälter										
5	Sozialkosten für Angestellte										
6	Hilfs- und Betriebsstoffe										
7	Treib- u. Heizstoffe										
8	Kostensteuern										
9	Versicherungen										
10	Reisekosten										
11	Werbekosten										
12	kalkulatorische Zinsen										
13	kalkulatorische Abschreibungen										
14	Summe primäre Gemeinkosten										
	Sekundäre Gemeinkosten										
15	Grundstücke und Gebäude										
16	Strom										
17	Sozialeinrichtungen										
18	Reparatur										
19	Werkzeugmacherei										
20	SummesekundäreGemeinkosten										
	Summe Gemeinkosten										
	Bezugsbasis										
	Kalkulationssatz										

Abb. 4.4: Beispiel eines Betriebsabrechnungsbogens

Die den Hauptkostenstellen zugeordneten primären und sekundären Gemeinkosten, d.h. Zeile 21 der Spalten 6 bis 10, gehen in Form eines Zuschlagssatzes in die Kostenträgerrechnung ein. Bei der Bildung solcher Gemeinkostenzuschlagssätze ist darauf zu achten, dass die Leistungsabgabe der Kostenstelle an die in ihr bearbeiteten Erzeugnisse so berücksichtigt wird, dass eine möglichst verursachungsgerechte Zuordnung der Kosten auf die Kostenträger erfolgt. Allgemein bestimmt sich ein Zuschlagssatz (in %) durch die folgende Formel:

$$\text{Zuschlagssatz} = \frac{\text{Gemeinkosten der Hauptkostenstelle}}{\text{Bezugsbasis der Hauptkostenstelle}} \cdot 100 \, .$$

Für die Materialkostenstellen verwendet man die Materialeinzelkosten als Bezugsbasis zur Ermittlung der Materialgemeinkostenzuschlagssätze (in %):

$$\text{Materialgemeinkostenzuschlagssatz:} \quad d_M = \frac{\text{Materialgemeinkosten}}{\text{Materialeinzelkosten}} \cdot 100 \, .$$

Für die Fertigungskostenstellen verwendet man üblicherweise die Fertigungslöhne als Bezugsbasis zur Ermittlung der Fertigungsgemeinkostenzuschlagssätze (in %):

$$\text{Fertigungsgemeinkostenzuschlagssatz:} \quad d_F = \frac{\text{Fertigungsgemeinkosten}}{\text{Fertigungslöhne}} \cdot 100 \, .$$

Als Bezugsbasis für die Verwaltungs- und Vertriebsgemeinkostenzuschlagssätze (in %) werden die Herstellkosten angesetzt:

$$\text{Verwaltungsgemeinkostenzuschlagssatz:} \quad d_{Vw} = \frac{\text{Verwaltungsgemeinkosten}}{\text{Herstellkosten}} \cdot 100$$

$$\text{Vertriebsgemeinkostenzuschlagssatz:} \quad d_{Vt} = \frac{\text{Vertriebsgemeinkosten}}{\text{Herstellkosten}} \cdot 100 \, .$$

Sowohl die gewählte Bezugsbasis als auch die ermittelten Kalkulationssätze müssen abschließend ganz unten in die jeweiligen Spalten der Hauptkostenstellen in den BAB eingetragen werden.[177]

4.2.4.2 Verfahren der innerbetrieblichen Leistungsverrechnung

Ziel der Verfahren der innerbetrieblichen Leistungsverrechnung ist es, für die verschiedenen Hilfskostenstellen eines Betriebes Verrechnungssätze pro Einheit der jeweiligen Leistung, die die betreffende Hilfskostenstelle abgibt, zu ermitteln. Dabei ist zu beachten, dass ein gegenseitiger Leistungstransfer zwischen den sekun-

---

[177] Vgl. z.B. Haberstock, L.: Kostenrechnung I, a.a.O., S. 118; Däumler, K.-D. / Grabe, J.: Kostenrechnung 1, a.a.O., S. 240ff.

dären Kostenstellen stattfindet und dass die sekundären Kostenstellen zum Teil auch ihre eigenen Leistungen verbrauchen. Dieser Tatbestand wird als Interdependenz des innerbetrieblichen Leistungsaustauschs bezeichnet.[178]

Unterscheidet man die Verfahren der innerbetrieblichen Leistungsverrechnung danach, inwieweit der wechselseitige Leistungsaustausch zwischen den Hilfskostenstellen berücksichtigt wird, so sind im Wesentlichen das Anbauverfahren, das Stufenleiterverfahren und das Gleichungsverfahren voneinander abzugrenzen. Zur Darstellung dieser drei Verfahren werden zunächst die folgenden Symbole eingeführt:[179]

M Anzahl der Hilfskostenstellen,

m Index der Hilfskostenstellen $(m = 1, ..., M)$,

K_m^P Summe der primären Gemeinkosten der Hilfskostenstelle m,

x_m Gesamterzeugungsmenge innerbetrieblicher Leistungseinheiten in der Hilfskostenstelle m,

$x_{m'm}$ Anzahl der von Hilfskostenstelle m' an Hilfskostenstelle m abgegebenen innerbetrieblichen Leistungseinheiten und

q_m zu ermittelnder innerbetrieblicher Verrechnungssatz der Hilfskostenstelle m.

4.2.4.2.1 Das Anbauverfahren

Beim Anbauverfahren bleibt der innerbetriebliche Leistungsaustausch zwischen den Hilfskostenstellen völlig unbeachtet. Die Abrechnung der Hilfskostenstellen erfolgt ausschließlich über die Hauptkostenstellen. Der innerbetriebliche Verrechnungssatz q_m der Hilfskostenstelle m bestimmt sich gemäß:

$$q_m = \frac{K_m^P}{x_m - \sum_{m'=1}^{M} x_{mm'}}, \qquad m = 1, ..., M.$$

Die Summe

$$\sum_{m'=1}^{M} x_{mm'}$$

umfasst den Eigenverbrauch x_{mm} von Hilfskostenstelle m und sämtliche Leistungseinheiten $x_{mm'}$, die von Hilfskostenstelle m an alle anderen Hilfskostenstel-

---

[178] Vgl. Kilger, W.: Einführung in die Kostenrechnung, a.a.O., S. 177.

[179] Vgl. Haberstock, L.: Kostenrechnung I, a.a.O., S. 127ff.

len m' abgegeben wurden. Diese Summe wird von den insgesamt erzeugten Leistungseinheiten x_m der Hilfskostenstelle m abgezogen. Demnach handelt es sich bei der Differenz

$$x_m - \sum_{m'=1}^{M} x_{mm'}$$

um die von Hilfskostenstelle m an die Hauptkostenstellen abgegebenen Leistungseinheiten.

In einem Betrieb existieren zum Beispiel die drei Hilfskostenstellen Drucklufterzeugung (Hilfskostenstelle 1), Energieerzeugung (Hilfskostenstelle 2) und Reparaturwerkstatt (Hilfskostenstelle 3). Die Leistungsverflechtungen zwischen diesen Hilfskostenstellen und die an nicht näher spezifizierte Hauptkostenstellen abgegebenen Leistungseinheiten sind der folgenden Tabelle 4.15 zu entnehmen.

Tabelle 4.15: Rechenbeispiel zum Anbauverfahren

	an	Hilfskostenstellen			Hauptko-stenstellen	Summe	Dimension
von		1	2	3			
Hilfs-	1	–	450	180	2.870	3.500	nm^3
kosten-	2	5.000	–	3.000	44.000	52.000	kWh
stellen	3	110	50	70	390	620	Std.
primäre Gemeinkosten		14.350	11.000	19.500	–	–	€

In der Hilfskostenstelle 1 (Drucklufterzeugung) fallen primäre Gemeinkosten in Höhe von 14.350 € an. Die primären Gemeinkosten der Hilfskostenstelle 2 (Energieerzeugung) betragen 11.000 €. Hilfskostenstelle 3 (Reparaturwerkstatt) weist primäre Gemeinkosten in Höhe von 19.500 € auf.

Anhand der Tabelle lassen sich die Gesamterzeugungsmengen der einzelnen Hilfskostenstellen bestimmen, indem man für jede Hilfskostenstelle die an andere Hilfskostenstellen und die an Hauptkostenstellen gelieferten Leistungseinheiten aufsummiert. Demnach hat die Hilfskostenstelle 1 insgesamt 3.500 nm³ Druckluft bereitgestellt. Hilfskostenstelle 2 hat insgesamt 52.000 kWh Energie erzeugt, und bei Hilfskostenstelle 3 betrug die Gesamterzeugungsmenge 620 Reparaturstunden. Nach dem Anbauverfahren ergeben sich dann folgende Verrechnungssätze:

Hilfskostenstelle 1: $q_1 = \dfrac{K_1^P}{x_1 - \sum\limits_{m'=1}^{3} x_{1m'}} = \dfrac{14.350}{3.500 - (450 + 180)} = 5,00 \ \dfrac{€}{nm^3}$

Hilfskostenstelle 2: $q_2 = \dfrac{K_2^P}{x_2 - \sum\limits_{m'=1}^{3} x_{2m'}} = \dfrac{11.000}{52.000 - (5.000 + 3.000)} = 0,25\,\dfrac{\text{€}}{\text{kWh}}$

Hilfskostenstelle 3: $q_3 = \dfrac{K_3^P}{x_3 - \sum\limits_{m'=1}^{3} x_{3m'}} = \dfrac{19.500}{620 - (110 + 50 + 70)} = 50,00\,\dfrac{\text{€}}{\text{Std.}}$.

Zum Anbauverfahren ist kritisch anzumerken, dass die ermittelten Verrechnungssätze nur dann den exakten Verrechnungssätzen des noch darzustellenden Gleichungsverfahrens entsprechen, wenn kein Leistungsaustausch zwischen den Hilfskostenstellen stattfindet. Die nach dem Anbauverfahren ermittelten Verrechnungssätze der Hilfskostenstellen, die viele innerbetriebliche Leistungen von anderen Hilfskostenstellen empfangen und / oder selbst nur wenig Leistungseinheiten an andere Hilfskostenstellen abgeben, sind zu niedrig. Dies führt dazu, dass den Hauptkostenstellen, die viele Leistungseinheiten von Hilfskostenstellen mit zu niedrigen Verrechnungssätzen empfangen, zu geringe Kosten angelastet werden.[180]

4.2.4.2.2   Das Stufenleiterverfahren

Beim Stufenleiterverfahren wird der innerbetriebliche Leistungsaustausch zwischen den Hilfskostenstellen teilweise berücksichtigt. Die Hilfskostenstellen werden nach einer bestimmten Reihenfolge abgerechnet, wobei bei der jeweils abzurechnenden Hilfskostenstelle nur die Leistungen zu berücksichtigen sind, die sie von bereits abgerechneten Hilfskostenstellen empfangen hat. Die Leistungen, die die betreffende Hilfskostenstelle von noch nicht abgerechneten Hilfskostenstellen empfangen hat, werden vernachlässigt.[181] Die Höhe der ermittelten Verrechnungssätze hängt also davon ab, in welcher Reihenfolge die Abrechnung der Hilfskostenstellen erfolgt. Um den innerbetrieblichen Leistungsaustausch möglichst vollständig zu erfassen, sollte zuerst diejenige Hilfskostenstelle abgerechnet werden, die keine oder nur sehr wenige bewertete Leistungen von anderen Hilfskostenstellen empfängt. Als Nächstes ist dann die Hilfskostenstelle abzurechnen, die möglichst wenig bewertete Leistungen von noch nicht abgerechneten Hilfskostenstellen empfängt.[182] Dies wird so lange fortgesetzt, bis alle Hilfskostenstellen abgerechnet wurden. Es ist zu beachten, dass nach der so beschriebenen Umordnung nun die Indizes m bzw. m' im Zusammenhang mit dem Stufenleiterverfahren zwingend angeben, an welcher Stelle gemäß der festgelegten Rei-

---

[180] Vgl. Haberstock, L.: Kostenrechnung I, a.a.O., S. 135.

[181] Vgl. Haberstock, L.: Kostenrechnung I, a.a.O., S. 130.

[182] Vgl. Kilger, W.: Einführung in die Kostenrechnung, a.a.O., S. 185.

henfolge eine Hilfskostenstelle m bzw. m' abgerechnet wird. Für die an m-ter Stelle abzurechnende Hilfskostenstelle bestimmt sich der Verrechnungssatz gemäß:

$$q_m = \frac{K_m^P + \sum_{m'=1}^{m-1} x_{m'm} \cdot q_{m'}}{x_m - \sum_{m'=1}^{m} x_{mm'}}, \qquad m = 1, \ldots, M .$$

Die Summe

$$\sum_{m'=1}^{m-1} x_{m'm} \cdot q_{m'}$$

beschreibt die mit Verrechnungspreisen bewerteten Leistungen, die die an m-ter Stelle abzurechnende Hilfskostenstelle von bereits abgerechneten Hilfskostenstellen empfangen hat.

Die Summe

$$\sum_{m'=1}^{m} x_{mm'}$$

umfasst den Eigenverbrauch der an m-ter Stelle abzurechnenden Hilfskostenstelle und die Leistungseinheiten, die von ihr an bereits abgerechnete Hilfskostenstellen geliefert wurden.

Für das in Kapitel 4.2.4.2.1 eingeführte Beispiel soll nun die Ermittlung der Verrechnungssätze mit Hilfe des Stufenleiterverfahrens erfolgen. Dafür muss zunächst die Reihenfolge bestimmt werden, nach der die Hilfskostenstellen abzurechnen sind. Im ersten Schritt werden für jede Hilfskostenstelle die mit den noch zu ermittelnden primären Kostensätzen bewerteten Leistungseinheiten, die sie von anderen Hilfskostenstellen empfangen hat, aufaddiert. Die Hilfskostenstelle, die wertmäßig am wenigsten Leistung von anderen verbraucht, ist dann an erster Stelle abzurechnen. Im zweiten und den darauf folgenden Schritten wird diese Vorgehensweise für die bewerteten Leistungen, die die nach jedem Schritt verbleibenden Hilfskostenstellen untereinander austauschen, wiederholt, bis schließlich nur noch eine Hilfskostenstelle übrig ist, die dann als letzte abgerechnet wird. Die primären Kostensätze zur Leistungsbewertung sollen dadurch ermittelt werden, dass man für jede Hilfskostenstelle die primären Gemeinkosten durch die insgesamt erzeugte Leistungsmenge abzüglich eines eventuell auftretenden Eigenverbrauchs dividiert. Die primären Kostensätze $\hat{q}_m$ zur Reihenfolgebestimmung betragen für

Hilfskostenstelle 1: $\hat{q}_1 = \dfrac{14.350}{3.500} = 4,10 \dfrac{\text{€}}{\text{nm}^3}$

Hilfskostenstelle 2: $\hat{q}_2 = \dfrac{11.000}{52.000} = 0,2115 \dfrac{\text{€}}{\text{kWh}}$

Hilfskostenstelle 3: $\hat{q}_3 = \dfrac{19.500}{620 - 70} = 35,45 \dfrac{\text{€}}{\text{Std.}}$.

Man erhält dann für die Hilfskostenstellen folgende bewertete empfangene Leistungseinheiten:

Hilfskostenstelle 1: $x_{21} \cdot \hat{q}_2 + x_{31} \cdot \hat{q}_3 = 5.000 \cdot 0,2115 + 110 \cdot 35,45 = 4.957,00 \text{ €}$

Hilfskostenstelle 2: $x_{12} \cdot \hat{q}_1 + x_{32} \cdot \hat{q}_3 = 450 \cdot 4,10 + 50 \cdot 35,45 = 3.617,50 \text{ €}$

Hilfskostenstelle 3: $x_{13} \cdot \hat{q}_1 + x_{23} \cdot \hat{q}_2 = 180 \cdot 4,10 + 3.000 \cdot 0,2115 = 1.372,50 \text{ €}$.

Demnach ist Hilfskostenstelle 3 an erster Stelle abzurechnen, da sie wertmäßig am wenigsten Leistungen von den Hilfskostenstellen 1 und 2 empfängt. Die bewerteten Leistungseinheiten für die verbleibenden Hilfskostenstellen 1 und 2 betragen:

Hilfskostenstelle 1: $x_{21} \cdot \hat{q}_2 = 5.000 \cdot 0,2115 = 1.057,50 \text{ €}$

Hilfskostenstelle 2: $x_{12} \cdot \hat{q}_1 = 450 \cdot 4,10 = 1.845,00 \text{ €}$.

Hilfskostenstelle 1 ist demnach an zweiter und Hilfskostenstelle 2 an dritter Stelle abzurechnen. Es ergibt sich also die Reihenfolge 3 - 1 - 2 für die Hilfskostenstellenrechnung mit der entsprechenden Umnummerierung der Kostenstellen $\hat{m} = f(m)$ bzw. $\hat{m}' = f(m')$, wobei $1 = f(3)$, $2 = f(1)$ bzw. $3 = f(2)$ gilt. Dies führt nach dem Stufenleiterverfahren zu folgenden Verrechnungssätzen $q_{\hat{m}}$:

$$(\hat{m} = 1)\,\text{Hilfskostenstelle 3:}\quad q_1 = \frac{K_1^P + \sum\limits_{\hat{m}'=1}^{0} x_{\hat{m}'1} \cdot q_{\hat{m}'}}{x_1 - \sum\limits_{\hat{m}'=1}^{1} x_{1\hat{m}'}} = \frac{K_1^P}{x_1 - x_{11}}$$

$$= \frac{19.500}{620 - 70} = 35,45 \frac{\text{€}}{\text{Std.}}$$

$(\hat{m} = 2)$ Hilfskostenstelle 1: $q_2 = \dfrac{K_2^P + \sum\limits_{\hat{m}'=1}^{1} x_{\hat{m}'2} \cdot q_{\hat{m}'}}{x_2 - \sum\limits_{\hat{m}'=1}^{2} x_{2\hat{m}'}} = \dfrac{K_2^P + x_{12} \cdot q_1}{x_2 - x_{21} - x_{22}}$

$$= \frac{14.350 + 110 \cdot 35,45}{3.500 - 180} = 5,497\ \frac{\text{\euro}}{\text{nm}^3}$$

$(\hat{m} = 3)$ Hilfskostenstelle 2: $q_3 = \dfrac{K_3^P + \sum\limits_{\hat{m}'=1}^{2} x_{\hat{m}'3} \cdot q_{\hat{m}'}}{x_3 - \sum\limits_{\hat{m}'=1}^{3} x_{3\hat{m}'}} = \dfrac{K_3^P + x_{13} \cdot q_1 + x_{23} \cdot q_2}{x_3 - x_{31} - x_{32} - x_{33}}$

$$= \frac{11.000 + 50 \cdot 35,45 + 450 \cdot 5,497}{52.000 - 3.000 - 5.000}$$

$$= 0,3465\ \frac{\text{\euro}}{\text{kWh}}.$$

Es sei nochmals darauf hingewiesen, dass die Indizes 1, 2 und 3 im Rahmen des Stufenleiterverfahrens nicht angeben, dass es sich um Hilfskostenstelle 1, 2 und 3 handelt, sondern dass die Hilfskostenstelle an erster, zweiter oder dritter Stelle abgerechnet wird. x_{21} ist beispielsweise die Leistungsmenge, die die an zweiter Stelle abgerechnete Hilfskostenstelle (Hilfskostenstelle 1) an die an erster Stelle abgerechnete Hilfskostenstelle (Hilfskostenstelle 3) abgibt.

Zum Stufenleiterverfahren ist kritisch anzumerken, dass die ermittelten Verrechnungssätze nur dann mit den exakten Verrechnungssätzen des nachfolgend erläuterten Gleichungsverfahrens übereinstimmen, wenn es gelingt, die Hilfskostenstellen in der Reihenfolge abzurechnen, dass die an erster Stelle stehende Hilfskostenstelle keine Leistungen von anderen Hilfskostenstellen empfängt und alle folgenden Hilfskostenstellen nur von bereits abgerechneten Hilfskostenstellen Leistungen erhalten.[183]

4.2.4.2.3 Das Gleichungsverfahren

Beim Gleichungsverfahren wird der innerbetriebliche Leistungsaustausch zwischen den Hilfskostenstellen vollständig berücksichtigt. Die Ermittlung der exakten Verrechnungssätze erfolgt auf der Grundlage eines linearen Gleichungssystems, in dem die Verrechnungssätze die zu bestimmenden Variablen darstellen

---

[183] Vgl. Kilger, W.: Einführung in die Kostenrechnung, a.a.O., S. 186f.

und dessen Gleichungsanzahl mit der Anzahl der Hilfskostenstellen übereinstimmt.[184] Für die Hilfskostenstelle m lässt sich folgende Gleichung aufstellen:[185]

$$x_m \cdot q_m = K_m^P + \sum_{m'=1}^{M} x_{m'm} \cdot q_{m'}, \qquad m = 1, \dots, M.$$

Die Summe

$$\sum_{m'=1}^{M} x_{m'm} \cdot q_{m'}$$

beschreibt die durch den innerbetrieblichen Leistungsaustausch entstehenden sekundären Gemeinkosten der Hilfskostenstelle m. Für das in Kapitel 4.2.4.2.1 eingeführte Beispiel sollen nun die exakten Verrechnungssätze mit Hilfe des Gleichungsverfahrens bestimmt werden. Die aufzustellenden Gleichungen lauten folgendermaßen für

Hilfskostenstelle 1:

$$x_1 \cdot q_1 = K_1^P + \sum_{m'=1}^{3} x_{m'1} \cdot q_{m'} = K_1^P + x_{11} \cdot q_1 + x_{21} \cdot q_2 + x_{31} \cdot q_3$$
$$3.500 \cdot q_1 = 14.350 + 0 \cdot q_1 + 5.000 \cdot q_2 + 110 \cdot q_3$$

Hilfskostenstelle 2:

$$x_2 \cdot q_2 = K_2^P + \sum_{m'=1}^{3} x_{m'2} \cdot q_{m'} = K_2^P + x_{12} \cdot q_1 + x_{22} \cdot q_2 + x_{32} \cdot q_3$$
$$52.000 \cdot q_2 = 11.000 + 450 \cdot q_1 + 0 \cdot q_2 + 50 \cdot q_3$$

Hilfskostenstelle 3:

$$x_3 \cdot q_3 = K_3^P + \sum_{m'=1}^{3} x_{m'3} \cdot q_{m'} = K_3^P + x_{13} \cdot q_1 + x_{23} \cdot q_2 + x_{33} \cdot q_3$$
$$620 \cdot q_3 = 19.500 + 180 \cdot q_1 + 3.000 \cdot q_2 + 70 \cdot q_3.$$

Das vorliegende Gleichungssystem

Gleichung I: $3.500 \cdot q_1 = 14.350 + 5.000 \cdot q_2 + 110 \cdot q_3$

Gleichung II: $52.000 \cdot q_2 = 11.000 + 450 \cdot q_1 + 50 \cdot q_3$

Gleichung III: $550 \cdot q_3 = 19.500 + 180 \cdot q_1 + 3.000 \cdot q_2$

---

[184] Vgl. Haberstock, L.: Kostenrechnung I, a.a.O., S. 125.
[185] Vgl. Haberstock, L.: Kostenrechnung I, a.a.O., S. 127.

besteht aus drei Gleichungen mit drei Unbekannten und ist somit – sofern keine linearen Abhängigkeiten zwischen den Gleichungen bestehen – lösbar. Löst man Gleichung I nach q_1 auf, so erhält man:

Gleichung I' : $q_1 = 4,10 + 1,428571 \cdot q_2 + 0,031429 \cdot q_3$.

Setzt man Gleichung I' in Gleichung II bzw. III ein und löst nach q_2 bzw. q_3 auf, so liefert das:

Gleichung II' : $q_2 = 0,250111 + 0,001249 \cdot q_3$

Gleichung III' : $q_3 = 37,178779 + 5,983625 \cdot q_2$.

Setzt man schließlich Gleichung II' in Gleichung III' ein und löst nach q_3 auf, so erhält man für Hilfskostenstelle 3 den exakten Verrechnungssatz:

$$q_3 = 38,966585 \ \frac{\text{€}}{\text{Std.}} \ .$$

Setzt man diesen Wert in Gleichung II' ein, so erhält man als exakten Verrechnungssatz für Hilfskostenstelle 2:

$$q_2 = 0,298780 \ \frac{\text{€}}{\text{kWh}} \ .$$

Setzt man die exakten Verrechnungssätze für die Hilfskostenstellen 2 und 3 in Gleichung I' ein, so beträgt der exakte Verrechnungssatz für Hilfskostenstelle 1:

$$q_1 = 5,751509 \ \frac{\text{€}}{\text{nm}^3} \ .$$

Die unterschiedlichen Verrechnungssätze, die unter Anwendung des Anbau-, Stufenleiter- und Gleichungsverfahrens errechnet wurden, sind in der folgenden Tabelle 4.16 noch einmal gegenübergestellt.

Tabelle 4.16: Vergleich der Ergebnisse

	Anbau-verfahren	Stufenleiter-verfahren	Gleichungs-verfahren	Dimension
Drucklufterzeugung	5,00	5,4970	5,751509	$\frac{\text{€}}{\text{nm}^3}$
Energieerzeugung	0,25	0,3465	0,298780	$\frac{\text{€}}{\text{kWh}}$
Reparaturwerkstatt	50,00	35,4500	38,966585	$\frac{\text{€}}{\text{Std.}}$

Das Gleichungsverfahren ist das einzige, das sämtliche Leistungsverflechtungen zwischen den Kostenstellen berücksichtigt und somit zu exakten Verrechnungssätzen führt. Das Anbauverfahren erfasst diese Leistungsverflechtungen nicht und liefert dementsprechend von den exakten Verrechnungssätzen abweichende Ergebnisse. Im Unterschied dazu können durch das Stufenleiterverfahren mit zumindest einseitiger Berücksichtigung der Leistungsverflechtungen die Verrechnungssätze tendenziell den exakten Ergebnissen des Gleichungsverfahrens angenähert werden.

4.3 Kostenträgerrechnung

In Abhängigkeit des Leistungsumfangs, auf den sich die Kostenträgerrechnung bezieht, kann diese in die beiden Teilbereiche Kostenträgerzeit- und Kostenträgerstückrechnung untergliedert werden. Während erstere eine periodenbezogene Rechnung zum Gegenstand hat, steht bei der Kostenträgerstückrechnung die Ermittlung der Kosten je Leistungseinheit im Vordergrund.[186]

4.3.1 Inhalt und Aufgaben der Kostenträgerstückrechnung

Im Rahmen der Kostenträgerstückrechnung, auch Kalkulation genannt, geht es darum, für sämtliche Wirtschaftsgüter, die eine Unternehmung produziert und verkauft, die auf eine Auftrags- oder Produkteinheit entfallenden Stückkosten zu ermitteln. Man bezeichnet diese Kosten als Selbstkosten pro Kostenträgereinheit. Sie bestehen aus den Herstellkosten, den Verwaltungskosten und den Vertriebskosten. Die Einzelkosten können den jeweiligen Kostenträgern ohne Schlüsselung zugerechnet werden. Sie gehen also direkt von der Kostenartenrechnung in die Kalkulation ein. Die Gemeinkosten hingegen werden mit Hilfe der in der Kostenstellenrechnung ermittelten Kalkulationssätze den Kostenträgern zugerechnet.[187] In der Kostenträgerstückrechnung wird als Kostenträger z.B. eine Produkteinheit (Mengeneinheit einer bestimmten Produktart) herangezogen.

4.3.1.1 Grundschema der Kalkulation

Zur Kalkulation der Selbstkosten eines Produktes existieren unterschiedliche Kalkulationsverfahren. Welches Kalkulationsverfahren für ein bestimmtes Produkt geeignet ist, hängt vom technologischen Aufbau des Produktes und dem zu seiner

---

[186] Vgl. Moews, D.: Kosten- und Leistungsrechnung, 7. Aufl., München-Wien 2002, S. 135.
[187] Vgl. Kapitel 4.2.1.

Herstellung eingesetzten Produktionsverfahren ab. Ein allgemein gültiges Kalkulationsverfahren, das zur Ermittlung der Selbstkosten verschiedenartiger Produkte eingesetzt werden kann, existiert demnach nicht. Da aber in jede Kalkulation die gleichen Kostenartengruppen in einer bestimmten Reihenfolge eingehen, lässt sich das folgende Grundschema der Kalkulation angeben.[188]

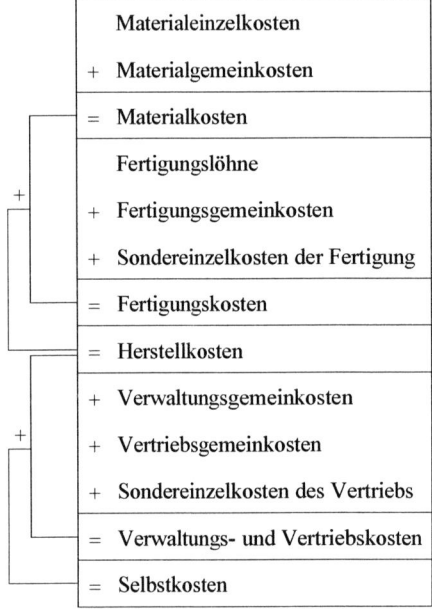

Abb. 4.5:   Grundschema der Kalkulation

Ein Produkt, das zu einem Nettoverkaufspreis von 460 € pro Stück abgesetzt werden kann, bestehe zum Beispiel aus 4 Mengeneinheiten (ME) von Materialart A und 3 ME von Materialart B. Materialart A bzw. B werden zum Preis von 15 € pro ME_A bzw. 31 € pro ME_B fremdbezogen. Der Materialgemeinkostenzuschlag beträgt 6 % der Materialeinzelkosten. Bei der Herstellung des Produktes werden 3,2 Arbeitsstunden eingesetzt. Der Lohnsatz beträgt 25 € pro Stunde. Als Fertigungsgemeinkostenzuschlag werden 48 % der Fertigungslöhne angesetzt. Bei der Fertigung des Produktes wird außerdem ein schnell verschleißendes Spezialwerkzeug eingesetzt, das 5.300 € kostet und ausreicht, um 1.000 Stück des Produktes herzustellen. Der Verwaltungs- bzw. Vertriebsgemeinkostenzuschlag auf die Herstellkosten beläuft sich auf 6 % bzw. 8 %. Der mit dem Verkauf des Produktes beauftragte Vertreter erhält einen Provisionsanteil in Höhe von 7,5 % des Nettoverkaufspreises.

---

[188] Vgl. Kilger, W.: Einführung in die Kostenrechnung, a.a.O., S. 266f.

Gemäß dem Grundschema der Kalkulation betragen die Selbstkosten pro Produkteinheit 360,40 € pro Stück (siehe Tabelle 4.17).

Tabelle 4.17: Beispiel zum Grundschema der Kalkulation

	Materialeinzelkosten	4 · 15 + 3 · 31 =	153,00
+	Materialgemeinkosten	0,06 · 153 =	9,18
=	Materialkosten	=	162,18
	Fertigungslöhne	3,2 · 25 =	80,00
+	Fertigungsgemeinkosten	0,48 · 80 =	38,40
+	Sondereinzelkosten der Fertigung	5.300 / 1.000 =	5,30
=	Fertigungskosten	=	123,70
=	Herstellkosten	=	285,88
+	Verwaltungsgemeinkosten	0,06 · 285,88 =	17,15
+	Vertriebsgemeinkosten	0,08 · 285,88 =	22,87
+	Sondereinzelkosten des Vertriebs	0,075 · 460 =	34,50
=	Verwaltungs- und Vertriebskosten	=	74,52
=	Selbstkosten	=	360,40

4.3.1.2 Aufgaben der Kalkulation

Zu den Aufgaben der Kalkulation gehören:

– interne Bewertung der Kostenträger zu Herstellkosten,
– externe Bewertung der Kostenträger zu Herstellungskosten,
– Ermittlung von Selbstkosten der Kostenträger für die Preispolitik,
– Ermittlung von Selbstkosten der Kostenträger für die kurzfristige Erfolgsplanung und
– Ermittlung von Selbstkosten der Kostenträger für die kurzfristige Erfolgskontrolle.

Zu den Aufgaben der Kalkulation gehört die Ermittlung von Herstellkosten zur internen Bewertung der Halb- und Fertigerzeugnisbestände. Bei den Halb- und Fertigerzeugnisbeständen handelt es sich um noch nicht verkaufte Produktmengen. Ihre interne Bewertung zu Herstellkosten pro Stück ist für die kurzfristige Erfolgsrechnung erforderlich, da die Herstellkosten noch nicht verkaufter Produktmengen bestandsmäßig gespeichert werden müssen, damit diese Leistungen einerseits in der Kostenrechnung berücksichtigt werden können, andererseits aber den Periodenerfolg der Finanzbuchhaltung nicht beeinflussen.[189]

Welche Wertansätze ein Unternehmen zur Bewertung seiner Halb- und Fertigerzeugnisbestände wählt, richtet sich danach, welches Kostenrechnungssystem in dem Unternehmen angewandt wird und welche Zwecke mit der kurzfristigen Erfolgsrechnung verfolgt werden.[190]

Neben der internen Bewertung gehört zu den Aufgaben der Kalkulation auch die externe Bewertung der Halb- und Fertigerzeugnisbestände, die für die Handels- und Steuerbilanz erforderlich ist. Die Wahl der Wertansätze für die externe Bewertung wird sehr stark durch handels- und steuerrechtliche Vorschriften bestimmt.

Die im Rahmen der Kostenrechnung für interne Zwecke ermittelten Herstellkosten entsprechen diesen Vorschriften im Allgemeinen nicht. Zur externen Bewertung werden hingegen so genannte Herstellungskosten angesetzt.[191] Der Unterschied zwischen den internen und den externen Wertansätzen besteht hier in der Behandlung der Verwaltungsgemeinkosten. Während in die Herstellkosten für interne Zwecke weder Verwaltungs- noch Vertriebsgemeinkosten eingehen, dürfen Herstellungskosten für die externe Bewertung Verwaltungsgemeinkosten enthalten.[192]

In diesem Zusammenhang ist insbesondere zu beachten, dass aus der Kostenrechnung gewonnene Wertansätze für das Umlaufvermögen bei der externen Bewertung nicht gegen das Niederstwertprinzip verstoßen dürfen, wenn beispielsweise der Marktpreis für die zu bewertenden Bestände niedriger ist als die ermittelten Herstellungskosten pro Stück.

Die Aufgabe der Ermittlung von Selbstkosten für die Preispolitik besteht darin, Verkaufspreise für die Erzeugnisse einer Unternehmung zu bestimmen. Ausgehend von den vorkalkulierten Selbstkosten der Erzeugnisse werden die Verkaufspreise mit Hilfe von Gewinnzuschlägen ermittelt. Dabei bleibt fragwürdig, auf welcher Grundlage die Gewinnzuschläge bestimmt werden. Außer Zweifel steht nur, dass solche Zuschläge nicht mit Hilfe der Kostenrechnung festgelegt werden können, sondern aufgrund von Marktdaten ermittelt werden müssen.[193]

Bei der Ermittlung von Selbstkosten für die kurzfristige Erfolgsplanung geht es darum, die Kostendaten, die für den Aufbau der kurzfristigen Planung benötigt werden, zur Verfügung zu stellen. Im Vordergrund dieser dispositiven Aufgabe

---

[189]   Vgl. Kilger, W.: Einführung in die Kostenrechnung, a.a.O., S. 270 sowie Hummel, S. / Männel, W.: Kostenrechnung 1, a.a.O., S. 37f.

[190]   Vgl. Kilger, W.: Einführung in die Kostenrechnung, a.a.O., S. 271.

[191]   Vgl. Kilger, W.: Einführung in die Kostenrechnung, a.a.O., S. 272. In der Literatur wird die Bezeichnung Herstellungskosten des Öfteren auch für interne Bewertungszwecke herangezogen. Vgl. z.B. Hummel, S. / Männel, W.: Kostenrechnung 1, a.a.O., S. 38 sowie Wöhe, G.: Einführung in die Allgemeine Betriebswirtschaftslehre, a.a.O., S. 838.

[192]   Vgl. Wöhe, G.: Bilanzierung und Bilanzpolitik, 9. Aufl., München 1997, S. 102.

[193]   Vgl. Hummel, S. / Männel, W.: Kostenrechnung 1, a.a.O., S. 28; Kilger, W.: Einführung in die Kostenrechnung, a.a.O., S. 279.

der Kalkulation steht die Ermittlung geplanter Selbstkosten für bestimmte Planungsperioden.[194] In der kurzfristigen Produktions- und Absatzplanung als Bereich der Erfolgsplanung sind beispielsweise proportionale Selbstkosten erforderlich, um Entscheidungen über das zu realisierende Produktions- und Absatzprogramm zu treffen.[195]

In der kurzfristigen Erfolgskontrolle erfolgt eine nachträgliche Kontrolle und Analyse des Periodenerfolgs. Weicht der tatsächlich realisierte Gewinn in einer Planungsperiode vom erwarteten Plangewinn ab, so kann dies beispielsweise auf eine Kostenabweichung zurückzuführen sein. Diese Kostenabweichung lässt sich durch Vergleich der Istselbstkosten mit den geplanten Selbstkosten ermitteln. Der Kalkulation kommt also hier die Aufgabe zu, neben den geplanten Selbstkosten auch die Istselbstkosten zu ermitteln, damit eine kurzfristige Erfolgskontrolle durchgeführt werden kann.[196]

4.3.2 Kalkulationsarten

Bei den Kalkulationsarten unterscheidet man zwischen Vor-, Nach- und Plankalkulationen.

Als Vorkalkulation bezeichnet man eine vor Auftragserteilung und vor Produktionsbeginn durchgeführte Selbstkostenberechnung auf der Grundlage geplanter oder geschätzter Kostendaten. Bei Vorkalkulationen handelt es sich um auftragsindividuelle Kalkulationen, d.h. sie nehmen immer Bezug auf bestimmte Kundenanfragen und Einzelaufträge.[197]

Vorkalkulationen sind jeweils nur für einen bestimmten Kalkulationszeitpunkt gültig. In diesem Punkt unterscheiden sie sich von Plankalkulationen, deren Gültigkeit sich jeweils auf bestimmte Planungsperioden bezieht. Des Weiteren werden in Plankalkulationen die geplanten Selbstkosten für alle gleichartigen Produkte bestimmt, die in der Planungsperiode hergestellt werden sollen. Dabei spielt es keine Rolle, ob für diese Produkte Kundenanfragen vorliegen.

Während bei Plankalkulationen die Selbstkosten exakt kalkuliert werden, sind Vorkalkulationen meistens nur Überschlagsrechnungen oder kalkulatorische Näherungsverfahren, da im Kalkulationszeitpunkt noch keine genauen Kalkulationsdaten vorliegen.

Ob die Vorkalkulation in einem Unternehmen angewandt wird, hängt davon ab, ob das Unternehmen standardisierte Produkte herstellt oder ob Einzel- und Auf-

---

[194] Vgl. Kilger, W.: Einführung in die Kostenrechnung, a.a.O., S. 276.

[195] Vgl. Hummel, S. / Männel, W.: Kostenrechnung 1, a.a.O., S. 34; Kilger, W.: Einführung in die Kostenrechnung, a.a.O., S. 278.

[196] Vgl. Kilger, W.: Einführung in die Kostenrechnung, a.a.O., S. 288.

[197] Vgl. Kilger, W.: Einführung in die Kostenrechnung, a.a.O., S. 290; Olfert, K.: Kostenrechnung, a.a.O., S. 172.

tragsfertigung vorliegt. Bei Einzel- und Auftragsfertigung sind auftragsindividuelle Vorkalkulationen erforderlich, da beispielsweise bei einem Großauftrag ein realistischer Verkaufspreis ohne vorkalkulierte Selbstkosten nicht festgelegt werden kann. Bei standardisierten Produkten hingegen, die in großen Mengen hergestellt und über Fertigwarenlager abgesetzt werden, sind auftragsindividuelle Vorkalkulationen im Allgemeinen nicht erforderlich. Die Verkaufspreise standardisierter Produkte werden für einen längeren Zeitraum festgelegt, so dass anstelle auftragsindividueller Vorkalkulationen zeitraumbezogene Plankalkulationen durchzuführen sind.[198]

Bei der Nachkalkulation geht es darum, die nach Beendigung der Produktion auf eine Produkt- oder Auftragseinheit entfallenden Istkosten zu bestimmen. Durch Nachkalkulationen soll zum einen ermittelt werden, ob die vorkalkulierten Kosten eingehalten oder überstiegen worden sind, und zum anderen, welche Beiträge einzelne Produktarten und Aufträge zur Gewinnerzielung geleistet haben.[199]

In Unternehmen mit Einzel- und Auftragsfertigung ist die auftragsindividuelle Nachkalkulation unverzichtbar, da nur mit ihrer Hilfe die tatsächlich angefallenen Istkosten mit den vorkalkulierten Kosten verglichen und die auftragsindividuellen Gewinnbeiträge ermittelt werden können. In Unternehmen mit standardisierten Produkten ist die auftragsindividuelle Nachkalkulation nicht erforderlich, da Abweichungen von der zeitraumbezogenen Plankalkulation nur selten und in geringem Ausmaß auftreten.[200]

Mit Hilfe der Plankalkulation versucht man den betrieblichen Produkten im Voraus für bestimmte Planperioden exakt kalkulierte Selbstkosten pro Einheit zuzuteilen. Die zur Ermittlung der Selbstkosten benötigten Kostendaten stützen sich hierbei auf eine nach Kostenarten und Kostenstellen differenzierte Kostenplanung.[201]

Um eine exakte Plankalkulation erstellen zu können, muss also zunächst eine Plankostenrechnung durchgeführt werden. Ändert sich die Kostenstruktur während der Planungsperiode, so führt dies normalerweise nicht dazu, dass die geplanten Selbstkosten korrigiert werden. Eine veränderte Kostenstruktur wird durch Kostenabweichungen erfasst und erst im Rahmen der kurzfristigen Erfolgsrechnung mit den verursachenden Kostenträgern identifiziert. Eine Plankalkulation kann ausschließlich in Unternehmen mit standardisierten Produktarten durchgeführt werden, da schon vor Beginn der Planungsperiode sämtliche kalkulationsrelevanten Daten feststellbar sein müssen. In Unternehmen mit Einzel- und Auftragsfertigung sind diese Daten nicht im Voraus für bestimmte Planungsperioden festgelegt, da erst nach tatsächlich erfolgter Erteilung eines Einzelauftrags auftragsspezifische Berechnungen angestellt werden. Die zeitraumbezogene Plan-

[198] Vgl. Kilger, W.: Einführung in die Kostenrechnung, a.a.O., S. 290 und S. 292.

[199] Vgl. Kilger, W.: Einführung in die Kostenrechnung, a.a.O., S. 292; Olfert, K.: Kostenrechnung, a.a.O., S. 173.

[200] Vgl. Kilger, W.: Einführung in die Kostenrechnung, a.a.O., S. 293f.

[201] Vgl. Kilger, W.: Einführung in die Kostenrechnung, a.a.O., S. 294f.

kalkulation ist somit für den Einsatz bei Einzel- und Auftragsfertigung ungeeignet.[202]

4.3.3 Kalkulationsverfahren

4.3.3.1 Zusammenhänge zwischen Kalkulationsverfahren und Grundtypen von Fertigungsprogrammen

Für welches Kalkulationsverfahren ein Unternehmen sich entscheidet, hängt sehr stark davon ab, nach welchem Grundtyp von Fertigungsprogrammen sich die Produktion im Unternehmen vollzieht. Für verschiedene Kalkulationsverfahren, die in Kapitel 4.3.3.2 ausführlich vorgestellt werden, folgt die Untersuchung, bei welchem Fertigungsprogrammgrundtyp ihr Einsatz sinnvoll ist. Als Grundtypen von Fertigungsprogrammen lassen sich Massen-, Sorten-, Serien- und Einzelfertigung unterscheiden.[203]

Massenfertigung liegt dann vor, wenn in einem Unternehmen lediglich eine Produktart hergestellt wird, beispielsweise Stromerzeugung in einem Elektrizitätswerk. In Unternehmen, in denen die Produktion nach dem Prinzip der Massenfertigung erfolgt, wird üblicherweise die Divisionskalkulation angewandt.

Von Sortenfertigung spricht man, wenn in einem Unternehmen verschiedene Produktarten innerhalb einer einheitlichen Erzeugnisgattung hergestellt werden. Die Produktarten unterscheiden sich meist nur nach Dimension und / oder Qualität. Als Beispiele sind Bleche unterschiedlicher Stärke oder Papier verschiedener Qualität zu nennen. Als Kalkulationsverfahren wird vorwiegend die Äquivalenzziffernkalkulation eingesetzt.

Bei Serienfertigung werden ebenfalls unterschiedliche Produktarten hergestellt, für die oftmals eine komplizierte Zusammensetzung charakteristisch ist. Im Unterschied zur Sortenfertigung können sich bei der Serienfertigung die einzelnen Produktarten zum Teil erheblich voneinander unterscheiden. In der Automobilindustrie werden beispielsweise Serien von unterschiedlichen Automobiltypen gefertigt. Als Kalkulationsverfahren kommt für die Serienfertigung überwiegend die (Lohn-) Zuschlagskalkulation, und zwar insbesondere die elektive (Lohn-) Zuschlagskalkulation, in Betracht.

Einzelfertigung bezeichnet schließlich den Fall, dass jedes Produkt jeweils nach individuellen Kundenwünschen und abweichend von den bislang gefertigten Produkten hergestellt wird. Einzelfertigung kann z.B. in der Schiffbauindustrie

---

[202] Vgl. ebenda.

[203] Vgl. zu den Ausführungen dieses Kapitels: Kloock, J. / Sieben, G. / Schildbach, T. / Homburg, C.: Kosten- und Leistungsrechnung, a.a.O., S. 143f.

vorliegen. Als Kalkulationsverfahren kommt auch hier vorwiegend die elektive (Lohn-) Zuschlagskalkulation in Frage.

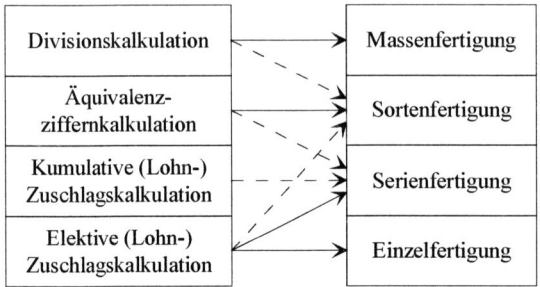

Abb. 4.6:   Zuordnung von Kalkulationsverfahren

In der Abb. 4.6 wird noch einmal die Zuordnung der Kalkulationsverfahren zu den verschiedenen Grundtypen von Fertigungsprogrammen dargestellt.[204] Die durchgezogenen Linien geben hierbei an, welches Kalkulationsverfahren bei den verschiedenen Grundtypen von Fertigungsprogrammen in der Praxis üblicherweise eingesetzt wird. Die gestrichelten Linien kennzeichnen die bei den verschiedenen Grundtypen von Fertigungsprogrammen in der Praxis seltener eingesetzten Verfahren.

4.3.3.2 Kalkulation für einteilige Produkte

In diesem Kapitel werden Verfahren zur Kalkulation einteiliger Produkte vorgestellt. Kalkulationsverfahren für mehrteilige Produkte sind Gegenstand von Kapitel 4.3.3.3. Anschließend werden in Kapitel 4.3.3.4 Kalkulationsverfahren diskutiert, die beim Vorliegen von Kuppelproduktion eingesetzt werden können.

4.3.3.2.1   Die Divisionskalkulation

Die Divisionskalkulation ist anwendbar, wenn neben der Voraussetzung, dass nur einteilige Produkte kalkuliert werden, auch die Bedingung erfüllt ist, dass das betrachtete Unternehmen ausschließlich eine Produktart herstellt.[205] Folgende Formen der Divisionskalkulation lassen sich unterscheiden:

---

[204] Vgl. Kloock, J. / Sieben, G. / Schildbach, T. / Homburg, C.: Kosten- und Leistungsrechnung, a.a.O., S. 144.

[205] Vgl. zu den folgenden Ausführungen: Kilger, W.: Einführung in die Kostenrechnung, a.a.O., S. 306f.

– einstufige Divisionskalkulation,
– zweistufige Divisionskalkulation und
– mehrstufige Divisionskalkulation.

Um die einstufige Divisionskalkulation anwenden zu können, müssen zusätzlich folgende Bedingungen erfüllt sein. Zum einen muss die in der Kalkulationsperiode produzierte Menge des Endproduktes mit seiner abgesetzten Menge übereinstimmen, d.h. die Lagerbestandsmenge des Endproduktes darf sich in der Kalkulationsperiode nicht verändern. Dadurch wird sichergestellt, dass sich die Herstellkosten und die Verwaltungs- und Vertriebskosten auf die gleiche Menge beziehen. Zum anderen muss entweder einstufige Produktion vorliegen, d.h. an dem betrachteten Produkt wird nur ein Arbeitsvorgang verrichtet, oder, falls mehrstufige Produktion vorliegt, d.h. zur Erstellung des Endproduktes sind mehrere Fertigungsstellen zu durchlaufen bzw. mehrere aufeinander folgende Arbeitsvorgänge zu verrichten, dürfen sich keine Bestandsveränderungen in den Zwischenlägern ergeben. Durch diese Prämisse wird erreicht, dass sich die Herstellkosten stets auf die gleiche Ausbringungsmenge beziehen.

Sind diese Bedingungen erfüllt, so erhält man die Selbstkosten pro Produkteinheit gemäß folgender Kalkulationsformel:

$$k_S = \frac{K_S}{x_A} \, .$$

Darin bezeichnet:

k_S die Selbstkosten pro Produkteinheit,

K_S die Selbstkosten der Kalkulationsperiode und

x_A die Absatzmenge des Produktes.

Ein Unternehmen produziere und verkaufe beispielsweise in der Kalkulationsperiode 30.000 Stück eines Produktes. Es fallen Herstellkosten in Höhe von 420.000 € an. Die Verwaltungskosten betragen 62.800 €, die Vertriebskosten 43.400 €.

Die Selbstkosten der Kalkulationsperiode entsprechen der Summe von Herstellkosten, Verwaltungskosten und Vertriebskosten:

$$K_S = 420.000 + 62.800 + 43.400 = 526.200 \text{ €.}$$

Als Selbstkosten pro Stück erhält man:

$$k_S = \frac{526.200}{30.000} = 17,54 \, \frac{\text{€}}{\text{Stück}} \, .$$

Zur Durchführung dieses sehr einfachen Kalkulationsverfahrens ist eine vorhergehende Kostenarten- und Kostenstellenrechnung nicht notwendig. Dieser Vorteil des geringen Ermittlungsaufwandes wird allerdings dadurch relativiert, dass für die spätere Kostenkontrolle trotzdem noch eine Unterteilung der Kosten nach Kostenstellen erforderlich ist. Die Bedeutung der einstufigen Divisionskalkulation für den praktischen Einsatz in Industrieunternehmen ist nur sehr gering, da die Voraussetzung, dass Produktions- und Absatzmenge übereinstimmen müssen, meistens nur bei Unternehmen erfüllt ist, die nicht lagerfähige Produkte herstellen, wie beispielsweise Dienstleistungsunternehmen oder Elektrizitätswerke.

Wird unter Beibehaltung der übrigen Prämissen die Bedingung, dass sich die Lagerbestandsmenge des Endproduktes in der Kalkulationsperiode nicht verändern darf, aufgehoben, so ist die zweistufige Divisionskalkulation anzuwenden. Da nun die produzierte Menge des Endproduktes nicht mehr mit seiner abgesetzten Menge übereinstimmen muss, ist nicht mehr sichergestellt, dass sich die Herstellkosten und die Verwaltungs- und Vertriebskosten auf die gleiche Menge beziehen. Daher werden bei der zweistufigen Divisionskalkulation die Herstellkosten auf die produzierte Menge verteilt, während die Verwaltungs- und Vertriebskosten der verkauften Menge zuzuordnen sind. Als Bestimmungsgleichung für die Selbstkosten pro Produkteinheit erhält man:

$$k_S = \frac{K_H}{x_P} + \frac{K_V}{x_A}.$$

Darin bezeichnet:

K_H die Herstellkosten der Kalkulationsperiode,

K_V die Verwaltungs- und Vertriebskosten der Kalkulationsperiode und

x_P die hergestellte Menge des Produktes.

In Abänderung des obigen Beispiels werden von den produzierten 30.000 Stück nur 20.000 Stück verkauft. Die Kosten weisen die gleiche Höhe auf. Die Verwaltungs- und Vertriebskosten der Kalkulationsperiode betragen:

$$K_V = 62.800 + 43.400 = 106.200 \, € .$$

Als Selbstkosten pro Stück erhält man:

$$k_S = \frac{420.000}{30.000} + \frac{106.200}{20.000} = 19,31 \frac{€}{Stück} .$$

Die zweistufige Divisionskalkulation erfordert die Durchführung zumindest einer Kostenstellenrechnung, um die Kosten des Herstellbereichs von den Kosten des Verwaltungs- und Vertriebsbereichs abzugrenzen.

Weicht nicht nur die produzierte Menge des Endproduktes von seiner Absatzmenge ab, sondern wird auch noch die Prämisse aufgehoben, dass bei mehrstufiger Produktion keine Zwischenlager-Bestandsveränderungen entstehen dürfen, so ist die mehrstufige Divisionskalkulation anzuwenden. Da nun nach jeder Fertigungsstelle, die zur Herstellung des Produktes durchlaufen wird, ein Teil der Halbfabrikate gelagert werden kann, ist nicht mehr sichergestellt, dass sich die Herstellkosten verschiedener Fertigungsstellen auf ein und dieselbe Ausbringungsmenge beziehen. Daher müssen die Herstellkosten der jeweiligen Fertigungsstelle auf die Menge bezogen werden, die in der betreffenden Fertigungsstelle bearbeitet wird. Werden zur Erstellung des Endproduktes die Fertigungsstellen m $(m = 1, \dots, M)$ durchlaufen, so werden die Selbstkosten pro Produkteinheit gemäß folgender Formel ermittelt:

$$k_S = \sum_{m=1}^{M} \frac{K_{Hm}}{x_{Pm}} + \frac{K_V}{x_A}.$$

Darin bezeichnet:

K_{Hm} die Herstellkosten der m-ten Fertigungsstelle $(m = 1, \dots, M)$ in der Kalkulationsperiode und

x_{Pm} die Produktionsmenge des Produktes in Fertigungsstelle m.

Zur Erstellung eines Produktes mögen zum Beispiel vier aufeinander folgende
Fertigungsstellen durchlaufen werden. In der folgenden Tabelle 4.18 sind für die
Kalkulationsperiode, die einen Monat beträgt, die jeweils pro Fertigungsstelle
bearbeiteten Produkteinheiten (gemessen in Stück) und die dabei entstandenen
Material- und Fertigungskosten aufgeführt.

Im betrachteten Monat werden 1.680 Stück des Produktes auf dem Absatzmarkt verkauft. Die Verwaltungs- und Vertriebskosten betragen 24.360 € pro
Monat. Die Herstellkosten der jeweiligen Fertigungsstelle entsprechen der Summe
aus Material- und Fertigungskosten. In Fertigungsstelle 1 betragen die Herstellkosten:

$$K_{H1} = 58.400 + 20.600 = 79.000 \; \frac{€}{\text{Monat}}.$$

Tabelle 4.18: Beispiel zur mehrstufigen Divisionskalkulation

	\multicolumn{4}{c}{Fertigungsstelle}			
	1	2	3	4	Dimension
erstellte Menge	2.000	1.900	1.900	1.750	$\frac{\text{Stück}}{\text{Monat}}$
Materialkosten	58.400	–	–	–	$\frac{€}{\text{Monat}}$
Fertigungskosten	20.600	50.540	33.060	41.125	$\frac{€}{\text{Monat}}$

In den Fertigungsstellen 2, 3 und 4 stimmen die Herstellkosten mit den Fertigungskosten überein. Als Selbstkosten pro Stück erhält man:

$$k_S = \left(\frac{79.000}{2.000} + \frac{50.540}{1.900} + \frac{33.060}{1.900} + \frac{41.125}{1.750} \right) + \frac{24.360}{1.680} = 121,50 \; \frac{€}{\text{Stück}}.$$

Der Klammerausdruck bezeichnet die Herstellkosten pro Stück.

Es ist zu beachten, dass Mengenabweichungen zwischen den einzelnen Fertigungsstellen ausschließlich darauf zurückzuführen sind, dass ein Teil der Halbfertigerzeugnisse eingelagert wird. Mengenabweichungen aufgrund von Ausschuss oder sonstigen Produktionsverlusten werden in der angegebenen Kalkulationsformel nicht erfasst. Die Berücksichtigung von Ausschuss oder sonstigen Produktionsverlusten erfordert eine Modifikation der Kalkulationsformel, auf die an dieser Stelle nicht weiter eingegangen werden soll.[206]

4.3.3.2.2   Die Äquivalenzziffernkalkulation

Man stößt an die Grenzen der Anwendbarkeit der reinen Divisionskalkulation, wenn man mehrere Produktarten kalkulieren will, die nur noch entweder die gleiche Rohstoffbasis haben oder nach dem gleichen Produktionsverfahren gefertigt werden.[207] Die unter solchen Bedingungen hergestellten Produktarten unterscheiden sich meist nach Dimension und / oder Qualität, so dass die Voraussetzungen für eine Kalkulation auf der Basis von Äquivalenzziffern erfüllt sind. Äquivalenzziffern stellen Verhältniszahlen dar, die für die jeweilige Produktart angeben, in welchem Verhältnis ihre Kosten zu den Kosten der als Einheitssorte gewählten Produktart stehen. Derjenigen Produktart, die als Einheitssorte gewählt wird, teilt man in der Regel die Äquivalenzziffer 1 zu. Erhält eine andere Produktart die Äquivalenzziffer 1,25, so bedeutet dies, dass diese Produktart Kosten verursacht, die die Kosten der Einheitssorte um 25 % übersteigen. Es besteht einerseits die Möglichkeit, Äquivalenzziffern auf die gesamten Selbstkosten zu beziehen, andererseits können auch für verschiedene Kostenarten (z.B. Material- oder Fertigungskosten) gesonderte Äquivalenzziffern ausgewiesen werden. Entsprechend dieser Unterteilung spricht man von einer Äquivalenzziffernkalkulation mit einer Ziffernreihe bzw. einer Äquivalenzziffernkalkulation mit mehreren Ziffernreihen.

Folgende Formen der Äquivalenzziffernkalkulation lassen sich unterscheiden:

– einstufige Äquivalenzziffernkalkulation und
– mehrstufige Äquivalenzziffernkalkulation.

Während die einstufige Äquivalenzziffernkalkulation sowohl auf der Grundlage einer als auch mehrerer Ziffernreihen durchgeführt werden kann, sind für die mehrstufige Äquivalenzziffernkalkulation stets mehrere Ziffernreihen erforderlich.

Um die einstufige Äquivalenzziffernkalkulation mit einer Ziffernreihe anwenden zu können, müssen folgende Bedingungen erfüllt sein. Erstens muss für jede Produktart ihre produzierte Menge mit ihrer abgesetzten Menge übereinstimmen,

---

[206] Vgl. hierzu Kilger, W.: Einführung in die Kostenrechnung, a.a.O., S. 308ff.
[207] Vgl. zu den folgenden Ausführungen Kilger, W.: Einführung in die Kostenrechnung, a.a.O., S. 315ff.

d.h. es dürfen keine Lagerbestandsveränderungen an Fertigfabrikaten entstehen. Zweitens müssen die Produktarten entweder in einstufiger Produktion erzeugt werden, oder, falls mehrstufige Produktion vorliegt, dürfen keine Lagerbestandsveränderungen in den Zwischenlägern auftreten. Durch diese beiden Bedingungen wird sichergestellt, dass sich die gesamten Selbstkosten auf die gleichen Mengen der Produktarten beziehen. Drittens müssen die gesamten Selbstkosten in proportionalem Verhältnis zu den Äquivalenzziffern einer Reihe stehen.

Nachdem man jeder Produktart gemäß ihrer Kostenverursachung eine Äquivalenzziffer zugeordnet hat, geht man bei der einstufigen Äquivalenzziffernkalkulation mit einer Ziffernreihe folgendermaßen vor. Durch Multiplikation der je Produktart hergestellten Menge mit der entsprechenden Äquivalenzziffer werden die unterschiedlichen Produktarten bezüglich ihrer Kostenverursachung gleichnamig gemacht, d.h. die artverschiedenen Produktmengen werden in äquivalente Rechnungseinheiten der Einheitssorte umgerechnet.[208] Die je Produktart ermittelten Rechnungseinheiten werden aufsummiert und die gesamten Selbstkosten durch die Summe der Rechnungseinheiten dividiert. Die so ermittelten Selbstkosten pro Rechnungseinheit werden dann mit der jeweiligen Äquivalenzziffer multipliziert, und man erhält die Selbstkosten pro Einheit der jeweiligen Produktart.

Für die Produktart j $(j = 1, \ldots, J)$ bestimmen sich die Selbstkosten pro Produkteinheit gemäß folgender Formel:

$$k_{Sj} = \frac{K_S}{\sum\limits_{j=1}^{J} x_{Aj} \cdot \alpha_j} \cdot \alpha_j, \qquad j = 1, \ldots, J.$$

Darin bezeichnet:

k_{Sj} die Selbstkosten pro Einheit der Produktart j,

x_{Aj} die von Produktart j abgesetzte Menge und

α_j die der Produktart j zugeordnete Äquivalenzziffer.

Bei $\sum\limits_{j=1}^{J} x_{Aj} \cdot \alpha_j$ handelt es sich um die Summe der Rechnungseinheiten und der

Quotient $\dfrac{K_S}{\sum\limits_{j=1}^{J} x_{Aj} \cdot \alpha_j}$ gibt die Selbstkosten pro Rechnungseinheit an.

Ein Unternehmen stellt zum Beispiel mit dem gleichen Produktionsverfahren vier unterschiedliche Produktarten her. In der folgenden Tabelle 4.19 sind die in der Kalkulationsperiode, die einen Monat beträgt, abgesetzten Mengen (gemessen in Stück) der jeweiligen Produktarten sowie die den Produktarten zugeordneten Äquivalenzziffern aufgeführt.

---

[208] Vgl. Haberstock, L.: Kostenrechnung I, a.a.O., S. 153.

Tabelle 4.19: Beispiel zur einstufigen Äquivalenzziffernkalkulation mit einer Ziffernreihe

Produktart	abgesetzte Menge	Äquivalenzziffer
j	x_{Aj} in $\dfrac{\text{Stück}}{\text{Monat}}$	α_j
1	10.000	0,8
2	8.000	1,0
3	12.000	1,2
4	7.000	1,3

Die Selbstkosten betragen in der Kalkulationsperiode 908.500 €. Als Summe der Rechnungseinheiten (RE) erhält man:

$$\sum_{j=1}^{4} x_{Aj} \cdot \alpha_j = 10.000 \cdot 0,8 + 8.000 \cdot 1,0 + 12.000 \cdot 1,2 + 7.000 \cdot 1,3 = 39.500 \text{ RE}.$$

Die Selbstkosten pro Rechnungseinheit betragen somit:

$$\frac{K_S}{\displaystyle\sum_{j=1}^{4} x_{Aj} \cdot \alpha_j} = \frac{908.500}{39.500} = 23,00 \frac{\text{€}}{\text{RE}}.$$

Als Selbstkosten pro Einheit der jeweiligen Produktart erhält man somit für

$$\text{Produktart 1:} \quad k_{S1} = 23,00 \cdot 0,8 = 18,40 \frac{\text{€}}{\text{Stück}}$$

$$\text{Produktart 2:} \quad k_{S2} = 23,00 \cdot 1,0 = 23,00 \frac{\text{€}}{\text{Stück}}$$

$$\text{Produktart 3:} \quad k_{S3} = 23,00 \cdot 1,2 = 27,60 \frac{\text{€}}{\text{Stück}}$$

$$\text{Produktart 4:} \quad k_{S4} = 23,00 \cdot 1,3 = 29,90 \frac{\text{€}}{\text{Stück}}.$$

In der Praxis tritt sehr selten der Fall auf, dass sich die gesamten Selbstkosten auf der Basis nur einer Äquivalenzziffernreihe verursachungsgerecht den herge-stellten Produktarten zurechnen lassen. Daher wird nun unter Beibehaltung der übrigen Prämissen die dritte Bedingung aufgehoben und unterstellt, dass verschie-dene Kostenarten zu unterschiedlichen Äquivalenzziffern in proportionaler Bezie-hung stehen. Es ist dann die einstufige Äquivalenzziffernkalkulation mit mehreren Ziffernreihen anzuwenden. Unterscheidet man beispielsweise die Kostenarten Materialkosten, Fertigungskosten und Verwaltungs- und Vertriebskosten und lässt sich für jede dieser Kostenarten eine der Kostenverursachung entsprechende Äquivalenzziffernreihe bilden, so ergeben sich für Produktart j $(j = 1, \ldots, J)$ die Selbstkosten pro Produkteinheit gemäß folgender Formel:

$$k_{Sj} = \frac{K_M}{\sum\limits_{j=1}^{J} x_{Aj} \cdot \alpha_{Mj}} \cdot \alpha_{Mj} + \frac{K_F}{\sum\limits_{j=1}^{J} x_{Aj} \cdot \alpha_{Fj}} \cdot \alpha_{Fj} + \frac{K_V}{\sum\limits_{j=1}^{J} x_{Aj} \cdot \alpha_{Vj}} \cdot \alpha_{Vj},$$

$j = 1, \ldots, J$.

Darin bezeichnet:

K_M die Materialkosten der Kalkulationsperiode,

K_F die Fertigungskosten der Kalkulationsperiode,

α_{Mj} die der Produktart j bezüglich der Materialkosten zugeordnete Äquivalenzziffer,

α_{Fj} die der Produktart j bezüglich der Fertigungskosten zugeordnete Äquivalenzziffer und

α_{Vj} die der Produktart j bezüglich der Verwaltungs- und Vertriebskosten zugeordnete Äquivalenzziffer.

Ein Unternehmen stelle mit dem gleichen Produktionsverfahren vier unterschiedliche Produktarten her. In der folgenden Tabelle 4.20 sind die in der Kalkulationsperiode, die einen Monat beträgt, abgesetzten Mengen (gemessen in Stück) der jeweiligen Produktarten sowie die den Produktarten bezüglich der Materialkosten, Fertigungskosten und Verwaltungs- und Vertriebskosten zugeordneten Äquivalenzziffern aufgeführt.

Tabelle 4.20: Beispiel zur einstufigen Äquivalenzziffernkalkulation mit mehreren Ziffernreihen

Produktart	abgesetzte Menge	Äquivalenzziffer bezüglich		
		Materialkosten	Fertigungskosten	Verwaltungs- und Vertriebskosten
j	x_{Aj} in $\frac{\text{Stück}}{\text{Monat}}$	α_{Mj}	α_{Fj}	α_{Vj}
1	9.000	0,9	1,2	1,1
2	11.000	1,2	1,0	0,7
3	7.000	1,0	0,8	1,5
4	13.000	1,4	0,9	1,0

In der Kalkulationsperiode betragen die Materialkosten 627.750 €, die Fertigungskosten 371.450 € und die Verwaltungs- und Vertriebskosten 308.250 €.

Für die verschiedenen Kostenarten erhält man jeweils als Summe der Rechnungseinheiten:

Materialkosten:

$$\sum_{j=1}^{4} x_{Aj} \cdot \alpha_{Mj} = 9.000 \cdot 0,9 + 11.000 \cdot 1,2 + 7.000 \cdot 1,0 + 13.000 \cdot 1,4 = 46.500 \text{ RE}$$

Fertigungskosten:

$$\sum_{j=1}^{4} x_{Aj} \cdot \alpha_{Fj} = 9.000 \cdot 1,2 + 11.000 \cdot 1,0 + 7.000 \cdot 0,8 + 13.000 \cdot 0,9 = 39.100 \text{ RE}$$

Verwaltungs- und Vertriebskosten:

$$\sum_{j=1}^{4} x_{Aj} \cdot \alpha_{Vj} = 9.000 \cdot 1,1 + 11.000 \cdot 0,7 + 7.000 \cdot 1,5 + 13.000 \cdot 1,0 = 41.100 \text{ RE} .$$

Für die jeweilige Kostenart ergeben sich somit folgende Kosten pro Rechnungseinheit:

Materialkosten pro Rechnungseinheit:

$$\frac{K_M}{\sum_{j=1}^{4} x_{Aj} \cdot \alpha_{Mj}} = \frac{627.750}{46.500} = 13,50 \, \frac{€}{RE}$$

Fertigungskosten pro Rechnungseinheit:

$$\frac{K_F}{\sum_{j=1}^{4} x_{Aj} \cdot \alpha_{Fj}} = \frac{371.450}{39.100} = 9,50 \, \frac{€}{RE}$$

Verwaltungs- und Vertriebskosten pro Rechnungseinheit:

$$\frac{K_V}{\sum_{j=1}^{4} x_{Aj} \cdot \alpha_{Vj}} = \frac{308.250}{41.100} = 7,50 \, \frac{€}{RE} .$$

Als Selbstkosten pro Einheit der jeweiligen Produktart erhält man somit für

Produktart 1: $k_{S1} = 13,50 \cdot 0,9 + 9,50 \cdot 1,2 + 7,50 \cdot 1,1 = 31,80 \, \frac{€}{\text{Stück}}$

Produktart 2: $k_{S2} = 13,50 \cdot 1,2 + 9,50 \cdot 1,0 + 7,50 \cdot 0,7 = 30,95 \, \frac{€}{\text{Stück}}$

Produktart 3: $\quad k_{S3} \quad = 13,50 \cdot 1,0 + 9,50 \cdot 0,8 + 7,50 \cdot 1,5 \quad = 32,35 \, \dfrac{\text{€}}{\text{Stück}}$

Produktart 4: $\quad k_{S4} \quad = 13,50 \cdot 1,4 + 9,50 \cdot 0,9 + 7,50 \cdot 1,0 \quad = 34,95 \, \dfrac{\text{€}}{\text{Stück}}$

Hebt man nun auch noch die ersten beiden Prämissen auf, d.h. zum einen treten Lagerbestandsveränderungen bei den Fertigfabrikaten auf und zum anderen liegt mehrstufige Produktion vor, wobei auch hier Lagerbestandsveränderungen in den Zwischenlägern auftreten, dann ist die mehrstufige Äquivalenzziffernkalkulation mit mehreren Ziffernreihen anzuwenden. Es soll davon ausgegangen werden, dass zur Erstellung der jeweiligen Produktart die Fertigungsstellen $m \, (m = 1,\ldots, M)$ zu durchlaufen sind und ein Materialeinsatz nur in Fertigungsstelle 1 stattfindet. Als Kostenarten sollen Materialkosten, Fertigungskosten der Stellen $m \, (m = 1,\ldots, M)$ und Verwaltungs- und Vertriebskosten unterschieden und für jede dieser Kostenarten eine der Kostenverursachung entsprechende Äquivalenzziffernreihe gebildet werden.

Für die Produktart $j \, (j = 1,\ldots, J)$ bestimmen sich dann die Selbstkosten pro Produkteinheit gemäß folgender Formel:

$$k_{Sj} = \frac{K_M}{\displaystyle\sum_{j=1}^{J} x_{P1j} \cdot \alpha_{Mj}} \cdot \alpha_{Mj} + \sum_{m=1}^{M} \frac{K_{Fm}}{\displaystyle\sum_{j=1}^{J} x_{Pmj} \cdot \alpha_{Fmj}} \cdot \alpha_{Fmj} + \frac{K_V}{\displaystyle\sum_{j=1}^{J} x_{Aj} \cdot \alpha_{Vj}} \cdot \alpha_{Vj},$$

$j = 1,\ldots, J$.

Darin bezeichnet:

K_{Fm} die Fertigungskosten der Stelle m in der Kalkulationsperiode,

x_{P1j} die von Produktart j in Fertigungsstelle 1 hergestellte Menge,

x_{Pmj} die von Produktart j in Fertigungsstelle m hergestellte Menge und

α_{Fmj} die der Produktart j bezüglich der Fertigungskosten in Fertigungsstelle m zugeordnete Äquivalenzziffer.

Ein Unternehmen möge beispielsweise mit dem gleichen Produktionsverfahren vier unterschiedliche Produktarten herstellen. Sämtliche Produktarten durchlaufen in der Kalkulationsperiode, die einen Monat beträgt, drei Fertigungsstellen. In Tabelle 4.21 sind die in den jeweiligen Fertigungsstellen während der Kalkulationsperiode hergestellten Mengen (gemessen in Stück) der verschiedenen Produktarten sowie die von den verschiedenen Produktarten abgesetzten Mengen (gemessen in Stück) aufgeführt. Tabelle 4.22 enthält die Äquivalenzziffern, die den Produktarten bezüglich der Materialkosten, der Fertigungskosten in Fertigungsstelle 1, 2 und 3 und der Verwaltungs- und Vertriebskosten zugeordnet werden.

Ein Materialeinsatz erfolgt nur in Fertigungsstelle 1. Die entsprechenden Materialkosten betragen in der Kalkulationsperiode 983.100 €. Fertigungskosten fallen in der Fertigungsstelle 1 in Höhe von 680.890 €, in Fertigungsstelle 2 in Höhe von 545.225 € und in Fertigungsstelle 3 in Höhe von 590.720 € an. Die Verwaltungs- und Vertriebskosten belaufen sich in der Kalkulationsperiode auf 330.220 €.

Tabelle 4.21: Beispiel zur mehrstufigen Äquivalenzziffernkalkulation mit mehreren Ziffernreihen (I)

Produktart	erstellte Menge in Fertigungsstelle			abgesetzte Menge
	1	2	3	
j	x_{P1j} in $\dfrac{\text{Stück}}{\text{Monat}}$	x_{P2j} in $\dfrac{\text{Stück}}{\text{Monat}}$	x_{P3j} in $\dfrac{\text{Stück}}{\text{Monat}}$	x_{Aj} in $\dfrac{\text{Stück}}{\text{Monat}}$
1	13.000	12.500	10.000	9.000
2	17.000	16.000	14.500	12.000
3	9.000	9.500	8.000	7.000
4	11.000	12.000	11.500	13.000

Tabelle 4.22: Beispiel zur mehrstufigen Äquivalenzziffernkalkulation mit mehreren Ziffernreihen (II)

Produktart	Äquivalenzziffer bezüglich				
	Materialkosten	Fertigungskosten in Stelle			Verwaltungs- und Vertriebskosten
		1	2	3	
j	α_{Mj}	α_{F1j}	α_{F2j}	α_{F3j}	α_{Vj}
1	0,9	1,2	0,7	0,9	1,1
2	1,2	1,0	0,9	1,0	0,7
3	1,0	0,8	1,0	1,4	1,5
4	1,4	0,9	1,3	0,6	1,0

Für die verschiedenen Kostenarten erhält man jeweils als Summe der Rechnungseinheiten:

Materialkosten:

$$\sum_{j=1}^{4} x_{P1j} \cdot \alpha_{Mj} = 13.000 \cdot 0,9 + 17.000 \cdot 1,2 + 9.000 \cdot 1,0 + 11.000 \cdot 1,4$$

$$= 56.500 \text{ RE}$$

Fertigungskosten in Stelle 1:

$$\sum_{j=1}^{4} x_{P1j} \cdot \alpha_{F1j} = 13.000 \cdot 1,2 + 17.000 \cdot 1,0 + 9.000 \cdot 0,8 + 11.000 \cdot 0,9$$

$$= 49.700 \text{ RE}$$

Fertigungskosten in Stelle 2:

$$\sum_{j=1}^{4} x_{P2j} \cdot \alpha_{F2j} = 12.500 \cdot 0,7 + 16.000 \cdot 0,9 + 9.500 \cdot 1,0 + 12.000 \cdot 1,3$$

$$= 48.250 \text{ RE}$$

Fertigungskosten in Stelle 3:

$$\sum_{j=1}^{4} x_{P3j} \cdot \alpha_{F3j} = 10.000 \cdot 0,9 + 14.500 \cdot 1,0 + 8.000 \cdot 1,4 + 11.500 \cdot 0,6$$

$$= 41.600 \text{ RE}$$

Verwaltungs- und Vertriebskosten:

$$\sum_{j=1}^{4} x_{Aj} \cdot \alpha_{Vj} = 9.000 \cdot 1,1 + 12.000 \cdot 0,7 + 7.000 \cdot 1,5 + 13.000 \cdot 1,0$$

$$= 41.800 \text{ RE}.$$

Für die jeweilige Kostenart ergeben sich somit folgende Kosten pro Rechnungseinheit:

Materialkosten pro Rechnungseinheit:

$$\frac{K_M}{\sum_{j=1}^{4} x_{P1j} \cdot \alpha_{Mj}} = \frac{983.100}{56.500} = 17,40 \, \frac{€}{\text{RE}}$$

Fertigungskosten pro Rechnungseinheit in Stelle 1:

$$\frac{K_{F1}}{\sum_{j=1}^{4} x_{P1j} \cdot \alpha_{F1j}} = \frac{680.890}{49.700} = 13,70 \, \frac{€}{\text{RE}}$$

Fertigungskosten pro Rechnungseinheit in Stelle 2:

$$\frac{K_{F2}}{\sum_{j=1}^{4} x_{P2j} \cdot \alpha_{F2j}} = \frac{545.225}{48.250} = 11,30 \, \frac{€}{\text{RE}}$$

Fertigungskosten pro Rechnungseinheit in Stelle 3:

$$\frac{K_{F3}}{\sum\limits_{j=1}^{4} x_{P3j} \cdot \alpha_{F3j}} = \frac{590.720}{41.600} = 14,20 \frac{€}{RE}$$

Verwaltungs- und Vertriebskosten pro Rechnungseinheit:

$$\frac{K_{V}}{\sum\limits_{j=1}^{4} x_{Aj} \cdot \alpha_{Vj}} = \frac{330.220}{41.800} = 7,90 \frac{€}{RE}.$$

Als Selbstkosten pro Einheit der jeweiligen Produktart erhält man somit für

Produktart 1:

$$k_{S1} = 17,40 \cdot 0,9 + 13,70 \cdot 1,2 + 11,30 \cdot 0,7 + 14,20 \cdot 0,9 + 7,90 \cdot 1,1 = 61,48 \frac{€}{Stück}$$

Produktart 2:

$$k_{S2} = 17,40 \cdot 1,2 + 13,70 \cdot 1,0 + 11,30 \cdot 0,9 + 14,20 \cdot 1,0 + 7,90 \cdot 0,7 = 64,48 \frac{€}{Stück}$$

Produktart 3:

$$k_{S3} = 17,40 \cdot 1,0 + 13,70 \cdot 0,8 + 11,30 \cdot 1,0 + 14,20 \cdot 1,4 + 7,90 \cdot 1,5 = 71,39 \frac{€}{Stück}$$

Produktart 4:

$$k_{S4} - 17,40 \cdot 1,4 + 13,70 \cdot 0,9 + 11,30 \cdot 1,3 + 14,20 \cdot 0,6 + 7,90 \cdot 1,0 - 67,80 \frac{€}{Stück}.$$

Auch hier ist zu beachten, dass die Mengenabweichungen zwischen den einzelnen Fertigungsstufen ausschließlich durch Lagerbestandsveränderungen der Halb- und Fertigfabrikate bedingt sind. Mengenabweichungen aufgrund von Ausschuss oder sonstigen Produktionsverlusten erfordern eine Modifikation der angegebenen Kalkulationsformel, worauf an dieser Stelle verzichtet werden soll.[209]

---

[209] Vgl. Kilger, W.: Einführung in die Kostenrechnung, a.a.O., S. 319 und S. 308ff.

4.3.3.2.3 Die (Lohn-) Zuschlagskalkulation

Stellt ein Unternehmen mehrere Produktarten her, die z.B. einen unterschiedlichen Materialbedarf aufweisen oder zu deren Herstellung unterschiedliche Produktionsverfahren eingesetzt werden, so führt die Äquivalenzziffernkalkulation, insbesondere bei einer großen Anzahl der Produktarten, zu ungenauen Kalkulationsergebnissen.[210] Für typische Mehrproduktunternehmen, bei denen sich viele Produktarten erheblich voneinander unterscheiden, ist daher die (Lohn-) Zuschlagskalkulation anzuwenden.

Bei den bisher behandelten Kalkulationsverfahren fand höchstens eine Aufspaltung der Selbstkosten in die Kostenarten Materialkosten, Fertigungskosten und Verwaltungs- und Vertriebskosten statt. Die (Lohn-) Zuschlagskalkulation zeichnet sich dadurch aus, dass die verschiedenen Kostenarten auch in Einzel- und Gemeinkosten aufgespalten werden.[211]

Die Einzelkosten (Materialeinzelkosten, Fertigungslöhne, Sondereinzelkosten der Fertigung und Sondereinzelkosten des Vertriebs) werden den erzeugten Produkteinheiten (Kostenträger) direkt zugerechnet. Die Materialgemeinkosten bzw. die Fertigungsgemeinkosten werden auf die erzeugten Produkteinheiten durch einen prozentualen Zuschlag auf die Materialeinzelkosten bzw. die Fertigungslöhne verrechnet. Bei den Verwaltungsgemeinkosten und den Vertriebsgemeinkosten erfolgt die Verrechnung auf die hergestellten Produkteinheiten mit Hilfe von prozentualen Zuschlägen auf die Herstellkosten.

Folgende Formen der (Lohn-) Zuschlagskalkulation lassen sich unterscheiden:

– einstufige bzw. kumulative (Lohn-) Zuschlagskalkulation und
– mehrstufige bzw. elektive (Lohn-) Zuschlagskalkulation.

Bei der einstufigen oder kumulativen (Lohn-) Zuschlagskalkulation wird für den gesamten Fertigungsbereich nur ein Lohnzuschlagssatz[212] gebildet. Die einstufige (Lohn-) Zuschlagskalkulation sollte von daher nur dann angewendet werden, wenn der Fertigungsbereich aus nur einer Fertigungsstufe besteht oder, falls zur Erstellung des Produktes mehrere aufeinander folgende Fertigungsstellen zu durchlaufen sind, wenn keine Bestandsveränderungen in den Zwischenlägern entstehen und die Kostenverursachung der Fertigungsstellen nicht zu unterschiedlich ist.

Die Zuschlagssätze (in Prozent) werden folgendermaßen berechnet:[213]

---

[210] Vgl. zu den folgenden Ausführungen Kilger, W.: Einführung in die Kostenrechnung, a.a.O., S. 326ff.

[211] Vgl. Kapitel 2.2.5.

[212] Für den Begriff Lohnzuschlagssatz wird synonym auch der Begriff Fertigungsgemeinkostenzuschlagssatz benutzt.

[213] Vgl. auch Kapitel 4.2.4.1.

Materialgemeinkostenzuschlagssatz: $\quad d_M = \dfrac{K_{MG}}{K_{ME}} \cdot 100$.

Darin bezeichnet:

K_{MG} die Materialgemeinkosten der Kalkulationsperiode und

K_{ME} die Materialeinzelkosten der Kalkulationsperiode.

Fertigungsgemeinkostenzuschlagssatz: $\quad d_F = \dfrac{\sum\limits_{m=1}^{M} K_{FGm}}{\sum\limits_{m=1}^{M} K_{FLm}} \cdot 100$.

Darin bezeichnet:

K_{FGm} die Fertigungsgemeinkosten der Stelle $m\,(m=1,\ldots,M)$ in der Kalkulationsperiode und

K_{FLm} die Fertigungslöhne der Stelle $m\,(m=1,\ldots,M)$ in der Kalkulationsperiode.

Verwaltungsgemeinkostenzuschlagssatz: $\quad d_{Vw} = \dfrac{K_{VwG}}{K_H} \cdot 100$.

Darin bezeichnet:

K_{VwG} die Verwaltungsgemeinkosten der Kalkulationsperiode.

Vertriebsgemeinkostenzuschlagssatz: $\quad d_{Vt} = \dfrac{K_{VtG}}{K_H} \cdot 100$.

Darin bezeichnet:

K_{VtG} die Vertriebsgemeinkosten der Kalkulationsperiode.

Für die Produktart˙ $j\,(j=1,\ldots,J)$ bestimmen sich die Selbstkosten pro Produkteinheit gemäß folgender Kalkulationsformel:

$$ k_{Sj} = \left[k_{MEj} \cdot \left(1 + \frac{d_M}{100}\right) + k_{FLj} \cdot \left(1 + \frac{d_F}{100}\right) + e_{Fj} \right] \cdot \left(1 + \frac{d_{Vw}}{100} + \frac{d_{Vt}}{100}\right) + e_{Vtj} , $$

$j = 1,\ldots,J$.

Darin bezeichnet:

k_{MEj} die Materialeinzelkosten pro Einheit der Produktart j,

k_{FLj} die Fertigungslöhne pro Einheit der Produktart j,

e_{Fj} die Sondereinzelkosten der Fertigung pro Einheit der Produktart j und

e_{Vtj} die Sondereinzelkosten des Vertriebs pro Einheit der Produktart j.

Der Klammerausdruck

$$\left[k_{MEj} \cdot \left(1 + \frac{d_M}{100} \right) + k_{FLj} \cdot \left(1 + \frac{d_F}{100} \right) + e_{Fj} \right]$$

stellt die Herstellkosten pro Einheit der Produktart j dar.

Ein Unternehmen stelle in der Kalkulationsperiode, die einen Monat beträgt, drei unterschiedliche Produktarten her. Sämtliche Produktarten durchlaufen bis zu ihrer Fertigstellung vier aufeinander folgende Fertigungsstellen. In Tabelle 4.23 sind die während der Kalkulationsperiode in den einzelnen Stellen entstandenen Fertigungslöhne und Fertigungsgemeinkosten aufgeführt. Darüber hinaus enthält Tabelle 4.23 die Fertigungszeiten, die in den einzelnen Stellen im Abrechnungsmonat benötigt wurden. In Tabelle 4.24 sind die im Abrechnungsmonat erstellten Mengen (gemessen in Stück) der verschiedenen Produktarten aufgeführt. Des Weiteren enthält Tabelle 4.24 die in den einzelnen Fertigungsstellen beanspruchte Kapazität pro Einheit der jeweiligen Produktart und die pro Einheit der jeweiligen Produktart entstandenen Materialeinzelkosten sowie Sondereinzelkosten der Fertigung und des Vertriebs.

Tabelle 4.23: Beispiel zur einstufigen (Lohn-) Zuschlagskalkulation (I)

		Fertigungsstelle			
		1	2	3	4
Fertigungslöhne	K_{FLm} in $\dfrac{€}{\text{Monat}}$	9.900	16.200	9.840	15.600
Fertigungsgemeinkosten	K_{FGm} in $\dfrac{€}{\text{Monat}}$	8.910	24.300	7.872	18.720
Fertigungszeit	in $\dfrac{\text{Min.}}{\text{Monat}}$	6.600	9.000	8.200	7.800

Tabelle 4.24: Beispiel zur einstufigen (Lohn-) Zuschlagskalkulation (II)

Produkt- art	produ- zierte Menge	beanspruchte Kapazität in der Fertigungsstelle				Material- einzelkosten	Sondereinzelkosten der Fertigung	des Vertriebs
		1	2	3	4			
j	in	in				k_{MEj} in	e_{Fj} in	e_{Vtj} in
	$\dfrac{\text{Stück}}{\text{Monat}}$	$\dfrac{\text{Min.}}{\text{Stück}}$	$\dfrac{\text{Min.}}{\text{Stück}}$	$\dfrac{\text{Min.}}{\text{Stück}}$	$\dfrac{\text{Min.}}{\text{Stück}}$	$\dfrac{\text{€}}{\text{Stück}}$	$\dfrac{\text{€}}{\text{Stück}}$	$\dfrac{\text{€}}{\text{Stück}}$
1	60	40	20	10	30	150,00	2,50	5,00
2	120	15	25	50	40	380,00	4,00	7,50
3	80	30	60	20	15	240,00	3,20	4,30

Die Materialgemeinkosten K_{MG} betragen in der Kalkulationsperiode 33.972 €. An Verwaltungsgemeinkosten K_{VwG} bzw. Vertriebsgemeinkosten K_{VtG} sind in der Kalkulationsperiode 44.000 € bzw. 33.000 € angefallen.

Um die Selbstkosten pro Stück für die einzelnen Produktarten ermitteln zu können, müssen zum einen die Zuschlagssätze für die verschiedenen Gemeinkosten und zum anderen die Fertigungslöhne pro Stück berechnet werden.

Zur Berechnung des Materialgemeinkostenzuschlagssatzes müssen zunächst die in der Kalkulationsperiode angefallenen Materialeinzelkosten bestimmt werden. Diese erhält man, indem man für jede Produktart die Materialeinzelkosten pro Stück mit der hergestellten Stückzahl multipliziert und dann die Summe bildet:

$$K_{ME} = 150{,}00 \cdot 60 + 380{,}00 \cdot 120 + 240{,}00 \cdot 80 = 73.800 \ \frac{€}{\text{Monat}}.$$

Als Materialgemeinkostenzuschlagssatz ergibt sich dann:

$$d_M = \frac{K_{MG}}{K_{ME}} \cdot 100 = \frac{33.972}{73.800} \cdot 100 = 46{,}03\,\%.$$

Bei der einstufigen (Lohn-) Zuschlagskalkulation wird für den gesamten Fertigungsbereich nur ein Fertigungsgemeinkostenzuschlagssatz bestimmt:

$$d_F = \frac{\sum\limits_{m=1}^{4} K_{FGm}}{\sum\limits_{m=1}^{4} K_{FLm}} \cdot 100 = \frac{8.910 + 24.300 + 7.872 + 18.720}{9.900 + 16.200 + 9.840 + 15.600} \cdot 100$$

$$= \frac{59.802}{51.540} \cdot 100 = 116{,}03\,\%.$$

Zur Bestimmung des Verwaltungsgemeinkostenzuschlagssatzes und des Vertriebsgemeinkostenzuschlagssatzes müssen die Herstellkosten der Kalkulationsperiode ermittelt werden. Diese entsprechen der Summe aus den in der Kalkulationsperiode entstandenen Materialeinzelkosten K_{ME}, Materialgemeinkosten K_{MG}, Fertigungslöhnen K_{FL}, Fertigungsgemeinkosten K_{FG} und Sondereinzelkosten der Fertigung K_{SEF}. Die zuletzt genannten Sondereinzelkosten der Fertigung erhält man, indem man für jede Produktart die Sondereinzelkosten der Fertigung pro Stück mit der hergestellten Stückzahl multipliziert und dann die Summe bildet:

$$K_{SEF} = 2{,}50 \cdot 60 + 4{,}00 \cdot 120 + 3{,}20 \cdot 80 = 886 \, \frac{€}{\text{Monat}}.$$

Die Herstellkosten betragen somit im Abrechnungsmonat:

$$K_H = K_{ME} + K_{MG} + K_{FL} + K_{FG} + K_{SEF}$$
$$= 73.800 + 33.972 + 51.540 + 59.802 + 886 = 220.000 \, \frac{€}{\text{Monat}}.$$

Der Verwaltungsgemeinkostenzuschlagssatz ist dann:

$$d_{Vw} = \frac{K_{VwG}}{K_H} \cdot 100 = \frac{44.000}{220.000} \cdot 100 = 20 \, \%.$$

Als Vertriebsgemeinkostenzuschlagssatz erhält man:

$$d_{Vt} = \frac{K_{VtG}}{K_H} \cdot 100 = \frac{33.000}{220.000} \cdot 100 = 15 \, \%.$$

Um die Fertigungslöhne pro Stück für die einzelnen Produktarten ermitteln zu können, müssen zunächst die Kostensätze der verschiedenen Fertigungsstellen bestimmt werden. Diese erhält man, indem man für jede Fertigungsstelle die im Abrechnungsmonat entstandenen Fertigungslöhne durch die entsprechenden Fertigungszeiten dividiert. Die Kostensätze betragen somit für

Fertigungsstelle 1: $\dfrac{9.900}{6.600} = 1{,}50 \, \dfrac{€}{\text{Min.}}$

Fertigungsstelle 2: $\dfrac{16.200}{9.000} = 1{,}80 \, \dfrac{€}{\text{Min.}}$

Fertigungsstelle 3: $\dfrac{9.840}{8.200} = 1{,}20 \, \dfrac{€}{\text{Min.}}$

Fertigungsstelle 4: $\dfrac{15.600}{7.800} = 2{,}00 \, \dfrac{€}{\text{Min.}}.$

Die Fertigungslöhne pro Stück erhält man für die jeweilige Produktart, indem man die von ihr in den einzelnen Fertigungsstellen beanspruchte Kapazität mit dem entsprechenden Kostensatz multipliziert und die Summe bildet. Somit ergeben sich folgende Fertigungslöhne pro Stück:

Produktart 1: $k_{FL1} = 1{,}50 \cdot 40 + 1{,}80 \cdot 20 + 1{,}20 \cdot 10 + 2{,}00 \cdot 30 = 168{,}00 \dfrac{€}{\text{Stück}}$

Produktart 2: $k_{FL2} = 1{,}50 \cdot 15 + 1{,}80 \cdot 25 + 1{,}20 \cdot 50 + 2{,}00 \cdot 40 = 207{,}50 \dfrac{€}{\text{Stück}}$

Produktart 3: $k_{FL3} = 1{,}50 \cdot 30 + 1{,}80 \cdot 60 + 1{,}20 \cdot 20 + 2{,}00 \cdot 15 = 207{,}00 \dfrac{€}{\text{Stück}}$.

Nun können die Selbstkosten pro Einheit der jeweiligen Produktart berechnet werden. Man erhält für

Produktart 1:

$$k_{S1} = \left[150{,}00 \cdot \left(1 + \frac{46{,}03}{100} \right) + 168{,}00 \cdot \left(1 + \frac{116{,}03}{100} \right) + 2{,}50 \right]$$
$$\cdot \left(1 + \frac{20}{100} + \frac{15}{100} \right) + 5{,}00 = 794{,}04 \frac{€}{\text{Stück}}$$

Produktart 2:

$$k_{S2} = \left[380{,}00 \cdot \left(1 + \frac{46{,}03}{100} \right) + 207{,}50 \cdot \left(1 + \frac{116{,}03}{100} \right) + 4{,}00 \right]$$
$$\cdot \left(1 + \frac{20}{100} + \frac{15}{100} \right) + 7{,}50 = 1.367{,}19 \frac{€}{\text{Stück}}$$

Produktart 3:

$$k_{S3} = \left[240{,}00 \cdot \left(1 + \frac{46{,}03}{100} \right) + 207{,}00 \cdot \left(1 + \frac{116{,}03}{100} \right) + 3{,}20 \right]$$
$$\cdot \left(1 + \frac{20}{100} + \frac{15}{100} \right) + 4{,}30 = 1.085{,}45 \frac{€}{\text{Stück}}$$.

Die mehrstufige oder elektive (Lohn-) Zuschlagskalkulation zeichnet sich im Unterschied zu der einstufigen dadurch aus, dass für jede Fertigungsstelle ein separater Fertigungsgemeinkostenzuschlagssatz gebildet wird. Für die Fertigungsstelle m $(m = 1, \ldots, M)$ erhält man dann als Fertigungsgemeinkostenzuschlagssatz:

$$d_{Fm} = \frac{K_{FGm}}{K_{FLm}} \cdot 100 .$$

Die Berechnung der Zuschlagssätze für die Material-, Verwaltungs- und Vertriebsgemeinkosten ändert sich gegenüber der einstufigen (Lohn-) Zuschlagskalkulation nicht.

Bei der mehrstufigen (Lohn-) Zuschlagskalkulation bestimmen sich für die Produktart $j\,(j = 1, \ldots, J)$ die Selbstkosten pro Produkteinheit gemäß folgender Formel:

$$k_{Sj} = \left[k_{MEj} \cdot \left(1 + \frac{d_M}{100}\right) + \sum_{m=1}^{M} k_{FLmj} \cdot \left(1 + \frac{d_{Fm}}{100}\right) + e_{Fj} \right]$$
$$\cdot \left(1 + \frac{d_{Vw}}{100} + \frac{d_{Vt}}{100}\right) + e_{Vtj} \,, \qquad\qquad j = 1, \ldots, J.$$

Darin bezeichnet:

k_{FLmj} die in Fertigungsstelle m anfallenden Fertigungslöhne pro Einheit der Produktart $j\,(j = 1, \ldots, J)$ und

d_{Fm} den Fertigungsgemeinkostenzuschlagssatz der Fertigungsstelle m $(m = 1, \ldots, M)$.

Der erste Klammerausdruck

$$\left[k_{MEj} \cdot \left(1 + \frac{d_M}{100}\right) + \sum_{m=1}^{M} k_{FLmj} \cdot \left(1 + \frac{d_{Fm}}{100}\right) + e_{Fj} \right]$$

bezeichnet wieder die Herstellkosten pro Einheit der Produktart j.

Ausgehend von den Daten des Beispiels zur einstufigen (Lohn-) Zuschlagskalkulation soll nun eine mehrstufige (Lohn-) Zuschlagskalkulation durchgeführt werden. Für die verschiedenen Fertigungsstellen werden jetzt gesonderte Fertigungsgemeinkostenzuschlagssätze gebildet:

Fertigungsstelle 1: $d_{F1} = \dfrac{K_{FG1}}{K_{FL1}} \cdot 100 = \dfrac{8.910}{9.900} \cdot 100 = 90{,}00\,\%$

Fertigungsstelle 2: $d_{F2} = \dfrac{K_{FG2}}{K_{FL2}} \cdot 100 = \dfrac{24.300}{16.200} \cdot 100 = 150{,}00\,\%$

Fertigungsstelle 3: $d_{F3} = \dfrac{K_{FG3}}{K_{FL3}} \cdot 100 = \dfrac{7.872}{9.840} \cdot 100 = 80{,}00\,\%$

Fertigungsstelle 4: $d_{F4} = \dfrac{K_{FG4}}{K_{FL4}} \cdot 100 = \dfrac{18.720}{15.600} \cdot 100 = 120{,}00\,\%$.

Die übrigen Zuschlagssätze ändern sich nicht.

Um die Selbstkosten pro Stück der jeweiligen Produktarten bestimmen zu können, benötigt man die in den verschiedenen Fertigungsstellen anfallenden Fertigungslöhne pro Stück der jeweiligen Produktarten. Diese erhält man, indem man die in den einzelnen Fertigungsstellen beanspruchte Kapazität mit dem entsprechenden Kostensatz multipliziert. Für Produktart 1 ergeben sich in den vier verschiedenen Fertigungsstellen folgende Fertigungslöhne pro Stück:

Fertigungsstelle 1: $k_{FL11} = 1,50 \cdot 40 = 60,00 \dfrac{\text{€}}{\text{Stück}}$

Fertigungsstelle 2: $k_{FL21} = 1,80 \cdot 20 = 36,00 \dfrac{\text{€}}{\text{Stück}}$

Fertigungsstelle 3: $k_{FL31} = 1,20 \cdot 10 = 12,00 \dfrac{\text{€}}{\text{Stück}}$

Fertigungsstelle 4: $k_{FL41} = 2,00 \cdot 30 = 60,00 \dfrac{\text{€}}{\text{Stück}}$.

Analog erhält man für Produktart 2 folgende Fertigungslöhne pro Stück:

Fertigungsstelle 1: $k_{FL12} = 1,50 \cdot 15 = 22,50 \dfrac{\text{€}}{\text{Stück}}$

Fertigungsstelle 2: $k_{FL22} = 1,80 \cdot 25 = 45,00 \dfrac{\text{€}}{\text{Stück}}$

Fertigungsstelle 3: $k_{FL32} = 1,20 \cdot 50 = 60,00 \dfrac{\text{€}}{\text{Stück}}$

Fertigungsstelle 4: $k_{FL42} = 2,00 \cdot 40 = 80,00 \dfrac{\text{€}}{\text{Stück}}$.

Für Produktart 3 betragen die Fertigungslöhne pro Stück in:

Fertigungsstelle 1: $k_{FL13} = 1,50 \cdot 30 = 45,00 \dfrac{\text{€}}{\text{Stück}}$

Fertigungsstelle 2: $k_{FL23} = 1,80 \cdot 60 = 108,00 \dfrac{\text{€}}{\text{Stück}}$

Fertigungsstelle 3: $k_{FL33} = 1,20 \cdot 20 = 24,00 \dfrac{\text{€}}{\text{Stück}}$

Fertigungsstelle 4: $k_{FL43} = 2,00 \cdot 15 = 30,00 \dfrac{\text{€}}{\text{Stück}}$.

Nun lassen sich die Selbstkosten pro Einheit der jeweiligen Produktart berechnen. Man erhält für

Produktart 1:

$$
\begin{aligned}
k_{S1} = & \left[150,00 \cdot \left(1 + \frac{46,03}{100}\right) + 60,00 \cdot \left(1 + \frac{90}{100}\right) + 36,00 \cdot \left(1 + \frac{150}{100}\right) \right. \\
& \left. + 12,00 \cdot \left(1 + \frac{80}{100}\right) + 60,00 \cdot \left(1 + \frac{120}{100}\right) + 2,50 \right] \cdot \left(1 + \frac{20}{100} + \frac{15}{100}\right) + 5,00 \\
= & \ 786,85 \ \frac{\text{€}}{\text{Stück}}
\end{aligned}
$$

Produktart 2:

$$
\begin{aligned}
k_{S2} = & \left[380,00 \cdot \left(1 + \frac{46,03}{100}\right) + 22,50 \cdot \left(1 + \frac{90}{100}\right) + 45,00 \cdot \left(1 + \frac{150}{100}\right) \right. \\
& \left. + 60,00 \cdot \left(1 + \frac{80}{100}\right) + 80,00 \cdot \left(1 + \frac{120}{100}\right) + 4,00 \right] \cdot \left(1 + \frac{20}{100} + \frac{15}{100}\right) + 7,50 \\
= & \ 1.355,02 \ \frac{\text{€}}{\text{Stück}}
\end{aligned}
$$

Produktart 3:

$$
\begin{aligned}
k_{S3} = & \left[240,00 \cdot \left(1 + \frac{46,03}{100}\right) + 45,00 \cdot \left(1 + \frac{90}{100}\right) + 108,00 \cdot \left(1 + \frac{150}{100}\right) \right. \\
& \left. + 24,00 \cdot \left(1 + \frac{80}{100}\right) + 30,00 \cdot \left(1 + \frac{120}{100}\right) + 3,20 \right] \cdot \left(1 + \frac{20}{100} + \frac{15}{100}\right) + 4,30 \\
= & \ 1.109,10 \ \frac{\text{€}}{\text{Stück}} .
\end{aligned}
$$

Zur (Lohn-) Zuschlagskalkulation ist kritisch anzumerken, dass die unterstellte Proportionalitätsbeziehung zwischen den Fertigungsgemeinkosten und den Fertigungslöhnen in der Praxis häufig nicht gegeben ist. Die (Lohn-) Zuschlagskalkulation erweist sich besonders in Industriebetrieben mit stark mechanisierten Produktionsprozessen als sehr problematisch, da hier die Fertigungslöhne nur einen relativ kleinen Anteil der Fertigungskosten betragen, so dass sie als Bezugsbasis zur Verrechnung der Fertigungsgemeinkosten völlig untauglich sind.[214] Die (Lohn-) Zuschlagskalkulation kann in solchen Betrieben zu Fertigungsgemeinkostenzuschlagssätzen in Höhe von mehreren Tausend Prozent führen. Dies hat zur Folge, dass schon eine geringe Ungenauigkeit bei der Ermittlung der Fertigungslöhne pro Stück einen beachtlichen absoluten Fehler bei der Ermittlung der Selbstkosten pro Stück bewirkt. Ändert man für die Produktart j die Fertigungs-

---

[214] Vgl. Kilger, W.: Einführung in die Kostenrechnung, a.a.O., S. 328.

löhne pro Einheit der Produktart j um Δk_{FLj}, so ändern sich die Selbstkosten pro Einheit der Produktart j um Δk_{Sj}, wobei gilt:

$$\Delta k_{Sj} = \Delta k_{FLj} \cdot \left(1 + \frac{d_F}{100}\right) \cdot \left(1 + \frac{d_{Vw}}{100} + \frac{d_{Vt}}{100}\right).$$

Beträgt der Fertigungsgemeinkostenzuschlagssatz beispielsweise 2000 % und wurden für den Verwaltungs- bzw. Vertriebsbereich Zuschlagssätze in Höhe von 20 % bzw. 15 % ermittelt, so bewirkt eine Änderung der Fertigungslöhne pro Einheit der Produktart j um 1 €, dass sich die Selbstkosten pro Einheit der Produktart j um

$$\Delta k_{Sj} = 1 \cdot \left(1 + \frac{2000}{100}\right) \cdot \left(1 + \frac{20}{100} + \frac{15}{100}\right) = 28,35 \ €$$

ändern.

4.3.3.2.4   Die Bezugsgrößenkalkulation

Die Bezugsgrößenkalkulation kann wie die (Lohn-) Zuschlagskalkulation in typischen Mehrproduktunternehmen, die eine große Anzahl unterschiedlicher Produktarten herstellen, angewandt werden.[215] Bei der Bezugsgrößenkalkulation erfolgt die Kalkulation der Material-, Verwaltungs- und Vertriebsgemeinkosten analog zur (Lohn-) Zuschlagskalkulation mit Hilfe von prozentualen Zuschlägen auf die Materialeinzelkosten bzw. auf die Herstellkosten. Der Unterschied zur (Lohn-) Zuschlagskalkulation besteht darin, dass die Verrechnung der Fertigungskosten (einschließlich Fertigungslöhne) auf die Kostenträger mit Hilfe von geeigneten Maßgrößen der Kostenverursachung erfolgt. Man bezeichnet diese Maßgrößen der Kostenverursachung als Bezugsgrößen. Es werden so genannte Bezugsgrößen-Kostensätze (Kostensätze pro Einheit der Bezugsgröße) gebildet, indem man den Quotienten aus den Fertigungskosten und dem Wert der gewählten Bezugsgröße (verbrauchte Bezugsgrößeneinheiten) ermittelt und die pro Einheit der jeweiligen Produktart j in Anspruch genommenen Einheiten der Bezugsgröße mit dem Bezugsgrößen-Kostensatz multipliziert.

Bei der Wahl der Bezugsgröße ist darauf zu achten, dass sie zu den Fertigungskosten in einem proportionalen Verhältnis steht. Ebenso muss ein proportionales Verhältnis zwischen der Kostenträger- und der Bezugsgrößenmenge bestehen. Zur Ermittlung der Kostensätze können beispielsweise die Fertigungszeiten oder die Maschinenzeiten gewählt werden. In diesen Fällen liegt dann die so genannte Stundensatz- bzw. Maschinenstundensatzkalkulation vor.

---

[215] Vgl. zu den folgenden Ausführungen: Kilger, W.: Einführung in die Kostenrechnung, a.a.O., S. 333ff.

Folgende Formen der Bezugsgrößenkalkulation lassen sich unterscheiden:

- Bezugsgrößenkalkulation bei homogener Kostenverursachung und
- Bezugsgrößenkalkulation bei heterogener Kostenverursachung.

Homogene Kostenverursachung liegt dann vor, wenn sich sämtliche in einer Fertigungsstelle m $(m = 1, ..., M)$ auftretenden Kosten zu genau einer Maßgröße der Kostenverursachung, d.h. zu einer bestimmten Bezugsgröße, proportional verhalten. Für eine Produktart j $(j = 1, ..., J)$, die die Fertigungsstellen m $(m = 1, ..., M)$ durchläuft, ergeben sich dann folgende Selbstkosten pro Produkteinheit:

$$k_{Sj} = \left[k_{MEj} \cdot \left(1 + \frac{d_M}{100} \right) + \sum_{m=1}^{M} d_m \cdot b_{mj} + e_{Fj} \right] \cdot \left(1 + \frac{d_{Vw}}{100} + \frac{d_{Vt}}{100} \right) + e_{Vij}, \quad j = 1, ..., J.$$

Darin bezeichnet:

d_m den für Fertigungsstelle m geltenden Kostensatz pro Einheit der gewählten Bezugsgröße und

b_{mj} die pro Einheit der Produktart j in Anspruch genommenen Einheiten der für Fertigungsstelle m gewählten Bezugsgröße.[216]

Die Ermittlung der Material-, Verwaltungs- und Vertriebsgemeinkostenzuschlagssätze erfolgt gemäß der im Rahmen der (Lohn-) Zuschlagskalkulation dargestellten Weise. Bei den Fertigungsgemeinkosten ist als Besonderheit zu beachten, dass diese nicht über Zuschlagssätze auf die Fertigungseinzelkosten (Fertigungslöhne) verrechnet werden, sondern dass sie – wie auch die Fertigungseinzelkosten – jeweils in dem für Fertigungsstelle m geltenden Kostensatz d_m enthalten sind. D.h. die Fertigungseinzel- und Fertigungsgemeinkosten werden in die jeweiligen Kostenstellen gezogen, um sie mit einem einheitlichen Schlüssel zu verteilen. Der Klammerausdruck

$$\left[k_{MEj} \cdot \left(1 + \frac{d_M}{100} \right) + \sum_{m=1}^{M} d_m \cdot b_{mj} + e_{Fj} \right]$$

bezeichnet die Herstellkosten pro Einheit der Produktart j.

Ein Unternehmen stelle in der Kalkulationsperiode, die einen Monat beträgt, drei unterschiedliche Produktarten her. Sämtliche Produktarten durchlaufen bis zu ihrer Fertigstellung vier aufeinander folgende Fertigungsstellen. In Tabelle 4.25 sind die während der Kalkulationsperiode in den einzelnen Stellen entstandenen Fertigungslöhne und Fertigungsgemeinkosten aufgeführt. Darüber hinaus enthält

---

[216] Wird die Fertigungszeit als Bezugsgröße gewählt, so handelt es sich bei b_{mj} um die benötigte Fertigungszeit pro Produkteinheit.

Tabelle 4.25 die in der jeweiligen Fertigungsstelle gewählte Bezugsgröße und die im Abrechnungsmonat verbrauchten Bezugsgrößeneinheiten. In Tabelle 4.26 sind die im Abrechnungsmonat erstellten Mengen (gemessen in Stück) der verschiedenen Produktarten aufgeführt. Des Weiteren enthält Tabelle 4.26 die in den einzelnen Fertigungsstellen beanspruchten Einheiten der gewählten Bezugsgröße pro Einheit der jeweiligen Produktart und die pro Einheit der jeweiligen Produktart entstandenen Materialeinzelkosten sowie die Sondereinzelkosten der Fertigung und des Vertriebs.

Tabelle 4.25: Beispiel zur Bezugsgrößenkalkulation bei homogener Kostenverursachung (Ftg.min. = Fertigungsminuten) (I)

| | | Fertigungsstelle | | | |
		1	2	3	4
Fertigungslöhne	K_{FLm} in $\dfrac{€}{\text{Monat}}$	9.900	16.200	9.840	15.600
Fertigungsgemein-kosten	K_{FGm} in $\dfrac{€}{\text{Monat}}$	8.910	24.300	7.872	18.720
gewählte Bezugsgröße		Ftg.min.	kg	Ftg.min.	cm^2
verbrauchte Einheiten pro Monat		6.600	13.500	8.200	15.600

Tabelle 4.26: Beispiel zur Bezugsgrößenkalkulation bei homogener Kostenverursachung (II)

Produkt-art	produ-zierte Menge	beanspruchte Bezugs-größeneinheiten pro Produktein-heit in Fertigungsstelle				Material-einzelkosten	Sondereinzelkosten der Ferti- des Vertriebs gung	
		1	2	3	4	k_{MEj} in	e_{Fj} in	e_{Vtj} in
	in	in						
j	$\dfrac{\text{Stück}}{\text{Monat}}$	$\dfrac{\text{Ftg.min.}}{\text{Stück}}$	$\dfrac{\text{kg}}{\text{Stück}}$	$\dfrac{\text{Ftg.min.}}{\text{Stück}}$	$\dfrac{\text{cm}^2}{\text{Stück}}$	$\dfrac{€}{\text{Stück}}$	$\dfrac{€}{\text{Stück}}$	$\dfrac{€}{\text{Stück}}$
1	60	40	30,0	10	60	150,00	2,50	5,00
2	120	15	37,5	50	80	380,00	4,00	7,50
3	80	30	90,0	20	30	240,00	3,20	4,30

Die Materialgemeinkosten K_{MG} betragen in der Kalkulationsperiode 33.972 €. An Verwaltungsgemeinkosten K_{VwG} bzw. Vertriebsgemeinkosten K_{VtG} sind in der Kalkulationsperiode 44.000 € bzw. 33.000 € angefallen.

Im obigen Zahlenbeispiel stimmen die zur Ermittlung der Zuschlagssätze für Material-, Verwaltungs- und Vertriebsgemeinkosten benötigten Daten mit den Daten aus dem Beispiel zur (Lohn-) Zuschlagskalkulation überein, so dass diese Zuschlagssätze übernommen werden können. Demnach betragen der Materialgemeinkostenzuschlagssatz $d_M = 46{,}03\%$, der Verwaltungsgemeinkostenzuschlagssatz $d_{V_w} = 20\%$ und der Vertriebsgemeinkostenzuschlagssatz $d_{V_t} = 15\%$.

Um die Selbstkosten pro Stück für die einzelnen Produktarten ermitteln zu können, muss zunächst für jede Fertigungsstelle m der entsprechende Bezugsgrößen-Kostensatz d_m berechnet werden. Der Bezugsgrößen-Kostensatz einer Fertigungsstelle m entspricht dem Quotienten aus Fertigungskosten (bestehend aus Fertigungslöhnen und Fertigungsgemeinkosten) und den verbrauchten Bezugsgrößeneinheiten. Man erhält somit für

Fertigungsstelle 1: $\quad d_1 = \dfrac{9.900 + 8.910}{6.600} \quad = 2{,}85 \dfrac{\text{€}}{\text{Ftg.min.}}$

Fertigungsstelle 2: $\quad d_2 = \dfrac{16.200 + 24.300}{13.500} \quad = 3{,}00 \dfrac{\text{€}}{\text{kg}}$

Fertigungsstelle 3: $\quad d_3 = \dfrac{9.840 + 7.872}{8.200} \quad = 2{,}16 \dfrac{\text{€}}{\text{Ftg.min.}}$

Fertigungsstelle 4: $\quad d_4 = \dfrac{15.600 + 18.720}{15.600} \quad = 2{,}20 \dfrac{\text{€}}{\text{cm}^2} \,.$

Die Fertigungskosten pro Stück erhält man für Produktart j, indem man die von ihr beanspruchten Bezugsgrößeneinheiten in Fertigungsstelle m mit dem Bezugsgrößen-Kostensatz dieser Fertigungsstelle multipliziert und über alle durchlaufenen Fertigungsstellen aufsummiert. Demnach betragen die Fertigungskosten pro Stück für

Produktart 1:

$$\sum_{m=1}^{4} d_m \cdot b_{m1} = 2{,}85 \cdot 40 + 3{,}00 \cdot 30 + 2{,}16 \cdot 10 + 2{,}20 \cdot 60 \quad = 357{,}60 \,\frac{\text{€}}{\text{Stück}}$$

Produktart 2:

$$\sum_{m=1}^{4} d_m \cdot b_{m2} = 2{,}85 \cdot 15 + 3{,}00 \cdot 37{,}5 + 2{,}16 \cdot 50 + 2{,}20 \cdot 80 \quad = 439{,}25 \,\frac{\text{€}}{\text{Stück}}$$

Produktart 3:

$$\sum_{m=1}^{4} d_m \cdot b_{m3} = 2{,}85 \cdot 30 + 3{,}00 \cdot 90 + 2{,}16 \cdot 20 + 2{,}20 \cdot 30 \quad = 464{,}70 \,\frac{\text{€}}{\text{Stück}} \,.$$

Nun können die Selbstkosten pro Einheit der jeweiligen Produktart berechnet werden. Man erhält für

Produktart 1:

$$k_{S1} = \left[150,00 \cdot \left(1 + \frac{46,03}{100} \right) + 357,60 + 2,50 \right] \cdot \left(1 + \frac{20}{100} + \frac{15}{100} \right) + 5,00$$

$$= 786,85 \, \frac{€}{\text{Stück}}$$

Produktart 2:

$$k_{S2} = \left[380,00 \cdot \left(1 + \frac{46,03}{100} \right) + 439,25 + 4,00 \right] \cdot \left(1 + \frac{20}{100} + \frac{15}{100} \right) + 7,50$$

$$= 1.355,02 \, \frac{€}{\text{Stück}}$$

Produktart 3:

$$k_{S3} = \left[240,00 \cdot \left(1 + \frac{46,03}{100} \right) + 464,70 + 3,20 \right] \cdot \left(1 + \frac{20}{100} + \frac{15}{100} \right) + 4,30$$

$$= 1.109,10 \, \frac{€}{\text{Stück}} .$$

Der Fall der heterogenen Kostenverursachung zeichnet sich dadurch aus, dass die in einer Fertigungsstelle $m (m = 1, ..., M)$ auftretenden Kosten sich zu jeweils unterschiedlichen Maßgrößen der Kostenverursachung proportional verhalten. Bei der Stundensatzkalkulation können in einer Fertigungsstelle mit heterogener Kostenverursachung beispielsweise die Fertigungslöhne von den Fertigungszeiten abhängen, während die Betriebsstoffkosten mit den Maschinenlaufzeiten variieren. Für diese Fertigungsstelle werden dann zwei Bezugsgrößen gewählt, die Fertigungszeit und die Maschinenlaufzeit.

Besteht allerdings zwischen den innerhalb einer Fertigungsstelle gewählten Bezugsgrößen eine proportionale Beziehung, so gilt das Gesetz von der Austauschbarkeit der Maßgrößen,[217] d.h. es genügt die Festsetzung einer einzigen Bezugsgröße. Diese proportionale Beziehung zwischen Fertigungszeit und Maschinenlaufzeit ist dann gegeben, wenn eine feste Bedienungsrelation vorliegt, d.h. wenn beispielsweise ein Arbeiter immer genau zwei Maschinen bedient. Die Maschinenlaufzeit ist folglich immer doppelt so hoch wie die Fertigungszeit, sofern keine Rüstzeiten anfallen. Es genügt dann als Bezugsgröße entweder die Fertigungszeit oder die Maschinenlaufzeit zu wählen.

Es wird nun der Fall untersucht, in dem keine proportionalen Beziehungen zwischen den gewählten Bezugsgrößen einer Fertigungsstelle bestehen. In der Fertigungsstelle $m (m = 1, ..., M)$ werden $k_m (k_m = 1, ..., K_m)$ Bezugsgrößen ausgewählt.

---

[217] Vgl. Rummel, K.: Einheitliche Kostenrechnung, a.a.O., S. 5.

Für die Produktart j $(j = 1, \ldots, J)$, die die Fertigungsstellen m $(m = 1, \ldots, M)$ durchläuft, ergeben sich dann folgende Selbstkosten pro Produkteinheit:

$$k_{Sj} = \left[k_{MEj} \cdot \left(1 + \frac{d_M}{100} \right) + \sum_{m=1}^{M} \sum_{k_m=1}^{K_m} d_{mk_m} \cdot b_{mk_m j} + e_{Fj} \right]$$

$$\cdot \left(1 + \frac{d_{Vw}}{100} + \frac{d_{Vt}}{100} \right) + e_{Vtj} , \qquad\qquad j = 1, \ldots, J .$$

Darin bezeichnet:

d_{mk_m} den für Fertigungsstelle m geltenden Kostensatz pro Einheit der gewählten Bezugsgröße k_m,

$b_{mk_m j}$ die pro Einheit der Produktart j in Anspruch genommenen Einheiten der gewählten Bezugsgröße k_m in Fertigungsstelle m und

K_m die in Fertigungsstelle m erforderliche Bezugsgrößenanzahl.

Die Ermittlung der Material-, Verwaltungs- und Vertriebsgemeinkostenzuschlagssätze erfolgt gemäß der im Rahmen der (Lohn-) Zuschlagskalkulation dargestellten Weise. Der Klammerausdruck

$$\left[k_{MEj} \cdot \left(1 + \frac{d_M}{100} \right) + \sum_{m=1}^{M} \sum_{k_m=1}^{K_m} d_{mk_m} \cdot b_{mk_m j} + e_{Fj} \right]$$

bezeichnet die Herstellkosten pro Einheit der Produktart j.

Ein Unternehmen stelle in der Kalkulationsperiode, die einen Monat beträgt, drei unterschiedliche Produktarten her. Sämtliche Produktarten durchlaufen vier aufeinander folgende Fertigungsstellen. In den Fertigungsstellen fallen Fertigungslöhne und Betriebsstoffkosten (Fertigungsgemeinkosten) an. Es ist von heterogener Kostenverursachung auszugehen, d.h. in jeder Fertigungsstelle verhalten sich die Fertigungslöhne und Betriebsstoffkosten zu unterschiedlichen Bezugsgrößen proportional und innerhalb einer Fertigungsstelle besteht keine Proportionalitätsbeziehung zwischen den gewählten Bezugsgrößen. In Tabelle 4.27 sind die während der Kalkulationsperiode in den einzelnen Stellen entstandenen Fertigungslöhne und Betriebsstoffkosten aufgeführt. Darüber hinaus enthält Tabelle 4.27 die in der jeweiligen Fertigungsstelle zur Verrechnung der Fertigungslöhne und Betriebsstoffkosten gewählten Bezugsgrößen und die im Abrechnungsmonat verbrauchten Bezugsgrößeneinheiten. In Tabelle 4.28 sind die im Abrechnungsmonat erstellten Mengen (gemessen in Stück) der verschiedenen Produktarten aufgeführt. Des Weiteren enthält Tabelle 4.28 die pro Einheit der jeweiligen Produktart entstandenen Materialeinzelkosten sowie die Sondereinzelkosten der Fertigung und des Vertriebs. Tabelle 4.29 enthält die zur Verrechnung der Fertigungslöhne in den einzelnen Fertigungsstellen beanspruchten Einheiten der gewählten Bezugsgröße pro Einheit der jeweiligen Produktart sowie die zur Verrechnung der

Betriebsstoffkosten in den einzelnen Fertigungsstellen beanspruchten Einheiten der gewählten Bezugsgröße pro Einheit der jeweiligen Produktart.

Die Materialgemeinkosten K_{MG} betragen in der Kalkulationsperiode 33.972 €.

An Verwaltungsgemeinkosten K_{VwG} bzw. Vertriebsgemeinkosten K_{VtG} sind in der Kalkulationsperiode 44.000 € bzw. 33.000 € angefallen.

Im folgenden Zahlenbeispiel stimmen die zur Ermittlung der Zuschlagssätze für Material-, Verwaltungs- und Vertriebsgemeinkosten benötigten Daten mit den Daten aus dem Beispiel zur (Lohn-) Zuschlagskalkulation überein – die Fertigungsgemeinkosten werden hier als Betriebsstoffkosten angesetzt –, so dass diese Zuschlagssätze übernommen werden können. Demnach betragen der Materialgemeinkostenzuschlagssatz d_M = 46,03 %, der Verwaltungsgemeinkostenzuschlagssatz d_{Vw} = 20 % und der Vertriebsgemeinkostenzuschlagssatz d_{Vt} = 15 %.

Tabelle 4.27: Beispiel zur Bezugsgrößenkalkulation bei heterogener Kostenverursachung (M.min. = Maschinenminuten) (I)

		Fertigungsstelle			
		1	2	3	4
Fertigungslöhne	K_{FLm} in $\dfrac{€}{\text{Monat}}$	9.900	16.200	9.840	15.600
	gewählte Bezugsgröße	Ftg.min.	kg	Ftg.min.	cm^2
	verbrauchte Einheiten pro Monat	6.600	13.500	8.200	15.600
Betriebsstoffkosten	K_{FGm} in $\dfrac{€}{\text{Monat}}$	8.910	24.300	7.872	18.720
	gewählte Bezugsgröße	M.min.	M.min.	M.min.	M.min.
	verbrauchte Einheiten pro Monat	2.700	9.720	3.280	5.850

Tabelle 4.28: Beispiel zur Bezugsgrößenkalkulation bei heterogener Kostenverursachung (II)

Produktart	produzierte Menge in	Materialeinzelkosten	Sondereinzelkosten	
			der Fertigung	des Vertriebs
		k_{MEj} in	e_{Fj} in	e_{Vtj} in
j	$\dfrac{\text{Stück}}{\text{Monat}}$	$\dfrac{€}{\text{Stück}}$	$\dfrac{€}{\text{Stück}}$	$\dfrac{€}{\text{Stück}}$
1	60	150,00	2,50	5,00
2	120	380,00	4,00	7,50
3	80	240,00	3,20	4,30

Tabelle 4.29: Beispiel zur Bezugsgrößenkalkulation bei heterogener Kostenverursachung (III)

Produktart	bzgl. der Fertigungskosten beanspruchte Bezugsgrößeneinheiten pro Produkteinheit in Fertigungsstelle				bzgl. der Betriebsstoffkosten beanspruchte Bezugsgrößeneinheiten pro Produkteinheit in Fertigungsstelle			
	1	2	3	4	1	2	3	4
j	$\frac{\text{Ftg.min.}}{\text{Stück}}$	$\frac{\text{kg}}{\text{Stück}}$	$\frac{\text{Ftg.min.}}{\text{Stück}}$	$\frac{\text{cm}^2}{\text{Stück}}$	$\frac{\text{M.min.}}{\text{Stück}}$	$\frac{\text{M.min.}}{\text{Stück}}$	$\frac{\text{M.min.}}{\text{Stück}}$	$\frac{\text{M.min.}}{\text{Stück}}$
1	40	30	10	60	9	30	12	24,5
2	15	37,5	50	80	10	32	14	21,5
3	30	90	20	30	12	51	11	22,5

Um die Selbstkosten pro Stück für die einzelnen Produktarten ermitteln zu können, müssen zunächst für sämtliche Bezugsgrößen k_m, die in der Fertigungsstelle m gewählt wurden, die entsprechenden Bezugsgrößen-Kostensätze d_{mk_m} berechnet werden. Im Beispiel sind jeder Fertigungsstelle zwei verschiedene Bezugsgrößen zugeordnet. Die jeweilige Bezugsgröße, die zur Verrechnung der Fertigungslöhne herangezogen wird, erhält den Index $k_m = 1$, der zur Verrechnung der Betriebsstoffkosten herangezogenen Bezugsgröße wird der Index $k_m = 2$ zugeteilt. Bezüglich der Fertigungslöhne erhält man die Bezugsgrößen-Kostensätze der einzelnen Fertigungsstellen als Quotient aus den Fertigungslöhnen und den in der jeweiligen Fertigungsstelle verbrauchten Bezugsgrößeneinheiten. Man erhält somit für

Fertigungsstelle 1: $\quad d_{11} = \dfrac{9.900}{6.600} \quad = 1,50 \, \dfrac{\text{€}}{\text{Ftg.min.}}$

Fertigungsstelle 2: $\quad d_{21} = \dfrac{16.200}{13.500} \quad = 1,20 \, \dfrac{\text{€}}{\text{kg}}$

Fertigungsstelle 3: $\quad d_{31} = \dfrac{9.840}{8.200} \quad = 1,20 \, \dfrac{\text{€}}{\text{Ftg.min.}}$

Fertigungsstelle 4: $\quad d_{41} = \dfrac{15.600}{15.600} \quad = 1,00 \, \dfrac{\text{€}}{\text{cm}^2} .$

Bezüglich der Betriebsstoffkosten errechnen sich die Bezugsgrößen-Kostensätze der verschiedenen Fertigungsstellen als Quotient aus Betriebsstoffkosten und jeweils verbrauchten Bezugsgrößeneinheiten. Somit ergibt sich für

Fertigungsstelle 1: $\quad d_{12} = \dfrac{8.910}{2.700} \quad = 3,30 \, \dfrac{\text{€}}{\text{M.min.}}$

Fertigungsstelle 2: $\qquad d_{22} = \dfrac{24.300}{9.720} \qquad = 2,50 \dfrac{\text{\euro}}{\text{M.min.}}$

Fertigungsstelle 3: $\qquad d_{32} = \dfrac{7.872}{3.280} \qquad = 2,40 \dfrac{\text{\euro}}{\text{M.min.}}$

Fertigungsstelle 4: $\qquad d_{42} = \dfrac{18.720}{5.850} \qquad = 3,20 \dfrac{\text{\euro}}{\text{M.min.}} \, .$

Die Fertigungskosten pro Stück erhält man für Produktart *j*, indem man die jeweils von ihr beanspruchten Bezugsgrößeneinheiten in Fertigungsstelle *m* mit dem entsprechenden Bezugsgrößen-Kostensatz dieser Fertigungsstelle multipliziert und über alle durchlaufenen Fertigungsstellen aufsummiert. Demnach betragen die Fertigungskosten pro Stück für

Produktart 1:

$$\sum_{m=1}^{4} \sum_{k_m=1}^{2} d_{mk_m} \cdot b_{mk_m 1} = 1,50 \cdot 40 + 1,20 \cdot 30 + 1,20 \cdot 10 + 1,00 \cdot 60 + 3,30 \cdot 9$$

$$+ 2,50 \cdot 30 + 2,40 \cdot 12 + 3,20 \cdot 24,5 = 379,90 \, \frac{\text{\euro}}{\text{Stück}}$$

Produktart 2:

$$\sum_{m=1}^{4} \sum_{k_m=1}^{2} d_{mk_m} \cdot b_{mk_m 2} = 1,50 \cdot 15 + 1,20 \cdot 37,5 + 1,20 \cdot 50 + 1,00 \cdot 80 + 3,30 \cdot 10$$

$$+ 2,50 \cdot 32 + 2,40 \cdot 14 + 3,20 \cdot 21,5 = 422,90 \, \frac{\text{\euro}}{\text{Stück}}$$

Produktart 3:

$$\sum_{m=1}^{4} \sum_{k_m=1}^{2} d_{mk_m} \cdot b_{mk_m 3} = 1,50 \cdot 30 + 1,20 \cdot 90 + 1,20 \cdot 20 + 1,00 \cdot 30 + 3,30 \cdot 12$$

$$+ 2,50 \cdot 51 + 2,40 \cdot 11 + 3,20 \cdot 22,5 = 472,50 \, \frac{\text{\euro}}{\text{Stück}} \, .$$

Nun können die Selbstkosten pro Einheit der jeweiligen Produktart berechnet werden. Man erhält für

Produktart 1:

$$k_{S1} = \left[150,00 \cdot \left(1 + \frac{46,03}{100} \right) + 379,90 + 2,50 \right] \cdot \left(1 + \frac{20}{100} + \frac{15}{100} \right) + 5,00$$

$$= 816,95 \, \frac{\text{\euro}}{\text{Stück}}$$

Produktart 2:

$$k_{S2} = \left[380{,}00 \cdot \left(1 + \frac{46{,}03}{100}\right) + 422{,}90 + 4{,}00 \right] \cdot \left(1 + \frac{20}{100} + \frac{15}{100}\right) + 7{,}50$$

$$= 1.332{,}95 \, \frac{\text{€}}{\text{Stück}}$$

Produktart 3:

$$k_{S3} = \left[240{,}00 \cdot \left(1 + \frac{46{,}03}{100}\right) + 472{,}50 + 3{,}20 \right] \cdot \left(1 + \frac{20}{100} + \frac{15}{100}\right) + 4{,}30$$

$$= 1.119{,}63 \, \frac{\text{€}}{\text{Stück}} \, .$$

Bislang wurden lediglich Kalkulationsverfahren für einteilige Produkte untersucht. Im Folgenden wird nun die Kalkulation von mehrteiligen Produkten bei homogener Kostenverursachung betrachtet.

4.3.3.3 Kalkulation für mehrteilige Produkte

Die Erstellung mehrteiliger Produkte kann danach unterschieden werden, ob einstufige oder mehrstufige Fertigung vorliegt. Die im Folgenden erläuterten Kalkulationsverfahren beziehen sich auf mehrteilige Produkte bei mehrstufiger Fertigung. Dabei wird unterstellt, dass sich ein in mehreren Stufen gefertigtes Produkt aus Eigenfertigungsteilen, Fremdbezugsteilen und verschiedenen untergeordneten Baugruppen zusammensetzen kann. Die untergeordneten Baugruppen können ihrerseits ebenfalls aus Eigenfertigungsteilen, Fremdbezugsteilen oder verschiedenen Baugruppen bestehen. Als Kalkulationsverfahren für mehrteilige Produkte bei mehrstufiger Fertigung eignen sich die Stufenkalkulation und die summarische Kalkulation.

4.3.3.3.1 *Die Stufenkalkulation*

Bei diesem Kalkulationsverfahren erfolgt die Ermittlung der Selbstkosten pro Endprodukteinheit schrittweise gemäß dem konstruktiven Aufbau bzw. der Montagefolge des Endproduktes.[218] Zunächst werden die Herstellkosten der Eigenfertigungsteile ermittelt, wobei in der Regel die Zuschlags- oder Bezugsgrößenkalkulation eingesetzt wird. Fremdbezugsteile sind mit ihren Einstandspreisen zuzüglich der Materialgemeinkostenzuschläge zu bewerten. Im nächsten Schritt werden

---

[218] Vgl. zu den folgenden Ausführungen Kilger, W.: Einführung in die Kostenrechnung, a.a.O., S. 344ff.

die Herstellkosten der untergeordneten Baugruppen ermittelt. Dafür muss festgestellt werden, welche Eigenfertigungsteile, Fremdbezugsteile bzw. Baugruppen direkt in die betreffende Baugruppe eingehen und wie viele Einheiten von den Eigenfertigungsteilen, Fremdbezugsteilen bzw. Baugruppen pro Einheit der betrachteten Baugruppe (direkt) benötigt werden (Produktionskoeffizient). Die Herstellkosten der betrachteten Baugruppe setzen sich dann zusammen aus:

– den Herstellkosten der direkt eingehenden Eigenfertigungsteile multipliziert mit den entsprechenden Produktionskoeffizienten,
– den Einstandspreisen (inklusive Materialgemeinkostenzuschlag) der direkt eingehenden Fremdbezugsteile multipliziert mit den entsprechenden Produktionskoeffizienten,
– den Herstellkosten der direkt eingehenden Baugruppen multipliziert mit den entsprechenden Produktionskoeffizienten und
– den Montagekosten, die zur Erstellung einer Einheit der betrachteten Baugruppe anfallen.

Im letzten Schritt werden dann die Herstell- und Selbstkosten pro Endprodukteinheit ermittelt. Auch hierfür muss zunächst untersucht werden, welche Eigenfertigungsteile, Fremdbezugsteile bzw. untergeordneten Baugruppen direkt in das Endprodukt eingehen und wie viele Einheiten von den Eigenfertigungsteilen, Fremdbezugsteilen bzw. untergeordneten Baugruppen pro Einheit des Endproduktes benötigt werden. Die Herstellkosten des Endproduktes werden dann analog zu denen von Baugruppen (siehe oben) berechnet, wobei abweichend noch die Montagekosten hinzukommen, die zur Erstellung einer Einheit des Endproduktes anfallen.

Um die Selbstkosten pro Endprodukteinheit zu erhalten, müssen auf die Herstellkosten pro Endprodukteinheit noch die Verwaltungs- und Vertriebsgemeinkostenzuschläge verrechnet und die Sondereinzelkosten des Vertriebs hinzuaddiert werden.

Durchläuft das Eigenfertigungsteil u $(u = 1, ..., U)$ die Fertigungsstellen m $(m = 1, ..., M)$, so erhält man folgende Herstellkosten pro Einheit des Eigenfertigungsteils u:

$$ k_{Hu}^{ET} = k_{MEu}^{ET} \cdot \left(1 + \frac{d_M^{ET}}{100} \right) + \sum_{m=1}^{M} d_m \cdot b_{mu} + e_{Fu} , \qquad u = 1, ..., U . $$

Darin bezeichnet:

k_{Hu}^{ET} die Herstellkosten pro Einheit des Eigenfertigungsteils u,

k_{MEu}^{ET} die Materialeinzelkosten pro Einheit des Eigenfertigungsteils u,

b_{mu} die pro Einheit des Eigenfertigungsteils u in Anspruch genommenen Einheiten der für Fertigungsstelle m gewählten Bezugsgröße,

e_{Fu} die Sondereinzelkosten der Fertigung pro Einheit des Eigenfertigungsteils u und

d_M^{ET} den Materialgemeinkostenzuschlagssatz für das Eigenfertigungsteil.

Pro Einheit des benötigten Fremdbezugsteils w $(w = 1, ..., W)$ werden folgende Kosten angesetzt:

$$k_w^{FT} = q_w \cdot \left(1 + \frac{d_M^{FT}}{100}\right), \qquad w = 1, ..., W.$$

Darin bezeichnet:

k_w^{FT} die pro Einheit des Fremdbezugsteils w anzusetzenden Kosten,

q_w den Einstandspreis pro Einheit des Fremdbezugsteils w und

d_M^{FT} den Materialgemeinkostenzuschlagssatz für das Fremdbezugteil.

Die auf der nächsten Stufe zu ermittelnden Herstellkosten pro Einheit der Baugruppe z $(z = 1, ..., Z)$ errechnet man als:

$$k_{Hz}^{BG} = \sum_{u=1}^{U} k_{Hu}^{ET} \cdot a_{uz}^{ET} + \sum_{w=1}^{W} k_w^{FT} \cdot a_{wz}^{FT} + \sum_{z'=1}^{z-1} k_{Hz'}^{BG} \cdot a_{z'z}^{BG} + k_{MONz}^{BG}, \qquad z = 1, ..., Z.$$

Darin bezeichnet:

k_{Hz}^{BG} die Herstellkosten pro Einheit der Baugruppe z,

$k_{Hz'}^{BG}$ die Herstellkosten pro Einheit der Baugruppe z',

k_{MONz}^{BG} die Montagekosten pro Einheit der Baugruppe z,

a_{uz}^{ET} die von Eigenfertigungsteil u direkt benötigten Einheiten pro Einheit der Baugruppe z (Produktionskoeffizient),

a_{wz}^{FT} die von Fremdbezugsteil w direkt benötigten Einheiten pro Einheit der Baugruppe z (Produktionskoeffizient) und

$a_{z'z}^{BG}$ die von Baugruppe z' direkt benötigten Einheiten pro Einheit der Baugruppe z (Produktionskoeffizient).

Die Summation

$$\sum_{z'=1}^{z-1} a_{z'z}^{BG} \cdot k_{Hz'}^{BG}$$

setzt, ohne praktisch eine Einschränkung darzustellen, voraus, dass Baugruppen, die eine höhere Nummer aufweisen, nicht in Baugruppen mit niedrigerer Nummer eingehen. D.h. dass z.B. die Baugruppe 7 in die Baugruppe 8 eingehen kann, jedoch nicht umgekehrt 8 in 7. Die Herstellkosten pro Einheit des Endproduktes j $(j = 1, ..., J)$ erhält man gemäß folgender Formel:

$$k_{Hj}^{EP} = \sum_{u=1}^{U} k_{Hu}^{ET} \cdot a_{uj}^{ET} + \sum_{w=1}^{W} k_{w}^{FT} \cdot a_{wj}^{FT} + \sum_{z=1}^{Z} k_{Hz}^{BG} \cdot a_{zj}^{BG} + k_{MONj}^{EP} , \qquad j = 1, \dots, J \, .$$

Darin bezeichnet:

k_{Hj}^{EP} die Herstellkosten pro Einheit des Endproduktes j,

k_{MONj}^{EP} die Montagekosten pro Einheit des Endproduktes j,

a_{uj}^{ET} die von Eigenfertigungsteil u direkt benötigten Einheiten pro Einheit des Endproduktes j (Produktionskoeffizient),

a_{wj}^{FT} die von Fremdbezugsteil w direkt benötigten Einheiten pro Einheit des Endproduktes j (Produktionskoeffizient) und

a_{zj}^{BG} die von Baugruppe z direkt benötigten Einheiten pro Einheit des Endproduktes j (Produktionskoeffizient).

Schließlich erhält man die Selbstkosten pro Einheit des Endproduktes j als:

$$k_{Sj}^{EP} = k_{Hj}^{EP} \cdot \left(1 + \frac{d_{Vw}}{100} + \frac{d_{Vt}}{100} \right) + e_{Vtj} , \qquad j = 1, \dots, J \, .$$

Darin bezeichnet:

k_{Sj}^{EP} die Selbstkosten pro Einheit des Endproduktes j.

Der konstruktive Aufbau eines Endproduktes möge beispielsweise durch den folgenden Gozinto-Graphen der Abb. 4.7 dargestellt werden, wobei aus Vereinfachungsgründen Eigenfertigungsteile, Fremdbezugsteile, Baugruppen und das Endprodukt jeweils in der Einheit Stück gemessen werden.

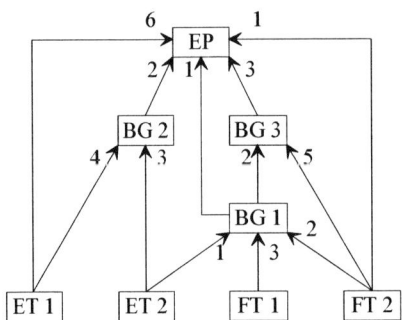

Abb. 4.7:   Gozinto-Graph (EP = Endprodukt, BG = Baugruppe, FT = Fremdbezugsteil, ET = Eigenfertigungsteil)

Die Zahlen an den Pfeilen geben die jeweiligen Produktionskoeffizienten an. Zur Herstellung der beiden Eigenfertigungsteile müssen drei Fertigungsstellen durchlaufen werden. Tabelle 4.30 enthält die in den einzelnen Fertigungsstellen beanspruchten Einheiten der dort gewählten Bezugsgröße pro Einheit des jeweiligen Eigenfertigungsteils sowie die Bezugsgrößen-Kostensätze der verschiedenen Fertigungsstellen. Darüber hinaus enthält Tabelle 4.30 die für die beiden Eigenfertigungsteile angefallenen Materialeinzelkosten und die Sondereinzelkosten der Fertigung. In Tabelle 4.31 sind die Montagekosten für die verschiedenen Baugruppen und das Endprodukt aufgeführt. Bei den Montagekosten handelt es sich um primäre variable Kosten pro Einheit des Erzeugnisses, das in der betreffenden Montagestelle gefertigt wird.

Fremdbezugsteil 1 bzw. 2 kann zum Einstandspreis von 5,50 € pro Stück bzw. 7,80 € pro Stück beschafft werden. Der Materialgemeinkostenzuschlagssatz beträgt sowohl für Eigenfertigungs- als auch für Fremdbezugsteile 40 %. Der Verwaltungs- bzw. Vertriebsgemeinkostenzuschlagssatz beträgt 20 % bzw. 15 %. Für das Endprodukt fallen Sondereinzelkosten des Vertriebs in Höhe von 7,80 € pro Stück an.

Tabelle 4.30: Beispiel zur Stufenkalkulation (I)

	beanspruchte Bezugsgrößeneinheiten pro ET in Fertigungsstelle			Material-einzelkosten k_{MEu}^{ET} in	Sondereinzel-kosten der Fertigung e_{Fu} in
	1 $\frac{\text{M.min.}}{\text{Stück}}$	2 $\frac{\text{cm}^2}{\text{Stück}}$	3 $\frac{\text{kg}}{\text{Stück}}$	$\frac{€}{\text{Stück}}$	$\frac{€}{\text{Stück}}$
ET 1	40	20	10	150,00	2,50
ET 2	15	25	50	380,00	4,00
Bezugsgrößen-Kostensatz	3,11 $\frac{€}{\text{M.min.}}$	2,50 $\frac{€}{\text{cm}^2}$	1,85 $\frac{€}{\text{kg}}$		

Tabelle 4.31: Beispiel zur Stufenkalkulation (II)

		Montagekosten in $\frac{€}{\text{Stück}}$
BG 1	$k_{MON1}^{BG} =$	57,50
BG 2	$k_{MON2}^{BG} =$	128,00
BG 3	$k_{MON3}^{BG} =$	48,50
EP	$k_{MON}^{EP} =$	105,00

Für Eigenfertigungsteil 1 ergeben sich folgende Herstellkosten:

$$k_{H1}^{ET} = 150,00 \cdot \left(1 + \frac{40}{100}\right) + 3,11 \cdot 40 + 2,50 \cdot 20 + 1,85 \cdot 10 + 2,50 = 405,40 \frac{\text{€}}{\text{Stück}}.$$

Die Herstellkosten für Eigenfertigungsteil 2 betragen:

$$k_{H2}^{ET} = 380,00 \cdot \left(1 + \frac{40}{100}\right) + 3,11 \cdot 15 + 2,50 \cdot 25 + 1,85 \cdot 50 + 4,00 = 737,65 \frac{\text{€}}{\text{Stück}}.$$

Fremdbezugsteil 1 ist mit folgenden Kosten anzusetzen:

$$k_1^{FT} = 5,50 \cdot \left(1 + \frac{40}{100}\right) = 7,70 \frac{\text{€}}{\text{Stück}}.$$

Für Fremdbezugsteil 2 ergeben sich Kosten in Höhe von:

$$k_2^{FT} = 7,80 \cdot \left(1 + \frac{40}{100}\right) = 10,92 \frac{\text{€}}{\text{Stück}}.$$

Zur Ermittlung der Herstellkosten für die Baugruppen benötigt man die im Gozinto-Graphen angegebenen Produktionskoeffizienten. Diese werden aus Übersichtlichkeitsgründen in der Direktbedarfsmatrix der Abb. 4.8 dargestellt.

von \ in	ET 1	ET 2	FT 1	FT 2	BG 1	BG 2	BG 3	EP
ET 1						4		6
ET 2					1	3		
FT 1					3			
FT 2					2		5	1
BG 1							2	1
BG 2								2
BG 3								3
EP								

Abb. 4.8:   Direktbedarfsmatrix

Für die verschiedenen Baugruppen erhält man somit folgende Herstellkosten:

Baugruppe 1: $k_{H1}^{BG} = 737,65 \cdot 1 + 7,70 \cdot 3 + 10,92 \cdot 2 + 57,50 = 840,09 \frac{\text{€}}{\text{Stück}}$

Baugruppe 2: $k_{H2}^{BG} = 405,40 \cdot 4 + 737,65 \cdot 3 + 128,00 = 3.962,55 \dfrac{€}{\text{Stück}}$

Baugruppe 3: $k_{H3}^{BG} = 10,92 \cdot 5 + 840,09 \cdot 2 + 48,50 = 1.783,28 \dfrac{€}{\text{Stück}}$.

Damit ergeben sich folgende Herstellkosten für das Endprodukt:

$k_H^{EP} = 405,40 \cdot 6 + 10,92 \cdot 1 + 840,09 \cdot 1 + 3.962,55 \cdot 2 + 1.783,28 \cdot 3 + 105,00$

$= 16.663,35 \dfrac{€}{\text{Stück}}$.

Als Selbstkosten erhält man für das Endprodukt:

$k_S^{EP} = 16.663,35 \cdot \left(1 + \dfrac{20}{100} + \dfrac{15}{100} \right) + 7,80 = 22.503,32 \; €.$

4.3.3.3.2   Die summarische Kalkulation

Die summarische Kalkulation zeichnet sich dadurch aus, dass die in das Endprodukt eingehenden Eigenfertigungsteile, Fremdbezugsteile und untergeordneten Baugruppen mit ihren insgesamt benötigten Einheiten pro Endprodukteinheit, d.h. mit den Gesamtbedarfskoeffizienten erfasst werden.[219] Die Herstellkosten des Endproduktes setzen sich dann zusammen aus:

- den Herstellkosten der insgesamt eingehenden Eigenfertigungsteile multipliziert mit den entsprechenden Gesamtbedarfskoeffizienten,
- den Einstandspreisen (inklusive Materialgemeinkostenzuschlag) der insgesamt eingehenden Fremdbezugsteile multipliziert mit den entsprechenden Gesamtbedarfskoeffizienten,
- den Montagekosten der insgesamt eingehenden Baugruppen multipliziert mit den entsprechenden Gesamtbedarfskoeffizienten und
- den Montagekosten, die zur Erstellung einer Einheit des Endproduktes anfallen.

Da bei der summarischen Kalkulation die insgesamt benötigten Mengen betrachtet werden, dürfen, um Doppelzählungen zu vermeiden, die untergeordneten Baugruppen nur mit ihren Montagekosten und nicht mit ihren Herstellkosten berücksichtigt werden.

Um die Selbstkosten pro Endprodukteinheit zu erhalten, müssen auf die Herstellkosten pro Endprodukteinheit noch die Verwaltungs- und Vertriebsgemeinkostenzuschläge verrechnet und die Sondereinzelkosten des Vertriebs hinzuaddiert werden.

---

[219] Vgl. zu den folgenden Ausführungen Kilger, W.: Einführung in die Kostenrechnung, a.a.O., S. 347f.

Die Herstellkosten pro Einheit des jeweiligen Eigenfertigungsteils und die pro Einheit des jeweiligen Fremdbezugsteils anzusetzenden Kosten werden entsprechend der in der Stufenkalkulation dargestellten Vorgehensweise ermittelt.

Die Herstellkosten pro Einheit des Endproduktes j $(j = 1, ..., J)$ erhält man gemäß folgender Formel:

$$k_{Hj}^{EP} = \sum_{u=1}^{U} k_{Hu}^{ET} \cdot g_{uj}^{ET} + \sum_{w=1}^{W} k_w^{FT} \cdot g_{wj}^{FT} + \sum_{z=1}^{Z} k_{MONz}^{BG} \cdot g_{zj}^{BG} + k_{MONj}^{EP} \,, \qquad j = 1, ..., J \,.$$

Darin bezeichnet:

g_{uj}^{ET} die von Eigenfertigungsteil u insgesamt benötigten Einheiten pro Einheit des Endproduktes j (Gesamtbedarfskoeffizient),

g_{wj}^{FT} die von Fremdbezugsteil w insgesamt benötigten Einheiten pro Einheit des Endproduktes j (Gesamtbedarfskoeffizient) und

g_{zj}^{BG} die von Baugruppe z insgesamt benötigten Einheiten pro Einheit des Endproduktes j (Gesamtbedarfskoeffizient).

Schließlich erhält man die Selbstkosten pro Einheit des Endproduktes j als:

$$k_{Sj}^{EP} = k_{Hj}^{EP} \cdot \left(1 + \frac{d_{Vw}}{100} + \frac{d_{Vt}}{100}\right) + e_{Vtj} \,, \qquad j = 1, ..., J \,.$$

Ausgehend von dem im Rahmen der Stufenkalkulation dargestellten Beispiel sollen nun die Herstell- und Selbstkosten pro Endprodukteinheit mittels summarischer Kalkulation ermittelt werden. Die Herstellkosten für die Eigenfertigungsteile 1 bzw. 2 betragen (wie bereits ermittelt) 405,40 bzw. 737,65 € pro Stück. Für Fremdbezugsteil 1 bzw. 2 fallen Kosten in Höhe von 7,70 bzw. 10,92 € pro Stück an. Die benötigten Gesamtbedarfskoeffizienten lassen sich aus dem Gozinto-Graphen ableiten, indem man für sämtliche Wege, auf denen ein Teil in ein anderes Teil eingeht, die Menge berechnet (durch Multiplikation der Produktionskoeffizienten), die von dem Teil auf dem jeweiligen Weg benötigt wird, und dann die Mengen über sämtliche Wege aufsummiert. So geht beispielsweise Eigenfertigungsteil 1 dirckt mit sechs Einheiten in das Endprodukt ein. Über die Baugruppe 2 gehen $4 \cdot 2 = 8$ Einheiten von Eigenfertigungsteil 1 in das Endprodukt ein. Es werden also insgesamt $6 + 8 = 14$ Einheiten von Eigenfertigungsteil 1 benötigt, um eine Einheit des Endproduktes herzustellen. Die Gesamtbedarfskoeffizienten der übrigen Teile werden analog ermittelt und sind in der folgenden Gesamtbedarfsmatrix der Abb. 4.9 aufgeführt. Prinzipiell genügt es, nur die letzte Spalte der Gesamtbedarfsmatrix anzugeben, da dort die Eigenfertigungsteile, Fremdbezugsteile und Baugruppen mit ihren insgesamt benötigten Einheiten pro Endprodukteinheit aufgeführt sind.

in↙ von↘	ET 1	ET 2	FT 1	FT 2	BG 1	BG 2	BG 3	EP
ET 1	1					4		14
ET 2		1			1	3	2	13
FT 1			1		3		6	21
FT 2				1	2		9	30
BG 1					1		2	7
BG 2						1		2
BG 3							1	3
EP								1

Abb. 4.9:   Gesamtbedarfsmatrix

Damit ergeben sich folgende Herstellkosten für das Endprodukt:

$$k_H^{EP} = 405{,}40 \cdot 14 + 737{,}65 \cdot 13 + 7{,}70 \cdot 21 + 10{,}92 \cdot 30$$
$$+ 57{,}50 \cdot 7 + 128{,}00 \cdot 2 + 48{,}50 \cdot 3 + 105{,}00 = 16.663{,}35 \ \frac{\text{€}}{\text{Stück}}.$$

Als Selbstkosten erhält man für das Endprodukt:

$$k_S^{EP} = 16.663{,}35 \cdot \left(1 + \frac{20}{100} + \frac{15}{100}\right) + 7{,}80 = 22.503{,}32 \ \frac{\text{€}}{\text{Stück}}.$$

Es wird deutlich, dass die Stufenkalkulation und die summarische Kalkulation zu den gleichen Kalkulationsergebnissen führen. Aus kalkulatorischer Sicht spielt es also keine Rolle, welches Verfahren angewandt wird. Allerdings liegt ein entscheidender Vorteil der Stufenkalkulation darin, dass mehrfach verwendete Teile und Baugruppen nur einmal kalkuliert werden müssen.[220]
Den bislang dargestellten Kalkulationsverfahren für einteilige und mehrteilige Produkte lagen Produktionsprozesse zugrunde, in denen, sofern mehrere Produktarten erstellt wurden, die Herstellung dieser Produktarten unabhängig voneinander stattfand. Liegen jedoch Produktionsprozesse vor, die aus technologischen Gründen zwangsläufig zur gleichzeitigen Entstehung mehrerer Produktarten führen, deren Mengenrelationen entweder fest oder nur innerhalb bestimmter Intervallgrenzen veränderbar sind, so spricht man von Kuppelproduktion.[221] Als typisches Beispiel für Kuppelproduktion werden in der Literatur häufig Kokereien angeführt, in denen aus Steinkohle gleichzeitig Koks, Gas, Teer, Benzol und andere

---

[220] Vgl. Raps, A. / Nuppeney, W.: Produktkosten-Controlling im System der Grenzplankostenrechnung, in: Kostenrechnungspraxis (1993) 3, S. 145-155, hier S. 148.

[221] Vgl. Kilger, W.: Einführung in die Kostenrechnung, a.a.O., S. 354.

Kohlewertstoffe gewonnen werden.[222] Im folgenden Kapitel sollen nun Kalkulationsverfahren betrachtet werden, die beim Vorliegen von Kuppelproduktion angewandt werden.

4.3.3.4 Kalkulation für Kuppelprodukte

Die Kuppelproduktion lässt sich nach der Anzahl der aufeinander folgenden Kuppelproduktionsprozesse unterscheiden in einfache und mehrfache Kuppelproduktion. Einfache Kuppelproduktion liegt dann vor, wenn in einem Unternehmen lediglich ein Produktionsprozess existiert, bei dem Kuppelprodukte entstehen. Nach Durchführung dieses Prozesses werden die entstandenen Kuppelprodukte – gegebenenfalls nach Weiterverarbeitung – ganz oder teilweise abgesetzt. Mehrfache Kuppelproduktion zeichnet sich dadurch aus, dass mehrere Kuppelproduktionsprozesse aufeinander folgen, wobei die Kuppelprodukte vorgelagerter Prozesse ganz oder teilweise als Einsatzstoffe in die nachgelagerten Prozesse eingehen.[223]

Die Kalkulation von Kuppelprodukten weist das Problem auf, dass eine Kostenträgerrechnung, die verursachungsgerecht nach Einzelprodukten differenziert, nicht möglich ist. Die Zurechnung der angefallenen Kosten auf die Kuppelprodukte wird folglich immer willkürlich bleiben.[224] Zu beachten ist in diesem Zusammenhang, dass nicht nur die fixen sondern auch die variablen Kosten des Kuppelproduktionsprozesses nicht verursachungsgerecht auf die Kuppelprodukte verrechnet werden können. Da jedoch die Bestandsbewertung und die Durchführung der kurzfristigen Erfolgsrechnung ohne produktindividuelle Stückkosten nicht möglich ist, versucht man, die Kosten des Kuppelprozesses mittels solcher Kalkulationsverfahren zuzurechnen, die auf anderen Prinzipien, wie z.B. dem Tragfähigkeitsprinzip basieren.[225] Allerdings darf bei Einsatz dieser Verfahren nie vergessen werden, dass es sich lediglich um Näherungsansätze handelt, die dem Verursachungsprinzip nicht entsprechen und folglich auch keine entscheidungsrelevanten Kosten liefern können.[226] Bei der nun folgenden Darstellung von Kalkulationsverfahren wird ausschließlich die einfache Kuppelproduktion betrachtet.

---

[222]   Vgl. Kilger, W.: Einführung in die Kostenrechnung, a.a.O., S. 354.

[223]   Vgl. Riebel, P.: Die Kuppelproduktion, Köln 1955, S. 77ff.; Kilger, W.: Einführung in die Kostenrechnung, a.a.O., S. 355.

[224]   Vgl. Brink, H.-J.: Zur Planung des optimalen Fertigungsprogramms, Köln et al. 1966, S. 32; Fandel, G.: Zur Berücksichtigung von Überschuß- bzw. Vernichtungsmengen in der optimalen Programmplanung bei Kuppelproduktion, in: Brockhoff, K. / Krelle, W. (Hrsg.): Unternehmensplanung, Berlin et al. 1981, S. 193-212, hier S. 193ff.

[225]   Vgl. Kapitel 2.4.

[226]   Vgl. Kilger, W.: Einführung in die Kostenrechnung, a.a.O., S. 355f.

4.3.3.4.1 Das Subtraktions- oder Restwertverfahren

Anwendungsvoraussetzung für das Subtraktions- oder Restwertverfahren ist, dass eines der Kuppelprodukte eindeutig als Hauptprodukt aus dem Kuppelproduktionsprozess hervorgeht, während es sich bei den anderen Kuppelprodukten um Nebenprodukte handelt.[227] Das Kuppelprodukt, das als Hauptprodukt aus dem Produktionsprozess entsteht, zeichnet sich dadurch aus, dass seine Herstellung geplant ist, weil sein ökonomischer Wert den der Nebenprodukte weit übersteigt. Zur Kalkulation der Produkte eines Kuppelprozesses werden beim Subtraktions- oder Restwertverfahren von der Summe aus Herstellkosten und Vernichtungskosten die Nettoerlöse der Nebenprodukte – abzüglich der von ihnen (gegebenenfalls) zusätzlich verursachten Kosten – subtrahiert. Dieser Saldo wird nach dem Divisionsprinzip der Ausbringungsmenge des Hauptproduktes zugerechnet.

Zur Herleitung der Kalkulationsgleichungen sind folgende Annahmen zu treffen. Insgesamt entstehen im Kuppelproduktionsprozess j $(j = 1, ..., J)$ Kuppelprodukte, die sich in ein Hauptprodukt und $(J-1)$ Nebenprodukte unterteilen. Der Index J bezeichne das Hauptprodukt, das nach dem Produktionsprozess noch in m $(m = 1, ..., M)$ Fertigungsstellen weiterverarbeitet wird. Die j $(j = 1, ..., J-1)$ Nebenprodukte werden wie folgt unterteilt:

$j = 1, ..., J'$ Nebenprodukte werden vernichtet und

$j = J' + 1, ..., J-1$ Nebenprodukte werden – gegebenenfalls nach Weiterverarbeitung – verkauft.

Für die Selbstkosten pro Einheit des Hauptproduktes gilt dann:

$$k_{SJ} = \left[\frac{K_H + \sum_{j=1}^{J'} k_j \cdot x_j - \sum_{j=J'+1}^{J-1} k_{Hj} \cdot x_j}{x_J} + \sum_{m=1}^{M} d_m \cdot b_{mJ} + e_{FJ} \right]$$
$$\cdot \left(1 + \frac{d_{VwJ}}{100} + \frac{d_{VtJ}}{100} \right) + e_{VtJ}.$$

Darin bezeichnet:

k_{SJ} die Selbstkosten pro Einheit des Hauptproduktes,

K_H die Herstellkosten des Kuppelproduktionsprozesses,[228]

---

[227] Vgl. zu den folgenden Ausführungen Kilger, W.: Einführung in die Kostenrechnung, a.a.O., S. 356ff.

[228] Unter die Herstellkosten des Kuppelproduktionsprozesses fallen z.B. Kosten für das Einsatzmaterial und damit verbundene Aufbereitungskosten.

k_j die Vernichtungskosten pro Einheit des zu vernichtenden Nebenproduktes j $(j = 1, \dots, J')$,

k_{Hj} die auf eine Einheit des zu verkaufenden Nebenproduktes j $(j = J' + 1, \dots, J - 1)$ verrechneten Herstellkosten des Kuppelproduktionsprozesses,

x_j die Ausbringungsmenge des zu vernichtenden $(j = 1, \dots, J')$ bzw. des zu verkaufenden $(j = J' + 1, \dots, J - 1)$ Nebenproduktes j,

x_J die Ausbringungsmenge des Hauptproduktes,

b_{mJ} die pro Einheit des Hauptproduktes in Anspruch genommenen Einheiten der für Fertigungsstelle m gewählten Bezugsgröße,

d_{VwJ} den auf das Hauptprodukt bezogenen Verwaltungsgemeinkostenzuschlagssatz,

d_{VtJ} den auf das Hauptprodukt bezogenen Vertriebsgemeinkostenzuschlagssatz,

e_{FJ} die Sondereinzelkosten der Fertigung pro Einheit des Hauptproduktes und

e_{VtJ} die Sondereinzelkosten des Vertriebs pro Einheit des Hauptproduktes.

Die Unterscheidungen bei den Verwaltungs- und Vertriebsgemeinkostenzuschlagssätzen sind dann erforderlich, wenn für die weiterverarbeiteten Nebenprodukte nicht die gleichen Zuschlagssätze wie für das Hauptprodukt gelten. Dabei ist zu beachten, dass eine nach Haupt- und Nebenprodukten differenzierte, verursachungsgerechte Ermittlung von Verwaltungs- und Vertriebsgemeinkostenzuschlagssätzen kostenrechnerisch nicht möglich ist, da sich die Herstellkosten des Kuppelprozesses nicht nach dem Verursachungsprinzip dem Haupt- und den Nebenprodukten zurechnen lassen.

Ebenso ist in obiger Formel k_{Hj} wegen des bei Kuppelprodukten nicht zu erfüllenden Zurechnungsprinzips kostenrechnerisch nicht bestimmbar. Wird das zu verkaufende Nebenprodukt j $(j = J' + 1, \dots, J - 1)$ nach dem Kuppelprozess in m $(m = 1, \dots, M)$ Fertigungsstellen weiterverarbeitet, und wird die Annahme getroffen, dass sein Marktpreis seinen Selbstkosten entsprechen soll – das Nebenprodukt also keinen Deckungsbeitrag erwirtschaftet –, so gilt:

$$p_j = \left(k_{Hj} + \sum_{m=1}^{M} d_m \cdot b_{mj} + e_{Fj} \right) \cdot \left(1 + \frac{d_{VwN}}{100} + \frac{d_{VtN}}{100} \right) + e_{Vtj}, \qquad j = J' + 1, \dots, J - 1.$$

Darin bezeichnet:

p_j den Marktpreis pro Einheit des zu verkaufenden Nebenproduktes j $(j = J' + 1, \dots, J - 1)$,

k_{Hj} die auf eine Einheit entfallenden Herstellkosten des Kuppelproduktionsprozesses,

b_{mj} die pro Einheit des zu verkaufenden Nebenproduktes j in Anspruch genommenen Einheiten der für Fertigungsstelle m gewählten Bezugsgröße,

d_{VwN} den auf die Nebenprodukte bezogenen und für alle Nebenprodukte gleichen Verwaltungsgemeinkostenzuschlagssatz,

d_{VtN} den auf die Nebenprodukte bezogenen und für alle Nebenprodukte gleichen Vertriebsgemeinkostenzuschlagssatz,

e_{Fj} die Sondereinzelkosten der Fertigung pro Einheit des zu verkaufenden Nebenproduktes j $\left(j = J' + 1, ..., J - 1 \right)$ und

e_{Vtj} die Sondereinzelkosten des Vertriebs pro Einheit des zu verkaufenden Nebenproduktes j $\left(j = J' + 1, ..., J - 1 \right)$.

Durch Auflösen der obigen Gleichung nach k_{Hj} erhält man die hilfsweise berechneten Kostengrößen:

$$k_{Hj} = \frac{p_{Nj} - e_{Vtj}}{\left(1 + \dfrac{d_{VwN}}{100} + \dfrac{d_{VtN}}{100} \right)} - \sum_{m=1}^{M} d_m \cdot b_{mj} - e_{Fj}, \qquad j = J' + 1, ..., J - 1,$$

die aber keine verursachungsgemäße Zurechnung der Kosten aus der Kuppelproduktion beinhalten. Wird das zu verkaufende Nebenprodukt j abgesetzt, ohne dass es weiterverarbeitet werden muss, und fallen weder Sondereinzelkosten des Vertriebs noch Verwaltungs- und Vertriebsgemeinkostenzuschläge an, so wird aus Hilfszwecken für k_{Hj} der Marktpreis p_j des Nebenproduktes j $\left(j = J' + 1, ..., J - 1 \right)$ angesetzt.

Vor dem Hintergrund einer dem Verursachungsprinzip genügenden Kostenrechnung sowie unter praktischen Gesichtspunkten ist die hier beschriebene Vorgehensweise zur Ermittlung der Selbstkosten pro Einheit des Hauptproduktes als kritisch anzusehen. „In der Praxis bringt man jeden ingenieurmäßig denkenden Kostenrechner in Schwierigkeiten, wenn man die 'Selbstkosten' der Nebenprodukte von erzielbaren Marktpreisen abhängig macht, obwohl Kosten und Preise unter Praktizierung der freien Marktwirtschaft in gar keinem Zusammenhang stehen. In der praktischen Durchführung handelt man sich außerdem die Schwierigkeit ein, dass die 'verbleibenden Selbstkosten' des Hauptproduktes mit jeder Marktpreisänderung der Nebenprodukte eine Veränderung erfahren."[229]

Bei einem Kuppelproduktionsprozess entstehen zum Beispiel sechs verschiedene Kuppelprodukte. Tabelle 4.32 enthält die jeweilige Ausbringungsmenge der Kuppelprodukte und ihre Marktpreise bzw. Vernichtungskosten, sofern sie verkauft bzw. vernichtet werden. An Rohstoffen werden im Kuppelproduktionsprozess 58.670 kg zum Preis von 5,75 € pro kg eingesetzt. Die Prozesskosten betra-

---

[229] Plützer, A.G.: Die Kosten in der Kalkulation, in: Bobsin, R. (Hrsg.): Handbuch der Kostenrechnung, 2. Aufl., München 1974, S. 63-91, hier S.77.

gen 0,52 € pro kg eingesetztem Rohstoff. Die verkaufbaren Kuppelprodukte müssen vor ihrem Absatz noch drei Fertigungsstellen durchlaufen. Tabelle 4.33 enthält die in den einzelnen Fertigungsstellen beanspruchten Einheiten der dort gewählten Bezugsgröße pro Einheit des jeweiligen verkäuflichen Kuppelproduktes sowie die Bezugsgrößen-Kostensätze der verschiedenen Fertigungsstellen. Darüber hinaus enthält Tabelle 4.33 die Sondereinzelkosten des Vertriebs der verkaufbaren Kuppelprodukte. Bei Kuppelprodukt 6 handelt es sich um das Hauptprodukt, dessen Herstellung geplant ist und für das ein Verwaltungs- bzw. Vertriebsgemeinkostenzuschlagssatz in Höhe von 15 % bzw. 20 % angesetzt wird. Für die Nebenprodukte 3, 4 und 5 beträgt der Verwaltungs- bzw. Vertriebsgemeinkostenzuschlagssatz 10 % bzw. 12 %.

Tabelle 4.32: Beispiel zum Subtraktions- oder Restwertverfahren (I)

Kuppelprodukt	Ausbringungsmenge in	Verwendung	Marktpreis in	Vernichtungskosten in
j	kg		$\dfrac{\text{€}}{\text{kg}}$	$\dfrac{\text{€}}{\text{kg}}$
1	3.150	Vernichtung	–	3,50
2	5.460	Vernichtung	–	2,40
3	7.380	Verkauf	13,80	–
4	10.520	Verkauf	7,40	–
5	6.530	Verkauf	17,20	–
6	17.970	Verkauf	45,60	–

Tabelle 4.33: Beispiel zum Subtraktions- oder Restwertverfahren (II)

Kuppelprodukt	beanspruchte Bezugsgrößeneinheiten pro Kuppelprodukteinheit in Fertigungsstelle			Sondereinzelkosten des Vertriebs
	1	2	3	
j	$\dfrac{\text{Ftg.min.}}{\text{kg}}$	$\dfrac{\text{M.min.}}{\text{kg}}$	$\dfrac{\text{Ftg.min.}}{\text{kg}}$	$\dfrac{\text{€}}{\text{kg}}$
3	4,00	3,10	1,20	5,00
4	1,50	3,70	5,30	1,20
5	3,00	7,20	2,40	4,00
6	2,50	6,10	3,50	7,50
Bezugsgrößen-Kostensatz	$0,31\,\dfrac{\text{€}}{\text{Ftg.min.}}$	$0,25\,\dfrac{\text{€}}{\text{M.min.}}$	$0,18\,\dfrac{\text{€}}{\text{Ftg.min.}}$	

Um die Selbstkosten pro Einheit des Hauptproduktes zu bestimmen, müssen zunächst die Herstell- und die Vernichtungskosten des Kuppelprozesses ermittelt werden. Die Herstellkosten setzen sich zusammen aus den Rohstoffkosten und den Prozesskosten. Demnach gilt:

$$K_H = 5,75 \cdot 58.670 + 0,52 \cdot 58.670 = 367.860,90 \; € \, .$$

Die Vernichtungskosten für die Nebenprodukte 1 und 2 betragen:

$$\sum_{j=1}^{2} k_j \cdot x_j = 3,50 \cdot 3.150 + 2,40 \cdot 5.460 = 24.129,00 \; € \, .$$

Des Weiteren benötigt man die auf jeweils eine Einheit der zu verkaufenden Nebenprodukte 3, 4 und 5 entfallenden hilfsweise berechneten Herstellkosten des Kuppelprozesses. Gemäß der Gleichung

$$k_{Hj} = \frac{p_j - e_{Vtj}}{\left(1 + \dfrac{d_{VwN}}{100} + \dfrac{d_{VtN}}{100} \right)} - \sum_{m=1}^{3} b_{mj} \cdot d_m \, , \qquad j = 3,\, 4,\, 5,$$

erhält man für

Nebenprodukt 3:

$$k_{H3} = \frac{13,80 - 5,00}{\left(1 + \dfrac{10}{100} + \dfrac{12}{100} \right)} - \left(4,00 \cdot 0,31 + 3,10 \cdot 0,25 + 1,20 \cdot 0,18 \right) = 4,98 \; \frac{€}{kg}$$

Nebenprodukt 4:

$$k_{H4} = \frac{7,40 - 1,20}{\left(1 + \dfrac{10}{100} + \dfrac{12}{100} \right)} - \left(1,50 \cdot 0,31 + 3,70 \cdot 0,25 + 5,30 \cdot 0,18 \right) = 2,74 \; \frac{€}{kg}$$

Nebenprodukt 5:

$$k_{H5} = \frac{17,20 - 4,00}{\left(1 + \dfrac{10}{100} + \dfrac{12}{100} \right)} - \left(3,00 \cdot 0,31 + 7,20 \cdot 0,25 + 2,40 \cdot 0,18 \right) = 7,66 \; \frac{€}{kg} \, .$$

Die auf die Nebenprodukte entfallenden hilfsweise und willkürlich ermittelten Herstellkosten des Kuppelprozesses müssen nun mit den jeweiligen Ausbringungsmengen multipliziert und anschließend aufsummiert werden. Man erhält dann:

$$\sum_{j=3}^{5} k_{Hj} \cdot x_j = 4,98 \cdot 7.380 + 2,74 \cdot 10.520 + 7,66 \cdot 6.530 = 115.597,00 \; € \, .$$

Für die Weiterverarbeitung fallen pro Einheit des Hauptproduktes 6 folgende Kosten an:

$$\sum_{m=1}^{3} d_m \cdot b_{m6} = 0,31 \cdot 2,50 + 0,25 \cdot 6,10 + 0,18 \cdot 3,50 = 2,93 \, \frac{€}{kg}.$$

Somit ergeben sich folgende Selbstkosten pro Einheit des Hauptproduktes 6:

$$k_{S6} = \left[\frac{367.860,90 + 24.129,00 - 115.597,00}{17.970} + 2,93 \right] \cdot \left(1 + \frac{15}{100} + \frac{20}{100} \right) + 7,50$$

$$= 32,22 \, \frac{€}{kg}.$$

4.3.3.4.2   Das Äquivalenzziffern- oder Verteilungsverfahren

Das Äquivalenzziffern- oder Verteilungsverfahren bietet sich dann an, wenn keines der Kuppelprodukte als eindeutiges Hauptprodukt aus dem Kuppelproduktionsprozess hervorgeht.[230] Das Äquivalenzziffern- oder Verteilungsverfahren entspricht prinzipiell der in Kapitel 4.3.3.2.2 dargestellten Äquivalenzziffernkalkulation. Auch hier werden die Ausbringungsmengen der Kuppelprodukte durch Multiplikation mit Äquivalenzziffern auf äquivalente Mengen einer Einheitssorte umgerechnet. Die so ermittelten Rechnungseinheiten je Kuppelprodukt werden aufsummiert. Die Summe aus Herstell- und Vernichtungskosten des Kuppelprozesses wird dann durch die Summe der Rechnungseinheiten dividiert. Die so ermittelten Herstell- und Vernichtungskosten pro Rechnungseinheit werden daraufhin mit der entsprechenden Äquivalenzziffer multipliziert, und man erhält die Herstell- und Vernichtungskosten pro Einheit des jeweiligen Kuppelproduktes. Zur Ermittlung der Selbstkosten pro Einheit des jeweiligen Kuppelproduktes müssen schließlich noch (eventuelle) Weiterverarbeitungskosten, Verwaltungs- und Vertriebsgemeinkostenzuschlagssätze sowie Sondereinzelkosten des Vertriebs berücksichtigt werden.

Es ist allerdings zu beachten, dass sich für die Kuppelprodukte keine Äquivalenzziffern finden lassen, die dem Verursachungsprinzip entsprechen. Unter Bezugnahme auf das Tragfähigkeitsprinzip wählt man daher als Äquivalenzziffern die Marktpreise oder Verwertungsüberschüsse der Kuppelprodukte. Somit liefert auch das Äquivalenzziffern- oder Verteilungsverfahren keine entscheidungsrelevanten Kosten. Die Verwendung von Verwertungsüberschüssen als Äquivalenzziffern bietet sich dann an, wenn die Kuppelprodukte vor ihrem Verkauf noch weiterverarbeitet werden. Der Verwertungsüberschuss eines Kuppelproduktes entspricht seinem um Weiterverarbeitungskosten und Sondereinzelkosten des Ver-

---

[230] Vgl. zu den folgenden Ausführungen Kilger, W.: Einführung in die Kostenrechnung, a.a.O., S. 361ff.

triebs bereinigten Marktpreis. Zur Herleitung der Kalkulationsgleichungen werden folgende Annahmen getroffen:

Insgesamt entstehen im Kuppelproduktionsprozess $j\,(j = 1,...,J)$ Kuppelprodukte, von denen:

$j = 1,...,J'$ vernichtet und

$j = J'+1,...,J$ verkauft werden.

Die zu verkaufenden Kuppelprodukte werden nach dem Kuppelprozess in m $(m = 1,...,M)$ Fertigungsstellen weiterverarbeitet.

Wählt man die Marktpreise p_j der Kuppelprodukte als Äquivalenzziffern, so ergeben sich die hilfsweise und willkürlich bestimmten Selbstkosten pro Einheit des verkaufbaren Kuppelproduktes j aus folgender Gleichung:

$$k_{Sj} = \left[\frac{K_H + \sum_{j=1}^{J'} k_j \cdot x_j}{\sum_{j=J'+1}^{J} x_j \cdot p_j} \cdot p_j + \sum_{m=1}^{M} d_m \cdot b_{mj} + e_{Fj} \right] \cdot \left(1 + \frac{d_{Vw}}{100} + \frac{d_{Vt}}{100}\right) + e_{Vtj}\,,$$

$j = J'+1,...,J$.

Darin bezeichnet:

k_{Sj} die Selbstkosten pro Einheit des absetzbaren Kuppelproduktes j,

x_j die Ausbringungsmenge des zu vernichtenden $(j = 1,...,J')$ bzw. des zu verkaufenden $(j = J'+1,...,J)$ Kuppelproduktes j,

p_j den Marktpreis pro Einheit des zu verkaufenden Kuppelproduktes j $(j = J'+1,...,J)$,

e_{Fj} die Sondereinzelkosten der Fertigung pro Einheit des zu verkaufenden Kuppelproduktes j und

e_{Vtj} die Sondereinzelkosten des Vertriebs pro Einheit des zu verkaufenden Kuppelproduktes j.

Wählt man die Verwertungsüberschüsse der Kuppelprodukte als Äquivalenzziffern, so ergeben sich die Selbstkosten pro Einheit des verkäuflichen Kuppelproduktes j aus folgender Gleichung:

$$k_{Sj} = \left[\frac{K_H + \sum_{j=1}^{J'} k_j \cdot x_j}{\sum_{j=J'+1}^{J} x_j \cdot g_j} \cdot g_j + \sum_{m=1}^{M} d_m \cdot b_{mj} + e_{Fj} \right] \cdot \left(1 + \frac{d_{Vw}}{100} + \frac{d_{Vt}}{100}\right) + e_{Vtj}\,,$$

$j = J'+1,...,J$.

Darin bezeichnet g_j den Verwertungsüberschuss pro Einheit des verkaufbaren Kuppelproduktes j, der folgendermaßen ermittelt wird:

$$g_j = p_j - \left(\sum_{m=1}^{M} d_m \cdot b_{mj} + e_{Fj} \right) \cdot \left(1 + \frac{d_{Vw}}{100} + \frac{d_{Vt}}{100} \right) - e_{Vtj} , \qquad j = J' + 1, \ldots, J .$$

Bei einem Kuppelproduktionsprozess entstehen beispielsweise sechs verschiedene Kuppelprodukte. Tabelle 4.34 enthält die jeweilige Ausbringungsmenge der Kuppelprodukte und ihre Marktpreise bzw. Vernichtungskosten, sofern sie verkauft bzw. vernichtet werden. An Rohstoffen werden im Kuppelproduktionsprozess 47.260 kg zum Preis von 1,35 € pro kg eingesetzt. Die Prozesskosten betragen 0,27 € pro kg eingesetztem Rohstoff. Die zu verkaufenden Kuppelprodukte müssen vor ihrem Absatz noch drei Fertigungsstellen durchlaufen. Tabelle 4.35 enthält die in den einzelnen Fertigungsstellen beanspruchten Einheiten der dort gewählten Bezugsgröße pro Einheit des jeweiligen verkäuflichen Kuppelproduktes sowie die Bezugsgrößen-Kostensätze der verschiedenen Fertigungsstellen. Darüber hinaus enthält Tabelle 4.35 die Sondereinzelkosten des Vertriebs der verkaufbaren Kuppelprodukte. Ein eindeutiges Hauptprodukt kann nicht bestimmt werden. Der Verwaltungs- bzw. Vertriebsgemeinkostenzuschlagssatz beträgt 15 % bzw. 20 %. Als Äquivalenzziffern sollen die Verwertungsüberschüsse angesetzt werden.

Tabelle 4.34: Beispiel zum Äquivalenzziffern- oder Verteilungsverfahren (I)

Kuppelprodukt j	Ausbringungsmenge in kg	Verwendung	Marktpreis in $\frac{€}{kg}$	Vernichtungskosten in $\frac{€}{kg}$
1	3.150	Vernichtung	–	3,50
2	5.460	Vernichtung	–	2,40
3	7.380	Verkauf	13,80	–
4	10.520	Verkauf	7,40	–
5	6.530	Verkauf	17,20	–
6	11.320	Verkauf	9,60	–

Tabelle 4.35: Beispiel zum Äquivalenzziffern- oder Verteilungsverfahren (II)

Kuppelprodukt	beanspruchte Bezugsgrößeneinheiten pro Kuppelprodukteinheit in Fertigungsstelle			Sondereinzelkosten des Vertriebs
	1	2	3	
j	$\dfrac{\text{Ftg.min.}}{\text{kg}}$	$\dfrac{\text{M.min.}}{\text{kg}}$	$\dfrac{\text{Ftg.min.}}{\text{kg}}$	$\dfrac{\text{€}}{\text{kg}}$
3	4,00	3,10	1,20	5,00
4	1,50	3,70	5,30	1,20
5	3,00	7,20	2,40	4,00
6	2,50	6,10	3,50	1,50
Bezugsgrößen-Kostensatz	$0,31\,\dfrac{\text{€}}{\text{Ftg.min.}}$	$0,25\,\dfrac{\text{€}}{\text{M.min.}}$	$0,18\,\dfrac{\text{€}}{\text{Ftg.min.}}$	

Um die Selbstkosten pro Einheit des Kuppelproduktes j zu bestimmen, müssen zunächst die Herstell- und die Vernichtungskosten des Kuppelprozesses ermittelt werden. Die Herstellkosten setzen sich zusammen aus den Rohstoffkosten und den Prozesskosten. Demnach gilt:

$$K_H = 1,35 \cdot 47.260 + 0,27 \cdot 47.260 = 76.561,20\,\text{€}.$$

Die Vernichtungskosten für die Kuppelprodukte 1 und 2 betragen:

$$\sum_{j=1}^{2} k_j \cdot x_j = 3,50 \cdot 3.150 + 2,40 \cdot 5.460 = 24.129,00\,\text{€}.$$

Des Weiteren benötigt man die jeweiligen Verwertungsüberschüsse pro Einheit der zu verkaufenden Kuppelprodukte 3, 4, 5 und 6. Gemäß der Gleichung

$$g_j = p_j - \left(\sum_{m=1}^{3} d_m \cdot b_{mj} \right) \cdot \left(1 + \frac{d_{Vw}}{100} + \frac{d_{Vt}}{100} \right) - c_{Vtj}, \qquad j = 3, 4, 5, 6,$$

erhält man für

Kuppelprodukt 3:

$$g_3 = 13,80 - \left(0,31 \cdot 4,00 + 0,25 \cdot 3,10 + 0,18 \cdot 1,20\right) \cdot \left(1 + \frac{15}{100} + \frac{20}{100}\right) - 5,00$$

$$= 5,79\,\frac{\text{€}}{\text{kg}}.$$

Kuppelprodukt 4:

$$g_4 = 7,40 - \left(0,31 \cdot 1,50 + 0,25 \cdot 3,70 + 0,18 \cdot 5,30\right) \cdot \left(1 + \frac{15}{100} + \frac{20}{100}\right) - 1,20$$

$$= 3,04 \, \frac{\text{€}}{\text{kg}}$$

Kuppelprodukt 5:

$$g_5 = 17,20 - \left(0,31 \cdot 3,00 + 0,25 \cdot 7,20 + 0,18 \cdot 2,40\right) \cdot \left(1 + \frac{15}{100} + \frac{20}{100}\right) - 4,00$$

$$= 8,93 \, \frac{\text{€}}{\text{kg}}$$

Kuppelprodukt 6:

$$g_6 = 9,60 - \left(0,31 \cdot 2,50 + 0,25 \cdot 6,10 + 0,18 \cdot 3,50\right) \cdot \left(1 + \frac{15}{100} + \frac{20}{100}\right) - 1,50$$

$$= 4,14 \, \frac{\text{€}}{\text{kg}}.$$

Die Verwertungsüberschüsse pro Einheit des jeweiligen Kuppelproduktes müssen nun mit den jeweiligen Ausbringungsmengen multipliziert und aufsummiert werden. Man erhält dann:

$$\sum_{j=3}^{6} g_j \cdot x_j = 5,79 \cdot 7.380 + 3,04 \cdot 10.520 + 8,93 \cdot 6.530 + 4,14 \cdot 11.320$$

$$= 179.888,70 \, \text{€}.$$

Für die Weiterverarbeitung fallen pro Einheit des jeweiligen Kuppelproduktes folgende Kosten an:

Kuppelprodukt 3: $\sum_{m=1}^{3} d_m \cdot b_{m3} = 0,31 \cdot 4,00 + 0,25 \cdot 3,10 + 0,18 \cdot 1,20 = 2,23 \, \dfrac{\text{€}}{\text{kg}}$

Kuppelprodukt 4: $\sum_{m=1}^{3} d_m \cdot b_{m4} = 0,31 \cdot 1,50 + 0,25 \cdot 3,70 + 0,18 \cdot 5,30 = 2,34 \, \dfrac{\text{€}}{\text{kg}}$

Kuppelprodukt 5: $\sum_{m=1}^{3} d_m \cdot b_{m5} = 0,31 \cdot 3,00 + 0,25 \cdot 7,20 + 0,18 \cdot 2,40 = 3,16 \, \dfrac{\text{€}}{\text{kg}}$

Kuppelprodukt 6: $\sum_{m=1}^{3} d_m \cdot b_{m6} = 0,31 \cdot 2,50 + 0,25 \cdot 6,10 + 0,18 \cdot 3,50 = 2,93 \, \dfrac{\text{€}}{\text{kg}}.$

Somit ergeben sich folgende Selbstkosten pro Einheit des jeweiligen Kuppelproduktes:

Kuppelprodukt 3:

$$k_{S3} = \left[\frac{76.561,20 + 24.129,00}{179.888,70} \cdot 5,79 + 2,23 \right] \cdot \left(1 + \frac{15}{100} + \frac{20}{100} \right) + 5,00 = 12,39 \frac{€}{kg}$$

Kuppelprodukt 4:

$$k_{S4} = \left[\frac{76.561,20 + 24.129,00}{179.888,70} \cdot 3,04 + 2,34 \right] \cdot \left(1 + \frac{15}{100} + \frac{20}{100} \right) + 1,20 = 6,66 \frac{€}{kg}$$

Kuppelprodukt 5:

$$k_{S5} = \left[\frac{76.561,20 + 24.129,00}{179.888,70} \cdot 8,93 + 3,16 \right] \cdot \left(1 + \frac{15}{100} + \frac{20}{100} \right) + 4,00 = 15,01 \frac{€}{kg}$$

Kuppelprodukt 6:

$$k_{S6} = \left[\frac{76.561,20 + 24.129,00}{179.888,70} \cdot 4,14 + 2,93 \right] \cdot \left(1 + \frac{15}{100} + \frac{20}{100} \right) + 1,50 = 8,58 \frac{€}{kg}.$$

4.3.4 Inhalt und Aufgaben der Kostenträgerzeitrechnung

Im Rahmen der Kostenträgerrechnung wird neben der Kostenträgerstückrechnung die Kostenträgerzeitrechnung durchgeführt. Es handelt sich dabei um die kurzfristige Erfolgsrechnung der Kostenrechnung.

In der Gewinn- und Verlustrechnung der Finanzbuchhaltung wird der Erfolg eines Unternehmens einmal jährlich ermittelt. Der Saldo aus Erträgen und Aufwendungen stellt den Jahresgewinn dar. Dieser Wert ist allerdings für eine wirksame Erfolgskontrolle ungeeignet, denn er beinhaltet ebenfalls Erträge und Aufwendungen aus neutralen Geschäftsvorfällen. Darüber hinaus sind in der Finanzbuchhaltung die Erlöse nach Produktarten (Kostenträgern) und die Gesamtkosten nach Produktionsfaktoren (Kostenarten) gegliedert. Der Ausweis von Gewinnbeiträgen einzelner Produktarten oder -gruppen ist folglich in der Gewinn- und Verlustrechnung der Finanzbuchhaltung nicht möglich.

Aus den Mängeln der Erfolgsermittlung in der Finanzbuchhaltung entstand die kurzfristige Erfolgsrechnung, die analog zu den übrigen Teilen der Kostenrechnung einmal monatlich durchgeführt werden sollte.

Die Hauptaufgabe der kurzfristigen Erfolgsrechnung der Kostenrechnung besteht in der Planung und der nachträglichen Kontrolle des im Unterschied zur Finanzbuchhaltung durchgängig nach betrieblichen Erzeugnissen oder Erzeugnisgruppen differenzierten Periodenerfolges. Zu diesem Zweck erfolgt die Festlegung von Verkaufsmengen und -preisen für die betrieblichen Produkte unter Berücksichtigung der geplanten Selbstkosten so, dass der Periodengewinn maximiert wird.[231] Die in dem Soll-Ist-Vergleich des Periodenerfolges festgestellten Abweichungen können z.B. aus Verkaufspreis-, Verkaufsmengen- und Kostenabweichungen resultieren. Die Qualität der Erfolgskontrolle ist dabei abhängig von der Qualität der Daten, die aus den vorgelagerten Bereichen der Kosten- und Leistungsrechnung, insbesondere der Kostenträgerstückrechnung geliefert werden. Die Ergebnisse der Abweichungsanalyse des Periodenerfolges sollten in den nachfolgenden Planungen berücksichtigt werden.

Alle Verfahren der kurzfristigen Erfolgsrechnung basieren auf der Grundgleichung des Leistungserfolges,[232] in der $i\,(i=1,...,I)$ Faktor- bzw. Kostenarten und $j\,(j=1,...,J)$ Produkt- bzw. Erlösarten enthalten sind. Für das Betriebsergebnis bzw. den Leistungserfolg G der Kostenrechnung gilt folgende Bestimmungsgleichung:[233]

$$G = \sum_{j=1}^{J} \left[p_j \cdot x_{Aj} + k_{Hj} \cdot \left(x_{Pj} - x_{Aj} \right) \right] - \sum_{i=1}^{I} q_i \cdot r_i \,.$$

Zu den mit Nettoverkaufspreisen p_j bewerteten Absatzmengen x_{Aj} werden in der ersten Summe die mit Herstellkosten k_{Hj} bewerteten auf Lager produzierten Mengen, als Differenz aus produzierten und abgesetzten Mengen $\left(x_{Pj} - x_{Aj} \right)$, hinzuaddiert. Von diesen bewerteten Leistungen subtrahiert man mittels der zweiten Summe die Gesamtkosten, die sich aus der Bewertung der Verbrauchsmengen an Produktionsfaktoren r_i mit den Faktorpreisen q_i ergeben.

Nachfolgend werden zwei Verfahren der kurzfristigen Erfolgsrechnung vorgestellt:

– Gesamtkostenverfahren und
– Umsatzkostenverfahren.

Der Betriebserfolg bzw. das Betriebsergebnis wird beim Gesamtkostenverfahren als Differenz aus dem nach Produktarten gegliederten Betriebserlös und den nach Kostenarten differenzierten Gesamtkosten zu- bzw. abzüglich des zu Herstellkosten bewerteten Lagerzu- bzw. -abgangs an Halb- und Fertigfabrikaten ermittelt. Daraus ergibt sich das folgende Betriebsergebniskonto:[234]

---

[231] Die Deckungsbeitragsrechnung wird in Kapitel 5, die Grenzplankostenrechnung in Kapitel 6 behandelt.

[232] Vgl. Kapitel 2.1.3.

[233] Vgl. Kilger, W.: Einführung in die Kostenrechnung, a.a.O., S. 34.

[234] Vgl. Schweitzer, M. / Küpper, H.-U.: Systeme der Kosten- und Erlösrechnung, a.a.O., S. 191.

Betriebsergebniskonto beim Gesamtkostenverfahren	
Gesamtkosten nach Kostenarten	Betriebserlös
Herstellkosten der Lagerabgänge an Halb- und Fertigfabrikaten	Herstellkosten der Lagerzugänge an Halb- und Fertigfabrikaten
Betriebserfolg (Betriebsgewinn)	Betriebserfolg (Betriebsverlust)

Abb. 4.10: Betriebsergebniskonto beim Gesamtkostenverfahren

Die Bestimmungsgleichung für den Betriebserfolg nach dem Gesamtkostenverfahren lautet demnach:

$$G = \sum_{j=1}^{J} p_j \cdot x_{Aj} + \sum_{j=1}^{J} k_{Hj} \cdot \left(x_{Pj} - x_{Aj} \right) - \sum_{i=1}^{I} K_i \, ,$$

wobei K_i die nach Faktor- bzw. Kostenarten $i\,(i = 1, \ldots, I)$ differenzierten Teile der Gesamtkosten darstellen und für $\left(x_{Pj} - x_{Aj} \right) > 0$ ein Lagerzugang und für $\left(x_{Pj} - x_{Aj} \right) < 0$ ein Lagerabgang vorliegt.

Ein Vorteil des Gesamtkostenverfahrens ist der einfache rechnerische Aufbau, der leicht in das Kontensystem der Finanzbuchhaltung eingefügt und in statistisch-tabellarischer Form durchgeführt werden kann. Demgegenüber ist von Nachteil, dass die Erfassung der Bestandsveränderungen an Halb- und Fertigfabrikaten monatlich und durch körperliche Inventuren oder laufende Aufzeichnungen der Zu- und Abgänge erfolgen muss. Für Unternehmen mit differenzierten Produktionsprogrammen und mehrteiligen Erzeugnissen ist das Verfahren folglich mit einem zu hohen Erfassungsaufwand verbunden. Auch unter dem Aspekt der Vermeidung bzw. Erkennung von Erfassungsfehlern eignet sich das Gesamtkostenverfahren nur für Unternehmen mit relativ wenigen Produkten. Kritisch zu beurteilen ist weiterhin der Aussagewert des Gesamtkostenverfahrens. Ein Unterschied zur Gewinn- und Verlustrechnung der Finanzbuchhaltung lässt sich lediglich darin sehen, dass der Erfolg um die neutralen Erfolgspositionen und um die kalkulatorischen Abgrenzungspositionen bereinigt wurde.[235] Die übrigen Mängel der Erfolgsermittlung in der Finanzbuchhaltung haben allerdings auch hier Gültigkeit. Das Gesamtkostenverfahren ist daher für eine wirksame Erfolgskontrolle ungeeignet.

Den Mängeln des Gesamtkostenverfahrens sollte durch die Entwicklung des Umsatzkostenverfahrens begegnet werden. Für eine aussagefähige Erfolgskontrolle müssen die Kosten in gleicher Weise nach Produktarten gegliedert werden wie die Erlöse. Daher geht man beim Umsatzkostenverfahren nicht mehr von den Gesamtkosten aus, sondern stellt den Erlösen unmittelbar die mit kalkulierten

---

[235] Vgl. die Definitionen von Kosten bzw. (bewerteten) Leistungen in Kapitel 2.1.1 bzw. 2.1.2.

Selbstkosten bewerteten Absatzmengen gegenüber. Auf diese Weise gehen nur die Selbstkosten der abgesetzten Mengen in den Erfolgsausweis ein. Der Aufbau des Betriebsergebniskontos beim Umsatzkostenverfahren ist nachfolgend dargestellt:[236]

Betriebsergebniskonto beim Umsatzkostenverfahren	
Gesamtkosten der abgesetzten Produkte nach Produktarten	Erlöse nach Produktarten
Betriebserfolg (Betriebsgewinn)	Betriebserfolg (Betriebsverlust)

Abb. 4.11: Betriebsergebniskonto beim Umsatzkostenverfahren

Der Aussagegehalt der kurzfristigen Erfolgsrechnung mit Hilfe des Umsatzkostenverfahrens hängt wesentlich davon ab, ob das zugrunde liegende Kostenrechnungssystem auf Voll- oder Teilkostenbasis arbeitet.

Durch eine kostenträgerweise Aufgliederung der Gesamtkosten lässt sich das Umsatzkostenverfahren auf Vollkostenbasis aus dem Gesamtkostenverfahren herleiten, was bedeutet, dass beide Verfahren zum gleichen Gesamterfolg führen müssen. Dies soll nachfolgend gezeigt werden, wobei die Gesamtkosten K einer Abrechnungsperiode, bestehend aus Herstellkosten K_H sowie Verwaltungs- und Vertriebskosten K_{Vw+Vt} den Ausgangspunkt der Herleitung darstellen:

$$K = K_H + K_{Vw+Vt} \, .$$

Aus der Überlegung, dass sich die Herstellkosten auf produzierte Mengen und die Verwaltungs- und Vertriebskosten auf abgesetzte Mengen beziehen, resultiert die folgende Schreibweise:

$$K = \sum_{j=1}^{J} k_{Hj} \cdot x_{Pj} + \sum_{j=1}^{J} k_{Vw+Vt} \cdot x_{Aj} \, .$$

Die Herstellkosten pro Stück k_{Hj} werden mit den produzierten Mengeneinheiten und die Verwaltungs- und Vertriebskosten pro Stück k_{Vw+Vt} mit den abgesetzten Mengeneinheiten der jeweiligen Produktart $j\,(j=1,...,J)$ multipliziert.

Die Gesamtkosten sind nun nicht mehr kostenartenweise, d.h. in der Form

$$\sum_{i=1}^{I} K_i$$

mit $i\,(i=1,...,I)$ Kostenarten, sondern in Abhängigkeit von den Kostenträgern, d.h. den $j\,(j=1,...,J)$ Produktarten, dargestellt.

---

[236] Vgl. Schweitzer, M. / Küpper, H.-U.: Systeme der Kosten- und Erlösrechnung, a.a.O., S. 193.

Die Gleichung bleibt bestehen, wenn man auf der rechten Seite den zu Herstellkosten bewerteten Absatz

$$\left(\sum_{j=1}^{J} k_{Hj} \cdot x_{Aj} \right)$$

einmal hinzuaddiert und einmal subtrahiert:

$$K = \sum_{j=1}^{J} k_{Hj} \cdot x_{Pj} - \left(\sum_{j=1}^{J} k_{Hj} \cdot x_{Aj} \right) + \sum_{j=1}^{J} k_{Vw+Vt} \cdot x_{Aj} + \left(\sum_{j=1}^{J} k_{Hj} \cdot x_{Aj} \right).$$

Fasst man nun die ersten beiden Summen zusammen und geht weiterhin davon aus, dass sich die Selbstkosten pro Stück k_j aus Herstellkosten und Verwaltungs- und Vertriebskosten pro Stück zusammensetzen, d.h. $k_j = k_{Hj} + k_{Vw+Vt}$, so erhält man:

$$K = \sum_{j=1}^{J} k_{Hj} \cdot \left(x_{Pj} - x_{Aj} \right) + \sum_{j=1}^{J} k_j \cdot x_{Aj}.$$

Setzt man diesen Ausdruck für

$$\sum_{i=1}^{I} K_i$$

in die Bestimmungsgleichung des Betriebserfolges nach dem Gesamtkostenverfahren

$$G = \sum_{j=1}^{J} p_j \cdot x_{Aj} + \sum_{j=1}^{J} k_{Hj} \cdot \left(x_{Pj} - x_{Aj} \right) - \sum_{i=1}^{I} K_i$$

ein, dann ergibt sich:

$$G = \sum_{j=1}^{J} \left(p_j - k_j \right) \cdot x_{Aj}.$$

Dies ist die Bestimmungsgleichung des Periodenerfolges nach dem Umsatzkostenverfahren auf Vollkostenbasis. $\left(p_j - k_j \right)$ kennzeichnet darin die Vollkostenerfolge, die jeweils pro Einheit der Produktart j $\left(j = 1, ..., J \right)$ geleistet werden. Multipliziert mit den Absatzmengen, ergeben sich die Vollkostenerfolge $\left(p_j - k_j \right) \cdot x_{Aj}$, die eine bestimmte Produktart j während einer Abrechnungsperiode insgesamt erzielt hat.

Es wurde gezeigt, dass sich die Erfolgsbeiträge nach Produktarten gegliedert bestimmen lassen, ohne dass Inventuren oder Aufschreibungen zur Erfassung der Halb- und Fertigfabrikatbestände durchgeführt werden müssen. Bewertete Lagerbestandsveränderungen sind im Erfolgsausweis nach dem Umsatzkostenverfahren nicht explizit aufgeführt. Dadurch wird es möglich, den Periodenerfolg kurzfristig zu bestimmen. Allerdings ist das Umsatzkostenverfahren auf Vollkostenbasis in der rechnerischen Durchführung erheblich komplizierter als das Gesamtkostenverfahren. Dies gilt besonders bei der Abweichungskontrolle des Periodenerfolges, wenn die Berechnungen des Umsatzkostenverfahrens mit den bewerteten Halb- und Fertigfabrikatbeständen abgestimmt werden müssen. Schließlich ist auch mit dem Umsatzkostenverfahren auf Vollkostenbasis ein entscheidender Nachteil verbunden, der für alle Überlegungen mit Vollkosten gleichermaßen Gültigkeit besitzt.[237] Fälschlicherweise wird eine funktionale Beziehung zwischen Absatzmengen und den gesamten Kosten angenommen, was eine künstliche Proportionalisierung der Fixkosten bedeutet. Dies kann zu Fehlentscheidungen führen, beispielsweise wenn Produkte mit Vollkostenverlusten zugunsten von Produkten mit Vollkostengewinnen aus dem Programm gestrichen werden. Dabei bleibt unberücksichtigt, dass die fixen Kostenanteile der Verlustartikel weiterhin anfallen, auch wenn diese Artikel nicht mehr hergestellt werden. Eine nach dem Vollkostenprinzip durchgeführte Analyse lässt die Differenzierung der Kosten in ihre fixen und proportionalen Bestandteile nicht erkennen. Die Bedingungen für eine entscheidungsorientierte Erfolgsanalyse und -kontrolle werden somit durch das Umsatzkostenverfahren auf Vollkostenbasis nicht erfüllt.

Die Probleme der Vollkostenrechnung können bewältigt werden durch den Einsatz des Umsatzkostenverfahrens auf Teilkostenbasis, auch Umsatzkostenverfahren als Grenzkostenrechnung genannt. Von den nach Produktarten gegliederten Erlösen $x_{Aj} \cdot p_j$ werden zunächst nur die zugehörigen variablen Selbstkostenanteile k_{vj} multipliziert mit den Absatzmengen x_{Aj} subtrahiert. Die so ermittelten Deckungsbeiträge werden über alle Produktarten summiert. Davon zieht man anschließend die gesamten fixen Kosten K_f in einem Block ab und erhält so den Nettoerfolg bzw. Gewinn G der Abrechnungsperiode.[238] Die geschilderten Zusammenhänge kommen in der folgenden Gleichung zum Ausdruck:

$$G = \sum_{j=1}^{J} \left(p_j - k_{vj} \right) \cdot x_{Aj} - K_f .$$

Nur für den Fall, dass während einer Abrechnungsperiode keine Bestandsveränderungen an Halb- und Fertigfabrikaten aufgetreten sind, stimmt der nach dem Umsatzkostenverfahren auf Teilkostenbasis ermittelte Periodengewinn mit dem auf Vollkostenbasis überein. Die insgesamt produzierten Mengen einer Produktart x_{Pj}, von denen zur Ermittlung von Lagerbestandsmengen die abgesetzten Produktmengen x_{Aj} subtrahiert werden, sind bei der angeführten Gewinngleichung

---

[237] Vgl. die Nachteile von Systemen der Vollkostenrechnung in Kapitel 5.2.

[238] Vgl. auch die Deckungsbeitragsrechnung in Kapitel 5 und die Grenzplankostenrechnung in Kapitel 6.

implizit in dem Fixkostenblock K_f mitberücksichtigt, wie später noch genauer gezeigt werden wird.

Der geschilderte Zusammenhang zwischen dem Periodengewinn nach dem Umsatzkostenverfahren auf Voll- und auf Teilkostenbasis wird anhand der Differenzenbildung zwischen den zugehörigen Gewinngleichungen, d.h. der Gewinndifferenz ΔG, verdeutlicht:

$$\Delta G = \left(\sum_{j=1}^{J} \left(p_j - k_j \right) \cdot x_{Aj} \right) - \left(\sum_{j=1}^{J} \left(p_j - k_{vj} \right) \cdot x_{Aj} - K_f \right).$$

Für die weiteren Umformungen muss beachtet werden, dass gilt:

$$k_j = k_{vj} + k_{fHj} + k_{fVw+Vt\,j},$$

d.h. die vollen Selbstkosten pro Stück k_j bestehen aus variablen Selbstkosten k_{vj}, fixen Herstellkosten k_{fHj} und fixen Verwaltungs- und Vertriebsgemeinkosten $k_{fVw+Vt\,j}$ jeweils pro Stück einer Produktart j.

Weiterhin gilt, dass die fixen Gesamtkosten K_f aus fixen Herstellkosten K_{fH} und fixen Verwaltungs- und Vertriebskosten K_{fVw+Vt} zusammengesetzt sind:

$$K_f = K_{fH} + K_{fVw+Vt}.$$

Unter Beachtung dieser Annahmen erhält man für die Gewinnabweichung:

$$\Delta G = \left(\sum_{j=1}^{J} \left(p_j - k_{vj} \right) \cdot x_{Aj} - \sum_{j=1}^{J} k_{fHj} \cdot x_{Aj} - \sum_{j=1}^{J} k_{fVw+Vt\,j} \cdot x_{Aj} \right)$$
$$- \left(\sum_{j=1}^{J} \left(p_j - k_{vj} \right) \cdot x_{Aj} - K_{fH} - K_{fVw+Vt} \right).$$

Die Summe der Deckungsbeiträge

$$\left(\sum_{j=1}^{J} \left(p_j - k_{vj} \right) \cdot x_{Aj} \right)$$

taucht in der ersten Zeile mit positivem und in der zweiten Zeile mit negativem Vorzeichen auf. Daher verkürzt sich die Gleichung auf:

$$\Delta G = - \sum_{j=1}^{J} k_{fHj} \cdot x_{Aj} - \sum_{j=1}^{J} k_{fVw+Vt\,j} \cdot x_{Aj} + K_{fH} + K_{fVw+Vt}.$$

Da sich die fixen Verwaltungs- und Vertriebskosten sowohl im Umsatzkostenverfahren auf Teilkosten- als auch auf Vollkostenbasis auf die abgesetzten Mengen beziehen, gilt:

$$K_{fVw+Vt} = \sum_{j=1}^{J} k_{fVw+Vt\,j} \cdot x_{Aj} \,.$$

Die Abweichung des Periodenerfolges nach dem Umsatzkostenverfahren auf Vollkostenbasis und auf Teilkostenbasis beträgt dann:

$$\Delta G = K_{fH} - \sum_{j=1}^{J} k_{fHj} \cdot x_{Aj} \,.$$

In den fixen Herstellkosten K_{fH} sind die fixen Kosten sämtlicher produzierter Erzeugnismengen enthalten, d.h. es gilt:

$$K_{fH} = \sum_{j=1}^{J} k_{fHj} \cdot x_{Pj} \,.$$

Setzt man diesen Ausdruck in die Abweichungsgleichung ein, so ergibt sich für die Gewinnabweichung:

$$\Delta G = \sum_{j=1}^{J} k_{fHj} \cdot \left(x_{Pj} - x_{Aj} \right) \,.$$

$\left(x_{Pj} - x_{Aj} \right)$ sind (für $x_{Pj} - x_{Aj} > 0$) die auf Lager produzierten Mengen einer Produktart j als Differenz aus produzierten und abgesetzten Mengeneinheiten. k_{fHj} beinhaltet die auf die Lagermengen entfallenden fixen Herstellkostenanteile pro Stück der Produktart j. Nur wenn produzierte und abgesetzte Mengen übereinstimmen, d.h. wenn $x_{Pj} - x_{Aj} = 0$ gilt, wird die Gewinnabweichung ebenfalls den Wert Null annehmen. Damit wurde gezeigt, dass nur unter der Annahme, dass keine Lagerbestandsveränderungen auftreten, die Periodengewinne nach dem Umsatzkostenverfahren auf Voll- und auf Teilkostenbasis übereinstimmen.[239]

Lediglich das Umsatzkostenverfahren auf Teilkostenbasis bzw. als Grenzkostenrechnung erfüllt die Anforderungen einer entscheidungsorientierten kurzfristigen Erfolgsrechnung. Den nach Produktarten gegliederten Erlösen können bei diesem Verfahren die nach Produktarten gegliederten Kosten gegenübergestellt werden. Die Problematik der künstlichen Proportionalisierung von fixen Kosten, die den Vollkostenrechnungssystemen anhaftet, wird dadurch umgangen, dass teilkostenbezogene Berechnungen durchgeführt und die Fixkosten in einem Block direkt in das Betriebsergebnis gebucht werden.

---

[239] Vgl. Kilger, W.: Betriebliches Rechnungswesen, a.a.O., S. 1024f.; Kilger, W.: Einführung in die Kostenrechnung, a.a.O., S. 420ff.; Schweitzer, M. / Küpper, H.-U.: Systeme der Kosten- und Erlösrechnung, a.a.O., S. 200f.

4.4 Übungsaufgaben zu Kapitel 4

4.4.1 Übungsaufgaben zur Kostenartenrechnung

Übungsaufgabe 4.1:   Grundsätze und Gliederungskriterien bei der Kostenartenbildung

Erläutern Sie die Grundsätze, die es bei der Kostenartenbildung zu beachten gilt, und die Gliederungskriterien, die dazu dienen können, diese Grundsätze einzuhalten. Skizzieren Sie einen beispielhaften Kostenartenplan.

Übungsaufgabe 4.2:   Erfassung von Materialverbrauchsmengen

Wie lauten die Verfahren zur Erfassung von Materialverbrauchsmengen, und wie ist die zugrunde liegende Vorgehensweise? Für die Anwendung der Verfahren gilt die folgende Situation:

Für eine Materialart K wurden mit Hilfe von Materialentnahmescheinen die Lagerentnahmen in Mengeneinheiten (ME) registriert. Die folgende Tabelle zeigt zunächst das Entnahmedatum der betrachteten Abrechnungsperiode und dann jeweils in getrennten Spalten die Entnahmemengen der Materialart K zur Herstellung der Produktarten P1, P2 und P3.

	Produktarten		
Datum	P1	P2	P3
04.08.	400 ME	80 ME	1.600 ME
07.08.	1.200 ME		
12.08.	1.800 ME	190 ME	800 ME
18.08.		180 ME	
26.08.	1.400 ME	100 ME	600 ME
31.08.		100 ME	1.000 ME

Folgende Zugänge in Mengeneinheiten (ME) der Materialart K waren in der Periode zu verzeichnen:

Datum	Zugang
06.08.	3.500 ME
15.08.	3.500 ME
30.08.	4.000 ME

Der Lageranfangsbestand der Materialart K betrug zu Beginn der Periode 3.000 ME. Als Lagerendbestand wurden laut Inventur 4.200 ME der Materialart K festgestellt.

Die Produktionsmengen der drei Produktarten, für die das Material K benötigt wird, beliefen sich auf 400 Produkteinheiten (PE) von P1, 200 PE von P2 und 500 PE von P3. Der Produktaufbau dieser Produktarten wird durch die folgende Abbildung veranschaulicht:

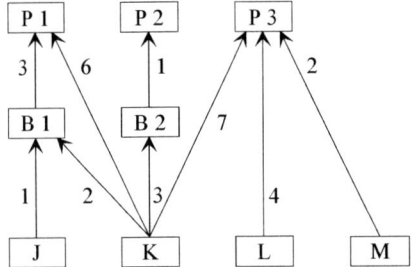

In der Abbildung kennzeichnen die Zahlen an den Pfeilen, wie viele Mengeneinheiten einer Materialart (J, K, L oder M) bzw. eines Zwischenproduktes (B1 oder B2) für die Herstellung einer Mengeneinheit eines End- bzw. eines Zwischenproduktes laut Angaben in den Stücklisten erforderlich sind.

Ermitteln Sie die Materialverbrauchsmengen nach den Ihnen bekannten Verfahren.

Übungsaufgabe 4.3:   Bewertung von Materialverbrauchsmengen

Welche Verfahren zur Bewertung von Materialverbrauchsmengen kennen Sie, und wie ist deren grundsätzliche Vorgehensweise? Für die Anwendung der Verfahren sind die nachfolgenden Daten relevant.

Lageranfangsbestand und Isteinstandspreis pro Mengeneinheit der Materialart I:

01.01.   3.000 ME $5{,}60 \dfrac{\text{€}}{\text{ME}}$.

Zugänge der Einzelmaterialart I und Isteinstandspreise pro Mengeneinheit:

05.01.	4.500 ME	$5{,}30 \ \dfrac{\text{€}}{\text{ME}}$
06.01.	1.000 ME	$5{,}35 \ \dfrac{\text{€}}{\text{ME}}$
10.01.	2.500 ME	$5{,}45 \ \dfrac{\text{€}}{\text{ME}}$
25.01.	1.000 ME	$4{,}95 \ \dfrac{\text{€}}{\text{ME}}$

Als Planpreis für die Materialart I sind $5{,}20 \ \dfrac{\text{€}}{\text{ME}}$ angesetzt worden.

Die Verbräuche der Einzelmaterialart I laut Materialentnahmeschein betrugen:

04.01.	1.000 ME
07.01.	6.000 ME
11.01.	1.100 ME
26.01.	2.900 ME.

Wenden Sie nun die Ihnen bekannten Verfahren zur Bewertung von Materialverbrauchsmengen an.

Übungsaufgabe 4.4:   Lohnabrechnung

Welche Lohnformen kennen Sie, und was sind deren Charakteristika?

Übungsaufgabe 4.5:   Gehaltsabrechnung

In welche drei Bereiche lässt sich die Gehaltsabrechnung gliedern, und was sind deren Inhalte?

Übungsaufgabe 4.6:   Sozialkosten

Was sind Sozialkosten, und wodurch unterscheiden sich gesetzliche und freiwillige Sozialleistungen?

Übungsaufgabe 4.7:   Kalkulatorische Abschreibungen und Zinsen

Ein Druckereibetrieb benötigt für seine Kostenartenrechnung der vergangenen Abrechnungsperiode, die ein Jahr umfasst, noch die Daten der kalkulatorischen Abschreibungen und der kalkulatorischen Zinsen für die Kostenstellen Druckerei sowie Verwaltung und Vertrieb. Es stehen die folgenden Angaben zur Verfügung (mit AB = Anfangsbestand und EB = Endbestand).

	Kostenstellen			
	Druckerei		Verwaltung und Vertrieb	
Maschinen zu Anschaffungswerten	28.000 €		–	
Einrichtungen zu Anschaffungswerten	42.000 €		60.000 €	
Roh-, Hilfs-, Betriebsstoffe zu Tagespreisen	AB 5.500 €	EB 4.500 €	–	–
Eigene Erzeugnisse	AB 500 €	EB 900 €	AB 2.100 €	EB 2.700 €
Forderungen aus Lieferungen und Leistungen	–	–	AB 2.700 €	EB 3.100 €
Kundenanzahlungen	–	–	AB 900 €	EB 1.100 €

Die kalkulatorischen Abschreibungen sind unter folgenden Bedingungen zu ermitteln:

- Druckereimaschine: Nutzungsdauer 5 Jahre, Preisindex 125 %, lineare Abschreibung,
- Einrichtungen: Nutzungsdauer 9 Jahre, Preisindex 150 %, lineare Abschreibung.

Als kalkulatorischer Zinssatz sind 10 % p.a. anzusetzen.

a) Ermitteln Sie die Abschreibungssummen in der betrachteten Abrechnungsperiode für die Druckereimaschine sowie für die Einrichtungen in den einzelnen Kostenstellen.

b) Wie hoch sind die Abschreibungsbeträge in der betrachteten Abrechnungsperiode für die Druckereimaschine und die Einrichtungen in den einzelnen Kostenstellen?

c) Wie hoch sind das betriebsnotwendige Vermögen, das Abzugskapital, das betriebsnotwendige Kapital und die jährlichen kalkulatorischen Zinsen, wenn von der Durchschnittswertverzinsung auszugehen ist?

d) Auf welche Gesamtsumme belaufen sich die jährlichen kalkulatorischen Kosten der betrachteten Kostenstellen?

4.4.2 Übungsaufgaben zur Kostenstellenrechnung

Übungsaufgabe 4.8:   Grundsätze und Gliederungsprinzipien für die Kostenstellenbildung

Erläutern Sie die Grundsätze, die bei der Kostenstellenbildung zu beachten sind,
und die Gliederungsprinzipien, die zur konkreten Einteilung in Frage kommen.

Übungsaufgabe 4.9:   Einordnung der innerbetrieblichen Leistungsverrechnung

Skizzieren Sie mit Hilfe einer Abbildung die Datenbeziehungen innerhalb der
Kostenrechnung, und ordnen Sie darin die innerbetriebliche Leistungsverrechnung
ein.

Übungsaufgabe 4.10: Bezugsgrößen

Was sind Bezugsgrößen, welche Aussage hat die Doppelfunktion, und welche
Verfahren zur Messung von Bezugsgrößen kennen Sie?

Übungsaufgabe 4.11: Innerbetriebliche Leistungsverrechnung mit dem BAB

Welche Aufgabe hat die innerbetriebliche Leistungsverrechnung? Welches Verfahren der innerbetrieblichen Leistungsverrechnung wird gemäß dem üblichen
Aufbau eines BAB (wie auch in Abb. 4.4 dargestellt) durchgeführt, und durch
welche Rechenoperation erfolgt abschließend der Übergang von der Kostenstellenrechnung zur Kostenträgerrechnung?

Übungsaufgabe 4.12: Verfahren der innerbetrieblichen Leistungsverrechnung

Die REST GmbH führt in ihrer Kostenrechnung die vier Hilfskostenstellen Reparatur (R), Energieversorgung (E), Schadstoffentsorgung (S) und Transport (T). Die
Leistungsabgaben dieser Stellen an die jeweils anderen Hilfskostenstellen sowie
ihre Gesamtleistungen in einer Abrechnungsperiode sind der folgenden Tabelle zu
entnehmen:

	an					
von	R	E	S	T	Gesamtleistung	Dimension
R	10	–	–	–	110	Std.
E	300	20	130	–	6.020	kWh
S	5	–	–	–	45	m³
T	10	3	22	5	215	Std.

Die relevanten primären Gemeinkosten betragen in Hilfskostenstelle R: 9.710 €, in E: 1.440 €, in S: 24.321 € und in T: 25.200 €.

Ermitteln Sie die Verrechnungspreise pro jeweiliger Leistungseinheit nach dem Anbau- und Stufenleiterverfahren. Achten Sie bei der Durchführung des Stufenleiterverfahrens auf die Einhaltung einer geeigneten Berechnungsreihenfolge. Wie hoch sind die exakten Verrechnungspreise pro jeweiliger Leistungseinheit?

4.4.3 Übungsaufgaben zur Kostenträgerrechnung

Übungsaufgabe 4.13: Inhalt und Aufgaben der Kostenträgerstückrechnung

Erläutern Sie Inhalt und Aufgaben der Kostenträgerstückrechnung.

Übungsaufgabe 4.14: Grundschema der Kalkulation

Ein Unternehmen stellt ein Produkt her, das zu einem Nettoverkaufspreis von 520 € pro Stück abgesetzt werden kann. Bei der Herstellung des Produktes werden die drei unterschiedlichen Materialarten a, b und c eingesetzt, die zum Preis von 8 € pro ME von a, 12 € pro ME von b und 6 € pro ME von c bezogen werden. Pro Stück des Produktes sind 2 ME von a, 4 ME von b und 3 ME von c erforderlich. Der auf die Materialeinzelkosten bezogene Materialgemeinkostenzuschlagssatz beträgt 15 %. Die Fertigung des Produktes erfolgt in zwei Fertigungsstellen, wobei in der ersten Fertigungsstelle 2 Fertigungsstunden und in der zweiten Fertigungsstelle 1,5 Fertigungsstunden jeweils bezogen auf ein Stück des Produktes verbraucht werden. Die den Fertigungsstellen zugrunde liegenden Kostensätze betragen 25 € pro Fertigungsstunde in der ersten Fertigungsstelle und 38 € pro Fertigungsstunde in der zweiten Fertigungsstelle. Als Fertigungsgemeinkostenzuschlagssatz sind 35 % bezogen auf die Fertigungseinzelkosten anzusetzen. Zudem muss bei der Fertigung des Produktes eine Spezialschablone eingesetzt werden, die 3.200 € kostet und ausreicht, um 500 Stück des Produktes herzustellen. Die auf die Herstellkosten bezogenen Zuschlagssätze für die Verwaltungs- bzw. Vertriebsgemeinkosten betragen jeweils 20 %. Vor seinem Verkauf muss das Produkt noch verpackt werden, wobei Verpackungskosten in Höhe von 5 € pro Stück anfallen. Als Provisionsanteil des mit dem Verkauf des Produktes beauftragten Vertreters sind 10 % des Nettoverkaufspreises anzusetzen.

Ermitteln Sie die Selbstkosten pro Stück des Produktes.

Übungsaufgabe 4.15: Kalkulationsarten

Welche Kalkulationsarten lassen sich unterscheiden, und wodurch sind diese gekennzeichnet?

Übungsaufgabe 4.16: Kalkulationsverfahren

Erläutern Sie den Zusammenhang zwischen den verschiedenen Kalkulationsverfahren und den Grundtypen von Fertigungsprogrammen.

Übungsaufgabe 4.17: Divisionskalkulation

Die Schoko GmbH hat im Juli 1997 insgesamt 1.500.000 Tafeln Schokolade produziert, wobei die folgenden Kosten entstanden sind:

- Herstellkosten   225.000 €
- Verwaltungskosten   23.900 €
- Vertriebskosten   21.100 €.

a) Einstufige Divisionskalkulation:
   Wie hoch sind die Herstellkosten und die Selbstkosten einer Tafel Schokolade, wenn alle Tafeln verkauft wurden?

b) Zweistufige Divisionskalkulation:
   Welche Höhe weisen die Herstellkosten und die Selbstkosten pro Tafel Schokolade auf, wenn lediglich 1.250.000 Tafeln Schokolade abgesetzt wurden?

Übungsaufgabe 4.18: Äquivalenzziffernkalkulation

Ein Unternehmen produziert vier artähnliche Erzeugnisse. Im abgelaufenen Monat sind Materialkosten in Höhe von 40.956 € pro Monat und Fertigungskosten in Höhe von 31.831 € pro Monat entstanden. Die Herstellkosten betrugen also 72.787 € pro Monat.

Von den verschiedenen Produktarten $j\,(j=1,...,4)$ wurden die Mengen x_{Pj} (gemessen in Stück) hergestellt und es konnten folgende Äquivalenzziffern für den Materialbereich (α_{Mj}) und für den Fertigungsbereich (α_{Fj}) ermittelt werden:

j	x_{Pj}	α_{Mj}	α_{Fj}
1	1.250	1,00	0,90
2	4.000	1,25	1,20
3	1.500	1,50	1,60
4	1.500	3,00	2,00

Bestimmen Sie für jede Produktart die Herstellkosten pro Stück.

Übungsaufgabe 4.19: (Lohn-) Zuschlagskalkulation

Ein Unternehmen fertigt drei verschiedene Türelemente j ($j = 1, 2, 3$). Diese werden zunächst in der Kostenstelle „Säge" auf Maß gesägt, anschließend in der „Schleiferei" geschliffen und in der „Malerwerkstatt" in den von den Kunden gewünschten Farben bemalt. In der Kostenstelle „Montage" werden dann in einem letzten Arbeitsgang Verbindungselemente und Scharniere montiert. Über diese Kostenstellen liegen aus der Abrechnungsperiode folgende Daten vor:

	Säge	Schleiferei	Malerwerkstatt	Montage
Fertigungslöhne (Einzelkosten) in €	9.600	4.400	19.200	8.600
Fertigungsminuten in Min.	6.400	3.300	12.800	4.300
Fertigungsgemeinkosten in €	8.640	6.600	15.360	6.450

Für die drei Türelemente j ($j = 1, 2, 3$) sind folgende Produktionsmengen x_j in Stück, Materialeinzelkosten in € pro Stück sowie die Kapazitätsinanspruchnahmen in den jeweiligen Fertigungskostenstellen in Min. pro Stück bekannt:

Tür-element	Produktions-menge	Material-einzelkosten	Kapazitätsinanspruchnahme			
			Säge	Schleiferei	Maler-werkstatt	Montage
j	Stück	$\dfrac{€}{\text{Stück}}$	$\dfrac{\text{Min.}}{\text{Stück}}$	$\dfrac{\text{Min.}}{\text{Stück}}$	$\dfrac{\text{Min.}}{\text{Stück}}$	$\dfrac{\text{Min.}}{\text{Stück}}$
1	150	200	20	10	40	10
2	80	450	30	15	60	20
3	40	600	25	15	50	30

Die Materialgemeinkosten der Abrechnungsperiode belaufen sich auf 45.000 €. Der Zuschlagssatz für Verwaltungs- und Vertriebsgemeinkosten ist mit 20 % auf die Herstellkosten zu beziehen.

Führen Sie eine kumulative und eine elektive (Lohn-) Zuschlagskalkulation zur Ermittlung der Herstell- und Selbstkosten jeweils bezogen auf ein Stück der drei verschiedenen Türelemente durch.

Übungsaufgabe 4.20:   Kalkulation für mehrteilige Produkte

Ein Unternehmen der chemischen Industrie stellt innerhalb seiner Sparte „Kosmetikartikel" Sonnencreme her. Der Prozess zur Herstellung von Sonnencreme als Endprodukt kann vereinfacht durch die folgende Abbildung dargestellt werden, wobei die Zahlen angeben, wie viele Einheiten eines Vor- bzw. Zwischenproduktes direkt pro Einheit des jeweils übergeordneten Produktes benötigt werden.

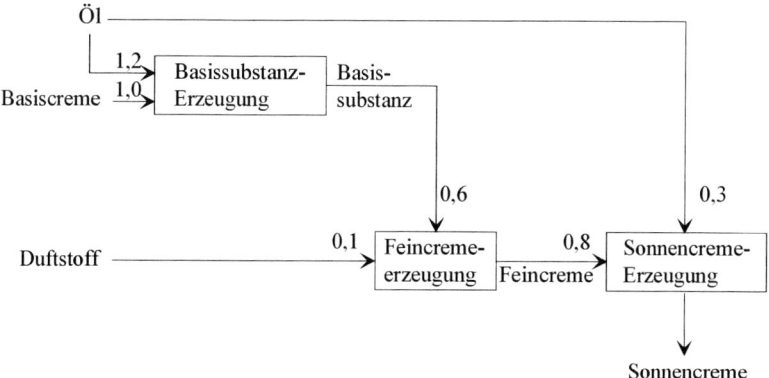

Die nachstehende Tabelle zeigt die primären variablen Kosten der einzelnen Produktionsstufen:

Kostenstelle	primäre variable Kosten in € pro Einheit des Erzeugnisses, das in der jeweiligen Kostenstelle produziert wird
Basissubstanz-Erzeugung	5,50
Feincreme-Erzeugung	11,30
Sonnencreme-Erzeugung	28,70

Die Einstandspreise betragen für Öl 2,40 € pro Einheit, für Basiscreme 1,30 € pro Einheit und für Duftstoff 8,70 € pro Einheit.

Ermitteln Sie die Herstellkosten pro kg Sonnencreme nach der Stufenkalkulation und der summarischen Kalkulation.

Übungsaufgabe 4.21:   Kalkulation für Kuppelprodukte

Ein Unternehmen der Obst verarbeitenden Industrie stellt in einem Entsteinungsvorgang aus 1000 kg Sauerkirschen gleichzeitig 500 kg des Hauptproduktes entsteinte Kirschen sowie als Nebenprodukte 400 Liter Saft und 100 kg Kirschkerne her. Der Beschaffungspreis für 1 kg frische Sauerkirschen beträgt 1,35 €. Der Entsteinungsvorgang kostet pro 10 kg frische Kirschen 0,60 €.

Der Saft wird in 0,5-Liter-Flaschen abgefüllt. Der Abfüllvorgang mit Verschließen kostet 0,20 € pro Flasche. Eine Flasche kostet 0,70 €, ein Verschluss 0,15 €. Darüber hinaus entstehen je Flasche anteilige Vertriebskosten in Höhe von 0,45 € für Verpackung und Transport. Der Marktpreis einer Flasche Kirschsaft beträgt 2,00 €.

Die Kirschkerne werden in Plastikbeuteln à 20 kg verpackt. Ein Plastikbeutel kostet 0,60 €. Die Kirschkerne können für 4,50 € pro Beutel an ein pharmazeutisches Unternehmen verkauft werden. Dabei entstehen Vertriebsgemeinkosten in Höhe von 0,50 € pro 20 kg sowie Sondereinzelkosten des Vertriebs in Höhe von 1,40 € pro Beutel.

Die entsteinten Kirschen werden zu Konserven verarbeitet. Sie werden zu jeweils 500 g in Gläser abgefüllt. Jedem Glas werden 400 ml Zuckerwasser hinzugefügt. Ein Liter Zuckerwasser kostet 1,00 €. Abfüllen und Verschließen verursachen Fertigungsgemeinkosten in Höhe von 0,10 € pro Glas, ein Glas mit Deckel kostet 0,50 €. Die Gläser werden in Kartons zu 10 Stück verpackt. Ein Karton kostet 0,50 €, die Lohnkosten für das Verpacken betragen je Karton 1,50 €. Der Vertrieb der Kartons verursacht Transportkosten in Höhe von 0,50 € pro Karton. Die Vertriebskosten für Verpackung und Transport in Kartons werden anteilig je Glas umgelegt. Pro Glas soll ein Gewinn in Höhe von 1,75 € erzielt werden.

a) Berechnen Sie die Herstellkosten des Kuppelprozesses.

b) Ermitteln Sie die Kosten der Weiterverarbeitung und die Vertriebskosten je 100 Flaschen Kirschsaft, je 10 Beutel Kirschkerne und je 100 Gläser Konserven.

c) Wie viele Flaschen Kirschsaft, Beutel Kirschkerne sowie Gläser und Kartons Konserven werden aus 1000 kg frischen Kirschen produziert?

d) Berechnen Sie die Selbstkosten pro Glas entsteinte Kirschen nach dem Restwertverfahren.

Übungsaufgabe 4.22:   Kostenträgerzeitrechnung

Welche Verfahren der Kostenträgerzeitrechnung kennen Sie, und wie unterscheiden sich diese? Veranschaulichen Sie Ihre Erläuterungen jeweils anhand der Abbildung eines Betriebsergebniskontos.

5 Systeme der Kosten- und Leistungsrechnung

5.1 Unterscheidung von Ist-, Normal- und Plankostenrechnungen

Berücksichtigt man den Zeitbezug des erfassten und bewerteten Güterverzehrs, so führt dies zu der Unterscheidung von Rechnungen auf Basis von Ist-, Normal- und Plankosten. Der Inhalt dieser drei Rechnungen bestimmt sich analog zu den in Kapitel 2.2.7 abgegrenzten Kostenbegriffen.

Das Wert- und Mengengerüst der Istkostenrechnung berücksichtigt weitgehend das tatsächlich aufgetretene Wirtschaftsgeschehen eines Unternehmens, d.h. die zu behandelnden Kosten werden aus den effektiv verbrauchten Faktormengen durch deren Bewertung mit den effektiv gezahlten Preisen abgeleitet. Einerseits dient die Istkostenrechnung üblicherweise als Ausgangsbasis für die Entwicklung weiterführender Kostenrechnungssysteme, andererseits wird sie oftmals parallel zu den weiterentwickelten Systemen fortgeführt.

In der Normalkostenrechnung werden sowohl für das Mengen- als auch für das Wertgerüst der Kosten durchschnittliche Größen ermittelt. Die durchschnittlichen oder normalisierten Mengen werden aus in der Vergangenheit festgestellten Verbräuchen berechnet, die dementsprechenden Preise werden ebenfalls normalisiert, d.h. als Durchschnittswerte angesetzt.

Die Plankostenrechnung zeichnet sich dadurch aus, dass sie mit zukünftig erwarteten Mengen und Preisen arbeitet. Der sinnvolle Einsatz einer Plankostenrechnung wird erst durch die parallele Führung einer Istkostenrechnung möglich.[240] Die Grundlagen der Plankostenrechnung und ihre unterschiedlichen Entwicklungsformen werden ausführlich in Kapitel 6 behandelt.

5.2 Unterscheidung von Voll- und Teilkostenrechnungen

Man unterscheidet Voll- und Teilkostenrechnungen in Abhängigkeit davon, ob sämtliche, d.h. variable und fixe Kosten, oder nur die variablen Kosten den Endprodukten eines Unternehmens zugeordnet werden. Es liegt das Kriterium des Umfangs der den Kostenträgern zuzurechnenden Kosten zugrunde.

---

[240] Vgl. z.B. Haberstock, L.: Kostenrechnung I, a.a.O., S. 177.

In der Vollkostenrechnung werden sowohl die variablen als auch die fixen Kosten anhand des Durchschnitts- bzw. Tragfähigkeitsprinzips[241] auf die Kostenträger verteilt. Da für kurzfristige Dispositionen allerdings lediglich die variablen Kosten veränderbar und somit entscheidungsrelevant, die Fixkosten dagegen nicht beeinflussbar sind, kann die Berücksichtigung von Vollkosten zu Fehlentscheidungen führen. Fixe Kosten entstehen definitionsgemäß unabhängig von der Ausbringungsmenge, d.h. auch wenn ein Produkt aufgrund von Vollkostenüberlegungen als Verlustartikel gekennzeichnet und aus dem Programm gestrichen wird, fällt ein Teil – und zwar genau der Fixkostenanteil – der diesem Produkt zugerechneten Kosten auch weiterhin an. Den Tatbestand, dass fixe Kosten anhand bestimmter Kriterien den Kostenträgern zugeordnet werden, bezeichnet man auch als künstliche Fixkostenproportionalisierung.

In der Teilkostenrechnung wird die künstliche Fixkostenproportionalisierung dadurch umgangen, dass nur die variablen Kosten dem Verursachungsprinzip folgend auf die Kostenträger verrechnet werden. Die Fixkosten gehen ohne den Versuch einer nach Hilfsprinzipien vorgenommenen Aufteilung auf die Kostenträger in das Betriebsergebnis bzw. den Periodenerfolg ein. Den genannten Vorzügen von Systemen auf Basis von Teilkosten stehen schließlich aber auch Kritikpunkte gegenüber. So sind beispielsweise Teilkostenansätze zur Bewertung von Beständen nicht zulässig, Teilkostenbetrachtungen gelten kurzfristig, sie können allerdings für die langfristige Preispolitik mit dem Ziel der vollen Kostendeckung keine geeigneten Daten bereitstellen, gleichzeitig besteht latent die Gefahr von Preissenkungen, da nur variable Kosten berücksichtigt werden, und als letzter Punkt könnte der Einwand auftauchen, dass auch in einer Teilkostenrechnung Gemeinkosten, und zwar der variable Anteil, geschlüsselt werden, und insofern auch hier dem Verursachungsprinzip nicht durchgängig Rechnung getragen werden kann.[242]

Die folgende Abb. 5.1 verdeutlicht noch einmal den Zusammenhang zwischen unterschiedlichen Zurechnungsprinzipien und zugehörigen Rechnungssystemen.

---

[241] Vgl. Kapitel 2.4.

[242] Vgl. Ebert, G.: Kosten- und Leistungsrechnung, Mit einem ausführlichen Fallbeispiel, 10. Aufl., Wiesbaden 2004, S. 134f.

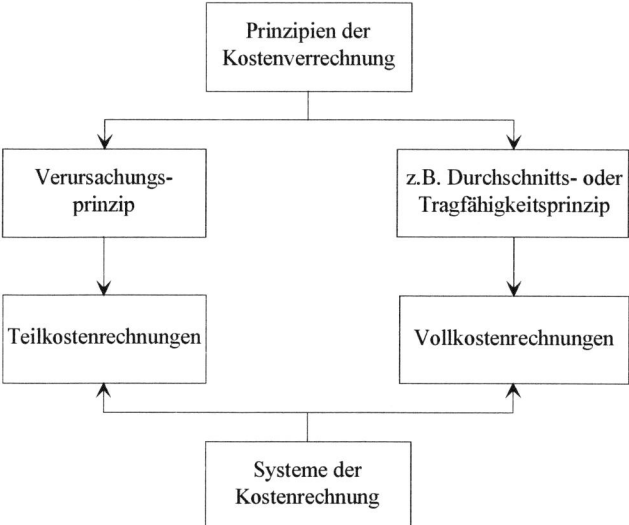

Abb. 5.1:   Rechnungssysteme und Zurechnungsprinzipien[243]

Abschließend sei darauf hingewiesen, dass der Begriff Teilkostenrechnung hier in seiner klassischen Definition vorgestellt wurde. Teilkosten umfassen danach nur den variablen Anteil der Gesamtkosten. Der Begriff Teilkosten in seiner allgemeineren Definition besagt, dass nicht die gesamten Kosten eines Unternehmens, sondern nur bestimmte Teile von diesen berücksichtigt werden. Nach der weiteren Definition würde beispielsweise auch die später noch erläuterte Einzelkostenrechnung als Teilkostenrechnung bezeichnet werden. Wird hier aber ohne weitere Erläuterungen von Teilkostenrechnung gesprochen, so ist immer die klassische Definition im Hinblick auf die Erfassung des variablen Anteils der Gesamtkosten gemeint.

5.3 Systeme der Deckungsbeitragsrechnung

Die Deckungsbeitragsrechnung ist ihrem Ursprung nach ein Instrument zur Ermittlung des Periodenerfolges im Rahmen der Kostenrechnung. Insofern gehört sie eigentlich in das Kapitel 4.3.4 zu der Kostenträgerzeit- bzw. der kurzfristigen Erfolgsrechnung. Es wird aber gezeigt, dass neben das Ziel der Ermittlung des Periodenerfolges modifizierte oder erweiterte Rechenziele und -inhalte getreten sind, die der Deckungsbeitragsrechnung eine herausragende Bedeutung gegeben und sie zu einem eigenständigen Arbeitsgebiet gemacht haben. Daher wird ihr ein eigenes Kapitel gewidmet.

---

[243] Haberstock, L.: Kostenrechnung I, a.a.O., S. 171ff.

Die unterschiedlichen Formen der Deckungsbeitragsrechnung geben einen kontinuierlichen Entwicklungsprozess wieder, der mit der einstufigen Deckungsbeitragsrechnung, auch als Direct Costing bezeichnet, beginnt. Die einstufige Deckungsbeitragsrechnung, die in ihrer Vorgehensweise genau dem in Kapitel 4.3.4 vorgestellten Umsatzkostenverfahren auf Teilkostenbasis zur Ermittlung des kurzfristigen Periodenerfolges entspricht, wird an dieser Stelle noch einmal in ihren Grundzügen erläutert, um anschließend die darauf aufbauenden Weiterentwicklungen der Deckungsbeitragsrechnung veranschaulichen zu können.

5.3.1 Einstufige Deckungsbeitragsrechnung

Die Grundidee der einstufigen Deckungsbeitragsrechnung – die strikte Trennung in fixe und variable Kosten sowie die kurzfristige Erfolgsrechnung nach dem Teilkostenprinzip – wurde bereits im Jahre 1936 von HARRIS in seinem Aufsatz „What Did We Earn Last Month?"[244] unter der Bezeichnung Direct Costing vorgestellt. Dieses Konzept fand allerdings erst nach seiner Weiterentwicklung in den fünfziger Jahren praktische Anerkennung.[245]

Die Auflösung der Gesamtkosten in ihre variablen und fixen Bestandteile stellt eines der wichtigsten systemimmanenten Merkmale der einstufigen Deckungsbeitragsrechnung dar. Das Ziel ist es, nur diejenigen Kosten auf die Endprodukte zu verrechnen, die mit der Beschäftigung variieren, d.h. lediglich die variablen Kosten werden auf die Kostenträger verteilt. Die Fixkosten werden als zeitabhängige Periodenkosten betrachtet, zu einem Fixkostenblock zusammengefasst und so „en bloc" in die kurzfristige Erfolgsrechnung gebucht.

Im System der einstufigen Deckungsbeitragsrechnung wird von einem linearen Gesamtkostenverlauf ausgegangen, d.h. alle variablen Kosten – also auch der variable Teil der Gemeinkosten – werden als proportionale Kosten interpretiert.[246] Folglich entsprechen die variablen Stückkosten sowohl den Grenzkosten als auch den variablen Durchschnittskosten pro Stück.[247] Man spricht daher auch häufig von Grenz- bzw. Durchschnittskostenrechnung.[248]

---

[244]   Harris, J.N.: What Did We Earn Last Month, in: N.A.C.A.-Bulletin vom 15. Januar 1936.

[245]   Vgl. Kilger, W. / Pampel, J. / Vikas, K.: Flexible Plankostenrechnung und Deckungsbeitragsrechnung, a.a.O., S. 75ff.; Kilger, W.: Die Entstehung und Weiterentwicklung der Grenzplankostenrechnung als entscheidungsorientiertes System der Kostenrechnung, in: Jacob, H. (Hrsg.): Moderne Kostenrechnung, Wiesbaden 1978, S. 107-137, hier S. 115.

[246]   GUTENBERG hat in seinen produktions- und kostentheoretischen Analysen darauf hingewiesen, dass sich die Gesamtkosten in den meisten industriellen Teilbereichen linear entwickeln, d.h. dass sich die gesamten variablen Kosten proportional verhalten. Vgl. Gutenberg, E.: Grundlagen der Betriebswirtschaftslehre, a.a.O., S. 386.

[247]   Vgl. Kapitel 2.2.3.

[248]   Vgl. Kilger, W. / Pampel, J. / Vikas, K.: Flexible Plankostenrechnung und Deckungsbeitragsrechnung, a.a.O., S. 70f.

Das Kernelement der einstufigen Deckungsbeitragsrechnung bildet der absolute Deckungsbeitrag db_j pro Einheit der Produktart j. Er ist definiert als Differenz aus dem Netto-Verkaufspreis p_j und den variablen Selbstkosten k_{vj} pro Produkteinheit:

$$db_j = p_j - k_{vj}.$$

Ein (positiver) Deckungsbeitrag gibt an, in welcher Höhe der Erlös einer Einheit der Produktart j die variablen Selbstkosten dieser Einheit übersteigt.

Multipliziert man den absoluten Deckungsbeitrag db_j einer Einheit der Produktart j mit der insgesamt abgesetzten Menge x_{Aj} dieser Produktart j, so erhält man den Deckungsbeitrag DB_j der Produktart j:

$$DB_j = db_j \cdot x_{Aj} = \left(p_j - k_{vj} \right) \cdot x_{Aj}.$$

Die Summierung der so ermittelten Deckungsbeiträge über alle Produktarten j $\left(j = 1, \ldots, J \right)$ eines Unternehmens ergibt denjenigen Betrag, der dazu beiträgt, die in der betrachteten Periode angefallenen Fixkosten abzudecken:

$$\sum_{j=1}^{J} DB_j = \sum_{j=1}^{J} \left(p_j - k_{vj} \right) \cdot x_{Aj}.$$

Die Differenz zwischen dem Gesamtdeckungsbeitrag

$$\sum_{j=1}^{J} DB_j$$

und dem gesamten Fixkostenblock K_f bedeutet bei einem positiven Ergebnis einen Gewinn bzw. bei einem negativen Ergebnis einen Verlust in der betrachteten Periode. Die bereits in Kapitel 4.3.4 eingeführte Grundgleichung zur Bestimmung des Periodenerfolges G in der einstufigen Deckungsbeitragsrechnung lautet demnach:

$$G = \sum_{j=1}^{J} \left(p_j - k_{vj} \right) \cdot x_{Aj} - K_f.$$

Diese auch als summarische Fixkostendeckung bezeichnete Vorgehensweise ist vor allem bei kurzfristigen Entscheidungen anwendbar. In solchen Fällen zählen die Fixkosten nicht zu den relevanten Kosten, und es genügt die Betrachtung der Deckungsbeiträge einzelner Erzeugnisarten j $\left(j = 1, \ldots, J \right)$.

Der Einsatz der einstufigen Deckungsbeitragsrechnung bietet gegenüber der Vollkostenrechnung erhebliche Vorteile. Beispielsweise können Informationen geliefert werden für die Bestimmung der Gewinnschwelle (Break-even-Analyse) im Rahmen der Erfolgsplanung, für die Berechnung von Preisunter- und -obergrenzen und für Entscheidungen zwischen Eigenfertigung und Fremdbezug.[249]

Ein Nachteil der einstufigen Deckungsbeitragsrechnung ist, dass durch den Abzug der Fixkosten in einem Block unberücksichtigt bleibt, dass einige Teile dieser Fixkosten beispielsweise einer Kostenstelle oder einem Betriebsbereich direkt zugeordnet werden können und eigentlich im Hinblick auf diese Bezugsgrößen wiederum Einzelkosten darstellen.[250] Neben dem Kriterium der Beschäftigungsabhängigkeit sollte also das Kriterium der Zurechenbarkeit zu bestimmten Bezugsobjekten Beachtung finden.

5.3.2 Mehrstufige Deckungsbeitragsrechnung

Aufgrund der Kritik zur undifferenzierten Fixkostenbehandlung „en bloc" in der einstufigen Deckungsbeitragsrechnung wurde die so genannte mehrstufige Deckungsbeitragsrechnung zunächst als stufenweise Fixkostendeckungsrechnung entwickelt. RIEBEL hat diesen Ansatz modifiziert und seine Einzelkosten- und Deckungsbeitragsrechnung vorgestellt.[251]

5.3.2.1 Stufenweise Fixkostendeckungsrechnung

Das Konzept der stufenweisen Fixkostendeckungsrechnung baut auf dem des Direct Costing auf und wird daher auch häufig als Direct Costing mit stufenweiser Fixkostendeckung bezeichnet.[252]

Grundgedanke der stufenweisen Fixkostendeckungsrechnung ist die Zuordnung von Fixkostenteilen zu einer Hierarchie von Bezugsobjekten, d.h. beispielsweise zu Kostenträgergruppen, Kostenstellen, Betriebsbereichen und dem Gesamtunternehmen, sofern diese Zuordnung ohne Schlüsselung möglich ist. Mit anderen Worten werden die bezogen auf das Endprodukt fixen Kosten denjenigen Bezugsobjekten zugeordnet, in denen sie entstanden sind. Durch die Subtraktion der

---

[249] Die Dispositions- und Kontrollaufgaben im Rahmen der Deckungsbeitragsrechnung werden im Einzelnen in Kapitel 5.4 erläutert.

[250] Vgl. Riebel, P.: Systemimmanente und anwendungsbedingte Gefahren von Differenzkosten- und Deckungsbeitragsrechnungen, in: Betriebswirtschaftliche Forschung und Praxis, (1974) 11, S. 493-529, abgedruckt in: Riebel, P.: Einzelkosten- und Deckungsbeitragsrechnung, Grundfragen einer markt- und entscheidungsorientierten Unternehmungsrechnung, 7. Aufl., Wiesbaden 1994, S. 356-385, hier S. 360ff.

[251] Riebel, P.: Das Rechnen mit Einzelkosten und Deckungsbeiträgen, in: Zeitschrift für handelswissenschaftliche Forschung, Neue Folge, (1959), S. 213-238, abgedruckt in: Riebel, P.: Einzelkosten- und Deckungsbeitragsrechnung, a.a.O., S. 35-59.

[252] Vgl. Bungenstock, C.: Entscheidungsorientierte Kostenrechnungssysteme, Eine entwicklungsgeschichtliche Analyse, Wiesbaden 1995, S. 287.

jeweils zurechenbaren Fixkosten auf den verschiedenen Ebenen können so – beginnend mit dem Deckungsbeitrag für einzelne Produktarten – stufenweise auch Deckungsbeiträge für Produktgruppen, Kostenstellen etc. bestimmt werden. Auf der letzten Stufe werden diejenigen Fixkosten zum Abzug gebracht, die nur dem Unternehmen als Ganzes zurechenbar sind, so beispielsweise die Gehälter der Betriebsleitung.

Die geschilderte Vorgehensweise der stufenweisen Abdeckung von Fixkosten bzw. der mehrstufigen Aggregation von Deckungsbeiträgen ist in der nachfolgenden Abb. 5.2 beispielhaft veranschaulicht.

Zwischen der Ebene der Erzeugnisgruppen und der Unternehmensebene sind weitere Ebenen, z.B. die der Kostenstellen und der Unternehmensbereiche denkbar und sinnvoll.[253]

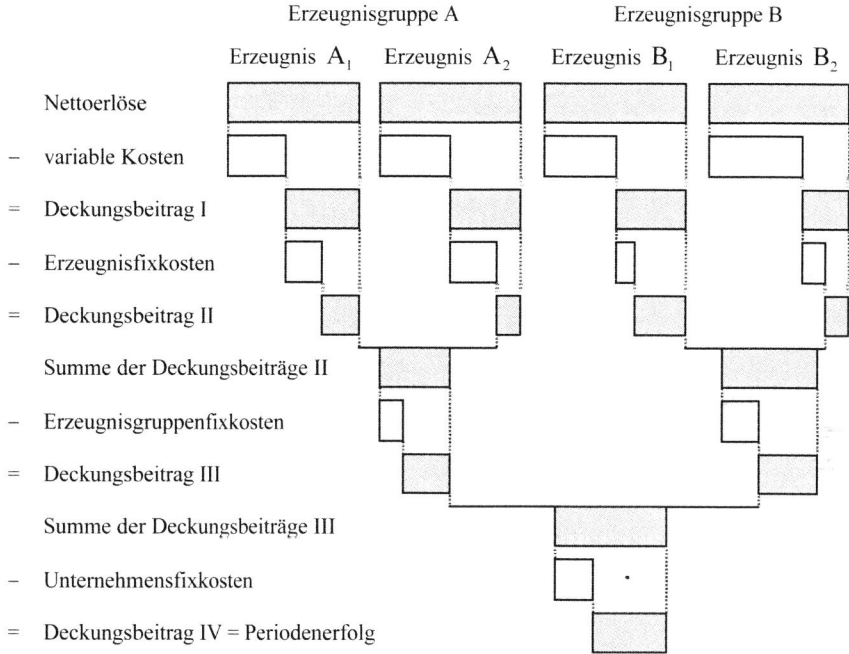

Abb. 5.2:   Ablauf der stufenweisen Fixkostendeckungsrechnung[254]

Die stufenweise Fixkostendeckungsrechnung ermöglicht nicht nur kurzfristige Entscheidungen auf der Ebene der einzelnen Erzeugnisse auf der Grundlage von Deckungsbeiträgen je Erzeugnisart, sondern bietet auch Informationen für mittel- und langfristige Entscheidungen. Es kann beispielsweise gezeigt werden, ob ver-

---

[253] Vgl. derselbe, a.a.O., S. 289.

[254] Vgl. Schönfeld, H.-M.: Kostenrechnung I, 7. Aufl., Stuttgart 1974, S. 85.

schiedene Erzeugnisgruppen, Kostenstellen oder Betriebsbereiche positive Deckungsbeiträge erbringen, und als Ergebnis auf der höchsten Aggregationsstufe ist
die Ermittlung des Periodenerfolges möglich.

5.3.2.2 Relative Einzelkosten- und Deckungsbeitragsrechnung

5.3.2.2.1 Grundlagen der relativen Einzelkosten- und Deckungs-
               beitragsrechnung

Die relative Einzelkosten- und Deckungsbeitragsrechnung, deren Ursprung in den
Ende der fünfziger Jahre von RIEBEL veröffentlichten Werken zu sehen ist,[255] stellt
– wie auch die stufenweise Fixkostendeckungsrechnung – eine Weiterentwicklung
der einstufigen Deckungsbeitragsrechnung dar. Sie ist aus der Kritik an Vollkos-
ten- sowie an Teilkostenrechnungssystemen entstanden und lehnt außer der für die
Vollkostenrechnung typischen Proportionalisierung fixer Kosten und der damit
verbundenen Schlüsselung der gesamten Gemeinkosten auch die sonst in Teilkostenrechnungen vorgenommene Verrechnung variabler Gemeinkosten strikt ab.
    In der Praxis ist dem System – insbesondere wegen seiner Komplexität – nie
der große Durchbruch gelungen.[256] Durch die Entwicklung relationaler Datenbanken wird die Implementierung erleichtert, und man erhofft sich für die Zukunft
eine wachsende praktische Bedeutung.[257]
    Bei der relativen Einzelkosten- und Deckungsbeitragsrechnung handelt es sich
um eine Kostenrechnung, deren Schwerpunkt auf der Fundierung der betrieblichen
Entscheidungen liegt. Die Entscheidungen werden als die eigentlichen Kalkulationsobjekte angesehen, was sich insbesondere in den zugrunde liegenden Definitionen der Einzelkosten und des Deckungsbeitrags widerspiegelt.
    Als Einzelkosten bezeichnet man die „Kosten (...), die einem (...) Bezugsob-
jekt eindeutig zurechenbar sind, weil sowohl die Kosten (...) als auch das Bezugsobjekt auf einen gemeinsamen dispositiven Ursprung zurückgehen".[258] Das

---

[255] Vgl. Riebel, P.: Das Rechnen mit Einzelkosten und Deckungsbeiträgen, a.a.O. S. 35ff.

[256] Beispiele aus der Praxis sind zu entnehmen aus: Horváth, P. / Kleiner, R. / Mayer, R.:
       Zweckneutrale Kostenerfassung in der flexiblen Montage mit Hilfe von Datenbanken, in:
       Kostenrechnungspraxis (1987) 3, S. 93-104; dieselben: Differenzierte Kostenin-
       formationen zur Entscheidungsunterstützung in der flexiblen Montage, in: Kostenrech-
       nungspraxis (1986) 4, S. 133-139 und Lotz, D. / Rogalski, M.: Entscheidungsorientierte
       Kostenrechnung in Kleinbetrieben – am Beispiel eines Dienstleisters, in: Controlling
       (1995) 1, S. 12-21.

[257] Vgl. Riebel, P.: Ansätze und Entwicklungen des Rechnens mit relativen Einzelkosten und
       Deckungsbeiträgen (II), in: Kostenrechnungspraxis (1995) Sonderheft 1, S. 49-53, hier
       S. 52.

[258] Riebel, P.: Einzelkosten- und Deckungsbeitragsrechnung, a.a.O., S. 762.

hier zugrunde liegende Zurechnungprinzip wurde von RIEBEL als „Identitätsprinzip" bezeichnet, da sowohl der Güterverzehr (Kosten) als auch die Leistungserstellung (Bezugsobjekt) auf dieselbe (identische) Entscheidung zurückzuführen
sind.[259] Wählt man beispielsweise als Bezugsobjekt die Produktart A, als Entscheidung die Aufnahme dieser Produktart in das Produktionsprogramm, dann
handelt es sich bei den Einzelkosten um die Kosten, die durch die Erweiterung des
Produktionsprogramms um Produktart A entstehen.

Durch die Relativierung des Einzelkostenbegriffs können bestimmte Kosten in
Abhängigkeit vom jeweiligen Bezugsobjekt Einzel- oder Gemeinkosten darstellen.
Eine Einteilung der Kosten in variable und fixe Bestandteile erfolgt nicht. Selbst
fixe Kosten, die sich z.B. auf die Kapazitätsausnutzung, Beschäftigungsdauer oder
Produktionsmenge beziehen, können bei der Wahl anderer Bezugsobjekte Einzel-
kosten darstellen. Beispielsweise sind Entwurfskosten eines Produkttyps fix in
Bezug auf die Produktionsmenge, bezogen auf den Produkttyp stellen sie aber
Einzelkosten dar.[260]

Analog zur Definition der Einzelkosten bezeichnet man als Deckungsbeitrag
den „Überschuß jener Erlöse (...) über jene Kosten (...), die auf dieselbe (identische) Entscheidung zurückzuführen sind wie die Existenz des betreffenden Kalkulationsobjektes selbst".[261] Damit handelt es sich auch bei dem Deckungsbeitrag um
einen relativen Begriff.

5.3.2.2.2 *Aufbau der Grundrechnung*

Die relevanten Kosten sind bei der relativen Einzelkosten- und Deckungsbeitragsrechnung immer von der jeweils zu treffenden Entscheidung abhängig. Um eine
gemeinsame Datenbasis für alle Fragestellungen zu schaffen, hat RIEBEL eine so
genannte Grundrechnung entwickelt. Sie enthält eine zweckneutrale[262] Zusammen-
stellung aller relativen Einzelkosten, anhand derer der Aufbau von Standard- oder
Sonderrechnungen als Basis für die einzelnen Entscheidungen ermöglicht wird.[263]

---

[259] Vgl. Riebel, P.: Die Fragwürdigkeit des Verursachungsprinzips im Rechnungswesen, in:
Layer, H. / Strebel, H. (Hrsg.): Festschrift für Gerhard Krüger zu seinem 65. Geburtstag,
Berlin 1969, S. 49-64, abgedruckt in: Riebel, P.: Einzelkosten- und De-
ckungsbeitragsrechnung, a.a.O., S. 67-79, hier S. 76.

[260] Vgl. Riebel, P.: Das Rechnen mit Einzelkosten und Deckungsbeiträgen, a.a.O., S. 38.

[261] Hummel, S. / Männel, W.: Kostenrechnung 2, Moderne Verfahren und Systeme,
Nachdruck der 3. Aufl., Wiesbaden 1992, S. 49.

[262] Zur Zweckneutralität des Zeitbezuges vgl. Hug, W. / Weber, J.: Zum Zeitbezug der
Grundrechnung im entscheidungsorientierten Rechnungswesen, in: Kostenrechnungspraxis (1980) 2, S. 81-92.

[263] Vgl. Riebel, P.: Der Aufbau der Grundrechnung im System des Rechnens mit relativen
Einzelkosten und Deckungsbeiträgen, in: Zeitschrift der Buchhaltungsfachleute „Aufwand und Ertrag" (1964), S. 84-87, abgedruckt in: Riebel, P.: Einzelkosten- und Deckungsbeitragsrechnung, a.a.O., S. 149-157, S. 149.

Grundsätzlich werden im Rahmen der Grundrechnung alle Kosten als Einzelkosten erfasst.[264]

Die Grundrechnung wird – vergleichbar mit dem BAB – als eine kombinierte Kostenarten-, Kostenstellen- und Kostenträgerrechnung aufgebaut. Die Kosten werden allerdings nur dort erfasst, wo sie direkt zurechenbar sind. Eine sonst übliche Verteilung der Kosten auf Kostenstellen und Kostenträger findet nicht statt.[265]

Die Zeilen der Grundrechnung enthalten die einzelnen Kostenarten, die zu Kostenkategorien zusammengefasst werden. Bei den Kostenkategorien differenziert man zwischen

– Leistungskosten und
– Bereitschaftskosten.

Unter Leistungskosten versteht man die Kosten, die mit den kurzfristigen Veränderungen von Art und Menge der Leistungen variieren. Sie sind vergleichbar mit der Summe aus Einzelkosten und unechten Gemeinkosten der bisher betrachteten Kostenrechnungssysteme. Die sonstigen Kostenarten, die kurzfristig bei gegebenen Kapazitäten unverändert anfallen, bezeichnet man als Bereitschaftskosten. Sie werden entsprechend ihrer Zurechenbarkeit auf die einzelnen Abrechnungsperioden entweder – wie die Leistungskosten – als Periodeneinzelkosten oder – falls sie nicht einer einzigen Periode zugerechnet werden können – als Periodengemeinkosten verrechnet. Können die Periodengemeinkosten eindeutig mehreren Perioden gemeinsam zugerechnet werden, so handelt es sich um Einzelkosten geschlossener Perioden. Ist dies wie beispielsweise im Fall von Abschreibungen oder Forschungsaufwendungen aufgrund von fehlenden Informationen über die genaue Nutzungsdauer nicht möglich, so handelt es sich um Gemeinkosten offener Perioden.[266] Auf jede künstliche Periodisierung soll dadurch verzichtet werden.

Eine weitere Untergliederung der Kostenarten nach dem Kriterium der Ausgabenwirksamkeit wird von RIEBEL eingeführt. Nur die tatsächlich ausgabenwirksamen Kosten sind entscheidungsrelevant. Er definiert Kosten als „die durch die Entscheidung über das betreffende Untersuchungsobjekt ausgelösten Ausgaben (im Sinne von Zahlungsverpflichtungen, Auszahlungssumme)".[267] Es liegt also

---

[264] Zu weiteren Grundsätzen vgl. Riebel, P.: Ansätze und Entwicklungen des Rechnens mit relativen Einzelkosten und Deckungsbeiträgen (I), in: Kostenrechnungspraxis (1995) Sonderheft 1, S. 43-48, hier S. 47.

[265] Vgl. Riebel, P.: Der Aufbau der Grundrechnung im System des Rechnens mit relativen Einzelkosten und Deckungsbeiträgen, a.a.O., S. 149f.; Schweitzer, M. / Küpper, H.-U.: Systeme der Kosten- und Erlösrechnung, a.a.O., S. 532f.

[266] Vgl. Coenenberg, A.G.: Kostenrechnung und Kostenanalyse, 6. Aufl., Stuttgart 2007, S. 203f.

[267] Riebel, P.: Ansätze und Entwicklungen des Rechnens mit relativen Einzelkosten und Deckungsbeiträgen (II), a.a.O., S. 50.

hier der pagatorische Kostenbegriff zugrunde, weshalb unter anderem kalkulatorische Kosten und Opportunitätskosten völlig außer Acht gelassen werden.

Die Spalten der Grundrechnung enthalten die einzelnen Bezugsgrößen, die zu Bezugsgrößenhierarchien zusammengefasst werden. Neben der in traditionellen Kostenrechnungssystemen üblichen Kostenverteilung auf Kostenstellen und -träger kommt hier noch eine Vielzahl weiterer Bezugsgrößen in Frage. Dabei kann es sich im Fertigungsbereich um die Bezugsgrößen Kostenstellengruppe, Bereich, Betrieb, Sortenwechsel und Betriebsstörung und im Vertriebsbereich um die Bezugsgrößen Kunde, Kundengruppe, Kundenanfrage, Kundenauftrag und Kundenbesuch handeln.[268] Bei dem Aufbau einer Bezugsgrößenhierarchie ist zu beachten, dass die Kosten, die einer bestimmten Ebene als Einzelkosten zugeordnet werden, für alle untergeordneten Ebenen Gemeinkosten darstellen.[269]

Neben der bereits aus der stufenweisen Fixkostendeckungsrechnung bekannten Hierarchisierung der Bezugsgrößen nach den Zurechnungsobjekten Kostenträgergruppen, Kostenstellen, Betriebsbereiche und Gesamtunternehmen ist die Bildung weiterer sachbezogener Bezugsgrößenhierarchien mit beispielsweise absatzorientierter Ordnung bezogen auf Warensparten, Vertriebsbereiche oder Kundengruppen und die Bildung zeitbezogener Hierarchien möglich. Hier könnte man eine Einteilung nach Tages-, Monats-, Jahreseinzelkosten, Einzelkosten geschlossener Perioden und Einzelkosten offener Perioden vornehmen.

Alle Kosten sind schließlich

– bei einer Leistung oder Leistungsgruppe,
– bei einem Kostenplatz, einer Kostenstelle, einer Abteilung oder einem übergeordneten Verantwortungsbereich,
– bei einem sonstigen Objekt oder
– bei dem Unternehmen als Ganzem

direkt zu erfassen.[270] Damit werden bei der Grundrechnung alle anfallenden Kosten vollständig erfasst. Für die Auswertung auf den einzelnen Ebenen werden aber nur die jeweils entscheidungsrelevanten Kosten herangezogen, womit die relative Einzelkosten- und Deckungsbeitragsrechnung den Teilkostenrechnungssystemen zuzurechnen ist.

---

[268] Vgl. Ebert, G.: Kosten und Leistungsrechnung, a.a.O., S. 192f.

[269] Vgl. Riebel, P.: Die Gestaltung der Kostenrechnung für Zwecke der Betriebskontrolle und Betriebsdisposition, in: Zeitschrift für Betriebswirtschaft (1956) 5, S. 278-289, abgedruckt in: Riebel, P.: Einzelkosten- und Deckungsbeitragsrechnung, a.a.O., S. 11-22, hier S. 17.

[270] Vgl. Riebel, P.: Ansätze und Entwicklungen des Rechnens mit relativen Einzelkosten und Deckungsbeiträgen, in: Kostenrechnungspraxis (1984), S. 173-178 und S. 215-220, abgedruckt in: Riebel, P.: Einzelkosten- und Deckungsbeitragsrechnung, a.a.O., S. 615-631, hier S. 618.

Kostenkategorien	Kostenarten (Beispiele)	Zurechnungsbereich A — Kostenträger der Warensparte A — Erzeugnisse a₁	a₂	a₃	a₄	Σ	Handelsware	Σ	Kostenstellen der Warensparte A — Produktionsstelle	Vertriebsstelle	Σ	Σ	Zurechnungsbereich B — Kostenträger der Warensparte B — Erzeugnisse b₁	b₂	b₃	b₄	Σ	Kostenstellen der Warensparte B — Produktionsstelle	Vertriebsstelle	Σ	Σ	Gemeinsamer Zurechnungsbereich — Hilfskostenstellen	Verwaltung	Σ	Gesamtsumme
Leistungskosten / Perioden-EK — absatzabhängige Kosten	Verkaufsprovision																								
	Umsatzlizenzen																								
	Verpackungskosten																								
erzeugnisabhängige Kosten	Rohstoffkosten																								
	Energiekosten																								
	Überstundenlöhne																								
EK Perioden-EK	Fertigungslöhne																								
Bereitschaftskosten / Perioden-GK — sonstige Perioden	Gehälter																								
	Steuern																								
GK geschlossener Perioden	Kosten für mehrjährige Lizenzverträge																								
	Instandhaltungskosten																								
GK offener Perioden	Abschreibungen																								
	Reparaturkosten																								
	Forschungskosten																								
	Summe Gesamtkosten																								

Abb. 5.3: Aufbau einer Grundrechnung

Außer der Grundrechnung für Kosten ist zusätzlich eine Grundrechnung für Erlöse notwendig, da in der relativen Einzelkosten- und Deckungsbeitragsrechnung nicht nur die Kosten der einzelnen Bezugsobjekte bestimmt werden, sondern auch deren Deckungsbeiträge. Die Erlöse sind ebenfalls nach den einzelnen Bezugsobjekten wie beispielsweise Aufträge, Kunden und Absatzgebiete aufzugliedern.[271] Die Abb. 5.3 zeigt beispielhaft den Aufbau einer Grundrechnung.[272]

5.3.2.2.3 Auswertung der Grundrechnung

Im Rahmen der Auswertung einer Grundrechnung erfolgt zunächst die Bildung von relativen Deckungsbeiträgen. Da es sich bei der Deckungsbeitragsrechnung um eine retrograde Rechnung handelt, geht man von den Bruttoerlösen aus und subtrahiert hiervon schrittweise einzelne Kostenarten bzw. Kostenkategorien. Die Reihenfolge, nach der die Subtraktion stattfindet, hängt von der jeweiligen Fragestellung ab. Als Ergebnis erhält man dann jeweils den Überschuss der Einzelerlöse über die Einzelkosten eines sachlich und zeitlich abzugrenzenden Kalkulationsobjektes. Diese Differenz wird als Deckungsbeitrag bezeichnet und entspricht dann demjenigen Betrag, mit dem das Kalkulationsobjekt zur Deckung der Gemeinkosten und zum Totalgewinn beiträgt.[273] Ist der Deckungsbeitrag für ein Kalkulationsobjekt positiv, so führt die Realisierung der entsprechenden Handlungsalternative zur Erhöhung des Betriebserfolges. Das Kalkulationsschema zeigt beispielhaft die Ermittlung der Deckungsbeiträge für die Kalkulationsobjekte Produkt (je ME), Produktart und Abteilung.[274]
Der Deckungsbeitrag II gibt den Überschuss der Erlöse über die Einzelkosten an und könnte beispielsweise für Zwecke der Programmplanung verwendet werden.[275] In Höhe des Deckungsbeitrages der Produktart bzw. der Abteilung tragen Produktart bzw. Abteilung zur Deckung der Kosten der jeweils höheren Hierarchieebenen und letztendlich zum Gewinn bei. Diese Deckungsbeiträge können nicht mehr auf eine Leistungseinheit oder einen Auftrag bezogen werden, da eine Schlüsselung von Gemeinkosten zu vermeiden ist.[276]

---

[271] Vgl. Männel, W.: Zur Gestaltung der Erlösrechnung, in: Chmielewicz, K. (Hrsg.): Entwicklungslinien der Kosten- und Erlösrechnung, Stuttgart 1983, S. 119-150, hier S. 119ff.

[272] Vgl. Riebel, P.: Durchführung und Auswertung der Grundrechnung im System des Rechnens mit relativen Einzelkosten und Deckungsbeiträgen, in: Zeitschrift der Buchhaltungsfachleute „Aufwand und Ertrag" (1964), S. 117-120 und S. 142-146, abgedruckt in: Riebel, P.: Einzelkosten- und Deckungsbeitragsrechnung, a.a.O., S. 158-175, hier S. 172.

[273] Vgl. Riebel, P.: Einzelkosten- und Deckungsbeitragsrechnung, a.a.O., S. 759f.

[274] Vgl. Riebel, P.: Das Rechnen mit Einzelkosten und Deckungsbeiträgen, a.a.O., S. 47; Coenenberg, A.G.: Kostenrechnung und Kostenanalyse, a.a.O., S. 202.

[275] Vgl. Kapitel 5.4.2.

[276] Vgl. Riebel, P.: Das Rechnen mit Einzelkosten und Deckungsbeiträgen, a.a.O., S. 47.

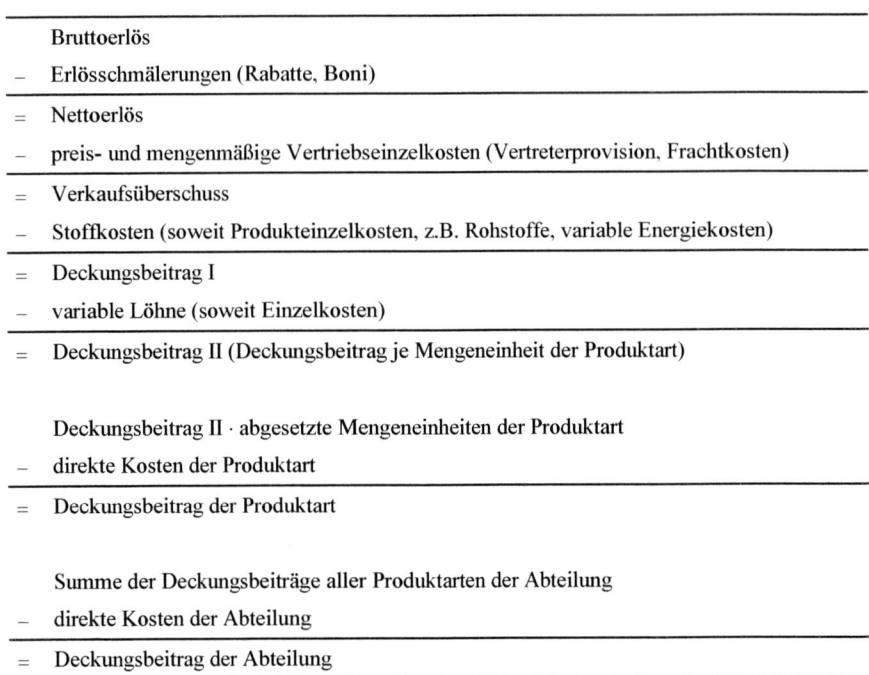

Abb. 5.4:   Kalkulationsschema der Deckungsbeitragsrechnung

Da auch bei der relativen Einzelkosten- und Deckungsbeitragsrechnung alle Kosten gedeckt werden sollen, können auf den verschiedenen Hierarchieebenen Deckungsbudgets vorgegeben werden, die zur Deckung der dieser Ebene nicht direkt zurechenbaren Kosten und des Periodenerfolgs dienen. Sie können zur Steuerung des gesamten Unternehmens bzw. einzelner Erfolgsbereiche eingesetzt werden. Ursprünglich hatte man sie entwickelt, damit es durch das Rechnen mit Einzelkosten nicht zu einer zu nachgiebigen Preispolitik kommt.[277]

Für Dispositions- und Kontrollaufgaben der Kostenrechnung stehen auf den Deckungsbeiträgen basierende Auswertungsrechnungen zur Verfügung. Deckungsbeiträge können beispielsweise für Wirtschaftlichkeitsvergleiche im Rahmen der Programmplanung und für die Preispolitik eingesetzt werden. Die Vorgehensweise wird für die bisher betrachteten Systeme der Deckungsbeitrags-

---

[277] Vgl. Riebel, P.: Das Rechnen mit Einzelkosten und Deckungsbeiträgen, a.a.O., S. 55f.; derselbe: Deckungsbudgets als Führungsinstrument, in: Der Betrieb (1981) 13, S. 649-658, abgedruckt in: Riebel, P.: Einzelkosten- und Deckungsbeitragsrechnung, a.a.O., S. 475-497, hier S. 476ff.

rechnung in Kapitel 5.4 genauer erläutert und ist auf die relative Einzelkosten- und Deckungsbeitragsrechnung übertragbar.[278]

5.3.2.3 Vergleich zwischen der stufenweisen Fixkostendeckungsrechnung und der relativen Einzelkosten- und Deckungsbeitragsrechnung

Sowohl die stufenweise Fixkostendeckungsrechnung als auch die relative Einzelkosten- und Deckungsbeitragsrechnung gehören zu den Ansätzen der Teilkostenrechnung. In beiden Systemen wird durch den Aufbau von Hierarchien eine mehrstufige Deckungsbeitragsrechnung durchgeführt, und die grundsätzliche Vorgehensweise in Bezug auf die in Kapitel 5.4 erläuterten Dispositions- und Kontrollaufgaben ist vergleichbar.

Allerdings bestehen in den folgenden Punkten wesentliche Unterschiede zwischen beiden Ansätzen:

– Beide Ansätze gehen von unterschiedlichen Zurechnungsprinzipien der Kostenrechnung aus. Dem entscheidungsorientierten Kostenbegriff der relativen Einzelkosten- und Deckungsbeitragsrechnung, der auf der Kostenzurechnung nach dem Identitätsprinzip basiert, stehen Ansätze der Deckungsbeitragsrechnung, die vom Verursachungsprinzip ausgehen, gegenüber.[279]

– Die stufenweise Fixkostendeckungsrechnung geht vom wertmäßigen Kostenbegriff aus. Im Gegensatz dazu werden in der relativen Einzelkosten- und Deckungsbeitragsrechnung nur ausgabenwirksame (pagatorische) Kosten erfasst, was bedeutet, dass beispielsweise kalkulatorische Kosten und Opportunitätskosten nicht berücksichtigt werden. Die beiden Ansätze gehen folglich von unterschiedlichen Wertgerüsten aus.[280]

– Die relative Einzelkosten- und Deckungsbeitragsrechnung verzichtet konsequent auf eine Verteilung von Gemeinkosten. Jedem Bezugsobjekt dürfen nur die entsprechenden Einzelkosten zugerechnet werden. Eine Trennung von fixen und variablen Kosten in Bezug auf den Beschäftigungsgrad einzelner Kostenstellen und eine Verteilung variabler Gemeinkosten wie bei der stufenweisen Fixkostendeckungsrechnung erfolgt nicht. Ebenso wird auf eine Aufteilung

---

[278] Vgl. Riebel, P.: Die Deckungsbeitragsrechnung als Instrument der Absatzanalyse, in: Hessenmüller, B. / Schnaufer, E. (Hrsg.): Absatzwirtschaft, Handbücher für Führungskräfte II, Baden-Baden 1964, S. 595-627, abgedruckt in: Riebel, P.: Einzelkosten- und Deckungsbeitragsrechnung, Grundfragen einer markt- und entscheidungsorientierten Unternehmungsrechnung, 7. Aufl., Wiesbaden 1994, S. 176-203, hier S. 176ff.

[279] Vgl. Coenenberg, A.G.: Kostenrechnung und Kostenanalyse, a.a.O., S. 200.

[280] Vgl. Freidank, C.-C.: Zum Einsatz der Grenzplankosten- und Deckungsbeitragsrechnung zur Lösung von Entscheidungsaufgaben, in: Kostenrechnungspraxis (1979) 6, S. 249-255, hier S. 253.

von Periodengemeinkosten auf einzelne Perioden verzichtet. Daraus ergibt sich, dass die absolute Höhe der Summe der Deckungsbeiträge einer Periode in der relativen Einzelkostenrechnung stets höher ist als in einer Teilkostenrechnung mit Kostenauflösung.[281]

– Während Vertreter der Grenzplankostenrechnung die Kosten der relativen Einzelkostenrechnung als unvollständig bezeichnen, kritisieren umgekehrt die Einzelkostenrechner die Einbeziehung von nicht relevanten Mengen und Preisen (z.B. kalkulatorische Kosten, da diese nicht zu Ausgaben führen) in die Grenzkosten.[282]

– Nach der stufenweisen Deckungsbeitragsrechnung lässt sich der Betriebserfolg einer Periode bestimmen, indem man den Deckungsbeitrag für das Unternehmen als Ganzes ermittelt. Dies ist wegen der – einer Periode nicht als Einzelkosten zurechenbaren – Gemeinkosten geschlossener Perioden und Gemeinkosten offener Perioden bei der relativen Einzelkosten- und Deckungsbeitragsrechnung nicht möglich. Der Betriebserfolg lässt sich nur über die Gesamtlebensdauer des Unternehmens als Totalgewinn bestimmen.[283]

– Die Grenzplankostenrechnung stellt nur für Fragestellungen der kurzfristigen Planung die geeigneten Informationen zur Verfügung. Zusätzlich ist eine auf Zahlungsströmen basierende Investitionsrechnung notwendig. Dagegen kann die relative Einzelkosten- und Deckungsbeitragsrechnung bei allen Zeithorizonten Anwendung finden.[284]

– Der Aufbau einer zweckneutralen Grundrechnung ist charakteristisch für die relative Einzelkosten- und Deckungsbeitragsrechnung und erfolgt nicht in den anderen Systemen der Teilkostenrechnung.

---

[281] Vgl. Coenenberg, A.G.: Kostenrechnung und Kostenanalyse, a.a.O., S. 208.

[282] Vgl. Freidank, C.-C.: Zum Einsatz der Grenzplankosten- und Deckungsbeitragsrechnung zur Lösung von Entscheidungsaufgaben, a.a.O., S. 253 und S. 255.

[283] Vgl. Kilger, W.: Offene Probleme der Plankosten- und Deckungsbeitragsrechnung, in: Scheer, A.-W. (Hrsg.): Grenzplankostenrechnung, Stand und aktuelle Probleme, 2. Aufl., Wiesbaden 1991, S. 83-104, hier S. 85.

[284] Vgl. Freidank, C.-C.: Zum Einsatz der Grenzplankosten- und Deckungsbeitragsrechnung zur Lösung von Entscheidungsaufgaben, a.a.O., S. 250 und S. 254; Riebel, P.: Die Anwendung des Rechnens mit relativen Einzelkosten und Deckungsbeiträgen bei Investitionsentscheidungen, in: Neue Betriebswirtschaft (1961), S. 152-154, abgedruckt in: Riebel, P.: Einzelkosten- und Deckungsbeitragsrechnung, a.a.O., S. 60-66, hier S. 60ff.

5.4 Dispositions- und Kontrollaufgaben der Deckungsbeitragsrechnung

Wichtige Dispositions- und Kontrollaufgaben der Deckungsbeitragsrechnung, die nachfolgend genauer erläutert werden, sind:

- die Erfolgsanalyse,
- die Planung des Produktions- und Absatzprogramms,
- die Ermittlung von Preisuntergrenzen für die Absatzpolitik,
- die Ermittlung von Preisobergrenzen für die Beschaffungspolitik und
- die Entscheidung zwischen Eigenfertigung und Fremdbezug.

5.4.1 Erfolgsanalyse

Die Entwicklung von Systemen der Deckungsbeitragsrechnung erfolgte mit dem Ziel, bessere Kosteninformationen für die Erfolgsplanung und Erfolgsanalyse zu erhalten. Die Erfolgskonzeption der Deckungsbeitragsrechnungen weist daher die folgende Besonderheit auf: Der Erfolg wird ausgehend von den Erlösen retrograd über die Ermittlung von Deckungsbeiträgen bestimmt. Stückgewinne für einzelne Kostenträger lassen sich nicht berechnen, da auf eine Schlüsselung der fixen Kosten verzichtet wird.

Ein wichtiges Instrument der Erfolgsanalyse im Rahmen der Deckungsbeitragsrechnung stellt die Break-even-Analyse dar. Dabei wird untersucht, wie sich Absatzschwankungen auf den Gewinn auswirken und bei welcher Absatzmenge bzw. Umsatzhöhe der Gewinn gerade Null ist. Man spricht hier auch vom Erreichen der Gewinnschwelle. Die Vorgehensweise soll anhand der einstufigen Deckungsbeitragsrechnung gezeigt werden, ist jedoch durch Modifizierung auf die mehrstufige Deckungsbeitragsrechnung übertragbar. Zunächst wird die Break-even-Analyse für ein Einproduktunternehmen dargestellt, bevor dann auf den allgemeinen Fall eines Mehrproduktunternehmens eingegangen wird.

Geht man von gegebenen Preisen und konstanten variablen Selbstkosten aus, so lässt sich der Break-even-Punkt für ein Einproduktunternehmen aus der folgenden Gewinngleichung ableiten:

$$G = \left(p - k_v \right) \cdot x_A - K_f .$$

Darin bezeichnet:

G den Gewinn der Periode,

p den Verkaufspreis pro Einheit des Produktes,

k_v die variablen Selbstkosten pro Einheit des Produktes,

x_A die Absatzmenge des Produktes in der Periode und

K_f die fixen Kosten der Periode.

Der Ausdruck $(p - k_v)$ entspricht dem Deckungsbeitrag db pro Einheit des Produktes. Multipliziert man diesen mit der Absatzmenge des Produktes, so erhält man den gesamten Deckungsbeitrag der Periode. Werden hiervon die fixen Kosten der Periode abgezogen, ergibt sich der Gewinn.

Der Break-even-Punkt entspricht derjenigen Absatzmenge, bei der der Gewinn gerade Null wird. Setzt man die Gewinngleichung gleich Null, so gilt folglich:

$$(p - k_v) \cdot x_A = K_f .$$

Die Höhe des gesamten Deckungsbeitrages der Periode entspricht im Break-even-Punkt genau den Fixkosten. Durch Umformen lässt sich die kritische Absatzmenge x_A^{BeP} bestimmen, bei der die Gewinnschwelle erreicht wird:

$$x_A^{BeP} = \frac{K_f}{p - k_v} .$$

Liegt die tatsächliche Absatzmenge unter der kritischen Absatzmenge x_A^{BeP}, so wird in der Periode ein Verlust erwirtschaftet, da die Deckungsbeiträge nicht zur Deckung der fixen Kosten ausreichen. Ist dagegen die Absatzmenge der Periode größer als die kritische Absatzmenge x_A^{BeP}, so ist die Summe der erzielten Deckungsbeiträge größer als die fixen Kosten, und es liegt ein Periodenerfolg vor.

Multipliziert man die Gleichung zur Bestimmung der kritischen Absatzmenge x_A^{BeP} auf beiden Seiten mit dem Verkaufspreis p, so erhält man den Deckungsumsatz U_D:

$$U_D = p \cdot x_A^{BeP} = \frac{K_f}{1 - \dfrac{k_v}{p}} .$$

Der Deckungsumsatz entspricht dem Umsatz, der bei der kritischen Absatzmenge x_A^{BeP} erzielt wird. Er reicht gerade zur Deckung der gesamten Kosten aus. Ein Periodenverlust bzw. -gewinn wird folglich erzielt, wenn der Umsatz unter bzw. über dem Deckungsumsatz liegt.[285]

Ein Unternehmen produziere ausschließlich eine Produktart. Der Verkaufspreis für eine Einheit des Produktes liege bei 7 € und die voraussichtliche Absatzmenge bei 7.000 Stück. Als Selbstkosten hat die Kalkulationsabteilung 5 € pro Stück

[285] Vgl. Kilger, W. / Pampel, J. / Vikas, K.: Flexible Plankostenrechnung und Deckungsbeitragsrechnung, a.a.O., S. 573f.; zu weiteren Darstellungsformen des Break-even-Punktes vgl. Haidacher, O.B.: Der Break-even-Punkt als Instrument unternehmerischer Führung, Das Verfahren des „toten Punktes", Anwendungsmöglichkeiten und historischer Abriss, München 1969, S. 21ff.

ermittelt. Schließlich fallen in der Abrechnungsperiode fixe Kosten in Höhe von 10.000 € an.

Im Rahmen der Deckungsbeitragsrechnung soll der Periodenerfolg, der bei Realisierung der voraussichtlichen Absatzmenge erreicht wird, ermittelt werden. Daneben ist für das Unternehmen von Interesse, ab welcher Absatzmenge bzw. ab welcher Umsatzhöhe die Gewinnzone erreicht wird. Es sind der Break-even-Punkt und der Deckungsumsatz zu bestimmen.

Der Periodenerfolg G ergibt sich durch Abzug der fixen Kosten von den gesamten Deckungsbeiträgen wie folgt:

$$G = (7-5) \cdot 7.000 - 10.000 = 4.000 \, \frac{€}{\text{Periode}}.$$

Als Break-even-Punkt bzw. als kritische Auftragsmenge x_A^{BeP}, bei der der Gewinn gerade Null wird, erhält man:

$$x_A^{BeP} = \frac{10.000}{7-5} = 5.000 \, \frac{\text{Stück}}{\text{Periode}}.$$

Bei einer Absatzmenge von genau 5.000 Stück pro Periode reichen die Deckungsbeiträge gerade zur Deckung der fixen Kosten aus. Wie durch die Abb. 5.5 grafisch veranschaulicht, schneidet die Fixkostenlinie – sie entspricht den gesamten fixen Kosten der Periode, die unabhängig von der Ausbringungsmenge in konstanter Höhe anfallen – hier die Deckungsbeitragslinie, die den gesamten Deckungsbeitrag in Abhängigkeit von der Ausbringungsmenge angibt. Ist die tatsächliche Absatzmenge niedriger bzw. höher, so wird ein Periodenverlust bzw. -gewinn realisiert.

Neben der kritischen Absatzmenge wird im Rahmen der Break-even-Analyse noch der Deckungsumsatz wie folgt bestimmt:

$$U_D = \frac{10.000}{1 - \frac{5}{7}} = 35.000 \, \frac{€}{\text{Periode}}.$$

Das Unternehmen befindet sich bei einem Umsatz von mehr als 35.000 € pro Periode in der Gewinnzone. Ist der Umsatz kleiner, so wird es Verluste erzielen.

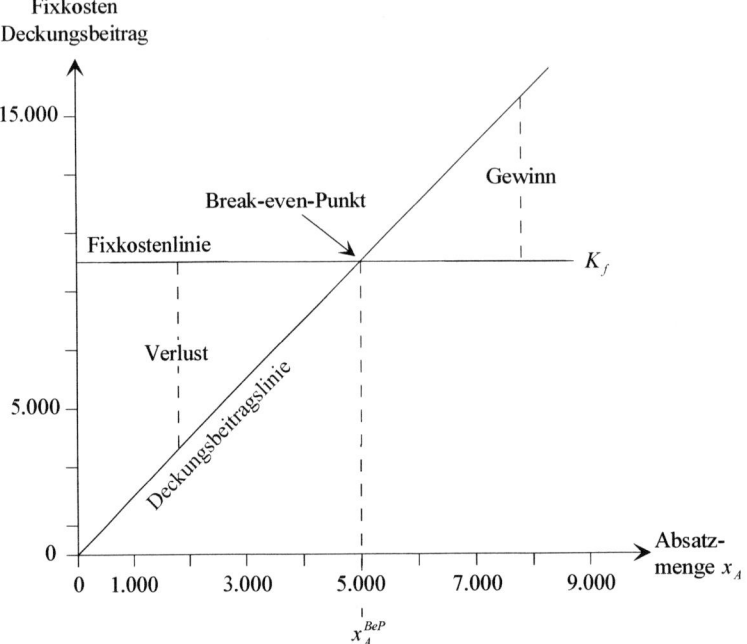

Abb. 5.5:   Break-even-Analyse für Einproduktunternehmen

Der Deckungsumsatz lässt sich auch unmittelbar aus der kritischen Absatzmenge ableiten. Er entspricht genau dem Umsatz, der bei der kritischen Absatzmenge erreicht wird:

$$U_D = 7 \cdot 5.000 = 35.000 \ \frac{\text{\euro}}{\text{Periode}} \ .$$

Außerdem nehmen bei der kritischen Absatzmenge x_A^{BeP} Umsatz und gesamte Kosten die gleiche Höhe an:

$$K = 10.000 + 5 \cdot 5.000 = 35.000 \ \frac{\text{\euro}}{\text{Periode}} = U_D \ .$$

Für Mehrproduktunternehmen besteht eine Vielzahl von Absatzmengenkombinationen, die zur Kostendeckung führen. Um eine Break-even-Analyse durchführen zu können, ist daher neben konstanten Verkaufspreisen und gegebenen variablen Selbstkosten zusätzlich von einer konstanten Zusammensetzung des Absatzprogramms auszugehen. Der mengenmäßige Anteil α_j jeder Produktart am gesamten Absatzprogramm wird fest vorgegeben:[286]

$$\alpha_j = \frac{x_{Aj}}{\sum\limits_{j=1}^{J} x_{Aj}},$$

wobei x_{Aj} der Absatzmenge der Produktart $j\,(j=1,\ldots,J)$ entspricht.

Da sich bei einem Mehrproduktunternehmen die kritische Absatzmenge nicht unmittelbar bestimmen lässt, wird zunächst der Deckungsumsatz ermittelt. Dazu ist der gewogene Deckungsbeitragsprozentsatz $D_\emptyset$ wie folgt zu berechnen:

$$D_\emptyset = \frac{\sum\limits_{j=1}^{J} \left(p_j - k_{vj}\right) \cdot \alpha_j}{\sum\limits_{j=1}^{J} p_j \cdot \alpha_j}.$$

Darin bezeichnet:

$D_\emptyset$ den gewogenen Deckungsbeitragsprozentsatz,

p_j den Netto-Verkaufspreis pro Einheit der Produktart $j\,(j=1,\ldots,J)$,

k_{vj} die variablen Selbstkosten pro Einheit der Produktart $j\,(j=1,\ldots,J)$,

α_j den mengenmäßigen Anteil der Produktart $j\,(j=1,\ldots,J)$ an der Absatzmenge sämtlicher Produktarten.

Der gewogene Deckungsbeitragsprozentsatz $D_\emptyset$ entspricht dem Verhältnis zwischen durchschnittlichem Deckungsbeitrag und durchschnittlichem Umsatz je Einheit. Er gibt an, mit wie viel Prozent der Umsatz zur Deckung der fixen Kosten beiträgt. Multipliziert man diese Größe mit dem Deckungsumsatz, so erhält man den Deckungsbeitrag. Um den Deckungsumsatz zu bestimmen, ist der Deckungsbeitrag gleich den fixen Kosten zu setzen:

$$U_D \cdot D_\emptyset = U_D \cdot \frac{\sum\limits_{j=1}^{J} \left(p_j - k_{vj}\right) \cdot \alpha_j}{\sum\limits_{j=1}^{J} p_j \cdot \alpha_j} = K_f$$

und nach U_D umzuformen:

---

[286] Vgl. Coenenberg, A.G.: Kostenrechnung und Kostenanalyse, a.a.O., S. 308ff.; Kilger, W. / Pampel, J. / Vikas, K.: Flexible Plankostenrechnung und Deckungsbeitragsrechnung, a.a.O., S. 574.

$$U_D = \frac{K_f}{1 - \dfrac{\displaystyle\sum_{j=1}^{J} k_{vj} \cdot \alpha_j}{\displaystyle\sum_{j=1}^{J} p_j \cdot \alpha_j}} .$$

Anhand des Deckungsumsatzes und der fest vorgegebenen Aufteilung des Umsatzes auf die einzelnen Produktarten lassen sich die kritischen Absatzmengen x_{Aj}^{BeP} der einzelnen Produktarten $j\,(j=1,...,J)$ nach folgender Bestimmungsgleichung ermitteln:

$$x_{Aj}^{BeP} = \frac{U_D \cdot \dfrac{p_j \cdot \alpha_j}{\displaystyle\sum_{j=1}^{J} p_j \cdot \alpha_j}}{p_j} , \qquad j=1,...,J .$$

Der Zähler entspricht der Höhe des Umsatzes, mit der die Produktart j zum Deckungsumsatz beiträgt. Dabei gibt der Ausdruck

$$\frac{p_j \cdot \alpha_j}{\displaystyle\sum_{j=1}^{J} p_j \cdot \alpha_j}$$

den Anteil des Umsatzes eines Produktes am Gesamtumsatz an.

Mittels der Break-even-Analyse kann aber keinesfalls das optimale Produktions- und Absatzprogramm bestimmt werden, da die Zusammensetzung des Produktionsprogramms annahmegemäß fest vorgegeben wird. Zusätzlich eingeschränkt wird die Aussagefähigkeit noch durch den fest vorgegebenen Verkaufspreis und die undifferenzierte Behandlung der Fixkosten. Eine weitere Differenzierung der fixen Kosten gemäß der mehrstufigen Deckungsbeitragsrechnung in beispielsweise Produktfixkosten und Unternehmensfixkosten kann zur Verbesserung der Break-even-Analyse beitragen.[287]

Eine Erweiterung der Break-even-Analyse besteht darin, dass die kritischen Auftragsmengen bzw. die kritischen Umsätze nicht nur bezogen auf die Gewinnschwelle, sondern auch bezogen auf einen bestimmten Gewinn ermittelt werden können. In den jeweiligen Gleichungen sind dann anstelle der fixen Kosten die Summe aus fixen Kosten und gewünschtem Gewinn einzusetzen. Außerdem lassen sich Sensitivitätsanalysen für Mengen-, Kosten- und Preisänderungen durchführen.[288]

---

[287] Vgl. Coenenberg, A.G.: Kostenrechnung und Kostenanalyse, a.a.O., S. 310ff.

[288] Vgl. Coenenberg, A.G.: Kostenrechnung und Kostenanalyse, a.a.O., S. 289ff.

Ein Unternehmen produziere vier Produktarten, für die die in der folgenden Tabelle enthaltenen Daten ermittelt wurden.

Tabelle 5.1:   Beispiel zur Break-even-Analyse in einem Mehrproduktunternehmen

Produktart j	Verkaufspreis p_j in $\dfrac{\text{€}}{\text{Stück}}$	variable Selbstkosten k_v in $\dfrac{\text{€}}{\text{Stück}}$	Anteil der Produktart α_j
1	15	10	0,10
2	7	5	0,50
3	10	5	0,15
4	4	3	0,25

Schließlich fallen in der Abrechnungsperiode fixe Kosten in Höhe von 10.000 € an.

Im Rahmen der Deckungsbeitragsrechnung soll zunächst der Deckungsumsatz bestimmt werden, um dann anschließend die kritischen Auftragsmengen für die einzelnen Produktarten entsprechend der vorgegebenen Auftragszusammensetzung zu berechnen.

Aus den oben angegebenen Informationen ergibt sich der Deckungsbeitragsprozentsatz $D_\emptyset$ in Höhe von:

$$D_\emptyset = \frac{(15-10)\cdot 0,1 + (7-5)\cdot 0,5 + (10-5)\cdot 0,15 + (4-3)\cdot 0,25}{15\cdot 0,1 + 7\cdot 0,5 + 10\cdot 0,15 + 4\cdot 0,25} = \frac{2,5}{7,5} = 0,\overline{3}.$$

Folglich tragen 33,33 % vom Umsatz zur Deckung der fixen Kosten bei, und der Deckungsumsatz entspricht dem dreifachen der fixen Kosten:

$$U_D \cdot 0,\overline{3} = 10.000$$

$$U_D = 30.000 \, \frac{\text{€}}{\text{Periode}}.$$

Die folgende Abb. 5.6 zeigt die grafische Bestimmung des Deckungsumsatzes, d.h. der Deckungsumsatz liegt genau im Schnittpunkt vom Umsatz und den gesamten Kosten, die bei dieser Umsatzhöhe anfallen.

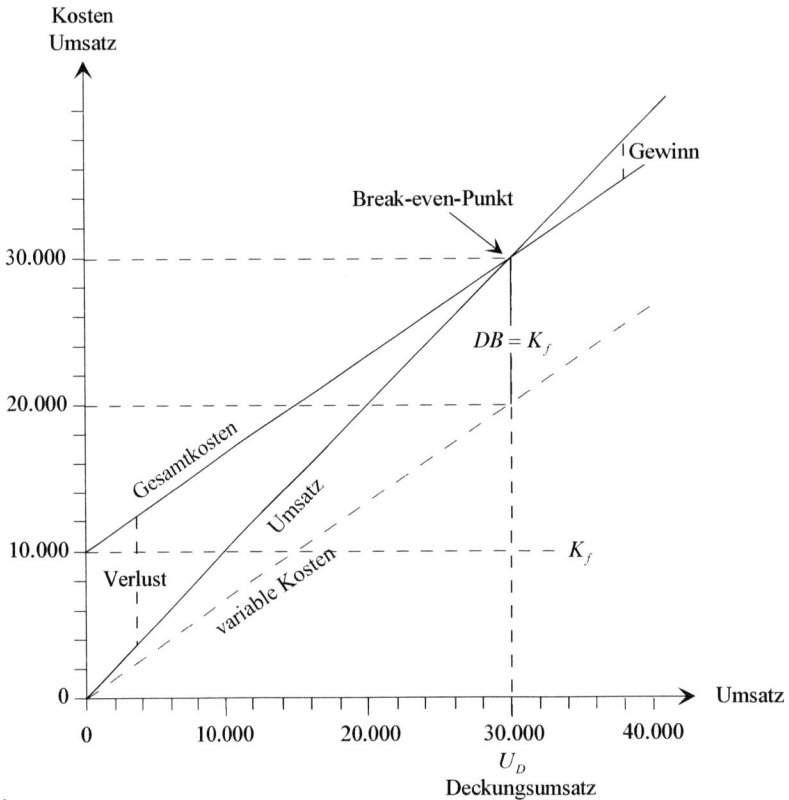

Abb. 5.6:   Break-even-Analyse bei Mehrproduktunternehmen

Aus dem Deckungsumsatz lassen sich gemäß der vorgegebenen Auftragszu-sammensetzung die kritischen Absatzmengen für die einzelnen Produktarten j wie folgt ermitteln für

Produktart 1: $$x_{A1}^{BeP} = \frac{30.000 \cdot \dfrac{15 \cdot 0,1}{7,5}}{15} = 400\ \frac{\text{Stück}}{\text{Periode}}$$

Produktart 2: $$x_{A2}^{BeP} = \frac{30.000 \cdot \dfrac{7 \cdot 0,5}{7,5}}{7} = 2.000\ \frac{\text{Stück}}{\text{Periode}}$$

Produktart 3: $$x_{A3}^{BeP} = \frac{30.000 \cdot \dfrac{10 \cdot 0,15}{7,5}}{10} = 600\ \frac{\text{Stück}}{\text{Periode}}$$

Produktart 4: $x_{A4}^{BeP} = \dfrac{30.000 \cdot \dfrac{4 \cdot 0,25}{7,5}}{4} = 1.000 \ \dfrac{\text{Stück}}{\text{Periode}}$.

5.4.2 Planung des Produktions- und Absatzprogramms

Bei der Planung des Produktions- und Absatzprogramms kann in Abhängigkeit von der Länge der zugrunde gelegten Planungsperiode in langfristige und kurzfristige Programmplanung differenziert werden. Die langfristige Programmplanung ist dadurch charakterisiert, dass sie Entscheidungen über Aktionsparameter trifft, die das Betriebsgeschehen für längere Zeiträume – meist über mehrere Jahre hinweg – festlegen.[289] So gehören beispielsweise Entscheidungen über die Grundstruktur des Produktions- und Absatzprogramms, etwa die auf lange Sicht erfolgende Disposition des Produktsortiments, oder Veränderungen der Betriebsmittelkapazitäten aufgrund von Erweiterungs- und Rationalisierungsinvestitionen in den Bereich der langfristigen Programmplanung. Entscheidungen der langfristigen Planung werden in der Regel auf der Grundlage von Investitionsrechnungen ermittelt und sind nicht Gegenstand einer kurzfristig orientierten Kosten- und Leistungsrechnung. Daher werden sie im Folgenden nicht weiter betrachtet.

Gegenstand der kurzfristigen Programmplanung ist es, Entscheidungen über Aktionsparameter zu treffen, die das Betriebsgeschehen nicht für längere Zeiträume festlegen. Die ihr zugrunde liegende Planungsperiode beträgt normalerweise ein Kalenderjahr, wobei eine Unterteilung in Monate oder Wochen erfolgt. Die Grundstruktur des Produktions- und Absatzprogramms sowie die vorhandenen Betriebsmittelkapazitäten werden im Rahmen der kurzfristigen Planung als gegeben vorausgesetzt. Ziel der kurzfristigen Programmplanung ist es, durch Abstimmung der Absatzmengen mit der Produktionsplanung diejenigen Produktions- und Absatzmengen zu ermitteln, mit denen das Unternehmensziel der Gewinnmaximierung erreicht wird.

In diesem Zusammenhang ist die Anzahl der in einem Unternehmen auftretenden Engpässe – hierzu zählen beispielsweise nicht ausreichende Maschinenkapazitäten im Produktionsbereich – von ausschlaggebender Bedeutung für das einzusetzende Planungsverfahren. Liegt in dem betrachteten Unternehmen kein oder nur ein Engpass vor, so kann das optimale Produktions- und Absatzprogramm mit Hilfe von einfachen Entscheidungsregeln bestimmt werden. Tritt hingegen der Fall auf, dass mehrere Engpässe in dem betrachteten Unternehmen existieren, so sind zur Ermittlung des optimalen Produktions- und Absatzprogramms simultane Pla nungsverfahren, wie etwa die lineare Programmierung, notwendig.[290] Nachfolgend wird die Planung des Produktions- und Absatzpro-

---

[289] Vgl. Kilger, W.: Optimale Produktions- und Absatzplanung, Opladen 1973, S. 18.

[290] Vgl. Kilger, W.: Einführung in die Kostenrechnung, a.a.O., S. 398.

gramms für die Fälle erläutert, dass kein bzw. ein Engpass vorliegt.

Zunächst soll der Fall untersucht werden, dass die Abstimmung der Absatz-mengen mit der Produktionsplanung in dem betrachteten Unternehmen keinen Engpass ergeben hat. Die Bestimmung des optimalen Produktions- und Absatz-programms erfolgt dann nach der Entscheidungsregel:

Alle Produktarten, die einen positiven (absoluten) Deckungsbeitrag aufweisen, sind mit ihren Absatzhöchstmengen in das Produktionsprogramm aufzunehmen. Produktarten mit negativem (absolutem) Deckungsbeitrag sollten nicht hergestellt werden.

Stellt das Unternehmen insgesamt $j\,(j = 1, \ldots, J)$ verschiedene Produktarten her, so lässt sich die Entscheidungsregel folgendermaßen formal darstellen:

für alle $j \in \{1, \ldots, J\}$ mit $db_j = p_j - k_{vj} \geq 0$ gilt: $x_{Pj} = x_{Aj}^H$ und

für alle $j \in \{1, \ldots, J\}$ mit $db_j = p_j - k_{vj} < 0$ gilt: $x_{Pj} = 0$.

Darin bezeichnet:

db_j den (absoluten) Deckungsbeitrag pro Einheit der Produktart j,

x_{Pj} die optimale Produktionsmenge von Produktart j und

x_{Aj}^H die Absatzhöchstmenge von Produktart j.

Wird bei der Abstimmung der Absatzmengen mit der Produktionsplanung ein Engpass festgestellt, wenn beispielsweise die vorhandene Kapazität einer Maschi-ne nicht ausreicht, um sämtliche Absatzmengen mit positiven Deckungsbeiträgen herzustellen, so ändert sich die Entscheidungsregel wie folgt:

Für sämtliche Produktarten mit positivem (absolutem) Deckungsbeitrag wird jeweils der engpassbezogene (relative) Deckungsbeitrag als Quotient aus (absolu-tem) Deckungsbeitrag und den pro Einheit der entsprechenden Produktart bean-spruchten Kapazitätseinheiten in der Engpassstelle gebildet. Anschließend werden die Produktarten nach der Höhe ihrer engpassbezogenen Deckungsbeiträge geord-net. Gemäß dieser Reihenfolge werden die Produktarten dann – beginnend mit der Produktart, die den höchsten engpassbezogenen Deckungsbeitrag besitzt – solange mit ihren Absatzhöchstmengen in das Produktionsprogramm aufgenommen, bis die Engpasskapazität verbraucht ist. Die letzte Produktart (Grenzproduktart) wird mit der Menge in das Produktionsprogramm genommen, die die verbleibende Engpasskapazität gerade ausschöpft. Alle Produktarten, deren engpassbezogene Deckungsbeiträge geringer sind als der Deckungsbeitrag der Grenzproduktart, werden nicht in das Produktionsprogramm einbezogen.

Stellt das Unternehmen insgesamt $j\,(j = 1, \ldots, J)$ verschiedene Produktarten her, für die die Indexmengen

$$\mathcal{J} = \{1, \ldots, J\} \text{ und } \hat{\mathcal{J}} = \{1, \ldots, \hat{J}\} = f(\mathcal{J})$$

eingeführt werden, wobei $\hat{j}$ eine Permutation von J darstellt, die die Produktarten geordnet nach der Höhe ihrer positiven engpassorientierten Deckungsbeiträge enthält, so lässt sich die Entscheidungsregel folgendermaßen formal darstellen:

für alle $j \in \{1, ..., J\}$ mit $db_j = p_j - k_{v_j} < 0$ gilt: $x_{P_j} = 0$,

für alle $j \in \{1, ..., J\}$ mit $db_j = p_j - k_{v_j} \geq 0$ ermittle: $db_{Ej} = \dfrac{p_j - k_{v_j}}{t_{Ej}}$ und

für alle j mit $db_{Ej} \geq 0$ sei $f : J \rightarrow \hat{J}$ eine Abbildung mit $f(j) = \hat{j}$ wobei

$db_{E\hat{j}} \geq db_{E\hat{j}'} \Leftrightarrow \hat{j} < \hat{j}'$ $\left(j \in J \text{ und } \hat{j}, \hat{j}' \in \hat{J} \right), \hat{j} \neq \hat{j}'$.

Ermittle $\hat{j}^* - 1 = \max \left\{ \hat{j} \;\middle|\; T_E - \sum_{j=1}^{\hat{j}} t_{Ej} \cdot x_{Aj}^H > 0 \right\}$.

Für $j = f^{-1}(\hat{j})$ und für alle $\hat{j} \in \{1, ..., \hat{j}^* - 1\}$ gilt: $x_{P_j} = x_{Aj}^H$,

für $j = f^{-1}(\hat{j})$ und $\hat{j} = \hat{j}^*$ gilt: $x_{P_j} = \dfrac{T_E - \sum_{j=1}^{\hat{j}^*-1} t_{Ej} \cdot x_{Aj}^H}{t_{Ej}}$ und

für $j = f^{-1}(\hat{j})$ und für alle $\hat{j} \in \{\hat{j}^* + 1, ..., \hat{J}\}$ gilt: $x_{P_j} = 0$.

Darin bezeichnet:

db_{Ej} den engpassbezogenen (relativen) Deckungsbeitrag der Produktart j pro Kapazitätseinheit der Engpassstelle,

t_{Ej} die pro Einheit der Produktart j beanspruchten Kapazitätseinheiten in der Engpassstelle,

T_E die vorhandenen Kapazitätseinheiten in der Engpassstelle,

J die Indexmenge der Produktarten $J = \{1, ..., J\}$,

$\hat{J}$ die nach der Höhe der positiven engpassbezogenen Deckungsbeiträge geordnete Indexmenge der Produktarten $\hat{J} = \{1, ..., \hat{J}\}$, $\hat{J} = f(J)$,

$\hat{j}^*$ den Index der Grenzproduktart,

$db_{E\hat{j}}$ den engpassbezogenen (relativen) Deckungsbeitrag der an $\hat{j}$-ter Stelle einzulastenden Produktart pro Kapazitätseinheit der Engpassstelle,

$t_{E\hat{j}}$ die pro Einheit der an $\hat{j}$-ter Stelle einzulastenden Produktart beanspruchten Kapazitätseinheiten in der Engpassstelle und

$x_{A\hat{j}}^H$ die Absatzhöchstmenge der an $\hat{j}$-ter Stelle einzulastenden Produktart.

Ein Unternehmen stelle in der Planungsperiode, die einen Monat beträgt, sechs unterschiedliche Produktarten her. Sämtliche Produktarten durchlaufen bis zu ihrer Fertigstellung drei aufeinander folgende Fertigungsstellen. In Tabelle 5.2

sind die jeweiligen Absatzhöchstmengen (gemessen in Stück) der Produktarten, die erzielbaren Nettoverkaufspreise pro Einheit der jeweiligen Produktart sowie die variablen Selbstkosten pro Einheit der jeweiligen Produktart aufgeführt. Darüber hinaus enthält Tabelle 5.2 die in den entsprechenden Fertigungsstellen beanspruchten Kapazitätseinheiten pro Einheit der jeweiligen Produktart.

Tabelle 5.2: Beispiel zur Ermittlung des optimalen Produktions- und Absatzprogramms

Produktart	Absatzhöchst-menge	Nettover-kaufspreis	variable Selbstkosten	beanspruchte Kapazität in Fertigungsstelle		
j	x^H_{Aj} in	p_j in	k_{vj} in	1	2	3
	Stück	$\dfrac{€}{\text{Stück}}$	$\dfrac{€}{\text{Stück}}$	$\dfrac{\text{Min.}}{\text{Stück}}$	$\dfrac{\text{Min.}}{\text{Stück}}$	$\dfrac{\text{Min.}}{\text{Stück}}$
1	500	180,00	120,00	3	8	5
2	600	200,00	150,00	2	10	7
3	700	130,00	90,00	7	6	4
4	500	250,00	190,00	4	15	12
5	900	130,00	100,00	2	3	8
6	400	110,00	120,00	5	7	4

Die vorhandenen Kapazitäten in Fertigungsstelle 1, 2 bzw. 3 betragen im betrachteten Monat 14.000, 25.000 bzw. 24.000 Minuten.

Zur Ermittlung des optimalen Produktions- und Absatzprogramms sind zunächst für sämtliche Produktarten die (absoluten) Deckungsbeiträge zu bestimmen. Man erhält für

Produktart 1: $db_1 = p_1 - k_{v1} = 180,00 - 120,00 = 60,00 \, \dfrac{€}{\text{Stück}}$

Produktart 2: $db_2 = p_2 - k_{v2} = 200,00 - 150,00 = 50,00 \, \dfrac{€}{\text{Stück}}$

Produktart 3: $db_3 = p_3 - k_{v3} = 130,00 - 90,00 = 40,00 \, \dfrac{€}{\text{Stück}}$

Produktart 4: $db_4 = p_4 - k_{v4} = 250,00 - 190,00 = 60,00 \, \dfrac{€}{\text{Stück}}$

Produktart 5: $db_5 = p_5 - k_{v5} = 130,00 - 100,00 = 30,00 \, \dfrac{€}{\text{Stück}}$

Produktart 6: $db_6 = p_6 - k_{v6} = 110,00 - 120,00 = -10,00 \, \dfrac{€}{\text{Stück}}$.

Da Produktart 6 einen negativen (absoluten) Deckungsbeitrag aufweist, wird sie nicht in das Produktionsprogramm aufgenommen. Für die verbleibenden Produktarten 1 bis 5 muss nun in jeder Fertigungsstelle untersucht werden, ob die vorhandenen Kapazitäten ausreichen, um die Produktarten mit ihren Absatzhöchstmengen zu produzieren. Die beanspruchten Kapazitätseinheiten in der jeweiligen Fertigungsstelle erhält man dadurch, dass für sämtliche Produktarten mit positivem Deckungsbeitrag, die die entsprechende Fertigungsstelle durchlaufen, die pro Einheit der jeweiligen Produktart beanspruchten Kapazitätseinheiten mit ihrer Absatzhöchstmenge multipliziert und aufsummiert werden. Somit ergeben sich folgende Kapazitätsbelastungen für

Fertigungsstelle 1:

$$\sum_{j=1}^{5} t_{1j} \cdot x_{Aj}^{H} = 3 \cdot 500 + 2 \cdot 600 + 7 \cdot 700 + 4 \cdot 500 + 2 \cdot 900 = 11.400 \text{ Min.}$$

Fertigungsstelle 2:

$$\sum_{j=1}^{5} t_{2j} \cdot x_{Aj}^{H} = 8 \cdot 500 + 10 \cdot 600 + 6 \cdot 700 + 15 \cdot 500 + 3 \cdot 900 = 24.400 \text{ Min.}$$

Fertigungsstelle 3:

$$\sum_{j=1}^{5} t_{3j} \cdot x_{Aj}^{H} = 5 \cdot 500 + 7 \cdot 600 + 4 \cdot 700 + 12 \cdot 500 + 8 \cdot 900 = 22.700 \text{ Min.}$$

Vergleicht man für jede Fertigungsstelle die vorhandenen Kapazitäten mit der Kapazitätsbelastung, so ist festzustellen, dass kein Engpass auftritt. Die Produktarten 1 bis 5 werden mit ihren Absatzhöchstmengen hergestellt. Das optimale Produktions- und Absatzprogramm lautet:

$$x_{P1} = x_{A1}^{H} = 500 \text{ Stück}$$

$$x_{P2} = x_{A2}^{H} = 600 \text{ Stück}$$

$$x_{P3} = x_{A3}^{H} = 700 \text{ Stück}$$

$$x_{P4} = x_{A4}^{H} = 500 \text{ Stück}$$

$$x_{P5} = x_{A5}^{H} = 900 \text{ Stück}$$

$$x_{P6} = 0 \text{ Stück}.$$

Es soll nun folgende Änderung berücksichtigt werden: Aufgrund von Maschinenreparaturen sinkt im betrachteten Monat die vorhandene Kapazität in Fertigungsstelle 2 von 25.000 auf 16.400 Minuten ab. Alle übrigen Daten bleiben unverändert. Fertigungsstelle 2 wird nun zur Engpassstelle. Die benötigte Kapazität (24.400 Minuten), um die Produktarten 1 bis 5 mit ihren Absatzhöchstmengen zu produzieren, ist größer als die vorhandene Kapazität (16.400 Minuten). Um das optimale Produktions- und Absatzprogramm zu ermitteln, müssen zunächst die engpassbezogenen (relativen) Deckungsbeiträge der Produktarten 1 bis 5 bestimmt werden. Diese entsprechen jeweils dem Quotienten aus (absolutem) Deckungsbeitrag und den pro Einheit der jeweiligen Produktart beanspruchten Kapazitätseinheiten in der Engpassstelle (Fertigungsstelle 2). Für die Produktarten 1 bis 5 ergeben sich folgende engpassbezogenen Deckungsbeiträge:[291]

Produktart 1: $db_{E1} = \dfrac{p_1 - k_{v1}}{t_{E1}} = \dfrac{180,00 - 120,00}{8} = 7,50 \; \dfrac{€}{\text{Min.}}$

Produktart 2: $db_{E2} = \dfrac{p_2 - k_{v2}}{t_{E2}} = \dfrac{200,00 - 150,00}{10} = 5,00 \; \dfrac{€}{\text{Min.}}$

Produktart 3: $db_{E3} = \dfrac{p_3 - k_{v3}}{t_{E3}} = \dfrac{130,00 - 90,00}{6} = 6,67 \; \dfrac{€}{\text{Min.}}$

Produktart 4: $db_{E4} = \dfrac{p_4 - k_{v4}}{t_{E4}} = \dfrac{250,00 - 190,00}{15} = 4,00 \; \dfrac{€}{\text{Min.}}$

Produktart 5: $db_{E5} = \dfrac{p_5 - k_{v5}}{t_{E5}} = \dfrac{130,00 - 100,00}{3} = 10,00 \; \dfrac{€}{\text{Min.}}$.

Nach der Höhe ihrer engpassbezogenen Deckungsbeiträge sind die Produktarten in der Reihenfolge 5 - 1 - 3 - 2 - 4 in das Produktionsprogramm aufzunehmen. Nach der Einlastung der Produktarten 5, 1 und 3 mit ihren jeweiligen Absatzhöchstmengen, erhält man als verfügbare Restkapazität T_{RE} in der Engpassstelle:

$$T_{RE} = T_E - t_{E5} \cdot x_{A5}^H - t_{E1} \cdot x_{A1}^H - t_{E3} \cdot x_{A3}^H$$
$$= 16.400 - 3 \cdot 900 - 8 \cdot 500 - 6 \cdot 700 = 5.500 \text{ Min.}$$

Die Herstellung von Produktart 2 mit ihrer Absatzhöchstmenge beansprucht 6.000 Minuten $\left(t_{E2} \cdot x_{A2}^H = 10 \cdot 600 \right)$. Da nur 5.500 Minuten Restkapazität verfügbar sind, wird Produktart 2 zur Grenzproduktart. Von ihr kann nur die folgende Menge produziert werden:

$$x_{P2} = \frac{T_{RE}}{t_{E2}} = \frac{5.500}{10} = 550 \text{ Stück} .$$

---

[291] Um zu verdeutlichen, dass es sich bei der Fertigungsstelle 2 jetzt um eine Engpassstelle handelt, werden im Folgenden die pro Einheit der jeweiligen Produktart j beanspruchten Kapazitätseinheiten in Fertigungsstelle 2 nicht mehr mit t_{2j} sondern mit t_{Ej} bezeichnet.

Produktart 4 und Produktart 6 werden nicht hergestellt. Das optimale Produktions- und Absatzprogramm lautet:

$$x_{P1} = x_{A1}^{H} = 500 \text{ Stück}$$

$$x_{P2} = 550 \text{ Stück}$$

$$x_{P3} = x_{A3}^{H} = 700 \text{ Stück}$$

$$x_{P4} = 0 \text{ Stück}$$

$$x_{P5} = x_{A5}^{H} = 900 \text{ Stück}$$

$$x_{P6} = 0 \text{ Stück} .$$

5.4.3 Ermittlung von Preisuntergrenzen für die Absatzpolitik

Mit der Bestimmung von Preisuntergrenzen verfolgt ein Unternehmen das Ziel, eine Entscheidung darüber zu treffen, ob bestimmte Produktarten aus dem Produktions- und Absatzprogramm herausgestrichen werden sollen oder die Annahme eines angebotenen Zusatzauftrags abgelehnt werden soll. Im Rahmen der kurzfristig orientierten Kosten- und Leistungsrechnung wird dabei von konstanten Betriebsmittelkapazitäten ausgegangen. Kurzfristige Preisuntergrenzen geben an, wie hoch die Preise bestimmter Produktarten oder Aufträge mindestens sein müssen, damit sich der Gewinn eines Unternehmens durch ihre Produktion nicht vermindert. Produktarten bzw. Zusatzaufträge, deren Preise unterhalb der jeweils ermittelten Preisuntergrenze liegen, sollten aus dem Produktionsprogramm genommen bzw. abgewiesen werden. Nachfolgend wird die Ermittlung kurzfristiger Preisuntergrenzen für Zusatzaufträge näher untersucht. Den Ausgangspunkt bilden hierbei stets die variablen Selbstkosten pro Einheit des Zusatzauftrags, die nur dann den Grenzkosten pro Einheit des Zusatzauftrags entsprechen, wenn seine Herstellung in Kostenstellen erfolgt, die lineare Gesamtkostenfunktionen aufweisen. Die Betrachtung von fixen Kosten ist aufgrund der Prämisse konstanter Betriebsmittelkapazitäten hier nicht erforderlich. Diese Notwendigkeit der Trennung von fixen und variablen Kosten für die Ermittlung kurzfristiger Preisuntergrenzen setzt somit die Durchführung einer Kosten- und Leistungsrechnung auf Teilkostenbasis voraus.[292]

---

[292] Vgl. Kilger, W.: Einführung in die Kostenrechnung, a.a.O., S. 410 und derselbe: Bestimmung von Preisuntergrenzen (I), in: Das Wirtschaftsstudium (1982) 4, S. 167-171, hier S. 168. Vgl. auch Kapitel 5.2.

Die Vorgehensweise zur Bestimmung kurzfristiger Preisuntergrenzen von Zu-
satzaufträgen ist von vielen Einflussfaktoren abhängig. Zum einen spielt es eine
Rolle, ob für die Herstellung des Zusatzauftrags genügend freie Kapazitäten zur
Verfügung stehen oder ob durch die Beanspruchung einer oder mehrerer Engpassstellen engpassbezogene Erlösinterdependenzen auftreten. Zum anderen ist von
entscheidender Bedeutung, ob aufgrund der Annahme des Zusatzauftrags die
Durchführung kurzfristig realisierbarer kapazitätserhöhender Anpassungsmaßnahmen notwendig wird. Hierzu zählen beispielsweise der Einsatz ungünstigerer
Produktionsverfahren, die die variablen Selbstkosten des Zusatzauftrags erhöhen,
oder die sprungfixe Kosten verursachende Anmietung zusätzlicher Lagerkapazi-
täten. Des Weiteren sind bei der Ermittlung kurzfristiger Preisuntergrenzen für
Zusatzaufträge marktbezogene Erlösinterdependenzen zu berücksichtigen, die eine
Verringerung der Deckungsbeiträge oder der Absatzmengen der übrigen Produktarten bewirken können. Marktbezogene Erlösinterdependenzen sind nur sehr
schwierig zu quantifizieren, da sie von außerbetrieblichen Einflüssen wie beispielsweise Markttransparenz oder Konkurrenzbeziehungen abhängen.

Betrachtet man zunächst den Fall, dass genügend freie Kapazitäten zur Herstellung des Zusatzauftrags zur Verfügung stehen (kein Engpass) und auch kurzfristig
keine kapazitätserhöhenden Anpassungsmaßnahmen durchgeführt werden müssen,
so gilt als Preisuntergrenze pro Einheit des Zusatzauftrags:

$$PUG_Z = k_{vZ} \, .$$

Darin bezeichnet:

PUG_Z die Preisuntergrenze pro Einheit des Zusatzauftrags und

k_{vZ} die variablen Selbstkosten pro Einheit des Zusatzauftrags ohne kapazi-
tätserhöhende Anpassungsmaßnahmen.

Unter der Annahme, dass der Zusatzauftrag zwar keine Engpassstellen durchläuft, allerdings seine Bearbeitung den Einsatz kurzfristig kapazitätserhöhender
Anpassungsmaßnahmen verlangt, ändert sich die Bestimmungsgleichung für die
Preisuntergrenze. Führen solche Maßnahmen – beispielsweise der Einsatz von un-
günstigeren Produktionsverfahren oder von Überstunden – dazu, dass sich die variablen Selbstkosten des Zusatzauftrags erhöhen, so erhält man als Preisuntergrenze pro Einheit des Zusatzauftrags:

$$PUG_Z = k_{vZ} + \Delta k_{vZ} \, .$$

Darin bezeichnet:

Δk_{vZ} die aufgrund der kapazitätserhöhenden Anpassungsmaßnahmen zusätzlich
anfallenden variablen Selbstkosten pro Einheit des Zusatzauftrags.

Steigen durch die kapazitätserhöhenden Anpassungsmaßnahmen nicht nur die
variablen Selbstkosten des Zusatzauftrags, sondern entstehen durch sie auch
(sprung-)fixe Kosten, wie das z.B. der Fall ist, wenn für die Dauer der Abwick-

lung des Zusatzauftrags ein Lagerraum gemietet wird, dann gilt für die Preisuntergrenze pro Einheit des Zusatzauftrags:

$$PUG_Z = k_{vZ} + \Delta k_{vZ} + \frac{\Delta K_{fZ} \cdot T_Z}{x_Z}.$$

Darin bezeichnet zusätzlich:

ΔK_{fZ} die aufgrund der kapazitätserhöhenden Anpassungsmaßnahmen zusätzlich anfallenden fixen Kosten des Zusatzauftrags pro Zeiteinheit,

T_Z die Abwicklungsdauer des Zusatzauftrags (Anzahl der Zeiteinheiten, für die die zusätzlichen fixen Kosten des Zusatzauftrags anfallen) und

x_Z die insgesamt herzustellende Menge des Zusatzauftrags.

Durchläuft der Zusatzauftrag außerdem eine oder mehrere Engpassstellen, deren Kapazitäten auch durch kurzfristige Anpassungsmaßnahmen nicht erhöht werden können, treten engpassbezogene Erlösinterdependenzen auf. Durch die Annahme des Zusatzauftrags werden die Absatzmengen anderer Produktarten aus dem Produktionsprogramm verdrängt. Damit sich der Gewinn des betrachteten Unternehmens nicht verringert, müssen dem Zusatzauftrag die Opportunitätskosten angelastet werden, die durch die Verdrängung der anderen Produktarten entstehen. Dadurch wird sichergestellt, dass das optimale Produktionsprogramm nach Einlastung des Zusatzauftrags den gleichen Gewinn erzielt wie das bislang realisierte Produktionsprogramm. Es ist zu beachten, dass die Produktarten in der umgekehrten Reihenfolge, mit der sie in das Produktionsprogramm aufgenommen wurden, durch den Zusatzauftrag verdrängt werden. D.h. die Produktarten, die an $\hat{j}^*$-ter (letzter), ($\hat{j}^* - 1$)-ter (vorletzter) usw. Stelle in das Produktionsprogramm aufgenommen wurden, werden jetzt an erster, zweiter usw. Stelle verdrängt. Betrachtet man zunächst den Fall, dass genau ein Engpass vorliegt und die vollständige oder teilweise Verdrängung der zuletzt eingelasteten Produktart ausreicht, um den Zusatzauftrag in das Produktionsprogramm aufnehmen zu können, so erhält man die Opportunitätskosten pro Einheit des Zusatzauftrags, indem man den engpassbezogenen Deckungsbeitrag der an erster Stelle zu verdrängenden Produktart (die Produktart, die an $\hat{j}^*$-ter Stelle eingelastet wurde) mit den pro Einheit des Zusatzauftrags beanspruchten Kapazitätseinheiten in der Engpassstelle multipliziert. Als Preisuntergrenze pro Einheit des Zusatzauftrags erhält man:

$$PUG_Z = k_{vZ} + \Delta k_{vZ} + \frac{\Delta K_{fZ} \cdot T_Z}{x_Z} + \left(\frac{p_{\hat{j}^*} - k_{v\hat{j}^*}}{t_{E\hat{j}^*}} \right) \cdot t_{EZ}.$$

Darin bezeichnet des Weiteren:

$p_{\hat{j}^*}$ den Nettoverkaufspreis pro Einheit der an erster Stelle verdrängten Produktart (an $\hat{j}^*$-ter Stelle eingelastete Produktart),

k_{vj^*} die variablen Selbstkosten pro Einheit der an erster Stelle verdrängten Produktart,

t_{Ej^*} die pro Einheit der an erster Stelle verdrängten Produktart beanspruchten Kapazitätseinheiten in der Engpassstelle und

t_{EZ} die pro Einheit des Zusatzauftrags beanspruchten Kapazitätseinheiten in der Engpassstelle.

Der Klammerausdruck

$$\left(\frac{p_{j^*} - k_{vj^*}}{t_{Ej^*}} \right)$$

bezeichnet den engpassbezogenen Deckungsbeitrag pro Kapazitätseinheit der Engpassstelle, den die an erster Stelle verdrängte Produktart erwirtschaftet. Durch Multiplikation mit den pro Einheit des Zusatzauftrags beanspruchten Kapazitätseinheiten in der Engpassstelle erhält man die pro Einheit des Zusatzauftrags zu tragenden Opportunitätskosten.

Es wird nun davon ausgegangen, dass bei Vorliegen eines Engpasses die vollständige Eliminierung der zuletzt eingelasteten Produktart nicht ausreicht, um den Zusatzauftrag ausführen zu können. Soll der Zusatzauftrag als Ganzes angenommen werden, müssen auch noch die Produktarten, die an vorletzter, drittletzter usw. Stelle eingelastet wurden, entsprechend dieser Reihenfolge verdrängt werden. Müssen alle Produktarten, die nach der an $\tilde{j}$-ter Stelle $\left(\tilde{j} = \hat{j}^*, \ \hat{j}^* - 1, ..., 1 \right)$ eingelastete Produktart in das Produktionsprogramm aufgenommen wurden, vollständig und die an $\tilde{j}$-ter Stelle eingelastete Produktart zumindest teilweise verdrängt werden, so gilt für die Preisuntergrenze pro Einheit des Zusatzauftrags:

$$PUG_Z = k_{vZ} + \Delta k_{vZ} + \frac{\Delta K_{fZ} \cdot T_Z}{x_Z} + \left(\frac{\sum\limits_{j=1}^{\hat{j}^* - \tilde{j} + 1} x_{Pj^* - \tilde{j} + 1} \cdot \left(p_{j^* - \tilde{j} + 1} - k_{vj^* - \tilde{j} + 1} \right)}{\sum\limits_{j=1}^{\hat{j}^* - \tilde{j} + 1} x_{Pj^* - \tilde{j} + 1} \cdot t_{Ej^* - \tilde{j} + 1}} \right) \cdot t_{EZ} .$$

Darin bezeichnet zudem:

$p_{j^* - \tilde{j} + 1}$ den Nettoverkaufspreis pro Einheit der an $\left(\hat{j}^* - \tilde{j} + 1 \right)$-ter Stelle eingelasteten Produktart,

$k_{vj^* - \tilde{j} + 1}$ die variablen Selbstkosten pro Einheit der an $\left(\hat{j}^* - \tilde{j} + 1 \right)$-ter Stelle eingelasteten Produktart,

$t_{Ej^* - \tilde{j} + 1}$ die pro Einheit der an $\left(\hat{j}^* - \tilde{j} + 1 \right)$-ter Stelle eingelasteten Produktart beanspruchten Kapazitätseinheiten in der Engpassstelle und

$x_{Pj^* - j + 1}$ die von der an $\left(\hat{j}^* - \hat{j} + 1 \right)$-ter Stelle eingelasteten Produktart durch den Zusatzauftrag zu verdrängende Menge.

Der Klammerausdruck

$$\left(\frac{\displaystyle\sum_{j=1}^{\hat{j}^* - \hat{j} + 1} x_{Pj^* - j + 1} \cdot \left(p_{\hat{j}^* - j + 1} - k_{vj^* - j + 1} \right)}{\displaystyle\sum_{j=1}^{\hat{j}^* - \hat{j} + 1} x_{Pj^* - j + 1} \cdot t_{E\hat{j}^* - j + 1}} \right)$$

bezeichnet den gewogenen engpassbezogenen Deckungsbeitrag der verdrängten Produktarten pro Kapazitätseinheit der Engpassstelle. Durch Multiplikation mit den pro Einheit des Zusatzauftrags beanspruchten Kapazitätseinheiten in der Engpassstelle erhält man wiederum die pro Einheit des Zusatzauftrags zu tragenden Opportunitätskosten.

Ausgehend von den Daten des Beispiels zur Ermittlung des optimalen Produktions- und Absatzprogramms (vgl. Tabelle 5.2) soll die Preisuntergrenze für einen Zusatzauftrag bestimmt werden. Dabei wird die Situation mit Engpass betrachtet, in der das optimale Produktions- und Absatzprogramm lautet:

$x_{P1} = x_{A1}^H = 500$ Stück

$x_{P2} = 550$ Stück

$x_{P3} = x_{A3}^H = 700$ Stück

$x_{P4} = 0$ Stück

$x_{P5} = x_{A5}^H = 900$ Stück

$x_{P6} = 0$ Stück.

Dem betrachteten Unternehmen wird nun ein Zusatzauftrag in der Menge von 820 Stück angeboten. Die variablen Selbstkosten pro Einheit des Zusatzauftrags betragen 105,70 € pro Stück. Soll der Zusatzauftrag durchgeführt werden, muss für die Dauer von 4 Monaten ein Lagerraum angemietet werden, für den monatlich 2.931,50 € Miete zu entrichten sind. Die Kapazitätsbelastung pro Einheit des Zusatzauftrags beträgt in

Fertigungsstelle 1:   6 Minuten pro Stück,

Fertigungsstelle 2: 10 Minuten pro Stück und

Fertigungsstelle 3:   8 Minuten pro Stück.

Das optimale Produktions- und Absatzprogramm lastet die Kapazität in Fertigungsstelle 2 vollständig aus. In der Fertigungsstelle 1 bzw. 3 werden hingegen nur 9.300 Minuten $\left(= 500 \cdot 3 + 550 \cdot 2 + 700 \cdot 7 + 900 \cdot 2\right)$ bzw. 16.350 Minuten $\left(= 500 \cdot 5 + 550 \cdot 7 + 700 \cdot 4 + 900 \cdot 8\right)$ benötigt. Zieht man den Kapazitätsbedarf vom Kapazitätsangebot ab, so stehen für den Zusatzauftrag in

Fertigungsstelle 1: 14.000 – 9.300 = 4.700 Minuten und in

Fertigungsstelle 3: 24.000 – 16.350 = 7.650 Minuten zur Verfügung.

Theoretisch könnte man annehmen, dass der Zusatzauftrag in Fertigungsstelle 1 einen zusätzlichen Engpass bewirkt, da er 4.920 Minuten $\left(= 820 \cdot 6\right)$ benötigt, aber nur 4.700 Minuten zur Verfügung stehen. Allerdings muss beachtet werden, dass durch die Einlastung des Zusatzauftrags andere Produktarten aus dem Produktionsprogramm verdrängt werden, was dazu führt, dass in Fertigungsstelle 1 zusätzliche Kapazität verfügbar wird. Die Entstehung neuer Engpassstellen sollte von daher erst nach der Einlastung des Zusatzauftrags in das optimale Produktionsprogramm untersucht werden. Die Produktion des Zusatzauftrags in einer Menge von 820 Stück verursacht einen Kapazitätsbedarf in Fertigungsstelle 2 (Engpassstelle) in Höhe von 8.200 Minuten $\left(= 820 \cdot 10\right)$. Werden die Produktarten nun in umgekehrter Reihenfolge, in der sie eingelastet wurden, verdrängt, muss zunächst Produktart 2 komplett in Höhe von 550 Stück eliminiert werden. Dadurch werden 5.500 Minuten $\left(= 550 \cdot 10\right)$ Kapazität frei. Für die restlichen benötigten 2.700 Minuten $\left(= 8.200 - 5.500\right)$ muss die Produktart 3 verdrängt werden, da sie unmittelbar vor Produktart 2 eingelastet wurde. Allerdings muss Produktart 3 nicht in voller Höhe aus dem Produktionsprogramm genommen werden, sondern es genügt die Verdrängung von 450 Stück, um die fehlenden 2.700 Minuten $\left(= 450 \cdot 6\right)$ zu erhalten. Durch die verdrängten Produkte erhöhen sich die verfügbaren Kapazitäten in Fertigungsstelle 1 auf 8.950 Minuten $\left(= 4.700 + 550 \cdot 2 + 450 \cdot 7\right)$. Somit tritt also kein neuer Engpass auf. Die Preisuntergrenze pro Einheit des Zusatzauftrags beträgt:

$$
\begin{aligned}
PUG_Z &= k_{vZ} + \Delta k_{vZ} + \frac{\Delta K_{fZ} \cdot T_Z}{x_Z} + \left(\frac{\displaystyle\sum_{j=1}^{j^* - \bar{j} + 1} x_{Pj^* - j + 1} \cdot \left(p_{j^* - j + 1} - k_{vj^* - j + 1} \right)}{\displaystyle\sum_{j=1}^{j^* - \bar{j} + 1} x_{Pj^* - j + 1} \cdot t_{Ej^* - j + 1}} \right) \cdot t_{EZ} \\[2ex]
&= 105,70 + 0 + \frac{2931,50 \cdot 4}{820} \\[2ex]
&\quad + \left(\frac{550 \cdot \left(200,00 - 150,00\right) + 450 \cdot \left(130,00 - 90,00\right)}{550 \cdot 10 + 450 \cdot 6} \right) \cdot 10 \\[2ex]
&= 175,49 \, \frac{\text{\euro}}{\text{Stück}}.
\end{aligned}
$$

Bei der dargestellten Vorgehensweise zur Bestimmung der Preisuntergrenze muss beachtet werden, dass als Prämisse eine unveränderte Gewinnsituation des Unternehmens vorausgesetzt wurde. Bestimmt man nämlich ausgehend von der ermittelten Preisuntergrenze den engpassbezogenen Deckungsbeitrag des Zusatzauftrags, so ergibt sich ein Wert von 5,549 € pro Minute, der geringer ist als der engpassbezogene Deckungsbeitrag der verdrängten Produktart 3 in Höhe von 6,67 € pro Minute. Demzufolge könnte man annehmen, dass eine Verdrängung von Produktart 3 zugunsten des Zusatzauftrags nicht sinnvoll wäre. Es muss jedoch berücksichtigt werden, dass bei unveränderter Gewinnsituation die gewogenen engpassbezogenen Deckungsbeiträge der verdrängten Produktarten in die Ermittlung der Preisuntergrenze des Zusatzauftrags eingehen. Folglich wird bei Verdrängung von mehr als einer Produktart der engpassbezogene Deckungsbeitrag des Zusatzauftrags stets geringer sein als der engpassbezogene Deckungsbeitrag der an letzter Stelle verdrängten Produktart.

Abschließend soll nun der Fall untersucht werden, dass ein Zusatzauftrag nicht als Ganzes in das Produktionsprogramm aufgenommen wird. Vielmehr soll die Entwicklung der Preisuntergrenze bestimmt werden, die sich bei sukzessiver Einlastung des Zusatzauftrags bis zu seiner Gesamtmenge ergibt. Durch die schrittweise Verdrängung der Produktarten erhält man dann jeweils ein Intervall, innerhalb dessen sich die Menge des Zusatzauftrags bewegt und für das die entsprechende Preisuntergrenze zu bestimmen ist. Es gelten die Daten des vorangehenden Beispiels mit der Änderung, dass der Zusatzauftrag jetzt bis zur Menge von 1.100 Stück angenommen werden kann und keine Mietkosten anfallen.

Werden bis zu 550 Stück der zuletzt eingelasteten Produktart 2 verdrängt, so stehen bis zu 5.500 Minuten $(= 550 \cdot 10)$ Kapazität in Fertigungsstelle 2 zur Verfügung. Da der Zusatzauftrag ebenfalls eine Kapazitätsbeanspruchung in Höhe von 10 Minuten pro Stück aufweist, können maximal 550 Stück des Zusatzauftrags $(= 5500 / 10)$ gefertigt werden. Somit lautet das erste Intervall für den Zusatzauftrag $0 \leq x_Z \leq 550$. Bei der Bestimmung der Preisuntergrenze müssen neben den variablen Selbstkosten in Höhe von 105,70 € pro Stück auch die Opportunitätskosten, die durch Verdrängung der Produktart 2 entstehen, berücksichtigt werden. Diese entsprechen dem Produkt aus (absolutem) Deckungsbeitrag und verdrängter Menge. Somit lautet die Preisuntergrenze pro Einheit des Zusatzauftrags:

$$PUG_Z = k_{vZ} + \frac{db_2 \cdot x_2}{x_Z} = 105,70 + \frac{50,00 \cdot x_2}{x_Z}.$$

Die von Produktart 2 verdrängte Menge (x_2) muss in die entsprechende Menge des Zusatzauftrags (x_Z) umgerechnet werden. Aufgrund der gleichen Kapazitätsbeanspruchung pro Stück in der Engpassstelle gilt:

$$x_2 = \frac{t_{EZ}}{t_{E2}} \cdot x_Z = \frac{10}{10} \cdot x_Z = x_Z \, .$$

Somit beträgt die Preisuntergrenze pro Einheit des Zusatzauftrags:

$$PUG_Z = 105,70 + 50,00 = 155,70 \, \frac{€}{\text{Stück}} \qquad \text{für} \quad 0 \le x_Z \le 550 \, .$$

Das zweite Intervall ergibt sich aus der Verdrängung von bis zu 700 Stück der an vorletzter Stelle eingelasteten Produktart 3, wodurch 4.200 Minuten $(= 700 \cdot 6)$ Kapazität frei werden. Somit können zusätzlich 420 Stück $(= 4.200 / 10)$ des Zusatzauftrags hergestellt werden. Das zweite Intervall lautet demnach: $550 < x_Z \le 970$. Bei der Ermittlung der Preisuntergrenze muss beachtet werden, dass neben den variablen Selbstkosten pro Stück nicht nur die Opportunitätskosten der jetzt zu verdrängenden Produktart 3 berücksichtigt werden, sondern dass schon Opportunitätskosten durch die bereits verdrängte Produktart 2 entstanden sind. Somit erhält man:

$$PUG_Z = k_{vZ} + \frac{db_2 \cdot x_2 + db_3 \cdot x_3}{x_Z} = 105,70 + \frac{50,00 \cdot 550 + 40,00 \cdot x_3}{x_Z} \, .$$

Die von Produktart 3 verdrängte Menge (x_3) muss nun in die dadurch zusätzlich herstellbare Menge des Zusatzauftrags $(x_Z - 550)$ umgerechnet werden. Aufgrund der jeweiligen Kapazitätsbeanspruchung pro Stück in der Engpassstelle gilt:

$$x_3 = \frac{t_{EZ}}{t_{E3}} \cdot (x_Z - 550) = \frac{10}{6} \cdot (x_Z - 550) \, .$$

Somit erhält man als Preisuntergrenze pro Einheit des Zusatzauftrags:

$$PUG_Z = 105,70 + \frac{50,00 \cdot 550 + 40,00 \cdot \dfrac{10}{6} \cdot (x_Z - 550)}{x_Z}$$

$$= 172,37 - \frac{9.166,67}{x_Z} \qquad \text{für} \quad 550 < x_Z \le 970 \, .$$

Von der an nächster Stelle zu verdrängenden Produktart 1 können bis zu 500 Stück aus dem Produktionsprogramm genommen werden. Dadurch werden 4.000 Minuten $(= 500 \cdot 8)$ Kapazität frei, mit der zusätzlich 400 Stück $(= 4.000 / 10)$ des Zusatzauftrags hergestellt werden könnten. Allerdings betrüge die Gesamtmenge des Zusatzauftrags dann 1.370 Stück. Gemäß den Angaben können aber maximal 1.100 Stück des Zusatzauftrags hergestellt werden. Somit lautet das dritte Intervall: $970 < x_Z \le 1.100$. Die Ermittlung der Preisuntergrenze

erfolgt in gleicher Weise wie beim zweiten Intervall. Neben den variablen Selbstkosten pro Stück und den Opportunitätskosten der jetzt zu verdrängenden Produktart 1 müssen die Opportunitätskosten der bereits verdrängten Produktarten 2
und 3 in die Ermittlung der Preisuntergrenze mit einfließen. Somit erhält man:

$$PUG_Z = k_{vZ} + \frac{db_2 \cdot x_2 + db_3 \cdot x_3 + db_1 \cdot x_1}{x_Z}$$

$$= 105,70 + \frac{50,00 \cdot 550 + 40,00 \cdot 700 + 60,00 \cdot x_1}{x_Z}.$$

Die von Produktart 1 verdrängte Menge (x_1) muss nun in die dadurch zusätzlich herstellbare Menge des Zusatzauftrags $(x_Z - 970)$ umgerechnet werden. Aufgrund der jeweiligen Kapazitätsbeanspruchung pro Stück in der Engpassstelle gilt:

$$x_1 = \frac{t_{EZ}}{t_{E1}} \cdot (x_Z - 970) = \frac{10}{8} \cdot (x_Z - 970).$$

Somit erhält man als Preisuntergrenze pro Einheit des Zusatzauftrags:

$$PUG_Z = 105,70 + \frac{50,00 \cdot 550 + 40,00 \cdot 700 + 60,00 \cdot \dfrac{10}{8} \cdot (x_Z - 970)}{x_Z}$$

$$= 180,70 - \frac{17.250}{x_Z} \qquad \text{für} \quad 970 < x_Z \leq 1.100.$$

Es muss schließlich noch untersucht werden, ob für die jeweiligen Intervallgrenzen ein Engpass in Fertigungsstelle 1 bzw. 3 auftritt. In Fertigungsstelle 1
bzw. 3 stehen zunächst noch 4.700 bzw. 7.650 Minuten Restkapazitäten zur Verfügung. Durch die Einlastung von 550 Stück des Zusatzauftrags werden 550 Stück
der Produktart 2 verdrängt, wodurch die verfügbaren Kapazitäten in Fertigungsstelle 1 bzw. 3 auf 5.800 Minuten $(= 4.700 + 550 \cdot 2)$ bzw. auf 11.500 Minuten
$(= 7.650 + 550 \cdot 7)$ ansteigen. Nach Einlastung von 550 Stück des Zusatzauftrags
verbleiben somit 2.500 Minuten $(= 5.800 - 550 \cdot 6)$ Restkapazität in Fertigungsstelle 1 und 7.100 Minuten $(= 11.500 - 550 \cdot 8)$ Restkapazität in Fertigungsstelle 3.
Um 970 Stück des Zusatzauftrags herstellen zu können, müssen zusätzlich noch
700 Stück von Produktart 3 verdrängt werden. Dadurch erhöhen sich die verbleibenden Restkapazitäten in Fertigungsstelle 1 bzw. 3 auf 7.400 Minuten
$(= 2.500 + 700 \cdot 7)$ bzw. auf 9.900 Minuten $(= 7.100 + 700 \cdot 4)$. Bei Einlastung von
420 Stück $(= 970 - 550)$ des Zusatzauftrags verbleiben somit 4.880 Minuten
$(= 7.400 - 420 \cdot 6)$ in Fertigungsstelle 1 und 6.540 Minuten $(= 9.900 - 420 \cdot 8)$ in
Fertigungsstelle 3 an Restkapazitäten. Die Produktion von 1.100 Stück des
Zusatzauftrags verlangt die zusätzliche Verdrängung der Produktart 1 in Höhe von

162,5 Stück $\left(=\left(1.100-970\right)\cdot10/8\right)$. Dadurch steigt die Kapazität in Fertigungsstelle 1 bzw. 3 auf 5.367,5 $\left(=4.880+162,5\cdot3\right)$ bzw. auf 7.352,5 Minuten $\left(=6.540+162,5\cdot5\right)$. Bei zusätzlicher Einlastung von 130 Stück $\left(=1.100-970\right)$ des Zusatzauftrags verbleiben somit 4.587,5 Minuten $\left(=5.367,5-130\cdot6\right)$ in Fertigungsstelle 1 und 6.312,5 Minuten $\left(=7.352,5-130\cdot8\right)$ in Fertigungsstelle 3 an Restkapazitäten. Es entstehen also keine neuen Engpässe. Zusammengefasst lauten die intervallbezogenen Preisuntergrenzen pro Einheit des Zusatzauftrags:

$$PUG_Z = \begin{cases} 155,70 & \text{für} \quad 0 \le x_Z \le 550 \\[2mm] 172,37 - \dfrac{9.166,67}{x_Z} & \text{für} \quad 550 < x_Z \le 970 \\[2mm] 180,70 - \dfrac{17.250}{x_Z} & \text{für} \quad 970 < x_Z \le 1.100. \end{cases}$$

5.4.4 Ermittlung von Preisobergrenzen für die Beschaffungspolitik

Durch die Bestimmung von Preisobergrenzen möchte ein Unternehmen Informationen darüber erhalten, bis zu welchem Beschaffungspreis eines bestimmten Produktionsfaktors bzw. Zwischenproduktes die Herstellung des aus diesem Produktionsfaktor bzw. Zwischenprodukt zu fertigenden Endproduktes unter Wirtschaftlichkeitsgesichtspunkten aufrechterhalten werden kann.[293] Im Rahmen einer kurzfristig orientierten Kosten- und Leistungsrechnung steht die Ermittlung kurzfristiger Preisobergrenzen im Vordergrund. Die Vorgehensweise zu deren Bestimmung ist hierbei von vielen Einflussfaktoren abhängig. Zum einen spielt es eine Rolle, ob das Endprodukt, für dessen Herstellung der Produktionsfaktor bzw. das Zwischenprodukt eingesetzt wird, in einer Engpassstelle gefertigt wird oder ob zu seiner Produktion genügend freie Kapazitäten verfügbar sind. Zum anderen ist die Anzahl der Endproduktarten, in die der Produktionsfaktor bzw. das Zwischenprodukt eingehen, von entscheidender Bedeutung.

Nachfolgend wird der Fall untersucht, dass der betreffende Produktionsfaktor bzw. das Zwischenprodukt ausschließlich in eine Endproduktart eingeht und genügend freie Kapazitäten zur Herstellung des Endproduktes bereitstehen. Die Preisobergrenze für den Produktionsfaktor bzw. das Zwischenprodukt ist dann erreicht, wenn der Deckungsbeitrag des zugehörigen Endproduktes gerade Null wird. Für

---

[293] Vgl. Coenenberg, A.G.: Kostenrechnung und Kostenanalyse, a.a.O., S. 396.

die Preisobergrenze pro Einheit des in Endproduktart j $(j=1,\ldots,J)$ eingehenden Produktionsfaktors bzw. Zwischenproduktes i $(i=1,\ldots,I)$ gilt dann:

$$POG_i = \frac{p_j - \left(k_{vj} - q_i \cdot a_{ij}\right)}{a_{ij}}.$$

Darin bezeichnet:

POG_i die Preisobergrenze pro Einheit des Produktionsfaktors bzw. Zwischen-produktes i,

p_j den Nettoverkaufspreis pro Einheit der Endproduktart j,

k_{vj} die variablen Selbstkosten pro Einheit der Endproduktart j,

q_i den (alten) Beschaffungspreis pro Einheit des Produktionsfaktors bzw. Zwischenproduktes i und

a_{ij} die pro Einheit der Endproduktart j benötigte Menge des Produktionsfak-tors bzw. Zwischenproduktes i.

Bei dem Klammerausdruck $\left(k_{vj} - q_i \cdot a_{ij}\right)$ handelt es sich um die variablen Selbst-kosten pro Einheit der Endproduktart j vermindert um diejenigen variablen Kosten pro Einheit der Endproduktart j, die auf Basis des alten Beschaffungspreises für den Produktionsfaktor bzw. das Zwischenprodukt i entstanden sind.

Wird der Produktionsfaktor bzw. das Zwischenprodukt i $(i=1,\ldots,I)$ zu ver-schiedenen Endproduktarten j $(j=1,\ldots,J)$ weiterverarbeitet, über deren Herstel-lung separat disponiert werden kann, so lässt sich die Preisobergrenze nur noch als eine Funktion in Abhängigkeit der jeweils pro Einheit der verschiedenen Endpro-duktarten benötigten Mengen des Produktionsfaktors bzw. Zwischenproduktes an-geben.[294]

Betrachtet man den Fall, dass der Produktionsfaktor bzw. das Zwischenprodukt zwar ausschließlich in eine Endproduktart eingeht, jedoch zur Herstellung dieser Endproduktart eine Engpassstelle durchlaufen werden muss, so sind bei der Er-mittlung der Preisobergrenze zusätzlich die Opportunitätskosten zu berücksichti-gen, die durch die Verdrängung anderer Produktarten entstehen.[295] Die Preisober-grenze für den Produktionsfaktor bzw. das Zwischenprodukt ist dann erreicht, wenn der Deckungsbeitrag des zugehörigen Endproduktes gerade die Opportuni-tätskosten (entgangene Deckungsbeiträge) der verdrängten Produktarten deckt. Dadurch wird sichergestellt, dass das optimale Produktionsprogramm nach Einla-

---

[294] Vgl. Hummel, S. / Männel, W.: Kostenrechnung 2, Moderne Verfahren und Systeme, a.a.O., S. 112.

[295] Zur Reihenfolge, in der die Verdrängung der Produktarten stattfindet, vgl. die Ausführun-gen in Kapitel 5.4.2.

stung der betreffenden Endproduktart den gleichen Gewinn erzielt wie das bislang realisierte Produktionsprogramm.

Reicht die vollständige oder teilweise Verdrängung der an $\hat{j}^*$ -ter (letzter) Stelle in das Produktionsprogramm aufgenommenen Produktart aus, um die betrachtete Endproduktart fertigen zu können, so erhält man als Preisobergrenze pro Einheit des in Endproduktart $j\left(j=1,...,J\right)$ eingehenden Produktionsfaktors bzw. Zwischenproduktes $i\left(i=1,...,I\right)$:

$$POG_i = \frac{p_j - \left(k_{vj} - q_i \cdot a_{ij}\right)}{a_{ij}} - \left(\frac{p_{\hat{j}^*} - k_{v\hat{j}^*}}{t_{E\hat{j}^*}}\right) \cdot \frac{t_{Ej}}{a_{ij}}.$$

Darin bezeichnet zusätzlich:

$p_{\hat{j}^*}$ den Nettoverkaufspreis pro Einheit der an erster Stelle verdrängten Produktart (an $\hat{j}^*$ -ter Stelle eingelastete Produktart),

$k_{v\hat{j}^*}$ die variablen Selbstkosten pro Einheit der an erster Stelle verdrängten Produktart,

$t_{E\hat{j}^*}$ die pro Einheit der an erster Stelle verdrängten Produktart beanspruchten Kapazitätseinheiten in der Engpassstelle und

t_{Ej} die pro Einheit der Endproduktart j beanspruchten Kapazitätseinheiten in der Engpassstelle.

Der Klammerausdruck

$$\left(\frac{p_{\hat{j}^*} - k_{v\hat{j}^*}}{t_{E\hat{j}^*}}\right)$$

bezeichnet den engpassbezogenen Deckungsbeitrag pro Kapazitätseinheit der Engpassstelle, den die an erster Stelle verdrängte Produktart erwirtschaftet.

Es wird nun davon ausgegangen, dass bei Vorliegen eines Engpasses die vollständige Eliminierung der zuletzt eingelasteten Produktart nicht ausreicht, um die betrachtete Endproduktart fertigen zu können. Es müssen zusätzlich noch die Produktarten, die an vorletzter, drittletzter usw. Stelle eingelastet wurden, entsprechend dieser Reihenfolge verdrängt werden. Müssen alle Produktarten, die nach der an $\tilde{j}$ -ter Stelle $\left(\tilde{j} = \hat{j}^*,\ \hat{j}^*-1,...,1\right)$ eingelasteten Produktart in das Produktionsprogramm aufgenommen wurden, vollständig und die an $\tilde{j}$ -ter Stelle eingelastete Produktart zumindest teilweise verdrängt werden, so gilt für die Preisobergrenze pro Einheit des in Endproduktart $j\left(j=1,...,J\right)$ eingehenden Produktionsfaktors bzw. Zwischenproduktes $i\left(i=1,...,I\right)$:

$$POG_i = \frac{p_j - \left(k_{vj} - q_i \cdot a_{ij}\right)}{a_{ij}} - \left(\frac{\sum\limits_{j=1}^{\hat{j}^* - \hat{j}+1}\left(p_{\hat{j}^* - \hat{j}+1} - k_{vj^* - \hat{j}+1}\right) \cdot x_{Pj^* - \hat{j}+1}}{\sum\limits_{j=1}^{\hat{j}^* - \hat{j}+1} x_{Pj^* - \hat{j}+1} \cdot t_{Ej^* - \hat{j}+1}}\right) \cdot \frac{t_{Ej}}{a_{ij}} \cdot$$

Darin bezeichnet zudem:

$p_{\hat{j}^* - \hat{j}+1}$ den Nettoverkaufspreis pro Einheit der an $\left(\hat{j}^* - \hat{j}+1\right)$-ter Stelle eingelasteten Produktart,

$k_{vj^* - \hat{j}+1}$ die variablen Selbstkosten pro Einheit der an $\left(\hat{j}^* - \hat{j}+1\right)$-ter Stelle eingelasteten Produktart,

$t_{Ej^* - \hat{j}+1}$ die pro Einheit der an $\left(\hat{j}^* - \hat{j}+1\right)$-ter Stelle eingelasteten Produktart beanspruchten Kapazitätseinheiten in der Engpassstelle und

$x_{Pj^* - \hat{j}+1}$ die von der an $\left(\hat{j}^* - \hat{j}+1\right)$-ter Stelle eingelasteten Produktart durch die
Endproduktart j zu verdrängende Menge.

Der Klammerausdruck

$$\left(\frac{\sum\limits_{j=1}^{\hat{j}^* - \hat{j}+1}\left(p_{\hat{j}^* - \hat{j}+1} - k_{vj^* - \hat{j}+1}\right) \cdot x_{Pj^* - \hat{j}+1}}{\sum\limits_{j=1}^{\hat{j}^* - \hat{j}+1} x_{Pj^* - \hat{j}+1} \cdot t_{Ej^* - \hat{j}+1}}\right)$$

bezeichnet den gewogenen engpassbezogenen Deckungsbeitrag der verdrängten
Produktarten pro Kapazitätseinheit der Engpassstelle.

5.4.5 Entscheidung zwischen Eigenfertigung und Fremdbezug

Möchte ein Unternehmen sein bislang realisiertes Produktions- und Absatzprogramm um zusätzliche Produktarten erweitern, so besteht neben der vollständigen
Eigenerstellung dieser Produktarten oftmals auch die Möglichkeit, die zu ihrer
Fertigung benötigten Teile oder Zwischenproduktarten fremdzubeziehen. Mit Hilfe der Deckungsbeitragsrechnung soll auf der Grundlage kurzfristiger Wirtschaftlichkeitsvergleiche eine Entscheidung darüber getroffen werden, welche Alternative – Eigenfertigung oder Fremdbezug der benötigten Zwischenproduktarten –
vorteilhaft ist. Dabei spielt es eine entscheidende Rolle, ob in dem betrachteten
Unternehmen eine Engpasssituation vorliegt oder ob genügend freie Kapazitäten
zur Verfügung stehen.

Nachfolgend wird zunächst die Situation untersucht, dass kein Engpass vorliegt. Das betrachtete Unternehmen stellt insgesamt j $(j = 1, ..., J)$ verschiedene Produktarten her. Darüber hinaus besteht die Möglichkeit, die Produktarten j' $(j' = J + 1, ..., J')$ in das Produktionsprogramm aufzunehmen. Diese können zum einen komplett eigengefertigt werden, zum anderen können die zu ihrer Fertigung erforderlichen Zwischenproduktarten i $(i = 1, ..., I)$ auch fremdbezogen werden. Für die Produktarten j' wird nun der (absolute) Deckungsbeitrag bei Fremdbezug der entsprechenden Zwischenproduktarten i mit dem (absoluten) Deckungsbeitrag bei Eigenerstellung der entsprechenden Zwischenproduktarten i verglichen. Den (absoluten) Deckungsbeitrag pro jeweiliger Einheit der Produktart j' bei Fremdbezug der Zwischenproduktarten i erhält man dadurch, dass man vom Nettoverkaufspreis die variablen Kosten der Zwischenproduktart i bei Fremdbezug und die sonstigen variablen Kosten der Produktart j' subtrahiert. In Analogie zur Bestimmung des optimalen Produktions- und Absatzprogramms (vgl. Kapitel 5.4.2) lautet die Entscheidungsregel: Alle zusätzlichen Produktarten, deren positiver (absoluter) Deckungsbeitrag bei Eigenerstellung größer oder gleich ist als bei Fremdbezug der benötigten Zwischenproduktarten, werden mit ihren Absatzhöchstmengen in Eigenfertigung produziert. Für alle zusätzlichen Produktarten, deren positiver (absoluter) Deckungsbeitrag bei Fremdbezug größer ist als bei Eigenerstellung der benötigten Zwischenproduktarten, werden die entsprechenden Zwischenproduktarten fremdbezogen. Ist der (absolute) Deckungsbeitrag einer zusätzlichen Produktart sowohl bei Eigenfertigung als auch bei Fremdbezug negativ, so ist auf deren Produktion zu verzichten.

Formal lässt sich diese Entscheidungsregel folgendermaßen darstellen:

Für alle $j' \in \{J + 1, ..., J'\}$ mit

$$db_{j'}^{EF} = p_{j'} - k_{vi}^{EF} - k_{vj'} \geq db_{j'}^{FB} = p_{j'} - k_{vi}^{FB} - k_{vj'} \text{ und } p_{j'} - k_{vi}^{EF} - k_{vj'} > 0$$

gilt: $x_{Pj'}^{EF} = x_{Aj'}^{H}$, $x_{Pj'}^{FB} = 0$ und

für alle $j' \in \{J + 1, ..., J'\}$ mit

$$db_{j'}^{FB} = p_{j'} - k_{vi}^{FB} - k_{vj'} > db_{j'}^{EF} = p_{j'} - k_{vi}^{EF} - k_{vj'} \text{ und } p_{j'} - k_{vi}^{FB} - k_{vj'} > 0$$

gilt: $x_{Pj'}^{EF} = 0$, $x_{Pj'}^{FB} = x_{Aj'}^{H}$ und

für alle $j' \in \{J + 1, ..., J'\}$ mit

$$db_{j'}^{EF} = p_{j'} - k_{vi}^{EF} - k_{vj'} < 0 \text{ und } db_{j'}^{FB} = p_{j'} - k_{vi}^{FB} - k_{vj'} < 0$$

gilt: $x_{Pj'}^{EF} = x_{Pj'}^{FB} = 0$.

Darin bezeichnet:

$db_{j'}^{EF}$ den (absoluten) Deckungsbeitrag pro Einheit der Produktart j' bei Eigenfertigung der benötigten Zwischenproduktart i,

$db_{j'}^{FB}$ den (absoluten) Deckungsbeitrag pro Einheit der Produktart j' bei Fremd-bezug der benötigten Zwischenproduktart i,

$p_{j'}$ den Nettoverkaufspreis pro Einheit der Produktart j',

k_{vi}^{EF} die variablen Selbstkosten der in Produktart j' pro Einheit eingehenden Menge der Zwischenproduktart i bei Eigenfertigung,

k_{vi}^{FB} die variablen Kosten der in Produktart j' pro Einheit eingehenden Menge der Zwischenproduktart i bei Fremdbezug,

$k_{vj'}$ die variablen Kosten pro Einheit der Produktart j' ohne die Kosten für die in Produktart j' eingehenden Menge der Zwischenproduktart i,

$x_{Pj'}^{EF}$ die optimale Produktionsmenge von Produktart j' bei Eigenfertigung der Zwischenproduktart i,

$x_{Pj'}^{FB}$ die optimale Produktionsmenge von Produktart j' bei Fremdbezug der Zwischenproduktart i und

$x_{Aj'}^{H}$ die Absatzhöchstmenge von Produktart j'.

Es sei nun der Fall betrachtet, dass bei der Herstellung der für die $j\,(j=1,\ldots,J)$ verschiedenen Produktarten benötigten Zwischenproduktarten $i\,(i=1,\ldots,I)$ ein Engpass durchlaufen wird. Für eine Erweiterung des bisherigen Produktions- und Absatzprogramms um die zusätzlichen Produktarten j' $(j'=J+1,\ldots,J')$ besteht ausschließlich die Möglichkeit der Eigenfertigung, während die zur Fertigung der Produktarten $j\,(j=1,\ldots,J)$ bislang eigengefertig-ten Zwischenproduktarten $i\,(i=1,\ldots,I)$ auch fremdbezogen werden können. Für das Unternehmen stellt sich nun die Frage, welche Produktarten komplett eigen-gefertigt bzw. für welche Produktarten die Zwischenprodukte fremdbezogen wer-den müssen, damit der maximale Gewinn erreicht wird. Die Entscheidung erfolgt gemäß folgender Regel:

Für die in die Produktarten j eingehenden bislang eigengefertigten Zwischen-produktarten i werden jeweils die engpassbezogenen Mehrkosten bestimmt, die sich bei einem Wechsel zum Fremdbezug der entsprechenden Zwischenproduktar-ten ergeben würden. Für die Zwischenproduktarten i der einzelnen Produktarten j erhält man die engpassbezogenen Mehrkosten, indem man jeweils die Differenz aus den variablen Kosten pro Einheit der Zwischenproduktart bei Fremdbezug und den variablen Selbstkosten pro Einheit der Zwischenproduktart bei Eigenfertigung bildet und diese Differenz dann durch die pro Einheit der entsprechenden Zwi-schenproduktart benötigten Kapazitätseinheiten in der Engpassstelle dividiert. An-schließend werden die Zwischenproduktarten i nach der Höhe ihrer engpassbezo-genen Mehrkosten geordnet. Im nächsten Schritt werden für sämtliche zusätz-lichen Produktarten j' mit positivem (absolutem) Deckungsbeitrag jeweils der engpassbezogene (relative) Deckungsbeitrag als Quotient aus (absolutem) De-ckungsbeitrag und den pro Einheit der entsprechenden Produktart beanspruchten

Kapazitätseinheiten in der Engpassstelle gebildet. Anschließend werden diese Produktarten j' nach der Höhe ihrer engpassbezogenen Deckungsbeiträge geordnet. Man vergleicht nun schrittweise den höchsten engpassbezogenen Deckungsbeitrag mit den niedrigsten engpassbezogenen Mehrkosten. Der Übergang zum Fremdbezug der Zwischenproduktarten i und im Gegenzug die Aufnahme der Produktarten j' in das Produktionsprogramm ist sinnvoll, solange die engpassbezogenen Mehrkosten der Zwischenproduktarten i niedriger sind als die engpassbezogenen Deckungsbeiträge der Produktarten j'. Die Zwischenproduktarten i werden also nach der Höhe ihrer engpassbezogenen Mehrkosten – beginnend mit der Zwischenproduktart, die die geringsten engpassbezogenen Mehrkosten aufweist – aus dem Produktionsprogramm genommen. Gleichzeitig werden die Produktarten j' nach der Höhe ihrer engpassbezogenen Deckungsbeiträge – beginnend mit der Produktart, die den höchsten engpassbezogenen Deckungsbeitrag besitzt – mit ihren Absatzhöchstmengen in das Produktionsprogramm aufgenommen. Dies geschieht solange, bis die engpassbezogenen Mehrkosten einer Zwischenproduktart i größer sind als der engpassbezogene Deckungsbeitrag der an ihrer Stelle einzulastenden Produktart j'.

Auf eine formale Darstellung der Entscheidungsregel soll hier verzichtet werden. Stattdessen wird nachfolgend ein lineares Programm formuliert, dessen optimale Lösung dem gewinnmaximalen Produktions- und Absatzprogramm entspricht:

$$\sum_{j'=J+1}^{J'} db_{j'}^{EF} \cdot x_{Pj'} - \sum_{i=1}^{I} \left(k_{vi}^{FB} - k_{vi}^{EF} \right) \cdot x_{Fi} \to \max!$$

unter den Nebenbedingungen:

(1) $\quad \sum_{j'=J+1}^{J'} t_{Ej'} \cdot x_{Pj'} - \sum_{i=1}^{I} t_{Ei} \cdot x_{Fi} = 0$

(2) $\quad x_{Pj'} \leq x_{Aj'}^{H} \qquad \left(j' = J+1, \ldots, J' \right)$

(3) $\quad x_{Fi} \leq x_{Fi}^{H} \qquad \left(i = 1, \ldots, I \right)$

(4) $\quad x_{Pj'} \geq 0 \qquad \left(j' = J+1, \ldots, J' \right)$

(5) $\quad x_{Fi} \geq 0 \qquad \left(i = 1, \ldots, I \right).$

Darin bezeichnet:

k_{vi}^{EF} die variablen Selbstkosten pro Einheit der in Produktart j eingehenden Zwischenproduktart i bei Eigenfertigung,

k_{vi}^{FB} die variablen Kosten pro Einheit der in Produktart j eingehenden Zwischenproduktart i bei Fremdbezug,

$x_{Pj'}$ die Produktionsmenge von Produktart j',

x_{Fi} die Fremdbezugsmenge von Zwischenproduktart i,

$t_{Ej'}$ die pro Einheit der Produktart j' beanspruchten Kapazitätseinheiten in der Engpassstelle,

t_{Ei} die pro Einheit der Zwischenproduktart i beanspruchten Kapazitätseinheiten in der Engpassstelle und

x_{Fi}^H die Fremdbezugshöchstmenge von Zwischenproduktart i.

Die Zielfunktion maximiert die Differenz aus den Deckungsbeiträgen, die sich bei Aufnahme der zusätzlichen Produktarten j' in das Produktionsprogramm ergeben, und den Mehrkosten, die durch den Fremdbezug der bislang eigengefertigten Zwischenproduktarten i entstehen. Durch die Nebenbedingung (1) wird gewährleistet, dass die für die Eigenfertigung der zusätzlichen Produktarten j' benötigten Kapazitätseinheiten durch den Übergang von Eigenfertigung auf Fremdbezug bei den Zwischenproduktarten i bereitgestellt werden. Die Nebenbedingung (2) bzw. (3) stellt sicher, dass die Absatzhöchstmengen der Produktarten j' bzw. die Fremdbezugshöchstmengen der Zwischenproduktarten i nicht überschritten werden. Dabei ist zu beachten, dass die maximale Fremdbezugsmenge einer Zwischenproduktart i nicht größer sein darf als die vor dem Übergang zum Fremdbezug eigengefertigte Menge dieser Zwischenproduktart. Bei den Nebenbedingungen (4) und (5) handelt es sich schließlich um die Nichtnegativitätsbedingungen. Die Einhaltung der Engpasskapazität wird durch die Nebenbedingungen (1) und (3) bewirkt, so dass auf die explizite Formulierung einer entsprechenden Nebenbedingung verzichtet werden kann.

5.5 Übungsaufgaben zu Kapitel 5

Übungsaufgabe 5.1:   Voll- und Teilkostenrechnungen

Erläutern Sie die klassische Abgrenzung von Voll- und Teilkostenrechnungen sowie die zugrunde liegenden Zurechnungsprinzipien.

Übungsaufgabe 5.2:   Deckungsbeitragsrechnung

Wozu dient die Deckungsbeitragsrechnung ihrem Ursprung nach, welche unterschiedlichen Erscheinungsformen kennen Sie und welche von diesen stellt das Ausgangsmodell dar?

Übungsaufgabe 5.3:   Einstufige Deckungsbeitragsrechnung und stufenweise Fixkostendeckungsrechnung

Ein Unternehmen produziert in zwei Erzeugnisgruppen (A und B) jeweils zwei unterschiedliche Erzeugnisarten (A_1, A_2 und B_1, B_2). Die produzierten und abgesetzten Mengen, Verkaufspreise und Kosten entnehmen Sie der folgenden Tabelle.

	Dimension	Erzeugnisgruppe A		Erzeugnisgruppe B	
		A_1	A_2	B_1	B_2
Produzierte Menge	ME	200	150	100	80
Abgesetzte Menge	ME	150	100	100	50
Verkaufspreis	$\dfrac{\epsilon}{ME}$	655	840	760	660
(ausschließlich variable) Fertigungslöhne	€	18.000	15.000	10.000	6.000
Materialeinzelkosten	€	15.000	6.000	5.000	4.000
Fixe Fertigungs- und Materialgemeinkosten	€	10.000	5.000	4.000	3.000
Variable Fertigungs- und Materialgemeinkosten	€	30.000	21.000	15.000	10.000
Fixe Verwaltungs- und Vertriebskosten	€	15.000			
Variable Verwaltungs- und Vertriebskosten	€	12.000	11.000	4.000	4.000
Sondereinzelkosten des Vertriebs	€	9.000	5.000	2.000	1.500
Erzeugnisgruppenfixkosten	€	15.000		13.000	

Ermitteln Sie zunächst die Deckungsbeiträge je Mengeneinheit der einzelnen Erzeugnisarten und anschließend den Periodengewinn mit der einstufigen Deckungsbeitragsrechnung und mit der mehrstufigen Fixkostendeckungsrechnung.

Übungsaufgabe 5.4:   Grundrechnung, Auswertungsrechnung und Deckungsbudgets

---

In einem Unternehmen soll die Kostenrechnung nach dem System der relativen Einzelkosten- und Deckungsbeitragsrechnung aufgebaut werden. Hierzu stehen die folgenden tabellarisch aufgeführten Informationen, die sich jeweils auf eine Abrechnungsperiode von einem Monat beziehen, zur Verfügung:

Produkt	gefertigt in Kostenstelle	Produktions- und Absatzmenge in ME	Verkaufspreis in € je ME
A	1	4.000	10
B	1	1.000	15
C	2	900	30
D	3	3.000	25

Produkt	Provision in % des Umsatzes	Materialkosten in € je ME	Verpackungskosten in € je ME	erzeugnisabhängige Energiekosten in € je ME
A	10	4	2	1
B	10	8	1	1
C	15	12	5	2
D	20	12	3	1

Außerdem ist für das Produkt B noch eine Lizenzgebühr in Höhe von 2 € je verkaufter Mengeneinheit zu zahlen.

Die Räume der Kostenstelle 2 sind zu einem monatlichen Mietzins von 1.300 € angemietet und können mit einer halbjährlichen Frist gekündigt werden. Für die anderen Kostenstellen fallen monatliche kalkulatorische Mieten in Höhe von 12.000 € an. In den Fertigungsstellen 1 bis 3 stehen jeweils Anlagen im Wert von 30.000 € zur Verfügung, deren Abschreibungs- und Amortisationsdauer bei 10 Jahren liegt. Jährlich sind Kfz-Steuern in Höhe von 6.000 € zu entrichten.

Kostenstelle	erzeugnisunabhängige Energiekosten in € je ME	Fertigungslöhne (monatliche Kündigung) in €	Gehälter (halbjährliche Kündigung) in €	Instandhaltungskosten (alle 3 Jahre) in €
1	–	2.000	–	14.400
2	500	2.500	–	27.000
3	700	3.500	–	5.400
Verwaltung	100	–	3.000	–
Vertrieb	100	–	4.000	–

a) Bauen Sie mit Hilfe dieser Daten eine Grundrechnung der Kosten auf. Verwenden Sie hierzu den Kostensammelbogen auf der folgenden Seite.

Kostenkategorien		Kostenarten	Zurechnungsbereich A - B				Zurechnungsbereich C			Zurechnungsbereich D			Gemeinsamer Zurechnungsbereich				Gesamt-summe
			Produkt A	Produkt B	Kostenst. 1	Σ	Produkt C	Kostenst. 2	Σ	Produkt D	Kostenst. 3	Σ	Ver-waltung	Vertrieb	Unter-nehmen	Σ	
Leistungskosten — Periodeneinzelkosten — absatz-abhängige Kosten		Provision / Verpackungskosten / Lizenzgebühren															
Leistungskosten — Periodeneinzelkosten — erzeugnis-abhängige Kosten		Materialkosten / Energiekosten (erzeugnisabhängig)															
Betriebskosten — Periodeneinzelkosten — sonstige Kosten	sofort	Energiekosten (erzeugnisunabhängig)															
	monatl.	Fertigungslöhne															
	1/2 jährl.	Gehälter / Miete															
	jährl.	Steuern															
Betriebskosten — Periodengemeinkosten	GK ge-schlossener Perioden	Instandhaltungskosten															
	GK offener Perioden	Abschreibungen															
Summe Gesamtkosten																	

b) Führen Sie auf Basis der Grundrechnung eine Deckungsbeitragsrechnung durch. Beachten Sie auch die zeitlichen Aspekte. Bestimmen Sie dabei die folgenden Deckungsbeiträge:

- DB I der einzelnen Produkte,
- DB II der Fertigungsstellen (sofort disponierbar),
- DB III der Fertigungsstellen (monatlich disponierbar),
- DB IV der Fertigungsstellen (halbjährlich disponierbar),
- DB V des Gesamtunternehmens (halbjährlich disponierbar) und
- DB VI des Gesamtunternehmens (jährlich disponierbar) = Periodenbeitrag.

c) Berechnen Sie für die Kostenstelle 1 die jährlichen

- Leistungskosten,
- Deckungsbudgets für
  - Fertigungslöhne,
  - Instandhaltungs- und Amortisationskosten,
  - Kosten allgemeiner Abteilungen und Steuern und den
- Sollgewinn.

Gehen Sie davon aus, dass alle drei Fertigungsstellen gleichermaßen zur Deckung der Gemeinkosten höherer Hierarchieebenen beitragen sollen und ein monatlicher Sollgewinn in Höhe von 3.000 € angestrebt wird.

Übungsaufgabe 5.5:   Stufenweise Fixkostendeckungsrechnung versus relative Einzelkosten- und Deckungsbeitragsrechnung

---

Geben Sie anhand geeigneter Kriterien die Unterschiede zwischen der stufenweisen Fixkostendeckungsrechnung und der relativen Einzelkosten- und Deckungsbeitragsrechnung stichpunktartig an.

Übungsaufgabe 5.6:   Break-even-Punkt

Für ein Einproduktunternehmen können die Kostenfunktion

$$K = 50.000 + 75 \cdot x$$

und die Erlösfunktion

$$E = 125 \cdot x_A$$

ermittelt werden, wobei x die hergestellte Menge und x_A die abgesetzte Menge angibt.

a) Bestimmen Sie den Break-even-Punkt und den Deckungsumsatz.

b) Ermitteln Sie die kritische Absatzmenge, wenn in der Periode mindestens ein Gewinn in Höhe von 10.000 € erzielt werden soll.

c) Beurteilen Sie anhand des Break-even-Punktes die folgenden Maßnahmen:

– Durch eine Werbekampagne kann eine Preiserhöhung von 20 % durchgesetzt werden. Die Absatzprognosen ändern sich nicht. Die Kosten der Werbekampagne betragen 40.000 € in der Periode.
– Durch den Einbau eines weiteren Teils erhält das Produkt eine zusätzliche Funktion. Der Einbau kostet 10 € je Stück. Trotzdem hält man den Verkaufspreis konstant, erhofft sich aber eine Nachfragesteigerung um 30 %.

Übungsaufgabe 5.7:   Planung des Produktions- und Absatzprogramms

Ein Unternehmen stellt die Produkte A, B und C her, bei deren Fertigung jeweils die Fertigungsstellen I und II durchlaufen werden müssen. Die Kapazitätsbeanspruchung der Produkte in den Fertigungsstellen in Minuten pro Mengeneinheit (Min. / ME), die Gesamtkapazität der Fertigungsstellen, die Kosten je Kapazitätseinheit, die Materialkosten je Produktart, die Verkaufspreise sowie die Absatzhöchstmengen gehen aus der nachfolgenden Übersicht hervor.

	Produkt A	Produkt B	Produkt C	Gesamt-kapazität	Kosten
Kapazitätsbeanspruchung in Fertigungsstelle I	$3 \frac{\text{Min.}}{\text{ME}}$	$2 \frac{\text{Min.}}{\text{ME}}$	$4 \frac{\text{Min.}}{\text{ME}}$	1.600 Min.	$1 \frac{€}{\text{Min.}}$
Kapazitätsbeanspruchung in Fertigungsstelle II	$12 \frac{\text{Min.}}{\text{ME}}$	$10 \frac{\text{Min.}}{\text{ME}}$	$8 \frac{\text{Min.}}{\text{ME}}$	3.800 Min.	$1{,}5 \frac{€}{\text{Min.}}$
Materialkosten	$3 \frac{€}{\text{ME}}$	$5 \frac{€}{\text{ME}}$	$6 \frac{€}{\text{ME}}$		
Verkaufspreis	$60 \frac{€}{\text{ME}}$	$62 \frac{€}{\text{ME}}$	$62 \frac{€}{\text{ME}}$		
Absatzhöchstmenge	100 ME	200 ME	150 ME		

Ermitteln Sie das optimale Produktionsprogramm.

Übungsaufgabe 5.8:   Preisuntergrenze, Preisobergrenze

Die Firma X KG stellt ausschließlich das Produkt F her. Die Geschäftsleitung erwartet für die nächste Planungsperiode eine Kapazitätsauslastung von 80 % bei der Produktion und bei dem Absatz von 40.000 Stück zum Verkaufspreis von 40 € pro Stück des Produktes F. Ein Kapazitätsabbau soll nicht erfolgen, da in der übernächsten Periode wieder mit Vollauslastung gerechnet wird. Auch im Personalbereich sind keine Kündigungen beabsichtigt.

Die Kalkulationsabteilung geht bei ihren Berechnungen von folgenden Planwerten aus:

- Die vorgesehene Produktionsmenge erfordert den Einsatz von Rohstoffen, deren Kosten 180.000 € betragen.

- Im Lager- und Einkaufsbereich wird für die Aufrechterhaltung der notwendigen Betriebsbereitschaft mit Betriebsbereitschaftskosten von 32.000 € gerechnet.

- Die Fertigungslöhne werden 340.000 € betragen. Dabei handelt es sich ausschließlich um Akkordlöhne.

- Die Leistungskosten für den Verbrauch an Hilfsstoffen werden sich auf 80.000 € belaufen. Sie können dabei unterstellen, dass die Leistungskosten erzeugnis- und absatzmengenproportionalen Charakter haben.

- Die Energiekosten werden mit 104.000 € einschließlich einer festen, pauschalen Grundgebühr von 4.000 € und der für die Aufrechterhaltung der Betriebsbereitschaft notwendigen Stromkosten in Höhe von 20.000 € angesetzt. Die restlichen Energiekosten verhalten sich proportional zur Ausbringungsmenge.

- Im Fertigungsbereich rechnet die X KG ferner mit sonstigen Bereitschaftskosten von 44.000 €.

- Im Verwaltungs- und Vertriebsbereich sind Kosten in Höhe von 116.000 € zu erwarten.

- An Produktverpackungskosten werden 3 € pro Stück des Produktes F anfallen.

- Für die umsatzabhängigen, an die Handelsvertreter zu zahlenden Verkaufsprovisionen müssen Kosten in Höhe von 320.000 € veranschlagt werden. Die Verkaufsprovision je Stück des Endproduktes F wird dabei prozentual vom Verkaufspreis ermittelt.

a) Bestimmen Sie die variablen Stückkosten des Endproduktes F.

b) Nach Abschluss der oben geschilderten Planung ergibt sich für die Vertriebsabteilung folgende Situation: Sie könnte einen einmaligen, nicht geplanten Zusatzauftrag über weitere 2.000 Stück des Produktes F von einem neuen Kunden erhalten. Allerdings ist der Kunde nur bereit, für das Produkt F einen äußerst niedrigen Preis zu zahlen.

Stellen Sie nun durch die Ermittlung der kurzfristigen kostenmäßigen Preisuntergrenze in € pro Stück des Produktes F fest, welcher Verkaufspreis nicht unterschritten werden darf bzw. zu welchem Verkaufspreis die Annahme des Zusatzauftrags gerade noch akzeptabel wäre.

c) Bei den Preisverhandlungen stellt sich heraus, dass der Kunde einen Kaufpreis von 30 € pro Stück des Produktes F akzeptieren würde, falls der bisher verwendete Rohstoff durch einen qualitativ höherwertigen Rohstoff substituiert würde. Alle sonstigen betrieblichen Verhältnisse bleiben unverändert. Der zuständige Fertigungsingenieur ermittelt, dass zur Herstellung eines Stückes von Produkt F 0,5 kg des Rohstoffes benötigt werden.

Ermitteln Sie nun die Preisobergrenze für den Einkauf von 1 kg des Rohstoffes, d.h. es soll festgestellt werden, wie viel € 1 kg des Rohstoffes höchstens kosten darf, damit der Zusatzauftrag gerade noch akzeptiert werden kann.

Übungsaufgabe 5.9:   Entscheidung zwischen Eigenfertigung und Fremdbezug

In der Produktionsperiode 1 stellt ein Unternehmen die drei unterschiedlichen Endprodukte A, B und C her, wobei pro Einheit des Endproduktes A eine Einheit des Zwischenproduktes a, pro Einheit des Endproduktes B eine Einheit des Zwischenproduktes b und pro Einheit des Endproduktes C eine Einheit des Zwischenproduktes c benötigt werden. Die Herstellung der Zwischenprodukte erfolgt in der Fertigungsstelle I, die eine Gesamtkapazität in Höhe von 1.510 Minuten aufweist. Anschließend werden die Endprodukte in der Fertigungsstelle II, deren Gesamtkapazität 2.000 Minuten beträgt, produziert. Die Kapazitätsbeanspruchung der Zwischenprodukte in der Fertigungsstelle I sowie die dabei entstehenden variablen Selbstkosten der Zwischenprodukte gehen aus der nachfolgenden Übersicht hervor.

| | Zwischenprodukte | | |
	a	b	c
Kapazitätsbeanspruchung in Fertigungsstelle I	$3 \frac{\text{Min.}}{\text{ME}}$	$4 \frac{\text{Min.}}{\text{ME}}$	$2 \frac{\text{Min.}}{\text{ME}}$
variable Selbstkosten	$15 \frac{\text{€}}{\text{ME}}$	$25 \frac{\text{€}}{\text{ME}}$	$10 \frac{\text{€}}{\text{ME}}$

Die zur Herstellung der Endprodukte beanspruchte Kapazität in der Fertigungsstelle II, die Deckungsbeiträge der Endprodukte ohne Berücksichtigung der variablen Selbstkosten der Zwischenprodukte sowie die Absatzhöchstmengen der Endprodukte können der nachfolgenden Tabelle entnommen werden.

	Endprodukte		
	A	B	C
Kapazitätsbeanspruchung in Fertigungsstelle II	$2\dfrac{\text{Min.}}{\text{ME}}$	$2\dfrac{\text{Min.}}{\text{ME}}$	$2\dfrac{\text{Min.}}{\text{ME}}$
Deckungsbeitrag ohne variable Selbstkosten der Zwischenprodukte	$60\dfrac{\text{€}}{\text{ME}}$	$75\dfrac{\text{€}}{\text{ME}}$	$54\dfrac{\text{€}}{\text{ME}}$
Absatzhöchstmenge	150 ME	200 ME	180 ME

a) Ermitteln Sie das optimale Produktionsprogramm für die Produktionsperiode 1. In der Produktionsperiode 2 besteht für das Unternehmen die Möglichkeit, die Endprodukte D, E und F zusätzlich in das Produktionsprogramm aufzunehmen. Die zur Herstellung der Endprodukte erforderlichen Zwischenprodukte d, e und f können ausschließlich eigengefertigt werden, wobei pro Einheit von D eine Einheit von d, pro Einheit von E eine Einheit von e und pro Einheit von F eine Einheit von f benötigt werden. Bevor die Produktion der Endprodukte in Fertigungsstelle II erfolgt, müssen in Fertigungsstelle I die entsprechenden Zwischenprodukte gefertigt werden. Die Kapazitätsbeanspruchung der Zwischenprodukte d, e und f in der Fertigungsstelle I sowie ihre dabei entstehenden variablen Selbstkosten gehen aus der nachfolgenden Übersicht hervor.

	Zwischenprodukte		
	d	e	f
Kapazitätsbeanspruchung in Fertigungsstelle I	$2\dfrac{\text{Min.}}{\text{ME}}$	$5\dfrac{\text{Min.}}{\text{ME}}$	$3\dfrac{\text{Min.}}{\text{ME}}$
variable Selbstkosten	$40\dfrac{\text{€}}{\text{ME}}$	$30\dfrac{\text{€}}{\text{ME}}$	$50\dfrac{\text{€}}{\text{ME}}$

Die zur Herstellung der Endprodukte D, E und F beanspruchte Kapazität in der Fertigungsstelle II, die Deckungsbeiträge der Endprodukte ohne Berücksichtigung der variablen Selbstkosten der Zwischenprodukte sowie die Absatzhöchstmengen der Endprodukte können der nachfolgenden Tabelle entnommen werden.

	Endprodukte		
	D	E	F
Kapazitätsbeanspruchung in Fertigungsstelle II	$1\dfrac{\text{Min.}}{\text{ME}}$	$1\dfrac{\text{Min.}}{\text{ME}}$	$1\dfrac{\text{Min.}}{\text{ME}}$
Deckungsbeitrag ohne variable Selbstkosten der Zwischenprodukte	$56\dfrac{\text{€}}{\text{ME}}$	$60\dfrac{\text{€}}{\text{ME}}$	$59\dfrac{\text{€}}{\text{ME}}$
Absatzhöchstmenge	285 ME	60 ME	120 ME

Die bislang eigenerstellten Zwischenprodukte a, b und c können seit Beginn der 2. Produktionsperiode auch fremdbezogen werden. Die variablen Kosten bei Fremdbezug betragen für Zwischenprodukt a 27 € pro ME, für Zwischenprodukt b 45 € pro ME und für Zwischenprodukt c 34 € pro ME. Die Gesamtkapazitäten der Fertigungsstellen I und II bleiben gegenüber der Produktionsperiode 1 unverändert.

b) Ermitteln Sie das optimale Produktionsprogramm für die Produktionsperiode 2. Gehen Sie dabei von dem optimalen Produktionsprogramm der Produktionsperiode 1 aus, d.h. die dort ermittelten Absatzmengen der Endprodukte A, B und C dürfen nicht erhöht werden.

c) Stellen Sie ein lineares Programm zur Ermittlung des optimalen Produktionsprogramms für die Produktionsperiode 2 auf. Gehen Sie dabei von dem optimalen Produktionsprogramm der Produktionsperiode 1 aus, d.h. die dort ermittelten Absatzmengen der Endprodukte A, B und C dürfen nicht erhöht werden.

6 Systeme der Plankostenrechnung

6.1 Entwicklungsformen der Plankostenrechnung

In den letzten fünf Jahrzehnten hat sowohl eine Entwicklung von der Istkostenrechnung über die Normalkostenrechnung bis hin zur Plankostenrechnung als auch von der Voll- zur Teilkostenrechnung stattgefunden. In diesem Kapitel werden die in Abb. 6.1 dargestellten Entwicklungsformen der Plankostenrechnung behandelt.

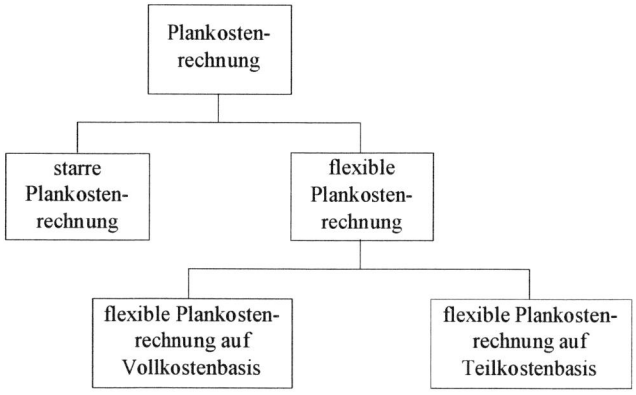

Abb. 6.1: Entwicklungsformen der Plankostenrechnung[296]

Die starre und die flexible Form der Plankostenrechnung unterscheiden sich durch ihre Anpassungsfähigkeit an Beschäftigungsänderungen. Während in der starren Plankostenrechnung die Kosten nur für einen einzigen Beschäftigungsgrad – die Planbeschäftigung – vorgegeben werden, ermöglicht die flexible Plankostenrechnung eine Anpassung der Planvorgaben an jede beliebige Beschäftigung. Die Ausgestaltung der flexiblen Plankostenrechnung als Voll- oder Teilkostenrechnung hängt davon ab, ob den Kostenträgern die gesamten oder nur die variablen Kosten zugerechnet werden. Unabhängig davon ist in der Kostenstellenrechnung bei beiden Alternativen eine Aufteilung der Kosten in ihre fixen und varia-

---

[296] Vgl. Haberstock, L.: Kostenrechnung II, a.a.O., S. 10.

blen Bestandteile durchzuführen, da nur so eine Anpassung der Plankosten an unterschiedliche Beschäftigungsgrade möglich ist.[297]

Mit einer Plankostenrechnung können Informationen gewonnen werden, die die Systeme auf der Basis von Ist- bzw. Normalkosten nicht bereitzustellen vermögen. Jedoch ist zu beachten, dass eine Plankostenrechnung ohne integrierte Istkostenrechnung ihren Aufgaben

- Wirtschaftlichkeitskontrolle,
- Bereitstellung von Kosteninformationen zur Entscheidungsunterstützung und
- Kalkulation der betrieblichen Leistungen[298]

nicht gerecht werden kann.

Bevor die einzelnen Formen der Plankostenrechnung dargestellt werden, sind noch folgende grundlegende Begriffe zu erläutern:

Istkosten $K^{(I)}$: Im Rahmen einer Plankostenrechnung werden die Istkosten bestimmt, indem die effektiv verbrauchten Produktionsfaktormengen mit den entsprechenden Planpreisen multipliziert werden. Man geht nicht von Istpreisen und damit von den tatsächlich entstandenen Kosten – wie in einer reinen Istkostenrechnung üblich – aus, sondern von Planpreisen, da im Rahmen der Kostenkontrolle die Ermittlung von Mengenabweichungen im Vordergrund steht. Für Preisabweichungen sind nicht die Kostenstellen, in denen die Kosten anfallen, verantwortlich. Sie können auf das Verhalten der Einkaufsabteilung oder auf allgemeine Marktschwankungen zurückzuführen sein. Preisabweichungen werden im Rahmen von Sonderrechnungen genauer analysiert.[299]

Plankosten $K^{(P)}$: Plankosten sind Kostenvorgaben, die den zukünftig zu erwartenden Wertverzehr unabhängig von den in der Vergangenheit angefallenen Kosten darstellen. Bei der Ermittlung von Plankosten ist von geplanten Größen für das Mengen- bzw. Zeitgerüst und von voraussichtlichen Wertansätzen auszugehen.[300]

Sollkosten $K^{(S)}$: Sollkosten sind Kostenvorgaben, die für die Sollbeschäftigung geplant werden. Die Beschäftigung wird in Bezugsgrößeneinheiten wie z.B. Maschinenstunden oder Ausbringungsmengen gemessen. Während die Planbezugsgröße $B^{(P)}$ die für die geplante Produktionsmenge vorgesehenen Bezugsgrößeneinheiten angibt,

---

[297] Vgl. Heni, B.: Betriebswirtschaft und Steuern: Grundzüge der Plankostenrechnung, in: Deutsches Steuerrecht (1986) 10, S. 322-327, hier S. 323.

[298] Vgl. Haberstock, L.: Kostenrechnung II, a.a.O., S. 4f.

[299] Vgl. Mellerowicz, K.: Planung und Plankostenrechnung, Bd. II, Plankostenrechnung, Freiburg 1972, S. 21ff.

[300] Vgl. Kilger, W. / Pampel, J. / Vikas, K.: Flexible Plankostenrechnung und Deckungsbeitragsrechnung, a.a.O., S. 51f.

handelt es sich bei der Sollbeschäftigung bzw. Sollbezugsgröße $B^{(S)}$ um die Menge der Bezugsgrößeneinheiten, die planmäßig zur Realisierung der Istmenge hätte anfallen dürfen. Mit Ausnahme der Produktionsmenge werden alle Kosteneinflussgrößen mit ihren Planwerten angesetzt. Dagegen stellt die Istbezugsgröße $B^{(I)}$ auf die zur Herstellung der Istmenge tatsächlich angefallenen Bezugsgrößeneinheiten ab.[301] Soll- und Istbezugsgröße müssen nicht zwangsweise übereinstimmen. Daher wird hier nicht der Begriff der Istbezugsgröße – wie er in vielen Veröffentlichungen zur Plankostenrechnung zu finden ist –, sondern der der Sollbezugsgröße verwendet. Treffend ist der Begriff Istbezugsgröße nur dann, wenn man als Bezugsgröße die Produktionsmenge (nur Gutteile) wählt, oder wenn Ist- und Sollbezugsgröße immer zusammenfallen, d.h. wenn das Verhältnis zwischen Ausbringungsmenge und Bezugsgrößeneinheiten konstant ist. Davon kann aber nicht generell, z.B. wegen der Ausbeutegradabweichung, ausgegangen werden.[302]

6.1.1 Die starre Plankostenrechnung

6.1.1.1 Allgemeiner Aufbau der starren Plankostenrechnung

In der starren Plankostenrechnung geht man nur von einem einzigen Beschäftigungsgrad, der Planbeschäftigung, aus. Für jede Kostenstelle werden die Kosten ermittelt, die man bei Realisierung der Planbeschäftigung erwartet. Die Planung der Kosten erfolgt nach Kostenarten differenziert.

Dividiert man die Plankosten $K^{(P)}$ durch die Planbeschäftigung $B^{(P)}$, so ergibt sich der Plankostenverrechnungssatz $h_{Voll.}^{(P)}$ einer Kostenstelle:

$$h_{Voll.}^{(P)} = \frac{K^{(P)}}{B^{(P)}}.$$

[301] Vgl. Wolfstetter, G.: Bezugsgrößenwahl und Abweichungsanalysen in der teilflexiblen Vollplan-Kostenrechnung, in: Kostenrechnungspraxis (1990) 3, S. 155-159, hier S. 156.

[302] Vgl. Mellerowicz, K.: Planung und Plankostenrechnung, a.a.O., S. 39; Wimmer, K.: Kostenabweichungsanalyse und Kostensenkung, Zur Inkonsistenz zwischen theoretischem Anspruch und praktischer Realisierung, in: Zeitschrift für Betriebswirtschaft (1994) 8, S. 981-998, hier S. 988.

Der Plankostenverrechnungssatz $h_{Voll.}^{(P)}$ ist ein Vollkostensatz, der sowohl variable Kosten als auch proportionalisierte Anteile der Fixkosten enthält. Diese Bestandteile können jedoch nicht genauer quantifiziert werden, da in der starren Plankostenrechnung eine Aufteilung in variable und fixe Kosten nicht vorgesehen ist.

Durch Multiplikation des Plankostenverrechnungssatzes $h_{Voll.}^{(P)}$ mit der Sollbeschäftigung $B^{(S)}$ erhält man die verrechneten Plankosten $K_{Voll.}^{(verr.)}$:

$$K_{Voll.}^{(verr.)} = h_{Voll.}^{(P)} \cdot B^{(S)} = K^{(P)} \cdot \frac{B^{(S)}}{B^{(P)}} \ .$$

Bei den verrechneten Plankosten $K_{Voll.}^{(verr.)}$ handelt es sich um diejenigen Kosten, die von einer bestimmten Kostenstelle auf die Kostenträger verrechnet werden.

6.1.1.2 Kostenkontrolle in der starren Plankostenrechnung

Eine Kostenkontrolle erfolgt in jeder Abrechnungsperiode. Die Istkosten werden kostenstellenweise erfasst und kontrolliert, um sie dort beeinflussen zu können, wo sie anfallen. Die starre Plankostenrechnung stellt zwei Größen zur Verfügung, die mit den Istkosten verglichen werden können. Dabei handelt es sich um die Plankosten und die verrechneten Plankosten.

Betrachtet man die Differenz zwischen Plan- und Istkosten, so stellt man fest, dass eine sinnvolle Kostenkontrolle nur dann möglich ist, wenn Plan- und Sollbezugsgröße nicht voneinander abweichen. Andernfalls stellt die Kostendifferenz keine Einsparung oder Unwirtschaftlichkeit dar, sondern ist zumindest teilweise darauf zurückzuführen, dass sich Plan- und Istkosten auf unterschiedliche Beschäftigungsgrade beziehen. Da Plan- und Sollbezugsgröße im Regelfall nicht übereinstimmen werden, liefert der Vergleich von Plan- und Istkosten keine geeigneten Informationen zur Kostenkontrolle.

Führt man zur Kostenkontrolle einen Vergleich von Istkosten und verrechneten Plankosten durch, so erhält man die Kostengesamtabweichung ΔKGA . Es werden Größen miteinander verglichen, die sich auf den selben Beschäftigungsgrad – die Sollbeschäftigung – beziehen. Eine aussagefähige Kostenkontrolle ist jedoch auch dann nicht möglich, da die Kostendifferenz nicht ausschließlich auf unwirtschaftliches Verhalten zurückzuführen ist. Fallen fixe Kosten an, werden diese in den verrechneten Plankosten nur anteilig berücksichtigt, während die Istkosten die gesamten für die geplante Kapazität anfallenden Kosten beinhalten. Damit basiert ein Teil der Kostendifferenz auf den zu wenig bzw. zu viel verrechneten fixen Kosten. Da dieser Teil aufgrund der fehlenden Aufspaltung in fixe und variable

Kosten nicht bestimmt werden kann, erfüllt der Vergleich von verrechneten Plankosten und Istkosten die Kontrollfunktion ebenfalls nicht.[303]

6.1.1.3 Kostenträgerrechnung in der starren Plankostenrechnung

In die Kalkulation gehen neben den Einzelkosten auch die über die Kostenstellen verrechneten Gemeinkosten ein, indem man die von einer Kalkulationseinheit in Anspruch genommenen Bezugsgrößeneinheiten mit dem jeweiligen Plankostenverrechnungssatz $h_{Voll.}^{(P)}$ multipliziert. Demzufolge werden in der Kalkulation die vollen Stückkosten ermittelt, deren Eignung als Informationen zur Entscheidungsunterstützung wie beispielsweise zur Bestimmung von Preisuntergrenzen, zur Festlegung des Produktionsprogramms oder zur Verfahrenswahl in der Literatur stark kritisiert wird. Bei der Kostenrechnung handelt es sich um eine kurzfristige Rechnung, deren Entscheidungen auf Basis kurzfristig beeinflussbarer Kosten getroffen werden. Nicht relevant sind nur langfristig beeinflussbare Kosten, wie die fixen Kosten. Gerade die sind aber als proportionalisierte Fixkosten im Plankostenverrechnungssatz $h_{Voll.}^{(P)}$ enthalten. Zusätzlich wird durch diese Proportionalisierung gegen das Verursachungsprinzip[304] verstoßen, was dazu führt, dass Kosten einzelnen Kostenträgern zugerechnet werden, die nicht für den Anfall dieser Kosten verantwortlich sind.[305]

Die Funktionsweise der starren Plankostenrechnung soll anhand einer Kostenstelle beispielhaft erläutert werden. Die Beschäftigung dieser Kostenstelle wird in Fertigungsstunden gemessen. Sie liegt in der Planperiode bei 1.000 Stunden und ist als Planbezugsgröße $B^{(P)}$ in Abb. 6.2 eingezeichnet.

Bei dieser Beschäftigung wurden in der Kostenrechnung Plankosten $K^{(P)}$ in Höhe von 150.000 € pro Periode geplant. Daraus ergibt sich ein Plankostenverrechnungssatz $h_{Voll.}^{(P)}$ von 150 € pro Stunde.

Nach Ablauf der Planperiode wird festgestellt, dass die Beschäftigung rückläufig war. Die Sollbeschäftigung $B^{(S)}$ lag mit 600 Stunden pro Periode unter der Planbeschäftigung $B^{(P)}$. Die Sollbeschäftigung wurde retrograd ermittelt, indem man die unter geplanten Bedingungen notwendigen Fertigungsstunden zur Produktion der Istausbringungsmenge bestimmte. Sie muss nicht zwangsweise mit

---

[303] Vgl. Kilger, W. / Pampel, J. / Vikas, K.: Flexible Plankostenrechnung und Deckungsbeitragsrechnung, a.a.O., S. 58. Zur Kritik an Vollkostenrechnungssystemen siehe Männel, W.: Mängel und Gefahren traditioneller Vollkosten- und Nettoergebnisrechnungen, in: Kostenrechnungspraxis (1994) 4, S. 271-280, hier S. 274ff.

[304] Vgl. Kapitel 2.4.

[305] Vgl. Plaut, H.G.: Grenzplankosten- und Deckungsbeitragsrechnung als modernes Kostenrechnungssystem, in: Kostenrechnungspraxis (1984) 1, S. 20-26, hier S. 20ff.; Kilger, W. / Pampel, J. / Vikas, K.: Flexible Plankostenrechnung und Deckungsbeitragsrechnung, a.a.O., S. 65.

den in der Periode tatsächlich angefallenen Fertigungsstunden, also der Istbeschäftigung, übereinstimmen. Geht man anstelle der Sollbeschäftigung von der
Istbeschäftigung aus, werden Kostenabweichungen aufgrund der gegenüber der
Planung veränderten Zahl an Fertigungsstunden bei der Kostenkontrolle nicht
mehr berücksichtigt. Als Istkosten $K^{(I)}$ ergeben sich 135.000 € pro Periode.

Die Differenz zwischen Plan- und Istkosten

$$\Delta KA = K^{(P)} - K^{(I)} = 150.000 - 135.000 = 15.000 \text{ €}$$

kann nicht als Wirtschaftlichkeitsmaßstab herangezogen werden, da sie u. a. darauf zurückzuführen ist, dass die Planbeschäftigung in Höhe von 1.000 Stunden
nicht realisiert wurde.

Betrachtet man dagegen die Differenz zwischen Istkosten und verrechneten
Plankosten

$$\Delta KGA = K^{(I)} - K_{Voll.}^{(verr.)} = 135.000 - 150 \cdot 600 = 45.000 \text{ €} ,$$

so erhält man die Kostengesamtabweichung ΔKGA. Mit ihr lässt sich aber noch
keine Aussage über die Wirtschaftlichkeit des Verhaltens der Kostenstelle treffen,
da in den verrechneten Plankosten nur der Teil der Fixkosten enthalten ist, der
entsprechend der Sollbezugsgröße verrechnet wurde. Wegen der fehlenden Unterscheidung in fixe und variable Kosten, kann der zu wenig verrechnete Teil der
Fixkosten nicht ermittelt und eine sinnvolle Kostenkontrolle nicht durchgeführt
werden.

In die Kalkulation gehen 150 € pro in Anspruch genommener Fertigungsstunde
ein. Diese Vorgehensweise führt zur Ermittlung von vollen Stückkosten, wie noch
ausführlicher im Beispiel zu Kapitel 6.1.2.1.3 gezeigt wird.

Das System der starren Plankostenrechnung wird noch einmal durch die folgende Abb. 6.2 veranschaulicht.

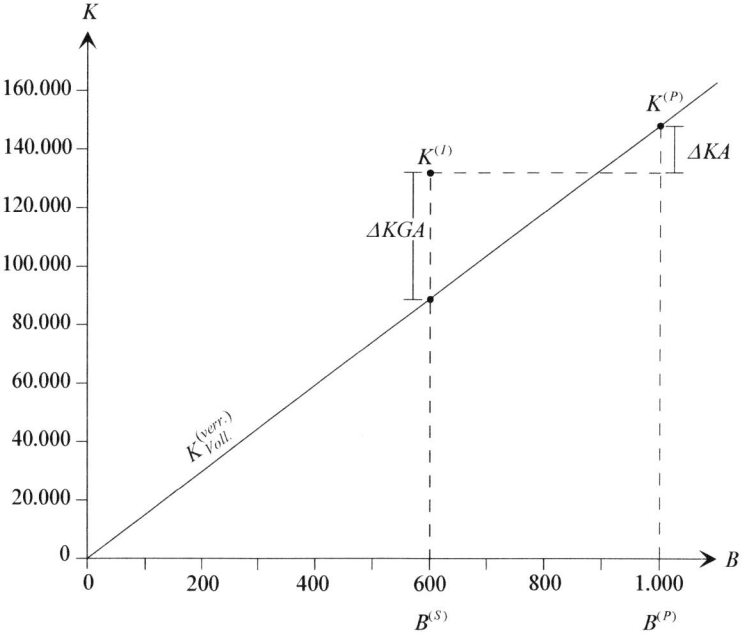

Abb. 6.2:   Starre Plankostenrechnung

6.1.2 Die flexible Plankostenrechnung

Während bei der starren Plankostenrechnung die Kosten ausgehend von der Plan-beschäftigung bestimmt werden, erfolgt in der flexiblen Plankostenrechnung die Kostenplanung für alternative Beschäftigungsgrade. Das ermöglicht eine Auflö-sung der Kosten in variable und fixe Bestandteile, wie in Kapitel 6.2.3.2 noch aus-führlicher erläutert wird. Dabei geht man davon aus, dass die fixen Kosten absolut fix sind und die variablen Kosten proportional zur Bezugsgröße variieren:

$$K^{(P)} = K_f^{(P)} + K_v^{(P)}.$$

Daraus lässt sich die folgende Sollkostenfunktion ableiten, die unter der Vor-aussetzung des wirtschaftlichen Handelns angibt, wie sich die Kosten einer Kos-tenstelle in Abhängigkeit von der Beschäftigung verhalten:

$$K^{(S)} = K_f^{(P)} + K_v^{(P)} \cdot \frac{B^{(S)}}{B^{(P)}}.$$

Die Sollkostenfunktion liefert somit Kostenvorgaben für alternative Beschäfti-gungsgrade. Sie gibt diejenigen Kosten an, die bei Realisierung der aus der Istpro-duktionsmenge abgeleiteten Sollbezugsgröße unter sonst optimalen Bedingungen hätten anfallen dürfen. Im Gegensatz zur starren Plankostenrechnung sind hier die fixen Kosten als Ganzes und nicht nur anteilig enthalten, da sie unabhängig vom Beschäftigungsgrad kurzfristig immer in voller Höhe anfallen. Für die Planbeschäftigung stimmen Plan-, Soll- und verrechnete Plankosten stets überein.[306]

In Bezug auf den weiteren Aufbau lässt sich die flexible Plankostenrechnung einteilen in:

- flexible Plankostenrechnung auf Vollkostenbasis und
- flexible Plankostenrechnung auf Teilkostenbasis.

Unterschiede zwischen diesen beiden Ausprägungen bestehen hauptsächlich bei der Zurechnung der Kosten auf die Kostenträger.

6.1.2.1 Die flexible Plankostenrechnung auf Vollkostenbasis

6.1.2.1.1 Allgemeiner Aufbau der flexiblen Plankostenrechnung auf Vollkostenbasis

In der flexiblen Plankostenrechnung auf Vollkostenbasis ist der Plankostenverrechnungssatz $h_{Voll.}^{(P)}$ weiterhin ein Vollkostensatz und entspricht dem Verrechnungssatz der starren Plankostenrechnung, d.h. auch hier gilt:

$$h_{Voll.}^{(P)} = \frac{K^{(P)}}{B^{(P)}} \, .$$

Folglich sind die verrechneten Plankosten

$$K_{Voll.}^{(verr.)} = h_{Voll.}^{(P)} \cdot B^{(S)}$$

der starren und der flexiblen Plankostenrechnung auf Vollkostenbasis identisch, d.h. bei beiden Formen der Plankostenrechnung gehen Vollkostensätze in die Kostenträgerrechnung ein.

Da die flexible Plankostenrechnung allerdings eine Aufteilung in fixe und variable Kosten vorsieht, lässt sich der Verrechnungssatz $h_{Voll.}^{(P)}$ genauer analysieren. Er setzt sich aus einem konstanten Anteil, der den variablen Kosten je Bezugsgrößeneinheit entspricht, und einem von der Planbeschäftigung abhängigen Anteil zusammen. Dieser beschäftigungsabhängige Anteil wird durch Aufteilung der Fix-

---

[306] Vgl. Kilger, W. / Pampel, J. / Vikas, K.: Flexible Plankostenrechnung und Deckungsbeitragsrechnung, a.a.O., S. 60f.

kosten auf die Planbezugsgrößeneinheiten ermittelt. Die Fixkosten je Bezugsgröße und damit auch der Verrechnungssatz sinken mit steigender Planbeschäftigung.[307]

6.1.2.1.2   Kostenkontrolle in der flexiblen Plankostenrechnung auf Vollkostenbasis

Durch die Aufteilung der Kosten in variable und fixe Bestandteile lässt sich die beschäftigungsabweichungsbedingte Kostendifferenz ΔKBA ermitteln, indem man die verrechneten Plankosten $K_{Voll.}^{(verr.)}$ von den Sollkosten $K^{(S)}$ subtrahiert:

$$\Delta KBA = K^{(S)} - K_{Voll.}^{(verr.)}.$$

Die beschäftigungsabweichungsbedingte Kostendifferenz ΔKBA resultiert aus der unterschiedlichen Behandlung der Fixkosten in den verrechneten Plankosten und den Sollkosten. Während die Sollkosten unabhängig von der Beschäftigung immer die gesamten Fixkosten enthalten, wird in den verrechneten Plankosten nur ein Teil der Fixkosten entsprechend der Relation Sollbezugsgröße zu Planbezugsgröße berücksichtigt. Folglich entspricht die beschäftigungsabweichungsbedingte Kostendifferenz wegen

$$\Delta KBA = K^{(S)} - K_{Voll.}^{(verr.)}$$

$$= K_f^{(P)} + K_v^{(P)} \cdot \frac{B^{(S)}}{B^{(P)}} - \frac{K^{(P)}}{B^{(P)}} \cdot B^{(S)}$$

$$= K_f^{(P)} - \left(K^{(P)} - K_v^{(P)} \right) \cdot \frac{B^{(S)}}{B^{(P)}}$$

$$= K_f^{(P)} - K_f^{(P)} \cdot \frac{B^{(S)}}{B^{(P)}}$$

der Differenz zwischen den gesamten fixen Kosten und den in den verrechneten Plankosten enthaltenen Fixkosten.[308]

---

[307] Vgl. Kilger, W. / Pampel, J. / Vikas, K.: Flexible Plankostenrechnung und Deckungs-beitragsrechnung, a.a.O., S. 62. (s. bes. Abb. 1-4).

[308] Vgl. Gerlach, T.: Kostenabweichungsanalyse in der flexiblen Plankostenrechnung, in: Das Wirtschaftsstudium (1994) 3, S. 195-197, hier S. 196; Kilger, W. / Pampel, J. / Vikas, K.: Flexible Plankostenrechnung und Deckungsbeitragsrechnung, a.a.O., S. 377.

Eine weitere Umformung

$$\Delta KBA = \frac{K_f^{(P)}}{B^{(P)}} \cdot B^{(P)} - \frac{K_f^{(P)}}{B^{(P)}} \cdot B^{(S)}$$

$$= \frac{K_f^{(P)}}{B^{(P)}} \cdot \left(B^{(P)} - B^{(S)} \right)$$

macht nochmals deutlich, dass ΔKBA auf die Proportionalisierung der Fixkosten zurückzuführen ist. Der Teil der fixen Kosten, der auf die Abweichung von Plan- und Sollbezugsgrößen entfällt, entspricht der beschäftigungsabweichungsbedingten Kostendifferenz. Die Fixkosten werden nur entsprechend der Höhe der Sollbezugsgröße – also der genutzten Kapazität – verrechnet. Die Fixkosten, die auf die Differenz $\left(B^{(P)} - B^{(S)} \right)$ entfallen, entsprechen ΔKBA. Ist die Sollbezugsgröße kleiner als die Planbezugsgröße, so werden zu wenig Fixkosten verrechnet, d.h. es liegt eine Fixkostenunterdeckung vor. Ist die Sollbezugsgröße größer als die Planbezugsgröße, so werden zu viel Fixkosten verrechnet und es liegt eine Fixkostenüberdeckung vor. Daraus lassen sich wichtige Informationen über den Auslastungsgrad der Potentialfaktoren, die den Fixkosten zugrunde liegen, gewinnen. Beispielsweise entspricht eine Fixkostenunterdeckung einer Minderbeschäftigung. In diesem Fall bezeichnet man die beschäftigungsabweichungsbedingte Kostendifferenz auch als Leerkosten, d.h. es handelt sich um Fixkosten, die für ungenutzte Potentialfaktoren anfallen.[309] Unterstellt wird hierbei immer, dass die geplanten fixen Kosten und die tatsächlich angefallenen fixen Kosten identisch sind. Da kurzfristig keine Änderungen der Kapazität zu berücksichtigen sind, werden deren Kosten ebenfalls als konstant angesehen.[310]

Im Gegensatz zu anderen Abweichungen handelt es sich bei der beschäftigungsabweichungsbedingten Kostendifferenz ΔKBA folglich nicht um eine echte Kostenabweichung, sondern nur um aufgrund ihrer Proportionalisierung falsch verrechnete Fixkosten. Obwohl dieses Problem bei der starren Plankostenrechnung ebenfalls auftritt, lässt sich dort die Differenz ΔKBA nicht ermitteln.[311]

In einem weiteren Schritt der Kostenkontrolle wird die Differenz zwischen den Sollkosten $K^{(S)}$, die bei der Sollbeschäftigung $B^{(S)}$ anfallen, und den Istkosten $K^{(I)}$ berechnet:

---

[309] Vgl. Pfitzner, K.: Die Beschäftigungsabweichung in der flexiblen Plankostenrechnung, Eine kostenstellenorientierte Betrachtung, in: Buchführung, Bilanz, Kostenrechnung (1991) 21, S. 1509-1520, hier S. 1510ff.

[310] Vgl. Freidank, C.-C.: Die buchhalterische Organisation der kurzfristigen Erfolgsrechnung im System einer flexiblen Plankostenrechnung auf Vollkostenbasis, in: Kostenrechnungspraxis (1985) 2, S. 57-61, hier S. 57.

[311] Vgl. Kilger, W. / Pampel, J. / Vikas, K.: Flexible Plankostenrechnung und Deckungsbeitragsrechnung, a.a.O., S. 62.

$$\Delta KVA = K^{(I)} - K^{(S)} \, .$$

Diese Differenz ΔKVA ist verbrauchsabweichungsbedingt und entspricht dem bewerteten mengenmäßigen Mehr- oder Minderverbrauch der Kostenstelle im Vergleich zur Sollsituation.[312]

Erste Aufschlüsse über das wirtschaftliche Verhalten einer Kostenstelle können nur mittels Abweichungsanalysen, die Gegenstand von Kapitel 6.3.1 sind, gewonnen werden. Die dazu notwendigen Vorgabe- und Kontrollinformationen stellt bereits die flexible Plankostenrechnung auf Vollkostenbasis zur Verfügung. Sie bietet daher – bei Anwendung der entsprechenden Abweichungsanalysen – eine leistungsfähige Kostenkontrolle.[313]

6.1.2.1.3 Kostenträgerrechnung in der flexiblen Plankostenrechnung auf Vollkostenbasis

In die Kostenträgerrechnung gehen – wie auch bei der starren Plankostenrechnung – Kalkulationssätze zu Vollkosten ein. Obgleich der Kenntnis der variablen Kosten wird den Kostenträgern weiterhin neben den variablen Kosten ein proportionalisierter Fixkostenanteil zugerechnet. Da für kurzfristige Entscheidungen auf Basis der Kostenrechnung nur die kurzfristig auch beeinflussbaren Kosten – wie die variablen Kosten – relevant sind, liefern die so ermittelten Kalkulationssätze keine Informationen im Sinne einer entscheidungsorientierten Kostenrechnung. Es gilt folglich unverändert die Kritik zur Kostenträgerrechnung in der starren Plankostenrechnung aus Kapitel 6.1.1.3.[314]

Es mögen die Ausgangsdaten des Beispiels aus Kapitel 6.1.1.3 gelten. Über die Berechnungen bei der starren Plankostenrechnung hinaus ist bei der Kostenplanung in einem System der flexiblen Plankostenrechnung auf Vollkostenbasis eine Aufteilung der Kosten in fixe und variable Bestandteile durchzuführen. In der Kostenstelle hat man für die Planbeschäftigung

- fixe Kosten $K_f^{(P)}$ in Höhe von 50.000 € pro Periode und
- variable Kosten $K_v^{(P)}$ in Höhe von 100.000 € pro Periode

---

[312] Die Reduzierung auf eine reine Mengenabweichung wird durch den Ansatz von festen Preisen erreicht, siehe dazu auch Kapitel 6.2.1.

[313] Vgl. Mellerowicz, K.: Planung und Plankostenrechnung, a.a.O., S. 37; Kilger, W. / Pampel, J. / Vikas, K.: Flexible Plankostenrechnung und Deckungsbeitragsrechnung, a.a.O., S. 64.

[314] Vgl. Plaut, H.G.: Grenzplankosten- und Deckungsbeitragsrechnung als modernes Kostenrechnungssystem, a.a.O., S. 20ff.; Kilger, W. / Pampel, J. / Vikas, K.: Flexible Plankostenrechnung und Deckungsbeitragsrechnung, a.a.O., S. 64ff.

ermittelt. Daraus ergeben sich bei einer Sollbeschäftigung $B^{(S)}$ von 600 Stunden Sollkosten $K^{(S)}$ in Höhe von:

$$K^{(S)} = 50.000 + 100.000 \cdot \frac{600}{1.000} = 110.000 \; \text{€} \; .$$

$h_{Voll.}^{(P)}$ liegt unverändert bei 150 € pro Stunde und $K_{Voll.}^{(verr.)}$ bei 90.000 € pro Periode. Damit entspricht die Kostengesamtabweichung ΔKGA mit 45.000 € pro Periode dem Wert aus der starren Plankostenrechnung, der allerdings in der flexiblen Plankostenrechnung weiter in die verbrauchs- und die beschäftigungsabweichungsbedingte Kostendifferenz aufgespalten werden kann. Die verbrauchsabweichungsbedingte Kostendifferenz ΔKVA entspricht der Differenz zwischen $K^{(I)}$ und $K^{(S)}$ und beträgt:

$$\Delta KVA = 135.000 - 110.000 = 25.000 \; \text{€} \; .$$

Die verbrauchsabweichungsbedingte Kostendifferenz ΔKVA lässt sich auf einem weiteren Berechnungsweg durch Abspalten der beschäftigungsabweichungsbedingten Kostendifferenz ΔKBA von der Kostengesamtabweichung ΔKGA ermitteln. Die Kostengesamtabweichung wird um die zu wenig verrechneten Fixkosten korrigiert. Man passt damit nachträglich die verrechneten Plankosten an die Sollkosten an.

Zunächst wird die beschäftigungsabweichungsbedingte Kostendifferenz ΔKBA berechnet:

$$\Delta KBA = 110.000 - 90.000 = 20.000 \; \text{€}$$

und anschließend von der Kostengesamtabweichung ΔKGA subtrahiert. Als Ergebnis erhält man die verbrauchsabweichungsbedingte Kostendifferenz ΔKVA:

$$\Delta KVA = 45.000 - 20.000 = 25.000 \; \text{€} \; .$$

Die verbrauchsabweichungsbedingte Kostendifferenz ist als Ausgangsgröße für weitere Abweichungsanalysen geeignet. Sie ist noch genauer auf ihre Ursachen hin zu untersuchen.

In die Kostenträgerrechnung geht als Kalkulationssatz der Plankostenverrechnungssatz $h_{Voll.}^{(P)}$ in Höhe von 150 € pro Stunde ein. Benötigt man zur Herstellung einer Produkteinheit des Produktes A 12 Fertigungsminuten, so werden dem Produkt A im Hinblick auf diese Kostenstelle folgende Kosten zugerechnet:

$$k^{A} = \frac{150.000}{1.000} \cdot \frac{12}{60} = 30 \; \frac{\text{€}}{\text{ME}} \; .$$

Verzichtet man auf die Produktion einer Einheit des Produktes A, so fallen kurzfristig nur die variablen Kosten in Höhe von

$$k_v^A = \frac{100.000}{1.000} \cdot \frac{12}{60} = 20 \frac{€}{ME}$$

weg, während die fixen Kosten unverändert in voller Höhe anfallen. Nur dieser variable Kostensatz ist für eine entscheidungsorientierte Kostenrechnung geeignet. Obgleich der Kenntnis der variablen Kosten geht in die Kostenträgerrechnung der Vollkostensatz ein. Folglich werden in der flexiblen Plankostenrechnung auf Vollkostenbasis keine entscheidungsrelevanten Informationen bereitgestellt.[315]

Die Vorgehensweise der flexiblen Plankostenrechnung auf Vollkostenbasis wird durch die Abb. 6.3 veranschaulicht.

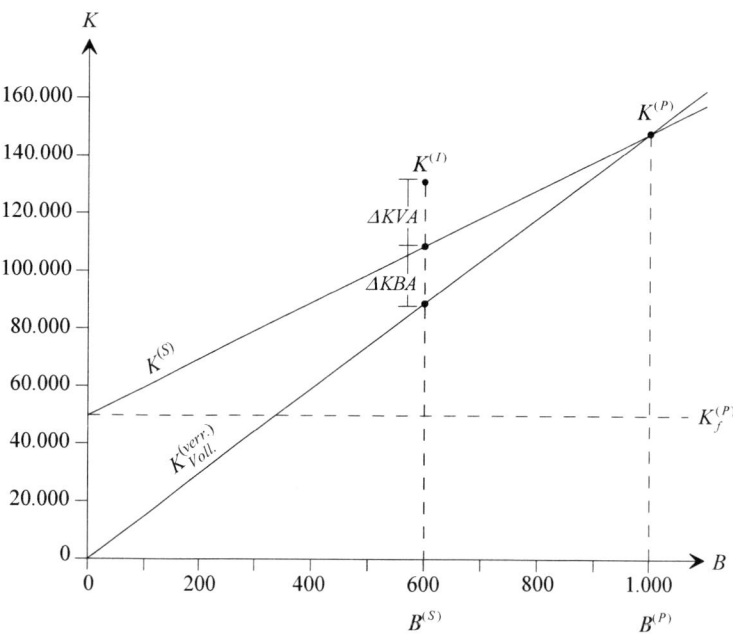

Abb. 6.3:   Flexible Plankostenrechnung auf Vollkostenbasis

[315] Vgl. Kilger, W. / Pampel, J. / Vikas, K.: Flexible Plankostenrechnung und Deckungs-beitragsrechnung, a.a.O., S. 67ff.

6.1.2.2 Die flexible Plankostenrechnung auf Teilkostenbasis

6.1.2.2.1   Allgemeiner Aufbau der flexiblen Plankostenrechnung auf Teilkostenbasis

Aus der Kritik an der Vollkostenrechnung wurde die flexible Plankostenrechnung auf Teilkostenbasis, auch Grenzplankostenrechnung genannt, entwickelt. Der Begriff Grenzkosten stellt – wie bereits in Kapitel 2.2.3 erläutert – auf die Wirkung der nächsten produzierten oder wegfallenden Produkteinheit ab. Dies impliziert noch nicht die in der Grenzplankostenrechnung erfolgte Gleichsetzung der Grenzkosten mit variablen und letztlich sogar mit proportionalen Kosten. Ersteres ist darauf zurückzuführen, dass fixe Kostenbestandteile aufgrund von Kapazitätserhöhungen bei steigender Produktionsmenge, die grundsätzlich Teil der Grenzkosten sein können, hier wegen der kurzfristig als konstant angenommenen Kapazität nicht enthalten sind. Zweitens handelt es sich bei Grenzkosten nur dann auch um proportionale Kosten, wenn ein linearer Kostenverlauf unterstellt wird,[316] was hier implizit durch die Annahme, dass sich die variablen Kosten proportional zur Bezugsgröße verhalten, der Fall ist.[317]

Der wesentliche Unterschied zur flexiblen Plankostenrechnung auf Vollkostenbasis besteht in der generellen Vermeidung der Proportionalisierung von Fixkosten, was sich in der Ermittlung des Plankostenverrechnungssatzes und der verrechneten Plankosten widerspiegelt.

Der Plankostenverrechnungssatz $h_{Teil.}^{(P)}$ der flexiblen Plankostenrechnung auf Teilkostenbasis enthält ausschließlich variable Kosten und ist bei linear homogenem Verlauf der variablen Kosten unabhängig von der geplanten Beschäftigung, da $K_v^{(P)}$ und $B^{(P)}$ immer im gleichen Verhältnis variieren. Der konstante Satz ermittelt sich aus:

$$h_{Teil.}^{(P)} = \frac{K_v^{(P)}}{B^{(P)}}\,.$$

Er wird sowohl als Kalkulationssatz für die Kostenträgerrechnung als auch für die Verrechnung von innerbetrieblichen Leistungen verwendet.[318] Folglich werden den Kostenträgern lediglich die variablen Kosten zugerechnet, wodurch der Teilkostencharakter dieser Rechnung deutlich wird.[319]

---

[316] Vgl. Kapitel 2.2.4.

[317] Vgl. Mellerowicz, K.: Planung und Plankostenrechnung, a.a.O., S. 28f. und S. 32.

[318] Vgl. Kilger, W. / Pampel, J. / Vikas, K.: Flexible Plankostenrechnung und Deckungsbeitragsrechnung, a.a.O., S. 71.

[319] Vgl. Schweitzer, M. / Küpper, H.-U.: Systeme der Kosten- und Erlösrechnung, a.a.O., S. 433.

In der flexiblen Plankostenrechnung auf Teilkostenbasis entsprechen die verrechneten Plankosten $K_{Teil.}^{(verr.)}$ den Sollkosten $K^{(S)}$:

$$K_{Teil.}^{(verr.)} = K_f^{(P)} + h_{Teil.}^{(P)} \cdot B^{(S)} = K_f^{(P)} + K_v^{(P)} \cdot \frac{B^{(S)}}{B^{(P)}} = K^{(S)}.$$

Die Fixkosten $K_f^{(P)}$ gehen nicht in die Kostenträgerstückrechnung ein. Sie werden in der Kostenträgerzeitrechnung berücksichtigt und dorthin „en bloc" verrechnet. Teilweise werden die verrechneten Plankosten in der Literatur auch als die Kosten verstanden, die ausschließlich auf die einzelnen Kostenträger verrechnet werden. Diese entsprechen dann den proportionalen Sollkosten. [320]

In beiden Fällen ergibt sich, dass in der Grenzplankostenrechnung die beschäftigungsabweichungsbedingte Kostendifferenz definitionsgemäß immer Null ist:

$$\Delta KBA = K^{(S)} - K_{Teil.}^{(verr.)} = 0.$$

6.1.2.2.2 Kostenkontrolle in der flexiblen Plankostenrechnung auf Teilkostenbasis

Der Soll-Ist-Kostenvergleich erfolgt in der Grenzplankostenrechnung analog zur Vorgehensweise in der flexiblen Plankostenrechnung auf Vollkostenbasis. Da die beschäftigungsabweichungsbedingte Kostendifferenz gleich Null ist, entspricht die Kostengesamtabweichung der verbrauchsabweichungsbedingten Kostendifferenz.

Die Höhe der verbrauchsabweichungsbedingten Kostendifferenz kann jedoch – je nach Plankostenrechnungssystem – unterschiedlich ausfallen, wenn in der untersuchten Kostenstelle neben primären auch sekundäre Kosten anfallen. Gibt eine Kostenstelle Leistungen an andere Kostenstellen ab, so hat eine innerbetriebliche Leistungsverrechnung zu erfolgen. In der Teilkostenrechnung werden – im Gegensatz zur Vollkostenrechnung – nur die variablen Kosten auf die empfangenden Kostenstellen weiterverrechnet. Die fixen Kosten gehen unmittelbar in die Kostenträgerzeitrechnung ein. Die sekundären Kosten einer Kostenstelle sind in der Teilkostenrechnung geringer als in der Vollkostenrechnung. [321]

---

[320] Vgl. Kilger, W. / Pampel, J. / Vikas, K.: Flexible Plankostenrechnung und Deckungsbeitragsrechnung, a.a.O., S. 71.

[321] Vgl. Kilger, W. / Pampel, J. / Vikas, K.: Flexible Plankostenrechnung und Deckungsbeitragsrechnung, a.a.O., S. 73; ein geeignetes Verfahren zur Verrechnung sekundärer Kosten zeigt Plaut, H.G.: Grenzplankosten- und Deckungsbeitragsrechnung als modernes Kostenrechnungssystem (II), in: Kostenrechnungspraxis (1984) 2, S. 67-72, hier S. 69f.

Damit verhindert die Grenzplankostenrechnung, dass fixe Kosten der sekundären Kostenstellen zu scheinbar variablen Kosten der primären Kostenstellen werden. Sie liefert folglich die besten Vorgaben für eine Kostenkontrolle.

Trotzdem können auch in der Grenzplankostenrechnung die fixen Kosten nicht völlig außer Acht gelassen werden. In der Vollkostenrechnung versucht man über die Höhe der nicht gedeckten (bzw. zu viel gedeckten) fixen Kosten, die in der beschäftigungsabweichungsbedingten Kostendifferenz ausgewiesen werden, Aufschluss über die Nutzung der betrieblichen Kapazität zu gewinnen. Da die beschäftigungsabweichungsbedingte Kostendifferenz in einer Teilkostenrechnung entfällt, sind die fixen Kosten gesondert zu analysieren.[322] Dies ist Gegenstand des Kapitels 6.3.4.

6.1.2.2.3 *Kostenträgerrechnung in der flexiblen Plankostenrechnung auf Teilkostenbasis*

Die Grenzplankostenrechnung berücksichtigt bei der Kostenträgerstückrechnung lediglich variable Kosten. Je Bezugsgrößeneinheit werden Kosten in Höhe des Plankostenverrechnungssatzes $h_{Teil}^{(P)}$ verrechnet. Dieser Kostensatz gibt an, wie sich kurzfristig die Kosten verändern, wenn die Bezugsgröße um eine Einheit variiert wird. Damit stellt die Grenzplankostenrechnung Informationen für kurzfristige Entscheidungen bereit.

Handelt es sich bei der Bezugsgröße nicht um die produzierten Mengeneinheiten, so ist nicht nur die proportionale Beziehung zwischen den variablen Kosten und der Bezugsgröße von Bedeutung. Die Bezugsgröße muss sich außerdem auch proportional zur Produktionsmenge verhalten (Doppelfunktion der Bezugsgröße).[323]

Die Fixkosten gehen nicht in die Kostenträgerstückrechnung ein. Sie werden unabhängig von der Sollbeschäftigung in die Kostenträgerzeitrechnung weitergeleitet. In der Grenzplankostenrechnung können folglich die Fälle der Fixkostenüber- oder -unterdeckung nicht auftreten.

Die ausschließliche Verrechnung von Teilkosten hat nicht nur Auswirkungen auf die Kalkulation, sondern auch auf die Bestandsbewertung. Die Bestände an Halb- und Fertigerzeugnissen werden mit Teilkosten bewertet. Dies führt bei Bestandsveränderungen zu einem gegenüber einer auf Vollkosten basierenden Periodenrechnung abweichenden Periodenerfolg.[324]

---

[322] Vgl. Schweitzer, M. / Küpper, H.-U.: Systeme der Kosten- und Erlösrechnung, a.a.O., S. 434.

[323] Vgl. zur Doppelfunktion der Bezugsgröße Kapitel 4.2.3.3.

[324] Vgl. Schweitzer, M. / Küpper, H.-U.: Systeme der Kosten- und Erlösrechnung, a.a.O., S. 445ff.

Die Grenzplankostenrechnung versucht dem Verursachungsprinzip weitestgehend Rechnung zu tragen und ist daher ein sinnvolles Instrument zur Bereitstellung kurzfristig entscheidungsrelevanter Informationen. Im Laufe der Zeit hat sich jedoch in der Grenzplankostenrechnung eine Parallel- oder Doppelkalkulation durchgesetzt, wobei zusätzlich zu den proportionalen Kosten die Vollkosten ausgewiesen werden. Als Gründe hierfür gibt KILGER an:[325]

- Vollkostenkalkulation für öffentliche Aufträge nach LSP,[326]
- Betriebsvergleiche und Konzernberichterstattung auf Vollkostenbasis,
- Bildung von Verrechnungspreisen innerhalb eines Konzerns,
- bilanzielle Bestandsbewertung und
- Preispolitik.

Dabei sollte eine Parallelkalkulation jedoch immer so ausgestaltet werden, dass die Grenzkostenrechnung die Hauptrechnung und die Vollkostenrechnung die Nebenrechnung darstellt.[327]

Zum Zwecke einer Beispielrechnung soll von den Angaben zu den Beispielen aus den Kapiteln 6.1.1.3 und 6.1.2.1.3 ausgegangen werden. Als weitere Annahme gilt, dass es sich bei allen Kostenarten der untersuchten Kostenstelle um primäre Kosten handelt.

Die Sollkosten $K^{(S)}$ bleiben folglich unverändert bei 110.000 € pro Periode. Der Plankostenverrechnungssatz $h_{Teil.}^{(P)}$ und die verrechneten Plankosten $K_{Teil.}^{(verr.)}$ sind neu zu bestimmen:

$$h_{Teil.}^{(P)} = \frac{100.000}{1.000} = 100 \; \frac{€}{\text{Stunde}}$$

$$K_{Teil.}^{(verr.)} = 50.000 + 100 \cdot 600 = 110.000 \; € .$$

Daraus ergibt sich: $K^{(S)} = K_{Teil.}^{(verr.)}$ und $\Delta KBA = 0$.

Da die beschäftigungsabweichungsbedingte Kostendifferenz ΔKBA immer Null ist, stimmen die Kostengesamtabweichung ΔKGA und die verbrauchsabweichungsbedingte Kostendifferenz ΔKVA grundsätzlich überein:

$$\Delta KGA = \Delta KVA = 135.000 - 110.000 = 25.000 \; € .$$

---

[325] Vgl. Kilger, W.: Offene Probleme der Plankosten- und Deckungsbeitragsrechnung, a.a.O., S. 91; siehe auch Plaut, H.G.: Grenzplankosten- und Deckungsbeitragsrechnung als modernes Kostenrechnungssystem, a.a.O., S. 25f.

[326] LSP = Leitsätze zur Preisbildung aufgrund von Selbstkosten.

[327] Vgl. Plaut, H.G.: Entwicklungsformen der Plankostenrechnung (II), Vom Standard-Cost-Accounting zur Grenzplankostenrechnung, in: Zeitschrift für Betriebswirtschaft (1978) 6, S. 81-88, hier S. 85.

Die Ergebnisse der Kostenkontrolle von flexibler Plankostenrechnung auf Voll-
und Teilkostenbasis sind identisch, da annahmegemäß in diesem Beispiel keine
sekundären Kosten auftreten. Änderungen ergeben sich aber im Hinblick auf die
Kostenträgerrechnung. Je Bezugsgrößeneinheit, d.h. je Fertigungsstunde, gehen in
die Kostenträgerstückrechnung

$$h_{Teil.}^{(P)} = 100 \, \frac{€}{Stunde}$$

ein. Insgesamt fallen damit variable Kosten in Höhe von

$$K_v^{(P)} = 100 \cdot 600 = 60.000 \, € \text{ an.}$$

Die Fixkosten $K_f^{(P)}$ gehen als Ganzes in Höhe von 50.000 € pro Periode in die
Kostenträgerzeitrechnung ein. Insgesamt werden $K_{Teil.}^{(verr.)} = 110.000 \, €$ pro Periode
verrechnet.

Nimmt man zusätzlich an, dass die Leistungen der oben betrachteten Kosten-
stelle an andere Kostenstellen abgegeben werden, so erfolgt die Belastung dieser
Stellen nur mit den variablen Kosten von 100 € je in Anspruch genommener
Fertigungsstunde. Die Höhe der sekundären Kosten der empfangenden Kosten-
stelle sinkt dann im Vergleich zu den Werten der Vollkostenrechnung, wo 150 € je
Stunde für die Umlagen ermittelt wurden. Anzumerken ist hier noch, dass die
Leistungen zu Festpreisen an die Hauptkostenstelle weitergegeben werden.
Kostenabweichungen in den Sekundärstellen dürfen keine Auswirkungen auf die
Kosten der Hauptkostenstellen haben.[328]

Die folgende Abb. 6.4 veranschaulicht die geschilderten Zusammenhänge des
Beispiels grafisch.

---

[328] Vgl. Plaut, H.G.: Grenzplankosten- und Deckungsbeitragsrechnung als modernes Kostenrechnungssystem (II), a.a.O., S. 70.

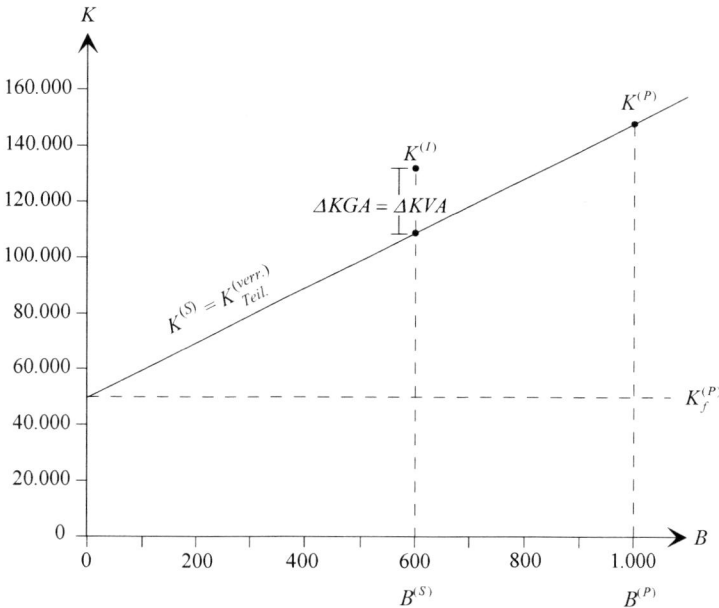

Abb. 6.4: Flexible Plankostenrechnung auf Teilkostenbasis

6.2 Kostenplanung in der Grenzplankostenrechnung

Die Grenzplankostenrechnung stellt ein gut ausgebautes Instrumentarium zur Kostenplanung dar. Der Schwerpunkt liegt auf dem Fertigungsbereich, wobei ebenfalls Verfahren zur Kostenplanung in anderen Bereichen vorgeschlagen werden. Für die Kostenplanung im Dienstleistungsbereich sind neuere Konzepte – ähnlich der Prozesskostenrechnung, aber auf Teilkosten basierend – entwickelt worden.[329]

Die Kostenplanung vollzieht sich üblicherweise in zwei Schritten. Zunächst wird ein Mengengerüst festgelegt, das den Produktionsfaktormengen $r_1^{(P)}, \dots, r_I^{(P)}$, die zur Realisierung der geplanten Outputmenge (gemessen in Produkteinheiten oder Bezugsgrößeneinheiten) eingesetzt werden, entspricht. Anschließend ist das Mengengerüst mit den entsprechenden Faktorpreisen $q_1^{(P)}, \dots, q_I^{(P)}$ zu bewerten.

Wählt man als Outputmenge die geplanten Produktionsmengen, dann lässt sich die Vorgehensweise wie folgt darstellen:[330]

---

[329] Vgl. Vikas, K.: Weiterentwicklung controllingorientierter Plankostenrechnungssysteme im Industrie- und Dienstleistungsbereich, in: Kostenrechnungspraxis (1988) Sonderheft 1, S. 35-40.

[330] Vgl. Gerlach, T.: Kostenabweichungsanalyse in der flexiblen Plankostenrechnung, S. 195.

$$x^{(P)} \rightarrow \begin{pmatrix} r_1^{(P)} \\ \vdots \\ r_I^{(P)} \end{pmatrix} \rightarrow \left(q_1^{(P)}, \dots, q_1^{(P)} \right) \begin{pmatrix} r_1^{(P)} \\ \vdots \\ r_I^{(P)} \end{pmatrix} \rightarrow K^{(P)} \left(x^{(P)} \right).$$

Zunächst soll kurz auf die Planung der Preise der Produktionsfaktoren eingegangen werden, bevor in den anschließenden Kapiteln durch Einbeziehung unterschiedlicher Mengengerüste die jeweiligen Plankosten bestimmt werden.

6.2.1 Planung der Faktorpreise

Die Grenzplankostenrechnung geht bei der Kostenplanung von festen Planpreisen für Sachgüter und Arbeitsleistungen aus. Durch den Ansatz von innerbetrieblichen Festpreisen und Festlöhnen werden Kostenabweichungen aufgrund von Preisschwankungen aus dem Soll-Ist-Vergleich eliminiert, damit einem Kostenstellenleiter, der nur Einfluss auf den Mengenverbrauch und nicht auf die Preisentwicklung hat, diese Abweichungen nicht angelastet werden. Folglich wird die Kostenkontrolle auf die Mengenabweichung als Maßstab der Wirtschaftlichkeit reduziert. Die Preisabweichungen für Güter und Leistungen sind aus den Berechnungen ausgeklammert und nicht von den Kostenstellen zu verantworten. Sie werden gesondert erfasst und verrechnet und sind auf ihre Ursachen hin zu analysieren.[331]

Das Faktorpreissystem hat sowohl den Kontrollrechnungen als auch den dispositiven Aufgaben gerecht zu werden. Während die Vergleichbarkeit von Kostenabweichungen am besten durch langfristig konstant gehaltene Planpreise erzielt werden kann, erfordert die Interpretation einer einzelnen Kostenabweichung doch eine gewisse Aktualität der Planpreise. Da sich außerdem viele Entscheidungen auf die Planperiode von einem Jahr beziehen, haben sich Festpreissysteme auf Basis von jährlichen Durchschnittspreisen durchgesetzt. Für kurzfristigere Entscheidungen können gegebenenfalls auch aktuellere Preise, im Extremfall Tagespreise, unterstellt werden.[332]

Zu klären bleibt noch die Bestimmung der Faktorpreise. Bei den Preisen für Sachgüter geht man von Einstandspreisen aus, die Kosten für Transport- und Versicherungsleistungen einschließen, soweit sie nicht vom Unternehmen selbst

---

[331] Vgl. Plaut, H.G.: Grenzplankosten- und Deckungsbeitragsrechnung als modernes Kostenrechnungssystem (II), a.a.O., S. 68f.; derselbe: Entwicklungsformen der Plankostenrechnung (II), a.a.O., S. 67f.

[332] Vgl. Kilger, W. / Pampel, J. / Vikas, K.: Flexible Plankostenrechnung und Deckungsbeitragsrechnung, a.a.O., S. 164f. und S. 172ff.; Kritik hierzu siehe Zimmermann, J.: Die flexible Plankostenrechnung und Deckungsbeitragsrechnung als entscheidungs- und kontrollorientiertes System der Kosten- und Leistungsrechnung, Probleme und Entwicklungsmöglichkeiten, Kitzingen 1990, S. 258ff.

durchgeführt werden. Innerbetriebliche Preisbestandteile, wie beispielsweise Kosten der Einkaufsabteilung oder des Lagers sind nicht enthalten.[333]

Als Preise für Arbeitsleistungen werden die Tarifsätze (evtl. erhöht um Zulagen) gewählt. Zusätzlich werden Verrechnungsprozentsätze für die gesetzlichen und freiwilligen Sozialkosten gebildet. Der Ausweis von Tarifsätzen und Sozialkosten nebeneinander bringt den Vorteil, dass eine Abstimmung mit der Lohn- und Gehaltsabrechnung möglich ist.[334]

Für einige Produktionsfaktoren ist eine Einbeziehung in das Festpreissystem nicht zu empfehlen. Dabei handelt es sich um:

– Produktionsfaktoren, bei denen das Mengengerüst nicht genau quantifizierbar ist (z.B. Gebühren, Dienstleistungen wie Beratungstätigkeiten und Fremdreparaturen). Die Leistungen sind von Fall zu Fall sehr verschieden.

– Produktionsfaktoren, die nicht regelmäßig und in größeren Stückzahlen beschafft werden (z.B. Spezialwerkzeuge und selten benötigte Ersatzteile).[335]

Für diese Produktionsfaktoren werden den Kostenstellen die tatsächlich angefallenen Kosten angelastet. Die Folge sind Preiseinflüsse, die bei der Kostenkontrolle störend wirken können.[336]

6.2.2 Planung der Einzelkosten

Die Planung der Einzelkosten erfolgt im Regelfall kostenträgerweise. Die Einzelkosten könnten aufgrund ihrer proportionalen Beziehung zu den Kostenträgern direkt von der Kostenartenrechnung aus unter Umgehung einer Kostenstellenrechnung auf einzelne Kostenträger weiterverrechnet werden. Eine Kostenkontrolle ist aber auch bei Einzelkosten nur kostenstellenweise durchführbar, da dort der Produktionsfaktorverbrauch bestimmt wird. Letztendlich muss konsequenterweise die Planung der Einzelkosten ebenfalls kostenstellenweise vorgenommen werden.[337]

---

[333] Vgl. Kilger, W. / Pampel, J. / Vikas, K.: Flexible Plankostenrechnung und Deckungsbeitragsrechnung, a.a.O., S. 164ff.

[334] Vgl. Kilger, W. / Pampel, J. / Vikas, K.: Flexible Plankostenrechnung und Deckungsbeitragsrechnung, a.a.O., S. 169f.

[335] Vgl. Kilger, W. / Pampel, J. / Vikas, K.: Flexible Plankostenrechnung und Deckungsbeitragsrechnung, a.a.O., S. 170f.

[336] Vgl. Zimmermann, J.: Die flexible Plankostenrechnung und Deckungsbeitragsrechnung als entscheidungs- und kontrollorientiertes System der Kosten- und Leistungsrechnung, Probleme und Entwicklungsmöglichkeiten, a.a.O., S. 256.

[337] Vgl. Agthe, K.: Kostenplanung und Kostenkontrolle im Industriebetrieb, Baden-Baden 1963, S. 115f.; Heni, B.: Betriebswirtschaft und Steuern: Grundzüge der Plankostenrechnung, a.a.O., S. 325.

Bei den Einzelkosten handelt es sich um:

- Materialeinzelkosten,
- Lohneinzelkosten und
- Sondereinzelkosten der Fertigung und des Vertriebs.

Die Bestimmung des Mengengerüsts erfolgt anhand von so genannten Standards. Diese geben an, wie viel Mengeneinheiten des jeweiligen Einsatzfaktors bei wirtschaftlichem Verhalten pro Kostenträgereinheit eingesetzt werden müssen. Sie entsprechen damit dem Produktionskoeffizienten. Durch Multiplikation der Standardmenge je Kostenträgereinheit mit dem Planpreis je Standardeinheit ergeben sich die geplanten Einzelkosten je Mengeneinheit eines Einsatzfaktors.

Zur Ermittlung von Standards finden verschiedene Planungsmethoden Anwendung. Beispielsweise können sie aufgrund von technischen Studien oder Fertigungsunterlagen, Probeläufen oder Musteranfertigungen, Schätzungen oder externen Richtwerten und – was wohl in der Praxis die größte Bedeutung hat – aufgrund von statistischen Vergangenheitswerten bestimmt werden.[338]

6.2.2.1 Planung der Materialeinzelkosten

Unter Einzelmaterial versteht man das Material, das unmittelbar in die betrieblichen Produkte eingeht und diesen in der Kalkulation direkt zugerechnet wird. Dabei handelt es sich hauptsächlich um Rohstoffe. Kosten für Hilfsstoffe werden aus Vereinfachungsgründen meist als unechte Gemeinkosten geplant. Betriebsstoffkosten stellen in der Regel echte Gemeinkosten dar.

Bei der Planung des Einzelmaterialverbrauchs sind nach Materialarten differenziert die Mengen für jede Erzeugnis- oder Auftragsart festzulegen, die pro Kostenträgereinheit bei

- geplanter Produktgestaltung,
- geplanten Materialeigenschaften,
- geplantem Fertigungsablauf und
- geplanter Wirtschaftlichkeit der Materialhandhabung

verbraucht werden dürfen.[339]

Dabei ist zunächst die Materialmenge zu ermitteln, die effektiv in der fertig gestellten Kostenträgereinheit enthalten ist. Diese wird als Netto-Planeinzelmaterialmenge bezeichnet und lässt sich z.B. aus Stücklisten und Rezepturen für die Erzeugnisse ableiten. Verfahren der programmgebundenen Materialbedarfs-

---

[338]   Vgl. Haberstock, L.: Kostenrechnung II, a.a.O., S. 199ff.
[339]   Vgl. Kilger, W. / Pampel, J. / Vikas, K.: Flexible Plankostenrechnung und Deckungsbeitragsrechnung, a.a.O., S. 192.

planung stehen hier zur Verfügung.[340] Abfall, der nicht auf Unwirtschaftlichkeiten zurückzuführen ist wie z.B. nicht vermeidbare Verschnitte in der Textilindustrie, muss in die Planung mit eingehen. Daraus ergibt sich die pro Produktart j erforderliche Menge der Materialart i, die auch als Standard für Gutteile $\left(a_{ij}^{Gutteile} \right)$ bezeichnet wird. Die Abfallmengen sind detailliert nach den einzelnen Abfallursachen zu planen. Können die Abfälle noch weiterverwertet werden, so ist nur der tatsächliche Wertverlust zu berücksichtigen.

Problematisch ist in diesem Zusammenhang die Behandlung der Ausschuss- und Nacharbeitungskosten. Unter Ausschusskosten versteht man Herstellkosten für fertige und unfertige Erzeugnisse, die nicht nach ihrem planmäßigen Verwendungszweck verwertet werden können. Nacharbeitungskosten entstehen bei fehlerhaften Erzeugnissen, deren Mängel durch Nacharbeit beseitigt werden können. Verrechnet man Ausschuss- und Nacharbeitungskosten als Sondereinzelkosten der Fertigung oder als Fertigungsgemeinkosten, so besteht die Gefahr, dass einzelne Kostenbestandteile fehlerhafter Teile falsch erfasst werden, da die Ausschuss- und Nacharbeitungskosten neben Einzelkosten auch Gemeinkosten wie beispielsweise Fertigungslöhne sowie sonstige Material- und Fertigungsgemeinkosten enthalten. Als geeignete Verrechnungsmethode wird vorgeschlagen, bei der Bestimmung der Standards bereits zu berücksichtigen, dass mehr Teile produziert werden, als Gutteile entstehen. Dazu ist zunächst der geplante Ausbeutegrad β_{ij} der Produktart j bezogen auf Materialart i zu bestimmen:

$$\beta_{ij}^{(P)} = \frac{x_{ij}^{(P)\,Gutteile}}{x_{ij}^{(P)\,bearbeitet}} \quad .$$

Darin bezeichnet:

$x_{ij}^{Gutteile}$ die verwertbare Menge (Gutteile) der Produktart j bezogen auf die Materialart i und

$x_{ij}^{bearbeitet}$ die bearbeitete Menge der Produktart j bezogen auf die Materialart i.

Daraus ergibt sich dann der anzusetzende Standard $a_{ij}^{(P)}$, der auch als Brutto-Planeinzelmaterialmenge bezeichnet wird:[341]

$$a_{ij}^{(P)} = \frac{a_{ij}^{(P)\,Gutteile}}{\beta_{ij}^{(P)}} \quad .$$

---

[340] Vgl. Schweitzer, M. / Küpper, H.-U.: Systeme der Kosten- und Erlösrechnung, a.a.O., S. 402; Fandel, G. / François, P. / Gubitz, K.: PPS-Systeme: Grundlagen, Methoden, Software, Marktanalyse, 2. Aufl., Berlin et al. 1997, S. 163ff.

[341] Vgl. Haberstock, L.: Kostenrechnung II, a.a.O., S. 204ff. und S. 338; Kilger, W. / Pampel, J. / Vikas, K.: Flexible Plankostenrechnung und Deckungsbeitragsrechnung, a.a.O., S. 193ff.

Mit Hilfe dieses Koeffizienten lässt sich die gesamte von Materialart i einzuset-zende Menge $r_i^{(P)}$ wie folgt bestimmen:

$$r_i^{(P)} = \sum_{j=1}^{J} a_{ij}^{(P)} \cdot x_j^{(P)}.$$

Als gesamte Brutto-Planmaterialeinzelkosten der i-ten Materialart ergeben sich:

$$K_i^{(P)} = q_i^{(P)} \cdot \sum_{j=1}^{J} a_{ij}^{(P)} \cdot x_j^{(P)} = q_i^{(P)} \cdot r_i^{(P)}.$$

Darin bezeichnet:

$q_i^{(P)}$ die geplanten Faktorpreise je Einheit der Materialart $i\,(i=1,...,I)$ und

$x_j^{(P)}$ die geplanten Produktionsmengen der (End- bzw. Zwischen-) Produktart
$\quad j\,(j=1,...,J)$.

Das folgende Beispiel möge die behandelten Sachverhalte verdeutlichen. In einer Porzellanfabrik werden Tassen hergestellt. Je Tasse werden 100 g Porzellan-rohmasse benötigt. Dies kann durch Wiegen einer noch nicht gebrannten aber be-reits geformten Tasse ermittelt werden. Bei der Formung der Tassen entstehen planmäßig 4,5 % Abfall. Jede zwanzigste Tasse ist Ausschuss und kann nicht mehr verkauft werden. Als Planpreis für die Porzellanrohmasse werden 3 €/kg ermittelt.

Tabelle 6.1:   Beispiel zur Materialeinzelkostenplanung

Netto-Planeinzelmaterialmenge	100,00	g / Tasse
+ Planabfallmenge	4,50	g / Tasse
= Standard für Gutteile	104,50	g / Tasse
/ Planausbeutegrad	0,95	
= Brutto-Planeinzelmaterialmenge (anzusetzender Standard)	110,00	g / Tasse
x Ausbringungsmenge	10.000	Tassen
x Planpreis	0,003	€ / g
Brutto-Planmaterialeinzelkosten	3.300	€

In einem Exkurs soll in diesem Zusammenhang der Fall der mehrstufigen Ferti-gung nochmals aufgegriffen werden, denn für mehrstufige Fertigung lässt sich aus der oben angegebenen Formel noch nicht unmittelbar eine Formel ableiten, die die gesamten Materialeinzelkosten pro Produktart oder je Mengeneinheit einer Pro-duktart angibt, da die über Zwischenprodukte eingehenden Materialkosten nicht berücksichtigt werden. Ein weiteres Problem ergibt sich bei der Bestimmung der

Brutto-Planmaterialeinzelkosten dadurch, dass diese nicht allein anhand der abgesetzten Mengen ermittelt werden können, sondern zunächst immer alle Zwischenproduktmengen bekannt sein müssen.

Unter der Annahme, dass die vorliegenden Produktionsbeziehungen als Leontief-Produktionsfunktionen abbildbar sind, ist zur Lösung dieser Problematik die Definition des Produktionskoeffizienten wie folgt zu erweitern:

a_{ij} Direktbedarfskoeffizient, der angibt, wie viel Mengeneinheiten des Gutes i (Material- bzw. Zwischenproduktart) direkt in eine Mengeneinheit des Gutes j (Produkt- bzw. Zwischenproduktart) eingehen, wobei $i, j \in \{1, \ldots, K\}$.

Für jede Güterart i (Material, Zwischen- oder Endprodukt) gilt:

$$r_i = r_i^Z + n_i, \qquad i = 1, \ldots, K.$$

Der Bedarf r_i von Gut i setzt sich also zusammen aus der absatzbestimmten Menge n_i (Primärbedarf) und den nicht absatzbestimmten Zwischenproduktmengen r_i^Z (Sekundärbedarf).

Der Sekundärbedarf lässt sich über die Direktbedarfskoeffizienten und die Bedarfe r_j der Güter j bestimmen:

$$r_i^Z = \sum_{j=1}^{K} a_{ij} \cdot r_j, \qquad i = 1, \ldots, K.$$

Als Produktionsfunktionen ergeben sich:

$$r_i = \sum_{j=1}^{K} a_{ij} \cdot r_j + n_i, \qquad i = 1, \ldots, K,$$

die sich in der Vektor- und Matrizenschreibweise wie folgt darstellen lassen:

$$r - D \cdot r + n.$$

Darin bezeichnet:

$r = (r_1, r_2, \ldots, r_K)'$ den Gesamtbedarfsvektor,

$n = (n_1, n_2, \ldots, n_K)'$ den Primärbedarfsvektor und

$D = [a_{ij}]$ die Direktbedarfsmatrix.

Wie bereits in Kapitel 3.3.1.2 beschrieben, kann mit Hilfe der Einheitsmatrix und durch Invertierung die Gesamtbedarfsmatrix G erzeugt werden. Es gilt dann:

$$r = G \cdot n$$

mit $G = [g_{ij}]$ als Gesamtbedarfsmatrix, deren Elemente g_{ij} angeben, wie viel Mengeneinheiten der Material- bzw. der Zwischenproduktart i insgesamt in eine

Mengeneinheit der Produkt- bzw. Zwischenproduktart j eingehen, wobei $i, j \in \{1, \ldots, K\}$.

Erst durch die Ermittlung der Gesamtbedarfsmatrix lassen sich die gesamten Materialeinzelkosten $K_i^{(P)}$ der Materialart i anhand der absatzbestimmten Produkte ableiten:

$$K_i^{(P)} = q_i^{(P)} \cdot r_i^{(P)} = q_i^{(P)} \cdot \sum_{j=1}^{K} g_{ij}^{(P)} \cdot n_j^{(P)} \qquad\qquad i \in \{1, \ldots, K\}.$$

Die Materialeinzelkosten $K_j^{(P)}$ je Mengeneinheit einer Produktart j lassen sich für die Materialarten i ebenfalls mittels der Gesamtbedarfsmatrix berechnen:

$$k_j^{(P)} = \sum_{i \in \mathcal{K}} q_i^{(P)} \cdot g_{ij}^{(P)} \qquad\qquad j \in \{1, \ldots, K\}, \; \mathcal{K} = 1, \ldots, K \quad \text{und } i \neq j.[342]$$

Dieser Exkurs zeigt am Beispiel der Materialeinzelkostenplanung die Bedeutung der Produktionstheorie für die Kostenrechnung. Analog dazu kann auch die Planung der Lohneinzelkosten und der Sondereinzelkosten bei mehrstufiger Produktion erfolgen.[343]

6.2.2.2 Planung der Lohneinzelkosten

Bei den Lohneinzelkosten handelt es sich um diejenigen Personalkosten, die direkt bestimmten betrieblichen Erzeugnissen oder Aufträgen zugeordnet werden können. Dabei sind normalerweise nur Fertigungslöhne als Einzelkosten zu verrechnen; Hilfslöhne, Gehälter, Sozialkosten und sonstige Personalkosten wie Mehrarbeitszuschläge, Prämien und Zusatzlöhne stellen Gemeinkosten dar.

Die Lohneinzelkosten werden wie Gemeinkosten kostenstellenweise geplant und kontrolliert, da die Abweichungen in den Kostenstellen verursacht werden. Zudem dienen die Fertigungszeiten oftmals als Bezugsgröße für die Planung der variablen Gemeinkosten in den Kostenstellen.[344]

Die Festlegung der Lohneinzelkosten erfolgt in zwei Schritten. Analog zur Planung der Materialeinzelkosten erfolgt zunächst eine Mengenplanung und anschließend eine Bewertung mit festen Planpreisen. Bei der Mengenplanung handelt es sich hier um die Ermittlung von Planarbeitszeiten, und die jeweiligen Lohnsätze entsprechen den Planpreisen.

---

[342] Vgl. Lengsfeld, S. / Schiller, U.: Mengen- und wertbasierte Kostenplanung in der Grenz-plan- und der Prozeßkostenrechnung, in: Betriebswirtschaftliche Forschung und Praxis (1998) 1, S. 118-139, hier S. 122f.

[343] Vgl. Lengsfeld, S. / Schiller, U.: Mengen- und wertbasierte Kostenplanung in der Grenz-plan- und der Prozeßkostenrechnung, a.a.O., S. 123ff.

[344] Vgl. Schweitzer, M. / Küpper, H.-U.: Systeme der Kosten- und Erlösrechnung, a.a.O., S. 405.

Durch arbeitswissenschaftliche Methoden ist nach Arbeitsgängen differenziert für jede Erzeugnis- oder Auftragsart der Zeitbedarf festzulegen, der pro Kostenträgereinheit bei

– geplanter Produktgestaltung,
– geplantem Arbeitsablauf und
– geplanten Leistungsgraden der Arbeitskräfte

anfallen darf.[345]

Die Ermittlung der Planarbeitszeiten ist abhängig von der Lohnform. Im Hinblick auf die Zurechenbarkeit zu einzelnen Kostenträgern unterscheidet man grundsätzlich zwischen:

– proportionalen Löhnen (reiner Akkordlohn),
– nichtproportionalen Löhnen:
  – nichtproportionale Leistungslöhne (z.B. Akkordlohn mit garantiertem Mindestlohn, Prämienlohn),
  – nichtproportionale Zeitlöhne (z.B. Stunden-, Tages- oder Monatslöhne).

Der Akkordlohn setzt eine möglichst genaue Bestimmung der Arbeitszeiten voraus, da diese nicht nur Grundlage der Planung sondern auch der Lohnabrechnung sind. Voraussetzung ist die Ermittlung von Vorgabezeiten und geplanten Leistungsgraden. Vorgabezeiten können beispielsweise mit Hilfe des REFA-Verfahrens ermittelt werden.[346] Sie basieren auf der Normalleistung, die üblicherweise von einem Arbeiter an einer Maschine erbracht wird. Planarbeitszeiten beziehen sich dagegen auf den Planleistungsgrad, der in aller Regel über dem Normalleistungsgrad liegt, und sind wie folgt zu ermitteln:

$$\text{Planarbeitszeit} = \frac{\text{Vorgabezeit}}{\text{Planleistungsgrad}} \ .$$

Für die Ermittlung der Lohneinzelkosten ist die Vorgabezeit mit dem Akkordrichtsatz, der den Stundenverdienst eines Akkordarbeiters bei Normalleistung angibt, zu multiplizieren.[347] Die Planarbeitszeit findet Anwendung, wenn die Fertigungszeit als Bezugsgröße gewählt wird oder wenn Arbeitszeiten für die Termin- oder Arbeitszeitplanung benötigt werden.

Nur der reine Akkordlohn kann als proportionaler Lohn bezeichnet werden, da nur bei dieser Lohnform für die Bearbeitung einer Arbeitseinheit unabhängig von der Leistung des Mitarbeiters konstante Stückkosten anfallen.

---

[345] Vgl. Haberstock, L.: Kostenrechnung II, a.a.O., S. 208.
[346] Vgl. Verband für Arbeitsstudien und Betriebsorganisation e.V. (Hrsg.): REFA, Methodenlehre des Arbeitsstudiums, a.a.O., S. 79ff.
[347] Vgl. Wöhe, G.: Einführung in die Allgemeine Betriebswirtschaftslehre, a.a.O., S. 157.

Akkordlöhne werden heute üblicherweise um einen garantierten Mindestlohn ergänzt. Für Leistungsgrade, die geringer als die Normalleistung sind, wird ein Zeitlohn gezahlt. Für höhere Leistungsgrade wird ein reiner Akkordlohn gezahlt. Bis zur Normalleistung fallen die Stückkosten mit steigendem Leistungsgrad. Bei höheren Leistungsgraden sind die Stückkosten konstant.

Um den Lohn nicht ausschließlich von der Ausbringung oder der eingesetzten Zeit abhängig zu machen, wurden Prämienlohnsysteme entwickelt. Sie dienen als Ergänzung zu Akkord- und Zeitlohnsystemen. Dabei können die Prämien unterschiedlich bemessen werden, wie beispielsweise nach Quantität oder Qualität der Ausbringung, nach Einsparungen oder nach Auslastung der Betriebsmittel. Die Wirkung von Prämien auf die Stückkosten ist abhängig vom jeweiligen Prämienlohnsystem, das in Bezug auf die Bemessungsgrundlage linear, degressiv oder progressiv ausgestaltet sein kann.

Werden Zeitlöhne gezahlt, so sind ebenfalls die Arbeitszeiten genau zu planen, auch wenn sie für die Entlohnung irrelevant sind. Sie werden für die Kontrolle der Lohnkosten und den Aufbau von Plankalkulationen benötigt. Die Arbeitszeitermittlung erfolgt durch Verfahren, die auch bei den Akkordlohnsystemen Anwendung finden. Die Stückkosten schwanken mit dem Leistungsgrad der Mitarbeiter. Daher stellen Zeitlöhne eigentlich keine Lohneinzelkosten dar. Trotzdem werden sie häufig als solche verrechnet.[348]

6.2.2.3 Planung der Sondereinzelkosten

Unter Sondereinzelkosten versteht man alle Einzelkosten, die nicht unter die Material- und Lohneinzelkosten fallen. Es handelt sich dabei entweder um:

- Sondereinzelkosten der Fertigung oder
- Sondereinzelkosten des Vertriebs.

Sondereinzelkosten der Fertigung sind beispielsweise Kosten für Modelle, Spezialwerkzeuge und Lizenzen für die Herstellung bestimmter Produktarten.

Zu den Sondereinzelkosten des Vertriebs rechnet man Kosten für Verpackungsmaterial, Vertreterprovisionen, Werbekosten für einzelne Produkte und Versandkosten.

Die Planung der Sondereinzelkosten hängt von der jeweiligen Kostenart ab und kann daher nicht allgemein dargestellt werden. Die grundsätzliche Vorgehensweise ist analog zur Planung der Materialeinzelkosten.

Nicht alle Sondereinzelkosten stellen bezogen auf die einzelnen Kostenträgereinheiten Einzelkosten dar. Sie können aber einer Produktgruppe oder einem Auftrag als Einzelkosten zugerechnet werden.

---

[348] Vgl. Kilger, W. / Pampel, J. / Vikas, K.: Flexible Plankostenrechnung und Deckungsbeitragsrechnung, a.a.O., S. 204; Haberstock, L.: Kostenrechnung II, a.a.O., S. 209ff.; Mellerowicz, K.: Planung und Plankostenrechnung, a.a.O., S. 184ff.

Probleme ergeben sich allerdings bei solchen Sondereinzelkosten, die nicht bei Einstellung der Produktion vermieden werden können und zur Schaffung zeitgebundener Nutzungspotentiale dienen. KILGER bezeichnet diese Kosten als Vorleistungskosten.[349] Dabei handelt es sich beispielsweise um Forschungs- und Entwicklungskosten. Die Vorleistungskosten haben Investitionscharakter und sollten daher auch mit Verfahren der Investitionsrechnung beurteilt und nicht in eine Grenzplankostenrechnung einbezogen werden.[350]

6.2.3 Planung der Gemeinkosten

Unter Gemeinkosten versteht man die Kosten, die entweder den einzelnen Kostenträgern nicht direkt zugerechnet werden können oder deren direkte Zurechnung aus Wirtschaftlichkeitsgründen unterbleibt (unechte Gemeinkosten). Gemeinkosten werden nach Kostenarten differenziert für Kostenstellen (primäre und sekundäre) geplant und über diese abgerechnet.[351]

Das Ziel der Gemeinkostenplanung ist die Erstellung eines Kostenplans je Bezugsgröße (und eventuell auch je Kostenart) einer Kostenstelle, der als gemeinkostenbezogene Informationen für die Plankostenrechnung die

- Plankosten,
- Sollkosten und
- Plankalkulationssätze

beinhaltet. In Kostenstellen mit heterogener Kostenverursachung werden somit mehrere Kostenpläne nebeneinander erstellt.

Voraussetzung für eine funktionsfähige Plankostenrechnung ist eine detaillierte Kostenstelleneinteilung und eine geeignete Bezugsgrößenwahl. Dabei sind die allgemeinen Grundsätze der Istkostenrechnung, die bereits in den Kapiteln 4.2.2 und 4.2.3 erläutert wurden, zu beachten.

Die Gemeinkostenplanung wird hier für den Fall der einstufigen Produktion dargestellt. Bei mehrstufiger Produktion erfolgt die Gemeinkostenplanung analog zur Einzelkostenplanung bei mehrstufiger Produktion wie am Beispiel der Materialeinzelkostenplanung erläutert wurde.[352]

---

[349] Vgl. Kilger, W. / Pampel, J. / Vikas, K.: Flexible Plankostenrechnung und Deckungsbeitragsrechnung, a.a.O., S. 221.

[350] Vgl. Kilger, W. / Pampel, J. / Vikas, K.: Flexible Plankostenrechnung und Deckungsbeitragsrechnung, a.a.O., S. 221ff.; Schweitzer, M. / Küpper, H.-U.: Systeme der Kosten- und Erlösrechnung, a.a.O., S. 407.

[351] Vgl. Kußmaul, H.: Grundzüge der Grenzplankostenrechnung (Teil 2), in: Der Steuerberater (1991) 10, S. 368-371, hier S. 369.

[352] Vgl. Lengsfeld, S. / Schiller, U.: Mengen- und wertbasierte Kostenplanung in der Grenzplan- und der Prozeßkostenrechnung, a.a.O., S. 125ff.

6.2.3.1 Bestimmung der Planbeschäftigung

Als Planbeschäftigung oder Planbezugsgröße wird derjenige Wert einer Bezugsgröße bezeichnet, der in der Plansituation angestrebt wird. Im Rahmen der Beschäftigungsplanung ist für jede Bezugsgrößenart einer Kostenstelle die geplante Bezugsgrößenmenge festzulegen. In der Literatur werden folgende Ansätze unterschieden:[353]

- Kapazitätsplanung auf Basis von
  - Maximalkapazitäten,
  - Optimalkapazitäten,
  - Normalkapazitäten und
- Engpassplanung.

Bei der Kapazitätsplanung wird die Planbeschäftigung aufgrund der kostenstellenindividuellen Kapazitäten festgelegt. Die Maximalkapazität als Vorgabewert ist besonders ungeeignet, da eine Abweichung den Regelfall darstellt. Eine Optimalkapazität kann meistens nicht bestimmt werden, und die Normalkapazität einer Kostenstelle lässt sich nicht ohne Beachtung der Engpässe anderer Unternehmensbereiche ermitteln.[354]

Die Engpassplanung berücksichtigt bei der Festsetzung der Planbeschäftigung alle Engpässe der Planperiode. Beispielsweise kann die Absatzplanung auf die anderen Unternehmensbereiche restriktiv wirken.

Die Diskussion um die Bestimmung der Planbeschäftigung, die in der Vollkostenrechnung wesentliche Auswirkungen auf die Kostenträgerrechnung hatte, hat in der Grenzplankostenrechnung ihre Bedeutung weitgehend verloren.[355] Nur bei der Analyse der Fixkosten, die Gegenstand des Kapitels 6.3.4 ist, führen die einzelnen Planungsmethoden zu unterschiedlichen Ergebnissen. Die variablen Stückkosten sind bei unterstelltem linearen Kostenverlauf unabhängig von der festgelegten Planbeschäftigung immer konstant, und die fixen Kosten werden immer als Ganzes verrechnet. Dies verdeutlicht die folgende Abb. 6.5.

---

[353] Vgl. Agthe, K.: Kostenplanung und Kostenkontrolle im Industriebetrieb, a.a.O., S. 49ff.; Kilger, W. / Pampel, J. / Vikas, K.: Flexible Plankostenrechnung und Deckungsbeitragsrechnung, a.a.O., S. 271ff.; Kreuzer, P.: Kapazität, Beschäftigungsgrad und Plankosten, in: Zeitschrift für Betriebswirtschaft (1951), S. 651-656.

[354] Vgl. Plaut, H.G.: Entwicklungsformen der Plankostenrechnung (II), a.a.O., S. 82.

[355] Vgl. Plaut, H.G.: Entwicklungsformen der Plankostenrechnung (II), a.a.O., S. 81.

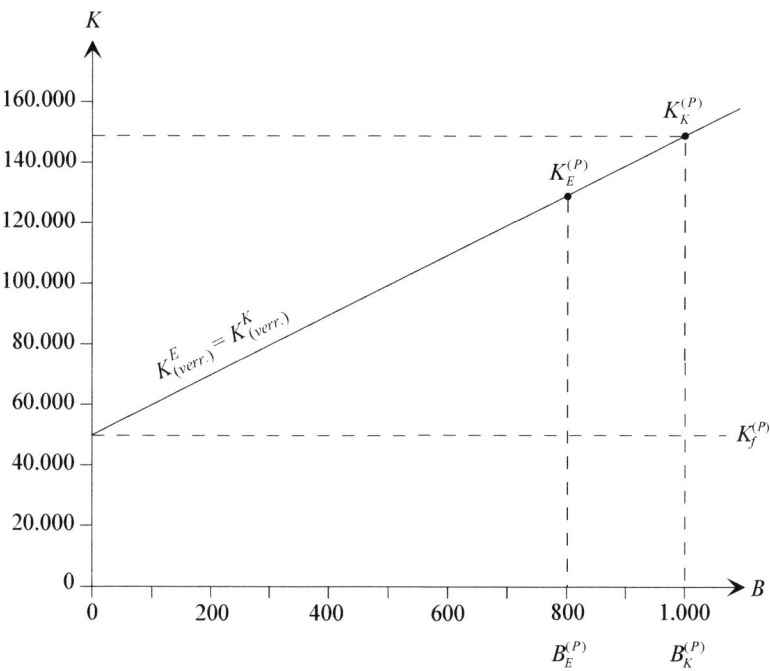

Abb. 6.5: Kapazitätsplanung versus Engpaßplanung in der Teilkostenrechnung

Darin bedeutet:

$K_K^{(P)}$ die Plankosten bei Kapazitätsplanung,

$K_E^{(P)}$ die Plankosten bei Engpassplanung,

$K_K^{(verr.)}$ die verrechneten Plankosten bei Kapazitätsplanung,

$K_E^{(verr.)}$ die verrechneten Plankosten bei Engpassplanung,

$B_K^{(P)}$ die Planbeschäftigung bei Kapazitätsplanung und

$B_E^{(P)}$ die Planbeschäftigung bei Engpassplanung.

Im Rahmen der Vollkostenrechnung ist die Engpassplanung gegenüber der Kapazitätsplanung vorzuziehen, da bei geplanter Unterbeschäftigung einer Kostenstelle aufgrund anderer Engpässe im Unternehmen nur nach der Engpassplanung alle Fixkosten auf die Kostenträger verrechnet werden. Die Bestimmung der Planbeschäftigung in der Grenzplankostenrechnung sollte ebenfalls auf Grundlage einer Engpassplanung erfolgen, um der Planung realistische Werte zugrunde zu legen. Sie hat sich auch in der Praxis weitgehend durchgesetzt.[356]

6.2.3.2 Bestimmung der Plankosten und des Sollkostenverlaufs

Die Kostenplanung im Gemeinkostenbereich erfolgt in zwei Schritten:

- Festlegung der Kosten, die bei Realisierung der Planbeschäftigung anfallen sollen (Bestimmung der Plankosten) und

- planmäßige Kostenauflösung, d.h. Aufteilung der Kosten in ihre proportionalen und fixen Anteile (Bestimmung des Sollkostenverlaufs).

Bei der Bestimmung der Plankosten einer Kostenstelle werden zunächst die Verbrauchsmengen für jede Kostenart einer Kostenstelle festgelegt, die zur Realisierung der Planbeschäftigung benötigt werden. Anschließend erfolgt die Bewertung der Verbrauchsmengen mit Planpreisen aus dem Festpreissystem. Als Ergebnis erhält man einen nach Kostenarten differenzierten Kostenplan je Kostenstelle. Zu beachten ist, dass bei heterogener Kostenverursachung die Plankosten nicht nur je Kostenstelle, sondern auch je Bezugsgröße der Kostenstelle zu ermitteln sind, was dann zu mehreren Kostenplänen einer Kostenstelle führt.

Da in der Grenzplankostenrechnung neben den Plankosten auch Sollkosten für alternative Beschäftigungsgrade benötigt werden, ist eine planmäßige Kostenauflösung durchzuführen, die angibt, welcher Anteil der Plankosten fix ist und welcher Anteil mit der Bezugsgrößenmenge variiert. Dabei wird unterstellt, dass sich die variablen Kosten proportional zur Bezugsgrößenmenge verhalten und somit der Sollkostenverlauf linear ist. Die Sollkostenfunktion hat dann die folgende Form:

$$K^{(S)} = K_f^{(P)} + h_{Teil.}^{(P)} \cdot B^{(S)}.$$

Im Rahmen der planmäßigen Kostenauflösung müssen die Werte $K_f^{(P)}$ und $h_{Teil.}^{(P)}$ ermittelt werden. Dabei ist zu beachten, dass üblicherweise nicht die Kostenarten als Ganzes in die Kategorien fix oder variabel eingeteilt werden können, wie dies beispielsweise bei den Zinsen auf das Anlagevermögen als rein fixe Kostenart noch der Fall sein dürfte, sondern dass auch bereits innerhalb einer Kostenart zwischen fixen und variablen Bestandteilen zu unterscheiden ist. Dies ist beispielsweise notwendig, wenn in einer Kostenstelle Energiekosten sowohl zur Aufrechterhaltung der Betriebsbereitschaft als auch zur Produktion anfallen oder bei

---

[356] Vgl. Plaut, H.G.: Grenzplankosten- und Deckungsbeitragsrechnung als modernes Kostenrechnungssystem, a.a.O., S. 25.

Abschreibungen auf Anlagen, die sowohl dem Gebrauchs- als auch dem Zeitverschleiß unterliegen.[357]

Von entscheidender Bedeutung für die planmäßige Kostenauflösung ist weiterhin der zugrunde gelegte Fristigkeitsgrad der Planung. Deutlich wird die Auswirkung des Fristigkeitsgrades auf die Kostenauflösung, wenn man bedenkt, dass mit
zunehmendem Planungshorizont der Anteil der variablen Kosten an den Gesamtkosten steigt. Den größten Einfluss hat der Fristigkeitsgrad auf die Personalkosten
und auf Kosten aus Verträgen mit begrenzter Laufzeit. Unterstellt man einen im
Hinblick auf die mittels der Grenzplankostenrechnung zu treffenden Entscheidungen durchaus sinnvollen Fristigkeitsgrad von einem Jahr, so wird deutlich,
dass eine Anpassung des Personalbestandes an die Beschäftigung möglich und
folglich ein Teil der Personalkosten variabel ist. Bei einem Fristigkeitsgrad von
einem Monat sind dagegen die meisten Personalkosten fix.[358]

Zur planmäßigen Kostenauflösung existieren verschiedene Verfahren, die in
den folgenden Kapiteln ausführlich behandelt werden:[359]

- statistische Verfahren der Kostenauflösung:
  - Streupunktdiagramm,
  - Hoch-Tiefpunkt-Methode und
  - Lineare Regressionsanalyse;
- analytische Verfahren der Kostenauflösung:
  - einstufige analytische Verfahren der Kostenauflösung und
  - mehrstufige analytische Verfahren der Kostenauflösung.

Die Bezeichnung der Verfahren ist in der Literatur nicht einheitlich. Beispielsweise werden die statistischen als analytische Verfahren und die analytischen als
synthetische Verfahren bezeichnet.[360]

---

[357] Vgl. Plaut, H.G.: Grenzplankosten- und Deckungsbeitragsrechnung als modernes Kostenrechnungssystem, a.a.O., S. 24. Für das Problem bei Abschreibungen wurde die gebro-
chene Abschreibung entwickelt, siehe hierzu Schweitzer, M. / Küpper, H.-U.: Systeme
der Kosten- und Erlösrechnung, a.a.O., S. 431f.; Kilger, W.: Offene Probleme der Plan-
kosten- und Deckungsbeitragsrechnung, a.a.O., S. 87ff.

[358] Vgl. Kilger, W.: Offene Probleme der Plankosten- und Deckungsbeitragsrechnung,
a.a.O., S. 86f. KILGER zeigt Möglichkeiten zur Anpassung des Personalbestandes an
Beschäftigungsschwankungen auf.

[359] Vgl. Kilger, W. / Pampel, J. / Vikas, K.: Flexible Plankostenrechnung und Deckungsbeitragsrechnung, a.a.O., S. 276ff. Zu diesen und weiteren Verfahren vgl. auch
Michel, M.: Die Kostenspaltung in fixe und variable Bestandteile sowie die Verrechnung
der fixen Kosten auf die einzelnen Kostenträger, Basel 1984, S. 83ff.

[360] Vgl. Haberstock, L.: Kostenrechnung II, a.a.O., S. 222ff.

6.2.3.2.1   Statistische Verfahren der Kostenauflösung

Die statistischen Verfahren der Kostenauflösung haben gemeinsam, dass sie auf Istdaten vergangener Perioden basieren. In einem ersten Schritt sind die vergangenheitsbezogenen Istkosten – differenziert nach Kostenarten – für alle Bezugsgrößen der zu planenden Kostenstellen zu erfassen. Diese Istkosten versucht man in einem zweiten Schritt zu bereinigen, um beispielsweise:

–   Veränderungen der Kostenstruktur aufgrund organisatorischer Umstellungen, Verfahrensänderungen etc.,

–   Abweichungen der Preise vom Festpreissystem und

–   Unwirtschaftlichkeiten.

Aus der Reihe der Istkosten werden ungewöhnlich hohe und ungewöhnlich niedrige Istkosten eliminiert. Man will so die Gefahr durch Ausreißer, die das Ergebnis stark verfälschen könnten, beseitigen.

Als Ergebnis erhält man bereinigte Istkosten, die für alternative Beschäftigungsgrade angefallen sind. Auf diesen Daten basieren die Verfahren der statistischen Kostenauflösung.

Das einfachste Verfahren ist die Kostenauflösung mit Hilfe eines Streupunktdiagramms. Die bereinigten Istkosten für die in der Vergangenheit angefallenen Istbezugsgrößen werden in ein Diagramm eingetragen. Durch diese Punkte ist „freihand" eine Gerade zu legen, die die Streuung möglichst gut ausgleicht. Die Gerade entspricht der Sollkostenfunktion. Ihr Schnittpunkt mit der Ordinate gibt die Höhe der geplanten fixen Kosten an.

Hierzu ist kritisch anzumerken, dass das Verfahren der Streupunktdiagramme zu intersubjektiv nicht nachprüfbaren Werten führt und damit zur Kostenauflösung unbrauchbar ist. Wie stark „freihand" eingezeichnete Geraden voneinander abweichen können, zeigt das folgende Beispiel.

Die Fertigungskosten einer Kostenstelle variieren mit der Bezugsgröße Maschinenlaufzeit. In den letzten sieben Planperioden sind folgende Maschinenzeiten und Istfertigungskosten angefallen:

Tabelle 6.2:   Beispiel zu statistischen Verfahren der Kostenauflösung

Periode t	1	2	3	4	5	6	7
Maschinenlaufzeit in Minuten	9.000	14.500	10.500	16.000	18.000	17.000	12.000
Istfertigungskosten in €	50.000	70.000	45.000	85.000	90.000	70.000	65.000

Die Daten wurden in das Koordinatensystem der Abb. 6.6 übertragen. Durch freihändiges Einzeichnen einer Geraden A kann eine Sollkostenfunktion $K_A^{(S)}$ bestimmt werden:

$$K_A^{(S)} = 10.000 + 4 \cdot B^{(S)}.$$

Ebenso gut könnte man aber auch die Gerade B als Ausgleichsgerade durch die Punktewolke wählen, die dann zur Sollkostenfunktion $K_B^{(S)}$ führt:

$$K_B^{(S)} = 41.000 + 2 \cdot B^{(S)}.$$

Der große Unterschied zwischen den beiden ermittelten Sollkostenfunktionen macht deutlich, dass diese Methode keine eindeutigen Ergebnisse liefert. Zusätzlich zu diesen in Abb. 6.6 dargestellten Sollkostenfunktionen lassen sich noch unendlich viele weitere Sollkostenfunktionen „freihand" einzeichnen.[361]

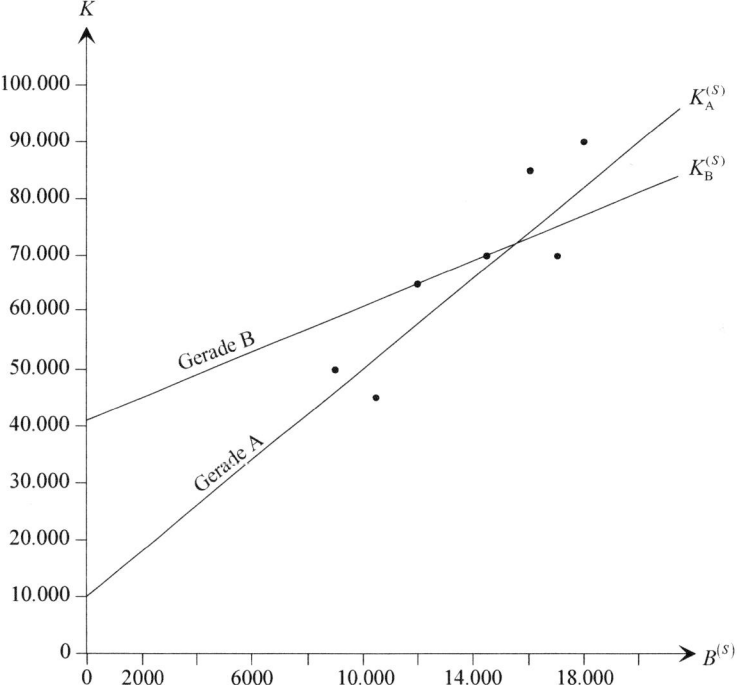

Abb. 6.6:   Darstellung zum Streupunktdiagramm

---

[361] Vgl. Haberstock, L.: Kostenrechnung II, a.a.O., S. 223f.; Kilger, W. / Pampel, J. / Vikas, K.: Flexible Plankostenrechnung und Deckungsbeitragsrechnung, a.a.O., S. 277ff.

Als weiteres statistisches Verfahren zur Kostenauflösung wird die Hoch-Tief-punkt-Methode vorgeschlagen. Aus der Reihe der beobachteten Bezugsgrößen ist dabei zunächst der kleinste (B_{tief}) und größte (B_{hoch}) Wert auszuwählen. Die Steigung der linearen Sollkostenfunktion wird dann bestimmt durch:

$$h_{Teil.}^{(P)} = \frac{K_{hoch} - K_{tief}}{B_{hoch} - B_{tief}} \, .$$

Im Nenner wird die Differenz zwischen größtem und kleinstem Wert der Bezugsgröße gebildet. Im Zähler erfolgt die Differenzbildung für die zu den ausgewählten Bezugsgrößen gehörenden bereinigten Istkosten.

Die fixen Kosten ergeben sich wie folgt:

$$K_f^{(P)} = K_{tief} - h_{Teil.}^{(P)} \cdot B_{tief} \text{ oder}$$

$$K_f^{(P)} = K_{hoch} - h_{Teil.}^{(P)} \cdot B_{hoch} \, .$$

Die Bestimmung der Fixkosten entspricht der des Achsenabschnitts einer linearen Funktion mit der Steigung $h_{Teil.}^{(P)}$. Kritisch anzumerken ist, dass die Ergebnisse der Kostenauflösung nach dem Hoch-Tiefpunkt-Verfahren stark von den höchsten und niedrigsten Bezugsgrößen und den entsprechenden Kosten abhängen. Die Hoch-Tiefpunkt-Methode führt ebenfalls zu keinen guten Ergebnissen, ihre Vorgehensweise ist im Unterschied zum Streupunktdiagramm aber wenigstens nicht willkürlich.[362]

Die Ausgangsdaten des obigen Beispiels gelten weiterhin unverändert. Zur Ermittlung der Sollkostenfunktion werden nur die in der Vergangenheit kleinste und größte beobachtete Istbezugsgröße herangezogen. In unserem Beispiel sind das die Daten aus Periode 1 und Periode 5 (Fall a).

$$B_{tief} = 9.000 \text{ Min.} \qquad K_{tief} = 50.000 \text{ €}$$

$$B_{hoch} = 18.000 \text{ Min.} \qquad K_{hoch} = 90.000 \text{ €}$$

$$h_{Teil.}^{(P)} = \frac{90.000 - 50.000}{18.000 - 9.000} = 4,\overline{4} \, \frac{€}{\text{Min.}}$$

$$K_f^{(P)} = 50.000 - 4,\overline{4} \cdot 9.000 = 10.000 \text{ €}$$

$$K_a^{(S)} = 10.000 - 4,\overline{4} \cdot B^{(S)} \, .$$

Würde man unterstellen, dass die Istbeschäftigung in Periode 1 bei 12.000 Minuten läge (Fall b), so wären die Perioden 3 und 5 für die Berechnung der Soll-

---

[362] Vgl. Haberstock, L.: Kostenrechnung II, a.a.O., S. 225f.; Kilger, W. / Pampel, J. / Vikas, K.: Flexible Plankostenrechnung und Deckungsbeitragsrechnung, a.a.O., S. 279f.

kostenfunktion zugrunde zu legen. Daraus ergäbe sich die folgende Sollkostenfunktion:

$$K_b^{(S)} = -18.000 + 6 \cdot B^{(S)}.$$

Die Beispielsfälle a und b sind in der Abb. 6.7 grafisch veranschaulicht. Die Sollkostenfunktion weist hier negative Fixkosten auf, was ökonomisch nicht mehr interpretierbar ist. Dies unterstreicht die Kritik zur Hoch-Tiefpunkt-Methode, lässt sich aber auch bei den anderen hier beschriebenen statistischen Verfahren zur Kostenauflösung nicht verhindern.

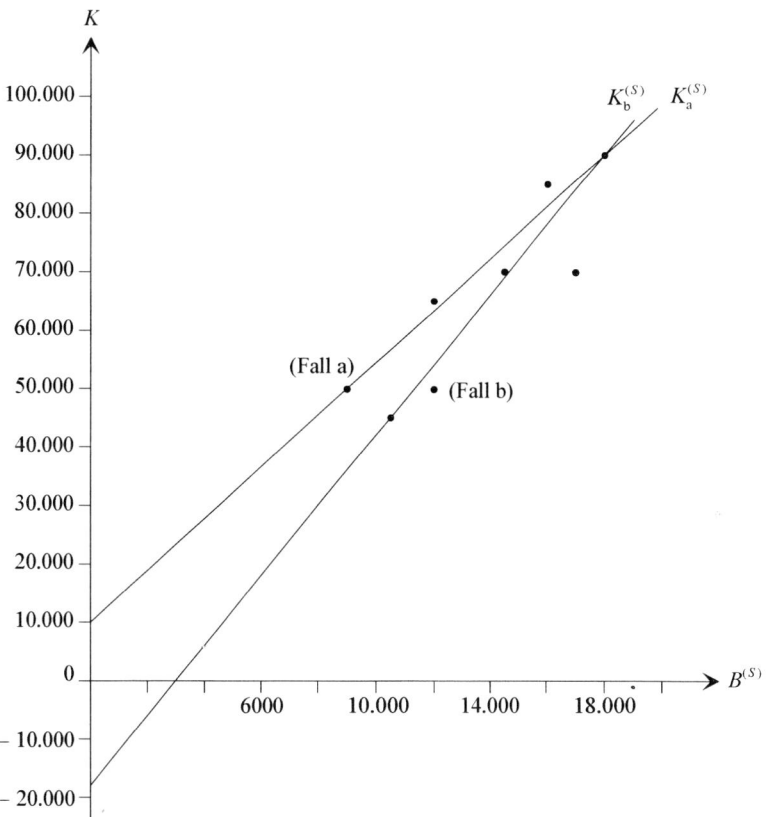

Abb. 6.7:   Darstellung zur Hoch-Tiefpunkt-Methode

Mit Hilfe der linearen Regressionsanalyse nach der Methode der kleinsten Quadrate wird eine Sollkostengerade festgelegt, für die die Summe der quadrierten Abweichungen zwischen den tatsächlichen Istkosten der Bezugsgröße und der zu bestimmenden Sollkostengerade minimal ist.[363] Die lineare Regressionsanalyse ist gegenüber den anderen Verfahren vorzuziehen, da sie intersubjektiv nachprüfbar ist und – im Gegensatz zum Hoch-Tiefpunkt-Verfahren – alle vorhandenen Wertepaare zur Bestimmung der Ausgleichsgeraden berücksichtigt.[364]

Trotzdem trifft auch für die lineare Regressionsanalyse die folgende allgemeine Kritik an den statistischen Verfahren zur Kostenauflösung im Rahmen der Grenzplankostenrechnung zu:

– Die Verfahren basieren auf bereinigten Istkosten der Vergangenheit. Als Kostenvorgabe sind diese ungeeignet, da sich nicht alle Unwirtschaftlichkeiten und Veränderungen der Istsituation im Vergleich zur Plansituation eliminieren lassen.

– Die statistischen Verfahren setzen voraus, dass die Streuung der Istbezugsgrößen in der Vergangenheit sehr groß war, denn die Ergebnisse sind fraglich, wenn die Istbezugsgrößen sehr dicht beieinander liegen. Da die Unternehmen starke Beschäftigungsschwankungen zu vermeiden versuchen, ist mit einer geeigneten Datenmenge als Ausgangsbasis nicht zu rechnen.[365]

– Bei neuen Produkten oder neuen Fertigungsverfahren können die statistischen Verfahren nicht angewendet werden, da kein entsprechendes Datenmaterial zur Verfügung steht.[366]

Daher sollten die statistischen Verfahren nur zur Ergänzung der analytischen Kostenplanung dienen.[367]

6.2.3.2.2   Analytische Verfahren der Kostenauflösung

Bei der analytischen Kostenauflösung erfolgt die Planung von Mengen- und Zeitgrößen losgelöst von den Istwerten der Vergangenheit auf der Basis technischkostenwirtschaftlicher Analysen des Produktionsprozesses, d.h. anhand von

---

[363] Vgl. Heil, J.: Einführung in die Ökonometrie, 6. Aufl., München 2000, S. 23ff.

[364] Vgl. Eisele, W.: Technik des betrieblichen Rechnungswesens, 7. Aufl., München 2002, S. 744ff. EISELE zeigt ein Beispiel zur linearen Regressionsanalyse; Michel, M.: Die Kostenspaltung in fixe und variable Bestandteile sowie die Verrechnung der fixen Kosten auf die einzelnen Kostenträger, a.a.O., S. 104ff.

[365] Vgl. Haberstock, L.: Kostenrechnung II, a.a.O., S. 226; Kilger, W. / Pampel, J. / Vikas, K.: Flexible Plankostenrechnung und Deckungsbeitragsrechnung, a.a.O., S. 281; Michel, M.: Die Kostenspaltung in fixe und variable Bestandteile sowie die Verrechnung der fixen Kosten auf die einzelnen Kostenträger, a.a.O., S. 114.

[366] Vgl. Heni, B.: Betriebswirtschaft und Steuern, a.a.O., S. 326.

[367] Vgl. Kilger, W.: Offene Probleme der Plankosten- und Deckungsbeitragsrechnung, a.a.O., S. 86.

Berechnungen, Messungen, Funktionsanalysen, Probeläufen, Schätzungen oder internen und externen Richtwerten.[368]

In Abhängigkeit davon, ob die Kostenauflösung für einen oder mehrere Beschäftigungsgrade erfolgt, unterscheidet man zwischen ein- und mehrstufigen Verfahren der analytischen Kostenauflösung.

Einstufige analytische Verfahren nehmen die Kostenauflösung nur für einen Beschäftigungsgrad – die Planbeschäftigung – vor.

Dabei sind die folgenden Schritte durchzuführen:

– Planung der Faktorverbräuche, die bei Realisierung der Planbeschäftigung anfallen sollen, und ihre Bewertung mit den jeweiligen Festpreisen. Als Ergebnis erhält man die Plankosten.

– Bestimmung der Kosten, die bei einer Beschäftigung von Null zur Aufrechterhaltung der Betriebsbereitschaft anfallen. Damit erhält man die fixen Kosten als den Ordinatenabschnitt der Sollkostenfunktion.

– Unter der Annahme, dass es nur fixe und variable Kosten, die proportional zur Bezugsgröße variieren, gibt, wird die Sollkostenfunktion durch die fixen Kosten und die Plankosten beschrieben. Man erhält folglich eine lineare Funktion.

Intervallfixe Kosten finden bei dem einstufigen Verfahren keine Berücksichtigung. Sie werden entweder zu den fixen oder zu den variablen Kosten gerechnet.

Bei den mehrstufigen analytischen Verfahren erfolgt die Festlegung der Mengen- und Zeitvorgaben für möglichst viele Beschäftigungsgrade. Eine Auflösung der Kosten in fixe und variable Bestandteile findet nicht statt. Als Ergebnis erhält man eine abschnittsweise lineare Sollkostenfunktion, wie beispielsweise in Abb. 6.8 dargestellt.

---

[368] Vgl. Kilger, W. / Pampel, J. / Vikas, K.: Flexible Plankostenrechnung und Deckungsbeitragsrechnung, a.a.O., S. 283.

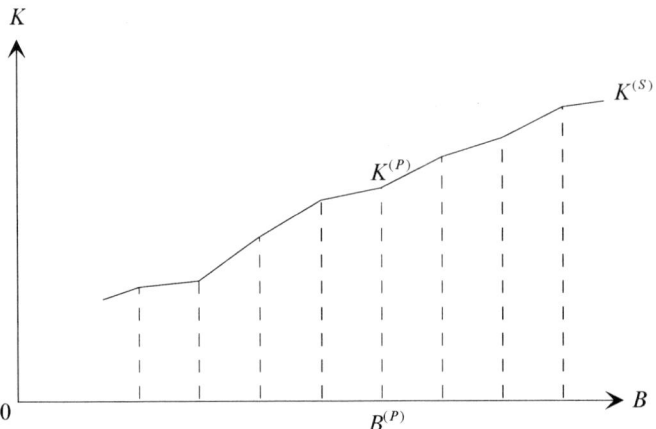

Abb. 6.8:   Darstellung zu mehrstufigen analytischen Verfahren

Die mehrstufigen Verfahren haben sich nicht durchgesetzt, da sie bei nichtlinearen Kostenverläufen zu aufwendig sind und die Bestimmung der Kosten für alternative Beschäftigungsgrade bei linearen Sollkostenfunktionen überflüssig ist. Zumindest für geringe Abweichungen der Beschäftigung von der Planbeschäftigung erscheint die Annahme eines linearen Verlaufs realistisch.[369] Ein nichtlinearer Verlauf erschwert zudem die Kostenplanung und -kontrolle erheblich, da die variablen Stückkosten nicht mehr konstant sind, sondern von der gewählten Bezugsgröße abhängen.

6.2.3.2.3   Variatorenrechnung

Mit Hilfe der Variatorenrechnung werden Kennzahlen – so genannte Variatoren – bestimmt, die die Kostenauflösung erleichtern sollen. Bei den Variatoren handelt es sich um Prozentzahlen, die angeben, welcher Anteil der Plankosten variabel ist. Die Prozentangaben werden üblicherweise durch 10 dividiert, so dass Variatoren von 0 bis 10 möglich sind. Der Variator $v^{(P)}$ entspricht dem Quotienten aus variablen (proportionalen) Plankosten $K_v^{(P)}$ und gesamten Plankosten $K^{(P)}$:

$$v^{(P)} = \frac{K_v^{(P)}}{K^{(P)}} \cdot 10 \, .$$

Bei einer ausschließlich fixen Kostenart ist der Variator gleich Null, und bei einer rein variablen Kostenart ist er gleich zehn. Ein Variator von z.B. acht besagt, dass 80 % der Plankosten variabel und 20 % fix sind.

---

[369] Vgl. Haberstock, L.: Kostenrechnung II, a.a.O., S. 231f.; Kilger, W. / Pampel, J. / Vikas, K.: Flexible Plankostenrechnung und Deckungsbeitragsrechnung, a.a.O., S. 284ff.

Die Sollkostenfunktion lässt sich unter Verwendung des Variators wie folgt bestimmen:

$$K^{(S)} = K^{(P)} \cdot \frac{10 - v^{(P)}}{10} + K^{(P)} \cdot \frac{v^{(P)}}{10} \cdot \frac{B^{(S)}}{B^{(P)}},$$

wobei der erste Summand dem fixen und der zweite Summand dem variablen Bestandteil der Sollkosten entspricht.[370]

Schwierigkeiten ergeben sich, wenn der Variator als prozentuale Änderung der Kosten einer Kostenart in einer Kostenstelle bei einer Beschäftigungsänderung von 10 % interpretiert wird. Dies trifft nur zu, wenn man von der Planbeschäftigung ausgeht.

In der Praxis wird häufig ein einmal ermittelter Variator unverändert für die Kostenplanung folgender Perioden verwendet. Nur die Planbeschäftigung wird neu bestimmt. Bei veränderter Planbeschäftigung führt dies zu falschen Sollvorgaben, denn die Höhe des Variators hängt nicht nur von dem Anteil variabler und fixer Kosten ab, sondern wird auch maßgeblich von der Höhe der Planbeschäftigung bestimmt. Ersetzt man in der Gleichung zur Berechnung des Variators

$K_v^{(P)}$ durch $h_{Teil.}^{(P)} \cdot B^{(P)}$ und

$K^{(P)}$ durch $K_f^{(P)} + h_{Teil.}^{(P)} \cdot B^{(P)}$,

so erhält man:

$$v^{(P)} = \frac{10}{1 + \dfrac{K_f^{(P)}}{h_{Teil.}^{(P)} \cdot B^{(P)}}} \cdot$$

Geht man davon aus, dass die variablen Kosten je Bezugsgrößeneinheit $h_{Teil.}^{(P)}$ konstant sind und sich nur die Planbeschäftigung geändert hat, so hat das bereits Auswirkungen auf den Variator. Durch diese Abhängigkeit von der Höhe der Beschäftigung sind die Variatoren als einmal ermittelte Kennzahlen, die für die Kostenauflösung unverändert Bestand haben sollen, nicht geeignet. Sind aber ohnehin zur Berechnung des Variators immer zunächst die fixen und variablen Kosten in absoluten Beträgen zu bestimmen, so ist dieser de facto überflüssig, da im Kostenstellenplan ebenfalls die absoluten Beträge auszuweisen sind.[371]

---

[370] Vgl. Ebert, G.:Kosten- und Leistungsrechnung, a.a.O., S. 144.

[371] Vgl. Agthe, K.: Kostenplanung und Kostenkontrolle im Industriebetrieb, a.a.O., S. 110f.; Michel, M.: Die Kostenspaltung in fixe und variable Bestandteile sowie die Verrechnung der fixen Kosten auf die einzelnen Kostenträger, a.a.O., S. 121; Plaut, H.G.: Entwicklungsformen der Plankostenrechnung (II), a.a.O., S. 69f.

6.3 Kostenkontrolle in der Grenzplankostenrechnung

6.3.1 Allgemeiner Aufbau der Kostenkontrolle

Die Erreichung des Unternehmensziels kann nicht alleine durch die Planung des Unternehmensgeschehens gewährleistet werden. Vielmehr ist eine Steuerung notwendig, die bei unvorhersehbaren Ereignissen eingreift. Ihre Impulse erhält die Steuerung von der Kostenkontrolle, die damit zum unverzichtbaren Element der Unternehmensführung wird. Dabei handelt es sich um eine Kombination aus Feedback- und Feedforward-Kontrollsystem. Mittels feedforward-orientierter Planungskontrolle sollen bereits vor der Realisierung erkannte Störgrößen aufgedeckt und ausgeschaltet werden. Eine Feedbackkontrolle – auch als Realisationskontrolle bezeichnet – zeigt bereits realisierte Abweichungen auf, die es dann in der Zukunft zu vermeiden gilt.[372]

Die Kostenkontrolle setzt ein gut funktionierendes innerbetriebliches Informationssystem voraus. Sie benötigt Daten aus Logistik-, PPS- und BDE-Systemen, wie beispielsweise Gut-, Ausschuss- und Abfallmengen sowie Materialverbräuche und Fertigungszeiten.[373] Sie sollte in regelmäßigen Abständen, meist monatlich, durchgeführt werden. Kürzere Kontrollperioden erhöhen die Aktualität der Ergebnisse, bewirken aber gleichzeitig einen höheren Kontierungsaufwand.

Im Rahmen der Kostenkontrolle ist die Differenz zwischen Ist- und Sollkosten – die so genannte verbrauchsabweichungsbedingte Kostendifferenz ΔKVA – zu ermitteln. Hierbei handelt es sich um eine stark verdichtete Information, die durch eine Abweichungsanalyse in einzelne Teilabweichungen aufzuspalten ist, damit die Abweichungsursachen möglichst genau erkannt und beseitigt werden können.[374] Ausgehend von der verbrauchsabweichungsbedingten Kostendifferenz werden so genannte spezialabweichungsbedingte Kostendifferenzen, die auf einzelne Kostenbestimmungsfaktoren bzw. Kosteneinflussgrößen[375] zurückzuführen sind, ermittelt. Der Teil der verbrauchsabweichungsbedingten Kostendifferenz, der nicht spezialabweichungsbedingt ist, wird als echte verbrauchsabweichungsbedingte Kostendifferenz bezeichnet und ist aufgrund von innerbetrieblichen Unwirtschaftlichkeiten entstanden. Versucht man, die gesamte verbrauchsabwei-

---

[372] Vgl. Ossadnik, W. / Maus, S.: Kostenabweichungsanalyse als Instrument des operativen Controlling, in: Wirtschaftswissenschaftliches Studium (1994) 9, S. 446-450, hier S. 446; Wimmer, K.: Kostenabweichungsanalyse und Kostensenkung, a.a.O., S. 982f.; Baetge, J.: Überwachung, in: Bitz, M. et al. (Hrsg.): Vahlens Kompendium der Betriebswirtschaftslehre, Bd. 2, 2. Aufl., München 1990, S. 165-208.

[373] Vgl. Raps, A. / Nuppeney, W.: Produktkosten-Controlling im System der Grenzplankostenrechnung, a.a.O., S. 147.

[374] Vgl. Ossadnik, W. / Maus, S.: Kostenabweichungsanalyse als Instrument des operativen Controlling, a.a.O., S. 446.

[375] Eine Übersicht über Kostenbestimmungsfaktoren gibt Kilger, W. / Pampel, J. / Vikas, K.: Flexible Plankostenrechnung und Deckungsbeitragsrechnung, a.a.O., S. 110.

chungsbedingte Kostendifferenz durch die einzelnen Kostenbestimmungsfaktoren zu erklären, so kann für die echte verbrauchsabweichungsbedingte Kostendifferenz ein eigener Kostenbestimmungsfaktor „innerbetriebliche Unwirtschaftlichkeit" eingeführt werden. Dieser Kostenbestimmungsfaktor wird im Folgenden als KBF_N bezeichnet. Dies schließt allerdings nicht aus, dass die spezialabweichungsbedingten Kostendifferenzen ebenfalls auf unwirtschaftliches Handeln, das oftmals jedoch nicht von der Kostenstelle selbst zu verantworten ist, zurückzuführen sind.[376]

Die Feststellung der einzelnen Abweichungen an sich führt noch nicht zu einer leistungsfähigen Kostenkontrolle. Notwendig ist daher auch, dass ihre Ursachen ermittelt werden und die Verantwortlichkeit geklärt wird. Erst dann können durch entsprechende Maßnahmen Unwirtschaftlichkeiten nicht nur aufgedeckt sondern zukünftig auch vermieden werden.[377]

6.3.1.1 Teilabweichungen mit Sonderstellung

In der Grenzplankostenrechnung sind von vornherein folgende zwei Teilabweichungen, die nicht auf unwirtschaftliches Verhalten zurückzuführen sind, nicht Gegenstand der Abweichungsanalyse:

– Preisabweichungsbedingte Kostendifferenzen:
  Die Preisabweichungen werden bereits vor dem Soll-Ist-Kostenvergleich eliminiert, indem die Istkosten in einem System der Plankostenrechnung mit Planpreisen bewertete Istverbrauchsmengen darstellen. Die Wirtschaftlichkeitskontrolle beschränkt sich somit auf eine reine Mengenabweichung.
  Preisabweichungsbedingte Kostendifferenzen können unabhängig von der Abweichungsanalyse untersucht und als Sonderrechnung in die Kostenstellen- und Kostenträgerrechnung integriert werden, um z.B. den Einfluss der Preisabweichungen auf die Kalkulationssätze zu verdeutlichen. Man unterscheidet dabei zwischen Preisabweichungen beim Material und bei Arbeitsleistungen.
  Die Ermittlung der Materialpreisabweichungen kann erfolgen nach der

– Zugangsmethode oder nach der

– Abgangsmethode.

Bei der Zugangsmethode werden die Materialzugänge mit Planpreisen bewertet und die Differenz zwischen Plan- und Istpreisen wird auf einem gesonderten Preisdifferenz-Bestandskonto erfasst. Die Materialbestände sind mit

---

[376] Vgl. Glaser, H.: Zur Erfassung von Teilabweichungen und Abweichungsüberschneidungen bei der Kostenkontrolle, in: Kostenrechnungspraxis (1986) 4, S. 141-148, hier S. 143; Heni, B.: Betriebswirtschaft und Steuern, a.a.O., S. 326.

[377] Vgl. Ebert, G.: Kosten- und Leistungsrechnung, a.a.O., S. 154.

Planpreisen bewertet und können direkt in die Kostenrechnung übernommen werden. Die Preisabweichungen werden entweder direkt vom Preisdifferenz-konto ins Betriebsergebnis übernommen oder sie sind nachträglich auf die Kos-tenträger zu verteilen. Zu beachten ist, dass nur der Teil der Preisdifferenzen einzubeziehen ist, der aus verbrauchten Mengen resultiert. Man multipliziert deren gesamten Planwert mit dem folgenden Preisabweichungsprozentsatz q_Δ:

$$q_\Delta = \frac{\Delta q_{AB} + \Delta q_{ZG}}{r_{AB} + r_{ZG}} \cdot 100 \, .$$

Darin bezeichnet:

Δq_{AB} den Anfangsbestand an Preisabweichungen zu Beginn einer Periode,

Δq_{ZG} den Zugang an Preisabweichungen während einer Periode,

r_{AB} den Anfangsbestand an Material bewertet zu Planpreisen zu Beginn einer Periode und

r_{ZG} den Zugang an Material bewertet zu Planpreisen während einer Periode.

Der Preisdifferenzprozentsatz q_Δ gibt die durchschnittliche Differenz zwi-schen Plan- und Istpreisen je Geldeinheit des entsprechenden Materials an.[378]

Bei der Abgangsmethode werden die Materialbestände zu Istpreisen geführt und erst beim Verbrauch erfolgt eine Umbewertung zu Lasten eines Preisdif-ferenzkontos.

Grundsätzlich führen beide Verfahren zum gleichen Ergebnis. Die Zugangs-methode wird meist vorgezogen, da die Preisabweichungen frühzeitiger zu er-kennen sind. Ebenfalls von Vorteil ist die einheitliche Bewertung der Bestände mit Planpreisen, was jedoch bei Änderung der Planpreise eine Neubewertung der Bestände erfordert.

Zur Beurteilung der Preisabweichungen ist herauszufinden, ob die Einkaufs-abteilung diese zu verantworten hat oder nicht. Da beeinflussbare Faktoren wie Wahl des Lieferanten, der Bestellmengen und -zeitpunkte nur unzureichend von den nicht beeinflussbaren Faktoren wie konjunkturelle oder saisonale Schwankungen oder Veränderungen der Marktstruktur getrennt werden kön-nen, erfolgt normalerweise keine Beurteilung der Einkaufsabteilung anhand der Preisabweichungen.[379]

Die Preisabweichungen bei den Arbeitsleistungen können auf unterschied-liche Ursachen zurückzuführen sein:

---

[378] Vgl. Kapitel 4.1.3.1.2.

[379] Vgl. Haberstock, L.: Kostenrechnung II, a.a.O., S. 281.

– Generelle Änderung der Tariflöhne,

– Arbeitskräfte werden für ihre Tätigkeit mit zu hohen oder zu niedrigen Sätzen bezahlt aufgrund von:

    – innerbetrieblichen Personalverschiebungen zwischen den Kostenstellen,

    – Anlernzeiten,

    – garantiertem Mindestakkord oder

    – spezifischen Arbeitsmarktsituationen.

Nur die generellen Änderungen werden vorab als Preisdifferenzen erfasst. Die weiteren Änderungen werden in den Soll-Ist-Vergleich übernommen, da ihre Ursachen in den Kostenstellen zu suchen sind.[380]

– Abweichungen, die darauf zurückzuführen sind, dass die Planbeschäftigung nicht realisiert wurde:

Bei der Abweichungsanalyse werden die Istkosten nicht mit den Plankosten, sondern mit den Sollkosten, die sich definitionsgemäß auf die Sollbeschäftigung beziehen, verglichen. Der Kostenbestimmungsfaktor Ausbringungsmenge bzw. Leistung nimmt beim Soll-Ist-Vergleich immer den Istwert an. Die Kostenabweichungen, die ausschließlich darauf zurückzuführen sind, dass nicht die Planmenge, sondern die Istmenge produziert wurde – also die Differenz zwischen Plan- und Sollkosten – ist damit nicht Gegenstand der Abweichungsanalyse. Obwohl die Bezeichnung Beschäftigungsabweichung hier zutreffend wäre, ist nicht die beschäftigungsabweichungsbedingte Kostendifferenz aus der Vollkostenrechnung gemeint, die in der Literatur oftmals vereinfacht nur als Beschäftigungsabweichung bezeichnet wird.[381]

6.3.1.2 Verfahren der Abweichungsanalyse

Für die Abweichungsanalyse in der Grenzplankostenrechnung werden die Plan-, Ist- und Sollkosten in Abhängigkeit von den Kostenbestimmungsfaktoren $KBF_1, \ldots, KBF_N$ formal wie folgt dargestellt:

Plankosten: $\quad K^{(P)} \quad = K\left(KBF_1^{(P)} \quad, KBF_2^{(P)} \quad, KBF_3^{(P)} \quad, \ldots, KBF_N^{(P)} \right)$

Istkosten: $\quad K^{(I)} \quad = K\left(KBF_1^{(I)} \quad, KBF_2^{(I)} \quad, KBF_3^{(I)} \quad, \ldots, KBF_N^{(I)} \right)$

Sollkosten: $\quad K^{(S1)} \quad = K\left(KBF_1^{(I)} \quad, KBF_2^{(P)} \quad, KBF_3^{(P)} \quad, \ldots, KBF_N^{(P)} \right),$

---

[380] Vgl. Haberstock, L.: Kostenrechnung II, a.a.O., S. 281ff.

[381] Vgl. Haberstock, L.: Kostenrechnung II, a.a.O., S. 261.

wobei der erste Kostenbestimmungsfaktor KBF_1 immer der Ausbringungsmenge bzw. den Leistungseinheiten einer Kostenstelle entsprechen soll.

Wird in der Kostenanalyse lediglich der Kostenbestimmungsfaktor Ausbringungsmenge mit seinem Istwert angesetzt und alle übrigen Kostenbestimmungsfaktoren mit ihren Planwerten berücksichtigt, so bezeichnet man die zugehörigen Kosten als Sollkosten $K^{(S1)}$. Das Plankostenrechnungssystem wird dann einfach-flexibel genannt. Spezialabweichungsbedingte Kostendifferenzen können erst durch die Berücksichtigung weiterer Kostenbestimmungsfaktoren mit ihren Istwerten abgespalten werden. Je nach Anzahl der Kostenbestimmungsfaktoren, die abgespalten werden, handelt es sich um ein:

- einfach-flexibles Plankostenrechnungssystem
- zweifach-flexibles Plankostenrechnungssystem
- $\vdots$
- N-fach-flexibles Plankostenrechnungssystem.[382]

Je nachdem, ob die Kostenbestimmungsfaktoren jeweils einzeln oder nacheinander abgespalten werden, unterscheidet man zwischen:

- alternativer Abweichungsanalyse und
- kumulativer Abweichungsanalyse.[383]

Bei der alternativen Abweichungsanalyse erfolgt die Abspaltung der einzelnen spezialabweichungsbedingten Kostendifferenzen immer ausgehend von ein und derselben Kostensituation. Eine Abspaltungsreihenfolge ist daher nicht von Interesse. Je nach der als Vergleichsmaßstab gewählten Kostensituation unterscheidet man zwischen Plan-Ist-Ansatz und Ist-Plan-Ansatz.[384] Der Plan-Ist-Ansatz untersucht, wie sich die Abweichung eines Kostenbestimmungsfaktors von seinem Planwert auf die Plankosten auswirkt. Dagegen gibt die spezialabweichungsbedingte Kostendifferenz beim Ist-Plan-Ansatz an, wie sich die Istkosten dadurch geändert hätten, wenn der betreffende Kostenbestimmungsfaktor nicht mit dem Ist- sondern mit dem Planwert realisiert worden wäre.

---

[382] Vgl. Glaser, H.: Zur Erfassung von Teilabweichungen und Abweichungsüberschneidungen bei der Kostenkontrolle, a.a.O., S. 142.

[383] Literaturüberblick zur Abweichungsanalyse in: Möller, H.P.: Erfolgsanalyse mit Erfolgsfunktionen (II), in: Das Wirtschaftsstudium (1985) 2, S. 81-87, hier S. 85ff.

[384] Diese Unterteilung ist nicht zu verwechseln mit dem Soll-Ist-Ansatz bzw. dem Ist-Soll-Ansatz, bei denen es lediglich um die Frage geht, ob man von den Sollkosten die Istkosten subtrahiert oder umgekehrt. Vgl. Ossadnik, W. / Maus, S.: Kostenabweichungsanalyse als Instrument des operativen Controlling, a.a.O., S. 447. Die folgenden Ausführungen gehen grundsätzlich vom Ist-Soll-Ansatz aus.

6.3.1.2.1 Alternative Abweichungsanalyse

Bei dem Plan-Ist-Ansatz der alternativen Abweichungsanalyse werden den Sollkosten $K^{(S1)}$ die Istkosten $K_n^{(I)}$ gegenübergestellt, die anfallen würden, wenn neben der Ausbringungsmenge (KBF_1) jeweils ein weiterer Kostenbestimmungsfaktor KBF_n $(n = 2, ..., N)$ mit seinem Istwert realisiert worden wäre.[385]
Aus den modifizierten Istkosten

$$K_n^{(P)} = K\left(KBF_1^{(I)}, KBF_2^{(P)}, ..., KBF_n^{(I)}, ..., KBF_N^{(P)}\right), \qquad n = 2, ..., N,$$

und den Sollkosten

$$K_n^{(S1)} = K\left(KBF_1^{(I)}, KBF_2^{(P)}, ..., KBF_n^{(P)}, ..., KBF_N^{(P)}\right)$$

ergibt sich die Abweichung, die auf den Kostenbestimmungsfaktor n zurückzuführen ist:

$$\Delta KBF_n^{alt.\,P-I} = K_n^{(I)} - K^{(S1)}, \qquad n = 2, ..., N.$$

Diese Kostendifferenz gibt unter der Annahme, dass alle anderen Kostenbestimmungsfaktoren auch tatsächlich mit ihrem Planwert realisiert werden, das maximale Kostenänderungspotential, das bei Vermeidung der Kostendifferenz zwischen dem Ist- und Planwert des Kostenbestimmungsfaktors n erreicht werden kann, an.[386] Die Abspaltung weiterer Kostenbestimmungsfaktoren erfolgt analog dazu.

Abweichungen, die bei multiplikativer Verknüpfung der Kostenbestimmungsfaktoren auf mehrere dieser Einflussgrößen gleichzeitig zurückzuführen sind – so genannte Abweichungsinterdependenzen –, sind in den Spezialabweichungen nicht enthalten, da die Abweichungen jeweils auf Basis der Planwerte aller anderen Kostenbestimmungsfaktoren ermittelt werden. Daher ergibt sich für N Kostenbestimmungsfaktoren, dass die Summe der spezialabweichungsbedingten Kostendifferenzen kleiner oder gleich der verbrauchsabweichungsbedingten Kostendifferenz ist:[387]

---

[385] Vgl. Glaser, H.: Zur Erfassung von Teilabweichungen und Abweichungsüberschneidungen bei der Kostenkontrolle, a.a.O., S. 146.

[386] Vgl. Kloock, J.: Kostenkontrolle auf der Basis kombinierter und lernorientierter Feedback-Feedforward-Prozesse, Diskussionsbeiträge zum Rechnungswesen der Wirtschafts- und Sozialwissenschaftlichen Fakultät Köln, Beitrag Nr. 1, Köln 1990, S. 18. KLOOCK merkt dies zwar bei den Teilabweichungen ersten Grades der kumulativen Abweichungsanalyse an. Die Aussage gilt aber hier analog.

[387] Vgl. Glaser, H.: Zur Erfassung von Teilabweichungen und Abweichungsüberschneidungen bei der Kostenkontrolle, a.a.O., S. 146. Allerdings ist die Aussage ohne die hier angegebenen zusätzlichen Annahmen nicht allgemein gültig.

$$\sum_{n=2}^{N} \Delta KBF_n^{alt.\,P-I} \leq \Delta KVA \,,$$

falls bei multiplikativer Verknüpfung für die Kostenbestimmungsfaktoren gilt:

$$KBF_n \geq 0 \,, \qquad\qquad n = 1, \ldots, N \,,$$

$$KBF_n^{(I)} \geq KBF_n^{(P)} \,, \qquad n = 2, \ldots, N \,.$$

Dies gilt selbst dann, wenn die echte verbrauchsabweichungsbedingte Kostendifferenz für unwirtschaftliches Verhalten Null ist oder als Kostenbestimmungsfaktor N einbezogen wird.

Nach Abzug der spezialabweichungsbedingten Kostendifferenzen von der verbrauchsabweichungsbedingten Kostendifferenz kann deren Restbetrag nicht ausschließlich auf Unwirtschaftlichkeiten zurückgeführt werden. Folglich ist die alternative Abweichungsanalyse zur Kostenkontrolle wenig brauchbar.

Bei der alternativen Abweichungsanalyse als Ist-Plan-Ansatz werden den Istkosten $K^{(I)}$ die Plankosten $K_n^{(P)}$ gegenübergestellt, die anfallen würden, wenn ausschließlich der Kostenbestimmungsfaktor KBF_n $(n = 2, \ldots, N)$ mit seinem Planwert realisiert worden wäre.[388]

Aus den Istkosten

$$K^{(I)} = K\left(KBF_1^{(I)}, KBF_2^{(I)}, \ldots, KBF_n^{(I)}, \ldots, KBF_N^{(I)} \right)$$

und den modifizierten Plankosten

$$K_n^{(P)} = K\left(KBF_1^{(I)}, KBF_2^{(I)}, \ldots, KBF_n^{(P)}, \ldots, KBF_N^{(I)} \right), \qquad n = 2, \ldots, N \,,$$

ergibt sich die Abweichung, die auf den Kostenbestimmungsfaktor n zurückzuführen ist:

$$\Delta KBF_n^{alt.\,I-P} = K^{(I)} - K_n^{(P)} \,, \qquad n = 2, \ldots, N \,.$$

Diese Kostendifferenz gibt unter der Annahme, dass alle anderen Kostenbestimmungsfaktoren unverändert die tatsächlich realisierten Werte annehmen, das maximale Kostenänderungspotential, das bei Vermeidung der Kostendifferenz zwischen dem Ist- und Planwert des Kostenbestimmungsfaktors n erreicht werden kann, an.[389] Die Abspaltung weiterer Kostenbestimmungsfaktoren erfolgt analog dazu.

---

[388] Vgl. Glaser, H.: Zur Erfassung von Teilabweichungen und Abweichungsüberschneidungen bei der Kostenkontrolle, a.a.O., S. 145f.; Kilger, W. / Pampel, J. / Vikas, K.: Flexible Plankostenrechnung und Deckungsbeitragsrechnung, a.a.O., S. 146ff.

[389] Vgl. Kloock, J.: Kostenkontrolle auf der Basis kombinierter und lernorientierter Feedback-Feedforward-Prozesse, a.a.O., S. 18. KLOOCK merkt dies zwar bei den Teilabweichungen ersten Grades der kumulativen Abweichungsanalyse an, die Aussage gilt aber hier analog.

Die Bewertung der Abweichung mit Istwerten führt dazu, dass die Abweichungsinterdependenzen mehrfach in den Spezialabweichungen enthalten sind. Daraus ergibt sich folgende Relation:

$$\sum_{n=2}^{N} \Delta KBF_n^{alt.\,I-P} \geq \Delta KVA \, ,$$

falls bei multiplikativer Verknüpfung für die Kostenbestimmungsfaktoren gilt:

$$KBF_n \geq 0 \, , \qquad\qquad n = 1, \ldots, N \, ,$$

$$KBF_n^{(I)} \geq KBF_n^{(P)} \, , \qquad n = 2, \ldots, N \, .$$

Da die Summe der Spezialabweichungen die verbrauchsabweichungsbedingte Kostendifferenz übersteigt und folglich auch hier keine genaue Aufteilung der verbrauchsabweichungsbedingten Kostendifferenz in spezialabweichungsbedingte Kostendifferenzen erfolgt, ist die alternative Abweichungsanalyse als Ist-Plan-Ansatz zur Kostenkontrolle wenig geeignet. Ebenfalls ist kritisch anzumerken, dass die spezialabweichungsbedingte Kostendifferenz nicht nur vom betrachteten Kostenbestimmungsfaktor abhängt, sondern durch den Ansatz der Istwerte bei den sonstigen Einflussgrößen auch von deren Abweichungen. Im Extremfall hat die Änderung eines Kostenbestimmungsfaktors damit Auswirkungen auf alle spezialabweichungsbedingten Kostendifferenzen. Um diese gegenseitigen Abhängigkeiten zu vermeiden, ist dem Plan-Ist-Ansatz hier der Vorrang zu geben.[390]

Folgendes Beispiel möge die vorangegangenen Darlegungen illustrieren. In einem Maschinenbauunternehmen plant man die Herstellung von 12.000 Werkzeugen (Gutteile) im Gussverfahren. Die Kostenkontrolle bezieht sich auf die Kostenstelle Gießerei. Der Maschinenstundensatz dieser Kostenstelle beträgt 240 € pro Stunde bzw. 4 € pro Minute. Da die Kapazitätsinanspruchnahme für die Herstellung eines Werkzeuges nicht von der Art des Werkzeuges abhängt, ist eine Differenzierung nach einzelnen Werkzeugarten nicht notwendig. Man plant für die Periode eine Kapazitätsinanspruchnahme von 2 Minuten je Werkzeug und einen Anteil der Gutteile von 90 %. Tatsächlich werden aber in der Periode nur 10.000 Werkzeuge produziert, für die 3 Minuten je Werkzeug benötigt werden. Der Anteil der Gutteile liegt in der Istsituation bei 80 %. Sonstige innerbetriebliche Unwirtschaftlichkeiten treten nicht auf. Fixe Kosten sollen unberücksichtigt bleiben. Die alternative Abweichungsanalyse soll als Plan-Ist-Ansatz durchgeführt werden.

Zur Ermittlung der verbrauchsabweichungsbedingten Kostendifferenz sind die Istkosten $K^{(I)}$ und die Sollkosten $K^{(S1)}$ zu bestimmen:

---

[390] Vgl. Kloock, J.: Kostenkontrolle auf der Basis kombinierter und lernorientierter Feedback-Feedforward-Prozesse, a.a.O., S. 18.

$$K^{(I)} = 10.000 \cdot 3 \cdot \frac{1}{0,8} \cdot 4 = 150.000 \ \euro$$

$$K^{(S1)} = 10.000 \cdot 2 \cdot \frac{1}{0,9} \cdot 4 = 88.888,89 \ \euro$$

$$\Delta KVA = 150.000 - 88.888,89 = 61.111,11 \ \euro \ .$$

Im Folgenden soll die spezialabweichungsbedingte Kostendifferenz $\Delta KBF_2^{alt.\,P-I}$ bestimmt werden, die darauf zurückzuführen ist, dass die Istbearbeitungszeit mit 3 Minuten je ME von der Planbearbeitungszeit in der Höhe von 2 Minuten je ME abweicht. Dazu werden zunächst die modifizierten Istkosten $K_2^{(I)}$ bestimmt, indem man den Istwert der Bearbeitungszeit von 3 Minuten je Mengeneinheit einsetzt:

$$K_2^{(I)} = 10.000 \cdot 3 \cdot \frac{1}{0,9} \cdot 4 = 133.333,33 \ \euro \ .$$

Die spezialabweichungsbedingte Kostendifferenz $\Delta KBF_2^{alt.\,P-I}$ aufgrund des Kostenbestimmungsfaktors 2 (Bearbeitungszeit) ergibt sich nun wie folgt:

$$\Delta KBF_2^{alt.\,P-I} = 133.333,33 - 88.888,89 = 44.444,44 \ \euro \ .$$

Diese Abweichung basiert auf dem Planwert des Kostenbestimmungsfaktors Ausbeutegrad von 90 %.

Die Abb. 6.9 zeigt die Sollkosten $K^{(S1)}$ und die modifizierten Istkosten $K_2^{(I)}$, die sich ergeben, wenn außer der Ausbringungsmenge und der Bearbeitungszeit alle Kostenbestimmungsfaktoren mit ihren Planwerten realisiert würden.

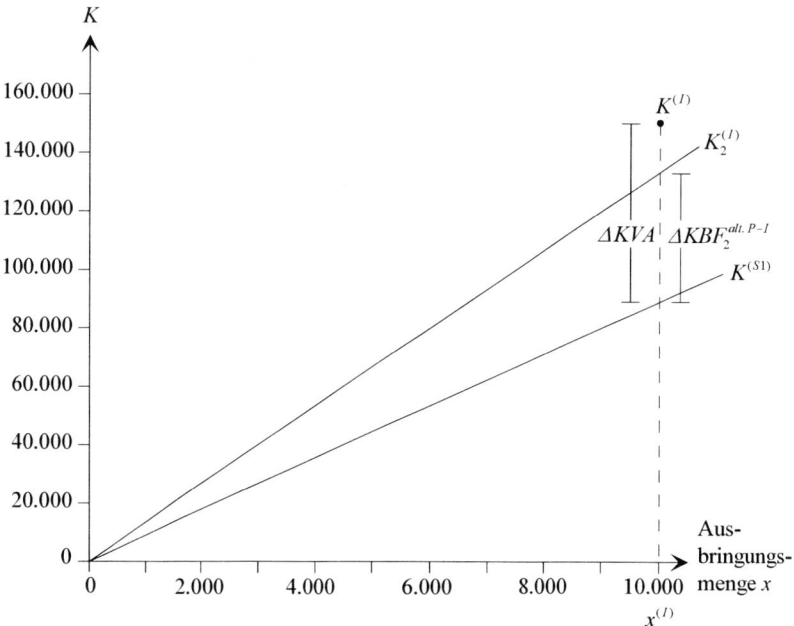

Abb. 6.9:   Alternative Abweichungsanalyse des KBF_2 Bearbeitungszeit

Analog lässt sich die spezialabweichungsbedingte Kostendifferenz $\Delta KBF_3^{alt.\,P-I}$ ermitteln, die daraus resultiert, dass der Planausbeutegrad von 90 % nicht erreicht wird und der Istausbeutegrad stattdessen nur bei 80 % liegt. Dazu werden zunächst die modifizierten Istkosten $K_3^{(I)}$ bestimmt, indem man den Istwert des Ausbeutegrades von 80 % einsetzt:

$$K_3^{(I)} = 10.000 \cdot 2 \cdot \frac{1}{0,8} \cdot 4 = 100.000\ \text{€}\,.$$

Die spezialabweichungsbedingte Kostendifferenz $\Delta KBF_3^{alt.\,P-I}$ aufgrund des Kostenbestimmungsfaktors 3 (Ausbeutegrad) ergibt sich wie folgt:

$$\Delta KBF_3^{alt.\,P-I} = 100.000 - 88.888,89 = 11.111,11\ \text{€}\,.$$

Diese Abweichung basiert auf dem Planwert des Kostenbestimmungsfaktors Bearbeitungszeit von 2 Minuten je Mengeneinheit.

Die Abb. 6.10 zeigt die Sollkosten $K^{(SI)}$ und die modifizierten Istkosten $K_3^{(I)}$, die sich ergeben, wenn außer der Ausbringungsmenge und dem Ausbeutegrad alle Kostenbestimmungsfaktoren mit ihren Planwerten realisiert würden.

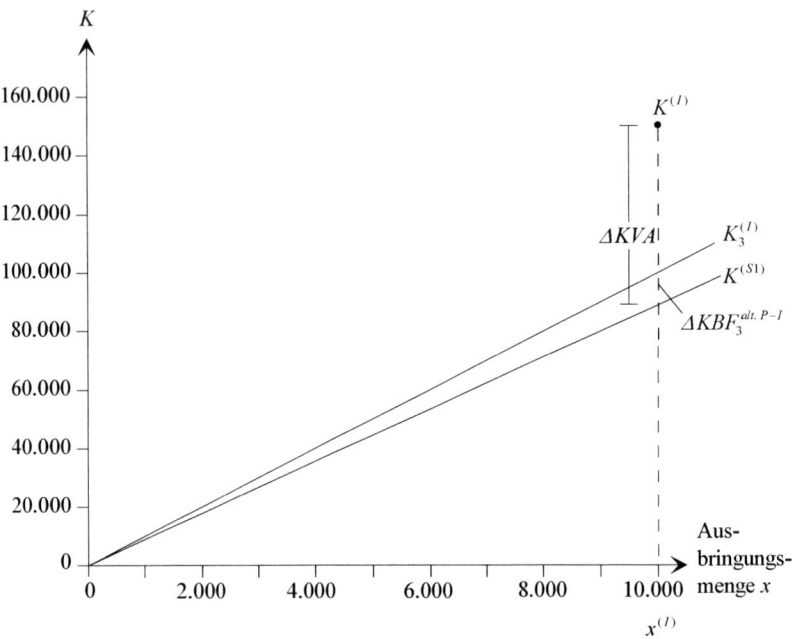

Abb. 6.10: Alternative Abweichungsanalyse des KBF_3 Ausbeutegrad

Die Summe der spezialabweichungsbedingten Kostendifferenzen ist kleiner als die verbrauchsabweichungsbedingte Kostendifferenz, da die spezialabweichungsbedingten Kostendifferenzen jeweils vom Planwert des anderen Kostenbestimmungsfaktors ausgehen. Abweichungen, die auf beide Kostenbestimmungsfaktoren zurückzuführen sind, werden nicht berücksichtigt. Dabei handelt es sich in diesem Beispiel um die Abweichung aufgrund der erhöhten Bearbeitungszeit, die ebenfalls für die gestiegene Bearbeitungsmenge (wegen des gesunkenen Ausbeutegrades) anfällt.

$$\Delta KBF_2^{alt.P-1} + \Delta K\dot{B}F_3^{alt.P-1} = 55.555,56 \text{ € } < 61.111,11 \text{ € } = \Delta KVA.$$

Obwohl sich die gesamte verbrauchsabweichungsbedingte Kostendifferenz nur aus der Abweichung der Kostenbestimmungsfaktoren Produktionszeit und Ausbeutegrad von ihrem Planwert ergibt, werden nach der alternativen Abweichungsanalyse 5.555,56 € als echte verbrauchsabweichungsbedingte Kostendifferenz verrechnet.

6.3.1.2.2   Kumulative Abweichungsanalyse

Bei der kumulativen Abweichungsanalyse werden die Teilabweichungen nacheinander abgespalten. Die Anordnung der Kostenbestimmungsfaktoren bestimmt, in welcher Reihenfolge die einzelnen Teilabweichungen abgespalten werden. Bei multiplikativer Verknüpfung der Kostenbestimmungsfaktoren beeinflusst sie zudem maßgeblich die Höhe der Abweichung. Diese hängt zusätzlich davon ab, ob man von den Plankosten ausgeht und sie an die Istkosten anpasst (Plan-Ist-Ansatz) oder ob man im umgekehrten Fall von den Istkosten ausgeht und sie schrittweise an die Plankosten anpasst (Ist-Plan-Ansatz).

Die Zahl der angepassten Kostenbestimmungsfaktoren gibt an, ob es sich um zweifach-, dreifach- oder N-fach-flexible Kostenrechnungssysteme handelt.

Beim Plan-Ist-Ansatz der kumulativen Abweichungsanalyse geht man von den Sollkosten $K^{(S1)}$ aus und passt diese schrittweise durch Berücksichtigung jeweils des nächsten Kostenbestimmungsfaktors mit seinem Istwert an die Istkosten an.[391] Daraus ergeben sich die folgenden modifizierten Istkosten, wobei $K^{(I)}_{1-n}$ besagt, dass es sich um Kosten handelt, denen die Kostenbestimmungsfaktoren 1 bis n mit ihren Istwerten und die Kostenbestimmungsfaktoren $n+1$ bis N mit den Planwerten zugrunde liegen:

$$K^{(I)}_{1} = K\left(KBF^{(I)}_1, KBF^{(P)}_2, KBF^{(P)}_3, KBF^{(P)}_4, ..., KBF^{(P)}_N\right) = K^{(S1)}$$

$$K^{(I)}_{1-2} = K\left(KBF^{(I)}_1, KBF^{(I)}_2, KBF^{(P)}_3, KBF^{(P)}_4, ..., KBF^{(P)}_N\right)$$

$$K^{(I)}_{1-3} = K\left(KBF^{(I)}_1, KBF^{(I)}_2, KBF^{(I)}_3, KBF^{(P)}_4, ..., KBF^{(P)}_N\right)$$

$$\vdots$$

$$K^{(I)}_{1-n} = K\left(KBF^{(I)}_1, KBF^{(I)}_2, KBF^{(I)}_3, ..., KBF^{(I)}_n, KBF^{(P)}_{n+1}, ..., KBF^{(P)}_N\right)$$

$$\vdots$$

$$K^{(I)}_{1-N} = K\left(KBF^{(I)}_1, KBF^{(I)}_2, KBF^{(I)}_3, KBF^{(I)}_4, ..., KBF^{(I)}_N\right) = K^{(I)}.$$

Auf die Plankosten kann hier verzichtet werden, da die Differenz zwischen Plan- und Sollkosten $K^{(S1)}$ auf die veränderte Ausbringungsmenge zurückzuführen ist, die – wie bereits erläutert – nicht als Spezialabweichung ausgewiesen werden soll. Der KBF_N entspricht hier der innerbetrieblichen Unwirtschaftlichkeit, woraus folgt, dass man nach Anpassung aller Kostenbestimmungsfaktoren die Istkosten erhält, wie die letzte Gleichung zeigt.

Bei einem zweifach-flexiblen Kostenrechnungssystem werden die Sollkosten $K^{(S1)}$ mit den modifizierten Istkosten $K^{(I)}_{1-2}$, die sich ergeben, wenn außer der Ausbringungsmenge auch der zweite Kostenbestimmungsfaktor mit seinem Istwert angesetzt wird, verglichen. Die Differenz zeigt die spezialabweichungsbedingte

---

[391] Vgl. Kloock, J. / Bommes, W.: Methoden der Kostenabweichungsanalyse, in: Kostenrechnungspraxis (1982) 5, S. 225-237, hier S. 227f.; Glaser, H.: Zur Erfassung von Teilabweichungen und Abweichungsüberschneidungen bei der Kostenkontrolle, a.a.O., S. 146f.

Kostendifferenz, die auf den Kostenbestimmungsfaktor 2 zurückzuführen ist. Sie entspricht dem Ergebnis der alternativen Abweichungsanalyse als Plan-Ist-Ansatz.

$$\Delta KBF_2^{kum.\,P-I} = K_{1-2}^{(I)} - K_1^{(I)}.$$

Hat der Kostenstellenleiter die spezialabweichungsbedingte Kostendifferenz $\Delta KBF_2^{kum.\,P-I}$ nicht zu verantworten, so ist sie von der verbrauchsabweichungsbedingten Kostendifferenz ΔKVA abzuspalten, und es ergibt sich als Kostenrestabweichung ΔKRA_2:

$$\Delta KRA_2 = \Delta KVA - \Delta KBF_2^{kum.\,P-I}$$
$$= K^{(I)} - K^{(S1)} - \left(K_{1-2}^{(I)} - K_1^{(I)} \right).$$

Da gilt: $K_1^{(I)} = K_1^{(S1)}$ folgt daraus:

$$\Delta KRA_2 = K^{(I)} - K_1^{(I)} - \left(K_{1-2}^{(I)} - K_1^{(I)} \right)$$
$$= K^{(I)} - K_{1-2}^{(I)}.$$

Dreifach-flexible Plankostenrechnungssysteme berücksichtigen einen weiteren Kostenbestimmungsfaktor mit seinem Istwert, was zu den modifizierten Istkosten $K_{1-3}^{(I)}$ führt. Neben $\Delta KBF_2^{kum.\,P-I}$ lässt sich eine weitere spezialabweichungsbedingte Kostendifferenz $\Delta KBF_3^{kum.\,P-I}$ ermitteln:

$$\Delta KBF_3^{kum.\,P-I} = K_{1-3}^{(I)} - K_{1-2}^{(I)}.$$

Die Kostenrestabweichung ΔKRA_2 ist um diese spezialabweichungsbedingte Kostendifferenz $\Delta KBF_3^{kum.\,P-I}$ zu vermindern, sofern sie nicht vom Kostenstellenleiter zu verantworten ist. Als neue Kostenrestabweichung ergibt sich ΔKRA_3:

$$\Delta KRA_3 = \Delta KRA_2 - \Delta KBF_3^{kum.\,P-I} = K^{(I)} - K_{1-3}^{(I)}.$$

Allgemein lässt sich die spezialabweichungsbedingte Kostendifferenz $\Delta KBF_n^{kum.\,P-I}$, die auf den Kostenbestimmungsfaktor n zurückzuführen ist, wie folgt ermitteln:

$$\Delta KBF_n^{kum.\,P-I} = K_{1-n}^{(I)} - K_{1-(n-1)}^{(I)}.$$

Bei N-fach-flexiblen bzw. vollständig-flexiblen Kostenrechnungssystemen werden alle Kostenbestimmungsfaktoren mit dem Istwert angesetzt, und als letzte Abweichung ergibt sich:

$$\Delta KBF_N^{kum.\,P-I} = K_{1-N}^{(I)} - K_{1-(N-1)}^{(I)}.$$

Wird der Kostenbestimmungsfaktor KBF_N als innerbetriebliche Unwirtschaft-lichkeit interpretiert – wie hier unterstellt –, so entsprechen die modifizierten Ist-kosten $K_{1-N}^{(I)}$ den tatsächlich angefallenen Kosten und die Kostenrestabweichung $\triangle KRA_N$:

$$\triangle KRA_N = \triangle KRA_{N-1} - \triangle KBF_N^{kum.\,P-I} = K^{(I)} - K_{1-N}^{(I)}$$

ist definitionsgemäß gleich Null. Daraus folgt, dass die Teilabweichungen die ge-samte verbrauchsabweichungsbedingte Kostendifferenz erklären:

$$\sum_{n=2}^{N} \triangle KBF_n^{kum.\,P-I} = \triangle KVA \,.$$

Die Kostenrestabweichung $\triangle KRA_{N-1}$ entspricht der letzten spezialabwei-chungsbedingten Kostendifferenz $\triangle KBF_N^{kum.\,P-I}$ und ist, falls der KBF_N als inner-betriebliche Unwirtschaftlichkeit definiert wurde, als echte verbrauchsabwei-chungsbedingte Kostendifferenz zu interpretieren:

$$\triangle KRA_{N-1} = K^{(I)} - K_{1-(N-1)}^{(I)} = K_{1-N}^{(I)} - K_{1-(N-1)}^{(I)} = \triangle KBF_N^{kum.\,P-I} \,.$$

Bei der Bestimmung der einzelnen Teilabweichungen ergibt sich folgendes Problem. Die einzelnen Kostenbestimmungsfaktoren sind in der Regel nicht voneinander unabhängig. In einem dreifach-flexiblen Plankostenrechnungssystem entstehen beispielsweise Abweichungen, die zurückzuführen sind auf:

- Abweichung des ersten Kostenbestimmungsfaktors von seinem Planwert (Ab-weichung ersten Grades oder Primärabweichung),
- Abweichung des zweiten Kostenbestimmungsfaktors von seinem Planwert (Abweichung ersten Grades oder Primärabweichung) und auf
- Abweichung beider Kostenbestimmungsfaktoren von ihren Planwerten (Ab-weichung zweiten Grades oder Sekundärabweichung).

Werden mehr als zwei Kostenbestimmungsfaktoren angepasst, dann können zusätzlich noch Abweichungen höheren Grades entstehen.[392] Abweichungen, die nicht eindeutig einem Kostenbestimmungsfaktor zuzurechnen sind, bezeichnet man als Abweichungsinterdependenzen oder Abweichungsüberschneidungen. Eine verursachungsgerechte Aufteilung ist nicht möglich. Beim Plan-Ist-Ansatz ist nur die zuerst abgespaltete Teilabweichung frei von Abweichungsinterdepen-denzen. Folglich enthält im Normalfall auch die zuletzt abgespaltene und als in-nerbetriebliche Unwirtschaftlichkeit bezeichnete Teilabweichung Abweichungen, die nicht alleine auf den letzten Kostenbestimmungsfaktor zurückzuführen sind. Dies führt zu einer eingeschränkten Aussagefähigkeit der kumulativen Abwei-

---

[392] Vgl. Wimmer, K.: Kostenabweichungsanalyse und Kostensenkung, a.a.O., S. 986. WIMMER gibt eine Formel zur Bestimmung der Zahl der höheren Abweichungen an.

chungsanalyse als Plan-Ist-Ansatz. Ebenfalls ist zu kritisieren, dass die Höhe der sonstigen Teilabweichungen maßgeblich durch die Abspaltungsreihenfolge bestimmt wird, da davon abhängig ist, welche Abweichungsinterdependenzen ihnen zugerechnet werden.

Als weitere Möglichkeit zur kumulativen Abweichungsanalyse wird der Ist-Plan-Ansatz vorgeschlagen.[393] Hier werden die Istkosten schrittweise bis zu den Sollkosten angepasst, indem man folgende modifizierte Plankosten bildet.

$$K^{(I)} = K\left(KBF_1^{(I)}, KBF_2^{(I)}, KBF_3^{(I)}, KBF_4^{(I)}, ..., KBF_N^{(I)}\right)$$

$$K_2^{(P)} = K\left(KBF_1^{(I)}, KBF_2^{(P)}, KBF_3^{(I)}, KBF_4^{(I)}, ..., KBF_N^{(I)}\right)$$

$$K_{2-3}^{(P)} = K\left(KBF_1^{(I)}, KBF_2^{(P)}, KBF_3^{(P)}, KBF_4^{(I)}, ..., KBF_N^{(I)}\right)$$

$$\vdots$$

$$K_{2-n}^{(P)} = K\left(KBF_1^{(I)}, KBF_2^{(P)}, KBF_3^{(P)}, ..., KBF_n^{(P)}, KBF_{n+1}^{(I)}, ..., KBF_N^{(I)}\right)$$

$$\vdots$$

$$K_{2-N}^{(P)} = K\left(KBF_1^{(I)}, KBF_2^{(P)}, KBF_3^{(P)}, KBF_4^{(P)}, ..., KBF_N^{(P)}\right) = K^{(S1)}.$$

$K_{2-n}^{(P)}$ besagt, dass die Kostenbestimmungsfaktoren 2 bis n mit ihren Planwerten und alle anderen Kostenbestimmungsfaktoren mit den Istwerten berücksichtigt werden. Der Kostenbestimmungfaktor 1 – die Ausbringungsmenge – geht immer mit dem Istwert in die Kosten ein. Damit unterbleibt eine Anpassung bis zu den Plankosten, und die Kostenabweichung aufgrund der veränderten Ausbringungsmenge wird nicht in die Abweichungsanalyse einbezogen, was aus bekannten Gründen so gewollt ist.

Für den Kostenbestimmungsfaktor n lässt sich die spezialabweichungsbedingte Kostendifferenz $\Delta KBF_n^{kum.\,I-P}$ wie folgt ermitteln:

$$\Delta KBF_n^{kum.\,I-P} = K_{2-(n-1)}^{(P)} - K_{2-n}^{(P)}, \qquad n = 3, ..., N,$$

und wegen der Sonderstellung des Kostenbestimmungsfaktors 1:

$$\Delta KBF_n^{kum.\,I-P} = K^{(I)} - K_{2-n}^{(P)}, \qquad n = 2.$$

Die Kostenrestabweichungen lassen sich analog zum Plan-Ist-Ansatz bestimmen. Die letzte Restabweichung ist hier ebenfalls Null, woraus folgt, dass die Teilabweichungen auch beim Ist-Plan-Ansatz die gesamte verbrauchsabweichungsbedingte Kostendifferenz erklären:

$$\sum_{n=2}^{N} \Delta KBF_n^{kum.\,I-P} = \Delta KVA.$$

---

[393] Vgl. Glaser, H.: Zur Erfassung von Teilabweichungen und Abweichungsüberschneidungen bei der Kostenkontrolle, a.a.O., S. 140ff.

Ebenfalls tritt beim Ist-Plan-Ansatz das Problem der Abweichungsinterdependenzen auf, die je nach Reihenfolge in unterschiedlichen Teilabweichungen enthalten sind. Ein wesentlicher Unterschied besteht aber darin, dass hier die zuletzt abgespaltene Teilabweichung als einzige keine Abweichungen enthält, die auf andere Kostenbestimmungsfaktoren zurückzuführen sind. Handelt es sich bei der letzten Abweichung um die so genannte innerbetriebliche Unwirtschaftlichkeit und will man genau die ermitteln, dann ist der Ist-Plan-Ansatz dem Plan-Ist-Ansatz vorzuziehen.[394]

Als sinnvolle Ergänzung zu den hier dargestellten Möglichkeiten der kumulativen Abweichungsanalyse wird die differenziert kumulative Methode vorgeschlagen. Zusätzlich sieht sie den getrennten Ausweis der Abweichungsinterdependenzen in den Teilabweichungen vor.[395]

Die diskutierten Sachverhalte sollen durch ein Beispiel zur kumulativen Abweichungsanalyse als Plan-Ist-Ansatz verdeutlicht werden, das auf den Angaben des Beispiels zur alternativen Abweichungsanalyse basiert. Die Berechnung der Istkosten $\left(=150.000\,€\right)$ und der Sollkosten $K^{(S1)}$ $\left(=88.888,89\,€\right)$ kann unverändert übernommen werden.

In Abhängigkeit von der Abspaltungsreihenfolge der Kostenbestimmungsfaktoren lassen sich zwei Fälle unterscheiden. Die Kostenbestimmungsfaktoren sind entsprechend zu sortieren:

- Fall a: Bearbeitungszeit wird zuerst abgespalten,
      $K = K$ (Ausbringungsmenge, Bearbeitungszeit, Ausbeutegrad),
- Fall b: Ausbeutegrad wird zuerst abgespalten,
      $K = K$ (Ausbringungsmenge, Ausbeutegrad, Bearbeitungszeit).

Im Fall a ergibt sich als spezialabweichungsbedingte Kostendifferenz, die auf den Kostenbestimmungsfaktor Bearbeitungszeit zurückzuführen ist:

$$K^{(I)}_{1-2a} = 10.000 \cdot 3 \cdot \frac{1}{0,9} \cdot 4 = 133.333,33\,€$$

$$\Delta KBF_{2a} = 133.333,33 - 88.888,89 = 44.444,44\,€\,.$$

Daraus folgt als Kostenrestabweichung:

$$\Delta KRA_{2a} = 150.000 - 133.333,33 = 16.666,67\,€\,.$$

---

[394] Zur Vorteilhaftigkeit des Ist-Plan-Ansatzes vgl. Glaser, H.: Zur Erfassung von Teilabweichungen und Abweichungsüberschneidungen bei der Kostenkontrolle, a.a.O., S. 147. Zu einer Beurteilung der Methoden der Abweichungsanalyse vgl. Kloock, J. / Bommes, W.: Methoden der Kostenabweichungsanalyse, a.a.O., S. 232ff.

[395] Vgl. Kloock, J. / Bommes, W.: Methoden der Kostenabweichungsanalyse, a.a.O., S. 229. Zu diesem und weiteren Verfahren vgl. Kloock, J.: Neuere Entwicklungen des Kostenkontrollmanagements, in: Dellmann, K. / Franz, K.-P. (Hrsg.): Neuere Entwicklungen im Kostenmanagement, Bern 1994, S. 607-644, S. 620ff.

Für die spezialabweichungsbedingte Kostendifferenz, die auf den Kostenbestimmungsfaktor Ausbeutegrad zurückzuführen gilt:

$$K_{1-3a}^{(I)} = 10.000 \cdot 3 \cdot \frac{1}{0,8} \cdot 4 = 150.000 \ \text{€}$$

$$\Delta KBF_{3a}^{kum.\ I-P} = 150.000 - 133.333,33 = 16.666.67 \ \text{€} \ .$$

Daraus ergibt sich als Kostenrestabweichung:

$$\Delta KRA_{3a} = 0 \ \text{€} \ .$$

Eine echte verbrauchsabweichungsbedingte Kostendifferenz aufgrund von unwirtschaftlichem Verhalten besteht in der Kostenstelle nicht, da sich die gesamte verbrauchsabweichungsbedingte Kostendifferenz dadurch erklären lässt, dass die Kostenbestimmungsfaktoren Ausbringungsmenge und Bearbeitungszeit nicht mit ihrem Planwert realisiert werden. Ob die Spezialabweichungen zumindest teilweise auf unwirtschaftliches Verhalten zurückzuführen sind, ist gesondert zu untersuchen.

Die spezialabweichungsbedingte Kostendifferenz, die im Fall b auf den Kostenbestimmungsfaktor Ausbeutegrad zurückzuführen ist, lautet:

$$K_{1-2b}^{(I)} = 10.000 \cdot 2 \cdot \frac{1}{0,8} \cdot 4 = 100.000 \ \text{€}$$

$$\Delta KBF_{2b}^{kum.\ P-I} = 100.000 - 88.888,89 = 11.111,11 \ \text{€} \ .$$

Daraus ergibt sich als Kostenrestabweichung:

$$\Delta KRA_{2b} = 150.000 - 100.000 = 50.000 \ \text{€} \ .$$

Für die spezialabweichungsbedingte Kostendifferenz, die auf den Kostenbestimmungsfaktor Bearbeitungszeit zurückzuführen ist, gilt:

$$K_{1-3b}^{(I)} = 10.000 \cdot 3 \cdot \frac{1}{0,8} \cdot 4 = 150.000 \ \text{€}$$

$$\Delta KBF_{3b}^{kum.\ P-I} = 150.000 - 100.000 = 50.000 \ \text{€} \ .$$

Daraus ergibt sich als Kostenrestabweichung:

$$\Delta KRA_{3b} = 0 \ \text{€} \ .$$

Die Summe der spezialabweichungsbedingten Kostendifferenzen ist in beiden Fällen gleich hoch und entspricht der verbrauchsabweichungsbedingten Kostendifferenz:

$$\Delta KBF_{2a}^{kum.\,P-I} + \Delta KBF_{3a}^{kum.\,P-I} = \Delta KBF_{2b}^{kum.\,P-I} + \Delta KBF_{3b}^{kum.\,P-I}$$
$$= \Delta KVA = 61.111,11 \, €.$$

Allerdings sind – wie man leicht sieht – die auf die Kostenbestimmungs-faktoren zugerechneten einzelnen spezialabweichungsbedingten Kostendifferenzen in beiden Fällen unterschiedlich groß. Das veranschaulicht, dass das Ergebnis sehr stark von der Abspaltungsreihenfolge abhängig ist.

Die Abweichungsinterdependenz $\Delta KBF_{2,3}$ lässt sich ermitteln, indem man die spezialabweichungsbedingten Kostendifferenzen jeweils bezogen auf einen Kostenbestimmungsfaktor der einzelnen Fälle a und b miteinander vergleicht. Bei zwei Abspaltungen enthält die letzte Teilabweichung die gesamte und die erste keine Abweichungsinterdependenz:

$$\Delta KBF_{2,3} = \Delta KBF_{3a}^{kum.\,P-I} - \Delta KBF_{2b}^{kum.\,P-I} = \Delta KBF_{3b}^{kum.\,P-I} - \Delta KBF_{2a}^{kum.\,P-I}$$

$$\Delta KBF_{2,3} = 16.666,67 - 11.111,11 = 50.000 - 44.444,44 = 5.555,56 \, €.[396]$$

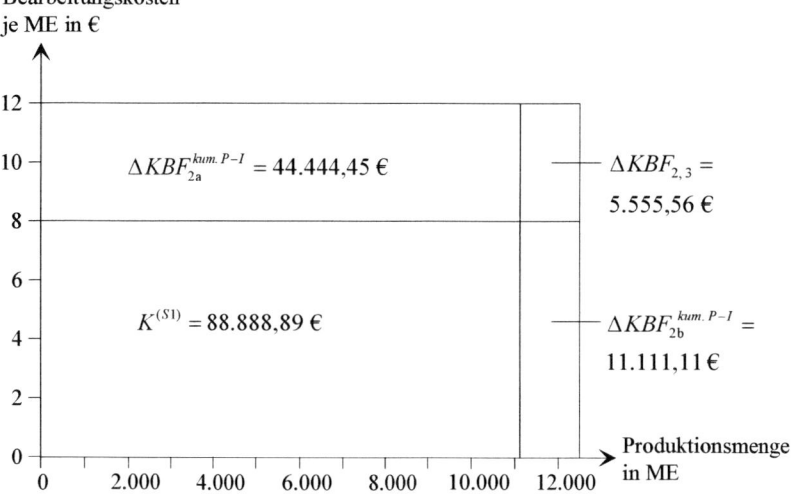

Abb. 6.11: Abweichungsinterdependenz

Die Abb. 6.11 verdeutlicht für das Beispiel den Zusammenhang zwischen Kostenbestimmungsfaktoren, spezialabweichungsbedingten Kostendifferenzen und der Abweichungsinterdependenz. An den Koordinaten sind die bearbeitete Menge,

---

[396] Vgl. Glaser, H.: Zur Erfassung von Teilabweichungen und Abweichungsüberschneidungen bei der Kostenkontrolle, a.a.O., S. 145.

die je nach Ausbeutegrad zur Realisierung der Istmenge (Gutteile) notwendig ist, und die Stückkosten, die vom Kostenbestimmungsfaktor Bearbeitungszeit abhängen, abgetragen. Werden die Kostenbestimmungsfaktoren mit ihren Planwerten realisiert, das heißt liegt der Ausbeutegrad bei 90 % und die Bearbeitungszeit bei 2 Minuten je Werkzeug, was einer Produktion von 11.111,11 ME zu Stückkosten von 8 € je ME entspricht, dann fallen Sollkosten $K^{(S1)}$ in Höhe von 88.888,89 € an. Die Kostenerhöhung durch einen Anstieg der Bearbeitungszeit von 2 auf 3 Minuten je Werkzeug bzw. der Stückkosten von 8 auf 12 € ergibt sich aus der spezialabweichungsbedingten Kostendifferenz $\Delta KBF_{2a}^{kum.P-1}$, die ausschließlich auf den Kostenbestimmungsfaktor Bearbeitungszeit zurückzuführen ist. Es liegt der Fall a zugrunde, da hier die Bearbeitungszeit als erster Kostenbestimmungsfaktor abgespalten wird und die Ausbeutegradabweichung noch unberücksichtigt bleibt. Analog dazu wird der Kostenanstieg aufgrund der Ausbeutegradabweichung durch die Kostendifferenz $\Delta KBF_{2b}^{kum.P-1}$, die ausschließlich auf den Kostenbestimmungsfaktor Ausbeutegrad zurückzuführen ist, angegeben. Hier ist von dem Fall b auszugehen, da dieser den Ausbeutegrad an erster Stelle abspaltet. Zusätzlich zu den spezialabweichungsbedingten Kostendifferenzen fällt noch die Abweichungsinterdependenz $\Delta KBF_{2,3}$ an. Sie ist letztlich dadurch zu erklären, dass auch für die erhöhte Produktionsmenge, die aus dem gesunkenen Ausbeutegrad resultiert, die Bearbeitungszeit von 2 auf 3 Minuten je Werkzeug steigt. Daher kann die Abweichungsinterdependenz $\Delta KBF_{2,3}$ für dieses Beispiel auch wie folgt ermittelt werden:

$$\Delta KBF_{2,3} = 10.000 \cdot (3 - 2) \cdot \left(\frac{1}{0,8} - \frac{1}{0,9} \right) \cdot 4 = 5.555,56 \ €$$

6.3.2 Kostenkontrolle der Einzelkosten

Die Einzelkostenkontrolle sollte kostenstellenweise erfolgen, auch wenn man bei der Einzelkostenplanung von den Kostenträgern ausgeht. Erst durch eine Zuordnung der Einzelkosten zu den Kostenstellen lassen sich die Ursachen für verbrauchsabweichungsbedingte Kostendifferenzen erkennen, und es wird deutlich, in wessen Verantwortungsbereich die Abweichungen fallen. Zusätzlich sollten die Kostendifferenzen möglichst nach Produktgruppen differenziert sein, damit sie in der Kostenträgerrechnung nach dem Verursachungsprinzip verrechnet werden können.
Auf diese Unterteilung wird im Folgenden verzichtet.

Analog zur Einzelkostenplanung erfolgt die Einzelkostenkontrolle für:

– Materialeinzelkosten,

– Lohneinzelkosten und

– Sondereinzelkosten.

6.3.2.1 Kontrolle der Materialeinzelkosten

Im ersten Schritt der Materialeinzelkostenkontrolle werden die Istverbrauchsmengen je Materialart i $(i = 1, ..., I)$ einer Kostenstelle m $(m = 1, ..., M)$ ermittelt und mit Planpreisen $q_i^{(P)}$ bewertet. Die Verbrauchsmengen sind aus der Materialabrechnung zu entnehmen. Man erhält als Ergebnis die Istkosten $K_{im}^{(I)}$ der Materialart i in der Kostenstelle m.

Im zweiten Schritt sind die Sollwerte der Materialeinzelkosten je Kostenstelle m und Materialart i zu bestimmen. Sie werden retrograd aus den Istbezugsgrößen $x_{jm}^{(I)}$ je Produktart bzw. Leistungsart j, die in der Kostenstelle m gefertigt werden, abgeleitet. Da es sich im Falle der Einzelkosten bei den Bezugsgrößen um Produktionsmengen handelt, sind Ist- und Sollbezugsgrößen identisch und vereinfacht kann hier von den tatsächlich realisierten Produktionsmengen ausgegangen werden. Multipliziert man diese mit dem analog zu Kapitel 6.2.2.1 geplanten Materialverbrauch je Mengeneinheit $a_{jim}^{(P)}$ (Produktionskoeffizient) in der Kostenstelle m und dem Materialpreis $q_i^{(P)}$ und summiert anschließend über alle Produktarten auf, dann erhält man als Sollwert der Materialeinzelkosten für Materialart i in der Kostenstelle m:

$$K_{im}^{(S)} = q_i^{(P)} \cdot \sum_{j=1}^{J} a_{jim}^{(P)} \cdot x_{jm}^{(I)}, \qquad i = 1, ..., I ; \ m = 1, ..., M .$$

Die Differenz zwischen den Istkosten $K_{im}^{(I)}$ und den Sollkosten $K_{im}^{(S)}$ entspricht der materialverbrauchsabweichungsbedingten Kostendifferenz ΔKVA_{im}:

$$\Delta KVA_{im} = K_{im}^{(I)} - K_{im}^{(S)} .$$

Diese materialverbrauchsabweichungsbedingte Kostendifferenz ΔKVA_{im} gilt es im nächsten Schritt – der Abweichungsanalyse – genauer im Hinblick auf die folgenden Teilabweichungen zu untersuchen und in diese aufzuspalten:

– Materialverbrauchsabweichungsbedingte Kostendifferenzen, die auftragsbedingt sind, entstehen, wenn die Produktgestaltung nachträglich aufgrund von Kundenwünschen oder aus technischen Gründen geändert wird und daraus ein in qualitativer oder quantitativer Hinsicht veränderter Materialbedarf resultiert.

– Materialverbrauchsabweichungsbedingte Kostendifferenzen, die mischungsbedingt sind, entstehen in Betrieben, die Rohstoffmischungen einsetzen wie beispielsweise die chemische Industrie, durch veränderte Mischungszusammensetzungen aufgrund kurzfristiger Dispositionsplanungen. Veränderte Rohstoffpreise oder -qualitäten, Beschaffungsengpässe oder fertigungstechnische Änderungen können Gründe für das Abweichen von der geplanten Mischung sein.

– Materialverbrauchsabweichungsbedingte Kostendifferenzen, die materialbedingt sind, entstehen, wenn die geplanten Materialeigenschaften, z.B. Abmaß, Gewicht, Stabilität oder Oberflächenbeschaffenheit nicht eingehalten werden und dies zu veränderten Materialbedarfen führt.

– Materialverbrauchsabweichungsbedingte Kostendifferenzen, die unwirtschaftlichkeitsbedingt sind, entsprechen den Kostenabweichungen, die darauf zurückzuführen sind, dass in der Kostenstelle ohne besonderen Grund von der Planmenge abgewichen wurde, z.B. in Form von erhöhten Abfallmengen oder Ausschuss.[397] Auch nicht begründete mischungsbedingte Abweichungen sind hierunter zu subsumieren. Die Verantwortung für Kosten aufgrund solcher Abweichungen liegt üblicherweise bei der Kostenstelle selbst.

6.3.2.2 Kontrolle der Lohneinzelkosten

Erfolgt die Entlohnung in einer Kostenstelle nach dem reinen Akkordlohn, dann sind aufgrund der Leistungsproportionalität dieser Lohnform Ist-Lohneinzelkosten und Soll-Lohneinzelkosten identisch. An die Stelle einer Abweichungsanalyse tritt hier die Leistungsgradanalyse.

Der durchschnittliche Leistungsgrad einer Kostenstelle bzw. einer Arbeitskraft ist wie folgt definiert:

$$\text{durchschnittlicher Leistungsgrad} = \frac{\text{gesamte Vorgabezeit}}{\text{gesamte Akkordzeit}} \cdot 100 \, .$$

Weicht der durchschnittliche von dem geplanten Leistungsgrad ab, so beeinflusst dies nicht die Lohneinzelkosten je Leistungseinheit, allerdings ergeben sich Auswirkungen auf die Höhe der Gemeinkosten, wenn beispielsweise aufgrund eines geringeren Leistungsgrades eine Maschine länger als geplant läuft.

Der Akkordlohn wird üblicherweise durch so genannte Zusatzlöhne ergänzt, die dem Arbeitnehmer einen Zeitlohn für die Zeiten vergüten, in denen er ohne eigenes Verschulden die Vorgabezeiten nicht erreichen kann. Gründe hierfür können sein:

---

[397] Vgl. Kilger, W. / Pampel, J. / Vikas, K.: Flexible Plankostenrechnung und Deckungsbeitragsrechnung, a.a.O., S. 200.

- Auftragsänderungen,
- Verfahrensänderungen,
- Konstruktionsänderungen,
- Materialmängel,
- Betriebsstörungen,
- Anlernzeiten und
- Planungsfehler.[398]

Diese Zusatzlöhne sind als Gemeinkosten zu planen und zu kontrollieren.

Erfolgt in einer Kostenstelle m die Vergütung nach dem Zeitlohnsystem und werden diese Zeitlöhne als Einzelkosten geplant, so lässt sich eine lohnverbrauchsabweichungsbedingte Kostendifferenz ΔKVA_{Lm} ermitteln:

$$\Delta KVA_{Lm} = K_{Lm}^{(I)} - K_{Lm}^{(S)} = K_{Lm}^{(I)} - q_{Lm}^{(P)} \cdot \sum_{j=1}^{J} t_{jm}^{(P)} \cdot x_{jm}^{(I)} , \qquad m = 1, ..., M ,$$

wobei die Ist-Lohneinzelkosten $K_{Lm}^{(I)}$ aus der Lohn- und Gehaltsabrechnung zu entnehmen sind, soweit sich die Lohnsätze nicht geändert haben, und bei den Sollwerten der Lohneinzelkosten $K_{Lm}^{(S)}$ – jeweils bezogen auf die Kostenstelle m – die über alle Produktarten aufsummierten Planarbeitszeiten mit dem durchschnittlichen Planlohnsatz $q_{Lm}^{(P)}$ der Kostenstelle bewertet werden. $t_{jm}^{(P)}$ gibt hierbei die geplante Arbeitszeit pro Einheit der Produktart j $(j = 1, ..., J)$ in der Kostenstelle m $(m = 1, ..., M)$ an. Auf eine Differenzierung nach verschiedenen Lohnarten wird hier aus Vereinfachungsgründen verzichtet.

Die Ursachen für lohnverbrauchsabweichungsbedingte Kostendifferenzen entsprechen den oben genannten Gründen für die Ausstellung von Zusatzlohnscheinen beim Akkordlohn. Da eine vergleichbare Dokumentation aber meist fehlt, beschränkt man sich bei Zeitlöhnen auf die Leistungsgradanalyse.[399]

Wegen der Verschiedenartigkeit der Sondereinzelkosten lassen sich keine allgemeinen Regeln zu deren Kontrolle aufstellen. Hier soll lediglich auf einige Beispiele, die KILGER aufführt, verwiesen werden.[400]

---

[398] Vgl. Kilger, W. / Pampel, J. / Vikas, K.: Flexible Plankostenrechnung und Deckungsbeitragsrechnung, a.a.O., S. 218.; Agthe, K.: Kostenplanung und Kostenkontrolle im Industriebetrieb, a.a.O., S. 125f.

[399] Vgl. Haberstock, L.: Kostenrechnung II, a.a.O., S. 296f.

[400] Vgl. Kilger, W. / Pampel, J. / Vikas, K.: Flexible Plankostenrechnung und Deckungsbeitragsrechnung, a.a.O., S. 221ff.

6.3.3 Kostenkontrolle der Gemeinkosten

Im ersten Schritt sind die Einheiten der Sollbezugsgröße und die entsprechenden Sollkosten je Bezugsgrößeneinheit und Kostenstelle zu bestimmen. Die Ermittlung der Sollbezugsgrößeneinheit erfolgt analog zur allgemeinen Vorgehensweise wie in Kapitel 4.2.3 beschrieben. Danach unterscheidet man zwischen:

- direkter Erfassung der Sollbezugsgröße und
- retrograder Erfassung der Sollbezugsgröße.

Bei der direkten Erfassung entspricht die Sollbezugsgröße den tatsächlich gemessenen Bezugsgrößeneinheiten. Folglich handelt es sich hier faktisch um die Istbezugsgröße. Wird die Bezugsgröße nicht in produzierten Leistungseinheiten gemessen, kann bei dieser Vorgehensweise eventuell schon ein Teil der Abweichung vorweggenommen werden. Die sich daraus ergebenden Sollkosten entsprechen nicht den Sollkosten $K^{(S1)}$, da sie bereits neben der Ausbringungsmenge weitere Kostenbestimmungsfaktoren mit ihren Istwerten berücksichtigen. Die direkte Erfassung der Sollbezugsgröße ist somit problematisch.

Bei der retrograden Erfassung des Wertes $B^{(S)}$ der Sollbezugsgröße sind die in einer Periode erstellten Leistungseinheiten $x_j^{(I)}$ der Produktart bzw. Leistungsart j mit dem geplanten Wert der Bezugsgröße je Leistungseinheit $a_j^{(P)}$ zu multiplizieren:

$$B^{(S)} = \sum_{j=1}^{J} a_j^{(P)} \cdot x_j^{(I)} \ .$$

Das retrograde Verfahren genügt der Anforderung, eine Sollbezugsgröße zu ermitteln, die nur den Kostenbestimmungsfaktor Ausbringungsmenge mit seinem Istwert erfasst. Damit ermöglicht das retrograde Verfahren den Ausweis von Sollkosten $K^{(S1)}$ und wird folglich im Rahmen der Kostenkontrolle der Grenzplankostenrechnung als geeignetes Verfahren zur Bestimmung der Sollbezugsgröße betrachtet.[401]

Im zweiten Schritt werden die Istwerte der Gemeinkosten differenziert nach Kostenstellen ermittelt.

Im dritten Schritt werden Soll- und Istkosten miteinander verglichen und anschließend erfolgt eine Abweichungsanalyse.[402]

Im Rahmen der Abweichungsanalyse lassen sich so viele Teilabweichungen ermitteln, wie es Kostenbestimmungsfaktoren gibt. In den folgenden Kapiteln sollen allerdings nur die typischen spezialabweichungsbedingten Kostendifferenzen näher erläutert werden:

---

[401] Vgl. Haberstock, L.: Kostenrechnung II, a.a.O., S. 303.
[402] Vgl. Haberstock, L.: Kostenrechnung II, a.a.O., S. 311ff.

- intensitätsabweichungsbedingte Kostendifferenz,
- ausbeutegradabweichungsbedingte Kostendifferenz,
- seriengrößenabweichungsbedingte Kostendifferenz,
- bedienungsverhältnisabweichungsbedingte Kostendifferenz und
- maschinenbelegungsabweichungsbedingte Kostendifferenz.

Die intensitäts- und die ausbeutegradabweichungsbedingten Kostendifferenzen werden auf der Grundlage einer alternativen Abweichungsanalyse als Plan-Ist-Ansatz dargestellt. Die seriengrößenabweichungsbedingte Kostendifferenz wird durch eine kumulative Abweichungsanalyse bestimmt, da zunächst noch eine Abweichung aufgrund geänderter Auftragszusammensetzung abzuspalten ist. Die weiteren Kostenabweichungen werden nur kurz angesprochen. Ebenso hätten auch die sonstigen in Kapitel 6.3.1 dargestellten Ansätze zur Abweichungsanalyse Anwendung finden können.

6.3.3.1 Intensitätsabweichungsbedingte Kostendifferenz

Ein Teil der verbrauchsabweichungsbedingten Kostendifferenz kann dadurch erklärt werden, dass in einer Kostenstelle nicht mehr mit der geplanten Leistungsintensität produziert werden kann. Die folgenden Überlegungen gehen auf die Produktionsfunktion nach GUTENBERG mit einem Aggregat als Kostenstelle zurück. Eine variierende Outputmenge kann dabei durch zeitliche und intensitätsmäßige Anpassung erreicht werden. Um eine gegebene Outputmenge mit minimalen Kosten herzustellen, muss dementsprechend die optimale Kombination von zeitlicher und intensitätsmäßiger Anpassung ermittelt werden.[403]
Die folgenden Ausführungen gehen von der Ausbringungsmenge als Bezugsgröße aus. Ebenso hätte man als Bezugsgröße auch die Bearbeitungszeit wählen können, da die Relation $x = t \cdot \lambda$ gilt mit λ als Leistungsintensität bzw. Produktionsgeschwindigkeit und t als Einsatzzeit des Aggregats. An die Stelle der Kosten-Leistungsfunktion – sie gibt die Kosten je Mengeneinheit in Abhängigkeit von λ an – tritt dann die Zeit-Kosten-Leistungsfunktion, die die Kosten je Zeiteinheit in Abhängigkeit von der Zeit t angibt.[404]
Die geplanten variablen Stückkosten $k_v\left(\lambda^{(P)}\right)$ eines Aggregats sind abhängig von der geplanten Intensität $\lambda^{(P)}$. Als Plankosten ergeben sich:

$$K^{(P)} = K_f^{(P)} + k_v\left(\lambda^{(P)}\right) \cdot B^{(P)}.$$

---

[403] Vgl. Fandel, G.: Produktion I, a.a.O., S. 278ff.
[404] Vgl. Fandel, G.: Produktion I, a.a.O., S. 105 und S. 283f.

Entspricht die geplante Intensität $\lambda^{(P)}$ der optimalen, d.h. stückkostenmini-
malen Intensität λ^* des Aggregats, dann wird bei der Berechnung der Plankosten
von minimalen variablen Stückkosten ausgegangen:

$$\left(k_v\left(\lambda^{(P)}\right) = k_v\left(\lambda^*\right) = k_{v\,min} \right).$$

Als Sollkosten $K^{(S1)}$ – bei Istausbringung und Planintensität – ergeben sich:

$$K^{(S1)} = K_f^{(P)} + k_v\left(\lambda^{(P)}\right) \cdot B^{(S)}.$$

Kann die Istausbringungsmenge nur durch intensitätsmäßige Anpassung oder
durch Kombination von zeitlicher und intensitätsmäßiger Anpassung realisiert
werden, dann verändern sich die variablen Kosten je Bezugsgrößeneinheit in Abhängigkeit von der Leistungsintensität. Es ist die Leistungsintensität $\lambda^{(I)}$ zu bestimmen, mit der die Istausbringungsmenge bei optimaler Anpassung und ohne
Intensitätssplitting produziert wird.

Als modifizierte Istkosten $K_\lambda^{(I)}$ – bei Istausbringung und Istintensität – ergeben
sich:

$$K_\lambda^{(I)} = K_f^{(P)} + k_v\left(\lambda^{(I)}\right) \cdot B^{(S)}.$$

Dies liefert eine intensitätsabweichungsbedingte Kostendifferenz $\Delta KBF_\lambda^{alt.\ P-I}$
von:

$$\Delta KBF_\lambda^{alt.\ P-I} = K_\lambda^{(I)} - K^{(S1)} = k_v\left(\lambda^{(I)}\right) \cdot B^{(S)} - k_v\left(\lambda^{(P)}\right) \cdot B^{(S)},$$

die daraus resultiert, dass sich durch die intensitätsmäßige Anpassung die Stückkosten ändern.[405]

In einem Recyclingunternehmen werden zum Beispiel Platten aus Kunststoff-
granulat mittels einer Presse hergestellt. Die Leistungsintensität λ der Presse liegt
zwischen $5 \leq \lambda \leq 20$ Bodenplatten pro Minute. Zum Betrieb dieser Anlage ist der
Produktionsfaktor „Elektrische Energie" notwendig. Die entsprechende Verbrauchsfunktion ρ, gemessen in kWh je Mengeneinheit, lautet folgendermaßen:

$$\rho = 0,1 \cdot \lambda^2 - 2 \cdot \lambda + 15.$$

Der Planpreis für „Elektrische Energie" beträgt 1,20 € je kWh, und die Fixkosten für die Presse liegen bei 5.000 € pro Periode. Insgesamt fallen Istkosten in
Höhe von 800.000 € pro Periode an. Die Betriebsstunden t liegen bei 150 Stunden
pro Periode und können nicht weiter erhöht werden. Als Bezugsgröße ist die
Produktionsmenge zu wählen. Geplant ist, dass während der gesamten Periode mit
maximaler Einsatzzeit und optimaler Intensität produziert wird. Aufgrund

---

[405] Vgl. Glaser, H.: Zur Erfassung von Teilabweichungen und Abweichungsüberschneidungen bei der Kostenkontrolle, a.a.O., S. 145.

unerwarteter zusätzlicher Aufträge liegt die Istausbringung bei 112.500 Platten pro Periode.

Zunächst ist die optimale Leistungsintensität λ^* zu ermitteln. Da hier nur ein Produktionsfaktor betrachtet wird, entspricht bei konstantem Faktorpreis für „Elektrische Energie" das Minimum der Verbrauchsfunktion dem Minimum der Stückkostenfunktion. Daher ist es zulässig, die optimale Leistungsintensität λ^* auf der Basis der Verbrauchsfunktion zu bestimmen.[406]

Als notwendige Bedingung für ein Minimum der Verbrauchsfunktion ist die erste Ableitung der Verbrauchsfunktion zu bilden und gleich Null zu setzen:

$$\frac{\partial \rho(\lambda)}{\partial \lambda} = 0,2 \cdot \lambda - 2 \overset{!}{=} 0$$

$$\Rightarrow \lambda^* = 10 \, .$$

Die notwendige Bedingung ist für die Leistungsintensität $\lambda^* = 10$ erfüllt. Zu überprüfen bleibt noch, ob diese Leistungsintensität auch zulässig ist, was hier durch $\lambda^* \in [5; 20]$ gegeben ist.

Als hinreichende Bedingung für ein Minimum der Verbrauchsfunktion ist die zweite Ableitung der Verbrauchsfunktion zu analysieren:

$$\frac{\partial^2 \rho(\lambda)}{(\partial \lambda)^2} = 0,2 > 0 \, .$$

Da die zweite Ableitung größer als Null ist, handelt es sich hier tatsächlich um ein Minimum. Die optimale Leistungsintensität λ^* liegt also bei 10 Bodenplatten pro Minute und befindet sich innerhalb des vorgegebenen Intervalls.

Die geplante Produktionsmenge $x^{(P)}$ ergibt sich aus der optimalen Leistungsintensität λ^* und der maximalen Einsatzzeit $\overline{t}$:

$$x^{(P)} = \lambda^* \cdot \overline{t} = 10 \cdot 150 \cdot 60 = 90.000 \text{ ME} \, .$$

Die variablen Stückkosten betragen bei der optimalen Leistungsintensität λ^* :

$$k_v(\lambda^*) = (0,1 \cdot \lambda^{*2} - 2 \cdot \lambda^* + 15) \cdot 1,2$$

$$k_v(10) = (10 - 20 + 15) \cdot 1,2 = 6 \, \frac{\text{€}}{\text{ME}} \, .$$

Daraus ergeben sich Sollkosten $K^{(S1)}$ in Höhe von:

$$K^{(S1)} = 5.000 + 6 \cdot x^{(I)}$$

---

[406] Vgl. Fandel, G.: Produktion I, a.a.O., S. 283; Siehe hierzu auch Kapitel 3.4.2.

$$K^{(S1)} = 5.000 + 6 \cdot 112.500 = 680.000 \, \text{€}.$$

Der Vergleich von Istkosten $K^{(I)}$ und Sollkosten $K^{(S1)}$ führt zu einer verbrauchsabweichungsbedingten Kostendifferenz von:

$$\Delta KVA = K^{(I)} - K^{(S1)} = 800.000 - 680.000 = 120.000 \, \text{€}.$$

Von der verbrauchsabweichungsbedingten Kostendifferenz lässt sich die spezialabweichungsbedingte Kostendifferenz aufgrund einer veränderten Intensität abspalten. Wegen des u-förmigen Verlaufs der Verbrauchsfunktion werden zunächst zeitliche und dann intensitätsmäßige Anpassungen vorgenommen. Hier kann die Maschinenlaufzeit nicht weiter erhöht werden; und da $x = 112.500$ nicht mit λ^* produzierbar ist, kommt nur die rein intensitätsmäßige Anpassung in Frage. Zur Realisierung der Istausbringung von 112.500 Platten benötigt man eine Istintensität von:

$$\lambda^{(I)} = \frac{112.500}{150 \cdot 60} = 12,5 \, \frac{\text{ME}}{\text{Min.}}.$$

Bei $\lambda^{(I)} = 12,5$ Bodenplatten pro Minute ergeben sich durch Einsetzen in die Funktion für die variablen Stückkosten:

$$k_v(12,5) = 6,75 \, \frac{\text{€}}{\text{ME}}.$$

Die Veränderung der variablen Kosten ist ausschließlich auf die erhöhte Intensität zurückzuführen. Dies wird bei der Bestimmung der modifizierten Istkosten $K_\lambda^{(I)}$ berücksichtigt:

$$K_\lambda^{(I)} = 5.000 + 6,75 \cdot 112.500 = 764.375 \, \text{€}.$$

Die intensitätsabweichungsbedingte Kostendifferenz beträgt:

$$\Delta KBF_\lambda^{alt.\,P-I} = 764.375 - 680.000 = 84.375 \, \text{€}.$$

Diese Abweichung beruht darauf, dass in der Istsituation aufgrund einer höheren Produktionsmenge von der optimalen Intensität abgewichen werden musste. Folglich ist diese Abweichung vom Kostenstellenleiter nicht zu verantworten.

Als Kostenrestabweichung ergibt sich in dem Beispiel:

$$\Delta KRA_\lambda = 800.000 - 764.375 = 35.625 \, \text{€}.$$

Können keine weiteren spezialabweichungsbedingten Kostendifferenzen abgespalten werden, so ist die Kostenrestabweichung auf innerbetriebliche Unwirtschaftlichkeiten zurückzuführen und vom Kostenstellenleiter zu verantworten.

6.3.3.2 Ausbeutegradabweichungsbedingte Kostendifferenz

Als weitere spezialabweichungsbedingte Kostendifferenz kommt die Abweichung aufgrund nicht geplanter Ausbeutegrade in Frage. Der Ausbeutegrad β ist definiert als:[407]

$$\beta = \frac{x^{Gutteile}}{x^{bearbeitet}} \cdot$$

Die Ausbringungsmenge x ist abhängig von der Produktionszeit t, der Leistungsintensität λ und dem Ausbeutegrad β und bestimmt sich gemäß der Formel:

$$x = t \cdot \lambda \cdot \beta \, .$$

Im Folgenden wird weiterhin als Bezugsgröße die Ausbringungsmenge gewählt. Die Bezugsgröße Bearbeitungszeit könnte aber ebenfalls – wie auch bei der intensitätsabweichungsbedingten Kostendifferenz – Anwendung finden. Da ausschließlich die ausbeutegradabweichungsbedingte Kostendifferenz betrachtet wird, ist zudem immer von der geplanten Intensität auszugehen, auch wenn diese – wie das folgende Beispiel zeigt – nicht in der Istsituation realisiert werden konnte. Die Plankosten ergeben sich aus:

$$K^{(P)} = K_f^{(P)} + k_v\left(\lambda^{(P)}\right) \cdot B^{(P)} \cdot \frac{1}{\beta^{(P)}} \, .$$

Als Sollkosten $K^{(S1)}$ – bei Istausbringung und Planausbeutegrad – erhält man:

$$K^{(S1)} = K_f^{(P)} + k_v\left(\lambda^{(P)}\right) \cdot B^{(S)} \cdot \frac{1}{\beta^{(P)}} \, .$$

Der Ausdruck

$$\frac{B^{(S)}}{\beta^{(P)}}$$

entspricht der zu bearbeitenden Menge, um die Menge der Gutteile $x^{(I)}$ zu realisieren. Sollen beispielsweise 100 Mengeneinheiten eines Produktes bei einem Ausbeutegrad von 90 % hergestellt werden, so folgt daraus:

$$B^{(S)} = x^{(I)} = 100 \text{ ME} \text{ und } \beta^{(P)} = 0{,}9 \, .$$

---

[407] Vgl. zum Ausbeutegrad Kapitel 6.2.2.1.

Der Ausdruck

$$\frac{B^{(S)}}{\beta^{(P)}} = \frac{100}{0,9} = 111,11\,\text{ME}$$

gibt dann an, dass 111,11 ME produziert werden müssen, damit 100 Gutteile entstehen.

Als modifizierte Istkosten $K_\beta^{(I)}$ – bei Istausbringung und Istausbeutegrad – ergeben sich:

$$K_\beta^{(I)} = K_f^{(P)} + k_v\left(\lambda^{(P)}\right) \cdot B^{(S)} \cdot \frac{1}{\beta^{(I)}}.$$

Daraus resultiert eine ausbeutegradabweichungsbedingte Kostendifferenz $\Delta KBF_\beta^{alt.\,P-I}$ in Höhe von:[408]

$$\Delta KBF_\beta^{alt.\,P-I} = K_\beta^{(I)} - K^{(S1)} = k_v\left(\lambda^{(P)}\right) \cdot B^{(S)} \cdot \left(\frac{1}{\beta^{(I)}} - \frac{1}{\beta^{(P)}}\right).$$

Das folgende Beispiel basiert auf den Ausgangsdaten des vorherigen Beispiels zur intensitätabweichungsbedingten Kostendifferenz mit folgenden Modifikationen:

– Der Planausbeutegrad von 100 % sinkt auf 90 %, d.h. jede zehnte Platte ist fehlerhaft und kann nicht verkauft werden.
– Es ist von der geplanten optimalen Leistungsintensität $\lambda^* = 10$ Platten je Minute auszugehen, da hier ausschließlich die Abweichung aufgrund des gesunkenen Ausbeutegrades bestimmt werden soll. Alle Kostenbestimmungsfaktoren mit Ausnahme des Kostenbestimmungsfaktors Ausbeutegrad sind folglich mit ihrem Planwert anzusetzen. Hier spielt es keine Rolle, dass bereits die Istausbringungsmenge ohne Berücksichtigung des gesunkenen Ausbeutegrades nicht mit der optimalen Intensität realisiert werden könnte. Dies weist lediglich darauf hin, dass auch eine intensitätsabweichungsbedingte Kostendifferenz – wie in Kapitel 6.3.3.1 berechnet – besteht.

Die folgenden Informationen können aus dem Beispiel zur intensitätsabweichungsbedingten Kostendifferenz übernommen werden:

$$k_v(10) = 6\,\frac{\text{€}}{\text{ME}}$$

$$K^{(S1)} = 680.000\,\text{€}$$

$$\Delta KVA = 120.000\,\text{€}.$$

---

[408] Vgl. Haberstock, L.: Kostenrechnung II, a.a.O., S. 348ff.

Zur Berechnung der modifizierten Istkosten $K_\beta^{(I)}$ ist der Ausbeutegrad von 90 % zu berücksichtigen:

$$K_\beta^{(I)} = 5.000 + 6 \cdot \frac{112.500}{0,9} = 755.000 \ \text{€} \ .$$

Die ausbeutegradabweichungsbedingte Kostendifferenz beträgt:

$$\Delta KBF_\beta^{alt.\,P-I} = 755.000 - 680.000 = 75.000 \ \text{€} \ .$$

Liegt der Grund für die Abweichung vom geplanten Ausbeutegrad in der erhöhten Ausbringungsmenge, so ist die ausbeutegradabweichungsbedingte Kostendifferenz nicht von der Kostenstelle zu verantworten.

Als Kostenrestabweichung ergibt sich:

$$\Delta KRA_\beta = 800.000 - 755.000 = 45.000 \ \text{€} \ .$$

Diese Kostenrestabweichung ist auf innerbetriebliche Unwirtschaftlichkeiten zurückzuführen, falls keine Gründe für die Abspaltung weiterer spezialabweichungsbedingter Kostendifferenzen vorliegen. 45.000 € sind damit vom Kostenstellenleiter zu verantworten.

6.3.3.3 Seriengrößenabweichungsbedingte Kostendifferenz

In vielen Fertigungsstellen besteht kein konstantes Verhältnis zwischen Rüst- und Ausführungsstunden. Vielmehr variiert es mit der Seriengröße. Kommt es aufgrund von veränderten Seriengrößen zu einer Verschiebung des Verhältnisses zwischen Rüst- und Ausführungsstunden, so kann ein Teil der verbrauchsabweichungsbedingten Kostendifferenz aus dieser Verschiebung resultieren. Man spricht dann von einer seriengrößenabweichungsbedingten Kostendifferenz.[409] Werden zu deren Ermittlung sowohl die tatsächlichen Ausbringungsmengen als auch die realisierten Seriengrößen angesetzt, wird eine Spezialabweichung vorweggenommen. Denn das Verhältnis zwischen Rüst- und Ausführungzeit wird ebenso von der Auftragszusammensetzung beeinflusst. Die darauf zurückzuführende Kostendifferenz bezeichnet man als Abweichung aufgrund außerplanmäßiger Auftragszusammensetzung.

Seriengröße und Auftragszusammensetzung stellen demzufolge zwei Kostenbestimmungsfaktoren dar, die jeweils zu unterschiedlichen Spezialabweichungen führen. Im Folgenden wird ein Plan-Ist-Ansatz der kumulativen Abweichungsanalyse dargestellt, wobei die erste Spezialabweichung auf der Auftragszusammensetzung und die zweite auf der veränderten Seriengröße beruht. Die Erläuterungen beschränken sich auf die Rüstkosten, da die Ausführungskosten von der

---

[409] Vgl. Kilger, W. / Pampel, J. / Vikas, K.: Flexible Plankostenrechnung und Deckungsbeitragsrechnung, a.a.O., S. 365ff.; Haberstock, L.: Kostenrechnung II, a.a.O., S. 320ff.

Seriengröße unabhängig sind, und die Auswirkungen der Auftragzusammensetzung auf die Ausführungskosten hier nicht Gegenstand der Untersuchung sind.

Um die Kostendifferenzen zu bestimmen, wird man für eine Kostenstelle die zwei Bezugsgrößen Rüstzeit B_R und Ausführungszeit B_A festlegen.[410] Maßgeblich für die gesamte Rüstzeit sind die Rüstzeit je Auflage b_{Rj} und die Auflagehäufigkeit

$$\frac{x_j}{s_j}$$

der einzelnen Produkte j; s_j bezeichnet hierbei die Seriengröße für Produkt j:

$$B_R = \sum_{j=1}^{J} b_{Rj} \cdot \frac{x_j}{s_j} .$$

Die gesamte Ausführungszeit B_A pro Periode entspricht der Ausführungszeit je Mengeneinheit b_{Aj} multipliziert mit den produzierten Mengeneinheiten des Produktes j und aufsummiert über alle Produkte:

$$B_A = \sum_{j=1}^{J} b_{Aj} \cdot x_j .$$

Bei den Sollkosten $K^{(S1)}$ wird lediglich die gesamte Produktionsmenge als Istgröße berücksichtigt. Die Istmenge wirkt sich in der Ausführungszeit aus, die mit ihrem Sollwert angesetzt wird. Folglich hängen die Sollkosten $K^{(S1)}$ von der Bezugsgröße B_A ab. Die Rüstzeit bestimmt sich gemäß dem ursprünglich geplanten Verhältnis $B_R^{(P)} / B_A^{(P)}$, worin die Bezugsgröße Rüstzeit unverändert mit ihrem Planwert eingeht. Als Sollkosten $K^{(S1)}$ ergeben sich:

$$K^{(S1)} = h_R^{(P)} \cdot \frac{B_R^{(P)}}{B_A^{(P)}} \cdot B_A^{(S)} ,$$

mit $h_R^{(P)}$ als dem Kostensatz je Zeiteinheit des Rüstens.

Diese Sollkosten werden üblicherweise für die Kalkulation auf die Kostenträger verwendet, zum einen aus Wirtschaftlichkeitsgründen aber auch, um gleiche Produktarten nicht wegen der Produktion in unterschiedlichen Seriengrößen mit verschiedenen Stückkosten zu bewerten.[411] Die genaue Analyse der Teilabweichungen findet in der Kostenstellenrechnung statt. Dazu ist es notwendig, die Sollkostenfunktion durch detaillierte Darstellung von $B_R^{(P)}$ genauer zu betrachten:

---

[410] Zur Wahl der Bezugsgrößen vgl. Haberstock, L.: Kostenrechnung II, a.a.O., S. 299 und S. 320f.

[411] Vgl. Haberstock, L.: Kostenrechnung II, a.a.O., S. 321f.

$$K^{(S1)} = h_R^{(P)} \cdot \sum_{j=1}^{J} b_{Rj}^{(P)} \cdot \frac{x_j^{(P)}}{s_j^{(P)}} \cdot \frac{B_A^{(S)}}{B_A^{(P)}} \cdot$$

Auftragszusammensetzung und Seriengröße werden durch $x_j^{(P)}$ und $s_j^{(P)}$ mit ihren Planwerten angesetzt, was dazu führt, dass sich die Rüstzeit als geplanter Anteil der Ausführungszeit bestimmt.

Wird die Istauftragszusammensetzung durch den Ansatz der in der Istsituation realisierten Produktionsmengen $x_j^{(I)}$ berücksichtigt und bleibt die Seriengröße mit ihrem Planwert im Ansatz, so ergeben sich folgende modifizierte Istkosten $K_{\text{Auftrag}}^{(I)}$:

$$K_{\text{Auftrag}}^{(I)} = h_R^{(P)} \cdot \sum_{j=1}^{J} b_{Rj}^{(P)} \cdot \frac{x_j^{(I)}}{s_j^{(P)}} \cdot$$

Die gesamten Rüstzeiten werden so berechnet, als würden die tatsächlich realisierten Produktionsmengen in geplanten Seriengrößen hergestellt. Die Ausführungszeit ist hierbei als Bezugsgröße nicht mehr relevant. Die Kosten sind abhängig von der Bezugsgröße B_R, die entsprechend modifiziert wurde.

Als erste Spezialabweichung lässt sich durch den Vergleich der modifizierten Istkosten $K_{\text{Auftrag}}^{(I)}$ mit den Sollkosten $K^{(S1)}$ die Kostenabweichung aufgrund außerplanmäßiger Auftragszusammensetzung $\Delta KBF_{\text{Auftrag}}^{kum.\,P-I}$ abspalten:

$$\Delta KBF_{\text{Auftrag}}^{kum.\,P-I} = K_{\text{Auftrag}}^{(I)} - K^{(S1)} = h_R^{(P)} \cdot \left(\sum_{j=1}^{J} b_{Rj}^{(P)} \cdot \frac{x_j^{(I)}}{s_j^{(P)}} - \sum_{j=1}^{J} b_{Rj}^{(P)} \cdot \frac{x_j^{(P)}}{s_j^{(P)}} \cdot \frac{B_A^{(S)}}{B_A^{(P)}} \right) \cdot$$

$\Delta KBF_{\text{Auftrag}}^{kum.\,P-I}$ ist nicht von der Kostenstelle zu vertreten, da es sich bei der Auftragszusammensetzung um Vorgabewerte handelt, die extern, beispielsweise durch veränderte Marktbedingungen, determiniert werden.[412]

Geht man sowohl von der Istauftragszusammensetzung als auch von der Istseriengröße aus, erhält man die modifizierten Istkosten $K_{\text{Auftrag-Serie}}^{(I)}$:

$$K_{\text{Auftrag-Serie}}^{(I)} = h_R^{(P)} \cdot \sum_{j=1}^{J} b_{Rj}^{(P)} \cdot \frac{x_j^{(I)}}{s_j^{(I)}} \cdot$$

Aus der Gegenüberstellung von modifizierten Istkosten $K_{\text{Auftrag}}^{(I)}$, die Seriengrößen mit den Planwerten berücksichtigen, und modifizierten Istkosten

---

[412] Vgl. Haberstock, L.: Kostenrechnung II, a.a.O., S. 333.

$K_{\text{Auftrag-Serie}}^{(I)}$, die von den tatsächlich realisierten Seriengrößen ausgehen, lässt sich die Kostenabweichung aufgrund außerplanmäßiger Seriengrößen $\Delta KBF_{\text{Serie}}^{kum.\,P-I}$ ableiten:

$$\Delta KBF_{\text{Serie}}^{kum.\,P-I} = K_{\text{Auftrag-Serie}}^{(I)} - K_{\text{Serie}}^{(I)} = h_R^{(P)} \cdot \left(\sum_{j=1}^{J} b_{Rj}^{(P)} \cdot \frac{x_j^{(I)}}{s_j^{(I)}} - \sum_{j=1}^{J} b_{Rj}^{(P)} \cdot \frac{x_j^{(I)}}{s_j^{(P)}} \right).$$

Für die Teilabweichung $\Delta KBF_{\text{Serie}}^{kum.\,P-I}$ ist die Kostenstelle verantwortlich, falls sie selbständig über Seriengrößen entscheiden kann. Andernfalls sind ihre Ursachen in der Arbeitsvorbereitung zu suchen.

In einer Kostenstelle werden drei Produktarten hergestellt, für die die folgenden Plan- und Istdaten gelten.

Tabelle 6.3: Beispiel zur seriengrößenabweichungsbedingten Kostendifferenz

Produktart	Menge pro Produktart		Seriengröße in ME pro Serie		Bearbeitungszeit in Min. pro ME		Rüstzeit in Std. pro Serie	
j	Plan	Ist	Plan	Ist	Plan	Ist	Plan	Ist
1	2.000	500	100	50	2	3	0,2	0,1
2	200	600	80	40	10	5	0,4	0,4
3	600	1.000	240	200	5	2	1,0	1,5

Insgesamt fallen in der betrachteten Periode Istkosten in Höhe von 2.250 € an. In der Kostenstelle liegt heterogene Kostenverursachung vor, d.h. die Kosten sind sowohl von der Ausführungszeit als auch von der Zahl der jeweiligen Rüstvorgänge abhängig. Man wählt daher die beiden Bezugsgrößen Bearbeitungszeit und Rüstzeit.

Der Stundensatz für Rüstvorgänge $h_R^{(P)}$ liegt in der Kostenstelle bei 150 € pro Stunde. Die eigentlichen Produktionskosten betragen 300 € pro Stunde.

Ausgehend von der verbrauchsabweichungsbedingten Kostendifferenz soll eine kumulative Abweichungsanalyse durchgeführt werden, wobei an erster Stelle die Spezialabweichung aufgrund außerplanmäßiger Auftragszusammensetzung und anschließend die seriengrößenabweichungsbedingte Kostendifferenz abzuspalten ist. Eine eventuell noch vorhandene Restabweichung soll ebenfalls ausgewiesen werden.

Da sich die folgende Abweichungsanalyse auf die Seriengrößenabweichung beschränkt, werden in diesem Beispiel nur die Planwerte der Bearbeitungs- und Rüstzeiten benötigt. Die Istwerte sind hier nicht von Interesse. Man könnte aber noch weitere spezialabweichungsbedingte Kostendifferenzen abspalten.

Als Plan- und Sollwerte ergeben sich für die Bezugsgrößen:

Ausführungszeit: $B_A^{(P)} = 2 \cdot 2.000 + 10 \cdot 200 + 5 \cdot 600 = 9.000\ \text{Min.}\ \left(\hat{=} 150\ \text{Std.}\right)$

$$B_A^{(S)} = 2 \cdot 500 + 10 \cdot 600 + 5 \cdot 1.000 = 12.000 \text{ Min.} \left(\hat{=} 200 \text{ Std.} \right).$$

Rüstzeit: $$B_R^{(P)} = 0,2 \cdot \frac{2.000}{100} + 0,4 \cdot \frac{200}{80} + 1 \cdot \frac{600}{240} = 7,5 \text{ Std.}$$

$$B_R^{(S)} = \frac{7,5}{150} \cdot 200 = 10 \text{ Std.}$$

Die Bearbeitungskosten sind abhängig von der Ausbringungsmenge und fallen unabhängig von der Seriengröße in Höhe von 60.000 € $\left(= 300 \cdot 200 \right)$ an. Für die Analyse der serienabweichungsbedingten Kostendifferenz sind sie nicht von Bedeutung und können daher vernachlässigt werden.

Für die Rüstkosten lassen sich die folgenden Kosten ermitteln:

– Sollkosten $K^{(S1)}$ bei Istausbringung, Planauftragszusammensetzung und Planseriengröße:

$$K^{(S1)} = 150 \cdot \frac{7,5}{150} \cdot 200 = 150 \cdot 10 = 1.500 \text{ €}.$$

Die Sollkosten $K^{(S1)}$ gehen von dem geplanten durchschnittlichen Rüstzeitanteil von

$$5 \text{ \%} \left(= \frac{7,5}{150} \cdot 100 \right)$$

aus und sind dadurch ausschließlich von der Ausführungszeit abhängig. Bei einer Produktionszeit von 200 Stunden werden hier 10 Rüststunden verrechnet.

– Sollkosten $K_{\text{Auftrag}}^{(I)}$ bei Istausbringung, Istauftragszusammensetzung und Planseriengröße:

$$K_{\text{Auftrag}}^{(I)} = 150 \cdot \left(0,2 \cdot \frac{500}{100} + 0,4 \cdot \frac{600}{80} + 1 \cdot \frac{1.000}{240} \right) = 150 \cdot 8,167 = 1.225 \text{ €}.$$

Fertigt man die tatsächlichen Ausbringungsmengen in den geplanten Seriengrößen 100, 80 bzw. 240, dann fallen insgesamt 8,167 Rüststunden an. Die gesamte Produktionszeit ist hier nicht mehr von Bedeutung.

– Sollkosten $K_{\text{Auftrag–Serie}}^{(I)}$ bei Istausbringung, Istauftragszusammensetzung und Istseriengröße:

$$K_{\text{Auftrag–Serie}}^{(I)} = 150 \cdot \left(0,2 \cdot \frac{500}{50} + 0,4 \cdot \frac{600}{40} + 1 \cdot \frac{1.000}{200} \right) = 150 \cdot 13 = 1.950 \text{ €}.$$

Berücksichtigt man zusätzlich die Seriengrößen mit ihren tatsächlich realisierten Werten, sind 13 Rüststunden zu verrechnen.

Zunächst lässt sich die verbrauchsabweichungsbedingte Kostendifferenz ΔKVA bestimmen:

$$\Delta KVA = K^{(I)} = K^{(S1)} = 2.250 - 1.500 = 750 \, € \, .$$

Diese Kostendifferenz kann noch genauer analysiert werden, wobei als erste Spezialabweichung diese aufgrund geänderter Auftragszusammensetzung abzuspalten ist:

$$\Delta KBF_{\text{Auftrag}}^{kum.\,P-I} = K_{\text{Auftrag}}^{(I)} - K^{(S1)} = 1.225 - 1.500 = -275 \, € \, .$$

Dieses Ergebnis zeigt, dass die Istproduktion (12.000 Minuten pro Periode) unter Einhaltung der geplanten Seriengrößen bei der Istauftragszusammensetzung günstiger zu realisieren ist als bei der Planauftragszusammensetzung.

Die Kostendifferenz aufgrund veränderter Seriengrößen ergibt sich wie folgt:

$$\Delta KBF_{\text{Serie}}^{kum.\,P-I} = K_{\text{Auftrag-Serie}}^{(I)} - K_{\text{Auftrag}}^{(I)} = 1.950 - 1.225 = 725 \, € \, .$$

Dadurch wird deutlich, dass die tatsächlich realisierten Seriengrößen zu höheren Rüstkosten führen als die geplanten Seriengrößen. Dieses Ergebnis verwundert nicht, da bereits aus der Tabelle zu erkennen ist, dass die Istwerte der Seriengrößen aller Produktarten kleiner sind als die entsprechenden Planwerte, was zu einer höheren Auflagehäufigkeit führt.

Zudem enthält die seriengrößenabweichungsbedingte Kostendifferenz noch die Abweichungsinterdependenz, die sowohl auf die Auftragszusammensetzung als auch auf die Seriengröße zurückzuführen ist, da sie an zweiter Stelle abgespalten wurde.[413]

Nach Abspaltung der beiden Spezialabweichungen von ΔKVA ergibt sich die Kostenrestabweichung $\Delta KRA_{\text{Serie}}$:

$$\Delta KRA_{\text{Serie}} = \Delta KVA - \Delta KBF_{\text{Auftrag}}^{kum.\,P-I} - \Delta KBF_{\text{Auftrag-Serie}}^{kum.\,P-I}$$
$$= 750 - \left(-275 \right) - 725 = 300 \, € \, .$$

Diese Kostenrestabweichung kann beispielsweise auf die veränderten Rüstzeiten je Serie oder auf sonstige Unwirtschaftlichkeiten zurückgeführt werden.

---

[413] Vgl. Kapitel 6.3.1.

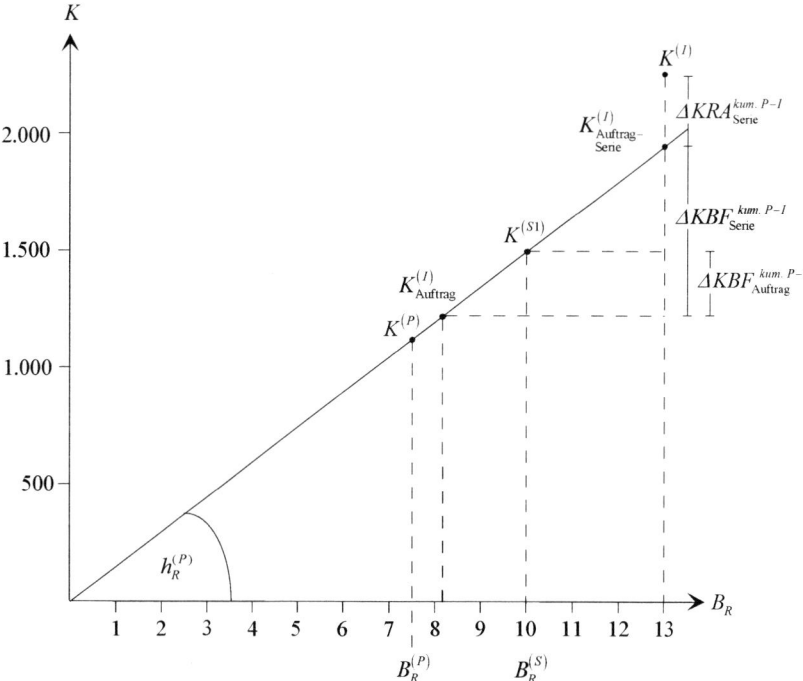

Abb. 6.12: Seriengrößenabweichungsbedingte Kostendifferenz

Bei der Abb. 6.12 ist zu beachten, dass die Bezugsgröße B_R von unterschiedlichen Faktoren, wie der Bezugsgröße B_A und unterschiedlichen Ausprägungen der Kostenbestimmungsfaktoren abhängt.[414] Der Stundensatz für Rüstvorgänge $h_R^{(P)}$ gibt die Steigung der Kostenfunktion an. Die Abbildung enthält ausschließlich die variablen Rüstkosten, könnte aber durch Einfügen eines positiven Achsenabschnittes problemlos um die fixen Rüstkosten erweitert werden.

6.3.3.4 Sonstige spezialabweichungsbedingte Kostendifferenzen

Als weitere spezialabweichungsbedingte Kostendifferenz ist die bedienungsverhältnisbedingte Kostendifferenz zu nennen. Sie zeigt Kostenabweichungen auf, die in einer Kostenstelle dadurch verursacht werden, dass das geplante Verhältnis zwischen Fertigungs- und Maschinenstunden – das so genannte Bedienungsverhältnis – nicht realisiert wird.[415]

---

[414] Vgl. Haberstock, L.: Kostenrechnung II, a.a.O., S. 336.

[415] Vgl. Kilger, W. / Pampel, J. / Vikas, K.: Flexible Plankostenrechnung und Deckungsbeitragsrechnung, a.a.O., S. 368f.

Wird von der geplanten Maschinenbelegung abgewichen, so kann es zu Kostenabweichungen kommen, wenn die alternativ eingesetzten Maschinen andere Kosten pro Zeiteinheit (Grenz-Plankalkulationssatz $h^{(P)}$) verursachen und / oder andere Bedienungszeiten (Bezugsgröße $B_j^{(P)}$) je Leistungseinheit x_j aufweisen als die geplanten Maschinen. Wird beispielsweise die geplante Maschine A durch eine andere Maschine B ersetzt, so entspricht die maschinenabweichungsbedingte Kostendifferenz $\Delta KBF_{\text{Maschine}}$ dem folgenden Ausdruck:

$$\Delta KBF_{\text{Maschine}} = \sum_{j=1}^{J} x_j^{(I)} \cdot \left(h_B^{(P)} \cdot B_{jB}^{(P)} - h_A^{(P)} \cdot B_{jA}^{(P)} \right).$$

Ursachen für die maschinenbelegungsabweichungsbedingten Kostendifferenzen können beispielsweise Betriebsstörungen, Planungsfehler, Terminverschiebungen oder Zusatzaufträge sein. In der Regel wird die Abweichung nicht von der Kostenstelle zu verantworten sein.

6.3.4 Kontrolle der Fixkosten

Die bisherigen Betrachtungen bezogen sich ausschließlich auf die Kostenkontrolle von variablen Einzel- und Gemeinkosten.

Im Rahmen der Grenzplankostenrechnung ist ebenfalls eine Kontrolle der fixen Kosten durchzuführen. Sie dient als Grundlage für Desinvestitions- und Stilllegungsentscheidungen.[416]

Zur Kontrolle der Fixkosten stehen folgende Ansätze zur Verfügung:

– Auslastungsanalyse und
– Abweichungsanalyse.

Im Rahmen der Auslastungsanalyse soll untersucht werden, inwieweit die vorhandenen Kapazitäten auch tatsächlich genutzt wurden.

Während sich in der Vollkostenrechnung auf Fixkosten basierende Kostenabweichungen zwischen der Kostenträgerstück- und Kostenträgerzeitrechnung in der beschäftigungsabweichungsbedingten Kostendifferenz widerspiegeln, gehen in der Grenzplankostenrechnung die fixen Kosten als Periodenkosten unabhängig von der Auslastung direkt in die kurzfristige Erfolgsrechnung ein. Daher ist eine gesonderte Kontrolle der fixen Kosten notwendig.

Für die folgenden Ausführungen zur Fixkostenanalyse sei der Einfachheit halber eine Kapazitätsplanung unterstellt. Für die Engpassplanung, von der üblicher-

---

[416] Vgl. Herzog, E. / Assmann, M.: Grenzplankostenrechnung als geschlossenes Planungs-, Abrechnungs- und Informationssystem für das Kosten- und Deckungsbeitragsmanagement, in: Kostenrechnungspraxis (1993) 1, S. 9-16, hier S. 13.

weise in der Grenzplankostenrechnung ausgegangen wird, ergeben sich gewisse Besonderheiten, auf die hier nicht eingegangen werden soll.[417]

Die fixen Kosten werden eingeteilt in:

- Leerkosten K_L : Sie entsprechen dem Teil der Fixkosten, der durch die tatsächliche Beschäftigung im Verhältnis zur geplanten Beschäftigung nicht ausgenutzt wird, also den fixen Kosten der nicht genutzten Kapazität.

- Nutzkosten K_N : Sie entsprechen dem Teil der Fixkosten, der durch die tatsächliche Beschäftigung im Verhältnis zur geplanten Beschäftigung ausgenutzt wird, also den fixen Kosten der genutzten Kapazität.

Multipliziert man die geplanten fixen Kosten $K_f^{(P)}$ mit dem Sollbeschäftigungsgrad $B^{(S)} / B^{(P)}$, so erhält man die Nutzkosten K_N :

$$K_N = K_f^{(P)} \cdot \frac{B^{(S)}}{B^{(P)}}.$$

Subtrahiert man die Nutzkosten von den fixen Kosten, so ergibt sich ein Wert K_L, der der beschäftigungsabweichungsbedingten Kostendifferenz aus der Vollkostenrechnung entspricht.

$$K_L = K_f^{(P)} - K_f^{(P)} \cdot \frac{B^{(S)}}{B^{(P)}}.$$

---

[417] Vgl. dazu Haberstock, L.: Kostenrechnung II, a.a.O., S. 367ff.; Pfitzner, K.: Die Beschäftigungsabweichung in der flexiblen Plankostenrechnung, a.a.O., S. 726ff. Die Engpassplanung hat hier den Nachteil, dass die Leerkosten als zu gering ausgewiesen werden. Bei der Planbeschäftigung sind die Leerkosten Null, obwohl – falls die geplante Kapazität kleiner als die maximale Kapazität ist – die Kapazität nicht voll genutzt wird.

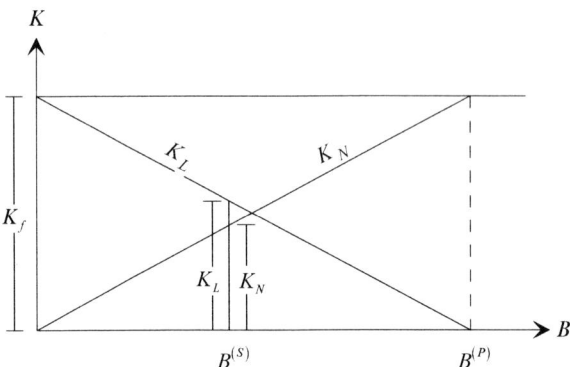

Abb. 6.13: Aufteilung der Fixkosten in Nutz- und Leerkosten

Addiert man die Nutzkosten mehrerer Kostenstellen m $(m = 1, ..., M)$ und setzt sie ins Verhältnis zu der Summe der Fixkosten dieser Kostenstellen, so erhält man einen gewogenen wertmäßigen Auslastungsprozentsatz für den betreffenden Teilbereich:

$$\text{gewogener wertmäßiger Auslastungsprozentsatz} = \frac{\sum_{m=1}^{M} K_{Nm}}{\sum_{m=1}^{M} K_{fm}^{(P)}} \cdot 100 \; .$$

Dieser Auslastungsprozentsatz ist im Zeitablauf zu beobachten. Liegt er längere Zeit unter 100 %, so ist zu untersuchen, ob die Kapazitäten nicht entsprechend reduziert werden können.

Im Rahmen der Abweichungsanalyse handelt es sich im Gegensatz zur Auslastungsanalyse um reale Kostenüber- bzw. -unterschreitungen der Fixkosten.

Da Kapazitätsänderungen in der Regel aber zur Planrevision führen, treten Fixkostenabweichungen eher selten auf. In den meisten Fällen gilt daher:[418]

$$K_f^{(P)} = K_f^{(S)} = K_f^{(I)} \; .$$

---

[418] Vgl. Freidank, C.-C.: Die buchhalterische Organisation der kurzfristigen Erfolgsrechnung im System einer flexiblen Plankostenrechnung auf Vollkostenbasis, a.a.O., S. 7.

6.4 Übungsaufgaben zu Kapitel 6

6.4.1 Übungsaufgaben zu Entwicklungsformen der Plankosten-rechnung

---

Übungsaufgabe 6.1:   Differenzierung zwischen Plan-, Soll- und Istbezugsgrößen

---

Die Planung für die folgende Periode hat ergeben, dass 1.000 ME bei einer geplanten Zeit von 2 Maschinenstunden pro ME hergestellt werden sollen. Nach Ablauf der Planperiode stellt man fest, dass nur 800 ME unter Einsatz von 2,25 Maschinenstunden pro ME gefertigt wurden. Als Bezugsgröße werden die Maschinenstunden gewählt. Bestimmen Sie die Höhe der Plan-, Soll- und Istbezugsgröße.

Übungsaufgabe 6.2:   Entscheidungsrelevanz von Vollkosten

Für die Planperiode ergeben sich folgende Informationen.

Es werden die Produkte A, B und C gefertigt. Die zur Verfügung stehenden Kapazitäten sind nicht voll ausgelastet und können kurzfristig nicht verändert werden.

Produkt	A	B	C
Produktionsmenge	1.000	500	200
Absatzmenge	500	500	200
Grenzkosten	10	20	25
Vollkosten	15	28	50
Verkaufspreis	20	25	55

Zeigen Sie für dieses Beispiel, dass Vollkosten für die Bestimmung von kurzfristigen Preisuntergrenzen und für die Programmplanung keine entscheidungsrelevanten Größen darstellen.

Stellen Sie dabei jeweils die Ergebnisse einer Voll- und einer Teilkostenrechnung gegenüber.

Übungsaufgabe 6.3:   Periodengewinn in Voll- und Teilkostenrechnungen – Auswirkungen der unterschiedlichen Bestandsbewertung

---

In der folgenden Periode soll ausschließlich das Produkt A gefertigt werden. Die geplante Absatzmenge liegt bei 1.000 ME. Der Verkaufspreis beträgt 20 € je ME.

Für die geplante Produktionsmenge sollen die folgenden Fälle unterschieden werden:

Fall a: 1.000 ME,
Fall b: 500 ME (Lagerverkauf) und
Fall c: 1.500 ME (Vorratsproduktion).

Die weiteren stückbezogenen Kalkulationsdaten für die Produktion von 1.000 ME sind:

	Proportionale Kosten	Fixe Kosten	Vollkosten
Herstellkosten	10 €	3 €	13 €
Verwaltungs- und Vertriebskosten	–	2 €	2 €
Selbstkosten	10 €	5 €	15 €

Diese Daten gelten sowohl für die Planperiode als auch für die vorangegangenen Perioden, für die eine konstante Produktion von 1.000 ME unterstellt wird.

Bestimmen Sie jeweils auf Basis von Voll- und Teilkosten den Periodengewinn nach dem Gesamtkostenverfahren. Erläutern Sie, worauf die Unterschiede zurückzuführen sind, und beurteilen Sie die Systeme.

Übungsaufgabe 6.4:   Starre Plankostenrechnung auf Basis der Istbeschäftigung

Das Beispiel zur starren Plankostenrechnung aus Kapitel 6.1.1.3 soll wie folgt erweitert werden.

Geplant ist die Produktion von 6.000 ME, was bei einer Fertigungszeit von 10 Minuten je ME zu der Planbezugsgröße von 1.000 Stunden führt. Die Plankosten der Periode betragen 150.000 €, und die Istkosten liegen bei 135.000 €. Tatsächlich werden aber nur 3.600 Stück hergestellt, und die Produktion dauert 12 Minuten je ME. Die Sollbeschäftigung beträgt 600 Stunden in der Periode.

a) Bestimmen Sie die Istbeschäftigung.

b) Bestimmen Sie für eine starre Plankostenrechnung ΔKGA_1 auf der Basis der Istbeschäftigung und erläutern Sie das Ergebnis.

c) Verwenden Sie anstelle der Fertigungsstunden die Ausbringungsmenge als Bezugsgröße und bestimmen Sie für eine starre Plankostenrechnung ΔKGA_2.

d) Stellen Sie die Abweichungsanalyse aus b) und c) grafisch dar.

6.4.2 Übungsaufgaben zur Kostenplanung in der Grenzplankostenrechnung

Übungsaufgabe 6.5:	Planung der Materialeinzelkosten

Für die Fertigungsstelle einer Textilfirma soll eine Materialeinzelkostenplanung durchgeführt werden. In der Kostenstelle werden die drei Produkte Hose (A), Jacke (B) und Hemd (C) gefertigt. Von A sollen 500 ME, von B 300 ME und von dem Produkt C sollen 1.000 ME hergestellt werden. Dazu sind die Materialarten Oberstoff (1), Futterstoff (2), Knöpfe (3) und Reißverschluss (4) einzusetzen. Nähgarn und sonstige Kleinteile werden aus Wirtschaftlichkeitsgründen als unechte Gemeinkosten geplant. Die geplanten Faktorpreise liegen bei 12 € je laufender Meter von Material 1, 5 € je laufender Meter von Material 2, 0,10 € je ME von Material 3 und 1 € je ME von Material 4.
Aus den Stücklisten ergeben sich die folgenden Materialverbräuche je ME:

Materialart	Materialverbrauch je ME der Produktart		
	A	B	C
1	1,08	1,08	1,14
2	0,16	1,20	–
3	1,00	8,00	10,00
4	1,00	–	–

Für die Materialarten 1 und 2 gelten die in der folgenden Tabelle aufgeführten Abfallkoeffizienten. Sie geben den Anteil der eingesetzten Menge an, der unvermeidbaren Abfall darstellt. Bei den Materialarten 3 und 4 fällt kein Abfall an. Die Tabelle enthält darüber hinaus die Ausbeutegrade der Produktarten jeweils bezogen auf die einzelnen Materialarten:

Materialart	Abfallkoeffizienten der Produktart			Ausbeutegrad der Produktart		
	A	B	C	A	B	C
1	0,20	0,40	0,25	0,90	0,90	0,95
2	0,06	0,25	–	0,85	0,80	–

Da vor Einsetzen des Reißverschlusses und Annähen der Knöpfe eine Qualitätskontrolle stattfindet, kann für die Materialarten 3 und 4 von einem Ausbeutegrad von 100 % ausgegangen werden.

a) Bestimmen Sie die Standards für Gutteile und die anzusetzenden Standards jeweils für die Materialarten 1 bis 4 und die Produkte A, B und C.

b) Ermitteln Sie die gesamten Brutto-Planmaterialeinzelkosten jeweils für die Materialarten 1 bis 4 und die Produkte A, B und C.

c) Geben Sie die Bestimmungsgleichung zur Ermittlung der Brutto-Planmaterialeinzelkosten eines Produktes für den Fall der einstufigen Produktion an.

Übungsaufgabe 6.6:   Planung der Lohneinzelkosten (Akkordlohn)

Bei den Fertigungslöhnen einer Kostenstelle handelt es sich um reine proportionale Akkordlöhne. Die Vorgabezeit beträgt 3 Minuten je ME, und für die Planperiode Januar wird von einem Leistungsgrad von 120 % ausgegangen. In der Kostenstelle sollen im Januar 21 Tage im Ein-Schicht-Betrieb (8 Stunden) gearbeitet werden. Die geplante Produktionsmenge entspricht der maximalen Menge, die unter Berücksichtigung der sonstigen Planwerte während dieser Zeit hergestellt werden kann. Der Akkordrichtsatz liegt bei 60 € je Stunde.

Bestimmen Sie:

a) die geplante Gesamtarbeitszeit T_{Januar} der Periode in Minuten,

b) die Planarbeitszeit je ME,

c) die geplante Produktionsmenge $x^{(P)}$ der Periode und

d) die geplante Lohnsumme $K_L^{(P)}$ der Periode.

Übungsaufgabe 6.7:   Hoch-Tiefpunkt-Methode und Bezugsgrößenwahl

---

Für die Stromkosten einer Walzstraße stehen die beiden Bezugsgrößen Durchsatzgewicht (in Tonnen) und Betriebszeit (in Stunden) zur Verfügung. Für das letzte Kalenderjahr wurden die folgenden Werte aufgezeichnet:

Monat	Stromkosten (in €)	Durchsatzge- wicht (in t)	Betriebszeit (in Stunden)
Jan.	1.000	100	310
Feb.	1.500	300	470
März	1.250	150	380
April	1.200	180	360
Mai	1.050	250	300
Juni	1.300	320	400
Juli	1.100	350	320
Aug.	1.350	140	410
Sept.	1.150	210	350
Okt.	1.400	130	430
Nov.	1.650	120	500
Dez.	1.450	280	440

a) Bestimmen Sie mittels der Hoch-Tiefpunkt-Methode die Sollkostenfunktionen jeweils für die Bezugsgrößen Durchsatzgewicht und Betriebszeit.

b) Stellen Sie die Sollkostenfunktionen grafisch dar.

c) Erläutern Sie die Eignung der Bezugsgrößen.

Übungsaufgabe 6.8:   Variatoren

Welche Kostenarten liegen vor, wenn der Variator den Wert 0, 10 oder 6 annimmt?

Übungsaufgabe 6.9:   Variatoren

In einer Fertigungsstelle sind für eine Planbeschäftigung von 200 Stunden je Periode Gemeinkosten in Höhe von 150.000 € geplant. Der Variator dieser Kostenstelle liegt bei 8.

a) Bestimmen Sie die variablen Plankosten, die fixen Plankosten und die entsprechende Sollkostenfunktion.

b) Bestimmen Sie bei gleicher Sollkostenfunktion (aus Aufgabenteil a) für eine Planbeschäftigung von 25, 50, 75, 100, 125, 150 und 175 Stunden die Variatoren und stellen Sie die Höhe des Variators in Abhängigkeit von der Planbeschäftigung grafisch dar.

c) Diskutieren Sie die folgende Aussage anhand des Beispiels:

Der Variator entspricht der prozentualen Änderung der Kosten einer Kostenart in einer Kostenstelle bei einer Beschäftigungsänderung von 10 %.

Übungsaufgabe 6.10:   Ableitung von Variatoren aus Kostenfunktionen

In einer Kostenstelle fallen vier unterschiedliche Kostenarten an, für die die folgenden Kostenfunktionen bekannt sind:

$$K_1^{(S)} = 2.000 + 12 \cdot B^{(S)}$$

$$K_2^{(S)} = 5.000$$

$$K_3^{(S)} = 400 + 3 \cdot B^{(S)}$$

$$K_4^{(S)} = 25 \cdot B^{(S)}.$$

Die Beschäftigung der Kostenstelle kann zwischen 0 und 300 Stunden variieren; geplant ist eine Beschäftigung von 250 Stunden.

a) Bestimmen Sie die Variatoren der einzelnen Kostenarten.

b) Bestimmen Sie die Gesamtkosten der Kostenstelle bei Planbeschäftigung, die gesamte Sollkostenfunktion und den Variator der Gesamtkosten.

6.4.3   Übungsaufgaben zur Kostenkontrolle in der Grenzplankostenrechnung

---

Übungsaufgabe 6.11:   Sollkosten und modifizierte Istkosten

Für welche Fälle gilt bei multiplikativ verknüpften positiven Kostenbestimmungsfaktoren:

$$K^{(S1)} < K_2^{(I)},$$

$$K^{(S1)} = K_2^{(I)} \text{ oder}$$

$$K^{(S1)} > K_2^{(I)}?$$

Übungsaufgabe 6.12:   Spezialabweichungsbedingte Kostendifferenzen

Ist es denkbar, dass auch spezialabweichungsbedingte Kostendifferenzen innerbetriebliche Unwirtschaftlichkeiten darstellen und vom Kostenstellenleiter zu verantworten sind?

Übungsaufgabe 6.13:   Materialeinzelkostenkontrolle

Diese Aufgabe basiert auf den Plandaten aus Übungsaufgabe 6.5.

Nach Realisierung der Planperiode stellt man fest, dass von den geplanten Produktionsmengen abgewichen wurde. Tatsächlich wurden 400 Hosen, 400 Jacken und 800 Hemden hergestellt. Für die einzelnen Kostenarten sind Istkosten in folgender Höhe entstanden:

Kostenart	Istkosten
1	34.920
2	5.000
3	1.200
4	500

Außerdem sind noch folgende Informationen bekannt:

– Der Kunde (Kaufhaus), der die Textilwaren in Auftrag gegeben hat, änderte nachträglich den Schnitt für die Jacke, so dass sich als anzusetzende Standards für die Materialarten 1 und 2 jeweils 2,2 ergibt.

– Die Reißverschlüsse waren von schlechter Qualität. Jeder Fünfte konnte der Qualitätskontrolle nicht standhalten, was jedoch erst bei der Endkontrolle festgestellt wurde. Die Möglichkeit der Nacharbeit bestand in diesem Fall nicht.

a) Bestimmen Sie die Sollkosten und die materialverbrauchsabweichungsbedingten Kostendifferenzen ΔKVA_i für die Materialarten $i = 1, \ldots, 4$.

b) Führen Sie eine alternative Abweichungsanalyse als Plan-Ist-Ansatz durch. Verwenden Sie hierzu die Ihnen zur Verfügung stehenden Informationen.

c) Stellen Sie die Ergebnisse einer kumulativen Abweichungsanalyse als Plan-Ist-Ansatz dar. Wählen Sie eine beliebige Abspaltungsreihenfolge und nehmen Sie die Ergebnisse aus Aufgabenteil b) zur Hilfe.

Erläutern Sie, wieso die jeweiligen Abweichungen unabhängig vom Analyseverfahren gleich hoch sind.

d) Bestimmen Sie die Restabweichungen der einzelnen Kostenarten.

Übungsaufgabe 6.14: Kontrolle der Materialeinzelkosten

In einem Unternehmen wird aus den Rohstoffen A, B und C Farbe hergestellt. Geplant ist ein Produktionsprozess ohne Mengenverluste, d.h. eingesetzte und ausgebrachte Mengen entsprechen einander. Für die Planperiode ist die Herstellung von 50.000 Litern Farbe geplant. Die geplanten Mengenanteile der Rohstoffe und deren Planpreise je Liter entnehmen Sie der folgenden Tabelle.

Rohstoff	Anteil	Planpreis je Liter
A	0,2	2 €
B	0,5	5 €
C	0,3	0,10 €

Die geplante Ausbringungsmenge wird auch tatsächlich realisiert. Allerdings führen Engpässe auf dem Rohstoffmarkt zu einer Änderung der Zusammensetzung. Außerdem treten unvorhergesehene Mengenverluste auf (z.B. durch Verschütten, Schwund usw.), deren relativer Anteil bei allen Rohstoffen gleich hoch ist. Der Istverbrauch beträgt für Rohstoff A 13.200 Liter, für Rohstoff B 33.000 Liter und für Rohstoff C 8.800 Liter.

a) Geben Sie die gesamte materialverbrauchsabweichungsbedingte Kostendifferenz an. Die Abweichungsanalyse soll hier für alle Rohstoffarten zusammen und nicht getrennt für jede einzelne Rohstoffart durchgeführt werden.

b) Führen Sie eine kumulative Abweichungsanalyse als Plan-Ist-Ansatz durch.

Bestimmen Sie zunächst die materialverbrauchsabweichungsbedingte Kostendifferenz, die mischungsbedingt ist.

Berechnen Sie anschließend die Kostendifferenz aufgrund der unwirtschaftlichkeitsbedingten Mengenabweichung.

Übungsaufgabe 6.15: Kontrolle der Lohneinzelkosten (Akkordlohn)

Gehen Sie von der Planung der Lohneinzelkosten in Übungsaufgabe 6.6 aus und führen Sie eine Kontrolle der Lohneinzelkosten durch. Dabei stehen noch die folgenden Informationen zur Verfügung:

– Von der geplanten Gesamtarbeitszeit wurde nicht abgewichen.
– Die realisierte Produktionsmenge $x^{(I)}$ der Periode liegt bei 3.600 ME.
– In der Periode wurden keine Zusatz-Lohnscheine ausgestellt.
– Der Maschinenstundensatz der Kostenstelle liegt bei 200 € je Stunde. Die Maschinenlaufzeit entspricht der gesamten Fertigungsdauer.

a) Bestimmen Sie die tatsächlich angefallene Lohnsumme $K_L^{(I)}$ und die Differenz zur geplanten Lohnsumme $K_L^{(P)}$.

Wie ist diese Differenz zu erklären?

b) Entspricht die Differenz aus a) der lohnverbrauchsabweichungsbedingten Kostendifferenz ΔKVA_L?

Welche allgemeine Aussage lässt sich über die lohnverbrauchsabweichungsbedingte Kostendifferenz bei reinen Akkordlöhnen machen?

c) Führen Sie eine Leistungsgradanalyse durch.

d) Welche Auswirkungen hat der gesunkene Leistungsgrad auf die Gemeinkosten? Erläutern Sie die Auswirkungen anhand der Maschinenkosten.

Übungsaufgabe 6.16: Alternative Abweichungsanalyse als Ist-Plan-Ansatz

---

Führen Sie für das Beispiel in Kapitel 6.3.1.2.1 zur alternativen Abweichungsanalyse als Plan-Ist-Ansatz eine alternative Abweichungsanalyse als Ist-Plan-Ansatz durch. Ermitteln Sie die spezialabweichungsbedingten Kostendifferenzen und zeigen Sie, wie die Differenz zwischen

$$\sum_{n=2}^{N} \Delta KBF_n^{alt.\,I-P} \text{ und } \Delta KVA$$

zustande kommt.

Die Istkosten $K^{(I)}$ in Höhe von 150.000 €, die Sollkosten $K^{(S1)}$ von 88.888,89 € und die verbrauchsabweichungsbedingte Kostendifferenz von 61.111,11 € können unverändert übernommen werden.

Übungsaufgabe 6.17: Kumulative Abweichungsanalyse als Ist-Plan-Ansatz

---

Führen Sie für das Beispiel in Kapitel 6.3.1.2.1 zur alternativen Abweichungsanalyse als Plan-Ist-Ansatz eine kumulative Abweichungsanalyse als Ist-Plan-Ansatz durch. Ermitteln Sie die spezialabweichungsbedingten Kostendifferenzen ausgehend von den zwei denkbaren Abspaltungsreihenfolgen. Welche Gemeinsamkeiten mit den Ergebnissen aus Kapitel 6.3.1.2.2 zur kumulativen Abweichungsanalyse als Plan-Ist-Ansatz fallen auf?

Die Berechnung der Istkosten $(= 150.000 \text{ €})$ und der Sollkosten $K^{(S1)}$ $(= 88.888,89 \text{ €})$ kann unverändert übernommen werden.

Übungsaufgabe 6.18: Alternative und kumulative Abweichungsanalyse bei drei Kostenbestimmungsfaktoren

---

Zusätzlich zu den Angaben in dem Beispiel aus Kapitel 6.3.1.2.1 soll ein pauschaler Zuschlag für die Rüstzeiten berücksichtigt werden. Geplant war, dass die Rüstzeit in Höhe von 20 % der Bearbeitungszeit anfällt. Tatsächlich benötigte man aber 30 %. Die Daten sind noch einmal übersichtlich in der folgenden Tabelle zusammengestellt.

Kostenbestimmungsfaktor	Symbol	Planwert	Istwert
Ausbringungsmenge	x	12.000 ME	10.000 ME
Bearbeitungszeit	t_B	2 Min.	3 Min.
Ausbeutegrad	$\beta' = \dfrac{1}{\beta}$	$\dfrac{1}{0,9}$	$\dfrac{1}{0,8}$
Rüstzeitfaktor	t_R	1,2	1,3

Der geplante Minutensatz von $q = 4\,\text{€}$ bleibt unverändert bestehen.

Die Kosten ergeben sich allgemein aus $K = q \cdot x \cdot \beta \cdot t_B \cdot t_R$.

a) Führen Sie unter Verwendung der Symbole eine alternative Abweichungsanalyse als Ist-Plan-Ansatz durch. Weisen Sie die einzelnen Bestandteile der Teilabweichungen getrennt voneinander aus.

Verwenden Sie dabei die folgenden Beziehungen:

$$\Delta\beta = \beta^{(I)} - \beta^{(P)}$$

$$\Delta t_B = t_B^{(I)} - t_B^{(P)}$$

$$\Delta t_R = t_R^{(I)} - t_R^{(P)}.$$

b) Leiten Sie ohne weitere Berechnungen aus den Ergebnissen die Teilabweichungen nach der alternativen Abweichungsanalyse als Plan-Ist-Ansatz und nach den Varianten der kumulativen Abweichungsanalysen ab. Gehen Sie dabei von der Abspaltungsreihenfolge Ausbeutegrad - Bearbeitungszeit - Rüstzeit aus.

c) Zeigen Sie, dass der Betrag

$$\left| \Delta KVA - \sum_{n=2}^{N} \Delta KBF_n^{alt.} \right|$$

nach dem Plan-Ist-Ansatz und dem Ist-Plan-Ansatz unterschiedlich hoch sein kann. Für welche Fälle weist er unabhängig vom gewählten Ansatz die gleiche Höhe auf?

Übungsaufgabe 6.19:   Intensitätsabweichungsbedingte Kostendifferenz

Im Beispiel zur intensitätsabweichungsbedingten Kostendifferenz in Kapitel 6.3.3.1 wurde als Bezugsgröße die Ausbringungsmenge gewählt. In den folgenden Aufgabenteilen sollen Sie sich intensiv mit den Konsequenzen aus der Wahl der Bearbeitungszeit als Bezugsgröße beschäftigen.

a) Zeigen Sie formal, dass sich die Plankosten auf Basis der Bezugsgröße Ausbringungsmenge in die Plankosten auf Basis der Bezugsgröße Bearbeitungszeit (gemessen in Minuten) überführen lassen.

Gehen Sie dabei von der Zeit-Kosten-Leistungsfunktion $z(\lambda) = k(\lambda) \cdot \lambda$ aus.

b) Zeigen Sie für das Beispiel zur intensitätsabweichungsbedingten Kostendifferenz in Kapitel 6.3.3.1, dass die Kostendifferenz $\Delta KBF_\lambda^{alt.\,P-1}$ unabhängig von der Wahl der Bezugsgröße ist. Welche Werte können unverändert übernommen werden, welche sind neu zu bestimmen?

c) Erläutern Sie die Besonderheiten, die sich im Hinblick auf die Bezugsgröße Bearbeitungszeit $t^{(S)}$ ergeben.

Übungsaufgabe 6.20: Bedienungsverhältnisbedingte Kostendifferenz

---

In einer Kostenstelle wird ausschließlich ein Produkt hergestellt. Dazu stehen vier funktionsgleiche Maschinen zur Verfügung, die laut Arbeitsplan alle von einem Arbeiter bedient werden sollen. Um einen neuen Arbeiter anzulernen, bedienen in der Istsituation zwei Arbeiter die Maschinen. Die geplante Produktionsmenge beträgt 500 kg und entspricht der tatsächlich realisierten Ausbringungsmenge.

Die geplante Maschinenzeit pro kg liegt bei 3 Minuten, und der Kostensatz pro Arbeiter wird mit 4 € je Fertigungsminute festgesetzt.

a) Geben Sie die Fertigungskosten $K^{(S)}$ an, die für die Herstellung von 500 kg bei planmäßiger Bedienungsrelation anfallen würden.

b) Ermitteln Sie die Fertigungskosten

$K^{(I)}_{\substack{\text{Bedienungs-}\\\text{verhältnis}}}$, die bei der realisierten Bedienungsrelation anfallen.

c) Bestimmen Sie die bedienungsverhältnisbedingte Kostendifferenz

$\Delta KBF^{alt.\,P-I}_{\substack{\text{Bedienungs-}\\\text{verhältnis}}}$.

7 Prozesskostenrechnung

7.1 Vorbemerkungen

Die Prozesskostenrechnung hat sich Ende der 80er Jahre aus dem in den USA entstandenen Activity Based Costing entwickelt.[419] Es handelt sich um ein Vollkostenrechnungssystem, das neue Ansätze für die Behandlung der Gemeinkosten der indirekten Bereiche vorschlägt. Unter den indirekten Bereichen versteht man die Unternehmensbereiche, in denen Tätigkeiten ausgeübt werden, die nicht unmittelbar in die absatzbestimmten Produkte eingehen, wie z.B. planende, vorbereitende, steuernde, überwachende und koordinierende Tätigkeiten.[420] Im Gegensatz dazu bezieht sich das Activity Based Costing aber auch auf die Fertigungskostenstellen, die direkt Leistungen an die Kostenträger abgeben.[421]

Die Notwendigkeit der Entwicklung eines neuen Kostenrechnungssystems wird begründet aus:

– der veränderten Wertschöpfungsstruktur,
– der daraus resultierenden veränderten Kostenstruktur und
– aus der Unzulänglichkeit bestehender Kostenrechnungssysteme.

Durch kürzere Produktlebenszyklen, größere Variantenvielfalt und zunehmende Flexibilität der Fertigung sind die Anforderungen an die indirekten Bereiche gestiegen. Die Steuerung des Materialflusses ist beispielsweise bei hoher Variantenzahl weitaus komplexer als bei wenigen Standardprodukten. Der Schwerpunkt innerhalb der Wertschöpfungskette liegt nicht mehr ausschließlich

---

[419] Vgl. zu grundlegenden Arbeiten aus den USA: Cooper, R.: Activity-Based Costing – Was ist ein Activity-Based Cost-System?, in: Kostenrechnungspraxis (1990) 4, S. 210-220; Cooper, R. / Kaplan, R.S.: Measure Costs Right: Make the Right Decisions, in: Harvard Business Review (1988) September-October, S. 96-103; Johnson, T.H.: Activity-Based Information: A Blueprint for World-Class Management Accounting, in: Management Accounting (1988) June, S. 23-30; Miller, J.G. / Vollmann, T.E.: Die verborgene Fabrik, in: HARVARDmanager (1986) 1, S. 84-89.

[420] Vgl. Horváth, P. / Mayer, R.: Prozeßkostenrechnung, Der neue Weg zu mehr Kostentransparenz und wirkungsvolleren Unternehmensstrategien, in: Controlling (1989) 4, S. 214-219, hier S. 214.

[421] Vgl. Kloock, J.: Prozeßkostenrechnung als Rückschritt und Fortschritt der Kostenrechnung (Teil 1), in: Kostenrechnungspraxis (1992) 4, S. 183-192, hier S. 184. Zu weiteren Gemeinsamkeiten bzw. Unterschieden vgl. derselbe, S. 188f.

auf dem Fertigungsbereich. Vor- und nachgelagerte Bereiche der Fertigung haben an Bedeutung gewonnen.[422]

Aus der veränderten Wertschöpfungsstruktur resultiert eine Verschiebung in der Kostenstruktur. Der Anteil derjenigen Kosten, die in den indirekten Bereichen anfallen, ist gestiegen. Da es sich dabei im Wesentlichen um Gemeinkosten handelt, steigt folglich auch der Gemeinkostenanteil an den Gesamtkosten eines Unternehmens. Die Gemeinkosten der indirekten Bereiche fallen in der Regel unabhängig vom Beschäftigungsgrad an, d.h. aus der veränderten Wertschöpfungsstruktur resultiert ebenfalls eine Erhöhung des Fixkostenanteils an den Gesamtkosten. Darüber hinaus hat sich auch in den direkten Bereichen, also im eigentlichen Fertigungsbereich, eine Verschiebung in Richtung Gemeinkosten und Fixkosten ergeben. Durch zunehmende Rationalisierung und Automatisierung und der damit einhergehenden höheren Kapitalintensität sind die Anteile der Fertigungslöhne an den gesamten Fertigungskosten und damit auch die Einzelkostenanteile gesunken.[423]

Diese Veränderungen erklären die oben genannten Unzulänglichkeiten traditioneller Kostenrechnungssysteme. In diesem Zusammenhang wird häufig die Zuschlagskalkulation kritisiert, bei der die Einzelkosten den Kostenträgern direkt zugerechnet und die Gemeinkosten mit Hilfe prozentualer Zuschläge auf die Einzelkosten (z.B. auf die Lohneinzelkosten) verrechnet werden.[424] Bei steigenden Gemeinkosten und sinkenden Einzelkosten führt dieses Verfahren zu immer höheren Zuschlagssätzen. Es besteht aber in der Regel kein funktionaler Zusammenhang, der diese Zuschlagssätze rechtfertigt. Selbst bei einer ausgereiften Stundensatzkalkulation, die von den meisten Vertretern der Prozesskostenrechnung als akzeptable Lösung für die direkten Bereiche angesehen wird, werden die Gemeinkosten der indirekten Bereiche noch in Form von pauschalen Zuschlägen auf die Material- oder Herstellkosten verrechnet. Die tatsächliche Inanspruchnahme der Leistungen von den indirekten Bereichen je Kostenträgereinheit bleibt aber nach wie vor unberücksichtigt. Diese hängt beispielsweise von der Komplexität, der Variantenzahl oder der Auflagenhöhe eines Produktes ab.[425] Bleiben die tatsäch-

---

[422] Vgl. Coenenberg, A.G. / Fischer, T.M.: Prozeßkostenrechnung – Strategische Neuorientierung in der Kostenrechnung, in: Die Betriebswirtschaft (1991) 1, S. 21-38, hier S. 21f.

[423] Vgl. Coenenberg, A.G. / Fischer, T.M.: Prozeßkostenrechnung – Strategische Neuorientierung in der Kostenrechnung, a.a.O., S. 22f.; Fröhling, O.: Prozeßkostenrechnung – System mit Zukunft?, in: io Management Zeitschrift (1989) 10, S. 67-69, hier S. 67; zu einer empirischen Untersuchung vgl. Troßmann, E. / Trost, S.: Was wissen wir über steigende Gemeinkosten? – Empirische Belege zu einem vieldiskutierten betrieblichen Problem, in: Kostenrechnungspraxis (1996) 2, S. 65-72.

[424] Die Kritik an der (Lohn-) Zuschlagskalkulation bezieht sich hauptsächlich auf das amerikanische Rechnungswesen, da ihre Anwendung dort noch sehr verbreitet ist. Vgl. Horváth, P. / Mayer, R.: Anmerkungen zum Beitrag von A.G. Coenenberg / T.M. Fischer: „Prozeßkostenrechnung – Strategische Neuorientierung in der Kostenrechnung", in: Die Betriebswirtschaft (1991) 4, S. 540-542, hier S. 541.

[425] Vgl. Fischer, T.M.: Variantenvielfalt und Komplexität als betriebliche Kostenbestimmungsfaktoren?, in: Kostenrechnungspraxis (1993) 1, S. 27-31, hier S. 28ff.

lichen Kostenbestimmungsfaktoren in den indirekten Bereichen ohne Beachtung, so werden z.b. komplexe, exotische Varianten mit geringer Auflage zu billig und einfache Standardprodukte zu teuer kalkuliert. Hier ist der Ansatzpunkt der Prozesskostenrechnung zu sehen.[426]

Mit der Prozesskostenrechnung werden folgende Ziele verfolgt:

– Die Prozesskostenrechnung soll eine verursachungsgerechte Produktkalkulation ermöglichen, bei der die vollen Kosten den Produkten zugerechnet werden. Diese Kosten sollen bei der mittel- bis langfristigen Festlegung des Produktionsprogramms und bei der Preisgestaltung entscheidungsunterstützend eingesetzt werden. Daher spricht man auch von strategischer Kalkulation.[427]

– Neben der Planung der Kosten in den direkten Bereichen sollen die Kosten der indirekten Bereiche ähnlich genau geplant werden. Dadurch soll in der Prozesskostenrechnung eine Kostenkontrolle basierend auf einem Soll-Ist-Vergleich in allen Bereichen ermöglicht werden. Zusätzlich soll die kostenstellenbezogene Kontrolle um einen kostenstellenübergreifenden Soll-Ist-Vergleich erweitert werden, und durch die Ermittlung von so genannten Prozesskostensätzen für einzelne Vorgänge im Unternehmen soll überprüft werden, ob der gleiche Vorgang innerhalb des Unternehmens (z.B. in verschiedenen Betriebsstätten) zu unterschiedlichen Kosten führt. Gründe für auftretende Kostenunterschiede sollen aufgedeckt werden.[428]

– Mit Hilfe der Prozesskostenrechnung wird eine Erhöhung der Kostentransparenz in den indirekten Bereichen angestrebt. Insbesondere abteilungsübergreifende Faktoren, die die Höhe der Gemeinkosten beeinflussen, sollen bestimmt werden. Die verbesserte Kostentransparenz soll eine Produktivitätsmessung und eine Messung der Kapazitätsauslastung ermöglichen und damit Ansatzpunkte zur Produktivitätssteigerung und Kapazitätsanpassung aufzeigen.[429]

– Die Prozesskostenrechnung soll neue Wege zur Bestimmung von innerbetrieblichen Verrechnungspreisen eröffnen und damit zum Management der indirekten Leistungen, insbesondere zu einem effizienten Ressourcenverbrauch, beitragen. Das bedeutet konkret, dass jede Leistungsinanspruchnahme – auch in

---

[426] Vgl. Mayer, R.: Prozeßkostenrechnung (Stichwort), in: Kostenrechnungspraxis (1990) 1, S. 74-75, hier S. 74.

[427] Vgl. Horváth, P. / Mayer, R.: Prozeßkostenrechnung, Der neue Weg zu mehr Kostentransparenz und wirkungsvolleren Unternehmensstrategien, a.a.O., S. 218. Kritisch dazu vgl. Kloock, J.: Prozeßkostenrechnung als Rückschritt und Fortschritt der Kostenrechnung (Teil 2), in: Kostenrechnungspraxis (1992) 5, S. 237-245, hier S. 239f.

[428] Vgl. Horváth, P. / Mayer, R.: Prozeßkostenrechnung, Der neue Weg zu mehr Kostentransparenz und wirkungsvolleren Unternehmensstrategien, a.a.O., S. 216; Lorson, P.: Prozeßkostenrechnung versus Grenzplankostenrechnung, in: Kostenrechnungspraxis (1992) 1, S. 7-14, hier S. 9.

[429] Vgl. Horváth, P. / Mayer, R.: Prozeßkostenrechnung, Der neue Weg zu mehr Kostentransparenz und wirkungsvolleren Unternehmensstrategien, a.a.O., S. 216.

indirekten Stellen – erfasst und bewertet wird. An die Stelle von pauschalen Umlagesätzen sollen Prozesskostensätze treten, die die Verteilung der Gemeinkosten entsprechend der Leistungsinanspruchnahme vornehmen. Dies soll zu einem steigenden Kostenbewusstsein bei den Leistungsabnehmern der indirekten Bereiche und zu einer erhöhten Transparenz in den Gemeinkostenbereichen führen.[430]

– Ein weiteres Ziel der Prozesskostenrechnung ist die Eliminierung wertschöpfungsneutraler Aktivitäten. Bereits bei der Tätigkeitsanalyse können Unwirtschaftlichkeiten aufgedeckt und durch entsprechende Rationalisierungsmaßnahmen abgebaut werden. Man versucht, solche Aktivitäten zu identifizieren, die nicht zur Wertschöpfung beitragen. Dazu teilt man alle Aktivitäten eines Unternehmens ein in:

   – value activities und
   – non-value activities.

   Unter value activities versteht man solche Aktivitäten, die dem Kunden Nutzen bringen bzw. wertsteigernd sind.
   Non-value activities dagegen bringen keinen zusätzlichen Nutzen und sind nicht wertsteigernd. Darunter fallen z.B. anfallende Nacharbeiten aufgrund fehlerhafter Produktion oder Warte- und Stillstandszeiten.
   Man versucht, die Höhe der Gemeinkosten zu reduzieren, indem man möglichst alle non-value activities abbaut bzw. auf ein Minimum reduziert.[431]

– Die Ergebnisse der Prozesskostenrechnung sollen bei der Entwicklung neuer Produkte entscheidungsunterstützend wirken. Da etwa 70 - 80 % der Gesamtkosten in der Konstruktionsphase vorbestimmt werden, ist es besonders wichtig, bereits in dieser Phase alle später anfallenden Kosten – auch die Gemeinkosten – bei der Bewertung von Alternativen zu berücksichtigen. Die im Rahmen der stufenweisen Kalkulation der Prozesskostenrechnung ermittelten Kostensätze, die bereits einzelnen Teilen zurechenbar sind (z.B. für die Beschaffung), werden dazu im Teilestammsatz gespeichert. Die Konstruktionsabteilung hat dann bereits während der Entwicklungsphase Zugriff auf wichtige Kosteninformationen. Dadurch soll ein erhöhtes Kostenbewusstsein in der Konstruktionsphase entwickelt werden, was sich letztlich in einer höheren Gleichteileverwendung, einer Verringerung von Neuteilen und damit einer Reduzie-

---

[430] Vgl. Bauer, M.: Prozeßkostenrechnung als Instrument der innerbetrieblichen Leistungsverrechnung in der chemischen Industrie, in: Kostenrechnungspraxis (1995) 3, S. 171-173; Muff, M.: Marktorientiertes Management indirekter Leistungen, Ein Konzept zur Straffung des Mitteleinsatzes in den Gemeinkostenbereichen, in: Controlling (1990) 2, S. 82-85, hier S. 85.
[431] Vgl. Johnson, T.H.: Activity-Based Information, a.a.O., S. 25.

rung der Teilevielfalt widerspiegeln soll. Mit einer Reduzierung der Teilevielfalt kann schließlich der Anstieg der Gemeinkosten begrenzt werden.[432]

- Durch die Prozesskostenrechnung soll der Anwendungsbereich von make-or-buy-Entscheidungen auf die Leistungen der indirekten Bereiche erweitert werden. Die Aktivitäts- oder Prozesskostensätze ermöglichen einen Kostenvergleich zwischen externen Dienstleistungsunternehmen und den eigenen indirekten Leistungsbereichen.[433]

Aus den genannten Zielen lässt sich ableiten, dass mittels der Prozesskostenrechnung ebenfalls die traditionellen Aufgaben eines Kostenrechnungssystems wie Kontrolle, Kalkulation und Bereitstellung entscheidungsunterstützender Informationen erfüllt werden sollen.

Es gibt aber auch Einschränkungen des Anwendungsbereiches der Prozesskostenrechnung. Die Anwendung des Systems auf alle Kostenkategorien und Unternehmensbereiche ist nicht sinnvoll. Die Verrechnung der Einzelkosten wird beispielsweise in der Prozesskostenrechnung nicht gesondert behandelt, da sie analog zur traditionellen Kostenrechnung erfolgt; die Einzelkosten werden also direkt den Kostenträgern zugerechnet. Ebenso wird beispielsweise für die Gemeinkosten der direkten Bereiche in der Prozesskostenrechnung eine Verrechnung nach der Stundensatzkalkulation unterstellt.[434]

Der Schwerpunkt der Prozesskostenrechnung liegt auf den Gemeinkosten der indirekten Bereiche. Allerdings eignen sich nicht alle Gemeinkosten für die Verrechnung mittels der Prozesskostenrechnung. Vielmehr sind nur Gemeinkosten für repetitive Tätigkeiten mit relativ geringem Entscheidungsspielraum Gegenstand der Betrachtungen, da nur für solche Tätigkeiten eine einheitliche Erfassung möglich ist. Als Voraussetzung für den Einsatz der Prozesskostenrechnung müssen die relevanten Tätigkeiten zu messbaren (zählbaren) Ergebnissen führen. Gemeinkosten für nicht repetitive, z.B. leitende Tätigkeiten sind auch im Rahmen der Prozesskostenrechnung zu schlüsseln.[435]

---

[432] Vgl. Franz, K.-P.: Die Prozeßkostenrechnung als modernes Instrument zur Kostenbeeinflussung und Kostenkontrolle, in: Männel, W. (Hrsg.): Kongreß Kostenrechnung '90, Lauf an der Pegnitz 1990, S. 75-96, hier S. 87; Schuh, G. / Steinfatt, E.: Konstruktionsbegleitende Prozeßkostenrechnung, in: Zeitschrift für wirtschaftliche Fertigung (1993) 7-8, S. 344-346, hier S. 345f.

[433] Vgl. Lorson, P.: Prozeßkostenrechnung versus Grenzplankostenrechnung, a.a.O., S. 9.

[434] Vgl. Mayer, R.: Prozeßkostenrechnung (Fallbeispiel), in: Kostenrechnungspraxis (1990) 5, S. 307-312, hier S. 308.

[435] Vgl. Miller, J.G. / Vollmann, T.E.: Die verborgene Fabrik, a.a.O., S. 85f.; Coenenberg, A.G. / Fischer, T.M.: Prozeßkostenrechnung – Strategische Neuorientierung in der Kostenrechnung, a.a.O., S. 25.

7.2 Aufbau der Prozesskostenrechnung

7.2.1 Begriffsdefinitionen

In der Literatur zur Prozesskostenrechnung herrscht eine zum Teil verwirrende Begriffsvielfalt. An dieser Stelle werden wichtige Begriffsdefinitionen eingeführt und anschließend konsequent verwendet:

Tätigkeit:	einzelne Arbeitsschritte, z.B. „Lieferanten auswählen, von denen man ein Angebot einholen möchte".
Aktivität:	Zusammenfassung von Tätigkeiten innerhalb einer Kostenstelle, die mit einem Arbeitsergebnis abgeschlossen werden und durch die Produktionsfaktoren verzehrt werden, z.B. „Angebot einholen", „Bestellung durchführen", „Material annehmen".
Prozess:	Zusammenfassung logisch zusammenhängender Aktivitäten verschiedener Kostenstellen, die mit einem Arbeitsergebnis abgeschlossen werden, z.B. „Materialbeschaffung".[436]
Prozesshierarchie:	hierarchischer Zusammenhang von Tätigkeiten, über Aktivitäten bis hin zu Prozessen (siehe Abb. 7.1).
Kostentreiber:	Maßgrößen zur Quantifizierung des Outputs einer Aktivität, z.B. „Anzahl Bestellungen".[437]

Materialbeschaffung							
Angebote einholen			Bestellung durchführen		Materialannahme		
Angebote verschicken	Angebote vergleichen	Entscheiden	Bestellen	Rechnung bezahlen	Mengen prüfen	Qualität prüfen	Einlagern

Abb. 7.1:   Prozesshierarchie am Beispiel des Prozesses Materialbeschaffung

[436] Vgl. Hartung, W.: Implementierung von ABC in bestehende Finanz- und Operationssysteme – vom Konzept zur Umsetzung, Tagungsunterlagen zu: Institute of International Research in Zusammenarbeit mit Arthur Andersen & Co. GmbH (Veranstalter): Effektives Kostenmanagement und Activity Based Costing, in Stuttgart-Sindelfingen vom 06. bis 07. März 1991, S. 1-22, hier S. 4f.

[437] Vgl. Cooper, R.: Activity-Based Costing – Einführung von Systemen des Activity-Based Costing (Teil 3), in: Kostenrechnungspraxis (1990) 6, S. 345-351, hier S. 345f.

7.2.2 Bestimmung der Aktivitäten und Prozesse

Der erste Schritt zur Implementierung einer Prozesskostenrechnung ist eine grundlegende Aktivitätsanalyse in den ausgewählten Gemeinkostenbereichen, teilweise auch als Tätigkeitsanalyse bezeichnet; sie darf nicht verwechselt werden mit der Aktivitätsanalyse der Produktionstheorie.[438] Jeder Kostenstellenleiter muss darüber Auskunft erteilen, welche Aktivitäten – zusammengesetzt aus einzelnen Tätigkeiten – in seiner Kostenstelle durchgeführt werden. Für die einzelnen Aktivitäten sind der Einsatz an Personal- und Sachmitteln und die darauf entfallenden Kosten zu bestimmen. Die Aktivitätsanalyse wird in der Regel in Interviewform vorgenommen. Falls im Unternehmen Ergebnisse einer Gemeinkosten-Wertanalyse[439] vorliegen, kann auf diese zurückgegriffen werden.

Im Rahmen der Aktivitätsanalyse werden damit in jeder betrachteten Kostenstelle alle Aktivitäten (als Output) sowie die eingesetzten Mittel (als Input) ermittelt.

Die Aktivitäten sind daraufhin zu untersuchen, ob sie vom Leistungsvolumen der Kostenstelle abhängen, und entsprechend einzuteilen in:

- leistungsmengeninduzierte (lmi) Aktivitäten $h\left(h = 1, ..., \bar{H}\right)$,

- leistungsmengenneutrale (lmn) Aktivitäten $h\left(h = \bar{H} + 1, ..., H\right)$.

Das Leistungsergebnis der leistungsmengeninduzierten Aktivitäten kann in zählbaren oder messbaren Größen ausgedrückt werden, während es bei leistungsmengenneutralen Aktivitäten (z.B. „Kostenstelle leiten" oder „Schulung durchführen") nicht quantifizierbar ist. Demzufolge sind nur für leistungsmengeninduzierte Aktivitäten Kostentreiber zu bestimmen.[440]

An die Wahl der Aktivitäten werden folgende allgemeine Anforderungen gestellt:

---

[438] Vgl. Fandel, G.: Produktion I, a.a.O., S. 35ff.

[439] Vgl. Roever, M.: Gemeinkosten-Wertanalyse, Erfolgreiche Antwort auf den wachsenden Gemeinkostendruck, in: Zeitschrift Führung und Organisation (1982) 5-6, S. 249-253; Meyer-Piening, A.: Zero-Base Budgeting, Planungs- und Analysetechnik zur Anpassung der Gemeinkosten in der Rezession, in: Zeitschrift Führung und Organisation (1982) 5-6, S. 257-266.

[440] Vgl. Horváth, P. / Mayer, R.: Prozeßkostenrechnung, Der neue Weg zu mehr Kostentransparenz und wirkungsvolleren Unternehmensstrategien, a.a.O., S. 216f.

– Es sollte eine eindeutige Zuordnung der Kosten zu den Aktivitäten möglich
   sein.[441] Die Kostenzuordnung mit Hilfe von Schlüsseln ist zu vermeiden, lässt
   sich aber in der Praxis häufig nicht umgehen.[442]

– Je Kostenstelle sollte es nur eine Aktivität geben.[443] Diese Forderung wird in
   der Regel aber nicht erfüllt, da daraus entweder eine sehr grobe Aufteilung in
   Aktivitäten oder eine Zersplitterung in viele kleine Kostenstellen folgen würde.
   Im ersten Fall wird die Suche nach geeigneten Kostentreibern erschwert. Dagegen wirft im zweiten Fall der zwangsläufig auftretende kostenstellenübergreifende Personaleinsatz Probleme auf. Der geforderte Detaillierungsgrad der
   Datenerhebungen wäre kaum erreichbar und würde Kostenschlüsselungen un-
   umgänglich machen. Es ist folglich sinnvoll, die Kostenstellen so zu wählen,
   dass in einer Kostenstelle mehrere Aktivitäten anfallen. Eine Aktivität sollte jedoch eindeutig einer Kostenstelle zuordenbar sein. Verglichen mit der Grenzplankostenrechnung entspricht dieser Fall der heterogenen Kostenverursachung, d.h. für eine Kostenstelle existieren unterschiedliche Bezugsgrößen.[444]

An die Wahl der leistungsmengeninduzierten Aktivitäten werden zusätzlich
folgende spezielle Anforderungen gestellt:

– Die Kosten einer Aktivität sollen möglichst nur durch je einen Kostentreiber
   bestimmt werden. Bei mehreren Kostentreibern je Aktivität ist zu schätzen, zu
   welchen Anteilen die einzelnen Kostentreiber jeweils in Bezug auf die Aktivitätskosten verursachend wirken. Entsprechend dieser Anteile sind diese Kosten
   dann auf die Kostentreiber aufzuteilen.[445]

   Die Kosten für die Aktivität „Lieferantenbetreuung" in Höhe von 20.000 €
sind z.B. abhängig von den Kostentreibern:

– Anzahl der Lieferanten (80 %),
– Anzahl der technischen Änderungen (10 %) und
– Anzahl der neuen Produkte (10 %).

   Die Kosten je Kostentreibereinheit betragen dann bei 200 Lieferanten,
10 technischen Änderungen und 5 neuen Produkten:

---

[441] Vgl. Glaser, H.: Kritische Anmerkungen zur Prozeßkostenrechnung, Arbeitsunterlagen
      zur 11. Saarbrücker Arbeitstagung Rechnungswesen und EDV 1990, Saarbrücken 1990,
      S. 1-18, hier S. 6.

[442] Vgl. Horváth, P. / Mayer, R.: Prozeßkostenrechnung, Der neue Weg zu mehr Kosten-
      transparenz und wirkungsvolleren Unternehmensstrategien, a.a.O., S. 217.

[443] Vgl. Biel, A.: Einführung der Prozeßkostenrechnung, in: Kostenrechnungspraxis
      (1991) 2, S. 85-90, hier S. 89.

[444] Vgl. Horváth, P. / Mayer, R.: Prozeßkostenrechnung, Der neue Weg zu mehr Kosten-
      transparenz und wirkungsvolleren Unternehmensstrategien, a.a.O., S. 216.

[445] Vgl. Rau, K.-H. / Rüd, M.: Erfahrungen mit der Prozeßkostenrechnung, in: Kosten-
      rechnungspraxis (1991) 1, S. 13-17, hier S. 14f.

- 80 € je Lieferant,
- 200 € je technische Änderung und
- 400 € je neues Produkt.

- Bei den Arbeitsergebnissen einer Aktivität muss es sich nicht um mengenmäßige Größen handeln. Auch wertmäßige Vorgänge, wie z.B. Abschreibungen oder Verzinsung von Lagerbeständen, können als Aktivität definiert werden.[446]

Um die Komplexität des Kostenrechnungssystems zu reduzieren, werden bestimmte Aktivitäten unterschiedlicher Kostenstellen zu einem Prozess p $(p = 1, ..., P)$ zusammengefasst. Dabei sollte ein Prozess funktionsübergreifende, aus verschiedenen Bereichen der Wertschöpfungskette stammende Aktivitäten enthalten. Es sollten jedoch nur solche Aktivitäten $h\left(h = 1, ..., \overline{H}\right)$ zusammengefasst werden, deren Kostentreiber im gleichen Verhältnis variieren. Wenn sich beispielsweise die Prozessmenge $x_p^{Pro.}$ verdoppelt, so sollten sich auch die Aktivitätsmengen $x_h^{Akt.}$ der Aktivitäten h verdoppeln, die dem Prozess p angehören. Es muss also gelten:

$$x_h^{Akt.} = a_{hp}^{Akt.\to Pro.} \cdot x_p^{Pro.}, \qquad \text{für alle } h \in \text{IM } h(p),$$

wobei IM $h(p)$ die Menge der Indizes aller Aktivitäten $h\left(h = 1, ..., \overline{H}\right)$ ist, die in den Prozess p eingehen, und $a_{hp}^{Akt.\to Pro.}$ angibt, wie oft die Aktivität h in den Prozess p (direkt) eingeht.[447] Der Fall, dass die Aktivität h in verschiedene Prozesse[448] und zusätzlich noch über andere Aktivitäten in den Prozess p eingehen könnte,[449] soll hier ausgeschlossen sein.

Die dargestellte proportionale Beziehung zwischen Aktivitäts- und Prozessmengen erleichtert die spätere Kostenverrechnung und erhöht deren Genauigkeit, dürfte aber bei der Prozessbildung zu erheblichen Einschränkungen führen. In der Praxis wird man daher auch Aktivitäten mit unterschiedlichen Kostentreibern, zwischen denen keine Proportionalität besteht, zusammenfassen müssen,[450] insbe-

---

[446] Vgl. Horváth, P. / Mayer, R.: Prozeßkostenrechnung, Der neue Weg zu mehr Kostentransparenz und wirkungsvolleren Unternehmensstrategien, a.a.O., S. 216. BIEL fordert dagegen Mengengrößen, vgl. Biel, A.: Einführung der Prozeßkostenrechnung, a.a.O., S. 98.

[447] Vgl. Kloock, J.: Prozeßkostenrechnung als Rückschritt und Fortschritt der Kostenrechnung (Teil 1), a.a.O., S. 188.

[448] Vgl. Mayer, R.: Prozeßkostenrechnung (Fallbeispiel), a.a.O., S. 311.

[449] Vgl. Schiller, U. / Lengsfeld, S.: Strategische und operative Planung mit der Prozeßkostenrechnung, a.a.O., S. 532ff.

[450] Vgl. Maier-Scheubeck, N.: Prozeßkostenrechnung – im Westen nichts Neues, Stellungnahme zum Beitrag „Prozeßkostenrechnung – Strategische Neuorientierung in der Kostenrechnung" von Adolf G. Coenenberg und Thomas M. Fischer, in: Die Betriebswirtschaft (1991) 4, S. 543-547, hier S. 545.

sondere, wenn man der Forderung von einigen Vertretern der Prozesskostenrechnung nach einer Zusammenfassung sämtlicher Aktivitäten eines Unternehmens zu acht bis zehn Prozessen gerecht werden will.[451] Es wird jedoch
bezweifelt, dass die Prozesskostenrechnung nach so hoher Komplexitätsredu-
zierung noch ihren Aufgaben gerecht werden kann.

Das folgende Beispiel bezieht sich auf die Aktivität „Bestellungen durchführen" der Kostenstelle Beschaffung. Der Kostentreiber dieser Aktivität ist „Anzahl
der Bestellungen". In einer Periode sind 6.000 ME von Rohstoff A (Bestellmenge = 50 ME) und 14.400 ME des Zwischenproduktes B (Bestellmenge = 120 ME)
zu beschaffen. Insgesamt sind folglich 240 Bestellungen durchzuführen. Die
Aktivitätsmenge beträgt also 240. Für die Aktivität „Angebote einholen" liegt die
Aktivitätsmenge bei 720, wenn man unterstellt, dass je Bestellung drei Angebote
eingeholt werden müssen. Die Aktivitäten „Bestellungen durchführen" und
„Angebote einholen" können zu einem Prozess zusammengefasst werden, obwohl
sie unterschiedliche Kostentreiber haben. Für den Prozess kann dann die „Anzahl
der Bestellungen" als einheitlicher Kostentreiber bestimmt werden.

Als Ergebnis einer umfassenden Tätigkeitsanalyse erhält man eine mehrstufige
Prozesshierarchie, aus der hervorgeht, welche Aktivitäten zur Erfüllung einer Aufgabe (bzw. eines Prozesses) notwendig sind.

7.2.3 Bestimmung der Kostentreiber

Für jede leistungsmengeninduzierte Aktivität ist ein Kostentreiber zu bestimmen.
Der Fall, dass eine Aktivität mehrere Kostentreiber hat, wurde in Kapitel 7.2.2
dargestellt. Die Kostentreiber der Prozesskostenrechnung sind mit Bezugsgrößen
der Grenzplankostenrechnung vergleichbar.[452] Da die Aktivitäten der indirekten
Bereiche in der Regel nicht vom Produktionsvolumen abhängig sind, kommen Bezugsgrößen, wie z.B. Fertigungsstunden und Einzelmaterialmengen, nicht als Kostentreiber in Frage. Es sind vom Produktionsvolumen unabhängige Bezugsgrößen
bzw. Kostentreiber zu ermitteln.[453]

Beispiele für derartige Kostentreiber sind:

– Anzahl der Bestellungen für die Aktivität „Bestellung aufgeben",
– Anzahl der Angebote für die Aktivität „Angebote einholen",
– Anzahl der Lieferungen für die Aktivität „Wareneingangskontrolle durchfüh-
  ren" und

---

[451] Vgl. Horváth, P. / Mayer, R.: Anmerkungen zum Beitrag von A.G. Coenenberg /
T.M. Fischer: „Prozeßkostenrechnung – Strategische Neuorientierung in der Kostenrechnung", a.a.O., S. 540.

[452] Vgl. Lorson, P.: Prozeßkostenrechnung versus Grenzplankostenrechnung, a.a.O., S. 9ff.

[453] Vgl. Cooper, R.: Activity-Based Costing – Was ist ein Activity-Based Cost-System?,
a.a.O., S. 211.

– Anzahl der Kontrollvorgänge für die Aktivität „Qualitätskontrolle".

An die Kostentreiber werden folgende Anforderungen gestellt:

– Die Kostentreiber sollen in Beziehung zu den Arbeitsergebnissen der Aktivitäten stehen, d.h. Kostentreiber- und Aktivitätsmenge sollten möglichst korrelieren.[454]
– Es soll eine verursachungsgerechte Zuordnung der Kostentreibereinheiten zu
den einzelnen Produkten möglich sein, d.h. die Kostentreiber sind so zu wählen, dass auch pro Produktart die jeweilige Ausprägung des Kostentreibers ermittelt werden kann. Summiert man die produktspezifischen Kostentreibereinheiten über alle Produkte auf, so muss dies dem gesamten betrachteten Kosten-
treibervolumen entsprechen.[455]

Diese Anforderungen sind mit der geforderten Doppelfunktion der Bezugsgrößen vergleichbar.[456] Zu beachten ist jedoch, dass im Rahmen der Prozesskostenrechnung keine unmittelbare Beziehung zu den Kosten besteht. Durch den
Wegfall eines Produktes entfallen lediglich die ihm zugerechneten Kostentreibermengen, aber es kommt damit nicht gleichzeitig zu einer Reduzierung der
Kosten, die diesen Kostentreibereinheiten beigemessen werden. Beispielsweise
kann durch Eliminierung eines Produktes die Zahl der durchzuführenden Bestellungen zurückgehen, ohne dass es wegen erheblicher Kostenremanenzen zu
einem tatsächlichen Kostenrückgang kommt. Die Einkaufsabteilung wird entlas-
tet; ein entsprechender Stellenabbau beziehungsweise eine Umstrukturierung sind
jedoch nicht immer möglich. Eine Kostenverrechnung kann in diesem Fall nur
noch nach dem Beanspruchungsprinzip und nicht mehr nach dem Verursachungsprinzip erfolgen.[457]
Bei variablen Kosten würde eine Änderung der Bezugsgrößeneinheiten bzw.
hier der Kostentreibermenge immer automatisch zu einer Änderung der gesamten
Kosten führen. Schon bei den Kosten der leistungsmengeninduzierten Aktivitäten
ist dies bezüglich der Kostentreiber meistens nicht gegeben. Eine solche Beziehung zwischen Kosten und Kostentreibern ist aber für eine verursachungsgerechte
Verteilung der Kosten auf die Kostenträger notwendig und wird daher implizit –
zumindest für eine langfristige Betrachtungsweise – auch unterstellt.[458] Ob es sich

---

[454] Vgl. Franz, K.-P.: Die Prozeßkostenrechnung – Darstellung und Vergleich mit der Plan-
kosten- und Deckungsbeitragsrechnung, in: Ahlert, D. et al. (Hrsg.): Finanz- und Rechnungswesen als Führungsinstrument, H. Vormbaum zum 65. Geburtstag,
Wiesbaden 1990, S. 109-136, hier S. 116.

[455] Vgl. Rau, K.-H. / Rüd, M.: Erfahrungen mit der Prozeßkostenrechnung, a.a.O., S. 14.

[456] Vgl. Franz, K.-P.: Die Prozeßkostenrechnung – Darstellung und Vergleich mit der Plan-
kosten- und Deckungsbeitragsrechnung, a.a.O., S. 116.

[457] Vgl. Kloock, J.: Prozeßkostenrechnung als Rückschritt und Fortschritt der Kostenrechnung (Teil 1), a.a.O., S. 188.

[458] Vgl. Horváth, P. / Mayer, R.: Prozeßkostenrechnung, Der neue Weg zu mehr Kostentransparenz und wirkungsvolleren Unternehmensstrategien, a.a.O., S. 216.

dann – nur aufgrund der Annahme – tatsächlich um eine Kostenverrechnung nach dem Verursachungsprinzip handelt, wird in Kapitel 7.3.3 und Kapitel 7.6 noch näher erörtert.

7.2.4 Ermittlung der Mengen, Kosten und Kostensätze für Aktivitäten und Prozesse

Für die im Rahmen der Aktivitätsanalyse ermittelten leistungsmengeninduzierten Aktivitäten $h\left(h=1,...,\overline{H}\right)$ ist die Höhe der messbaren Leistungen zu bestimmen. Diese wird als Aktivitäts- oder auch als Kostentreibermenge $x_h^{Akt.}$ bezeichnet. Im Folgenden wird unterstellt, dass Kostentreiber- und Aktivitätsmenge identisch sind. Es würde aber auch genügen, wenn sie immer in einem konstanten Verhältnis zueinander variieren.

Weiter stellt sich die Frage, ob es sich hier um Plan-, Soll-, Normal- oder Istgrößen handelt. Im Hinblick auf die strategische Produktkalkulation stehen Plangrößen im Vordergrund. Für die Kostenkontrolle werden zusätzlich Soll- und Istgrößen benötigt. Für den Teil der Kosten, deren Ermittlungsaufwand im Vergleich zum Anteil an den Gesamtkosten zu hoch ist, können Normalkosten bzw. -mengen angesetzt werden. Die Ermittlung der Mengen, Kosten und Kostensätze für Aktivitäten und Prozesse soll hier anhand von Plangrößen beschrieben werden. Auf eine entsprechende Indizierung wird aber aus Übersichtsgründen verzichtet.

Die Planung der Aktivitätsmenge erfolgt aufgrund einer definierten Produkt- und Mengenstruktur, auf deren Basis die Ausprägungen der Kostentreiber bezüglich der einzelnen Aktivitäten festgelegt werden. Beispielsweise wird aufgrund von Art und Menge der zu fertigenden Erzeugnisse bestimmt, welche Roh-, Hilfs- und Betriebsstoffe benötigt werden. Davon wiederum hängt die Anzahl der Bestellungen ab, die dann der Aktivitätsmenge der Aktivität „Bestellungen durchführen" entspricht. Daten zur Ermittlung der Aktivitätsmengen lassen sich beispielsweise aus Produktionsplänen, Materialbeschaffungsplänen und Teilestammsätzen ableiten.

Im Anschluss an die Ermittlung der Aktivitätsmenge $x_h^{Akt.}$ erfolgt die Bestimmung der Plankosten $K_h^{Akt.}$, die von der Aktivität h $(h=1,...,H)$ insgesamt verursacht werden. In der Regel handelt es sich um jährliche Plankosten, die für leistungsmengeninduzierte und leistungsmengenneutrale Aktivitäten zu planen sind. Aus den gleichen Gründen wie in Kapitel 6.2.3.1 für die Grenzplankostenrechnung dargestellt, wird die Kapazitätsplanung basierend auf Maximal-, Normal- oder Optimalkapazitäten zugunsten der Engpassplanung verworfen, d.h. auch bei der Prozesskostenrechnung basiert die Kostenplanung auf der Engpasssituation. Die Planung der Kosten $K_h^{Akt.}$ kann wie folgt vorgenommen werden:

- analytische Planung,
- Planung auf Basis der Personalkosten oder
- Aufteilung des Kostenstellenbudgets.

Grundsätzlich wird für die Festlegung der Plankosten eine analytische Kostenplanung vorgeschlagen. Im Rahmen der analytischen Kostenplanung wird untersucht, in welcher Höhe die einzelnen Kostenarten der jeweiligen Aktivität bei gegebener Aktivitätsmenge zuzurechnen sind. Diese Vorgehensweise ist mit einem sehr hohen Analyseaufwand verbunden.

Da in den indirekten Bereichen die Personalkosten eine dominierende Rolle spielen, kann die analytische Kostenplanung auf die Personalkosten begrenzt werden. Alle anderen Kostenarten (z.B. Raum-, Energie- und Büromaterialkosten) werden proportional auf die Personalkosten verteilt.[459]

Eine weitere Vereinfachung besteht darin, das geplante Kostenstellenbudget im Verhältnis der Mannjahre, die jede einzelne Aktivität in Anspruch nimmt, aufzuschlüsseln. Hier wird unterstellt, dass die gesamte Kostenverursachung proportional zur Personalinanspruchnahme erfolgt. Unterschiedliche Gehaltsstufen der Mitarbeiter einer Kostenstelle bleiben unberücksichtigt. Daher wird diese Vorgehensweise nur für die Einführungsphase der Prozesskostenrechnung vorgeschlagen.[460]

Die Summe der Kosten $K_h^{Akt.}$ der leistungsmengeninduzierten Aktivitäten h $\left(h=1,...,\bar{H}\right)$ eines Prozesses entspricht den Prozesskosten $K_p^{Pro.}$ für den Prozess p:[461]

$$K_p^{Pro.} = \sum_{h \in \text{IM}h(p)} K_h^{Akt.}, \qquad p = 1,...,P.$$

Aus den Ergebnissen der Mengen- und Kostenplanung lassen sich Kostensätze ermitteln. Dabei unterscheidet man zwischen:

- Aktivitätskostensatz $k_h^{Akt.}$ der Aktivität h und
- Aktivitätsgesamtkostensatz $k_{hm}^{Akt.ges.}$ der Aktivität h der Kostenstelle m $\left(m=1,...,M\right)$.

Der Aktivitätskostensatz $k_h^{Akt.}$ der leistungsmengeninduzierten Aktivität h $\left(h=1,...,\bar{H}\right)$ ermittelt sich durch Division der Kosten $K_h^{Akt.}$ der Aktivität h durch die für diese Aktivität ermittelte Aktivitätsmenge $x_h^{Akt.}$:

[459] Vgl. Horváth, P. / Mayer, R.: Prozeßkostenrechnung, Der neue Weg zu mehr Kostentransparenz und wirkungsvolleren Unternehmensstrategien, a.a.O., S. 217f.

[460] Vgl. Mayer, R.: Prozeßkostenrechnung (Fallbeispiel), a.a.O., S. 307.

[461] Vgl. Kloock, J.: Prozeßkostenrechnung als Rückschritt und Fortschritt der Kostenrechnung (Teil 1), a.a.O., S. 188.

$$k_h^{Akt.} = \frac{K_h^{Akt.}}{x_h^{Akt.}}, \qquad h = 1, \ldots, \bar{H}.$$

Der Aktivitätskostensatz gibt die Kosten je Kostentreibereinheit an. Er kann nur für leistungsmengeninduzierte Aktivitäten ermittelt werden. Die Kosten der leistungsmengenneutralen Aktivitäten h $\left(h = \bar{H} + 1, \ldots, H \right)$, auch als Grundlast bezeichnet, gehen nicht in den Aktivitätskostensatz ein.

Fallen beispielsweise für die Aktivität „Bestellungen durchführen" insgesamt 14.400 € an, so ergibt sich bei 240 Bestellungen ein Aktivitätskostensatz von:

$$k_{Best.}^{Akt.} = \frac{14.400}{240} = 60 \; \frac{€}{\text{Bestellung}}.$$

Je nach der Aufgabe, für die die Kostensätze im Rahmen der Prozesskostenrechnung eingesetzt werden sollen, ist es sinnvoll,[462] auch die Grundlast auf die einzelnen Aktivitäten zu beziehen (z.B. für die Produktkalkulation bei strikter Anwendung der Vollkostentheorie). Es wird eine prozentuale Verteilung der Grundlast einer Kostenstelle m $\left(m = 1, \ldots, M \right)$ auf die Kosten der leistungsmengeninduzierten Aktivitäten dieser Kostenstelle vorgeschlagen, um auf diesem Wege anschließend den so genannten Aktivitätsgesamtkostensatz $k_{hm}^{Akt.\,ges.}$ ermitteln zu können. Der Prozentsatz wird als Umlagesatz $\alpha_m^{Akt.}$ bezeichnet und wie folgt ermittelt:

$$\alpha_m^{Akt.} = \frac{\displaystyle\sum_{h \in M^{\bar{H}_m+1}} K_h^{Akt.}}{\displaystyle\sum_{h \in M^{\bar{H}_m}} K_h^{Akt.}}, \qquad m = 1, \ldots, M,$$

wobei:

$M^{\bar{H}_m}$ der Menge aller leistungsmengeninduzierten Aktivitäten $h \in \left\{ 1, \ldots, \bar{H} \right\}$ entspricht, die in der Kostenstelle m erfolgen, und

$M^{\bar{H}_m+1}$ die Menge aller leistungsmengenneutralen Aktivitäten $h \in \left\{ \bar{H} + 1, \ldots, H \right\}$ angibt, die in der Kostenstelle m erfolgen.

Daraus ergibt sich als Aktivitätsgesamtkostensatz $k_{hm}^{Akt.\,ges.}$ der Aktivität h:[463]

$$k_{hm}^{Akt.\,ges.} = k_h^{Akt.} \cdot \left(1 + \alpha_m^{Akt.} \right), \qquad h = 1, \ldots, \bar{H}.$$

---

[462] Vgl. kritisch dazu Kloock, J.: Prozeßkostenrechnung als Rückschritt und Fortschritt der Kostenrechnung (Teil 1), a.a.O., S. 188f.

[463] Vgl. Horváth, P. / Mayer, R.: Prozeßkostenrechnung, Der neue Weg zu mehr Kostentransparenz und wirkungsvolleren Unternehmensstrategien, a.a.O., S. 217.

Die Indizierung des Aktivitätsgesamtkostensatzes $k_{hm}^{Akt.\,ges.}$ mit dem Kostenstellenindex m ist lediglich für seine Bestimmung von Bedeutung, da je nach Kostenstelle ein entsprechender Umlagesatz zu wählen ist. Eindeutig festgelegt ist der Aktivitätsgesamtkostensatz aber auch ohne den Index m, da sich definitionsgemäß Aktivitäten nur auf eine Kostenstelle beziehen,[464] während in einer Kostenstelle mehrere Aktivitäten durchgeführt werden können. Daher wird im Folgenden auf den Index m verzichtet und anstelle von $k_{hm}^{Akt.\,ges.}$ lediglich $k_{h}^{Akt.\,ges.}$ geschrieben.

Analog zu den Aktivitäten können auch auf der Ebene von Prozessen für Prozess p:

- Prozesskostensatz $k_{p}^{Pro.}$ und
- Prozessgesamtkostensatz $k_{p}^{Pro.\,ges.}$

ermittelt werden. Der Prozessgesamtkostensatz $k_{p}^{Pro.\,ges.}$ hängt nicht von einer Kostenstelle ab, da Prozesse üblicherweise kostenstellenübergreifend definiert werden.

Der Prozesskostensatz $k_{p}^{Pro.}$ berechnet sich aus den Prozesskosten $K_{p}^{Pro.}$ und der Prozessmenge $x_{p}^{Pro.}$ des Prozesses p wie folgt:

$$k_{p}^{Pro.} = \frac{\sum_{h\,\in\,\mathrm{IM}\,h(p)} K_{h}^{Akt.}}{x_{p}^{Pro.}}\,, \qquad p = 1,\ldots,P\,.$$

Als Prozessmenge $x_{p}^{Pro.}$ wird in der Regel die Aktivitätsmenge $x_{h}^{Akt.}$ einer Aktivität des Prozesses p ausgewählt. Dabei ist die Aktivität auszuwählen, die den gleichen Kostentreiber wie der Prozess hat:[465]

$$x_{p}^{Pro.} \in \left\{ x_{h}^{Akt.} \,\middle|\, h \in \mathrm{IM}\,h(p) \right\}\,, \qquad p = 1,\ldots,P\,.$$

Zur Ermittlung des Prozessgesamtkostensatzes $k_{p}^{Pro.\,ges.}$ ist ebenfalls ein Umlagesatz $\alpha^{Pro.}$ zu bestimmen:

$$\alpha^{Pro.} = \frac{\sum_{h\,=\,\bar{H}+1}^{H} K_{h}^{Akt.}}{\sum_{h\,=\,1}^{\bar{H}} K_{h}^{Akt.}}\,.$$

---

[464] Vgl. Kapitel 7.2.1.

[465] Vgl. Glaser, H.: Prozeßkostenrechnung als Kontroll- und Entscheidungsinstrument, in: Scheer, A.-W. (Hrsg.): 12. Saarbrücker Arbeitstagung Rechnungswesen und EDV, Heidelberg 1991, S. 222-240, hier S. 226.

Dieser pauschale Umlagesatz ist für alle Prozesse gleich.[466] Als Prozessgesamt-kostensatz $k_p^{Pro.\,ges.}$ ergibt sich dann:

$$k_p^{Pro.\,ges.} = k_p^{Pro.} \cdot \left(1 + \alpha^{Pro.}\right), \qquad\qquad p = 1, \ldots, P \,.$$

Bei der Berechnung eines prozessspezifischen Umlagesatzes $\alpha_p^{Pro.}$, die theoretisch ohne weiteres möglich ist, stößt man in der Praxis auf folgendes Problem: Es ist nicht davon auszugehen, dass analog zur Zusammenfassung der leistungsmengeninduzierten Aktivitäten zu einem Prozess auch die leistungsmengenneutralen Aktivitäten auf diese Prozesse aufgeteilt werden können. Beispielsweise wird die leistungsmengenneutrale Aktivität „Abteilung leiten" in der Regel für mehrere Aktivitäten, die unterschiedlichen Prozessen zugeordnet werden, anfallen. Damit ist eine wichtige Voraussetzung zur Berechnung eines prozessspezifischen Umlagesatzes nicht erfüllt.

Eine genauere Verrechnung der Kosten der leistungsmengenneutralen Aktivitäten auf die Prozesse kann jedoch durch die Verteilung der Grundlast zunächst auf der Ebene der Aktivitäten ermöglicht werden, da eher eine Beziehung zwischen der Grundlast einer Kostenstelle und der in dieser Kostenstelle durchgeführten Aktivitäten unterstellt werden kann als zwischen der gesamten Grundlast und den Prozessen. Als Prozessgesamtkostensatz $k_p^{Pro.\,ges.}$ ergibt sich dann:

$$k_p^{Pro.\,ges.} = \sum_{h \,\in\, \mathrm{IM}\,h(p)} a_{hp}^{Akt.\to Pro.} \cdot k_h^{Akt.ges.}\,, \qquad\qquad p = 1, \ldots, P \,,$$

wobei $a_{hp}^{Akt.\to Pro.}$ angibt, mit welcher Häufigkeit die Aktivität h in den Prozess p eingeht.[467]

7.3 Die Kalkulation mit Hilfe der Prozesskostenrechnung

Die Kalkulation im Rahmen der Prozesskostenrechnung wird auch als strategische Kalkulation bezeichnet, da sie entscheidungsunterstützende Informationen im Hinblick auf eine mittel- bis längerfristige Preis- und Produktpolitik liefern soll. Für kurzfristige Entscheidungen ist die Prozesskostenrechnung ungeeignet, da die Prozesskosten aufgrund ihres Vollkostencharakters kurzfristig nicht-entschei-

---

[466] Vgl. Coenenberg, A.G. / Fischer, T.M.: Prozeßkostenrechnung – Strategische Neuorientierung in der Kostenrechnung, a.a.O., S. 30f.

[467] Vgl. Horváth, P. / Mayer, R.: Prozeßkostenrechnung, Der neue Weg zu mehr Kostentransparenz und wirkungsvolleren Unternehmensstrategien, a.a.O., S. 217.

dungsrelevante Kosten enthalten.[468] Mittel- bis langfristig gesehen wird für einen Großteil dieser Kosten eine Veränderbarkeit unterstellt.[469]

Die Einzelkosten werden auch bei der Kalkulation mit Hilfe der Prozesskostenrechnung unmittelbar dem Kostenträger zugerechnet. In den direkten Bereichen anfallende Gemeinkosten werden mit traditionellen Methoden verrechnet. In den indirekten Bereichen soll die Prozesskostenrechnung zum Einsatz kommen.[470]

Die Kosten werden gemäß der jeweiligen Inanspruchnahme von Leistungen der indirekten Leistungsbereiche auf die verschiedenen Produkte verteilt. Dabei kommen folgende Verfahren in Frage:

- direkte Prozesskalkulation und
- indirekte Prozesskalkulation.

7.3.1 Direkte Prozesskalkulation

Der direkten Prozesskalkulation[471] liegt die Annahme zugrunde, dass alle zur Erstellung eines Produktes notwendigen Prozesse bekannt sind und ein eindeutiger Zusammenhang zwischen Prozess- und Produktionsmenge besteht. Es müssen also Informationen darüber vorliegen, welche Prozesse in welchen Mengen, d.h. gemessen in Kostentreibereinheiten, pro Produktart in Anspruch genommen werden. Im Folgenden soll die Ermittlung der prozessorientiert verrechneten Gemeinkosten – zunächst aufgrund von Prozessgesamtkostensätzen – beschrieben werden.

Die einer Produktart j $(j = 1, ..., J)$ zurechenbaren Kosten $K_{jp}^{Pro.}$ bezüglich eines Prozesses p sind durch Multiplikation der in Anspruch genommenen Kostentreibereinheiten $x_{pj}^{Pro.}$ mit den Kosten je Kostentreibereinheit, also dem Prozessgesamtkostensatz $k_p^{Pro.ges.}$, zu ermitteln:

$$K_{jp}^{Pro.} = k_p^{Pro.ges.} \cdot x_{pj}^{Pro.} \qquad \text{für alle } p \in \text{IM } p(j) ; j = 1, ..., J ,$$

wobei IM $p(j)$ die Menge der Indizes aller Prozesse $p (p = 1, ..., P)$ ist, die von Produktart j in Anspruch genommen werden.

---

[468] Vgl. zur Eignung der Prozesskostenrechnung für operative Entscheidungen Kloock, J.: Prozeßkostenrechnung als Rückschritt und Fortschritt der Kostenrechnung (Teil 2), a.a.O., S. 237f. und Kapitel 7.5.

[469] Vgl. Biel, A.: Einführung der Prozeßkostenrechnung, a.a.O., S. 86.

[470] Vgl. Rau, K.-H. / Rüd, M.: Erfahrungen mit der Prozeßkostenrechnung, a.a.O., S. 14.

[471] Vgl. Cooper, R.: Activity-Based Costing – Was ist ein Activity-Based Cost-System?, a.a.O., S. 212f.

Summiert man über alle von der Produktart j in Anspruch genommenen Prozesse p die der Produktart zurechenbaren Kosten $K_{jp}^{Pro.}$ auf und dividiert diese Größe durch die insgesamt produzierten Mengeneinheiten der Produktart x_j, so erhält man den prozessorientiert verrechneten Gemeinkostensatz k_j je Mengeneinheit der Produktart j:

$$k_j = \frac{\sum\limits_{p \in \text{IM } p(j)} K_{jp}^{Pro.}}{x_j}, \qquad j = 1, \dots, J.$$

Zum gleichen Ergebnis führt die Ermittlung über die Kostentreibereinheiten, bzw. Anteile einer Kostentreibereinheit, die bezüglich jedes Prozesses einer Mengeneinheit der jeweiligen Produktart zuzurechnen sind. Diese als Prozesskoeffizienten $a_{pj}^{Pro.}$ bezeichneten Größen ergeben sich aus:

$$a_{pj}^{Pro.} = \frac{x_{pj}^{Pro.}}{x_j}, \qquad p = 1, \dots, P\,; \qquad j = 1, \dots, J.$$

Die Prozesskoeffizienten $a_{pj}^{Pro.}$ werden mit den jeweiligen Prozessgesamtkostensätzen $k_p^{Pro.\,ges.}$ multipliziert und anschließend aufaddiert. Die Summe entspricht den prozessorientiert verrechneten Gemeinkosten k_j:[472]

$$k_j = \sum\limits_{p \in \text{IM } p(j)} k_p^{Pro.\,ges.} \cdot a_{pj}^{Pro.}, \qquad j = 1, \dots, J.$$

Für die direkte Prozesskalkulation sind folgende Modifikationen möglich:

– In den bisherigen Ausführungen wurden alle Kosten verrechnet, unabhängig davon, ob sie mit der Kostentreibermenge variieren. Da jedoch höchstens die Kosten der leistungsmengeninduzierten Aktivitäten mit der Kostentreibermenge variieren, ist es im Rahmen der Kalkulation sinnvoll, die Kosten der leistungsmengenneutralen Aktivitäten gesondert zu verrechnen. An die Stelle der Prozessgesamtkostensätze $k_p^{Pro.\,ges.}$ treten die Prozesskostensätze $k_p^{Pro.}$. Die Kosten der leistungsmengenneutralen Aktivitäten sind aufzuaddieren und

– prozentual zu den Kosten der leistungsmengeninduzierten Aktivitäten aufzuschlüsseln.[473]

---

[472] Vgl. Glaser, H.: Prozeßkostenrechnung als Kontroll- und Entscheidungsinstrument, a.a.O., S. 230f.

[473] Vgl. Horváth, P. / Mayer, R.: Prozeßkostenrechnung, Der neue Weg zu mehr Kostentransparenz und wirkungsvolleren Unternehmensstrategien, a.a.O., S. 217.

- prozentual zu den Einzelkosten und den bisher verrechneten Gemeinkosten zu verteilen[474] oder
- als gesonderte Größe ins Ergebnis zu verrechnen.

- Prinzipiell kann die direkte Kalkulation auch auf der Ebene der Aktivitäten erfolgen, z.B. wenn auf eine Aggregation zu Prozessen verzichtet wurde. Allerdings steigt der Rechenaufwand für die Produktkalkulation erheblich.[475]

- Die Bestimmung der Kostentreibermengen, die zur Realisierung einer Produktart anfallen, ist in der Regel mit Schwierigkeiten verbunden. Es wird daher vorgeschlagen, die Zuordnung von Prozessen auf Kostenträger durch eine direkte Prozess-Produkt-Zuordnung zu ersetzen. Fallen die Gemeinkosten durch bestimmte Einzelteile oder Baugruppen an, so sind sie bereits auf diesen unteren Produktionsstufen zu verrechnen. Beispielsweise sollen die Kosten für den Beschaffungsprozess direkt den Beschaffungsgütern (z.B. Rohmaterial oder Zukaufteile) zugerechnet werden. Diese so genannte stufenweise Kalkulation wird vorgeschlagen, um die Leistungsbeziehungen dort zu erfassen, wo sie anfallen.[476]

7.3.2 Indirekte Prozesskalkulation

Da in den indirekten Bereichen ein direkter Zusammenhang zwischen Produkt und Prozessen häufig nicht bestimmbar ist und Hilfsmittel, wie Arbeitspläne oder Stücklisten, nicht vorhanden sind, wird ein weiteres Kalkulationsverfahren von HORVÁTH / MAYER – die indirekte Prozesskalkulation – vorgestellt.[477]

Im Rahmen der indirekten Kalkulation wird unterstellt, dass die Höhe der Aktivitätsmenge durch zwei Kostenbestimmungsfaktoren bestimmt wird. Dabei handelt es sich um die gesamte Ausbringungsmenge an Produkten und um die Anzahl J der Varianten. Unter der Anzahl der Varianten wird hier vereinfachend die gesamte Zahl der Produktarten verstanden und nicht die Zahl der Varianten einer

---

[474] Vgl. Coenenberg, A.G. / Fischer, T.M.: Prozeßkostenrechnung – Strategische Neuorientierung in der Kostenrechnung, a.a.O., S. 30f.

[475] Vgl. Coenenberg, A.G. / Fischer, T.M.: Prozeßkostenrechnung – Strategische Neuorientierung in der Kostenrechnung, a.a.O., S. 26.

[476] Vgl. Franz, K.-P.: Die Prozeßkostenrechnung im Vergleich mit der flexiblen Plan-kostenrechnung und der Deckungsbeitragsrechnung, in: Horváth, P. (Hrsg.): Strategieunterstützung durch das Controlling: Revolution im Rechnungswesen?, Stuttgart 1990, S. 195-210, hier S. 199; Franz, K.-P.: Prozeßkostenrechnung – Renaissance der Vollkostenidee?, Stellungnahme zu Coenenberg, A.G. / Fischer, T.M.: Prozeßkostenrechnung – Strategische Neuorientierung in der Kostenrechnung, in: Die Betriebswirtschaft (1991) 4, S. 536-540, hier S. 538.

[477] Vgl. Horváth, P. / Mayer, R.: Prozeßkostenrechnung, Der neue Weg zu mehr Kostentransparenz und wirkungsvolleren Unternehmensstrategien, a.a.O., S. 218f.

Produktart. Daher werden sowohl Varianten als auch Produktarten mit j indiziert. Jede leistungsmengeninduzierte Aktivität ist daraufhin zu untersuchen, ob die Aktivitätsmenge $x_h^{Akt.}$

- mit der Ausbringungsmenge $\sum_{j=1}^{J} x_j$,
- mit der Anzahl J der produzierten Varianten oder
- mit einer Kombination aus beiden Einflussgrößen

variiert. Da detaillierte Informationen zu den Anteilen der Aktivitäten, die durch die Ausbringungsmenge bzw. die Variantenzahl bestimmt werden, in der Regel nicht vorliegen, sind diese Anteile zu schätzen. Als Ergebnis erhält man die Höhe des mengenmäßigen Anteils $\alpha_h^{Akt.M}$ und des variantenabhängigen Anteils $\alpha_h^{Akt.V}$ der Aktivität h, wobei gilt:

$$\alpha_h^{Akt.M} + \alpha_h^{Akt.V} = 1 , \qquad h = 1, \ldots, \overline{H} .$$

Zur Ermittlung der prozessorientiert verrechneten Gemeinkosten je Mengeneinheit sind die mengenabhängigen und die variantenabhängigen Aktivitätskosten einer bestimmten Kostenstelle m zu bestimmen. Für welche Kostenstelle m die Aktivitätskosten ermittelt werden, ist nur für die Bestimmung des Umlagesatzes und somit indirekt für die Bestimmung des Aktivitätsgesamtkostensatzes von Bedeutung.

Die mengenabhängigen Aktivitätskosten je Mengeneinheit ergeben sich aus:

$$k_h^{Akt.M} = \frac{x_h^{Akt.} \cdot \alpha_h^{Akt.M} \cdot k_h^{Akt.ges.}}{\sum\limits_{j=1}^{J} x_j} , \qquad h = 1, \ldots, \overline{H} .$$

Der mengenabhängige Teil der Kosten der Aktivität h wird auf die gesamte Ausbringungsmenge verteilt. Damit sind die mengenabhängigen Aktivitätskosten je Mengeneinheit für alle Produktarten gleich.

Die variantenabhängigen Aktivitätskosten je Mengeneinheit der Variante j ergeben sich aus:

$$k_{jh}^{Akt.V} = \frac{x_h^{Akt.} \cdot \alpha_h^{Akt.V} \cdot k_h^{Akt.ges.}}{J \cdot x_j} , \qquad j = 1, \ldots, J \ ; h = 1, \ldots, \overline{H} .$$

Der Zähler wird zu gleichen Teilen auf die J Varianten verrechnet und auf eine Mengeneinheit der Variante j bezogen. Abhängig vom jeweiligen Mengenvolumen x_j ergeben sich dadurch für die einzelnen Varianten unterschiedlich hohe variantenabhängige Aktivitätskosten je Mengeneinheit.

Summiert man die mengenabhängigen und die variantenabhängigen Aktivitäts-kosten je Mengeneinheit der Variante j, so erhält man den folgenden Gemeinkos-tensatz $k_{jh}^{Akt.}$ für die Variante j:

$$k_{jh}^{Akt.} = k_h^{Akt.M} + k_{jh}^{Akt.V} , \qquad j = 1, \ldots, J ; h = 1, \ldots, \overline{H} .$$

Der Gemeinkostensatz $k_{jh}^{Akt.}$ gibt die Höhe der Kosten an, die von der Aktivität h auf eine Mengeneinheit der Variante j verrechnet werden. Addiert man für eine Variante j die Kostensätze über alle von ihr beanspruchten Aktivitäten auf, so er-hält man den prozessorientiert verrechneten Gemeinkostensatz k_j je Mengenein-heit der Variante j wie folgt:

$$k_j = \sum_{h \in \text{IM} h(j)} k_{jh}^{Akt.} , \qquad j = 1, \ldots, J ,$$

wobei IM $h(j)$ die Menge der Indizes aller Aktivitäten $h(h = 1, \ldots, H)$ ist, die von Produktart j in Anspruch genommen werden.

Für die indirekte Prozesskalkulation sind folgende Modifikationen möglich:

– Anstelle von Aktivitätsgesamtkostensätzen können ebenso Aktivitätskosten-sätze verwendet werden. Für die Kosten der leistungsmengenneutralen Aktivi-täten ergeben sich die bereits erläuterten Verrechnungsmöglichkeiten.

– Die oben beschriebene Vorgehensweise baut auf den ermittelten Aktivitätskos-ten, -mengen und -kostensätzen auf. An sich ist hier aber die Ermittlung der Aktivitätsmengen und -kosten überflüssig. Informationen über die Aktivitäts-kosten wären ausreichend.[478]

– Die indirekte Prozesskalkulation wurde auf der Basis von Aktivitäten erläutert. Auf eine Aggregation zu Prozessen wurde verzichtet. Grundsätzlich ist die Ver-rechnung auch auf der Prozessebene möglich. Probleme ergeben sich jedoch bei der Schätzung der Kostenanteile eines Prozesses, die mengenvolumen- bzw. variantenabhängig reagieren.

– Die Zahl der Kostenbestimmungsfaktoren, die die Höhe der Aktivitätskosten bestimmen, wurde auf zwei beschränkt. Die Kostenhöhe wird aber in der Pro-zesskostenrechnung von mehreren Einflussgrößen abhängen. Diese können zu-sätzlich berücksichtigt werden, erhöhen aber die Komplexität der Verrech-nungsmethode. Ebenfalls ist es möglich die genannten Kostenbestimmungs-faktoren Ausbringungsmenge und Variantenzahl durch andere zu ersetzen, falls diese kostenbestimmend wirken.[479]

---

[478] Vgl. Glaser, H.: Kritische Anmerkungen zur Prozeßkostenrechnung, a.a.O., S. 15.

[479] Vgl. Horváth, P. / Mayer, R.: Prozeßkostenrechnung, Der neue Weg zu mehr Kosten-transparenz und wirkungsvolleren Unternehmensstrategien, a.a.O., S. 219. Vgl. zu weiteren Kostenbestimmungsfaktoren Fischer, T.M.: Variantenvielfalt und Komplexität als betriebliche Kostenbestimmungsfaktoren?, a.a.O., S. 27ff.

7.3.3 Kritische Beurteilung der Kalkulationsverfahren

Die Güte eines Kalkulationsverfahrens ist insbesondere daran zu messen, ob es eine verursachungsgerechte Zurechnung der Kosten zu den Produkten ermöglicht und ob es zumindest langfristig gesehen entscheidungsrelevante Informationen liefert.

Die direkte Prozesskalkulation würde einer verursachungsgerechten Kostenzurechnung unter der Voraussetzung, dass die unterstellte lineare Abhängigkeit zwischen Kostenträgern und Prozessen tatsächlich besteht, am ehesten gerecht werden. Die Identifizierung solcher Prozesse und insbesondere deren mit oben angegebener Eigenschaft ausgestatteten Kostentreiber ist eine schwierige Aufgabe, die sicherlich nur mit Einschränkungen zu erfüllen ist.[480]

Doch selbst wenn entsprechende Kostentreiber bestimmt werden können, erfolgt die Kostenverrechnung – wegen des Fixkostencharakters der meisten hier betrachteten Kosten – nicht nach dem Verursachungsprinzip, sondern lediglich nach dem Beanspruchungsprinzip.[481]

Weiterhin ist noch kritisch anzumerken, dass die Kalkulationssätze $k_h^{Akt.}$ und $k_p^{Pro.}$ von der geplanten Aktivitäts- bzw. Prozessmenge abhängen und damit letztlich von der geplanten Kapazitätsauslastung bestimmt werden. Je mehr Aktivitäten geplant werden, umso günstiger ist – konstante Kapazität vorausgesetzt – auch deren Erstellung. Ebenso fraglich ist die Verwendung von konstanten Aktivitäts- bzw. Prozesskoeffizienten je Mengeneinheit, da man doch gerade davon ausgeht, dass die Aktivitäts- bzw. Prozessmenge nicht vom Produktionsvolumen sondern von anderen Kostenbestimmungsfaktoren abhängt.[482]

Zusätzlich zu der bereits genannten Kritik gilt für den Ansatz von HORVÁTH und MAYER noch, dass er einen Teil der gemeinkostentreibenden Faktoren außer Acht lässt. Es bleibt beispielsweise unberücksichtigt, ob einfache oder komplexe Produkte vorliegen. Es fehlen ebenfalls Informationen darüber, aufgrund welcher Daten und Zusammenhänge die Anteile der mengenvolumen- und variantenabhängigen Kosten zu schätzen sind. Eine solch subjektive Schätzung liegt beispielsweise vor, wenn eine Einkaufsabteilung bestimmen soll, wie viele Angebote aufgrund der herzustellenden Ausbringungsmengen und wie viele Angebote wegen der herzustellenden Varianten einzuholen sind.[483]

---

[480] Vgl. Glaser, H.: Kritische Anmerkungen zur Prozeßkostenrechnung, a.a.O., S. 12.

[481] Vgl. Kloock, J.: Prozeßkostenrechnung als Rückschritt und Fortschritt der Kostenrechnung (Teil 1), a.a.O., S. 188.

[482] Vgl. Kloock, J.: Prozeßkostenrechnung als Rückschritt und Fortschritt der Kostenrechnung (Teil 2), a.a.O., S. 237f.

[483] Vgl. Franz, K.-P.: Die Prozeßkostenrechnung – Darstellung und Vergleich mit der Plankosten- und Deckungsbeitragsrechnung, a.a.O., S. 131; Glaser, H.: Prozeßkostenrechnung als Kontroll- und Entscheidungsinstrument, a.a.O., S. 233; derselbe: Prozeßkostenrechnung und Kalkulationsgenauigkeit – Zur allgemeinen Erfassung von Kostenverzerrungen, in: Kostenrechnungspraxis (1996) 1, S. 28-34, hier S. 28ff.

Ein weiteres Problem kann sich bei der indirekten Kalkulation dadurch ergeben, dass man unter Umständen die Ausbringungsmengen sehr verschiedener Produktarten aufaddiert, die auch im Hinblick auf die Aktivitätsinanspruchnahme sehr
unterschiedlich sind. Eine mögliche Lösung könnte hier die Einführung von
Äquivalenzziffern – vergleichbar mit denen der Äquivalenzziffernkalkulation –
sein, um die verschiedenen Ausbringungsmengen aufsummieren zu können.

Allgemein zu kritisieren ist die Verwendung von Aktivitäts- bzw. Prozessgesamtkostensätzen anstelle von Aktivitäts- bzw. Prozesskostensätzen. Die Kosten
der leistungsmengenneutralen Aktivitäten sollten nicht in die Kostensätze einbezogen werden, da sonst eine Proportionalität zwischen den Kostentreibern und den
leistungsmengenneutralen Aktivitätskosten unterstellt wird, die weder kurz- noch
langfristig gesehen besteht. Eine solche Kostenverrechnung würde dann nicht
mehr dem Verursachungsprinzip, sondern höchstens noch dem Kostentragfähig-
keitsprinzip folgen, wenn man unterstellt, dass die Marktpreise um einen bestimmten Prozentsatz höher sind als die Kosten leistungsmengeninduzierter Aktivitäten und die Produkte jeweils den auf sie verrechneten Anteil der Kosten leistungsmengenneutraler Aktivitäten zu tragen haben.[484]

Die Frage nach der Frist, innerhalb der die Kosten beeinflussbar sind, bleibt in
der Prozesskostenrechnung unberücksichtigt. Selbst wenn langfristig alle Kosten
variabel wären, so würden diese nicht zwangsweise proportional zur Aktivitätsmenge variieren. Vielmehr wird es sich um sprungfixe bzw. intervallfixe Kosten
handeln, d.h. jeweils durch den Abbau bestimmter Aktivitätsmengen sinken die
Kosten. Dies wird in der Prozesskostenrechnung nicht genauer untersucht.[485]

7.3.4 Ergebnisse der strategischen Kalkulation

Die Informationen, die aus der Kalkulation auf Basis der Prozesskostenrechnung
gewonnen werden, können für die strategische Gestaltung des Produktionsprogramms genutzt werden. Es kommt dabei zu den folgenden drei Effekten:[486]

– Allokationseffekt,
– Komplexitätseffekt und
– Degressionseffekt.

---

[484] Vgl. Kloock, J.: Prozeßkostenrechnung als Rückschritt und Fortschritt der Kostenrechnung (Teil 1), a.a.O., S. 189.

[485] Vgl. Reichmann, T. / Fröhling, O.: Fixkostenmanagementorientierte Plankostenrechnung
vs. Prozeßkostenrechnung. Zwei Welten oder Partner?, in: Controlling (1991) 1,
S. 42-44, hier S. 43; Kilger, W.: Offene Probleme der Plankosten- und
Deckungsbeitragsrechnung, a.a.O., S. 86ff.

[486] Vgl. Coenenberg, A.G. / Fischer, T.M.: Prozeßkostenrechnung – Strategische Neuorientierung in der Kostenrechnung, a.a.O., S. 21ff.

Als Allokationseffekt bezeichnet man die Umverteilung der Kosten durch den wertunabhängigen Prozesskostensatz im Vergleich mit dem wertmäßigen Gemeinkostenzuschlag der traditionellen Kostenrechnung.

Die Gemeinkosten der indirekten Bereiche werden entsprechend der Inanspruchnahme von betrieblichen Leistungen verteilt. Die Inanspruchnahme wird in Kostentreibereinheiten gemessen und mit Aktivitäts- bzw. Prozesskostensätzen bewertet. Im Gegensatz zur Verwendung wertorientierter Zuschlagssätze werden die Gemeinkosten unabhängig von der Höhe der Zuschlagsbasis verrechnet. Beispielsweise sind die Kosten für eine Bestellung nicht vom Wert der zu beschaffenden Teile abhängig, sondern von den Kosten für den Beschaffungsprozess.

Der Komplexitätseffekt zeigt, wie das Kalkulationsergebnis in der Prozesskostenrechnung durch den Kostenbestimmungsfaktor Komplexität beeinflusst wird.

Mit Hilfe der Prozesskostenrechnung kann berücksichtigt werden, dass bei der Herstellung von komplexen Produktvarianten gegenüber einfachen Varianten ein deutlich höherer Bedarf an gemeinkostenverursachenden Aktivitäten, beispielsweise für Materialdisposition, Fertigungssteuerung und Qualitätsprüfung besteht. Die herkömmliche Zuschlagskalkulation führt hier zu Verzerrungen, dadurch dass Produkten mit hoher Komplexität relativ zu niedrige und Produkten mit geringer Komplexität relativ zu viele Gemeinkosten zugerechnet werden.

Durch den Komplexitätseffekt wird sich das Produktionsprogramm derart verändern, dass der Anteil komplexer Produkte zugunsten von einfachen Produkten zurückgeht. Ebenso wird sich die Teilezahl, die in ein Produkt eingeht, verringern.

Der Degressionseffekt beschreibt die Anpassung der stückbezogenen Gemeinkosten an die jeweilige Stückzahl.

Bei der Verrechnung über Prozesskostensätze werden die Prozesskosten je Mengeneinheit durch die gesamten Prozesskosten je Produktart und die jeweils von der Produktart produzierten Mengeneinheiten bestimmt. Damit sinken die stückbezogenen Prozesskosten bei steigender Los- oder Auftragsgröße. Ein Beispiel für diesen Effekt sind die Vertriebsgemeinkosten, die unabhängig von der bestellten Stückzahl anfallen, bezogen auf eine Produkteinheit aber mit Erhöhung der Auftragsgröße sinken.

In der Zuschlagskalkulation der traditionellen Kostenrechnung sind die Gemeinkosten je Mengeneinheit eines Produktes unabhängig von der Stückzahl gleich groß. Sie sind ausschließlich wertabhängig.

Durch den Degressionseffekt wird mit der Prozesskostenrechnung im Vergleich zur Zuschlagskalkulation Standardteilen gegenüber Spezialteilen je Mengeneinheit ein relativ geringerer Anteil an Gemeinkosten zugerechnet. Ein Unternehmen wird daher versuchen, seine Teilevielfalt zu verringern und Mehrfachverwendungsteile oder Gleichteile bevorzugen. Die Zahl der Dispositions- und Steuerungsvorgänge kann dadurch verringert werden. Unter anderem wird ein Abbau der Lagerbestände gefördert.

7.4 Kostenkontrolle mit Hilfe der Prozesskostenrechnung

Mit Hilfe der Prozesskostenrechnung soll eine Kostenvorgabe und -kontrolle erreicht werden durch:

- Abweichungsanalysen und
- kostenstellenübergreifende Kontrollen.

7.4.1 Abweichungsanalyse

In der Diskussion um die Kostenkontrolle in der Prozesskostenrechnung wird diese mit den verschiedensten Varianten der Plankostenrechnung – z.B. mit der flexiblen Plankostenrechnung auf Vollkostenbasis[487] oder der Grenzplankostenrechnung[488] – verglichen. Dabei reduziert sich die Kostenkontrolle zum Teil auf eine Analyse der Leerkosten. Nur wenige Beiträge widmen sich ausführlich diesem Problem. Der folgende Abschnitt greift einen dieser Ansätze von KLOOCK / DIERKES[489] auf, der eine Abweichungsanalyse und Auswertungsrechnung getrennt nach

- variablen Kosten leistungsmengeninduzierter Aktivitäten,
- fixen Kosten leistungsmengeninduzierter Aktivitäten und
- Kosten leistungsmengenneutraler Aktivitäten

durchführt.

Die Abweichungsanalyse[490] erfolgt:

---

[487] Vgl. Betz, S.: Gemeinkostencontrolling auf Basis der Prozeßkostenrechnung, in: Kostenrechnungspraxis (1995) 3, S. 135-144, hier S. 141f.

[488] Vgl. Wäscher, D.: Gemeinkosten-Management im Material- und Logistik-Bereich, in: Zeitschrift für Betriebswirtschaft (1987) 3, S. 297-315, hier S. 314f. Kritisch hierzu siehe Fröhling, O.: Dynamisches Kostenmanagement, Konzeptionelle Grundlagen und praktische Umsetzung im Rahmen eines strategischen Kosten- und Erfolgs-Controlling, München 1994, S. 161ff.

[489] Vgl. Kloock, J. / Dierkes, S.: Kostenkontrolle mit der Prozeßkostenrechnung, in: Berkau, C. / Hirschmann, P. (Hrsg.): Kostenorientiertes Geschäftsprozeßmanagement, München 1996, S. 93-119, hier S. 102; vgl. zu weiteren Ausführungen Dierkes, S.: Planung und Kontrolle von Prozeßkosten, Kostenmanagement im indirekten Leistungsbereich, Wiesbaden 1998.

[490] Vgl. hierzu Kapitel 6.3.

- als differenziert kumulative Abweichungsanalyse, wobei die Abweichungen höherer Ordnung gesondert ausgewiesen werden (diese werden nachfolgend nicht genauer untersucht),
- auf Basis von Planwerten (Plan-Ist-Ansatz); die Abweichungen höherer Ordnung sind nicht in den Teilabweichungen enthalten, sondern werden getrennt ausgewiesen,[491]
- durch die Differenzbildung (Istkosten – Sollkosten); eine Kostenerhöhung wird als positiver Wert ausgewiesen,[492]
- auf der Ebene der Aktivitäten; auf eine Aggregation zu Prozessen soll hier verzichtet werden,
- ohne kostenstellenweise Betrachtung (aus Vereinfachungsgründen) und[493]
- für einstufige Produktionsprozesse; Leistungsbeziehungen zwischen den Aktivitäten werden nicht berücksichtigt.

Für die Kostenkontrolle ist es von Vorteil, wenn eine sonst in der Prozesskostenrechnung unübliche Trennung in fixe und variable Kosten vorgenommen wird, da die Abhängigkeit der Kosten von der Aktivitätsmenge eine unterschiedliche Vorgehensweise und insbesondere eine unterschiedliche Interpretation der Ergebnisse notwendig macht. Dabei werden die Faktoren i $\left(i=1,\ldots,\overline{I},\overline{I}+1,\ldots,I \right)$ eingeteilt in $i=1,\ldots,\overline{I}$, die zu variablen Kosten führen, und $i=\overline{I}+1,\ldots,I$, die zu fixen Kosten führen. Lässt sich eine Faktorart nicht eindeutig zuordnen, so ist sie in einen variablen und einen fixen Teil aufzusplitten. Fehlt eine Unterscheidung zwischen fixen und variablen Kosten, so kann man unterstellen, dass ein Großteil der in den indirekten Leistungsbereichen anfallenden Kosten fix ist. Die Abweichungsanalyse beschränkt sich folglich auf die fixen Kosten leistungsmengeninduzierter und leistungsmengenneutraler Aktivitäten.

Die variablen Kosten einer leistungsmengeninduzierten Aktivität $K_{vh}^{Akt.}$ variieren proportional mit der Zahl der durchgeführten Aktivitäten – der Aktivitätsmenge $x_h^{Akt.}$:

$$K_{vh}^{Akt.} = k_{vh}^{Akt.} \cdot x_h^{Akt.}, \qquad h = 1,\ldots,\overline{H},$$

wobei $k_{vh}^{Akt.}$ den variablen Kosten je Mengeneinheit der Aktivität h entspricht und sich noch detaillierter darstellen lässt als:

---

[491]   Gründe für diese Vorgehensweise nennt Kloock, J.: Kostenkontrolle auf Basis kombinierter lernorientierter Feedback-Feedforward-Prozesse, a.a.O., S. 18; Kloock, J. / Dierkes, S.: Kostenkontrolle in der Prozeßkostenrechnung, a.a.O., S. 103ff. Im letzten Beitrag wird allerdings eine Abweichungsanalyse auf Basis von Istkosten (Ist-Plan-Ansatz) durchgeführt.

[492]   Umgekehrt bei Kloock, J. / Dierkes, S.: Kostenkontrolle in der Prozeßkostenrechnung, a.a.O., S. 103ff.

[493]   Vgl. Kloock, J. / Dierkes, S.: Kostenkontrolle in der Prozeßkostenrechnung, a.a.O., S 103ff.; KLOOCK / DIERKES führen die Abweichungsanalyse kostenstellenweise durch.

$$k_{vh}^{Akt.} = \sum_{i=1}^{\bar{I}} q_i \cdot a_{ih}^{Fak. \to Akt.} \,, \qquad h = 1, \ldots, \bar{H} \,.$$

Darin bezeichnet:

q_i den Beschaffungspreis je Mengeneinheit des Faktors i und

$a_{ih}^{Fak. \to Akt.}$ den Produktionskoeffizienten, der angibt, wie oft der Faktor i in eine Mengeneinheit der Aktivität h eingeht.

Analog zu dem in Kapitel 7.3.1 angegebenen Prozesskoeffizienten kann auch ein entsprechender Aktivitätskoeffizient gebildet werden, der angibt, wie oft die Aktivität h in eine Mengeneinheit der Produktart j eingeht:

$$a_{hj}^{Akt.} = \frac{x_{hj}^{Akt.}}{x_j} \,, \qquad h = 1, \ldots, \bar{H} \,; j = 1, \ldots, J \,.$$

Für die Aktivitätsmenge ergibt sich daraus:

$$x_h^{Akt.} = \sum_{j=1}^{J} x_{hj}^{Akt.} = \sum_{j=1}^{J} a_{hj}^{Akt.} \cdot x_j \,, \qquad h = 1, \ldots, \bar{H} \,.$$

Insgesamt lassen sich damit die variablen Kosten einer leistungsmengeninduzierten Aktivität bestimmen aus:

$$K_{vh}^{Akt.} = \sum_{i=1}^{\bar{I}} \sum_{j=1}^{J} q_i \cdot a_{ih}^{Fak. \to Akt.} \cdot a_{hj}^{Akt.} \cdot x_j \,, \qquad h = 1, \ldots, \bar{H} \,.$$

Für die verbrauchsabweichungsbedingte Kostendifferenz der variablen Kosten der leistungsmengeninduzierten Aktivität h gilt dann:

$\Delta KVA_{vh}^{Akt.}$

$$= K_{vh}^{Akt.(I)} - K_{vh}^{Akt.(S)}$$

$$= \sum_{i=1}^{\bar{I}} \sum_{j=1}^{J} q_i^{(I)} \cdot a_{ih}^{Fak. \to Akt.(I)} \cdot a_{hj}^{Akt.(I)} \cdot x_j^{(I)} - \sum_{i=1}^{\bar{I}} \sum_{j=1}^{J} q_i^{(P)} \cdot a_{ih}^{Fak. \to Akt.(P)} \cdot a_{hj}^{Akt.(P)} \cdot x_j^{(I)}$$

$$= \sum_{i=1}^{\bar{I}} \sum_{j=1}^{J} \Delta q_i \cdot a_{ih}^{Fak. \to Akt.(P)} \cdot a_{hj}^{Akt.(P)} \cdot x_j^{(I)} \qquad \text{beschaffungspreis-}$$
$$\text{abweichungsbedingt}$$

$$+ \sum_{i=1}^{\bar{I}} \sum_{j=1}^{J} q_i^{(P)} \cdot \Delta a_{ih}^{Fak. \to Akt.} \cdot a_{hj}^{Akt.(P)} \cdot x_j^{(I)}$$

faktorverbrauchs-
abweichungsbedingt

$$+ \sum_{i=1}^{\bar{I}} \sum_{j=1}^{J} q_i^{(P)} \cdot a_{ih}^{Fak. \to Akt.(P)} \cdot \Delta a_{hj}^{Akt.} \cdot x_j^{(I)}$$

aktivitätskoeffizienten-
abweichungsbedingt

$+$ Abweichungen höherer Ordnung.

Den Istkosten werden hier die Sollkosten gegenübergestellt, indem man – analog zur Grenzplankostenrechnung – die Ausbringungsmenge immer mit ihrem Istwert ansetzt. Da bisher nur variable Kosten betrachtet werden, ergeben sich aus der Änderung der Ausbringungsmenge keine besonderen Erkenntnisse.

Die beschaffungspreisabweichungsbedingte Kostendifferenz gibt an, wie die Aktivitätskosten der Aktivität h durch die geänderten Beschaffungspreise der Faktoren i beeinflusst werden. Diese Abweichung könnte man – genau wie auch bei der Grenzplankostenrechnung – durch die Verwendung fester Faktorpreise außen vorlassen, da eine aktivitätsbezogene Kontrolle der Faktorpreise wenig sinnvoll ist, und die Preisabweichungen üblicherweise nicht in den Bereichen, wo die Aktivitäten entstehen, beeinflusst werden können.

Die faktorverbrauchsabweichungsbedingte Kostendifferenz gibt an, wie sich die Aktivitätskosten der Aktivität h durch den veränderten Faktoreinsatz je Mengeneinheit der Aktivität ändern. Sie sollte auch faktorweise und nicht nur aktivitätsbezogen berechnet werden.

Die aktivitätskoeffizientenabweichungsbedingte Kostendifferenz zeigt, wie sich die Aktivitätskosten der Aktivität h ändern, wenn mehr oder weniger Aktivitäten zur Realisierung der Ausbringungsmenge durchgeführt werden müssen. Diese Kostendifferenz ist dann besonders aufschlussreich, wenn sie zusätzlich produktbezogen betrachtet wird.

Die Abweichungsanalyse der variablen Kosten leistungsmengeninduzierter Aktivitäten ist vergleichbar mit der Abweichungsanalyse der variablen Gemeinkosten in der Grenzplankostenrechnung. Analog dazu lassen sich noch weitere Teilabweichungen abspalten, wenn man untersucht, weshalb die einzelnen Koeffizienten von ihrem Planwert abweichen. Allerdings dürfte der Teil dieser variablen Kosten eine untergeordnete Rolle spielen, da in den indirekten Bereichen – auf die sich die Prozesskostenrechnung hauptsächlich bezieht – der Anteil fixer Kosten überwiegt.

Insbesondere bei rückläufigen Aktivitätsmengen kommt es aufgrund des hohen Personalkostenanteils in den indirekten Bereichen zu erheblichen Kostenremanenzen, d.h. ein Großteil der Kosten kann beispielsweise aufgrund von vertraglichen Bindungen nicht ohne weiteres abgebaut werden und gehört damit zu den kurzfristig nicht veränderbaren fixen Kosten.

Es folgt des Weiteren eine Kostenkontrolle der fixen Kosten leistungsmengeninduzierter Aktivitäten, für die zwar kein Zusammenhang zwischen der Höhe der Aktivitätsmengen und den angefallenen Kosten hergestellt werden kann, für die aber die Aktivitätsmenge doch die Auslastung der zur Verfügung stehenden Kapazitäten aufzeigt und Hinweise für zukünftige Rationalisierungspotentiale gibt. Folglich beschränkt sich die Kostenkontrolle – analog zur Kontrolle der Fixkosten in der Grenzplankostenrechnung – auf eine Analyse der Leer- und Nutzkosten.

Die Kostenkontrolle wird aktivitätsbezogen dargestellt. Sinnvoll könnte aber auch eine Betrachtung der einzelnen Faktorarten sein, da es letztlich nicht um die Auslastung der maximal zur Verfügung stehenden Aktivitätsmenge geht, sondern um die Auslastung der Kapazitäten.

Die gesamten fixen Bereitschaftskosten einer Aktivität h teilen sich auf in Nutzkosten $K_{fNh}^{Akt.}$ und Leerkosten $K_{fLh}^{Akt.}$:

$$K_{fh}^{Akt.} = K_{fNh}^{Akt.} + K_{fLh}^{Akt.}, \qquad h = 1, \ldots, \overline{H}.$$

$$K_{fh}^{Akt.} = \sum_{i=\overline{I}+1}^{I} k_{fi} \cdot a_{ih}^{Fak.\rightarrow Akt.} \cdot x_h^{Akt.} + \left(K_{fh}^{Akt.} - \sum_{i=\overline{I}+1}^{I} k_{fi} \cdot a_{ih}^{Fak.\rightarrow Akt.} \cdot x_h^{Akt.} \right),$$

$$h = 1, \ldots, \overline{H},$$

wobei k_{fi} dem Kapazitätskostensatz je Leistungseinheit des Faktors i entspricht und der Klammerausdruck die Leerkosten angibt.

Im Vordergrund steht nicht die Ermittlung der Abweichung der Bereitschaftskosten, sondern die Kostendifferenz bei Nutz- und Leerkosten der Aktivität $h \left(h = 1, \ldots, \overline{H} \right)$:

$$\Delta K_{fh}^{Akt.} = K_{fh}^{Akt.(I)} - K_{fh}^{Akt.(P)}$$

$$= K_{fNh}^{Akt.(I)} + K_{fLh}^{Akt.(I)} - \left(K_{fNh}^{Akt.(P)} + K_{fLh}^{Akt.(P)} \right)$$

$$= \Delta K_{fNh}^{Akt.} + \Delta K_{fLh}^{Akt.}.$$

Die Kostendifferenzen bei den Nutz- und Leerkosten der Aktivitäten können noch genauer untersucht und in Teilabweichungen aufgespalten werden. Für die Leerkosten setzt man die Definition von oben (Klammerausdruck) ein:

$$\Delta K_{fLh}^{Akt.} = K_{fLh}^{Akt.(I)} - K_{fLh}^{Akt.(P)}$$

$$= K_{fh}^{Akt.(I)} - \sum_{i=\overline{I}+1}^{I} k_{fi}^{(I)} \cdot a_{ih}^{Fak.\rightarrow Akt.(I)} \cdot x_h^{Akt.(I)}$$

$$- \left(K_{fh}^{Akt.(P)} - \sum_{i=\overline{I}+1}^{I} k_{fi}^{(P)} \cdot a_{ih}^{Fak.\rightarrow Akt.(P)} \cdot x_h^{Akt.(P)} \right)$$

$$= K_{fh}^{Akt.(I)} - K_{fh}^{Akt.(P)} - \left(K_{fNh}^{Akt.(I)} - K_{fNh}^{Akt.(P)} \right).$$

Die Abweichung der Leerkosten hängt von den veränderten Bereitschaftskosten und der geänderten Kapazitätsauslastung – ausgedrückt als Nutzkostenänderung – ab.

Die Nutzkostenänderung kann in die folgenden Teilabweichungen aufgespalten
werden:

$$\Delta K_{fNh}^{Akt.} = K_{fNh}^{Akt.(I)} - K_{fNh}^{Akt.(P)}$$

$$= \sum_{i=\bar{I}+1}^{I} k_{fi}^{(I)} \cdot a_{ih}^{Fak. \to Akt.(I)} \cdot x_{h}^{Akt.(I)} - \sum_{i=\bar{I}+1}^{I} k_{fi}^{(P)} \cdot a_{ih}^{Fak. \to Akt.(P)} \cdot x_{h}^{Akt.(P)}$$

$$= \sum_{i=\bar{I}+1}^{I} \Delta k_{fi} \cdot a_{ih}^{Fak. \to Akt.(P)} \cdot x_{h}^{Akt(P)} \qquad \text{kapazitätskostensatz-}$$
$$\text{abweichungsbedingt}$$

$$+ \sum_{i=\bar{I}+1}^{I} k_{fi}^{(P)} \cdot \Delta a_{ih}^{Fak. \to Akt.} \cdot x_{h}^{Akt.(P)} \qquad \text{beanspruchungs-}$$
$$\text{abweichungsbedingt}$$

$$+ \sum_{i=\bar{I}+1}^{I} k_{fi}^{(P)} \cdot a_{ih}^{Fak. \to Akt.(P)} \cdot \Delta x_{h}^{Akt.} \qquad \text{aktivitätsmengen-}$$
$$\text{abweichungsbedingt}$$

+ Abweichungen höherer Ordnung.

Die Abweichung $\Delta x_{h}^{Akt.}$ kann noch genauer analysiert werden, indem man

$$x_{h}^{Akt.} = \sum_{j=1}^{J} a_{hj}^{Fak. \to Akt.} \cdot x_{j}$$

einsetzt und die Abweichungen der Koeffizienten getrennt voneinander bestimmt.

Während bei den variablen Kosten die Abweichung der Ausbringungsmenge
nicht berücksichtigt werden muss, da sich die Kosten automatisch an diese anpas-
sen, hat hier wegen des Fixkostencharakters die Differenz zwischen Plan- und Istwert der Ausbringungsmenge ebenfalls Einfluss auf die Höhe der Nutz- bzw.
Leerkosten. Erkennbar ist dies darin, dass hier den Istkosten nicht die Soll-
sondern die Plankosten gegenübergestellt werden.

Der formale Aufbau der Analyse der Nutzkosten ist vergleichbar mit der Abweichungsanalyse der variablen Kosten leistungsmengeninduzierter Aktivitäten.
Die Interpretation der Ergebnisse ist allerdings grundlegend verschieden, da die
Teilabweichungen bei der Analyse fixer Kosten keine kurzfristigen Kostenände-
rungspotentiale darstellen, sondern eine Beeinflussung der Kostenbestimmungsfaktoren kurzfristig nur zu einer Verschiebung zwischen Nutz- und Leerkosten
führt. Langfristig gesehen zeigen die Teilabweichungen aber Rationalisierungspotentiale auf, die Grundlage für zukünftige Dispositionsentscheidungen sind.

Für die leistungsmengenneutralen Aktivitäten sind definitionsgemäß keine Kostentreiber zu ermitteln. Die Kosten der leistungsmengenneutralen Aktivitäten

sind fix und fallen unabhängig von der Leistung häufig in Höhe der geplanten Kosten an, so dass dann die Kostendifferenz

$$\Delta K_{fh}^{Akt.} = K_{fh}^{Akt.(I)} - K_{fh}^{Akt.(P)}, \qquad\qquad h = \bar{H} + 1, \ldots, H$$

gleich Null ist. Dies ist beispielsweise der Fall, wenn es sich um bereits durch eine Anschaffungsauszahlung determinierte fixe Abschreibungsbeträge oder um während der Periode nicht veränderbare fixe Personalkosten handelt.

Die Kosten leistungsmengenneutraler Aktivitäten bieten für die Kostenkontrolle kaum weitere Analysemöglichkeiten. Bedeutung kommt ihnen allerdings bei der Erfolgskontrolle zu. Hier dienen sie als Solldeckungsbeiträge, falls eine analog zur Deckungsbeitragsrechnung aufgebaute Rechnung zur Verfügung steht.

In der Literatur wird häufig vorgeschlagen, die Kosten der leistungsmengenneutralen Aktivitäten über pauschale Umlagesätze auf die Kosten der leistungsmengeninduzierten Aktivitäten zu verteilen. Diese Schlüsselung der fixen Kosten ist auch im Hinblick auf die Kostenkontrolle kritisch zu sehen. Durch sie werden die Ergebnisse verzerrt und es kann zu Fehlentscheidungen kommen.[494]

7.4.2 Kostenstellenübergreifende Kontrolle

Die Zusammenfassung von Aktivitäten verschiedener Kostenstellen zu einem Prozess ermöglicht eine kostenstellenübergreifende Kontrolle. Durch diese prozessbezogene Kostenkontrolle soll eine Optimierung einzelner Bereiche zugunsten einer Gesamtoptimierung vermieden werden. Ergänzend zu den Kostenstellen wird für jeden Prozess ein neuer Verantwortungsbereich geschaffen, der jeweils einem Prozessverantwortlichen bzw. Process Owner zugeordnet ist.

Eine Kostenkontrolle auf der Prozessebene lässt jedoch nicht erkennen, in welchen Bereichen es zu Kostenabweichungen gekommen ist. Die Kostenkontrolle auf der Ebene der Kostenstellen ist daher eine notwendige Ergänzung.

7.5 Beurteilung der Prozesskostenrechnung

Positiv zu beurteilen ist an der Prozesskostenrechnung die Abkehr vom Kostenstellen- oder Bereichsdenken zugunsten eines gesamtunternehmensbezogenen Prozessdenkens.

---

[494] Vgl. Betz, S.: Gemeinkostencontrolling auf Basis der Prozeßkostenrechnung, a.a.O., S. 136ff. BETZ zeigt formal, dass die Verwendung von Gesamtkostensätzen zu Fehlentscheidungen führen kann.

Gerade dieser Punkt wird aber in der praktischen Durchführung zu Problemen führen. Soll das gesamte Unternehmensgeschehen auf nur wenige Hauptprozesse reduziert werden, so wird mit der Zusammenfassung von Aktivitäten zu Prozessen ein erheblicher Informationsverlust verbunden sein. Die Aggregation von Aktivitäten wird von den Vertretern der Prozesskostenrechnung besonders hervorgehoben, ihre konkrete Ausgestaltung ist dagegen noch wenig ausgereift. Selbst zur Einteilung in Aktivitäten fehlen bereits operationale Regeln und Kriterien.[495] Hier bleiben noch viele Fragen offen.

Durch die Prozesskostenrechnung erfolgt in den indirekten Bereichen eine genaue Analyse der Gemeinkosten. Letztendlich wird hierdurch eine detaillierte Gemeinkostenplanung und -budgetierung möglich.

In der Literatur finden sich einige Ansätze, die die Eignung der Prozesskostenrechnung für

- operative Entscheidungen und
- strategische Entscheidungen

untersuchen. Im Folgenden sollen kurz die wichtigsten Forschungsergebnisse dargestellt werden.

Die Prozesskostenrechnung ist nach KLOOCK als operatives Planungs- und Kontrollinstrument ungeeignet. Durch die nicht verursachungsgerechte Verrechnung der Fixkosten kommt es zu den Fehlern, die bereits bei der starren und flexiblen Plankostenrechnung auf Vollkostenbasis erkannt und kritisiert wurden. Zur Festlegung von kostenorientierten Angebotspreisen ist die Prozesskostenrechnung ebenfalls ungeeignet, da der Kalkulationssatz maßgeblich von der geplanten Kapazitätsauslastung abhängt. Dies kann bei konjunkturellem Nachfragerückgang zu einer „Kalkulation aus dem Markt" führen, da bei sinkender Nachfrage die Kapazitätsauslastung ebenfalls sinkt und folglich aufgrund erhöhter Kalkulationssätze die Selbstkosten über die am Markt realisierbaren Preise steigen und damit die Absatzmenge noch weiter sinkt. Die Eignung der Prozesskosten als Lenkkosten wird bezweifelt, ist bisher aber noch nicht fundiert begründet worden.[496] Zu Fehlentscheidungen kommt es aufgrund der verrechneten Fixkosten auch, wenn die Prozesskostenrechnung für die Frage nach Eigenfertigung oder Fremdbezug eingesetzt wird. Fällt die Entscheidung zugunsten des Fremdbezuges, so wird die Differenz zwischen den Prozesskosten und den Fremdbezugspreisen nicht in dieser Höhe ergebniswirksam, da weiterhin ein Teil der Prozesskosten zusätzlich zu den Einstandspreisen anfallen wird.[497]

---

[495] Vgl. Glaser, H.: Prozeßkostenrechnung als Kontroll- und Entscheidungsinstrument, a.a.O., S. 225.

[496] Vgl. Kloock, J.: Prozeßkostenrechnung als Rückschritt und Fortschritt der Kostenrechnung, (Teil 1), a.a.O., S. 188; derselbe: Prozeßkostenrechnung als Rückschritt und Fortschritt der Kostenrechnung, (Teil 2), a.a.O., S. 237f.

[497] Vgl. Lorson, P. : Prozeßkostenrechnung versus Grenzplankostenrechnung, a.a.O., S. 9.

Eine Eignung der Prozesskostenrechnung für operative Entscheidungen – hier für Absatzmengen- und Preisentscheidungen – wird für die Prozesskostenrechnung von SCHILLER und LENGSFELD nur dann bestätigt, wenn man durch explizite Berücksichtigung der Leerkosten den Planungsfehler der Prozesskostenrechnung rückgängig macht.[498]

Insgesamt kann der Prozesskostenrechnung damit eine nur sehr eingeschränkte Eignung für operative Fragestellungen zugesprochen werden. Sie ist in diesem Bereich auf keinen Fall der Grenzplankostenrechnung überlegen.

Die meisten Vertreter der Prozesskostenrechnung vernachlässigen diesen operativen Aspekt und stellen die strategische Bedeutung der Prozesskostenrechnung in den Vordergrund. Dieser Aspekt wurde von KLOOCK im Hinblick auf die Gestaltung des Produktmixes und die Festlegung der langfristigen Preisuntergrenze untersucht. Für eine langfristige mehrperiodige Rechnung können die Prozesskosten nur dann relevant sein, wenn sie konstant und repräsentativ für die künftigen Perioden sind. Das Entscheidungskriterium entspricht dann dem der statischen Investitionsrechnung und hier speziell der Kostenvergleichsrechnung. Wegen der eingeschränkten Eignung der Prozesskostenrechnung für operative Entscheidungen, bezweifelt KLOOCK, dass dieser statische Kostenvergleich für die langfristige Gestaltung des Produktmixes zu brauchbaren Ergebnissen führt. Bei der Verwendung von Prozesskosten als langfristige Preisuntergrenze merkt er treffend an, dass nicht die Realisierung der Preisuntergrenze alleine schon zur Erreichung der Gewinnschwelle ausreicht, sondern dass zusätzlich auch noch die geplante Mindestauslastung, die der Fixkostenverrechnung zugrunde liegt, erreicht werden muss. Zudem kritisiert er, dass Zinseffekte unberücksichtigt bleiben.[499]

Die Prozesskostenrechnung für langfristige make-or-buy-Entscheidungen wird von LORSON als nur bedingt geeignet eingestuft, da nicht alle Folgewirkungen wie beispielsweise organisatorische Umstrukturierungen berücksichtigt werden.[500]

SCHNEEWEIß und STEINBACH untersuchten die Eignung der Prozesskostenrechnung für make-or-buy-Entscheidungen und Programmplanungen genauer.[501] Durch einen Vergleich der Ergebnisse der Prozesskostenrechnung mit einer Optimalplanung, die die Kapazitätsveränderungen berücksichtigt, hat man herausgefunden, wie gut die Prozesskostenrechnungsansätze den mit den Entscheidungen verbundenen Kapazitätseffekt repräsentieren. Dabei ergaben sich folgende Ergebnisse:

– Je geringer die Anpassungsgeschwindigkeit, d.h. je mehr Zeit benötigt wird, um die Kapazität auf- bzw. abzubauen, desto schlechter sind die Ergebnisse der

---

[498] Vgl. Schiller, U. / Lengsfeld, S.: Strategische und operative Planung mit der Prozeßkostenrechnung, a.a.O., S. 541ff.

[499] Vgl. Kloock, J.: Prozeßkostenrechnung als Rückschritt und Fortschritt der Kostenrechnung, (Teil 2), a.a.O., S. 239f.

[500] Vgl. Lorson, P.: Prozeßkostenrechnung versus Grenzplankostenrechnung, a.a.O., S. 9.

[501] Vgl. Schneeweiß, C. / Steinbach, J.: Zur Beurteilung der Prozeßkostenrechnung als Planungsinstrument, in: Die Betriebswirtschaft (1996) 4, S. 459-473, hier S. 466ff.

Prozesskostenrechnung im Vergleich zur Optimallösung, da die Kosten für die ungenutzten Kapazitäten nicht berücksichtigt werden. Folglich wird man auch nicht versuchen, diese Kapazitäten mit relativ schlechten Aufträgen, die aber noch positive Deckungsbeiträge erzielen, auszunutzen.

– Je höher die Kapazitätsanpassungskosten – gemeint sind die Kosten, die für den Kapazitätsauf- bzw. -abbau anfallen – sind, desto schlechter sind die Ergebnisse der Prozesskostenrechnung im Vergleich zur Optimallösung, da die Kapazitätsanpassungskosten in der Prozesskostenrechnung über Abschreibungen nur als Durchschnittswerte berücksichtigt werden.

Eine Eignung der Prozesskostenrechnung für die Festlegung von Kapazitäten wird von SCHILLER und LENGSFELD differenziert beurteilt.[502] Sie zeigen anhand eines strategischen Planungsansatzes, dass die Kenntnis der Opportunitätskosten unbedingt notwendig ist und im Allgemeinen nicht durch die Prozesskosten ersetzt werden kann. Allerdings zeigen sie, dass in den folgenden zwei Spezialfällen die Prozesskosten geeignete Größen darstellen,

– wenn die Vollauslastungsprämisse erfüllt ist, also alle Kapazitäten immer voll ausgelastet sind. Ein Fehler aufgrund der in der Prozesskostenrechnung nicht berücksichtigten Leerkapazitäten kann nicht auftreten,

– wenn Unsicherheit vorliegt und die so genannte Stationaritätsprämisse erfüllt ist, d.h. die Verteilungsfunktion, die die Wahrscheinlichkeitsverteilung der Grenzkosten angibt, muss für alle Perioden identisch sein.[503]

7.6 Übungsaufgaben zu Kapitel 7

Übungsaufgabe 7.1   Proportionalitätsannahmen

Geben Sie alle in der Prozesskostenrechnung getroffenen Proportionalitätsannahmen an, und nehmen Sie kritisch Stellung dazu.

Übungsaufgabe 7.2:   Direkte Prozesskalkulation

Ein Unternehmen stellt die vier unterschiedlichen Produkte A, B, C und D her. Die Produktionsmengen der Periode, die Materialeinzelkosten je Mengeneinheit und die Fertigungszeiten je Mengeneinheit der Produkte sind der folgenden Tabelle zu entnehmen.

---

[502] Vgl. Schiller, U. / Lengsfeld, S.: Strategische und operative Planung mit der Prozeßkostenrechnung, a.a.O., S. 535ff.

[503] Vgl. ebenda.

Produkt	Produktionsmenge in ME je Periode	Materialeinzelkosten in € je ME	Maschinenstunden in Std. je ME
A	100	20	2
B	100	40	5
C	1.000	30	2
D	1.000	60	5

Die Gemeinkosten in Höhe von 456.000 € sind den Produkten A, B, C und D auf Basis einer Prozesskostenrechnung zuzurechnen. Dabei sind die im Folgenden beschriebenen Aktivitäten mit den zugehörigen Kosten der indirekten Leistungsbereiche zu berücksichtigen.

Bei den Fertigungs- und Materialgemeinkosten haben die Maschinenstunden pro Erzeugnisart als Kostentreiber Verwendung gefunden. Die übrigen Gemeinkosten in Höhe von 148.000 € sind nach Maßgabe spezieller Kostentreiber zu verteilen. So ist vor Beginn eines Produktionsvorganges die Umrüstung einer Maschine erforderlich, auf der alle vier Erzeugnisse zur Bearbeitung kommen. Insgesamt werden 5.000 € pro Umrüstvorgang veranschlagt. Zur Herstellung der oben genannten Produktionsmengen wird bei den Produkten A und B jeweils zweimal gerüstet und bei den Produkten C und D jeweils viermal. Die Einkaufsabteilung wird in der Periode für die niedrigvolumigen Produkte A und B je dreimal tätig, während bei den hochvolumigen Produkten C und D je Einkaufsvorgang Rohstoffe für die Produktion von 500 ME des Produktes beschafft werden. Insgesamt fallen in der Einkaufsabteilung Gemeinkosten in Höhe von 40.000 € an. Im Gegensatz zur Einkaufsabteilung wird die Vertriebsabteilung in einer Periode je Produktart nur einmal tätig, wobei als Prozesskostensatz hier 12.000 € je Aktivität veranschlagt werden.

Berechnen Sie mittels der direkten Prozesskalkulation die Selbstkosten je ME.

Übungsaufgabe 7.3:   Indirekte Prozesskalkulation

Die Prozesskostenrechnung soll in dem Unternehmen „Prokotech" implementiert werden. In der Einführungsphase ist sie lediglich für die beiden Kostenstellen Einkauf und Vertrieb vorgesehen. Die Planung der Kosten erfolgt auf Basis der Personalkosten, deren Höhe – jeweils bezogen auf die einzelnen Aktivitäten – der folgenden Tabelle zu entnehmen ist. Außerdem werden noch Raum- und Energiekosten für die Kostenstelle „Einkauf" in Höhe von 40.000 € und für die Kostenstelle „Vertrieb" in Höhe von 75.000 € erwartet. Die sonstigen Büromaterial- und EDV-Kosten werden nicht nach Kostenstellen getrennt ausgewiesen. Insgesamt plant man hierfür 45.000 €. Alle Kosten sollen als Kosten der leistungsmengeninduzierten Aktivitäten verrechnet werden.

Kosten-stelle	Nr.	Aktivität	Personal-kosten (€)	mengen-volumen-abhängig	variantenzahl-abhängig
Einkauf	1	Angebote einholen	40.000	0,3	0,7
	2	verhandeln	120.000	0,4	0,6
	3	Bestellungen aufgeben	40.000	0,5	0,5
Vertrieb	4	Kundenakquisition	50.000	0,6	0,4
	5	Angebote abgeben	40.000	0,7	0,3
	6	technische Absprache	110.000	0,8	0,2
	7	Terminplanung	20.000	0,5	0,5
	8	Auftragsbedingungen aushandeln	30.000	0,2	0,8

In der Planperiode wird mit der Produktion der Produkte A und B in den folgenden Mengen gerechnet:

A: 1.500 ME
B: 20 ME.

a) Bestimmen Sie die gesamten Plankosten für die einzelnen Aktivitäten.

b) Führen Sie eine strategische Kalkulation nach der indirekten Prozesskalkulation durch.

c) Begründen Sie kurz anhand der entsprechenden Formel, weshalb hier die Berechnung der Prozesskosten auch ohne Kenntnis der Aktivitätsmenge möglich ist und welche weiteren Informationen mittels der Aktivitätsmenge bereitgestellt werden können.

Übungsaufgabe 7.4:   Prozesskosten- und Grenzplankostenrechnung

In einem Unternehmen, das bereits seit vielen Jahren eine Grenzplankosten- und Deckungsbeitragsrechnung implementiert hat, soll über die Annahme eines Zusatzauftrags von 20 Stück des Produktes B entschieden werden. Dazu stehen die folgenden Plandaten zur Verfügung:

	Produkt A	Produkt B
Ausbringungsmenge in ME	10.000	2.000
Verkaufspreis in € je ME	80	75
Materialeinzelkosten in € je ME	20	25
Fertigungseinzelkosten in € je ME	13	20
variable Fertigungsgemeinkosten in € je ME	15	16

Außerdem fallen noch Materialgemeinkosten in Höhe von 50.000 € und Verwaltungs- und Vertriebsgemeinkosten in Höhe von 120.000 € an.

Man entscheidet sich zunächst für die Annahme des Zusatzauftrags. Erst auf die Empfehlung eines Unternehmensberaters hin wird die Entscheidung nochmals überprüft. Er schlägt vor, die wichtigsten Aktivitäten in den Kostenstellen Material und Vertrieb zu identifizieren und eine indirekte Kalkulation durchzuführen. Eine Tätigkeitsanalyse liefert folgendes Ergebnis:

	Aktivität	Kostentreiber	geplante Aktivitäts- menge	Produkt A	Produkt B
1	„Angebote einholen"	Anzahl der Angebote	100	70	30
2	„bestellen"	Anzahl der Be- stellungen	25	15	10
3	„ein-/ auslagern"	Anzahl der Lager- vorgänge	200	100	100
4	„Verkaufsgespräche führen"	Anzahl der Verkaufsgespräche	160	120	40
5	„Auftragsabwicklung"	Anzahl der Aufträge	80	60	20

Die geplanten Gemeinkosten der Kostenstelle Material von 50.000 € lassen sich entsprechend der Personalkosten im Verhältnis 4:3:3 auf die Aktivitäten „Angebote einholen", „bestellen" und „ein- / auslagern" aufteilen. Die Kosten der Vertriebsabteilung in Höhe von 40.000 € entfallen zu gleichen Teilen auf die beiden Aktivitäten. Die Kosten leistungsmengenneutraler Aktivitäten in Höhe von 80.000 € sind wegen der Kritik an der Schlüsselung solcher Kosten en bloc zu verrechnen.

a) Führen Sie eine Deckungsbeitragsrechnung (auf Grenzkostenbasis) für das Gesamtunternehmen durch und bestimmen Sie den Nettoerlös des Gesamtunternehmens (ohne Zusatzauftrag!). Begründen Sie die Annahme des Zusatzauftrags anhand der Ergebnisse.

b) Zeigen Sie, zu welcher Entscheidung der Unternehmensberater kommt.
   Ermitteln Sie dazu zunächst jeweils für die einzelnen Aktivitäten die Aktivitätskostensätze und bestimmen Sie mittels der direkten Prozesskalkulation die Deckungsbeiträge der Produktarten A und B, wobei nur die Kosten der leistungsmengenneutralen Aktivitäten als nicht entscheidungsrelevant angesehen werden.

c) Welche Kritik wird man von Seiten des Unternehmens der Entscheidung des Unternehmensberaters entgegenhalten?

Übungsaufgabe 7.5:   Allokations-, Komplexitäts- und Degressionseffekt

---

In einem Unternehmen werden die drei Varianten I, II und III in den Mengen

$$x_I = \quad 2.000 \text{ ME}$$
$$x_{II} = \quad 500 \text{ ME}$$
$$x_{III} = 1.500 \text{ ME}$$

hergestellt. Die Kosten für die Lageraktivitäten „Material einlagern" (Aktivität A) und „Material auslagern" (Aktivität B) können prozessorientiert oder über einen Materialgemeinkostenzuschlagssatz von 20 % (der Materialeinzelkosten) verrechnet werden. Die Materialeinzelkosten betragen bei den Varianten I und III jeweils 22 € je Mengeneinheit und bei Variante II 12 € je Mengeneinheit. Die Aktivitätsmengen der einzelnen Varianten und die Kostensätze in € je Aktivität sind der folgenden Tabelle zu entnehmen:

| | Aktivität | Aktivitätsmenge der Variante: | | | Aktivitäts-kostensatz |
		I	II	III	
A	„Material einlagern"	10	20	10	150 €
B	„Material auslagern"	15	30	8	200 €

a) Bestimmen Sie die Höhe der Allokationseffekte bei den drei Varianten. Erläutern Sie, weshalb der Allokationseffekt bei Variante II besonders hoch ausfällt.

b) Geben Sie für die Variante II den Degressionseffekt an, wenn anstelle von 500 ME folgende Stückzahlen hergestellt werden: 1.000 ME, 1.500 ME, 2.000 ME und 2.500 ME. Gehen Sie dabei davon aus, dass sich die Anzahl der Aktivitäten nicht ändert. Es wird lediglich in größeren Losen gefertigt, so dass entsprechend die Menge je Ein- und Auslagerungsvorgang steigt.

c) Gehen Sie davon aus, dass die Höhe der Aktivitätsmengen der Varianten I und II von der Teilezahl abhängt. Variante I setzt sich aus fünf Teilen und Variante II aus 10 Teilen zusammen. Für beide Produkte wird abweichend zur Aufgabenstellung eine Produktionsmenge von 2.000 ME unterstellt.

Bestimmen Sie zunächst die Zahl der Ein- und Auslagerungen je Teil unter der Annahme, dass für jedes Teil gleich viele Aktivitäten durchgeführt werden müssen.

Geben Sie den Komplexitätseffekt für die Varianten I und II an und für eine Variante IV, die sich unter sonst gleichen Bedingungen aus 20 Teilen zusammensetzt.

Übungsaufgabe 7.6:   Abweichungsanalyse

In einem Unternehmen werden die drei Produkte A, B und C hergestellt. Dabei plant man für das Produkt A eine Ausbringungsmenge von 5.000 ME, für B von 2.000 ME und für das Produkt C von lediglich 200 ME. Aufgrund sinkender Nachfrage hat man die Produktion der Produkte A und B reduziert; auf 4.000 ME von A und 1.500 ME von B. Das Produkt C wird in geplanter Menge gefertigt.

Die Einkaufsabteilung wurde als Versuchsbereich bei der Einführung der Prozesskostenrechnung ausgewählt. Nach einer Tätigkeitsanalyse hat man als wichtigste Aktivitäten ($h = $ I, II, III) dieser Abteilung die folgenden drei festgelegt:

- I: „Angebote einholen",
- II: „Bestellungen aufgeben" und
- III: „Abteilung leiten - allgemeine Kosten".

Ferner sind in der Abteilung die folgenden Faktoren $\left(i = 1, \ldots, 5\right)$ verbraucht worden, wobei der erste und der zweite zu variablen Kosten und die anderen zu fixen Kosten führen.

- 1: Personal (kurzfristig abbaubar; Aushilfskräfte auf Stundenbasis)
- 2: Telefon
- 3: Personal (2 Sacharbeiter)
- 4: Personal (1 leitender Angestellter)
- 5: Gebäude.

Für den Faktor 3 wird eine Kapazität von 4.500 Stunden geplant. Die Sachbearbeiter sind 2/3 der Zeit mit der Aktivität I und 1/3 der Zeit mit der Aktivität II beschäftigt. Die Kosten der Kapazität ergeben sich durch Multiplikation mit dem entsprechenden Kostensatz k_{fi} (siehe Tabelle).

Für den Faktor 4 werden Kosten in Höhe von 150.000 € geplant, die auch realisiert werden.

Als Gebäudekosten fallen für die Abteilung Einkauf 20.000 € an, die ebenfalls dem Planwert entsprechen.

Die weiteren Informationen sind den folgenden Tabellen zu entnehmen:

Beschaffungspreise der Faktoren $i = 1, 2$ (in € je Faktoreinheit):			
i	$q_i^{(P)}$	$q_i^{(I)}$	Δq_i
1	30	30	0
2	20	25	+ 5

Kapazitätskostensätze des Faktors $i = 3$ (in € je Faktoreinheit):			
i	$k_{fi}^{(P)}$	$k_{fi}^{(I)}$	Δk_{fi}
3	40	45	+ 5

Faktorverbrauchs- bzw. Kapazitätsinanspruchnahmekoeffizienten des Faktors $i = 1, 2, 3$
je Mengeneinheit der Aktivität $h = \mathrm{I}, \mathrm{II}$:

		$a_{ih}^{Fak. \to Akt.(P)}$		$a_{ih}^{Fak. \to Akt.(I)}$		$\Delta a_{ih}^{Fak. \to Akt.}$	
i	h	I	II	I	II	I	II
1		25	40	30	42	+ 5	+ 2
2		15	5	18	6	+ 3	+ 1
3		50	150	50	140	0	− 10

Aktivitätskoeffizienten der Aktivitäten $h = \mathrm{I}, \mathrm{II}$ je
Mengeneinheit der Produkte A, B und C:

		$a_{hj}^{Akt.(P)}$			$a_{hj}^{Akt.(I)}$			$\Delta a_{hj}^{Akt.}$		
h	j	A	B	C	A	B	C	A	B	C
I		0,005	0,0075	0,05	0,006	0,008	0,1	+ 0,001	+ 0,0005	+ 0,05
II		0,001	0,0015	0,01	0,001	0,0015	0,01	0	0	0

a) Bestimmen Sie die Plan- und Istwerte der Aktivitätsmengen $x_{hj}^{Akt.}$ der Aktivitäten $h = \mathrm{I}, \mathrm{II}$ und der Produktarten $j = \mathrm{A}, \mathrm{B}, \mathrm{C}$. Geben Sie ebenfalls die jeweilige Abweichung zwischen Plan- und Istwert an.

b) Bestimmen Sie die Plan- und Istwerte der Summe der Aktivitätsmengen über alle Produktarten $x_h^{Akt.}$ der Aktivitäten $h = \mathrm{I}, \mathrm{II}$. Ermitteln Sie zusätzlich noch den Sollwert dieser Größe und geben Sie sowohl die Differenzen zwischen Ist- und Planwert als auch zwischen Ist- und Sollwert an.

c) Führen Sie für die Aktivitäten eine Abweichungsanalyse jeweils getrennt nach

   – variablen Kosten leistungsmengeninduzierter Aktivitäten,
   – fixen Kosten leistungsmengeninduzierter Aktivitäten und
   – Kosten leistungsmengenneutraler Aktivitäten

   durch. Zeigen Sie jeweils aktivitätsbezogen die einzelnen Teilabweichungen auf, und interpretieren Sie die Ergebnisse.

8 Übersicht über weitere Ansätze in der Kostenrechnung

8.1 Target Costing

8.1.1 Gegenstand des Target Costing

Das Target Costing oder Zielkostenmanagement, das 1965 von Toyota entwickelt wurde, wird seitdem verstärkt in japanischen Unternehmen angewendet. Während das Target Costing in Japan zu dieser Zeit schon stark thematisiert wurde, wurde es in der englischsprachigen Literatur erst etwa 20 Jahre später durch japanische Autoren eingeführt. In der deutschsprachigen Literatur griffen Anfang der neunziger Jahre insbesondere HORVÁTH und SEIDENSCHWARZ das Konzept des Target Costings auf und wendeten es auf die deutschen Verhältnisse an. [504]

HORVÁTH/SEIDENSCHWARZ charakterisieren das Target Costing als ein Kostenmanagementinstrument, das als ein in die Produktentstehung integrierter Kostenplanungs-, -steuerungs- und -kontrollprozess entwickelt wurde.[505] Als wesentliche Zielsetzungen sind zu nennen:[506]

- Verfolgung der Marktorientierung des Kostenmanagements einerseits aber auch des Unternehmens andererseits,

- Orientierung an strategischen Überlegungen durch die markt- und zielorientierte Forschung und Entwicklung,

- Ansetzen des Kostenmanagements bereits in frühen Produktentwicklungsphasen,

---

[504] Vgl. Seidenschwarz, W.: Target Costing: Ein japanischer Ansatz für das Kostenmanagement, in: Controlling (1991) 4, S. 198-203; Horváth, P. / Seidenschwarz, W.: Zielkostenmanagement, in: Controlling (1992) 3, S. 142 - 150; Seidenschwarz, W.: Target Costing, München 1993.

[505] Vgl. Horváth, P. / Seidenschwarz, W.: Zielkostenmanagement, a.a.O, S. 142 f.

[506] Vgl. Horváth, P. / Niemand, S. / Wolbold, M.: Target Costing – State of the Art, in: Horváth, P. (Hrsg.): Target Costing: Marktorientierte Zielkosten in der Praxis, Stuttgart 1993, S. 4.

– Integration dynamischer Aspekte durch eine ständige marktbasierte Überprüfung der kostenmäßigen Ziele,

– Motivationssteigerung durch die Marktziele im Gegensatz zu abstrakten Unternehmenszielen.

Aufgrund der Orientierung am Markt ist die zentrale Frage des Target Costings nicht, wie viel ein Produkt kosten wird, sondern wie viel es kosten darf.[507] Ein Einsatz des Target Costings erfolgt am besten in der Produktkonzeption und -entwicklung, da hier die Beeinflussungsmöglichkeiten am höchsten sind, ein Einsatz ist aber auch zur Kostensenkung von bestehenden Produkten oder zur Planung des Produktionsprozesses möglich.[508]

8.1.2 Vorgehensweise

Bei der Vorgehensweise zur Bestimmung der Zielkosten unterscheidet SEIDENSCHWARZ fünf Wege:[509] Market into Company, Out of Company, Into and out of Company, Out of Competitor und Out of Standard Costs. Bei der Market into Company-Variante handelt es sich um die Reinform der Ermittlung der Kosten aus dem Markt, daher konzentrieren sich die weiteren Ausführungen auf diese Variante. Hierbei werden die „target costs" nur von den „allowable costs" des Marktes bestimmt. Die Kosten des Produktes dürfen über den gesamten Lebenszyklus daher nicht höher sein als der auf der Basis des geschätzten Marktpreises berechnete Umsatz abzüglich der geplanten Rendite.

Zur Vorgehensweise des Zielkostenmanagements finden sich in der Literatur verschiedene Einteilungen bezüglich der auszuführenden Schritte. Der grundsätzliche Ablauf lässt sich jedoch folgendermaßen darstellen:

– Positionierung des Produktes auf dem Markt und Bestimmung des Zielpreises

Auf der Basis von Marktanalysen, Kundenbefragungen und Nutzenanalysen wird versucht, die genauen Produktfunktionen des neuen Produktes zu bestimmen und für diese den erzielbaren Marktpreis zu schätzen. Möglich ist auch die Bildung mehrerer Produktvarianten-Preis-Paare, um die endgültigen Eigenschaften erst später festlegen zu können.[510]

---

[507] Vgl. Seidenschwarz, W.: Target Costing: Ein japanischer Ansatz für das Kostenmanagement, a.a.O, S. 199.

[508] Vgl. Horváth/Niemand/Wolbold: Target Costing – State of the Art, a.a.O. S. 5.

[509] Vgl. Seidenschwarz, W.: Target Costing, München 1993, S. 116ff.

[510] Vgl. Burger, A.: Kostenmanagement, 3. Aufl., München 1999, S. 61f.

– Ermittlung des Zielgewinns und der „allowable costs"

Der Zielpreis wird auf ein erwartetes Absatzvolumen bezogen, um den Produktumsatz zu erhalten. Durch Subtraktion des Bruttogewinns von diesem Wert ergeben sich die vom Markt erlaubten Kosten, die über die gesamte Lebensdauer des Produktes hinweg nur anfallen dürfen, um die gewünschte Rendite zu erwirtschaften.[511] Der Zielgewinnsatz wird meist aus der Kapital- oder Umsatzrentabilität bestimmt, wobei sich beim Target Costing die Umsatzrentabilität bewährt hat.[512]

– Aufspaltung der Zielkosten (Komponenten- oder Funktionsmethode)

Das Aufspalten der „allowable costs" auf Baugruppen und Bauteile kann nach zwei Methoden erfolgen:[513] Die Komponentenmethode ist einstufig und verteilt die Kosten anhand der Kostenstruktur eines Referenzproduktes. Das zweistufige Funktionsverfahren spaltet zunächst die Kosten gemäß der aus den Kundenbefragungen ermittelten Nutzenanteile auf die einzelnen Funktionen auf. Mithilfe einer Funktionskostenmatrix werden die funktionsorientierten Kosten dabei gemäß der Funktionserfüllung auf die Komponenten verteilt, die zur Funktionserfüllung beitragen.

– Erreichung der Zielkosten und Zielkostenkontrolldiagramm

Anhand der Liste von Komponenten und Teilen werden nun die „drifting costs" ermittelt.[514] Durch den Vergleich der „drifting costs" mit den meistens niedriger liegenden Zielkosten wird die Kostenlücke sichtbar, woraufhin Maßnahmen zur Kostenreduzierung ergriffen werden müssen, um die vorkalkulierten Produktkosten auf das Niveau der Zielkosten zu senken.[515] Hier sind insbesondere die Produktentwickler und Konstrukteure, aber auch die kostenverantwortlichen Mitarbeiter aller anderen am Prozess zu beteiligenden Unternehmensbereiche gefordert, mit Hilfe geeigneter Maßnahmen und Instrumente (z.B. Wertanalyse, Cost Benchmarking, Lieferanteneinbindung, Präventives Qualitätsmanagement, Design to Cost, etc.) die Standardkosten so weit zu senken, dass sie nicht höher liegen als die entsprechenden Zielkosten.[516] Ein Instrument zur Visualisierung ist das Zielkostenkontrolldiagramm. Hierbei wird für jede Komponente der

---

[511] Vgl. Seidenschwarz, W.: Target Costing, a.a.O., S. 116.

[512] Vgl. Seidenschwarz, W.: Target Costing, a.a.O., S. 122.

[513] Vgl. Joos-Sachse, T.: Controlling, Kostenrechnung und Kostenmanagement, 4. Aufl., Wiesbaden 2006, S. 303ff.

[514] Zur ausführlichen Ermittlung vgl. Burger, A.: Kostenmanagement, a.a.O., S. 63ff.

[515] Sollten die „drifting costs" kleiner als die Zielkosten sein, beginnt sofort die Produktionsphase.

[516] Vgl. Seidenschwarz, W: Target Costing: Ein japanischer Ansatz für das Kostenmanagement, a.a.O., S. 201; Seidenschwarz, W: Target Costing, a.a.O, S. 237.

$$\text{Zielkostenindex} = \frac{\text{Nutzenbeitrag einer Komponente in \%}}{\text{Kostenanteil einer Komponente in \%}}$$

berechnet und in ein Diagramm eingetragen. Liegt der Index außerhalb der Zielkostenzone, die um die ideale 45°-Linie herum festgelegt wird, so ist die Komponente entweder zu teuer (Index < 1) oder zu billig (Index > 1) geplant und sie muss bezüglich ihrer Funktions- und Kostenstruktur überarbeitet werden.

Ein wesentlicher Aspekt des Target Costings, der seine starke Verbreitung als modernes Kostenmanagementinstrument auch im Supply Chain-Kontext erklärt, ist – neben der Kundeneinbeziehung – die Tatsache, dass an diesem Prozess auch die Zulieferer beteiligt werden können und sollten. Vor dem Hintergrund eines verstärkten Outsourcings ergibt es sich zwangsläufig, dass Zulieferer in den Target Costing-Prozess eingebunden werden, da sie für die Kostengestaltung der von ihnen gelieferten Bauteile zuständig sind. Wichtig ist nun besonders die frühe und enge Einbeziehung der Lieferanten, um die Kostenpotentiale frühzeitig und gemeinsam auszuschöpfen; beispielsweise in Form eines Simultaneous Engineerings oder des Just-in-Time-Konzepts.

Zur Veranschaulichung des oben beschriebenen, grundlegenden Target Costing-Prozesses soll im Folgenden ein einfaches Fallbeispiel durchgespielt werden.[517] Im Rahmen einer Neueinführung eines vegetarischen Burgers soll seine marktgerechte Planung durch das Target Costings unterstützt werden. Auf der Basis eigener Vorstellungen und der durchgeführten Kundenbefragungen werden in Tabelle 8.1 die Produktfunktionen und ihre Gewichtungen zusammengestellt:

Tabelle 8.1:   Produktfunktionen und ihre Teilgewichte

Produktfunktionen	Teilgewichte in %
Geschmack	25
Esskomfort	10
Optik	15
Sättigung	30
Stapelbarkeit im Verkaufstresen	20
	Σ 100

---

[517]   Vgl. im Folgenden Küpper, H.-U. / Friedl, G. / Hofmann, C. / Pedell, B.: Übungsbuch zur Kosten- und Erlösrechnung, a.a.O., S. 121f. und 343f.

Ermittelt wird weiterhin für jede Produktfunktion die Erfüllbarkeit durch die einzelnen Komponenten. Diese Werte, deren Summe für jede Funktion 100% ergeben muss, zeigt die Tabelle 8.2.

Tabelle 8.2:   Funktionserfüllung der Komponenten

	Geschmack (in %)	Esskomfort (in %)	Optik (in %)	Sättigung (in %)	Stapelbarkeit (in %)
Brötchen	15	85	75	70	80
Bratling	60	5	10	30	20
Salatblatt	10	5	10	-	-
Burgersauce	15	5	5	-	-
$\sum$	100	100	100	100	100

Mithilfe einer ausgiebigen Marktanalyse werden die Zielkosten des neuen Burgers abgeleitet und über die Komponentenmethode gemäß Tabelle 8.3 auf die Komponenten verteilt.

Tabelle 8.3:   Kostenanteile der Komponenten

Komponente	Kostenanteil (in %)
Brötchen	30
Bratling	50
Salatblatt	15
Burgersauce	5
	$\sum$ 100 ·

Im nächsten Schritt werden nun die Teilgewichte der einzelnen Komponenten an der Funktionserfüllung ermittelt, um so eine Aussage über die Bedeutung bzw. den Nutzen der Komponenten treffen zu können. Dargestellt sind die Rechnungen in Tabelle 8.4.

Tabelle 8.4:   Ermittlung der Nutzenanteile der Komponenten

Komponente	Nutzenanteil (in %)
Brötchen	$25 \cdot 15 + 10 \cdot 85 + 15 \cdot 75 + 30 \cdot 70 + 20 \cdot 80 = 60,50$
Bratling	$25 \cdot 60 + 10 \cdot 5 + 15 \cdot 10 + 30 \cdot 30 + 20 \cdot 20 = 30,00$
Salatblatt	$25 \cdot 10 + 10 \cdot 5 + 15 \cdot 10 = 4,50$
Burgersauce	$25 \cdot 15 + 10 \cdot 5 + 15 \cdot 5 = 5,00$
	$\Sigma\ 100$

Zur Visualisierung und Untersuchung des Verhältnisses von Nutzen und Kosten wird nun für alle Komponenten der Zielkostenindex ermittelt und bewertet.

Tabelle 8.5:   Ermittlung und Interpretation der Zielkostenindizes der Komponenten

	Zielkostenindex	Interpretation
Brötchen	$\dfrac{60,50}{30} = 2,02$	> 0, also eher zu billig
Bratling	$\dfrac{30}{50} = 0,6$	< 0, also eher zu teuer
Salatblatt	$\dfrac{4,50}{15} = 0,3$	< 0, also eher zu teuer
Burgersauce	$\dfrac{5}{5} = 1$	= 1, also in Ordnung

In diesem Beispiel ist nur die Burgersauce optimal geplant. Das Brötchen ist zu günstig geplant, denn ihm kommt in der Summe über alle Funktionen hinweg eine ziemlich hohe Bedeutung zu und dementsprechend darf der Kostenanteil entsprechend hoch liegen. Bratling und Salatblatt sind zu teuer; von der Bedeutung der Komponenten für die Funktionserfüllung des Produktes kommt ihnen ein niedrigerer Kostenanteil zu.

In der Praxis ist das Erreichen des Zielkostenindexes von 1 nicht realistisch, daher ist die Zielkostenzone besonders im Bereich niedriger Kosten- und Nutzenanteile großzügig um die 45°-Linie gelegt. Besondere Konzentration sollte folglich auf eine Qualitätsverbesserung des Brötchens zuungunsten des Bratlings gerichtet werden.

8.1.3 Anwendungserfolg

Einsatz findet das Target Costing besonders in Bereichen, die komplizierte, hoch technisierte und montageintensive Produkte planen und herstellen, wie bspw. Automobilindustrie, Elektroindustrie oder Werkzeugmaschinenbau. Aber auch in der Massenfertigung kann durch die hohen Stückzahlen und langen Marktzeiten der Produkte der Unternehmenserfolg durch das Target Costing langfristig beeinflusst werden.[518]

Aufgrund der intensiven Behandlung des Target Costings in der deutschsprachigen Fachliteratur stieg der Anteil der Unternehmen, die es anwenden, schnell an. 1996 nutzen 54% der Unternehmen einer Stichprobe (Industrie und Dienstleistung, n = 98) das Konzept, 2001 sind es in einer vergleichbaren Stichprobe schon 59%.[519] ARNAOUT führte 1997/1998 eine Studie durch, bei der 68 deutsche Target Costing-Anwender, ausschließlich Großunternehmen mit mehr als 1.000 Mitarbeitern, einen ausführlichen Fragebogen zum Thema Target Costing ausfüllten.[520]

Gut 20 % der Target Costing-Anwender haben das Konzept unternehmensweit implementiert. Bei der Mehrheit der Unternehmen wird Target Costing in bestimmten Projekten oder für ausgewählte Produkte genutzt. Ziele dabei sind hauptsächlich Kostensenkung, Erhöhung der Kostentransparenz, Beeinflussung von Kostenstrukturen, Erhöhung der Markt-/Kundenorientierung in der Produktentwicklung und Vorverlagerung der Kostenbeeinflussungszeitpunkte.[521] Die angestrebten Verbesserungen durch ein Target Costing werden dementsprechend im Wesentlichen im Kostenbereich gesehen.

Alle Unternehmen, die Target Costing anwenden, berücksichtigen bei der Zielkostenfestlegung und -spaltung Materialeinzelkosten, Fertigungseinzelkosten und Kosten für Zulieferteile. Über 90% der Unternehmen berücksichtigen auch Fertigungs- und Materialgemeinkosten sowie Verwaltungs- und Vertriebskosten und decken so den gesamten Bereich der traditionellen Selbstkosten ab. Entwicklungs-, Versuchs-, Logistik-, und Qualitätssicherungskosten werden von der deutlichen Mehrzahl der Anwender berücksichtigt, ca. ein Drittel dieser Unternehmen nutzt für die Kostenermittlung das Verfahren der Prozesskostenrechnung. Betriebs-, Wartungs- und Entsorgungskosten werden nur von wenigen Unternehmen in den Target Costing-Prozess mit eingebunden. Die Lebenszyklusorientierung des Target Costing-Konzepts wird demnach in den meisten Unternehmen nicht vollständig umgesetzt. Eine Unterstützung des Target

---

[518] Vgl. Coenenberg, A.: Kostenrechnung und Kostenanalyse, a.a.O., S. 530.

[519] Vgl. Franz, K.-P. / Kajüter, P. : Kostenmanagement: Wertsteigerung durch systematische Kostensteuerung, 2. Aufl., Stuttgart 2002, S. 579.

[520] Vgl. Arnaout, A.: Anwendungsstand des Target Costing in deutschen Großunternehmen. Ergebnisse einer empirischen Untersuchung, in: Controlling (2001) 6, S. 290.

[521] Vgl. Arnaout, A.: Anwendungsstand des Target Costing in deutschen Großunternehmen. Ergebnisse einer empirischen Untersuchung, a.a.O., S. 292.

Costings zur Bestimmung der gesamten Produktlebenszykluskosten des Produktes kann durch das in Kapitel 8.6 dargstellte Konzept des Life Cycle Costings erfolgen.[522]

Unternehmen, die Target Costing eingeführt haben, sind in der großen Mehrzahl mit ihrer Entscheidung zufrieden. In Deutschland liegt die durchschnittliche Einschätzung der Auswirkungen des Target Costings auf die Steigerung des Unternehmenserfolgs bei 0,95 auf einer Skala von -2 (sehr gering) bis 2 (sehr hoch), wobei über 80% eine hohe oder gar sehr hohe Auswirkung feststellten.[523]

8.2 Value Analysis

8.2.1 Gegenstand der Value Analysis

Das in Deutschland unter dem Namen Wertanalyse bekannte Verfahren wurde 1947 von LAWRENCE MILES bei General-Elektric entwickelt und zielt darauf ab, Produkte kostengünstiger bei gleich bleibender Qualität herzustellen.[524] Heute wird die Wertanalyse sowohl als Instrument zur Wertverbesserung bestehender als auch zur Wertgestaltung neuer Güter oder Leistungen auf der Grundlage der Betrachtung von Nutzen und Kosten der Funktionen des Wertanalyse-Objektes eingesetzt. Wertanalyse-Objekte können unter anderem Erzeugnisse, Dienstleistungen, Produktionsmittel und -verfahren, Organisations- und Verwaltungsabläufe sowie Informationsinhalte und -prozesse sein.[525]

8.2.2 Vorgehensweise

Dieses Kostenmanagementverfahren wird gemäß dem allgemeinen Arbeitsplan der DIN 69910 in sechs Grundschritten durchgeführt:[526]

---

[522] Vgl. Seidenschwarz, W.: Target Costing, a.a.O., S. 81f.; Coenenberg, A.: Kostenrechnung und Kostenanalyse, a.a.O., S. 441ff.

[523] Vgl. Arnaout, A.: Target Costing in der deutschen Unternehmenspraxis, München 2001, S. 252.

[524] Vgl. Burger, A. / Schellberg, B.: Kostenmanagement mittels Wertanalyse, in: Kostenmanagement (1995) 3, S. 145-151, hier S. 145.

[525] Vgl. Zentrum Wertanalyse: Wertanalyse: Idee – Methode – System, 5. Aufl., Düsseldorf 1995, S. 17.

[526] Vgl. Zentrum Wertanalyse : Wertanalyse: Idee – Methode – System, a.a.O., S. 95ff.

– Projekt vorbereiten

Zunächst werden die organisatorischen Rahmenbedingungen des Projektes festgelegt. Dabei handelt es sich z.B. um die Bestimmung des (internen oder externen) Moderators, die Festlegung des Grobziels und der Bedingungen zu seinem Erreichen sowie die sich daraus ergebenden Einzelziele. Der Rahmen der durchzuführenden Untersuchung wird beschrieben und abgegrenzt. Ebenfalls Inhalt dieser Phase ist die Bestimmung der Teammitglieder und Verantwortlichkeiten sowie der terminliche Projektablauf.

– Objektsituation analysieren

In dieser Phase werden Objekt- und Umfeldinformationen zur Ausgangssituation des Wertanalyse-Objektes gesammelt, um dann die wesentlichen Funktionen und Kosteninformationen ableiten zu können.[527] Funktionen lassen sich nach der Art in Gebrauchs- und Geltungsfunktionen sowie nach der Klasse in Haupt- und Neben- bzw. in Gesamt- und Teilfunktionen unterscheiden. Jeder Funktion werden die auf sie entfallenden (Herstell-)Kosten ihrer Funktionsträger zugeordnet und in einer Funktionskostenmatrix dargestellt.

– Soll-Zustand beschreiben

Nun werden die Soll-Vorgaben der Funktionen beschrieben und ihnen werden Kostenzenziele zugeordnet. Der Soll-Zustand bildet die Grundlage der Ideensuche und hilft später die Güte der gefundenen Lösungsideen werten zu können.

– Lösungsideen entwickeln

In der kreativen Phase der Wertanalyse werden mithilfe von Ideenfindungstechniken möglichst viele Lösungsansätze gesammelt. Diese Lösungsansätze sollten im Rahmen der Durchführbarkeit liegen und eine Zielerreichung ermöglichen.

– Lösungen festlegen

Die Lösungsideen werden nun bewertet und verdichtet, so dass realisierbare, einander ausschließende Lösungsalternativen entstehen. Diese werden gemäß der Erfüllung der Soll-Größen untersucht und gegebenenfalls verworfen. Die Ergebnisse werden der Entscheidungsstelle präsentiert, um die Entscheidung für eine Alternative herbeizuführen.

– Lösungen verwirklichen

Die letzte Phase dient der Realisation der ausgewählten Lösung(en) und schließt die Wertanalyse ab.

---

[527] Bei einem bereits bestehenden Analyseobjekt wird hier die Ist-Situation beschrieben.

8.2.3 Anwendungserfolg

Die Wertanalyse gilt als Methode, die eine universelle Vorgehensweise anbietet, so dass sie in allen Bereichen eingesetzt werden kann. Besonders häufig wird sie in Produktions- und Dienstleistungsunternehmen oder Behörden durchgeführt.[528] Jedoch ist sie für kleinere Unternehmen aufgrund des hohen (finanziellen) Aufwandes eher nicht oder nur in einer vereinfachten Form empfehlenswert.

Die Wertanalyse sollte nur angewendet werden, wenn hohe Anforderungskriterien erfüllt sind.[529] Das Projekt sollte verschiedene Arbeitsbereiche betreffen und in interdisziplinärer Teamarbeit bearbeitet werden. Die gesetzten Wertziele sollten anspruchsvoll sein. Quantifizierbare Wertverbesserungen sollten bspw. bei mindestens 15% liegen. Es sollte kein anderes Lösungskonzept vorliegen und die Aufgabenstellung sollte mit einer anderen, spezielleren Bearbeitungsweise nicht lösbar sein.

8.3 Verfahren zur Gemeinkostenplanung

In diesem Kapitel werden zwei Verfahren beschrieben, die sich mit der Analyse sowie der Effektivitäts- und Effizienzsteigerung der Gemeinkostenbereiche befassen. Einen hohen Anteil an den Gemeinkosten nehmen die Personalkosten ein; beide Verfahren haben das Ziel, diese Kosten zu senken.[530] Die beiden hier eingeführten Ansätze sind in der Praxis durch Beratungsunternehmen verbreitet worden.

8.3.1 Overhead Value Analysis

8.3.1.1 Gegenstand der Overhead Value Analysis

Als eine Variante der Overhead Value Analysis ist in der deutschsprachigen Literatur die Gemeinkostenwertanalyse (GWA) zu finden. Dieses Verfahren wurde von der Unternehmensberatung McKinsey entwickelt und seit Mitte der 70er Jahre bei zahlreichen europäischen Unternehmen durchgeführt. Betrachtet werden Leistungen in den genannten Bereichen zunächst bezüglich ihres Beitrags

---

[528] Vgl. Zentrum Wertanalyse : Wertanalyse: Idee – Methode – System, a.a.O., S. 23.

[529] Vgl. Zentrum Wertanalyse : Wertanalyse: Idee – Methode – System, a.a.O., S. 21f.

[530] Vgl. Roever, M.: Gemeinkosten-Wertanalyse, in: Kostenmanagement (1985) 1, S. 19-22, hier S. 19; Meyer-Piening, A.: Zero Base Planning: Zukunftssicherndes Instrument der Gemeinkostenplanung, Köln 1990, S. 32f.

zu den Unternehmenszielen (Effektivität) und bei Vorliegen der Effektivität noch hinsichtlich des minimalen Mitteleinsatzes (Effizienz). Die Gemeinkostenwertanalyse wird unregelmäßig eingesetzt. Dies erfolgt sowohl zur Stärkung der Wettbewerbsposition als auch in Krisenzeiten.[531]

8.3.1.2 Vorgehensweise

Die Gemeinkostenwertanalyse wird in drei Schritten durchgeführt:

– Vorbereitungsphase

Im ersten Schritt werden die wesentlichen Elemente des Projektes festgelegt: das Team aus internen Mitarbeitern und externen Beratern, der Zeitplan und die Untersuchungseinheiten. Die betroffenen Mitarbeiter des Unternehmens sowie die Mitarbeitervertretungen werden informiert und gegebenenfalls geschult.

– Analysephase

Die eigentliche Suche nach Rationalisierungspotentialen in den untersuchten Einheiten lässt sich noch einmal in vier Schritte unterteilen.[532] Zunächst erfasst man sämtliche Leistungen der Abteilungen und schätzt jeweils die Kosten. Durch Zuordnung des Nutzens zu den Kosten werden daraufhin Leistungen mit einem schlechten Kosten-Nutzen-Verhältnis identifiziert. Für diese Leistungen werden von den Leitern der Untersuchungseinheit Einsparungsideen vorgeschlagen, die Kostensenkungen von mindestens 40% erbringen können. Im nächsten Schritt werden die Einsparungsideen durch Wirtschaftlichkeits- und Risikoanalysen bezüglich ihrer Realisierbarkeit geprüft. Die realisierbaren Ideen werden schließlich als Maßnahmen dem Lenkungsausschuss und dem Betriebsrat zur Verabschiedung vorgelegt.

– Realisierungsphase

Für die Umsetzungsphase wird ein Zeitraum von ein bis drei Jahren veranschlagt, der besonders durch die Grundregel der Gemeinkostenwertanalyse zustande kommt, unzumutbare Härten in der Personalrationalisierung (bspw. Entlassungen) zu vermeiden.[533]

---

[531] Vgl. Joos-Sachse, T.: Controlling, Kostenrechnung und Kostenmanagement, a.a.O., S. 264.

[532] Vgl. Roever, M.: Gemeinkosten-Wertanalyse, a.a.O., S. 21.

[533] Vgl. Roever, M.: Gemeinkosten-Wertanalyse, a.a.O., S. 21.

8.3.2 Zero-Base-Planning

8.3.2.1 Gegenstand des Zero Base Planning

In den 60er Jahren wurde bei Texas Instruments das Zero Base Budgeting entwickelt, das später weiterentwickelt und unter dem Namen Zero Base Planning (ZBP) oder Null Basis Planung bekannt wurde. Die folgende Darstellung basiert auf der von A.T. Kearney angewendeten Methode.[534] Dabei werden die Aktivitäten des indirekten Gemeinkostenbereichs komplett „auf der grünen Wiese" neu geplant. Ausgegangen wird dabei lediglich vom Unternehmensziel. Bestehende oder vergangene Budgets, Kosten und Leistungen werden grundsätzlich in Frage gestellt.

8.3.2.2 Vorgehensweise

Die Durchführung eines Zero-Base-Planning-Projektes wird von einer Gruppe von Führungspersonen aus den wesentlichen Unternehmensbereichen wie Entwicklung, Fertigung, Verkauf, Logistik, Controlling und Personal unterstützt. Der Projektablauf kann in drei Phasen unterteilt werden:[535]

– Analyse des Gemeinkostenbereichs und Identifikation des Effizienzsteigerungspotentials

   Nach einer Vorbereitungsphase wird mit einer Aufteilung der Gemeinkostenbereiche in funktionale Entscheidungseinheiten begonnen, welche auf ihre Ziele, Leistungen und Kosten im Hinblick auf funktionale und strukturelle Defizite analysiert werden. Mit Hilfe von Brainstormings wird jede Leistung bezüglich ihrer grundlegenden Notwendigkeit geprüft, wobei auch Umstrukturierungen und die Aufnahme neuer Leistungen erörtert werden. Für alle Entscheidungseinheiten werden bezüglich der Menge der alten und neuen Leistungen drei unterschiedliche Ergebnisniveaus festgelegt; der Ist-Zustand liegt etwa auf dem mittleren Niveau, das niedrigste Niveau repräsentiert das Funktionsminimum und das höchste bedeutet zusätzlichen Ressourcenbedarf. Die Ergebnisniveaus eines Bereiches bilden nun jeweils Entscheidungspakete, welche von den Verantwortlichen gemäß ihren Prioritäten für die Ergebnisniveaus in eine Rangfolge gebracht werden. Dies wird zunächst auf der Abteilungsebene von den Verantwortlichen und dem Abteilungsleiter vorgenommen. Die zweite Rangordnungsebene besteht aus den übergeordneten Bereichen, die eine zusammen-

---

[534] Vgl. Meyer-Piening, A.: Zero Base Planning: Zukunftssicherndes Instrument der Gemeinkostenplanung, a.a.O., S. 13.

[535] Vgl. Meyer-Piening, A.: Zero Base Planning: Zukunftssicherndes Instrument der Gemeinkostenplanung, a.a.O., S. 15ff.

fassende Rangfolge aufstellen. Für jeden Bereich legt die oberste Führungs-
ebene nun den Budgetschnitt fest, wodurch entschieden wird, welche
Entscheidungspakete und damit welche Ergebnisniveaus genehmigt werden.

– Personelle Maßnahmenplanung

Nun werden die konkreten Veränderungen in Maßnahmenpaketen formuliert.
Meist sind personelle Veränderungen betroffen. Außerdem wird der Budget-
rahmen vorgegeben.

– Gemeinkosten-Controlling und Anpassung der Strukturorganisation

Ein Gemeinkosten-Controlling soll sicherstellen, dass die beschlossenen Maßnahmen durchgeführt werden, und ist nur notwendig, wenn wesentliche strukturelle Veränderungen vorgenommen werden.

8.3.3 Anwendungserfolg der Verfahren zur Gemeinkosten-planung

Beide in diesem Kapitel beschriebenen Verfahren zur Gemeinkostensenkung sind
universell in allen indirekten Leistungsbereichen des Unternehmens einsetzbar.
Aufgrund der hohen Projektkosten sollten sie jedoch nur alle paar Jahre durchgeführt werden.[536] Die Anwendung beider Verfahrenstypen führt zu Kostensenkungen im Personalbereich, dem stärksten Gemeinkostenbereich, und sie haben somit
mit Akzeptanzschwierigkeiten im analysierten Unternehmen zu rechnen.

Das Zero Base Planning zielt dabei jedoch nicht in erster Linie auf eine Kür-
zung der Personalkosten, sondern auf eine Mittelumverteilung. Dadurch werden
sogar für manche Bereiche mehr Mittel zur Verfügung gestellt, wobei an anderer
Stelle Mitarbeiterabbau empfohlen wird; das hängt ganz von der Lage des Budget-
schnitts ab.[537] Im Vergleich mit der Gemeinkostenwertanalyse weist dieses
Verfahren eine komplexere Vorgehensweise auf.

Die Gemeinkostenwertanalyse führt zu beachtlichen Kostensenkungen von 10-
20%.[538] Allerdings sollte gerade deshalb bei der Durchführung sehr behutsam
vorgegangen werden, um das Vertrauen der Arbeitnehmer der betroffenen Organisation auch für weitere derartige Projekte zu erhalten.[539]

---

[536] Vgl. Joos-Sachse, T.: Controlling, Kostenrechnung und Kostenmanagement, a.a.O.,
S. 264, S. 276.

[537] Vgl. Meyer-Piening, A.: Zero Base Planning: Zukunftssicherndes Instrument der
Gemeinkostenplanung, a.a.O., S. 32f.

[538] Vgl. Roever, M.: Gemeinkosten-Wertanalyse, a.a.O., S. 21.

[539] Vgl. Zentrum Wertanalyse: Wertanalyse: Idee – Methode – System, a.a.O., S. 482.

8.4 Investitionstheoretische Kostenrechnung

8.4.1 Gegenstand der investitionstheoretischen Kostenrechnung

Kostenrechnung und Investitionsrechnung liefern beide Daten für die betriebliche Planung und Kontrolle, wobei die Kostenrechnung eher operative Zielgrößen wie Gewinne oder Deckungsbeiträge unterstützt und die Investitionsrechnung längerfristig ausgerichtet ist.[540] Diese unterschiedliche Fristigkeit sowie die Konzentration auf Stellen und Bereiche oder auf Projekte und Programme ermöglichen keine klare Trennung beider Rechnungen. Vielmehr orientieren sich beide an einheitlichen übergeordneten finanzwirtschaftlichen Erfolgszielen, was eine Verknüpfung von Kosten- und Investitionsrechnung notwendig macht.[541] Der Ansatz der investitionstheoretischen Kostenrechnung bietet den Kosten- und Erlösrechungen ein theoretisches Rahmenkonzept mit investitionstheoretischer Basis.[542]

8.4.2 Vorgehensweise

Der investitionstheoretische Ansatz der Kostenrechnung geht von einer einheitlichen kurz- und langfristigen Planung aus, die dasselbe langfristige Erfolgsziel verfolgt. Durch die Verknüpfung mit der Investitionsrechnung erhält die Kosten- und Erlösrechnung eine theoretische Fundierung, welche die eindeutig messbaren Ein- und Auszahlungen als Basisgrößen verwendet und daraus die Kosten- und Erfolgsgrößen über klare Konzeptionen herleitet. Die Kosten- und Erlösrechnung dient der Bereitstellung relevanter Daten für die kurzfristige Planung, die als die Konkretisierung der langfristigen Planung gesehen werden kann, und reagiert gegebenenfalls auf kurzfristige Wirkungen.

Aufbauend auf diesen Grundannahmen wird die Investitionstheorie auf die Kosten- und Erlösrechung angewendet.

Für betriebliche Güter wie Anlagen, Werkzeuge, Material oder Personal lassen sich Kapitalwerte berechnen, wobei diese auf einem längerfristigen Plan von Ein- und Auszahlungen basieren. Die Kostenrechnung erfasst nun die sich durch kurz-

---

[540] Vgl. Küpper, H.-U.: Verknüpfung von Investitions- und Kostenrechnung als Kern einer umfassenden Planungs- und Kontrollrechnung, in: Betriebswirtschaftliche Forschung und Praxis (1990) 4, S. 253-267, hier S. 253f.

[541] Vgl. Küpper, H.-U.: Verknüpfung von Investitions- und Kostenrechnung als Kern einer umfassenden Planungs- und Kontrollrechnung, a.a.O., S. 255.

[542] Vgl. Schweitzer, M. / Küpper, H.-U.: Systeme der Kosten- und Erlösrechnung, a.a.O., S. 238.

fristige Maßnahmen ergebenden Änderungen des Kapitalwertes als Kosten.[543] Diese werden in kurzfristigen Planungsmodellen berücksichtigt.

Bei der Anwendung auf Planungsprobleme wie bei der Produktionsprogramm-planung, der Bestellmengenplanung oder der Bestimmung kurz- oder längerfristi-ger Preisuntergrenzen zeigt sich für KÜPPER die Leistungsfähigkeit das Ansatzes, da er zur Lösung dieser Probleme im Vergleich zu den traditionellen Konzepten gleichwertige oder gar bessere Ergebnisse liefert.[544]

8.4.3 Anwendungserfolg

Die Kosten- und Erlösrechnung wird bei dem investitionstheoretischen Ansatz um eine entscheidungs- und kapitaltheoretische Basis ergänzt, wodurch sie zu einem planungsorientierten Instrument wird. Die traditionelle Kosten- und Erlösrechung verteilt geleistete Auszahlungen auf die verursachenden Stellen. Das Augenmerk wird nun jedoch auf zukünftige Zahlungen gelenkt, die durch die getroffenen Ent-scheidungen beeinflusst werden.[545]

Der Ansatz ist noch nicht soweit ausgereift, dass er praktische Verfahren zum Einsatz in der Planung bietet, er hilft jedoch bei dem Ableiten planungsrelevanter Informationen. In diesem Entwicklungsstadium ist die Wirtschaftlichkeit des An-satzes noch als skeptisch anzusehen. Die gewonnenen strukturellen Einsichten können jedoch von Relevanz für praktische Überlegungen sein.[546]

Die Aufgabenstellung des Verfahrens könnte nur in einem Totalmodell voll-ständig umgesetzt werden, da für die langfristige Planung die kurzfristigen Ent-scheidungen vorliegen müssen, für diese aber Informationen benötigt werden, die auf dem optimalen langfristigen Plan basieren.

8.5 Verhaltenssteuerungsorientierte Ansätze

Die beiden in diesem Kapitel vorgestellten Verfahren versuchen, Erkenntnisse über die Verhaltenssteuerung zu gewinnen und somit eine Basis für die Entwick-lung von Kosten- und Erlösrechungssystemen zu bieten. Dabei baut das

---

[543] Vgl. Schweitzer, M. / Küpper, H.-U.: Systeme der Kosten- und Erlösrechnung, a.a.O., S. 240.

[544] Vgl. Küpper, H.-U.: Verknüpfung von Investitions- und Kostenrechnung als Kern einer umfassenden Planungs- und Kontrollrechnung, a.a.O., S. 260f.

[545] Vgl. Küpper, H.-U.: Verknüpfung von Investitions- und Kostenrechnung als Kern einer umfassenden Planungs- und Kontrollrechnung, S. 261.

[546] Vgl. Schweitzer, M. / Küpper, H.-U.: Systeme der Kosten- und Erlösrechnung, a.a.O., S. 267ff.

Behavioral Accounting auf Erkenntnisse aus Verhaltenswissenschaft und Empirie, während die Principal-Agent-Ansätze formal entscheidungsorientiert und logisch überprüfbar ausgerichtet sind.

8.5.1 Behavioral Accounting

8.5.1.1 Gegenstand des Behavioral Accounting

Seit den 60er Jahren wird in den angelsächsischen Ländern im Bereich des Behavioral Accountings (BA) geforscht. Gegenstand der Forschung ist dabei die Beziehung zwischen Unternehmensrechnung und menschlichem Verhalten, also deren ein- und wechselseitigen Wirkungen.[547] Ein Ziel dabei ist, das Verhalten der Mitarbeiter eines Unternehmens auf die Unternehmensziele auszurichten. Das Behavioral Accounting greift zur Gewinnung seiner Erkenntnisse auf Methoden der Nachbardisziplinen Psychologie, Soziologie und Sozialpsychologie zurück, die sowohl theoretischer als auch empirischer Natur sind.

8.5.1.2 Vorgehensweise

Ein Konzept des Behavioral Accountings ist das Responsibility Accounting, welches die Kosten- und Erlösinformationen auf die verantwortlichen Entscheidungsträger bezieht, um so deren Handeln beurteilen zu können. Dies erfordert eine genaue Zurechnung der Verantwortlichkeiten zu den Mitarbeitern und deren Akzeptanzbereitschaft bezüglich der zugeordneten Aufgaben und Ergebnisse.[548]

Die Analyse der Wirkung von Managementsystemen soll vor allem Aufschluss über die Problematik der Vorgaben sowie die Gestaltung eines Führungs- und Steuerungssystems geben. Untersuchungen haben gezeigt, dass die Erreichbarkeit von Planvorgaben für den Handelnden beeinflussbar sein, das heißt, in seinen Aufgabenbereich fallen muss. Die Vorgabewerte sollten inhaltlich und zeitlich abgegrenzt sein und quantitativ messbar sein. Bezüglich der Vorgabehöhe führen niedrige Werte zu einem geringen Leistungsniveau, ebenso sehr hohe Werte. Die beste Leistung wird bei mittlerer Vorgabehöhe, die das Anspruchsniveau der Mitarbeiter berücksichtigt, erreicht.

Kontrollinformationen sind ebenfalls ein wichtiger Punkt der Forschung, da sie unerwünschte Wirkungen haben können, welchen mit der Verhaltensforschung vorgebeugt werden kann. Die Kontrollen sollten auf das Persönlichkeitsmerkmal

---

[547] Vgl. Schweitzer, M. / Küpper, H.-U.: Systeme der Kosten- und Erlösrechnung, a.a.O., S. 589.

[548] Vgl. Schweitzer, M. / Küpper, H.-U.: Systeme der Kosten- und Erlösrechnung, a.a.O., S. 592f.

des Kontrollierten ausgerichtet sein, stellen aber auch Anforderungen an den Kontrollträger und den Kontrollprozess selber.

Contingency-Ansätze untersuchen die Einflussgrößen der Wirkung der Managementsysteme und der durch sie ermittelten Daten. Ein wesentlicher Schwerpunkt ist hierbei die Gestaltung der Informationssysteme.

Weiterhin untersucht wird die Nutzung von Daten in Entscheidungsprozessen. Dabei wird betrachtet, welche Daten der Entscheidungsträger zur Entscheidungsfindung verwendet und wie er daraus die Entscheidung fällt. Ein Ergebnis ist dabei, dass die Entscheidung oft auf Basis von vereinfachenden Heuristiken gefällt wird. Eine andere Ursache für nicht optimale Entscheidungen liegt in dem Festhalten an vertrauten Regeln. Große Bedeutung kommt dem Faktor Wissen bei der Lösung komplizierter Problemstellungen zu.

8.5.2 Principal-Agent-Ansätze

8.5.2.1 Gegenstand der Principal-Agent-Ansätze

Die Principal-Agent- oder Agency-Theorie hat die Analyse und Gestaltung von Auftragsbeziehungen zwischen einem Auftraggeber, dem Principal, und einem Auftragnehmer oder Beauftragten, dem Agent, zum Gegenstand. Dabei kann durch individuelle Interessen beider ein Zielkonflikt auftreten. Zudem können Informationsunvollkommenheiten beim Auftragsnehmer bezüglich der Auswirkungen seines Handelns und beim Auftraggeber bezüglich des Verhaltens des Agenten vorliegen.[549] Durch eine geeignete Vertragsgestaltung versucht der Principal, das Verhalten des Agenten in seinem Sinne zu beeinflussen.

8.5.2.2 Vorgehensweise

Die Principal-Agent-Modelle leiten ihre Erkenntnisse aus Entscheidungsmodellen ab, die für die betrachtete Problemstellung formuliert werden. Dabei werden in den Prämissen die Eigenschaften der Vertragspartner abgebildet, also ihre Nutzenfunktionen mit der Einsatzbereitschaft und der Risikobereitschaft sowie die Informationsstände bzw. -unvollkommenheit.[550]

Der Nutzen bezieht sich meist auf monetäre Größen wie das Gehalt oder den Gewinn aber auch auf materielle Ausstattungen wie bspw. Dienstwagen oder Ar-

---

[549] Vgl. Elschen, R.: Gegenstand und Anwendungsmöglichkeiten der Agency-Theorie, in: Zeitschrift für Betriebswirtschaftliche Forschung (1991) 11, S. 1002-1012, hier S. 1004.

[550] Vgl. Schweitzer, M. / Küpper, H.-U.: Systeme der Kosten- und Erlösrechnung, a.a.O., S. 620.

beitszimmer. Principal und Agent streben beide nach der Maximierung ihres Nutzens.

Ziel der Steuerungsbemühungen des Prinzipals ist es, die Einsatzbereitschaft des Agenten zu beeinflussen, wobei im Grundmodell Arbeitsaversion des Agenten angenommen wird.

Berücksichtigung in den Modellen findet ebenfalls die Risikobereitschaft von Principal und Agent. Beide können risikoneutral, aber auch -avers oder -freudig sein. Durch den Vertrag muss versucht werden, das Risiko auf beide zu verteilen, aber auch gleichzeitig Belohnungen bzw. Anreize für den optimalen Arbeitseinsatz des Agenten zu schaffen.

Durch die unvollkommene Information liegen jedoch keine genauen Kenntnisse über die Umwelt, die Handlungen des Agenten sowie ihre Auswirkungen vor. Da nur der Agent seine Eigenschaften und Absichten kennt, besteht zwischen Auftragnehmer und -geber eine Informationsdivergenz. Je nach Entstehungszeitpunkt und Ursache lassen sich drei Formen von Informationsasymmetrie unterscheiden. Die „hidden characteristics" beziehen sich auf die Eigenschaften des Agents und liegen bereits vor Vertragsabschluss vor, die „hidden information" beschreiben den Informationsvorsprung des Agenten bezüglich der Entscheidungssituation, den der Agent bei der Entscheidungsfindung erlangt. Unter „hidden action" schließlich versteht man das Unwissen des Principals über die Aktivitäten des Agenten, da der Principal lediglich die Folgen der Handlungen erkennen kann aber nicht das Aktionsniveau.

Im Bereich der Kosten- und Erlösrechnung versucht die Agency-Theorie verhaltenssteuernde Maßnahmen abzuleiten. Ein Ansatz ist die Zurechnung von Gemeinkosten zu den Bereichen, um dezentral überhöhte Gütereinsätze zu vermindern oder um die Inanspruchnahme einer zentralen Leistung gesamtzieloptimal zu steuern, aber auch um die Informationsübermittlung zu beeinflussen. Ein wesentlicher Forschungsgegenstand ist auch die Bildung von Anreizsystemen bzw. die Bestimmung ihrer geeigneten Erfolgsgrößen und die anreizbasierte Steuerung der Bereichsleiter bei dezentraler Organisation durch eine innerbetriebliche Erfolgsrechnung.[551]

---

[551] Vgl. z.B. Hofmann, C.: Gestaltung von Erfolgsrechnungen zur Steuerung von Verantwortungsbereichen, in: Zeitschrift für Betriebswirtschaft (2002) 11, S. 1177-1205; Pfeiffer, T.: Kostenbasierte oder verhandlungsorientierte Verrechnungspreise? Weiterführende Überlegungen zur Leistungsfähigkeit der Verfahren, in: Zeitschrift für Betriebswirtschaft (2002) 12, S. 1269-1296.

8.5.3 Anwendungserfolg der verhaltenssteuerungsorientierten Ansätze

Beide Ansätze streben eine Integration des wichtigen Aspekts der menschlichen Verhaltensreaktionen in die Kosten- und Erlösrechnung an. Sie wählen jedoch unterschiedlichen Herangehensweisen.

Das Behavioral Accounting betrachtet die Wirkung von Kosten- und Erlösrechnungen auf das menschliche Verhalten. Die Ableitung von wahrscheinlichen menschlichen Reaktionen gestaltet sich als schwierig, da das menschliche Verhalten von verschiedensten Größen abhängt; vor allem von der Persönlichkeit des Handelnden. Bisher sind nur Bruchstücke an Einzelerkenntnissen erarbeitet worden, die nicht zu einem Gesamtbild zusammengefügt werden können.

Die Principal-Agent-Ansätze weisen eine einheitlichere Struktur auf als das Behavioral Accounting. Ihre Aussagen sind präziser und theoretisch fundierter. Jedoch basiert diese Fundierung auf strengen Modellannahmen, die die Gültigkeit der Ansätze in der Realität einschränken.[552] Die gewonnenen Erkenntnisse sind in erster Linie qualitativ. Ein Ableiten von praktischen Systemen der Kosten- und Erlösrechnung ist auch mit den Agency-Ansätzen bisher nicht möglich.[553]

Vorstellbar wäre die gleichzeitige Verwendung von Erkenntnissen aus beiden Ansätzen für die Gestaltung eines verhaltenssteuerungsorientierten Kosten- und Erlösrechnungssystems.

8.6 Lebenszykluskostenrechnung

8.6.1 Gegenstand der Lebenszykluskostenrechung

Es handelt sich hierbei um eine periodenübergreifende Kostenrechnung, welche die Kosten des betrachteten Objektes über seinen gesamten Lebenszyklus hinweg erfasst. Hierbei wird vom integrierten Lebenszyklus ausgegangen, der zusätzlich zu der Marktphase die Entstehungs- und Nachsorgephase enthält.[554] Diese Betrachtung bezieht die wichtigen Vor- und Nachlaufkosten mit ein, also zum einen Kosten, die vor der Leistungserstellung bspw. für Forschung und Entwicklung anfallen und zum anderen nachher u.a. für Abbau und Entsorgung auftretende

---

[552] Vgl. Schweitzer, M. / Küpper, H.-U.: Systeme der Kosten- und Erlösrechnung, a.a.O., S. 658.

[553] Vgl. Schweitzer, M. / Küpper, H.-U.: Systeme der Kosten- und Erlösrechnung, a.a.O., S. 659.

[554] Vgl. Coenenberg, A.: Kostenrechnung und Kostenanalyse, a.a.O., S. 572f.

Kosten[555]. Auch dieses Verfahren baut, ähnlich wie das Target Costing, auf der hohen Beeinflussbarkeit der Kosten in den frühen Lebenszyklusphasen auf.

8.6.2 Vorgehensweise

Diese auch als Life Cycle Costing bezeichnete Kostenrechnung, besteht nicht aus einer einzelnen Methode, sondern aus einer Sammlung von Methoden wie bspw. Verfahren der Systembewertung oder Kostenprognose, die vor allem der Investitionsrechnung zuzuordnen sind.[556]

Lebenszykluskosten können sowohl für den Produzenten als auch für den Kunden angegeben werden, da auf beiden Seiten Kosten entstehen und so der Produzent auch die Kosten beim Kunden in seine Überlegungen mit einbeziehen kann.[557] Kunden benötigen Informationen über Lebenszykluskosten für Entscheidungen über Produkte, Maschinen, Anlagen und die entsprechenden Anbieter. Der Produzent kann das Verfahren bei der Betrachtung verschiedener Logistikkonzepte, bei Make- or Buy-Entscheidungen, der Entscheidung über die Aufnahme eines neuen Produktes oder bei der Preispolitik einsetzen.[558]

Das Life Cycle Costing stellt Methoden zur Verfügung, die für die betrachtete Entscheidungsalternative Kosten, Erlöse und weitere nicht-monetäre Wirkungen prognostizieren; Daten, die außer zu Abbildungs- und Bewertungszwecken auch später zur Soll-Ist-Analyse verwendet werden können. Es können Erkenntnisse über die Auswirkung von Entscheidungen abgeleitet werden. Damit verhelfen alle diese im Rahmen der Lebenszykluskostenrechnung eingesetzten Methoden bei der kostenoptimalen Gestaltung des untersuchten Objektes.

Es lässt sich kein genaues Schema vorgeben, dem dabei gefolgt werden soll, da es je nach Betrachtungsgegenstand variieren kann.[559] Wichtig ist jedoch die Problembeschreibung zur Ableitung der relevanten Informationen. Die Daten, die sowohl qualitativer als auch quantitativer Natur sein können, werden dann für die verschiedenen Alternativen gesammelt und prognostiziert. Zur zeitlichen Vergleichbarkeit wird das Verfahren der Diskontierung eingesetzt, und mit Hilfe weiterer investitionsrechnerischer Methoden werden aussagefähige Kennzahlen wie Kapitalwert, Amortisationsdauer oder interner Zinsfuß ermittelt.[560]

---

[555] Vgl. Zehbold, C.: Frühzeitige, lebenszyklusbezogene Kostenbeeinflussung und Ergebnisrechnung, in: Kostenrechnungspraxis (1996) 1, S. 46-51, hier S. 46f.

[556] Vgl. Günther, T. / Kriegbaum, C.: Life Cycle Costing, in: Das Wirtschaftsstudium (1997) 10, S. 900-912, hier S. 900.

[557] Vgl. Coenenberg, A.: Kostenrechnung und Kostenanalyse, a.a.O., S. 572ff.

[558] Vgl. Günther, T. / Kriegbaum, C.: Life Cycle Costing, a.a.O., S. 902; Zehbold, C.: Frühzeitige, lebenszyklusbezogene Kostenbeeinflussung und Ergebnisrechnung, a.a.O., S. 51.

[559] Vgl. Günther, T. / Kriegbaum, C.: Life Cycle Costing, a.a.O., S. 908f.

[560] Vgl. Coenenberg, A.: Kostenrechnung und Kostenanalyse, a.a.O., S. 573.

Eine Hilfe bezüglich der Unsicherheit der zukünftigen Dateninformationen bieten Sensitivitätsanalysen, die die Auswirkung der Veränderung von Inputgrößen auf die Outputgrößen, also die Kostenkennzahlen, untersuchen. Neben dieser quantitativen Analyse kann auch eine qualitative Analyse Ergebnisse über die Vorteilhaftigkeit von Objekten liefern, wobei bei gegensätzlichen Aussagen beider Analysemethoden eine Entscheidung abgewogen werden muss.

8.6.3 Anwendungserfolg

Die Lebenszykluskostenrechnung liefert – im Gegensatz zur traditionellen Kostenrechnung – periodenübergreifende Kosten- und Erlösinformationen. Schon zu frühen Zeitpunkten können die Kostenentwicklungen späterer Phasen geschätzt werden, so dass eine kostenorientierte Gestaltung des betrachteten Objektes möglich ist.[561] Dies unterscheidet das Life Cycle Costing von der Investitionsrechnung, deren Methoden es meist verwendet.

Probleme des Ansatzes liegen in der Unsicherheit der prognostizierten Daten über den gesamten Lebenszyklus hinweg, von deren Richtigkeit die Güte der getroffenen Aussagen abhängt.

Die vielen Veröffentlichungen in der näheren Vergangenheit über das Life Cycle Costing sieht GÖTZE als Beweis für das Potential des Ansatzes, obwohl er in der Praxis bisher nur wenig eingesetzt wird.[562]

8.7 Übungsaufgaben zu Kapitel 8

Übungsaufgabe 8.1:	Target Costing und Life Cycle Costing

Auf welchen Annahmen über die Kostenbeeinflussung bauen sowohl Target Costing als auch Life Cycle Costing auf?

Übungsaufgabe 8.2:	Wertanalyse

Wie geht die Wertanalyse zur Wertverbesserung bzw. Wertgestaltung vor?

---

[561] Vgl. Zehbold, C.: Frühzeitige, lebenszyklusbezogene Kostenbeeinflussung und Ergebnisrechnung, a.a.O., S. 51.

[562] Vgl. Götze, U.: Lebenszykluskosten, in: Fischer, T. (Hrsg.): Kosten-Controlling: neue Methoden und Inhalte, a.a.O., S. 267-289, hier S. 286.

Übungsaufgabe 8.3:   Gemeinkostenplanung

Nennen und beschreiben Sie zwei Kostenmanagementverfahren zur Gemeinkostenplanung.

Übungsaufgabe 8.4:   Investitionstheoretische Kostenrechnung

Beschreiben Sie die Möglichkeiten einer Kombination von Kosten- und Erlösrechnung und Investitionsrechnung.

Übungsaufgabe 8.5:   Verhaltenssteuerung

Welche Ansätze gibt es zur Einbeziehung der Verhaltenssteuerung in die Kosten- und Erlösrechnung und wie gehen Sie vor?

9 Lösungen zu den Übungsaufgaben

9.1 Lösungen zu den Übungsaufgaben zu Kapitel 1

Lösung zur Übungsaufgabe 1.1:	Externes und internes Rechnungswesen
Zur Lösung der Übungsaufgabe 1.1 vgl. Kapitel 1.1.	

Lösung zur Übungsaufgabe 1.2:	Grundstruktur der Kosten- und Leistungsrechnung
Zur Lösung der Übungsaufgabe 1.2 vgl. Kapitel 1.2.	

Lösung zur Übungsaufgabe 1.3:	Aufgaben einer entscheidungsorientierten Kosten- und Leistungsrechnung
Zur Lösung der Übungsaufgabe 1.3 vgl. Kapitel 1.3.	

9.2 Lösungen zu den Übungsaufgaben zu Kapitel 2

Lösung zur Übungsaufgabe 2.1:	Auszahlung, Ausgabe, Aufwand, Kosten
Zur Lösung der Übungsaufgabe 2.1 vgl. Kapitel 2.1.1.	

Lösung zur Übungsaufgabe 2.2:	Einzahlung, Einnahme, Ertrag, Leistung
Zur Lösung der Übungsaufgabe 2.2 vgl. Kapitel 2.1.2.	

Lösung zur Übungsaufgabe 2.3:	Imparitätsprinzip und Abgrenzung von Einnahme und Ertrag
Zur Lösung der Übungsaufgabe 2.3 vgl. Kapitel 2.1.2.	

Lösung zur Übungsaufgabe 2.4:	Leistungserfolg in der Kostenrechnung
Zur Lösung der Übungsaufgabe 2.4 vgl. Kapitel 2.1.3.	

Lösung zur Übungsaufgabe 2.5:   Wertmäßiger Kostenbegriff und Dilemma der Kostenbewertung

---

Zur Lösung der Übungsaufgabe 2.5 vgl. Kapitel 2.2.1.

Lösung zur Übungsaufgabe 2.6:   Grafische Darstellung einer beispielhaften Kostenfunktion

---

Zur Lösung der Übungsaufgabe 2.6 vgl. Kapitel 2.2.4 und die nachfolgende Abbildung.

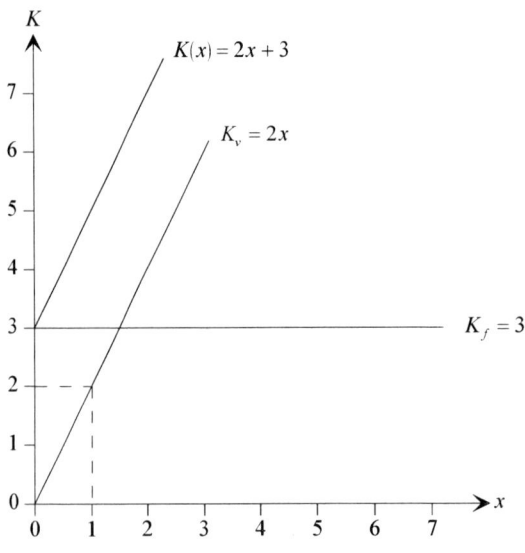

Lösung zur Übungsaufgabe 2.7:   Variable und fixe Kosten, Stück- oder Durchschnittskosten und Grenzkosten

---

Zur Lösung der Übungsaufgabe 2.7 vgl. Kapitel 2.2.2, Kapitel 2.2.3 und die nachfolgende Übersicht.

	Gesamtkosten	variable Kosten	fixe Kosten	Stückkosten	Grenzkosten
(1)	$2x^2 + 2$	$2x^2$	2	$2x + \dfrac{2}{x}$	$4x$
(2)	$\sqrt{4x} + \dfrac{1}{2}$	$\sqrt{4x}$	$\dfrac{1}{2}$	$2x^{\frac{1}{2}} + \dfrac{1}{2x}$	$x^{\frac{1}{2}}$
(3)	$-6x + 10$	$-6x$	10	$-6 + \dfrac{10}{x}$	-6

Lösung zur Übungsaufgabe 2.8: Lineare, progressive, degressive, regressive Kostenfunktion

---

Zur Lösung der Übungsaufgabe 2.8 vgl. Kapitel 2.2.4 und die nachfolgenden beispielhaften Kostenfunktionen:

(1) linear $\qquad K(x) = 5x + 1$

(2) progressiv $\qquad K(x) = 5x^2 + 1$

(3) degressiv $\qquad K(x) = 5 \cdot \sqrt{x} + 1$

(4) (linear) regressiv $K(x) = -5x + 1$.

Lösung zur Übungsaufgabe 2.9: Einzel- und Gemeinkosten in Abgrenzung zu variablen und fixen Kosten

---

Zur Lösung der Übungsaufgabe 2.9 vgl. Kapitel 2.2.2 und Kapitel 2.2.5.

Lösung zur Übungsaufgabe 2.10: Primäre und sekundäre Kostenarten

---

Zur Lösung der Übungsaufgabe 2.10 vgl. Kapitel 2.2.6 und die nachfolgenden Beispiele.

– Beispiele für primäre Kostenarten:
  Kosten für Fertigungsmaterial, Lohn- und Gehaltskosten oder Büromaterialkosten, die direkt von außen in die Kostenstellen eingehen.

– Beispiele für sekundäre Kostenarten:
  Kosten der Reparaturkostenstelle, der Fertigungshilfsstellen oder der Verwaltungshilfsstellen, die im Rahmen der innerbetrieblichen Leistungsverrechnung auf andere Kostenstellen umgelegt werden und nicht von außerhalb des Unternehmens bezogen wurden.

Lösung zur Übungsaufgabe 2.11: Ist- und Plankostenrechnungssysteme

---

Zur Lösung der Übungsaufgabe 2.1.1. vgl. Kapitel 2.2.7 sowie die nachfolgenden Ergänzungen.

	Einzelfertigung	Massenfertigung
Istkostenrechnung	Nachkalkulation möglich und sinnvoll	relativ aufwendig und nur wenig vorteilhaft gegenüber der Plankostenrechnung
Plankostenrechnung	wegen mangelnder Erfahrungswerte nicht möglich, wenngleich Kostenvoranschläge erforderlich sind	aufgrund großer statistischer Datenbasis möglich und sinnvoll

Lösung zur Übungsaufgabe 2.12: Verbale Darstellung des Deckungsbeitrags

Zur Lösung der Übungsaufgabe 2.12 vgl. Kapitel 2.3.

Lösung zur Übungsaufgabe 2.13: Verursachungsprinzip

Zur Lösung der Übungsaufgabe 2.13 vgl. Kapitel 2.4.

Lösung zur Übungsaufgabe 2.14: Zurechnungsproblem

Zur Lösung der Übungsaufgabe 2.14 vgl. Kapitel 2.5.

9.3   Lösungen zu den Übungsaufgaben zu Kapitel 3

Lösung zur Übungsaufgabe 3.1:   Aufgaben der Kostentheorie

Zur Lösung der Übungsaufgabe 3.1 vgl. Kapitel 3.1.

Lösung zur Übungsaufgabe 3.2:   Einteilung der Produkte

Zur Lösung der Übungsaufgabe 3.2 vgl. Kapitel 3.2.1 sowie Abb. 3.1.

Lösung zur Übungsaufgabe 3.3:   Einteilung der Produktionsfaktoren

Zur Lösung der Übungsaufgabe 3.3 vgl. Kapitel 3.2.1 sowie Abb. 3.2.

Lösung zur Übungsaufgabe 3.4:   Effizienzkriterium

Zur Lösung der Übungsaufgabe 3.4 vgl. Kapitel 3.2.3.

Lösung zur Übungsaufgabe 3.5:   Einteilung der Produktionsfunktionen

Zur Lösung der Übungsaufgabe 3.5 vgl. Kapitel 3.2.6 sowie Abb. 3.7.

Lösung zur Übungsaufgabe 3.6:   Leontief-Produktionsfunktion

Zur Lösung der Übungsaufgabe 3.6 vgl. Kapitel 3.3.1.

Lösung zur Übungsaufgabe 3.7:   Gutenberg-Produktionsfunktion

---

Zur Lösung der Übungsaufgabe 3.7 vgl. Kapitel 3.3.2.

Lösung zur Übungsaufgabe 3.8:   Effiziente Produktionspunkte

---

a) Durch paarweisen Vergleich erkennt man:

v^2 dominiert v^1,

v^6 dominiert v^3,

v^2 dominiert v^4,

v^2 dominiert v^7,

$\Rightarrow v^2$, v^5, v^6, v^8 und v^9 sind effiziente Produktionen.

b) In Abbildung 1:

v^1 dominiert v^2 (mehr Output von x_2 bei gleichem Output an x_1)

v^5 dominiert v^4,   (mehr Output von x_1 bei gleichem Output an x_2)

$\Rightarrow v^2$ und v^4 sind ineffizient.

c) In Abbildung 2:

v^4 dominiert v^5 (mehr Output von x_1 bei geringerem Input an r_1)

v^4 dominiert v^6 (mehr Output von x_1 bei geringerem Input an r_1)

$\Rightarrow v^5$ und v^6 sind ineffizient.

d) In Abbildung 3:

v^2 dominiert v^1 (geringerer Input von r_1 und geringerer Input von r_2)

v^2 dominiert v^3 (geringerer Input von r_1 und geringerer Input von r_2)

$\Rightarrow v^1$ und v^3 sind ineffizient.

Lösung zur Übungsaufgabe 3.9:   Kostenfunktionen auf Basis der Leontief-Produktionsfunktion

---

a) Durch paarweisen Vergleich der Fertigungsverfahren erhält man das folgende Ergebnis:

1 mit 2:	keine Dominanz
1 mit 3:	keine Dominanz
1 mit 4:	keine Dominanz
2 mit 3:	2 wird von 3 dominiert

3 mit 4:   keine Dominanz.

$\Rightarrow$ Es sind nur die Verfahren 1, 3 und 4 effizient.

b) Variablendefinition:

$r_1 =$	Aluminiumpulver [kg]
$r_2 =$	Magnesiumpulver [kg]
$r_3 =$	Elektrische Energie [kWh]
$r_4 =$	Arbeit [Min.]
$x =$	Regal

Faktoreinsatzfunktion von Verfahren 1:

$r_1 = 14x$

$r_2 = 12,5x$

$r_3 = 5x$

$r_4 = 24x$

Faktoreinsatzfunktion von Verfahren 3:

$r_1 = 15x$

$r_2 = 16x$

$r_3 = 4x$

$r_4 = 20x$

Faktoreinsatzfunktion von Verfahren 4:

$r_1 = 14x$

$r_2 = 14x$

$r_3 = 3,5x$

$r_4 = 25x$.

c) Variable Kosten von Verfahren 1 in Geldeinheiten:

$K_{v1} = 18 \cdot 14x + 49 \cdot 12,5x + 3 \cdot 5x + 6 \cdot 24x$

$K_{v1} = 252x + 612,5x + 15x + 144x$

$K_{v1} = 1.023,5x$

variable Stückkosten von Verfahren 1 in Geldeinheiten pro Regal:

$k_{v1} = K_{v1}/x = 1.023,5$

variable Kosten von Verfahren 3 in Geldeinheiten:

$K_{v3} = 18 \cdot 15x + 49 \cdot 16x + 3 \cdot 4x + 6 \cdot 20x$

$K_{v3} = 270x + 784x + 12x + 120$

$K_{v3} = 1.186x$

variable Stückkosten von Verfahren 3 in Geldeinheiten pro Regal:

$$k_{v3} = K_{v3}/x = 1.186$$

variable Kosten von Verfahren 4 in Geldeinheiten:

$$K_{v4} = 18 \cdot 14x + 49 \cdot 14x + 3 \cdot 3,5x + 6 \cdot 25x$$
$$K_{v4} = 252x + 686x + 10,5x + 150x$$
$$K_{v4} = 1.098,5x$$

variable Stückkosten von Verfahren 4 in Geldeinheiten pro Regal:

$$k_{v4} = K_{v4}/x = 1.098,5 \, .$$

d) Fertigung des Regals mit Verfahren 1, da dieses Verfahren die geringsten variablen Stückkosten aufweist (Kostenminimierung als Entscheidungsregel).

Lösung zur Übungsaufgabe 3.10: Kostenfunktionen auf Basis der Gutenberg-Produktionsfunktion

---

a) Verbrauchsfaktor 1:   Werkstoff (Schweinefleisch)
   Verbrauchsfaktor 2:   Energie, Betriebsstoff.

b) $k_v(\lambda)$ $= q_1 \cdot \rho_1 + q_2 \cdot \rho_2$

$$= 2 \cdot 0,01 \cdot \lambda + 1 \cdot \left(0,00125 \cdot \lambda^2 - 0,27 \cdot \lambda + 19 \right)$$

$$= 0,00125 \cdot \lambda^2 - 0,25 \cdot \lambda + 19$$

$$\frac{\partial k_v(\lambda)}{\partial \lambda} = 0,0025 \cdot \lambda - 0,25 \overset{!}{=} 0$$

$$\Leftrightarrow \quad \lambda^* = 100 \qquad \in [40; 150]$$

$$\frac{\partial^2 k_v(\lambda)}{(\partial \lambda)^2} = 0,0025 > 0$$

$$k_{vmin} = k_v(\lambda^*) \quad = 0,00125 \cdot (\lambda^*)^2 - 0,25 \cdot \lambda^* + 19$$

$$= 0,00125 \cdot (100)^2 - 0,25 \cdot 100 + 19$$

$$= 6,5$$

$$K = \begin{cases} 6,5 \cdot x & \text{für} & 0 \le x \le 800 \\ \dfrac{1}{51.200} \cdot x^3 - \dfrac{1}{32} \cdot x^2 + 19 \cdot x & \text{für} & 800 \le x \le 1.200 \, . \end{cases}$$

Die Kostenfunktion im Intervall $800 \le x \le 1.200$ erhält man dadurch, dass man in der Gleichung für $k_v(\lambda)$ zunächst λ durch $x/8$ ersetzt und anschließend $k_v(\lambda)$ mit x multipliziert.

9.4   Lösungen zu den Übungsaufgaben zu Kapitel 4

9.4.1 Lösungen zu Kapitel 4.4.1 Kostenartenrechnung

Lösung zur Übungsaufgabe 4.1:	Grundsätze und Gliederungskriterien bei der Kostenartenbildung

Zur Lösung der Übungsaufgabe 4.1 vgl. Kapitel 4.12 sowie Abb. 4.1.

Lösung zur Übungsaufgabe 4.2:	Erfassung von Materialverbrauchsmengen

Zur Lösung der Übungsaufgabe 4.2 vgl. Kapitel 4.1.3.1.1 sowie die nachfolgenden Erläuterungen und Berechnungen.

- Erfassung ohne Bestandsführung:
  Materialverbrauchsmenge = Materialzugangsmenge
  $r_K = 3.500 + 3.500 + 4.000 = 11.000$ ME .

- Inventurverfahren:
  Materialverbrauchsmenge = Anfangsbestand + Zugang – Endbestand
  $r_K = 3.000 + 11.000 - 4.200 = 9.800$ ME .

- Retrogrades Verfahren:

$$r_i^{(P)} = \sum_{j=1}^{J} a_{ij}^{(P)} \cdot x_j$$

$$r_K^{(P)} = 2 \cdot 3 \cdot 400 + 6 \cdot 400 + 3 \cdot 1 \cdot 200 + 7 \cdot 500 = 8.900 \text{ ME} .$$

- Materialentnahmescheinverfahren:
  Materialverbrauchsmenge = Summe der Verbrauchsmengen laut Material-entnahmeschein
  $r_K = 4.800 + 650 + 4.000 = 9.450$ ME .

Lösung zur Übungsaufgabe 4.3:   Bewertung von Materialverbrauchsmengen

Zur Lösung der Übungsaufgabe 4.3 vgl. Kapitel 4.1.3.1.2 sowie die nachfolgenden Berechnungen.

– Partieweise Istpreisbewertung:

	Datum	ME	€	$\dfrac{\text{€}}{\text{ME}}$
Anfangsbestand	01.01.	3.000	16.800,00	5,60
Verbrauch	04.01.	– 1.000	– 5.600,00	5,60
Zugang	05.01.	4.500	23.850,00	5,30
Zugang	06.01.	1.000	5.350,00	5,35
Verbrauch	07.01.	– 2.000	– 11.200,00	5,60
		– 4.000	– 21.200,00	5,30
Zugang	10.01.	2.500	13.625,00	5,45
Verbrauch	11.01.	– 500	– 2.650,00	5,30
		– 600	– 3.210,00	5,35
Zugang	25.01.	1.000	4.950,00	4,95
Verbrauch	26.01.	– 400	– 2.140,00	5,35
		– 2.500	– 13.625,00	5,45
Endbestand	31.01.	1.000	4.950,00	4,95

– Periodische Durchschnittspreisbildung:

	Datum	ME	€	$\dfrac{\text{€}}{\text{ME}}$
Anfangsbestand	01.01.	3.000	16.800,00	5,60000
Zugang	05.01.	4.500	23.850,00	5,30000
Zugang	06.01.	1.000	5.350,00	5,35000
Zugang	10.01.	2.500	13.625,00	5,45000
Zugang	25.01.	1.000	4.950,00	4,95000
		12.000	64.575,00	5,38125
Summe Verbrauch		– 11.000	– 59.193,75	5,38125
Endbestand	31.01.	1.000	5.381,25	5,38125

– Permanente Durchschnittspreisbildung:

	Datum	ME	€	$\dfrac{€}{ME}$
Anfangsbestand	01.01.	3.000	16.800,00	5,60000
Verbrauch	04.01.	– 1.000	– 5.600,00	5,60000
Zugang	05.01.	4.500	23.850,00	5,30000
Zugang	06.01.	1.000	5.350,00	5,35000
		7.500	40.400,00	5,38666̄
Verbrauch	07.01.	– 6.000	– 32.320,00	5,38666̄
Zugang	10.01.	2.500	13.625,00	5,45000
		4.000	21.705,00	5,42625
Verbrauch	11.01.	– 1.100	– 5.968,88	5,42625
Zugang	25.01.	1.000	4.950,00	4,95000
		3.900	20.686,12	5,30413̄
Verbrauch	26.01.	– 2.900	– 15.381,99	5,30413̄
Endbestand	31.01.	1.000	5.304,13	5,30413̄

– Planpreisbewertung:

	Datum	ME	€	$\dfrac{€}{ME}$
Anfangsbestand	01.01.	3.000	15.600,00	5,20
Summe Zugang		9.000	46.800,00	5,20
		12.000	62.400,00	5,20
Summe Verbrauch		– 11.000	– 57.200,00	5,20
Endbestand	31.01.	1.000	5.200,00	5,20

Lösung zur Übungsaufgabe 4.4:   Lohnabrechnung

Zur Lösung der Übungsaufgabe 4.4 vgl. Kapitel 4.1.3.2.1.

Lösung zur Übungsaufgabe 4.5:   Gehaltsabrechnung

Zur Lösung der Übungsaufgabe 4.5 vgl. Kapitel 4.1.3.2.2.

Lösung zur Übungsaufgabe 4.6:   Sozialkosten

Zur Lösung der Übungsaufgabe 4.6 vgl. Kapitel 4.1.3.2.3.

Lösung zur Übungsaufgabe 4.7:   Kalkulatorische Abschreibungen und Zinsen

Zur Lösung der Übungsaufgabe 4.7 vgl. Kapitel 4.1.3.3.1, Kapitel 4.1.3.3.2 und Kapitel 4.1.3.4 sowie die nachfolgenden Berechnungen.

a) Abschreibungssummen:

Druckereimaschinen: $28.000 \cdot 1{,}25 = 35.000 €$
Einrichtungen Druckerei: $42.000 \cdot 1{,}5 = 63.000 €$
Einrichtungen Verwaltung und Vertrieb: $60.000 \cdot 1{,}5 = 90.000 €$

b) Abschreibungsbeträge:

Druckereimaschinen: $35.000 : 5 = 7.000 €$
Einrichtungen Druckerei: $63.000 : 9 = 7.000 €$
Einrichtungen Verwaltung und Vertrieb: $90.000 : 9 = 10.000 €$

c) Kalkulatorische Zinsen:

(in €)	Druckerei	Verwaltung und Vertrieb	Gesamt
Maschinen	28.000 : 2 = 14.000	–	14.000
Einrichtungen	42.000 : 2 = 21.000	60.000 : 2 = 30.000	51.000
Roh-, Hilfs-, Betriebsstoffe	(5.500 + 4.500) : 2 = 5.000	–	5.000
Eigene Erzeugnisse	(500 + 900) : 2 = 700	(2.100 + 2.700) : 2 = 2.400	3.100
Forderung aus Lieferungen und Leistungen	–	(2.700 + 3.100) : 2 = 2.900	2.900
Betriebsnotwendiges Vermögen			76.000
Kundenanzahlungen (hier: Abzugskapital)		(900 + 1.100) : 2 = 1.000	– 1.000
Betriebsnotwendiges Kapital			75.000

Kalkulatorische Zinsen
= betriebsnotwendiges Kapital · kalkulatorischer Zinssatz
= $75.000 \cdot 0{,}1 = 7.500 €$.

d) Jährliche kalkulatorische Kosten:

Summe kalkulatorische Abschreibungen + kalkulatorische Zinsen
= $7.000 + 7.000 + 10.000 + 7.500 = 31.500 €$.

9.4.2 Lösungen zu Kapitel 4.4.2 Kostenstellenrechnung

Lösung zur Übungsaufgabe 4.8:	Grundsätze und Gliederungsprinzipien für die Kostenstellenbildung

Zur Lösung der Übungsaufgabe 4.8 vgl. Kapitel 4.2.2.

Lösung zur Übungsaufgabe 4.9:	Einordnung der innerbetrieblichen Leistungs-verrechnung

Zur Lösung der Übungsaufgabe 4.9 vgl. Abb. 4.2.

Lösung zur Übungsaufgabe 4.10:	Bezugsgrößen

Zur Lösung der Übungsaufgabe 4.10 vgl. Kapitel 4.2.3, Kapitel 4.2.3.1 und Kapitel 4.2.3.2.

Lösung zur Übungsaufgabe 4.11:	Innerbetriebliche Leistungsverrechnung mit dem BAB

Zur Lösung der Übungsaufgabe 4.11 vgl. Kapitel 4.2.4.1.

Lösung zur Übungsaufgabe 4.12:	Verfahren der innerbetrieblichen Leistungsver-rechnung

– Anbauverfahren:

Hilfskostenstelle R: $q_R = \dfrac{9.710}{110 - 10} = 97,10 \, \dfrac{\text{€}}{\text{Std.}}$

Hilfskostenstelle E: $q_E = \dfrac{1.440}{6.020 - (300 + 20 + 130)} = 0,2585 \, \dfrac{\text{€}}{\text{kWh}}$

Hilfskostenstelle S: $q_S = \dfrac{24.321}{45 - 5} = 608,025 \, \dfrac{\text{€}}{\text{m}^3}$

Hilfskostenstelle T: $q_T = \dfrac{25.200}{215 - (10 + 3 + 22 + 5)} = 144,00 \, \dfrac{\text{€}}{\text{Std.}}$.

– Stufenleiterverfahren:

Bei eingehender Betrachtung der Leistungsverflechtungen stellt man fest, dass für die Berechnungsreihenfolge T - E - S - R keine der Hilfskostenstellen Leistungen von noch nicht abgerechneten Hilfskostenstellen empfängt. Folglich liefert das Stufenleiterverfahren bei dieser Berechnungsreihenfolge die exakten Verrechnungspreise.

Hilfskostenstelle T: $q_T = \dfrac{25.200}{215 - 5} = 120,00 \dfrac{\text{€}}{\text{Std.}}$

Hilfskostenstelle E: $q_E = \dfrac{1.440 + 3 \cdot 120}{6.020 - 20} = 0,30 \dfrac{\text{€}}{\text{kWh}}$

Hilfskostenstelle S: $q_S = \dfrac{24.321 + 22 \cdot 120 + 130 \cdot 0,3}{45} = 600,00 \dfrac{\text{€}}{\text{m}^3}$

Hilfskostenstelle R: $q_R = \dfrac{9.710 + 10 \cdot 120 + 300 \cdot 0,3 + 5 \cdot 600}{110 - 10} = 140,00 \dfrac{\text{€}}{\text{Std.}}$.

9.4.3 Lösungen zu Kapitel 4.4.3 Kostenträgerrechnung

Lösung zur Übungsaufgabe 4.13: Inhalt und Aufgaben der Kostenträgerstückrechnung

Zur Lösung der Übungsaufgabe 4.13 vgl. Kapitel 4.3.1 und Kapitel 4.3.1.2.

Lösung zur Übungsaufgabe 4.14: Grundschema der Kalkulation

Materialeinzelkosten	$2 \cdot 8 + 4 \cdot 12 + 3 \cdot 6 =$	82, 00 €/ME
+ Materialgemeinkosten	$0{,}15 \cdot 82 =$	12, 30 €/ME
= Materialkosten	$=$	94, 30 €/ME
Fertigungseinzelkosten	$2 \cdot 25 + 1{,}5 \cdot 38 =$	107, 00 €/ME
+ Fertigungsgemeinkosten	$0{,}35 \cdot 107 =$	37, 45 €/ME
+ Sondereinzelkosten der Fertigung	$3.200/500 =$	6, 40 €/ME
= Fertigungskosten	$=$	150, 85 €/ME
= Herstellkosten	$=$	245, 15 €/ME
+ Verwaltungsgemeinkosten	$0{,}20 \cdot 245{,}15 =$	49, 03 €/ME
+ Vertriebsgemeinkosten	$0{,}20 \cdot 245{,}15 =$	49, 03 €/ME
+ Sondereinzelkosten des Vertriebs	$5+0{,}10 \cdot 520 =$	57, 00 €/ME
= Verwaltungs- und Vertriebskosten	$=$	155, 06 €/ME
= Selbstkosten	$=$	400, 21 €/ME

Lösung zur Übungsaufgabe 4.15: Kalkulationsarten

Zur Lösung der Übungsaufgabe 4.15 vgl. Kapitel 4.3.2.

Lösung zur Übungsaufgabe 4.16: Kalkulationsverfahren

Zur Lösung der Übungsaufgabe 4.16 vgl. Kapitel 4.3.3.1 sowie Abb. 4.6.

Lösung zur Übungsaufgabe 4.17: Divisionskalkulation

a) Einstufige Divisionskalkulation:

$$k_H = \frac{225.000}{1.500.000} = 0{,}15 \; \frac{\text{€}}{\text{Tafel}}$$

$$k_S = \frac{225.000 + 23.900 + 21.100}{1.500.000} = 0{,}18 \; \frac{\text{€}}{\text{Tafel}}.$$

b) Zweistufige Divisionskalkulation:

$$k_H = \frac{225.000}{1.500.000} = 0{,}15 \; \frac{\text{€}}{\text{Tafel}}$$

$$k_S = \frac{225.000}{1.500.000} + \frac{23.900 + 21.100}{1.250.000} = 0,186 \, \frac{€}{\text{Tafel}}.$$

Lösung zur Übungsaufgabe 4.18: Äquivalenzziffernkalkulation

Für die Materialkosten erhält man als Summe der Rechnungseinheiten:

$$\sum_{j=1}^{4} x_{Pj} \cdot \alpha_{Mj} = 1.250 \cdot 1,00 + 4.000 \cdot 1,25 + 1.500 \cdot 1,50 + 1.500 \cdot 3,00 = 13.000 \, \text{RE}.$$

Für die Fertigungskosten erhält man als Summe der Rechnungseinheiten:

$$\sum_{j=1}^{4} x_{Pj} \cdot \alpha_{Fj} = 1.250 \cdot 0,90 + 4.000 \cdot 1,20 + 1.500 \cdot 1,60 + 1.500 \cdot 2,00 = 11.325 \, \text{RE}.$$

Somit ergeben sich als Materialkosten pro Rechnungseinheit:

$$\frac{K_M}{\sum_{j=1}^{4} x_{Pj} \cdot \alpha_{Mj}} = \frac{40.956}{13.000} = 3,15 \, \frac{€}{\text{RE}}$$

und als Fertigungskosten pro Rechnungseinheit:

$$\frac{K_F}{\sum_{j=1}^{4} x_{Pj} \cdot \alpha_{Fj}} = \frac{31.831}{11.325} = 2,81 \, \frac{€}{\text{RE}}.$$

Als Herstellkosten pro Einheit der jeweiligen Produktart erhält man somit für

Produktart 1: $k_{H1} = 3,15 \cdot 1,00 + 2,81 \cdot 0,90 \qquad = 5,68 \, \dfrac{€}{\text{Stück}}$

Produktart 2: $k_{H2} = 3,15 \cdot 1,25 + 2,81 \cdot 1,20 \qquad = 7,31 \, \dfrac{€}{\text{Stück}}$

Produktart 3: $k_{H3} = 3,15 \cdot 1,50 + 2,81 \cdot 1,60 \qquad = 9,22 \, \dfrac{€}{\text{Stück}}$

Produktart 4: $k_{H4} = 3,15 \cdot 3,00 + 2,81 \cdot 2,00 \qquad = 15,07 \, \dfrac{€}{\text{Stück}}.$

Lösung zur Übungsaufgabe 4.19: (Lohn-) Zuschlagskalkulation

– Kumulative (Lohn-) Zuschlagskalkulation:

Berechnung der in der Abrechnungsperiode angefallenen Materialeinzelkosten:

$$K_{ME} = 200 \cdot 150 + 450 \cdot 80 + 600 \cdot 40 = 90.000 \, \frac{€}{\text{Periode}} \, .$$

Als Materialgemeinkostenzuschlagssatz ergibt sich dann:

$$d_M = \frac{45.000}{90.000} \cdot 100 = 50 \, \% \, .$$

Als Fertigungsgemeinkostenzuschlagssatz erhält man:

$$d_F = \frac{8.640 + 6.600 + 15.360 + 6.450}{9.600 + 4.400 + 19.200 + 8.600} \cdot 100 = \frac{37.050}{41.800} \cdot 100 = 88,64 \, \% \, .$$

Die Kostensätze der einzelnen Fertigungsstellen betragen für die

Säge: $\dfrac{9.600}{6.400}$ $= 1,50 \, \dfrac{€}{\text{Min.}}$

Schleiferei: $\dfrac{4.400}{3.300}$ $= 1,\overline{33} \, \dfrac{€}{\text{Min.}}$

Malerwerkstatt: $\dfrac{19.200}{12.800}$ $= 1,50 \, \dfrac{€}{\text{Min.}}$

Montage: $\dfrac{8.600}{4.300}$ $= 2,00 \, \dfrac{€}{\text{Min.}} \, .$

Für die einzelnen Türelemente ergeben sich folgende Fertigungslöhne pro Stück:

Türelement 1: $k_{FL1} = 1,50 \cdot 20 + 1,\overline{33} \cdot 10 + 1,50 \cdot 40 + 2,00 \cdot 10 = 123,\overline{33} \, \dfrac{€}{\text{Stück}}$

Türelement 2: $k_{FL2} = 1,50 \cdot 30 + 1,\overline{33} \cdot 15 + 1,50 \cdot 60 + 2,00 \cdot 20 = 195,00 \, \dfrac{€}{\text{Stück}}$

Türelement 3: $k_{FL3} = 1,50 \cdot 25 + 1,\overline{33} \cdot 15 + 1,50 \cdot 50 + 2,00 \cdot 30 = 192,50 \, \dfrac{€}{\text{Stück}} \, .$

Die jeweiligen Herstellkosten pro Stück betragen dann für

Türelement 1: $k_{H1} = 200 \cdot \left(1 + \dfrac{50}{100}\right) + 123,\overline{33} \cdot \left(1 + \dfrac{88,64}{100}\right) = 532,656 \dfrac{€}{\text{Stück}}$

Türelement 2: $k_{H2} = 450 \cdot \left(1 + \dfrac{50}{100}\right) + 195 \cdot \left(1 + \dfrac{88,64}{100}\right) = 1.042,848 \dfrac{€}{\text{Stück}}$

Türelement 3: $k_{H3} = 600 \cdot \left(1 + \dfrac{50}{100}\right) + 192,5 \cdot \left(1 + \dfrac{88,64}{100}\right) = 1.263,132 \dfrac{€}{\text{Stück}}$.

Als Selbstkosten pro Stück erhält man für

Türelement 1: $k_{S1} = 532,656 \cdot \left(1 + \dfrac{20}{100}\right) = 639,19 \dfrac{€}{\text{Stück}}$

Türelement 2: $k_{S2} = 1.042,848 \cdot \left(1 + \dfrac{20}{100}\right) = 1.251,42 \dfrac{€}{\text{Stück}}$

Türelement 3: $k_{S3} = 1.263,132 \cdot \left(1 + \dfrac{20}{100}\right) = 1.515,76 \dfrac{€}{\text{Stück}}$.

– Elektive (Lohn-) Zuschlagskalkulation:

Fertigungsgemeinkostenzuschlagssatz in der Fertigungsstelle

Säge: $d_{F\text{Säge}} = \dfrac{8.640}{9.600} \cdot 100 = 90\,\%$

Schleiferei: $d_{F\text{Schleiferei}} = \dfrac{6.600}{4.400} \cdot 100 = 150\,\%$

Malerwerkstatt: $d_{F\text{Malerwerkstatt}} = \dfrac{15.360}{19.200} \cdot 100 = 80\,\%$

Montage: $d_{F\text{Montage}} = \dfrac{6.450}{8.600} \cdot 100 = 75\,\%$.

Die jeweiligen Herstellkosten pro Stück betragen dann für

Türelement 1:

$$k_{H1} = 200 \cdot \left(1 + \frac{50}{100}\right) + 1,50 \cdot 20 \cdot \left(1 + \frac{90}{100}\right) + 1,\overline{33} \cdot 10 \cdot \left(1 + \frac{150}{100}\right)$$

$$+ 1,50 \cdot 40 \cdot \left(1 + \frac{80}{100}\right) + 2,00 \cdot 10 \cdot \left(1 + \frac{75}{100}\right) = 533,\overline{33} \frac{€}{\text{Stück}}$$

Türelement 2:

$$k_{H2} = 450 \cdot \left(1 + \frac{50}{100}\right) + 1,50 \cdot 30 \cdot \left(1 + \frac{90}{100}\right) + 1,\overline{33} \cdot 15 \cdot \left(1 + \frac{150}{100}\right)$$
$$+ 1,50 \cdot 60 \cdot \left(1 + \frac{80}{100}\right) + 2,00 \cdot 20 \cdot \left(1 + \frac{75}{100}\right) = 1.042,50 \frac{\text{€}}{\text{Stück}}$$

Türelement 3:

$$k_{H3} = 600 \cdot \left(1 + \frac{50}{100}\right) + 1,50 \cdot 25 \cdot \left(1 + \frac{90}{100}\right) + 1,\overline{33} \cdot 15 \cdot \left(1 + \frac{150}{100}\right)$$
$$+ 1,50 \cdot 50 \cdot \left(1 + \frac{80}{100}\right) + 2,00 \cdot 30 \cdot \left(1 + \frac{75}{100}\right) = 1.261,25 \frac{\text{€}}{\text{Stück}} .$$

Als Selbstkosten pro Stück erhält man für

Türelement 1: $k_{S1} = 533,\overline{33} \cdot \left(1 + \frac{20}{100}\right) = 640,00 \frac{\text{€}}{\text{Stück}}$

Türelement 2: $k_{S2} = 1.042,50 \cdot \left(1 + \frac{20}{100}\right) = 1.251,00 \frac{\text{€}}{\text{Stück}}$

Türelement 3: $k_{S3} = 1.261,25 \cdot \left(1 + \frac{20}{100}\right) = 1.513,50 \frac{\text{€}}{\text{Stück}} .$

Lösung zur Übungsaufgabe 4.20: Kalkulation für mehrteilige Produkte

– Stufenkalkulation:

Herstellkosten der Basissubstanz (Bs):

$$k_{HBs} = 2,40 \cdot 1,2 + 1,30 \cdot 1,0 + 5,50 = 9,68 \frac{\text{€}}{\text{kg}}$$

Herstellkosten der Feincreme (Fc):

$$k_{HFc} = 8,70 \cdot 0,1 + 9,68 \cdot 0,6 + 11,30 = 17,978 \frac{\text{€}}{\text{kg}}$$

Herstellkosten der Sonnencreme (Sc):

$$k_{HSc} = 2,40 \cdot 0,3 + 17,978 \cdot 0,8 + 28,70 = 43,8024 \frac{\text{€}}{\text{kg}} .$$

– Summarische Kalkulation:

pro kg Sonnencreme insgesamt benötigte Menge an

Öl: $1,2 \cdot 0,6 \cdot 0,8 + 0,3 = 0,876 \dfrac{\text{Einheiten}}{\text{kg}}$

Basiscreme: $1,0 \cdot 0,6 \cdot 0,8 = 0,48 \dfrac{\text{Einheiten}}{\text{kg}}$

Duftstoff: $0,1 \cdot 0,8 = 0,08 \dfrac{\text{Einheiten}}{\text{kg}}$

Basissubstanz: $0,6 \cdot 0,8 = 0,48 \dfrac{\text{Einheiten}}{\text{kg}}$

Feincreme: $0,8 \dfrac{\text{Einheiten}}{\text{kg}}$.

Herstellkosten der Sonnencreme (Sc):

$$k_{HSc} = 2,40 \cdot 0,876 + 1,30 \cdot 0,48 + 8,70 \cdot 0,08$$
$$+ 5,50 \cdot 0,48 + 11,30 \cdot 0,8 + 28,70 = 43,8024 \frac{\text{€}}{\text{kg}}.$$

Lösung zur Übungsaufgabe 4.21: Kalkulation für Kuppelprodukte

a) Die Herstellkosten des Kuppelprozesses setzen sich zusammen aus den Kosten für die Beschaffung und Entsteinung von 1.000 kg Sauerkirschen:

$$K_H - 1,35 \frac{\text{€}}{\text{kg}} \cdot 1.000 \text{ kg} + 0,06 \frac{\text{€}}{\text{kg}} \cdot 1.000 \text{ kg} - 1.410,00 \text{ €}.$$

b) Kosten der Weiterverarbeitung für

100 Flaschen Kirschsaft: $(0,20 + 0,70 + 0,15) \cdot 100 = 105,00$ €

10 Beutel Kirschkerne: $0,60 \cdot 10 = 6,00$ €

100 Gläser Konserven: $(0,4 \cdot 1,00 + 0,10 + 0,50) \cdot 100 = 100,00$ €.

Vertriebskosten für

100 Flaschen Kirschsaft: $0,45 \cdot 100 = 45,00$ €

10 Beutel Kirschkerne: $(0,50 + 1,40) \cdot 10 = 19,00$ €

100 Gläser Konserven: $\left(\dfrac{0,50 + 1,50 + 0,50}{10} \right) \cdot 100 = 25,00\ €$.

c) Aus 1.000 kg Kirschen können hergestellt werden:

Kirschsaft: $\dfrac{400\ \text{Liter Saft}}{0,5\ \dfrac{\text{Liter Saft}}{\text{Flasche}}} = 800\ \text{Flaschen}$

Kirschkerne: $\dfrac{100\ \text{kg Kerne}}{20\ \dfrac{\text{kg Kerne}}{\text{Beutel}}} = 5\ \text{Beutel}$

Konserven: $\dfrac{500\ \text{kg Kirschen}}{0,5\ \dfrac{\text{kg Kirschen}}{\text{Glas}}} = 1.000\ \text{Gläser}$

Kartons: $\dfrac{1.000\ \text{Gläser}}{10\ \dfrac{\text{Gläser}}{\text{Karton}}} = 100\ \text{Kartons}$.

d) Auf eine Flasche Saft entfallende Herstellkosten des Kuppelproduktionsprozesses:

$$k_{HSaft} = 2,00 - 1,05 - 0,45 = 0,50\ \frac{€}{\text{Flasche}}\ .$$

Auf einen Beutel Kirschkerne entfallende Herstellkosten des Kuppelproduktionsprozesses:

$$k_{HBeutel} = 4,50 - 0,60 - 1,90 = 2,00\ \frac{€}{\text{Beutel}}\ .$$

Selbstkosten pro Glas entsteinte Kirschen:

$$k_{SKirschen} = \frac{1.410,00 - 0,50 \cdot 800 - 2,00 \cdot 5}{1.000} + 1,00 + 0,25 = 2,25\ \frac{€}{\text{Glas}}\ .$$

Lösung zur Übungsaufgabe 4.22: Kostenträgerzeitrechnung

Zur Lösung der Übungsaufgabe 4.22 vgl. Kapitel 4.3.4.

9.5 Lösungen zu den Übungsaufgaben zu Kapitel 5

Lösung zur Übungsaufgabe 5.1:	Voll- und Teilkostenrechnungen

Zur Lösung der Übungsaufgabe 5.1 vgl. Kapitel 5.2 und dort insbesondere die Abb. 5.1.

Lösung zur Übungsaufgabe 5.2:	Deckungsbeitragsrechnung

Zur Lösung der Übungsaufgabe 5.2 vgl. Kapitel 5.3 und dort insbesondere die Einleitung.

Lösung zur Übungsaufgabe 5.3:	Einstufige Deckungsbeitragsrechnung und stufenweise Fixkostendeckungsrechnung

Zur Lösung der Übungsaufgabe 5.3 vgl. Kapitel 5.3.1 und Kapitel 5.3.2.1 sowie die nachfolgenden Erläuterungen.

– Ermittlung der Deckungsbeiträge je ME einer Erzeugnisart:

(in €/ME)	A_1	A_2	B_1	B_2
(ausschließlich variable) Fertigungslöhne	90	100	100	75
Materialeinzelkosten	75	40	50	50
variable Fertigungs- und Materialgemeinkosten	150	140	150	125
Summe = Variable Herstellkosten	315	280	300	250
variable Verwaltungs- und Vertriebskosten	80	110	40	80
Sondereinzelkosten des Vertriebs	60	50	20	30
Summe = variable Selbstkosten (k_{vj})	455	440	360	360
Verkaufspreis (p_j)	655	840	760	660
$db_j = p_j - k_{vj}$	200	400	400	300

– Einstufige Deckungsbeitragsrechnung:

$$G = \sum_{j=1}^{J} DB_j - K_f$$

		A_1	A_2	B_1	B_2
$db_j = p_j - k_{vj}$	€/ME	200	400	400	300
x_{Aj}	ME	150	100	100	50
$DB_j = db_j \cdot x_{Aj}$	€	30.000	40.000	40.000	15.000

$$\sum_{j=1}^{J} DB_j = 125.000 \text{ €}$$

$$K_f = (10.000 + 5.000 + 4.000 + 3.000) + 15.000 + (13.000 + 15.000)$$
$$= 65.000 \text{ €}$$

$$G = 125.000 - 65.000 = 60.000 \text{ €} .$$

– Stufenweise Fixkostendeckungsrechnung:

(in €)	Erzeugnisgruppe A		Erzeugnisgruppe B	
	A_1	A_2	B_1	B_2
$DB\ \mathrm{I}\ (DB_j = db_j \cdot x_{Aj})$	30.000	40.000	40.000	15.000
– Erzeugnisfixkosten	10.000	5.000	4.000	3.000
= DB II	20.000	35.000	36.000	12.000
Summe DB II (je Erzeugnisgruppe)	55.000		48.000	
– Erzeugnisgruppenfixkosten	15.000		13.000	
= DB III	40.000		35.000	
Summe DB III	75.000			
– Unternehmensfixkosten	15.000			
= Periodenerfolg	60.000			

Lösung zur Übungsaufgabe 5.4:   Grundrechnung, Auswertungsrechnung und Deckungsbudgets

a) Grundrechnung:

Kostenkategorien	Kostenarten	Zurechnungsbereich A - B				Zurechnungsbereich C			Zurechnungsbereich D			Gemeinsamer Zurechnungsbereich				Gesamt-summe
		Produkt A	Produkt B	Kostenst. 1	Σ	Produkt C	Kostenst. 2	Σ	Produkt D	Kostenst. 3	Σ	Ver-waltung	Vertrieb	Unter-nehmen	Σ	
Leistungskosten – Periodeneinzelkosten – absatzabhängige Kosten	Provision	4.000	1.500		5.500	4.050		4.050	15.000		15.000					24.550
	Verpackungskosten	8.000	1.000		9.000	4.500		4.500	9.000		9.000					22.500
	Lizenzgebühren		2.000		2.000											2.000
erzeugnisabhängige Kosten	Materialkosten	16.000	8.000		24.000	10.800		10.800	36.000		36.000					70.800
	Energiekosten (erzeugnisabhängig)	4.000	1.000		5.000	1.800		1.800	3.000		3.000					9.800
sonstige Kosten – sofort	Energiekosten (erzeugnisunabhängig)						500	500		700	700	100	100		200	1.400
monatl.	Fertigungslöhne			2.000	2.000		2.500	2.500		3.500	3.500					8.000
	Gehälter											3.000	4.000		7.000	7.000
1/2 jährl.	Miete						1.300	1.300								1.300
jährl.	Steuern													500	500	500
Bereitschaftskosten – Periodengemeinkosten – GK geschlossener Perioden	Instandhaltungskosten			400	400		750	750		150	150					1.300
GK offener Perioden	Abschreibungen			250	250		250	250		250	250					750
	Summe Gesamtkosten	32.000	13.500	2.650	48.150	21.150	5.300	26.450	63.000	4.600	67.600	3.100	4.100	500	7.700	149.900

b) Deckungsbeitragsrechnung:

Gesamtunternehmung Kostenstelle	1		2	3	Ver- waltung	Vertrieb
Produkt	A	B	C	D		
Erlös	40.000	15.000	27.000	75.000		
− Provision	4.000	1.500	4.050	15.000		
− Verpackungskosten	8.000	1.000	4.500	9.000		
− Materialkosten	16.000	8.000	10.800	36.000		
− Lizenzgebühren	−	2.000	−	−		
− Energiekosten (erzeugnisabhängig)	4.000	1.000	1.800	3.000		
= DB I der Produkte	8.000	1.500	5.850	12.000		
		9.500	−	−		
− Energiekosten (erzeugnisunabhängig)		−	500	700	100	100
= DB II der Fertigungsstellen (sofort disponierbar)	9.500		5.350	11.300		
− Fertigungslöhne (monatlich disponierbar)	2.000		2.500	3.500		
= DB III der Fertigungsstellen (monatlich disponierbar)	7.500		2.850	7.800		
− Miete	−		1.300	−		
= DB IV der Fertigungsstellen (halbjährlich disponierbar)	7.500		1.550	7.800		
			16.850			
− Gehälter			−		3.000	4.000
= DB V der Gesamtunter- nehmung (halbjährlich disponierbar)			9.650			
− Steuern				500		
= DB VI der Gesamtunternehmung (jährl. disponierbar) = jährl. Periodenbeitrag			9.150			

c) Vorgabe von Deckungsbudgets für die Kostenstelle 1:

- Jährliche Leistungskosten:
$$K_{\text{Leistung}} = (5.500 + 9.000 + 2.000 + 24.000 + 5.000) \cdot 12 = 546.000 \, \text{€} \, .$$

- Jährliches Deckungsbudget für Fertigungslöhne:
$$DBudget_{\text{Fertigungslöhne}} = 2.000 \cdot 12 = 24.000 \, \text{€} \, .$$

- Jährliches Deckungsbudget für Instandhaltungs- und Amortisationskosten:
$$DBudget_{\text{Instandhaltung + Amortisation}} = (400 + 250) \cdot 12 = 7.800 \, \text{€} \, .$$

- Jährliches Deckungsbudget für Kosten allgemeiner Abteilungen und Steuern:
$$DBudget_{\text{allg. Abteilungen + Steuern}} = \frac{(200 + 7.000 + 500) \cdot 12}{3} = 30.800 \, \text{€} \, .$$

- Sollgewinn:
$$\text{Sollgewinn} = \frac{3.000}{3} \cdot 12 = 12.000 \, \text{€} \, .$$

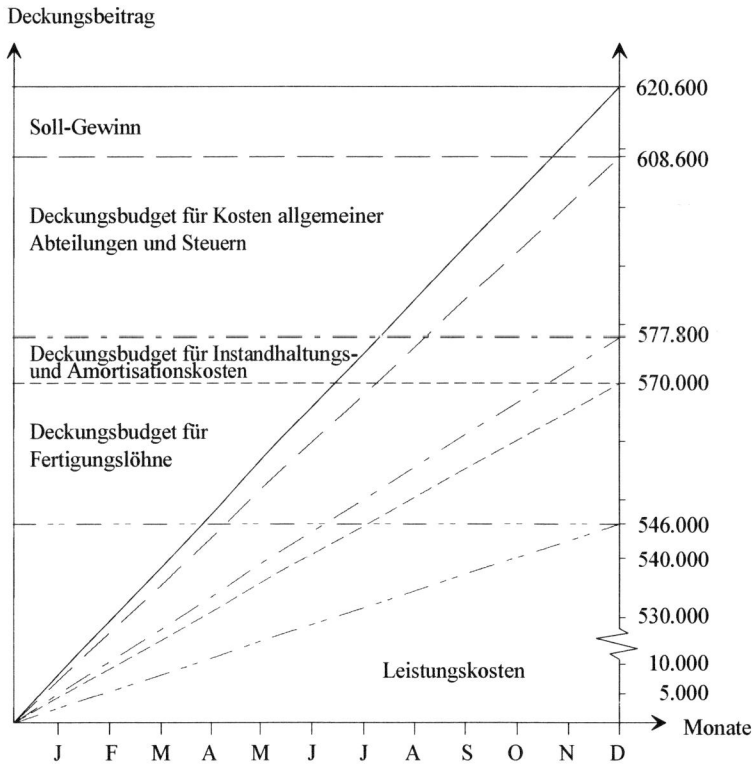

Die berechneten Deckungsbudgets werden üblicherweise kumuliert und in Form der folgenden Abbildung dargestellt. Diese zeigt die vorgegebenen Deckungsbeiträge, die im Zeitablauf und speziell nach Ablauf eines Jahres erwirtschaftet werden sollten

Lösung zur Übungsaufgabe 5.5:	Stufenweise Fixkostendeckungsrechnung versus relative Einzelkosten und Deckungsbeitragsrechnung

Zur Lösung der Übungsaufgabe 5.5 vgl. Kapitel 5.3.2.3 sowie die nachfolgende Übersicht.

	Stufenweise Fixkosten-deckungsrechnung	relative Einzelkosten- und Deckungsbeitragsrechnung
Zurechnungsprinzip	Verursachungsprinzip	Identitätsprinzip
Kostenbegriff	wertmäßig	pagatorisch
Einbeziehung kalkulatorischer Kosten?	ja	nein
Trennung in fixe und variable Kosten?	ja	nein
Trennung in Einzel- und Gemeinkosten?	ja	ja
Betriebserfolg	je Periode bestimmbar	kann nur über die Totalperiode ermittelt werden
Ausrichtung auf Entscheidung und Kontrolle?	ja	ja
Anwendungsbereich	kurzfristige Entscheidungen	auch für Fragen der Investitions- und Finanzrechnung
Kostenerfassung in	Betriebsabrechnungsbogen	Grundrechnung

Lösung zur Übungsaufgabe 5.6:	Break-even-Punkt

a) Break-even-Punkt:

$$x_A^{BeP} = \frac{50.000}{125 - 75} = 1.000 \text{ ME} .$$

Deckungsumsatz:

$$U_D = \frac{50.000}{1 - \dfrac{75}{125}} = 125.000 \text{ € } .$$

b) Break-even-Punkt bei einem Gewinn von 10.000 €:

$$x_A^{BeP} = \frac{50.000 + 10.000}{125 - 75} = 1.200 \text{ ME}.$$

c) Beurteilung folgender Maßnahmen:

– Werbekampagne:

$$x_A^{BeP} = \frac{90.000}{150 - 75} = 1.200 \text{ ME}.$$

Der Break-even-Punkt ist gegenüber der Ausgangssituation gestiegen, d.h. es müssen mehr Stück verkauft werden, um die Gewinnschwelle zu erreichen. Da aber keine zusätzlichen Absatzmöglichkeiten geschaffen werden, führt die Werbekampagne zu einem schlechteren Ergebnis und ist damit abzulehnen.

– Zusätzliche Funktion:

$$x_A^{BeP} = \frac{50.000}{125 - 85} = 1.250 \text{ ME}.$$

Hier ist ebenfalls der Break-even-Punkt gegenüber der Ausgangssituation gestiegen. Trotzdem fällt die Entscheidung für den Einbau des zusätzlichen Teils, da die Nachfrage stärker gestiegen ist als der Break-even-Punkt. Geht man von einer Nachfrage in Höhe von 1.000 Stück aus, die in der Ausgangssituation dem Break-even-Punkt entspricht, so erhält man durch die Maßnahme eine Absatzmenge von 1.300 Stück, die über dem Break-even-Punkt von 1.250 Stück liegt und sich folglich schon in der Gewinnzone befindet.

Lösung zur Übungsaufgabe 5.7:   Planung des Produktions- und Absatzprogramms

---

Zur Ermittlung des optimalen Produktions- und Absatzprogramms sind zunächst für sämtliche Produktarten die (absoluten) Deckungsbeiträge zu bestimmen. Man erhält für

Produkt A: $db_A = 60 - 3 - 3 \cdot 1 - 12 \cdot 1,5 \quad = 36,00 \dfrac{\text{€}}{\text{ME}}$

Produkt B: $db_B = 62 - 5 - 2 \cdot 1 - 10 \cdot 1,5 \quad = 40,00 \dfrac{\text{€}}{\text{ME}}$

Produkt C: $db_C = 62 - 6 - 4 \cdot 1 - 8 \cdot 1,5 \quad = 40,00 \dfrac{\text{€}}{\text{ME}}$.

Da sämtliche Produktarten positive Deckungsbeiträge aufweisen, muss nun überprüft werden, ob die verfügbaren Kapazitäten ausreichen, um die einzelnen Produktarten mit ihren Absatzhöchstmengen zu produzieren.

Kapazitätsbeanspruchung in Fertigungsstelle I:

$3 \cdot 100 + 2 \cdot 200 + 4 \cdot 150 = 1.300$ Min. < 1.600 Min. $\Rightarrow$ kein Engpass!

Kapazitätsbeanspruchung in Fertigungsstelle II:

$12 \cdot 100 + 10 \cdot 200 + 8 \cdot 150 = 4.400$ Min. > 3.800 Min. $\Rightarrow$ Engpass!

Ermittlung der engpassbezogenen (relativen) Deckungsbeiträge für

Produkt A: $db_{EA} = \dfrac{36,00}{12} = 3,00 \dfrac{\text{€}}{\text{Min.}}$

Produkt B: $db_{EB} = \dfrac{40,00}{10} = 4,00 \dfrac{\text{€}}{\text{Min.}}$

Produkt C: $db_{EC} = \dfrac{40,00}{8} = 5,00 \dfrac{\text{€}}{\text{Min.}}$.

Nach der Höhe ihrer engpassbezogenen Deckungsbeiträge sind die Produkte in der Reihenfolge C - B - A in das Produktionsprogramm aufzunehmen. Nach der Einlastung der Produkte C und B mit ihren jeweiligen Absatzhöchstmengen, erhält man als verfügbare Restkapazität T_{RE} in der Engpassstelle:

$T_{RE} = 3.800 - 8 \cdot 150 - 10 \cdot 200 = 600$ Min.

Von Produkt A kann somit nur folgende Menge produziert werden:

$x_{PA} = \dfrac{600}{12} = 50$ ME .

Das optimale Produktions- und Absatzprogramm lautet für

Produkt A: $x_{PA} = 50$ ME

Produkt B: $x_{PB} = 200$ ME

Produkt C: $x_{PC} = 150$ ME .

Lösung zur Übungsaufgabe 5.8:   Preisuntergrenze, Preisobergrenze

a) Zu den variablen Kosten zählen:

- die Rohstoffkosten in Höhe von 180.000 €,
- die Akkordlöhne in Höhe von 340.000 €,
- die Leistungskosten für Hilfsstoffe in Höhe von 80.000 €,
- die Energiekosten in Höhe von 80.000 € $(= 104.000 - 4.000 - 20.000)$,
- die Verpackungskosten in Höhe von 120.000 € $(= 3 \cdot 40.000)$ und

– die Verkaufsprovisionen in Höhe von 320.000 €.

Die Summe der variablen Kosten beträgt somit 1.120.000 €. Als variable Stück-kosten des Endproduktes F erhält man:

$$k_{vF} = \frac{1.120.000}{40.000} = 28,00 \, \frac{€}{\text{Stück}}.$$

b) Ein Engpass entsteht durch die Annahme des Zusatzauftrags in Höhe von 2000 Stück des Produktes F nicht, da in der Ausgangssituation lediglich 80 % der Kapazitäten genutzt werden. Zusammen mit dem Zusatzauftrag ergibt sich dann eine Kapazitätsbelastung von 84 %. Bei der Ermittlung der Preisunter-grenze pro Stück des Produktes F muss beachtet werden, dass die Verkaufspro-vision prozentual zum Verkaufspreis anfällt. Gemäß der Ausgangssituation be-trägt die Verkaufsprovision:

$$\frac{320.000}{40.000} = 8,00 \, \frac{€}{\text{Stück}}.$$

Bezogen auf den Verkaufspreis in Höhe von 40 € pro Stück sind somit 20 % des Verkaufspreises als Verkaufsprovision anzusetzen. Ohne Berücksichtigung der Verkaufsprovision betragen die variablen Stückkosten 20 € pro Stück des Endproduktes F. Als Preisuntergrenze, bei der der Zusatzauftrag gerade noch angenommen wird, erhält man dann:

$$p - \left(20 + 0,2 \cdot p\right) \overset{!}{=} 0 \Rightarrow p = 25 \, \frac{€}{\text{Stück}}.$$

c) Bei der Bestimmung der Preisobergrenze für 1 kg des qualitativ höherwertigen Rohstoffs müssen die variablen Stückkosten sowohl um die Verkaufsprovision als auch um die bisherigen Rohstoffkosten bereinigt werden. In der Ausgangs-situation betragen die Rohstoffkosten:

$$\frac{180.000}{40.000} = 4,50 \, \frac{€}{\text{Stück}}.$$

Ohne Verkaufsprovision und Rohstoffkosten ergeben sich somit für das Endprodukt F variable Stückkosten in Höhe von:

$$28 - 8 - 4,5 = 15,5 \, \frac{€}{\text{Stück}}.$$

Bei dem Verkaufspreis in Höhe von 30 € pro Stück des Produktes F muss beachtet werden, dass dieser ebenfalls um die darin enthaltene Verkaufsprovi-sion in Höhe von 6 € $\left(= 20\,\%\right)$ bereinigt werden muss. Da pro Stück des Pro-duktes F 0,5 kg des neuen Rohstoffes benötigt werden, erhält man als Preis-obergrenze, bei der der Zusatzauftrag gerade noch akzeptiert wird:

$$15{,}5 + 0{,}5 \cdot p_{\text{Roh}} \overset{!}{=} 24 \Rightarrow p_{\text{Roh}} = 17\,\frac{\text{€}}{\text{kg}}.$$

Lösung zur Übungsaufgabe 5.9:   Entscheidung zwischen Eigenfertigung und Fremdbezug

---

a) Zur Ermittlung des optimalen Produktionsprogramms für die Produktionsperiode 1 sind zunächst für sämtliche Endprodukte die (absoluten) Deckungsbeiträge zu bestimmen. Man erhält für

Endprodukt A: $\quad db_A = 60 - 15 = 45{,}00\,\dfrac{\text{€}}{\text{ME}}$

Endprodukt B: $\quad db_B = 75 - 25 = 50{,}00\,\dfrac{\text{€}}{\text{ME}}$

Endprodukt C: $\quad db_C = 54 - 10 = 44{,}00\,\dfrac{\text{€}}{\text{ME}}.$

Da sämtliche Produktarten positive Deckungsbeiträge aufweisen, muss nun überprüft werden, ob die verfügbaren Kapazitäten in den Fertigungsstellen I und II ausreichen, um die einzelnen Endprodukte mit ihren Absatzhöchstmengen zu produzieren.

Kapazitätsbeanspruchung in Fertigungsstelle I:

$\quad 3 \cdot 150 + 4 \cdot 200 + 2 \cdot 180 = 1.610$ Min. > 1.510 Min. $\Rightarrow$ Engpass!

Kapazitätsbeanspruchung in Fertigungsstelle II:

$\quad 2 \cdot 150 + 2 \cdot 200 + 2 \cdot 180 = 1.060$ Min. < 2.000 Min. $\Rightarrow$ kein Engpass!

Ermittlung der engpassbezogenen (relativen) Deckungsbeiträge für

Endprodukt A: $\quad db_{EA} = \dfrac{45{,}00}{3} = 15{,}00\,\dfrac{\text{€}}{\text{Min.}}$

Endprodukt B: $\quad db_{EB} = \dfrac{50{,}00}{4} = 12{,}50\,\dfrac{\text{€}}{\text{Min.}}$

Endprodukt C: $\quad db_{EC} = \dfrac{44{,}00}{2} = 22{,}00\,\dfrac{\text{€}}{\text{Min.}}.$

Nach der Höhe ihrer engpassbezogenen Deckungsbeiträge sind die Endprodukte in der Reihenfolge C - A - B in das Produktionsprogramm aufzunehmen. Nach der Einlastung der Endprodukte C und A mit ihren jeweiligen Absatzhöchstmengen, erhält man als verfügbare Restkapazität T_{RE} in der Engpassstelle:

$$T_{RE} = 1.510 - 2 \cdot 180 - 3 \cdot 150 = 700 \text{ Min.}$$

Von Endprodukt B kann somit nur folgende Menge produziert werden:

$$x_{PB} = \frac{700}{4} = 175 \text{ ME}.$$

Das optimale Produktionsprogramm lautet für

Endprodukt A: $x_{PA} = 150 \text{ ME}$

Endprodukt B: $x_{PB} = 175 \text{ ME}$

Endprodukt C: $x_{PC} = 180 \text{ ME}.$

b) Zunächst sind für die zusätzlichen Endprodukte mit positivem (absolutem) Deckungsbeitrag die jeweiligen engpassbezogenen (relativen) Deckungsbeiträge zu bestimmen. Diese betragen für

Endprodukt D: $db_{ED} = \dfrac{56 - 40}{2} = 8{,}00 \dfrac{\text{€}}{\text{Min.}}$

Endprodukt E: $db_{EE} = \dfrac{60 - 30}{5} = 6{,}00 \dfrac{\text{€}}{\text{Min.}}$

Endprodukt F: $db_{EF} = \dfrac{59 - 50}{3} = 3{,}00 \dfrac{\text{€}}{\text{Min.}}.$

Anschließend müssen für die bislang eigengefertigten Zwischenprodukte die engpassbezogenen Mehrkosten ermittelt werden, die aufgrund des Übergangs von Eigenfertigung zu Fremdbezug entstehen. Diese betragen für

Zwischenprodukt a: $\Delta k_a = \dfrac{27 - 15}{3} = 4{,}00 \dfrac{\text{€}}{\text{Min.}}$

Zwischenprodukt b: $\Delta k_b = \dfrac{45 - 25}{4} = 5{,}00 \dfrac{\text{€}}{\text{Min.}}$

Zwischenprodukt c: $\Delta k_c = \dfrac{34 - 10}{2} = 12{,}00 \dfrac{\text{€}}{\text{Min.}}.$

Der Übergang zum Fremdbezug bei den bislang eigengefertigten Zwischenprodukten und im Gegenzug die Aufnahme der zusätzlichen Endprodukte in das Produktionsprogramm ist sinnvoll, solange die engpassbezogenen Mehrkosten der Zwischenprodukte niedriger sind als die engpassbezogenen Deckungsbeiträge der Endprodukte. Die Zwischenprodukte werden also nach der

Höhe ihrer engpassbezogenen Mehrkosten – beginnend mit der Zwischenproduktart, die die geringsten engpassbezogenen Mehrkosten aufweist – aus dem Produktionsprogramm genommen. Gleichzeitig werden die zusätzlichen Endprodukte nach der Höhe ihrer engpassbezogenen Deckungsbeiträge – beginnend mit dem Endprodukt, das den höchsten engpassbezogenen Deckungsbeitrag besitzt – mit ihren Absatzhöchstmengen in das Produktionsprogramm aufgenommen. Dies geschieht solange, bis die engpassbezogenen Mehrkosten eines Zwischenproduktes größer sind als der engpassbezogene Deckungsbeitrag des an seiner Stelle einzulastenden Endproduktes.

Als Erstes wird das Endprodukt D in das Produktionsprogramm aufgenommen, und dafür das Zwischenprodukt a, dessen engpassbezogene Mehrkosten geringer sind als der engpassbezogene Deckungsbeitrag von D, aus dem Produktionsprogramm gestrichen. Wird das Zwischenprodukt a vollständig verdrängt, so werden 450 Min. $(=150 \cdot 3)$ Kapazität frei. Dadurch können 225 ME $(=450/2)$ von Endprodukt D gefertigt werden. Die Produktion der bis zur Absatzhöchstmenge von D verbleibenden 60 ME $(=285-225)$ erfordern eine weitere Kapazität in Höhe von 120 Min. $(=60 \cdot 2)$. Da die engpassbezogenen Mehrkosten des an nächster Stelle zu verdrängenden Zwischenproduktes b ebenfalls geringer sind als der engpassbezogene Deckungsbeitrag von D, werden zur Bereitstellung der geforderten Kapazität 30 ME $(=120/4)$ des bislang eigengefertigten Zwischenproduktes b fremdbezogen. Da der engpassbezogene Deckungsbeitrag des an nächster Stelle einzulastenden Endproduktes E größer ist als die engpassbezogenen Mehrkosten des Zwischenproduktes b, wird auch das Endprodukt E in das Produktionsprogramm aufgenommen. Die Einlastung von E mit seiner Absatzhöchstmenge erfordert Kapazität in Höhe von 300 Min. $(=60 \cdot 5)$. Folglich müssen weitere 75 ME $(=300/4)$ von Zwischenprodukt b fremdbezogen werden. Damit werden nur noch 70 ME $(=175-30-75)$ von Zwischenprodukt b eigengefertigt. Eine Einlastung des Endproduktes F erfolgt nicht, da sein engpassbezogener Deckungsbeitrag niedriger ist als die engpassbezogenen Mehrkosten des Zwischenproduktes b.

Von den einzelnen Endprodukten werden somit die folgenden Mengen komplett in Eigenfertigung hergestellt:

Endprodukt A: $x_{PA} = 0 \text{ ME}$

Endprodukt B: $x_{PB} = 70 \text{ ME}$

Endprodukt C: $x_{PC} = 180 \text{ ME}$

Endprodukt D: $x_{PD} = 285 \text{ ME}$

Endprodukt E: $x_{PE} = 60 \text{ ME}$

Endprodukt F: $x_{PF} = 0$ ME .

Des Weiteren werden zur Herstellung von 150 ME des Endproduktes A bzw. 105 ME des Endproduktes B die Zwischenprodukte a und b in den entsprechenden Mengen fremdbezogen.

Abschließend muss noch überprüft werden, ob durch die Hinzunahme der zusätzlichen Endprodukte eventuell ein neuer Engpass in der Fertigungsstelle II entsteht. Dabei sind auch die Endprodukte zu berücksichtigen, deren Zwischenprodukte nun fremdbezogen werden, da die Fertigungsstelle II ausschließlich von den Endprodukten in Anspruch genommen wird.

Kapazitätsbeanspruchung in Fertigungsstelle II:

$$2 \cdot 150 + 2 \cdot 175 + 2 \cdot 180 + 1 \cdot 285 + 1 \cdot 60 = 1.355 \text{ Min.} < 2.000 \text{ Min.}$$

$\Rightarrow$ kein neuer Engpass.

c) Lineares Programm zur Bestimmung des optimalen Produktionsprogramms:

$$16x_{PD} + 30x_{PE} + 9x_{PF} - 12x_{Fa} - 20x_{Fb} - 24x_{Fc} \quad \rightarrow \text{max!}$$

unter den Nebenbedingungen:

(1) $2x_{PD} + 5x_{PE} + 3x_{PF} - 3x_{Fa} - 4x_{Fb} - 2x_{Fc} = 0$

(2) $x_{PD} \leq 285$

(3) $x_{PE} \leq 60$

(4) $x_{PF} \leq 120$

(5) $x_{Fa} \leq 150$

(6) $x_{Fb} \leq 175$

(7) $x_{Fc} \leq 180$

(8) $x_{PD}, x_{PE}, x_{PF}, x_{Fa}, x_{Fb}, x_{Fc} \geq 0$.

Die Fremdbezugshöchstmengen der Zwischenprodukte a, b und c ergeben sich dabei aus dem optimalen Produktionsprogramm der Produktionsperiode 1.

9.6 Lösungen zu den Übungsaufgaben zu Kapitel 6

9.6.1 Lösungen zu Kapitel 6.4.1
Entwicklungsformen der Plankostenrechnung

Lösung zur Übungsaufgabe 6.1:	Differenzierung zwischen Plan-, Soll- und Ist-bezugsgrößen

Planbezugsgröße:

$$B^{(P)} = 1.000 \cdot 2 = 2.000 \text{ Maschinenstunden.}$$

Sollbezugsgröße:

$$B^{(S)} = 800 \cdot 2 = 1.600 \text{ Maschinenstunden.}$$

Istbezugsgröße:

$$B^{(I)} = 800 \cdot 2,25 = 1.800 \text{ Maschinenstunden.}$$

Lösung zur Übungsaufgabe 6.2:	Entscheidungsrelevanz von Vollkosten

Vollkostenrechnung:
Die Preisuntergrenze entspricht in der Vollkostenrechnung den Vollkosten, und bei der Artikelwahl geht man von Stückerfolgen aus.

Produkt	A	B	C
Verkaufspreis	20	25	55
– Vollkosten	15	28	50
= Gewinn / Verlust	5	– 3	5

Das Produkt B sollte nicht produziert werden, da es einen Verlust erwirtschaftet. A und C erzielen den gleichen Stückgewinn und sind damit gleich förderungswürdig.

Teilkostenrechnung:

Die Preisuntergrenze entspricht in der Teilkostenrechnung den Grenzkosten. Bei der Artikelwahl geht man von Deckungsbeiträgen aus.

Produkt	A	B	C
Verkaufspreis	20	25	55
– Grenzkosten	10	20	25
= Deckungsbeitrag	10	5	30

Auch das verlustbringende Produkt B trägt noch zur Deckung der fixen Kosten bei, wenn auch mit einem relativ geringen Beitrag. Es sollte daher produziert werden. Obwohl die Produkte A und C den gleichen Gewinn erwirtschaften, zeigt die Teilkostenrechnung, dass Produkt C stärker gefördert werden sollte, da es mehr zur Deckung der fixen Kosten beiträgt.

Die in der Vollkostenrechnung miteinbezogenen fixen Kosten sind nicht entscheidungsrelevant, da sie unabhängig davon, ob von den Produkten A, B und C höhere oder geringere Mengen hergestellt werden, in gleicher Höhe anfallen. Der Deckungsbeitrag ist also für die Artikelwahl das geeignete Kriterium. Ebenso gilt für die Festlegung der Preisuntergrenze, dass jeder Preis, der unter den Vollkosten und über den Grenzkosten liegt, noch einen Teil der fixen Kosten deckt. Die kurzfristige Preisuntergrenze auf Basis von Grenzkosten ist folglich die geeignete Größe. Grundsätzlich sollte hier allerdings darauf geachtet werden, dass die Summe der Deckungsbeiträge zur Deckung der gesamten fixen Kosten ausreicht; sonst kann die Teilkostenrechnung – wie häufig von Kritikern angemerkt wird – zu einer zu nachgiebigen und verlustbringenden Preispolitik führen.

Lösung zur Übungsaufgabe 6.3:	Periodengewinn in Voll- und Teilkostenrechnungen – Auswirkungen der unterschiedlichen Bestandsbewertung

Ermittlung des Periodengewinns:
Vergleichen Sie zum Gesamtkostenverfahren Kapitel 4.3.4.

Fall a (Produktionsmenge = 1.000 ME):

Vollkostenrechnung:

Umsatz	$1.000 \cdot 20 =$	20.000 €
– volle Herstellkosten	$1.000 \cdot 10 + 3.000 =$	13.000 €
– volle Verw.- und Vertriebskosten		2.000 €
= Gewinn		5.000 €

Teilkostenrechnung:

Umsatz	$1.000 \cdot 20 =$	20.000 €
− prop. Herstellkosten	$1.000 \cdot 10 =$	10.000 €
− fixe Herstellkosten		3.000 €
− fixe Verw.- und Vertriebskosten		2.000 €
= Gewinn		5.000 €

Treten keine Bestandsveränderungen auf, so wird der Periodenerfolg nicht durch das zugrunde liegende Rechensystem beeinflusst. Voll- und Teilkostenrechnung führen dann immer zum gleichen Ergebnis.

Fall b (Produktionsmenge = 500 ME):

Vollkostenrechnung:

Umsatz	$1.000 \cdot 20 =$	20.000 €
− volle Herstellkosten	$500 \cdot 10 + 3.000 =$	8.000 €
− volle Verw.- und Vertriebskosten		2.000 €
− Lagerbestandsabnahme	$500 \cdot 13 =$	6.500 €
= Gewinn		3.500 €

Teilkostenrechnung:

Umsatz	$1.000 \cdot 20 =$	20.000 €
− prop. Herstellkosten	$500 \cdot 10 =$	5.000 €
− fixe Herstellkosten		3.000 €
− fixe Verw.- und Vertriebskosten		2.000 €
− Lagerbestandsabnahme	$500 \cdot 10 =$	5.000 €
= Gewinn		5.000 €

Bei Lagerverkauf fällt der Gewinn in der Vollkostenrechnung geringer aus als in der Teilkostenrechnung, da in der Vollkostenrechnung die Lagerbestände zu vollen Herstellkosten bewertet werden. Folglich werden auch noch fixe Kostenanteile vergangener Perioden als Kosten berücksichtigt. Die Differenz entspricht also genau den in der Lagerbestandsabnahme enthaltenen fixen Kostenanteilen. Diese werden zusätzlich zu den fixen Kosten der Periode verrechnet.

Fall c (Produktionsmenge = 1500 ME):

Vollkostenrechnung:

Umsatz:	$1.000 \cdot 20 =$	20.000 €
– volle Herstellkosten:	$1.500 \cdot 10 + 3.000 =$	18.000 €
– volle Verw.- und Vertriebskosten:		2.000 €
+ Lagerbestandszunahme	$500 \cdot 13 =$	6.500 €
= Gewinn:		6.500 €

Teilkostenrechnung:

Umsatz:	$1.000 \cdot 20 =$	20.000 €
– prop. Herstellkosten:	$1.500 \cdot 10 =$	15.000 €
– fixe Herstellkosten:		3.000 €
– fixe Verw.- und Vertriebskosten:		2.000 €
+ Lagerbestandszunahme	$500 \cdot 10 =$	5.000 €
= Gewinn:		5.000 €

Bei Vorratsproduktion fällt der Gewinn in der Vollkostenrechnung höher aus als in der Teilkostenrechnung, da in der Vollkostenrechnung ein Teil der fixen Kosten in der Lagerbestandserhöhung enthalten ist und folglich nicht den Gewinn der Periode mindert. Die Differenz entspricht also genau den in der Lagerbestandszunahme enthaltenen fixen Kostenanteilen. Diese werden erst beim Abbau des Lagerbestandes als Kosten verrechnet.

Beurteilung:

Vorteil der Teilkostenrechnung ist, dass der Periodenerfolg bei konstanten Kapazitäten nicht durch die Produktionsmenge, sondern durch den Umsatz bestimmt wird. Dies wird dadurch erreicht, dass die fixen Kosten immer in der Periode verrechnet werden, in der sie anfallen. Die Vollkostenrechnung ist zur Ermittlung des Periodenerfolges ungeeignet. Eine reine Erhöhung des Lagerbestandes signalisiert bereits eine Erfolgssteigerung. Diese Information kann zu Fehlentscheidungen führen.

Lösung zur Übungsaufgabe 6.4:	Starre Plankostenrechnung auf Basis der Istbeschäftigung

a) Istbeschäftigung:

$$B^{(I)} = 3.600 \cdot 12 = 43.200 \text{ Min.} \; \hat{=} \; 720 \text{ Std.}$$

Das Abweichen von Soll- und Istbeschäftigung ist darauf zurückzuführen, dass sich die Fertigungszeit pro Mengeneinheit erhöht hat. Dies wirkt sich in der tatsächlich gemessenen Beschäftigung aus, jedoch nicht in der Sollbeschäftigung, da diese ausschließlich die Veränderung der Ausbringungsmenge berücksichtigt.

b) Kostengesamtabweichung auf der Basis der Istbeschäftigung:

$$\Delta KGA_1 = K^{(I)} - K_{Voll.}^{(verr.)}(720) = 135.000 - 150 \cdot 720 = 27.000 \ \text{€} \ .$$

Die Kostengesamtabweichung auf Basis der Istbeschäftigung ist geringer als auf Basis der Sollbeschäftigung – die Abweichung lag hier bei 45.000 € je Periode –, da die auf die erhöhte Fertigungszeit zurückzuführende Abweichung in ΔKGA_1 nicht enthalten ist.

c) Kostengesamtabweichung mit der Produktionsmenge als Bezugsgröße:

Plankostenverrechnungssatz in € je Mengeneinheit:

$$h_{Voll.}^{(P)} = \frac{150.000}{6.000} = 25 \ \frac{\text{€}}{\text{ME}} \ .$$

Kostengesamtabweichung:

$$\Delta KGA_2 = K^{(I)} - K_{Voll.}^{(verr.)}(3.600) = 135.000 - 25 \cdot 3.600 = 45.000 \ \text{€} \ .$$

Das Ergebnis entspricht dem der Abweichungsanalyse auf Basis der Sollbezugsgröße Produktionsstunden aus Kapitel 6.1.1.3. Es wird hierdurch deutlich, dass die Verwendung der tatsächlichen Produktionszeit als Bezugsgröße zu einem verfälschten Ergebnis führt. Diese Erkenntnis hat ebenso für die flexible Plankostenrechnung Gültigkeit.

d) Grafische Darstellung der Abweichungsanalyse aus b) und c):

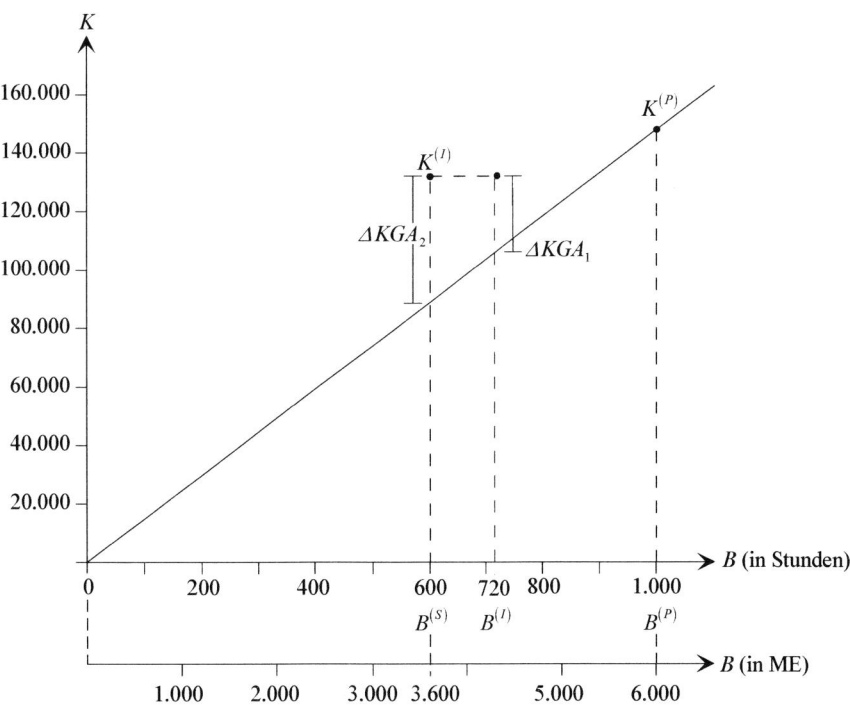

9.6.2 Lösungen zu Kapitel 6.4.2
Kostenplanung in der Grenzplankostenrechnung

Lösung zur Übungsaufgabe 6.5:   Planung der Materialeinzelkosten

a) Standards für Gutteile und anzusetzende Standards:

Materialart	Standards für Gutteile für Produkt			Anzusetzende Standards für Produkt		
	A	B	C	A	B	C
1	1,35	1,80	1,52	1,5	2,0	1,6
2	0,17	1,60	–	0,2	2,0	–
3	1,00	8,00	10,00	1,0	8,0	10,0
4	1,00	–	–	1,0	–	–

b) Gesamte Brutto-Planmaterialeinzelkosten der Materialarten 1 bis 4:

$$K_1^{(P)} = 12 \cdot \left(1,5 \cdot 500 + 2 \cdot 300 + 1,6 \cdot 1.000\right) = 35.400 \ \text{€}$$

$$K_2^{(P)} = 5 \cdot \left(0,2 \cdot 500 + 2 \cdot 300\right) = 3.500 \ \text{€}$$

$$K_3^{(P)} = 0,1 \cdot \left(1 \cdot 500 + 8 \cdot 300 + 10 \cdot 1.000\right) = 1.290 \ \text{€}$$

$$K_4^{(P)} = 1 \cdot \left(1 \cdot 500\right) = 500 \ \text{€}.$$

Gesamte Brutto-Planmaterialeinzelkosten der Produkte A, B und C:

$$K_A^{(P)} = 500 \cdot \left(12 \cdot 1,5 + 5 \cdot 0,2 + 0,1 \cdot 1 + 1 \cdot 1\right) = 500 \cdot 20,1 = 10.050 \ \text{€}$$

$$K_B^{(P)} = 300 \cdot \left(12 \cdot 2 + 5 \cdot 2 + 0,1 \cdot 8\right) = 300 \cdot 34,8 = 10.440 \ \text{€}$$

$$K_C^{(P)} = 1.000 \cdot \left(12 \cdot 1,6 + 0,1 \cdot 10\right) = 1.000 \cdot 20,2 = 20.200 \ \text{€}.$$

c) Bestimmungsgleichung zur Ermittlung der gesamten Brutto-Planmaterialeinzelkosten eines Produktes für den Fall der einstufigen Produktion:

$$K_j^{(P)} = x_j^{(P)} \cdot \sum_{i=1}^{I} q_i^{(P)} \cdot a_{ij}^{(P)}, \qquad j = 1, \ldots, J.$$

Zur Erläuterung der Symbole siehe Kapitel 6.2.2.1.

Lösung zur Übungsaufgabe 6.6:   Planung der Lohneinzelkosten (Akkordlohn)

a) Geplante Gesamtarbeitszeit T_{Januar} der Periode in Minuten:

$$T_{\text{Januar}} = 21 \cdot 8 \cdot 60 = 10.080 \ \text{Min.}$$

b) Planarbeitszeit je Mengeneinheit:

$$\text{Planarbeitszeit} = \frac{3}{1,2} = 2,5 \ \frac{\text{Min.}}{\text{ME}}.$$

c) Geplante Produktionsmenge $x^{(P)}$ der Periode:

$$x^{(P)} = \frac{10.080}{2,5} = 4.032 \ \frac{\text{ME}}{\text{Periode}}.$$

d) Geplante Lohnsumme $K_L^{(P)}$ der Periode:

  – Ermittlung über die Ausbringungsmenge:

$$K_L^{(P)} = 4.032 \cdot 3 \cdot \frac{1}{60} \cdot 60 = 12.096 \ \frac{\text{€}}{\text{Periode}}.$$

– Ermittlung über den Planleistungsgrad:

$$K_L^{(P)} = 10.080 \cdot 1{,}2 \cdot \frac{1}{60} \cdot 60 = 12.096 \; \frac{\text{\euro}}{\text{Periode}}.$$

Lösung zur Übungsaufgabe 6.7:   Hoch-Tiefpunkt-Methode und Bezugsgrößenwahl

---

a) Sollkostenfunktion für die Bezugsgröße 1 (Durchsatzgewicht):

$$h_{Teil.1}^{(P)} = \frac{1.100 - 1.000}{350 - 100} = 0{,}4 \; \frac{\text{\euro}}{\text{t}}$$

$$K_{f1}^{(P)} = 1.000 - 0{,}4 \cdot 100 = 960 \; \text{\euro}$$

$$K_1^{(S)} = 960 + 0{,}4 \cdot B_1^{(S)}.$$

Sollkostenfunktion für die Bezugsgröße 2 (Betriebszeit):

$$h_{Teil.2}^{(P)} = \frac{1.650 - 1.050}{500 - 300} = 3 \; \frac{\text{\euro}}{\text{Std.}}$$

$$K_{f2}^{(P)} = 1.050 - 3 \cdot 300 = 150 \; \text{\euro}$$

$$K_2^{(S)} = 150 + 3 \cdot B_2^{(S)}.$$

b) Die erste Abbildung auf der folgenden Seite zeigt die in der Vergangenheit angefallenen Kosten in Abhängigkeit unterschiedlicher Durchsatzgewichte und die entsprechende – nach der Hoch-Tiefpunkt-Methode ermittelte – Sollkostenfunktion.

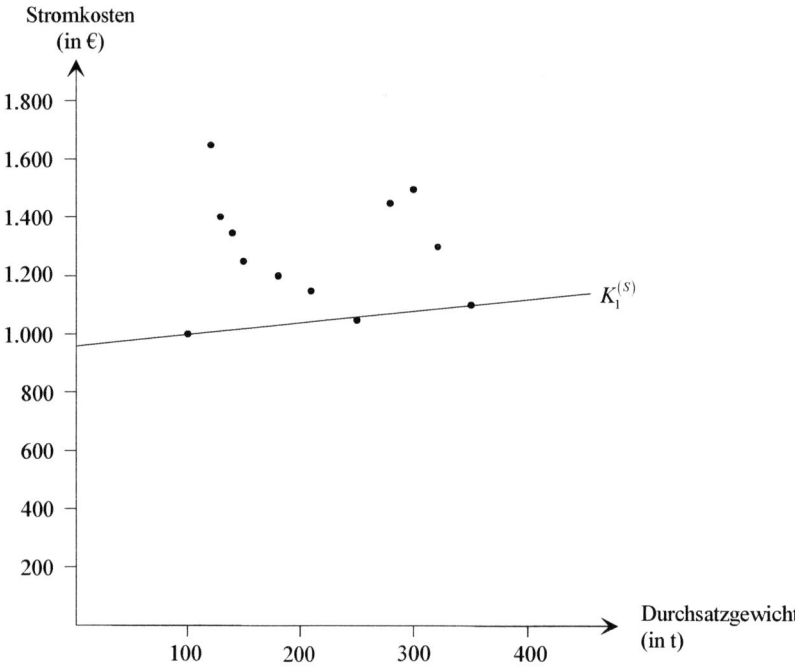

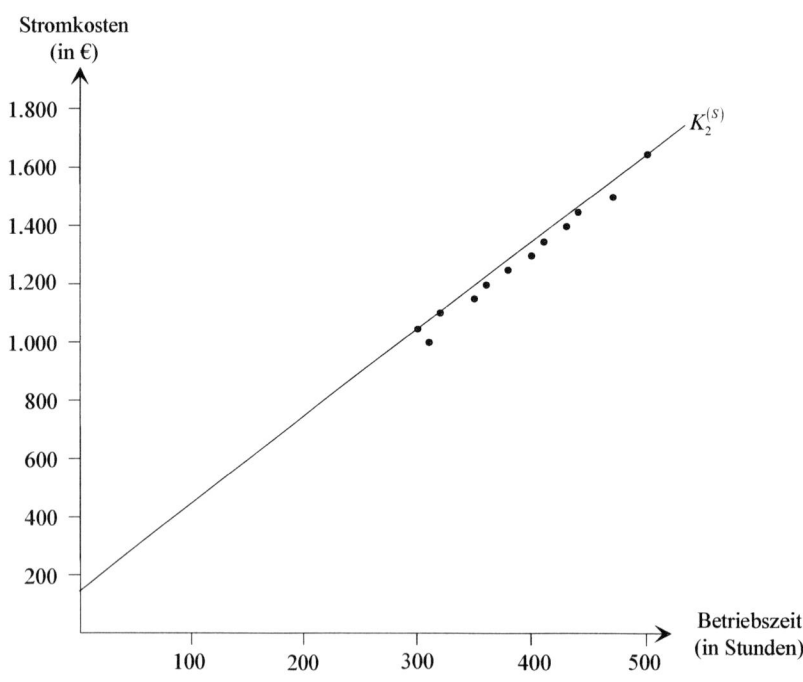

Die zweite Abbildung auf der vorherigen Seite zeigt die in der Vergangenheit angefallenen Kosten in Abhängigkeit unterschiedlicher Betriebszeiten und die entsprechende – nach der Hoch-Tiefpunkt-Methode ermittelte – Sollkostenfunktion.

c) Die Abbildungen aus Aufgabenteil b) zeigen deutlich, dass nur die Sollkostenfunktion für die Bezugsgröße Betriebszeit eine gute Beschreibung der Punktewolke ist. Die Stromkosten verhalten sich annähernd proportional zu den Betriebsstunden. Daher kann eine lineare Funktion den Kostenverlauf gut darstellen. Zwischen den Stromkosten und der Bezugsgröße Durchsatzgewicht besteht keine Beziehung, wie die Abbildung zeigt. Zur Planung und Kontrolle der Stromkosten stellt das Durchsatzgewicht also keine geeignete Bezugsgröße dar.

Lösung zur Übungsaufgabe 6.8:   Variatoren

$$v^{(P)} = 0:$$

Es handelt sich um eine rein fixe Kostenart wie beispielsweise Zinsen auf Anlagevermögen und Versicherungsprämien für Gebäude und Anlagen.

$$v^{(P)} = 10:$$

Es handelt sich um eine rein proportionale Kostenart wie beispielsweise leistungsproportionaler Akkordlohn.

$$v^{(P)} = 6:$$

Es handelt sich um eine Kostenart, die zu 60 % aus variablen und zu 40 % aus fixen Kosten besteht, wie beispielsweise Hilfslöhne oder kalkulatorische Abschreibungen. Die meisten Kostenarten sind in einen fixen und einen variablen Teil aufzuspalten.

Lösung zur Übungsaufgabe 6.9:   Variatoren

a) Variable Plankosten:

$$K_v^{(P)} = 150.000 \cdot 0,8 = 120.000 \, € \, .$$

Fixe Plankosten:

$$K_f^{(P)} = 150.000 \cdot 0,2 = 30.000 \, € \, .$$

Sollkostenfunktion:

$$K^{(S)} = 30.000 + 600 \cdot B^{(S)} \, .$$

b) Variatoren in Abhängigkeit von der Planbeschäftigung:

$B^{(P)}$	25	50	75	100	125	150	175
$v^{(P)}$	3,33	5	6	6,67	7,14	7,5	7,78

Grafische Darstellung des Zusammenhangs zwischen Variatoren und Planbeschäftigung:

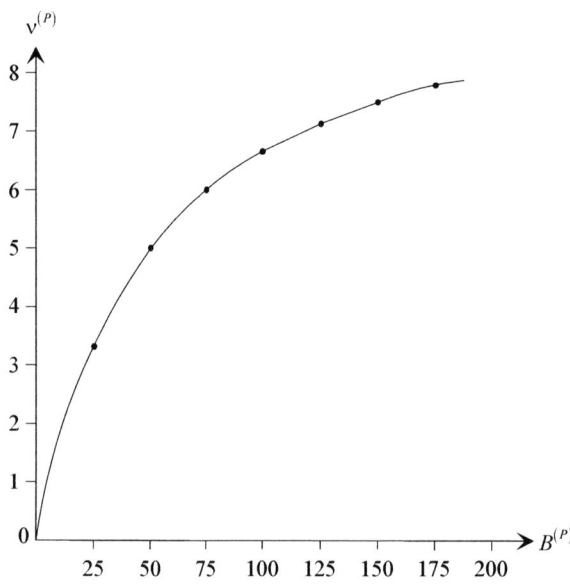

Aus diesen Berechnungen wird deutlich, dass ein Variator nur solange Gültigkeit behält, wie sich die Planbeschäftigung nicht ändert.

c) Diese Aussage trifft nur dann zu, wenn man von der Planbeschäftigung ausgeht. Beziehen sich die Änderungen auf andere Ausgangsgrößen, erhält man mit dieser Regel falsche Sollkosten.

Sinkt die Beschäftigung ausgehend von $B^{(P)} = 200$ um 10 % auf $B_1^{(S)} = 180$, dann würden nach der Aussage die Sollkosten um 8 % unter den Plankosten liegen:

$$K_1^{(S)} = 150.000 \cdot (1 - 0,08) = 138.000 \text{ € .}$$

Diese Sollkosten lassen sich ebenfalls durch Einsetzen in die Sollkostenfunktion aus Aufgabenteil a) ermitteln:

$$K_1^{(S)} = 30.000 + 600 \cdot 180 = 138.000 \text{ € .}$$

Die Aussage führt folglich in diesem Fall zu einem richtigen Ergebnis.

Geht man weiterhin von dem Variator 8 aus und betrachtet ausgehend von 180 Stunden eine Änderung um 10 %, so dass $B_2^{(S)} = 162$ ist, so ergeben sich nach der Aussage Sollkosten in Höhe von:

$$K_2^{(S)} = 138.000 \cdot (1 - 0,08) = 126.960 \text{ € }.$$

Durch Einsetzen in die Sollkostenfunktion aus Aufgabenteil a) erhält man aber:

$$K_2^{(S)} = 30.000 + 600 \cdot 162 = 127.200 \text{ € }.$$

Es wird deutlich, dass die Aussage nur dann zutrifft, wenn man die Änderung der Bezugsgröße ausgehend von der Planbeschäftigung betrachtet.

Lösung zur Übungsaufgabe 6.10: Ableitung von Variatoren aus Kostenfunktionen

a) Variable Kosten, fixe Kosten und Variatoren:

Kostenart	variable Kosten bei $B^{(S)} = 250$	fixe Kosten	Variator
1	3.000	2.000	6
2	0	5.000	0
3	750	400	6,52
4	6.250	0	10

b) Gesamtkosten der Kostenstelle bei Planbeschäftigung:

$$K_{ges.}^{(P)} = 17.400 \text{ € }.$$

Gesamte Sollkostenfunktion:

$$K_{ges.}^{(S)} = 7.400 + 40 \cdot B^{(S)}.$$

Variator der Gesamtkosten:

$$v_{ges.}^{(P)} = \frac{10.000}{17.400} \cdot 10 = 5,75.$$

9.6.3 Lösungen zu Kapitel 6.4.3
Kostenkontrolle in der Grenzplankostenrechnung

Lösung zur Übungsaufgabe 6.11: Sollkosten und modifizierte Istkosten

$K^{(S1)} < K_2^{(I)}$ gilt, wenn der Planwert des KBF_2 kleiner ist als sein Istwert,

$K^{(S1)} = K_2^{(I)}$ gilt, wenn der Planwert des KBF_2 gleich dem Istwert ist und

$K^{(S1)} > K_2^{(I)}$ gilt, wenn der Planwert des KBF_2 größer ist als sein Istwert.

Lösung zur Übungsaufgabe 6.12: Spezialabweichungsbedingte Kostendifferenzen

Ja, z.B. bei unbegründeter Intensitätsabweichung (Ermittlung der spezialabweichungsbedingten Kostendifferenz durch Vergleich der Kosten bei Sollintensität und der tatsächlich gemessenen Intensität) oder bei sonstigem unbegründeten Abweichen der Istgrößen von ihren Sollwerten.

Lösung zur Übungsaufgabe 6.13: Kontrolle der Materialeinzelkosten

a) Sollkosten für die Kostenarten 1, 2, 3 und 4:

$$K_1^{(S)} = 12 \cdot \left(1,5 \cdot 400 + 2 \cdot 400 + 1,6 \cdot 800\right) = 32.160 \ €$$

$$K_2^{(S)} = 5 \cdot \left(0,2 \cdot 400 + 2 \cdot 400\right) = 4.400 \ €$$

$$K_3^{(S)} = 0,1 \cdot \left(1 \cdot 400 + 8 \cdot 400 + 10 \cdot 800\right) = 1.160 \ €$$

$$K_4^{(S)} = 1 \cdot \left(1 \cdot 400\right) = 400 \ € .$$

Materialverbrauchsabweichungsbedingte Kostendifferenzen ΔKVA_i für die Materialarten $i = 1, \ldots, 4$:

$$\Delta KVA_1 = 34.920 - 32.160 = 2.760 \ €$$

$$\Delta KVA_2 = 5.000 - 4.400 = 600 \ €$$

$$\Delta KVA_3 = 1.200 - 1.160 = 40 \ €$$

$$\Delta KVA_4 = 500 - 400 = 100 \ € .$$

b) Alternative Abweichungsanalyse als Plan-Ist-Ansatz:

Die materialverbrauchsabweichungsbedingten Kostendifferenzen lassen sich noch genauer untersuchen. Dabei können die folgenden Abweichungen abgespalten werden:

– Materialverbrauchsabweichungsbedingte Kostendifferenzen, die auf die Schnittänderungen (auftragsbedingt) zurückzuführen sind $\left(KBF_{\text{Auftrag}} \right)$, wobei jeweils zunächst noch die modifizierten Istkosten, die KBF_{Auftrag} mit ihrem Istwert berücksichtigen, zu bestimmen sind für

Kostenart 1:

$$K_{1,\,\text{Auftrag}}^{(I)} = 12 \cdot \left(1{,}5 \cdot 400 + 2{,}2 \cdot 400 + 1{,}6 \cdot 800 \right) = 33.120 \; €$$

$$\Delta KBF_{1,\,\text{Auftrag}}^{alt.\,P-I} = 33.120 - 32.160 = 960 \; €$$

Kostenart 2:

$$K_{2,\,\text{Auftrag}}^{(I)} = 5 \cdot \left(0{,}2 \cdot 400 + 2{,}2 \cdot 400 \right) = 4.800 \; €$$

$$\Delta KBF_{2,\,\text{Auftrag}}^{alt.\,P-I} = 4.800 - 4.400 = 400 \; € \, .$$

Für die Kostenarten 3 und 4 lässt sich diese spezialabweichungsbedingte Kostendifferenz nicht abspalten, da sie durch die Auftragsänderung nicht beeinflusst werden.

– Materialverbrauchsabweichungsbedingte Kostendifferenzen, die aus der schlechten Qualität der Reißverschlüsse (materialbedingt) resultieren $\left(KBF_{\text{Material}} \right)$:

Durch die Materialabweichung sinkt für das Produkt A der Ausbeutegrad auf 80 %, was sich in einer Erhöhung der anzusetzenden Standards aller Materialarten widerspiegelt.

Zunächst werden jeweils die modifizierten Istkosten, die KBF_{Material} mit ihrem Istwert berücksichtigen, bestimmt für

Kostenart 1:

$$K_{1,\,\text{Material}}^{(I)} = 12 \cdot \left(1{,}875 \cdot 400 + 2 \cdot 400 + 1{,}6 \cdot 800 \right) = 33.960 \; €$$

$$\Delta KBF_{1,\,\text{Material}}^{alt.\,P-I} = 33.960 - 32.160 = 1.800 \; €$$

Kostenart 2:

$$K_{2,\,\text{Material}}^{(I)} = 5 \cdot \left(0{,}25 \cdot 400 + 2 \cdot 400 \right) = 4.500 \; €$$

$$\Delta KBF_{2,\,\text{Material}}^{alt.\,P-I} = 4.500 - 4.400 = 100 \; €$$

Kostenart 3:

$$K_{3,\,\text{Material}}^{(I)} = 0{,}1 \cdot \left(1{,}25 \cdot 400 + 8 \cdot 400 + 10 \cdot 800 \right) = 1.170 \; €$$

$$\Delta KBF_{3,\,\text{Material}}^{alt.\,P-I} = 1.170 - 1.160 = 10 \; €$$

Kostenart 4:

$$K^{(I)}_{4,\,\text{Material}} = 1 \cdot \left(1{,}25 \cdot 400\right) = 500 \ \text{€}$$

$$\Delta KBF^{alt.\,P-I}_{4,\,\text{Material}} = 500 - 400 = 100 \ \text{€} \ .$$

Durch den gesunkenen Ausbeutegrad sind 500 ME von Produkt A herzustellen, damit man 400 Gutteile erhält. Die Summe

$$\sum_{i=1}^{4} \Delta KBF^{alt.\,P-I}_{i,\,\text{Material}} = 2.010 \ \text{€}$$

entspricht folglich auch den Produktionskosten für 100 zusätzlich hergestellte ME von Produkt A (vgl. Lösung zur Übungsaufgabe 6.5 b).

c) Kumulative Abweichungsanalyse als Plan-Ist-Ansatz:

Die kumulative Abweichungsanalyse ist nur für die Kostenarten 1 und 2 relevant, da nur hier beide Kostenbestimmungsfaktoren die Kosten beeinflussen. Dazu sind zunächst die modifizierten Istkosten, die beide Kostenbestimmungsfaktoren mit ihren Istwerten berücksichtigen, zu bestimmen:

$$K^{(I)}_{1,\,\text{Auftrag-Material}} = 12 \cdot \left(1{,}875 \cdot 400 + 2{,}2 \cdot 400 + 1{,}6 \cdot 800\right) = 34.920 \ \text{€}$$

$$K^{(I)}_{2,\,\text{Auftrag-Material}} = 5 \cdot \left(0{,}25 \cdot 400 + 2{,}2 \cdot 400\right) = 4.900 \ \text{€} \ .$$

Als materialverbrauchsabweichungsbedingte Kostendifferenzen ergeben sich bei der Abspaltungsreihenfolge

– Material-Auftrag für

Kostenart 1:

$$\Delta KBF^{kum.\,P-I}_{1,\,\text{Material}} = 33.960 - 32.160 = 1.800 \ \text{€}$$

$$\Delta KBF^{kum.\,P-I}_{1,\,\text{Auftrag}} = 34.920 - 33.960 = 960 \ \text{€}$$

Kostenart 2:

$$\Delta KBF^{kum.\,P-I}_{2,\,\text{Material}} = 4.500 - 4.400 = 100 \ \text{€}$$

$$\Delta KBF^{kum.\,P-I}_{2,\,\text{Auftrag}} = 4.900 - 4.500 = 400 \ \text{€} \ .$$

– Auftrag-Material für

Kostenart 1:

$$\Delta KBF^{kum.\,P-I}_{1,\,\text{Auftrag}} = 33.120 - 32.160 = 960 \ \text{€}$$

$$\Delta KBF^{kum.\,P-I}_{1,\,\text{Material}} = 34.920 - 33.120 = 1.800 \ \text{€}$$

Kostenart 2:

$$\Delta KBF_{2,\,\text{Auftrag}}^{kum.\,P-I} = 4.800 - 4.400 = 400\ \text{€}$$

$$\Delta KBF_{2,\,\text{Material}}^{kum.\,P-I} = 4.900 - 4.800 = 100\ \text{€}\ .$$

Unabhängig davon, ob man eine alternative oder kumulative – und hier ebenfalls unabhängig von der Abspaltungsreihenfolge – Abweichungsanalyse durchführt, erhält man als Abweichung für die einzelnen *KBF* immer das gleiche Ergebnis. Die Ursache dafür liegt in der additiven Verknüpfung der Kostenbestimmungsfaktoren.

d) Restabweichungen ΔKRA_i der einzelnen Kostenarten $i = 1, \ldots, 4$ nach Abspaltung von $\Delta KBF_{\text{Auftrag}}$ und $\Delta KBF_{\text{Material}}$:

$$\Delta KRA_1 = 2.760 - \left(1.800 + 960\right) = 0\ \text{€}$$

$$\Delta KRA_2 = 600 - \left(100 + 400\right) = 100\ \text{€}$$

$$\Delta KRA_3 = 40 - 10 = 30\ \text{€}$$

$$\Delta KRA_4 = 100 - 100 = 0\ \text{€}\ .$$

Nur die Kostenabweichungen bei den Materialarten 1 und 4 können vollständig durch die Auftragsänderung und die schlechte Materialqualität erklärt werden. Bei den anderen Materialarten treten noch positive Restabweichungen auf, die entweder auf weitere Ursachen zurückgeführt werden können oder echte Unwirtschaftlichkeiten darstellen.

Lösung zur Übungsaufgabe 6.14: Kontrolle der Materialeinzelkosten

a) Gesamte materialverbrauchsabweichungsbedingte Kostendifferenz:

$$\begin{aligned}
\Delta KVA &= K^{(I)} - K^{(S)} \\
&= 13.200 \cdot 2 + 33.000 \cdot 5 + 8.800 \cdot 0,1 \\
&\quad - \left(10.000 \cdot 2 + 25.000 \cdot 5 + 15.000 \cdot 0,1\right) \\
&= 192.280 - 146.500 \\
&= 45.780\ \text{€}\ .
\end{aligned}$$

b) Kumulative Abweichungsanalyse als Plan-Ist-Ansatz:

Zunächst sind die modifizierten Istkosten $K_{\text{Mischung}}^{(I)}$ zu bestimmen, die zwar das tatsächliche Mischungsverhältnis berücksichtigen, aber mit den Mengen, die sich bei der geplanten Relation zwischen Input- und Outputmengen ergeben würden. Der Istverbrauch ist daher zu korrigieren um das Verhältnis:

$$\text{Ist-Input / Output} = \frac{55.000}{50.000} = 1,1 .$$

$$K^{(I)}_{\text{Mischung}} = \frac{13.200}{1,1} \cdot 2 + \frac{33.000}{1,1} \cdot 5 + \frac{8.800}{1,1} \cdot 0,1 = 174.800 \ \text{€} .$$

Daraus ergibt sich als materialverbrauchsabweichungsbedingte Kostendifferenz, die mischungsbedingt ist:

$$\Delta KBF^{kum.\,P-I}_{\text{Mischung}} = K^{(I)}_{\text{Mischung}} - K^{(S)} = 174.800 - 146.500 = 28.300 \ \text{€} .$$

Anschließend ist die Kostendifferenz aufgrund der unwirtschaftlichkeitsbedingten Mengenabweichung zu bestimmen. Dazu sind die modifizierten Istkosten $K^{(I)}_{\text{Mischung-Menge}}$ zu berechnen, die sowohl die geänderte Mischungszusammensetzung als auch die Mengenabweichung berücksichtigen und damit hier den Istkosten in Höhe von 192.280 € entsprechen.

$$\Delta KBF^{kum.\,P-I}_{\text{Menge}} = K^{(I)}_{\text{Mischung-Menge}} - K^{(I)}_{\text{Mischung}} = 192.280 - 174.800 = 17.480 \ \text{€}$$

Die gesamte materialverbrauchsabweichungsbedingte Kostendifferenz kann durch $\Delta KBF^{kum.\,P-I}_{\text{Mischung}}$ und $\Delta KBF^{kum.\,P-I}_{\text{Menge}}$ erklärt werden:

$$\Delta KBF^{kum.\,P-I}_{\text{Mischung}} + \Delta KBF^{kum.\,P-I}_{\text{Menge}} = 28.300 + 17.480 = 45.780 \ \text{€} = \Delta KVA .$$

Lösung zur Übungsaufgabe 6.15: Kontrolle der Lohneinzelkosten (Akkordlohn)

a) Tatsächlich angefallene Lohnsumme $K^{(I)}_{L}$:

$$K^{(I)}_{L} = 3.600 \cdot 3 \cdot \frac{1}{60} \cdot 60 = 10.800 \ \text{€} .$$

Da in der Periode keine Zusatzlohnscheine ausgestellt wurden, lässt sich die Lohnsumme $K^{(I)}_{L}$ durch den Akkordrichtsatz, die Produktionsmenge und die Vorgabezeit ermitteln.

Differenz zwischen der geplanten Lohnsumme $K^{(P)}_{L}$ und der tatsächlich angefallenen Lohnsumme $K^{(I)}_{L}$:

$$K^{(P)}_{L} - K^{(I)}_{L} = 12.096 - 10.800 = 1.296 \ \text{€} .$$

Diese Differenz ist ausschließlich darauf zurückzuführen, dass die Istproduktionsmenge um 432 ME unter der Planmenge liegt. Bei der Vorgabezeit von 3 Min. je ME und dem Akkordrichtsatz von 60 € je Std. entstehen Stücklohnkosten in Höhe von:

$$k_L = 3 \cdot \frac{1}{60} \cdot 60 = 3 \, \frac{\text{€}}{\text{ME}} \, .$$

Insgesamt fallen also durch die Mengenreduzierung um 432 ME Kosten in Höhe von

$$432 \cdot k_L = 432 \cdot 3 = 1.296 \, \text{€} = K_L^{(P)} - K_L^{(I)}$$

weniger an.

b) Nein. In a) ist nach der Differenz zwischen Plan- und Istlohnkosten gefragt, während ΔKVA_L sich auf die Differenz zwischen Ist- und Solllohnkosten bezieht. Da hier $x^{(I)} \neq x^{(P)}$ gilt, sind die beiden Differenzen nicht gleich groß.

Bei reinen Akkordlöhnen (ohne Zusatzlohnscheine) gilt allgemein:

$$\Delta KVA_L = 0 \, ,$$

da unabhängig von der Leistung immer nur die Vorgabezeit je ME gezahlt wird.

c) Leistungsgradanalyse:

$$\text{Istleistungsgrad} = \frac{3.600 \cdot 3}{10.080} \cdot 100 = 107{,}14 \, \% \, .$$

Der Leistungsgrad ist im Vergleich zur Plansituation von 120 % auf etwa 107 % gesunken, was nicht verwundert, da bei konstanter Arbeitszeit die Ausbringungsmenge niedriger als vorgesehen ausgefallen ist. Worauf der schlechtere Leistungsgrad zurückzuführen ist, muss im Einzelfall genauer untersucht werden.

d) Auswirkungen auf die Gemeinkosten:

Zur Herstellung von 3.600 ME ergibt sich eine Sollmaschinenlaufzeit von:

$$t_{\text{Maschine}}^{(S)} = 3.600 \cdot \frac{10.080}{4.032} = 9.000 \, \text{Min.}$$

In der Istsituation entspricht die Maschinenlaufzeit aber der gesamten Bearbeitungszeit:

$$t_{\text{Maschine}}^{(I)} = 10.080 \, \text{Min.}$$

Da die Sollmaschinenlaufzeit nicht eingehalten wurde, entsteht eine Kostenabweichung in Höhe von:

$$\Delta KBF_{\text{Leistungsgrad}} = \left(10.080 - 9.000\right) \cdot \frac{1}{60} \cdot 200 = 3.600 \, \text{€} \, .$$

Lösung zur Übungsaufgabe 6.16: Alternative Abweichungsanalyse als Ist-Plan-Ansatz

---

Spezialabweichungsbedingte Kostendifferenz $\Delta KBF_2^{alt.\,I-P}$:

Zunächst sind die modifizierten Plankosten $K_2^{(P)}$ zu bestimmen, indem man den Planwert der Bearbeitungszeit von 2 Min. je ME einsetzt:

$$K_2^{(P)} = 10.000 \cdot 2 \cdot \frac{1}{0,8} \cdot 4 = 100.000 \,\text{€}.$$

Die spezialabweichungsbedingte Kostendifferenz $\Delta KBF_2^{alt.\,I-P}$, die daraus resultiert, dass die Istbearbeitungszeit mit 3 Min. je ME von der Planbearbeitungszeit in der Höhe von 2 Min. je ME abweicht, ergibt sich nun wie folgt:

$$\Delta KBF_2^{alt.\,I-P} = 150.000 - 100.000 = 50.000 \,\text{€}.$$

Diese Abweichung basiert auf dem Istwert des Kostenbestimmungsfaktors Ausbeutegrad von 80 % und berücksichtigt damit bereits, dass sich auch für die zusätzlich bearbeitete Menge (aufgrund des gesunkenen Ausbeutegrades) die Bearbeitungszeit erhöht hat.

Spezialabweichungsbedingte Kostendifferenz $\Delta KBF_3^{alt.\,I-P}$:

Zunächst sind die modifizierten Plankosten $K_3^{(P)}$ zu bestimmen, indem man den Planwert des Ausbeutegrades von 90 % einsetzt:

$$K_3^{(P)} = 10.000 \cdot 3 \cdot \frac{1}{0,9} \cdot 4 = 133.333,33 \,\text{€}.$$

Die spezialabweichungsbedingte Kostendifferenz $\Delta KBF_3^{alt.\,I-P}$, die daraus resultiert, dass der Istausbeutegrad mit 80 % von dem Planausbeutegrad mit 90 % abweicht, ergibt sich nun wie folgt:

$$\Delta KBF_3^{alt.\,I-P} = 150.000 - 133.333,33 = 16.666,67 \,\text{€}.$$

Diese Abweichung basiert auf dem Istwert des Kostenbestimmungsfaktors Bearbeitungszeit von 3 Min. je ME und berücksichtigt damit ebenfalls, dass sich auch für die zusätzlich bearbeitete Menge (aufgrund des gesunkenen Ausbeutegrades) die Bearbeitungszeit erhöht hat.

Erklärung der Differenz zwischen

$$\sum_{n=2}^{N} \Delta KBF_n^{alt.\,I-P} \text{ und } \Delta KVA:$$

$$\Delta KBF_2^{alt.\,I-P} + \Delta KBF_3^{alt.\,I-P} = 66.666,67 \,\text{€} > 61.111,11 \,\text{€} = \Delta KVA.$$

Die Summe der spezialabweichungsbedingten Kostendifferenzen ist um 5.555,56 € höher als die verbrauchsabweichungsbedingte Kostendifferenz. Das liegt daran, dass sowohl in $\Delta KBF_2^{alt.\,I-P}$ als auch in $\Delta KBF_3^{alt.\,I-P}$ die Kostendifferenz für die erhöhte Bearbeitungszeit der zusätzlich bearbeiteten Menge (aufgrund des gesunkenen Ausbeutegrades) enthalten ist. Diese von beiden Kostenbestimmungsfaktoren bedingte Abweichung $\Delta KBF_{2,3}$ ist also doppelt enthalten. Zu zeigen bleibt, dass sie den 5.555,56 € entspricht.

$\Delta KBF_{2,3}$ wird wie folgt ermittelt:

$$\Delta KBF_{2,3} = 10.000 \cdot (3-2) \cdot \left(\frac{1}{0,8} - \frac{1}{0,9} \right) \cdot 4 = 5.555,56 \;\text{€}\,.$$

Durch den gesunkenen Ausbeutegrad steigt die zu bearbeitende Menge um 1388,89 Einheiten. Für diese Stückzahl fallen dann, entsprechend der erhöhten Bearbeitungszeit, zusätzliche 1388,89 Fertigungsminuten an. Bei einem Minutensatz von 4 € ergeben sich dadurch zusätzliche Kosten von 5.555,56 €.

Lösung zur Übungsaufgabe 6.17: Kumulative Abweichungsanalyse als Ist-Plan-Ansatz

---

Fall a:

Bearbeitungszeit wird zuerst abgespalten, d.h.:

$$K = K \left(\text{Ausbringungsmenge, Bearbeitungszeit, Ausbeutegrad} \right).$$

Spezialabweichungsbedingte Kostendifferenz, die auf den Kostenbestimmungsfaktor Bearbeitungszeit zurückzuführen ist:

$$K_{2a}^{(P)} = 10.000 \cdot 2 \cdot \frac{1}{0,8} \cdot 4 = 100.000 \;\text{€}$$

$$\Delta KBF_{2a}^{kum.\,I-P} = 150.000 - 100.000 = 50.000 \;\text{€}\,.$$

Spezialabweichungsbedingte Kostendifferenz, die auf den Kostenbestimmungsfaktor Ausbeutegrad zurückzuführen ist:

$$K_{2a\text{-}3a}^{(P)} = 10.000 \cdot 2 \cdot \frac{1}{0,9} \cdot 4 = 88.888,89 \;\text{€}$$

$$\Delta KBF_{3a}^{kum.\,I-P} = 100.000 - 88.888,89 = 11.111,11 \;\text{€}\,.$$

Fall b:

Ausbeutegrad wird zuerst abgespalten, d.h.:

$$K = K(\text{Ausbringungsmenge, Ausbeutegrad, Bearbeitungszeit}).$$

Spezialabweichungsbedingte Kostendifferenz, die im Fall b auf den Kostenbestimmungsfaktor Ausbeutegrad zurückzuführen ist:

$$K_{2b}^{(P)} = 10.000 \cdot 3 \cdot \frac{1}{0,9} \cdot 4 = 133.333,33 \ \text{€}$$

$$\Delta KBF_{2b}^{kum.\,I-P} = 150.000 - 133.333,33 = 16.666,67 \ \text{€}.$$

Spezialabweichungsbedingte Kostendifferenz, die auf den Kostenbestimmungsfaktor Bearbeitungszeit zurückzuführen ist:

$$K_{2b\text{-}3b}^{(P)} = 10.000 \cdot 2 \cdot \frac{1}{0,9} \cdot 4 = 88.888,89 \ \text{€}$$

$$\Delta KBF_{3b}^{kum.\,I-P} = 133.333,33 - 88.888,89 = 44.444,44 \ \text{€}.$$

Vergleich der Ergebnisse:

Plan-Ist-Ansatz				Ist-Plan-Ansatz			
Fall a		Fall b		Fall a		Fall b	
1. Bearbeitungszeit	2. Ausbeutegrad	1. Ausbeutegrad	2. Bearbeitungszeit	1. Bearbeitungszeit	2. Ausbeutegrad	1. Ausbeutegrad	2. Bearbeitungszeit
44.444,44 €	16.666,67 €	11.111,11 €	50.000 €	50.000 €	11.111,11 €	16.666,67 €	44.444,44 €

Bei umgekehrter Abspaltungsreihenfolge führen Plan-Ist-Ansatz und Ist-Plan-Ansatz der kumulativen Abweichungsanalyse zu gleichen Teilabweichungen.

Lösung zur Übungsaufgabe 6.18: Alternative und kumulative Abweichungsanalyse bei drei Kostenbestimmungsfaktoren

a) Alternative Abweichungsanalyse als Ist-Plan-Ansatz:

$$\Delta KBF_{\beta'}^{alt.\,I-P}$$

$$= q \cdot x^{(I)} \cdot \beta'^{(I)} \cdot t_B^{(I)} \cdot t_R^{(I)} - q \cdot x^{(I)} \cdot \beta'^{(P)} \cdot t_B^{(I)} \cdot t_R^{(I)}$$

$$= q \cdot x^{(I)} \cdot \Delta\beta' \cdot t_B^{(P)} \cdot t_R^{(P)} \qquad \text{Primärabweichung}$$

$$\quad + q \cdot x^{(I)} \cdot \Delta\beta' \cdot \Delta t_B \cdot t_R^{(P)} + q \cdot x^{(I)} \cdot \Delta\beta' \cdot t_B^{(P)} \cdot \Delta t_R \qquad \text{Sek.-abweichung}$$

$$\quad + q \cdot x^{(I)} \cdot \Delta\beta' \cdot \Delta t_B \cdot \Delta t_R \qquad \text{Tertiärabweichung}$$

$$= 13.333,33 + 6.666,67 + 1.111,11 + 555,56$$

$$= 21.666,67 \text{ €}$$

$$\Delta KBF_{t_B}^{alt.\,I-P}$$

$$= q \cdot x^{(I)} \cdot \beta'^{(I)} \cdot t_B^{(I)} \cdot t_R^{(I)} - q \cdot x^{(I)} \cdot \beta'^{(I)} \cdot t_B^{(P)} \cdot t_R^{(I)}$$

$$= q \cdot x^{(I)} \cdot \beta'^{(P)} \cdot \Delta t_B \cdot t_R^{(P)} \qquad \text{Primärabweichung}$$

$$\quad + q \cdot x^{(I)} \cdot \Delta\beta' \cdot \Delta t_B \cdot t_R^{(P)} + q \cdot x^{(I)} \cdot \beta'^{(P)} \cdot \Delta t_B \cdot \Delta t_R \qquad \text{Sek.-abweichung}$$

$$\quad + q \cdot x^{(I)} \cdot \Delta\beta' \cdot \Delta t_B \cdot \Delta t_R \qquad \text{Tertiärabweichung}$$

$$= 53.333,33 + 6.666,67 + 4.444,44 + 555,56$$

$$= 65.000 \text{ €}$$

$$\Delta KBF_{t_R}^{alt.\,I-P}$$

$$= q \cdot x^{(I)} \cdot \beta'^{(I)} \cdot t_B^{(I)} \cdot t_R^{(I)} - q \cdot x^{(I)} \cdot \beta'^{(I)} \cdot t_B^{(I)} \cdot t_R^{(P)}$$

$$= q \cdot x^{(I)} \cdot \beta'^{(P)} \cdot t_B^{(P)} \cdot \Delta t_R \qquad \text{Primärabweichung}$$

$$\quad + q \cdot x^{(I)} \cdot \Delta\beta' \cdot t_B^{(P)} \cdot \Delta t_R + q \cdot x^{(I)} \cdot \beta'^{(P)} \cdot \Delta t_B \cdot \Delta t_R \qquad \text{Sek.-abweichung}$$

$$\quad + q \cdot x^{(I)} \cdot \Delta\beta' \cdot \Delta t_B \cdot \Delta t_R \qquad \text{Tertiärabweichung}$$

$$= 8.888,89 + 1.111,11 + 4.444,44 + 555,56$$

$$= 15.000 \text{ €}.$$

b) Alternative Abweichungsanalyse als Plan-Ist-Ansatz:

Nur die primären Teilabweichungen werden berücksichtigt!

$$\Delta KBF_{\beta'}^{alt.\,P-I}$$

$$= q \cdot x^{(I)} \cdot \Delta\beta' \cdot t_B^{(P)} \cdot t_R^{(P)} \qquad \text{Primärabweichung}$$

$$= 13.333,33 \text{ €}$$

$$\Delta KBF_{t_B}^{alt.\ P-I}$$

$$= q \cdot x^{(I)} \cdot \beta'^{(P)} \cdot \Delta t_B \cdot t_R^{(P)} \qquad\qquad \text{Primärabweichung}$$

$$= 53.333,33 \ \text{€}$$

$$\Delta KBF_{t_R}^{alt.\ P-I}$$

$$= q \cdot x^{(I)} \cdot \beta'^{(P)} \cdot t_B^{(P)} \cdot \Delta t_R \qquad\qquad \text{Primärabweichung}$$

$$= 8.888,89 \ \text{€}.$$

Kumulative Abweichungsanalyse als Ist-Plan-Ansatz:

Die zuerst abgespaltene Teilabweichung entspricht $\Delta KBF_{\beta'}^{alt.\ I-P}$, die zuletzt abgespaltene Teilabweichung enthält keine Abweichungsinterdependenz und außerdem wird jede Abweichungsinterdependenz nur einmal verrechnet.

$$\Delta KBF_{\beta'}^{kum.\ I-P}$$

$$= q \cdot x^{(I)} \cdot \Delta\beta' \cdot t_B^{(P)} \cdot t_R^{(P)} \qquad\qquad\qquad\qquad\qquad \text{Primärabweichung}$$

$$+ q \cdot x^{(I)} \cdot \Delta\beta' \cdot \Delta t_B \cdot t_R^{(P)} + q \cdot x^{(I)} \cdot \Delta\beta' \cdot t_B^{(P)} \cdot \Delta t_R \qquad \text{Sek.-abweichung}$$

$$+ q \cdot x^{(I)} \cdot \Delta\beta' \cdot \Delta t_B \cdot \Delta t_R \qquad\qquad\qquad\qquad\quad \text{Tertiärabweichung}$$

$$= 13.333,33 + 6.666,67 + 1.111,11 + 555,56$$

$$= 21.666,67 \ \text{€}$$

$$\Delta KBF_{t_B}^{kum.\ I-P}$$

$$= q \cdot x^{(I)} \cdot \beta'^{(P)} \cdot \Delta t_B \cdot t_R^{(P)} \qquad\qquad \text{Primärabweichung}$$

$$+ q \cdot x^{(I)} \cdot \beta'^{(P)} \cdot \Delta t_B \cdot \Delta t_R \qquad\qquad \text{Sek.-abweichung}$$

$$= 53.333,33 + 4.444,44$$

$$= 57.777,78 \ \text{€}$$

$$\Delta KBF_{t_R}^{kum.\ I-P}$$

$$= q \cdot x^{(I)} \cdot \beta'^{(P)} \cdot t_B^{(P)} \cdot \Delta t_R \qquad\qquad \text{Primärabweichung}$$

$$= 8.888,89 \ \text{€}.$$

Kumulative Abweichungsanalyse als Plan-Ist-Ansatz:

Die zuerst abgespaltene Teilabweichung enthält keine Abweichungsinterdependenz die zuletzt abgespaltete Teilabweichung entspricht $\Delta KBF_{t_R}^{alt.\ I-P}$ und außerdem wird auch hier jede Abweichungsinterdependenz nur einmal verrechnet.

$$\Delta KBF_{\beta'}^{kum.\ P-I}$$

$$= q \cdot x^{(I)} \cdot \Delta \beta' \cdot t_B^{(P)} \cdot t_R^{(P)} \qquad \text{Primärabweichung}$$

$$= 13.333,33 \ €$$

$$\Delta KBF_{t_B}^{kum.\ P-I}$$

$$= q \cdot x^{(I)} \cdot \beta'^{(P)} \cdot \Delta t_B \cdot t_R^{(P)} \qquad \text{Primärabweichung}$$

$$+ q \cdot x^{(I)} \cdot \beta'^{(P)} \cdot \Delta t_B \cdot \Delta t_R \qquad \text{Sekundärabweichung}$$

$$= 53.333,33 + 6.666,67$$

$$= 60.000 \ €$$

$$\Delta KBF_{t_R}^{kum.\ P-I}$$

$$= q \cdot x^{(I)} \cdot \beta'^{(P)} \cdot t_B^{(P)} \cdot \Delta t_R \qquad \text{Primärabweichung}$$

$$+ q \cdot x^{(I)} \cdot \Delta \beta' \cdot t_B^{(P)} \cdot \Delta t_R + q \cdot x^{(I)} \cdot \beta'^{(P)} \cdot \Delta t_B \cdot \Delta t_R \qquad \text{Sek.-abweichung}$$

$$+ q \cdot x^{(I)} \cdot \Delta \beta' \cdot \Delta t_B \cdot \Delta t_R \qquad \text{Tertiärabweichung}$$

$$= 8.888,89 + 1.111,11 + 4.444,44 + 555,56$$

$$= 15.000 \ € \ .$$

c) Betrag $\left| \Delta KVA - \sum_{n=2}^{N} \Delta KBF_n^{alt.\ I-P} \right|$ nach dem Ist-Plan-Ansatz:

$$\left| 88.333,33 - \left(21.666,67 + 65.000 + 15.000 \right) \right| = 13.333,33 \ € \ .$$

Betrag $\left| \Delta KVA - \sum_{n=2}^{N} \Delta KBF_n^{alt.\ P-I} \right|$ nach dem Plan-Ist-Ansatz:

$$\left| 88.333,33 - \left(13.333,33 + 53.333,33 + 8.888,89 \right) \right| = 12.777,78 \ € \ .$$

Die Differenz zwischen beiden Beträgen entspricht der Tertiärabweichung in Höhe von 555,56 €. Sie wurde nach dem Ist-Plan-Ansatz dreimal verrechnet, während der Plan-Ist-Ansatz sie überhaupt nicht als Teilabweichungen ausweist. Dagegen sind bei den Sekundärabweichungen die zuviel bzw. zuwenig verrechneten Beträge identisch.

Folglich sind die Beträge nach beiden Varianten der alternativen Abweichungsanalyse dann gleich hoch, wenn nur zwei Kostenbestimmungsfaktoren abgespalten werden, oder wenn die Tertiärabweichung – und bei mehr als drei Kostenbestimmungsfaktoren auch alle höheren Abweichungen – Null sind.

Lösung zur Übungsaufgabe 6.19:   Intensitätsabweichungsbedingte   Kostendifferenz

---

a) Aus den Plankosten in Abhängigkeit von der Bezugsgröße Ausbringungsmenge x:

$$K^{(P)} = K_f^{(P)} + k_v\left(\lambda^{(P)}\right) \cdot x^{(P)}$$

folgt wegen der Relation $x = \lambda \cdot t$:

$$K^{(P)} = K_f^{(P)} + k_v\left(\lambda^{(P)}\right) \cdot \lambda^{(P)} \cdot t^{(P)},$$

und durch die Zeit-Kosten-Leistungsfunktion $z(\lambda) = k(\lambda) \cdot \lambda$ ergibt sich daraus:

$$K^{(P)} = K_f^{(P)} + z_v\left(\lambda^{(P)}\right) \cdot t^{(P)},$$

wobei $z_v\left(\lambda^{(P)}\right)$ den variablen Kosten pro Zeiteinheit bei geplanter Leistungsintensität entspricht.

Alle weiteren Kosten können analog dazu bestimmt werden.

b) Für die Aufgabe können folgende Informationen aus dem Beispiel unverändert übernommen werden:

$$K_f^{(P)} = 5.000 \text{ €} \qquad\qquad x^{(I)} = 112.500 \text{ ME}$$

$$\lambda^{(P)} = \lambda^* = 10\,\frac{\text{ME}}{\text{Min.}} \qquad\qquad \lambda^{(I)} = 12{,}5\,\frac{\text{ME}}{\text{Min.}}$$

$$k_v\left(\lambda^{(P)}\right) = 6\,\frac{\text{€}}{\text{ME}} \qquad\qquad k_v\left(\lambda^{(I)}\right) = 6{,}75\,\frac{\text{€}}{\text{ME}}.$$

Die optimale Leistungsintensität wird hier ebenfalls über die Kostenleistungsfunktion bestimmt und bleibt folglich unverändert.

Neu zu berechnen sind die Werte der Zeit-Kosten-Leistungsfunktion als Kosten pro Minute:

$$z_v\left(\lambda^{(P)}\right) = k_v\left(\lambda^{(P)}\right) \cdot \lambda^{(P)} = 6 \cdot 10 = 60\,\frac{\text{€}}{\text{Min.}}$$

$$z_v\left(\lambda^{(I)}\right) = k_v\left(\lambda^{(I)}\right) \cdot \lambda^{(I)} = 6{,}75 \cdot 12{,}5 = 84{,}375\,\frac{\text{€}}{\text{Min.}}.$$

Die Kosten pro Minute sind gestiegen, da sich zum einen die Stückkosten erhöht haben und zum anderen, weil die produzierte Menge je Minute gestiegen ist.

Auf der Basis dieser Informationen lassen sich die folgenden Kosten bestimmen:

- Plankosten:

$$K^{(P)} = K_f^{(P)} + z_v\left(\lambda^{(P)}\right) \cdot t^{(P)} = 5.000 + 60 \cdot 9.000 = 545.000 \,\text{€} \,,$$

wobei $t^{(P)} = 150 \cdot 60 = 9.000$ Min. der geplanten Bearbeitungszeit von 150 Std. entspricht.

- Sollkosten $K^{(S1)}$:

$$K^{(S1)} = K_f^{(P)} + z_v\left(\lambda^{(P)}\right) \cdot t^{(S)} = 5.000 + 60 \cdot 11.250 = 680.000 \,\text{€} \text{ mit}$$

$$t^{(S)} = \frac{x^{(I)}}{\lambda^{(P)}} = \frac{112.500}{10} = 11.250 \,\text{Min.}$$

Definitionsgemäß wird zur Bestimmung der Sollkosten $K^{(S1)}$ also nur die Ausbringungsmenge mit ihrem Istwert berücksichtigt.

- Sollkosten $K_\lambda^{(I)}$ – bei Istausbringung und Istintensität:

$$K_\lambda^{(I)} = K_f^{(P)} + z_v\left(\lambda^{(I)}\right) \cdot t^{(S')} = 5.000 + 84,375 \cdot 9.000 = 764.375 \,\text{€} \,.$$

Mit der Leistungsintensität ändern sich nicht nur die Zeit-Kosten sondern auch die zur Istausbringung notwendige Bearbeitungszeit:

$$t^{(S')} = \frac{x^{(I)}}{\lambda^{(I)}} = \frac{112.500}{12,5} = 9.000 \,\text{Min.}$$

Die Bezugsgröße entspricht in dieser Aufgabe ihrem Planwert, da eine zeitliche Anpassung nicht möglich war und die intensitätsmäßige Anpassung bei u-förmigem Verlauf immer so erfolgt, dass mit der maximal zulässigen Zeit produziert wird. Wird eine Kombination aus zeitlicher und intensitätsmäßiger Anpassung durchgeführt, dann gilt:

$$t^{(P)} = \frac{x^{(P)}}{\lambda^{(P)}} \neq \frac{x^{(I)}}{\lambda^{(I)}} = t^{(S')} \,.$$

Anhand dieser Kosten lässt sich die folgende intensitätsabweichungsbedingte Kostendifferenz $\Delta KBF_\lambda^{alt.P-1}$ bestimmen:

$$\Delta KBF_\lambda^{alt.P-1} = K_\lambda^{(I)} - K^{(S1)} = 764.375 - 680.000 = 84.375 \,\text{€} \,.$$

Das Ergebnis ist mit dem der intensitätsabweichungsbedingten Kostendifferenz auf Basis der Bezugsgröße Ausbringungsmenge identisch, was gezeigt werden sollte.

c) Für die Bezugsgröße ergeben sich folgende zwei Besonderheiten:

- Durch die intensitätsmäßige Anpassung ändern sich nicht nur die Kosten je Bezugsgrößeneinheit (Zeit-Kosten) sondern auch die Zahl der benötigten Bezugsgrößeneinheiten.

- Die Sollbezugsgröße $t^{(S)} = 11.250$ Min. $\left(\hat{=} 187,5 \text{ Std.}\right)$ gibt an, wie viele Minuten zur Produktion der Istausbringung bei geplanter Intensität benötigt würden. Dass dieser Wert nicht Element des zulässigen Zeitintervalls ist, spielt hier keine Rolle. Vielmehr zeigt eine nicht realisierbare Sollbezugsgröße, dass von der geplanten Intensität abgewichen werden muss, um die Istausbringung zu realisieren. Ein Teil der verbrauchsabweichungsbedingten Kostendifferenz wird daher auf die Intensitätsabweichung zurückzuführen sein

---

Lösung zur Übungsaufgabe 6.20:   Bedienungsverhältnisbedingte Kostendifferenz

---

a) Fertigungskosten $K^{(S)}$:

$$K^{(S)} = \frac{3 \cdot 500}{4} \cdot 1 \cdot 4 = 1.500 \ \text{€}.$$

b) Fertigungskosten $K^{(I)}_{\substack{\text{Bedienungs-}\\\text{verhältnis}}}$:

$$K^{(I)}_{\substack{\text{Bedienungs-}\\\text{verhältnis}}} = \frac{3 \cdot 500}{4} \cdot 2 \cdot 4 = 3.000 \ \text{€}.$$

c) Bedienungsverhältnisbedingte Kostendifferenz $\Delta KBF^{alt.P-I}_{\substack{\text{Bedienungs-}\\\text{verhältnis}}}$:

$$\Delta KBF^{alt.P-I}_{\substack{\text{Bedienungs-}\\\text{verhältnis}}} = K^{(I)}_{\substack{\text{Bedienungs-}\\\text{verhältnis}}} - K^{(S)} = 3.000 - 1.500 = 1.500 \ \text{€}.$$

9.7   Lösungen zu den Übungsaufgaben zu Kapitel 7

Lösung zur Übungsaufgabe 7.1:   Proportionalitätsannahmen

Proportionalitätsannahmen:

1) Die Prozessmengen und die Aktivitätsmengen sollten sich proportional zueinander verhalten (siehe Kapitel 7.2.2).
2) Die Kostentreiber- und Aktivitätsmenge sollen möglichst korrelieren (siehe Kapitel 7.2.3).

3) Es soll eine Proportionalität zwischen Kostentreibermenge und Ressourcenbeanspruchung bestehen (siehe Kapitel 7.2.3).

4) Es wird – zumindest langfristig – eine Proportionalität zwischen Kostentreibermenge und angefallenen Kosten unterstellt (siehe Kapitel 7.2.3).

5) Bei der Planung der Kosten wird unter Umständen eine Proportionalität von Personalkosten (bzw. Mannjahren) und sonstigen Kosten angenommen (siehe Kapitel 7.2.4).

6) Es soll ein eindeutiger proportionaler Zusammenhang zwischen Aktivitäts- bzw. Prozessmenge und der Produktionsmenge bestehen (siehe Kapitel 7.3.1).

Zur Kritik vergleiche die jeweils angegebenen Kapitel und Kapitel 7.3.3.

Lösung zur Übungsaufgabe 7.2:   Direkte Prozesskalkulation

Ergebnisse der direkten Kalkulation:

	Produkte				Summe
	A	B	C	D	
Materialeinzelkosten in €	2.000	4.000	30.000	60.000	96.000
Fertigungs- und Materialgemeinkosten 40 € je Stunde	8.000	20.000	80.000	200.000	308.000
Rüstkosten 5.000 € je Vorgang	10.000	10.000	20.000	20.000	60.000
Kosten der Einkaufsabteilung 4.000 € je Vorgang	12.000	12.000	8.000	8.000	40.000
Kosten der Vertriebsabteilung 12.000 € je Vorgang	12.000	12.000	12.000	12.000	48.000
gesamte Selbstkosten in €	44.000	58.000	150.000	300.000	552.000
Selbstkosten pro Stück in €/ME	440	580	150	300	

Lösung zur Übungsaufgabe 7.3:   Indirekte Prozesskalkulation

a) Gesamte Plankosten auf Basis der Personalkosten ermittelt:

Kosten-stelle	Nr.	Aktivität	Personal-kosten (€)	Raum- und Energie-kosten (€)	Büro-material- und EDV-Kosten (€)	Gesamt-kosten (€)
Einkauf	1	Angebote einholen	40.000	8.000	4.000	52.000
	2	Verhandeln	120.000	24.000	12.000	156.000
	3	Bestellungen aufgeben	40.000	8.000	4.000	52.000
Vertrieb	4	Kundenakquisition	50.000	15.000	5.000	70.000
	5	Angebote abgeben	40.000	12.000	4.000	56.000
	6	technische Absprache	110.000	33.000	11.000	154.000
	7	Terminplanung	20.000	6.000	2.000	28.000
	8	Auftragsbedingungen aushandeln	30.000	9.000	3.000	42.000

b) Indirekte Kalkulation:

Mengenvolumenabhängige Kosten:

$$k_1^{Akt.M} = \frac{52.000 \cdot 0,3}{1.520} = 10,26 \, \frac{\text{€}}{\text{Stück}} \qquad k_5^{Akt.M} = \frac{56.000 \cdot 0,7}{1.520} = 25,79 \, \frac{\text{€}}{\text{Stück}}$$

$$k_2^{Akt.M} = \frac{156.000 \cdot 0,4}{1.520} = 41,05 \, \frac{\text{€}}{\text{Stück}} \qquad k_6^{Akt.M} = \frac{154.000 \cdot 0,8}{1.520} = 81,05 \, \frac{\text{€}}{\text{Stück}}$$

$$k_3^{Akt.M} = \frac{52.000 \cdot 0,5}{1.520} = 17,11 \, \frac{\text{€}}{\text{Stück}} \qquad k_7^{Akt.M} = \frac{28.000 \cdot 0,5}{1.520} = 9,21 \, \frac{\text{€}}{\text{Stück}}$$

$$k_4^{Akt.M} = \frac{70.000 \cdot 0,6}{1.520} = 27,63 \, \frac{\text{€}}{\text{Stück}} \qquad k_8^{Akt.M} = \frac{42.000 \cdot 0,2}{1.520} = 5,53 \, \frac{\text{€}}{\text{Stück}} .$$

Variantenabhängige Kosten für

Produkt A:

$$k_{A1}^{Akt.V} = \frac{52.000 \cdot 0,7}{2 \cdot 1.500} = 12,13 \, \frac{\text{€}}{\text{Stück}} \qquad k_{A5}^{Akt.V} = \frac{56.000 \cdot 0,3}{2 \cdot 1.500} = 5,60 \, \frac{\text{€}}{\text{Stück}}$$

$$k_{A2}^{Akt.V} = \frac{156.000 \cdot 0,6}{2 \cdot 1.500} = 31,20 \, \frac{\text{€}}{\text{Stück}} \qquad k_{A6}^{Akt.V} = \frac{154.000 \cdot 0,2}{2 \cdot 1.500} = 10,27 \, \frac{\text{€}}{\text{Stück}}$$

$$k_{A3}^{Akt.V} = \frac{52.000 \cdot 0,5}{2 \cdot 1.500} = 8,67 \; \frac{€}{\text{Stück}} \qquad k_{A7}^{Akt.V} = \frac{28.000 \cdot 0,5}{2 \cdot 1.500} = 4,67 \; \frac{€}{\text{Stück}}$$

$$k_{A4}^{Akt.V} = \frac{70.000 \cdot 0,4}{2 \cdot 1.500} = 9,33 \; \frac{€}{\text{Stück}} \qquad k_{A8}^{Akt.V} = \frac{42.000 \cdot 0,8}{2 \cdot 1.500} = 11,20 \; \frac{€}{\text{Stück}}$$

Produkt B:

$$k_{B1}^{Akt.V} = \frac{52.000 \cdot 0,7}{2 \cdot 20} = 910 \; \frac{€}{\text{Stück}} \qquad k_{B5}^{Akt.V} = \frac{56.000 \cdot 0,3}{2 \cdot 20} = 420 \; \frac{€}{\text{Stück}}$$

$$k_{B2}^{Akt.V} = \frac{156.000 \cdot 0,6}{2 \cdot 20} = 2.340 \; \frac{€}{\text{Stück}} \qquad k_{B6}^{Akt.V} = \frac{154.000 \cdot 0,2}{2 \cdot 20} = 770 \; \frac{€}{\text{Stück}}$$

$$k_{B3}^{Akt.V} = \frac{52.000 \cdot 0,5}{2 \cdot 20} = 650 \; \frac{€}{\text{Stück}} \qquad k_{B7}^{Akt.V} = \frac{28.000 \cdot 0,5}{2 \cdot 20} = 350 \; \frac{€}{\text{Stück}}$$

$$k_{B4}^{Akt.V} = \frac{70.000 \cdot 0,4}{2 \cdot 20} = 700 \; \frac{€}{\text{Stück}} \qquad k_{B8}^{Akt.V} = \frac{42.000 \cdot 0,8}{2 \cdot 20} = 840 \; \frac{€}{\text{Stück}}.$$

Prozessorientiert verrechnete Kosten für

Produkt A:

$$\begin{aligned} k_A &= 10,26 + 41,05 + 17,11 + 27,63 + 25,79 + 81,05 + 9,21 + 5,53 \\ &\quad + 12,13 + 31,20 + 8,67 + 9,33 + 5,60 + 10,27 + 4,67 + 11,20 \\ &= 310,70 \; \frac{€}{\text{Stück}} \end{aligned}$$

Produkt B:

$$\begin{aligned} k_B &= 10,26 + 41,05 + 17,11 + 27,63 + 25,79 + 81,05 + 9,21 + 5,53 \\ &\quad + 910 + 2.340 + 650 + 700 + 420 + 770 + 350 + 840 \\ &= 7.197,63 \; \frac{€}{\text{Stück}}. \end{aligned}$$

c) Gemäß der Formel zur Bestimmung der mengenabhängigen bzw. variantenab-hängigen Aktivitätskosten sind im Zähler die Aktivitätsmengen einzusetzen (vgl. Kapitel 7.3.2):

$$k_h^{Akt.M} = \frac{x_h^{Akt.} \cdot \alpha_h^{Akt.M} \cdot k_h^{Akt.}}{\sum_{j=1}^{J} x_j} \qquad \text{bzw.} \qquad k_{jh}^{Akt.V} = \frac{x_h^{Akt.} \cdot \alpha_h^{Akt.V} \cdot k_h^{Akt.}}{J \cdot x_j}.$$

Da $x_h^{Akt.} \cdot k_h^{Akt.} = K_h^{Akt.}$ gilt, reicht folglich die Kenntnis der gesamten Kosten der Aktivität $\left(K_h^{Akt.}\right)$ zur Berechnung der Aktivitätskosten je Produkteinheit aus.

Als weitere Informationen lassen sich bei Kenntnis der Aktivitätsmenge die Aktivitätskosten je Mengeneinheit der Aktivität bestimmen.

Lösung zur Übungsaufgabe 7.4:   Prozesskosten- und Grenzplankostenrechnung

a) Deckungsbeitragsrechnung:

	Produkt A	Produkt B	Zusatzauftrag
Erlöse	800.000	150.000	1.500
– Materialeinzelkosten	200.000	50.000	500
– Fertigungseinzelkosten	130.000	40.000	400
– variable Fertigungs-gemeinkosten	150.000	32.000	320
= Deckungsbeiträge	320.000	28.000	280
– Materialgemeinkosten		50.000	
– Verwaltungs- und Ver-triebskosten		120.000	
= Nettogewinn (ohne Zusatz-auftrag)		178.000	

Da für das Produkt B positive Deckungsbeiträge erzielt werden und keine Engpasssituation vorliegt, ist der Zusatzauftrag anzunehmen.

b) Bestimmung der Aktivitätskostensätze:

$$k_1^{Akt.} = \frac{20.000}{100} = 200 \ \frac{€}{\text{Angebot}}$$

$$k_2^{Akt.} = \frac{15.000}{25} = 600 \ \frac{€}{\text{Bestellung}}$$

$$k_3^{Akt.} = \frac{15.000}{200} = 75 \ \frac{€}{\text{Lagerung}}$$

$$k_4^{Akt.} = \frac{20.000}{160} = 125 \ \frac{€}{\text{Verkaufsgespräch}}$$

$$k_5^{Akt.} = \frac{20.000}{80} = 250 \ \frac{€}{\text{Auftrag}}.$$

Prozessorientierte Deckungsbeitragsrechnung:

Deckungsbeitrag = Erlös

           – Einzelkosten

           – variable Gemeinkosten

           – prozessorientiert verrechnete Gemeinkosten.

	Produkt A	Produkt B	Zusatzauftrag
Erlöse	800.000	150.000	1.500
– Materialeinzelkosten	200.000	50.000	500
– Materialgemeinkosten	14.000	6.000	60
(Aktivitäten 1-3)	9.000	6.000	60
	7.500	7.500	75
– Fertigungseinzelkosten	130.000	40.000	400
– variable Fertigungs-gemeinkosten	150.000	32.000	320
– Vertriebsgemeinkosten	15.000	5.000	50
(Aktivitäten 4-5)	15.000	5.000	250
= Deckungsbeiträge	259.500	–1.500	–215
– Kosten lmn-Aktivitäten	80.000		
= Nettogewinn (ohne Zusatz-auftrag)	178.000		

Der Unternehmensberater schlägt vor, den Zusatzauftrag nicht anzunehmen, da er einen negativen Deckungsbeitrag erwirtschaftet.

c) Auch wenn die Kosten der leistungsmengenneutralen Aktivitäten hier außen vor gelassen werden, verrechnet der Unternehmensberater fixe kurzfristig nicht beeinflussbare Kosten. Für den Zusatzauftrag bedeutet dies, dass Kosten zugerechnet werden für Aktivitäten, die zwar anfallen aber kurzfristig keinen Kostenanstieg in entsprechender Höhe bewirken werden, da man für die Abwicklung des Zusatzauftrages beispielsweise kaum neues Personal einstellen wird. Zu überprüfen bleibt allerdings, ob die vorhandene Kapazität im Material- und Vertriebsbereich noch ausreicht, wenn der Zusatzauftrag angenommen wird. Ebenso problematisch wäre die auf dem Ergebnis basierende Entscheidung, das Produkt B ganz aus dem Produktionsprogramm zu nehmen, da es offensichtlich einen negativen Deckungsbeitrag erzielt. Hieraus folgt das noch schwerwiegendere Problem, dass die Kapazität kurzfristig nicht entsprechend abgebaut werden kann, was dazu führt, dass ein Teil der fixen Kosten unabhängig von der Entscheidung anfallen wird und der Nettogewinn bei Verzicht auf die Produktion des Produktes B insgesamt sinkt.

Lösung zur Übungsaufgabe 7.5:   Allokations-, Komplexitäts- und Degressionseffekt

a) Allokationseffekt:

Die folgende Tabelle stellt die Kalkulationsergebnisse der Zuschlags- und Prozesskostenrechnung (in € je ME) gegenüber. Die Differenz bezeichnet man als den Allokationseffekt.

Variante	Material-einzelkosten	Materialgemeinkosten		Allokations-effekt
		Zuschlags-kalkulation	Prozesskosten-rechnung	
I	22	4,40	2,25	–2,15
II	12	2,40	18,00	+15,60
III	22	4,40	2,07	–2,33

Der Allokationseffekt fällt bei der Variante II aus folgenden Gründen so hoch aus:

– die Materialeinzelkosten der Variante II sind mit 12 € am niedrigsten und damit auch die Zuschlagsbasis,
– von der Variante II werden die meisten Aktivitäten beansprucht, was hohe Prozesskosten zur Folge hat und
– die Produktionsmenge der Variante II ist am geringsten. Daraus resultieren hohe Prozesskosten pro Stück, da die Prozesskosten auf eine geringe Stückzahl verteilt werden.

b) Degressionseffekt:

Mit steigender Ausbringungsmenge ändern sich die Kalkulationssätze der Prozesskostenrechnung wie folgt:

Produktionsmenge (in ME)	Kalkulationssatz (in € je ME)
500	18,00
1.000	9,00
1.500	6,00
2.000	4,50
2.500	3,60

Während bei der Zuschlagskalkulation der Kostensatz unabhängig von der Ausbringungsmenge unverändert bei 2,40 € je Mengeneinheit bleibt, sinkt der Kostensatz bei der Prozesskostenrechnung mit steigender Ausbringungsmenge.

c) Komplexitätseffekt:

Die Aktivität A wird je Teil zweimal durchgeführt und die Aktivität B dreimal.

Die gesamten Kosten und die Kalkulationssätze in Abhängigkeit von der Teilezahl sind der folgenden Tabelle zu entnehmen:

Variante	Teilezahl	Materialgemeinkosten	Materialgemeinkosten je ME
I	5	4.500	2,25
II	10	9.000	4,50
IV	20	18.000	9,00

In der Prozesskostenrechnung schlägt sich die Komplexität im Gemeinkostensatz nieder, während beispielsweise der Kalkulationssatz für Variante II bei der Zuschlagskalkulation wegen der geringen Einzelkosten niedrigerer ausfällt als bei Variante I, deren Komplexität deutlich geringer ist.

Lösung zur Übungsaufgabe 7.6:   Abweichungsanalyse

a) Die Aktivitätsmenge der Aktivität $h = I, II$ je Produktart $j = A, B, C$ ergibt sich gemäß der Formel:

$$x_{hj}^{Akt.} = a_{hj}^{Akt.} \cdot x_j.$$

Die Ergebnisse sind der folgenden Tabelle zu entnehmen:

		$x_{hj}^{Akt.(P)}$			$x_{hj}^{Akt.(I)}$			$\Delta x_{hj}^{Akt.}$		
h	j	A	B	C	A	B	C	A	B	C
I		25	15	10	24	12	20	−1	−3	+10
II		5	3	2	4	2,25	2	−1	−0,75	0

b) Die Summe der Aktivitätsmengen über alle Produkte ergibt sich aus:

$$x_h^{Akt.} = \sum_{j=1}^{J} x_{hj}^{Akt.} = \sum_{j=1}^{J} a_{hj}^{Akt.} \cdot x_j,$$

dabei kann neben den Ist- und Planwerten auch ein Sollwert bestimmt werden, für den nur die Ausbringungsmenge mit dem Istwert angesetzt wird. Es gilt dann:

$$x_h^{Akt.(S)} = \sum_{j=1}^{J} a_{hj}^{Akt.(P)} \cdot x_j^{(I)} \, .$$

	$x_h^{Akt.(P)}$	$x_h^{Akt.(I)}$	$x_h^{Akt.(S)}$	$x_h^{Akt.(I)} - x_h^{Akt.(P)}$	$x_h^{Akt.(I)} - x_h^{Akt.(S)}$
I	50	56,00	41,25	+6,00	+14,75
II	10	8,25	8,25	−1,75	0

c) Abweichungsanalyse für die variablen Kosten der leistungsmengeninduzierten Aktivitäten $h = I, II$:

Für Aktivität I:

$$K_{vI}^{Akt.(S)} = 30 \cdot 25 \cdot 41,25 + 20 \cdot 15 \cdot 41,25 = 43.312,50 \, € $$

$$K_{vI}^{Akt.(I)} = 30 \cdot 30 \cdot 56 + 25 \cdot 18 \cdot 56 = 75.600 \, € \, .$$

Durch einen Soll-Ist-Vergleich wird die verbrauchsabweichungsbedingte Kostendifferenz $\Delta KVA_I^{Akt.}$ bestimmt:

$$\Delta KVA_I^{Akt.} = K_{vI}^{Akt.(I)} - K_{vI}^{Akt.(S)} = 75.600 - 43.312,50 = 32.287,50 \, € $$

$$= 0 \cdot 25 \cdot 41,25 + (+5) \cdot 15 \cdot 41,25 \qquad (= 3.093,75 \, €)$$

beschaffungs-
abweichungsbedingt

$$+ 30 \cdot (+5) \cdot 41,25 + 20 \cdot (+3) \cdot 41,25 \qquad (= 8.662,50 \, €)$$

faktorverbrauchs-
abweichungsbedingt

$$+ 30 \cdot 25 \cdot (+14,75) + 20 \cdot 15 \cdot (+14,75) \qquad (= 15.487,50 \, €)$$

aktivitätskoeffizienten-
abweichungsbedingt

$$+ \text{Teilabweichungen höherer Ordnung} \qquad (= 5.043,75 \, €) \, .$$

$\Delta KVA_1^{Akt.}$ gibt an, wie sich die variablen Kosten der Aktivität im Vergleich zur Sollsituation (tatsächliche Ausbringungsmenge wird berücksichtigt) verändern. Da es sich hier um variable Kosten handelt, gibt sie eine tatsächliche Kostenänderung an.

Ein wesentlicher Teil der verbrauchsabweichungsbedingten Kostendifferenz ist darauf zurückzuführen, dass die Zahl der Aktivität „Angebote einholen" noch gestiegen ist, obwohl die Ausbringungsmenge gesunken ist. Dies spiegelt sich in einer Erhöhung der Aktivitätskoeffizienten wider und entspricht der aktivitätskoeffizientenabweichungsbedingten Kostendifferenz von 15.487,50 €. Zusätzlich wirkt sich noch verstärkt auf die Höhe der verbrauchsabweichungsbedingten Kostendifferenz aus, dass der Beschaffungspreis der Faktorart 2 und der Verbrauch an Faktoren je Aktivität gestiegen sind.

Die Teilabweichungen zeigen Ansatzpunkte für eine weitere Analyse auf. Beispielsweise muss untersucht werden, weshalb für die Aktivitätserstellung von den Faktoren 1 und 2 mehr Ressourcen in Anspruch genommen wurden als geplant, und weshalb mehr Angebote eingeholt wurden als geplant, obwohl die Ausbringungsmenge gesunken ist. Die Teilabweichungen zeigen aber auch die kostenmäßige Bedeutung der Abweichung einzelner Koeffizienten von ihrem Planwert.

Die Abweichungen höherer Ordnung sollen exemplarisch für diesen Fall genauer analysiert werden. Sie lassen sich auf zwei Wegen berechnen:

– Teilabweichungen höherer Ordnung

$$= \Delta KVA_h^{Akt.} - \sum \text{Teilabweichungen (erster Ordnung)}$$

$$= 32.287,50 - (3.093,75 + 8.662,50 + 15.487,50) = 5.043,75 \,€.$$

– Teilabweichungen höherer Ordnung

$$= \sum \text{Teilabweichungen zweiter und dritter Ordnung}$$

$$= 0 \cdot (+5) \cdot 41,25 + (+5) \cdot (+3) \cdot 41,25$$

$$+ 0 \cdot 25 \cdot (+14,75) + (+5) \cdot 15 \cdot (+14,75)$$

$$+ 0 \cdot (+5) \cdot (+14,75) + 20 \cdot (+3) \cdot (+14,75)$$

$$+ 30 \cdot (+5) \cdot (+14,75) + (+5) \cdot (+3) \cdot (+14,75)$$

$$= 5.043,75 \,€.$$

Für Aktivität II:

$$K_{vII}^{Akt.(S)} = 30 \cdot 40 \cdot 8,25 + 20 \cdot 5 \cdot 8,25 = 10.725 \ €$$

$$K_{vII}^{Akt.(I)} = 30 \cdot 42 \cdot 8,25 + 25 \cdot 6 \cdot 8,25 = 11.632,50 \ € .$$

$$\Delta KVA_{II}^{Akt.} = K_{vII}^{Akt.(I)} - K_{vII}^{Akt.(S)} = 11.632,50 - 10.725 = 907,50 \ €$$

$$= 0 \cdot 40 \cdot 8,25 + (+5) \cdot 5 \cdot 8,25 \qquad (= 206,25 \ €)$$

beschaffungspreis-
abweichungsbedingt

$$+ 30 \cdot (+2) \cdot 8,25 + 20 \cdot (+1) \cdot 8,25 \qquad (= 660 \ €)$$

faktorverbrauchs-
abweichungsbedingt

$$+ 30 \cdot 40 \cdot 0 + 20 \cdot 5 \cdot 0 \qquad (= 0 \ €)$$

aktivitätskoeffizienten-
abweichungsbedingt

$$+ \text{Teilabweichungen höherer Ordnung} \qquad (= 41,25 \ €) .$$

Die Zahl der Bestellungen ist entsprechend des Rückgangs der Ausbringungsmenge gesunken, was sich in einer aktivitätskoeffizientenabweichungsbedingten Kostendifferenz von Null widerspiegelt. Die verbrauchsabweichungsbedingte Kostendifferenz ist damit zurückzuführen auf den gestiegenen Beschaffungspreis des Faktors 2 und den Verbrauch der Faktoren je Aktivität, deren Ursache noch genauer zu analysieren ist.

Abweichungsanalyse für die fixen Kosten der leistungsmengeninduzierten Aktivitäten $h = I, II$:

Für Aktivität I:

Die gesamten Plankosten lassen sich aufteilen in:

$$K_{f1}^{Akt.(P)} = 4.500 \cdot \frac{2}{3} \cdot 40 = 120.000 \ €$$

$$= 40 \cdot 50 \cdot 50 + (120.000 - 40 \cdot 50 \cdot 50)$$

$$= 100.000 \ € + 20.000 \ €$$

$$= \text{Nutzkosten} + \text{Leerkosten} .$$

Die Kosten der Kapazität haben sich durch den geänderten Kapazitätskostensatz von 120.000 € auf 135.000 € erhöht; aber auch die Nutzkosten haben sich geändert. Beides hat Auswirkungen auf die Veränderung der Leerkosten:

$$\Delta K_{fL\,1}^{Akt.} = 135.000 - 120.000 - \left(45 \cdot 50 \cdot 56 - 40 \cdot 50 \cdot 50\right)$$

$$= 15.000 - 26.000 = -11.000 \; € \, .$$

Die Leerkosten sind trotz Erhöhung der Kapazitätskosten um 11.000 € auf 9.000 € gefallen, d.h. die vorhandene Kapazität wurde besser als geplant ausgenutzt. Worauf dies zurückzuführen, und wie die gefallenen Leerkosten zu beurteilen sind, ergibt sich aus der folgenden Analyse der Nutzkosten:

$$\Delta K_{fN\,1}^{Akt.} = K_{fN\,1}^{Akt.(I)} - K_{fN\,1}^{Akt.(P)} = 45 \cdot 50 \cdot 56 - 40 \cdot 50 \cdot 50 = 26.000 \; €$$

$$= \left(+5\right) \cdot 50 \cdot 50 \qquad\qquad \left(= 12.500 \; €\right)$$

kapazitätskostensatzabweichungsbedingt

$$+ \, 40 \cdot 0 \cdot 50 \qquad\qquad\qquad \left(= 0 \; €\right)$$

beanspruchungsabweichungsbedingt

$$+ \, 40 \cdot 50 \cdot \left(\left(+0,001\right) \cdot 5.000 + \left(+0,0005\right) \cdot 2.000 + \left(+0,05\right) \cdot 200\right)$$

$$\left(= 32.000 \; €\right)$$

aktivitätskoeffizientenabweichungsbedingt

$$+ \, 40 \cdot 50 \cdot \left(0,005 \cdot \left(-1.000\right) + 0,0075 \cdot \left(-500\right) + 0,05 \cdot 0\right) \left(= 0 \; €\right)$$

produktionsmengenabweichungsbedingt

$$+ \text{ Teilabweichungen höherer Ordnung} \qquad \left(= -1.500 \; €\right).$$

Die Nutzkostenerhöhung ist darauf zurückzuführen, dass die Zahl der Angebote je Ausbringungseinheit und der Kapazitätskostensatz gestiegen sind. Kompensiert wird diese Tendenz lediglich durch die niedrigere Ausbringungsmenge.

Für zukünftige Dispositionsentscheidungen gibt das Ergebnis folgende Hinweise:

– Die Nutzkostenänderung aufgrund der Kapazitätskostensatzabweichung zeigt kein Kapazitätsveränderungspotential auf. Steigt der Kapazitätskostensatz bei gleicher Kapazität (in Leistungseinheiten gemessen), so folgt daraus, dass sich auch die Kapazitätskosten erhöhen. In dieser Aufgabe steigen die Kapazitätskosten entsprechend von

$$3.000 \text{ Std.} \cdot 40 \, \frac{\text{\euro}}{\text{Std.}} = 120.000 \, \text{\euro auf}$$

$$3.000 \text{ Std.} \cdot 45 \, \frac{\text{\euro}}{\text{Std.}} = 135.000 \, \text{\euro}.$$

Die kapazitätskostensatzabweichungsbedingte Kostendifferenz entspricht dann lediglich dem planmäßig genutzten Anteil der Kapazitätserhöhung:

$$15.000 \cdot \frac{100.000}{120.000} = 12.500 \, \text{\euro}.$$

- Die hohe aktivitätskoeffizientenabweichungsbedingte Kostendifferenz zeigt, dass sich die gestiegene Zahl der eingeholten Angebote je produzierter ME erheblich auf die Nutzkosten ausgewirkt hat. Bei Realisierung der geplanten Ausbringungsmenge wären die Nutzkosten höher gewesen als die vorhandene Kapazität, d.h. es wäre zu einem Engpass gekommen, der unter Umständen dazu hätte führen können, dass die Einkaufsabteilung nicht ausreichend Rohstoffe beschafft. Geht man für die Zukunft von höheren Ausbringungsmengen aus und ist nicht zu erwarten, dass die geplanten Aktivitätskoeffizienten realisiert werden, muss die Kapazität erhöht werden. Eventuell lassen sich aber auch Rationalisierungspotentiale aufdecken, so dass die vorhandene Kapazität ausreicht.

- Die produktionsmengenabweichungsbedingte Kostendifferenz zeigt die Reduzierung der Nutzkosten aufgrund der gesunkenen Produktionsmenge. Unter konstanten Bedingungen ergibt sich hieraus ein Potential zur Reduzierung der Kapazität. Zu beachten ist allerdings hier auch, dass eine Kapazitätsreduzierung nur dann sinnvoll ist, wenn langfristig eine niedrige Ausbringungsmenge erwartet wird.

Für Aktivität II:

$$K_{fII}^{Akt.(P)} = 60.000 \, \text{\euro}$$

$$= 40 \cdot 150 \cdot 10 + (60.000 - 40 \cdot 150 \cdot 10)$$

$$= 60.000 \, \text{\euro} + 0 \, \text{\euro}$$

$$= \text{Nutzkosten} + \text{Leerkosten}.$$

Die Leerkosten haben sich gegenüber der Plansituation wie folgt geändert:

$$\Delta K_{fL\,II}^{Akt.} = 67.500 - 60.000 - \left(45 \cdot 140 \cdot 8,25 - 40 \cdot 150 \cdot 10\right)$$

$$= 7.500 - \left(-8.025\right) = 15.525\ € .$$

Die Leerkosten sind aufgrund der Kapazitätsänderung und der Nutzkosten-änderung von 0 € auf 15.525 € gestiegen. Wie die gestiegenen Leerkosten zu beurteilen sind, ergibt sich aus der folgenden Analyse der Nutzkosten:

$$\Delta K_{fN\,II}^{Akt.} = K_{fN\,II}^{Akt.(I)} - K_{fN\,II}^{Akt.(P)} = 45 \cdot 140 \cdot 8,25 - 40 \cdot 150 \cdot 10 = -8.025\ €$$

$$= \left(+5\right) \cdot 150 \cdot 10 \qquad\qquad \left(= 7.500\ €\right)$$

kapazitätskostensatz-
abweichungsbedingt

$$+ 40 \cdot \left(-10\right) \cdot 10 \qquad\qquad \left(= -4.000\ €\right)$$

beanspruchungs-
abweichungsbedingt

$$+ 40 \cdot 150 \cdot \left(0 \cdot 5.000 + 0 \cdot 2.000 + 0 \cdot 200\right) \qquad \left(= 0\ €\right)$$

aktivitätskoeffizienten-
abweichungsbedingt

$$+ 40 \cdot 150 \cdot \left(0,001 \cdot \left(-1.000\right) + 0,0015 \cdot \left(-500\right) + 0,01 \cdot 0\right)$$

$$\left(= -10.500\ €\right)$$

produktionsmengen-
abweichungsbedingt

$$+ \text{Teilabweichungen höherer Ordnung} \qquad \left(= -1.025\ €\right) .$$

Hier wirken sich im Wesentlichen die gesunkenen Produktionsmengen auf die Kapazitätsauslastung aus. Die Aktivitätskoeffizienten sind konstant geblieben. Die Zahl der Bestellungen hat also entsprechend der Produktionsmenge ebenfalls in gleicher Relation abgenommen. Verstärkt wird dieser Effekt noch durch den günstigeren Faktorverbrauch bei der Erstellung der Aktivitäten. Dem entgegen wirkt allerdings eine Kapazitätskostensatzerhöhung. Sonst wäre der Leerkostenanteil noch höher ausgefallen.

Für zukünftige Dispositionsentscheidungen gibt das Ergebnis folgende Hinweise:

- Die Nutzkostenänderung aufgrund der Kapazitätskostensatzabweichung zeigt kein Kapazitätsveränderungspotential auf. Hier gelten analog die Aussagen für Aktivität I.
- Die beanspruchungsabweichungsbedingte Kostendifferenz zeigt, dass die Aktivität mit weniger Faktoreinsatz als geplant erstellt wurde. Hier können eventuell noch weitere Rationalisierungspotentiale liegen. Ist langfristig mit in der Istsituation günstigerer Aktivitätserstellung zu rechnen, so kann die vorhandene Kapazität entsprechend verringert werden.
- Die aktivitätskoeffizientenabweichungsbedingte Kostendifferenz von Null zeigt, dass die Zahl der Bestellungen je produzierter Mengeneinheit konstant geblieben ist. Dies bedeutet, dass je nach der langfristig geplanten Ausbringungsmenge die Kapazität entsprechend festzulegen ist.
- Für die produktionsmengenabweichungsbedingte Kostendifferenz gilt das gleiche wie bei Aktivität I.

Abweichungsanalyse für die Kosten der leistungsmengenneutralen Aktivität $h = \text{III}$:

$$K_{f\text{III}}^{Akt.(P)} = 20.000 + 150.000 = 170.000 \text{ €}$$

$$K_{f\text{III}}^{Akt.(I)} = 20.000 + 150.000 = 170.000 \text{ €}$$

$$\Delta K_{f\text{III}}^{Akt.} = 0 \, .$$

Die Kosten der leistungsmengenneutralen Aktivitäten werden in geplanter Höhe realisiert. Eine weitere Aufspaltung in Teilabweichungen erfolgt hier nicht.

9.8   Lösungen zu den Übungsaufgaben zu Kapitel 8

Lösung zur Übungsaufgabe 8.1:   Target Costing und Life Cycle Costing

Zur Lösung der Übungsaufgabe 8.1 vgl. Kapitel 8.1.1 und Kapitel 8.6.1.

Lösung zur Übungsaufgabe 8.2:   Wertanalyse

Zur Lösung der Übungsaufgabe 8.2 vgl. Kapitel 8.2.2.

Lösung zur Übungsaufgabe 8.3:   Gemeinkostenplanung

Zur Lösung der Übungsaufgabe 8.3 vgl. Kapitel 8.3.1 und Kapitel 8.3.2.

Lösung zur Übungsaufgabe 8.4:   Investitionstheoretische Kostenrechnung

---

Zur Lösung der Übungsaufgabe 8.4 vgl. Kapitel 8.4.

Lösung zur Übungsaufgabe 8.5:   Verhaltenssteuerung

Zur Lösung der Übungsaufgabe 8.5 vgl. Kapitel 8.5.1 und Kapitel 8.5.2.

Abbildungsverzeichnis

Tabellenverzeichnis

Autorenverzeichnis

Sachverzeichnis

Literaturverzeichnis

Agthe, K.: Kostenplanung und Kostenkontrolle im Industriebetrieb, Baden-Baden 1963.

Ahlert, D. et al. (Hrsg.): Finanz- und Rechnungswesen als Führungsinstrument, H. Vormbaum zum 65. Geburtstag, Wiesbaden 1990.

Arnaout, A.: Anwendungsstand des Target Costing in deutschen Großunternehmen. Ergebnisse einer empirischen Untersuchung, in: Controlling (2001) 6, S. 289-299.

Arnaout, A.: Target Costing in der deutschen Unternehmenspraxis, München 2001.

Baetge, J.: Überwachung, in: Bitz, M. et al. (Hrsg.): Vahlens Kompendium der Betriebswirtschaftslehre, Bd. 2, 2. Aufl., München 1990, S. 165-208.

Bauer, M.: Prozeßkostenrechnung als Instrument der innerbetrieblichen Leistungsverrechnung in der chemischen Industrie, in: Kostenrechnungspraxis (1995) 3, S. 171-173.

Berkau, C. / Hirschmann, P. (Hrsg.): Kostenorientiertes Geschäftsprozeßmanagement, München 1996.

Betz, S.: Gemeinkostencontrolling auf Basis der Prozeßkostenrechnung, in: Kostenrechnungspraxis (1995) 3, S. 135-144.

Biel, A.: Einführung der Prozeßkostenrechnung, in: Kostenrechnungspraxis (1991) 2, S. 85-90.

Bitz, M. et al. (Hrsg.): Vahlens Kompendium der Betriebswirtschaftslehre, Bd. 2, 2. Aufl., München 1990.

Bobsin, R. (Hrsg.): Handbuch der Kostenrechnung, 2. Aufl., München 1974.

Brink, H.-J.: Zur Planung des optimalen Fertigungsprogramms, Köln et al. 1966.

Brockhoff, K. / Krelle, W. (Hrsg.): Unternehmensplanung, Berlin et al. 1981, S. 193-212.

Bungenstock, C.: Entscheidungsorientierte Kostenrechnungssysteme, Eine entwicklungsgeschichtliche Analyse, Wiesbaden 1995.

Burger, A. / Schellberg, B. : Kostenmanagemment mittels Wertanalyse, in: Kostenmanagement (1995) 3, S. 145-151.

Burger, A.: Kostenmanagement, 3. Aufl., München 1999.

Busse von Colbe, W. / Laßmann, G.: Betriebswirtschaftstheorie, Bd. 1, Grundlagen, Produktions- und Kostentheorie, 5. Aufl., Berlin et al. 1991.

Chmielewicz, K. (Hrsg.): Entwicklungslinien der Kosten- und Erlösrechnung, Stuttgart 1983.

Chmielewicz, K.: Rechnungswesen, Bd. 2, Pagatorische und kalkulatorische Erfolgsrechnung, Bochum 1988.

Chmielewicz, K. / Schweitzer, M. (Hrsg.): Handwörterbuch des Rechnungswesens, 3. Aufl., Stuttgart 1993.

Coenenberg, A.G. / Fischer, T.M.: Prozeßkostenrechnung – Strategische Neuorientierung in der Kostenrechnung, in: Die Betriebswirtschaft (1991) 1, S. 21-38.

Coenenberg, A.G.: Kostenrechnung und Kostenanalyse, 6. Aufl., Stuttgart 2007.

Cooper, R. / Kaplan, R.S.: Measure Costs Right: Make the Right Decisions, in: Harvard Business Review (1988) September-October, S. 96-103.

Cooper, R.: Activity-Based Costing – Einführung von Systemen des Activity-Based Costing (Teil 3), in: Kostenrechnungspraxis (1990) 6, S. 345-351.

Cooper, R.: Activity-Based Costing – Was ist ein Activity-Based Cost-System?, in: Kostenrechnungspraxis (1990) 4, S. 210-220.

Corsten, H. (Hrsg.): Lexikon der Betriebswirtschaftslehre, 4. Aufl., München-Wien 2000.

Däumler, K.-D. / Grabe, J.: Kostenrechnung 3, Plankostenrechnung, Mit Fragen und Aufgaben, Antworten und Lösungen, Testklausur, 6. Aufl., Herne-Berlin 1998.

Däumler, K.-D. / Grabe, J.: Kostenrechnung 1, Grundlagen, 8. Aufl., Herne-Berlin 2000.

Dellmann, K. / Franz, K.-P. (Hrsg.): Neuere Entwicklungen im Kostenmanagement, Bern 1994.

Dierkes, S.: Planung und Kontrolle von Prozeßkosten, Kostenmanagement im indirekten Leistungsbereich, Wiesbaden 1998.

Ebert, G.: Kosten- und Leistungsrechnung, Mit einem ausführlichen Fallbeispiel, 10. Aufl., Wiesbaden 2004.

Eisele, W.: Technik des betrieblichen Rechnungswesens, 7. Aufl., München 2002.

Elschen, R.: Gegenstand und Anwendungsmöglichkeiten der Agency-Theorie, in: Zeitschrift für Betriebswirtschaftliche Forschung (1991) 11, S. 1002-1012.

Fandel, G.: Teilebedarfsrechnung in der Mehrstufenfertigung, in: Wirtschaftswissenschaftliches Studium (1980) 10, S. 449-456.

Fandel, G.: Zur Berücksichtigung von Überschuß- bzw. Vernichtungsmengen in der optimalen Programmplanung bei Kuppelproduktion, in: Brockhoff, K. / Krelle, W. (Hrsg.): Unternehmensplanung, Berlin et al. 1981.

Fandel, G.: Produktion I, Produktions- und Kostentheorie, 6. Aufl., Berlin et al. 2005.

Fandel, G. / François, P. / Gubitz, K.: PPS-Systeme: Grundlagen, Methoden, Software, Marktanalyse, 2. Aufl., Berlin et al. 1997.

Fischer, T.M.: Variantenvielfalt und Komplexität als betriebliche Kostenbestimmungsfaktoren?, in: Kostenrechnungspraxis (1993) 1, S. 27-31.

Fischer, T.M. (Hrsg.): Kosten-Controlling: neue Methoden und Inhalte, Stuttgart 2000.

Franz, K.-P.: Die Prozeßkostenrechnung – Darstellung und Vergleich mit der Plankosten- und Deckungsbeitragsrechnung, in: Ahlert, D. et al. (Hrsg.): Finanz- und Rechnungswesen als Führungsinstrument, H. Vormbaum zum 65. Geburtstag, Wiesbaden 1990, S. 109-136.

Franz, K.-P.: Die Prozeßkostenrechnung als modernes Instrument zur Kostenbeeinflussung und Kostenkontrolle, in: Männel, W. (Hrsg.): Kongreß Kostenrechnung '90, Lauf an der Pegnitz 1990, S. 75-96.

Franz, K.-P.: Die Prozeßkostenrechnung im Vergleich mit der flexiblen Plankostenrechnung und der Deckungsbeitragsrechnung, in: Horváth, P. (Hrsg.): Strategieunterstützung durch das Controlling: Revolution im Rechnungswesen?, Stuttgart 1990, S. 195-210.

Franz, K.-P.: Prozeßkostenrechnung – Renaissance der Vollkostenidee?, Stellungnahme zu Coenenberg, A.G. / Fischer, T.M.: Prozeßkostenrechnung – Strategische Neuorientierung in der Kostenrechnung, in: Die Betriebswirtschaft (1991) 4, S. 536-540.

Freidank, C.-C.: Zum Einsatz der Grenzplankosten- und Deckungsbeitragsrechnung zur Lösung von Entscheidungsaufgaben, in: Kostenrechnungspraxis (1979) 6, S. 249-255.

Freidank, C.-C.: Die buchhalterische Organisation der kurzfristigen Erfolgsrechnung im System einer flexiblen Plankostenrechnung auf Vollkostenbasis, in: Kostenrechnungspraxis (1985) 2, S. 57-61.

Fröhling, O.: Prozeßkostenrechnung – System mit Zukunft?, in: io Management Zeitschrift (1989) 10, S. 67-69.

Fröhling, O.: Dynamisches Kostenmanagement, Konzeptionelle Grundlagen und praktische Umsetzung im Rahmen eines strategischen Kosten- und Erfolgs-Controlling, München 1994.

Fuchs, E. / von Neumann-Cosel, R.: Kostenrechnung, Grundlegende Einführung in programmierter Form, 6. Aufl., München 1988.

Gabele, E. / Fischer, P.: Kostenstellenrechnung, in: Corsten, H. (Hrsg.): Lexikon der Betriebswirtschaftslehre, 4. Aufl., München-Wien 2000, S. 509-516.

Gaugler, E.: Personalkosten, in: Chmielewicz, K. / Schweitzer, M. (Hrsg.): Handwörterbuch des Rechnungswesens, 3. Aufl., Stuttgart 1993, Sp. 1525-1537.

Gerlach, T.: Kostenabweichungsanalyse in der flexiblen Plankostenrechnung, in: Das Wirtschaftsstudium (1994) 3, S. 195-197.

Glaser, H.: Zur Erfassung von Teilabweichungen und Abweichungsüberschneidungen bei der Kostenkontrolle, in: Kostenrechnungspraxis (1986) 4, S. 141-148.

Glaser, H.: Kritische Anmerkungen zur Prozeßkostenrechnung, Arbeitsunterlagen zur 11. Saarbrücker Arbeitstagung Rechnungswesen und EDV 1990, Saarbrücken 1990, S. 1-18.

Glaser, H.: Prozeßkostenrechnung als Kontroll- und Entscheidungsinstrument, in: Scheer, A.-W. (Hrsg.): 12. Saarbrücker Arbeitstagung Rechnungswesen und EDV, Heidelberg 1991, S. 222-240.

Glaser, H. / Geiger, W. / Rohde, V.: PPS, Produktionsplanung und -steuerung, Grundlagen – Konzepte – Anwendungen, 2. Aufl., Wiesbaden 1992.

Glaser, H.: Prozeßkostenrechnung und Kalkulationsgenauigkeit – Zur allgemeinen Erfassung von Kostenverzerrungen, in: Kostenrechnungspraxis (1996) 1, S. 28-34.

Gornas, J.: Grundzüge einer Verwaltungskostenrechnung, 2. Aufl., Baden-Baden 1992.

Götze, U.: Lebenszykluskosten, in: Fischer, T.M. (Hrsg.): Kosten-Controlling: neue Methoden und Inhalte, Stuttgart 2000, S. 267-289.

Götzelmann, F.: Kosten, in: Corsten, H. (Hrsg.): Lexikon der Betriebswirtschaftslehre, 4. Aufl., München-Wien 2000, S. 490-493.

Grochla, E. / Wittmann, W. (Hrsg.): Handwörterbuch der Betriebswirtschaft, Bd. I/1, 4. Aufl., Stuttgart 1974.

Grochla, E. / Wittmann, W. (Hrsg.): Handwörterbuch der Betriebswirtschaft, Bd. I/3, 4. Aufl., Stuttgart 1976.

Günther, T. / Kriegbaum, C.: Life Cycle Costing, in: Das Wirtschaftsstudium (1997) 10, S. 900-912.

Gutenberg, E.: Grundlagen der Betriebswirtschaftslehre, Bd. I: Die Produktion, 24. Aufl., Berlin et al. 1983.

Haberstock, L.: Kostenrechnung I, Einführung mit Fragen, Aufgaben, einer Fallstudie und Lösungen, 13. Aufl., Berlin 2008.

Haberstock, L.: Kostenrechnung II, (Grenz-) Plankostenrechnung mit Fragen, Aufgaben und Lösungen, 10. Aufl., Berlin 2008.

Haidacher, O.B.: Der Break-even-Punkt als Instrument unternehmerischer Führung, Das Verfahren des „toten Punktes" Anwendungsmöglichkeiten und historischer Abriß, München 1969.

Handelsgesetzbuch (HGB) vom 10. Mai 1897 (RGBl. S. 219) (BGBl. III 4100-1).

Harris, J.N.: What Did We Earn Last Month, in: N.A.C.A.-Bulletin vom 15. Januar 1936.

Hartung, W.: Implementierung von ABC in bestehende Finanz- und Operationssysteme – vom Konzept zur Umsetzung, Tagungsunterlagen zu: Institute of International Research in Zusammenarbeit mit Arthur Andersen & Co. GmbH (Veranstalter): Effektives Kostenmanagement und Activity Based Costing, in Stuttgart-Sindelfingen vom 06. bis 07. März 1991.

Heil, J.: Einführung in die Ökonometrie, 6. Aufl., München 2000.

Heinen, E.: Kosten und Kostenrechnung, Nachdruck der 1. Aufl., Wiesbaden 1992.

Heni, B.: Betriebswirtschaft und Steuern: Grundzüge der Plankostenrechnung, in: Deutsches Steuerrecht (1986) 10, S. 322-327.

Herzog, E. / Assmann, M.: Grenzplankostenrechnung als geschlossenes Planungs-, Abrechnungs- und Informationssystem für das Kosten- und Deckungsbeitragsmanagement, in: Kostenrechnungspraxis (1993) 1, S. 9-16.

Hessenmüller, B. / Schnaufer, E. (Hrsg.): Absatzwirtschaft, Handbücher für Führungskräfte II, Baden-Baden 1964.

Hofmann, C.: Gestaltung von Erfolgsrechnungen zur Steuerung von Verantwortungsbereichen, in: Zeitschrift für Betriebswirtschaft (2002) 11, S. 1177-1205.

Hoitsch, H.-J.: Kosten- und Erlösrechnung, Eine controllingorientierte Einführung, 2. Aufl., Berlin et al. 1997.

Hörner, W.: Zurechnung, in: Grochla, E. / Wittmann, W. (Hrsg.): Handwörterbuch der Betriebswirtschaft, Bd. I/3, 4. Aufl., Stuttgart 1976, Sp. 4752-4767.

Horváth, P. / Kleiner, R. / Mayer, R.: Differenzierte Kosteninformationen zur Entscheidungsunterstützung in der flexiblen Montage, in: Kostenrechnungspraxis (1986) 4, S. 133-139.

Horváth, P. / Kleiner, R. / Mayer, R.: Zweckneutrale Kostenerfassung in der flexiblen Montage mit Hilfe von Datenbanken, in: Kostenrechnungspraxis (1987) 3, S. 93-104.

Horváth, P. / Mayer, R.: Prozeßkostenrechnung, Der neue Weg zu mehr Kostentransparenz und wirkungsvolleren Unternehmensstrategien, in: Controlling (1989) 4, S. 214-219.

Horváth, P. (Hrsg.): Strategieunterstützung durch das Controlling: Revolution im Rechnungswesen?, Stuttgart 1990.

Horváth, P. / Mayer, R.: Anmerkungen zum Beitrag von A.G. Coenenberg / T.M. Fischer: „Prozeßkostenrechnung – Strategische Neuorientierung in der Kostenrechnung", in: Die Betriebswirtschaft (1991) 4, S. 540-542.

Horváth, P. / Seidenschwarz, W.: Zielkostenmanagement, in: Controlling (1992) 3, S. 142 - 150.

Horváth, P. (Hrsg.): Target Costing: Marktorientierte Zielkosten in der Praxis, Stuttgart 1993.

Horváth, P. / Niemand, S. / Wolbold, M.: Target Costing – State of the Art, in: Horváth, P. (Hrsg.): Target Costing: Marktorientierte Zielkosten in der Praxis, Stuttgart 1993.

Horváth, P.: Funktion und Organisation des Target Costing im Controllingsystem, in: Kostenrechnungspraxis (1998) Sonderheft 1, S. 75-80.

Hug, W. / Weber, J.: Zum Zeitbezug der Grundrechnung im entscheidungsorientierten Rechnungswesen, in: Kostenrechnungspraxis (1980) 2, S. 81-92.

Hummel, S. / Männel, W.: Kostenrechnung 1, Grundlagen, Aufbau und Anwendung, Nachdruck der 4. Aufl., Wiesbaden 2000.

Hummel, S. / Männel, W.: Kostenrechnung 2, Moderne Verfahren und Systeme, Nachdruck der 3. Aufl., Wiesbaden 1992.

Jacob, H. (Hrsg.): Moderne Kostenrechnung, Wiesbaden 1978.

Jacob, H. (Hrsg.): Allgemeine Betriebswirtschaftslehre: Handbuch für Studium und Prüfung, 5. Aufl., Wiesbaden 1988.

Johnson, T.H.: Activity-Based Information: A Blueprint for World-Class Management Accounting, in: Management Accounting (1988) June, S. 23-30.

Joos-Sachse, T.: Controlling, Kostenrechnung und Kostenmanagement, 4. Aufl., Wiesbaden 2006.

Jost, H.: Kosten- und Leistungsrechnung, Praxisorientierte Darstellung, 7. Aufl., Wiesbaden 1996.

Kiesel, M.: Kostenartenrechnung, in: Corsten, H. (Hrsg.): Lexikon der Betriebswirtschaftslehre, 4. Aufl., München-Wien 2000, S. 493-497.

Kilger, W.: Produktions- und Kostentheorie, Wiesbaden 1972.

Kilger, W.: Optimale Produktions- und Absatzplanung, Opladen 1973.

Kilger, W.: Die Entstehung und Weiterentwicklung der Grenzplankostenrechnung als entscheidungsorientiertes System der Kostenrechnung, in: Jacob, H. (Hrsg.): Moderne Kostenrechnung, Wiesbaden 1978, S. 107-137.

Kilger, W.: Bestimmung von Preisuntergrenzen (I), in: Das Wirtschaftsstudium (1982) 4, S. 167-171.

Kilger, W.: Betriebliches Rechnungswesen, in: Jacob, H. (Hrsg.): Allgemeine Betriebswirtschaftslehre: Handbuch für Studium und Prüfung, 5. Aufl., Wiesbaden 1988, S. 921-1044.

Kilger, W.: Offene Probleme der Plankosten- und Deckungsbeitragsrechnung, in: Scheer, A.-W. (Hrsg.): Grenzplankostenrechnung, Stand und aktuelle Probleme, 2. Aufl., Wiesbaden 1991, S. 83-104.

Kilger, W.: Einführung in die Kostenrechnung, 3. Aufl., Wiesbaden 1992.

Kilger, W. / Pampel, J. / Vikas, K.: Flexible Plankostenrechnung und Deckungsbeitragsrechnung, 12. Aufl., Wiesbaden 2007.

Kloock, J. / Bommes, W.: Methoden der Kostenabweichungsanalyse, in: Kostenrechnungspraxis (1982) 5, S. 225-237.

Kloock, J.: Kostenkontrolle auf der Basis kombinierter und lernorientierter Feedback-Feedforward-Prozesse, Diskussionsbeiträge zum Rechnungswesen der Wirtschafts- und Sozialwissenschaftlichen Fakultät Köln, Beitrag Nr. 1, Köln 1990.

Kloock, J.: Prozeßkostenrechnung als Rückschritt und Fortschritt der Kostenrechnung (Teil 1), in: Kostenrechnungspraxis (1992) 4, S. 183-192.

Kloock, J.: Prozeßkostenrechnung als Rückschritt und Fortschritt der Kostenrechnung (Teil 2), in: Kostenrechnungspraxis (1992) 5, S. 237-245.

Kloock, J.: Neuere Entwicklungen des Kostenkontrollmanagements, in: Dellmann, K. / Franz, K.-P. (Hrsg.): Neuere Entwicklungen im Kostenmanagement, Bern 1994, S. 607-644.

Kloock, J. / Dierkes, S.: Kostenkontrolle mit der Prozeßkostenrechnung, in: Berkau, C. / Hirschmann, P. (Hrsg.): Kostenorientiertes Geschäftsprozeßmanagement, München 1996, S. 93-119.

Kloock, J.: Betriebliches Rechnungswesen, 2. Aufl., Köln 1997.

Kloock, J. / Sieben, G. / Schildbach, T. / Homburg, C.: Kosten- und Leistungsrechnung, 9. Aufl., Stuttgart 2005.

Kosiol, E.: Kostenrechnung der Unternehmung, 2. Aufl., Wiesbaden 1979.

Kreuzer, P.: Kapazität, Beschäftigungsgrad und Plankosten, in: Zeitschrift für Betriebswirtschaft (1951), S. 651-656.

Küpper, H.-U.: Verknüpfung von Investitions- und Kostenrechnung als Kern einer umfassenden Planungs- und Kontrollrechnung, in: Betriebswirtschaftliche Forschung und Praxis (1990) 4, S. 253-267.

Küpper, H.-U. / Friedl, G. / Hofmann, C. / Pedell, B.: Übungsbuch zur Kosten- und Erlös-rechnung, 5. Aufl., München 2007.

Kußmaul, H.: Grundzüge der Grenzplankostenrechnung (Teil 2), in: Der Steuerberater (1991) 10, S. 368-371.

Layer, H. / Strebel, H. (Hrsg.): Festschrift für Gerhard Krüger zu seinem 65. Geburtstag, Berlin 1969.

Lengsfeld, S. / Schiller, U.: Mengen- und wertbasierte Kostenplanung in der Grenzplan- und der Prozeßkostenrechnung, in: Betriebswirtschaftliche Forschung und Praxis (1998) 1, S. 118-139.

Lorson, P.: Prozeßkostenrechnung versus Grenzplankostenrechnung, in: Kostenrechnungspraxis (1992) 1, S. 7-14.

Lotz, D. / Rogalski, M.:Entscheidungsorientierte Kostenrechnung in Kleinbetrieben – am Beispiel eines Dienstleisters, in: Controlling (1995) 1, S. 12-21.

Maier-Scheubeck, N.: Prozeßkostenrechnung – im Westen nichts Neues, Stellungnahme zum Beitrag „Prozeßkostenrechnung – Strategische Neuorientierung in der Kostenrechnung" von Adolf G. Coenenberg und Thomas M. Fischer, in: Die Betriebswirtschaft (1991) 4, S. 543-547.

Männel, W.: Zur Gestaltung der Erlösrechnung, in: Chmielewicz, K. (Hrsg.): Entwicklungslinien der Kosten- und Erlösrechnung, Stuttgart 1983, S. 119-150.

Männel, W. (Hrsg.): Kongreß Kostenrechnung '90, Lauf an der Pegnitz 1990.

Männel, W.: Mängel und Gefahren traditioneller Vollkosten- und Nettoergebnisrechnungen, in: Kostenrechnungspraxis (1994) 4, S. 271-280.

Mayer, R.: Prozeßkostenrechnung (Fallbeispiel), in: Kostenrechnungspraxis (1990) 5, S. 307-312.

Mayer, R.: Prozeßkostenrechnung (Stichwort), in: Kostenrechnungspraxis (1990) 1, S. 74-75.

Mayer, E. / Liessmann, K. / Mertens, H.W.: Kostenrechnung, Grundwissen für den Controller-dienst, 5. Aufl., Stuttgart 1994.

Mellerowicz, K.: Planung und Plankostenrechnung, Bd. II, Plankostenrechnung, Freiburg 1972.

Meyer-Piening, A.: Zero-Base Budgeting, Planungs- und Analysetechnik zur Anpassung der Gemeinkosten in der Rezession, in: Zeitschrift Führung und Organisation (1982) 5-6, S. 257-266.

Meyer-Piening, A.: Zero Base Planning: Zukunftssicherndes Instrument der Gemeinkosten-planung, Köln 1990.

Michel, M.: Die Kostenspaltung in fixe und variable Bestandteile sowie die Verrechnung der fixen Kosten auf die einzelnen Kostenträger, Basel 1984.

Miller, J.G. / Vollmann, T.E.: Die verborgene Fabrik, in: HARVARDmanager (1986) 1, S. 84-89.

Moews, D.: Kosten- und Leistungsrechnung, 7. Aufl., München-Wien 2002.

Möller, H.P.: Erfolgsanalyse mit Erfolgsfunktionen (II), in: Das Wirtschaftsstudium (1985) 2, S. 81-87.

Muff, M.: Marktorientiertes Management indirekter Leistungen, Ein Konzept zur Straffung des Mitteleinsatzes in den Gemeinkostenbereichen, in: Controlling (1990) 2, S. 82-85.

Olfert, K.: Kostenrechnung, 15. Aufl., Ludwigshafen (Rhein) 2008.

Ossadnik, W. / Maus, S.: Kostenabweichungsanalyse als Instrument des operativen Controlling, in: Wirtschaftswissenschaftliches Studium (1994) 9, S. 446-450.

Pfeiffer, T.: Kostenbasierte oder verhandlungsorientierte Verrechnungspreise? Weiterführende Überlegungen zur Leistungsfähigkeit der Verfahren, in: Zeitschrift für Betriebswirtschaft (2002) 12, S. 1269-1296.

Pfitzner, K.: Die Beschäftigungsabweichung in der flexiblen Plankostenrechnung, Eine kostenstellenorientierte Betrachtung, in: Buchführung, Bilanz, Kostenrechnung (1991) 21, S. 1509-1520.

Plaut, H.G.: Entwicklungsformen der Plankostenrechnung (II), Vom Standard-Cost-Accounting zur Grenzplankostenrechnung, in: Zeitschrift für Betriebswirtschaft (1978) 6, S. 81-88.

Plaut, H.G.: Grenzplankosten- und Deckungsbeitragsrechnung als modernes Kostenrechnungssystem (II), in: Kostenrechnungspraxis (1984) 2, S. 67-72.

Plaut, H.G.: Grenzplankosten- und Deckungsbeitragsrechnung als modernes Kostenrechnungssystem, in: Kostenrechnungspraxis (1984) 1, S. 20-26.

Plinke, W. / Rese, M: Industrielle Kostenrechnung, 7. Aufl., Berlin et al. 2006.

Plützer, A.G.: Die Kosten in der Kalkulation, in: Bobsin, R. (Hrsg.): Handbuch der Kostenrechnung, 2. Aufl., München 1974, S. 63-91.

Raps, A. / Nuppeney, W.: Produktkosten-Controlling im System der Grenzplankostenrechnung, in: Kostenrechnungspraxis (1993) 3, S. 145-155.

Rau, K.-H. / Rüd, M.: Erfahrungen mit der Prozeßkostenrechnung, in: Kostenrechnungspraxis (1991) 1, S. 13-17.

Reichmann, T. / Fröhling, O.: Fixkostenmanagementorientierte Plankostenrechnung vs. Prozeßkostenrechnung. Zwei Welten oder Partner?, in: Controlling (1991) 1, S. 42-44.

Riebel, P.: Die Kuppelproduktion, Köln 1955.

Riebel, P.: Deckungsbeitrag und Deckungsbeitragsrechnung, in: Grochla, E. / Wittmann, W. (Hrsg.): Handwörterbuch der Betriebswirtschaft, Bd. I/1, 4. Aufl., Stuttgart 1974, Sp. 1137-1155.

Riebel, P.: Einzelkosten- und Deckungsbeitragsrechnung, Grundfragen einer markt- und entscheidungsorientierten Unternehmungsrechnung, 7. Aufl., Wiesbaden 1994.

Riebel, P.: Die Gestaltung der Kostenrechnung für Zwecke der Betriebskontrolle und Betriebsdisposition, in: Zeitschrift für Betriebswirtschaft (1956) 5, S. 278-289, abgedruckt in: Riebel, P.: Einzelkosten- und Deckungsbeitragsrechnung, Grundfragen einer markt- und entscheidungsorientierten Unternehmungsrechnung, 7. Aufl., Wiesbaden 1994, S. 11-22.

Riebel, P.: Das Rechnen mit Einzelkosten und Deckungsbeiträgen, in: Zeitschrift für handelswissenschaftliche Forschung, Neue Folge, (1959), S. 213-238, abgedruckt in: Riebel, P.: Einzelkosten- und Deckungsbeitragsrechnung, Grundfragen einer markt- und entscheidungsorientierten Unternehmungsrechnung, 7. Aufl., Wiesbaden 1994, S. 35-59.

Riebel, P.: Die Anwendung des Rechnens mit relativen Einzelkosten und Deckungsbeiträgen bei Investitionsentscheidungen, in: Neue Betriebswirtschaft (1961), S. 152-154, abgedruckt in: Riebel, P.: Einzelkosten- und Deckungsbeitragsrechnung, Grundfragen einer markt- und entscheidungsorientierten Unternehmungsrechnung, 7. Aufl., Wiesbaden 1994, S. 60-66.

Riebel, P.: Die Fragwürdigkeit des Verursachungsprinzips im Rechnungswesen, in: Layer, H. / Strebel, H. (Hrsg.): Festschrift für Gerhard Krüger zu seinem 65. Geburtstag , Berlin 1969, S. 49-64, abgedruckt in: Riebel, P.: Einzelkosten- und Deckungsbeitragsrechnung, Grundfragen einer markt- und entscheidungsorientierten Unternehmungsrechnung, 7. Aufl., Wiesbaden 1994, S. 67-79.

Riebel, P.: Der Aufbau der Grundrechnung im System des Rechnens mit relativen Einzelkosten und Deckungsbeiträgen, in: Zeitschrift der Buchhaltungsfachleute „Aufwand und Ertrag" (1964), S. 84-87, abgedruckt in: Riebel, P.: Einzelkosten- und Deckungsbeitragsrechnung, Grundfragen einer markt- und entscheidungsorientierten Unternehmungsrechnung, 7. Aufl., Wiesbaden 1994, S. 149-157.

Riebel, P.: Durchführung und Auswertung der Grundrechnung im System des Rechnens mit relativen Einzelkosten und Deckungsbeiträgen, in: Zeitschrift der Buchhaltungsfachleute „Aufwand und Ertrag" (1964), S. 117-120 und S. 142-146, abgedruckt in: Riebel, P.: Einzelkosten- und Deckungsbeitragsrechnung, Grundfragen einer markt- und entscheidungsorientierten Unternehmungsrechnung, 7. Aufl., Wiesbaden 1994, S. 158-175.

Riebel, P.: Die Deckungsbeitragsrechnung als Instrument der Absatzanalyse, in: Hessenmüller, B. / Schnaufer, E. (Hrsg.): Absatzwirtschaft, Handbücher für Führungskräfte II, Baden-Baden 1964, S. 595-627, abgedruckt in: Riebel, P.: Einzelkosten- und Deckungsbeitragsrechnung, Grundfragen einer markt- und entscheidungsorientierten Unternehmungsrechnung, 7. Aufl., Wiesbaden 1994, S. 176-203.

Riebel, P.: Systemimmanente und anwendungsbedingte Gefahren von Differenzkosten- und Deckungsbeitragsrechnungen, in: Betriebswirtschaftliche Forschung und Praxis, (1974) 11, S. 493-529, abgedruckt in: Riebel, P.: Einzelkosten- und Deckungsbeitragsrechnung, Grundfragen einer markt- und entscheidungsorientierten Unternehmungsrechnung, 7. Aufl., Wiesbaden 1994, S. 356-385.

Riebel, P.: Deckungsbudgets als Führungsinstrument, in: Der Betrieb (1981) 13, S. 649-658, abgedruckt in: Riebel, P.: Einzelkosten- und Deckungsbeitragsrechnung, Grundfragen einer markt- und entscheidungsorientierten Unternehmungsrechnung, 7. Aufl., Wiesbaden 1994, S. 475-497.

Riebel, P.: Ansätze und Entwicklung des Rechnens mit relativen Einzelkosten und Deckungsbeiträgen, in: Kostenrechnungspraxis (1984), S. 173-178 und S. 215-220, abgedruckt in: Riebel, P.: Einzelkosten- und Deckungsbeitragsrechnung, Grundfragen einer markt- und entscheidungsorientierten Unternehmungsrechnung, 7. Aufl., Wiesbaden 1994, S. 615-631.

Riebel, P.: Ansätze und Entwicklungen des Rechnens mit relativen Einzelkosten und Deckungsbeiträgen (I), in: Kostenrechnungspraxis (1995) Sonderheft 1, S. 43-48.

Riebel, P.: Ansätze und Entwicklungen des Rechnens mit relativen Einzelkosten und Deckungsbeiträgen (II), in: Kostenrechnungspraxis (1995) Sonderheft 1, S. 49-53.

Riegler, C.: Zielkosten, in: Fischer, T.M. (Hrsg.): Kosten-Controlling: neue Methoden und Inhalte, Stuttgart 2000, S. 239-263.

Roever, M.: Gemeinkosten-Wertanalyse, Erfolgreiche Antwort auf den wachsenden Gemeinkostendruck, in: Zeitschrift Führung und Organisation (1982) 5-6, S. 249-253.

Roever, M.: Gemeinkosten-Wertanalyse, in: Kostenmanagement (1985) 1, S. 19-22.

Rummel, K.: Einheitliche Kostenrechnung, 3. Aufl., Düsseldorf 1967.

Scheer, A.-W. (Hrsg.): 12. Saarbrücker Arbeitstagung Rechnungswesen und EDV, Heidelberg 1991.

Scheer, A.-W. (Hrsg.): Grenzplankostenrechnung, Stand und aktuelle Probleme, 2. Aufl., Wiesbaden 1991.

Schiller, U. / Lengsfeld, S.: Strategische und operative Planung mit der Prozeßkostenrechnung, in: Zeitschrift für Betriebswirtschaft (1998) 5, S. 525-547.

Schmalenbach, E.: Kostenrechnung und Preispolitik, 8. Aufl., Köln-Opladen 1963.

Schneeweiß, C. / Steinbach, J.: Zur Beurteilung der Prozeßkostenrechnung als Planungs-instrument, in: Die Betriebswirtschaft (1996) 4, S. 459-473.

Schönfeld, H.-M.: Kostenrechnung I, 7. Aufl., Stuttgart 1974.

Schuh, G. / Steinfatt, E.: Konstruktionsbegleitende Prozeßkostenrechnung, in: Zeitschrift für wirtschaftliche Fertigung (1993) 7-8, S. 344-346.

Schweitzer, M. / Küpper, H.-U: Systeme der Kosten- und Erlösrechnung, 8. Aufl., München 2008.

Seicht, G.: Moderne Kosten- und Leistungsrechnung, Grundlagen und praktische Gestaltung, 11. Aufl., Wien 2001.

Seidenschwarz, W.: Target Costing: Ein japanischer Ansatz für das Kostenmanagement, in: Controlling (1991) 4, S. 198-203.

Seidenschwarz, S.: Target Costing, München 1993.

Troßmann, E. / Trost, S.: Was wissen wir über steigende Gemeinkosten? – Empirische Belege zu einem vieldiskutierten betrieblichen Problem, in: Kostenrechnungspraxis (1996) 2, S. 65-72.

Verband für Arbeitsstudien und Betriebsorganisation e.V. (Hrsg.): Methodenlehre des Arbeitsstudiums, : Verband für Arbeitsstudien und Betriebsorganisation e.V., Teil 2, Daten-ermittlung, München 1978.

Vikas, K.: Weiterentwicklung controllingorientierter Plankostenrechnungssysteme im Industrie-und Dienstleistungsbereich, in: Kostenrechnungspraxis (1988) Sonderheft 1, S. 35-40.

Vormbaum, H.: Kalkulationsarten und Kalkulationsverfahren, 4. Aufl., Stuttgart 1977.

Wäscher, D.: Gemeinkosten-Management im Material- und Logistik-Bereich, in: Zeitschrift für Betriebswirtschaft (1987) 3, S. 297-315.

Weber, J.: Einführung in das Controlling, Teil 1: Konzeptionelle Grundlagen, 3. Aufl., Stuttgart 1991.

Weber, H.K.: Betriebswirtschaftliches Rechnungswesen, Bd. 1: Bilanz- und Erfolgsrechnung, 4. Aufl., München 1993.

Wimmer, K.: Kostenabweichungsanalyse und Kostensenkung, Zur Inkonsistenz zwischen theoretischem Anspruch und praktischer Realisierung, in: Zeitschrift für Betriebswirtschaft (1994) 8, S. 981-998.

Wöhe, G.: Einführung in die Allgemeine Betriebswirtschaftslehre, 23. Aufl., München 2008.

Wöhe, G.: Bilanzierung und Bilanzpolitik, 9. Aufl., München 1997.

Wolfstetter, G.: Bezugsgrößenwahl und Abweichungsanalysen in der teilflexiblen Vollplan-Kostenrechnung, in: Kostenrechnungspraxis (1990) 3, S. 155-159.

Zehbold, C.: Frühzeitige, lebenszyklusbezogene Kostenbeeinflussung und Ergebnisrechnung, in: Kostenrechnungspraxis (1996) 1, S. 46-51.

Zentrum Wertanalyse: Wertanalyse: Idee – Methode – System, 5. Aufl., Düsseldorf 1995.

Zimmermann, G.: Grundzüge der Kostenrechnung, 7. Aufl., München-Wien 1998.

Zimmermann, J.: Die flexible Plankostenrechnung und Deckungsbeitragsrechnung als entscheidungs- und kontrollorientiertes System der Kosten- und Leistungsrechnung, Probleme und Entwicklungsmöglichkeiten, Kitzingen 1990.